U0236209

"十三五"国家重点出版物
出版规划项目

国家出版基金项目
NATIONAL PUBLICATION FOUNDATION

膜技术手册

第二版

（上 册）

邓麦村　金万勤　主编

化学工业出版社

·北 京·

内 容 简 介

膜技术是材料科学和过程工程科学等诸多学科交叉的新型分离技术，以其低能耗、高效率的特点，成为解决我国当前水资源、能源、环境、传统产业改造等国家重大战略需求问题的共性关键技术。

《膜技术手册》是我国膜领域众多专家共同编写的经典工具书，第二版在第一版基础上，着重针对膜技术在化工、石油化工、海水淡化、工业污水"零排放"、制药工业、食品工业等重要经济领域的关键应用，突出近年来膜技术领域在基础理论、研发创新、产业推广等方面所取得的成果，围绕膜与膜过程两个核心知识体系予以系统介绍。具体内容包括：导言，有机高分子膜，无机膜，有机-无机复合膜，膜分离中的传递过程，膜过程的极化现象和膜污染，膜器件，反渗透、正渗透和纳滤，超滤和微滤，渗析，离子交换膜过程，气体膜分离过程，气固分离膜，渗透汽化，液膜，膜反应器，膜接触器，控制释放微胶囊膜和智能膜，典型集成膜过程等。手册详细阐述了各种膜的定义、分类、制备、表征和应用；全面总结了各种膜过程的基础理论、工程设计计算方法、经验数据及其适用条件、典型的应用案例等。

本版与第一版相比在内容结构上做了较大的优化与调整，删去了亲和膜章，增加了有机-无机复合膜、气固分离膜和典型集成膜过程三章；在有关章节增加了正渗透、膜脱气、膜乳化、膜结晶、智能膜等内容；同时对其他各章在理论、过程和应用方面做了大量更新。下册书末附有缩略语表和索引，方便读者理解和查阅。

本手册既重视基础，又兼顾前沿，内容系统丰富，可供化学工程、材料科学与工程、资源与环境工程等学科以及化工、石化、水处理、制药、食品等行业的技术人员参考阅读，同时也可作为高等院校相关专业的教学参考书。

图书在版编目（CIP）数据

膜技术手册：上、下册/邓麦村，金万勤主编．—2版．—北京：化学工业出版社，2020.10（2023.1重印）

"十三五"国家重点出版物出版规划项目 国家出版基金项目

ISBN 978-7-122-37664-0

Ⅰ.①膜⋯ Ⅱ.①邓⋯②金⋯ Ⅲ.①薄膜技术-手册 Ⅳ.①TB43-62

中国版本图书馆 CIP 数据核字（2020）第 166229 号

责任编辑：傅聪智 陈 丽　　　　　　文字编辑：向 东 李 玥
责任校对：王 静　　　　　　　　　　装帧设计：尹琳琳
责任印制：朱希振

出版发行：化学工业出版社（北京市东城区青年湖南街 13 号　邮政编码 100011）
印　　装：北京捷迅佳彩印刷有限公司
787mm×1092mm　1/16　印张 115¼　字数 2800 千字　2023 年 1 月北京第 2 版第 2 次印刷

购书咨询：010-64518888　　　　　　售后服务：010-64518899
网　　址：http://www.cip.com.cn

《膜技术手册》（第二版）

编 委 会

本版编写人员名单

主稿人

曹义鸣	褚良银	邓麦村	范益群	高从堦	贺高红	黄　霞	纪树兰
姜忠义	金万勤	李继定	李建新	吕晓龙	马小军	万印华	王晓琳
王　志	邢卫红	徐铜文	徐志康	许振良	余立新	俞三传	张俊伟
张　林	赵长生						

编写人员

安全福	曹义鸣	陈华艳	陈献富	褚良银	崔朝亮	邓麦村	董松林
范益群	冯世超	高从堦	葛　亮	宫美乐	顾忠茂	韩　峰	何本桥
何　超	何　涛	贺高红	胡　炜	胡云霞	黄建平	黄　霞	黄小军
姜　红	姜晓滨	蒋晨啸	介兴明	金万勤	景文珩	李继定	李　杰
李卫星	李贤辉	李祥村	梁　帅	林立刚	林赛赛	刘公平	刘丽芬
刘袖洞	刘兆明	刘　壮	吕晓龙	马　朗	马小军	马晓华	彭文博
彭跃莲	邱鸣慧	阮雪华	沈江南	生梦龙	孙丽慧	孙世鹏	孙树东
汤永健	万印华	王保国	王　晶	王乃鑫	王晓琳	王　艳	王　湛
王　志	魏永明	吴　洪	吴雪梅	武春瑞	夏建中	肖　康	肖　武
谢红国	邢卫红	徐铜文	许振良	薛思快	焉晓明	杨　波	杨　虎
姚之侃	于海军	余立新	俞三传	张　春	张　峰	张广儒	张俊伟
张奇峰	张卫东	张文君	张　翔	张雅琴	张艳萍	赵长生	赵　静
赵伟锋	郑文姬	支田田	仲兆祥	周　勇	朱利平	庄黎伟	邹凯伦

审稿人

陈翠仙	陈观文	陈欢林	戴猷元	邓麦村	金万勤	刘忠洲	陆晓峰
马润宇	孟广耀	王世昌	杨维慎	张所波			

第一版编写人员名单

（按姓名汉语拼音排序）

编写人员

曹义鸣	柴天禹	陈光文	陈　华	陈益荣	戴猷元	邓麦村	高从堦
高以堦	宫美乐	顾忠茂	胡振华	蒋维钧	解玉冰	刘玉荣	刘忠洲
马小军	莫剑雄	任德谦	商振华	万印华	王从厚	王　勇	徐纪平
徐南平	徐荣安	续曙光	杨荣新	殷　琦	余立新	俞三传	虞星炬
袁　权	张维润	郑领英	朱长乐	朱　琮	朱国斌		

审稿人

曹竹安	陈观文	戴猷元	高以烜	江成璋	刘国铨	孟广耀	石　松
时　钧	汪家鼎	王世昌	徐纪平	姚复宝	袁乃驹	郑领英	朱康杰

前　言

　　膜技术是以膜材料的特殊结构来实现物质高效分离的技术，具有节能高效、设备紧凑、操作方便、易与其他技术集成等优点。膜科学又是一门多学科高度交叉汇聚、应用极为广阔的学科，得到了科学家和企业家的高度关注与青睐。近 20 年来从事膜技术研发的科技人员越来越多，从事膜技术产业的企业也如雨后春笋般蓬勃发展。据统计，我国科学家发表的膜相关 SCI 论文已居全球之首多年，膜产业规模早已超过 2000 亿元，应用领域涉及国民经济和人民生活的大部分领域。

　　《膜技术手册》（第一版）在时钧、袁权和高从堦院士的主持下，汇聚了国内一批知名学者专家，于 1999 年开始组稿，2001 年正式出版发行。全书共 17 章约 180 万字，是当时国内第一部全面总结 20 世纪国内外膜技术进展的大型专业工具书，因其突出的权威性、系统性和实用性，成为膜技术领域的经典著作，为普及膜技术知识、促进膜科学研究、推动膜技术进步做出了重要贡献。《膜技术手册》（第一版）出版至今的近 20 年中，面对我国在水资源、能源、环境、传统工业技术改造升级的重大需求，膜技术领域以基础研究驱动技术变革，通过对膜及膜材料微结构与膜功能性质和制备过程关系的研究，建立了面向应用过程的膜材料设计与制备理论框架，形成了一系列具有自主知识产权、性能达到或接近国际先进水平的膜材料与膜过程，在水处理膜、渗透汽化膜、气体分离膜、离子交换膜、无机膜、膜反应器、新型膜的理论和应用研究方面取得了重要创新进展，为我国的节能减排与传统产业改造做出了突出贡献。分子筛膜、有机-无机复合膜、致密膜反应器等赶超国际先进水平，金属合金膜、智能膜等新型膜引领国际膜材料的发展。因此，为比较全面地反映 20 年来膜技术的重要进展，为膜技术研究、开发和应用者提供更加新颖实用的工具书，化学工业出版社组织对手册第一版进行了修订。

　　《膜技术手册》（第二版）的修订工作自 2016 年 11 月正式启动，汇聚了一大批膜技术领域的中青年专家学者参与修订和编写。本次修订，是在第一版基本框架结构的基础上进行补充和完善，注重处理好经典内容的继承与陈旧知识的淘汰、传统学科的发展与交叉学科的新理论新应用的关系，充分反映近年来膜技术领域的新理论和新技术进展。在具体内容上，对沿用的相关生产单位、产品及其性能予以重新核定；对已成熟的应用过程，增加自动控制方面的内容。

《膜技术手册》（第二版）分上下两册，19章，约280万字。考虑到近20年来膜技术的发展，适当调整了第一版有关章节，增加了三章，一是有机-无机复合膜，二是气固分离膜，三是典型集成膜过程，总结了多项具有自主知识产权的研究成果。此外，在相关章节加强了分子筛膜、石墨烯膜、致密膜反应器、金属合金膜、仿生膜、智能膜、膜接触器等我国在基础研究方面占据领先地位的技术介绍，在整体的编写思路上贯穿满足国家需求、膜技术发展以及膜从业者的实际工作需要的理念，从而真正起到对学科和产业发展的引领作用。

《膜技术手册》（第二版）的编写，得到国家科技部、中国膜学会（筹）、中国膜工业协会、化学工业出版社等单位以及国家出版基金的大力支持，在此谨致衷心感谢！对参与第一版编写的专家学者致以崇高敬意！同时，对参与本手册组织、编写和审稿等工作的所有专家学者表达诚挚的谢意！

尽管我们已尽全力，但限于时间和水平，手册中仍难免有疏漏和不足之处，敬请读者批评指正。

邓麦村　金万勤

2020 年 10 月

目　录

第1章　导言

第2章　有机高分子膜

第 3 章　无机膜

第 **4** 章　有机-无机复合膜

第 5 章　膜分离中的传递过程

第 6 章　膜过程的极化现象和膜污染

第 7 章　膜器件

第 8 章　反渗透、正渗透和纳滤

第 9 章　超滤和微滤

第 10 章　渗析

第 **12** 章　气体膜分离过程

第 13 章　气固分离膜

第 14 章 渗透汽化

第 15 章 液膜

第 16 章　膜反应器

第 17 章　膜接触器

第 18 章　控制释放与微胶囊膜和智能膜

第 19 章　典型集成膜过程

第 **1** 章
导言

主稿人，编写人员： 高从堦　中国工程院院士，
　　　　　　　　　　　　　　浙江工业大学教授
　　　　　　　　　　邓麦村　中国科学院大连化学物理
　　　　　　　　　　　　　　研究所研究员
　　　　　　　　　　金万勤　南京工业大学教授
　　　　审　稿　人： 王世昌　天津大学教授
　　　　　　　　　　马润宇　北京化工大学教授

第一版编写人员： 袁　权

1.1 膜和膜分离过程的特征

膜技术是一门多学科交叉的高新技术。膜材料涉及高分子化学、无机化学和材料科学等；膜的制备、过程的分离特性、传递性质和传递机理属于物理化学和数学的研究范畴；膜分离过程中涉及的流体力学、传热、传质、化工动力学以及过程的设计，主要属于化学工程研究范畴；从其主要的应用领域来看，还涉及生物学、医学以及与食品、石油、环境保护等行业有关的学科。在各学科发展和相互渗透的基础上，膜科学技术有了迅速的发展。同时，膜科学技术的研究和应用，也促进了有关学科的开拓和发展。

膜技术被认为是不断发展的战略性新兴产业之一和重大的共性技术之一。膜过程已成为工业上气体分离、水溶液分离、化学产品和生化产品的分离与纯化的重要过程，广泛应用于食品生产、饮料加工、工业污水处理、大规模空气和工业气体分离、湿法冶金、气体和液体燃料的生产以及石油化工制品生产等领域。

膜从广义上可定义为两相之间的一个不连续区间。这个区间的三维量度中的一维和其余两维相比要小得多。膜一般很薄，厚度从几纳米、几微米至几百微米之间，而长度和宽度要以米来计量。

膜可以是固相、液相，甚至是气相的。用各种天然材料或人工材料制造出来的膜品种繁多，在物理、化学和生物性质上呈现出各种各样的特性。本手册将集中叙述具有分离功能的膜，即不同物质可选择透过的膜。从这个意义上，膜可以定义为：膜是一种具有选择透过性的介质，即它允许某些物质通过，而截留另一些物质，这些物质可以是分子、离子或微粒。膜有两个特点：①膜必须有两个界面，分别与两侧的流体相接触；②膜必须有选择透过性，它可以使流体相中的一种或多种物质透过，而阻止其他物质透过。膜可以是均相的或非均相的、对称的或非对称的、中性的或荷电性的，可对双组分或多组分体系进行分离、分级、提纯或富集，因而对人类的生产和生活具有极为重要的作用[1]。

目前，无论从产量、产值、品种、功能或应用对象来讲，绝大多数的分离膜都是固体膜。液膜分离技术诞生于 20 世纪 60 年代，其后陆续有些相关的研究和应用报道。气体在原则上可构成分离膜，但研究它的人很少。

膜从材料上可分为无机膜、有机膜、有机-无机复合膜等。一般来说，膜追求高分离性能、高稳定性、低成本和长寿命等，以满足工程化的应用需求[2,3]。

物质选择透过膜的推动力，其热力学实质是化学位差。常温下，这种推动力有两种情况：一种是由浓度差形成的化学位差，物质由高位侧向低位侧流动（渗透）；另一种是借助外加能量，使物质由原来的低位侧向原高位侧流动（反渗透）。表 1-1 中列出了主要膜分离过程的功能、推动力及所用膜类型[3]。

表征分离膜的性能主要有两个参数。一个参数是各种物质透过膜的速率的比值，即渗透选择性（也可称为分离系数）。渗透选择性的大小表示了该体系分离的难易程度。它对被分离体系所能得到的浓度（或纯度）、分离过程的能耗（或功耗）都有决定性的影响，对分离设备的大小也有一定的影响。另一个参数是物质透过膜的速率，或称为通量，即单位面积膜上单位时间（和单位驱动力）内透过物质的数量。这个参数直接决定了分离设备的大小。当

表 1-1 膜分离过程的特性

过程	主要功能	推动力	膜
微滤（microfiltration，MF）	滤除≥50nm 的颗粒	压力差	对称细孔高分子膜 孔径 0.02～10μm
超滤（ultrafiltration，UF）	滤除 5～100nm 的颗粒（大分子、胶体、蛋白质）	压力差	非对称结构的多孔膜 孔径 2～20nm（M_w=1000～1000000）
纳滤（nanofiltration，NF）	水溶液/有机溶剂中高价离子及小分子的脱除	压力差	非对称结构的多孔膜 孔径 1～2nm（M_w<1000）
反渗透（reverse osmosis，RO）	水溶液中溶解盐类的脱除	压力差	由致密分离层和多孔支撑层构成的复合膜
渗析（透析）（dialysis，D）	水溶液中无机酸、盐的脱除	浓度差	常见碱性离子交换膜、聚乙烯醇中性膜
电渗析（electrodialysis，ED）	水溶液中酸、碱、盐的脱除	电位差	阴、阳离子交换膜
气体分离（gas separation，GS）	混合气体的分离	分压差	硅橡胶、聚砜、聚酰亚胺等非对称膜
渗透汽化（pervaporation，PV）	水-有机物的分离 有机物-有机物的分离	分压差	由致密分离层和多孔支撑层构成的复合膜
液膜（liquid membrane，LM）	盐、生理活性物质的分离	化学位差	液体保存在对称或非对称多孔膜的孔中
正渗透（forward osmosis，FO）	溶液中溶质的脱除	渗透压差	由致密分离层和多孔支撑层构成的复合膜
膜蒸馏（membrane distillation，MD）	水溶液中难挥发组分的高倍浓缩	蒸气压差	疏水多孔膜

然，这两个参数在不同的膜分离过程中有不同的具体表示方法。

膜分离过程通常是一个高效的分离过程。例如，在按物质颗粒大小分离的领域，以重力为基础的分离技术的最小极限是微米（μm），而膜分离技术中却可以做到将分子量为几千，甚至几百（相应的颗粒大小为纳米级）的物质进行分离。又如，和扩散过程相比，蒸馏过程中物质的相对挥发度的数值大都是个位数，对难分离物质体系有时仅比 1 稍大一些，而膜分离的分离系数要大得多。如乙醇含量超过 90%的水溶液已接近恒沸点，用蒸馏的方法很难分离，但渗透汽化的分离系数为几百甚至上万。再如，N_2 和 H_2 的分离，蒸馏不仅要在深冷条件下进行，而且 H_2/N_2 的相对挥发度很小，用聚砜膜分离的分离系数为 80 左右，聚酰亚胺膜则超过 120。蒸馏过程的分离系数主要决定于体系的物化性质，而膜分离过程中，加入了膜材料的物性、结构、形态等因数，因此显示了异乎寻常的高性能。并且，膜材料如此多样，这就为膜分离技术的发展提供了广阔的天地。

膜分离过程的能耗（功耗）通常比较低。能耗低主要有两个原因：一是膜分离过程中，被分离的物质大都不发生相变。对比之下，蒸发、蒸馏、萃取、吸收、吸附等分离过程都伴随着从液相或吸附相至气相的变化，而相变的能耗往往很大。二是许多膜分离过程通常是在室温附近的温度下进行，被分离物料加热或冷却的过程能耗亦较小。

膜分离设备本身没有运动的部件，工作温度又在室温附近，可靠度较高，操作较简便，而且从启动到得到产品的时间很短，可以在频繁的启停下工作。由于分离效率高，通常设备的体积比较小，这也是一个突出的优点。

膜分离过程的另一个突出特点是它的规模和处理能力可在很大范围内变化，设备放大效应小。

1.2　膜和膜过程的发展历史

1.2.1　膜科学技术发展史

　　膜在大自然中，特别是在生物体内是广泛存在的，但是人类对它的认识、利用、模拟直至人工合成的历史过程却是漫长而曲折的。人类发现渗透现象是在 1748 年，Nollet 发现水会自发地扩散穿过猪膀胱而进入酒精中，首次揭示了膜分离现象。但是，直到 19 世纪中叶 Graham 发现了透析现象，人们才开始重视对膜的研究。最初，许多生理学家所使用的膜主要是动物膜。一直到 1864 年，Traube 才成功地制成人类历史上第一张人造膜——亚铁氰化铜膜。后来 Preffer 用这种膜以蔗糖和其他溶液进行试验，把渗透压和温度及溶液浓度联系起来。其后 Van't Hoff 以 Preffer 的结论为出发点，建立了完整的稀溶液理论。1911 年 Donnan 研究了荷电体传递中的平衡现象。1930 年 Teorell、Meyer、Sievers 等对膜电势的研究，为电渗析和膜电解的发明打下了基础，1950 年 W. Juda 等试制成功第一张具有实用价值的离子交换膜，电渗析过程得到迅速的发展。1960 年 Loeb 和 Sourirajan 共同制成了具有高脱盐率、高透水量的非对称醋酸纤维素反渗透膜，使反渗透过程迅速由实验室走向工业应用。与此同时，这种用相转化技术制备具有超薄皮层（分离层）的分离膜的新工艺，引起了学术界、技术界和工业界的广泛重视，在它的推动下，随后迅速出现了一个研究各种分离膜过程的高潮。1980 年 Cadotte 开发出新型界面聚合复合膜制备工艺，为超薄复合膜的制备提供了新的途径。20 世纪 70 年代超滤技术进入工业化应用并发展迅速，已成为应用领域最广的技术。进入 80 年代，无机膜也得到了快速发展。1984 年 Burggraaf 采用 Sol-Gel 技术制备出多层不对称微孔陶瓷膜，1987 年 Hiroshi 首次报道了在无机载体上合成分子筛膜。80 年代后期渗透汽化技术进入工业应用，用于醇类等恒沸物脱水，能耗仅为恒沸精馏的 1/3～1/2，经济优势显著。90 年代，离子交换膜和电渗析技术进入高速发展期，主要用于苦咸水脱盐，到 2000 年全世界将 1/3 的氯碱生产转向膜法。同时期，出现低压反渗透复合膜，膜性能大幅度提高，为反渗透技术发展开辟了广阔的前景。进入 21 世纪，膜技术作为高效的分离技术被包括我国在内的众多国家提升到战略高度，膜材料和膜过程得到空前的发展。

　　表 1-2、表 1-3 中分别列出了膜科学和膜工业的发展史。

表 1-2　膜科学发展史

年份	科学家/公司	主要内容
1748	Abbe Nollet	水能自发地穿过猪膀胱进入酒精中,发现渗透现象
1827	Dutrochet	引入名词渗透(osmosis)
1831	J. V. Mitchell	气体透过橡胶膜的研究
1855	Fick	扩散定律,至今用于研究膜的扩散过程。制备了早期的人工半渗透膜
1861～1866	Graham	发现气体通过橡皮有不同的渗透率。发现渗析(dialysis)现象
1860～1877	Van't Hoff、Traube、Preffer	制备出第一张人造膜,完善了渗透压力定律

年份	科学家/公司	主要内容
1906	Kahlenberg	观察到烃/乙醇溶液选择透过橡胶薄膜
1911	Donnan	Donnan 分布定律。研究了分子带电荷体的形成、电荷分布、Donnan 电渗析和伴生传递中的平衡现象
1917	Kober	引入名词渗透汽化(pervaporation)
1920	Mangold、Michaels、Mobaind 等	用赛璐珞和硝酸纤维素膜研究了电解质和非电解质的反渗透过程
1922	Zsigmondy、Bachman Fofirol 等	微孔膜用于分离极细粒子,初期的超滤和反渗透(膜材料为赛璐玢和再生纤维素)
1930	Teorell、Meyer、Sievers 等	膜电势的研究,是电渗析和膜电解的基础
1944	William Kolff	初次成功使用人工肾
1950	Juda、Mcrae	合成膜的研究。发明了电渗析、微孔过滤和血液渗析等分离过程
1960	Loeb、Sourirajan	用相转化工艺制出反渗透非对称膜
1966	Du Pont	开发了全氟磺酸离子交换膜
1968	Norman N. Li	发明液膜
1972	Cadotte	用界面聚合工艺制备复合膜
1984	Burggraaf	采用 Sol-Gel 技术制备出多层不对称微孔陶瓷膜
1987	Hiroshi Suzuki	首次报道了在无机载体上合成分子筛膜
1987	Keystone Water Co. LLC 公司	美国科罗拉多州建成了世界上第一座膜分离净水厂
1986~1990	Nitto Denko 公司、FilmTec 公司	纳滤膜出现并快速发展
1992	Peter Agre 等	发现水通道蛋白,为水通道蛋白膜的开发奠定了基础
1998	Grace-Davison 公司、Mobil Oil 公司	实现反渗透膜在溶剂分离方面的大规模应用
2000	徐南平	实现了陶瓷膜反应器技术在化工与石油化工主流程中的大规模工业应用

表 1-3 膜工业发展史

分离过程	工业化年份	早期开发厂商
微滤	1925	Sartorius
电渗析	1960	Ionics Inc.
反渗透	1965	Haxens Industry General Atomics
渗析	1965	Enka(AKZO)
超滤	1970	Amicon Corp.
控制释放	1975	Alza Corp.
膜电解	1975	Asahi KASEI
气体分离	1980	Permea(DOW)
渗透汽化	1990	GFT GmbH

1.2.2 我国膜科学技术发展概况

我国膜科学技术的发展是从 1958 年研究离子交换膜开始的。20 世纪 60 年代是开创阶段，1964 年开始反渗透的探索，1967 年开始的全国海水淡化会战大大促进了我国膜科学技术的发展。70 年代进入开发阶段，这个时期，电渗析、反渗透、超滤和微滤等各种膜和组器件都相继被研究开发出来。80 年代跨入了推广应用阶段。80～90 年代是气体分离和其他新膜过程的开发阶段。进入 21 世纪，我国膜技术发展迅速，已在水资源、能源、环境和传统产业改造等领域得到广泛应用，市场规模保持 20％以上的增速，目前产值已超过两千亿元；我国膜技术基础研究和人才队伍均进入国际前列。我国膜科学技术发展史见表 1-4。表1-5 列出了我国与膜科学技术相关的学术团体。

表 1-4　我国膜科学技术发展史

过程名称	主要内容
微滤	20 世纪 70 年代研制出 CN-CA 膜。80 年代研制出 CA 膜、CA-CTA 膜、PS 膜、PVDF 膜、尼龙膜、褶筒滤芯 PP 膜、PET 膜、PC 核径迹膜。90 年代研制出无机膜、PTFE 膜、PP 拉伸膜等。21 世纪初研制出内衬膜、膜生物反应器（MBR） 主要应用：医药、电子、饮料、石化、环保
超滤	20 世纪 70 年代研制出 CA 膜。80～90 年代研制出 PS 中空纤维及卷式膜、荷电膜、合金膜、无机膜、耐温高截留膜。研究了膜污染。超滤膜材料已从醋酸纤维素扩大到聚苯乙烯、聚偏氟乙烯、聚碳酸酯、聚丙烯腈、聚醚砜和尼龙等。21 世纪初研制出内衬膜 主要应用：电泳漆、酶制剂、饮料、食品、超净化、生物医药废水处理
电渗析	1958 年开始研究。1967 年异相膜工业化。20 世纪 70 年代研制了多种离子交换膜并使电渗析大型化。1976 年开始全氟离子交换膜的研制。80 年代均相膜达一定规模。90 年代开展如无极水电渗析、液膜电渗析、填充床电渗析、选择性电渗析、置换电渗析、反电渗析与重排电渗析的研究 主要应用：苦咸水和海水淡化，化学工业，废水处理，食品工业，天然气、煤层气、烟气脱硫
反渗透	1964 年开始研究改性 CA 膜。1968 年 CA 不对称膜研制成功。20 世纪 70～80 年代卷式和中空纤维组器研制成功。90 年代试制了反渗透-纳滤复合膜。进入 21 世纪中压、低压及超低压高脱盐聚酰胺复合膜实现大规模商业化应用 主要应用：纯水和超纯水制备、苦咸水淡化、水溶液脱水浓缩和废水再用
纳滤	20 世纪 80 年代中期开始纳滤膜研制。90 年代纳滤膜研究快速发展，CA 纳滤膜和 CTA 中空纤维纳滤膜进入了工业化生产和应用，其性能达到国外同类产品的水平。进入 21 世纪，纳滤膜品种不断增多，复合纳滤膜实现工业化生产，膜性能得到显著提升。2015 年陶瓷纳滤膜实现工业化生产和应用，填补了国内同类产品空白 主要应用：水处理、溶剂回收、物料提纯、脱盐、酸碱回收
渗析	20 世纪 70～90 年代研制了板框式渗析器和 PAN 中空纤维渗析器 主要应用：血液透析、废酸碱回收
气体分离	20 世纪 80 年代初开始研究 PS 中空纤维膜。1985 年 PS 中空纤维膜试制成功。1987 年 SR-PS 卷式器试制成功。80～90 年代研制了多种新材料。用 PS 膜和 PI 膜研究开发了 H_2/N_2、O_2/N_2、H_2O/CH_4、CO_2/CH_4、$H_2O/$空气，CO/H_2 的分离过程以及 Pd-陶瓷复合膜上 H_2 的分离。90 年代开始基于氧离子导体膜空气分离的研究 主要应用：H_2 的回收、提浓，富氧富氮制造，气体除湿
渗透汽化	20 世纪 80～90 年代初研究了交联 PVA 和壳聚糖等膜的乙醇脱水和酯化脱水。90 年代末开始渗透汽化分子筛膜及有机-无机复合膜的研究，如今已实现工业应用 主要应用：有机溶剂脱水、有机混合物分离、有机物回收
液膜	1979 年开始研究。20 世纪 90 年代达到高峰 主要应用：酚、稀土金属、CN^- 的分离，气体分离，湿法冶金，石油工业，药物提取，仿生化学和液膜反应器

续表

过程名称	主要内容
膜反应	20 世纪 80 年代中期开始研究。90 年代初研制成功中空纤维细胞固定化反应器和高密度动物细胞培养器。80～90 年代以无机膜研究了多个高温气相催化反应,如环己烷脱氢、乙苯脱氢、甲醇水解。90 年代开始基于致密无机膜研究高温气相催化反应,如甲烷部分氧化、甲烷偶联、二氧化碳分解、水汽重整等 主要应用:青霉素水解制 6-APA、天然气转化、污染气体及温室气体处理
其他	20 世纪 80 年代末进行了膜蒸馏、膜萃取、膜电解和亲和膜分离的研究。90 年代开始微胶囊膜的研究。进入 21 世纪在二维膜、智能膜、金属有机骨架膜等方面展开研究

注:CA—醋酸纤维素;CA-CTA—二醋酸纤维素-三醋酸纤维素;PS—聚苯乙烯;PVDF—聚偏氟乙烯;PP—聚丙烯;PET—聚对苯二甲酸乙二醇酯;PC—聚碳酸酯;PTFE—聚四氟乙烯;PAN—聚丙烯腈;PI—聚酰亚胺;PVA—聚乙烯醇;6-APA—6-氨基青霉烷酸。

表 1-5　我国膜科学与技术相关的学术团体

成立年份	团体名称
1982	中国海水淡化和水再利用学会
1988	浙江省膜学会
1991	北京膜学会
1995	中国膜工业协会
2008	全国分离膜标准化技术委员会
2016	中国膜学会(筹)

1.3　膜

1.3.1　材料和分类

具有分离功能的固体膜目前主要以有机高分子聚合物为膜材料,但以无机物为膜材料的分离膜近年来发展迅速。

膜的种类和功能繁多,不可能用一种方法来明确分类。比较通用的有以下四种分类方法。

(1) 按膜的材料分类

① 有机膜

② 无机膜

③ 有机-无机复合膜或混合基质膜

(2) 按膜的结构分类

① 多孔膜

微孔膜

介孔膜

大孔膜

② 非多孔膜

金属膜

合金膜

聚合物膜

③ 液膜

无固相支撑型膜（又称乳化液膜）

有固相支撑型膜（又称固定膜或支撑液膜）

（3）按膜的用途分类

① 水处理膜

海水与苦咸水淡化膜：主要采用反渗透膜、正渗透膜、电渗析膜

水质净化膜：微滤膜、超滤膜、纳滤膜

污水处理膜：超微滤膜常用于构建污水处理的膜生物反应器

② 气体分离膜

氢分离膜

氧分离膜

二氧化碳分离膜

有机气体分离膜

气固分离膜

③ 特种分离膜

陶瓷膜：微滤膜、超滤膜、纳滤膜

渗透汽化膜：透水膜、透有机物膜、有机物与有机物分离膜

阳离子交换膜

阴离子交换膜

④ 民生用膜

净水器用膜

空气净化器用膜

医疗用膜：血液透析膜、人工肺、人工肝辅助系统等

智能膜：仿生和生物启发分离膜、识别和感应膜等

能源用膜：锂电池、燃料电池、液流电池等用膜

（4）按膜的作用机理分类

① 筛分

多孔膜

分子筛膜

② 溶解扩散

聚合物膜

金属膜

炭膜

③ 离子交换

阳离子交换膜

阴离子交换膜

④ 选择渗透

渗析膜

反渗透膜

电渗析膜

⑤ 非选择性

加热处理的微孔玻璃膜

过滤型的微孔膜

1.3.2　主要制备方法

分离膜的性能是由膜材料及其结构形态决定的，而后者取决于膜的制备方法。目前有不少性能优良的分离膜，膜材料早已公之于世，但仍只有掌握其制备技术的公司才能生产出来。因此，作为一种分离膜，其内容应包括材料和制膜工艺两部分。对多孔膜的制备来说，一般追求膜的高开孔率（高渗透系数）和窄孔径分布（高分离系数）。

1.3.2.1　聚合物膜的制备

由于聚合物性质不同及膜的结构和形状不同，膜的制备方法有很多种，如热压成型法、熔融-拉伸法、相转化法、浸涂法、辐照法、自组装法、界面聚合法、表面化学改性法、等离子聚合法、核径迹刻蚀法、选择性溶胀法等。在膜过程中用得最多的是非对称膜，L-S 相转化法（也称浸没沉淀相转化法、非溶剂致相转化法、NIPS 法）是制造非对称膜应用最广泛的方法。该方法是由 Loeb 和 Sourirajan 发明的，他们制造出了第一张具有高脱盐率和高通量的醋酸纤维素非对称反渗透膜[4-6]（图 1-1），该制膜流程如图 1-2 所示。用这种工艺制造的膜能同时形成极薄的致密脱盐层和较厚的多孔支撑层。影响膜性能的工艺参数主要有溶剂、铸膜液浓度及其组成、凝胶液组成及温度等。除此之外，相转化法还包括溶剂蒸发法、水蒸气吸入法、热致相分离法（TIPS 法）等。在 NIPS 法基础上，研究者结合嵌段共聚物的自组装能力开发了自组装-相转化复合法（SNIPS），该方法可制备具有均孔表面的非对称结构膜。

图 1-1　劳勃（Loeb）和索里拉金（Sourirajan）制备出第一张反渗透膜

另一种具有非对称结构的分离膜称为复合膜。它是先制成多孔支撑层，再在其表面覆盖一层致密薄层（皮层）。它与上面提到的非对称膜的区别在于：①多孔支撑层和致密层不是一次同时形成而是分两次或多次制成的；②复合膜的皮层膜材料一般与支撑层的膜材料不同，而非对称膜则是同一种材料。复合膜的制备方法有高分子溶液涂覆法、界面聚合法、原位聚合法、等离子体聚合法、层层自组装法、原位沉积法等。其中，界面聚合法现已成为生产纳滤膜、反渗透膜的主要方法。

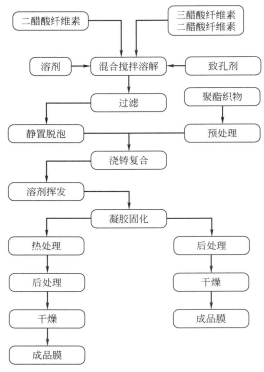

图 1-2　醋酸纤维素膜制备工艺简图

1.3.2.2　无机膜的制备

　　无机分离膜包括陶瓷膜、玻璃膜、金属及其合金膜、炭膜、分子筛膜及其他新型无机膜（如石墨烯膜、金属有机骨架膜等），还有以无机多孔膜为支撑体与有机高分子致密薄层组成的复合膜。无机分离膜的制备方法主要有固态粒子烧结法、溶胶-凝胶法、薄膜沉积法、阳极氧化法、相转化法、热分解法、水热法等[7]。

　　以应用最为广泛的多孔陶瓷膜为例，其通常由三层结构构成：多孔载体、过渡层和活性分离层（见图 1-3）。第一层为多孔载体，用不同配比的陶瓷粉体烧结而成。多孔载体的孔

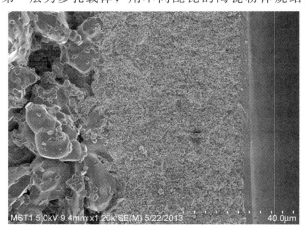

图 1-3　具有三层结构的多孔陶瓷膜

径主要由烧结温度和颗粒尺寸控制，通常控制在 $3\sim15\mu m$。过渡层又称中间层，通常采用浸浆方法制备，将粒径更小的陶瓷粉体涂覆在多孔载体表面，其孔径在 $0.05\sim0.5\mu m$ 之间。活性分离层即是膜层，它是通过各种方法负载于多孔载体或过渡层上，分离过程主要在这层薄膜上发生。溶胶-凝胶法是最为常见的膜层制备方法，膜层的孔径可以控制在 1nm 到几十纳米。多孔陶瓷膜的制备工艺简图如图 1-4 所示。

图 1-4　多孔陶瓷膜的制备工艺简图

1.3.3　膜组件

膜组件是将膜以某种形式组装在一个基本单元设备内，在一定驱动力作用下，可完成混合物中各组分分离的装置。膜面积愈大，单位时间透过量愈多。因此，当膜分离技术实际应用时，要求开发在单位体积内具有最大膜面积的组件。

分离膜组件的设计是从模拟平板式过滤器开始的。目前膜组件有五种基本形式：板框式组件（也称平板式组件，plate and frame module）、管式组件（tubular module）、毛细管式组件（capillary module）、中空纤维式组件（hollow fiber module）、螺旋卷式组件（spiral wound module）。

这五种组件的优缺点比较见表 1-6。一般情况下，板框式组件和管式组件处理量较小，尤其适用于高黏度、含大量悬浮杂质的对象。处理量大时，应使用中空纤维式组件和螺旋卷式组件。

表 1-6　各种膜组件的特性

项目	中空纤维式	毛细管式	螺旋卷式	平板式	管式
价格	低	较低	较高	高	较高
充填密度	高	中	中	低	低
清洗	难	易	中	易	易

续表

项目	中空纤维式	毛细管式	螺旋卷式	平板式	管式
压力降	高	中	中	中	低
可否高压操作	可	否	可	较难	较难
膜形式限制	有	有	无	无	无

1.4　膜分离过程

1.4.1　常用的膜分离过程

图 1-5 是各类膜过程的发展现状。按其发展程度和销售状况，已经被广泛应用的膜分离过程有 10 个。

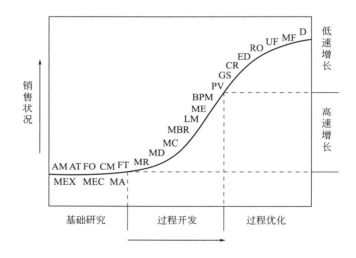

图 1-5　各类膜过程的发展现状

D—渗析；MF—微滤；UF—超滤；RO—反渗透；ED—电渗析；CR—控制释放；
GS—气体分离；PV—渗透汽化；BPM—双极膜；ME—膜电解；LM—液膜；
MBR—膜生物反应器；MC—膜接触；MD—膜蒸馏；MR—膜反应器；
FT—促进传递；CM—催化膜；FO—正渗透；AT—主动传递；
AM—亲和膜；MA—膜吸收；MEC—膜能量转换；MEX—膜萃取

1.4.1.1　微孔过滤

微孔过滤（微滤，microfiltration）是膜分离过程中最早产业化的。以天然或人工合成的聚合物制成的微孔过滤膜最早出现于 19 世纪中叶。1918 年 Zsigrnondy 等首先提出了商品规模生产硝酸纤维素微孔过滤膜的方法，并于 1921 年获得专利。1925 年在德国 Gottingen 成立了世界上第一个滤膜公司——Sartorius GmDH，专门生产和经销滤膜。1949 年美国、英国等国相继生产硝酸纤维素膜，用于水质检验。

微孔过滤膜的孔径一般在 0.02～10μm 范围内。但是在滤谱上可以看到，在微孔过滤和超滤之间有一段是重叠的，没有绝对的界线。同时，目前各种手册和膜公司刊出的滤谱中各种膜过程的分离范围并非完全相同，而且在不断变化。

微孔过滤膜的主要特征如下：

① 孔径均一　微孔过滤膜的孔径十分均匀。例如，平均孔径为 0.45μm 的膜，其孔径变化仅 0.02μm。因此，微孔过滤具有很高的过滤精度。

② 孔隙率高　微孔过滤膜的孔隙率一般可高达 80% 左右。因此，过滤通量大，过滤所需的时间短。

③ 滤膜薄　大部分微孔过滤膜的厚度在 150μm 左右，仅为深层过滤介质的 1/10，甚至更小。所以，过滤时液体被过滤膜吸附而造成的损失很小。

微孔过滤的截留主要依靠机械筛分作用，吸附截留是次要的。

由醋酸纤维素与硝酸纤维素等混合组成的膜是微孔过滤的标准常用滤膜。此外，已商品化的主要滤膜有再生纤维素膜、聚氯乙烯膜、聚酰胺膜、聚四氟乙烯膜、聚丙烯膜、聚碳酸酯核径迹膜（核孔膜）、陶瓷膜等。

在实际应用中，褶叠型筒式装置和针头过滤器是微孔过滤的两种常用装置。

微孔过滤在工业上主要用于无菌液体的生产、超纯水制造和空气过滤；在实验室中，微孔过滤是检测有形微细杂质的重要工具[7]。

1.4.1.2　超滤

20 世纪 50 年代前后，微孔过滤、高滤（反渗透）和超滤都称为超滤；后来被分为三个区域，即反渗透、超滤和微滤；90 年代又被分成四个区域，即反渗透、纳滤、超滤和微滤。自从纳滤出现后，一般认为超滤过程的分子量截留范围大致为 1000～1000000，其主要分离对象是蛋白质。

超滤（ultrafiltration）也是一个以压力差为推动力的膜分离过程，其操作压力在 0.1～0.5MPa 左右。一般认为超滤是一种筛孔分离过程。如图 1-6 所示，在静压差推动下，原料液中的溶剂和小的溶质粒子从高压的料液侧透过膜到低压侧，所得的液体一般称为滤出液或透过液。而大粒子组分被膜拦住，使它在滤剩液中浓度增大。这种机理不考虑聚合物膜化学性质对膜分离特性的影响。因此，可以用细孔模型来表示超滤的传递过程。但是，有一部分人认为不能这样简单地分析超滤现象。孔结构是重要因素，但不是唯一因素，另一个重要因素是膜表面的化学性质。

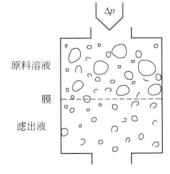

图 1-6　超滤过程原理示意

超滤过程发展中有两大里程碑，第一个里程碑是在 20 世纪 60 年代中期，Loeb 和 Sourirajan 将醋酸纤维素非对称膜热处理后用于反渗透，而未热处理的就是超滤膜。这也是第一代商业超滤装置所用的膜。第二个里程碑是人们认识到超滤技术中边界层效应非常重要，于是在 60 年代后期，设计出适宜工业用的装置。

超滤膜早期用的是醋酸纤维素膜材料，后来还用了聚砜、聚丙烯腈、聚氯乙烯、聚偏氟乙烯、聚酰胺、聚乙烯醇等高分子膜材料以及无机膜材料。超滤膜多数为非对称膜，也有复合膜。超滤操作简单，能耗低，现已用于超纯水制备、电泳漆回收及其他废水处理、乳制品加工和饮料精制、酶及生物制品的浓缩分离等方面。

1.4.1.3　反渗透

反渗透（reverse osmosis）过程是渗透过程的逆过程，即溶剂从浓溶液通过膜向稀溶液中流动。如图 1-7 所示，正常的渗透过程按照溶剂的浓度梯度，溶剂从稀溶液流向浓溶液。若在浓溶液侧加上压力，当膜两侧的压力差 Δp 达到两溶液的渗透压差 $\Delta \pi$ 时，溶剂的流动就停止，即达到渗透平衡。当压力增加到 $\Delta p > \Delta \pi$ 时，溶剂就从浓溶液一侧流向稀溶液一侧，即为反渗透。

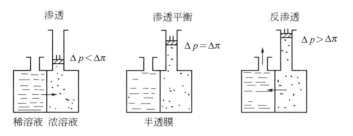

图 1-7　渗透和反渗透现象示意

1960 年 Loeb 和 Sourirajan 制成了具有极薄皮层的非对称醋酸纤维素膜，使反渗透过程迅速地从实验室走向工业应用。非对称分离膜的出现，也大大推动了其他膜过程的开发和工业应用。目前应用的反渗透膜可分为非对称膜和复合膜两大类。前者主要以醋酸纤维素和芳香聚酰胺为膜材料；后者支撑体多为聚砜多孔滤膜，超薄皮层的膜材料多通过界面聚合法或原位聚合法制备而成。反渗透膜的膜材料必须是亲水性的。

反渗透过程的推动力为压力差。其分离机理曾引起广泛的争论。无孔机理（溶解-扩散模型）和有孔机理（选择吸附-毛细孔流理论）之争持续了若干年。此外，还有氢键模型及Donnan 平衡模型（针对荷电膜）。无论如何，反渗透过程中膜材料与被分离介质之间的化学特性起着第一位的作用，然后才是膜的结构形态。这一点目前已取得共识。

反渗透过程主要用于海水及苦咸水的脱盐、纯水制备以及低分子量水溶性组分的浓缩和回收。

1.4.1.4　纳滤

纳滤（nanofiltration）研究始于 20 世纪 70 年代中期，到 80 年代中期实现了商品化，主要产品有芳香族聚酰胺复合纳滤膜和醋酸纤维素非对称纳滤膜等。在滤谱上它位于反渗透和超滤之间。在前期的研究中，有人将其称为疏松的反渗透膜（loose reverse osmosis membrane），后来由于这类膜的孔径是在纳米范围，所以称为纳滤膜。纳滤特别适用于分离高价离子及分子量为几百的有机化合物。它的操作压力一般不到 1MPa，目前已被广泛用于制药工业、食品工业和水的软化等领域。

纳滤膜多数荷电，目前提出的纳滤膜分离机理主要有 Donnan 平衡模型、细孔模型、固定电荷模型、空间电荷模型及静电位阻模型。

随着医药、石化等领域对有机溶剂体系中提纯、浓缩的需求日益增长，纳滤膜在有机溶剂分离中的应用也越来越引起研究人员的兴趣。

1.4.1.5　渗析

当把一张半透膜置于两种溶液之间时，会出现双方溶液中的大分子原地不动而小分子溶质（包括溶剂）透过膜互相交换的现象，这种现象称为渗析（也称透析，dialysis）。渗析现象是 1854 年由 Graham 首先发现的。

渗析过程的原理如图 1-8 所示。中间以膜（虚线）相隔，A 侧通原料液，B 侧通溶剂。溶质由 A 侧根据扩散原理、溶剂（水）由 B 侧根据渗透原理相对移动。借助于两种溶质扩散速度之差，使溶质之间分离。浓度（化学位）差是渗析过程的推动力。

虽然渗析过程是最早发现和研究的膜分离过程，但由于过程渗透速度慢，选择性又不高，化学性质相似或分子大小相近的溶质体系很难用渗析法分离，除酸碱回收外，工业上很少采用。目前渗析过程主要用于人工肾。

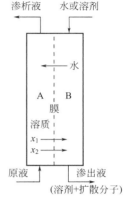

图 1-8　渗析过程原理示意

血液透析膜所用的膜材料，1965 年以前几乎全是赛璐玢，它很快又被铜纺（cuprophan）膜所取代。目前用于透析膜的膜材料已有聚酰胺、聚碳酸酯、聚砜、聚丙烯酯、聚甲基丙烯酸甲酯、纤维素酯等多种聚合物。

1.4.1.6　电渗析

电渗析（electrodialysis）是 20 世纪 50 年代发展起来的膜分离技术。它以电位差为推动力，利用离子交换膜的选择透过性，从溶液中脱除或富集电解质。

电渗析的选择性取决于所用的离子交换膜。离子交换膜以聚合物为基体，接上可电离的活性基团。阴离子交换膜简称阴膜，它的活性基团常为氨基。阳离子交换膜简称阳膜，它的活性基团通常是磺酸根。离子交换膜的选择透过性是指，膜上的固定离子基团吸引膜外溶液中的异电荷离子，使它能在电位差或浓度差的推动下透过膜体，同时排斥同种电荷的离子，阻拦它进入膜内。因此，阳离子能通过阳膜，阴离子能通过阴膜。见图 1-9。

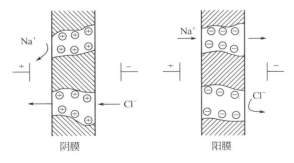

图 1-9　离子交换膜功能示意

根据膜中活性基团分布的均一程度，离子交换膜大体上可以分为异相膜、均相膜及半均相膜。聚乙烯、聚丙烯、聚氯乙烯等的苯乙烯接枝聚合物是离子交换膜最常用的膜材料。性能最好的是用全氟磺酸、全氟羧酸类膜材料制备的离子交换膜。

电渗析用于水溶液中电解质的去除（即水脱盐）、电解质的浓缩、电解质与非电解质的分离和复分解反应等领域。

1.4.1.7　膜电解

膜电解（membrane electrolysis）是电渗析和电解相结合的一种技术，也称为离子膜电解法、单阳/阴膜法、膜辅助电解法等。利用离子交换膜允许带一种电荷的离子通过而限制相反电荷离子通过的特性，将单元电解槽分隔为阳极室和阴极室，使电解产品分开，该技术具有多功能性、能量利用率高、可控制性、环境兼容性高及经济性等特点。

膜电解所使用的膜材料与电渗析相同，多用全氟磺酸、全氟羧酸类的离子交换膜。20世纪70年代，使用美国杜邦公司开发的化学性质非常稳定的全氟磺酸和全氟羧酸复合膜——阳离子交换膜（Nafion®系列），实现了膜电解在氯碱工业的大规模应用。采用离子膜法电解NaCl溶液制取NaOH、Cl_2和H_2，并以它们为原料生产一系列化工产品。膜电解法制碱技术，具有设备占地面积小、能连续生产、生产能力大、产品质量高、能适应电流波动、污染小等优点，成为目前工业化制碱最先进的工艺方法。2010年，我国山东东岳集团在国家科技项目支持下，研制出全氟离子膜，成功在万吨级氯碱装置上使用，打破了该类膜产品长期依靠进口的被动局面。20世纪80年代中后期，膜电解技术开始应用于环境领域，除了电渗析浓缩淡化的作用外，膜电解可以通过在电解槽内发生一系列电化学过程，达到去除废水中污染物的目的。膜电解技术广泛应用于碱性废水处理、有机酸废水处理、电镀废水处理、冶金废水处理等场合。电解水制氢气是膜电解的另一种重要应用，主要包括碱性水溶液电解法、质子交换膜电解法以及高温电解法。其中质子交换膜电解法制氢的产品纯度高达99.999%，具有能耗低、性能稳定、可以在高电流密度下运行等优点，被认为是未来最具发展前景的电解水制氢技术。

1.4.1.8　膜传感器

膜传感器（membrane sensor）是一种借助薄膜的功能实现信息传送或转换的器件。

目前，用于制备膜传感器的薄膜材料种类繁多，按照材料的种类膜传感器可分为无机膜传感器、有机膜传感器、生物膜传感器以及固体膜传感器和液体膜传感器等。根据功能膜的特征，膜传感器又可分为直接转换型传感器和间接转换型传感器两类。直接转换型传感器在识别物质的同时，膜的物性发生变化，从而直接发出信号；间接转换型传感器在识别物质的同时，膜的物性虽然也发生了变化，但是不能直接发出信号，需要外加信号发生器来发出信号。以电化学生物膜传感器为例，其主要由负载了生物识别材料的电极构成，通过生物材料与待测物质之间的化学反应产生电子的传递形成电信号并被测定，其检测机理如图1-10所示。

酶膜传感器是一类使用范围最广且已有实际应用的电化学生物膜传感器。最早的酶膜传感器是由美国科学家Clark和Lyons于1962年制备而成的，其通过负载葡萄糖氧化酶催化血液中的氧气与葡萄糖反应而产生电信号以实现血糖的检测，随后该技术在辛辛那提儿童医院放大推广。基于酶膜的电催化作用，大量的科学家通过负载不同的生物酶制备出多种针对不同检测对象的酶膜传感器，如乳酸、尿酸、过氧化氢、谷氨酸等传感器已被大量应用于临床医疗及食品工业等领域。

另一类以微生物识别分子单元的传感器称为微生物膜传感器。它以微生物的代谢功能为

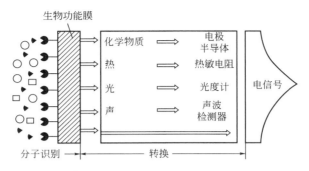

图 1-10 生物膜传感器的原理示意

指标，识别和检测化学物质。微生物膜传感器的性能长期稳定优良，适用于工业过程和环境等的监测。检测乙酸、乙醇、谷氨酰胺酸、BOD、氨等的传感器已在实际中应用。

此外，还有免疫响应膜传感器、DNA 膜传感器等。

人们正在积极进行膜传感器的集成化和智能化的研究，未来的膜传感器会更加灵敏、快速及低成本，同时，通过与网络大数据的联动可以使膜传感器的采集数据家庭化、系统化，实现足不出户便可对空气、水质、身体状况等信息的实时采集。

1.4.1.9 膜法气体分离

文献上最早发表的有关气体膜分离（gas separation）的报道是 1831 年美国 J. V. Mitchell 关于气体透过橡胶膜的研究。但是，直到 1965 年 S. A. Stern 等为从天然气中分离出氦进行了含氟高分子膜试验和工业装置的设计，以及美国杜邦公司首创了中空纤维膜及其高压分离装置并申请了以聚丙烯腈膜、对苯二酸-乙二醇缩聚膜分离氢、氦的专利之后，膜法气体分离的研究与开发才迅速发展起来。

用膜分离气体，主要是以压力差为推动力，依据原料气中各组分透过膜的速率不同而分离，见图 1-11。分离机理视膜的不同而异，主要可分为两类：一类是通过非多孔膜的渗透，另一类是通过多孔膜的流动。实际应用的气体分离膜绝大多数是非对称膜。通常有三种渗透过程在起作用：①溶解的气体通过聚合物致密皮层（非多孔层）的扩散；②通过表皮层下部微孔过渡区的 Knudsen 扩散；③通过膜底层的 Poiseuille 流动。总的传递阻力为各层阻力之和。

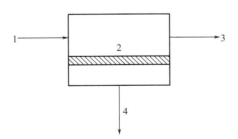

图 1-11 膜法气体分离过程示意

1—原料气；2—膜；3—残留物；4—渗透物

气体分离膜的膜材料主要是有机聚合物，如聚砜、醋酸纤维素、聚酰亚胺、聚 4-甲基-1-戊烯、聚二甲基硅氧烷、聚 1-(三甲基硅基)丙炔等，也有少量沸石分子筛等无机材料。

1979 年美国 Monsanto 公司研制成功 Prism 中空纤维膜分离器，使膜法气体分离迅速走向工业应用。目前，膜法气体分离主要用于化肥及石油化工中含氢气体的浓缩和回收、以空气为原料制富氮气体和富氧气体、天然气中氦和 CO_2 的分离和空气除湿等方面。

1.4.1.10　渗透汽化

渗透汽化（渗透蒸发，pervaporation）是指液体混合物在膜两侧组分的蒸气分压差的推动下，依靠各组分在膜中的溶解与扩散速率的不同来实现混合物分离的一种膜分离方法。渗透汽化膜分离过程的定量研究是 20 世纪 50 年代开始的。70 年代以后，随着能源紧张情况的出现，渗透汽化引起广泛重视。80 年代初，第一代渗透汽化膜走向工业化。

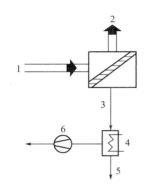

图 1-12　渗透汽化过程示意
1—双组分液体进料；2—贫液
渗透物；3—渗透蒸气；
4—冷凝器；5—渗透物；
6—真空泵

渗透汽化与常用的膜分离技术的最大不同点在于在渗透过程中发生由液相到气相的相变化。它的分离机制通常用溶解扩散模型来描述，可分为三步：①被分离的液相物质在膜表面上被选择吸附并溶解；②以扩散形式在膜内渗透；③在膜的另一侧变成气相而脱附。

在渗透汽化过程中，膜的上游侧的压力一般维持常压，而膜的下游侧则有三种方法维持较低的组分蒸气分压：①采用惰性气体吹扫，也称为扫气渗透汽化（sweeping gas pervaporation）；②用真空泵获得真空，也称为真空渗透汽化（vacuum pervaporation）；③采用冷凝器冷却，也称为热渗透汽化（thermo pervaporation）。实验室一般采用真空渗透汽化（图 1-12），工业上大多采用热渗透汽化。

渗透汽化适用于液体混合物中低含量组分的脱除、恒沸物/近沸物的分离及分离与反应过程的耦合。渗透汽化膜按优先渗透组分可分为有机溶剂脱水膜、水中脱除有机物膜、有机物与有机物分离膜。对于有机溶剂脱水，典型的膜有 PVA/PAN 复合膜和分子筛膜；对于从水中脱除有机物，典型的膜有 PDMS 复合膜和有机-无机杂化膜。用于有机物与有机物分离的膜目前尚未实现工业化。

有机溶剂脱水是渗透汽化应用研究最多、技术最成熟的领域。渗透汽化的工业应用主要也集中在这一领域，如乙醇脱水、异丙醇脱水及丙酮脱水等。

1.4.1.11　膜蒸馏

膜蒸馏（membrane distillation）是膜技术与蒸发过程结合的新型膜分离过程。20 世纪 60 年代 Findly 首先介绍了这种分离技术。1982 年 Gore 报道了采用一种称为 Gore-Tex 膜的聚四氟乙烯膜进行膜蒸馏和潜热回收的情况，并论述了采用这种技术进行大规模海水淡化的可能性，引起了人们的重视。膜蒸馏原理示意见图 1-13。

膜蒸馏所用的聚合物膜必须是疏水性的微孔膜，常用的有聚偏氟乙烯（PVDF）、聚丙烯（PP）和聚四氟乙烯（PTFE），其中以聚四氟乙烯的疏水性为最好。膜的孔径一般在 $0.1\sim0.4\mu m$，孔径过大容易导致液态水的泄漏使得过程崩溃。增大膜的孔隙率是提高膜通量的重要手段，文献报道的孔隙率范围为 $35\%\sim85\%$。

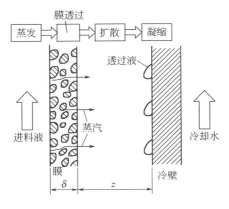

图 1-13 膜蒸馏原理示意

膜蒸馏是在常压和低于溶液沸点的温度下进行的。热侧溶液通常在较低的温度（例如 40~50℃）下操作，因而常常可以使用低温热源或废热。与反渗透相比，膜蒸馏设备要求低，过程中溶液浓度变化的影响小；与常规蒸馏相比，膜蒸馏具有较高的蒸馏效率，蒸馏液更为纯净。膜蒸馏是一个有相变的膜过程，它主要用于海水淡化和水溶液的浓缩[8]。目前已有 10~100t/d 的膜蒸馏海水淡化的商品装置。提高热能利用率是目前改进膜蒸馏的主攻方向。

1.4.1.12 正渗透

正渗透（forward osmosis）是一种利用膜两侧溶液的渗透压差为驱动力，驱使水分子从高化学势一侧向低化学势一侧自发迁移的膜过程。正渗透的分离原理如图 1-14 所示，膜两侧分别为待处理液和汲取液，待处理液中的水分子在渗透压差的驱动下通过半透膜进入汲取液，获得浓缩的待处理液和稀释的汲取液，最后将溶质从稀释的汲取液中分离出来，得到最终产水。

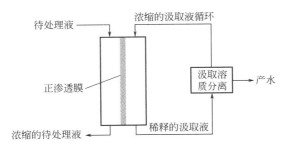

图 1-14 正渗透原理示意

正渗透膜主要包括醋酸纤维素类膜和聚酰胺薄膜复合膜两大类，分别采用相转化法和界面聚合法制备，此外还有层层组装复合膜、双皮层膜、仿生膜等新型的正渗透膜。理想的正渗透膜材料应具备的基本特征包括：拥有对溶质有高截留率的致密皮层；较好的亲水性，水通量高且耐污染；支撑层尽量薄；机械强度高；耐酸、碱、盐等腐蚀的能力。

正渗透操作过程无需提供外压或者只存在很低的液压，相比于其他压力驱动膜过程，有着能耗较低、产水率高、污染低的优点，适用于多种类型原料液的处理，目前已被广泛应用于各个领域，包括污水处理与淡水净化、海水淡化、食品、医药、压力阻尼渗透发电等。正渗透技术早在20世纪60年代就被提出应用于海水淡化，但由于正渗透膜性能的限制，直到2008年才于地中海直布罗陀投产全球第一套海水淡化装置。正渗透技术的低污染优势，使其广泛应用于垃圾渗滤液、废水浓缩、冷却塔补给水等高污染水体的处理和零排放过程。

1.4.2 发展中的新膜过程

1.4.2.1 膜萃取

20世纪80年代初，一个将膜过程和液-液萃取过程结合的膜萃取（membrane extraction）过程开始出现。在膜萃取过程中，两非互溶相由多孔膜隔开，通过膜孔接触，两相中的一相能够润湿膜孔而另一相则不能润湿膜孔。两不互溶溶剂之间的传质发生在微孔膜孔口的液/液界面处，该孔口侧不被接触的溶液所润湿，从而防止了扩散进入另一相。微滤膜或超滤膜通常被用于膜萃取过程，为两个不互溶相提供接触界面。在此过程中，膜不发挥选择性，而只是起到为两相提供界面的作用[9]。溶剂能够通过反萃取剂再次萃取溶质而获得再生，图1-15所示为膜萃取和反萃取过程示意图。

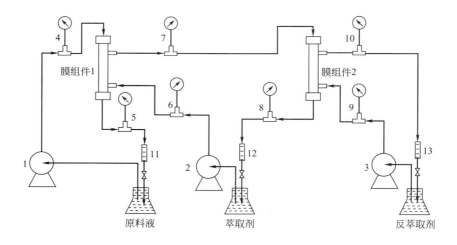

图 1-15 膜萃取和反萃取过程
1～3—泵；4～10—压力表；11～13—流量计

膜萃取的传递过程是在把料液相和萃取相分开的微孔膜表面上进行的。因此，它不存在通常萃取过程中液滴的分散与聚集问题。膜萃取的优点如下：①没有液体的分散和聚集过程，可减少萃取剂的夹带损失；②不形成直接接触的液-液两相流动，可使选择萃取剂的范围大大拓宽；③两相在膜两侧分别流动，使过程免受"反混"的影响和"液泛"条件的限制；④与支撑液膜相比，萃取相的存在，可避免膜内溶液的流失。

膜萃取通常由载体辅助进行，载体在第一个膜组件中的界面处与溶质反应，并在另一个膜组件中的界面处释放。在载体介导的膜萃取过程中，萃取反应动力学起到很重要的作用，因此需要特别关注。溶质分配系数的浓度依赖性是另一个需要考虑的参数，它影响浓度梯度，并可能导致整体传质系数随浓度发生变化。文献中已建立了一些数学模型，如早期的静态传质系数、可变分布系数，而后期的模型则考虑了萃取与反萃取界面的形成与脱离反应动力学、基于反应动力学的阻力分析，这种反应动力学与依赖于溶质与载体浓度的总阻力有关，它的范围可能在 $30\%\sim80\%$ 之间。

1.4.2.2　膜结晶

膜结晶（membrane crystallization）操作旨在促进过饱和溶液形成晶体，结合了膜过程中的传质、传热原理。晶体在聚合物膜表面发生异相成核，过饱和度 S 是溶液中结晶的推动力，定义为实际溶质浓度 c 与平衡浓度 c^*（饱和浓度）之比：

$$S=\frac{c}{c^*} \tag{1-1}$$

通过膜选择性地去除溶剂，能够增加溶质的浓度，直至所需的过饱和度[10]。或者，膜用于选择性地供给反溶剂以引起过饱和，从而产生分相。

传质机理取决于膜的具体类型：对于微孔疏水膜（在一定温度或浓度梯度下在气相中传质），采用粉尘气体模型（dusty gas model）；对于薄膜复合膜（在一定压力或浓度梯度下在液相中传质），采用溶解-扩散模型（solution-diffusion model）。

膜的形貌和物理化学参数，如孔隙率、粗糙度或亲水/疏水性显著影响结晶动力学。事实上，临界晶核（一半概率生长，一半概率溶解）的形成是一个活化过程，此过程需要克服吉布斯能垒 ΔG^*。对于溶液主体中的均相成核，可以用以下公式计算：

$$\Delta G^*_{\text{homogeneous}}=\frac{16}{3}\pi\gamma_{\text{L}}^3\left(\frac{\Omega}{\Delta\mu}\right)^2 \tag{1-2}$$

式中，γ_{L} 是晶核-溶液界面的表面张力；Ω 是溶质的摩尔体积；$\Delta\mu$ 是结晶相与母液之间的化学势梯度。相应的临界晶核 R^* 由下式计算：

$$R^*_{\text{homogeneous}}=\frac{2\gamma_{\text{L}}\Omega}{\Delta\mu} \tag{1-3}$$

膜表面能够降低结晶过程所需的活化能，从而起到促进结晶的作用，使过饱和状态下原本不能自发成核的分子发生聚集，晶核产生速率增加。

为了定量评估这种效应，需要表示晶核-溶液（γ_{L}）、晶核-膜（γ_{i}）和溶液-膜（γ_{S}）界面之间的力学平衡本构关系。对于理想的硬质光滑表面，可以用杨氏方程表示：

$$\gamma_{\text{S}}-\gamma_{\text{i}}=\gamma_{\text{L}}\cos\theta \tag{1-4}$$

上面结晶相能量平衡式的引入能够用来估算平板膜成核时 ΔG^* 的减小。

这种情况下以及多孔或粗糙膜，$\Delta G_{\text{heterogeneous}}/\Delta G_{\text{homogeneous}}$ 的数值见表 1-7。

如图 1-16 所示，相比于在母液中成核（$\theta=180°$），在接触角 $\theta<180°$ 的聚合物膜表面形成临界晶核难度更高，这种现象被称为多相成核。

表 1-7 膜的物理化学参数对多相（heterogeneous）结晶与均相（homogeneous）结晶临界晶核（R^*）
及吉布斯自由能比值（$\Delta G_{heterogeneous}/\Delta G_{homogeneous}$）的影响

参数	R^*	$\Delta G_{heterogeneous}/\Delta G_{homogeneous}$
接触角（θ）	$\dfrac{2\gamma_L\Omega}{\Delta\mu}$	$\dfrac{1}{2}-\dfrac{3}{4}\cos\theta+\dfrac{1}{4}\cos^3\theta$
孔隙率（ε）	$\dfrac{2\gamma_L\Omega}{\Delta\mu}\left[1-\varepsilon\dfrac{(1+\cos\theta)^2}{(1-\cos\theta)^2}\right]$	$\dfrac{1}{4}(2+\cos\theta)(1-\cos\theta)^2\left[1-\varepsilon\dfrac{(1+\cos\theta)^2}{(1-\cos\theta)^2}\right]^3$
Wenzel 粗糙度（r）	$\dfrac{2\gamma_L\Omega}{\Delta\mu}Y$ $Y=\dfrac{r\cos\theta(1+\cos\theta)-2}{\cos\theta(1+\cos\theta)-2}$	$\dfrac{1}{4}Y^3(\cos^3\theta-3\cos\theta+2)$

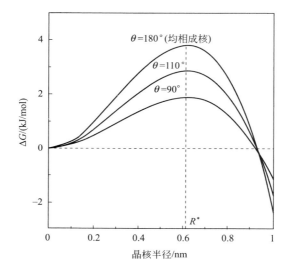

图 1-16 三种不同接触角（θ = 90°、110°、180°）条件下，吉布斯自由能与晶核半径之间的关系
（吉布斯自由能在临界半径 R^* 时达到最大值。
参数：$c/c^*=1.5$；$\Omega=1.9\times10^{-28}\text{m}^3/\text{mol}$；$\gamma_L=0.004\text{J/m}^2$）

膜的形貌和物理化学性质影响成核速率，能够改变稳态或亚稳态构象的形成。尽管晶体具有相同的化学组成，但不同构象晶体的溶解度、溶解速率、稳定性、熔点、密度及其他性质差异很大，从而显著影响药用活性成分的效力、生物利用度和安全性。通过膜结晶调控晶型已经得到了验证：甘氨酸（α相和γ相）、乙酰氨基酚（Ⅰ型和Ⅱ型）、L-谷氨酸（α相和β相）和L-组氨酸（α相和β相）。

诱导时间是研究成核动力学的一个重要参数，定义为：从达到过饱和状态开始直至形成临界晶核的时间。一般来说，高成核率（低 ΔG^*）有利于缩短诱导时间，这在蛋白质结晶过程中特别明显。

1.4.2.3 促进传递

如图 1-17 所示，促进传递（facilitated transport）是在膜中进行的一种抽提（萃取）[2]。

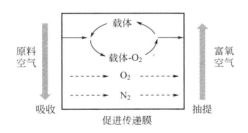

图 1-17 氧气促进传递原理示意

促进传递膜与固态膜分离过程的对比列于表 1-8。促进传递有以下特点：①它具有极高的选择性；②通量大；③极易中毒。

促进传递的研究是从活性生物膜开始的。后来促进传递被用于酸气处理、金属离子回收和药剂纯化等方面，但是直至 1975 年，都未能在工业上应用。1980 年以来，在促进传递上的主要研究工作集中在改进膜的稳定性。

表 1-8 促进传递膜与固态膜性能的比较

膜	扩散系数/(cm²/s)	分离因子	厚度/cm
玻璃态聚合物膜	10^{-8}	4	10^{-6}
橡胶态聚合物膜	10^{-6}	1.3	10^{-4}
促进传递膜	10^{-5}	50	10^{-3}

表 1-9 列出了促进传递过程可能的应用领域。在金属离子分离中最有希望的是铜的分离，在气体分离中是从空气中分离氧和氮。

表 1-9 促进传递过程的应用

应用领域	重要性[①]	前景	说明
金属分离			
铜萃取	8	好	关键是有稳定且通量高、选择性好的膜
铀净化	5	中	
稀土回收	3	中	
气体分离			
空气	10	好	此领域变化极快，应随时改变对策
酸性气体	6	好	
氢/甲烷	2	差	
生物化学品			
日用品	2	中	
抗生素	8	极好	不会大规模使用
香料	5	中	
蛋白质	1	差	
烃类分离			
烯烃-烷烃	6	好	烯烃-烷烃分离需更多的工作，其余几项用别的膜过程更好
芳香烃-脂肪烃	3	差	
直链烃-支链烃	3	差	
溶剂回收	6	差	

续表

应用领域	重要性①	前景	说明
脱水			
乙醇-水	2	差	渗透汽化和超滤更为合适
明胶-水	2	差	

　① 以 10 分为满分，用数字对促进传递膜在不同应用领域的重要性进行评价。

1.4.2.4　膜反应过程

　　膜反应过程是将反应与膜分离两个具有不同功能的单独过程相耦合，旨在利用膜的特殊功能，实现物质的原位分离、反应物的控制输入、相间传递的强化等，达到提高反应转化率、改善反应选择性、提升反应收率、延长催化剂使用寿命、简化工艺流程和减少设备投资等目的。

　　膜反应过程最初被用于一些特定反应中，通过连续萃取出产物而打破反应平衡，以提高产品选择性和/或收率，如生物反应过程中连续地移除代谢产物，保持较高的反应收率；脱氢反应过程中不断地移除氢气，促进反应向目标产品方向进行；酯化反应过程中连续地分离出水，提高产品转化率和产物的收率。膜反应过程在其他反应中也展现出优势，如加氢反应、部分氧化反应或全部氧化反应。随着研究的展开以及膜材料的发展，膜反应过程的研究范围逐渐扩大，不再局限于打破反应的平衡限制，而是利用膜的选择渗透性，将产物从反应区域中分离出来，目的是保持催化剂活性的同时抑制副反应，边分离边反应，使得反应可以连续稳定地运行。也可用作某种反应物的分配器，用于串联或平行反应中，控制反应物的输入方式和进料浓度。在某些催化反应中，甚至不需要膜具有渗透选择性，膜仅仅是在膜两侧流动的反应物之间起到控制反应界面的作用[11]。

　　膜反应过程是通过膜反应器来实现的。膜反应器根据膜材料不同，可分为无机膜反应器和有机膜反应器；根据膜材料的结构，可分为致密膜反应器和多孔膜反应器；根据膜的催化性能，可分为催化膜反应器和惰性膜反应器；根据膜的渗透性能，可分为选择渗透性膜反应器和非选择渗透性膜反应器等；根据催化剂的装填方式，可分为固定床膜反应器、流化床膜反应器和悬浮床膜反应器等。

　　膜反应过程主要应用于生物反应和催化反应领域。在条件较为温和的生物反应领域，膜反应过程首先是在研究开发相对成熟的有机膜领域得到了发展，如在活性污泥法基础上发展出来的膜生物反应器，将膜过程与活性污泥的生物反应耦合成一个生物化学反应分离系统，取代普通生物反应器的二次沉淀池，具有固液分离效率高、选择性高、出水水质好、操作条件温和、无相变、适用范围广、装置简单、操作方便等突出优点，在废水处理领域具有广阔的应用前景。将酶促反应与膜分离过程相耦合构成酶膜反应器，依靠酶的专一性、催化性及膜特有的功能，集生物反应与反应产物的原位分离、浓缩和酶的回收利用于一体，能够有效消除产物抑制、减少副产物的生成、提高产品收率，广泛应用于有机相酶催化、手性拆分与手性合成、反胶团中的酶催化、辅酶或辅助因子的再生、生物大分子的分解等方面。

　　无机膜材料的发展为膜反应过程在催化领域苛刻条件下的应用开辟了途径。如以金属及其合金以及固体氧化物所制备的致密膜构建的致密膜反应器，利用致密膜对氢（如钯及其合金膜）或氧（如混合导体透氧膜）极高的选择性，提供反应所需的高纯氢气/氧气或移出反应生成的氢气/氧气，继而提高反应效率；以陶瓷膜为元件构建的多孔膜反应器，利用膜的选择性分离与渗透功能，实现产物或超细催化剂的原位分离，应用于加氢或氧化等石油化工生产过程中，使间歇反应过程转变成连续反应过程，缩短了化工生产流程，提高了产品收率。

膜反应过程的研究、开发与应用已取得显著成效。随着各种问题的解决和膜性能的提高，膜反应过程的应用前景十分广阔。

1.4.3　膜分离与其他化工分离和反应过程的结合

为实施某一具体对象的分离，将膜分离与其他分离和反应单元操作结合起来，发挥各自的优点，往往能获得很好的分离效果，取得良好的经济效益。这是近年来膜分离技术发展的一个新动向。

① 膜分离与蒸发操作相结合　以 2% $CuSO_4$ 水溶液的浓缩为例，若想将浓度提高到 80%，经济的方法是先用反渗透从 2% 提高到 20%，再经蒸发浓缩达到 80%。实践表明，膜分离与蒸发操作结合的能耗仅为单纯蒸发的 1/10。

② 膜分离与吸附操作相结合　以美国 Permea 公司设计的一种飞机上用的分离器为例，先用膜法把空气中的氧含量从 21% 浓缩到 40%～45%，再用吸附法进一步分离氧气和氮气。这种方法较之单用吸附法效率提高了三倍，设备尺寸也小得多。氮气可用作油箱的保护气，氧气用于机上人员的呼吸。

③ 膜分离与冷冻操作相结合　例如，Cryotronics 公司用膜分离法先把空气中的氮气提浓到 99%，再用氦冷冻系统把气态氮液化成液氮。又如，Air Products 和 Chemicals 公司用膜法及冷冻法串联和并联相结合的流程分离氢气/甲烷混合气中的空气，结果比任何一种单独的方法都好，冷凝温度由 −158℃ 升高至 −134℃，能耗与成本均降低。

④ 膜分离与离子交换树脂法相结合　Ionics 公司在美国南部地区的一个发电厂，为革新工艺，在原有的澄清/过滤与离子交换树脂装置之间加了一个电渗析装置，用以除去水中大部分的离子，结果大大延长了离子交换装置的运转周期，再生频率下降至原来的 1/5～1/10，化学品消耗、废料排出量及操作人员都有所减少，并提高了生产能力。

⑤ 膜分离与催化反应相结合　例如 Cryotronics 公司所生产氮气的纯度为 99.9995%。其制备方法是：用燃料气在空气中燃烧后，除用公司提供的用于海洋石油平台的高纯氮装置去除氧气和二氧化碳得到氮气外，再用膜分离把氮气提浓到 99.59%，加入适量的氢气，经过金属钯催化剂除去残氧。氮中的氧含量可降至 5μL/L 以下。

1.5　应用总览

1925 年世界上第一个滤膜公司（Sartorius）在德国 Gottingen 成立。50 年代电渗析开始在工业上推广应用。60 年代以来，超滤、反渗透、气体分离等多个膜过程广泛应用于各个领域。表 1-10～表 1-16 列出了主要膜分离过程在各个领域的应用。

表 1-10　微滤过程的主要用途

应用领域	用途举例
化学工业	水、酸、碱等各种化学品的过滤、澄清,乳化油水的分离,乳剂过滤,高黏度聚合物纺丝溶液的过滤,涂料中的杂质过滤
石油、机械	各种油品如燃料油、润滑油、切削油的过滤、澄清,油水分离
生物化工	发酵过程中去除杂菌,菌体浓缩分离,发酵产品和菌体分离,类菌质体的去除
电子工业	超纯水的制造,半导体制造中各种药剂和气体的精制、过滤,洁净室用的空气净化,光盘制造用药剂的精制
医疗、医药	无热原纯净水的制造,输液、注射液、制剂的除菌,血液过滤,血浆分离,血清、组织培养等其他生物用试剂的过滤除菌
食品工业	酒、啤酒、碳酸饮料中酵母和霉菌的去除,糖液的澄清、过滤,果汁的澄清、过滤
水处理	水中悬浮物、微小粒子和细菌的去除

表 1-11　超滤过程的主要用途

应用领域	用途举例
化学工业	胶乳的回收与利用,胶态氧化硅的浓缩,油微粒的去除,PVA回收,皮革废水中铬的回收再利用,染料表面活性剂精制,水溶性聚合物的浓缩,油脂精制,废水处理
生物化工	发酵产品的分离、浓缩、精制,膜反应器用来提高酶反应效率,酶的分离精制,微生物菌体的浓缩、精制,废水处理
医药	疫苗、酶、病毒、核酸蛋白质等生理活性物质的浓缩、分离、精制,激素精制,人工血液制造,多糖浓缩精制,热原去除,无菌水制造
机械	各种压延用油、切削油的处理,各类油水分离及废水处理
纺织染整	纤维加工油剂的回收再利用,洗毛废水中回收羊毛脂
食品	豆油、豆汁中蛋白质的回收精制,天然色素的回收精制,发酵饮料的澄清与除菌,果汁的澄清与浓缩,味素的精制
水处理	超纯水、无菌水的制造,水中悬浮物和胶状物的去除
废水处理	高浓度活性污泥处理水中悬浮物的去除,细菌去除,工业、医院的废水处理,尿处理
农畜水产	牛奶的浓缩及高蛋白牛奶的制造,水产加工废水中蛋白质的回收,鱼肉蛋白质制造,猪血红细胞分离液中白蛋白和球蛋白的浓缩、精制

表 1-12　反渗透过程的主要用途

应用领域	用途举例
制水	海水和苦咸水的淡化,纯水制造,锅炉、饮料、医药用水制造
化学工业	石化废水处理回收,胶片废水中回收药剂,造纸废水中木质素和木糖的回收,尼龙生产中的浓缩与回收
医药	药液浓缩,热原去除,医药医疗用无菌水的制造
农畜水产	奶酪中蛋白质的回收,鱼加工废水中蛋白质和氨基酸的回收浓缩,鱼肉制氨基酸过程中氨基酸的分离纯化
食品加工	含油废水处理,豆汁废水闭路处理,果汁浓缩,葡萄酒制造中葡萄汁的浓缩,糖液浓缩,淀粉工业废水处理
纺织染整	染料废水中染料和助剂的去除、水的回收利用,含纤维和油剂的废水处理
石油、机械	含油废水处理

续表

应用领域	用途举例
表面处理	废水处理及有用金属的回收
水处理	城市下水的脱氮、脱磷、脱盐,水回收利用,离子交换再生废水的处理,企业废水再生利用

表 1-13 离子交换膜电渗析的主要用途

功能	用途举例
浓缩	海水浓缩制盐,废水中有用物质的回收,放射性同位素的回收,无机药品的制造,有机酸的浓缩,彩色胶片显像液再生
脱盐	用海水或咸水制饮用水和工业用水,造纸废水处理,城市下水和废水的脱盐再利用,放射性废液处理,酶蛋白质溶液的精制,血清和疫苗的精制,无机物与有机物的分离(维生素、氨基酸溶液精制,糖溶液精制,乳制品脱盐脱酸,树脂脱酸),有机药品的精制,乳胶处理
膜电解	食盐电解制烧碱和氯气,芒硝电解制硫酸和烧碱,氯化铀酰的电解还原,铬酸盐废水处理,有用金属回收,有机物电解氧化和还原(丙烯电解制叠氮甲苯基、由马来酸制丁二酸、草酸的电解还原、苯电解制氢醌),照相乳剂的制造

表 1-14 不同孔径微孔滤膜的主要用途

孔径/μm	用途举例
3.0~8.0	溶剂、药剂、润滑油等的澄清过滤,1.0μm以下微滤的预过滤,水淡化时球藻等藻类的去除
0.8~1.0	酒、啤酒、糖液、碳酸饮料中酵母和霉菌的去除和澄清过滤,空气净化
0.4~0.6	一般的澄清过滤,细菌(大肠杆菌、霍乱菌、破伤风菌等)的过滤,石棉纤维的捕集,微粒子的定量测定
0.2	细菌的完全捕集、过滤,血浆分离
0.08~0.1	病毒(如流感病毒、狂犬病病毒等)的过滤,超纯水的最终过滤,人工肺,血浆净化
0.03~0.05	病毒过滤,高分子量蛋白质的过滤,无热原水制造

表 1-15 气体分离过程的主要用途

膜	用途举例
富氧膜	提高燃烧效率且节能;医疗、海洋开发、水产养殖、发酵、化工、航空等领域使用富氧空气
氢分离膜	含氢气体中浓缩分离氢气,氢气与甲烷、乙烷等气体的分离,氢气与一氧化碳的分离,合成气中分离氢气
CO_2分离膜	天然气和沼气中CO_2的分离,工业气体中CO_2的脱除
氦分离膜	天然气中氦的分离,氦气与氧气、氮气混合气的分离
脱湿膜	空气除湿,工业气体除湿
其他	烃类分离,SO_x分离,NO_x分离,H_2S分离

表 1-16 医用分离膜的主要用途

膜	用途举例
血液渗析膜	血液中尿素、肌酸酐、尿酸等低分子代谢物的分离,以净化血液,维持肾病患者的生命
血液滤膜	血液中比较大的有害物质分子(500~5000Da)的去除,以防止末梢神经障碍及造血机能障碍

续表

膜	用途举例
血浆分离膜	代谢病的治疗
血浆净化膜	从血浆中将抗体-免疫复合体等物质去除,人工辅助肝脏
人工肺	血液中 CO_2 和 O_2 的交换,以净化血液,手术用辅助肺

　　我国膜工业技术研究始于 20 世纪 50 年代。1958 年,中国科学院化学研究所研发出我国第一张膜——聚乙烯醇离子交换膜。60 年代初,中国海洋大学闵学颐教授和中国科学院化学研究所朱秀昌先生带领的研究小组开始探索研究反渗透膜,经 1967 年全国海水淡化会战,首次制备出我国的反渗透膜——醋酸纤维素膜,为我国膜科学技术发展打下了良好的基础。70 年代,中国膜技术进入了早期发展阶段,膜与膜相关产业得到初步发展,如电渗析、反渗透、超滤和微滤等。80 年代,膜技术发展步入繁荣期,新的膜材料不断涌现,新的应用领域持续拓展。膜法水处理技术被投入使用,如海水淡化、纯水生产、液体提纯和浓缩等。同时,气体分离膜也得到较快发展,富氧膜工艺和 N_2/H_2 分离膜工艺进入工程化阶段。渗透汽化、膜蒸馏、无机膜和膜反应器也进入研究阶段。90 年代,我国膜技术研究进入快速发展时期,对膜材料与膜过程展开了大量研究。其中,无机膜的开发开始进入商业化阶段,被成功应用于传统化工产业及生物工程等各个行业。经过 50 年左右,我国的膜产业得到了长足的发展,我国已经跨入独立自主进行多种膜材料及膜组件研发、设计和生产的国家之列。

　　进入 21 世纪以来,我国投入了大量资金支持膜材料的研发和产业化,积极鼓励膜技术在环境保护及相关领域内广泛应用,极大地促进了我国膜制造产业的科技进步和膜技术在水污染治理等领域的推广应用。

　　目前,我国膜研发和制造产业已初具规模。全国从事膜制品生产的企业 400 余家,工程公司近 2000 家,产品种类涵盖了反渗透、纳滤、超滤和微滤等各类膜材料,以及卷式膜、帘式膜、管式膜、板式膜等多种膜组件和膜组器。国内已有江苏久吾高科技股份有限公司、贵阳时代沃顿科技有限公司、海南立昇净水科技实业有限公司、山东招金膜天股份有限公司等多家从事膜产业研发生产的企业。表 1-17 列出了目前国内从事膜产业的主要企业。

　　最近十几年,中国膜产业高度增长,膜产业总产值 2005 年为 100 亿元,到 2015 年达到 790 亿元,2019 年已达到 2773 亿元,预计 2022 年可达到 3600 亿元。在水处理膜、渗透汽化膜、气体分离膜、离子交换膜、无机膜、膜反应器、新型膜的理论和应用研究方面取得了重要的创新进展,为我国的节能减排与传统产业改造做出了突出贡献。

表 1-17　中国膜产业主要企业

单位名称	从事领域
中国蓝星(集团)股份有限公司	化工新材料、膜与水处理和工业清洗
贵阳时代沃顿科技有限公司	反渗透膜和纳滤膜产品研发、制造和服务
北京碧水源科技股份有限公司/北京碧水源膜科技有限公司	膜技术研发、膜设备制造、膜法水处理、民用商用净水设备
南京九思高科技有限公司	高性能膜材料研发、生产、销售
江苏久吾高科技股份有限公司	陶瓷滤膜的研发、生产,膜工程设计,膜成套设备制造及技术服务

单位名称	从事领域
天邦膜技术国家工程研究中心有限责任公司	膜分离技术研究、开发、生产、经营
天津膜天膜科技股份有限公司	膜材料和膜过程研发、膜产品规模化生产、膜设备制造以及膜工程设计施工和运营服务
三达膜科技(厦门)有限公司	工业膜分离应用
海南立昇净水科技实业有限公司	水处理科学技术研究,分离膜技术及产品,家庭净水设备研发、生产、销售和服务
山东招金膜天股份有限公司	微滤、超滤、反渗透、液体脱气等分离膜
杭州水处理技术研究开发中心	膜法水处理技术和分离膜及组器制造等相关水处理技术
山东蓝景膜技术工程有限公司	高性能膜材料开发、膜技术研究、工程设计实施与产品生产经营
北京赛诺膜技术有限公司	污水处理回用及饮用水净化
山东天维膜技术有限公司	各种分离膜及膜过程的研究、开发、生产和经营

1.6　现状与展望

1.6.1　现状

半个世纪以来,膜分离完成了从实验室到大规模工业应用的演进,成为一项高效节能的新型分离技术。从 20 世纪 80 年代开始,我国膜技术跨入应用阶段,同时也是新膜过程的开发阶段。在这一时期,膜技术在苦咸水和海水淡化,纯水、超纯水和饮用水制备,食品加工,药品制造,工业废水处理,合成氨和石油化工过程尾气回收氢等领域已有了较大规模的应用。在这一时期,一批新膜和新膜过程(渗透汽化、气体分离、膜反应、膜蒸馏、膜萃取、膜分相、控制释放、液膜、LB 膜、双极膜、无机膜等)分别进入不同的研究阶段和中试应用阶段。

21 世纪以来,中国膜技术的研发取得了长足的进步。面向水资源、能源、传统工业技术改造等方面的重大需求,紧密围绕"膜的功能与膜及膜材料微结构的关系、膜及膜材料的微结构形成机理与控制方法、应用过程中的膜及膜材料微结构的演变规律"三个膜领域的关键科学问题展开,通过对膜及膜材料微结构与膜功能性质和制备过程关系的研究,初步建立了面向应用过程的膜材料设计与制备理论框架,形成了一系列具有自主知识产权、性能达到国际先进水平的膜材料与膜过程,在水处理膜、渗透汽化膜、气体分离膜、离子交换膜、无机膜、膜反应器、新型膜的理论和应用研究方面取得了重要的创新进展,为我国的节能减排与传统产业改造做出了突出贡献。反渗透膜、PVC 膜、PVDF 膜等水处理膜缩短了与国际先进水平的差距;在分子筛膜、有机-无机复合膜、致密膜反应器等方面赶超了国际先进水平;金属合金膜、智能膜等新型膜引领了国际膜材料的发展。通过解决高性能膜材料的微结构控制与过程应用的关键技术问题,突破了产业化的技术瓶颈,在水资源、能源、环境、传统产业改造若干重大领域实现了工业应用[12]。

目前，中国有超过 120 个高校与科研院所从事膜科学技术研究，其中大约 30 个研究团队活跃在国际学术前沿。我国在膜领域发表的 SCI 论文数量呈现快速增长趋势，近 5 年在膜领域核心期刊 *Journal of Membrane Science* 上发表的文章数量超越美国位居全球第一，论文的他引次数也接近美国。每年我国都会召开若干次与膜技术和膜过程有关的国内、国际学术会议，其中 2014 年 7 月 20～25 日首次在中国举办的"国际膜与膜过程会议"（ICOM 2014），吸引了来自 40 个国家与地区的 1300 多名膜科技工作者，这标志着中国膜科学技术的发展得到了国际社会的高度认可。近年来通过对膜科学技术的研究提升了我国膜领域的原始创新能力、膜材料的产业竞争力、膜研究的国际影响力[12]。

我国在分离膜领域取得的巨大进步离不开政府的大力支持。国家的"973"计划、"863"计划、自然科学基金等对于膜分离技术研究的资助，国家科技部多个"五年规划"对膜分离技术的重视和关注，极大地提升了我国膜科学技术的基础研究水平。在 2010 年《国务院关于加快培育和发展战略性新兴产业的决定》中，膜技术产业由于同时占据了节能环保、新材料两大战略性新兴产业而广受关注。"十二五"期间，我国膜工业发展确立了三大主攻目标：一是在分离膜全领域形成规模化的、完备的膜与膜组件生产能力，膜性能达到国际先进水平；二是加快建立膜产品与工程的标准体系和评价中心，规范我国膜市场；三是大力推进膜技术在国民经济各领域的推广应用。《新材料产业"十二五"发展规划》中把功能性膜材料列入高性能膜材料专项工程；《"十二五"节能环保产业发展规划》则明确提出要重点示范膜生物反应器（MBR），重点研发和产业化示范膜材料；2012 年 9 月，国家科技部《高性能膜材料科技发展"十二五"专项规划》提出膜产值到 2020 年要达到 1000 亿元（已提前 4 年实现）；2013 年 5 月，国务院印发《"十二五"国家自主创新能力建设规划》，明确了"分离膜材料"作为战略性新兴产业创新能力建设重点的地位；2014 年 10 月，国家发改委、工信部、科技部、财政部和环保部等五部委发布了《重大环保技术装备与产品产业化工程实施方案》，明确了"高性能分离膜材料"作为关键战略材料的发展重点，具体又把"膜法重金属脱除设备"和"膜萃取分离技术"作为国家重大环保技术装备与产品应用示范领域和方向，把"低成本陶瓷膜及成套设备"和"管式膜及组件"作为重大环保技术装备与产品产业化应用方向；2015 年 5 月国务院印发"中国制造 2025"，把脱盐率大于 99.8% 的海水淡化反透膜产品，低成本、装填密度超过 $300m^2/m^3$ 的陶瓷膜产品，性能提高 20%、氯碱工业应用超过 1000 万吨规模的离子交换膜产品，以及渗透通量提高 20%、膜面积达到 10 万平方米的渗透汽化膜产品作为关键材料的发展重点之一。"十三五"期间，中国膜工业协会提出的目标是，年平均增长率达到或超过 20%，到"十三五"末产值规模再翻番，达到 2500 亿～3000 亿元，膜产品出口额每年要超过 100 亿元；另外膜技术创新应有新突破，反渗透膜国产率要达到 40%～60%，国产纳滤膜、超滤膜和微滤膜（含 MBR）的国内市场占有率要达到 60%～80%。

1.6.2　展望

膜技术是材料、化学、化工、纺织、环境等学科交叉融合形成的高效、环保的新型分离技术，已经成为解决水资源、能源、环境等领域重大问题的共性技术之一，在促进我国国民经济发展、产业技术进步与增强国际竞争力等方面发挥着重要作用。虽然膜科学与技术已经获得巨大的进展，但它毕竟还是一门发展中的综合性学科，膜分离技术还处于发展上升阶段，无论是理论上还是应用上都有很多工作要做。未来的膜科学与技术，将进一步改进、完善已有的膜过程，不断探索和开发新的过程与材料，在各个应用领域发挥更大的作用。

对膜技术的展望如下：

① 传质理论　上面提到的一批新的膜过程，其中大多数将在解决了理论和技术问题之后，相继在工业上推广应用。需要加强膜传质理论研究，实验与计算机模拟相结合，尤其是涉及具有限域传质效应的膜过程[13]。

② 过程集成　膜过程将会与其他常规分离方法更有效地结合使用，从而扩大其应用领域，提高经济效益。

③ 有机膜　高分子聚合物仍将是用于各种膜过程的主要膜材料。开发新型聚合物膜材料，加强"超薄"和"活化"技术的研究，对膜材料进行分子设计与模拟，实现膜材料的高通量合成与评价，是今后聚合物膜发展的方向。

④ 无机膜　近二十年来，无机膜的研究愈来愈受到重视，销售额约占膜市场的 20%，并且不断增加。今后，无机膜的研究主要将围绕以下两个方面：a. 研究新材料；b. 开发新工艺。

⑤ 新型膜　近年来，有机-无机复合膜、混合基质膜、金属有机骨架化合物（MOF）膜、共价有机骨架化合物（COF）膜、石墨烯二维材料膜等具有新型纳米结构的膜材料对水分子、有机小分子、气体分子展现出优异的快速选择性透过性能，正受到学术界和工业界的广泛关注。这些新型膜材料的制备方法、微结构形成机理和演变规律、分离传质机理有待深入研究。

总的来说，我国膜科学与技术的发展要遵循从基础研究到应用研究再到产业化的贯通式研究策略，以企业为创新主体，坚持产学研相结合的原则，面向世界科技前沿、面向经济主战场、面向国家重大需求，从膜材料、膜组件、膜设备到膜工程，形成原创性基础研究—颠覆性技术—重大工程应用的完整创新链。如图 1-18 所示，研究膜材料高通量选择与合成方法、膜的制备和成膜机理、膜结构和性能的调控、膜的分离和传递机理、膜组件和关键设备的设计和制造及浓差极化和膜污染控制，针对各种膜过程形成标准的检测方法，实现成功的应用示范，形成完备的膜技术产业链，提升我国膜领域的科技创新能力和产业的国际竞争力。

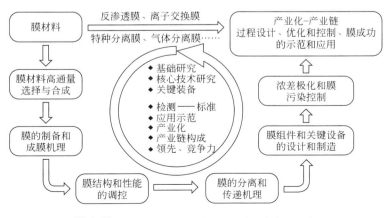

图 1-18　我国膜科学与技术的贯通式研究发展思路

参考文献

［1］ Baker R W, et al. Membrane Separation Systems-Recent Developments and Future Directions［M］. New Jersey: Noyes Dala Corporation Park Ridge, 1991.

［2］ Winston H, Kamalesh K S. Membrane Handbook［M］. New York: Van Nostrand Reinhold, 1992.

［3］ 王学松. 膜分离技术及其应用［M］. 北京: 科学出版社, 1994.

［4］ 朱长乐, 刘茉娥. 膜科学技术［M］. 杭州: 浙江大学出版社, 1992.

［5］ 朱长乐, 等. 化学工程手册: 第 18 篇［M］. 北京: 化学工业出版社, 1987.

［6］ 高以烜, 叶凌碧. 膜分离技术基础［M］. 北京: 科学出版社, 1989.

［7］ 袁权, 郑领英. 膜与膜分离［J］. 化工进展, 1992（6）: 1-10.

［8］ 郑领英, 袁权. 展望 21 世纪的膜分离技术［J］. 水处理技术, 1995, 21: 125-131.

［9］ 戴猷元, 王运东, 王玉军, 张瑾. 膜萃取技术基础［M］. 北京: 化学工业出版社, 2015.

［10］ 马润宇, 王艳辉, 涂感良. 膜结晶技术研究进展及应用前景［J］. 膜科学与技术, 2003, 23（4）: 145-150.

［11］ 邢卫红, 陈日志, 姜红. 无机膜与膜反应器［M］. 北京: 化学工业出版社, 2020.

［12］ 徐南平, 高从堦, 金万勤. 中国膜科学技术的创新进展［J］. 中国工程科学, 2014, 16（12）: 4-9.

［13］ 金万勤, 徐南平. 限域传质分离膜［J］. 化工学报, 2018, 69（1）: 50-56.

第 2 章
有机高分子膜

主　稿　人：徐志康　浙江大学教授

编写人员：安全福　北京工业大学教授

　　　　　　朱利平　浙江大学副教授

　　　　　　张奇峰　中国科学院长春应用化学研究所
　　　　　　　　　　副研究员

　　　　　　黄小军　浙江大学副教授

审　稿　人：张所波　中国科学院长春应用化学研究所
　　　　　　　　　　研究员

第一版编写人员：郑领英　徐纪平　曹义鸣

自古以来就将天然存在的聚合物如纤维素作为粗过滤材料，第一张实现分离功能（透析）的天然高分子膜是动物的膀胱。合成聚合物膜的历史是从 1844 年 Schoenbein 发明硝化纤维素膜算起的，在其诞生后的一个世纪内，聚合物分离膜材料主要是纤维素衍生物。20世纪 60 年代 Loeb 和 Sourirajan 发明了第一张具有高透量和高脱盐率的醋酸纤维素非对称反渗透膜[1]，引起了工业界和学术界的巨大兴趣，大大促进了液相膜分离技术——反渗透、纳滤、微滤、超滤、渗析等的发展和应用。70 年代聚砜不对称膜的出现更促进了新膜材料的发展。80 年代，具有表面致密层的非对称膜开始应用到气体分离，其后，数百种合成聚合物作为分离膜材料的研究相继发展，膜的制备及其结构与分离性能之间的关系研究受到重视，膜分离技术在各个领域的应用迅速发展[2]。迄今为止，合成聚合物已成为最主要的分离膜材料。

2.1　高分子分离膜材料

2.1.1　天然高分子

2.1.1.1　再生纤维素（cellu）[3,4]

纤维素（cellulose）是资源最为丰富的天然高分子。由于纤维素的分子量很大，在分解温度前没有熔点，且不溶于通常的溶剂，无法加工成膜，必须进行化学改性，生成纤维素醚、酯才能溶于溶剂。纤维素本身也能溶于铜氨溶液和二硫化碳等，在纺丝和成膜过程中又恢复到纤维素的结构，故称为再生纤维素。

（1）化学结构

纤维素是 β 葡萄糖残基以 β 糖苷键连接而成的。纤维素的分子量在 50 万～200 万，在溶解过程中（尤其在有氧存在下）降解。再生纤维素的分子量约在几万到几十万。

（2）制备方法

传统的再生纤维素有铜氨纤维素和黄原酸纤维素。

① 铜氨纤维素　铜氨溶液与纤维素的反应机理很复杂，至今尚未彻底研究清楚，一般认为 Cu^{2+} 主要与 2 位、3 位的羟基配位。所得到的黏稠溶液铸膜后在稀酸作用下成膜，恢复为纤维素。

② 黄原酸纤维素　纤维素与 NaOH 溶液（约 18%）作用生成碱纤维素，它在接触空气中氧的过程中（成熟过程）分子量降解至合适程度，进一步与 CS_2 反应即生成黄原酸纤维素，为橘黄色黏液（如降解不够则黏液黏度太大不易过滤，如降解过度则再生纤维素强度下降）。

$$\text{Cell—O—Na} + \text{CS}_2 \longrightarrow \text{Cell—O—CS—SNa}$$

黏液在经过熟化后，供纺丝（制备黏胶纤维、丝或中空纤维）或制平板膜（cellophane，玻璃纸），在含 12% H_2SO_4、22% Na_2SO_4 的凝固浴中，黄原酸纤维素与 H_2SO_4 反应，恢复为再生纤维素。

③ 纤维素酯类的水解　20 世纪 90 年代有关超滤膜污染（fouling）的研究表明，蛋白质的污染程度以再生纤维素为最轻，低于醋酸纤维素和聚砜，也低于聚乙烯、聚丙烯、聚偏氟乙烯和聚四氟乙烯。现在工业上已将醋酸纤维素的超滤和微滤膜在成膜水洗后直接水解回到纤维素状态而成为一种新的再生纤维素。

④ 其他　20 世纪 60 年代曾有专利报道纤维素（如棉纤维、纸浆板）可以溶于 N-甲基吗啉-N-氧化物（NMMO）[5]，由于该溶剂成本太高，直到 80 年代末才实现了工业化生产[6]。此法得到的再生纤维素强度很大，纤维素还可与尼龙或聚酯等合成高聚物共溶于NMMO 后纺丝或制膜，有很大的开发价值。

1996 年日本旭化成公司报道纸浆经（蒸）汽爆（裂）可生成 $10\mu m$ 左右的纤维素颗粒，它可溶于浓 NaOH 形成 7%～8% 的溶液。经过滤、脱泡，纺丝进入 20% H_2SO_4 的凝固浴而得到再生纤维素纤维[7,8]。

（3）性能

见表 2-1。

表 2-1　纤维素衍生物类膜材料的性能

项目	ASTM	纤维素	CN	CA	CTA	CAB	EC
密度/(g/cm³)	D1505	1.40～1.50	1.35～1.40	1.28～1.31	1.28～1.31	1.19～1.23	1.15
拉伸强度/MPa	D882	48～120	48～55	48～113	62～110		
伸长率/%	D882	10～50	40～45	15～55	10～50	50～100	20～30
耐折/次	D2176			500～2000	1000～4000	800～1200	
吸水率/%	D570	45～115	1.0～2.0	3.0～8.5	2.0～4.5	1.2	2.5～7.5
耐强酸	D543	劣	中	劣	中	劣	劣～中
耐强碱	D543	劣	劣	劣	劣	劣	良
耐油脂	D722	良	良	良	良	良	良
耐有机溶剂	D543		劣	劣	中～劣	劣	劣
耐水	E96/E96M	中	良	良	良	良	良
耐高湿		中	良	良	良	良	良
耐日光	D1435	良	良～中	良	良		良～中
尺寸稳定度/%	D1204	−0.7～−3.0		0.2～−3.0	0～−0.7	0～−3.0	0～−0.7
介电常数/(F/m)	D150	3.2		3.2～3.6	3.2～3.8	2.5～2.9	3.0～3.1
介电损耗	D150	0.015		0.013～0.038	0.016～0.033	0.013～0.044	0.003～0.016
热封温度/℃		80～175		175～230			
结晶熔化温度/℃				230		140	135
玻璃化转变温度 T_g/℃			53,63		105,157	50	43

（4）应用

黄原酸法和铜氨法制备的再生纤维素是很好的透析膜材料，尤其是人工肾大量使用再生纤维素，已成为重要的医药工业产品。抗蛋白质污染的系列再生纤维素微滤膜和超滤膜已获得了广泛应用。

2.1.1.2　硝酸纤维素（CN）[3]

（1）化学结构

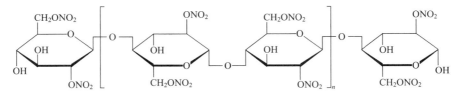

（2）制备方法

纤维素的重复单元葡萄糖残基上的三个—OH 均可与无机酸或有机酸反应生成酯，三个—OH 的反应活性是 6 位＞2 位＞3 位。纤维素硝化用 HNO_3 和 H_2SO_4 的混合液。硝化液的组成约为 HNO_3 20％～25％，H_2SO_4 50％～70％，水 10％～20％。硝化程度用含 N 量表示，制膜用的硝酸纤维素含 N 量在 11.2％～12.2％，约略相当于两个羟基被 HNO_3 酯化，二硝基纤维素的含 N 量为 11.9％。

（3）性能

性能见表 2-1。硝酸纤维素常用溶剂为乙醚-乙醇（7:3）混合溶剂。纤维素衍生物在各种溶剂中的溶解度见表 2-2。

表 2-2　纤维素衍生物的溶解性能

溶剂	CA(52％～55％ AcOH)	CA(55％～57％ AcOH)	CTA(60％～62％ AcOH)	CAB(43％ AcOH, 20％ Bu)	EC(47％～49％ EtO)
乙醇	不溶	不溶	不溶	不溶	溶解
二氯乙烷	溶胀	溶胀	—	溶解	溶解
丙酮	溶解	溶解	不溶	溶解	溶解
甲乙酮	溶解	部分溶解	不溶	溶解	溶解
乙酸甲酯	溶解	溶解	—	溶解	溶解
乙酸乙酯	溶胀	溶胀	不溶	溶解	溶解
乙醚	不溶	不溶	不溶	—	部分溶解
乙二醇单甲醚	溶解	溶解	不溶	溶解	部分溶解
苯	不溶	不溶	不溶	溶胀	溶解
甲苯	不溶	不溶	不溶	溶胀	溶解
二甲苯	不溶	不溶	不溶	溶胀	溶解
松节油	不溶	不溶	不溶	—	溶胀
白油	不溶	不溶	不溶	不溶	不溶
二氯甲烷-乙醇(9:1)	溶解	溶解	溶解	溶解	溶解
二氯乙烷-乙醇(9:1)	溶解	溶解	溶解	溶解	溶解
硝基乙烷-乙醇(8:2)	溶解	溶解	不溶	溶解	溶解

（4）应用

硝酸纤维素价格便宜，广泛用于透析用膜和微滤膜。为增加膜的强度，一般与醋酸纤维素混合使用，是通用的微滤膜材料。

2.1.1.3　醋酸纤维素（CA）[3]

（1）化学结构

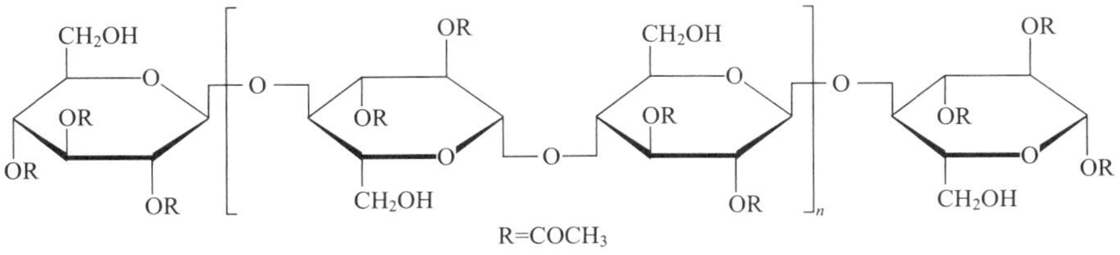

R=COCH₃

（2）制备方法

醋酸纤维素由纤维素与乙酸酐-乙酸混合物（或乙酰氯）反应制备，以 H_2SO_4 为催化剂（也可用 $HClO_4$、BF_3 等）。反应完成时三个羟基完全被酯化，在以后的熟成过程中发生部分水解，6 位的酯基优先还复为羟基。醋酸纤维素的酯化程度一般以乙酰基团取代羟基的比例表示。二取代醋酸纤维素（也称二醋酸纤维素）含乙酰基团 51.8%，三取代醋酸纤维素（CTA，也称三醋酸纤维素）含乙酰基团 61.85%。制膜用 CA 的乙酰基团含量为 55%～58%，接近于 2.5 个羟基被取代。CA 的质量取决于硫酸催化剂洗脱是否完全和酯化基团分布的均匀性。

CTA 可用 CA 进一步与乙酸酐反应制备，乙酸含量为 60%～61%。

（3）性能

见表 2-1。溶解性能见表 2-2。

（4）应用

醋酸纤维素是 Loeb 等制备不对称反渗透膜的基本材料，CA 的脱盐率较低，后来大都使用 CA 与 CTA 的混合物制卷式膜，以提高脱盐率。CTA 则可纺成中空纤维膜。CA 也被制备为卷式超滤组件以及微滤膜。

2.1.1.4　乙基纤维素（EC）[3]

（1）化学结构

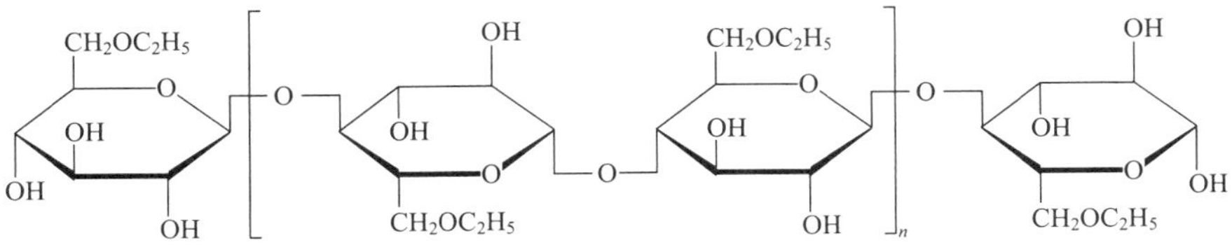

（2）制备方法

乙基纤维素由碱基纤维素与乙基卤化物反应制得，其反应活性为 $C_2H_5I > C_2H_5Br > C_2H_5Cl$。工业上一般使用 C_2H_5Cl。由于醚化反应中生成 HCl，故必须有过量的 NaOH 存在，以免纤维素被酸水解及设备被腐蚀。

（3）性能

见表 2-1。溶解性能见表 2-2。

(4) 应用

乙基纤维素有较高的气体透过系数和较高的气体透过选择性，它的中空纤维组件已被用于（空气中的）氧、氮分离[9]。

2.1.1.5　纳米纤维素（NFC）

纳米纤维素是指以植物纤维为原料，经过细化处理后得到的一种直径小于100nm、长度可达几百纳米至几微米的纳米级生物质材料。20世纪80年代，Herrick等首先以亚硫酸盐铁杉浆为原料，用高压均质法制备出纳米纤维素[10]。NFC是一种质轻、环境友好、可生物降解的天然高分子材料，具有许多优良性能，如高纯度、高强度、高聚合度、高结晶度、高亲水性、高透明性、高杨氏模量和超精细结构等，可制备成多种功能材料，例如气凝胶、水凝胶、膜材料、电极材料、复合材料等。根据材料来源、制备方法及纤维形态不同，纳米纤维素可分为细菌纳米纤维素（BNC）、微细纤维、纤维素纳米纤丝（CNF）、纤维素纳米晶体（CNC）、纤维素纳米颗粒和静电纺丝纤维（ECC）等种类，如表2-3所示[11]。细菌纳米纤维素的典型扫描电镜照片如图2-1所示。

表2-3　纳米纤维素的分类

纤维长度/nm	类型	英文名称
网状结构	细菌纳米纤维素	bacterial nanocellulose, BNC
＞10000	微细纤维	microfibril
300～10000	纤维素纳米纤丝	cellulose nanofibrils, CNF
100～300	纤维素纳米晶体	cellulose nanocrystals, CNC
＜100	纤维素纳米颗粒	cellulose nanoparticles

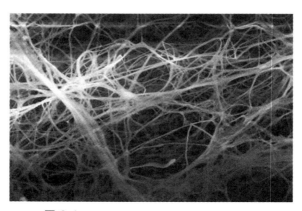

图2-1　细菌纳米纤维素的典型扫描电镜照片

这些不同长度的纳米纤维素可通过不同的制备方法获得，包括化学法、机械法、酶法等。不同纤维素原料提取出的纳米纤维素的尺寸也存在差异，常见的几种纤维素来源与纳米纤维素具体尺寸关系见表2-4[12]。

表2-4　不同原料制备的纳米纤维素具体尺寸

来源	长度/nm	纤维直径/nm
木材	100～300	3～5

续表

来源	长度/nm	纤维直径/nm
棉花	200~350	5
斛果壳	>1000	10~20
剑麻	250	4
海藻	100~200	20
细菌纤维素	100~10000	20~100

2.1.1.6 甲壳素

甲壳素（chitin）又称几丁质，是最重要的一类海洋生物资源，主要来源于虾壳、蟹壳、昆虫壳等。它是地球上仅次于纤维素的第二大可再生资源。其化学结构为乙酰胺基葡聚糖，与纤维素结构类似［纤维素 6 位的羟基（—OH）置换为乙酰胺基（—NH—CO—CH₃）］。

壳聚糖（chitosan）是甲壳素在酸或碱作用下水解发生脱乙酰化反应得到的，也称为脱乙酰化甲壳素或甲壳胺。其化学结构为氨基葡聚糖。由于甲壳素的主链葡苷键也会水解降解，故在实际上脱乙酰化反应不可能进行到 100%，一般只有 90% 左右。

壳聚糖溶于稀酸即可浇铸成膜，所生成的膜强度较大。壳聚糖中同时含有—NH₂ 和—OH，可与重金属离子螯合，故可用作离子交换膜或螯合膜在环保中应用。壳聚糖膜用于渗透汽化已进行了多年研究工作，有希望单独或与聚乙烯醇混用于渗透汽化[13]。

2.1.1.7 其他纤维素衍生物

在众多的其他纤维素酯、醚中，制膜工业中较常用的有醋酸丁酸纤维素（CAB），它由纤维素与丁酸、醋酸酐制备。它的醋酸含量为 38%~42%，丁酸含量为 18%~22%。由于丁酸酯基的内增塑作用，它的加工性能较好，与其他聚合物的相容性也较好。与 CA 相比，其吸水率较低，耐老化性能、耐水性和尺寸稳定性均有较大改进。主要性能见表 2-1 及表 2-2。

2.1.2 芳杂环高分子

2.1.2.1 聚砜（PSF）

聚砜是一类耐高温、高强度工程塑料，具有优异的抗蠕变性能，其中双酚 A 型聚砜继醋酸纤维素（CA）之后发展成为目前最重要、生产量最大的合成膜材料之一。它可用作微滤和超滤膜材料，更可用作反渗透膜和气体分离膜等复合膜的支撑膜材料。

（1）化学结构

$$\left[O - \bigcirc\! \right]_n$$

（2）合成方法

由双酚 A 的二钾盐与二氯二苯砜经亲核缩聚反应合成[14]。生产厂家主要有苏威、巴斯夫和住友等。

（3）性能

见表 2-5。聚砜制膜常使用 N,N-二甲基甲酰胺（DMF）、N,N-二甲基乙酰胺（DMAC）、N-甲基吡咯烷酮（NMP）等溶剂配铸膜液。聚砜也可溶于氯仿（$CHCl_3$）、二氯甲烷（CH_2Cl_2）、1,2-二氯乙烷（CH_2ClCH_2Cl）、1,1,2-三氯乙烷（$CHCl_2CH_2Cl$）等卤代烃中。

表 2-5　芳杂环类膜材料的性能

项目	ASTM	PSF	PES	PEK-C	PEEK
密度/(g/cm³)	D1505	1.24~1.37	1.37	1.249~1.309	1.30~1.32
拉伸强度/MPa	D882	58~83	85	100~120	69~103
伸长率/%	D882	20~150	50~100	20~150	30~150
吸水率/%	D570	0.3~2.1	0.43	0.5	0.5
耐强酸	D543	良	良	良	良
耐强碱	D543	良	良	良	良
耐油脂	D722	良	良	良	良
耐有机溶剂	D543	劣	中	劣	中
耐水	E96	良	良	良	良
耐高湿	D756	良	良	良	良
耐日光	D1435	劣	劣	劣	劣
介电常数/(F/m)	D150	3.0~3.5	3.7	3.0	
介电损耗	D150	0.006~0.008	0.0035	0.00014	
击穿电压/kV	D149	5.8~7.5	16	50	
体积电阻率/Ω·cm	D257	10^{16}~10^{18}	$>10^{17}$	1.43×10^{18}	
热封温度/℃		260~290			
结晶熔化温度/℃					334
玻璃化转变温度 T_g/℃		190	225	231	

（4）应用

聚砜不对称膜主要用于超滤和微滤，该类膜材料也常用于反渗透和纳滤复合膜的支撑膜。聚砜的玻璃化转变温度（T_g）约为 $190℃$，多孔膜可在 $80℃$ 以下长期使用。聚砜是气体分离膜的基本材料，最早实现工业规模气体分离——从合成氨尾气回收氢的 Monsanto 公司的 Prism 分离器，分离材料即为聚砜不对称中空纤维膜[15]。由于在制备聚砜中空纤维时，皮层不可避免有微孔，采用了以硅橡胶堵孔的方法。为进一步改善聚砜中空纤维的皮层结构，将聚砜溶于 Lewis 酸和 Lewis 碱的络合溶剂中纺丝，可得到梯度皮层结构[16-18]，进一步提高了气体透过速率，使之可实际用于富氮气体（95％～99％）的制备。聚砜类材料经磺化或经氯甲基化-季铵化，即可得到带负电荷或正电荷的荷电膜材料[19,20]，在回收带相同电荷的质点时（如电泳漆），由于相同电荷之间的相斥力，可使分离膜不易被堵塞。荷电膜还可用于制备分子量切割范围（MWCO）在 200～1000 的纳滤膜以及用于电渗析有关过程。

2.1.2.2　聚醚砜（PES）

（1）化学结构

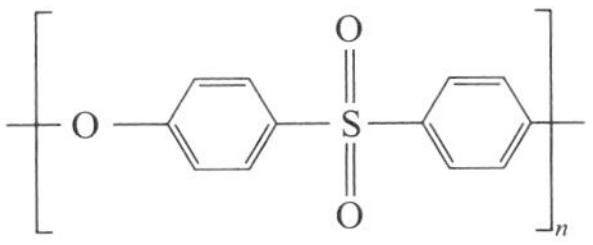

（2）合成方法

由双酚 S（二羟基二苯砜）二钾盐与二氯二苯砜经亲核缩聚反应合成，也可由 4-氯-$4'$-羟基二苯砜的钾盐自缩聚制备（ICI 公司）[21]。

（3）性能

见表 2-5。

（4）应用

聚砜的 T_g 为 190℃，用于生物工程产品下游分离和膜生物反应器的分离膜必须能耐 138℃ 蒸汽以杀灭杂菌，但聚砜多孔膜的孔结构在 80℃ 长期使用即可发生变化。聚醚砜的 T_g 高达 225℃，是目前首选的可耐蒸汽杀菌的微滤、超滤膜材料[22]。

2.1.2.3　聚醚酮（PEK）

（1）酚酞型聚醚酮（PEK-C）

① 化学结构

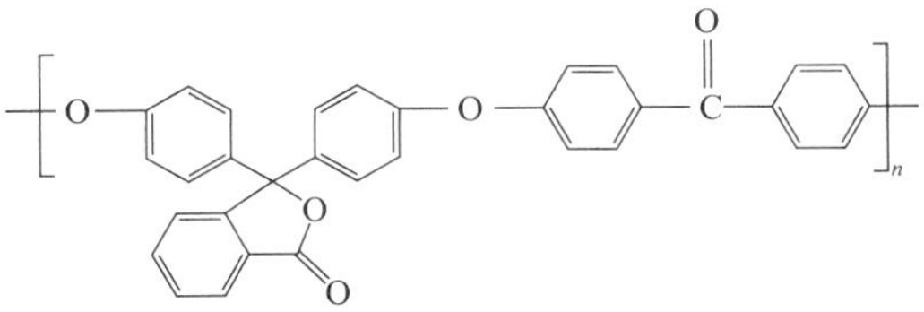

② 合成方法　由酚酞、碳酸钾和二氯二苯酮（不必像聚醚醚酮那样需用活性较高的、昂贵的二氟二苯酮单体）或二硝基二苯酮经亲核缩聚反应合成[23]。

③ 性能　见表 2-5。

④ 应用　主要用于超滤和气体分离膜领域。

（2）聚醚醚酮（PEEK）

① 化学结构

② 合成方法　由氢醌与二氟二苯酮在二苯砜中 $280 \sim 300 ℃$ 经亲核缩聚制备[24]，它是结晶性聚合物，有别于其他非晶态的聚砜、聚醚砜（酮）。

③ 性能　见表 2-5。

④ 应用　由于 PEEK 为结晶性聚合物，不易找到合适溶剂制备不对称膜，但磺化 PEEK 则是无定形聚合物，可用于制备离子交换膜和荷电超（纳）滤膜[25]。

2.1.2.4　聚酰胺（PA）

（1）脂肪族聚酰胺

代表性产品有尼龙 6 和尼龙 66，是生产历史最久的合成纤维，但它们严格来讲并不属于芳杂环高分子，为与芳香族聚酰胺作对比，故列在此处。

① 化学结构

尼龙 6

$$+NH(CH_2)_5CO+_n$$

尼龙 66

$$+NH(CH_2)_6NH—CO—(CH_2)_4—CO+_n$$

② 合成方法　尼龙 6 由己内酰胺在高温下开环聚合而得[26]。由于线型高分子及环状单体间存在平衡的关系，聚己内酰胺中含有 10% 左右的单体己内酰胺需要水洗回收。尼龙 66 由己二胺和己二酸缩聚制得，一般先制成己二胺和己二酸的盐，再在高温下脱水缩聚[27]。

③ 性能　见表 2-6。

表 2-6　聚酰胺类膜材料的性能

项目	ASTM	尼龙 6	尼龙 66	芳香族聚酰胺	聚砜酰胺（共聚）[①]
密度/(g/cm³)	D1505	1.13	$1.13 \sim 1.15$	1.30	1.41
拉伸强度/MPa	D882	$62 \sim 124$	76	120	89.9
伸长率/%	D882	$250 \sim 550$	$15 \sim 80$	5	11.3
吸水率/%	D570	9.5	$1.0 \sim 2.8$	0.6	
耐强酸	D543	劣	劣	劣	良
耐强碱	D543	中	中	中	劣
耐油脂	D722	优	优	优	优
耐有机溶剂	D543	良	良	优	良
耐水	E96	良～中	良	良	良
耐高湿	D756	良～中	良	良	良
耐日光	D1435	中	中	良	中
介电常数/(F/m)	D150	$3.0 \sim 3.7$			4.24
介电损耗	D150	$0.016 \sim 0.036$			

续表

项目	ASTM	尼龙 6	尼龙 66	芳香族聚酰胺	聚砜酰胺(共聚)①
击穿电压/(kV/mm)	D149	1.3～1.5			
体积电阻率/Ω·cm	D257	10^{15}			$2.3×10^{14}$
热封温度/℃		193～232	57		
结晶熔化温度/℃		210～220	255～265	275	367～370
玻璃化转变温度 T_g/℃		50,75(干)			275

① 聚砜酰胺（共聚）的性能数据来源于文献［30］。

④ 应用　尼龙 6 和尼龙 66 的织布（府绸）和不织布用于 RO 膜和气体分离（复合）膜的支撑底布，超细尼龙纤维的不织布其平均孔径可达 $1\mu m$ 以下，可直接用于微滤。

（2）芳香族聚酰胺（APA）

① 化学结构

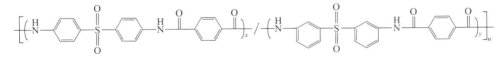

② 合成方法　以杜邦公司的 Nomex 为例，是由对苯二胺和对苯二酰氯低温缩聚而得[28]。

③ 性能　见表 2-6。

④ 应用　芳香族聚酰胺是第二代反渗透膜用材料，在支撑底膜上采用芳香胺和酰氯，通过界面聚合法制备成薄层复合膜（TFC 膜），而用熔融纺丝方法制备均质壁薄中空纤维膜如杜邦公司的 B-10 组件，主要用于反渗透[29]。近年来，一些研究者使用芳香族聚酰胺（如对位芳纶 Kevlar）制备成多孔膜，用作锂离子电池隔膜或水处理膜。

（3）聚砜酰胺（PSA）

① 化学结构[30]

（无规共聚物，x 和 y 分别代表两种共聚单元的含量比例，$x+y=1$）

② 合成方法　由 3,3'-二氨基二苯砜或 4,4'-二氨基二苯砜与对苯二甲酰氯经低温溶液缩聚制得[30]。

③ 性能　见表 2-6。

④ 应用　我国曾将它作为颇具特色的分离膜材料。

（4）RO 和 NF 膜用交联聚酰胺

由芳香二胺（如间苯二胺）或脂肪二胺（如哌嗪）与均苯三酰氯反应即可制备交联聚酰胺。FilmTech 的 Cadotte 首先实现了以聚砜超滤膜为基膜，将芳香二胺的水溶液与均苯三酰氯的烃溶液进行界面缩聚，得到以交联芳香聚酰胺为活性分离层的超薄复合膜[31]。Toray 的 Kurihara 实现了芳香三胺与芳香二酰氯的交联聚芳酰胺[32]。这类交联芳香聚酰胺膜用于反渗透脱盐率可达 99.5% 以上，已广泛用于海水和苦咸水淡化以及饮用水和超纯水（用于医药和微电子工业）的制备[33]。但芳香族聚酰胺有不耐氯的缺点。此外，基于哌嗪的水溶液与均苯三酰氯的烃溶液进行界面缩聚，得到的薄层复合膜是性能优异的纳滤膜材料[34]。

2.1.2.5　聚酰亚胺（PI）

聚酰亚胺是一类耐高温、耐溶剂、耐化学品的高强度、高性能材料。最早商品化的聚酰亚胺膜（Kapton）是由均苯四酸或均苯四酸二酐与二苯醚二胺反应成为聚酰胺酸，然后流延成膜，在高温下亚胺化而得[35]，其在耐高温绝缘材料上得到了广泛应用。由于常规的聚酰亚胺不溶、不熔，长期未能在分离膜领域得到应用。由丁四酸与芳二胺合成的聚酰亚胺以及从二苯酮二酐、二苯醚二酐出发合成的聚酰亚胺可溶于非质子性溶剂中，可以采用相转化法制备不对称膜，此类膜首先在非水溶液超滤膜上得到应用[36]。随着聚酯酰亚胺、聚酰胺酰亚胺尤其是聚醚酰亚胺等材料的出现，溶解性能大有改善。

聚酰亚胺在气体分离方面表现出较高的选择系数[37]，但气体的透过系数较低。通过分子设计，调节聚酰亚胺材料的官能团结构，有望得到同时满足对选择系数和透过系数要求的材料[35]。大量结构与透气性能间关系的研究，总结出在结构中引入六氟亚异丙基，在酰亚胺氮的 α 位置引入甲基、异丙基或卤素基团，有利于增加聚合物的自由体积，导致气体透过系数可以增加 1～2 个数量级，而选择性则下降不多[38]。

聚酰亚胺气体分离膜首先在氢回收领域得到应用，与醋酸纤维素、聚砜等气体分离膜组件相比，选择性要高得多，可在较高的温度下使用，特别是聚酰亚胺在烃类溶剂中不溶胀，所以在含烃气体（石油气等）中回收氢具有无可比拟的优势[39]。此外，聚酰亚胺膜组件已用于气体除湿，可将露点降至 $-40℃$[40]。某些结构的聚酰亚胺对 CO_2/CH_4 和 O_2/N_2 有较高的选择分离系数，在 CO_2 回收、天然气除酸性气体以防输送管道的腐蚀，以及富氮气（>95%）制备上有很好的应用前景[35]。聚酰亚胺膜在有机溶剂体系的超滤与纳滤中得到越来越多的应用。

（1）脂肪族二酸聚酰亚胺

① 化学结构

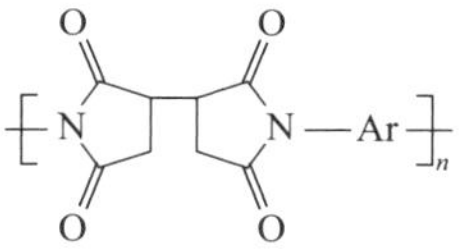

② 合成方法　由丁四酸与芳二胺缩聚而得。

③ 应用　主要用于非水溶液超滤，如食用油的精制（脱色、脱蛋白质）。

（2）全芳香聚酰亚胺

① 化学结构（仅列出两种代表性品种）

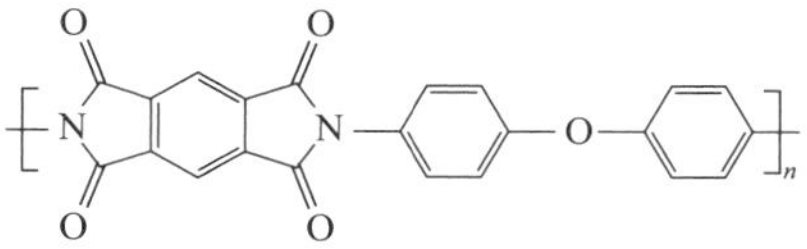

Kapton

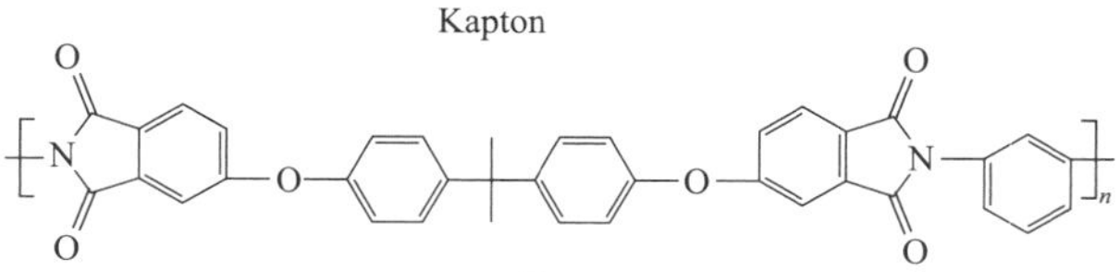

Ultem® PEI

② 合成方法　由芳香二酐与芳香二胺合成。合成路线分为两步法（先合成聚酰胺酸、后经亚胺化）和一步法（一步完成酰亚胺化）[41]。

③ 性能　性能见表 2-7。

表 2-7　聚酰亚胺类膜材料的性能

项目	ASTM	Kapton	Ultem® PEI
密度/(g/cm³)	D1505	1.42	1.27
拉伸强度/MPa	D882	172	103
伸长率/%	D882	10～50	15～55
耐折/次	D2176	1500	
吸水率/%	D570	2.9	<0.01
耐强酸	D543	良	良
耐强碱	D543	劣	良
耐油脂	D722	良	良
耐有机溶剂	D543	良	劣
耐水	E96	良	良
耐高湿	D756	良	良
耐日光	D1435	良	良
尺寸稳定度	D1204	0～−0.7	0.2～3.0
介电常数/(F/m)	D150	3.3～3.5	3.15～3.10
介电损耗	D150	0.0025～0.010	0.0013～0.003
击穿电压/kV	D149	7	4.2
体积电阻率/Ω·cm	D257	10^{18}	6.7×10^{17}
热封温度/℃			274～316
结晶熔化温度/℃		不熔	
玻璃化转变温度 T_g/℃			215～217

（3）含氟聚酰亚胺

① 化学结构

② 合成方法　由全氟代亚异丙基-4,4'-双苯二甲酸酐与双 4-氨基苯基全氟代亚异丙基先缩聚成聚酰胺酸，再亚胺化制备[42]。

③ 应用　含氟聚酰亚胺透气速率快，气体分离选择性高，是有应用前景的气体分离膜材料，该类膜材料还在不断研究改进中。

2.1.2.6　其他芳杂环高分子

（1）聚苯并咪唑（PBI）

① 化学结构

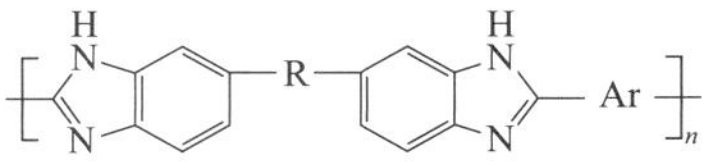

② 合成方法　由芳香族四胺与芳香族二酸及其衍生物经缩聚反应制得[43]。

③ 应用　由于这类材料突出的耐高温性能，已被研究用于高温燃料电池膜[44]等领域。

（2）聚苯醚（PPO）

聚苯醚是 20 世纪 60 年代发展起来的高强度工程塑料，化学名称为聚 2,6-二甲基-1,4-苯醚，又称聚亚苯基氧化物、聚氧二甲苯或聚苯撑醚。

① 化学结构

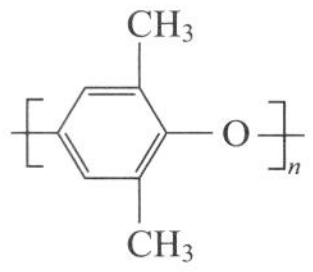

② 合成方法　聚苯醚是由通用电气的 A. S. Hay 在 20 世纪 50 年代制成的，其是利用氯化亚铜作催化剂以氧化偶合方式将 2,6-二甲基苯酚制成聚苯醚。

③ 应用　目前主要被研究用于离子交换膜[45]和气体分离膜[46]。

2.1.3　聚酯类

聚酯类树脂强度高，尺寸稳定性好，耐热、耐溶剂和化学品的性能优良，广泛用作分离膜的支撑增强材料。

2.1.3.1　聚对苯二甲酸乙二醇酯（PET）

聚对苯二甲酸乙二醇酯是生产量最大的聚酯品种，PET 纤维（涤纶）广泛用于纺织和工业纤维。

（1）化学结构

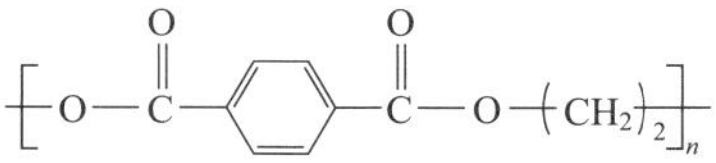

（2）合成方法

由对苯二甲酸二甲酯与乙二醇在高温与催化剂存在下酯交换蒸出甲醇而制得，树脂以液态流出，冷却切粒。近年由于可制得高纯度的对苯二甲酸，可由其与乙二醇直接酯化得 PET[47]。

（3）性能

见表 2-8。

表 2-8　聚酯类膜材料的性能

项目	ASTM	PET	PBT	PC
密度/（g/cm³）	D1505	1.38～1.41	1.30～1.38	1.20
拉伸强度/MPa	D882	137～240	56～60	58～76

项目	ASTM	PET	PBT	PC
伸长率/%	D882	60~165	50~300	40~105
拉撕/次	D1922	50~300		20~25
耐折/次	D2176	>100000	1.20	250~400
吸水率/%	D570	0.25	0.4~0.5	0.32~0.35
耐强酸	D543	良	良	良
耐强碱	D543	劣	劣	劣
耐油脂	D722	良	良	良
耐有机溶剂	D543	良	良	良~劣
耐水	E96	良	良	良
耐高湿	D756	良	良	良
耐日光	D1435	中	中	中
尺寸稳定度	D1204	<0.5		0
介电常数/(F/m)	D150	2.8~3.2		2.89~2.99
介电损耗	D150	0.003~0.016		0.0015~0.012
击穿电压/kV	D149	7.5	7.5	6.3
体积电阻率/Ω·cm	D257	10^{18}		10^{16}
热封温度/℃		218~232		204~220
结晶熔化温度/℃		212~265	220~267	
玻璃化转变温度 T_g/℃		68~80		150

（4）应用

聚酯无纺布是气体分离、渗透汽化、超滤、微滤等一切卷式膜组件、平板膜组件、管式膜组件的最主要支撑底材。由于其亲水性差、溶解性差，不能用相转化法制成不对称膜，至今尚未用作分离层的材料。

2.1.3.2　聚对苯二甲酸丁二醇酯（PBT）

（1）化学结构

$$\left[O-\overset{\overset{O}{\|}}{C}-C_6H_4-\overset{\overset{O}{\|}}{C}-O-(CH_2)_4 \right]_n$$

（2）合成方法

由对苯二甲酸二甲酯与丁二醇酯交换缩聚而得，也可由高纯对苯二甲酸与丁二醇直接缩聚制备。

（3）性能

见表 2-8，与 PET 基本相当。

（4）应用

基本与 PET 相似，由于生产规模较小、成本较高，目前在膜工业中应用有限。

2.1.3.3　聚碳酸酯（PC）

（1）化学结构

（2）合成方法

由双酚 A 与光气（$COCl_2$）缩聚制备[48]。

（3）性能

见表 2-8。

（4）应用

聚碳酸酯在水处理用膜方面应用不多，由四溴代双酚 A 出发制备的聚四溴碳酸酯，由于透气速率和氧氮透过选择性均较高，已被用作新一代的富氧膜材料[49]。

2.1.4　聚烯烃

2.1.4.1　聚乙烯（PE）

聚乙烯随聚合方法与催化剂的不同而有低密度聚乙烯（LDPE）（高压聚合）、高密度聚乙烯（HDPE）（低压 Ziegler 催化聚合）、线型低密度聚乙烯（LLDPE）、超高分子量聚乙烯（UHMPE）等品种，还有与其他烯类和乙烯类单体的共聚物（例如乙烯-乙烯醇共聚物 EVOH，已被用于制备水处理膜、血液透析膜和包装膜等），其中前两个品种已在分离膜中得到应用。

（1）低密度聚乙烯

其结构式为$\left(CH_2CH_2\right)_n$。由乙烯在高压下聚合而得，由于在聚合时加入少量 CO，故在分子链中有共聚的—CO 基存在，LDPE 实际上具有高度支化结构，并不是线型聚合物。LDPE 的性能见表 2-9。

表 2-9　聚烯烃类膜材料的性能

项目	ASTM	LDPE	HDPE	PP	PMP
密度/（g/cm³）	D1505	0.910~0.925	0.941~0.965	0.885~0.905	0.83
拉伸强度/MPa	D882	105~280	170~430	320~700	190~280
伸长率/%	D882	100~700	10~650	550~1000	10
拉撕/次	D1922	50~300			
耐折/次	D2176		15~300	600	
吸水率/%	D570	<0.01	<0.01	<0.005	0.005
耐强酸	D543	良	良	良	良
耐强碱	D543	良	良	良	良
耐油脂	D722	劣	良	良	中
耐有机溶剂	D543	良	良	良	中
耐水	E96	良	良	良	优

续表

项目	ASTM	LDPE	HDPE	PP	PMP
耐高湿	D756	良	良	良	优
耐日光	D1435	劣	劣	劣	劣
尺寸稳定度	D1204	−2.0	−0.7～−3.0		
介电常数/(F/m)	D150	2.2	2.3	2.2	2.1
介电损耗	D150	0.0003	0.0005	0.0003	0.003
击穿电压/kV	D149	5	5	2.7	
体积电阻率/Ω・m	D257	10^{16}	10^{16}	10^{18}	10^{16}
热封温度/℃		120～205	135～205	140～205	140～205
结晶熔化温度/℃		98～115	130～137	160～175	230～240
玻璃化转变温度 T_g/℃		−25		−20	

　　LDPE 的薄膜在拉伸时产生狭缝状微孔，拉伸致孔的 PE 多孔膜可以用于微滤。LDPE 熔融纺出的纤维可以压成无纺布，用于超滤膜等的低档支撑材料。由于聚乙烯纤维光滑有一定弹性，不像聚酯、聚丙烯纤维的无纺布那样易起毛刺，但强度和耐温性较差。

　　聚乙烯在常温下不溶于任何溶剂，不能用常规相分离法制备不对称膜，但可在高温下溶于十氢萘等溶剂。20 世纪 80 年代末多家公司（如 3M 公司）利用热致相分离技术（TIPS）[50]成功地制备出聚乙烯的不对称微滤膜。

（2）高密度聚乙烯

　　由乙烯在低压 Ziegler 催化剂作用下聚合而得，基本上属于线型结构，仅有少量短链支化。其力学性能（见表 2-9）优于 LDPE。

　　HDPE 产品为粉末状颗粒，经筛分压成管状或板状。在接近熔点温度烧结可得到不同孔径规格的微滤用滤板和滤芯，烧结 PE 多孔板材或管材也可用作分离膜的支撑材料。随着 UHMPE 的日渐普及，HDPE 的烧结滤芯和滤板有被强度更好、更为耐用的 UHMPE 取代的趋势。

　　20 世纪 70 年代，日本三菱公司公开报道了拉伸法制备聚烯烃（包括聚乙烯）中空纤维微孔膜技术，该项技术是以拉伸法制备聚烯烃平板膜为基础，采用高结晶聚烯烃树脂为原料，经熔融纺制中空纤维长丝后，再拉伸致孔制得中空纤维微孔膜，并实现了商业化应用[51]。

2.1.4.2　聚丙烯（PP）

　　（1）化学结构

$$\left[CH-CH_2 \right]_n \quad CH_3$$

　　（2）合成方法

　　由丙烯以 Ziegler 催化剂催化聚合而得。

　　（3）性能

　　见表 2-9。

（4）应用

PP 的性能与 PET 类似，但可纺性稍差，故其纤维较 PET 纤维（$10\mu m$）为粗，一般为 $20\mu m$，由它得到的无纺布也较粗，一般用作二次支撑层。聚丙烯网是常用的间隔层材料，用于卷式 RO 组件和卷式气体分离组件。

聚丙烯厚膜在拉伸过程中无定形区域被拉伸劈裂形成微孔，故经低温拉伸、高温拉伸再热定型可得到微孔滤膜，孔的形状为狭缝状，孔的大小为 $0.02\mu m \times 0.2\mu m$ 或 $0.04\mu m \times 0.4\mu m$，拉伸致孔的微滤 PP 膜厚度约 $25\mu m$[52]，除用于微滤外，也可作为复合气体分离膜的底膜。其缺点是膜的强度有各向异性，沿拉伸方向易于撕裂，狭缝状孔在运行过程中可能变形而使较大质点漏过，及不易制得宽幅膜（一般幅宽为 30cm）。中国科学院化学研究所实现了 β-聚丙烯的双向拉伸制备各向同性的 PP 多孔膜，孔形状为接近圆形的椭圆孔，开孔率与单向拉伸的相近，原则上可得到幅宽较大（$0.5 \sim 1.0m$）的拉伸致孔膜[53]。浙江大学实现了拉伸致孔 PP 中空纤维的产业化和规模化生产，广泛用于水相微滤过程，也被应用于膜接触器。

聚丙烯室温下无溶剂可溶，过去无法用相分离法制备 PP 不对称膜，热致相分离法（TIPS）[54]成功开发后，已可通过该法由 PP 的高温溶液降温相分离而制得不对称膜。

2.1.4.3　聚 4-甲基-1-戊烯（PMP）

（1）化学结构

$$\left[CH-CH_2 \right]_n$$
$$CH_2$$
$$CH$$
$$H_3C \quad CH_3$$

（2）合成方法

由丙烯二聚得 4-甲基-1-戊烯，再经聚合得聚 4-甲基-1-戊烯[55]。

（3）性能

见表 2-9。

（4）应用

PMP 有较高的气体透过速率（仅次于硅橡胶），而选择性远高于硅橡胶，可以熔融纺丝成薄壁中空细丝（外径 $20\mu m$），已用作氧氮分离的新一代材料[56]。表面氟化的 PMP，其氧氮分离选择性高达 $7 \sim 8$[57]。

日本 DIC 公司开发了纺制 PMP 不对称中空纤维膜的技术，适用于水体的脱氧，减少了含氧水对高压锅炉和管道的锈蚀。PMP 中空纤维膜也是膜式体外膜肺氧合器（人工膜肺）的关键材料。

2.1.5　乙烯类聚合物

乙烯类聚合物是一大类聚合型高分子材料，如聚丙烯腈、聚乙烯醇、聚氯乙烯、聚偏氯乙烯、聚偏氟乙烯、聚四氟乙烯、聚丙烯酸及其酯类、聚甲基丙烯酸及其酯类、聚苯乙烯和聚丙烯酰胺等。其中在膜材料方面得以应用的有聚丙烯腈、聚乙烯醇、聚氯乙烯和聚偏氯乙烯、聚偏氟乙烯、聚四氟乙烯。

2.1.5.1　聚丙烯腈（PAN）

除作膜材料外，PAN 主要用于制 PAN 纤维（俗称腈纶），腈纶是四大合成纤维（涤纶、锦纶、腈纶、维纶）之一，产量居第三位。

（1）化学结构

$$\left[\begin{array}{c} CH-CH_2 \\ | \\ CN \end{array} \right]_n$$

（2）合成方法

单体丙烯腈现多从丙烯胺氧化制得，原来由乙炔与 HCN 加成的路线已逐步淘汰。可在溶剂中以 AIBN 等引发剂引发或氧化还原体系催化剂催化丙烯腈聚合直接得到聚丙烯腈溶液[58]，经过滤调节至 14%～20% 浓度，脱泡后即可直接纺丝或铸膜。也可在水相中进行沉淀聚合，以氧化还原引发剂引发丙烯腈聚合生成的聚丙烯腈不溶于水，析出呈粉末状聚合物，洗涤、过滤、干燥后再溶于适当溶剂中纺丝或铸膜。作为合成纤维用的聚丙烯腈一般加有第二单体和第三单体以改善其纺织性能和染色性能。制膜用的聚丙烯腈材料对组成无特殊要求，但必须了解它的确切组成。如组成有变化，应对铸膜液的配方作适当调整。

（3）性能

见表 2-10。

表 2-10　乙烯类聚合物膜材料的性能

项目	ASTM	PAN	PVDC	PVC	PVA[①]	PVDF	PTFE
密度/(g/cm³)	D1505	1.15	2.39～1.71	1.20～1.50	1.27～1.31	1.76	2.1～2.2
拉伸强度/MPa	D882	62	48～114	48～69		37～45	10.3～27.5
伸长率/%	D882	3～4	30～60	25～50		300～500	100～400
拉撕/次	D1922		10～100	10～700		50	10～100
耐折/次	D2176		>500000			>26000	
吸水率/%	D570	0.28		很低		0.04	0
耐强酸	D543	中	优	良	中	良	优
耐强碱	D543	中	良	良	中	良	优
耐油脂	D722	良	优～良	劣	优	良	优
耐有机溶剂	D543	良	良～中	良～劣	劣	良	优
耐水	E96	良	优	良	劣	良	优
耐高湿	D756	良	优	良	劣	良	优
耐日光	D1435	良	中	良		良	优
尺寸稳定度	D1204		3～20	−7～+4		0.2	
耐燃性/(cm/s)	D1433			0.5～4.3			
介电常数/(F/m)	D150		2.7～4.5	2.8～3.3		8.4	
介电损耗	D150		0.016～0.080	0.006～0.017		0.019	
击穿电压/kV	D149	240	3～5			260～280	
体积电阻率/Ω·m	D257		10¹³～10¹⁵	10¹⁶		10¹⁴	

续表

项目	ASTM	PAN	PVDC	PVC	PVA①	PVDF	PTFE
热封温度/℃			120~150	175,215		205~216	
结晶熔化温度/℃		135	172		220~240	168~170	
玻璃化转变温度 T_g/℃		95	约15		60~85	−30~−20	

① PVA 性能与其水解度有关。

（4）应用

聚丙烯腈是重要性仅次于醋酸纤维素和聚砜的微滤和超滤膜材料，得到相当广泛的应用，尤其是用作渗透汽化（PV）复合膜的底膜。聚乙烯醇与 PAN 底膜复合，其 PV 透量远远大于聚乙烯醇与聚砜底膜的复合膜。

2.1.5.2 聚乙烯醇（PVA）

（1）化学结构

$$\left[\begin{matrix} CH-CH_2 \\ | \\ OH \end{matrix} \right]_n$$

（2）合成方法

聚乙烯醇是由聚醋酸乙烯酯水解而得，在实际生产过程中水解不可能 100% 完成，主要商品有两种，水解度分别为 99% 和 88%。

（3）PVA 性能

见表 2-10。

（4）应用

因聚乙烯醇是水溶性的，故可用作临时性的保护层。RO 复合膜的活性层非常薄（微米级），易碰破，故聚糠醇类复合 RO 膜（PEC-1000）、芳酰胺类复合 RO 膜（FT-30）等均涂有聚乙烯醇保护层[59]。组装成组件后，在使用过程中聚乙烯醇逐渐被溶解，而使超薄活性层起作用。

以二元酸等交联的聚乙烯醇已在渗透汽化膜过程中实现应用，它和聚丙烯腈底膜的复合膜（GFT 膜）[60]牢固地占据着用醇类脱水的渗透汽化膜市场。目前与甲壳胺混合的交联聚乙烯醇颇有实用前景[61]。

2.1.5.3 聚氯乙烯（PVC）

聚氯乙烯属大品种通用塑料，生产历史悠久。

（1）化学结构

$$\left[\begin{matrix} CH-CH_2 \\ | \\ Cl \end{matrix} \right]_n$$

（2）合成方法

由氯乙烯经自由基引发用悬浮聚合（或乳液聚合）制备[62]。现在氯乙烯单体的制备采用乙烯氧氯化反应获得，经典的乙炔与 HCl 加成法已基本被淘汰。

（3）性能

见表 2-10。

（4）应用

聚氯乙烯可通过溶液浸没沉淀相转化法制备成超滤膜和微滤膜，聚氯乙烯中空纤维超滤膜已被广泛应用于饮用水纯化、自来水深度处理、工业给水等领域。

2.1.5.4　聚偏氯乙烯（PVDC）

（1）化学结构

$$\left[\begin{array}{c} Cl \\ | \\ C-CH_2 \\ | \\ Cl \end{array}\right]_n$$

（2）合成方法

由偏氯乙烯经自由基聚合制备；偏氯乙烯由 1,1,2-三氯乙烷脱 HCl 制得。

（3）性能

见表 2-10。

（4）应用

聚偏氯乙烯的气体透过系数是已知聚合物中最低的[63]，所以主要被用作阻透气材料，由于它本身的力学性能（强度）和热稳定性较差，一般都需做成复合膜使用。

2.1.5.5　聚偏氟乙烯（PVDF）

（1）化学结构

$$\left[CH_2-CF_2\right]_n$$

（2）合成方法

由单体偏氟乙烯 $CH_2{=\!=}CF_2$ 经悬浮聚合或乳液聚合而得[64]。

（3）性能

见表 2-10。商品化聚偏氟乙烯树脂有两种规格，即注射、涂料级（分子量较低）和挤出级（高分子量），引发剂体系不同。制膜以高分子量体系较好，可通过浸没沉淀相转化法或热致相分离法制备成超滤膜和微滤膜，常用溶剂为 DMF、DMAC 等。

（4）应用

PVDF 可溶于非质子极性溶剂制备不对称微滤和超滤膜（平板膜和中空纤维膜）。它耐温较高，可经受住 138℃ 的蒸汽消毒，不易堵塞，易清洗，是食品工业、医药工业、生物工程下游产品分离用较理想的膜材料。缺点是膜的强度和耐压（爆破）较差。可采用无纺布支撑（平板膜）或纤维编织管内衬增强的方法，提高 PVDF 膜材料的机械强度，增强型的 PVDF 超滤和微滤膜材料已被广泛应用于膜生物反应器（MBR）污水处理。由于 PVDF 的强疏水性，PVDF 微孔膜是用于膜蒸馏和膜吸收等杂化膜过程的理想材料。

2.1.5.6　聚四氟乙烯（PTFE）

PTFE 以化学惰性和耐溶剂性著称，俗称塑料王。

（1）化学结构

$$\left[CF_2-CF_2\right]_n$$

（2）合成方法

PTFE 由四氟乙烯（$CF_2{=}CF_2$）在 50℃加压（3.5MPa）下自由基悬浮聚合（以全氟辛酸铵为分散剂，$K_2S_2O_8$ 为引发剂）得到[65]。

（3）性能

见表 2-10。

（4）应用

由于 PTFE 的表面张力极低，憎水性很强，用拉伸致孔法制得的 PTFE 微滤膜不易被堵塞，且极易清洗，甚至可用压缩空气将堵塞物反吹除去，在食品、医药、生物制品等行业应用很有优势。由于很强的疏水性，PTFE 微孔膜在膜蒸馏、膜萃取等膜接触器中具有很好的应用前景。

2.1.6　含硅聚合物

2.1.6.1　聚二甲基硅氧烷（PDMS）

（1）化学结构

$$\left[\begin{array}{c} CH_3 \\ | \\ Si-O \\ | \\ CH_3 \end{array}\right]_n$$

（2）合成方法

聚二甲基硅氧烷是甲基硅橡胶的主要成分，它是由二甲基硅氧烷的环状四聚体（D_4）八甲基环四硅氧烷或环状三聚体（D_3）六甲基环三硅氧烷开环聚合制备。也可由二氯二甲基硅烷直接水解缩聚而得，反应时加六甲基二硅氧烷封端基调节分子量[66]。

纯聚二甲基硅氧烷是线型聚合物，机械强度很差，用作膜材料时需将之交联以提高其力学性能。交联常采用化学交联（过氧化物）或辐射交联，也可在聚合物中加入少量二官能团单体 CH_3SiCl_3 作为交联点。

除高温固化硅橡胶（HTV）外，还有低温固化硅橡胶（LTV）和室温固化硅橡胶（RTV）。LTV 是由含乙烯基的 PDMS 与含氢硅油组成，在氯铂酸（H_2PtCl_6）催化剂作用下乙烯基与含氢硅油进行硅氢加成反应而生成交联键[67]。HTV 和 RTV 硅橡胶的机械强度较差，故用于分离膜的 PDMS（如 PSF 底膜的复合涂层）一般均用 LTV 型。

（3）性能

见表 2-11。

表 2-11　含硅聚合物类膜材料的性能

项目	ASTM	PDMS	PTMSP
密度/（g/cm³）	D1505	0.97～2.5	0.89～0.91
拉伸强度/MPa	D882	2.5～6.9	

续表

项目	ASTM	PDMS	PTMSP
伸长率/%	D882	20~700	
吸水率/%	D570	0.1	0.1
耐强酸	D543	优	优
耐强碱	D543	良	良
耐油脂	D722	中	中
耐有机溶剂	D543	中	中
耐水	E96	优	优
耐高湿	D756	优	良

（4）应用

PDMS 是现有通用高分子中气体透过率最高的，利用聚砜作为气体分离膜时（例如氮、氢分离）所制备的不对称膜的皮层很难做到无孔，需要用硅橡胶进行堵孔处理。硅橡胶也被涂覆到多孔超滤底膜上用于氧氮分离，涂层厚度达 $1\sim5\mu m$。为进一步减薄表层厚度，曾合成了聚二甲基硅氧烷与各种硬段结构（聚砜、聚碳酸酯、聚羟基苯乙烯等）的嵌段共聚物，并采用在水面展开（包括连续法）成超薄膜[68]与底膜复合的方法，工艺较复杂，没有被大规模应用。

聚二甲基硅氧烷透气速率虽高，但选择透过性较低。曾系统合成了含甲基以外基团的聚硅氧烷，提高选择性的同时伴随着气体透过速率的下降，工作停留在研究阶段。

PDMS 被用于优先透醇的渗透汽化过程用膜[69]，以从稀醇溶液（如发酵液）得到高浓度的醇，再进一步用优先透水的 PV 膜（交联聚乙烯醇）脱水制无水醇，但透量太低，在膜中添加分子筛、硅沸石（silicalite）等可提高透量。

2.1.6.2 聚三甲硅基丙炔（PTMSP）

（1）化学结构

$$\left[C = C \right]_n \quad \begin{array}{c} CH_3 \\ | \\ Si(CH_3)_3 \end{array}$$

（2）合成方法

三甲硅基丙炔由三甲基氯硅烷与丙炔钠反应制备。在甲苯溶液中以 $TaCl_5$、$NbCl_5$ 等催化剂进行阳离子聚合可得到高分子量（$>10^6$）无色可溶于甲苯的聚合物 PTMSP[70]，并非共轭聚合物。由于庞大侧基的空间障碍，PTMSP 的双键不能排列在一个平面上形成共轭效应，而扭曲成麻花形。

（3）性能

见表 2-11。

（4）应用

PTMSP 不是弹性体而是一定玻璃化温度下的玻璃态无定形物质，其透气速度比 PDMS 还高一个数量级，但其透气性会因膜内吸附小分子有机化合物而下降，限制了它的应用[71]。

PTMSP用于渗透汽化过程分离乙醇-水，可以优先透醇，通量和醇/水选择性均高于PDMS，但也存在和气体透过一样的通量随时间下降的问题[72]。

2.1.7　聚电解质

分子链上带有可离子化基团的聚合物称为聚电解质[73,74]。根据荷电性不同，可将聚电解质分为阴离子聚合物、阳离子聚合物（常见的阴、阳离子聚合物膜材料如表2-12所示）、两性离子聚合物和聚离子液体。聚电解质与带相反电荷的物质通过静电作用力可形成含有"离子对"结构的聚电解质复合材料，具有良好的亲水性、荷电性、离子交联结构的稳定性以及制备条件温和等特点，已在生物材料、表/界面修饰、纳米材料制造以及吸附、分离膜材料的制备等领域取得了广泛应用[75,76]。

2.1.7.1　阴离子聚合物

根据材料来源，用于分离膜的聚电解质可划分为天然和合成两类聚电解质，天然聚电解质主要是自然界的葡萄糖苷类物质（如经化学改性的纤维素、壳聚糖和海藻酸钠等）和生物大分子（如透明质酸、蛋白质、DNA、RNA等）。羧甲基纤维素钠（CMCNa）是天然纤维素经过化学改性得到的一种具有醚结构的衍生物，分子链中含有大量的羟基和羧基，是一种阴离子聚合物，其分子量从几千到百万不等，具有优良的溶解性、成膜性和力学性能等。根据羧甲基取代度（DS）和溶液黏度不同，CMCNa的性质差别也较大。随着取代度增大，分子链上羧基基团增多，荷电性增强，亲水性增强，溶液的透明度及稳定性都较好。据报道，取代度在0.7~1.2时，CMCNa透明度较好；在pH为6~9时，水溶液黏度最大。CMCNa已被用于反渗透膜、正渗透膜、纳滤膜和渗透汽化膜的制备[76]。海藻酸钠（ALG）又称褐藻酸钠，是一类从褐藻类植物的细胞壁中提取得到的天然多糖，分子链上含有大量的羟基和羧基，是一种性能优良的分离膜材料。合成阴离子聚合物包括磺化聚砜（SPSF）、聚丙烯酸钠（PAANa）、聚乙烯磺酸钠（PVS）和聚苯乙烯磺酸（PSS）等。羧酸、磺酸基团的引入使聚合物膜材料的荷电性、亲水性增强，使膜的水渗透性和抗污染性得到提升；同时，荷电基团的引入使膜与荷电物质间静电相互作用增强，从而对盐离子及带电有机物分子的选择分离效率提高[77]。上述聚电解质类膜材料可被用于制备超滤膜、纳滤膜、反渗透膜和渗透汽化透水膜等，具有优良的分离选择性及稳定性，可用于水的除盐、纯水制备及废水处理，以及生物质或有机物的浓缩、分离、纯化。

2.1.7.2　阳离子聚合物

根据Donnan静电排斥效应，荷正电膜能够对多价阳离子和荷正电物质实现有效分离[78]。天然阳离子聚合物以壳聚糖（CS）及其衍生物为代表，CS是含氮的多糖类高分子化合物，广泛存在于虾蟹等的外壳中，由甲壳素（聚乙酰氨基葡萄糖）脱乙酰化得到。CS中含有大量的氨基和羟基等活性基团，通过化学修饰改善其性能。常见的合成阳离子聚合物膜材料有：聚乙烯亚胺（PEI）、聚烯丙基胺（PAH）、聚乙烯基胺（PVAM）、聚二烯丙基二甲基氯化铵（PDADMAC）、聚甲基丙烯酰氧乙基三甲基氯化铵（PDMC）和聚4-乙烯基吡啶（P4VP）等。通过表面涂覆和化学交联的方法，制备荷正电的超滤和纳滤膜，用于水

表 2-12　常见的阴、阳离子聚合物成膜材料

阴离子聚合物	化学结构	阳离子聚合物	化学结构
羧甲基纤维素钠（CMCNa）	（化学结构）	壳聚糖（CS）	（化学结构）
海藻酸钠（ALG）	（化学结构）	聚 4-乙烯基吡啶（P4VP）	（化学结构）
聚丙烯酸钠（PAANa）	（化学结构）	聚烯丙基胺（PAH）	（化学结构）
聚乙烯硫酸钠（PVS）	（化学结构）	聚乙烯基胺（PVAM）	（化学结构）
聚苯乙烯磺酸（PSS）	（化学结构）	聚二烯丙基二甲基氯化铵（PDADMAC）	（化学结构）
磺化聚砜（SPSF）	（化学结构）	聚乙烯亚胺（PEI）	（化学结构）

的软化（去除水中 Ca^{2+}、Mg^{2+}）[79,80]、重金属废水处理（高价态金属离子的回收）[81,82]、氨基酸和蛋白质的分离等[83,84]。

2.1.7.3　两性离子聚合物

两性离子聚合物是指分子链上同时带有阴、阳离子基团[85,86]。根据阴、阳离子基团在聚合物分子链上的位置不同，两性离子聚合物分为两大类：一类是阴、阳离子基团位于分子链的不同单体单元或重复单元上，称为两性聚电解质（polyampholyte）；另一类是阴、阳离子基团位于分子链的同一单体单元或重复单元上，称为聚甜菜碱（polybetaine），阴离子基团的不同，将聚甜菜碱分为磺酸型、羧酸型和磷酸型三种，其结构示意图如图 2-2 所示。由于两性离子聚合物的分子链内同时含有阴、阳离子基团，呈现出一些独特的性质。例如两性离子聚合物具有"反聚电解质"的溶液性质，随着外加盐浓度的增加，静电缔合作用被屏蔽，两性离子聚合物的分子链尺寸增加，溶液黏度升高[85]。两性离子聚合物具有耐污染性、生物相容性、强亲水性，含有氢键受体基团，整体呈电中性[87,88]。两性离子聚合物具有刺激响应性，如温度响应性（通常具有 UCST 值）、离子强度响应性（"反聚电解质"的溶液行为）和 pH 响应性（羧酸型两性离子聚合物）[89,90]。

两性离子聚合物已被用于高盐浓度的水处理及絮凝剂的制备、药物控制释放材料的制备以及生物相容性膜等。其中，磺酸型和羧酸型聚甜菜碱的单体较易合成，分子结构可调控（链段柔顺性、阴、阳离子基团的种类和间隔基的链段长度可调），且具有多重响应性，如离子强度、温度和 pH 响应性等。通过相转化、界面聚合、表面涂覆和表面接枝等方法将两性离子聚合物用于微滤膜、超滤膜、纳滤膜和反渗透膜的制备，可改善膜的水渗透性和耐污染性[91,92]。

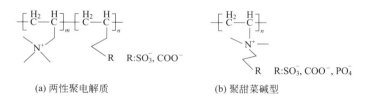

(a) 两性聚电解质　　　　　　(b) 聚甜菜碱型

图 2-2　两性聚电解质（a）及聚甜菜碱型两性离子聚合物（b）的结构示意图

2.1.7.4　聚离子液体

自从 1992 年，Wilkes 等合成了第一个对水和空气都稳定的离子液体 [emim][BF$_4$]，目前已有 500 余种商业化离子液体。离子液体（ionic liquids，ILs）是一类由阴、阳离子组成的，在 100℃以下呈现液态的离子化合物。ILs 是一种绿色、环境友好的试剂，具有熔点低、难挥发、结构可调控等性质，聚离子液体（polymerizable ionic liquids，PILs）是由含有双键、活性基团的离子液体聚合而得到的[93,94]，其离子液体单体一般由体积较大的非对称结构的阳离子（如咪唑、吡啶、季膦、季铵等）和体积较小的无机或有机阴离子（如卤素离子、四氟硼酸离子等）构成。PILs 保留了离子液体特殊的物理化学性质，具有结构可设计、强分子识别能力等特性，以及聚合物的机械稳定性，已逐渐用于气体分离膜和离子交换膜[95,96]。

2.2　有机高分子分离膜的制备

膜分离技术的核心是分离膜。衡量一种分离膜有无实用价值，要看是否具备以下条件：

① 高的截留率（或高分离系数）和高的通量（或高渗透性）；

② 优良的抗物理、化学和微生物侵蚀性能；

③ 柔韧性和足够的机械强度；

④ 使用寿命长，适用 pH 范围广；

⑤ 成本合理、制备方便，便于工业化生产。

每个膜过程，针对某个分离对象，一般都有更加具体、明确的指标要求。

许多有机高分子都可以做成薄膜，但若要成为一张高性能有实用价值的分离膜，除了选择合适的制膜材料外，同样重要的是必须找到一种使其具有合适结构的制造工艺技术。众所周知，Loeb 和 Sourirajan 采用相转化工艺用醋酸纤维素（CA）制造出具有非对称结构的反渗透膜，在保持高脱盐率的同时，透水量提高近一个数量级。这就是膜分离问世以来，分离膜的制造工艺一直成为众所瞩目的研究和开发热点，持久而不衰的原因。如果把分离膜作为一种新材料，那么其内容应包括膜材料和制膜技术两部分，才是完整的、准确的。

如图 2-3 所示，有机高分子分离膜从形态结构上可以分为对称膜（或称均质膜）和非对称膜两大类。

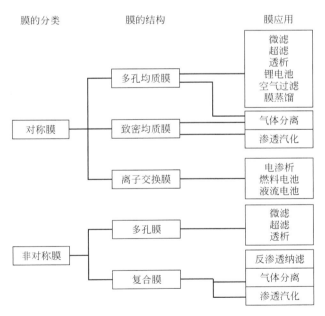

图 2-3　有机高分子膜的分类

2.2.1　均质膜的制备[97-101]

均质膜有致密均质膜、多孔均质膜和离子交换膜等类型。

2.2.1.1 致密均质膜

致密膜一般指结构紧密的膜，其孔径在 1.5nm 以下，膜中的高分子链以分子状态排列，有机高分子的致密均质膜在实验室研究工作中广泛用于研究膜材料本身的性质。致密均质膜由于太厚、通量太小，一般较少在实际工业生产上应用。其制法如下。

(1) 流延法

将膜材料用适当的溶剂溶解，制成均匀的铸膜液，将铸膜液倾倒在铸膜板（一般为经过严格选择的平整玻璃板）上，用特制刮刀使之铺展成具有一定厚度的均匀薄层，然后移至特定环境中让溶剂完全挥发，最后形成均匀薄膜。铸膜液的浓度范围较宽，一般为 15%～20%（质量分数），铸膜液要有一定的黏度，使其不至于在成膜过程中从铸膜板上流走。高沸点溶剂一般不适用于溶液浇铸，因其低挥发度需要太长的完全蒸发时间。

用于制备致密均质膜的溶剂性质、脱溶剂过程中铸膜液表面的空气相对湿度、流动状况等对膜的最终性质具有重大影响。致密均质膜可以经受某种改良其结构和特性的后加工处理，例如：无定形膜的热处理具有缩小平均链间间隔的作用，把聚碳酸酯膜暴露在丙酮蒸气中可提高其结晶度。

(2) 熔融挤压

一些结晶性有机高分子找不到合适的溶剂制成铸膜液，则要采用熔融挤压法来成膜。将高分子放在两片加热的夹板之间，并施以高压（10～40MPa），保持 0.5～5min。对高分子本体加热，最初使基团移动，最后较小的和大的链段也运动起来。控制熔融黏度（亦即控制由熔体制备的致密高分子膜结构）的因素是：

$$\eta = \frac{f(M, 分子构造)}{J(V_f T)}$$

式中，η 为熔融黏度；f 为统计因子；J 为链段跳跃频率；M 为分子量；V_f 为自由体积；T 为温度。

统计因子与下述事实有关：由于链段由主价链连接，在一个剪切力的作用下，整个分子可以运动之前必然有单个链段运动的协调。自由体积 V_f 是测量值和高聚物分子实际占有的体积之差。温度 T 控制着对每个链段的有效能和熔体内孔洞的数目。

最佳的挤压温度是使高分子熔融，并能形成所需厚度薄膜的最低温度，提高温度会导致高分子的降解。为防止成膜后粘在压板上，一般将高分子放在两片涂有聚四氟乙烯涂层或两张可透水的玻璃纸之间，玻璃纸不会粘在压板上，熔融挤压下很容易从膜上脱落。如要制备超过 $100\mu m$ 厚度的膜，可在压板之间放合适的金属垫片。

(3) 聚合期间形成致密膜

无论什么时候，聚合作用都伴随有同时

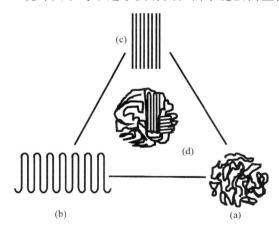

图 2-4　线型聚合物的极限高分子构型

(a) 无规线团；(b) 折叠链；

(c) 舒展链；(d) 以上三种混合物

发生的交联和由此而来的高分子产物难以控制，它是由于各种链转移和偶联反应的交联作用所致。这类致密均质膜必须在聚合期间就形成。属于这一范畴的膜最重要种类是均质离子交换膜。这种高分子致密膜不同于从溶液或熔体制得的膜，前者可以展现出线型高分子所有三种限定的形态，而后者通常把生长于舒展高分子链的结晶参与排除在外（见图 2-4）。

2.2.1.2　多孔均质膜

多孔均质膜的制备方法很多。

（1）径迹蚀刻膜

1959 年 Silk 和 Bannas 发现放射性衰变产生裂变碎片，在一定条件下可照射而穿过固体，对被照射和损伤的材料造成狭窄的径迹，可借助于适当试剂的腐蚀扩大这种径迹。后来 Fleischer 等利用这种现象发展成一种径迹蚀刻分离膜，又称为核孔膜、核径迹膜。这种膜的特点是孔呈圆柱状，孔径分布极窄（图 2-5），而绝大多数其他种类高分子膜的孔都是弯弯曲曲的，且孔径分布宽。

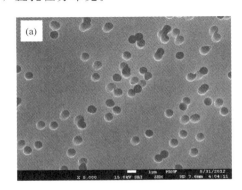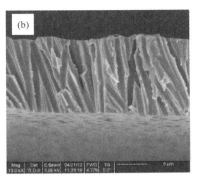

图 2-5　聚碳酸酯径迹蚀刻膜（1.0μm 孔径）的扫描电子显微镜照片

（a）表面，5000×；（b）横截面，1000×

径迹蚀刻膜的制备主要有两个步骤：首先用荷电粒子照射高分子膜，使高分子化学键断裂，留下敏感径迹；然后将膜浸入适当的化学刻蚀试剂中，高分子的敏感径迹被溶解而形成垂直于膜表面的规整圆柱形孔。其工艺示意图见图 2-6。

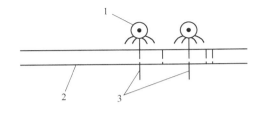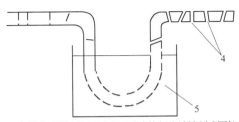

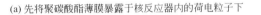

(a) 先将聚碳酸酯薄膜暴露于核反应器内的荷电粒子下　　　(b) 在槽内受荷电粒子冲击而形成的径迹被蚀刻成圆柱状孔

图 2-6　制备径迹蚀刻膜的两步过程

1—荷电粒子；2—非导体；3—径迹；4—孔；5—蚀刻膜

一个核粒子引起的离子化损伤的密度，大致正比于粒子电荷的平方，而反比于其速度的平方，由于裂变碎片无规律扩散，必须使它们在一个聚合物薄膜中排列成直线以产生平行径迹。这可借助于从薄膜分离出铀辐射源一个平行粒子束，将中间抽成真空，然后将设备暴露于热中子里，间距越大和辐射源面积越小，就越能使所得的孔洞笔直。少数孔洞未能完全穿透膜，这是由于一部分裂变碎片能量在进入膜与辐射源之间的真空空间之前，已消耗于通过放射源的过程之中，这种情况可以设法减少，但不能完全消除。腐蚀剂的选择随高分子膜的化学性质、浓度、温度和被腐蚀表面的取向而异。在腐蚀之前进行部分退火和采用较弱的腐蚀剂，可得到较小的孔洞直径。高分子膜的腐蚀液见表 2-13。

表 2-13　各种高分子膜的腐蚀液[98]

高分子膜	腐蚀液
双酚 A 聚碳酸酯	NaOH 水溶液,相对密度 1.3
聚对苯二甲酸乙二醇酯	NaOH 水溶液,相对密度 1.3
醋酸纤维素	KOH 水溶液,相对密度 1.4
硝酸纤维素	KOH 水溶液,相对密度 1.4
聚甲基丙烯酸甲酯	王水和 HF(6∶1)

不同高分子对环境条件的敏感程度不同。例如：若想得到均匀的通孔醋酸纤维素膜必须在腐蚀之前先退火；硝酸纤维素在室温下缓慢地腐蚀比在 70℃ 下快速腐蚀得到更好的径迹。与此相反，聚碳酸酯薄膜对环境条件较不敏感。目前径迹蚀刻膜的材料主要是聚酯和聚碳酸酯。对聚碳酸酯薄膜，最高允许剂量约为每平方厘米有 10^{11} 个裂变碎片，相当于总表面积的 0.5% 成为 25×10^{-10} m 的孔洞。径迹蚀刻法制备的膜孔径范围为 $0.01 \sim 12 \mu m$，孔密度可达 2×10^8 个/cm^2。

（2）拉伸法

拉伸法制膜一般要经过两步：首先将温度已达其熔点附近的高分子经过挤压，并在迅速冷却下制成高度取向的结晶膜；然后将该膜沿机械力方向再拉伸几倍，这一次拉伸破坏了它的结晶结构，并产生裂缝状的孔隙。这种方法一般称为 Celgard 法。

Celgard 法选用商品聚丙烯为膜材料，在拉出速度远高于挤出速度的情况下，聚丙烯分子本身变成一种与机械力成一致方向的微纤维形式，它会在机械力垂直方向上形成的折叠链排薄片的微晶中起核心作用。然后，在低于高分子的熔融温度（T_m）而高于起始的退火温度下进行拉伸（50%～300%），使薄片之间的非晶区变形为微丝，结果形成了一种顺机械力方向的具有狭缝的多孔互联网络，孔的尺寸决定于拉伸后的微丝。

图 2-7 和图 2-8 显示拉伸的程度控制着孔径和孔径分布。当膜仅拉伸 100% 时，出现了内含许多孔大于 $0.15 \mu m$ 的双峰孔径分布。拉伸 100% 的膜比拉伸 300% 的膜的渗透性还大，这是因为后者所含主要孔径低于 $0.1 \mu m$。拉伸率超过 300% 时，将导致孔隙率的急速消失。

商品牌号为 Celgard® 2500 的聚丙烯薄膜，孔长 $0.4 \mu m$、宽 $0.04 \mu m$，孔隙率是 40%，孔密度为 9×10^9 孔/cm^2。图 2-9 显示，被拉伸微丝平行于机械力方向和薄膜表面，构成了大量孔洞，可用作锂离子电池隔膜。

表 2-14 和表 2-15 说明 Celgard® 聚丙烯微孔膜具有优良的力学性质和化学药品相容性。Celgard® 商品膜有平板膜和中空纤维膜两种形式。Celgard® 2400 和 Celgard® 2500 平板膜的有效孔径（孔宽度尺寸）多为 $0.02 \mu m$ 和 $0.04 \mu m$。Celgard X-10 和 Celgard X-20 的有效孔径皆为 $0.03 \mu m$，孔隙率分别为 20% 和 40%，内径 $100 \mu m$、$200 \mu m$ 和 $240 \mu m$，壁厚 $25 \mu m$，可用于中空纤维血液氧合器。

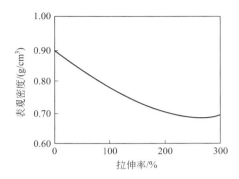

图 2-7　拉伸率对微孔聚丙烯薄膜的
表观密度的影响

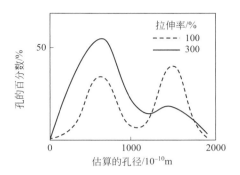

图 2-8　拉伸率 100% 和 300% 时微孔
聚丙烯薄膜的孔径分布

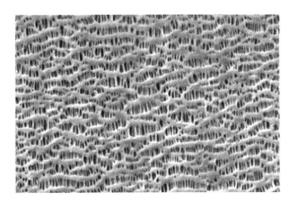

图 2-9　Celgard® 2500 聚丙烯微孔膜的表面扫描电镜图

表 2-14　Celgard® 薄膜的典型物理性质[98]

性质		数值	试验方法
拉伸强度/MPa	MD	137.9	ASTM D882
	TD	13.8	
拉伸模量（MD）/MPa		1379.0	ASTM D882
伸长（MD）/%		40	ASTM D882
撕裂起始（MD）/kgf		0.4536	ASTM D1004
MTI 耐折叠性/次		10^9	ASTM D643
Mullen 爆破度/点		20	ASTM D774

注：1. MD＝机械力方向；TD＝横切于机械力方向。

2. 1kgf＝9.80665N。

Gore-Tex® 是另一种采用拉伸成孔的微孔分离膜。它用一种分子量为 500000、具有微细（0.1μm）类纤维结构的、高度结晶（约 98.5%）的分散聚合物 Teflon® 6A，与 15%～25% 的润滑剂（如石脑油或煤油）混合，然后用柱塞压出，加热除掉润滑剂，在 80℃ 下通过压延机的辊筒间隙使成薄膜，再经单轴或双轴拉伸以后，在 327℃ 下烧结，在烧结过程中，无定形含量增高，起到了"镇定"的作用，且加固了拉伸膜中的孔洞。Gore-Tex® 膜也

表 2-15   Celgard® 薄膜与各种化合物的相容性[98]

化合物	相容性	化合物	相容性
酸类		碱类	
H_2SO_4（浓）	A	KOH(40%)	A
醇类		醚类	
乙醇	A	1,4-二噁烷	A
乙二醇	A	燃料类	
异丙醇	A	汽油	B
醚醇类		煤油	B
丁基溶纤剂（2-丁氧基乙醇）	B	甲基乙基酮	A
甲基溶纤剂	A	油类	
卤代烃类		10W30 马达油	B
四氯化碳	C	其他	
四氯乙烯（全氯乙烯）	C	N,N-二甲基乙酰胺	A
烃类		N,N-二甲基甲酰胺	B
苯	B	硝基苯	B
己烷	B	四氢呋喃	B
甲苯	B	氟利昂（TF）	B
酮类			
丙酮（2-甲氧基乙醇）	A		

注：相容性报告是在室温（25℃）下、暴露 72h 取得的。标号：A 表示好（无效应）；B 表示稍溶胀；C 表示材料溶胀。

具有隙缝般的孔洞，由于有时采用双轴拉伸，所以其隙缝不总是彼此平行的，见图 2-10。

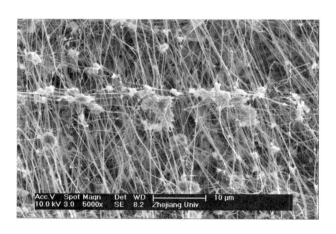

图 2-10　Gore-Tex® 的表面扫描电子显微镜照片

Gore-Tex® 拉伸多孔膜的孔隙率高、孔径范围宽，具有极高的化学惰性，可以过滤有机溶剂与热的无机酸和碱，是一种重要的多孔分离膜。Gore-Tex® 膜的性质见表 2-16。

（3）溶出法

溶出法是指在一些难溶的高分子膜材料中掺入某些可溶性的组分，制成均质膜后再用溶剂将可溶性组分浸提出来，形成微孔膜。这种方法并不常用，主要针对难溶的高分子。

表 2-16 Gore-Tex® 膜的性质[98]

孔径 /μm	典型厚度 /mm	典型孔隙率 /%	典型流速		最低入水压力③ /kPa	最低泡点压力 /(lb/in²)④
			空气①	甲醇②		
0.02	0.0762	50	2.9	1.9	241325	40
0.2	0.0635	78	75	50	27580	13
0.45	0.0762	84	175	110	13790	7
1.0	0.0762	91	530	350	6895	3
3	0.0254	95	1200	800	1379	1
5	0.0254	95	5700	3800	345	0.7
10~15	0.0127	98	14600	9700	172	0.4

① 空气流速：在 21℃ 和 1.2kPa 的压力降下，每 1min 和每 1cm² 的膜面积透过去的空气体积（mL）。

② 甲醇流速：在 21℃ 和 93kPa 的压力降下，每 1min 和每 1cm² 的膜面积透过去的甲醇体积（mL）。

③ 在 21℃ 下，膜经无水乙醇润湿。

④ 1lb/in²＝6.895kPa。

也有将低分子表面活性剂以微胞的形式加到高分子溶液中，待其固化成薄膜后，先在一种流体中溶胀破坏微胞，使成为单独表面活性剂分子，然后再将表面活性剂浸出，形成微孔均质膜。这种方法已用于纤维素、聚丙烯酸、聚乙酸乙酯、聚乙烯等有机高分子膜材料。

表面活性剂的用量为 10%～200%（以高分子膜材料质量计），膜的孔隙率与表面活性剂的浓度成正比（表 2-17）。把 200% 十二烷基苯磺酸钠加到合适浓度的黏胶溶液中，得到的微孔膜具有约 0.2μm 的孔径。

表 2-17 黏胶溶液中十二烷基硫酸钠的浓度对纤维素超凝胶膜的厚度及渗透率的影响[66]

膜①	十二烷基硫酸钠质量分数/%	厚度②/10⁻³in	渗透率②/[gH₂O/(in²·20inHg)]
对照物	—	10.3	0.369
A	10	10.2	0.585
B	20	10.9	0.712
C	50	13.9	0.864

① 7% 纤维素＋5.8% NaOH。

② 1in＝25.4mm，1gH₂O/(in²·20inHg)＝0.023gH₂O/(m²·Pa)。

（4）静电纺丝法

静电纺丝是一种特殊的纤维制造工艺，聚合物溶液或熔体在强电场中进行喷射纺丝。在电场作用下，针头处的液滴会由球形变为圆锥形（即泰勒锥），并从圆锥尖端延展得到纤维细丝，如图 2-11 所示。这种方式可以生产出纳米级直径的聚合物细丝。静电纺丝就是高分子流体静电雾化的特殊形式，此时雾化分裂出的物质不是微小液滴，而是聚合物微小射流，可以运行相当长的距离，最终固化成纤维。

不同于传统相转化方法制备的膜材料，

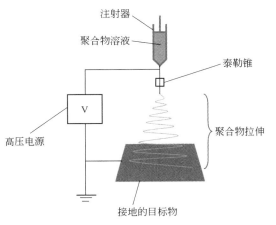

图 2-11 静电纺丝过程示意图

静电纺丝所制备的纳米纤维膜是由纳米尺寸的纤维材料重叠而成。因此，纳米纤维膜具有高比表面积、高孔隙率、高表面粗糙度、高定向性等特性。另外，相对其他制膜方法，静电纺丝的方法更易于将特定的功能性材料或官能团接枝在单根纳米纤维表面或者涂覆在纳米纤维膜基体的表面。图 2-12 是典型的静电纺丝法制备的纳米纤维膜扫描电镜图。

图 2-12　静电纺丝纳米纤维扫描电镜图[102]

（a）聚乙烯基苯酚与无定形 TiO₂ 复合纳米纤维膜；（b）、（d）锐钛矿静电纺丝陶瓷纳米纤维；
（c）、（e）金红石静电纺丝陶瓷纳米纤维

从 20 世纪 90 年代开始，静电纺丝技术的发展大致经历了四个阶段：第一阶段主要研究不同聚合物的可纺性和纺丝过程中工艺参数对纤维直径及性能的影响以及工艺参数的优化等；第二阶段主要研究静电纺丝纳米纤维成分的多样化及结构的精细调控；第三阶段主要研究电纺纤维在能源、环境、生物医学、光电等领域的应用；第四阶段主要研究电纺纤维的批量化制造问题。上述四个阶段相互交融，并没有明显的分界线。

静电纺丝作为一种简便有效的可生产纳米纤维的新型加工技术，纺丝过程受聚合物分子结构（支化度、分子量、分子量分布等）、溶液性质（浓度、黏度、导电性、表面张力、流量等）、电势大小、毛细管与收集屏的距离、环境条件（温度、湿度、空气流速等）、收集装置的移动、喷丝口大小与形状等的影响。所纺制的纳米纤维均匀重叠堆积成膜，孔隙率大、孔道贯通，可用作空气过滤膜、锂离子电池隔膜、反渗透/纳滤的底膜等。目前能够用来静电纺丝的聚合物种类很多，典型的聚合物及其溶剂与纺丝液浓度如表 2-18 所示。

（5）模板法

模板法是近年来发展起来的一种新型多孔膜制备方法，所制备的多孔膜通常具有孔径分布窄（均孔）的优点，其种类包括水滴模板法、软刻法、光子晶体模板法、溶剂晶体模板法、乳液模板法、生物模板法等。这里着重介绍水滴模板法[104]。

表 2-18　静电纺丝用聚合物及其溶剂与纺丝液浓度[103]

聚合物	溶剂	浓度(质量分数)/%
聚甲基丙烯酸甲酯	四氢呋喃、丙酮、氯仿	10
聚甲基丙烯酸甲酯/全氟辛基丙烯酸酯	N,N-二甲基甲酰胺/甲苯	0~10
聚乙烯醇	水	8~16,1~10
聚乙烯醇/TiO$_2$	水	10
聚乙烯醇/纤维素纳米晶	水	—
聚乙烯基苯酚	四氢呋喃	20,60
聚氯乙烯	四氢呋喃/N,N-二甲基甲酰胺	10~15
聚乙烯基咪唑	二氯甲烷	7.5
聚偏氟乙烯	N,N-二甲基甲酰胺/丙酮	20
偏氟乙烯-六氟丙烯共聚物	N,N-二甲基甲酰胺/丙酮	10~15
偏氟乙烯-六氟丙烯共聚物/纤维素纳米晶	N,N-二甲基甲酰胺/丙酮	10
聚丙烯腈	N,N-二甲基甲酰胺	15
聚乳酸	N,N-二甲基甲酰胺/氯仿	13
聚乳酸/纤维素纳米晶	丙酮	10(质量/体积)

　　水滴模板法，又称高湿度诱导相分离法或呼吸图法。呼吸图的称谓来源于我们日常生活中的常见现象——向寒冷的表面呼气，将在表面形成雾状图案。事实上，呼吸图的形成并不一定与呼吸有关，其必要条件为过饱和蒸气如水蒸气在冷的基质表面凝结。1994 年，Widawski、Rawiso 和 Francois 首先将呼吸图原理应用于制备具有蜂窝状图案的聚合物薄膜，他们将星形聚合物的二硫化碳（CS$_2$）溶液在潮湿气流下涂覆在基底表面，得到了孔径均一的蜂窝状膜[105]。水滴模板法制备的典型蜂窝状均孔膜的表面扫描电镜图见图 2-13。这种方法提供了一种简便、成本低廉、快速高效的制备有序多孔膜的技术，其膜孔孔径可在亚微米至十几微米间调节。

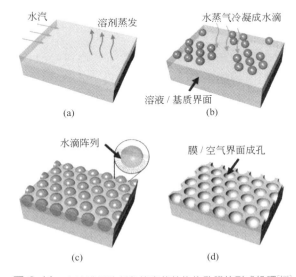

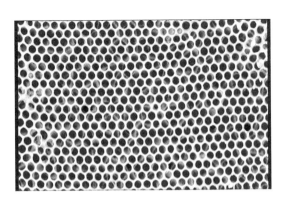

图 2-13　水滴模板法制备的典型蜂窝状结构多孔膜

图 2-14　水滴模板法制备蜂窝状结构均孔膜的形成机理[106]

　　水滴模板法的操作非常简单，但背后的机理却极为复杂，确切的机理仍有争议。目前，这种非平衡方法被广泛接受的机理如图 2-14 所示。包括以下过程：将溶解在挥发性溶剂中的聚合物溶液涂覆于基底表面，在潮湿环境中，溶剂挥发使得周围温度降低，引起气氛中的水蒸气冷凝于聚合物溶液表面，形成液滴；溶液中的聚合物吸附或沉淀于水滴表面，包裹、稳定水滴，阻止水滴的聚并；液滴逐渐长大，并可能在马朗格尼对流和热毛细效应的作用下沉入溶液底部，自发排列成二维或三维水滴阵列；最后，溶剂与水滴完全挥发，得到蜂窝状有序多孔膜。

　　根据上述机理，水滴模板法中膜孔的形成来源于成膜过程中水滴的自组装和模板作用，因此也可归属于自组装方法。水滴模板法制备的均孔膜还有一个特点，成膜过程中水滴与聚合物亲水基团或纳米粒子的相互作用能够诱导亲、疏水组分定向分布，亲水组分将集中分布在膜孔四周及内部，疏水组分在膜表面富集，该特点有助于蜂窝状结构多孔膜在微图案化、响应性涂层、传感器等领域的应用。

（6）烧结法

　　烧结指的是使一个微小颗粒或者一群均匀组成的微粒在高温条件下聚集，烧结不是一个简单的致密化作用。在高分子材料烧结过程中的物质传递包括：黏性或塑性流动、体积扩散、表面迁移和蠕变。对高分子物质发生烧结作用，微粒表面必须足够软化，以使大分子链段相互扩散而进入邻近的微粒中去。

　　制备高分子膜的烧结过程，主要限于具有柔性结构的高分子。一定材料的烧结温度主要取决于高分子的性质和分子量、结晶度，是否有增塑剂或其他添加剂以及烧结压力、周围气氛等。烧结温度随高分子的分子量与极性加大而增高，也随结晶的大小和结晶度增加而升高。往往加入一种非烧结性的添加剂（它在烧结以后可以从膜中被抽提出来）来提高膜的渗透性。例如淀粉粒子加入粉状聚乙烯中，最后用水把它沥洗出来。用烧结法制备的膜一般孔径分布均较宽，但是它们具有相当高的强度和抗压实性及化学惰性，使它们在某些特殊分离中具有重要应用。烧结法是制备 PTFE 微孔膜的一种重要方法。

　　其他的高分子微孔均质膜的制备方法还有光刻法、溶胀的致密薄膜法、聚合期间形成的多孔膜、羊皮纸和赛璐玢的溶胀等，不再一一详述。

2.2.1.3　离子交换膜

　　离子交换膜是用于电渗析、燃料电池、液流电池等膜过程的一种荷电有机高分子膜。根据膜中活性基团分布的均一程度，离子交换膜大体上可分为异相膜、均相膜和半均相膜三类。若根据在膜本体上的不同性能，离子交换膜可分为阳离子交换膜（简称阳膜）和阴离子交换膜（简称阴膜）两大类。阳膜的活性基团主要是磺酸、磷酸和羧酸基团，阴膜的活性基团则为伯胺、仲胺、叔胺等。近年来最常用的离子交换膜材料有：聚乙烯、聚丙烯、聚氯乙烯等的苯乙烯接枝高分子以及以聚偏氟乙烯、聚砜为骨架的磺酸型离子膜。

（1）异相离子交换膜

　　形成膜的整个材料呈现非均相的膜叫异相膜。例如离子交换树脂粉加上黏合剂和增塑剂后热压所成的膜即为异相膜。其结构见图 2-15。

　　热压成形法是制备异相离子交换膜最简单最常用

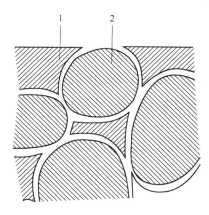

图 2-15　异相膜结构示意图
1—黏合剂；2—离子交换树脂

的方法，典型的聚乙烯离子交换膜的制备工艺流程如下：

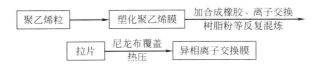

具体操作方法：先将黏合剂聚乙烯（高压、20%～25%）在辊压机中加热混炼，至完全塑化为止。随即加入合成橡胶 5%，进行机械接枝，待混合均匀后，加入润滑剂（如硬脂酸钙），最后加入阳离子或阴离子交换树脂粉（250 目过筛），反复混炼均匀，调节辊距为约 0.4mm，再进行间断（或连续）拉片，拉出片后备用。另用尼龙网布覆盖在膜的两面，在油压机上加热（140℃左右）、加压（5～10MPa）0.5～1h，冷却出料即得离子交换膜。若为连续方式，可在拉片的同时覆盖网布。为了便于区别阴膜和阳膜，在制膜时可加点颜料，一般阴膜为淡蓝色，阳膜为米黄色。也可将离子交换材料加到一个已部分聚合的高分子中去，然后成膜并使其完全聚合。

（2）均相离子交换膜

均相离子交换膜的制备方法至少有 5 种。

① 将能反应的混合物（即酚、苯磺酸、甲醛等）进行缩聚。混合物中至少有一种能在它的某一部分形成阴离子或阳离子。

② 将能反应的混合物（即苯乙烯、乙烯基吡啶和二乙烯基苯）进行聚合。混合物中至少有一种含有阴离子或阳离子，或者有可以成为阴离子或阳离子的部位。

③ 将阴离子或阳离子基团引入高分子或高分子膜。例如将苯乙烯浸吸入聚乙烯薄膜内，使浸吸进去的单体聚合，然后将苯乙烯进行磺化。与此类似，也可通过接枝聚合将离子基团接到高分子薄膜的分子链上。

④ 将含有阴离子或阳离子的分子链段引到一个高分子上（例如聚砜），然后将此高分子溶解并浇铸成膜。

⑤ 通过把离子交换树脂高度分散于高分子中形成高分子合金或共聚体。

无论用以上哪一种方法制备的膜都必须用织物增强以改善其强度及形态稳定性。例如，用聚乙烯-苯乙烯浸吸接枝法制备均相离子交换膜，其工艺流程如下：

具体操作方法：取厚度为 0.24mm 的高压聚乙烯薄膜数张，浸于事先配制的单体中。阳膜所用单体比为苯乙烯∶二乙烯苯＝100∶3（质量比），阴膜为 100∶1。在单体中加入少量引发剂（二异丁腈）和透平油，逐步升温至 60℃（约需 1h），保温 45min，然后挤出多余的单体，再用热水冲洗，在压机中进行固化，于 65～70℃保温 7h 后即可逐张剥离，制得底膜。制备阳膜时，将底膜先在 38～40℃下在二氯乙烷中溶胀 2h（或在常温下过夜），抽除溶胀剂，再用硫酸（93%）在 78～80℃下磺化 8h，然后用稀硫酸逐步稀释、水洗、加入 1mol/L NaOH 溶液，水洗至中性，即得磺酸钠型阳膜。制备阴膜时，先将底膜浸入氯甲醚

和无水氯化锌（质量比为 100：20）中，然后逐渐升温至 50℃，并保温约 9h，冷却后放出残液，再经多次水洗、风干，最后用三甲胺水溶液（30%）于室温下胺化，经水洗后浸入 1mol/L HCl 溶液中，洗至中性，得季铵型阴膜，如果对氯甲基化的膜用吡啶水溶液胺化，则得吡啶季铵型阴膜。

均相离子交换膜的性能远优于异相膜，所以目前使用的离子交换膜多为均相膜。均相膜与异相膜的比较见表 2-19。

表 2-19   均相膜与异相膜的性能比较

性能	均相膜	异相膜
各部分性质	相同（都是由树脂组成）	不同（除树脂外还有黏合剂）
孔隙率	小	大（易渗漏）
厚度	小	大
膜电阻	小	大
耐温性	好（可达 50～65℃）	差（低于 40℃）
机械强度	小（改进后大为提高）	大（指有网膜）
制作难易程度	较复杂	简单
制作成本	低	高

（3）半均相离子交换膜

从宏观上看是一种均匀一致的整体结构，成膜的高分子化合物与具有离子交换特性的高分子化合物十分紧密地结合为一体，但不是化学键结合；从微观看，应属于异相膜范畴，习惯上也可将此膜看作是均相离子交换膜。其制备方法类同异相和均相离子交换膜。

2.2.2 非对称膜的制备[97-99,107-112]

非对称膜一般比均质膜的通量高得多。目前在大多数液相分离工业应用中还是以有机高分子非对称膜为主。非对称膜由一层薄的多孔或致密皮层（起分离作用）和一层厚得多的多孔层（起支撑皮层作用）组成。有机高分子非对称分离膜主要包括相转化膜和复合膜。

2.2.2.1 相转化膜

将一个均相的高分子铸膜液通过各种途径使高分子从均相溶液中沉析出来，使之分为两相，一相为高分子富相，最后形成高分子膜；另一相为高分子贫相，最后成为膜孔。相转化法制备的高分子非对称膜具有以下两个特点：一是皮层与支撑层为同一种膜材料；二是皮层与支撑层是同时制备、形成的。

相转化法制备的高分子非对称膜的孔结构基本上可以归纳为以下四种类型。

① 皮层是致密的，支撑层为海绵状小孔，醋酸纤维素反渗透膜属此类结构，见图 2-16。

② 皮层是致密的，支撑层为指状大孔，芳香聚酰胺反渗透膜属此类型，见图 2-17。

③ 皮层是多孔的，支撑层呈海绵状小孔，例如聚砜超滤膜，见图 2-18。

④ 皮层是多孔的，支撑层是指状大孔，很多超滤膜是这种结构。见图 2-19。

图 2-16　非对称醋酸纤维素膜的断面电镜图

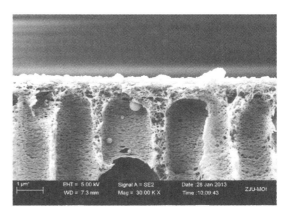

图 2-17　非对称芳香聚酰胺反渗透膜的断面电镜图

图 2-18　断面为海绵状孔结构的聚砜超滤膜电镜图

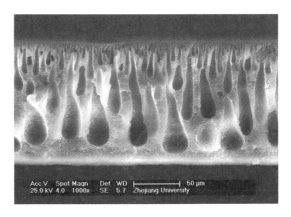

图 2-19　超滤膜断面的指状大孔结构电镜图

相转化非对称膜的结构与高分子铸膜液的组成及其发生相转化的条件密切相关。

（1）铸膜液

有机高分子分离膜中的大部分都是先将高分子膜材料配成高分子溶液，然后再经过不同工艺成膜。有机高分子是由许多很小的分子（单体）连接而成的大分子化合物，它的特点是分子量大、分子链的长度与直径之比非常大，因此有机高分子溶液的性质和行为与无机水溶液大相径庭。只有线型高分子才能溶解，达到一定交联度后线型高分子转变为体型高分子，体型高分子不能在溶剂中溶解。高分子溶液是线型高分子在含一种或多种成分的溶剂体系中均匀分散。形成高分子溶液的条件是高分子与溶剂的相互作用（P-S）大于聚合物分子间的相互作用（P-P），即只有 P-S＞P-P，才能达到 P＋S＞P-S（溶液）。

大多数用以铸膜的高分子溶液是浓溶液。一般在室温下溶液中高分子的体积分数 φ 小于 0.5；用于干纺致密中空纤维的溶液 φ 为 0.3～0.4；用于湿法制备平板膜的溶液约为 0.2；干法制备平板膜的溶液约为 0.1。为了种种目的，铸膜液中除溶剂外常常还包含另外的组分，例如溶胀剂、非溶剂、保湿剂、致孔剂等。一个溶液体系的各种成分，可以用图 2-20 表示成为对高分子具有不同亲和力的物质的一个连续区域。

作用图的一端是能与高分子相互作用，从而影响溶液内高分子聚集程度和构象的溶剂，

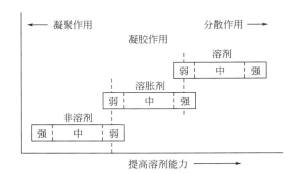

图 2-20　聚合物-溶剂相互作用谱图

相反的另一端是为高分子或溶剂以或多或少的含量所能容忍的非溶剂。它有助于理解通过多组分高分子溶液的逐步脱溶剂制备分离膜。

高分子溶液的 P-S 相互作用强度有几种测量方法，其中有溶液黏度、溶液浊度、非溶剂（稀释剂）的允许含量、各种内聚参数以及高分子和溶剂的 Lewis 酸-Lewis 碱特性等。但是如何正确、有效地用于铸膜液这样一个多组分的高分子浓溶液，至今仍是一个有待深入研究的问题。

一些代表性的高分子铸膜液见表 2-20～表 2-24。

表 2-20　纤维素均聚物的铸膜液[98]

溶液号	聚合物	溶剂	孔形成剂	制造方法	相对孔体积	参考文献
1	纤维素	铜氨溶液	甘油	湿	致密	26
2	CN	丙酮	1-丁醇 异丁醇	干	多孔	27
3	CA	丙酮	Mg(ClO₄)₂ （含水） ZnCl₂ （含水）	湿	多孔	5,6
4	CA	丙酮	甲酰胺	湿	多孔	7
5	CTA 或 CA	环丁砜	PEG400	热/湿	致密	28
6	CTA	丙酮＋二氧六环	马来酸＋甲醇	湿	多孔	29
7	CA	丙酮＋二氧戊环	醇类	干	多孔	30
8	CA	甲酸甲酯 氧化丙烯	SAIB②	干	致密	31
9	CA	丙酮 甲醇	CaCl₂＋环己醇	湿	多孔	32
10	EC-PFB①	环己酮	—	湿	致密	33
11	EC-PFB①	一氯甲烷	甲醇	干	多孔	

① ethyl cellulose perfluorobutyrate（乙基纤维素全氟丁酸酯）。

② sucrose acetate isobutyrate（蔗糖乙酸异丁酸酯）。

表 2-21　聚酰胺及有关均聚物的铸膜液[98]

溶液号	聚合物	溶剂	成孔剂	制造过程	相对孔体积
12	尼龙 66，尼龙 610，尼龙 11，尼龙 12	98% HCOOH	水	湿	多孔
13	尼龙 66	90% HCOOH	—	干	多孔
14	尼龙 6	N-二羟乙基牛脂胺	—	热	多孔
15	尼龙 8	甲醇	—	干	致密
16	聚哌嗪邻苯二酰胺	HCOOH，CHCl$_3$＋甲醇	—	干	致密
17	聚哌嗪邻苯二酰胺	HCOOH	甲酰胺	湿法	多孔
18	聚苯并咪唑	DMAC＋LiCl	—	湿	多孔
19	聚酰亚胺[由 4,4'-(六氟异亚丙基)二邻苯二甲酸酐＋4,4'-二氨基二苯醚生成]	二氯甲烷	—	干	致密
20	全芳香聚酰胺（由间苯二胺＋间苯二酰氯生成）	DMAC	PVP	湿	多孔

表 2-22　其他均聚物的铸膜液[98]

溶液号	聚合物	溶剂	成孔剂	制造过程	相对孔体积
21	聚乙烯	邻苯二甲酸二辛酯	—	热	多孔
22	聚乙烯	邻苯二甲酸二辛酯	SiO$_2$	热	多孔
23	聚乙烯	N-二羟乙基脂胺	—	热	多孔
24	聚丙烯	N-二羟乙基牛脂胺	—	热	多孔
25	聚乙烯醇	水	PEG400		多孔
26	聚乙烯醇	二甲基亚砜	—	湿	多孔
27	聚丙烯腈	二甲基甲酰胺	—	湿	多孔
28	聚丙烯腈	65% HNO$_3$（−5℃）	水	湿	多孔
29	聚偏氟乙烯	二甲基甲酰胺	甘油	湿	多孔
30	聚偏氟乙烯	三乙基磷酸酯	甘油	湿	多孔
31	聚醚砜	二甲基亚砜	醋酸钠，硝酸钠	湿	多孔
32	聚芳砜，聚砜	二甲基甲酰胺	氯化锌，二甲基亚砜	湿	多孔
33	聚砜（高 M_w）	二氯甲烷	三氟乙醇	干	多孔
34	聚酯（来自四氯双酚 A＋间苯二酰氯）	四氯乙烷		干	致密
35	聚对苯二甲酸丁酯	六氟异丙醇	聚乙烯醇	干	多孔
36	聚砜	二甲基乙酰胺	聚乙烯基吡咯烷酮	湿	多孔
37	全芳香聚酰胺（来自间苯二胺＋邻苯二酰氯）	二甲基乙酰胺	聚乙烯基吡咯烷酮	混	多孔
38	聚氯乙烯	环己酮	聚对二氨基苯乙烯	干	多孔
39	聚氯乙烯	凝胶①	聚乙烯甲基醚	热	多孔

① 原文献未指出是何种凝胶。

表 2-23　共聚物和聚电解质的铸膜液[98]

溶液号	聚合物	聚合物种类	溶剂	成孔剂	制造过程	相对孔体积	参考文献
40	乙烯-乙酸乙烯共聚物	无规共聚物	甲醇+H_2O 丙醇+H_2O	—	湿	致密	[65]
41	乙烯-丙烯酸共聚物（Na^+ 或 Zn^{2+}）	无规共聚	甲苯+异丙醇	—	干	致密	[63]
42	全芳香聚酰胺（来自间-、邻-和对-苯二胺+间-、对-苯二酰氯）	无规共聚	DMAC	H_2O,LiCl	凝胶/湿	多孔	[9]
43	聚丙烯腈-丙烯酸甲酯	无规共聚	75% HNO_3（−3℃）	H_2O	湿	多孔	[65]
44	聚（哌嗪间和邻-苯二酰胺）	无规共聚	NMP	LiCl	湿	多孔	[42]
45	聚乙二醇-聚碳酸酯嵌段共聚	嵌段共聚	二氧戊环	二甲基亚砜	湿	多孔	[66]
46	聚乙二醇-聚碳酸酯嵌段共聚物	嵌段共聚	二氯甲烷	异丙醇+三氟乙醇或六氟异丙醇	干	多孔	[60]
47	聚乙二醇-聚酯嵌段共聚物	嵌段共聚	二氯甲烷	—	干	致密	[67]
48	聚乙二醇-聚氨酯嵌段共聚物	嵌段共聚	DMF	—	干	致密	[67]
49	聚硅氧烷-聚碳酸酯共聚物	嵌段共聚	二氯甲烷或二氯甲烷+环己烷	—	干	致密	[68]
50	尼龙 66-聚亚乙基亚胺共聚物	接枝共聚	HCOOH	—	湿/干	致密	[69]
51	醋酸纤维素-聚亚乙基亚胺醋酸纤维素-苯乙烯	接枝共聚	DMF	—	干	致密	[62,69]
52	尼龙（66,610）-醋酸乙烯共聚物	无规共聚、接枝共聚	甲醇	—	干	致密	[70]
53	聚丙烯酸甲酯甲基甲基丙烯酸甲酯-乙烯基苯酚磺酸钾	无规共聚聚	DMSO DMF	—	湿	致密	[71]
54	聚丙烯腈-季铵化的乙烯基吡啶	无规共聚电解质	DMAC	PEG 400	湿	致密	[72]
55	聚丙烯腈-甲基烯丙基磺酸钠	无规共聚电解质	DMF	—	湿	致密	[71]
56	聚季铵化乙烯基吡啶-1,3-丁二烯	无规共聚电解质	四氢呋喃	—	干	致密	[73]
57	磺化聚苯醚钠盐	聚电解质	氯仿+乙醇；硝基甲烷+乙醇	—	干	致密	[74]
58	磺化聚砜钠盐	聚电解质	四氢呋喃+甲基胺	—	湿	多孔	[75]
59	Nafion（当量 970）	聚电解质	乙醇	—	干	致密	[76]
60	Nafion（当量 1100,1200）	聚电解质	过热异丙醇+H_2O,过热乙醇+H_2O	—	干	致密	[76]

表 2-24　聚合物共混体系的铸膜液[98]

溶液号	聚合物	溶剂	成孔剂	制造过程	相对孔体积	参考文献
61	尼龙 66(高 M_w)＋尼龙 66;尼龙 610;尼龙 6 共聚物(低 M_w)	90％甲酸	—	干	多孔	[39]
62	硝酸纤维素(规则结构)＋醋酸纤维素	丙酮	1-丁醇异丙醇	干	多孔	[27]
63	硝酸纤维素(规则结构)＋醋酸纤维素	甲酸甲酯	异丙醇	干	多孔	[80]
64	硝酸纤维素(规则结构)＋氰乙基纤维素	丙酮	正丁醇,异丁醇	干	多孔	[81]
65	醋酸纤维素＋三醋酸纤维素	丙酮＋二氧六环	马来酸＋甲醇	干	多孔	[29]
66	醋酸纤维素＋醋酸纤维素 11-溴十一酸三甲铵盐	甲醇＋丙酮二氧戊环＋甲醇	异丁醇	干	多孔	[79]
67	聚对苯二甲酸丁酯＋聚乙烯醇	六氟异丙醇	聚乙烯醇	干(受助聚合物相转变)	多孔	[57]
68	聚砜＋聚乙烯基吡咯烷酮	DMAC	聚乙烯吡咯烷酮	湿(受助聚合物相转变)	多孔	[45]
69	全芳香聚酰胺(由间苯二胺和间苯二酰氯形成)	DMAC	聚乙烯吡咯烷酮	湿(受助聚合物相转变)	多孔	[45]
70	聚氯乙烯＋聚对二甲氨基苯乙烯	环己酮	聚对二甲氨基苯乙烯	干(受助聚合物相转变)	多孔	[58]
71	聚氯乙烯＋聚乙烯基甲基醚		聚乙烯基甲基醚	热(受助聚合物相转变)	多孔	[59]
72	全同立构聚甲基丙烯酸甲酯＋间同立构聚甲基丙烯酸甲酯	二甲基亚砜＋H_2O	—	热	多孔	[82]

（2）制备方法

① 溶剂蒸发法　这是相转化制膜工艺中最早的方法，1920～1930 年就被 Bechhold 等使用。

最简单的情况是一种高分子溶于一双组分溶剂混合物，此混合物由易挥发的良溶剂（如氯仿）和相对不易挥发的非溶剂（如水或乙醇）组成。将此铸膜液在玻璃板上铺展成一薄层，随着易挥发的良溶剂不断蒸发逸出，非溶剂的比例愈来愈大，高分子就沉淀析出，形成薄膜，这一方法也称干法。

溶剂蒸发法铸膜液中的高分子状态在膜形成过程中经历图 2-21 所示的变化。刚配制的

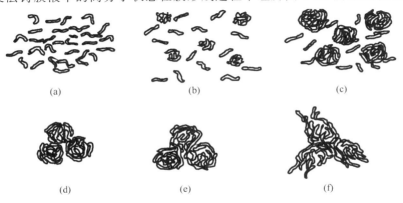

(a)　　(b)　　(c)

(d)　　(e)　　(f)

图 2-21　溶剂蒸发成膜过程中高分子状态变化

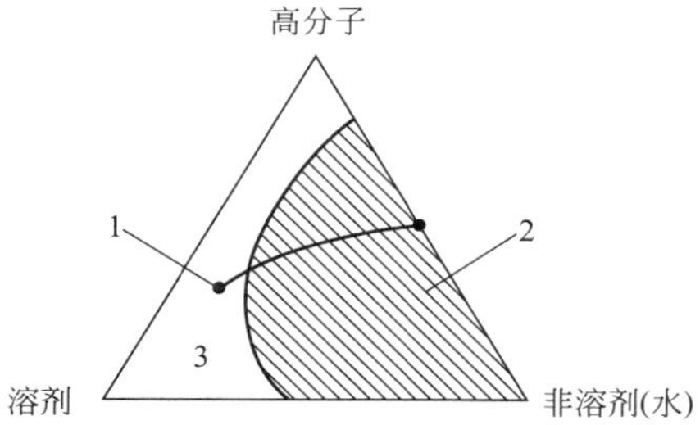

高分子

1

2

3

溶剂   非溶剂(水)

图 2-22 溶剂蒸发法制备多孔膜的
铸膜液组成变化相图
1—原始铸膜液；2—两相区；3—单相区

铸膜液如图 2-21(a) 所示，在胶体水平上是均匀的——溶胶 1。随着溶剂的蒸发，高分子在剩下的溶剂混合物中时溶解性不断降低，直至留下的溶剂体系的溶解能力不足以维持图(a) 状态，于是发生向另一状态［见图(b)］——溶胶 2 转化，这时大部分聚合物分子处于已经形成的微胞内，少部分聚合物分子（约 0.5%）仍留下并分散在含微胞的液态母体之中。随着溶剂继续蒸发，微胞互相靠近［见图(c)］，终使其在凝胶化的开始相中彼此接触［见图(d)］，当凝胶网络收缩时，微胞变形成为多面体，聚合物分子间相互缠绕［见图(e)］。最后在形成有很大总表面积的无数微胞过程中，形成了凝胶网络化的裤管状骨架［见图(f)］。其相图如图 2-22 所示。

大多数溶剂蒸发法铸膜液含有三个或更多组分。

决定溶剂蒸发法膜的孔隙率和孔大小及其分布的主要因素有：

a. 溶胶 2 中聚合物体积浓度，反比于凝胶孔隙率；

b. 溶胶 2 中非溶剂与聚合物体积之比正比于凝胶孔隙率；

c. 溶剂和非溶剂之间的沸点差正比于孔隙率和孔大小；

d. 相对湿度正比于孔隙率和孔大小；

e. 添加其他相容性不太好的聚合物可增大孔隙率；

f. 高分子量聚合物会增大孔隙率。

由于非溶剂的存在，一方面溶剂体系承受高浓度高分子的能力大受限制，而另一方面铸膜液又必须有足够的黏性，这个矛盾可以通过以下方法来解决：制备特殊的高分子量聚合物、使用增黏剂（如加进第二种聚合物或高度分散的胶体二氧化硅）、在低温下铸膜等。

② 湿气诱导相转化法　高分子铸膜液在平板上铺展成一薄层后，在溶剂蒸发的同时，吸入潮湿环境中的水蒸气使高分子从铸膜液中析出进行相分离，这一过程的相图见图 2-23。这一过程有别于水滴模板制备蜂窝状均孔膜，铸膜液所采用的溶剂是

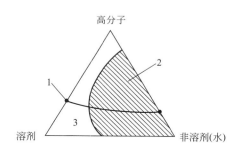

图 2-23 湿气诱导相转化法制备多孔膜
的铸膜液组成变化相图
1—原始铸膜液；2—两相区；3—单相区

与水完全互溶的非质子极性溶剂（如 N,N-二甲基甲酰胺、N,N-二甲基乙酰胺、N-甲基吡咯烷酮等），能够诱导水蒸气的吸入。

湿气诱导相转化法是商品相转化分离膜的一种常用的生产方法。图 2-24 是 Hiley 等用的设备工艺流程图。

典型的铸膜液组成中膜材料是醋酸纤维素或硝酸纤维素，溶剂为丙酮加水（或乙醇或乙二醇）。铸膜液铺展在一连续滚动的不锈钢薄板上，通过一连串具有特殊环境条件的空间，第一个空间充满热潮湿空气，铸膜液失去易挥发溶剂同时吸入水蒸气，整个高分子沉淀过程

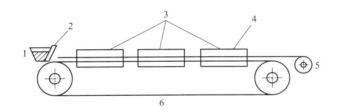

图 2-24　湿气诱导相转化法制备多孔膜工艺流程示意图

1—铸膜液；2—刮刀；3—环境腔；4—膜；5—卷膜辊筒；6—不锈钢带

约需 10min 才能完成，这时膜的结构是对称的。然后膜进入第二空室，室中充满对流的干燥热空气，它使膜内残存的溶剂全部挥发掉而变成干膜。制膜时速度一般为 0.3～0.6m/min。

③ 热致相分离法　英文缩写为 TIPS 法，是 Castro 发明的，它是利用一种潜在的溶剂（高温时能溶解成膜聚合物，低温时不能溶解）在高温时与成膜聚合物配成均相铸膜液，并热压或挤出成膜，然后冷却发生沉淀、分相，潜在的溶剂也可称为成膜聚合物的稀释剂。具体步骤如下。

a. 在高温下将成膜聚合物与低分子稀释剂熔融混合成一均匀的溶液。

b. 将溶液制成所需的形状（平板或中空）。

c. 将溶液冷却使之发生相分离。

d. 将稀释剂从膜中除去（一般用溶剂抽提）。

热致相分离法既适用于极性，又适用于非极性高分子，成膜聚合物包括聚乙烯、聚丙烯、聚偏氟乙烯、尼龙等，主要的稀释剂有二苯醚、二苯酮、石蜡、磷酸三乙酯等。成膜聚合物及其相对应的稀释剂如表 2-25 所示。其中 TIPS 法制备聚丙烯和聚偏氟乙烯中空纤维膜已经实现产业化和商业应用。

表 2-25　TIPS 法制备微孔膜的聚合物及其稀释剂

聚合物	稀释剂
聚丙烯	固体石蜡，邻苯二甲酸二戊酯，豆油，苯甲酸甲酯，巴西棕榈蜡/豆油，十四酸/碳酸二苯酯，邻苯二甲酸二丁酯/邻苯二甲酸二辛酯，邻苯二甲酸二丁酯/豆油
低密度聚乙烯	二苯醚，邻苯二甲酸二异癸酯
高密度聚乙烯	邻苯二甲酸二异癸酯，液体石蜡，矿物油
聚偏氟乙烯	乙酰柠檬酸三丁酯，邻苯二甲酸二丁酯，二苯甲酮，卡必醇醋酸酯，碳酸二苯酯，1,4-丁内酯，邻苯二甲酸二甲酯，水杨酸甲酯，三醋酸甘油酯，己内酰胺
聚氯乙烯	二苯醚
尼龙 6	二甲基砜，环丁砜
尼龙 12	聚乙二醇
聚苯醚	环己醇
聚苯硫醚	二苯醚/二苯酮，己内酰胺，二苯酮，二苯砜
聚醚醚酮	二苯酮，二苯砜

热致相分离法成膜过程的典型温度-组成相图如图 2-25 所示。图中，T_c 为临界温度；

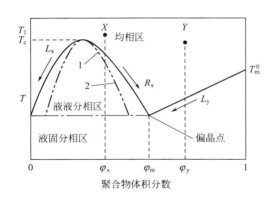

图 2-25 液液与液固相分离的温度-组成相图
1—双节线；2—旋节线

T_m^0 为熔点。

将一高分子与稀释剂的混合物（组成为 φ_x）升温至 X，在这温度混合物变为真正均相溶液。临界温度（T_c）必须小于稀释剂的沸点（一般为 25～100℃）而大于高分子本身的熔点（T_m）。高分子在 T_c 必须是稳定的，稀释剂在 T_c 时应该挥发性较低。在缓慢冷却下溶液发生液-液相分离，分成两个液体，一为高分子富相（R_x），另一为高分子贫相（L_x），这时在高分子富相的流体中出现结晶及结晶生长。随着温度不断下降，两个液相的组成沿相图中实线不断变化，直至到水平的固-液线为止。这时高分子富相转变为固态，

产生一种高分子结晶（聚合物体积分数为 1）和一种稀释剂溶胀的无定形高分子（其组成为 φ_m），同时高分子贫相被包裹在结晶内或被排挤在结晶之间，仍为液相。

若将一组成为 φ_y 的高分子与稀释剂混合物升温至 Y，这时混合物呈真正均相溶液，然后缓慢冷却，溶液发生固-液相分离，形成一个组成由 L_y 代表的高分子贫相和纯聚合物相。当温度继续降低时，纯聚合物组成不变，但由于在其中结晶态增多，所以体积增加了，聚合物贫相（其中含有稀释剂和无定形聚合物）组成沿 L_y 线变化直至达低共熔点（偏晶点）。在低共熔点聚合物贫相进一步分离变成稀释剂-溶胀无定形聚合物和纯稀释剂两相。热致相分离法制备的非对称膜，膜的孔体积由铸膜液组成所决定，而孔分布、孔径则取决于冷却速度，冷却速度慢，形成大孔；冷却速度快，形成小孔。

热致相分离法可制平板膜和中空纤维膜，平板膜的流程示意图如 2-26 所示。

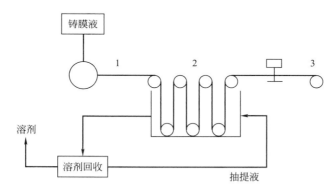

图 2-26 热致相分离法制膜（平板膜）流程图
1—浇铸辊筒；2—抽提及后处理；3—卷膜辊筒

④ 非溶剂致相分离法　也称浸没沉淀相转化法，缩写为 NIPS 法，又称为 L-S 法，它是目前最重要、应用最广的非对称分离膜制备方法。20 世纪 60 年代初 Loeb 和 Sourirajan 在研究醋酸纤维素反渗透膜时，发明了将高分子铸膜液浸入非溶剂中，通过相转化形成非对称膜的方法。与均质醋酸纤维素膜相比，这种非对称反渗透膜不但具有高脱盐率，而且其透水

量比均质膜高几倍至一个数量级。电子显微镜观察发现，这种膜具有薄但非常致密的皮层以及海绵状疏松的多孔支撑层。非溶剂致相分离法是分离膜发展的里程碑，使聚合物分离膜有了工业化应用的价值，被广泛研究与应用，逐渐成为聚合物分离膜的主流制备方法。

　　在 NIPS 法制膜过程中，成膜体系至少包含 3 个组分，即聚合物、溶剂和非溶剂，其中溶剂和非溶剂必须完全互溶。NIPS 法制备平板多孔膜的过程如图 2-27 所示，首先将聚合物溶解在溶剂中，配制成均一稳定的铸膜液，然后将铸膜液均匀刮涂在适当的支撑体上（玻璃板、无纺布、钢板等），然后连同支撑体浸入由非溶剂组成的凝固浴中，溶剂和非溶剂通过薄膜/凝胶浴界面相互扩散，当溶剂/非溶剂之间的交换达到一定程度，聚合物溶液变得热力学不稳定，从而发生分相。铸膜液体系分相后，随着溶剂/非溶剂的进一步交换，体系发生膜孔的凝聚、相间流动以及富聚合物相的固化等过程，最终形成具有不对称结构的固体聚合物多孔膜。

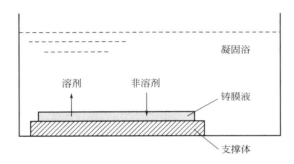

图 2-27　非溶剂致相分离法制备平板多孔膜示意图

以非溶剂致相分离法制备醋酸纤维素反渗透膜的制备程序见图 2-28。

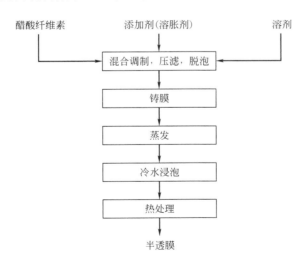

图 2-28　醋酸纤维素反渗透膜的制备程序

　　a. 膜的形成机理

　　（a）铸膜液体系热力学。浸没沉淀相转化法工艺是通过铸膜液中溶剂与凝固浴中非溶剂相互交换而使初始热力学稳态的铸膜液产生非稳态而发生液-液相分离成膜的。因此，膜结构与铸膜液体系的相图密切相关。

图 2-29 是聚合物-溶剂-非溶剂三元体系液-液相分离示意图。当均匀聚合物溶液由于非溶剂浸入变成不稳定时，将导致液-液相分离，使混合 Gibbs 自由能最低。如果体系组成落在 B、D 之间，将分成组成为 B'、D' 的两相。

三元体系完整的相图如图 2-30 所示细分为四个区域，图中 Ⅰ 是单相溶液区，由聚合物-溶剂轴和浊点线或称双节线构成；浊点线右边 Ⅱ 是液-液两相区。在两相区，旋节线又划分出亚稳区和非稳区，浊点线与旋节线之间是亚稳区，旋节线右边是非稳区；Ⅲ 是固-液两相区；Ⅳ 是单相玻璃态区。连接线表示聚合物富相与贫相对应的平衡浓度。玻璃化转变线以上区域是固态单相区，当铸膜液组分进入该区形成固态。

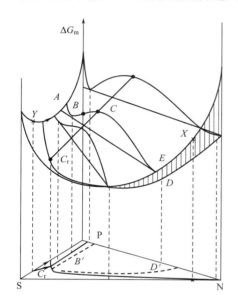

图 2-29　聚合物-溶剂-非溶剂三元体系的
自由能曲面和混溶区

C_r—临界点；X—聚合物贫相组成；
Y—铸膜液组成；N—非溶剂；S—溶剂

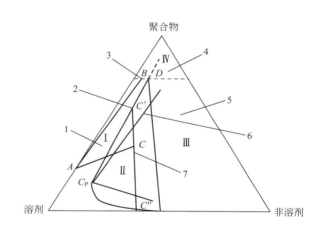

图 2-30　三元体系典型相图

1—溶液单相区；2—双节线、浊点线；3—玻璃化转变线；
4—玻璃单相区；5—液-液两相区；
6—旋节线；7—连接线

当组成落在亚稳区或非稳区时，分相机制是不同的。亚稳区相分离是成核-成长机制，即当组分进入 C 时，在稀相产生核，其中超过临界尺寸的核将不断成长，直至核聚结而形成膜结构；非稳区相分离是增幅分解机制，即膜液中浓度波动在非稳区将持续增长，最后形成网络结构膜。

C_P 是临界点浓度，它决定液-液相分离时，是贫相成核还是富相成核。如果膜液在点 C_P 下相分离，初生核在富相产生，连续相是稀相，最终形成的膜结构将是松散的，没有机械强度，不能使用。因此，有用的膜均要求在 C_P 点以上发生相分离，使最终膜结构中富相是连续相，具备一定的力学性能。

制膜时，铸膜液浸入凝固浴的瞬间，溶剂迅速从膜液中扩散出，而凝胶剂则进入相当少，这时在膜液和凝固浴界面附近，聚合物浓度迅速增加，组成沿路径 A-B 变化直接达到玻璃化转变线，产生玻璃化转变固化，形成均质、致密玻璃态膜。玻璃化转变线越往上时，说明发生固化时要求聚合物浓度越高，这时形成皮层越致密。

一旦皮层形成，溶剂和沉淀剂的扩散受阻，相互交换的速率减小，皮层对溶剂扩散的阻碍大于对沉淀剂的内扩散。使皮层下聚合物浓度远低于皮层，膜液组成沿 A-C 线从 I 区进入 II 区而发生液-液分离 C' 与 C''。随着溶剂与非溶剂的不断交换，富相组分浓度 C 将沿着浊点线上升，当穿过玻璃化转变线进入固相区 D 而被固化成膜，形成多孔结构，从而得到非对称膜结构。

与膜性能最为密切的是浊点线。浊点线愈靠右，意味着发生相分离所需沉淀剂量愈多，需要更长时间发生相分离，距离界面较远处膜液有充分时间进入 IV 区相转变，成膜时皮层愈厚。

浊点线可用滴定法测定，也可根据聚合物溶液理论计算。在铸膜液相图计算中，Flory-Huggins 理论最为常用。对三元体系铸膜液，根据 Flory-Huggins 溶液理论，体系的 Gibbs 自由能 ΔG^{m} 用下式表示：

$$\frac{\Delta G^{m}}{RT} = n_1 \ln\varphi_1 + n_2 \ln\varphi_2 + n_3 \ln\varphi_3 + \chi_{12}(u_2) n_1 \varphi_2 \\ + \chi_{13}(u_3) n_1 \varphi_3 + \chi_{23}(V_3) n_2 \varphi_3$$

式中，φ_i、n_i 分别是组分 i 的体积分数和物质的量；χ_{ij} 是组分间相互作用参数；R 是气体常数；T 是开尔文温度。

对上式求导，得到各组分的化学势方程，根据两相平衡时化学势相等，计算贫富两相组分浓度值，即得到浊点线和连接线。

χ_{ij} 表征铸膜液非理想性质，它是组成的函数。非溶剂-聚合物 χ_{ij} 可用溶胀法测定，非溶剂-聚合物和溶剂-聚合物 χ_{ij} 也可由溶解度参数进行估算。对小分子非溶剂-溶剂的 χ_{ij} 可以通过活度系数计算，其活度系数值可从汽-液平衡数据求得，还可以通过其他途径如活度系数方程或功能团法得到。

理论上，对多元体系，上式应包含多元组分间相互作用参数，如对五元体系而言，包括二元组分、三元组分、四元组分、五元组分间相互作用参数。但由于三个以上分子同时碰撞在一起的概率远小于双分子碰撞的概率，再加上三元以上组分相互作用参数很难获得，因此，在具体处理时，通常都忽略三元以上相互作用参数。中国科学院大连化学物理研究所用二元相互作用参数计算了 H_2O/EtOH/THF/DMAC/PSF 五元体系的浊点线，结果表明，理论值与实验基本吻合[119]。

（b）铸膜液固化过程。成膜过程经过液-液相分离和聚合物富相固化等步骤，富相可通过结晶、半结晶或玻璃化转变等固化。对于无定形聚合物（如聚砜）溶液不存在结晶、半结晶现象。

Li 等根据 Berghmans 提出的聚合物溶液玻璃化转变解释了聚合物富相固化机理，Berghmans 机理如图 2-31 所示[110]。图中浊点线与玻璃化转变温度线相交，交点 B 称 Berghmans 点。

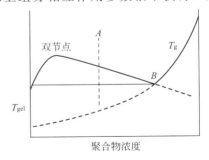

图 2-31　无定形聚合物凝胶 Berghmans 机理相图（二元体系）

T_g—玻璃化转变温度；T_{gel}—凝胶温度；B—Berghmans 点，表示体系的双节点与玻璃化转变温度线交点

　　根据 Berghmans 机理，如果沿 A 虚线冷却均匀溶液至浊点线，溶液开始液-液相分离，形成聚合物贫相与富相，继续冷却，富相组成沿双节线变动最终到达 B 点，发生玻璃化转变而固化。

　　通常人们在室温制膜，固化也在室温（如 25℃）进行，即 Berghmans 点温度是室温，而一般配制的铸膜液的玻璃化转变温度低于室温。当将铸膜液浸入沉淀浴后，膜液中溶剂与浴中的非溶剂相互交换，产生分相，随着交换继续进行，富相聚合物浓度增加，玻璃化转变温度不断提高，达到 Berghmans 温度时，富相发生玻璃化转变而被固化。

　　玻璃化转变时的聚合物浓度与铸膜液中组分有关。对 H_2O/NMP/PES 体系，由于 H_2O 的玻璃化转变温度与 NMP 相近，H_2O/NMP/PES 体系玻璃化转变时的聚合物浓度与 NMP/PES 体系相同。但对 H_2O/EtOH/THF/DMAC/PSF 体系，中国科学院大连化学物理研究所利用聚合物自由体积进行理论分析表明：由于 EtOH、THF 玻璃化转变温度低于 DMAC，当体系发生玻璃化转变时，聚合物浓度要高于 H_2O/DMAC/PSF 体系。

　　(c) 成膜过程传质动力学。在相转化成膜过程中，由于溶剂与非溶剂相互扩散，铸膜液内组分浓度是动态变化的，不同时刻铸膜液断面上浓度可处在相图不同区域内以不同的机理发生相转化，从而形成不同膜结构。

　　通常铸膜液初始膜厚很薄（约几百微米），而且相转化又是在很短时间内发生（＜5s），很难用实验方法测定铸膜液内组分浓度分布随时间的变化。因此，通常采用适当的传质模型描述溶剂和非溶剂交换动力学，分析溶剂与非溶剂的传质现象。

　　根据建立传质模型所依据原理的不同，传质动力学方程可分为两大类：

　　一是依据 Fick 定律建立的，常见有 William 模型、Yil-maz 模型、Tsay 模型等；

　　二是依据不可逆热力学理论建立的，常见有 Reuvers 模型、Shijaie 模型、曹义鸣等的五元模型等。

　　对简单二元组分扩散或虽多元但可忽略组分间耦合扩散，可用 Fick 定律建立传质模型。若要考虑有组分间相互作用以及多元组分间耦合扩散，通常用不可逆热力学理论来处理。

　　建立传质模型应考虑成膜过程中因铸膜液收缩而产生的两相界面移动、铸膜液组分之间相互作用以及溶剂与非溶剂耦合扩散效应以及凝固浴内传质等。

　　利用传质动力学模型计算得到的铸膜液内组分浓度轨迹线在相图上的位置，可以判断相分离类型，阐明膜非对称结构形成机理，通过计算机模拟计算，考察制膜工艺参数（如铸膜液组成、浓度，沉淀浴组成、挥发环境及时间等）对膜结构的影响。

　　根据铸膜液发生相分离的时间，相分离可分为瞬时相分离和延时相分离两种。所谓瞬时相分离是指铸膜液置于气相中或沉浸到沉淀浴中时相分离瞬时产生；而延时相分离则要经过一段时间后相分离才产生。两种不同相分离机制所得到的膜结构完全不同。瞬时相分离形成多孔皮层非对称膜结构，得到的膜用于微滤或超滤过程。而延时相分离则得到厚皮层膜结构，且随着延时时间延长，形成的膜更致密，得到的膜用于气体分离和渗透蒸发等。

　　Reuvers 等用传质动力学方程计算得到的组分浓度轨迹线是否穿过三元相图中浊点线来判断铸膜液是发生瞬时相分离还是延时相分离，如图 2-32 所示。如果轨迹线没有穿过浊点线而位于外侧，那么液-液相分离将在玻璃板侧膜液浓度开始改变时发生，即延时相分离。如果在很短时间内，浓度轨迹线穿过浊点线，进入液-液两相区，立即发生相分离，为瞬时相分离。

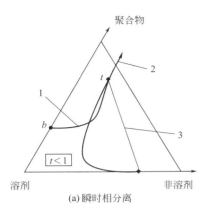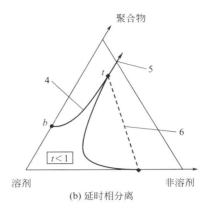

图 2-32　铸膜液凝胶过程浓度轨迹线

1,4—浓度轨迹线；2,5—浊点线；3,6—连接线；t—膜顶部（膜/浴界面）；b—膜底部（膜/支撑体侧）

（d）支撑层中指状孔形成机理。在许多非对称膜的支撑层中存在着指状孔结构。关于指状孔形成机理已有不少文献报道，其中较引人注目的是 Smolders 等提出的成核-成长模型。Smolders 等注意到：指状孔通常出现在膜皮层下；瞬时相分离往往产生指状孔，而延时相分离则是海绵状结构。因此提出，当铸膜液与沉淀浴接触发生瞬时分相时，在皮层下产生贫相细核，这初始核相当于新的沉淀浴，与其下面铸膜液接触。当核中溶剂浓度高时，将发生延时分相，没有新核产生。延时时间内，铸膜液本体中溶剂不断向核中扩散，核将持续成长，直至周围聚合物固化，最后形成指状孔结构（见图 2-33）；当核中非溶剂浓度高时，又发生瞬时相分离，这样初始细核的生长被抑制，通常形成海绵状结构。由此可见，抑制初始核产生或者抑制核生长，均可有效消除膜内指状孔产生。

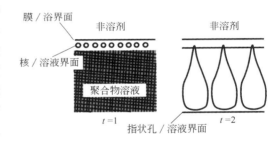

图 2-33　指状孔形成示意图

b. 制膜工艺条件

（a）铸膜液中添加剂的作用。用于分离膜制备的高分子铸膜液，除高分子膜材料和溶剂外，常常含有第三甚至第四组分。广义上铸膜液中除成膜聚合物和溶剂以外的任何组分都可称为添加剂，它们一般是对高分子不溶或有限溶解的有机物或无机物。添加剂的引入主要是为了改进分离膜的性能，其作用主要有以下几方面。

ⅰ. 改变铸膜液中高分子的聚集状态。图 2-34 是膜材料（P）为醋酸纤维素（CA）、溶剂（S）为丙酮、添加剂（N）为 $Mg(ClO_4)_2$ 和 H_2O（1∶8.5）三者变化与膜分离性能的关系。

N/S 和 N/P 增加或 S/P 减少都会使铸膜液中高分子的胶束聚集尺寸增大，从而导致形成较大的孔；由图 2-34 可知，在 A 方向上，S/P、N/S、N/P 都是增加的，S/P 的增加意味着铸膜液中高分子胶束聚集尺寸的减小，有利于形成较多数量的小孔，而 N/S 或 N/P 的增加有利于孔径的增大，这两个因素共同作用的结果是既增加了孔数又增大了孔径，因而在

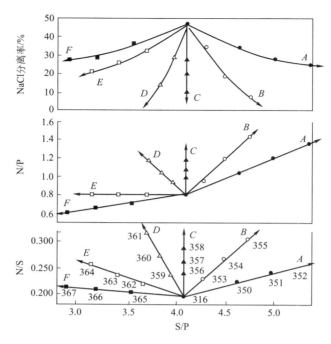

图 2-34 S/P、N/S 和 N/P 对 NaCl 分离率的影响
（操作压力 0.7MPa，进料液 200mg/L NaCl 水溶液）

相同的脱盐率下，透水量增大。由此可见，要开发高通量膜，需寻求最佳的 S/P 和 N/S 值。图 2-35 显示，对于醋酸纤维素-丙酮-甲酰胺反渗透铸膜液体系，图中斜线部分是最佳的 S/P

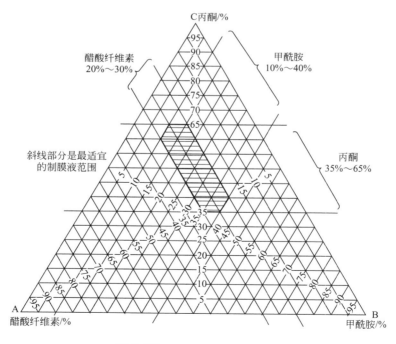

图 2-35 最佳的铸膜液组成范围

和 N/S 范围。

ⅱ. 影响凝胶过程中溶剂与水的交换速度。图 2-36 是各种添加剂对凝胶化途径的影响。随着甲酰胺用量的增加,水向膜中的渗入速度和膜的多孔性都增大,结果膜的含水率增加。但是它与膜性能并不是呈简单的线性关系,如图 2-37 所示,甲酰胺在低浓度阶段,随着甲酰胺含量的增加,水和盐的透过速度都增大,其结果是脱盐率几乎不变,当甲酰胺含量超过 30% 时,盐的透过速度急速增加,脱盐率大幅下降。

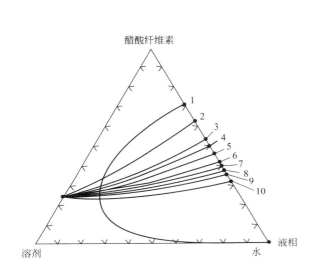

图 2-36　各种添加剂对凝胶化途径的影响

1—固相;2—无添加剂;3,5,7,9,10—10%、20%、30%、40%、50% 的甲酰胺;4—1% ZnCl₂;6—3% Mg(ClO₄)₂;8—5.3% ZnCl₂

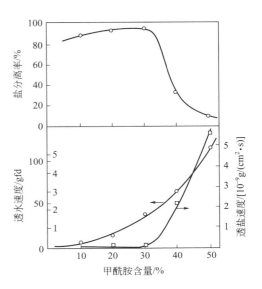

图 2-37　甲酰胺含量对膜性能的影响

醋酸纤维素,25%(质量分数);蒸发时间和温度,1min,25℃;热处理时间和温度,2min,75℃;1gfd=0.978m³/(m²·d)

ⅲ. 影响铸膜液表面的浓度。在铸膜液中加入低沸点有机添加剂会使铸膜液表面的高分子浓度在进入凝胶浴前显著变大,因而提高非对称膜的分离性能,使其截留能力增加,见表 2-26。

表 2-26　铸膜液中有机添加剂对所成膜性能的影响

铸膜液体系[①]	编号	添加剂种类	添加量/%	纯水透量/[mL/(cm²·h)]	对苯偶氮变色酸的截留率/%
SPES-C-DMAC	XD₁	环己醇	19.0	25	64.3
	XD₂	乙二醇单甲醚	19.0	19	67.1
	XD₃	丙酸	19.0	18	70.0
	XD₄	四氢呋喃	13.5	16	69.8
	XD₅	三氯甲烷	13.5	13	80.5
	XD₆	乙醚	13.5	12	85.0
SPES-C-1-甲酰基哌啶	XJ₁	环己醇	19.0	26	49.1
	XJ₂	乙二醇单甲醚	19.0	15	75.5
	XJ₃	丙酸	19.0	13	78.3

续表

铸膜液体系[①]	编号	添加剂种类	添加量/%	纯水透量 /[mL/(cm²·h)]	对苯偶氮变色酸的截留率/%
SPES-C-1-甲酰基哌啶	XJ_4	四氢呋喃	13.5	20	55.4
	XJ_5	三氯甲烷	13.5	13	82.0
	XJ_6	乙醚	13.5	12	85.6
SPES-C-DMAC-THF	Xb_1	丙酸	13.5	10.6	87.2
	Xb_2	乙二醇单甲醚	13.5	7.6	97.0
	Xb_3	环己醇	13.5	5.6	98.4
	Xb_4	乙醚	13.5	1.5	99.3
SPES-C-1-甲酰基哌啶-THF	XB_1	乙醚	13.5	1.3	94.9
	XB_2	正丙醇	13.5	4.3	83.8
	XB_3	丙酸	13.5	5.4	80.6

① SPES-C 为一种带酚酞侧链的磺化聚醚砜。

ⅳ. 致孔作用。添加剂在凝胶过程中自铸膜液进入凝胶浴，这一过程造成膜中形成众多小孔。因此，一般情况下，铸膜液中加入添加剂后，分离膜的透水量都会得到不同程度的提高。

（b）溶剂蒸发速度的影响。在 NIPS 法制备醋酸纤维素反渗透膜时，当铸膜液铺展成一薄层后，未浸入水中凝胶化之前，有一个溶剂（丙酮）蒸发过程。由于溶剂的蒸发，铸膜液的组成发生变化，当溶剂蒸发到一定量后，铸膜液将发生相分离。图 2-38 中 P、N、S 分别表示醋酸纤维素、高氯酸镁水溶液和丙酮，相分离界线表示高分子溶液从单相向双相的转移，曲线靠近 S 的一侧为单相区。

溶剂蒸发速度可以用一个特性参数——蒸发速率常数 b 来表征。将铸膜液流涎在一小块平板上，通过连续测定铸膜液重量随时间的变化，可得图 2-39。

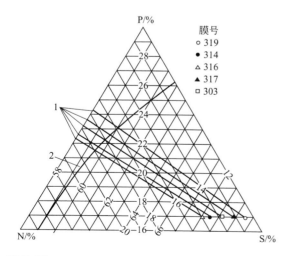

图 2-38 铸膜液组成、蒸发途径与相分离界线的三元相图
1—蒸发途径；2—0℃时的相分离界线

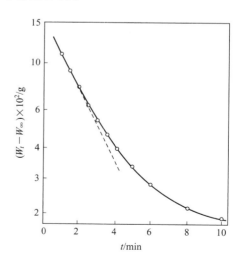

图 2-39 膜的溶剂蒸发速度曲线

曲线的直线部分表示在该段时间内溶剂蒸发速度相同，由同一机理决定，这一阶段是溶剂初始蒸发，对膜表面孔结构的形成有重要影响。该直线段可用下式表示：

$$W_t - W_\infty = (W_0 - W_\infty)\exp(-bt)$$

式中，W_t 为时间 t 时膜和板的重量；W_0 为 t 为 0 时膜和板的重量；W_∞ 为恒重时膜和板的重量；b 为溶剂蒸发速率常数。

b 可由直线斜率计算，直线的位置与斜率在给定的温度和铸膜液组成条件下，还取决于蒸发条件、膜的面积和膜的厚度。膜面积不同只改变直线位置、不改变斜率，膜厚度改变使直线的位置与斜率同时改变，因此测定 b 值时必须考虑和消除膜厚的影响。

b 对 NIPS 法制备的醋酸纤维素反渗透膜具有十分重要的意义。从图 2-40 和表 2-27 可见，在相同的铸膜液组成时，只需要简单地改变铸膜液温度、环境的湿度和气氛，就能改变蒸发速率常数，从而提高透水速度；用曲线 7 的制膜条件，可以在相同脱盐率下获得最大透水速度，它对应的 b，既非最高也不是最低，因此要获得最佳性能的膜应当有一个恰当的溶剂蒸发速度。

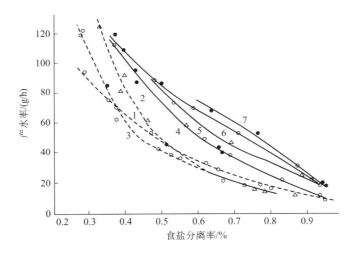

图 2-40　制膜液温度和溶剂蒸发速度对膜性能的影响

操作压力 1.7MPa，进料液 3500mg/L NaCl 水溶液，有效膜面积 7.6cm²

1～7—膜编号，见表 2-27

表 2-27　制膜条件、蒸发速率常数对膜性能的影响

膜编号	制膜条件			溶剂蒸发速率常数 b/min^{-1}	脱除率为 90% 的透水速度 /[mL/(cm²·h)]
	制膜液温度 /℃	制膜环境温度 /℃	与制膜环境气氛相平衡的丙酮浓度（质量分数）/%		
1	−10	−10	0	0.030	1.58
2	−10	−10	30	0.030	1.58
3	−10	0	0	0.051	1.58
4	0	0	30	0.048	2.09
5	0	24	0	0.145	2.99
6	0	24	30	0.121	3.29
7	0	24	80	0.104	3.57

溶剂蒸发速率常数的另一重要意义是对不同的膜，只要铸膜液组成和溶剂蒸发速率常数相同，则膜的性能也相同（见表 2-28 和图 2-41）。

表 2-28   膜 6 和膜 8 的制膜条件

膜编号	制膜液组成	制膜液温度/℃	制膜环境温度/℃	与制膜环境气氛相平衡的丙酮浓度(质量分数)/%	蒸发速率常数 b /min⁻¹
6	醋酸纤维素∶丙酮∶高氯酸镁∶水＝	0	24	30	0.121
8	17∶68∶1.5∶13.5(质量比)		18	0	0.121

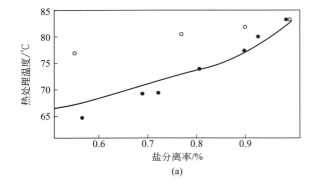

(a)

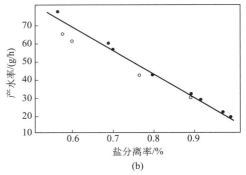

(b)

图 2-41   膜 6 和膜 8 性能的比较

——膜 6；○ 膜 8，在 18℃ 中蒸发 1min；● 膜 8，在 18℃ 中蒸发 2min，制膜液温度 0℃

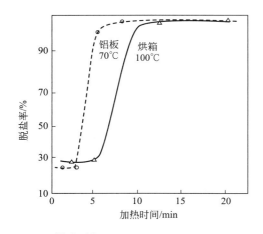

图 2-42   加热蒸发时间与脱盐率

有不少反渗透、超滤等分离膜的铸膜液采用高沸点溶剂（DMAC、NMP 等）或者制备过程没有溶剂蒸发这一步，上述的溶剂蒸发速率常数就不适用了。例如杜邦公司推出的 B-9、B-10 芳香聚酰胺型非对称反渗透膜，它是采用高沸点溶剂，铸膜液在进入水凝固浴前必须在 80～100℃ 下加热蒸发 10～30min。这类膜的脱盐率与溶剂蒸发时间之间存在着一个突变点（图 2-42），低于某一蒸发时间，膜脱盐率只有 20%～40%，透水量非常大，膜的断面具有与上表皮层相连的指状大孔；若超过某一加热蒸发时间，则脱盐率迅速增至 95% 以上，水通量大幅度下降，膜断面具有与上表面不相连的针状大孔。以上现象与加热蒸发的环境条件无关。

（c）凝胶过程。凝胶过程是 NIPS 法制备分离膜的关键阶段，它使铸膜液相转化过程在一个对高分子膜材料是非溶剂的槽中最终完成。一般的凝胶介质是水或水溶液。

凝胶过程中水和溶剂的交换速度决定分离膜的最终结构和性能，影响交换速度的因素主要有两个：一是凝胶介质，二是凝胶温度。

凝胶介质与溶剂的化学位差大、凝胶时溶剂与凝胶介质之间的交换速度快、铸膜液中高分子的沉淀速度也快，反之亦然。溶剂与凝胶介质（亦称沉淀剂）的化学位差一般不易测得，但可以用比较它们的混合热大小来类推。图 2-43 显示，混合热大的沉淀剂，凝胶时交换速度快，膜断面呈指状大孔结构；混合热小的沉淀剂，凝胶时交换速度慢，膜的断面为海绵状小孔。

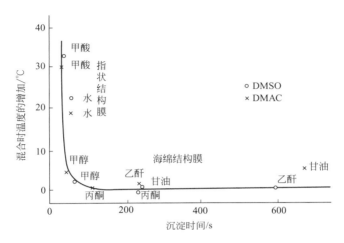

图 2-43　溶剂-沉淀剂混合时温度的增加对膜沉淀速度的影响

改变溶剂与沉淀剂化学位差的办法有三：一是换沉淀剂；二是在沉淀剂中加入第二或第三组分（例如在沉淀剂中加入溶剂）；三是在铸膜液中加入第三或第四组分（即添加剂）。各种铸膜液都可通过上述方法，调节凝胶过程中溶剂与沉淀剂的交换速度，使所成膜达到最佳结构（图 2-44）。

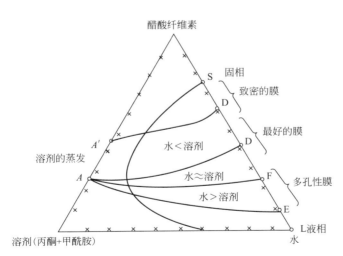

图 2-44　不同的水渗入速度和溶剂扩散速度对凝胶化途径的影响

一般情况下凝胶时铸膜液和凝胶介质都为室温，如果升高或降低凝胶介质的温度，实际上就是改变高分子沉淀速度，会对膜的结构和性能发生重大影响。表 2-29 结果显示，凝胶介质温度升高，膜的透水量增加，脱盐率下降。

表 2-29   凝胶槽温度的影响①

凝胶槽温度/℃	膜的外观	在丙酮-水中（66.7%～90.0%）CA 的特性黏度	热处理前湿膜厚/10²mm	热处理前的膨润比（湿膜重量比干膜重量）/%	透水速度/[cm³/(cm²·d)]		脱盐率/%
					去离子水	0.6mol/L NaCl 溶液	
0	乳白色	0.985	9.2	2.85	84	50	98.6
10	不透明	0.940	14.0	3.80	83	50	97.0
25	不透明	0.905	22.8	580	90	58	90.1
40	不透明	0.745	31.0	6.98	118	74	81.1

① 制膜液组成：醋酸纤维素 22.2g，丙酮 66.7g，水 10.0g，ZnCl₂ 5.0g（流延厚度 0.25mm）。

（d）热处理。NIPS 法制备的醋酸纤维素反渗透膜，在凝胶相转化后必须进行热处理，即将膜在 80℃ 左右的热水中保持若干分钟，此时膜发生部分脱水收缩。热处理前，膜属于多孔超滤膜类型；热处理后，脱盐率增加、透水量下降，成为反渗透膜。

图 2-45 是三种醋酸纤维素膜的热处理温度与脱盐率变化的关系。由图可见，随着热处理温度上升，三种膜的脱盐率均上升。在相同的脱盐率下，较高的热处理温度反映了膜表面层有较大的初始平均孔径，热处理温度范围越窄，反映了膜表面层的孔径分布也越窄，因此可以定性看到，膜 18 的表面层具有较大的初始平均孔径和窄的孔径分布，而膜 316 表面层具有最小的初始平均孔径和宽的孔径分布，膜 602 处于中间。

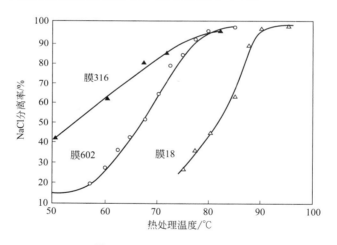

图 2-45   三种膜的收缩温度图

经过热处理的膜在使用中由于孔结构不够稳定，在压力下容易引起膜的压密，可以通过预压处理使孔结构稳定化，预压的压力通常比最高操作压力高 15%～20%，预压时间为 2～3h。芳香聚酰胺类非对称反渗透膜和用 NIPS 法制备的其他有机非对称分离膜，都不需经过热处理和预压处理。

（e）湿膜的保存与干化。NIPS 法制备的分离膜最终是带水的湿膜，如何将它保存到使用时性能不发生变化，一般采用两种方法。

ⅰ.湿法保存：在使用前膜始终不离开水，为了防止膜在储存及运输过程中的水解、微生物分解及污染、冻结等，必须调节其 pH 并加入一些其他化学试剂，例如加入甲醛可以杀菌，加甘油可以防冻。不同的膜保存条件不一样，商品湿膜一般将其密封在塑料袋内，并注明有效期。

ⅱ．湿膜的脱水处理：湿膜若任其自然失水，结构发生不可逆变化，再润湿后其分离性能也得不到恢复。因此必须寻找一种使湿膜脱水变为干膜，其结构保持基本不变，当使用时复湿仍能维持原有分离性能的方法，这样有利于保存、运输和应用。湿膜脱水主要防止膜在干燥时的收缩变形，通常采用的湿膜脱水剂的主要成分是甘油等多元醇、表面活性剂、杀菌剂等。不同的分离膜脱水剂各不相同。

表 2-30 是用表面活性剂和增塑剂处理醋酸纤维素反渗透膜，然后在 40～50℃、相对湿度（RH）为 70% 条件下干燥、储存不同时间后再复湿后的性能比较。

表 2-30　干态储存的性能

膜类型	储存时间/月	透水速度/[mL/(cm²·h)]	盐分离率/%
CA101	0	5.4	89.3
	12	5.6	89.2
CA201	0	8.3	92.0
	9	6.3	95.0
CA-CTA101	0	7.9	88.9
	5	10.5	89.7
	12	7.6	94.9
	20	11.0	87.6
	24	7.9	89.3

表 2-31 是醋酸纤维素超滤膜的不同脱水处理方法比较。

表 2-31　膜脱水法对膜性能的影响

膜和脱水法	透过速度(0.21MPa)/[mL/(100cm²·h)]		
	0.15mol/L NaCl	0.02% 蛋白质	0.7% 蛋白质
CA-50	672	550	340
CA-50 甘油处理后干燥	585	427	363
CA-50 SDS 处理后干燥	600	490	276
CA-35	236	297	173
CA-35 甘油处理后干燥	201	148	143
CA-35 SDS 处理后干燥	269	198	119

图 2-46 是三种表面活性剂在不同浓度和干燥温度时对聚砜酰胺超滤膜透水速度的影响。聚砜超滤膜用 0.2% 十二烷基磺酸钠（SDS）水溶液浸泡 5～6d，在 RH 88% 下室温干燥，效果很好。

（f）具体操作注意事项。NIPS 法制备非对称分离膜步骤较多，影响因素复杂，为了使膜的性能获得良好的重现性，具体操作时应重视以下几方面。由于极性成膜聚合物和极性溶剂的吸水性，要注意恒定它们的水分含量，必要时高分子材料与溶剂需进行纯化；高分子材料-溶剂-添加剂的完全溶解与熟化，表面均匀的铸膜液往往是分子分散的热力学不稳定体

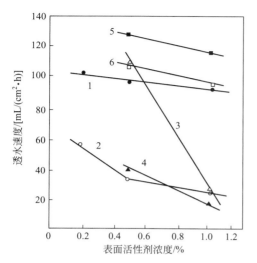

图 2-46　表面活性剂与膜性能的关系

1—Tween 20，室温风干；2—Tween 20，80℃干燥；

3—Triton 100，室温风干；4—Triton 100，80℃干燥；

5—十二烷基磺酸钠，室温风干；

6—十二烷基磺酸钠，80℃干燥

系，这种体系迟早会分相；铸膜液中的机械杂质可以在惰性气体中用压滤法除去，采用200～240 目的滤网可以满足要求，残存在铸膜液中的气体用减压法除。在含有丙酮等低沸点溶剂时，采用静置法去除；为了防止溶剂的挥发和某些组分（如甲酰胺）的自聚，铸膜液应在密封避光条件下保存，流延用的玻璃板以1∶1 的无水酒精和乙醚溶液清洗，能有效地去除油脂；铸膜液流延时，要防止气体夹带；制膜和溶剂蒸发时要注意控制环境温度、湿度与气氛的恒定，避免周围气流的湍动，气流的湍动往往是造成膜缺陷——针孔或亮点的原因之一；膜在凝胶固化时，为了使溶剂和添加剂从膜中完全浸出，根据膜的不同形状，需要保持数小时至若干天；膜蒸发时接触空气的一侧是膜的致密皮层，该表面接触被分离的溶液；膜的热处理使膜孔径收缩，导致分离率上升而透量下降，因而要注意控制热处理的温度与时间。

⑤ 自组装-相转化复合法　2007 年，德国的 K. V. Peinemann 和 V. Abetz 报道了一种新的相转化制膜方法——自组装非溶剂诱导相分离制膜法（SNIPS 法）[120]。SNIPS 法和普通 NIPS 法的最大不同之处在于 SNIPS 在成膜过程中利用嵌段聚合物的自组装能力并借助 NIPS 将预先形成的有序结构予以冻结，从而实现对膜孔结构的可控制备。

采用 SNIPS 法制备的聚合物膜的显著特征包括：膜孔在分离层上以正六边形或正四边形排列；表面孔结构呈现单分散性，且孔密度极高（$>10^{14}～10^{15}$ 个/m^2）；纯水通量比常规 NIPS 法制备的聚合物膜高 10～100 倍[121-123]。

SNIPS 法制膜过程一般包括以下步骤：将嵌段共聚物溶解到合适的溶剂中形成铸膜液；将铸膜液刮涂到洁净的玻璃板或无纺布等支撑材料上；在空气中停留 5～20s；浸入到非溶剂中（如去离子水）实现相转化。其过程如图 2-47 所示[124]。

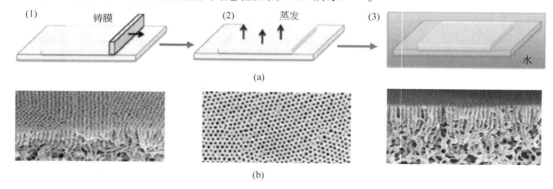

图 2-47　SNIPS 法制膜的一般步骤（a）及所制备的聚合物膜的典型结构（b）

　　除了使用的成膜材料为嵌段共聚物以及让铸膜液在空气中作适当停留之外，SNIPS 法的实现过程无限接近于传统的 NIPS 法。由于嵌段共聚物的自组装特性，决定了所形成的均孔膜在理论上必须具备相应的孔结构，并具备良好的可重复性。

　　对于 SNIPS 过程中均孔结构形成的机理，研究者们认为嵌段共聚物形成的聚集体在铸膜液体系中就已经存在。只不过在聚合物溶液刮涂成平板薄膜之后，随着溶剂的挥发，球形聚集体会进一步自发组装形成有序排列，以减少溶剂挥发造成聚集体彼此之间的拥挤，是能量降低而熵增大的过程。这一解释从动力学上解释了有序结构在成膜过程中快速形成的直接原因；能够解释嵌段共聚物只有在合适的聚合物浓度下才能够形成均孔膜，而且刚好在此浓度范围的铸膜液体系能够检测到聚集体存在的相关信号，高于或低于此浓度区间均不能形成有序结构；溶液中聚集体和最终形成均孔膜的有序结构相符，溶液中聚集体是何种排列，形成的均孔膜最终就是何种有序排列。

　　嵌段聚合物在铸膜液中形成胶束的观点也能得到小角光散射（SAXS）、低温冷冻透射电镜（cryo-TEM）、动态光散射（DLS）以及耗散粒子动力学模拟（DPD）等相关直接证明（图 2-48）。

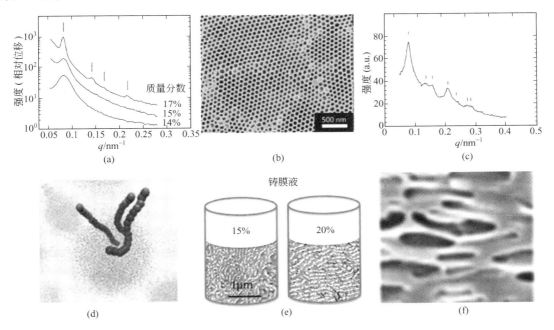

图 2-48　SNIPS 过程中在铸膜液中存在聚集体的相关证据[124,125]
（a）铸膜液的 SAXS 检测结果；（b）从 17% 浓度（质量分数）的铸膜液制备的聚合物均孔膜；
（c）对（b）中电镜图片的分析拟合得到的 FFT 数据；（d）耗散粒子动力学模拟得到嵌段
共聚物在溶液中的状态；（e）铸膜液低温透射电镜观察到的聚集态结构；
（f）在较高浓度下制备的聚合物膜的典型结构

　　用于 SNIPS 法成膜的聚合物主要为聚苯乙烯的嵌段共聚物，包括聚苯乙烯-嵌段-聚（4-乙烯基吡啶）（PS-b-P4VP）、聚苯乙烯-嵌段-聚（2-乙烯基吡啶）（PS-b-P2VP），聚（4-三甲基硅烷苯乙烯)-嵌段-聚(4-乙烯基吡啶)(PTMSS-*b*-P4VP)、聚氧乙烯-嵌段-聚苯乙烯-聚(2-乙烯基吡啶)(PEO-*b*-PS-*b*-P2VP)，以及聚(异戊二烯)-嵌段-聚苯乙烯-嵌段-聚(4-乙烯基吡啶)(PI-*b*-PS-*b*-P4VP)等。

2.2.2.2　复合膜

对于非对称分离膜而言，膜的渗透性与皮层的厚度大致成反比，所以降低分离层厚度是提高膜渗透性的有效途径。Anderson 等根据高分子溶液的松弛理论，计算出 CA/丙酮体系非对称反渗透膜的皮层厚度约为 $0.1\mu m$，再变薄就困难了。另外，在压力下由于高分子膜被压密，使膜的透水量下降。相转化法制备的非对称反渗透膜的压密主要发生在介于表面致密层和下部多孔支撑层之间的过渡层。

假如采用其他制膜工艺，分别制备致密皮层和多孔支撑层，这样既可减小致密皮层的厚度，又可消除容易引起压密的过渡层，从而提高膜的渗透性和抗压密性，这是当年设计复合膜工艺的基本思路。1963 年 Riley 首先采用分别制备超薄脱盐层和多孔支撑层，然后再将二者进行复合的制膜工艺，制出反渗透复合膜，这种复合膜又称为薄层复合膜（TFC 膜）。致密皮层厚度一般可达 50nm 左右，最薄的为 30nm。

与通过相转化法制备的非对称膜不同的是，复合膜的分离层和支撑层是分开制备的。复合膜的支撑层常常选用聚砜、聚丙烯腈、聚丙烯、聚偏氟乙烯等膜材料。多孔支撑膜的孔结构、孔隙率、孔径及其分布将直接影响分离层的形成和结构，从而影响整个复合膜的传质特性。通常，支撑膜的孔径大、孔隙率高有利于提高膜通量；小孔径支撑层具有较好的耐压性；海绵状孔的力学性能优于指状大孔，耐压性更好；支撑膜指状孔方向越与分离层垂直，越有利于提高复合膜的耐压性能；支撑层中应尽量避免大孔，以保证分离层的结构完整性。

与均质膜相比，复合膜具有以下特点：

① 可以分别优选不同的膜材料制备致密皮层（也称超薄脱盐层）和多孔支撑层，使它们的功能分别达到最佳化。

② 可以用不同方法制备高交联度和带离子性基团的致密皮层，从而使膜对无机物和有机小分子具有良好的分辨率，以及良好的物理化学稳定性和耐压密性。

在支撑膜上形成复合分离层的主要方法包括界面聚合、原位沉积、层层自组装、浸涂等方法。

(1) 界面聚合

1972 年，Cadotte 等首次采用界面聚合法制备了不对称结构的聚酰胺复合膜，这一突破是膜技术发展史上的重要突破[126]。界面聚合是利用两种反应活性很高的单体（或预聚物）在两个不互溶的溶剂界面处发生聚合反应，从而在多孔支撑膜上形成薄的分离层。以由哌嗪(PIP)和均苯三甲酰氯(TMC)为功能单体制备的聚酰胺纳滤膜 NS-300 为例，其制备方法是：将聚砜多孔膜浸入到 PIP 的水相溶液中，浸渍一定时间后，去除膜表面多余的水溶液；再将其浸入到 TMC 的正己烷溶液中，反应一定时间后，用试剂清洗膜的表面，去除未反应的物质；最后经热固化处理得到聚酰胺复合纳滤膜 NS-300（图 2-49）。这种聚酰胺复合膜与此前的 NIPS 相转化法制备不对称纳滤膜相比，操作压力大幅度降低，水通量和盐截留率都有较大程度的提高。这一制膜技术现已成为纳滤膜/反渗透膜生产的主要方法。

界面聚合制备的聚酰胺复合膜性能主要取决于聚酰胺活性层的交联致密度、皮层厚度、

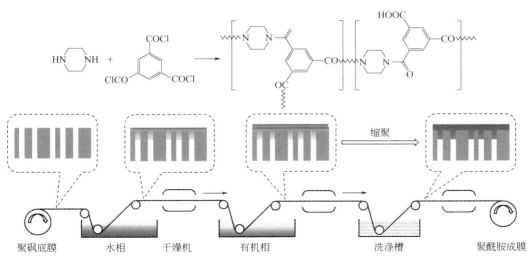

图 2-49　界面聚合法制备 NS-300 聚酰胺复合纳滤膜反应式和过程示意图

（聚砜底膜　水相　干燥机　有机相　洗涤槽　聚酰胺成膜）

粗糙度、亲水性以及化学官能团活性等，其中所用界面聚合单体的种类和性质对上述综合性能起到了决定性作用。表 2-32 列出了常见与最新研究报道的用于聚酰胺反渗透膜/纳滤膜制备的多元胺单体和多元酰氯单体，此外，界面聚合法制备复合膜的性质受到很多因素的影响，如支撑膜性质（如亲水性、膜的孔径和孔隙率等）的影响，界面聚合条件的影响（单体浓度及其配比、溶剂类型、反应温度及时间等）和后处理工艺（膜的清洗和热固化条件）等都会影响最终膜的性能。

表 2-32　用于制备聚酰胺反渗透膜/纳滤膜的单体[127]

水相单体名称	化学结构	有机相单体名称	化学结构
哌嗪（PIP）	HN〔〕NH	均苯三甲酰氯（TMC）	ClOC—〔苯环〕—COCl, COCl
间苯二胺（MPD）	〔苯环〕NH₂, NH₂	间苯二甲酰氯（IPC）	〔苯环〕COCl, COCl
对苯二胺（PPD）	H₂N—〔苯环〕—NH₂	5-异氰酸间苯二甲酰氯（ICIC）	OCN—〔苯环〕—COCl, COCl
4-甲基间苯二胺（MMPD）	〔苯环〕NH₂, NH₂, CH₃	5-氯甲酰氧基间苯二甲酰氯（CFIC）	ClOCO—〔苯环〕—COCl, COCl

水相单体名称	化学结构	有机相单体名称	化学结构
1,3-环己二甲胺（CHMA）	H_2NH_2C — (环己烷) — CH_2NH_2	1,3,5-三甲酰氯环己烷（HTC）	COCl / ClOC / COCl (环己烷)
N,N'-二氨基哌嗪（DAP）	H_2N—N(哌嗪)N—NH_2	m,m-联苯四甲酰氯（m,m-BTEC）	ClOC、COCl、ClOC、COCl（联苯）
N,N-氨乙基磺化丙基哌嗪（AEPPS）	HN—N$^+$（哌嗪）—$C_2H_4NH_2$ / —$C_3H_6SO_3^-$	o,p-联苯四甲酰氯（o,p-BTEC）	COCl、ClOC、COCl、ClOC（联苯）
三乙醇胺（TEOA）	HOC_2H_4—N(—C_2H_4OH)(—C_2H_4OH)	o,m-联苯四甲酰氯（o,m-BTEC）	COCl、COCl、ClOC、ClOC（联苯）
3,5-二氨基-4'-氨基苯甲酰苯胺（DABA）	H_2N、H_2N（苯）—CONH—（苯）—NH_2	联苯四甲酰氯（BTAC）	COCl、ClOC、COCl（联苯）
2,6-二氨基(N,N-二羟乙基)甲苯（BHDT）	C_2H_4OH、C_2H_4OH、CH_3、HN、NH（苯）	联苯五甲酰氯（BPAC）	COCl、COCl、ClOC、COCl、COCl（联苯）
六氟代醇修饰亚甲二苯胺（HFA-MPD）	HO、CF_3、F_3C、OH、F_3C、CF_3、H_2N、CH_2、NH_2（苯）	联苯六甲酰氯（BHAC）	COCl、COCl、ClOC、COCl、COCl（联苯）

（2）原位沉积

原位沉积制备复合膜可以采用动态的过滤沉积实现，也可以通过浸涂方法实现。以加压闭合循环流动的方式，使胶体粒子、微粒、聚合物等附着沉积在多孔支撑体表面以形成薄层底膜，然后再用高分子聚电解质稀溶液同样以加压闭合循环流动的方式，将它附着沉积在底膜上，可制备具有溶质分离性能、有双层结构的反渗透复合膜。

几乎所有的无机与有机聚电解质都可以作为沉积膜材料。在无机电解质中有 Al^{3+}、Fe^{3+}、Si^{4+}、Th^{4+}、V^{4+}、U^{4+} 等的水合氧化物或氢氧化物，其中 Zr^{4+} 的性能最好；在有机聚电解质中有聚丙烯酸（PAA）、聚乙烯磺酸、聚马来酸、聚乙烯胺、聚苯乙烯磺酸、聚乙烯基吡啶、聚谷氨酸等；某些中性的非聚电解质如甲基纤维素、聚氧化乙烯、聚丙烯酰胺，以及某些天然物如黏土、腐殖酸、乳清、纸浆废液等也能作为动态膜材科。

原位沉积膜的多孔支撑体可用陶瓷、烧结金属、烧结玻璃、炭等无机材料以及醋酸纤维素、聚氯乙烯、聚酰胺、四氟乙烯树脂等有机烧结材料，也可以采用拉伸法或相转化法制备的聚合物多孔膜。多孔支撑体孔径范围通常要求在 $0.01\sim1\mu m$，与材质有关，最适宜范围为 $0.025\sim0.5\mu m$。厚度没有特别限制，根据使用要求，只需保证足够的机械强度。

最早研究较多的是 Zr^{4+}-PAA 双层结构的沉积膜，它是在金属氧化物形成的动态膜表面，在酸性条件下再附着一层聚丙烯酸，构成双层膜。这种膜透水量比一般反渗透膜高得多，其脱盐率与原料液的 pH 有很大关系（图 2-50），另一特点是使用周期一般只有几周，最长使用寿命记录为 55d，但可以用化学药品清洗，再将 PAA 用循环加压流动法涂上，膜的性能几乎得到恢复。双层结构膜的性能受 Zr^{4+} 水合氧化物的浓度、PAA 的分子量、形成膜时的 pH 与压力等因素的影响，适宜的 PAA 分子量为 $50000\sim100000$。

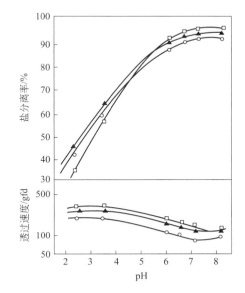

图 2-50　在 Zr^{4+} 原位沉积膜上用 50mg/L PAA 形成薄层时 pH 的影响

0.05mol/L NaCl 水溶液，0.945MPa，10.7m/s，25℃，$1gfd=0.978m^3/(m^2\cdot d)$

○ $0.27\mu m$ Selas 微孔滤膜；▲ $0.22\mu m$ Millipore 微孔滤膜；□ $0.45\mu m$ Acropore 微孔滤膜

原位沉积膜也可制成单层结构的超滤膜，前述的 Zr^{4+} 水合氧化物所制成的单层沉积膜就可认为是超滤膜，采用 $0.59\mu m$ 平均孔径的微孔陶瓷管为多孔支撑体，以氢氧化铁为膜材料制成的单层结构复合膜，可用于废水处理。

（3）层层自组装

分子自组装的原理是利用分子与分子，或分子中的某一片段与另一片段之间的分子识别，通过非共价相互作用形成具有特定排列顺序的分子聚合体，分子间无数的非共价相互作用是发生自组装的关键。

层层组装技术最早报道于 1966 年，Iler 等[128]首次利用静电相互作用，通过交替吸附的方法将正负胶体粒子沉积在带电基材表面，从而形成多层膜，但限于当时的科技水平，这一技术并未引起足够重视。直至 1991 年，Decher 等运用阴、阳离子聚电解质静电层层自组装（ELbL）技术，成功制备了多层的超薄膜以来，层层自组装方法被越来越多地用于分离膜的制备[129,130]，如气体分离膜、渗透汽化膜、反渗透膜和纳滤膜等。

基本制备过程如图 2-51 所示，首先将带正电荷的基片浸入与其带相反电荷的聚阴离子溶液中，静置一定时间后取出，用去离子水冲洗，去掉物理吸附的聚阴离子，并用氮气吹扫使其干燥；然后，将上述基片转移到聚阳离子溶液中，经水洗、干燥后，循环以上操作即可得到多层静电自组装膜。ELbL 方法适合制备荷电反渗透膜和纳滤膜[131,132]，首先，其复合物膜表面荷电性可通过最外层聚电解质的化学结构进行控制，根据 Donnan 静电排斥理论，可获得最佳的分离效果；其次，ELbL 复合膜的厚度可通过组装层数进行调控，获得几十纳米到亚微米范围的超薄分离层，有利于提高膜的水渗透通量；再次，ELbL 复合膜内部为离子交联结构，既保持了膜的亲水性，又可抑制其过度溶胀，保证良好的分离稳定性。层层组装膜的成膜驱动力不仅仅局限于静电力，其他分子间的作用力，如氢键、配位键、电荷转移、范德华力、π-π* 相互作用、分子识别、共价键或几种驱动力的协同作用都可以作为组装膜成膜的驱动力。尽管上述的驱动力有弱有强，但正是由于组装体的驱动力具有多样性和协同性的特点，才为研究者们提供了在时间和空间上对组装膜进行精细调控的可能。

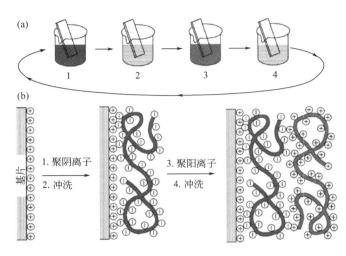

图 2-51　静电层层自组装膜的制备过程示意图

　　为了提高静态层层自组装膜的制备效率，相继发展了压力驱动自组装成膜方法[133]。其基本过程是：将一定浓度的阴、阳离子聚电解质溶液在一定的压力下，交替在基膜表面动态过滤。被基膜截留的聚电解质和聚电解质复合物（聚阳离子和聚阴离子反应的产物）形成了具有一定分离作用的聚电解质自组装复合膜。进而，基于聚电解质分子链在电场下可以进行有序化，又提出了电场强化自组装法[134]。其具体过程如图 2-52 所示：用石墨作为阴、阳电极，平行放入料液池中，连接直流电源以调节电压。在两料液池内分别加入一定浓度的阴、阳离子聚电解质溶液。随组装过程中膜表面的电荷反转，依次将其放入与其表面所带电荷相反的聚电解质溶液中，聚电解质分子链在外加电场强化的作用下，快速吸附到膜表面上，并进行有序化重组，有效提高了组装速度。

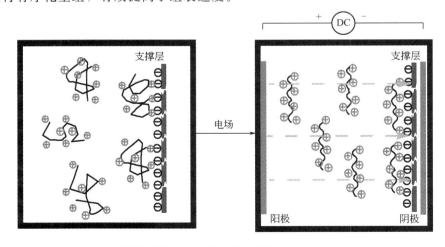

图 2-52　电场强化自组装制膜过程示意图

2.3　有机高分子分离膜的表征

分离膜的表征内容包括膜性能及其结构、形态。研究膜结构的目的在于了解其与性能（主要是分离性能）之间的关系，以此指导铸膜液组成及成膜工艺条件的选择，从而不断地改进膜的性能，提高膜分离技术的经济效益，扩大其应用范围。

2.3.1　膜的性能[97,99-101,107-109]

分离膜性能通常包括分离透过特性和物化性能两个方面。

2.3.1.1　膜的分离透过特性

膜的分离透过特性，主要是指分离效率和透过速率大小，不同膜分离过程的表示方法有所不同。

（1）反渗透[135]

① 脱盐率与水通量　脱盐率表示脱除给料液中盐量的能力，用百分数表征，一般用 R 表示。水通量指在一定操作条件下，单位膜面积单位时间透过的水量。

脱盐率（R）按电导率法或溶解性总固体法计算，具体如下：

ⅰ. 电导率法

$$R = \left(1 - \frac{k_p}{k_f}\right) \times 100\%$$

式中　R——脱盐率；

k_p——透过液电导率，$\mu S/cm$；

k_f——测试液电导率，$\mu S/cm$。

ⅱ. 溶解性总固体法

$$R = \left(1 - \frac{c_p}{c_f}\right) \times 100\%$$

式中　R——脱盐率；

c_p——透过液溶解性总固体含量，mg/L；

c_f——测试液溶解性总固体含量，mg/L。

水通量（F）按下式计算

$$F = \frac{V}{At}$$

式中　F——水通量，$L/(m^2 \cdot h)$；

V——t 时间内收集的透过液体积，L；

A——有效膜面积，m^2；

t——收集 V 体积的透过液所用时间，h。

平均脱盐率和平均水通量为各试样测量值的算术平均值。

测试装置流程图见图 2-53，评价池示意图见图 2-54。

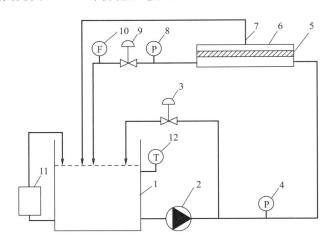

图 2-53　反渗透膜测试装置流程图

1—测试液水箱；2—增压泵；3,9—截止阀；4,8—压力表；5—反渗透膜；6—反渗透膜评价池；
7—透过液出口；10—流量计；11—温度控制系统；12—在线温度仪

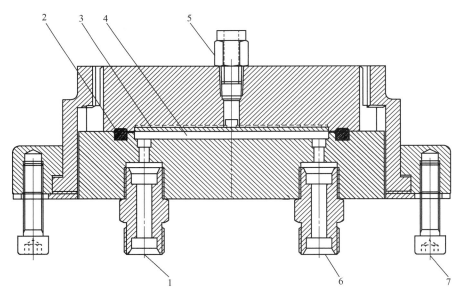

图 2-54　反渗透膜评价池示意图

1—评价池进液口；2—密封圈；3—多孔滤板；4—进液凹槽；5—透过液收集口；6—评价池出液口；7—固定螺栓

测试条件见表 2-33。

测试步骤如下：

a. 截取若干个试样（不少于 4 个），试样应无折皱、破损等缺陷，试样的尺寸应满足完

表 2-33　反渗透膜测试条件

氯化钠水溶液浓度/(mg/L)	pH	测试温度/℃	测试压力/MPa	膜面流速/(m/s)	适用膜的种类
250±5	7.5±0.5	25.0±0.5	0.41±0.02	≥0.45	家用反渗透膜
500±10	7.5±0.5	25.0±0.5	0.69±0.02	≥0.45	超低压反渗透膜
1500±20	7.5±0.5	25.0±0.5	1.03±0.02	≥0.45	低压反渗透膜
2000±20	7.5±0.5	25.0±0.5	1.55±0.02	≥0.45	苦咸水反渗透膜
32000±1000	7.5±0.5	25.0±0.5	5.52±0.03	≥0.45	海水淡化反渗透膜

全覆盖反渗透膜评价池的密封圈的要求。反渗透膜评价池示意图见图 2-54，评价池内膜片的有效膜面积不低于 $2.5 \times 10^{-3} m^2$。

b. 将待测试样放入去离子水或蒸馏水中浸泡 30min。

c. 按照表 2-33 膜的种类配制相应浓度的氯化钠（NaCl）水溶液作为测试溶液，并用盐酸或氢氧化钠调节 pH 至 7.5±0.5。

d. 将反渗透膜试样安装入反渗透膜评价池，脱盐层应朝向评价池的进水侧。

e. 开启增压泵，缓慢调节截止阀，按照膜的种类将运行压力调至表 2-33 对应的测试压力。

f. 在恒温、恒压下稳定运行 30min 后，用烧杯收集一定量的测试液原液，水样量不低于 150mL；用秒表和量筒测量一定时间内透过液的体积（单个试样不少于 30mL）。

g. 则按照 GB/T 6908 的规定分别测定原液和透过液的电导率；或按照 GB/T 5750.4 的规定分别测试原液和透过液的溶解性固体含量（TDS）。

h. 缓慢调节截止阀，将运行压力降至 0.05MPa 以下，关闭增压泵。

i. 计算脱盐率（R）和水通量（F）。

② 脱盐层完整性测试　测试步骤如下：

a. 截取若干个试样（不少于 4 个），试样应无折皱、破损等缺陷，试样的尺寸应满足完全覆盖反渗透膜评价池的密封圈的要求。反渗透膜评价池示意图见图 2-54，评价池内膜片的有效膜面积不低于 $2.5 \times 10^{-3} m^2$。

b. 将待测试样放入去离子水或蒸馏水中浸泡 30min。

c. 按照表 2-33 膜的种类配制相应浓度的氯化钠（NaCl）水溶液作为测试溶液，并用盐酸或氢氧化钠调节 pH 至 7.5±0.5。

d. 称取适量罗丹明 B 加入氯化钠测试溶液中并混合均匀，使测试溶液中罗丹明 B 的浓度为 100mg/L。

e. 将反渗透膜试样安装入反渗透膜评价池，脱盐层应朝向评价池的进水侧。

f. 开启增压泵，缓慢调节截止阀，按照膜的种类将运行压力调至表 2-33 对应的测试压力，在恒温、恒压下稳定运行 30min。

g. 缓慢调节截止阀，将运行压力降至 0.05MPa 以下，关闭增压泵。

h. 打开反渗透膜评价池，取出测试试样，用去离子水或蒸馏水冲洗反渗透膜的表面。

i. 若试样表面出现红色的点、线或区域，则判定试样的脱盐层存在缺陷，应用相机拍照、记录和存档。

③ 耐压性能测试　样品的耐压性能以脱盐率变化率 ΔR 和水通量变化率 ΔF 来衡量，

测试步骤如下：

a. 按前述步骤测定反渗透膜样品初始的平均脱盐率 R_0 和平均水通量 F_0。

b. 缓慢调节截止阀，将运行压力调至测试压力的 1.5 倍后，恒温、恒压稳定运行 180min。

c. 缓慢调节截止阀，将运行压力调至正常测试压力，按前述步骤测试反渗透膜高压后的平均脱盐率 R_t 和平均水通量 F_t。

d. 缓慢调节截止阀，将运行压力降至 0.05MPa 以下，关闭增压泵。

样品的脱盐率变化率按照下式计算：

$$\Delta R = \frac{R_t - R_0}{R_0} \times 100\%$$

式中　ΔR——样品的脱盐率变化率；

R_0——样品初始的平均脱盐率，%；

R_t——样品高压运行后的平均脱盐率，%。

样品的水通量变化率按照下式计算：

$$\Delta F = \frac{F_t - F_0}{F_0} \times 100\%$$

式中　ΔF——样品的水通量变化率；

F_0——样品初始的平均水通量，L/(m²·h)；

F_t——样品高压运行后的平均水通量，L/(m²·h)。

（2）纳滤[136]

① 水通量和离子脱除率　水通量指在一定操作条件下，单位膜面积单位时间透过的水量。脱除率表示脱除特定组分的能力，以%计，一般用 R 表示。

水通量（F）按下式计算：

$$F = \frac{V}{At}$$

式中　F——水通量，L/(m²·h)；

V——t 时间内收集的透过液体积，L；

A——有效膜面积，m²；

t——收集 V 体积的透过液所用时间，h。

纳滤膜样品的平均水通量（$\overline{F}$）为各试样水通量的算术平均值。

离子脱除率（R）按下式计算：

$$R = \left(1 - \frac{c_p}{c_f}\right) \times 100\%$$

式中　R——脱除率；

c_p——透过液中氯离子或钙离子或镁离子含量，mL/L；

c_f——测试液中氯离子或钙离子或镁离子含量，mL/L。

纳滤膜样品的平均离子脱除率为各试样离子脱除率的算术平均值。

测试装置流程图见图 2-55，评价池示意图见图 2-56。

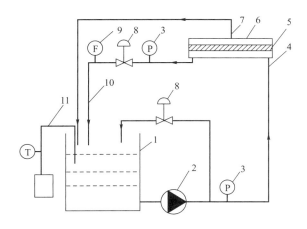

图 2-55　纳滤膜测试装置流程图

1—测试液水箱；2—增压泵；3—压力表；4—测试液进口；5—纳滤膜；6—纳滤膜评价池；
7—透过液出口；8—截止阀；9—流量计；10—浓缩液出口；11—温度控制系统

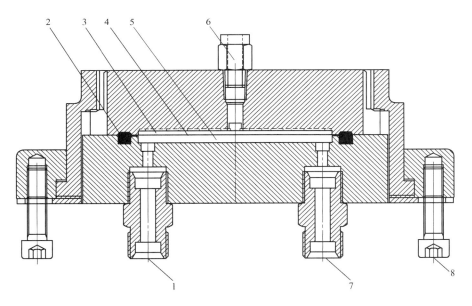

图 2-56　纳滤膜评价池示意图

1—评价池进液口；2—密封圈；3—多孔支撑板；4—纳滤膜；5—进液凹槽；
6—透过液收集口；7—评价池浓缩液出口；8—固定螺栓

测试条件见表 2-34。

水通量及离子脱除率的测试步骤如下：

a. 同一纳滤膜样品中截取若干个试样（不少于 4 个），试样应无折皱、破损等缺陷，试样的尺寸应满足完全覆盖纳滤膜评价池的密封圈的要求。单个评价池内膜片的有效膜面积不低于 $2.5 \times 10^{-3} \mathrm{m}^2$，根据评价池过流截面积及膜面流速确定浓水流量 Q_c。

b. 用去离子水将待测试样漂洗干净并浸泡 30min。

表 2-34   纳滤膜水通量及离子脱除率测试条件

测试液类型	测试液浓度/(mg/L)	pH	测试温度/℃	测试压力/MPa	膜面流速/(m/s)	适用膜的种类
NaCl	250±5	7.5±0.5	25.0±0.02	0.41±0.02	≥0.45	
CaCl₂	250±5	7.5±0.5	25.0±0.02	0.41±0.02	≥0.45	家用纳滤膜
MgSO₄	250±5	7.5±0.5	25.0±0.02	0.41±0.02	≥0.45	
NaCl	2000±20	7.5±0.5	25.0±0.02	0.69±0.02	≥0.45	
CaCl₂	2000±20	7.5±0.5	25.0±0.02	0.69±0.02	≥0.45	工业用纳滤膜
MgSO₄	2000±20	7.5±0.5	25.0±0.02	0.69±0.02	≥0.45	

c. 按照纳滤膜的种类，配制相应浓度（见表 2-34）的氯化钠（或氧化钙、或硫酸镁）水溶液作为测试溶液（体积不少于 10L），按照表 2-34 调节测试液温度并用盐酸或氢氧化钠调节 pH。

d. 将纳滤膜试样安装入纳滤膜评价池，脱盐层应朝向评价池的进水侧。

e. 开启增压泵，缓慢调节截止阀，将运行压力调至表 2-34 对应的测试压力且浓水流量不低于 Q_c。

f. 在恒温、恒压下稳定运行 30min 后，用秒表和量筒测量一定时间内透过液的体积（单个试样不少于 20mL）。

g. 若测试液为氯化钠水溶液，则按照 GB/T 15453 的规定分别测定测试液和透过液中氯离子的含量；若测试液为氯化钙水溶液，则按照 GB/T 5750.4 的规定分别测试测试液和透过液的总硬度，并计算钙离子的含量；若测试液为硫酸镁水溶液，则按照 GB/T 5750.4 的规定分别测定测试液和透过液的总硬度，并计算镁离子的含量。

② 低分子量有机物脱除率测试   有机物脱除率测试步骤如下：

a. 同一纳滤膜样品中截取若干个纳滤膜试样（不少于 4 个），试样应无折皱、破损等缺陷，试样的尺寸应满足完全覆盖纳滤膜评价池的密封圈的要求。

b. 用去离子水将待测试样漂洗干净并浸泡 30min。

c. 用去离子水和单一规格的聚乙二醇（PEG）配制溶液（体积不少于 10L），浓度为（100±5）mg/L，按照表 2-34 调节测试液温度并用盐酸或氢氧化钠调节 pH。

d. 将试样装入纳滤膜评价池，脱盐层应朝向评价池的进水侧。

e. 开启增压泵，缓慢调节截止阀，将运行压力调至与相应膜种类离子脱除率测试相同的测试压力。

f. 在恒温、恒压下稳定运行 30min 后，用秒表和量筒测量一定时间内透过液的体积（单个试样不少于 20mL）。

g. 按照 GB/T 32360—2015 中第 5 章规定的方法分别测定测试液和透过液的聚乙二醇含量。

有机物脱除率（R_{PEG}）按下式计算：

$$R_{PEG} = \left(1 - \frac{c_{p_{PEG}}}{c_{f_{PEG}}}\right) \times 100\%$$

式中 R_{PEG}——脱除率；

$c_{p_{PEG}}$——透过液中聚乙二醇的含量，mL/L；

$c_{f_{PEG}}$——测试液中聚乙二醇的含量，mL/L。

纳滤膜样品有机物平均脱除率（$\overline{R}_{PEG}$）为各试样有机物脱除率的算术平均值。

（3）超滤[137]

超滤的纯水透过率和截留率按以下方法测定。

按规定的流速、温度、压力，在单位时间内通过单位膜面积的纯水透过量，以 V_p 表示。超滤膜的分离效率一般以截留率来表示，它是指对一定分子量的物质，膜能截留的程度。

纯水透过率 V_p 按下式计算：

$$V_p = \frac{V_i}{St}$$

式中　V_p——纯水透过率，$m^3/(m^2 \cdot h)$；

　　　V_i——纯水透过量，m^3；

　　　S——有效过滤膜面积，m^2；

　　　t——透过纯水量所用时间，h。

截留率 R_u 按下式计算：

$$R_u = \left(1 - \frac{c_p}{c_f}\right) \times 100\%$$

式中　R_u——超滤膜截留率；

　　　c_p——透过液中所测试物的浓度，mg/L；

　　　c_f——原料液中所测试物的浓度，mg/L。

通常把能截留 90% 某种分子的分子量作为该膜的截留范围，称为截留分子量（MWCO）。用作截留分子量测试的有机大分子包括各种分子量的聚乙二醇、葡聚糖、蛋白质等。

超滤膜测试装置流程如图 2-57 所示。

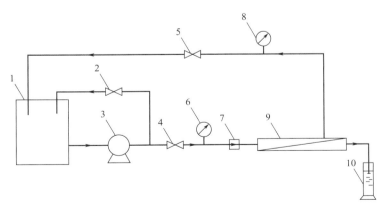

图 2-57　超滤膜测试装置流程示意图

1—恒温储液槽；2,4,5—调节阀；3—泵；6,8—压力表；7—流量计；9—样品池；10—量筒

表 2-35 列出了有搅拌、无搅拌以及薄层流动方式对超滤膜透水速度的影响。

表 2-35　搅拌及薄层流动方式对膜透水速度的影响

方式	膜	试料[①]/%	压力/MPa	透水速度/[L/(m²·h)]
有搅拌	XM-50	0.25	0.07	12
无搅拌	XM-50	1	0.07	4.2
有搅拌	XM 50	1	0.86	96
有搅拌	PM-30	0.1	0.28	78
有搅拌	PM-30	1	0.28	48
有搅拌	PM-30	5	0.28	18
有搅拌	PM-30	10	0.28	0
薄层流	PM-30	0.1	0.28	180
薄层流	PM-30	1	0.28	108
薄层流	PM-30	5	0.28	66
薄层流	PM-30	10	0.28	42

① 白蛋白液。

鉴于浓差极化对膜透水速度的影响严重，超滤膜有时常用纯水通量来表征膜的通量大小。实验室超滤评价池主要是了解膜对料液的分离性能，由于评价池中液体的物质迁移系数与工业组件中液体的物质迁移系数难以相关，所以不易获得工程设计参数。

（4）微滤

微滤膜的分离性能通常不用截留率而用膜的最大孔径、平均孔径或孔分布曲线表示。主要商品微滤膜的孔径范围为 $0.1 \sim 1.2 \mu m$。其测定技术主要有：电子显微镜法、压汞法、泡压法、气体流量法、颗粒通过法。

除电子显微镜法外，其他方法都是间接法，各种方法所得结果不同，商品微滤膜在标示孔径的同时，一般都告知测试方法。图 2-58 是用压汞法测定的几种微滤膜的孔径分布曲线，曲线越陡，孔径分布越窄，膜的过滤精度越高。

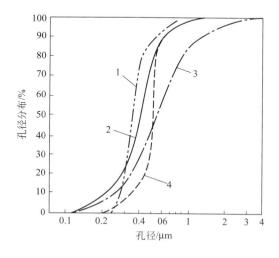

图 2-58　压汞仪测得的典型微滤膜孔径分布
1—聚碳酸酯膜（0.45μm）；2—MF-40（0.4μm）；
3—聚氯乙烯-聚丙烯腈膜（0.45μm）；
4—纤维素膜（0.45μm）

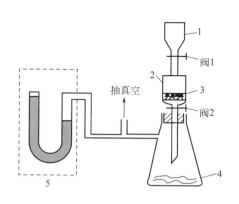

图 2-59　微滤膜渗透流率测试装置
1—刻度漏斗；2—过滤漏斗；3—膜；
4—抽滤瓶；5—真空计

微滤膜的通量与超滤膜测试方法相同，也有采用真空减压法测微滤膜的通量，装置见图 2-59。表 2-36 是美国 Millipore 公司两种微滤膜用此装置测得的渗透通量。

表 2-36　两种 Millipore 膜的指标

标称孔径/μm	泡点压力/MPa	平均孔径/μm	渗透流率/[mL/(cm² · min)]
0.22	0.45	0.231	12.8
0.45	0.29	0.436	43.0

(5) 电渗析

电渗析装置是由许多只允许阳离子通过的阳离子交换膜和只允许阴离子通过的阴离子交换膜交替地平行排列在两正负极板之间组成的。离子交换膜之所以具有对离子的选择透过性，主要是由于膜上孔隙和膜上离子基团的作用。膜上的孔隙可使离子进出和通过，膜上的离子基团会发生解离作用，使膜上留下带有一定电荷的固定基团，在外加直流电场作用下，它吸引溶液中带相反电荷的离子而排斥相同电荷的离子。

离子交换膜的选择透过能力与膜的以下性能有关。

① 交换容量（C）　膜对离子交换能力的量度，用每克干膜可交换离子的毫克当量数来表示（meq/g），用酸、碱回滴法测定，一般离子交换膜的交换容量约为 $2\sim3$meq/g。

② 膜面电阻（R_m）　膜传递离子能力的量度。用于海水淡化的离子交换膜的膜面电阻在 $1\sim3$Ω · cm² 左右，一般脱盐用的离子交换膜的膜面电阻为 10Ω · cm²。一般来讲，在不影响其他性能的情况下电阻越小越好，可以降低电能消耗。通常规定以 25℃、于 0.1mol/L KCl 溶液或 0.1mol/L NaCl 溶液中测定的膜电阻作为比较标准。

③ 选择透过度　表示离子交换膜对离子选择透过性的好坏，膜内离子迁移数即某一种离子在膜内的迁移量与全部离子在膜内迁移量的比值。或者也可用离子迁移所携带电子之比来表示。

某种离子在膜中的迁移数（$\bar{t}_g$）可由膜电位计算。

$$\bar{t}_g = \frac{E_m + E_m^0}{2E_m^0}$$

式中　E_m^0——在一定条件下（一般是 25℃、膜两侧溶液分别是 0.1mol/L KCl 和 0.2mol/L KCl）理想膜的膜电位（可由 Nernst 公式计算）；

E_m——在上述条件下的实测膜电位。

膜的选择透过度（P）为反离子在膜内迁移数实际增值与理想增值之比：

$$P = \frac{\bar{t}_g - t_g}{\bar{t}_g^0 - t_g} \times 100\% = \frac{\bar{t}_g - t_g}{1 - t_g} \times 100\%$$

式中　$\bar{t}_g$——反离子在膜中迁移数；

t_g——反离子在溶液中的迁移数，可以从有关手册查到；

$\bar{t}_g^0$——反离子在理想膜中的迁移数，等于 100%。

一般要求实用的离子交换膜选择透过度大于 85%，反离子迁移数＞0.9，并希望膜在高浓度电解质中仍有良好的选择透过性。

④ 流动电位　由于在压力下，膜孔内液体中的反离子流向产品侧面而产生的电位。可以根据流动电位的大小和正负来判断膜的荷电性、荷电的多少和孔径的大小等。

⑤ 水的电渗透量　水通过离子交换膜的渗透一般有以下三种情况：一是浓度差和渗透压引起水由稀侧向浓侧渗透；二是电解质离子呈水合状态透过膜时所伴带的水迁移；三是水电渗透引起的水的迁移。这些过程不但降低了电流效率，而且降低脱盐率和产水率。

（6）膜法气体分离

① 分离系数　气体分离膜的分离系数（α）是其分离能力的表征。取决于气体中各组分在膜中的渗透率之比。例如，进料气中组分 A、B 的浓度各为 c_A、c_B，通过膜后渗出液中 A、B 的浓度变为 c'_A 与 c'_B，则膜对组分 A 与 B 的分离系数 $\alpha_{A/B}$ 可由下式求出：

$$\alpha_{A/B}=\frac{c'_A c'_B}{c_A c_B}$$

② 渗透系数　表征膜的渗透性，是评价气体分离膜性能的主要参数之一，其表达式为：

$$P=\frac{q\delta}{S_m t \Delta p}$$

式中　P——气体渗透系数，$cm^3 \cdot cm/(cm^2 \cdot s \cdot cmHg)$；

　　　q——透过气体量，cm^3；

　　　δ——膜厚，cm；

　　　S_m——膜有效面积，cm^2；

　　　t——操作时间，s；

　　　Δp——膜两侧压力差，cmHg。

在一定温度、压力下，渗透系数（P）是各种气体分离膜的特性常数。各种气体 P 值之比就是膜对其混合气体的分离系数。

对一般气体，膜的渗透系数在 $10^{-10} \sim 10^{-7}\,cm^3 \cdot cm/(cm^2 \cdot s \cdot cmHg)$ 之间。气体透过膜的速度取决于两个方面，即溶解度大小与在膜内的扩散快慢。因此，溶解度系数和扩散系数是决定气体分离膜透过分离性能的两个基本参数。

③ 渗透速率　实际应用的气体分离膜多为非对称膜或复合膜，无法准确估算其致密皮层厚度，所以一般采用渗透速率而非渗透系数来表示其通量大小，其表达式为：

$$J_i=\frac{q}{S_m t \Delta p}$$

式中　J_i——气体 i 的渗透速率，$cm^3/(cm^2 \cdot s \cdot Pa)$。

（7）渗透汽化

渗透汽化是利用液体混合物组分在膜中的溶解和扩散速度的差异实现组分分离的过程。渗透汽化区别于其他膜分离过程的最大特点是渗透组分有相变，相变的发生是因为渗透组分在下游侧的分压低于其相应的饱和蒸气压，渗透汽化的推动力是液相通过的膜化学位梯度。

通常评价渗透汽化膜的选择性是由分离系数来表示，膜的选择性取决于膜本身和欲分离体系的性质；表示渗透汽化膜的通量大小的是渗透流率（或称渗透速度）。

关于渗透汽化过程的计算大致有两种类型：一是不考虑传递机理的渗透系数法；二是根

据传递机理建立质量传递模型进行各种计算。第一类计算其渗透流率表达式为：

$$F_A = Q_A A(p_A^0 X_A - f_A P_2 Y_A / \gamma_A)t$$

式中　Q_A——有效渗透系数，它包括溶液-溶质-高分子膜体系的作用影响；

　　　f_A——逸度；

　　　γ——活度系数。

这种算法简单明了，类似于气体分离器的计算。第二类计算则需根据传递机理建立起来的质量传递模型来进行计算，而有时一种机理建立的模型就有数种。

渗透汽化膜的透过、分离特性只有浓度依赖性（与进料液），详细测定、计算方法在渗透汽化专章中介绍。

（8）渗析

渗析也称透析，于 1854 年被 Graham 所发现，是在浓度梯度作用下，使一种或几种溶质通过膜，从一股液流传递到另一股液流的膜分离过程。渗析器的总效率受两个独立因素的控制：两股液流的流速比和溶质在两股液流间的传递速度。后者又取决于膜的性质、流体通道的几何形状及局部流体速度等。

渗析膜的分离效率是用溶质透过系数来表示的。

$$\frac{1}{K} = \frac{1}{K_m} + \frac{1}{K_b} + \frac{1}{K_d}$$

式中　K——总传质系数，cm/s；

　　　K_b——膜面料液侧界膜上的传质系数，cm/s；

　　　K_d——透析液侧界膜上的传质系数，cm/s；

　　　K_m——透析膜的溶质透过系数，cm/s。

为了正确求取溶质透过系数，必须采用具有充分流动状态的测试装置，根据在不同搅拌桨旋转数下测定的总包传质系数，用威尔逊作图（Wilson plot）法即可求得溶质透过系数。

图 2-60、图 2-61 分别给出了测定膜透过性用的间歇式透析槽和中空膜丝的溶质透过性

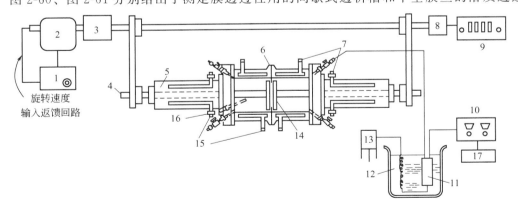

图 2-60　测定膜透过性用的间歇式透析槽

1—速度控制器；2—变速电机；3—减速器；4—轴；5—机械密封及轴承；6—O 形圈；7—恒温水出口；
8—AC 旋转计；9—频率计数器；10—阻抗比较仪；11—流通式电导率测定池；12—恒温槽；
13—计量泵；14—四翼搅拌桨；15—恒温水入口；16—热敏电阻温度计；17—参比电阻

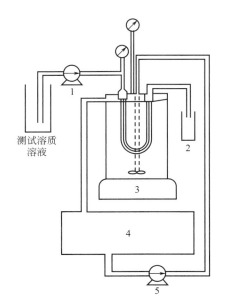

图 2-61　中空膜丝的溶质透过性测定装置
1—泵；2—样品瓶；3—电磁搅拌器；
4—渗析液储器；5—蠕动泵

测定装置。

透析膜的通量用水的过滤系数来表示。其纯水过滤系数可按下式求得：

$$PWP=\frac{Q_F}{A \cdot TMP}$$

式中　PWP——膜的纯水过滤系数，$cm^3/(m^2 \cdot h \cdot mmHg)$；

Q_F——滤液流量，cm^3/h；

A——膜面积，m^2；

TMP——跨膜压差，mmHg。

TMP 可按下式求出：

$$TMP=\frac{p_{Bi}+p_{Bo}}{2}-\frac{p_{Di}+p_{Do}}{2}$$

式中　p_{Bi}——料液侧入口处压力，mmHg；

p_{Bo}——料液侧出口处压力，mmHg；

p_{Di}——渗析液侧入口处压力，mmHg；

p_{Do}——渗析液侧出口处压力，mmHg。

2.3.1.2　膜的物化性能

这里提到的膜的物化性能是指与膜的分离性能有关的那些物理、化学特性，并非指所有的。这些特性大致可分为两类：一类是分离膜都需标明的一些使用条件，例如膜允许使用的最高压力、温度范围、适用的 pH 范围、游离氯允许的最高浓度、耐有机溶剂性等，这些性能都与膜材料有关，一般与膜的分离性能一起标明在使用说明书上；另一类是与不同膜分离过程有关的一些性能，主要如下。

（1）机械强度

膜的机械强度是膜是否具有实用价值的基本条件之一，其指标为爆破强度和拉伸强度两项。爆破强度是指膜受到垂直方向压力时，所能承受的最高压力，以单位面积上所受压力（MPa）表示；拉伸强度是指膜受到平行方向的拉力时，所能承受的最高拉力，以单位面积上所受的拉力（MPa）表示。膜的机械强度主要取决于膜材料的化学结构及其增强材料等。这些性能可用一般或改装的塑料材料力学性能测试仪测定。

（2）厚度

一般实用的分离膜厚度约在 $100 \sim 200 \mu m$ 范围，根据需要有时也制备更薄或更厚一些的膜。合格的膜各部分厚度不应有很大差异，否则对其分离性能及组装成器会带来不良影响。

厚度的测定通常采用 $0.01 \mu m$ 的螺旋千分尺，以稍有接触为限。比较严格的方法是用薄膜测厚仪测定，这种测厚仪的优点是可使样品统一承受固定的压强（例如 0.1MPa）下得到更精确的结果。

（3）灰分

将膜样烘干置于坩埚中，滴加浓硝酸加热炭化，高温灼烧至恒重，然后计算如下：

$$灰分 = \frac{g_1 - g_2}{g_3} \times 100\%$$

式中　g_1——灼烧后残渣与坩埚的质量，g；

　　　g_2——坩埚质量，g；

　　　g_3——干燥的试样质量，g。

灰分主要对微孔滤膜有用。

（4）可萃取物

可萃取物测定是将膜样品放在沸水中，煮沸一定时间，观察膜前后的重量变化。分析水中成分，可知主要的可萃取物。

（5）含水量

膜样品在水中充分浸泡后，揩干表面水，放在密闭称量瓶中称重，而后于 P_2O_5 真空干燥器内干燥至恒重，干湿膜的重量差与湿膜重量之比即为含水量。

（6）毒性

对膜在医疗、食品等方面的应用十分重要。一般是将 $120cm^2$ 的膜剪成碎片浸于 20mL 生理盐水中，于 70℃ 萃取一定时间后，按 50mL/kg 体重的量注入小白鼠中进行对照试验。

（7）生物相容性

对膜在生物制品、医疗等方面的应用很重要，膜对被处理的物质不应产生不良的影响。

（8）化学相容性

膜不能被处理的物质所溶胀、溶解或发生化学反应，也不应对被处理的物质产生不良的影响，主要取决于膜材料。

（9）亲水性和疏水性

该性能与膜的吸附有密切关系，这也决定了膜的应用范围。一般以测定接触角等方法来确定膜的亲水性。

（10）聚合物-聚合物的互溶性

对于共混高分子膜的制备十分重要，确定是否完全互溶或仅部分互溶。最常用的方法是通过测定共混物的玻璃化转变，与未共混组成的玻璃化转变相对照。

（11）孔隙率

指整个膜中孔所占的体积百分数，有两种方法测定。

① 干、湿膜重量差法，分别测定湿、干膜的重量 W_1 和 W_2，按下式计算孔隙率：

$$V_r = \frac{W_1 - W_2}{d_{H_2O} V} \times 100\%$$

式中　V_r——膜的孔隙率；

　　d_{H_2O}——水的密度，g/mL；

　　　V——膜的表观体积，mL。

② 根据膜的表面密度和膜材料的密度求孔隙率。

$$V_r = \left(1 - \frac{\rho_m}{\rho_o}\right) \times 100\%$$

式中　ρ_m——膜的表观密度，g/cm³；

　　　ρ_o——膜材料的密度，g/cm³。

（12）孔径

分离膜孔径是指其起选择分离作用的相对致密的皮层。膜的孔径有最大孔径和平均孔径之分，它们都在一定程度上反映了孔的大小，但各有其局限性。孔径分布是指膜中一定大小的孔体积占整个孔体积的百分数，由此可以判断膜的好坏，孔径分布窄的膜比分布宽的膜要好。孔径大小是分离膜结构表征的重要参数，有很多测定方法，将在后文中详细介绍。

2.3.2　膜的结构[99-101,107-109]

有机高分子膜的结构与其分离性能密切相关。非对称膜起分离作用的主要部分是皮层，其中包括皮层高分子的结晶和分子结构、皮层的孔结构、皮层的厚度以及支撑层的孔结构等，不少非对称膜在皮层下面存在着一层海绵状小孔过渡层，这一层的孔结构及其厚度对膜的透量和压密系数也有较大影响。膜的材料确定后，分离膜的结构研究主要指以上几个方面。

2.3.2.1　膜的聚集态结构

（1）膜的结晶态与小球晶结构

对于结晶性聚合物膜材料而言，一般认为膜表面存在结晶。在结晶区内高分子呈紧密规则的排列，高分子之间有强的相互作用力，结果使膜的分离能力上升而透量下降，同时有利于提高膜的物理、化学稳定性。

Kock 与 Shackelford 用 X 射线研究二醋酸纤维素（CA）超薄膜，发现有类似于三醋酸纤维素（CTA）的晶态结构（图 2-62）。这说明纤维素的乙酰化并不是均匀进行的，在 CA 的某些链段中三个羟基可能已全部被乙酰化了。

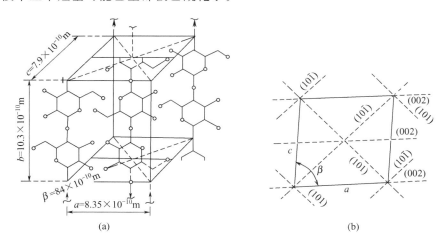

图 2-62　类似于三醋酸纤维素的晶态结构

（a）天然纤维素Ⅰ的晶格模型；（b）在 ac 面上的投影图

Keilin 等用 X 射线、红外吸收光谱及微波吸收法等手段研究了热处理对醋酸纤维素膜结晶度的影响，获得一致的结论是热处理后膜的结晶度增加，有的得到平均结晶度 64％，有的为 61.5％，热处理后的 CA 膜，脱盐率明显提高而透量下降。

Schultz 和 Asunmaa 用电子显微镜观察了醋酸纤维素超薄膜（60nm）和非对称膜的致密皮层，提出醋酸纤维素膜的致密皮层表面并不均一，而是由平均直径为 18.8nm 的超微小球晶进行不规则填充而形成的，小球晶之间的三角形间隙形成了细孔，其平均孔半径为 2.13nm。见图 2-63。

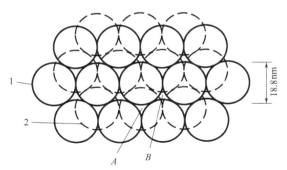

图 2-63　直径为 18.8nm 最密集填充球晶所构成的醋酸纤维素膜表面活性层的模型（水在 A、B 空隙处通过）
1，2—表面和下层的球晶

Panar、郑领英等通过电子显微镜观察，发现在芳香聚酰胺非对称膜的致密皮层上存在着直径约为 10nm 的微胞，微胞也就是 Keiiin 等称为小球晶的高分子聚集体，他们指出微胞大小及其连接方式决定了膜的分离特性。Schoon 认为这种微胞不是球状结晶而是半球状结晶子单元，这种子单元被称为结晶小瘤。但是，对于气体分离，一般认为膜的晶区部分对气体的透过是没有贡献的。

（2）膜材质的分子态结构

如果把球晶、微胞视作高分子膜的二次结构，则膜中高分子链的形态与取向——膜的分子态结构是膜的一次结构，它也与膜的分离性能有关。

Sudduth 等通过测定膜的双折射率对醋酸纤维素膜内的分子取向与膜性能之间的关系进行了研究，结论认为：制膜时溶剂蒸发时间和膜的热处理都对膜内高分子取向有明显影响，当溶剂蒸发时间为 0.5min 或膜在热处理后，高分子在刮膜的垂直方向上对膜表面有最大的取向，此时脱盐率最高，见图 2-64。

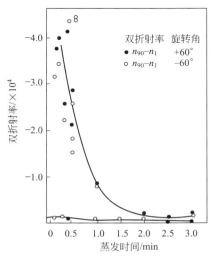

(a) 双折射率与蒸发时间的关系(沿 XOZ 平面入射)
热处理温度80℃，蒸发时间15min

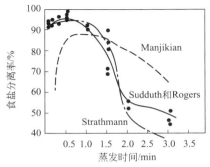

(b) 食盐分离率与蒸发时间的关系(Manjikian配方)

图 2-64　醋酸纤维素膜内分子取向与膜性能的关系

2.3.2.2　膜的形态结构

有机高分子分离膜绝大部分属于非对称膜，其形态结构主要包括层结构和孔结构两个方面，都与膜的分离性能和通量密切相关。层结构是指相对致密的皮层和多孔的支撑层，也有一些膜在致密皮层与多孔支撑层之间还存在着一层过渡层，层结构中最重要的是皮层的厚度，它与膜的透量直接相关。孔结构是指每层中孔的大小、类状、分布等以及膜的孔隙率。

电子显微镜是研究分离膜形态结构最主要的工具，它不仅能给人以直观形象，还能提供一些定量的数据。

（1）膜的层结构

均质膜只有一层；一般的非对称膜分致密皮层和多孔支撑层；醋酸纤维素非对称反渗透膜具有致密皮层、小孔过渡层与多孔支撑层三层结构。

① 致密皮层　其影响主要是厚度及表面几何形状两个方面。

1960 年 Loeb 和 Sourirajan 用沉浸相转化法研制出高脱盐率、高透水量的醋酸纤维素反渗透膜，使反渗透技术迅速从实验室走向工业化应用。非对称分离膜的皮层厚度，可以通过不同的电子显微镜观察技术（扫描电子显微镜和透射电子显微镜）加以测定。1964 年 Riley 等通过电子显微镜观察到 NIPS 膜存在着致密皮层和多孔支撑层非对称结构，致密皮层厚度仅为 $0.25\mu m$，并指出这是它比以前的均质醋酸纤维素反渗透膜的透水量要高几倍到一个数量级的原因。以后的研究证明反渗透膜的透水量与皮层厚度大致成反比关系。这一发现为分离膜的改进指明了方向。

近年来电子显微镜技术的发展，为聚合物膜结构的剖析提供了有力工具。近来的研究发现，高通量聚酰胺反渗透膜的表面并不是平面，而是长满一些类似小蘑菇的环状凸出物，这种结构被称为峰谷结构，使膜的有效渗透面积大大增加，因而透水量大大增加，图 2-65 是

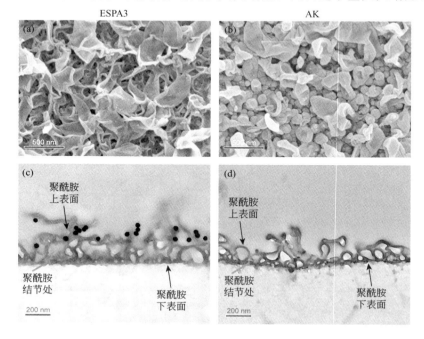

图 2-65　芳香族聚酰胺复合膜的电子显微镜图

（a）、（b）表面扫描电镜图；（c）、（d）截面透射电镜图

两种商业化的典型芳香族聚酰胺复合膜的表面扫描电子显微镜图和截面透射电子显微镜图，其中 ESPA3 是日东电工-海德能公司的苦咸水反渗透膜，AK 是美国 GE 公司的海水淡化反渗透膜，可以清晰地观察到聚酰胺表面层的三维结构[138]。

聚酰胺反渗透膜表面的峰谷结构也大大增加了膜表面的粗糙度，日本日东电工-海德能公司发现膜致密皮层的粗糙度与其透水性（通量）成正比（图 2-66）。这是由于膜表面凸出物的内部是空心的，类似囊泡结构，起到了扩充流道的作用（图 2-67）[139]。囊泡壁致密，起到选择层的作用，因而能在保持脱盐率的前提下大大提高膜的渗透通量。

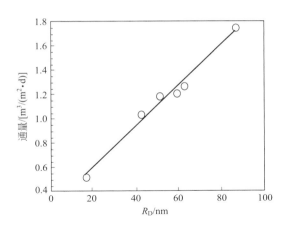

图 2-66 反渗透膜的通量与皮层表面粗糙度间的关系
测定条件：1500mg/L NaCl 溶液，25℃，1.5MPa

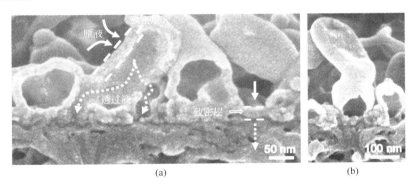

(a)   (b)

图 2-67 日东电工-海德能公司的反渗透膜 ESPA2 的表层扫描电子显微镜图
（a）显示囊泡内部流道的聚酰胺致密层；（b）显示内部孔道的凸起物切面图

② 分离膜的三层结构 Gitlens 等对醋酸纤维素非对称反渗透膜用电子显微镜进行更精细观察后发现，膜实际上具有图 2-68 所示的三层结构。

图 2-68 中 A 是致密皮层，该层是脱盐层，没有发现 10nm 以上的细孔；靠近 A 层是 B 层，称为过渡层，有 10nm 以上的细孔，A 层向 B 层转移的界线是清楚的；在 C 层具有 50nm 以上的细孔，这是膜的多孔支撑层。在膜的底部也存在细孔，大小和 B 层相近。醋酸纤维素膜的被压密而导致透水量下降主要是由过渡层引起的，过渡层的厚度和孔的结构与膜的透水量之间也存在着一定联系，其厚度可以通过电子显微镜大致确定。在三层结构的 L-S 非对称膜中，A、B 层的厚度与溶剂蒸发时间及膜的分离性能密切相关，见图 2-69。

界面聚合法制备聚酰胺反渗透或纳滤复合膜通常具有三层结构，这种膜结构也被称为薄层复合（TFC）膜（图 2-70）。最底层通常是聚酯无纺布的支撑层，主要起到机械支撑的作用；中间层通常是聚砜超滤膜层，起到流体流道和机械支撑作用；顶层是聚酰胺分离层，结构致密，起到截留作用。TFC 膜的渗透分离性能关键取决于聚酰胺分离层的结构，聚砜支

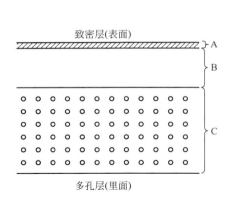

图 2-68 膜的三层结构模型

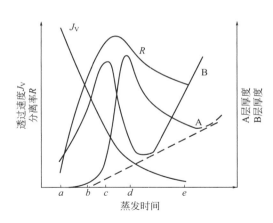

图 2-69 膜蒸发时 A、B 层的生成与膜性能的一般概念图

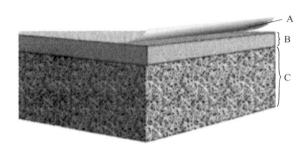

图 2-70 界面聚合法制备的薄层复合膜结构示意图
A—聚酰胺分离层；B—聚砜超滤膜层；C—无纺布支撑层

撑层的结构对界面聚合产生影响，因而间接影响聚酰胺选择层的结构，进而影响分离渗透性能。

（2）膜的孔结构

主要研究皮层和多孔支撑层两个部位，包括孔形和孔径（平均孔径、最大孔径、孔径分布）等方面。

① 皮层的孔结构 气体分离膜的致密皮层被认为是无孔的。反渗透过程的分离机理长期以来存在着溶解-扩散和优先吸附-毛细孔流之争，前者认为反渗透膜是无孔的，后者认为反渗透膜必须要有孔的存在。一般电子显微镜观察不到反渗透膜致密皮层表面孔的情况，Ohya、郑领英等曾经用气体吸附法测量醋酸纤维素和 FT-30 反渗透膜的致密皮层孔分布，测得其最可几孔半径约在 1.5～3nm 范围。浙江大学张林教授团队在界面聚合制备聚酰胺纳滤膜的过程中尝试在水相中加入一定量的聚乙烯醇，由于聚乙烯醇和水相单体之间的氢键作用增加了溶液黏度，降低了扩散速率，使水相单体与油相单体之间的扩散系数产生显著差异，从而在膜表面形成了著名科学家图灵提出的斑图结构，增加了膜的过滤面积，显著提高了纳滤膜的透水通量[140]。如图 2-71 所示，采用扫描电子显微镜可以在该复合膜表面观察到规则的斑图结构，但由于膜孔太小，无法直接观察到膜孔。

超滤膜和微滤膜的皮层都是多孔结构，其平均孔径、孔分布等可以采用图像分析软件（例如 Image J）对表面扫描电子显微镜进行分析得出，然而这一方法需要注意三个问题：一是在观察不导电的聚合物样品时，通常需要喷金处理，这会导致扫描电镜图上的膜孔跟实际膜孔的大小存在差距，影响结果的准确性；二是采用图像分析软件处理时，软件根据颜色对比度来分辨图中的膜孔，因此原图的质量对分析结构影响很大，且分析参数选取的主观性大，影响结果的重复性；三是如果膜的孔径越大，金属层对膜孔径大小的影响越小，因而分析结果也越准确。图 2-72(a) 是聚砜微滤膜的表面扫描电子显微镜照片，采用图像分析软件 Image J 处理后，结果显示平均孔径约为 $0.25\mu m$，孔径分布见图 2-72(b)。

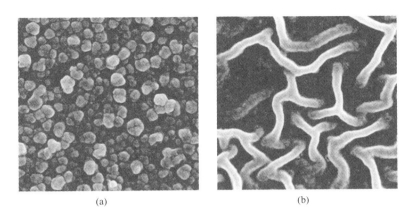

(a)   (b)

图 2-71 两种典型斑图结构的聚酰胺纳滤膜

（a）节结状结构；（b）脊状结构

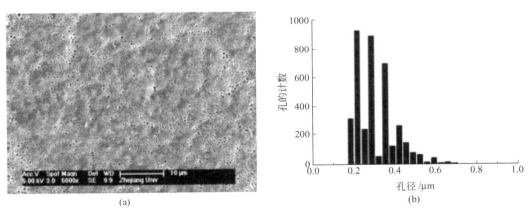

(a)   (b)

图 2-72 聚砜微滤膜的表面扫描电子显微镜照片（a）及其孔径分布图（b）

② 支撑层的孔结构　支撑层的孔结构与膜的通量之间有紧密联系。电子显微镜是研究分离膜多孔支撑层孔结构的有效工具。

采用扫描电子显微镜可以方便地观察膜材料的孔结构，对于断面结构，可以在液氮中进行冷冻脆断，取样进行观察，并可以通过局部放大的办法来仔细研究每个部位。日本旭化成株式会社采用 TIPS 法生产的 PVDF 中空纤维膜在工业给水、市政供水、污水处理等领域得到广泛的应用。如果图 2-73 所示的扫描电子显微镜照片显示，该 PVDF 膜材料具有双连续的全海绵状孔结构，孔道是彼此贯通的[141]。

图 2-74 是用透射电镜包埋切片法取样所得的商品化薄层复合膜的断面图像，其中 ESPA3 是日东电工-海德能公司的苦咸水反渗透膜，NF270 是陶氏化学公司的商品化纳滤膜。由图（a）和图（b）可以明显地看到包埋用树脂层和聚酰胺分离层之间的边界，ESPA3 膜表面具有典型的聚酰胺膜峰谷结构，而半芳香性的聚酰胺纳滤膜 NF270 的表面光滑平整。ESPA3 的分离层厚度约为 250nm，而 NF270 仅仅大约 40nm。通过透射电镜可以清晰地区分聚砜支撑膜（深色背景）和树脂层（浅色背景），这是由于聚砜中含有原子量更

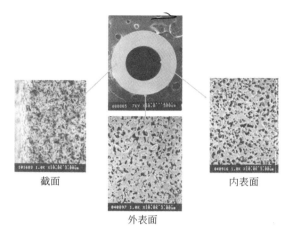

截面   外表面   内表面

图 2-73   日本旭化成株式会社的 TIPS 法 PVDF 中空纤维膜结构扫描电镜图

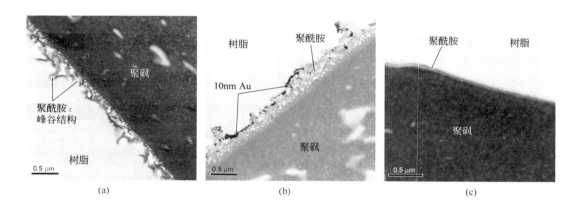

(a)   (b)   (c)

图 2-74   商品化薄层复合膜截面的透射电镜图

（a）ESPA3 原膜；（b）过滤 100nm 金纳米粒子溶液后的 ESPA3 膜；（c）NF270 原膜

大的硫原子[142]。

2.3.3   膜的孔径与自由体积的测定[113-118]

分离膜的孔径测定主要是指其致密皮层。通过光学显微镜和电子显微镜能直接观察测定膜的孔径，其他测定膜孔径的方法都是间接的，不同方法由于其凭借的原理不尽相同，测定结果不同，表示的孔径特性也不一致。

2.3.3.1   电子显微镜法

1964 年 Riley 等公布了用电子显微镜研究醋酸纤维素反渗透膜的结果，弄清了该膜透水量高的原因在于形成了非常薄而致密皮层的非对称结构。Kesting、Frommer、Strahlmann 和 Panar、Mckinney、郑领英等通过电子显微镜研究醋酸纤维素和芳香聚酰胺非对称膜的制备条件-膜的结构-膜的性能之间的关系，分别提出了不加热蒸发与加热蒸发两种 NIPS 法非对称膜的形成机理。近年来用电子显微镜研究分离膜的形态结构取得了长足进展，对促进高性能分离膜的开发起到了重大作用。

用电子显微镜观察膜的微细结构首先要解决好样品的正确处理，使其能基本上保持原有的结构不变，包括湿膜脱水、包埋与切片、金属喷涂复型等，任何一步失误都会引起样品结构变形，致使所得到的图像不能反映膜的真正结构。其次是在电镜下观察的样品只是极小的一片，视野极为有限，为求其代表性，必须先取几个至几十个样品进行观察比较，然后取其若干有代表性的结构拍成照片。

电子显微镜观察膜结构有透射与扫描两种方法。对于扫描电镜而言，样品必须是干燥的，然后根据不同方法，进一步作不同的技术处理。

(1) 湿膜脱水

湿膜若自然干燥，膜的结构会发生不可逆变化，分离性能基本丧失。所以必须寻找使湿膜干燥后能保持原来形态结构基本不变的脱水方法。不同材料的膜，最合适的脱水条件不尽相同，常用的脱水方法有 3 种。

① 逐级脱水法　先将湿膜样品用 2%～5% 的锇酸水溶液浸泡，目的是固定膜的结构，使其在随后的脱水过程中不变形或基本上不变形。然后用不同比例的水-有机溶剂体系逐级由稀到浓进行脱水。常用的体系有：水-四氯化碳、水-丙酮、水-乙醇、水-甘油等。采用的体系与膜材料有关。例如 Riley 等研究醋酸纤维素膜时，采用水-四氯化碳；郑领英等对耐溶剂性较差的聚砜膜，采用水-乙醇体系。

② 低温冷冻脱水法　先将湿膜样品放在液氮或其他低温介质中冷冻，使膜样品中的水急速冷冻为细小的结晶，然后在低温和低真空下，使冷冻的结晶逐级升华。膜样品在低温冷冻脱水时易产生淬裂，因此最适用于对膜自然断面的观察，能获得逼真而清晰的图像。

用此法制备干膜自然断面进行电镜观察发现，常会出现不能淬裂的情况，需要把干膜先依次浸入 100%、95%、90%、80%、70% 的乙醇-水溶液中进行逐级复水，再将其放入液氮中，由于有了足以支持其结构的冰晶，膜就变得很容易淬裂了。

③ 临界点干燥法　将湿膜样品浸入低于临界点温度的液体中，然后将容器密闭并少许加温，使系统达到略高于临界点的温度，这时膜样品中的水分全部汽化，然后在高于临界点的温度下放气，把压力降到常压，从而获得干膜样品。一般用 CO_2（临界温度为 31℃，临界压力为 7.29MPa）作为临界点干燥的介质。临界点干燥的膜样品在空气中容易吸水，应注意保存，并尽快使用。

在使用 CO_2 临界点干燥时，常有采用醋酸异戊酯过渡的。这必须视膜材料而定，对于耐溶剂性较差的聚砜膜，醋酸异戊酯对它有一定的腐蚀作用，故不宜使用。

(2) 透射电镜观察用的样品处理

透射电镜分辨率高，但样品必须是极薄的一层，一般要求厚度小于 100nm。

① 复型法　在真空喷镀仪中以 30°角向干膜样品表面喷镀金属膜，镀膜厚度约为 5nm，再垂直喷镀碳膜用以加固金属膜。然后用溶剂洗去高分子膜，再用蒸馏水淋洗金属膜，用 200 目铜网捞起，干燥后用于透射电镜观察（加速电压为 80kV）。一般喷涂的金属为 Cr，金属膜为负覆型。

也可先用醋酸纤维素纸覆盖于干膜样品两侧并挤压，得负覆型，然后在真空喷镀仪中按约 arctg0.7 的角度对其进行铬投影，再垂直喷炭，再用溶剂溶掉醋酸纤维素纸并于水中展开，用铜网捞取 Cr-C 膜，得正覆型。

在 350000 倍放大下观察金属复型图像时，可以清晰看到金属结晶，其粒度平均为 6nm 左右，因此用复型法观察膜孔，小于 5nm 的孔是很难被正确勾画其轮廓的。

② 超薄切片法　将干膜样品放在包埋剂中固化，待固化完全后在超薄切片机上切片，切片厚度 50～70nm，然后用铜网捞起，干燥后用于透射电镜观察。为切出这样薄的片样，必须用包埋剂充填样品内的空间，使其与包埋剂一起成为具有一定硬度和韧性的固体。

包埋剂应不腐蚀样品、黏度低、聚合时体积变化和放热少。固化后具有与膜相适应的硬度和韧性，且耐电子轰击。常用的包埋剂为环氧树脂，但是也必须取决于膜材料。例如，对于耐有机溶剂性较差的聚砜膜，环氧树脂对它有严重的腐蚀作用，实验证明，应采用水溶性 GMA 树脂。

一般的膜超薄切片样品是沿垂直膜表面方向切割的。为了观察反渗透膜皮层孔以及自表面向膜内孔的变化，可与膜表面成少于 90°角度进行超薄切片。

（3）扫描电镜观察用的样品处理

① 石蜡包埋切片法　这是采用光学显微镜的样品处理方法，将干膜包埋于石蜡中，用刀片切开，并用二甲苯洗去石蜡，然后样品置于铜涂导电胶中，在真空喷镀仪中喷镀炭和金。

② 临界点干燥法　放入液氮中冷冻已脆断的膜样品，继续进行脱水处理，最后经临界点干燥器干燥（温度 39℃，压力 8.82MPa），样品固定在样品台上用离子溅射仪镀金，厚度约 20nm。现今的扫描电镜样品多用此法制备。

（4）电子显微镜测孔

① 致密皮层　反渗透膜的致密皮层被认为是无孔的，扫描电镜的分辨率还达不到，必须用透射电镜观察，一般的电子显微镜图像只能看到反渗透膜致密皮层表面上的微胞聚集体（图 2-75）。

(a) 扫描电镜图　　　　　　　　(b) 透射电镜图

图 2-75　日东电工-海德能公司芳香族聚酰胺反渗透膜 ESPA3 的表面电镜图像

超滤膜的皮层上存在着孔，一般为 10nm 数量级，微滤膜皮层的孔更大，可以用扫描电镜清楚地观察到（图 2-76 和图 2-77）。

致密皮层孔径及孔径分布的计算开始是在放大镜下，人工测量大小和计数取得，目前已普遍用计算机和图像分析软件等方法。

② 多孔支撑层　有机高分子分离膜的多孔支撑层孔的形状大致可分为指状大孔、针状

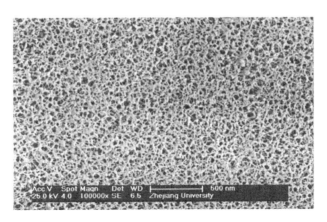

图 2-76　相转化法聚醚砜超滤膜表面扫描电镜图像（×100000）

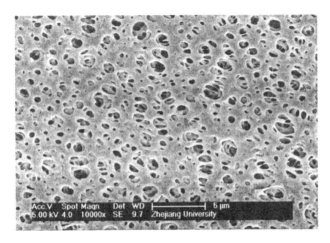

图 2-77　相转化法聚砜微滤膜的表面扫描电镜图像（×10000）

大孔和海绵状小孔三类，其间还存在着多种过渡结构。这些孔都大于 10nm。冷冻法制样，扫描电镜观察其整个断面孔结构，然后再根据需要进行局部放大照相，即可取得所需的孔径及其构形。

也可用包埋超薄切片法制备膜试样，用透射电镜来观测膜的断面孔结构。实验结果证明，用透射电镜和扫描电镜对同一张膜的断面孔径测定的结果是接近的，但透射电镜的图像没有扫描电镜所得的图像逼真。

（5）有机高分子分离膜的孔形分形研究

高分子膜表面的孔形实际上并非圆形，它是简化处理的结果，而且膜内孔道弯弯曲曲、交错复杂，距圆柱形甚远（图 2-78）。

Plubprasit、王世昌等提出用分形几何来研究膜的孔形结构，他们认为，由于膜孔具有十分复杂的几何结构，而人们常用平行毛细管并引入曲折因子来模拟，因而所得出的结论往往不可靠或适用范围有限。分形维数是分形几何的主要概念，它是拓扑学意义下欧氏维数的扩展，其特点是维数取值可以不是整数。膜孔结构本身具有随机性和自相似性，因此，引入分形几何理论来正确、定量描述和表征膜孔形态结构是合理的。

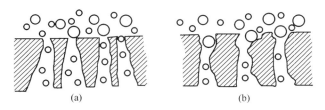

图 2-78　非对称膜（a）和对称膜（b）的孔形结构示意图

吴秋林等对国内外二十多种不同规格、不同材料的超滤膜和微孔滤膜，用扫描电镜进行表面照相，并按图 2-79 所示的步骤对膜的孔结构进行分形研究。

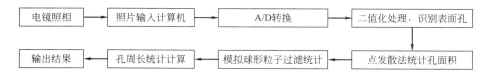

图 2-79　膜孔结构图像分析框图

经 A/D 转换后对图像进行二值化处理，即选择一定的灰度值以确保孔的统计的准确性，二值化处理后，孔的图像就清晰地显现出来，接着就可以进行孔的各项参数的统计和计算，得出表征膜孔结构的各项参数：几何孔径分布和峰值孔径及标准差、有效孔径分布和峰值孔径及标准差、孔形不圆度、孔隙率、孔形的分形维数。

他们认为多孔膜的孔也具有分形特性，可以用孔形的分形维数来定量描述孔形的不规则程度；分形维数与孔周长（P）和孔当量孔径（d）之间存在着以下关系，即 $\ln P = D_f \ln d + C$，D_f 就是孔形的分形维数；C 是常数。不同 D_f 的值反映不同的孔类型，不同孔类型有不同的成孔机理。见图 2-80。

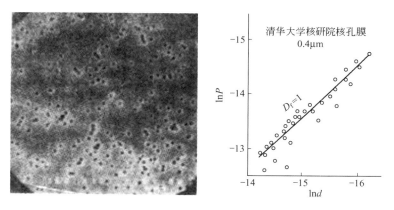

图 2-80　核孔膜的分形维数

（6）原子力显微镜

原子力显微镜（AFM）具有很高的分辨能力，其观察样品没有透射电子显微镜那样苛刻的要求。目前已广泛应用原子力显微镜研究分离膜的表面粗糙度和表面结构。图 2-81 是表面具有图灵斑图结构的聚酰胺反渗透膜的表面原子力显微镜图，可以清晰精确地表征膜表面形貌和粗糙度。

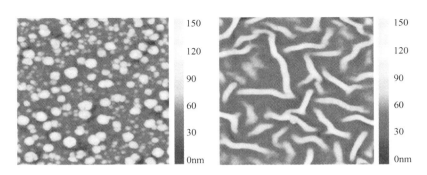

图 2-81　表面具有图灵斑图结构的聚酰胺
反渗透膜的表面原子力显微镜图

2.3.3.2　和界面性质相关的孔参数测定法

根据孔界面上的表面张力或吸附性能与孔径的关系，进行孔径与孔径分布的测定。

（1）泡压法

当多孔膜的孔被已知表面张力的液体充满时，空气通过膜孔所需的压力与膜的孔半径（毛细孔）存在着以下关系：

$$r = 2\sigma \cos\theta / p$$

式中，r 为膜的孔半径；p 为压力；σ 为表面张力；θ 为流体与孔壁之间的接触角。泡压法的实验装置示意图见图 2-82。

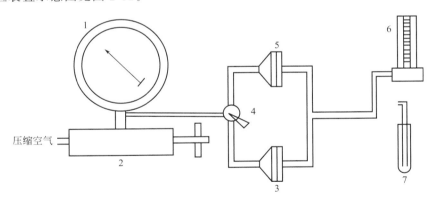

图 2-82　泡压法测孔仪装置示意图

1—精密压力表；2—调压阀；3—干膜夹；4—换向阀；5—湿膜夹；6—流量计；7—泡点监测器

实验时膜表面上出现的第一个气泡所对应的压力计算出来的孔半径就是膜的最大孔径，用气泡数最多时所对应的压力计算出的孔半径作为膜的最小孔径，由最大与最小孔径即可算出膜的平均孔径。也有人提出，可以用流速为 $70 \sim 170 \mathrm{cm}^3/(\mathrm{cm}^2 \cdot \mathrm{min})$ 的空气通过膜时所对应的压力下求得的膜孔径，作为膜的平均孔径。

用泡压法还可得到孔径分布曲线。如果在压力 p_e 时有 n_e 个半径为 r_e 的毛细孔可以通过气体，假设气体在毛细管内的流动是黏性连续层流且不可压缩，服从 Hangen-Poiseuille 定律，相应的气体流速 Q_e 应为：

$$Q_e = \frac{n_e p_e \pi r_e^4}{8\mu L}$$

式中，μ 为渗透液黏度；L 为毛细孔长度。

若从压力 p_e 增至 p_k，此时又有一些孔径更小的毛细孔，即孔径在 $r_e \sim r_k$ 范围内的 n 个毛细孔被打开，从而气体流速的增量 ΔQ 为

$$\Delta Q = \frac{n p \pi r^4}{8\mu L}$$

式中，p 为 p_e 和 p_k 的平均值；r 为 r_e 和 r_k 的平均值。

气体流速的增量 ΔV 为

$$\Delta V = \frac{\Delta Q}{n \pi r^2}$$

将 $r = 2\sigma\cos\theta / p$ 代入上式即得：

$$\Delta V = \frac{\sigma^2 \cos^2\theta}{2 p \mu L}$$

通过实验所测得的数据，可作图 2-83 所示的压力 p-流速 V 曲线可将 $\Delta V/\Delta r$ 对 r 作图（Δr 为 r_e 和 r_k 之差），即得孔径分布曲线（图 2-84），由此可得到膜的孔径分布及最可几孔径。

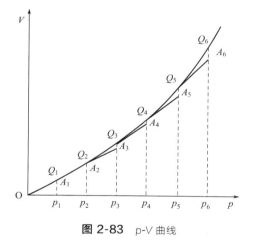

图 2-83　p-V 曲线

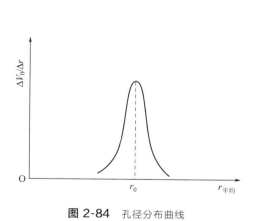

图 2-84　孔径分布曲线
（图中 r_0 为最可几孔径）

这一方法较适用于膜孔径为 $0.01\mu m$ 以上孔的测定，并且孔是两端开放的直通孔。

（2）压汞法

依据毛细孔半径与表面张力间的关系为 $r(\mu m) = -2\sigma\cos\theta / p$ 来求得孔径、孔径分布与压力和体积变化的关系。

对汞而言，$\sigma = 480 dyn/cm(0.48N/m)$，$\theta = 140°$，所以上式可简化为：

$$r = \frac{7.5}{p}$$

式中，p 为外加压力；r 为在给定压力 p 下汞能进入的最小孔半径，μm。随着压力（p）增加，进入膜孔中汞的体积（V）也增加，因此可以通过 V 的变化与 p 的关系来测孔径分布。图 2-85 为压汞法装置示意图。

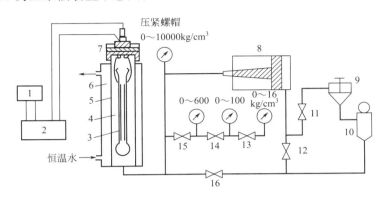

图 2-85　压汞法装置示意图

1—检流计；2—惠斯登电桥；3—膨胀计；4—测孔室；5—高压筒体；6—恒温室；
7—密封盖；8—倍加器；9—油杯；10—手揿泵；11—泄放阀；12—进油阀；
13—微压阀；14—低压阀；15—中压阀；16—高压阀

操作步骤大致为：将一定量样品放入样品球中，真空脱吸后加入汞，在一定压力下汞渗入样品微孔中，汞位的变化反映了样品中汞体积的变化，它通过铂电阻的变化来表示。由各压力下汞进入膜样品的累积体积，可得孔径-孔百分比的累积曲线，微分后则得孔径分布曲线，见图 2-86。

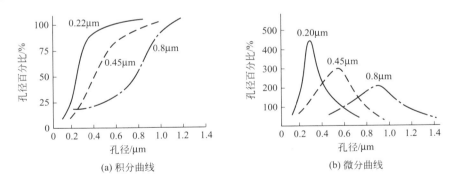

图 2-86　压汞法膜孔径积分和微分曲线

由于汞的表面张力很大，所以在测试小孔径时需要很高压力，例如孔径为 10nm 的细孔需施加 75MPa 的高压，在高压下高分子膜孔会产生变形而导致偏差。压汞法的另一个偏差是在计算中取 $\theta=140°$ 也不十分合理，θ 实际上因膜材料不同而有所差异，同时很多物质会在汞中溶解使汞污染，这也会使 θ 值发生改变。

压汞法对于刚性样品的孔径测定范围为 5~100nm，对半透膜这样的塑性样品测试的下限要高得多。

（3）气相吸附（BET）法

BET 法基于孔界面的吸附特性而进行，特别适合于小孔径的测定，测试孔径范围大致为几埃到几十纳米，视所用仪器不同而有所差别。

　　界面的吸附特性可以用吸附等温线来表征。在恒温下吸附等温线因吸附介质和吸附剂的不同而有所差异，已发现有五种类型的物理吸附等温线（图 2-87）。根据吸附等温线的类型，可以定性估计吸附介质的孔结构。第 Ⅰ 类型曲线相当于孔径为 2.5nm 以下或没有孔的吸附介质，随着比压力 p/p_0 的增加，吸附量也增加，直至达到形成单分子饱和吸附层，此后不再增加，曲线呈水平状态。如果吸附介质的孔径不均匀或有 20nm 以上的孔径，往往会出现第 Ⅱ 类型的曲线，曲线在 a 点以前相当于形成单分子吸附层，a 点以后相当于多分子层或毛细管凝结。如果开始就出现多分子吸附层，那么曲线为第 Ⅲ 种类型，这种吸附介质的孔也是大孔结构。第 Ⅳ、Ⅴ 类型曲线相当于具有中等大小孔的吸附介质的吸附特性。

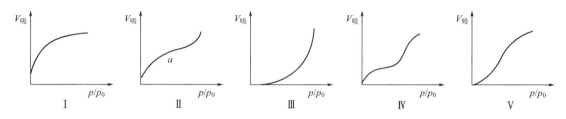

图 2-87　五种类型的物理吸附等温线

　　计算孔径分布所需的基本数据可以从吸附等温线上取得。实验表明，物理吸附中，在压力较高的区域，吸附等温线和脱附等温线常常不能一致，出现滞后现象，在大多数情况下，脱附的热力学平衡更完全，所以常用 BET 脱附等温线来计算孔径分布。

　　假定膜上孔均为圆形，且吸附的氮气在各种大小孔中的表面张力均相同，则根据 Kelvin 方程，蒸汽凝结所需的压力与毛细孔之间存在以下关系：

$$\ln\frac{p}{p_0}=\frac{2\sigma\cos\theta\cdot V}{rRT}$$

　　式中，p 为测量压力；p_0 为饱和蒸气压；σ 为液氮的表面张力；V 为液氮的摩尔体积；r 为孔半径；θ 为液氮与膜孔壁之间的接触角，θ 可取作 $0°$；R 为气体常数；T 为热力学温度。

　　这样求出的 r 称为临界半径，以 r_k 表示，它不是真实半径，真实半径 $r_p=r_k+t$，t 为吸附层厚度，对于氮气，t（Å，$1Å=10^{-10}$ m）可用 Halsey 方程计算：

$$t=4.3\left[\frac{S}{\ln(p/p_0)}\right]^{1/3}$$

　　与 p/p_0 相对应的 r_p 可以由表 2-37 查得，而与 p/p_0 相对应的 $V_{吸}$ 可从吸附等温线上得到。从而可以作 $\Delta V/\Delta r$ 与 r 的相关曲线，即微分孔径分布曲线，它表示吸附量随孔径增大的变化规律，与曲线峰值相对应的半径是最可几半径。用此方法测得的孔包括半开孔。

　　此法最适宜测反渗透膜、纳滤膜和小孔径超滤膜的孔结构。殷琦、郑领英等曾用此法测定了 CA、FT-30 反渗透膜及 PS 等超滤膜皮层的最可几孔径，与文献及其他方法测定值相近。

表 2-37　r_p 与 p/p_0 的关系[107]

p/p_0	r_p/Å	p/p_0	r_p/Å	p/p_0	r_p/Å
0.9810	525	0.9472	195	0.8938	100
0.9800	500	0.9458	190	0.8837	95
0.9790	475	0.9442	185	0.8812	90
0.9778	450	0.9425	180	0.8783	85
0.9764	425	0.9408	175	0.8653	80
0.9749	400	0.9390	170	0.8560	75
0.9732	375	0.9371	165	0.8452	70
0.9712	350	0.9350	160	0.8316	65
0.9689	325	0.9328	155	0.8180	60
0.9660	300	0.9305	150	0.8000	55
0.9650	290	0.9280	145	0.7800	50
0.9637	280	0.9253	140	0.7545	45
0.9623	270	0.9224	135	0.7226	40
0.9608	260	0.9192	130	0.6825	35
0.9592	250	0.9158	125	0.6280	30
0.9574	240	0.9122	120	0.5550	25
0.9534	220	0.9080	115	0.4525	20
0.9511	210	0.9036	110	0.3080	15
0.9485	200	0.8989	105		

2.3.3.3　和流体力学性质相关的孔参数测定法

（1）滤速法

滤速法的基础是 Poiseuille 定律，它是将黏性不可压缩的牛顿型流体在通过毛细管时的运动规律用于半透膜而推导出来的。

对于长为 L、直径为 D、半径为 r 的毛细管，当某种黏度为 μ 的流体，在毛细管两端压力差为 Δp 的推动下，以流速 u 通过毛细管，根据牛顿摩擦定律：

$$\tau = -\mu \frac{du}{dr}$$

式中，τ 为切应力，即单位面积上的摩擦力，则：

$$\tau = \frac{\Delta p \pi r^2}{L 2\pi r} = \frac{\Delta p r}{2L}$$

所以

$$-\mu \frac{du}{dr} = \frac{\Delta p r}{2L}$$

$$du = -\frac{\Delta p r}{2L\mu} dr$$

积分得

$$u = -\frac{\Delta p r^2}{4L\mu} + C$$

引用边界条件 $r = R$ 时，$u = 0$ 则

$$C = \frac{\Delta p R^2}{4L\mu}$$

所以

$$u = \frac{\Delta p}{4L\mu}(R^2 - r^2)$$

若单位时间内通过毛细管的流量为 Q

$$Q = \int_0^R u\,\mathrm{d}S = \int_0^R \frac{\Delta p}{4L\mu}(R^2 - r^2)\mathrm{d}\pi r^2 = \frac{\Delta p \pi R^4}{8\mu L}$$

式中，S 为毛细管截面面积。因此，通过毛细管的平均流速 $\overline{V}$ 为

$$\overline{V} = \frac{Q}{S} = \frac{Q}{\pi R^2} = \frac{\Delta p R^2}{8\mu L}$$

如果膜上的孔均为圆形通孔，所有的孔都与膜面垂直，膜的面积为 A，膜厚度为 L，膜面上的孔数为 n，孔隙率为 P_r，圆形通孔的半径为 r，直径为 d，则

$$P_r = \frac{\text{孔的体积}}{\text{膜的表观体积}} = \frac{n\pi r^2 L}{AL}$$

得

$$n\pi r^2 = AP_r$$

又

$$Q = VS = Vn\pi r^2 = \frac{\Delta p r^2}{8\mu L}AP_r$$

所以

$$r = \sqrt{\frac{8\mu LJ}{P_r \Delta p}}\,; \quad J = \frac{Q}{A}$$

因此只需测定膜样品的面积 A、厚度 L、压差 Δp、流量 Q、孔隙率 P_r 和流体的黏度 μ，就可用上式求孔半径 r。

事实上孔并非是垂直通孔，因而需用曲率因子 k 加以修正。上式相应修正为：

$$r = \sqrt{\frac{8\mu kLJ}{P_r \Delta p}}$$

滤速法较适合于湿膜孔径的测定，其范围大体为 $0.02 \sim 0.2\mu m$。

（2）气体渗透法

通常用于干膜孔径的测定，对湿膜则需经干燥处理，这种方法测试的孔径范围大体在 $0.02 \sim 0.2\mu m$。

　　Yasuda 最早提出用气体渗透法来测定微孔滤膜的孔径。当气体在膜两侧压力差 $\Delta p = p_1 - p_2$ 的作用下，使它透过厚度为 L 的多孔膜，其体积流量 J 为：

$$J = K\frac{\Delta p}{L}$$

此时气体的流动可以看作是两种流体的复合，即由黏性流和分子流两部分组成，因此

$$K = K_0 + \frac{B_0}{\eta}\overline{p}$$

　　K_0 反映分子自由流动，后一项反映黏性流动。K_0 称为 Knudsen 透过系数，cm/s；B_0 是膜的几何形状因子，cm^2；$\overline{p} = (p_1 + p_2)/2$ 为平均压力，kgf/cm^2（$1kgf/cm^2 = 98.0665kPa$）；η 为透过气体的黏度，$dyn \cdot s/cm^2$。

　　所有的多孔介质和孔都满足以下关系：

$$K_0 = \frac{4}{3}\frac{\delta}{K_1}\frac{\varepsilon}{q^2}m_r V$$

$$B_0 = \frac{\varepsilon}{q^2}\frac{m_r^0}{K}$$

　　式中，ε 为孔隙率；q 为曲率因子；m_r 为膜的孔径；V 为气体的平均运动速度 $\left(V = \sqrt{\dfrac{8RT}{\pi M}}\right)$；$\dfrac{\delta}{K_1}$ 对所有的膜均为 0.8；K 对所有的膜均为 2.5。

　　由此可得平均孔径 m_r 的计算公式：

$$m_r = \frac{8}{3}\frac{B_0}{K_0}\sqrt{\frac{8RT}{\pi M}} = \frac{8}{3}\frac{B_0}{K_0}V$$

　　通过测定一定温度下的 B_0 和 K_0 就能求出 m_r 值。气体渗透法的测孔装置示意图见图 2-88。

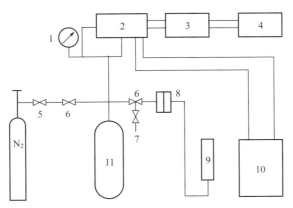

图 2-88　气体渗透法的测控装置

1—标准压力表；2—压力传感器；3—直流恒流器；4—直流稳压器；5—减压阀；6—针形阀；

7—排气阀；8—样品池；9—流量计；10—记录仪；11—恒温缓冲罐

测定步骤：首先测定在不同压差下气体的流量 J。然后利用式 $J = K \dfrac{\Delta p}{L}$ 计算不同 $\bar{p}$ 下的 K 值，作 $\bar{p}$-K 关系图，直线的截距为 K_0，斜率为 B_0/η，从而可计算出 B_0。试验用 N_2 气，不同温度下 N_2 的黏度 η_T 可按下式计算：

$$\eta_T = \eta_{T_0}\sqrt{\frac{T}{T_0}}\frac{1+A/T_0}{1+A/T}$$

式中，$A = 10^4$；$\eta_{T_0} = 1.66 \times 10^{-4} P$；$T_0 = 298K$。

中国科学院生态环境研究中心用此法测定了微孔滤膜与聚砜超滤膜的孔径，发现 K_0 与 Δp 有关，提出以 K_0 最大时的压力作为最低压力范围，此时测定的孔径可认为是真正的平均孔径，低于这个压力范围，小孔中实际上没有气体分子流动，因而小孔不参与孔径的平均，结果使测出的平均孔径值偏大。

2.3.3.4　和筛分、截留效应相关的测定法

（1）已知粒径的微粒截留法——胶体法

1936 年 Ferry 建立了筛分系数 ϕ 与粒径 a 和孔径 r 之间的关系式为

$$\phi = 2(1-a_s)^2 - (1-a_s)^4$$

式中，$a_s = a/r$，a 为溶质分子的大小；r 是孔的大小。

1956 年 Lakshminaraynaia 考虑到粒子与孔壁之间的摩擦作用，提出以下修正式：

$$\phi = \left[2\left(1-\frac{a}{r}\right)^2\left(1-\frac{a}{r}\right)^4\right]$$

$$\left[1 + 2.104\frac{a}{r} + 2.09\left(\frac{a}{r}\right)^3 - 0.95\left(\frac{a}{r}\right)^5\right]$$

若已知粒径 a，并通过实验测得 ϕ，即可用上式求得 r。1977 年上出健二等提出以 $\phi = 0.5$ 时的 a 作为膜的孔径。

试验所用微粒有聚苯乙烯微粒、花粉等，实验表明，孔的几何形状、膜与微粒之间的相互作用，都有不可忽视的影响。用此法测定的孔径，仅有参考价值。此法多用于微孔滤膜。

（2）截留分子量曲线测定法

用截留率（R_u）-分子量（M）曲线表征超滤膜的分离性能是因为超滤膜主要用于大分子物质的分离，因此用截留分子量大小来反映孔径的大小在应用上比较方便。它是用一系列已知分子量的标准物质的水溶液来进行膜的超滤实验，然后取原料液及渗透液分别进行溶液中标准物质的浓度测定，得到 R-$\lg M$ 曲线，截留分子量的大小反映了膜的孔径大小，其间有相应的联系。

作为标准物质选择的原则是：

① 在溶液内为球形；

② 纯度高、稳定、价廉；

③ 浓度易分析，特别是在低浓度时分析精度高。

表 2-38 是可供选择作标准物质的可溶性蛋白质。

表 2-38　适合于做膜分离试验的可溶性蛋白质

蛋白质	原料	分子量	等电点	特殊测定法	备注
后叶催产素	脑下垂体后叶	1000			在弱酸中稳定
后叶加血压素	脑下垂体后叶	1050			在弱酸中稳定
葡萄阮	哺乳动物脾脏	3500			在弱酸中稳定
ACTH	脑下垂体前叶	4500	6.5	免疫放射活性	有合成的
胰岛素	脊椎动物脾脏	6000	5.3～5.8	放射性活性	作 2 倍体、4 倍体、6 倍体
核糖核酸酶 II	哺乳动物脾脏	11000		酶活	中性附近非常稳定
细胞色素 b₅	哺乳动物肝脏	11500	4.5	可见光吸收，酶活	在中性稳定
细胞色素 C	脊椎动物心肌	12500	10.1	可见光吸收，酶活	pH6～11 稳定
核糖核酸酶 I	哺乳动物脾脏	13700	9.45	酶活	中性附近非常稳定
溶菌酶	蛋白	14000		酶活	中性附近非常稳定
β-淀粉酶	红薯	15200	4.8	酶活	中性稳定
肌红阮	脊椎动物心肌	16800	6.78	可见光吸收	中心稳定
二磷酸果糖酶	哺乳动物肌肉	18000		酶活	中性稳定
糜阮酶原 α	脊椎动物脾脏	25000	9.5	活化后的酶活	弱酸中稳定
糜阮酶	脊椎动物脾脏	25000	8.1～8.6	酶活	弱酸中稳定
胃阮酶	哺乳动物胃	35000	1.0 以下		酸性，中性稳定
卵白阮	卵白	44000	4.6		中性稳定
α-淀粉酶	枯草菌	45000	5.5	酶活	pH6～10 稳定
α-淀粉酶	曲霉	52000	3.7	酶活	pH 5～10 稳定
血清白阮	哺乳动物血清	65000	4.8		中性稳定
血红阮	脊椎动物红细胞	68000	6.8	可见光吸收	中性稳定
血清 γ₁-球阮	哺乳动物血清	156000	6.6		中性稳定
过氧化氢酶	哺乳动物肝脏	225000	5.5		中性稳定
血清 α₂-球阮	哺乳动物血清	300000	6.6		中性稳定
铁阮	脊椎动物脾脏	470000		荧光，放射活性	中性稳定
尿素酶		480000			中性稳定
急性灰白髓炎病毒	动物	5500000			
烟草斑叶病毒	烟叶	4000			

　　注：所有的蛋白均可用 280nm 吸光法、Cu-Folin 显色法和滴定法滴定，定性分析可用三氯乙酸、磷钨酸沉淀反应，或用尿红素荧光法（极灵敏）。

　　若配制宽分子量分布的标准物质水溶液，用凝胶色谱法来测定原料液与渗透液中不同分子量标准物的浓度及其变化，则一次超滤实验就可以得到图 2-89 所示的曲线，这种方法称为凝胶色谱测定切割分子量分布法。

　　不同生产厂在标明膜的截留分子量时的取值方法，大体有 4 种：

　　① 取截留率为 50％时所对应的分子量为截留分子量；

　　② 取截留率为 90％时所对应的分子量为截留分子量；

　　③ 取截留率为 100％时所对应的分子量为截留分子量；

　　④ 长曲线的斜线部分，使其与截留率为 100％的横坐标相交，与交点对应的分子量即为截留分子量。

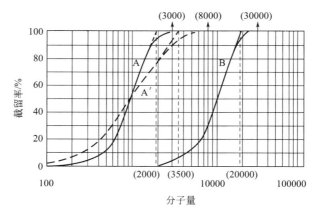

图 2-89 截留分子量（球形分子）曲线

目前用得比较多的是以截留率 90％ 所对应的分子量作为膜的截留分子量。表 2-39 是聚乙二醇的分子量与分子当量直径的对应关系。

表 2-39　不同分子量聚乙二醇（PEG）的当量直径[107]

名称	分子量	当量直径/Å
PEG600	930	19
PEG1500	1770	24
PEG4000	5420	44
PEG6000	8970	55

注：$1Å = 10^{-10}$ m。

Romicon 公司也提供了一份超滤膜截留分子量与孔径的数据，见表 2-40。

表 2-40　Romicon 公司的超滤膜性能[107]

编号	分子量	孔径/Å	透过速度(0.37MPa)/[L/(m²·d)]
UM-05	500	21	290
UM-2	1000	24	525
UM-10	10000	30	2340
PM-10	10000	38	21000
PM-30	30000	47	31500
PM-50	50000	66	103000
XM-100A	6000~100000	110	39500
XM-300	30 万	180	7900

有关资料报道，从分子量计算分子的直径可按下式计算：

$$d = 2\left(\frac{2[\eta]K_{SB}M}{4\pi N_L}\right)^{1/3}$$

式中，$[\eta]$ 为特性黏数；K_{SB} 为 Schulz-Blaschke 数；M 为摩尔质量；N_L 为 Loschmidt 数。也有假定分子作当量球来计算的，此时，

$$d = \sqrt{\frac{3M}{4\pi\rho N_A}}$$

式中，N_A 为 Avogadro 常数；ρ 为密度。

应该指出，在溶液中大分子处于较舒展状态，因此，实际分子的直径要比计算值大。

凝胶色谱柱填料一般都用进口材料，1989 年郑领英等采用国产水相凝胶色谱柱填料（NDG），建立了用凝胶色谱法测量切割分子量表征超滤膜的方法，解决了色谱柱填料的国产化问题。他们还用凝胶色谱法表征了我国几种有代表性超滤膜的截留率-分子量，并将此法用于超滤膜污染的研究。

和筛分、截留效应相关的膜孔径测定法还有用膜对细菌与病毒的截留来测定微滤膜孔径、以油作基准物质计算反渗透膜的孔径、用盐分离率的测定求反渗透膜孔径等，这些方法不常应用。

以上是有机高分子分离膜的孔参数测定最常用的一些方法。改进以上方法以及探索研究膜表面的更有效途径的工作仍在继续中。例如 Sei-lchi Manabe 等采取平行膜间进行超薄切片的制样方法，研究相分离多孔膜的形态结构（图 2-90）；Yongtaek Lee 等用常压液体取代方法测多孔膜的孔分布（图 2-91）；陆晓峰等用热分析法研究高分子合金膜的孔结构（图 2-92）；以及 Lchiro K 等用 X 射线（图 2-93）研究膜的表面污染等。

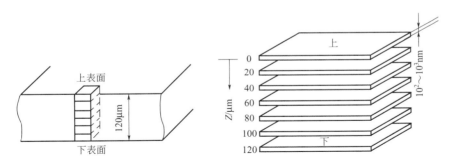

图 2-90 电镜用超薄样品制备示意图（醋酸纤维素多孔膜）

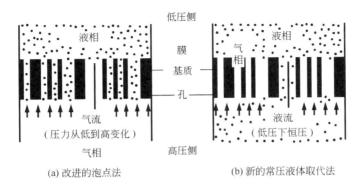

(a) 改进的泡点法　　　　(b) 新的常压液体取代法

图 2-91 常压液体取代法（CPLM）与修改的泡点法（MBPM）
测定膜孔时在概念上的差异

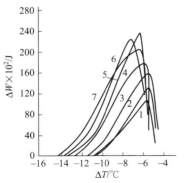
(a) 不同合金质量比的SPSF/PEK超滤膜热谱图

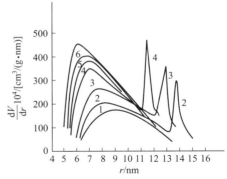
(b) 不同合金质量比的SPSF/PEK超滤膜孔径及对应体积分布

图 2-92 热分析法表征高分子合金膜孔分布

1—0∶10；2—2∶8；3—4∶6；4—5∶5；5—6∶4；6—8∶2；7—10∶0

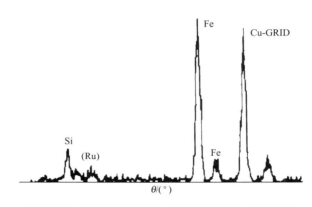

图 2-93 被无机物污染 ES-10 RO 膜表面的 X 射线分析

2.3.3.5 正电子湮灭测定法

地球上的物质大都含有电子，正电子遇到周围介质中的电子会放出 γ 光子，即产生湮灭现象。利用正电子湮灭的特性，用核谱学方法探测湮灭产生的光子，可以得到物质微观结构的信息。在分离膜材料中，正电子的湮灭方式主要有以下三种：正电子自由态湮灭、正电子捕获态湮灭和正电子素湮灭。研究方法主要有以下四种：正电子寿命谱、角度关联、多普勒能量展宽和慢正电子束技术[143,144]。分离膜内的自由体积，通常是通过测定材料的正电子素湮灭实验数据得到。

正电子素（positronium，Ps）是指一种电子和正电子组成的亚稳定束缚态，也可称为正电子偶素。Ps 的结构类似于氢原子，其中正电子和电子围绕着质量中心旋转，当电子与正电子自旋平行时称为正-正电子素（ortho-positronium，o-Ps），反之，当电子与正电子自旋反平行时称为仲-正电子素（para-positronium，p-Ps）。当 o-Ps 湮灭时，会衰变为三颗 γ 射线光子（o-Ps 的寿命为 142ns），而 p-Ps 湮灭为两颗 γ 射线光子（p-Ps 的寿命为 0.125ns）。但是，o-Ps 会与膜材料中的电子进行湮灭释放出两颗 γ 射线光子，使 o-Ps 的寿命缩短为 1～5ns，此现象称为 Pick-off 湮灭现象。膜材料的 o-Ps Pick-off 湮灭寿命与其内部自由体积的大小成正比，其计算方程式为：

$$\tau_3 = \frac{1}{\lambda_3} = \frac{1}{2}\left(1 - \frac{R}{R+\Delta R} + \frac{1}{2\pi}\sin\frac{2\pi R}{R+\Delta R}\right)^{-1}$$

$$V_f = \frac{4}{3}\pi R^3$$

$$FFV = V_{F3} I_3 C$$

式中，假设自由体积为一个无限深的球形势阱，τ_3 为 o-Ps 的寿命；λ_3 为正电子湮灭率；R 为自由体积半径；ΔR 为球形势阱的内表面电子层厚度，在高分子膜材料中一般取 1.656Å；V_f 为自由体积大小；V_{F3} 为 o-Ps 湮灭所得自由体积；FFV 为自由体积分数；I_3 为 o-Ps 的湮灭强度；C 为常数值 0.0018。

在正电子湮灭测试中，最常使用的正电子源是[22]Na，样品为厚度约 1mm 和尺寸为 20mm× 20mm 的平板，将放射源夹于样品中间形成"三明治"结构，在室温下进行测量。在测量正电子寿命 τ 时，[22]Na 发射出能量为 1.28MeV 的 γ 射线作为正电子产生的标志信号，而正电子湮灭时发射的 0.511MeV 的 γ 射线作为正电子消亡信号，这两种 γ 射线发射的时间差即为正电子寿命[144,145]。正电子湮灭寿命谱仪包含起始和终止两个通道。起始通道的主要任务是接收能量为 1.28MeV 的 γ 光子信号；终止通道的主要任务是接收能量为 0.511MeV 的 γ 光子信号，其装置示意图如图 2-94 所示。

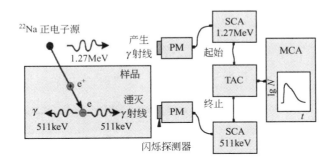

图 2-94　正电子湮灭寿命光谱（PALS）测量系统示意图

正电子湮灭寿命谱的谱图如图 2-95(a) 所示，数据可采用离散和连续两种方式分析。离散分析使用的是 PATFIT 或 LT 软件，可得到 o-Ps 的寿命（τ_1、τ_2、τ_3）和 o-Ps 的湮灭强度（I_1、I_2、I_3）。τ_1 的时间最短约为 0.125ns，是来自于 p-Ps 的湮灭；τ_2 约为 0.45ns，是来自于自由正电子的湮灭；而 τ_3 介于 1～5ns 之间，是来自于 o-Ps 的湮灭。在高分子膜材料中，o-Ps 与电子发生的 Pick-off 湮灭现象所用时间即为 1～5ns，因此可以用 τ_3 来计算高分子膜材料的自由体积，其中，τ 值对应的是自由体积的尺寸，I 值对应的是自由体积的数量。连续分析使用的是 CONTIN 和 MELT 软件，可得到湮灭寿命的分布图[146,147]。图 2-95(b) 是采用正电子湮灭法测定的聚酰胺复合渗透汽化膜自由体积分布图，表 2-41 是膜的正电子湮灭寿命谱图数据[148]。

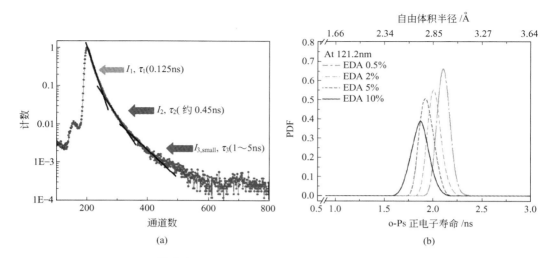

(a) (b)

图 2-95 归一化正电子湮灭寿命谱（PAL）(a) 和
不同浓度水相单体 EDA 制备的聚酰胺复合渗透汽化膜自由体积（b）

表 2-41 聚酰胺复合渗透汽化膜的正电子湮灭寿命谱图数据

EDA 浓度（质量分数）/%	湮灭时间/ns	强度/%	半径/Å	自由体积/Å³
0.5	2.034 ± 0.033	10.41 ± 0.63	2.880 ± 0.02	100.7 ± 2.6
2	1.981 ± 0.028	9.98 ± 0.75	2.841 ± 0.02	95.8 ± 2.2
5	1.920 ± 0.031	8.29 ± 0.24	2.781 ± 0.03	90.0 ± 2.5
10	1.841 ± 0.164	7.46 ± 0.38	2.705 ± 0.14	82.9 ± 12.7

正电子湮灭寿命-动量关联测量系统［Age-momentum correlation（AMOC）positron annihilation system］是两个 BaF_2 闪烁探测器和一个高纯锗探测器同时对正电子湮灭的寿命和辐射 γ 射线的动量进行多参数数据采集，可得到不同湮灭形态对应的电子动量分布的信

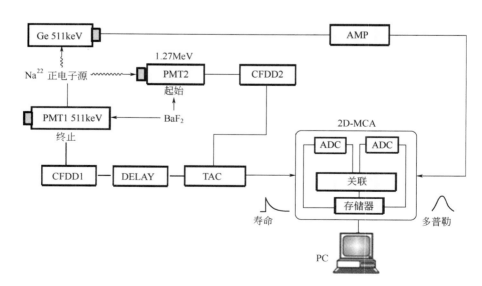

图 2-96 正电子湮灭寿命-动量关联（AMOC）测量系统示意图

息，可对 Ps 在多孔材料中的湮灭特征进行深入研究，得到多孔膜材料的微观结构。其装置示意图如图 2-96 所示。二维 AMOC 谱可将动量谱从原本单一的湮灭寿命光谱中分离出来，将湮灭寿命与动量之间进行关联，再对特定动量区间的湮灭寿命分析后，即可定量地获得精确的自由体积（从埃到纳米的范围）及大孔洞的尺寸（从纳米到微米的范围）与数量[148]。

图 2-97 为典型两性聚电解质纳滤膜的 AMOC 谱图，横坐标为正电子湮灭寿命，纵坐标为 γ 光子的动量分布，对正电子湮灭寿命和辐射光子的动量进行多参数数据采集后，得到更精确的自由体积与纳米孔洞的定量分析结果[149]。控制正电子入射能量对两性聚电解质纳滤膜进行连续湮灭寿命谱分析，此时侦测到膜表面皮层的位置。传统的测量和计算方法很难得到纳滤膜孔的实际分布情况，但利用正电子湮灭技术，可以详细地探测到膜内的自由体积和纳米级孔洞的尺寸及其含量，纳滤膜的微观结构及其分离性能得到了良好关联。

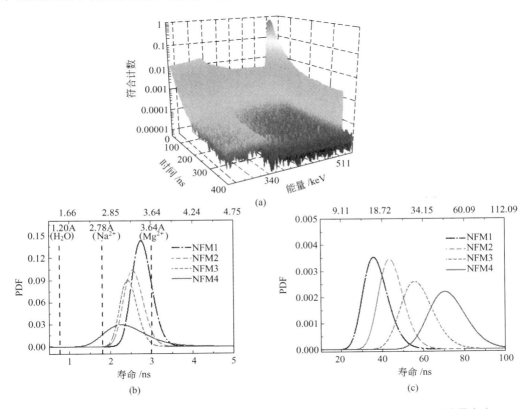

图 2-97 两性聚电解质纳滤膜 AMOC 谱图（a）、自由体积分布图（b）和纳米孔径分布图（c）

符号表

A	膜面积，m^2	
a	溶质分子大小，nm	
B_0	膜的几何形状因子，cm^2	
b	溶剂蒸发速率常数，s^{-1}	
c_f	测试液溶解性总固体含量，mg/L	

c_p	透过液溶解性总固体含量，mg/L
d	分子直径，nm
d_{H_2O}	水的密度，g/cm³
F_0	样品初始的平均水通量，%
F_t	样品高压运行后的平均水通量，%
f	统计因子
f_A	组分 A 的逸度
g_1	灼烧后残渣与坩埚的重量，g
g_2	坩埚重量，g
g_3	干燥的试样重量，g
ΔG_m	体系中的 Gibbs 自由能，J/mol
J	链段跳跃频率，s^{-1}
J_i	膜法气体分离中组分 i 的渗透速率，cm³/(cm²·s·Pa)
J_w	微滤膜的滤过速度，cm³/(cm²·s)
K	总传质系数，cm/s
K_b	膜面料液侧界膜上的传质系数，cm/s
K_d	透析液侧界膜上的传质系数，cm/s
K_m	透析膜的溶质透过系数，cm/s
K_0	气体的 Knudsen 透过系数，cm/s
K_{SB}	Schulz-Blaschke 数
L	毛细孔长度，cm
M	分子量；摩尔质量，g/mol
m	反渗透膜的压密系数
m_r	膜的孔径，μm
N_A	Avogadro 常数
N_L	Loschmidt 数
n_i	组分 i 的物质的量
P	气体渗透常数，cm³·cm/(cm²·s·cmHg)
p	操作压力，kPa
p_0	饱和蒸气压，kPa
p_{Bi}	料液侧入口处压力，kPa
p_{Bo}	料液侧出口处压力，kPa
p_{Di}	渗析液侧入口处压力，kPa
p_{Do}	渗析液侧出口处压力，kPa
p_{WP}	渗析膜的纯水透过系数，cm³/(m²·h·Pa)
Δp	膜两侧压力差，kPa
Q	曲率因子
Q_A	渗透蒸发有效渗透系数，cm²/h
Q_F	滤液流量，cm³/h

q	透过膜的气体量，cm^3
R	气体常数；脱盐率
R_0	样品初始的平均脱盐率，%
R_t	样品高压运行后平均脱盐率，%
R_u	超滤膜的截留率，%
r	膜的孔半径，μm
S_m	有效过滤膜面积，cm^2
T	热力学温度，K
t	操作时间，h
TMP	膜两侧压力差，kPa
u	液体通过毛细管的流速，cm^3/s
V	微滤中液体透过总量，cm^3
V_f	自由体积，cm^3
V_g	气体的平均速度，cm/s
V_i	纯水透过量，m^3
V_m	膜的表观体积，cm^3
V_N	液氮的摩尔体积，cm^3
W_0	时间为零时膜和板的重量，g
W_t	时间为 t 时膜和板的重量，g
W_∞	恒重时膜和板的重量，g
X_{ij}	组分间相互作用参数
α	气体分离膜的分离系数
δ	膜厚，cm
γ	活度系数
σ	表面张力，N/m
θ	流体与孔壁间的接触角，(°)
μ	渗透液黏度，Pa·s
ρ_m	膜的表观密度，g/cm^3
ρ_o	膜材料的密度，g/cm^3
η	透过气体的黏度，Pa·s
η_m	熔融黏度，Pa·s
ε	孔隙率，%
ϕ	筛分系数
ϕ_i	组分 i 的体积分数

参考文献

[1] Loeb S, Sourirajan S. Sea water demineralization by means of an osmotic membrane [J]. Adv Chem Ser, 1963, 38: 117-132.

［2］　Richard W Baker. Membrane technology and application. Second edition ［M］. England: John Wiley & Sons Ltd, 2004.

［3］　Wang S, Lu A, Zhang L. Recent advances in regenerated cellulose materials ［J］. Prog Polym Sci, 2016, 53: 169-206.

［4］　蔡杰，吕昂，周金平，等. 纤维素科学与材料［M］. 北京：化学工业出版社，2015.

［5］　Dee L J, Rochester N Y. Process for strengthening swellable fibrous material with an amine oxide and the resulting material: US 3447956 ［P］. 1969-06-03.

［6］　林金雀. 新纤维素纤维［J］. 化工资讯月刊，1997（12）：70-74.

［7］　Yamane C, Saitoh M, Okajima K. Industrial preparation method of cellulose-alkali dope with high solubility ［J］. Journal of the Japan Fiber Society, 1996, 52: 310-378.

［8］　Yamane C, Mori M, Saitoh M, et al. Structures and mechanical properties of cellulose filament spun from cellulose/aqueous Naoh solution system ［J］. Polymer J, 1996, 28: 1039-1047.

［9］　Gollan A Z. Anisotropic membranes for gas separation: US 4681605 ［P］. 1987-07-21.

［10］　Herrick F W. Redispersible microfibrillated cellulose: US 4481076 ［P］. 1984-11-06.

［11］　Siro I, Plackett D. Microfibrillated cellulose and new nanocomposite materials ［J］. Cellulose, 2010, 17 （3）：459-494.

［12］　卢麒麟，胡阳，游惠娟，等. 纳米纤维素研究进展［J］. 广州化工，2013，41（20）：1-3.

［13］　Svang-Ariyaskul A, Huang R Y M, Douglas P L. Blended chitosan and polyvinyl alcohol membranes for the pervaporation dehydration of isopropanol ［J］. J Membr Sci, 2006, 280: 815-823.

［14］　胡任之. 聚砜树脂的发展动态［J］. 上海化工，2013，38（4）：22-26.

［15］　王雪松. 膜分离法及其在氢气回收中的应用［J］. 精细化工，1984，1（2）：7-12.

［16］　Fritzsche A K, Murphy M K, Kesting R E, et al. Characterization of asymmetric hollow fibre membranes with graded-density skins ［J］. Gas Sep & Purif, 1989, 3: 106-116.

［17］　Fritzsche A K, Cruse C A, Kesting R E, et al. Polysulfone hollow fiber membranes spun from lewis acid: Base complexes. Ⅱ. The effect of lewis acid to base ratio on membrane structure ［J］. J Appl Polym Sci, 1990, 39: 1949-1956.

［18］　Fritzsche A K, Cruse C A, Kesting R E, et al. Polysulfone hollow fiber membranes spun from aliphatic acid （C_2-C_4）: N-methylpyrrolidone complexes-structure determination by oxygen plasma ablation ［J］. J Appl Polym Sci, 1990, 41: 713-733.

［19］　马苗，俞三传. 磺化聚砜类膜材料的制备及其在水处理中的应用［J］. 水处理技术. 2011, 37（4）：14-18.

［20］　谭翎燕，李惠玲，张景亚，等. 正交实验法优化氯甲基化聚砜/聚砜共混膜的季铵化条件［J］. 工业水处理，2008，28（11）：30-32.

［21］　吴忠文，于洪泽，那辉. 聚醚砜发展概况及合成新工艺的研究［J］. 工程塑料应用，1986（3）：23-29.

［22］　苏威高性能聚合物有限责任公司. RADEL A 聚醚砜、RADEL A 聚亚苯基砜设计指南，2014.

［23］　张海春，陈天禄，袁雅桂. 合成带有酞侧基的新型聚醚醚酮：CN 85108751A ［P］. 1987-06-03.

［24］　吴忠文. 特种工程塑料聚醚砜、聚醚醚酮树脂国内外研究、开发、生产现状［J］. 化工新型材料，2002，30（6）：15-18.

［25］　Jansen J C, Drioli E. Poly（ether ether ketone）derivative membranes—a review of their preparation, properties and potential ［J］. Polym Sci Ser A, 2009, 51（11-12）:1355-1366.

［26］　Sandler S R, Karo W. Polymer Synthesis ［M］// Polyamides: Vol. 1, Chapter 4. New York-London: Academic Press, 1974.

［27］　陈平，廖明义. 高分子合成材料学［M］. 3版. 北京：化学工业出版社，2017.

［28］　Kwolek S L, Morgan P W, Sorenson W R. Process of making wholly aromatic polyamides: US 3063966 ［P］. 1962-11-13.

［29］　王晓琳，丁宁. 反渗透和纳滤技术与应用［M］. 北京：化学工业出版社，2005.

［30］　关秀珍. 聚砜酰胺树脂的研制［J］. 合成纤维工业，1981（5）：17-20; 冯军. 聚砜酰胺纤维的性能与应用［J］.

上海纺织技术，1981（10）：49-52.

[31] Cadotte J E. Interfacially synthesized reverse osmosis membrane: US 4277344 [P]. 1981-06-07.

[32] Kurihara M, Himeshima Y. The major developments of the evolving reverse osmosis membranes and ultrafiltration membranes [J]. Polymer J, 1991, 23: 513-520.

[33] 闻瑞梅，王在忠. 高纯水的制备及检测技术 [M]. 北京：科学出版社，1997.

[34] Petersen R J. Composite reverse osmosis and nanofiltration membranes [J]. J Membr Sci, 1993, 83（1）: 81-150.

[35] 丁孟贤. 聚酰亚胺——化学、结构与性能的关系及材料 [M]. 北京：科学出版社，2006.

[36] Polotskaya G A, Meleshko T K, Gofman I V. Polyimide ultrafiltration membranes with high thermal stability and chemical durability [J]. Sep Sci Technol, 2009, 44（16）: 3814-3831.

[37] Clausi D T, Koros W J. Formation of defect-free polyimide hollow fiber membranes for gas separations [J]. J Membr Sci, 2000, 167（1）: 79-89.

[38] Nakamuta M, Makino. Aplications of the aromatic polyimide membranes I dedydration by vapor phase permeation process [J]. Membrane, 1987, 12（5）: 289-292.

[39] Liu Y, Wang R, Chung TS. Chemical cross-linking modification of polyimide membranes for gas separation [J]. J Membr Sci, 2001, 189（2）: 231-239.

[40] 丁孟贤，何天白. 聚酰亚胺新型材料 [M]. 北京：科学出版社，1998: 130.

[41] Liaw D-J, Wang K-L, Huang Y-C. Advanced polyimide materials: syntheses, physical properties and applications [J]. Prog Polym Sci, 2012, 37（7）: 907-974.

[42] Kruse J, Kanzow J, Ratzke K. Free volume in polyimides: positron annihilation experiments and molecular modeling [J]. Macromolecules, 2005, 38（23）: 9638-9643.

[43] 刘安昌，邹菁，黄树槐. 聚苯并咪唑树脂的合成进展 [J]. 化工新型材料，2004, 32（5）: 16-19.

[44] Ma Y L, Wainright J S, Litt M H. Conductivity of PBI membranes for high-temperature polymer electrolyte fuel cells [J]. J Electrochem Soc, 2004, 151（1）: A8-A16.

[45] Xu T, Wu D, Wu L. Poly（2, 6-dimethyl-1, 4-phenylene oxide）（PPO）—A versatile starting polymer for proton conductive membranes（PCMs）[J]. Prog Polym Sci, 2008, 33（9）: 894-915.

[46] Jia L, Fu H, Xu J. Studies on the sulfonation of poly（phenylene oxide）（PPO）and permeation behavior of gases and water vapor through sulfonated PPO membranes. Ⅲ. Sorption behavior of water vapor in PPO and sulfonated PPO membranes [J]. J Appl Polym Sci, 1994, 52（1）: 29-37.

[47] Flory Paul J, Leutner F S. Crystalline tetramethylene isophthalate polymer: US 2623034 [P]. 1952-12-23.

[48] 喻发全，常志. 三光气合成四溴双酚 A 聚碳酸酯 [J]. 高分子材料科学与工程，2006, 22（2）: 104-106.

[49] Muruganandam N, Paul D R. Evaluation of substituted polycarbonates and a blend with polystyrene as gas separation membranes [J]. J Membr Sci, 1987, 34（2）: 185-198.

[50] Castro A J. Methods for making microporous products: US 4247498 [P]. 1981-1-27.

[51] 林刚. 拉伸法微孔聚烯烃中空纤维膜原纤熔纺过程的数值模拟分析（I）——聚丙烯 [J]. 膜科学与技术，1997, 17（6）: 25-32.

[52] 罗本喆，张军，王晓琳，等. 聚丙烯微孔膜研究进展 [J]. 弹性体，2005, 15（6）: 51-58.

[53] 徐懋，胡世如，关家玉. 高透过性聚丙烯微孔膜及其制法：CN90109050. 6 [P]. 1992-07-01.

[54] 潘波，李文俊. 热致相分离聚合物微孔膜 [J]. 膜科学与技术，1995, 15（1）: 1-7.

[55] 锦西化工研究院. 透明塑料——聚 4-甲基戊烯-1 [J]. 辽宁化工技术通讯，1972（3）: 37-39.

[56] 张可达，刘南安，徐纪平. 用甲基硅橡胶与聚（4-甲基戊烯-1）共混制备富氧复合膜的超薄活性层 [J]. 膜科学与技术，1986（4）: 22-27.

[57] Lin F, Wang D, Lai J. Asymmetric TPX membranes with high gas flux [J]. J Membr Sci, 1996, 110（1）: 25-36.

[58] 周吉松，吕永根，王小华，等. 溶液自由基法高分子量聚丙烯腈的合成 [J]. 高分子材料科学与工程，2010, 26（4）: 40-42.

［59］ Kurihara M，Harumiya N，Kanamaru N，et al. Development of the PEC-1000 composite membrane for single-stage seawater desalination and the concentration of dilute aqueous solutions containing valuable materials［J］. Desalination，1981，38：449-460.

［60］ Tusel G，Ballweg A. Method and apparatus for dehydrating mixtures of organic liquids and water：US 4405409［P］. 1983-09-20.

［61］ 朱智慧，钱锦文. 壳聚糖膜在渗透汽化领域的研究进展［J］. 材料科学与工程学报，2008，26（2）：307-311.

［62］ 严福英，等. 聚氯乙烯工艺学［M］. 北京：化学工业出版社，1990.

［63］ 左耕. PVDC涂布薄膜——高阻隔性包装材料［J］. 中国包装工业，1994（4）：25-26.

［64］ Hauptschein M. Process for polymerizing vinylidene fluoride：US 3193539［P］. 1965-06-06.

［65］ Brubaker M M. Process for polymerizing tetrafluoroethylene：US 2393967［P］. 1946-02-02.

［66］ 晨光化工院有机硅编写组. 有机硅单体及聚合物［M］. 北京：化学工业出版社，1986.

［67］ 赵陈超，章基凯. 硅橡胶及其应用［M］. 北京：化学工业出版社，2015.

［68］ Lundstron J. Method for production casting of ultrathin polymer membranes：US 3767737［P］. 1973-10-23.

［69］ 方军，黄继才，郭群晖. 有机物优先透过的渗透汽化分离膜［J］. 膜科学与技术，1998，18（5）:1-6.

［70］ Masuda T，Isobe E，Higashimura T，et al. Poly［1-（trimethylsilyl）-1-propyne］：a new high polymer synthesized with transition-metal catalysts and characterized by extremely high gas permeability［J］. J Am Chem Soc，1983，105（25）：7473-7474.

［71］ Masuda T，Iguchi Y，Tang B，et al. Diffusion and solution of gases in substituted polyacetylene membranes［J］. Polymer，1988，29（11）：2041-2049.

［72］ Masuda T，Takatsuka M，Tang B，et al. Pervaporation of organic liquid-water mixtures through substituted polyacetylene membranes［J］. J Membr Sci，1990，49（1）：69-83.

［73］ Visakh P M，Oguz B，Guillermo A. Polyelectrolytes：Thermodynamics and Rheology［M］. Switzerland：Springer International Publishing，2014.

［74］ 李栋辉，李菁瑞，陈光顺，等. 聚电解质的制备与应用研究进展［J］. 高分子材料科学与工程，2017，6：177-183.

［75］ Ulbricht M. Advanced functional polymer membranes［J］. Polymer，2006，47（7）：2217-2262.

［76］ Zhao Q，An Q，Ji Y，et al. Polyelectrolyte complex membranes for pervaporation，nanofiltration and fuel cell applications［J］. J Membr Sci，2011，379（1-2）：19-45.

［77］ Childress A E，Elimelech M. Relating nanofiltration membrane performance to membrane charge（electrokinetic）characteristics［J］. Environ Sci Technol，2000，34（17）：3710-3716.

［78］ Goh P，Matsuura T，Ismail A，et al. Recent trends in membranes and membrane processes for desalination［J］. Desalination，2016，391：43-60.

［79］ Agenson K，Urase T. Change in membrane performance due to organic fouling in nanofiltration（NF）/ reverse osmosis（RO）applications［J］. Sep Purif Technol，2007，55（2）：147-156.

［80］ 陈观文，徐平. 分离膜的应用与工程案例［M］. 北京：国防工业出版社，2007.

［81］ Haflane A，Lemordant D，Dhahbi M. Removal of hexavalent chromium by nanofiltration［J］. Desalination，2000，130（3）：305-312.

［82］ Balanya T，Labanda J，Llorens J，et al. Separation of metal ions and chelating agents by nanofiltration［J］. J Membr Sci，2009，345（1-2）：31-35.

［83］ Shi J，Zhang W，Su Y，et al. Composite polyelectrolyte multilayer membranes for oligosaccharides nanofiltration separation［J］. Carbohydr Polym，2013，94（1）：106-113.

［84］ Hong S，Bruening M L. Separation of amino acid mixtures using multilayer polyelectrolyte nanofiltration membranes［J］. J Membr Sci，2006，280（1-2）：1-5.

［85］ Lowe A，Mccormick C. Synthesis and solution properties of zwitterionic polymers［J］. Chem Rev，2002，102（11）：4177-4190.

［86］ Kudaibergenov S，Jaeger W，Laschewsky A. Polymeric betaines：synthesis，characterization，and application [J]. Adv Polym Sci, 2006, 201: 157-224.

[87]　Ostuni E, Chapman R, Holmlin R, et al. A survey of structure-property relationships of surfaces that resist the adsorption of protein [J]. Langmuir, 2001, 17（18）: 5605-5620.

[88]　Wu J, Lin W, Wang Z, et al. Investigation of the hydration of nonfouling material poly（sulfobetaine methacrylate）by low-field nuclear magnetic resonance [J]. Langmuir, 2012, 28（19）: 7436-7441.

[89]　Thomas D, Vasilieva Y, Armentrout R, et al. Synthesis, characterization, and aqueous solution behavior of electrolyte- and pH-responsive carboxybetaine-containing cyclocopolymers [J]. Macromolecules, 2003, 36（26）: 9710-9715.

[90]　Chang Y, Yandi W, Chen W, et al. Tunable bioadhesive copolymer hydrogels of thermoresponsive poly（N-isopropyl acrylamide）containing zwitterionic polysulfobetaine [J]. Biomacromolecules, 2010, 11（4）: 1101-1110.

[91]　Ji Y, Gu B, An Q, et al. Recent advances in the fabrication of membranes containing "Ion Pairs" for nanofiltration processes [J]. Polymers, 2017, 9（12）: 715.

[92]　Zhang Z, Vaisocherova H, Cheng G, et al. Nonfouling behavior of polycarboxybetaine-grafted surfaces: structural and environmental effects [J]. Biomacromolecules, 2008, 9（10）: 2686-2692.

[93]　Shaplov A, Ponkratov D, Vygodskii Y. Poly（ionic liquid）s: synthesis, properties, and application [J]. Polymer Science, Series B, 2016, 58（2）: 73-142.

[94]　青格乐图, 刘平, 郭伟男, 等. 离子液体在膜分离过程中的应用研究进展 [J]. 化工进展, 2010, 29（11）: 2019-2015.

[95]　Tang J, Sun W, Tang H, et al. Enhanced CO$_2$ absorption of poly（ionic liquid）s [J]. Macromolecules, 2005, 38（6）: 2037-2039.

[96]　刘福瑞, 崔野, 崔海清, 等. 离子液体分离膜及其在 CO$_2$ 分离的应用研究进展 [J]. 应用化工, 2017, 46（9）: 1787-1791.

[97]　Baker R W, Cussler E L, Eykamp W, et al. Membrane Separation System: Recent Developments and Future Directions [M]. Park Ridge: Noyes Data Corporation, 1991.

[98]　Kesting R E. 合成聚合物膜 [M]. 2 版. 王学松, 等译. 北京: 化学工业出版社, 1992.

[99]　贺高红, 朱葆琳, 徐仁贤. 膜分离过程 [M]. 大连: 中科院大连化物所, 1995.

[100]　朱长乐, 刘茉娥, 高从堦. 膜科学与技术 [M]. 杭州: 浙江大学出版社, 1992.

[101]　王学松. 膜分离技术及其应用 [M]. 北京: 科学出版社, 1994.

[102]　Li D, Xia Y. Fabrication of titania nanofibers by electrospinning [J]. Nano Lett, 2003（3）: 555-560.

[103]　Ahmed F E, Lalia B S, Hashaikeh R. Electrically conductive membranes based on carbon nanostructures for self-cleaning of biofouling [J]. Desalination, 2015, 360: 8-12.

[104]　徐志康, 万灵书, 等. 高性能分离膜材料 [M]. 北京: 中国铁道出版社, 2017.

[105]　Widawski G, Rawiso M, Francois B. Self-organized honeycomb morphology of star-polymer polystyrene films [J]. Nature, 1994, 369: 387-389.

[106]　Wan L S, Zhu LW, Ou Y. Multiple interfaces in self-assembled breath figures [J]. Chem Comm, 2014, 50: 4024-4039.

[107]　高以烜, 叶凌碧. 膜分离技术基础 [M]. 北京: 科学出版社, 1989.

[108]　Mulder M. 膜技术基本原理 [M]. 2 版. 李琳, 译. 北京: 清华大学出版社, 1999.

[109]　徐又一, 徐志康, 等. 高分子膜材料 [M]. 北京: 化学工业出版社, 2005.

[110]　Li S G, Th Van der B, Smolders C A, et al. Physical gelation of amorphous polymers in a mixture of solvent and nonsolvent [J]. Macromolecules, 1996, 29: 2053-2059.

[111]　Reuvers A J, Avander Berg J W, Smolers C A. Formation of membranes by means of immersion precipitation: Part Ⅰ. A model to describe mass transfer during immersion precipitation [J]. J Membr Sci, 1987, 34: 45-65.

[112]　Rauvers A J, Smolder C A. Formation of membranes by means of immersion precipitation: Part Ⅱ. the

mechanism of formation of membranes prepared from the system cellulose acetate-acetone-water［J］. J Memb Sci, 1987, 34: 67-86.

［113］ Smolders C A. Reuvers A J, Boom R M, et al. Microstructures in phase-inversion membranes. Part Ⅰ. Formation of macrovoids［J］. J Memb Sci, 1992, 73: 259-275.

［114］ Llord D R. Proceedings of IMTEC'88［C］. Sydney Australia: 1988. 115.

［115］ Strathmann H, Kock K. The formation mechanism of phase inversion membranes［J］. Desalination, 1977, 21: 241-255.

［116］ Wijmans J G, Baaij J P B, Smolders C A. The mechanism of formation of microporous or skinned membranes produced by immersion precipitation［J］. J Memb Sci, 1983, 14: 263-274.

［117］ Chen J. Bi S. Zhang X, et al. Morphology of aromatic polyamide type asymmetric reverse osmosis membranes ［J］. Desalination, 1980, 34: 97-112.

［118］ 胡家俊，郑领英. 湿法相分离不对称超滤膜形成机理［J］. 水处理技术, 1994, 20（4）:185-191.

［119］ 曹义鸣. 聚合物膜相转化成膜机理研究［D］. 大连：中科院大连化物所, 1997.

［120］ Peinemann K V, Abetz V, Simon P F. Asymmetric superstructure formed in a block copolymer via phase separation［J］. Nat Mater, 2007, 6: 992-996.

［121］ Qiu X, Yu H, Karunakaran M, et al. Selective separation of similarly sized proteins with tunable nanoporous block copolymer membranes［J］. ACS Nano, 2013, 7: 768-776.

［122］ Dorin R M, Phillip W A, Sai H, et al. Designing block copolymer architectures for targeted membrane performance［J］. Polymer, 2014, 55: 347-353.

［123］ Jackson E A , Hillmyer M A. Nanoporous membranes derived from block copolymers: from drug delivery to water filtration［J］. ACS Nano, 2010, 4: 3548-3553.

［124］ Marques D S, Vainio U, Chaparro N M, et al. Self-assembly in casting solutions of block copolymer membranes［J］. Soft Matt, 2013, 9: 5557-5564.

［125］ Dorin R M, Marques D B S, Sai H, et al. Solution small-angle X-ray scattering as a screening and predictive tool in the fabrication of asymmetric block copolymer membranes［J］. ACS Macro Lett, 2012, 1: 614-617.

［126］ Cadotte J E, Rozelle L T. In-situ formed condensation polymers for reverse osmosis membranes ［R］. OSW PB-Report, 1972, No. 927; Cadotte J E. Interfacially synthesized reverse osmosis membrane: US 4277344［P］. 1981-07-07.

［127］ Lau W J, Ismail A F, Misdan N, et al. A recent progress in thin film composite membrane: A review ［J］. Desalination, 2012, 287: 190-199.

［128］ Iler R K. Multilayers of colloidal particles［J］. J Colloid Interface Sci, 1966, 21（6）: 569-594.

［129］ Decher G, Hong J D, Schmitt J. Creation and structural comparison of ultrathin film assemblies: transferred freely suspended films and Langmuir-Blodgett films of liquid crystals［J］. Thin Solid Films, 1992, 210-211: 504-507.

［130］ Decher G. Fuzzy Nanoassemblies: Toward layered polymeric multicomposites［J］. Science, 1997, 277: 1232-1237.

［131］ Jin W Q, Toutianoush A, Tieke B. Use of polyelectrolyte layer-by-layer assemblies as nanofiltration and reverse osmosis membranes［J］. Langmuir, 2003, 19: 2550-2553.

［132］ Vandezande P, Gevers L E M, Vankelecom I F J. Solvent resistant nanofiltration: separating on a molecular level［J］. Chem Soc Rev, 2008, 37: 365-405.

［133］ Zhang G J, Yan H H, Ji S L, et al. Self-assembly of polyelectrolyte multilayer pervaporation membranes by a dynamic layer-by-layer technique on a hydrolyzed polyacrylonitrile ultrafiltration membrane［J］. J Membr Sci, 2007, 292: 1-8.

［134］ Zhang P, Qian J W, Yang Y, et al. Polyelectrolyte layer-by-layer self-assembly enhanced by electric field and their multilayer membranes for separating isopropanol—water mixtures［J］. J Membr Sci, 2008, 320: 73-77.

［135］ 中国国家标准化管理委员会 . 反渗透膜测试方法：GB/T 32373—2015［S］. 北京：中国标准出版社，2016.

［136］ 中国国家标准化管理委员会 . 纳滤膜测试方法：GB/T 34242—2017［S］. 北京：中国标准出版社，2017.

［137］ 中国国家标准化管理委员会 . 超滤膜测试方法：GB/T 32360—2015［S］. 北京：中国标准出版社，2015.

［138］ Pacheco F，Sougrat R，Reinhard M，et al. 3D visualization of the internal nanostructure of polyamide thin films in RO membranes［J］. J Membr Sci，2016，501：33-44.

［139］ Yan H，Miao X P，Xu J，et al. The porous structure of the fully-aromatic polyamide film in reverse osmosis membranes［J］. J Membr Sci，2015，475：504-510.

［140］ Tan Z，Chen S F，Peng X S，et al. Polyamide membranes with nanoscale turing structures for water purification［J］. Science，2018，360：518-521.

［141］ 吉田均，高村正一 . 聚偏氟乙烯树脂多孔膜及其制备方法：CN 1265048A［P］. 1998-06-22.

［142］ Pacheco F A，Pinnau I，Reinhard M，et al. Characterization of isolated polyamide thin films of RO and NF membranes using novel TEM techniques［J］. J Membr Sci，2010，358：51-59.

［143］ Jean Y C. Positron annihilation spectroscopy for chemical analysis：A novel probe for microstructural analysis of polymers［J］. Microchem J，1990，42：72-102.

［144］ Jean Y C，Hung W S，Lo C H，et al. Applications of positron annihilation spectroscopy to polymeric membranes［J］. Desalination，2008，234：89-98.

［145］ Hung W S，De Guzman M，Huang S H，et al. Characterizing free volumes and layer structures in asymmetric thin-film polymeric membranes in the wet condition using the variable monoenergy slow positron beam ［J］. Macromolecules，2010，43：6127-6134.

［146］ Algers J，Suzuki R，Ohdaira T，et al. Characterization of free volume and density gradients of polystyrene surfaces by low-energy positron lifetime measurements［J］. Polymer，2004，45：4533-4539.

［147］ Chen H M，Hung W S，Lo C H，et al. Free-volume depth profile of polymeric membranes studied by positron annihilation spectroscopy：layer structure from interfacial polymerization［J］. Macromolecules，2007，40：7542-7557.

［148］ Suzuki R，Ohdaira T，Kobayashi Y，et al. Positron and positronium annihilation in silica-based thin films studied by a pulsed positron beam［J］. Radiat Phys Chem，2003，68：339-343.

［149］ An Q F，Ji Y L，Hung W S，et al. AMOC positron annihilation study of zwitterionic nanofiltration membranes：Correlation between fine structure and ultrahigh permeability［J］. Macromolecules，2013，46：2228-2234.

第**3**章
无机膜

主 稿 人：范益群　南京工业大学教授

编写人员：邱鸣慧　南京工业大学教授

　　　　　陈献富　南京工业大学副教授

　　　　　邢卫红　南京工业大学研究员

　　　　　彭文博　江苏久吾高科技股份有限公司高级工程师

审 稿 人：杨维慎　中国科学院大连化学物理研究所研究员

第一版编写人员：徐南平

3.1　引言

3.1.1　概述

无机膜是固态膜的一种，它是由无机材料，如金属、金属氧化物、陶瓷、多孔玻璃、沸石、无机高分子材料等制成的半透膜。

建立于无机材料科学基础上的无机膜具有聚合物分离膜所无法比拟的一些优点：

① 化学稳定性好，能耐酸、耐碱、耐有机溶剂；

② 机械强度大，担载无机膜可承受几十个大气压的压力，并可反向冲洗；

③ 抗微生物能力强，不与微生物发生作用，可以在生物工程及医学科学领域中应用；

④ 耐高温，一般可以在 400℃下操作，最高可在 800℃以上操作；

⑤ 孔径分布窄，分离效率高。

无机膜的不足之处在于造价较高，陶瓷膜不耐强碱，并且无机材料脆性大、弹性小，给膜的成型加工及组件装备带来一定的困难。

无机膜的发展始于 20 世纪 40 年代，至今已经经历了三个阶段。第一阶段始于第二次世界大战时期的 Manhattan 原子弹计划，采用多孔陶瓷材料分离 UF_6 同位素。70 年代末，无机膜开始进入民用工业领域，开启了无机膜发展的第二个阶段。无机膜的工业应用首先是在法国的奶业、葡萄酒业获得成功，逐渐渗透到食品工业、环境工程、生物化工、高温气体除尘、电子行业气体净化等领域。这期间主要是发展工业用的无机微滤膜和无机超滤膜。90 年代以来，无机膜的发展进入第三阶段，在无机超滤膜工业化的基础上，新型膜材料和新的制膜手段得到日益发展。无机膜市场进入了快速增长阶段，其销售额 1986 年为 2000 万美元，1991 年达 6600 万美元，1999 年达 4 亿美元，2014 年，全球无机膜市场销售额超过 10 亿美元，占膜市场的 14％以上。据研究咨询公司 Marketsand Markets 预测，2020 年全球无机膜市场销售额将超过 50 亿美元。

我国无机膜的研究始于 20 世纪 80 年代末，通过国家自然科学基金以及各部委的支持，已经能在实验室规模制备出无机微滤膜和超滤膜以及高通量的金属钯膜，反应应用膜以及微孔膜也在开发中。进入 90 年代，国家科技部对无机陶瓷膜的工业化技术组织了科技攻关，推进了陶瓷微滤膜的工业化进程。国家高技术研究发展计划（863 计划）对无机分离催化膜的研究予以重点支持，促进了我国在这一领域的发展。进入 21 世纪，为支持膜材料的快速发展，科技部印发了《高性能膜材料科技发展"十二五"专项规划》，从基础研究、前沿技术、集成与应用示范等全方位布局，设立 863 重大专项，重点支持高性能膜材料。目前我国已实现了单管、多通道陶瓷微滤膜和超滤膜的工业化生产，并在相关的工业过程中获得成功的应用。膜反应器的基础性研究方面也具备了良好的基础，并在石油化工等领域实现了规模化应用，形成了一批无机膜生产企业，如江苏久吾高科技股份有限公司等。这些企业在无机膜材料制备技术方面逐渐积累经验，形成了自己的技术核心，总体上已处于国际先进水平，在部分领域达到了国际领先水平。但国内陶瓷膜的发展与国外先进国家相比差距依然存在，需要继续大力发展。

3.1.2　分类

无机分离膜可以分为致密膜和多孔膜两大类，致密膜主要有各类金属及其合金膜，如金属钯膜、金属银膜以及钯-镍、钯-金、钯-银合金膜，这类金属及合金膜主要是利用其对氢或氧的溶解机理而透氢或透氧，用于加氢或脱氢膜反应、超纯氢的制备以及氧化反应。另一类致密膜则是氧化物膜，主要是经三氧化二钇稳定的氧化锆（YSZ）膜、钙钛矿型氧化物膜等，这种膜是利用离子电子传导的原理而选择性透氧，其在氧化反应的膜反应器、燃料电池、传感器制造、富氧燃烧等领域具有良好的应用前景。由于致密膜的结构特性所决定，这类膜的选择性极高，但其渗透性较低，因而，提高致密无机膜材料的渗透通量是推进其工业应用的重要方向之一。

据 IUPAC 制定的标准，多孔无机膜按孔径范围可分为三大类：孔径大于 50nm 的称为大孔膜（macroporous membrane），孔径介于 $2\sim50$nm 的称为介孔膜（mesoporous membrane），孔径小于 2nm 的称为微孔膜（microporous membrane）。目前已经工业化的无机膜以大孔膜和介孔膜为主，其过滤精度处于微滤和超滤之内，而小孔径的介孔膜以及微孔膜的工业化应用报道还相对较少，这类无机膜可以实现分子级别分离，是当前研究和开发的热点。根据结构特点，无机膜又可分为非担载膜和担载膜，有工业应用价值的主要是担载膜，非担载膜主要是用于研究和实验室小规模应用。

此外，按照制膜材料，无机膜又可以分为金属膜、合金膜、陶瓷膜、碳膜、分子筛膜、玻璃膜等。

3.1.3　结构

工业用无机多孔分离膜主要由三层结构构成：多孔载体、过渡层和活性分离层。多孔载体的作用是保证膜的机械强度，对其要求是有较大的孔径和孔隙率，以增加渗透性，减少流体输送阻力。多孔载体的孔径一般在 $10\sim15\mu$m 左右，其形式有平板、管式以及多通道蜂窝状，且以后两者居多。多孔载体一般由氧化铝、氧化锆、碳、金属或碳化硅等材料制成。

所谓过渡层则是介于多孔载体和活性分离层中间的结构，有时也称为中间层。过渡层的作用是防止活性分离层制备过程中颗粒进入多孔载体孔道形成内渗，降低渗透通量。由于有过渡层的存在，多孔载体的孔径可以制备得较大，活性分离层的厚度可以制备得较薄，因而膜的总阻力较小，渗透通量较大。根据需要，过渡层可以是一层，也可以是多层，其孔径逐渐减小，以与活性分离层匹配。一般而言，过渡层的孔径在 $0.05\sim0.5\mu$m 之间，每层厚度不大于 40μm。

活性分离层即是膜层，它是通过各种方法负载于多孔载体或过渡层上，分离过程主要在这层薄膜上发生。分离膜层的厚度一般为 $0.2\sim10\mu$m，现在正在向超薄膜发展，已可以在实验室制备出几十纳米厚的超薄分离层。工业应用的分离膜孔径规格已经较为全面，从平均孔径为 1nm 左右的纳滤膜到平均孔径为几百纳米的微滤膜，再到平均孔径为几微米甚至几十微米的气固分离膜均已实现了商品化。此外，平均孔径小于 1nm 的微孔膜已有大量文献报道，相关产品市场也在快速发展。

3.2　无机膜的结构与性能表征

3.2.1　概述

　　无机膜的表征主要分为孔结构和材料性质表征两个方面。孔结构主要决定了膜的渗透分离性能，而材料性质则与膜的使用寿命密切相关。

　　无机膜的表征技术主要借鉴了有机膜和无机材料的表征手段，并在此基础上逐步形成了无机膜结构和性质表征的较为系统的方法。

　　多孔无机膜的孔结构主要包括平均孔径和孔径分布、孔形状、曲折因子、孔隙率等；膜材料性质则包括膜的化学稳定性、热稳定性、表面性质以及机械强度等。

3.2.2　多孔无机膜孔结构的表征

　　多孔无机膜孔结构的表征方法可分为静态和动态两类[1]。在图 3-1 中给出了表征方法与相应的测定参数。

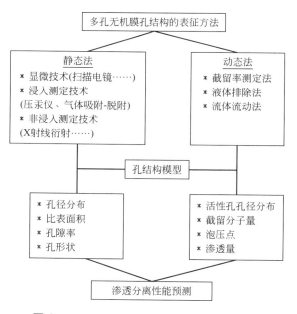

图 3-1　膜孔结构的表征方法与相应的测定参数

3.2.2.1　静态法

（1）显微技术

　　使用显微镜可以得到膜的断面和表面的直观信息，进一步对图像进行分析还可以得到定量的结果。

　　光学显微镜的分辨率在 $500\sim1000$ 倍之间，因此限于观测膜的缺陷。扫描电子显微镜

（SEM）以电子束代替可见光，分辨率大大提高，达 10^5 倍，观测下限为 5nm。场发射扫描电子显微镜（FESEM）可将 SEM 的观测下限提高到 1.5nm，对于微孔膜是一种非常有效的观测工具。图 3-2 为 FESEM 观测氧化铝超滤膜表面和断面的结果。

(a)　　　　　　　　　　　　　(b)

图 3-2　氧化铝超滤膜表面（a）和断面（b）微观形貌

透射电镜（TEM）具有 1nm 的分辨能力，然而由于样品制备技术的限制，通常对试样的剖析能力在 1nm 以上。由于 TEM 的电子束必须穿透样品，对样品的厚度有严格的限制，因此该方法常用于观测非担载膜。如果观测担载膜，需要对膜材料进行切片处理。高分辨透射电镜（HRTEM）的分辨能力可进一步提高到 0.1～0.2nm，可对膜材料的原子结构和组成进行分析。

此外，原子力显微镜（AFM）和扫描隧道显微镜（STEM）在膜材料微结构表征方面也得到了应用，可以获得膜材料表面的三维立体信息。

（2）压汞法

该方法借助外力，将非浸润的液态金属汞压入到干的多孔样品中。测定进入样品中的汞体积随外压的变化，利用 Laplace 方程，可以确定样品的孔隙体积与孔径的关系。

$$r_p = -2\gamma\cos\theta/p \tag{3-1}$$

式中，r_p 为膜孔半径，m；γ 为汞-空气的表面张力，N/m；θ 为接触角，（°）。对于氧化物 $\theta_{汞/氧化物}=140°$，对于空气 $\gamma_{汞/空气}=0.48$N/m。在实际测定过程中，接触角和表面张力的值受到测定条件如样品材料和温度的影响。

图 3-3 为采用压汞法测定 α-Al_2O_3 管式商品膜的孔径分布。由图可见膜由三层构成：支撑体、中间层和顶层，其最可几孔径分别为 $3\mu m$、$0.5\mu m$ 和 $0.2\mu m$。

在压汞测试中还应注意到，由于汞的表面张力很大，相应孔径越小所需的压力也就越高。如对于 1.5nm 的孔测定压力高达 450MPa，如此高的压力有可能破坏膜的原有结构。

压汞仪不仅可以测定样品的孔径大小及分布，同时还可得到孔隙率和膜孔曲折因子等参数。

（3）气体吸附-脱附等温线法（物理吸附）

该技术广泛用于多孔无机材料结构参数的测定，如孔体积、比表面积和孔径分布。由于实际固/气界面十分复杂，孔内存在不同的吸附机理，如单层-多层吸附、毛细冷凝等。Brunauer 等将典型的吸附等温线分为五类，见图 3-4，这些曲线的形状各异，反映了吸附质

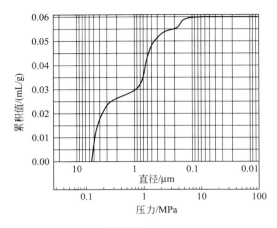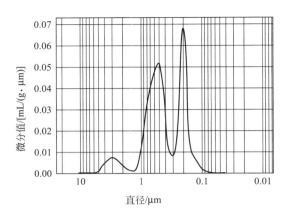

图 3-3 α-Al₂O₃ 商品膜的孔径分布（江苏久吾高科技股份有限公司提供）

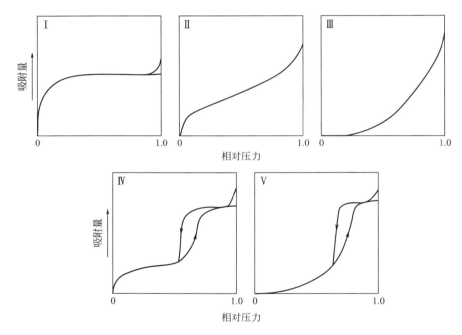

图 3-4 五种典型的吸附等温线

与吸附剂表面分子间的作用力大小，也与多孔介质的孔结构和分布有关，因此为便于数学表达和计算，常引入等效孔模型概念，如常用的圆柱形孔、平行板孔和球形孔等，其中圆柱形孔较为简单，是普遍选用的模型，有关细节可参见相关文献[2]。

通常使用惰性气体如 N₂ 作为吸附质，恒定温度，改变相对蒸气压（分压 p 与饱和蒸气压 p_0 的比值），分别测定吸附和脱附过程的吸附量（质量或体积），得到吸附-脱附等温线。由实验数据计算孔径分布，依据的基本关系是 Kelvin 方程：

$$\ln(p/p_0) = -\frac{\beta V \gamma}{r_K RT} \tag{3-2}$$

式中，β 为膜孔形状因子，对于平板状孔 $\beta=1$，而圆柱孔 $\beta=2$；γ 为温度 T 下的冷凝液的表面张力，N/m；V 为液体的摩尔体积，m^3/mol；r_K 为 Kelvin 半径，m。

测定孔径还应计算吸附层的厚度 (t)，对于平板状孔：

$$r_p = r_K + t \tag{3-3}$$

而对于圆柱孔：

$$r_p = r_K + t/2 \tag{3-4}$$

采用 BJH（Barret，Joyner and Hallenda）模型，处理脱附等温线可以得到孔体积和面积的分布。由热力学定律导出的 Kelvin 方程，适用于第 IV 类等温线和孔径大于 1.5nm 以上的孔。简化的 BET 模型在相对蒸气压 0.05～0.35 范围内处理第 II 类和第 IV 类等温线，可得到样品的比表面积。

经典的理论不适用于孔径小于 2nm 的微孔体系。就此已提出几种方法，例如 Dubinin-Radushkevich 方程等[3]。同样，吸附-脱附方法在测定支撑膜的孔结构时将受到支撑体的影响，常用于非担载膜的测定。

（4）量热法

① 浸润热测定法　该方法用来测定孔径小于 1nm 膜的表面积和孔径。其原理是测定"干"膜材料浸入不同液体时的焓变，而焓变的大小与孔结构有关。对于亲水性氧化物，通常以水为浸入液，而对于憎水性物质（如碳）则使用有机物如苯和正己烷为浸入液。改变浸入液的分子大小，测定浸入过程的浸入速率和焓变以确定膜的孔径。

该方法通常用于微孔碳膜孔径的测定。

② 热孔度法　利用毛细管中液-固相转变的 Gibbs-Thompson 效应来测定膜的孔径及其分布，原理如图 3-5 所示。孔内液体的凝固点低于常态，其偏离值与孔径的大小成反比。因此测定多孔膜的差热曲线（DSC），可确定膜的孔径分布。

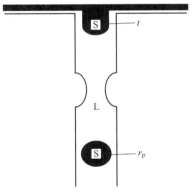

图 3-5　热孔度法测定原理示意图
L—液相；S—固相

$$\Delta T = T - T_0 \tag{3-5}$$

式中，T_0 为常态下液体的凝固点温度；T 为孔中的液体凝固点温度。

孔径与 ΔT 的关系可由 Gibbs-Duhem 方程和 Laplace 方程确定。对于圆柱孔和水：

凝固过程：　　　$r = (-64.67/\Delta T) + 0.57$　　　$-40℃ < \Delta T < 0℃$ 　　(3-6)

熔化过程：　　　$r = (-32.33/\Delta T) + 0.68$　　　$-40℃ < \Delta T < 0℃$ 　　(3-7)

与吸附-脱附测定过程类似，实际孔径还应考虑液体吸附层（t 层）的影响，对于水，其吸附层厚度 $t=0.8nm$。

3.2.2.2 动态测定技术

（1）截留率测定法

截留率测定法是以蛋白、葡聚糖、聚乙二醇（PEG）等为参比物，测定膜对一定分子量参比物的截留程度。截留率的定义如下：

$$R_j = \frac{c_f - c_p}{c_f}. \tag{3-8}$$

式中，R_j为截留率；c_f为原料液中的参比物浓度，mol/L；c_p为渗透液中参比物的浓度，mol/L。通常将截留率等于90%的分子量作为膜的截留指标，称为截留分子量（MWCO）。膜对参比物的截留率越高、截留范围越窄，表明膜的分离性能越好，孔径分布越窄。然而膜的截留率不仅仅与膜的孔径和分布有关，还与膜材料的性质、膜的孔结构以及参比物的结构和性质有关。

（2）液体排除技术

① 液体-气体排除法（或气体泡压法）　该方法已成为一种推荐的表征方法，用于测定膜的最大孔径（或膜的缺陷）及孔径分布。其基本原理是测定气体（如空气）透过液体浸润膜的流量与压差的关系，如图3-6所示。利用Laplace方程计算膜的孔径：

$$r_p = 2\gamma\cos\theta/\Delta p \tag{3-9}$$

式中，r_p为毛细孔的半径；γ为浸入液与气体的表面张力；θ为接触角。

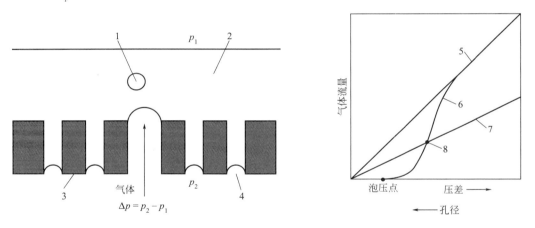

图 3-6　气体泡压法测定示意图
1—气泡；2—润湿剂；3—多孔膜；4—孔；5—干膜流量线；
6—湿膜流量线；7—半干膜流量线；8—平均流动孔径

通常使用水作为浸润剂，然而水的表面张力较大，对于小孔所需的测定压差较高。使用有机液体可降低测定压差，如Nortan公司开发的一种低表面张力浸润剂的氟碳烃，其表面张力只有16mN/m，可以用于小孔径无机膜的孔径测试。表3-1列出几种常用浸润剂的表面张力[4]。

气体泡压法也被用来测定膜的孔径分布，并已成为ASTM的推荐方法，国内外均有商品化的仪器产品，其可测定孔径范围通常在8nm～500μm。在测定过程中逐步增大膜两侧的压差，测定相应压差下的"湿膜"气体流量；当膜孔完全打开后，减小压差测定"干膜"的气体流量。因而，该方法也被称为干-湿膜气体流量法。不同压差对应的膜孔径由Laplace方程确定。

表 3-1　常用浸润剂的表面张力 （20℃，$\cos\theta=1$）

浸润剂	表面张力/(mN/m)	测定压差/MPa		
		$1\mu m$	$0.1\mu m$	10nm
氟碳烃	12～18	0.024～0.036	0.24～0.36	2.4～3.6
正己烷	18.4	0.0368	0.368	3.68
异丙醇	21.7	0.0434	0.434	5.34
甲醇	22.6	0.0452	0.452	4.52
三氯甲烷	27.1	0.0542	0.542	5.42
苯	28.9	0.0578	0.578	5.78
甲酰胺	58.2	0.1160	1.160	11.60
水	72.8	0.1460	1.460	14.60

由于气体为可压缩流体，以及气体在微孔中流动机理的复杂性，还无法由渗透方程直接导出膜的孔径分布函数，因此处理过程中需作进一步的假设或简化处理。通常采用无量纲化的方法，即忽略压差对气体流量的影响，测定相同压差下的湿膜流量（Q_{wet}）和干膜流量（Q_{dry}），求取无量纲流量（Q_r）：

$$Q_r = \frac{Q_{wet}}{Q_{dry}} \tag{3-10}$$

然后对无量纲流量进行差分处理，得到无量纲孔径分布函数[5,6]。根据 ASTM 湿膜流量是干膜流量一半时，对应干膜的平均流动孔径[7,8]即：

$$\overline{r} = r_{Q_r=0.5} \tag{3-11}$$

以上简化处理导出的泡压法可用于测定膜的最大孔径或缺陷尺寸，以及检测膜组件的密封性能，是检测膜质量的一种有效手段。

② 液体-液体排除法[9,10]　该方法测定原理与气体泡压法是相同的，但是采用两种不互溶的液体为渗透剂和浸润剂，即以液体渗透剂取代了气体泡压法的气体渗透剂。

膜孔中的毛细作用由 Laplace 方程或 Cantor 方程确定；液体在圆柱孔中的渗透速率与压差的关系可由如下的 Hagen-Poiseuille 方程表示。

$$Q_L = \frac{\pi n r_p^4 \Delta p}{8\mu l \tau} \tag{3-12}$$

式中，Q_L 为液体的渗透通量；μ 为液体的黏度；l 为膜的厚度；τ 为膜孔的曲折因子；n 为被打开的孔径为 r_p 的孔数。

由于渗透剂为不可压缩流体，因此可由传递方程直接导出孔径分布函数的表达式[11]：

$$f(r) = \left[\frac{dQ}{d(\Delta p)} - \frac{Q}{\Delta p} \right] / (r_p^5 C_2) \tag{3-13}$$

式中，C_2 为常数。

表 3-2 列出几种常用浸润剂与渗透剂间的表面张力[12]。可见液体间的表面张力远低于气体与液体的表面张力，因此可降低测定压差，采用液体排除法不仅可测定微滤膜，也可用

来测定超滤膜的孔径分布。

表 3-2　常用浸润剂与渗透剂间的表面张力（20℃，$\cos\theta = 1$）

渗透剂	浸润剂	表面张力/(mN/m)	测定压差/MPa		
			1μm	0.1μm	10nm
油相[①]	水相[①]	0.35	0.70×10^{-3}	0.70×10^{-2}	0.7
异丁醇[②]	水[③]	1.7	3.40×10^{-3}	3.40×10^{-2}	3.4
正戊醇[②]	水[③]	4.8	9.60×10^{-3}	9.60×10^{-2}	9.6
正辛醇[②]	水[③]	8.5	1.70×10^{-2}	0.17	17
乙醚[②]	水[③]	10.7	2.14×10^{-2}	0.214	21.4
苯[②]	水[③]	35	0.07	0.7	70
四氯化碳[②]	水[③]	45	0.09	0.9	90
正庚烷[②]	水[③]	51	0.102	1.02	102

① 水-甲醇-异丁醇按 25∶7∶15 体积比配制，静置分层后油相作为渗透剂，水相作为浸润剂。

② 经水饱和。

③ 经有机液体饱和。

（3）流体流动法

通过测定流体（气体或液体）的渗透通量，由传质模型计算膜的平均孔径（即通常的水力半径）。尽管该方法较为简单，但得到的平均孔径反映了膜的整体流动特性。

① 液体渗透法　稳态条件下，不可压缩流体在多孔介质中体积渗透通量（Q_V）与膜两侧操作压差（Δp）的关系为：

$$Q_V = AK_C\varepsilon r_H^2 \Delta p / (2l\mu) \tag{3-14}$$

式中，A 为膜的面积；ε 为膜的孔隙率；r_H 为膜孔半径；μ 为流体的黏度；l 为膜的厚度；K_C 为吸液速率常数。若已知膜孔形状因子（β）和孔曲折因子（τ），可由下式计算常数 K_C：

$$K_C = \frac{\beta}{\tau^2} \tag{3-15}$$

对于圆柱孔和平板状孔，孔形状因子分别取 1 和 2/3。

利用下式可以计算膜的膜孔半径：

$$r_H = \sqrt{\frac{2\mu\tau^2 l Q_V}{A\Delta p \beta \varepsilon}} \tag{3-16}$$

孔曲折因子通常采用 1.5 的 Kozeny 假设值，Leenaars 和 Burggraaf 测定了 $\gamma\text{-Al}_2\text{O}_3$ 的 K_C 值[13]。

② 气体渗透法　该方法通过测定不凝性气体（如 N_2）的渗透通量与压差的关系，由气体的渗透机理确定膜的平均孔径。

根据 Darcy 定律，气体在孔中的渗透通量与压差和膜厚度的关系为：

$$J = K\Delta p / l \tag{3-17}$$

式中，K 为气体渗透性。

如果膜的孔径与气体的平均自由程相当，并且忽略气体在膜孔表面上的吸附，则气体的渗透可认为是分子流（Knudsen）和黏性流的共同贡献，因此气体的渗透性可展开如下式：

$$K = K_0 + \beta \overline{p} / \mu \tag{3-18}$$

式中，K_0 代表分子流动，而后一项则代表黏性流动；β 为膜的几何形状因子；$\overline{p}$ 为膜管内的平均压力。

测定一定温度下的气体渗透通量与压差的关系，拟合求取式（3-18）中的参数，可由下式计算膜的平均流动孔径：

$$r_{\text{H}} = \frac{16\beta}{3K_0} \sqrt{\frac{2RT}{\pi M}} \tag{3-19}$$

该方法可以测定的膜孔径范围从几纳米到几微米，现已被用来测定多孔陶瓷膜的平均孔径[14,15]。

（4）渗透孔度法[16-20]

该方法由 Eyraud 提出，后经不断完善，现已成为无机超滤膜孔径测定的重要方法之一。

该方法结合了吸附-脱附法和气体渗透法的优点。使用气体-蒸气混合物，控制相对蒸气压，使蒸气组分（四氯化碳、甲醇、乙醇和环己烷）在部分孔中冷凝，测定未出现冷凝孔中的气体渗透通量。测定装置流程和原理如图 3-7 所示。

根据吸附-脱附理论，测定采用脱附过程，即从相对蒸气压为 1 开始，使所有膜孔均为冷凝物堵塞，此时无气体透过膜。在逐步减小相对蒸气压过程中，膜孔由大到小依次打开，同时测定另一气体（N_2 或 O_2）透过膜的渗透量。对于圆柱孔，孔径与相对蒸气压的关系可用 Kelvin 方程描述：

$$\ln \frac{p}{p_0} = \frac{-2\gamma V \cos\theta}{r_{\text{K}} RT} \tag{3-20}$$

若使用环己烷，膜的孔径 $r = r_{\text{K}} + t$，其中 $t = 0.5\,\text{nm}$。

气体在膜孔中渗透机理取决于膜孔径的大小。当孔径小于气体的平均自由程时，气体以 Knudsen 流形式透过膜孔，即：

$$J_{\text{K}} = \frac{n\pi r_{\text{p}}^2 D_{\text{K}} \Delta p}{RTlA\tau}, \quad D_{\text{K}} = \frac{2}{3} r_{\text{p}} \sqrt{\frac{8RT}{M\pi}} \tag{3-21}$$

式中，J_{K} 为 Knudsen 扩散通量，$\text{mol}/(\text{m}^2 \cdot \text{s})$；$n$ 为膜的孔个数；D_{K} 为 Knudsen 扩散系数；M 为渗透气体的摩尔质量；A 为膜的面积；l 为膜的厚度；τ 为膜的孔曲折因子。

测定一定相对蒸气压下膜的气体渗透量，就可确定膜的孔径分布。Kelvin 方程和 Knudsen 扩散机理导出如下孔径分布函数表达式[21]：

$$f(r_{\text{K}}) = -\frac{3l\tau}{2Ar_{\text{K}}} \sqrt{\frac{\pi MRT}{\varepsilon}} \frac{\text{d}J_{\text{K}}}{\text{d}r_{\text{K}}} \tag{3-22}$$

该方法可直接测定膜的"活性孔"分布，氧化铝膜的测定结果[18]表明其具有较好的可

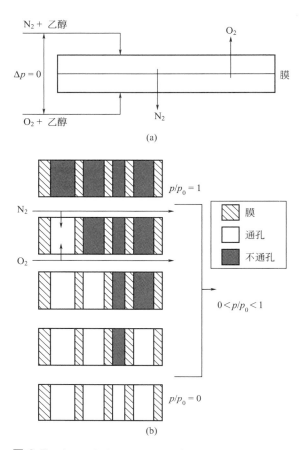

图 3-7 渗透孔度法测定装置流程（a）和原理示意图（b）

靠性。由于式（3-22）推导时使用了 Kelvin 方程，因此该法的最小测定孔径为 1.5nm。

渗透孔度法通常在恒温条件下改变混合气中有机物的分压以调节相对蒸气压，因此对装置的控制要求较高。为此黄培等[21]提出一种改进的方法，相对蒸气压为蒸气分压与平衡分压的比值，因此改变相对蒸气压不仅可通过改变蒸气分压的方法，也可通过改变平衡分压来实现。改进的渗透孔度法正是利用这一特点，在恒定操作气体的蒸气分压的基础上，逐步提高膜的温度，增大平衡分压，从而逐步减小相对蒸气压，若考虑温度对气体渗透性的影响，同样可测定膜的孔径分布。实验结果表明改进的渗透孔度法并不影响测定准确性[22]，却能简化测定装置、降低测定难度。

3.2.2.3 小结

常用的重要表征技术列于表 3-3。到目前为止还没有一种通用的孔结构表征方法或技术能够适用于所有孔径的膜，另外膜孔结构的表征技术大多借鉴了常规的多孔材料的表征技术，因此在测定膜的孔结构时必须结合表征之目的，选择合适的测试方法。就多孔膜而言，表征过程中关心的是膜中的"活性孔"，尽管动态测定技术在基础理论等方面尚不够完善，然而动态的测定方法更能反映出膜的这一结构特点，而且还能够测定膜的渗透性能，所以动态测定技术一直是膜领域关注的研究热点。

表 3-3　多孔膜孔结构的主要表征技术[23]

表征技术	理论	孔形状假设	孔径范围	主要表征参数	备注
静态方法					
图像分析 SEM,TEM STEM,AFM	统计		>1.5nm	二维图像,孔隙率,孔径分布	样品制备影响结果
			$10^{-10}\sim$ 10^{-9}m	二维图像,孔隙率	样品表面光滑,结果解释困难
压汞法	Laplace(Wahbum)	圆柱孔	5nm~ 15μm	孔径分布(包括"死孔"),孔隙率	干样品,无支撑样品,破坏性,网络孔结构影响结果
气体吸附-脱附法	Kelvin(B.E.T, B.J.H)	圆柱孔 片状孔	2~50nm	孔径分布(包括"死孔"),孔隙率,孔形状,比表面积	干样品,网络效应,孔结构参数依赖于模型
	De Boer	圆柱孔	<2nm	微孔体积,孔径分布	定量描述困难
热孔度法	Brunauer Dubini Horvath-Kawazoe DFT Laplace Gibbs-Duhern	片状孔 圆柱孔 球形孔	2~30nm	孔径分布(包括"死孔"),孔隙率,孔形状	简单,可能在凝固过滤中导致孔结构的变化
动态方法					
截留率法	筛分		0.8nm~ 0.5μm	截留率	非常简单,定量预测膜的渗透性能困难
液体排除法 液体-气体排除法 (气体泡压法) 液体-液体排除法	Laplace Laplace	圆柱孔 圆柱孔	50nm~ 20μm 2nm~ 5μm	最大孔(泡压点),孔径分布(活性孔),平均孔径 孔径分布(活性孔)	干样品,支撑膜,升压速率和孔结构影响测定结果 结合了泡压和溶剂渗透方法,有孔径分布函数表达式
流体流动法 液体渗透法	Hagen-Poiseuille Kozeny-Carman	球体堆积空穴孔 圆柱孔	0.1~ 10μm	流动孔径	测试简单,假设孔内层状机理,接触角为0°;结果受孔结构形状和孔曲率影响;存在网络效应
气体渗透法	Hagen-Poiseuille Kozeny-Carman	球体堆积空穴孔	0.4nm~ 2μm	流动孔径	测试简单,孔内的渗透机理假设
渗透孔度法	Poiseuille-Knudsen Kelvin Knudsen	圆柱孔 圆柱孔	2~20nm	孔径分布(活性孔)	测定过程中无压差,实验测定装置复杂

3.2.3　无机膜材料性质表征

3.2.3.1　化学稳定性

　　无机膜的化学稳定性好,可在较宽的 pH 范围内使用。其化学稳定性主要取决于膜材料的性质（如晶格结构和化学键），例如 $\alpha\text{-}Al_2O_3$ 膜的稳定性就优于 $\gamma\text{-}Al_2O_3$ 膜；对于多孔膜而言，其化学稳定性还与孔径的大小和膜的比表面积有关。

　　无机膜的化学稳定性以其耐酸碱性能表示，即在一定的条件下（酸或碱溶液、温度和时间）考察膜的损失量。例如，样品用氟利昂清洗 5min 后，在 200℃下干燥 2h，在纯水中用超声波清洗，干燥后浸入 25℃的 35%HCl 溶液中，并排除膜孔中的气泡。测定样品的质量与浸渍时间的关系，计算膜的腐蚀量。表 3-4 对比了几种膜材料的耐酸性能。可见对于稳定晶型的 $\alpha\text{-}Al_2O_3$ 其耐酸性优于聚四氟乙烯，也优于不锈钢。

表 3-4　几种膜材料在盐酸中的腐蚀量比较[24]

材料	比表面积/(cm^2/g)	质量损失量/[%/(d·cm^2)]
$\alpha\text{-}Al_2O_3$	0.93	2.1×10^{-5}
聚四氟乙烯(PTFE)	3.21	6.4×10^{-4}
不锈钢 316(A)	3.09	4.1×10^{-1}
不锈钢 316(B)	0.85	4.3×10^{-2}

　　静态腐蚀试验[25-27]也是考察无机膜耐酸碱性能的一种有效方法，即在一定条件下（酸或碱溶液、温度和时间）考察膜的性能变化。例如，将样品分别浸泡在不同 pH 的 HNO_3 或 NaOH 溶液中（pH 顺序及浸泡时间：pH＝3，20h/次×3 次；pH＝12，20h/次×3 次；pH＝2，20h/次×4 次；pH＝13，20h/次×4 次），实验过程中溶液保持搅拌状态以消除浓度梯度。经每一种 pH 溶液浸泡一定时间后，采用去离子水冲洗经腐蚀后的样品，测定其纯水通量和截留性能。重复上述步骤，以腐蚀前后样品性能的变化来判断无机膜的耐酸碱腐蚀性能。

3.2.3.2　表面性质

　　膜的表面性质主要取决于膜材料的性质和使用条件或介质环境，并对膜的渗透和分离性能有很大的影响。了解无机膜的表面性质是进一步解释无机膜渗透分离机理的基础，同时也为无机膜的改性，提高无机膜的性能提供依据。对于液体分离膜，膜的表面性质主要是指膜表面的荷电性和亲疏水性，而气体分离膜则主要体现为膜表面对气体分子的吸附性能。膜的荷电性通常以膜的 Zeta 电位来表示，测定膜材料（或原料）的电位而得到膜的 Zeta 电位值，膜的亲疏水性则以膜的表面水滴接触角来划分。气体分离膜表面性质采用通常的气体吸附-脱附技术测定。图 3-8 是亲水陶瓷膜和疏水改性后陶瓷膜水滴接触角的对比。亲水陶瓷膜和疏水陶瓷膜的水滴接触角分别为 30.3°和 158°。图 3-9 是不同陶瓷膜表面荷电性随溶液 pH 变化的关系[28]。随着溶液 pH 的增大，陶瓷膜表面由荷正电转变为荷负电。当膜表面

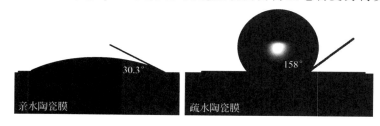

图 3-8　亲水和疏水陶瓷膜水滴接触角的对比

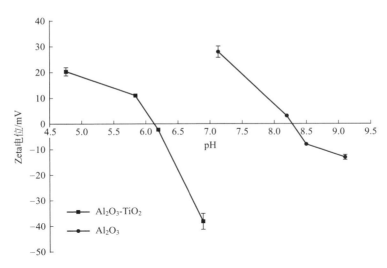

图 3-9　不同陶瓷膜表面 Zeta 电位随溶液 pH 的变化关系

Zeta 电位为零时所对应的 pH，称为该膜的等电点（IEP）。IEP 是衡量膜材料在溶液环境中荷电特性的重要参数。通过膜材料的改变也可以对 IEP 进行调节，例如：在 Al_2O_3 陶瓷膜材料中掺杂一定量的 TiO_2，可以将陶瓷膜材料的 IEP 从 8.3 调整到 6.1 左右。

3.2.3.3　机械强度

无机膜具有很高的机械强度，然而到目前为止尚无一种标准的测试方法能对其进行合理的表征，目前主要借鉴无机材料机械强度的测试方法。通常采用抗弯强度、抗压强度、爆破强度等表示。表 3-5 给出了四种无机膜产品的机械强度指标。

表 3-5　无机膜产品的机械强度指标

膜材料（厂家）	爆破强度/MPa	抗弯强度/MPa	抗压强度/MPa
氧化铝（Alcon）	＞10		
氧化铝（NGK）	＞6	5～45	
氧化铝（久吾）	＞10	＞40	
玻璃 316（Asahi）	4		205
钢（Oamonics）			1500

3.3　无机膜的制备

3.3.1　概述

无机膜的制备方法与材料的种类、膜的结构及孔径范围密切相关，并在借鉴陶瓷、金属材料制备技术的基础上发展并形成了多种制膜工艺，如悬浮粒子法、溶胶-凝胶（Sol-gel）法、阳极氧化法、CVD 法、分相法和水热合成法等。

　　商品化的多孔陶瓷膜的外形主要有平板、单管和多通道 3 种，其结构通常是由支撑体、过渡层和顶层膜构成的多层非对称结构[29,30]（见图 3-10）。支撑体可提供足够的机械强度，典型的制备技术主要是挤压成型技术和流延成型技术，也可采用传统的注浆法制备。结构复杂的管式和多通道支撑体采用挤压成型技术或注浆法，而平板支撑体则使用流延成型技术。对于非对称膜的过渡层，孔径常介于微滤膜范围，常采用浸浆法成型，浸浆法有时也称其为悬浮粒子法。非对称膜的顶层如超滤和纳滤膜通常采用溶胶-凝胶技术制备。

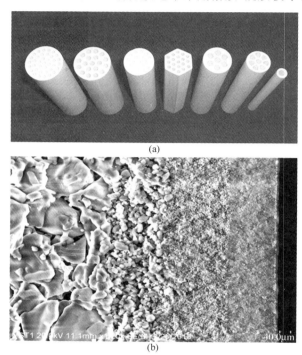

图 3-10　陶瓷膜外观形貌（a）及断面微观电镜照片（b）

　　近年来，随着无机膜技术的发展和材料科学及其制备技术的进展，无机膜的制备方法也不断拓宽，如：采用无电镀技术在多孔支撑体上制备金属及其合金膜，采用化学或物理气相沉积技术制膜或对膜进行修饰和表面改性；水热合成技术用于制备分子筛膜已经实现规模化生产；阳极氧化法制备氧化铝膜，分相法制备玻璃膜以及有机聚合物热分解法制备无机碳膜的研究也有较多报道；采用真空抽吸和外延生长等方法制备以石墨烯为代表的二维膜材料已经成为了研究热点。

3.3.2　多孔支撑体的制备

　　支撑体的作用主要为非对称膜，如微滤膜、超滤膜和纳滤膜提供足够的机械强度，其厚度一般在 2mm 左右。支撑体的制备主要采用挤出法、流延法、注浆法以及压制法成型，对于不同构型的膜采用不同的方法成型，表 3-6 列出支撑体成型方法和相应的构型。

（1）挤出成型法

在水或塑化剂中加入粉料和添加剂，经混合后，炼制成塑性泥料。利用各种成型机械进

表 3-6　支撑体的成型方法与构型

成型方法	膜的构型	成型方法	膜的构型
挤出法	管式,多通道	注浆法	管式
流延法	平板	压制法	片状,管式

行挤出成型。制备过程如图 3-11 所示。

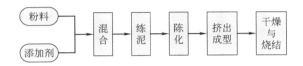

图 3-11　挤出法制备支撑体的过程

① 粉料粒子的选择　一般粒子粒径与膜孔径的比值为 2.5 左右，这一比值和孔隙率还受到粒子形貌的影响。另外，作为支撑体还要求其表面平整光滑、孔径分布窄，因此通常选择大小均匀、形状规整（如球形）的粒子。采用挤出法成型，可选粒子的大小在 0.1～100μm。

② 添加剂的选择　选择添加剂首先要求在烧结过程中能够分解烧尽，其主要作用在于改善泥料的可塑性和提高干燥过程中素坯的强度。因此添加剂多使用有机聚合物，表 3-7 列出了添加剂的种类和用途。另外根据泥料的要求还需加入消泡剂、致孔剂和防腐剂等。

表 3-7　添加剂的种类和用途

添加剂	用途	备注
黏结剂	提高素坯的强度	纤维素及其衍生物
塑化剂	溶解黏结剂和润湿粒子表面	甘油,PEG,PVA
润滑剂	提高泥料的流动性能	乙二醇
分散剂	防止粒子团聚	聚丙烯酸,脂肪酸

多孔支撑体质量与添加剂的种类和加入量有着密切的关系，一般加入量占粉料的 15%～20%。

③ 混合　混合过程目的是获得分散均匀的物料。通常需要控制加料次序，首先混合粉料，然后加入有机添加剂。控制缓慢的加水速度，以防止粉料团聚，避免支撑体产生缺陷。

④ 练泥　练泥的目的在于使泥料中的水分和添加剂分布更加均匀并脱除泥料中的气泡，获得满足要求的塑性，通常采用真空练泥方式。

⑤ 陈化　经过练泥的泥料在一定温度和湿度的环境中放置一段时间，该过程水分和添加剂分布更加均匀。

⑥ 成型　采用挤出法成型时，泥料被挤出机的螺旋或活塞挤压向前、经过成型喷嘴出来达到要求的形状。制品的形状取决于喷嘴的内部形状，适于制备形状规则的管式和多通道支撑体，如图 3-12 所示，长度可根据要求进行切割，因此批量生产能力强。

挤出成型过程中通过调节挤出压力、速率和真空度等工艺参数，以获得无缺陷、表面光滑、形状规整的坯体。

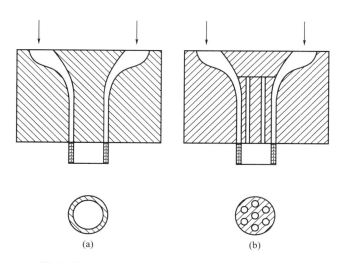

图 3-12　管式（a）和多通道（b）支撑体的挤出喷嘴[25]

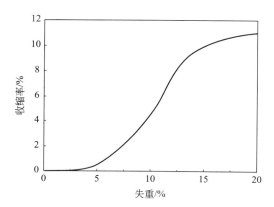

图 3-13　干燥过程坯体的收缩率变化

⑦ 干燥与烧结　干燥过程是为了脱除坯体中的水分，提高坯体的强度，以便于搬运和烧成。在干燥过程中随着水分的减少，坯体将会出现收缩，如图 3-13 所示，因此必须制定严格的干燥程序，以避免干燥时产生缺陷。

烧结的目的在于在高温下使粒子连接在一起，使坯体具有足够的机械强度，烧结过程中升温速率、烧结温度和保温时间以及冷却速率对制品的强度均有影响。对于多孔支撑体，烧结过程必须考虑到强度和孔隙率的矛盾。烧结温度越高、保温时间越长，强度就越高，但孔隙率却显著降低，孔隙率的降低将导致支撑体的渗透阻力增加。图 3-14 为两种烧结温度下 $\alpha\text{-}Al_2O_3$ 支撑体的表面形貌[31]，与经 1200℃烧结的支撑体相比，经 1600℃烧结 $\alpha\text{-}Al_2O_3$ 支撑体的粒子边缘趋于圆滑，粒子之间发生显著连接，表面的粗糙度降低。烧结条件取决于粒子的大小、材料的种类以及添加剂的种类和数量。

（2）流延成型法

流延成型法已用来制备厚度在几毫米的平板多孔陶瓷支撑体或对称膜，其过程包括浆料制备、流延成型和干燥烧结三个步骤。粉料分散在液体中，加入分散剂、黏结剂和增塑剂，搅拌得到均匀的浆料，经过加料嘴不断地向转动的基带上流出，逐渐延展开来，干燥后得到一层薄膜。

① 浆料制备　常用水或有机溶剂作为溶剂。水的干燥温度较高，时间长；为加速干燥，通常使用乙醇等有机物作为溶剂。蒸发速率低的溶剂用于制备厚膜，而蒸发快的用于制备薄膜。不饱和脂肪酸、磷酸酯用作分散剂。

搅拌和超声波处理的目的在于得到分散均匀的浆料。浆料的黏度和分散剂的质量影响分

(a) 1200℃　　　　　　　　　　　　(b) 1600℃

图 3-14　烧结温度对 α-Al$_2$O$_3$ 支撑体结构的影响

散效果。使用超声波可以避免引入杂质。丙烯酸树脂、聚苯乙烯和聚乙烯醇作为黏结剂使用，而聚乙二醇等用作增塑剂。

② 流延成型　流延成型过程在专用的设备上完成，如图 3-15 所示。浆料由料槽底部流出，基带和刮刀相对运动，刮涂出一层平整而连续的薄膜。薄膜的厚度取决于刮刀与基带的间隙、基带的运动速度、浆料的浓度。

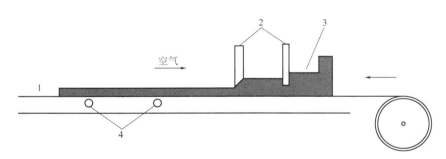

图 3-15　流延成型设备示意图
1—基带；2—刮刀；3—浆料；4—加热元件

③ 干燥烧结　刮涂的薄膜经干燥和烧结后就得到多孔膜或支撑体。另外，注浆成型方法和压制成型方法（如等静压成型法）也已被用来制备管式和平板多孔陶瓷膜。

3.3.3　非对称微滤膜的制备

实用化的多孔陶瓷膜均采用多层的非对称结构，以降低渗透阻力，提高膜的渗透性。孔径介于 $0.2 \sim 10\mu m$ 的单管和多通道非对称微滤膜主要采用浸浆方法成膜，即首先配制悬浮液，多孔支撑体与悬浮液接触浸浆时，在毛细管力和黏性力的作用下形成涂层，干燥烧结后得到多孔膜。非对称微滤膜的制备过程如图 3-16 所示。

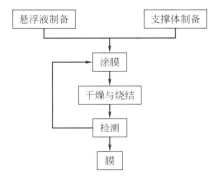

图 3-16　非对称微滤膜的制备过程

（1）悬浮液的制备

悬浮液主要由粉料、溶剂、分散剂、黏结剂和增塑剂组成。悬浮液的组成影响制膜的工艺和膜的性能，因此需要控制各成分的添加量。

① 溶剂 选择溶剂需考虑以下影响因素：a. 良好的溶解性能，能够溶解分散剂、黏结剂和增塑剂等添加剂；b. 稳定的化学性能，不与粉料发生化学反应；c. 可挥发和烧尽。常用的溶剂有水和有机溶剂两大类。水是最常用的溶剂，无毒安全且成本低，但对粉料的润湿性能较差，挥发慢，干燥时间长，而且悬浮液脱除气泡困难。乙醇、甲乙酮和甲苯等有机溶剂则具有表面张力小、润湿性能较佳、挥发速率高和干燥时间短的优点。

② 分散剂 粉料在介质中的分散效果，取决于分散剂所提供的双电层斥力和聚合物的空间位阻作用。在水基悬浮液中，分散剂的两种作用可同时存在；而在非水基悬浮液中，以位阻作用为主。粉料分散效果影响膜的结构（如孔隙率）和烧结性能。由图 3-17 和图 3-18 可见，对水基氧化铝悬浮液，以 HNO_3 为分散剂，体系的 pH 显著影响膜的孔隙率和孔径

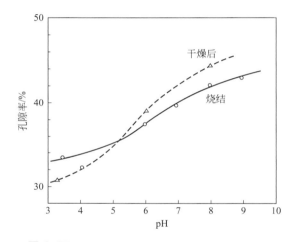

图 3-17 浆料 pH 值对 α-Al_2O_3 膜的孔隙率的影响

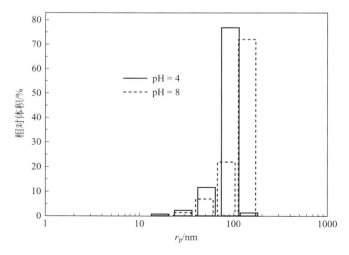

图 3-18 浆料 pH 值对 α-Al_2O_3 膜孔径分布的影响

分布。该体系的等电点为 pH 接近 8，pH 大于 8 时，分散效果差，粒子容易团聚，悬浮液不稳定，粒子堆积形成的膜结构疏松，表现为孔径偏大，孔隙率升高；而低于等电点，粒子分散均匀，悬浮液稳定，膜结构紧凑，相应膜的孔径和孔隙率小，膜的强度也高。不仅如此，分散效果还会影响到膜的表面均匀性，在图 3-19 中，对于不稳定的悬浮液，粒子团聚现象十分明显，导致膜表面粗糙；而使用稳定的悬浮液，粒子分散均匀，所得到的膜表面均匀光滑。

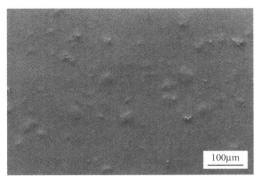 

(a) pH = 8　　　　　　　　　　　　　　　　　(b) pH = 2

图 3-19　浆料 pH 值对膜表面结构的影响[23]

常用的分散剂主要有非离子、阳离子、阴离子和两性离子型四种，分散剂的添加量取决于粉料的种类、粒径大小和分布以及浓度。

③ 黏结剂和增塑剂　黏结剂的作用在于提高悬浮液的流平性能，提高素坯膜的干燥强度和韧性。常用的黏结剂有聚乙烯醇、聚丙烯酸胺盐等水基黏结剂，以及聚丙烯酸甲酯和乙基纤维素等非水基黏结剂。

增塑剂可确保黏结剂在常温下具有较好的流动性而不出现凝结，还可对粉料粒子起到润滑和交联作用，有利于悬浮液的稳定。常用的增塑剂主要有聚乙二醇、乙二醇等。黏结剂和增塑剂的添加量依据粉料的性质、粒径分布和浓度，以及对悬浮液流变性能的要求而定。

（2）多孔支撑膜的涂膜过程

膜的浸涂过程是制膜过程的重要环节，关系到膜的厚度及其均匀性和膜的完整性。在多孔支撑体上浸涂膜通常利用两种机理：毛细过滤和薄膜形成机理[13,32]。

当干燥的支撑体与悬浮液接触时，在毛细管力的作用下产生过滤作用。支撑体的孔与粒子的大小相当时，粒子被截留在支撑体表面，而形成膜；若支撑体孔径过大，粒子与分散剂一起渗透进入支撑体，不仅难以形成连续的膜层，还将增加流体的渗透阻力。毛细过滤过程中膜的厚度与接触时间、悬浮液黏度和固含量、支撑体的孔径及分布有关。

当支撑体从悬浮液中提出时，在黏性力的作用下，将产生一黏滞层，干燥焙烧后也可得到膜。该过程膜的厚度与悬浮液的黏度和固含量、支撑体从悬浮液中提出的速率有关，而与接触时间无关。采用浸浆方法涂膜，可预处理支撑体，消除毛细管力，单独利用薄膜形成机理进行涂膜。也可同时利用两种机理涂膜，此时膜的厚度变化与浸浆接触时间的关系如图 3-20 所示。

① 毛细过滤机理　当干燥的多孔支撑体与悬浮液接触时，在毛细管力的作用下产生与

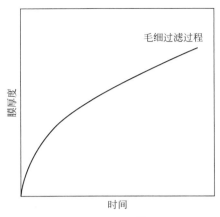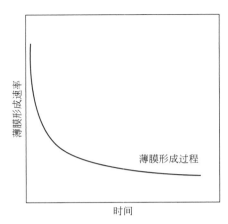

图 3-20　膜厚度与浸浆接触时间的关系

支撑体表面垂直方向的吸浆作用，如图 3-21 所示，悬浮液中的粒子在支撑体表面堆积形成浓缩滤饼层，干燥烧结后得到多孔膜。毛细管吸力的大小（Δp_c）与悬浮液的表面张力（γ）和支撑体的孔径（r）有关：

$$\Delta p_c = \frac{2\gamma\cos\theta}{r} \tag{3-23}$$

Leenaars[13]等和 Tiller 等[32]根据过滤理论和毛细作用机理导出滤饼层厚度（L_C）与浸浆时间（t）的平方根成正比：

$$L_C = K_C\sqrt{t} \tag{3-24}$$

式中，K_C为吸浆速率常数，是支撑体的孔隙率、孔径及分布、悬浮液的表面张力、固含量和黏度的函数。

② 薄膜形成机理　薄膜形成的涂膜机理如图 3-22 所示[33]。当浸入到悬浮液中的支撑

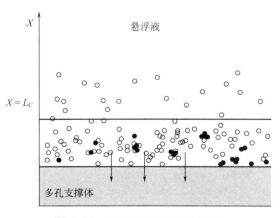

图 3-21　毛细过滤涂膜过程示意图

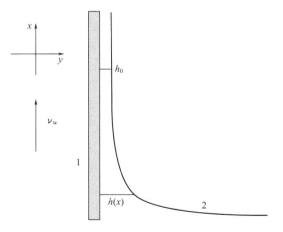

图 3-22　薄膜形成的涂膜机理示意图
1—支撑体；2—悬浮液
h_0—支撑体顶端的黏滞厚度；
$h(x)$—距支撑体顶端 x 处的黏滞层厚度

体以一定速度提升脱离悬浮液时，在黏性力的作用下形成一黏滞层。

黏滞层的厚度（h）主要与悬浮液的黏度（μ）和提升速度（ν_w）有关，干燥后的膜厚度还与悬浮液固含量有关。同时黏滞层形成时还受到悬浮液表面张力（γ）和重力（ρg；ρ为悬浮液的密度）的影响。即：

$$\overline{h} = h(\nu_w, \mu, \rho g, \gamma) \tag{3-25}$$

对于稳定的提升过程，Scriven[34]假设悬浮液为牛顿（Newton）流体，由 Navier-Stokes 方程导出了如下的关系式：

$$\gamma \frac{\mathrm{d}^3 h}{\mathrm{d}x^3} + \mu \frac{\partial^2 u}{\partial y^2} + \rho g = 0 \tag{3-26}$$

Landau 和 Levich 解式（3-26）得到：

$$h = 0.944 \left(\frac{\mu\nu_w}{\gamma}\right)^{1/6} \left(\frac{\mu\nu_w}{\rho g}\right)^{1/2} = 0.944 \frac{\mu^{2/3} \nu_w^{2/3}}{\gamma^{1/6} (\rho g)^{1/2}} \tag{3-27}$$

即，黏滞层的厚度与提升速度（ν_w）的 2/3 次方成正比，与黏度（μ）的 2/3 次方成正比，仅与表面张力（γ）的 1/6 次方成反比。

由牛顿流体导出的式（3-27）并不适用于非牛顿流体，但导出非牛顿流体的表达式还十分困难。实际配制的悬浮液多为非牛顿流体，因此还必须借助实验手段，进一步考虑流变性质的影响。

涂膜过程中重要的是控制膜厚度的均匀性，这对商品膜的生产过程，显得尤为重要，上述成膜机理表明：对于干燥的多孔支撑体，采用浸浆法涂膜，膜的形成既有毛细过滤的贡献，也有薄膜形成的贡献。在毛细过滤过程中膜厚度受浸浆时间的影响，因此实际操作过程中必须准确控制浸浆接触时间，这对于长达 1m 的膜而言较为困难；而悬浮液的黏度、固含量和提升速度容易控制，因此利用薄膜形成机理在技术上有可能获得厚度均匀的膜。对多孔支撑体进行表面处理或预浸润，可以消除毛细吸力。实验对比了氧化铝悬浮液在多孔玻璃、多孔支撑体和表面经硅烷化处理后的支撑体上涂膜时，膜厚度与提升速度（同时包括浸浆接触时间）的关系，结果见图 3-23[23]。

值得注意的是薄膜形成机理虽然可以在涂膜时控制膜厚度的均匀性，但在干燥过程中膜厚度会在重力作用下发生变化。对此通常是利用非牛顿流体的性质，如低剪切速率下悬浮液具有高剪切压力的特点避免膜厚度的变化。另外对支撑体进行适当的处理，消除毛细管力可避免因粒子向支撑体中渗透所造成的渗透阻力增大问题。然而采用薄膜形成机理涂膜还应考虑到膜与支撑体的结合强度的问题。利用毛细过滤机理涂膜则对提高膜的结合强度是十分有效的，而且还可对浸涂的滤饼层或凝胶膜进行浓缩，提高其干燥时的强度。

3.3.4　湿化学法

近年来随着纳米技术的发展及粉体加工工艺的突破，有学者将粉体制备中湿化学法工艺与传统的粒子烧结法制备陶瓷膜工艺进行结合，形成了一种新型的制膜工艺，该工艺可以大幅缩短制膜流程和周期。美国 Rice 大学的研究人员[35,36]以纳米颗粒为原料，采用悬浮粒子

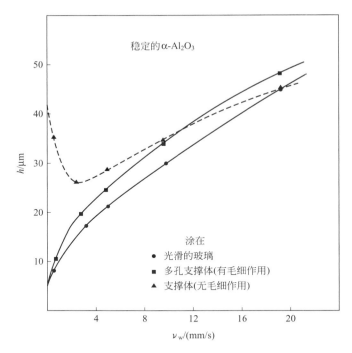

图 3-23　膜厚度与提升速度的关系

烧结法制备陶瓷超滤膜，该工艺降低了成膜过程对支撑体的依赖度，只需浸涂一次即可形成完整的超滤膜。另一些研究者，将湿化学法制备纳米颗粒路线中干燥前的纳米晶粒悬浮液作为悬浮粒子烧结法制备陶瓷膜路线中的原料，再经过制膜液的配制、涂膜、干燥以及烧结过程制备出 TiO_2 和 ZrO_2 陶瓷超滤膜。其工艺流程如图 3-24 所示。

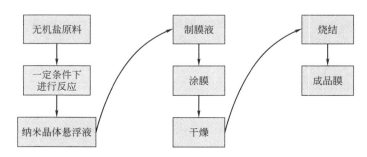

图 3-24　湿化学法制备陶瓷膜流程图

汪信文等[37]采用湿化学法制备了 ZrO_2 陶瓷超滤膜，结果表明应用这种方法制备的陶瓷膜完整无缺陷，孔径为 16nm 左右，对葡聚糖的截留分子量为 42000Da。Ding 等[38]以纳米颗粒悬浮液作为涂膜的制膜液，成功制备出了 TiO_2 超滤膜，所制得的膜表面完整无缺陷，纯水通量达到 860L/(m²·h·bar)（单管）、430L/(m²·h·bar)(19 通道)。通过牛血清蛋白（M_w 为 67000）体系对其截留性能的考察，截留率达到 90％以上。

水热法作为纳米粉体制备过程中一种比较常见的湿化学法，其突出的优势就是可以在保证粉体高纯度的同时能够保证粉体良好的分散性能。因此，有一些研究者将水热法与传统的制膜方法相结合，以一种耦合的湿化学法制备陶瓷膜。Suresh 等[39]通过水热法在陶瓷支撑体上涂覆 TiO_2 与 $\gamma-Al_2O_3$ 粒子，制备出 $TiO_2/\gamma-Al_2O_3$ 复合膜，平均孔径为 $0.041\mu m$，并且在水-油体系应用中表现出良好的分离性能。Basumatary[40]等通过水热方法在陶瓷载体上沉积沸石，形成的 FAU 沸石堆积膜孔径为 $0.153\mu m$，对水溶液中 Cr 的脱除率可达 82%。

这些研究成果都是通过湿化学法能够与传统的制膜方法相结合，形成一种新颖的制膜方式，显现出了突出的优势，并且这种方法相比于传统的制膜方法更适合规模化工业生产。

3.3.5 溶胶-凝胶法

严格意义上来说，有液相参加的并通过化学反应来制备材料的方法统称为湿化学法。溶胶-凝胶法也是湿化学方法中的一种，常用于小孔径膜材料的制备。与常规粒子烧结法相比，虽然粒子烧结法可通过调节粒子大小、烧结温度等参数制备不同孔径和孔隙率的多孔膜，具有结构可调等优点。但由于传统的方法如机械研磨法无法制备纳米级的超细粒子，因此该方法尚限于制备微滤孔径的膜，难以用来制备超滤范围的小孔径膜。因而，溶胶-凝胶技术作为一种可以制备出纳米级超细粒子的制膜技术逐步发展起来。目前，绝大多数商品化的 $\gamma-Al_2O_3$、TiO_2 和 ZrO_2 超滤及纳滤膜都是采用这一方法制备的。溶胶-凝胶法制膜过程中的关键在于控制膜的完整性，即避免针孔和裂纹等缺陷的产生。大量的研究结果表明不仅膜的完整性，而且膜的孔径都取决于溶胶、支撑体的性质以及凝胶膜的干燥和热处理条件。

3.3.5.1 溶胶的制备

Sol-gel 法以醇盐如 $Al(OC_3H_7)_3$、$Al(OC_4H_9)_3$、$Ti(i-OC_3H_7)_4$、$Zr(i-OC_3H_7)_4$、$Si(OC_2H_5)_4$、$Si(OCH_3)_4$ 或金属无机盐如 $AlCl_3$ 为起始原料，通过水解，形成稳定的溶胶。然后在多孔支撑体上浸渍溶胶，在毛细吸力的作用下或者经干燥，溶胶层转变为凝胶膜，热处理后得到多孔无机膜，该过程存在溶胶到凝胶的转变，溶胶-凝胶制膜方法由此得名。

根据水解工艺，可形成两类不同性质的溶胶。一种是醇盐在水中快速完全水解形成水合氧化物沉淀，加入酸等电解质以得到稳定的胶粒溶胶；另一种是醇盐在大量有机溶剂中加入少量水，控制水解反应，形成聚合溶胶[41]。前者制备的溶胶也称为物理溶胶，其制备过程称为 DCS 路线；而后者制备的溶胶称为化学溶胶，其制备过程称为 PMU 路线，两种路线制备膜的过程如图 3-25 所示。

DCS 法制备的溶胶，其初级粒子粒径在 $3\sim15nm$，在陈化过程中初级粒子还会进一步团聚，所形成的次级粒子粒径可达 1000nm。利用超声波或加入适当的电解质使粒子带电，可控制团聚度，从而控制胶粒的大小和分布。

采用适当的合成条件，PMU 法可以得到粒径在 3nm 以下的粒子。反应过程水的加入方式是十分重要的，第一种是向醇盐溶液中缓慢地加入水或醇水混合物；第二种是通过有机酸与醇盐溶液反应生成水；第三种是在醇盐溶液中加入碱或水合盐而产生水。尽管 PMU 法得到的粒子较小，所得到的膜的孔径在 2nm 以下，但制备工艺要求较为苛刻。

3.3.5.2 涂膜

溶胶在多孔支撑体上的成膜过程，多采用浸渍涂膜技术。在毛细管力的作用下分散介质

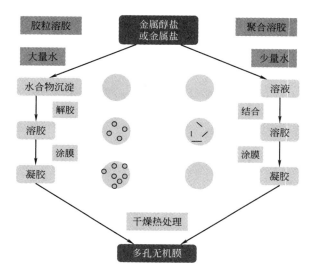

图 3-25　Sol-gel 法制备多孔无机膜过程[42]

渗透到支撑体中，胶体粒子在支撑体表面堆积形成凝胶膜，涂膜的动态过程如前所述。溶胶性质、支撑体结构和表面性质以及溶胶添加剂均影响到膜的结构以及完整性。

（1）溶胶性质的影响

胶体性质决定了膜的结构。对于稳定的胶粒溶胶，有利于制备孔结构均匀的膜；而对于聚合溶胶，胶束的聚合度与结构也影响到膜的孔径[4,43,44]，如图 3-26 所示[23]。胶粒溶胶的稳定性取决于胶粒表面电荷的强弱，只有当表面电荷强度足够高，远离等电位点时，才能获得稳定的溶胶，并防止胶粒的团聚，确保膜孔径的均匀性[45]，由于制备溶胶过程中多采用无机酸作为解胶剂，过量游离酸将会破坏胶体的存在，因此必须控制适当的 pH。

（2）支撑体结构的影响

研究结果表明：采用浸浆法涂膜，支撑体以下几个因素应予特别注意：

① 孔径和孔径分布；

② 表面粗糙度；

③ 润湿性能。

胶体粒子大小应当与支撑体孔径相匹配，否则胶粒直接进入支撑体孔内而得不到连续完整的膜。Leenaars 等[13]实验研究了支撑体孔径对成膜特性的影响，结果见表 3-8，发现只有当支撑体的孔径与粒子大小相当时才能得到连续的膜。当支撑体表面存在大孔或孔径分布

表 3-8　支撑体孔径对膜形成的影响

（1.2mol/L Boehmite 溶胶）

支撑体孔径/μm	解胶时酸的种类		
	HCl	HNO$_3$	HClO$_4$
0.12	形成凝胶膜	形成凝胶膜	形成凝胶膜
0.34	形成凝胶膜	形成凝胶膜	不形成凝胶膜
0.8	形成凝胶膜	不形成凝胶膜	不形成凝胶膜

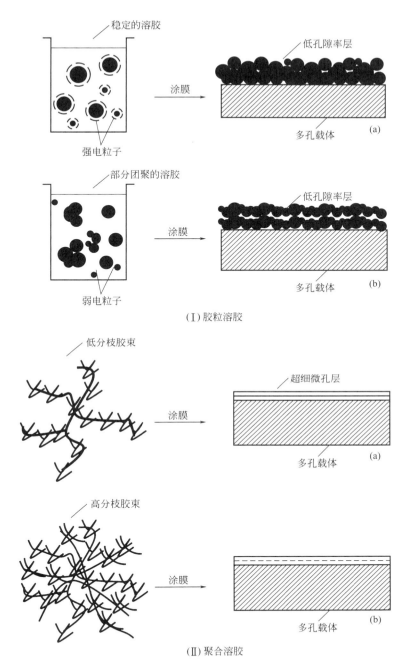

稳定的溶胶

强电粒子

低孔隙率层

涂膜

多孔载体

(a)

部分团聚的溶胶

弱电粒子

低孔隙率层

涂膜

多孔载体

(b)

（Ⅰ）胶粒溶胶

低分枝胶束

超细微孔层

涂膜

多孔载体

(a)

高分枝胶束

涂膜

多孔载体

(b)

（Ⅱ）聚合溶胶

图 3-26　溶胶稳定性对膜结构的影响

较宽，难于形成连续的涂层，即产生针孔等缺陷，显然孔径分布窄的支撑体也有利于提高膜的完整性和均匀性。当支撑体的孔径一定时，也可通过增大溶胶浓度和在溶胶中添加 PVA 等聚合物提高溶胶的黏度，以提高成膜性能。尽管支撑体的表面粗糙度有不同的定义，但表面粗糙的支撑体，存在着裂纹或针孔缺陷，也将影响膜的完整性。在图 3-27 中，支撑体表面的缺陷"传递"到膜层，导致膜不完整。

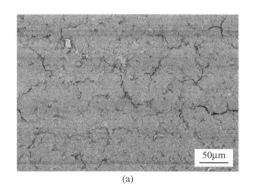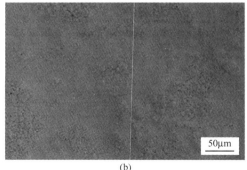

(a)　　　　　　　　　　　　　　　　　(b)

图 3-27　支撑体表面缺陷影响膜的完整性
（a）支撑体表面存在裂纹；（b）支撑体表面存在针孔缺陷

　　溶胶体系的润湿性能对涂制厚度均匀的膜支撑体十分重要。图 3-28 表示三种润湿状态下膜与支撑体结合的状况，只有当支撑体表面具有很好的润湿性时，才能确保膜厚度均匀以及干燥过程的稳定性。否则溶胶在支撑体表面上难于铺展，或在凝胶膜的干燥过程中形成局部缺陷。在溶胶中加入适当的添加剂有助于改善支撑体表面的润湿性能，这反映在接触角的变化上，由表 3-9 可见在 Boehmite 溶胶中加入 PVA 可减小接触角，从而改善溶胶与支撑体的润湿性，提高膜的均匀性和完整性。

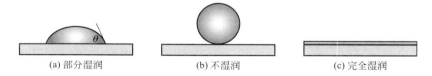

(a) 部分湿润　　　　　　(b) 不湿润　　　　　　(c) 完全湿润

图 3-28　支撑体的润湿性能

表 3-9　PVA 浓度对 Boehmite 溶胶接触角的影响

PVA 浓度/%	接触角 $\theta/(°)$	PVA 浓度/%	接触角 $\theta/(°)$
0	90	1.0	68
0.5	70	2.0	63

3.3.5.3　凝胶膜的干燥与热处理

　　干燥和烧结工艺条件直接影响膜的完整性和孔径分布。

（1）凝胶膜的干燥

　　由于凝胶在干燥过程中会发生弯曲、变形和开裂，从而导致膜缺陷的产生，因此必须严格控制干燥条件[46-49]。凝胶膜的干燥过程主要经历三个干燥阶段：恒速干燥阶段（CRP）、第一减速干燥阶段（FRP1）和第二减速干燥阶段（FRP2），如图 3-29 所示。

　　在恒速干燥阶段，凝胶膜中分散剂的蒸发速率与常态时液体的蒸发速率相近。随着分散剂的蒸发，孔结构显露出来，并产生毛细管张力。由毛细管张力所引起的收缩应力会使凝胶膜的骨架收缩，收缩速率取决于分散剂的蒸发速率，一般凝胶膜的体积可收缩为原体积的十分之一[50]。恒速干燥过程，液面曲率逐渐增大，当曲率达到最大时，恒速

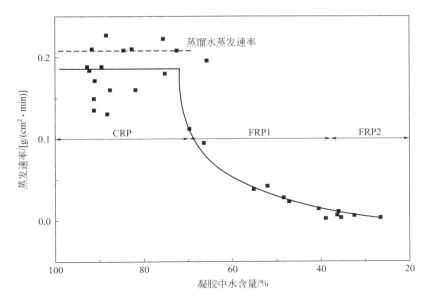

图 3-29　氧化铝凝胶膜干燥失水速率[48]

干燥阶段结束，为该阶段的临界点，毛细管力也相应达到最大。收缩应力的存在使凝胶膜的结构塌陷，当凝胶膜的强度足够高时才能避免裂纹等缺陷的产生。对于胶粒溶胶，凝胶膜的强度主要取决于 Van der Waals 引力和双电层的排斥力；而对于聚合溶胶，强度主要由胶束的键力决定。另外溶胶中聚合物添加剂所形成的空间位阻作用也可提高凝胶膜的韧性，降低干燥应力。随着蒸发速率下降，进入 FRP1 阶段。此时骨架收缩停止，蒸发界面进入凝胶膜的主体，并在胶粒表面形成一层连续的液膜，致使凝胶膜呈乳白色。在 FRP2 阶段，以表面液膜的扩散蒸发干燥为主，凝胶膜逐步恢复干燥前的透明状态。在此阶段，干燥应力缓和，因各孔道间干燥速率的差异、产生应力的差异，使凝胶膜会有所扩张而发生弯曲变形[51]。

　　干燥过程中所产生的应力是导致膜出现缺陷的原因。为提高膜的完整性，减少凝胶膜的开裂，主要从增强骨架的强度和减小毛细管力两个方面入手。增强凝胶膜骨架强度可通过改变溶胶水解条件[52,53]、对溶胶进行适当的陈化和在溶胶中加入干燥控制剂等方法解决。在水解过程中加速缩聚反应，提高交联度和聚合度，从而提高凝胶膜的强度；利用溶胶的溶解和再沉淀的陈化过程，也可使胶粒之间的作用增强，提高凝胶膜的强度；甲酰胺、丙三醇等干燥控制剂能够抑制水解速率和提高缩聚反应速率，增强凝胶膜的强度，还能够提高胶粒大小的均匀性，从而使干燥时的应力分布均匀，并可缩短干燥时间。然而，为降低干燥控制剂的不利影响，必须选择合适的干燥控制剂种类和控制适当的加入量。

　　干燥过程中凝胶膜收缩开裂的主要原因在于所产生的毛细管力，因此减小毛细管应力是提高膜完整性的重要途径。依据 Laplace 方程，毛细管力与分散剂的表面张力成正比，而与孔径成反比。可见孔径越小，毛细作用力越大，防止收缩开裂也就越难，这正是溶胶-凝胶法在制备微孔膜中存在的主要困难。为减小或消除毛细作用力，通常采用低表面张力的分散介质或添加表面活性剂降低表面张力，如以醇作为分散介质[54]、采用超临界干燥或冷冻干燥技术[55]。

（2）凝胶膜的烧结

与粒子烧结法相同，烧结的目的在于获得一定的孔结构，使膜具有一定的机械强度和化学稳定性。一般，干凝胶的烧结包括两个阶段：在相对较低的温度范围内，如300～400℃内，无定形凝胶粒子发生晶型转变，并伴随脱水反应，生成无水粒子，有机添加剂也在该阶段被烧尽。这一阶段即通常所称的灼烧过程。灼烧得到的氧化物粒子相互以点接触方式进行堆积，升高温度，在接触点处粒子之间形成"颈"连接，这即所谓的烧结初期。随着温度的升高，"颈"变宽，相应膜的强度提高，如图3-30所示[23]。在凝胶膜的烧结过程中，随着温度的升高，膜的孔径增大，孔径分布变宽，见图3-31[13]、图3-32和表3-10。烧结时间也是影响膜孔结构的因素之一，由表3-11的结果可见随着烧结时间的延长，膜的孔径增大，比表面积下降。

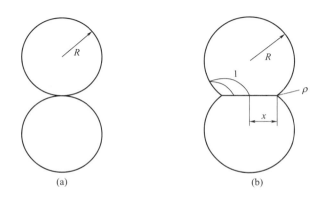

(a)　　　　　　　　　(b)

图 3-30 烧结过程示意图

R—粒子半径；x—颈宽；路径1—从粒子边界层向颈表面的质量传递；ρ—颈部的曲率

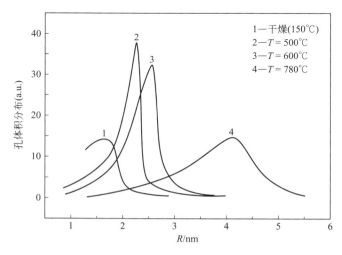

图 3-31 烧结温度对 γ-Al$_2$O$_3$ 膜孔径分布的影响

表 3-10　干燥和烧结温度对 SiO₂ 膜孔径的影响

干燥温度/℃	烧结温度/℃	平均孔径(±0.5nm)/nm
10	600	6.0
30	500	8.2
	600	7.6
	700	7.5
	800	8.4
50	600	8.8
90	600	10.2

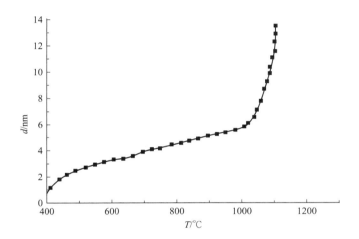

图 3-32　烧结温度对 γ-Al₂O₃ 膜孔径分布的影响

表 3-11　烧结时间和温度对氧化铝膜孔结构的影响[44,56]

烧结温度/℃	烧结时间/h	晶型	BET 比表面积/(m²/g)	孔径/nm	孔隙率/%
200	34	γ-AlOOH	315	2.5	41
400	34	γ-Al₂O₃	301	2.7	53
	170	γ-Al₂O₃	276	2.9	53
	850	γ-Al₂O₃	249	3.1	53
500	34	γ-Al₂O₃	240	3.2	54
700	5	γ/δ-Al₂O₃	207	3.2	51
	120	γ/δ-Al₂O₃	159	3.8	51
	930	γ/δ-Al₂O₃	149	4.3	51
800	34	γ/δ-Al₂O₃	154	4.8	55
900	34	θ-Al₂O₃	99	5.4	48
1000	34	α-Al₂O₃	15	78	41
550	34	γ-Al₂O₃	147	6.1	59

表 3-12   烧结温度对 TiO_2 和 CeO_2 膜孔结构的影响[44,57]

膜材料	烧结温度 /℃	孔径 /nm	孔隙率 /%	BET 比表面积 /(m^2/g)	晶体大小 /nm
$TiO_2$①	300	3.8③	30	119	Sol：5⑦
$TiO_2$②	400	4.6③	30	87	Sol：10~40④
$TiO_2$⑥	450	3.8③	22	80	
$TiO_2$⑥	600	20③	21	10	
CeO_2	300	约 2	15	41	Sol：10(TEM)
CeO_2	400	约 2	5	11	
CeO_2	600	nd⑤	1	1	

① 锐钛矿相；

② 金红石相；

③ 圆柱孔模型；

④ 团聚溶胶粒子（10nm；超声波处理，激光散射法测定）；

⑤ 检测不出；

⑥ SiO_4^{2-} 稳定的 TiO_2；

⑦ 初级粒子。

3.3.6   阳极氧化法

20 世纪 20 年代为提高铝制品表面耐磨、耐腐蚀以及着色等性能，发展出阳极氧化的方法。该方法是对金属或合金的一种电化学氧化处理手段，将待处理的金属或合金置于相应的电解液中，由于外加电场的作用，在金属或合金（阳极）表面形成一层氧化膜。

1959 年 Hoar 和 Mott 将该方法用于氧化铝膜的制备，并深入研究了铝的阳极氧化过程与膜结构的关系[58]。Smith[59] 的进一步工作奠定了阳极氧化法在无机膜制备中的基础。阳极氧化法是将高纯度金属箔（如铝箔）置于酸性电解质溶液（如 H_2SO_4、H_3PO_4）中进行电解阳极氧化。在氧化过程中，金属箔的一侧形成多孔的氧化层，另一侧金属被酸溶解，再经适当的热处理即可得到稳定的多孔结构氧化物膜。

阳极氧化法制出的膜具有近似直孔的结构，控制好电解氧化过程，可以得到孔径均一的对称和非对称两种结构的氧化铝膜。英国的 Anotec Seperation 公司采用阳极氧化法生产出两种结构氧化铝商品膜。一种为孔径 200nm 的对称膜，其孔隙率高达 65% 以上；另一种为非对称结构，分离层孔径为 25nm，两种膜厚均在 $60\mu m$ 左右。图 3-33、图 3-34 分别为对称和非对称阳极氧化铝膜的断面结构照片。Mitrovic 和 Knezie 采用阳极氧化法制备出了非对称超滤和反渗透氧化铝膜，膜主体孔径为 200nm 左右，而分离层只有 1.5nm。Masuda 等首次报道了采用两步法合成多孔阳极氧化铝膜，他们制备的氧化铝膜由高度有序的六角密排的孔道组成，随后的研究表明两步法工艺制备出的氧化铝膜有序度明显优于一步法。王宇等[60] 采用两步阳极氧化法制备了双面氧化铝膜。在制备过程中，双面膜中间的铝基被氧化而溶解到溶液中，从而得到了大面积双面氧化铝膜。孙晓霞等[61] 通过在草酸溶液中加入不同有机醇的方法来有效减少在氧化过程产生的大量热量，采用强烈氧化法快速制备了高度有序的氧化铝膜。

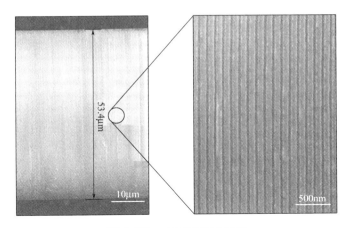

图 3-33　对称阳极氧化铝膜

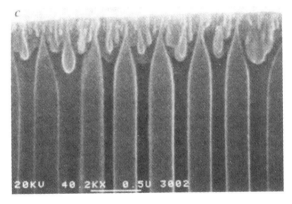

图 3-34　非对称阳极氧化铝膜

　　非对称氧化铝膜在气体、液体分离[62]，尤其是生化产品的精制等方面有着一定的应用潜力。但是阳极氧化法制备的氧化铝膜缺少支撑体，膜的强度较低，所以仅用来制备平板状实验室用膜和小面积的商品膜。

3.3.7　分相法

　　分相法首先由 Corning 公司开发，用于制备氧化硅多孔玻璃膜。分相法利用硼硅酸玻璃的分相原理（见图 3-35），将位于 Na_2O-B_2O_3-SiO_2 三元不混溶区内的硼硅酸玻璃在 1500℃以下熔融，然后在 500～800℃进行热处理，使之分为不混溶的 Na_2O-B_2O_3 相和 SiO_2 相，再用 5％左右的盐酸、硫酸或硝酸浸提，得到连续又互相连通的网络状 SiO_2 多孔玻璃[63]。常见的 Vycor 玻璃膜就是利用这一方法制备的，其孔径分布见图 3-36，平均孔径在 4nm左右。

　　由于玻璃表面存在活泼的硅氧基团，使得膜孔表面在高温下不够稳定。采用化学改性的方法进行"钝化"处理，将硅氧基团中"≡Si—C≡"转化为"≡Si—O—C≡"，可提高膜的热稳定性。处理方法见图 3-37。Maddison 等[64]通过 $TiCl_4$ 浸渍多孔膜，热处理得到 TiO_2

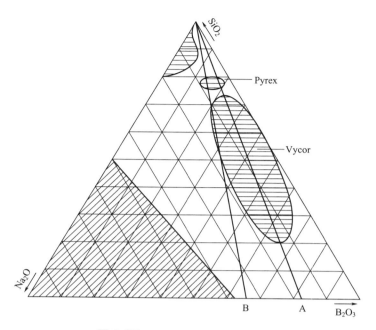

图 3-35　Na_2O-B_2O_3-SiO_2 体系相图

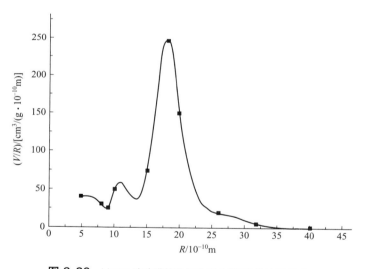

图 3-36　Vycor 玻璃膜的孔径分布（500℃ 热处理 5h）

改性多孔玻璃膜。Eguchi 等[65]用相似方法制备出 ZrO_2 改性管状玻璃膜、膜孔径在 20～2000nm 之间。分相法可以通过控制配料组成，分相温度和酸抽提条件制备出孔径在 20～2000nm 的多孔玻璃膜。原料中 Na_2O/B_2O_3 比例越大，分相温度越高，膜孔径越大；提高分相温度、延长分相时间，则膜的孔径分布变宽。

　　分相法得到的膜孔径分布窄、比表面积可高达 $500m^2/g$，还可调节膜表面的 Zeta 电位以及与水的润湿性，可用于气体分离和膜反应过程。另外高温下的玻璃熔融体容易成型，可以制备出纤维或管状膜。但受制备技术的限制，膜的进一步薄化和复合十分困难。因此，对称结构的多孔玻璃膜因渗透阻力较大，实际应用受到了一定的限制。

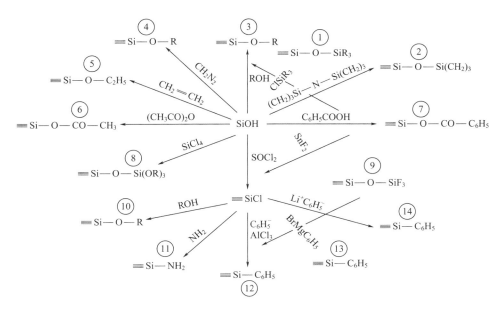

图 3-37　玻璃膜的表面改性

3.3.8　有机聚合物热分解法

在适当条件下进行分解碳化，也可以将有机膜制成多孔无机膜。如用纤维素、酚醛树脂、聚丙烯腈（PAN）等有机膜可以制备碳分子筛膜，用硅橡胶可以得到硅基质多孔无机膜。

Koresh 和 Soffer[66,67]将 PAN 纤维膜在惰性气氛中分解，形成致密膜，然后控制氧化处理得到多孔膜。研究发现 PAN 在 200～300℃低温的惰性气氛中热处理形成环状结构；而在 600℃下分解碳化，得到的碳环为平面型致密结构。在真空条件下，热处理分解可制备超微孔隙纤维膜。碳膜可以用中温（400～500℃）氧化活化的方法增大膜孔。Lee 和 Khang[68]也研究了管状硅橡胶膜的热分解过程。在 600～800℃，于 N₂ 或 He 惰性气氛中进行处理，再在 500～900℃下进行氧化处理，最后形成完全交联的 SiO₂ 膜。BET 测定膜的比表面积、孔隙率分别达到 100m²/g 量级和 50％左右，孔径在 5～10nm。Zheng 和 Yeap 等[69]研究了用不同的烧结温度制备一系列不同结构的碳分子筛膜，并且得到了很好的应用。

由于有机膜在热分解过程中的收缩率很大，如硅橡胶膜分解时收缩率在 10％以上。膜层和支撑体之间的结合力难以承受膜层收缩产生的应力，容易导致膜层出现缺陷。因此，采用有机聚合物热分解法制备非对称膜存在一定困难。

3.3.9　多孔膜的改性

采用浸渍或吸附的方法可将液相中改性组分沉积在膜的表面和膜孔内，也可用薄膜沉积技术［包括物理气相沉积（PVD）、化学气相沉积（CVD）和超临界流体沉积技术］对膜进行表面改性[45]。膜经改性后，一方面可进一步减小其孔径，见表 3-13；还可以改变膜孔表面的化学性质，从而改善膜的分离性能。

表 3-13　膜改性结果

膜材料	改性材料	改性结构	尺寸/nm	负载量(质量分数)/%
γ-Al$_2$O$_3$	Fe 或 V 氧化物	单层	约 0.3	5～10
γ-Al$_2$O$_3$	MgO/Mg(OH)$_2$	颗粒		2～20
γ-Al$_2$O$_3$	Al$_2$O$_3$/Al(OH)$_3$	颗粒		5～20
γ-Al$_2$O$_3$	Ag	颗粒	5～20	5～65
γ-Al$_2$O$_3$	CuCl/KCl	多层		
γ-Al$_2$O$_3$	ZrO$_2$	表面层	<1	2～25
γ-Al$_2$O$_3$	SiO$_2$(无定形)	20nm 层/孔堵塞	<1.5	5～100
γ-Al$_2$O$_3$	氨基硅烷	表面层		
α-TiO$_2$①	V$_2$O$_5$	单层	≈0.3	2～10
Al$_2$O$_3$/TiO$_2$	V$_2$O$_5$/Ag			
θ/α-Al$_2$O$_3$	ZrO$_2$/Y$_2$O$_3$	多层/孔堵塞	几纳米/孔径	1～100
α-Al$_2$O$_3$	两性离子	表面层		

① α-TiO$_2$ 金红石型氧化钛。

　　表面接枝改性也是一种常见的膜材料表面性质调控手段，可以用来提高膜材料的渗透性能和抗污染性能。李雪等[70]通过两步表面接枝法成功制备了两性离子改性的陶瓷复合膜，提高了膜材料的亲水性，使得陶瓷膜的纯水通量提高了 20%。同时，由于膜表面接枝的两性离子材料具有良好的抗蛋白吸附性能，使陶瓷膜的抗污染性能也得到了提升，过滤 BSA 溶液时的渗透通量提高了 30%。表面接枝改性通常是单分子层接枝，其对孔径较大膜材料的孔结构影响不大。但当陶瓷膜的孔径只有几纳米时，表面接枝层厚度将对膜孔径产生较大影响。张婷等[71]通过在介孔陶瓷膜表面接枝亲水性的氨基硅烷对孔径进行调节。相比于未改性前，虽然陶瓷膜的孔径减小仅为约 1nm，但截留分子量由 2600Da 显著减小到 1000Da。

3.3.10　致密膜的制备

　　致密无机膜主要是金属膜和陶瓷膜。致密金属膜主要用于氢气的分离与纯化，其中最著名的是金属钯和钯合金膜，材质包括 Pd-Ag、Pd-Cu、Pd-Au、Pd-Y、Pd-Ag-Au-Ni、Pd-Pt等，钯合金膜的工业化应用已有半个多世纪，至今仍被广泛用于超高纯氢的生产。此外，在核工业中钯合金膜还被用于氢同位素的分离与纯化。此外，金属钯和钯合金膜还可用作催化制氢反应器，形成反应与分离的耦合，不仅简化了设备与操作，还打破了反应平衡的限制，提高了反应产率。

　　除钯合金膜之外，其他金属膜（如 Nb、Ta、Ni、Pt 膜）和不含钯的合金膜也大量地、持续性地被报道，但是一直处于学术研究阶段，因为它们都或多或少地存在表面钝化、透氢率低、易中毒等致命问题，难以实现工业应用。除氢气分离外，将金属银膜用于氧气分离也有文献报道。致密金属膜都有良好的韧性，因此可以轧制成金属平板膜或拉制成金属膜管。需要强调的是，这里所说的"膜"是指具有选择性渗透作用的分离膜"membrane"，而非普通的金属薄膜或金属箔"film"，因此本节也不涉及普通金属薄膜的性能、用途和制备工艺。

　　传统自支撑（self-supporting）型金属膜面临成本高、膜强度差、氢气渗透率低等难题。氢气渗透率与金属膜厚度呈反比，降低膜厚不仅能够提高氢气渗透率而且还可以节约贵金属用量，但是这又受到制备难度、成本、操作便利性等因素的制约。因此，将金属膜沉积到高强度的基材并形成复合膜（composite membrane）或负载型膜（supported membrane），也就成为自然而然的选择。金属膜的基材一般是多孔陶瓷和多孔不锈钢材料。致密金属基材也有大量报道。例如，金属 Ta 的氢气渗透率远远高于金属 Pd，将 Ta 片的两侧镀上金属 Pd 就可以形成 Pd/Ta 复合膜，还解决了 Ta 膜的表面钝化问题。但是，类似于 Pd/Ta 复合膜的此类材料都难以实现工业化应用，除制造难度大、成本高外，使用过程中还面临金属间的相互扩散问题，因为金属膜在氢气分离过程中的工作温度一般为 $300\sim400℃$。

另一类致密无机膜则是具有选择透氧功能的金属氧化物膜，如氧化钇稳定的氧化锆（YSZ）固体电解质膜和混合导体的钙钛矿型致密膜。透氧膜在高温富氧燃烧、燃料电池、氧化反应以及膜传感器方面具有发展和应用潜力。但致密膜的主要不足在于膜的渗透通量较小，只有将其超薄化，制出支撑结构的膜才具有实用竞争力。

3.3.10.1　致密金属膜的制备

致密金属膜分为自支撑型和负载型。自支撑型致密金属膜（例如工业上广泛使用的钯合金膜）的制备方法主要是冷轧法，也可以通过其他方法制备平板膜，例如将金属薄膜沉积在表面光洁的镜面上然后进行剥离。负载型金属膜的制备方法更多，如电镀、化学镀、化学气相沉积、物理气相沉积等[72]，但是化学镀法是目前报道最多、效果最好的方法。

（1）冷轧法

将炼制合金所需元素进行高温熔融、铸炼和均质化，获得制膜原材料，经过反复的冷轧和退火处理使金属膜达到预期厚度。制备过程中，随着膜厚的减小，需要小心杂质污染问题。碳、硫、硅、氯、氧等微量元素可导致其机械强度下降，因此也对原料纯度和制造过程中的外来污染提出了更高要求。冷轧时通常会导致晶格错位，导致膜材料硬度和脆性增加，因此在轧制到一定程度之后就必须进行退火。

（2）电镀法

电镀法原理是控制直流电压和温度，将金属或金属合金沉积在阴极的支撑体上形成薄膜[73]。金属钯比较容易在平板和管式支撑体上镀膜。Chen 等[74]在多孔不锈钢表面通过电镀法制备了钯银合金膜，350℃ 以下氢气的渗透量达到 $28.5mL/(min\cdot cm^2)$。Itoh 等[75]采用脉冲电流的方法制备出钯合金膜，在多孔玻璃支撑体上制成的膜用于氢气混合物的分离。

钯膜的厚度主要通过电镀时间和电流强度加以控制，膜的厚度可控制在几微米到几毫米范围。然而对于合金膜，由于各种金属离子的沉积速率的差异，制备面积较大的膜会出现组分分布不均的问题。

（3）化学镀法

化学镀基本原理是利用控制自催化分解或降解亚稳态金属盐，在支撑体上形成薄膜。对于钯膜，使用的金属盐有 $Pd(NO_3)_4(NO_2)_2$、$Pd(NH_3)_4Cl_2$，常用的降解（催化）剂为肼或次磷酸钠。通常，支撑体还需预处理以带有钯核，从而降低液相中的自催化反应难度。该方法可在复杂表面形成厚度均匀、强度较高的膜，钯及其合金膜均可采用该方法制备。

（4）化学气相沉积（CVD）法

在化学气相沉积过程中，控制温度等条件，气态的金属化合物在支撑体表面发生化学反应，经成核、生长而形成薄膜[76,77]。Liguori 等[78]采用 CVD 法分别在多孔不锈钢和多孔氧化铝载体上制备出平均厚度约为 $10\mu m$ 和 $7\mu m$ 的钯膜，H_2/N_2 的分离因子分别为 11700 和 6200，可以稳定运行 600h 以上。Feurer 等[79]利用等离子体强化沉积过程，在 200℃ 以下的温度制备出厚度只有 $10\sim300nm$ 的钯膜。

(5) 物理气相沉积（PVD）法

在 PVD 过程中，固体金属在高真空（1.3mPa）下蒸发，冷凝沉积在低温支撑体表面并形成薄膜。PVD 法在制备金属及其合金膜中是一种非常实用的方法，物理气相沉积法可分为真空沉积、溅射沉积和粒子束沉积三种。

金属在坩埚中被加热至或高于其熔点，蒸气分压足以产生较高的沉积速率。钯在 1550℃ 下很容易蒸发，并具有良好的沉积性能[73]。采用热蒸发法可以在多孔支撑体上制备出钯、银和铜膜。然而由于各组分的蒸气分压和蒸发速率差异，沉积金属合金尚有一定的困难。合金膜通常采用交替沉积或使用多个蒸发源的方法制备。溅射过程并不需要对金属进行加热，溅射靶上的金属原子被高速的氩等离子轰击出，并在支撑体上沉积。该方法的优势在于原子间的蒸发速率相近，适用于制备合金膜；蒸发速率较低，可制备超薄膜，另外低温也是其一个优点。使用物理气相沉积方法，膜层与支撑体的结合强度往往不高，因此必须对支撑体进行适当的预处理。采用上述方法也可在无机多孔膜上制备金属复合膜，这可大大提高金属膜的机械强度。

3.3.10.2 氧化物致密膜的制备

氧化物致密膜以对称结构为主，常采用挤出和等静压法成型。其制备过程包括粉料制备、成型和干燥、烧结三个基本步骤，如图 3-38 所示。下面以钙钛矿型混合导体膜为例介绍氧化物致密膜的制备方法和过程。

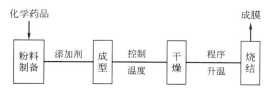

图 3-38　氧化物致密膜的制备过程

(1) 粉料制备

粉料制备是制备钙钛矿型透氧膜的关键步骤之一。对于粉料的要求包括平均粒度和分布以及晶型结构。目前文献中报道的方法主要为有机酸配位热分解法及高温固相反应法。

① 有机酸配位热分解法[80]　又称"液体混合技术"。将所含阳离子的盐或氧化物溶于有机酸中配成一定浓度的溶液，经高温热分解、热处理，碾磨后得到一定粒度的粉料。该方法的优点在于粉料的化学均匀性好、粉料粒度细；但操作复杂、步骤多，一次粉料的制备量小。

② 高温固相反应法[81]　是将含有所需元素的氧化物或硝酸盐、碳酸盐混合后，在高温下利用固相扩散-反应形成特定晶相结构的材料，再进一步研磨得到一定粒度粉料的一种粉体合成方法。为缩短反应时间，提高组分的分布均匀性，一般在高温反应前需进行适当的研磨，以减小粉料的粒度。高温固相反应法的优点是操作简单，不需要特别设备，合成粉料组分范围宽；但存在粉料粒度大及分布宽、比表面积小以及化学均匀性差的不足。

(2) 成型

目前文献中报道的钙钛矿型氧化物膜主要有片状、单管和中空纤维型。其中片状膜主要采用干压成型或流延成型技术，单管膜主要采用注塑和挤出成型技术，而中空纤维主要采用纺丝成型技术。其中，由于中空纤维型钙钛矿膜具有装填密度高、渗透通量大等特点，近年来受到越来越多的关注[82-84]。

为提高透氧性能，获得有实用价值的透氧膜，减小膜的厚度，开发出对称或复合支撑膜一直是人们关心和研究的热点之一。制备支撑膜的问题在于膜材料与支撑体的化学相容性以及热膨胀性等因素。到目前为止各国研究者尝试过浸渍和喷涂等方法，但仍难得到致密或化学组成均匀的非对称膜。

（3）干燥、烧结

致密性是钙钛矿型致密膜制备过程的关键问题，影响致密化过程的因素主要包括：煅烧温度及保温时间，粉体粒径，添加剂和成型技术四个方面。一般钙钛矿型致密膜的热处理条件控制在 1100～1300℃ 的煅烧温度，保温 5～10h 以及 2℃/min 的升温和降温速率。

在致密化过程中膜伴随着明显的收缩，控制不当会导致膜出现裂纹缺陷。Itoh 等[85,86]用显微镜观察测定了烧结温度对膜尺寸收缩的影响，结果见表 3-14，随着烧结温度的提高，膜的垂直和水平方向的收缩率均增加，表明膜趋于致密；但也不难发现垂直和水平方向的收缩率并不一致，这主要是由重力的影响所导致的。此外，烧结方法的确定还须考虑到材料的化学稳定性和结构稳定性。

表 3-14　钙钛矿膜收缩率与烧结温度的关系

温度/℃	收缩率	
	垂直方向	水平方向
600	0	0
740	0	0.028
800	0.014	0.028
900	0.029	0.042
1000	0.043	0.056
1100	0.1	0.097
1200	0.214	0.208
1300	0.314	0.306
1400	0.343	0.347
1500	0.318	0.375

3.3.11　无机膜缺陷修复技术

膜材料在制备过程中，其膜表面不可避免地会存在一定数量和大小的缺陷。这些缺陷的存在对膜性能会产生严重影响，且膜孔径越小缺陷影响越大。因而，开发合适的无机膜材料缺陷修复技术至关重要。

制膜过程中产生缺陷的原因是十分复杂的，除了以上的影响因素外，还存在膜厚效应，即所涂膜的厚度也会影响其完整性。膜厚度越大，干燥过程中收缩应力分布越不均，也就越容易出现裂纹缺陷；相反厚度过小，支撑体的缺陷会传递到膜上，导致膜不连续。当支撑体一定时，存在一最大允许膜厚度（或临界厚度）。表 3-15 为在孔径 0.2μm 铝支撑体上氧化铝、氧化钛和氧化硅三种膜的最大允许厚度。

表 3-15　氧化铝、氧化钛和氧化硅膜的最大允许厚度（孔径 $0.2\mu m$，$\alpha\text{-Al}_2\text{O}_3$ 支撑体）

膜材料	第一次涂膜最大允许厚度/μm	最大允许总厚度/μm	溶胶粒子大小/nm	有机添加剂	表面粗糙度（支撑体质量）/nm
$\gamma\text{-Al}_2\text{O}_3$	约 8	约 24	40（片状胶粒）	重复性提高	<300
TiO_2	约 2	>6	25~30（球形胶粒）	需添加	<100
SiO_2	50~100	50~100	0.2~2（聚合溶胶）	—	约 40

制膜过程中出现裂纹、针孔缺陷往往是难以避免的，因此修复膜的缺陷显得十分必要。重复浸涂-干燥-烧结的制膜过程多次，可以逐步降低膜的缺陷，提高膜完整性。重复过程中，一方面可降低支撑体的表面粗糙度，以减少缺陷；另一方面利用缺陷吸浆速率大的特点，使缺陷得以"自我"修复（self-repairing）。

针对薄壁支撑体（如中空纤维），由于其毛细作用力弱，使用常规的浸浆方法涂膜，不能够得到一层完整无缺陷的膜层。Okubo[87]与 Chu[88]都是采用终端过滤的方法，在多孔陶瓷中空纤维支撑体上制备了一层无缺陷的膜层。Zhu 等[89]采用改进的浸浆法，结合毛细吸浆作用和表面剪切作用，在底膜上实现了一种动态的颗粒沉积，制备出表面均一且无针孔等缺陷的毛细管膜层，膜层的最大孔接近膜的平均孔径且孔径分布很窄。

3.4　无机膜组件及成套化装置

3.4.1　概述

对于无机膜的实际工业应用而言，不仅要有良好的无机膜元件、膜组件，而且合适的操作工艺和清洗方法也是至关重要的。对一个膜过滤过程进行系统的实验研究，了解其分离机理，取得合适的操作参数，从而提出合理的工程设计，对于提高无机膜工程应用的技术经济指标是十分重要的。

3.4.2　膜元件

商品无机膜主要有三种形式：平板式、管式或管束式、多通道或蜂窝体。平板式主要用于实验室小规模分离和纯化，且多采用终端过滤的操作方式；而工业应用需要较大的膜过滤面积，于是管式或管束式，尤其是多通道或蜂窝体在工业过程中得以广泛的应用。多通道无机膜由于具有安装方便、易于维护，单位体积的膜过滤面积大，机械强度比管束式高等优点，适合于大规模的工业应用，已成为工业应用的主要品种。

管式及多通道式无机膜的操作方式基本为错流过滤形式。其中，多通道膜元件中流体流动方式见图 3-39。液体（或气体）沿通道流动，在驱动力（通常为压力）作用下，渗透液依次通过膜层、过渡层和支撑层。同时，大量未渗透出的液体继续沿通道流动，并在膜表面

产生冲刷作用，将过滤下来的物质带
走，避免在膜表面形成滤饼。由于液体
在通道中的流动方向和渗透液的流动方
向垂直，因而将这种过滤方式称为错流
过滤。以无机微滤膜元件为例，其支撑
层的孔径一般为 $1 \sim 20 \mu m$，孔隙率为
$30\% \sim 65\%$，其作用是增加膜的机械强
度，通常由 Al_2O_3、ZrO_2、C、SiC 及
金属等材料制成；过渡层的孔径比支撑
层的孔径小，其作用是防止膜层制备过
程中颗粒向多孔支撑层的渗透，厚度约
$20 \sim 60 \mu m$，孔隙率为 $30\% \sim 40\%$；膜
层厚度大约为 $3 \sim 10 \mu m$，孔隙率为

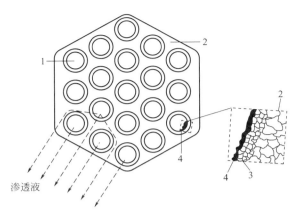

图 3-39　多通道膜元件中流体的流动示意图
1—通道；2—支撑层；3—过渡层；4—膜层

$40\% \sim 55\%$。目前，孔径在 $0.05 \mu m$ 以上的陶瓷微滤膜仍然是应用最广泛的无机膜材料。近
年来，小孔径的陶瓷超滤膜以及分离精度更高的陶瓷纳滤膜逐渐发展起来，在食品、化工及
医药等领域得到越来越多的关注。表 3-16 为国内外无机膜厂家的主要产品。

表 3-16　国内外无机膜厂家的主要产品

制造商	国家	膜材料	支撑材料	膜孔径	膜元件的形式	管径或通道内径/mm
Pall	美国	ZrO_2 α-Al_2O_3 TiO_2,SiO_2	Al_2O_3 ZrO_2	$20 \sim 100nm$	管式 多通道	$3 \sim 7$
NGK	日本	α-Al_2O_3 TiO_2	Al_2O_3	$0.1 \sim 1.2 \mu m$	管式 多通道	$2.5 \sim 30$
Tami	法国	α-Al_2O_3 TiO_2/SiO_2 TiO_2	Al_2O_3 ZrO_2 TiO_2	$0.14 \sim 1.4 \mu m$	管式 多通道	$2 \sim 15$
Atech	德国	α-Al_2O_3 ZrO_2 TiO_2	α-Al_2O_3	$0.05 \sim 1.2 \mu m$	管式 多通道	$2 \sim 16$
Novasep	法国	ZrO_2 TiO_2	TiO_2 Al_2O_3	$0.1 \sim 0.8 \mu m$	多通道	$2.2 \sim 6$
Inopor	德国	α-Al_2O_3 ZrO_2 TiO_2 SiO_2 γ-Al_2O_3	TiO_2 Al_2O_3	$0.07 \sim 1 \mu m$ $3 \sim 30nm$	管式 多通道	$2 \sim 15.5$
CreaMem	美国	α-Al_2O_3 TiO_2 SiO_2 SiC	TiO_2 Al_2O_3 SiC	$0.1 \sim 0.5 \mu m$ $5 \sim 50nm$	多通道	$2 \sim 5$
久吾	中国	α-Al_2O_3 TiO_2,ZrO_2	α-Al_2O_3 ZrO_2	$0.1 \sim 0.8 \mu m$ $5 \sim 50nm$	管式 多通道	$2 \sim 8$

3.4.3　膜组件

　　常见的无机膜组件是由单根、7 根、19 根、36 根或更多单管或多通道的膜元件构成，如图 3-40 所示，组件中进出料流动示意图见图 3-41。一台无机膜过滤设备通常包括很多膜组件，根据过程需要进行组合。图 3-42 是法国 Novasep 公司的一套 ZrO_2/TiO_2 复合陶瓷膜过滤装置，图 3-43 是我国自己开发的工业陶瓷膜过滤装置。

图 3-40　膜组件照片

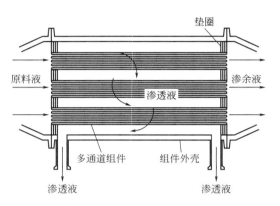

图 3-41　组件的进出料示意图

图 3-42　法国 Novasep 公司的工业陶瓷膜分离系统

图 3-43　我国开发的工业陶瓷膜分离系统

　　膜组件的装填密度是指单位体积的壳体中装填的膜面积，一般无机膜组件的装填情况见表 3-17。

表 3-17　无机膜组件的装填密度

膜元件的几何情况	装填密度/(m²/m³)	备注
平板式	30～40	
单管式	35～280	高装填密度多在实验室使用
管束式	120～300	
多通道（单个元件）	300～540	
多通道（多个元件）	100～200	

在陶瓷膜组件的设计和应用中必须解决膜的端封与膜组件的密封问题。管式或多通道膜的两端必须进行特殊处理，以达到对所有组分都不通过的要求，防止渗透液与截留液的返混及截留液通过分离层上的缺陷或膜两端支撑体上的大孔漏入渗透侧。目前主要采用两端涂上釉的方式进行陶瓷膜的端封。膜组件的密封是应用过程中的另一大问题，密封材料的选用与使用条件有密切的关系。在密封材料的选择中，需要注意以下因素：热稳定性，化学相容性，密封材料与膜材料之间热膨胀系数的匹配，避免在使用过程中挤碎。

对于液相过滤，硅橡胶、环氧树脂、聚酯等都已用于连接陶瓷膜与不锈钢或塑料（如：CPVC）制成的组件的壳体或封头。对于高温应用（尤其是气相过程），主要采用的密封材料有聚酰亚胺等，这些材料可以应用于 230℃ 以下；石墨/碳纤维及弹性石墨填料在氧化条件下可用至 300~400℃，在还原或惰性环境中可在 1000℃ 以下使用。

3.4.4　过滤过程

3.4.4.1　错流过滤

20 世纪 60 年代后期，错流过滤过程被用于反渗透和超滤过程中，以控制浓差极化。与终端过滤不同的是，错流过滤中存在着两股流出液体：一股是渗透液（或称滤液）；另一股是用于提供膜表面冲刷作用的循环流体。错流过滤的另一特征是存在着两个方向的速度：垂直于膜表面的滤液速度（v_1）和平行于膜表面的错流速度（v_2）。其典型流动示意图见图 3-44。后来由 Alfa-Laval 公司开发了一个新的微滤过程，又称 Bactocatch 过程；沿膜元件长度方向操作压差恒定，其流程图见图 3-45。这一技术首先用于牛奶和乳制品的过滤。与传统的错流过滤相比，膜的过滤通量有明显的提高。

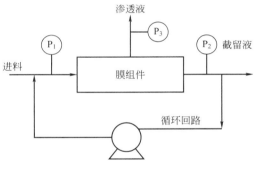

图 3-44　错流过滤示意图

传统错流微滤和 Bactocatch 过程的明显差别是：传统的错流微滤中，渗透侧压力保持恒定，而进料侧由于错流过滤造成了压力损失，所以沿组件长度方向操作压差不断变化；而 Bactocatch 过程中，渗透侧压力沿膜组件长度方向不断变化，以维持沿组件长度方向操作压差的恒定，这种操作方式可以通过在渗透侧加入泵进行循环得以实现。

在传统的错流过滤中，组件进口部分操作压力较高，膜的过滤通量也相应较高。但在高的膜面流速下操作，沿组件长度方向压力下降较快，所以通量也明显下降。这种通量的不均匀使得沿组件长度方向，膜的阻力分布不均（进口大、出口小），从而严重地影响了总的渗透通量；Bactocatch 过程克服了传统错流微滤的缺点，且由于浓差极化减小，膜的清洗周期明显增长，总的渗透通量提高。

3.4.4.2　操作方式

用于液体过滤的陶瓷膜微滤、超滤和纳滤过程，成套装置的基本操作方式有三种：开放系统、封闭系统、半开半闭系统。

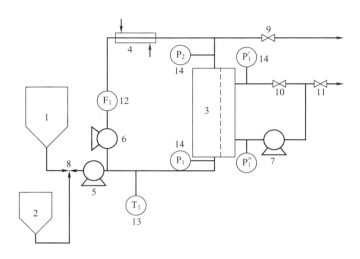

图 3-45 恒压差微滤过程的流程图

1—进料液储槽；2—清洗液储槽；3—膜组件；4—换热器；5—进料泵；6—截留液循环泵；
7—渗透液循环泵；8—三通阀；9—截留液出口阀；10—调节阀；11—渗透液出口阀；
12—流量计；13—热电偶；14—压力表

（1）开放系统

通常用于工艺的可行性实验，典型的操作流程见图 3-46。系统的错流速率和操作压力由单个泵提供。其缺点是每次都需将截留液在泵进口处由大气压力升至操作压力，系统的能量损失较大。而且由于料液不断循环通过泵和各个阀门，对进料液的性质可能有影响。

（2）封闭系统

典型流程见图 3-47。系统的错流速度和操作压力由低流量、高扬程的进料泵和高流量、低扬程的循环泵共同维持，减少了开放系统能量损失大的缺点。然而，这种系统的负效应也是十分明显的：在循环回路中料液的浓度不断增加，加速了膜污染，降低了膜的过滤通量。

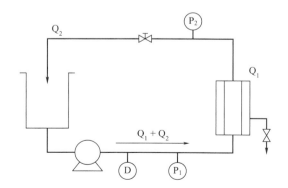

图 3-46 开放体系的流程图

D—流量计；P_1，P_2—压力表；
Q_1—渗透液；Q_2—截留液

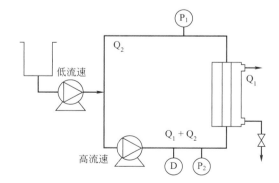

图 3-47 封闭系统的流程图

D—流量计；P_1，P_2—压力表；
Q_1—渗透液；Q_2—截留液

（3）半开半闭系统

工业应用中常用的一种系统，不仅克服了开放系统能耗高的缺点，也可以防止料液浓度的不断升高。一般可采用三种操作方式：间歇、连续和多级连续。

① 间歇操作过程　只有部分截留液回到料液槽，减小了系统内浓度的快速增长，浓度增长的减小幅度取决于 Q_2/Q_1。其典型流程图见图 3-48。

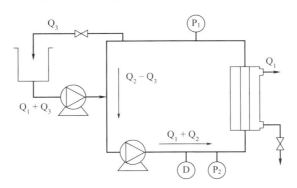

图 3-48　半开半闭系统间歇操作方式流程图

D—流量计；P_1,P_2—压力表；Q_1—渗透液；Q_2—进料液；Q_3—截留液

② 连续操作过程　见图 3-49，一部分截留液不断排出过滤回路，体积浓缩倍数的调节可以通过调节操作条件和渗透通量获得。

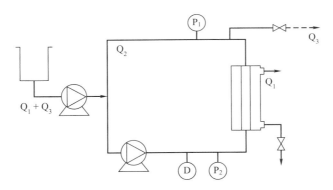

图 3-49　半开半闭系统连续操作方式流程图

D—流量计；P_1,P_2—压力表；Q_1—渗透液；Q_2,Q_3—截留液

③ 多级连续的操作过程　这一方式可以达到较高的浓缩倍数，见图 3-50。在给定的进料压力下，通过调节最后一级循环的截留侧压力就可以达到调节过滤压力差的目的。级数越多，过滤速率越接近间歇操作。这种操作方式下，单位膜面积可获较高的过滤通量。

3.4.4.3　膜污染的控制及清洗方法

在无机膜的应用过程中，膜污染的控制和膜的清洗方法十分重要。膜污染控制的目的是延长清洗周期，减少膜的清洗次数，而只有开发出能够完全恢复膜的稳定过滤通量的清洗方

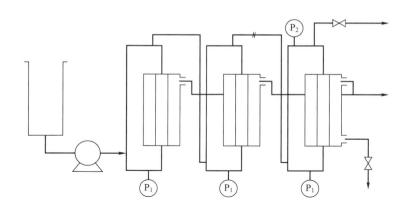

图 3-50　半开半闭系统多级连续操作方式的流程图

P_1，P_2—压力表

法，膜的过滤过程才能够投入实际应用。膜污染的控制主要是通过合适的操作方式和工业参数来实现的，清洗的关键是清洗剂和清洗条件。

针对不同的分离体系，膜污染控制的方法主要有以下几种：

① 原料液预处理；

② 膜表面的改性；

③ 外加场对膜污染进行控制，包括电场、离心场和超声波场；

④ 高压反冲，主要分为气体和液体两种反冲介质；

⑤ 强化传质，主要有改变流道截面的形状，由圆形改为星形，组件内插入不同的金属型芯，在进料液中加入气泡的方法等。

膜清洗方法通常可分为物理方法和化学方法，物理方法是指采用压水射流冲洗、海绵球机械清洗等去除污染物的方法。化学方法是采用对膜材料本身没有破坏性、对污染物有溶解作用或置换作用的化学试剂对膜进行清洗。

无机膜具有优异的化学稳定性和高的机械强度，可采用比有机膜更广泛的清洗方法进行清洗。目前无机膜化学清洗的一般规律为：无机强酸使污染物中一部分不溶性物质变为可溶性物质；有机酸主要清除无机盐的沉积；螯合剂可与污染物中的无机离子络合生成溶解度大的物质，减少膜表面和孔内沉积的盐和吸附的无机污染物；表面活性剂主要清除有机污染物；强氧化剂和强碱是清除油脂和蛋白、藻类等生物物质污染的；而对于细胞碎片等污染体系，多采用酶清洗剂。对于污染非常严重的膜，通常采用强酸、强碱交替清洗，并加入次氯酸钠等氧化剂与表面活性剂。在这些清洗过程中，常采用高速低压的操作条件，有时配以反冲，以发挥物理方法的作用，最大程度恢复膜通量。

3.5　无机膜在分离和净化中的应用

无机膜的应用主要涉及液体分离与净化，应用范围包括食品工业、医药工业、生物工程、化学工业、石油化工等。在气体分离领域应用主要包括气体（空气）的净化和气体组分的分离，发展前景十分广阔。

3.5.1 在食品工业中的应用

膜过滤在食品工业中的应用非常广泛，无机膜在食品领域的规模应用始于 1980 年。得益于研究学者们的不断突破，膜技术在近 20 年得到了突飞猛进的发展。据中国膜工业协会相关数据显示，2013 年食品饮料行业共安装无机陶瓷膜约 0.65 万平方米，2014 年为 0.75 万平方米。预计 2020 年无机陶瓷膜在国内食品饮料领域应用的市场空间将超过 3 万平方米。微滤、超滤技术的应用愈来愈广，纳滤技术也逐步成熟并且呈现出了突出优势，促使无机膜分离技术逐步应用于无菌过滤、蛋白质浓缩、果汁浓缩、酒精的澄清以及饮用水的净化等诸多食品制造加工领域。

3.5.1.1 在奶业中的应用

陶瓷微滤膜和超滤膜技术被大量用于牛奶和乳清的生产过程，其主要优点是可耐较高的操作压力，膜不易压密，可以进行酸/碱清洗，并能承受高黏度流体的强剪切力。典型应用实例见表 3-18。

表 3-18　无机膜在奶业中应用实例

用途	膜特征	参考文献
牛奶除菌	大于 0.1μm 的 Al_2O_3 膜	[90-94]
全脂牛奶浓缩	0.1μm 或 0.2μm 的 ZrO_2 膜	[90,91,93,95]
脱脂奶的浓缩	0.1～0.7μm 的 α-Al_2O_3 膜和 ZrO_2 膜	[91,93,96-98]
酸奶的浓缩	MWCO 70000 的 ZrO_2 膜	[91,93,99]
	MWCO 70000 的 ZrO_2 膜	
	0.1～0.8μm 的 Al_2O_3 膜和 ZrO_2 膜	
乳清蛋白浓缩	微滤膜和超滤膜两级过程	[91,93,100]

在奶业应用中，膜的污染主要来源于蛋白质在膜面的吸附，使用硝酸、磷酸和氢氧化钠、次氯酸钠、过乙酸等溶液对膜进行化学清洗可恢复膜的通量。

3.5.1.2 蛋白质的浓缩

蛋白质的浓缩和回收是无机膜在食品工业的另一主要应用领域。无机膜优异的化学稳定性和高机械强度，可以通过高压反冲以延缓蛋白质对膜的污染过程，同时采用酸/碱交替化学清洗使膜完全再生，这些特点使得无机膜在蛋白质加工过程具有明显的优点。但由于蛋白质加工一般需用超滤膜，无机膜的高成本、低装填面积限制了这一领域的大规模应用，目前主要工作大多处于实验研究之中，见表 3-19。

表 3-19　无机膜在蛋白质加工过程中的应用

用途	膜特征	参考文献
鱼类加工业中蛋白质的回收	MWCO 1000 的陶瓷膜	[101,102]
动物、植物蛋白的浓缩。如：鸡蛋白蛋白,血细胞蛋白,大豆蛋白	MWCO 5000、20000、50000 的陶瓷膜	[103-105]

3.5.1.3　果（蔬菜）汁澄清

传统的果汁澄清方法需要经过多步的过滤，并需要助滤剂等。膜技术的应用对于提高果汁含量、降低操作成本是十分有意义的，无机膜在果汁过滤中逐渐显示其优越性。表 3-20 是无机膜在果汁过滤中的应用实例，表 3-21 是无机膜过滤几种果汁的典型操作参数。就目前现状而言，果汁过滤是无机膜应用的重要领域之一，商品化的成套装置规模已达 160m² 以上。

表 3-20　无机膜在果汁澄清过滤中的应用实例

用途	膜特征	参考文献
澄清预滤后的苹果汁	0.2μm 的 ZrO₂ 膜	[106-109]
	MWCO 20000、15000 的 ZrO₂ 膜	
从苹果渣内直接提取苹果汁	陶瓷膜	[110,111]
其他果汁的澄清：梨、菠萝、桃、胡萝卜、甜菜根、草莓、番石榴等	无机膜	[107,112,113]

表 3-21　无机膜过滤几种果汁的典型操作参数

果汁名称	通量 /[L/(h•m²)]	膜孔径 /μm	操作温度 /℃	操作压力 /MPa	表面流速 /(m/s)
苹果浓汁（70~71Brix）	17.5	0.2	70~75	0.5	4.9
苹果汁（固含量 1%~5%，果胶 1%）	250	0.2	22	0.35	4.9
苹果汁（12.5Brix，1%不溶物，果胶 1%）	460	0.2	75	0.4	6.7
橙汁（10.5Brix）	50	0.2	15	0.15	4.4
红果汁（12~12.4Brix）	167	0.45	50	0.15	4.9
菠萝汁（7%可溶物）	20	0.45	50	0.35	4.6
葡萄柚汁	240	0.2	50	0.7	5.3
红玫瑰汁	22	0.2	25	0.15	盲端过滤
草莓汁（1∶2 体积比）	70~100	1.1	30	0.1	5~7
甘蔗汁	50~70	1.1	35	0.1	2
南瓜汁	20	1.1	25	0.45	5~7

无机膜在果汁应用中对膜产生污染的物质主要为多糖。苹果汁澄清中膜的再生采用碱溶液冲洗、酸漂洗的方法，也可采用蒸汽灭菌的方法[114,115]。

3.5.1.4　饮用水的净化

无机膜可用于地下水和地表水的净化过程中，除去水中的颗粒、细菌及某些重金属污染物。欧洲尤其是法国自 1984 年以来，将无机膜与其他常规过滤方法相结合用于生产饮用水的装置已有多套，其产水量从 7m³/h 到 120m³/h 不等。0.2μm 的陶瓷膜处理地表水前后的水质比较见表 3-22，地表水经一级过滤即可达到饮用水要求。如果水中存在低分子有机物，则可以将陶瓷微滤膜与吸附过程相结合，生产出符合饮用水要求的净化水，图 3-51 是我国自主开发的吸附-陶瓷膜净化水集成装置。

表 3-22　0.2μm 陶瓷膜处理地表水前后的水质

水质指标	原水	净化水
浊度/NTU	100~120	0.1~0.25
有机物含量/(mg O$_2$/L)	6.5~7.3	0.5
Al/(μg/L)	2700	15
Fe/(μg/L)	3000	40
Mn/(μg/L)	45	>4
细菌(20℃)/个	>1000	0

图 3-51　吸附-陶瓷膜净化水集成装置

3.5.1.5　酒的澄清过滤

采用无机膜错流微滤可以一步完成传统制酒业中的原酒的澄清、灭菌和稳定过程。其主要应用见表 3-23，典型的陶瓷膜澄清红酒的操作参数见表 3-24。无机膜具有良好的化学稳定性及耐热性，在啤酒澄清过滤中应用前景广阔。传统的啤酒澄清过程为：发酵液→离心分离→硅藻土过滤→平板过滤→终端过滤→灭菌过滤，而采用陶瓷膜则仅需两步过程即可完成：发酵液→离心过滤→陶瓷膜错流微滤。采用陶瓷膜澄清啤酒不仅可以减少操作过程，而且处理后的啤酒风味更佳，尤其可延长生啤酒的保质期。

表 3-23　无机膜在酒的澄清过滤中的应用

用途	膜特征	参考文献
白酒和红酒澄清	2.0μm Al$_2$O$_3$ 膜	[116,117]
啤酒澄清	0.2~1.4μm 陶瓷膜	[118-120]
罐底啤酒的回收和酵母的回收	0.8μm Al$_2$O$_3$ 膜	[121,122]

表 3-24　陶瓷膜澄清红酒的典型操作参数

错流过滤速度/(m/s)	操作温度/℃	操作压力/MPa	渗透液中细菌数/(个/100mL)	通量/[L/(m^2·h)]
2.5	20	0.3		55
3.1	20	0.3	0	65
3.9	20	0.3	0	75

续表

错流过滤速度 /(m/s)	操作温度 /℃	操作压力 /MPa	渗透液中细菌数 /(个/100mL)	通量/[L/(m²·h)]
4.7	20	0.3	0	95
4.7	20	0.1	0	65
4.7	20	0.2	0	75
4.7	20	0.3	0	85
4.7	20	0.5	0	85
4.7	20	0.7	0	85
4.7	20	0.9	0	85
4.7	10	0.3	0	60
4.7	20	0.3	0	95
4.7	30	0.3	0	120
4.7	40	0.3	0	150

注：膜孔径为 $0.2\mu m$，Membralox 的 Al_2O_3 陶瓷膜。

3.5.2　在生物化工与医药工业中的应用

无机膜在生物化工和医药工业中的应用主要用于分离和回收原生质，微生物和酶及生物发酵液的澄清、脱色活性炭的回收等，膜生物反应器则处于开发研究阶段。生物化工和医药工业是无机膜应用的重要领域，膜的污染控制和清洗方法的开发研究是进一步推广的技术基础。

3.5.2.1　发酵液的过滤

采用无机膜对发酵液进行错流过滤，可以将澄清与除菌过程一步完成，得到的澄清液清澈透明，有利于提高产品质量，简化后续提取过程。与传统的袋式过滤和离心过滤相比，无机膜过程可以实现连续密闭操作，具有明显的技术优势。发酵液过滤的污染主要来自生物在膜面的吸附和杂质对膜孔的堵塞，一般的再生方法是采用反冲技术延缓膜过滤通量的衰减，采用碱洗技术对膜进行再生。表 3-25 是有关发酵液过滤的若干研究报道。图 3-52 是南京工业大学膜科学技术研究所与江苏久吾高科技股份有限公司研制生产的用于生物发酵液过滤的成套装置。

表 3-25　发酵液的过滤

用途	膜特征	参考文献
甲烷发酵液中微生物的分离	$0.2\mu m$ 的复合 Al_2O_3 膜，$0.2\sim0.57\mu m$ 的对称 Al_2O_3 膜	[123-125]
乙醇和酒精生产中酵母的分离和浓缩	陶瓷微滤膜 $0.2\mu m$ 的管式 Al_2O_3 膜 $0.14\mu m$ 的 ZrO_2 膜 $0.04\mu m$ 的玻璃膜	[126-131]
乳酸和丙酸的分离	MWCO 20000 的 ZrO_2 膜 $0.14\mu m$ 的 ZrO_2 膜 $0.05\mu m$ 的 TiO_2 膜	[132-135]
甘蔗发酵液中糖的回收	$0.2\mu m$ 的 Al_2O_3 膜 $0.05\mu m$ 的 TiO_2 膜	[136,137]

图 3-52　头孢霉素生产中的陶瓷膜装置

3.5.2.2　血液制品的分离与纯化

血浆的净化必须在低温下进行,以防止细菌的污染和蛋白质的变性,陶瓷微滤膜是合适的选择。影响陶瓷膜过滤的重要因素包括血浆的粒度以及血浆中细胞、蛋白质的浓度、种类、大小、形状等,过滤过程尚受到膜污染和凝胶层的限制。采用化学清洗方法可以使陶瓷膜得到完全再生。采用陶瓷膜对血浆净化在技术上是可行的,但其应用还必须得到卫生部门的认可,表 3-26 是部分研究工作。

表 3-26　血液制品的分离和纯化

用途	膜特征	文献
血液中原生质的分离	$0.2 \sim 0.8 \mu m$ 的 Al_2O_3 膜	[138]
原生质的分离	玻璃膜	[139]
血液分级	不同孔径 Al_2O_3 膜的多级组合	[140,141]

3.5.2.3　中药提取与纯化

中成药制备大多需经煎煮水提,水提液中含有悬浮及可溶性杂质,必须除杂处理后方可制成各种剂型成药。传统水提醇沉工艺存在一些不足之处:中药总固体及有效成分损失严重,乙醇用量大且回收率低,生产周期长等。用无机陶瓷膜对中药水提液进行澄清处理有显著优点:水提液无需冷却可直接过滤,减少生产环节,膜的再生方便;除菌彻底,膜本身可直接高温灭菌;无论中药水提液性质如何,对膜本身没有影响;对中药有效成分基本无截留等。

对水提液进行澄清处理,20 世纪 80 年代初日本汉方制剂专利中采用的是微滤澄清再超滤除杂。随着中成药口服液的大量开发,中药水提液的澄清技术愈发重要,采用微滤膜进行中药水提液的澄清处理有广阔的应用前景[142-145]。邢卫红等[146]考察了皮康宁复方中药水溶液的微滤澄清的工艺参数,并获得了陶瓷膜在中成药生产中应用的成套装置设计数据和工艺操作参数。采用的陶瓷膜平均孔径为 $0.2 \mu m$,实验流程如图 3-53 所示。

研究了操作压力对膜过滤通量的影响关系,在较低的压力范围内随着压力的增大膜通量随之增大;而在较高的压力下,随压力的增大膜通量的变化趋于平缓,适宜的操作压力为 0.06~

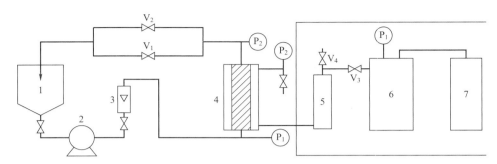

图 3-53 中药澄清实验装置流程图

1—储槽；2—离心泵；3—流量计；4—膜组件；5—液体缓冲罐；6—气体缓冲罐；7—氮气钢瓶

0.1MPa。膜面流速对过滤通量有一定影响，随着膜面流速的增大。料液的湍动程度及沿膜面的剪切力相应增加，膜面的凝胶阻力减小，膜通量随之增大，但流速过高，易产生大量泡沫，操作不稳定，通量有起伏，考虑到动力消耗，适宜的流速为 2.5m/s 左右。

　　温度升高有利于过滤通量的提高，在 10～45℃ 温度范围内，基本呈线性关系，如图 3-54 所示，在表面流速为 2.48m/s，操作温度为 40℃ 时，过滤通量为 80L/(m²·h·bar)。图 3-55 给出的是不同表面流速对通量衰减的影响，过滤通量基本上均是在 10min 之内下降，此后通量基本稳定，图 3-56 给出的是 10℃ 下随表面流速改变而改变的通量，开始操作时表面流速为 2.48m/s，过滤通量能维持在一个较高的水平，随后降低表面流速过滤通量也随之下降，当表面流速增大为 2.98m/s 时，过滤通量略有上升，当表面流速又恢复到 2.48m/s 时，过滤通量基本又恢复至 45L/(m²·h·bar)左右，这说明较佳的表面流速为 2.5m/s 左右。实验研究表明浓缩比对过滤通量和澄清效果基本没有影响，结果见表 3-27 和表 3-28。通过陶瓷膜的微滤过程，药液中的悬浮杂质已基本除去，达到了澄清目的，为后续工艺开发奠定了基础。

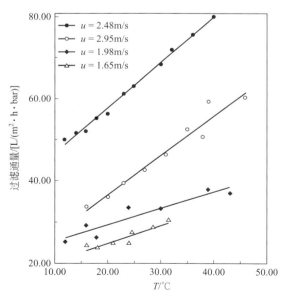

图 3-54　操作温度对过滤通量的影响

（1bar＝10⁵Pa）

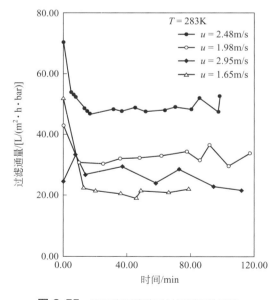

图 3-55　不同表面流速对过滤通量的影响

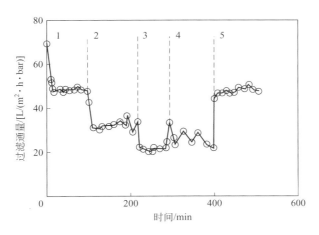

图 3-56 过滤通量随时间的衰减曲线

1—$u=2.48$m/s；2—$u=1.96$m/s；3—$u=1.65$m/s；4—$u=2.98$m/s；5—$u=2.48$m/s

表 3-27 浓缩比对过滤通量的影响

浓缩比	1/16	1/8	1/4	1/2
过滤通量/[L/(m²·h·bar)]	39.78	39.21	41.95	37.74

陶瓷膜具有优异的化学稳定性和良好的机械强度，在中成药制备过程中的突出优点在于其抗污染能力强，对料液的前处理要求不高，膜可以反复再生，操作过程稳定，产品质量能够得到充分保证，是值得大力发展的陶瓷膜应用领域，同时也是中成药制备技术的重要发展方向之一。

表 3-28 浓缩比对浊度、吸光度、黏度的影响

浓缩比	黏度/10^{-5}Pa·s		浊度/(mg/L)		吸光度(稀释 35 倍,$\lambda=530$nm)	
	浓缩液	澄清液	浓缩液	澄清液	浓缩液	澄清液
1/16	152.2	132.2	≫100	80	0.144	0.023
1/8	160	132.4	≫100	82	0.157	0.036
1/4	167.2	131.8	≫100	89	0.410	0.037
1/2	184.5	132.1	≫100	100	0.438	0.039
水提液	138.2		≫100		0.248	

3.5.3 在环保工程中的应用

随着环境保护意识的提高和工业废水排放标准的严格化，膜分离作为一项新的高科技环保技术已越来越受到环境科学工作者的重视。无机膜在环境保护领域中主要用于废水和废气的处理。无机膜处理废水的对象是含有固体颗粒和大分子污染物的废水、含油废水、生物废水等，随着孔径处于纳米级的微孔膜的研究进展，无机膜对含低分子有机污染物、重金属离子、表面活性剂的废水处理也展现出良好的发展前景。无机膜处理废气主要涉及高温气体除

尘和腐蚀性气体的净化。尽管无机膜在环境保护领域中应用技术上是完全可行的，但成本相对较高，在选择处理技术时，技术经济比较应予以特别关注。同时在开发此类技术时，必须对工艺操作条件进行细致研究，强化传质过程，降低操作成本，并在装置材料选择上尽可能采用廉价材料，减少投资。

3.5.3.1 在含油废水处理中的应用

工业生产中含油废水的来源极为广泛，如油田采出水、金属表面的清洗废水、石油化工生产中的含油废水、金属切削研磨所用的润滑剂废水、钢铁厂冷轧乳化液废水，等等。这些废水若直接排放，将污染环境。由于含油废水往往具有难降解、易乳化等特点，一般的方法处理难以得到理想的处理效果。无机膜处理含油废水具有操作稳定、出水水质好、占地面积小、扩建方便、正常工作时不消耗化学药剂，也不产生新的污泥以及回收油质量比较好等优点，在含油废水处理中已日益显示出极强的竞争力。

无机膜处理含油废水的机理主要是利用油的表面张力，使得大于膜孔径的油滴被膜孔截留，由于过滤过程中会形成凝胶层，实际过滤过程中往往能截留比膜孔径小的油滴。用于处理含油废水的无机膜主要有氧化锆膜、氧化铝膜，不锈钢和复合陶瓷膜也有过研究报道。早在 20 世纪 70 年代初期，由 Union Carbide 开发的 ZrO_2 动态膜（UCARSEP），在废水处理中已得到应用，用孔径为 $0.02 \sim 0.1 \mu m$ 的 UCARSEP 超滤膜，透过液含极少量的油，可以直接排放或再利用，浓缩的油可以循环使用或作燃料。目前无机膜用于含油废水处理主要应用领域是油田采出水处理，金属清洗液、轧钢乳化液、冷轧乳化液的处理，以及石化、化工行业的含油废水处理。

（1）油田采出水处理

油田采出水是原油初加工过程的产物，我国每年大约有 5 亿吨的油田采出水需要处理，一般这些采出水经过处理后绝大部分用于回注油层，这样既解决了注水水源问题，又保护了环境。我国陆上油田已经探明储量的有一半以上为低渗透油田，低渗透油田对回注水有严格的要求，含油量要小于 $5mg/L$，悬浮物小于 $1mg/L$，目前工业上对低渗透油田的回注水处理还没有合适的方法[147]。解决低渗透油田采出水问题对保持我国石油的稳产、高产具有十分重要的意义。

无机膜由于其独特的材料性能，在处理油田采出水方面具有突出的优势，引起了国内外的广泛注意。Chen[148]、Humphrey[42]等采用 Membralox® 陶瓷膜进行了陆上和海上采油平台的采出水处理研究，经过适当的预处理后取得了较好的结果。王怀林[149]等采用南京工业大学膜科学技术研究所研制的 $0.8\mu m$ 氧化铝膜和 $0.2\mu m$ 氧化锆膜对江苏石油勘探局真武油田真二站三相分离器出口水进行了处理，并将国产膜与 Membralox®（U. S. Filter）的 $0.2\mu m$ 氧化铝膜进行了比较，认为两种国产膜的长期稳定运行通量较高。Simms[150]等采用了高分子膜和 Membralox® 陶瓷膜对加拿大西部的重油采出水进行了处理，其通量相对较小。徐俊[151]等采用 100nm 孔径非对称结构的陶瓷超滤膜对大庆油田采出水进行了处理，出水达到了油田低渗透层的回注水质 A_1 级要求。丁慧[152]等采用 200nm 孔径的陶瓷膜对胜利油田某污水处理站的油田采出水进行了操作参数的优化及污染机理的研究。表 3-29 是以上研究工作的主要结果，从中可以看出，采用陶瓷膜处理油田采出水基本是可行的，不同的采出水处理效果和通量不同，相对而言重油油田采出水较难处理。

表 3-29 陶瓷膜处理油田采出水结果一览表

原水		出水		通量 /[L/(m²·h)]	操作压力 /MPa	温度 /℃	膜面流速 /(m/s)	文献
悬浮物含量 /(mg/L)	油含量 /(mg/L)	悬浮物含量 /(mg/L)	油含量 /(mg/L)					
73~290	28~583	<1	<5	1400~3370	0.04~0.26	32.2~40	2~3	[148,42]
30~200	20~500	0~2.3	0~3.2	1680	0.1~0.15	40~50	1	[149]
150~2290	125~1640	<1	<20	200	<0.175	30~60	0.5~4	[150]
13~26	12~25	<1	<1	80~300	0.3	37±0.5	5.0~5.5	[151]
3.5~6.2	5~10	<1	0.18	600~1700	0.16	50	5	[152]

(2) 金属清洗液、轧钢乳化液和冷轧乳化液废水处理

金属清洗液是机械加工行业的主要废水之一，这类废水往往成分比较复杂，主要为油脂、表面活性剂、悬浮杂质和水，一般废水量不大，但污染严重，且处理困难，与此类似的废水还有金属切削液、润滑液等。Superior Planting Inc. MN. 为美国中西部最大的金属加工厂之一，推出了一种结构非常紧凑的陶瓷膜金属清洗液回收系统，其经济效益十分显著，1.6 年即可收回装置投资。含油、脂和固体杂质的废水，通过陶瓷膜过滤，净化水回清洗槽循环使用，而浓缩的油脂浮在回收槽液面上而得以除去，一些悬浮固体，如 $Fe(OH)_3$ 等，定期从槽底移去。废水经陶瓷膜过滤，油含量从 448mg/L 降至 19mg/L，去油率为 96%。通过陶瓷膜处理，清洗液的更换周期从每周一次延长到 6 个月。

采用了孔径为 0.05μm 的氧化锆膜处理金属清洗液，通过过滤除去废水中的油和杂质，滤过水补充适当的表面活性剂即可重新使用，其结果见表 3-30。冷轧乳化液是轧钢行业产生的一种废水，主要含有 1%~3% 的矿物油、乳化剂和水，与金属清洗液比较类似，常规的方法处理效果不好，且处理费用高，是困扰我国轧钢行业的一大技术难题。张国胜等[153]采用 0.2μm 的氧化锆膜处理冷轧乳化液废水，比较了孔径、膜材质等参数对过滤通量的影响，详细考察优化了操作过程，并采用添加湍流促进器来降低循环量，在保证过滤通量的前提下可以显著降低表面流速，其能耗仅为正常操作的 20%。陈哲宇[154]采用陶瓷膜处理冷轧钢生产厂里的废乳化液，比较了废乳化液的预处理和未预处理时膜通量及设备运行周期的差异，发现有效预处理能够有效地延长设备运行周期，其结果见表 3-30。

表 3-30 陶瓷膜处理金属清洗液和冷轧乳化液结果一览表

原水		出水		通量	操作压力 /MPa	温度 /℃	膜面流速 /(m/s)	文献
悬浮物含量 /(mg/L)	油含量 /(mg/L)	悬浮物含量 /(mg/L)	油含量 /(mg/L)					
60~1600	496~12648	5~22	12~36	51~170L/(m²·h)	<0.234	53~68	2.7~3.5	[155-157]
	50000		<10	120L/(m²·h·bar)	0.1~0.2	16~45	5~7	[153]
6000~7000	3800~4800	8.7~9.4	6.4~7.8	45~65L/(m²·h)	0.15	40		[154]

(3) 石化含油废水

Lahiere 和 Goodboy[158]采用孔径为 0.2~0.8μm 的氧化铝膜处理烷基苯厂废水中的芳烃和石蜡油，其含量为 15~500mg/L，通过加入 160mg/L 盐酸和 160mg/L 氯化铁进行预处理可获得较大的通量，$0.2\mu m$ 膜通量较大，膜面流速为 $4.6m/s$ 左右，稳定通量为 $1250\sim 1540L/(m^2 \cdot h)$。对膜污染的控制采用自动反冲系统，用气顶水反冲，每 $3\sim 5d$ 对膜管进行一次清洗。先用 5% 热碱循环，用透过液漂洗，再用 5% 盐酸清洗，最后用透过液漂洗，时间为 1h，试验结果表明陶瓷膜技术比传统的方法具有一定的优势。邢卫红等[159]采用孔径为 $0.2\mu m$ 的陶瓷膜处理炼油厂含焦废水，过滤通量为 $300L/(m^2 \cdot h)$，截留率 95% 以上，且可显著降低 COD 值。

3.5.3.2　在废油过滤中的应用

由于无机膜具有良好的耐热、耐化学溶剂和较好的机械强度，可以用于各种油品的过滤。无机膜用于废油的再生，已经建起了年处理 5000t 废机油的中试工厂。一般废油中含有水、泥浆、炭粒子、金属粒子等杂质，传统的废油再生方法是采用酸处理，并加黏土等对废油进行精制，这种方法将产生大量的酸性淤泥，为环保所不允许。采用孔径在 $20\sim 40nm$ 的无机超滤膜可以对废油进行处理，这一过程的操作温度一般在 $200\sim 350℃$，操作压差 5bar，膜面流速 $3\sim 5m/s$，其渗透通量约为 $20\sim 30L/(m^2 \cdot h)$，反冲压力达 30MPa。Kim 等[160]采用陶瓷超滤和微滤膜过滤废润滑油，可使之转变为可用的燃料油，处理温度为 $150\sim 200℃$，过高的温度会引起油的碳化分解，通量主要取决于温度和膜与废油间的相互作用。

为了脱除重油中的沥青，一般加入溶剂使沥青沉降，Deschamps 等[161]试验了采用孔径为 $2\sim 15nm$ 的氧化铝和氧化锆膜进行溶剂脱除，发现随孔径增大，分离效率从 100% 降低到 30%。进一步还试验了用孔径为 $30\sim 600nm$ 的氧化锆和氧化铝膜回收转化油中的催化剂，在较高的膜面流速和温度下可获得稳定的通量，催化剂回收率大于 98%。Guizard 等[162,163]采用孔径为 6.3nm 的氧化锆膜从石油渣中直接脱沥青，处理温度为 150℃，膜面流速为 $11.5m/s$，通量为 $80L/(m^2 \cdot h)$，沥青去除率大于 75%。

钟道悦[164]用平均孔径为 $0.2\mu m$ 的陶瓷膜，在过滤温度为 75℃、真空度为 0.095MPa 条件下处理废润滑油，膜通量达到 $231.9L/(m^2 \cdot h)$，再生油样的透光率为 76.29%，40℃ 运动黏度为 $51.41mm^2/s$，黏度指数为 156，酸值为 2.03mg KOH/g。经过膜分离后，去除了部分胶质、沥青质和酸性物质等杂质，再生油质量得到了较大的改善。

3.5.3.3　在 MBR 中的应用

膜生物反应器（membrane bioreactor，MBR）是 20 世纪末发展起来的一项新型水处理技术，它将分离过程中的膜技术应用于活性污泥处理系统，使膜分离与生化处理相结合，以膜组件取代传统生化处理技术中的二次沉淀池和砂滤池，在生化反应器中既保持了高活性污泥浓度，又减少了污水处理设施的占地面积。

在 1996 年，陶瓷膜生物反应器在食品工业废水处理中就有应用[165]，英国巴斯大学使用错流陶瓷膜耦合生物反应器处理乳制品加工废水，陶瓷膜提供的较高的曝气使 BOD_5 与 COD 体积去除率明显提高（分别为 117% 和 128%）。

（1）医药废水

西班牙某药厂[166]对生物碱类进行提取和纯化，生产过程中加入硅藻土过滤。经检测得到废液中含有大量 $50\sim 100\mu m$ 的微粒，并且溶剂的化学腐蚀性很强。用陶瓷膜生物反应器进行处理，反应器内微生物浓度高达 35g/L，最大处理量 $350m^3/d$，平均处理量 $300m^3/d$，

平均进水 COD_{Cr} 为 15000mg/L，出水水质 $BOD_5<25mg/L$、$SS<5mg/L$、$Ca^{2+}<150mg/L$、$Fe^{2+}<20mg/L$、$Si<5mg/L$、硬度 $<500mg/L$（以 $CaCO_3$ 计）。相比较之下，有机膜生物反应器短时间运行过后，通量变低且处理效果也变差。经分析，发现有机膜已经被料液腐蚀损坏，活性层已完全降解。

（2）印染废水

2009 年中国地质大学用微滤陶瓷膜生物反应器处理印染废水，处理结果得到 COD_{Cr}、TOC（总有机碳）和色度去除率分别达到 85%、85%~90% 和 70%，出水的平均 COD_{Cr} 为 70mg/L[167]。

（3）合成废水

2015 年日本立命馆大学[168]用低成本的陶瓷过滤器制成膜生物反应器来处理合成废水，废水中主要含有洗发香波、洗洁精和衣物洗涤剂，采用重力出水，平均通量达到 11.5LMH [1LMH＝1L/(m²·h)]，出水水质实现了表面活性剂基本完全降解（达到 99%~100%）以及有机物去除率很高（达到 97%~100%）。

陶瓷膜生物反应器对含有酚类等有毒有机化合物的处理也有相关应用。土耳其 C.B. Ersu 等[169]使用陶瓷膜管制成 MBR 对含有苯酚的废水进行处理，苯酚去除率大于 88%。工业废水中的一些有机化合物的毒性会抑制微生物生长，导致微生物量下降进而影响出水水质，而膜生物反应器具有保留高浓度生物量的特点，使其在这些相关水处理中具有很好的优势。

（4）市政污水

对于市政生活污水的处理，国内也有一些相关研究报道。徐农等[170,171]采用多通道陶瓷膜管处理市政污水，并且使用湍流促进器增大膜通量、降低膜污染，通量可达 70~175LMH，出水水质较好，COD_{Cr} 去除率达到 95% 以上。

3.5.3.4　在其他废水处理中的应用

在化工及其他行业中往往产生一些具有强酸、强碱或强腐蚀性的废水，有机膜往往难于胜任，而无机膜由于其优异的化学稳定性，在处理这些废水时具有独到的优势。

（1）化工废水

在硫酸法生产钛白粉的过程中，产生大量的含酸废水，其中含有偏钛酸细微颗粒，传统的沉降方法不仅占地面积大，而且回收不完全，限制了废酸的回收，Bauer 等[172]研究了采用碳纤维膜处理硫酸法生产氧化钛中产生的含氧化钛细颗粒废酸，其结果见表 3-31。李红等[173]采用氧化铝陶瓷微滤膜处理类似的废酸，取得了较好的结果（见表 3-31），并认为浓度对通量影响不大，可以用于钛白粉的浓缩回收，现已建成了多套工业性处理装置。NGK 公司采用氧化锆陶瓷膜从盐酸溶液中回收 ZrO_2 细微粒子，用去离子水进行洗涤，以除去产品中的酸液，经过处理，洗涤水的电导率从 200mS/cm 下降到 0.5mS/cm。

表 3-31　采用无机膜处理含钛白粉废酸结果

膜种类	膜孔径/μm	通量/[L/(m²·h)]	过滤压差/MPa	膜面流速/(m/s)	反冲效果	清洗方法	文献
碳纤维膜	0.2	100~250	0.2~0.5	4	不明显	2%HF 每天 2h	[172]
氧化铝膜	1	1000	0.2	3.5	明显	盐酸、草酸交替	[173]

　　王树勘等[174]采用陶瓷膜过滤装置处理中国石油兰州石化公司化工污水处理厂的外排水（浊度 153mg/L），在操作压力为 0.12MPa、膜面流速为 6.0m/s 的最佳工艺条件下，可得到出水浊度＜6.8mg/L 的净化水。

（2）石化废水

　　在氯乙烯单体（VCM）生产过程中会产生一些含有重金属离子的废水，由于废水中同时含有 0.3％的 EDC(1,2-二氯乙烷) 和其他有毒有害物质，沉降出的重金属离子废渣必须焚烧处理，Lahiere 和 Goodboy 等[158]研究了采用 0.8～1.4μm 的氧化铝膜除去沉淀的重金属离子和浓缩污泥，重金属离子浓度从废水中的 0.012％浓缩至 17％～20％，废水过滤通量为 630～920L/（m² · h），浓缩污泥通量为 160～230L/（m² · h），温度为 35～55℃。Lahiere 和 Goodboy 等[158]还研究了采用 0.2μm 氧化铝膜除去 VCM 工厂废水中的 EDC 乳化液，中试获得的稳定通量为 1290L/（m² · h），操作温度为 30～45℃。

（3）胶乳废水

　　胶乳废水的浓缩早在 20 世纪 70 年代中期就有成功应用。采用动态氧化锆膜处理胶乳废水，可从 0.5％浓缩到 25％～65％以回收胶乳，其中最重要的参数是膜面流速、过滤压差和浓度。对 4％的胶乳，压差为 0.3MPa 时，通量为 150L/（m² · h），由于大于 50℃时会发生胶乳团聚，因此适当的处理温度为 20～35℃。美国 Union Carbide 公司研制的 Ucarsep 膜分离工艺，选用无机多孔膜处理含胶乳废水，可去除料液中 80％～97％的水分，并获得总固含量为 25％～50％的胶乳产品[175]。其过滤液实际上已基本不含悬浮物，因此可用作循环水来替代部分新鲜水。我国兰州化学工业公司利用 HFM 膜处理胶乳浓度为 0.11％～0.57％的洗釜废水，在中试规模下取得了较好的效果，浓缩液胶乳浓度为 28.0％～33.3％，排放水可达国家二级排放标准。在选定工艺条件下运行 1100 多小时，膜通量未出现明显衰减。

（4）造纸和纺织废水

　　无机膜由于其耐高温和酸碱，在造纸和纺织行业的废水处理上有一定的优势。然而由于存在处理成本过高、排放标准执行不严等问题，无机膜在许多场合尽管技术上是可行的，却难以得到应用。目前已经商业化应用的过程是从废水中回收合成高分子，如聚乙烯醇，另一个正在开发的领域是除去废水中的染料。

　　采用碳支撑氧化锆膜回收聚乙烯醇始于 1973 年，回收率大于 95％，在强酸性条件下，使用寿命可达 5 年或更长，通量可达 100～150L/（m² · h）。Soma 等采用 0.2μm 氧化铝膜处理印染废水，取得了较好的效果，其中不溶性染料去除率大于 98％，通过加入一些表面活性剂可使可溶性染料的去除率大于 97％，工业性试验中染料的去除率为 80％，COD 去除率为 40％，通量为 26～28L/（m² · h · bar）。Nooijen 和 Muilwijk[176]则采用无机膜回收涂料生产废水中的涂料。

　　Neytzell-de-Wilde 等采用氧化锆动态膜处理羊毛洗涤水，在 4.7MPa 的过滤压差下，通量为 30～40L/（m² · h），处理温度为 60～70℃，膜面流速为 2m/s。Jönsson 和 Petersson 等[177]采用 0.2μm 氧化锆膜处理造纸废水，随污水不同通量为 150～1300L/（m² · h），COD 去除率为 25％～45％。Barnier 等[178]采用截留分子量为 70000～110000 的金属氧化物膜处理造纸黑液，处理温度为 85～115℃，磺化油可从 （105～124）×10⁻⁶浓缩至 （280～300）×10⁻⁶，通量为 43～60L/（m² · h）。

　　处理印染废水等难降解有机物一种比较新的方法是采用光催化氧化降解，常用的催化剂为一些金属氧化物如氧化钛、氧化铁等，超细催化剂具有较高的效率，但其分离较为困难。Butters 等[179]将无机膜与光催化氧化结合起来构成膜反应器，可以很好地解决这一问题，引起了国内外学者的广泛注意[180-183]。

黄江丽[184]采用 $0.8\mu m$ 微滤（MF）与 50nm 超滤（UF）无机陶瓷膜组合工艺对造纸废水进行了处理，在温度为 15℃、压力为 0.1MPa 的操作条件下，$0.8\mu m$ 膜对 COD 的去除率为 30%～45%，50nm 膜对 COD 的去除率为 55%～70%。

韶晖等[185]采用无机陶瓷膜提纯凹凸棒石黏土（简称凹土），将提纯后的凹土用于染料废水处理。结果表明，当凹土投加量为 3.0g、染料 pH 为 10、振荡速率为 150r/min、吸附时间为 90min 时，膜分离技术提纯后的凹土对印染废水 COD 值降低率约为 85%，脱色率约为 95%，优于抽滤方法提纯凹土。

（5）放射性废水

Cumming 等[186]采用孔径为 2nm 的氧化锆膜和 $0.2\mu m$ 的氧化铝膜处理低放射性废水，中试取得了较好的结果，并已建成工业设备。采用无机膜处理技术，放射性物质的去除率通常是絮凝方法的 5 倍，加入水化四氯化钛（0.01g/L 的 Ti）可以进一步调高去除率。氧化锆膜处理的膜面流速为 4.5m/s，过滤压差为 0.2～0.5MPa。采用氧化铝膜处理对 ^{137}Cs 的去除率较高，而 ^{60}Co 去除率较小。研究结果同时表明加入 0.01g/L 的铁离子，膜的通量可达 210L/(m²·h)。白庆中等[187]以聚丙烯酸钠作为辅助药剂，采用截留分子量为 1000Da 的 23 通道陶瓷纳滤膜对含有 Co^{2+}、Sr^{2+}、Cs^{2+} 的低浓度（5×10^{-6}）放射性废水进行处理。结果表明，当废水 pH 为 7～8、聚丙烯酸钠体积浓度不低于 0.1% 时，渗透通量为 31～43L/(m²·h)，对放射性元素的截留率达到 95%。陈婷等[188,189]采用 ZrO_2-TiO_2 复合陶瓷纳滤膜处理模拟放射废水中的离子型核素，在不使用络合物添加剂的情况下，陶瓷纳滤膜对 Co^{2+} 和 Sr^{2+} 的截留率可以达到 99.7% 以上，同时渗透通量在 180L/(m²·h)以上。

（6）生活污水及其他废水

Trouve 和 Manem 等[190]报道了采用陶瓷膜生物反应器处理生活污水的半工业性中试结果。Visvanathan 等[191]采用陶瓷膜处理地表废物渗出废水，首先用粉末活性炭处理，再以微滤膜过滤分离活性炭，废水净化效果较好。Boldnan 和 Florke[97]采用 SiC 陶瓷膜来处理烟道气净化水，渗透通量为 114～170L/(m²·h)。Shen 等[192]采用无机膜处理醋酸纤维素生产废水。Goemans 等[193]研究了采用陶瓷膜错流过滤去除超临界水中的金属氧化物。徐农等[194]以管式陶瓷膜生物反应器处理生活污水，结果表明：COD 的去除率高达 99.5%，氨氮和悬浮性固体的去除率达到 99.9% 和 100%。

3.5.4　在化工与石油化工中的应用

分离是化工与石油化工生产过程的核心之一。因分离效率不高而引起的资源、能源浪费与环境污染等问题日渐凸显，已成为关系到行业可持续发展的瓶颈问题[195]。此外，由于化工反应体系大多数都是在高温、高压、酸碱和有机溶剂的环境下进行，对分离材料提出了较高要求。近些年来，无机膜技术作为一种高效的分离技术，具有机械强度高、耐酸碱、耐高温、耐有机溶剂等特点，在化工与石油化工生产中得到越来越广泛的应用。

3.5.4.1 陶瓷膜在润滑油脱蜡过程中的应用

润滑油生产需要对含蜡原油进行脱蜡处理，传统的脱蜡方法工序冗长、设备复杂，无法保证溶剂的回用率，处理成本高。而陶瓷膜分离技术用于酮苯脱蜡溶剂的回收，不仅可以使溶剂脱蜡的生产能力提高，还可以使投资的成本大幅度降低。Biswajit 等[196]采用 19 通道陶瓷膜对米糠油进行脱蜡处理，处理结果表明其渗透通量达到 $15L/(m^2 \cdot h)$，油的损失仅为 2.6%，这一过程表明陶瓷膜的处理是脱蜡过程中溶剂回收的可行性选择。Majid 等[197]通过对 SiO_2 不对称基体的表面进行改性处理，制备了一种具有功能化表面的超薄纳米复合膜，从而实现了润滑油脱蜡过程中溶剂的回收，渗透通量为 $13.85L/(m^2 \cdot h)$。

3.5.4.2 无机膜在化工产品脱色中的应用

化工产品的生产过程中，许多产品对色泽有着严格的要求，需要对产品进行脱色处理。Biswajit 等[196]采用多通道陶瓷微滤膜对米糠油进行脱色处理，脱色率为 50% 以上，对丙酮不溶残渣去除率达到 70% 以上。由于色素分子通常较小，为了提高脱色率需要采用孔径更小的陶瓷超滤或纳滤膜。韦平和等[198]采用超滤-纳滤耦合工艺去除 L-色氨酸中的色素，当 pH 调节至 5.5～6.0、温度控制在 20～25℃ 条件下，经陶瓷膜处理的料液透光率可达 85% 以上，是活性炭脱色处理后透光率的 2.7 倍。Chen 等[199]采用陶瓷纳滤膜对脱氢醋酸钠生产过程中产生的色素进行脱除，脱色前后对比如图 3-57 所示。脱氢醋酸钠料液的脱色率达到 89.5%，通量在 $30L/(m^2 \cdot h)$ 以上。脱氢醋酸钠产品的回收率在 98% 左右，比采用传统的活性炭脱色工艺提高了 2～3 个百分点。

图 3-57 脱氢醋酸钠料液经陶瓷纳滤膜脱色前后对比

3.5.4.3 无机膜在催化剂回收中的应用

在石油化工催化剂的应用中存在着催化剂颗粒细小、回收困难，以及细小的催化剂颗粒容易混入到产品中去的问题。此外，由于化工反应体系大多数都是在高温、高压和有机溶剂的环境下进行，因而如何从化工物料中分离出这部分流失的细小催化剂颗粒，是化工生产中需要解决的难题。无机膜因其具有优良的物理化学性能，耐酸碱、耐高温、耐高压、耐有机溶剂，分离效率高等，可以实现纳米催化剂的高效分离。金珊等[200]采用平均孔径为 $0.2\mu m$ 的陶瓷微滤膜回收对硝基苯酚催化加氢制备对氨基苯酚过程中的纳米镍催化剂。陶瓷膜的过滤通量可以稳定在 $1050L/(m^2 \cdot h)$ 以上，渗透液中镍含量小于 $3mg/L$，截留率满足了化工产品质量要求。在此基础上，为进一步减少过滤过程中纳米催化剂的吸附，仲兆祥等[201]在纳米催化-膜分离耦合工艺中引入了微米与亚微米级氧化铝惰性颗粒。研究表明，氧化铝惰性颗粒的引入，可以将纳米镍催化剂的吸附量减少 10% 左右，但对催化剂反应活性及膜通量没有明显影响。

均相催化剂具有活性和选择性高、反应条件温和等特点。但由于其在反应体系中呈高度分散状态，且尺寸较小，分离难度较高，很大程度上限制了均相催化反应的应用。以过渡金属均相催化剂为例，其分子量通常小于 2000，反应体系多为有机溶剂体系，难以采用常规的过滤手段将其从反应体系中分离出来。陶瓷纳滤膜具有耐高温、耐酸碱、耐有机溶剂等特点，能实现分子级别的过滤，在均相催化剂回收方面展现了良好的应用前景[202]。

3.5.5　无机膜用于气体净化

在空气净化方面，目前主要以纤维式的过滤器为主。这种净化器对粒径为 $0.1\sim0.5\mu m$ 的固体颗粒的去除率不够理想，并且纤维存在脱落现象。无机膜可以很好地解决这些问题，一些陶瓷膜（如氧化铝膜）已经进入空气净化市场。陶瓷膜另一个重要应用是高温气体的净化。锅炉烟道气和发电厂透平供气的除尘、化工过程中催化剂的回收等都涉及高温气体的过滤。由于陶瓷膜可以在高温下使用，因此不再需要通常的在除尘前后的气体冷却和加热过程。该部分内容将在本书第 13 章中详细介绍。

3.5.6　无机膜用于气体分离

高温下氢气的回收、煤气化后为提高热值需要分离去除二氧化碳和水蒸气、烟道气中酸性气体（如二氧化硫、硫化氢、二氧化碳等）的去除、燃料气中硫化氢的去除等工业过程都需要高温气体分离。在高温下实现气体分离与常规的降温、分离、升温过程相比，既节省了热交换设备，又降低了能耗。例如，煤高压气化气在降低温度时出现煤焦油和其他有机物的冷凝，这又引起了废水处理的问题。由于无机膜的固有特性，无机膜在气体分离中有着独特的优势。

自从 20 世纪 70 年代末有机膜在氮气与氢气的分离中得到应用以来，许多学者对无机膜在气体分离中的应用进行了研究，表 3-32 列出了无机膜的可能应用领域。

表 3-32　无机膜用于气体分离的可能应用领域

气体分离	应用领域
O_2/N_2	纯氧,富氧,富氮
$H_2/烃$	氢气回收
H_2/CO	合成气比例调节
H_2/N_2	合成氨驰放气中回收氢气
$CO_2/烃$	油田强化采油伴生气中分离 CO_2
$H_2O/烃$	天然气脱水
$H_2S/烃$	酸性气体处理
$He/烃$	氦气分离
He/N_2	氦气回收
烃/空气	烃的回收、污染控制
$H_2O/空气$	空气脱湿
$SO_2/空气$	烟道气、船舶尾气脱硫

（1）高纯氢的制备

氢在金属中的扩散比氧或氮在金属中的扩散大 15～20 个数量级。致密的钯及其合金具有较高的氢的渗透性，透过钯-银合金膜的氢气纯度达到99.99995％。钯与钇、钯与铈的合金能提供更高的渗透性能。小型的氢气纯化装置已经商业化多年。高纯氢最主要的一个应用领域是电子工业。

（2）氧和氮的分离富集

空气分离是近年来有机膜快速发展的应用实例，也被认为是无机膜的重要应用之一。Rao等[203]用支撑碳膜分离空气，室温下分离系数α_{O_2/N_2}达到24.2，远大于努森扩散理想分离系数（为0.94）。

固体电解质膜在高温下透氧也是无机膜应用研究的重要方面。氧化锆或钙钛矿型材料在高温下能够选择性透过氧，可以用于制备高纯度氧。Guo等[204]开发出双组成的钙钛矿膜用于纯氧分离，氧气渗透通量达到$1.54mL/(min\cdot cm^2)$，该膜表现出良好的二氧化碳气氛耐受性。

（3）氢和烃的分离

在一些工业过程中，产生了必须从反应体系中排放的低碳烃，其中含有氢气。过去，这些氢气与低碳烃一起作为燃料。无机膜可以回收其中的氢气。一些研究结果列入表3-33。

表3-33   氢与烃的无机膜分离

膜材料孔径/nm	温度/℃	分离系数$\alpha_{H_2/烃}$	理想分离系数$\alpha_{H_2/烃}$	文献
氧化铝，10~20	−196~97	4.1	$\alpha_{H_2}/\alpha_{C_2H_6}=3.88$	[62]
氧化铝，10~20	−196~97	5.0	$\alpha_{H_2}/\alpha_{C_3H_8}=4.69$	[62]
γ-氧化铝，5	200	7.0	$\alpha_{H_2}/\alpha_{环己烷}=6.5$	[205]
γ-氧化铝，5	200	5.9	$\alpha_{H_2}/\alpha_{C_6H_6}=6.2$	[205]
氧化硅，0.3~0.8		1.1~8.5	$\alpha_{H_2}/\alpha_{C_4H_{10}}=6.2$	[206]

（4）氢与一氧化碳的分离

由天然气、油或煤制备得到的合成气的主要成分是氢和一氧化碳，合成气生产氨、醇、乙醛、丙烯酸的不同物质的过程需要调节合成气中氢与一氧化碳的比例。一些研究结果如表3-34所示。

表3-34   氢和一氧化碳的无机膜分离

膜材料孔径/nm	温度/℃	分离系数$\alpha_{H_2/CO}$	文献	备注
氧化铝，10~20	−196~97	3.5	[62]	阳极氧化膜
氧化铝，10~20	20~300	1.2~2.2	[207]	多层支撑体
氧化硅，0.3~0.8		3.9~29.6	[208]	玻璃支撑体
氧化硅	20~50	31~62	[209]	中空纤维

（5）氢和氮的分离

无机膜用于气体分离研究最多的是从合成氨弛放气中回收氢，氢从膜的低压侧分离出来，经过加压再回到反应体系中。主要研究结果如表3-35所示。

（6）其他体系的无机膜分离

除了以上介绍的分离体系，其他体系的无机膜分离过程也非常重要：氢与二氧化碳的分离[209]，水与醇的分离[210,211]，硫化氢的富集，空气中烃蒸气的回收[212]，有机物组分的分离[211]，氦与氧或氮的分离[207,212]等过程。

表 3-35　氢和氮的无机膜分离

膜材料	温度/℃	分离系数 α_{H_2/N_2}	文献
钯/氧化铝	450	3700	[213]
氧化硅	500	12200	[214]
氧化硅/氧化铝	600	1000	[215]
氧化硅/Vycor 玻璃	600	1000～7000	

3.6　无机膜反应器

3.6.1　概述

现代化学工业中，化学反应常常在较高的温度或压力下进行，分离工程的投资一般占有相当大的比重。膜反应器技术将反应和分离两个彼此独立的单元过程合并为一个操作单元，使化工生产过程摆脱繁杂的反应混合物分离系统成为可能，已引起了广泛的重视。通过膜的分离作用，将反应产物的一部分或全部从反应区移出，从而打破化学反应平衡的限制，提高可逆反应的转化率，有可能对化学工业、石油化工产生重大的影响，膜催化反应技术被认为是催化学科未来的重要发展方向之一。

早在 20 世纪 60～70 年代，膜反应器的概念就已被提出[72,216,217]，但早期的膜反应器研究多是用于低温反应或酶催化生化反应的有机膜反应器[218-220]。80 年代以来，国际膜市场上出现了工业规模的无机膜产品，随着无机膜制备技术的日益发展完善，新一代无机膜不仅在分离性能上堪与有机膜匹敌，而且因其具备的热、机械和化学稳定性，可以应用于有机膜无法涉及的领域，如高温分离、非均相或均相高温反应，以及强侵蚀或腐蚀性的环境等。有关无机膜反应器技术的研究参见文献［221-226］的综述。

3.6.2　无机膜催化反应器的结构及分类

膜反应器中的无机膜大体可分为两类，即致密膜和多孔膜。致密膜主要包括金属膜（如钯膜、银膜等）和固体电解质膜（如稳定的氧化锆膜，离子、电子混合导体膜等），致密膜的优点是可以获得很高的选择渗透性，但渗透通量较低。多孔膜主要有多孔陶瓷膜（如 Al_2O_3、ZrO_2、TiO_2 膜等）、多孔玻璃膜（SiO_2 膜）、多孔金属膜（如多孔不锈钢膜）、分子筛膜等，多孔膜克服了致密膜通量低的缺点，但是渗透选择性较差。膜与催化剂组分在膜反应器中的主要结合方式见图 3-58[23]。

因而根据无机膜在传递分离-催化反应耦合中的功能，无机膜催化反应器可以分为三类：①选择分离催化活性膜反应器（CSMR）；②非选择性催化活性膜反应器（CNMR）；③选择分离非催化膜反应器（SMR）。CSMR 集中用于脱氢、加氢反应，CNMR 中的无机膜主要作为催化活性组分的载体，并控制反应物料与活性组分的接触。达到提高复杂反应（如部分氧化反应）目标产物选择性的目的，SMR 中装填催化剂，构成类似传统的固定床或流化床反应器（PBMR 或 FBMR）。

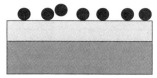

(a) 催化剂颗粒填充在膜上

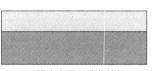

(b) 膜本身具备催化性能

(c) 催化剂活性组分分布在膜内

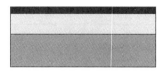

(d) 催化层负载在膜表面上

图 3-58　不同的膜与催化剂组合方式

3.6.3　无机催化膜反应器的主要应用

　　受无机膜制备技术的制约，目前能够对气体具有高分离系数的主要是透氢或透氧致密膜，而高温下基于 Kundsen 扩散机理进行分离的多孔膜，仅在分离含有氢气等小分子的混合气时才能得到较高的分离系数。因而，目前无机催化膜反应器基本上集中应用于脱氢、加氢和氧化反应。脱氢、加氢等涉及氢传递的膜反应器，多采用选择渗透性的金属钯膜或钯合金膜，也有用多孔膜（如 γ-Al_2O_3 膜、分子筛膜等）以获得高的渗透通量。用于氧化反应过程的无机催化膜反应器的研究大部分围绕着钙钛矿型致密膜，应用多孔膜和氧化钇稳定的氧化锆膜（如 YSZ 膜）的研究也取得了一定的成果。氧化膜反应器的研究虽然没有脱氢、加氢膜反应器的研究广泛，但这类膜反应器对化学工业中大量选择性不理想的部分氧化反应具有相当大的应用潜力，尤其是新型的混合导体致密透氧膜的开发，使得氧传递的膜反应器技术的研究受到重视。

　　一些有代表性的无机催化膜反应器的应用研究分别列于表 3-36～表 3-39。

表 3-36　脱氢膜反应器

反应体系	催化剂	膜材料	反应温度/℃	主要结果	文献
I. 致密膜					
$CO + H_2O \longrightarrow H_2 + CO_2$	Ce	二氧化铈-碳酸盐双相膜	900	CO 转化率和 CO_2 回收率分别为 26.1% 和 18.7%	[227]
$CH_4 + CO_2 \longrightarrow CO$, $H_2, \cdots$		$La_{0.6}Sr_{0.4}Co_{0.2}Fe_{0.8}O_{3-\delta}$	840～1300	$3.77 \mu mol\ H_2/(g \cdot s)$	[147]
$2HI \longrightarrow H_2 + I_2$	催化活性膜	Pd-Ag	500	$C = 4\%$	[228]
$H_2S \longrightarrow H_2 + S$	Pt	Pt-SiO_2-V-SiO_2-Pd 片状膜	700	$C_e = 2\%$ $C_m > 99.4\%$	[229]
丁烷 $\longrightarrow$ 丁烯	Cr_2O_3-Al_2O_3	Pd-Ag	400	$C_e = 13\%$ $Y = 18\% \sim 25\%$（丁烯） $Y = 0.8\% \sim 1.4\%$（丁二烯）	[17]

续表

反应体系	催化剂	膜材料	反应温度/℃	主要结果	文献
丁烯——丁二烯	Cr_2O_3-Al_2O_3	Pd	385	$C_m=3C_e$	[230]
丙酮——丙酮肟	钛硅分子筛-1	TiO_2	65~75	$C>80\%$ $S>95\%$	[231]
异丙醇——丙酮	Pt/Al_2O_3	Pd-Ni	156	$C=83\%$	[232]
Ⅱ.多孔膜 $CO+H_2O\longrightarrow H_2+CO_2$	SiO_2	Al_2O_3	280	$C=99\%$	[233]
$CH_4+H_2O\longrightarrow CO,$ $CO_2,H_2,\cdots$	NiO	管式 Al_2O_3	400~625	转化率提高 10%	[234]
甲醇——甲醛	Ag	多孔玻璃膜	300~400	300℃时 $C_m=91\%$	[235]
丙烷——丙烯	Pt-Mg-Al_2O_3	多孔 Al_2O_3 管	520~600	C 和 Y 均高于固定床	[236]
环己烷——苯	SiO_2	多孔 Al_2O_3	170	$Y=0.36$	[237]
环己烷——苯	Pd	多孔 Al_2O_3	160	$C=100\%$	[238]
甲乙酮(MEK)——甲乙酮肟(MEKO)	钛硅分子筛-1	多孔 Al_2O_3	50~100	MEK 转化率和 MEKO 选择性分别达到 99.6% 和 99.0%	[239]

注: C—转化率；S—选择性；Y—收率；下标 m—最大值；下标 e—平均值。表 3-37~表 3-39 中这几个符号意思同此。

表 3-37　加氢膜反应器

反应体系	催化剂	膜材料	反应温度/℃	主要结果	文献
Ⅰ.致密膜 $CO+H_2\longrightarrow$ 烃	催化活性膜	Pd-Ru	250	$C=7\%$	[240]
苯——环己烷		Pd 管	390	$Y=4\%$	[241]
萘——1,2,3,4-四氯化萘				$Y_e=0.1\%$	
		Pd-Rh	80~150	$S=100\%$	[242]
Ⅱ.多孔膜 2-丁烯——丁烷	Pd 或 CaA-沸石	不锈钢,片状	500		[243]
乙烯——乙烷	Pt 或 Os	Al_2O_3,片状	200		[244]
正己烷 & 甲基环己烷——乙烯 & 丙烯	Pt 或 CaY-沸石	Ni-Al 合金	270	仅己烷选择分离并加氢	[243]

表 3-38　其他膜反应器

反应体系	催化剂	膜材料	反应温度/℃	主要结果	文献
Ⅰ.偶联反应 1-丁烯脱氢(A) & 氢氧化(B)	Sc_2O_3-ZrO_2(A) & Pd(B)	Pd	350~450	$C=1.8C_e$(447℃)	[245]

续表

反应体系	催化剂	膜材料	反应温度/℃	主要结果	文献
环己烷脱氢(A)&1,3-戊二烯加氢(B)	Pt-Ru/Al_2O_3(A)&Pd-Ru(B)	Pd-Ru		$C_m=99\%$ $S_m=98\%$	[22]
II.液相和多相反应					
丙酮加氢	Al_2O_3	Pd-Ru-In	47~227	催化活性提高	[241]
CH_4,C_2H_6,C_3H_6与H_2O_2反应	Nafion	碳膜,片状	120		[246]

表 3-39　透氧膜反应器

反应体系	催化剂	膜材料	反应温度/℃	主要结果	文献
I.致密膜					
$CO+\frac{1}{2}O_2 \longrightarrow CO_2$	Pt	$Y_2O_3(8\%)$-ZrO_2	250~600	反应速率提高了500倍	[247]
$SO_2+\frac{1}{2}O_2 \longrightarrow SO_3$	Pt,V_2O_5	YSZ,管式	450~550	催化活性提高	[248]
甲基氧化偶联	Ag	$SrCe_{0.95}Yb_{0.05}O_3$	750	$Y_{C_2}<0.1\%$	[249]
$CH_3OH+O_2 \longrightarrow HCHO$,CO,$CH_4$,…	Pt	YSZ,片状	327~627	反应速率提高15倍	[250]
乙烯 $\longrightarrow$ 乙醇	Ag	YSZ,片状	368~470	反应速率提高600倍,但 S 降低	[251]
乙苯 $\longrightarrow$ 苯乙烯	Pt	YSZ,管式	575~600		[252]
$NH_3 \longrightarrow N_2$&NO	Pt 或 Pt-Rh	YSZ,管式	727~927	$C_m=9\%$ $S_m=97\%$	[240]
甲烷 $\longrightarrow$ 合成气	Pd	α-氧化铝,管式	723~973K	$C>99\%$ 97% H_2	[253]
丙烯 $\longrightarrow$ 己二烯 & 苯		$La_{0.3}Bi_{1.7}O_2$	600	$S=90\%$ $C=3.2\%$ $S=53\%$,25%	[254]
II.多孔膜					
$NO_x+NH_3+O_2 \longrightarrow N_2$,$N_2O$,$H_2O$	V_2O_5	TiO_2,Al_2O_3,片状	300~350	$C=100\%$ $S=75\%\sim80\%$	[24]
$CO+\frac{1}{2}O_2 \longrightarrow CO_2$	Pt	α-Al_2O_3,管式	250		[255]
$CH_4+O_2 \longrightarrow C_2+$…	Mn-W-Na/SiO_2	多孔 γ-Al_2O_3	810	$Y_{C_2}=27.5\%$	[256]
$C_2H_4+\frac{1}{2}O_2 \longrightarrow C_2H_4O$	V_2O_5	Al_2O_3,片状	140~450	$Y_{C_2H_4O}=40\%$	[257]

3.6.4　无机催化膜反应器的数学模拟

由于无机催化膜反应器的实验操作较复杂，利用数学模型对膜反应器进行模拟，指导实验并为工程放大提供参考数据就显得尤为重要，已有不少关于膜反应器数学模拟的研究。

Tiscareno 等[258]、Oertel 等[244]、Khang 等[259]、Bernstein 等[260]针对填料床膜反应器进行了数学模拟，Adris 等[261]和 Abdalla 等[240]给出了流化床膜反应器的数学模型，非选择性催化膜反应器的数学模型参见文献［262-264］。各种无机膜反应器的数学模型基本上采用的是管壳式膜反应器构型，反应器等温或绝热操作，含有反应项的传递微分方程组，一般用正交配置法、有限元等数值解法[265-273]。

3.6.5 无机膜催化反应器工业化面临的问题和发展前景

无机膜反应器使高温下反应与分离统一起来，并使突破常规反应器中遇到的反应平衡限制成为可能，也使人们能够较准确地控制反应物的供给，这些特点使其在大量的工业过程中有应用的可能性。但要实现无机膜反应器的工业化仍需要解决一些关键问题。

影响无机膜催化反应器效果的因素很多，如反应物料的流动方式、速度和组成，吹扫气，膜的选择性和渗透性，单位反应器体积的催化活性位，催化剂的性能和中毒，操作温度和压力，等等。在进行无机膜反应器的工程设计及放大时有必要解决上述影响因素中的各个环节，尤其要解决如下几个问题[223,274-278]。

① 提高无机膜的制备水平。解决无机膜的脆性、机械强度、表面完整性和再生性等问题，制备出适于分子筛分的小孔径多孔膜（如分子筛膜）及高温稳定、高强度、高通量的致密膜（如钙钛矿型致密膜、以多孔膜为载体的非对称无机膜）。

② 膜反应器的高温密封技术。需要解决膜材料与膜反应器外壳的热膨胀差别问题，开发出能够经受反复升降温变换的可靠膜反应器密封技术。

③ 膜反应器中的催化剂中毒和膜污染。需要合适高效的催化剂和膜再生技术，以达到稳定的操作效果。

符号表

A	膜的面积，m^2
c_f	原料液中的参比物浓度，mol/L
c_p	渗透液中参比物的浓度，mol/L
D_K	Knudsen 扩散系数
J_K	Knudsen 扩散通量，$mol/(m^2·s)$
K_C	吸浆速率常数
l	膜的厚度，m
L_C	滤饼层厚度，m
M	分子量；摩尔质量
p	压强，Pa
Q_L	液体的渗透通量，$m^3/(m^2·s)$
Q_V	体积渗透通量，$m^3/(m^2·s)$
R	热力学气体常数，$8.315Pa·m^3/(mol·K)$

R_H	膜孔的水力半径，m
R_j	截留率
r_K	Kelvin 半径，m
r_p	膜孔半径，m
T	温度，K
t	吸附层厚度，m
V	液体的摩尔体积，m^3/mol
β	膜孔形状因子
γ	表面张力，N/m
Δp	跨膜压差，Pa
ε	膜的孔隙率
θ	接触角，(°)
μ	黏度，Pa•s
τ	膜孔曲折因子

参考文献

[1] 徐南平，邢卫红，赵宜江. 无机膜分离技术与应用[M]. 北京：化学工业出版社，2003.

[2] Sing K S W, Everett D H, Haul R A W, Moscou L, Pierotti R A, Rouquerol J, Siemieniewska T. Reporting physisorption data for gas solid systems with special reference to the determination of surface-area and porosity[J]. Pure and Applied Chemistry, 1985, 57（4）: 603-619.

[3] Kaneko K. Determination of pore-size and pore-size distribution. 1. adsorbents and catalysts[J]. Journal of Membrane Science, 1994, 96（1-2）: 59-89.

[4] Anderson M A, Gieselmann M J, Xu Q Y. Titania and alumina ceramic membranes[J]. Journal of Membrane Science, 1988, 39（3）: 243-258.

[5] Rocek J, Uchytil P. Evaluation of selected methods for the characterization of ceramic membranes[J]. Journal of Membrane Science, 1994, 89（1-2）: 119-129.

[6] Venkataraman K, Choate W T, Torre E R, Husung R D, Batchu H R. Characterization studies of ceramic membranes- a novel technique using a coulter porometer[J]. Journal of Membrane Science, 1988, 39（3）: 259-271.

[7] Standard test methods for pore size characteristics of membrane filters by bubble point and mean flow pore test[S]. ASTM, 2011: 7.

[8] Yu Jian, Hu Xiao Juan, Huang Yan. A modification of the bubble-point method to determine the pore-mouth size distribution of porous materials[J]. Separation and Purification Technology, 2010, 70（3）: 314-320.

[9] Juan M Sanz, Daniel Jardines, Aldo Bottino, Gustavo Capannelli, Antonio Hernandez, Jose I Calvo. Liquid-liquid porometry for an accurate membrane characterization[J]. Desalination, 2006, 200（1-3）: 195-197.

[10] Jose Ignacio Calvo, Aldo Bottino, Gustavo Capannelli, Antonio Hernandez. Pore size distribution of ceramic UF membranes by liquid-liquid displacement porosimetry[J]. Journal of Membrane Science, 2008, 310（1-2）: 531-538.

[11] Delange R S A, Keizer K, Burggraaf A J. Analysis and theory of gas-transport in microporous sol-gel derived ceramic membranes[J]. Journal of Membrane Science, 1995, 104（1-2）: 81-100.

[12] Bottino A, Capannelli G, Grosso A, Monticelli O, Cavalleri O, Rolandi R, Soria R. Surface characterization

of ceramic membranes by atomic-force microscopy ［J］. Journal of Membrane Science, 1994, 95 （3）: 289-296.

［13］ Leenaars A F M, Burggraaf A J. The preparation and characterization of alumina membranes with ultra-fine pores. 3. the permeability for pure liquids ［J］. Journal of Membrane Science, 1985, 24 （3）: 245-260.

［14］ Khayet M, Matsuura T. Determination of surface and bulk pore sizes of flat-sheet and hollow-fiber membranes by atomic force microscopy, gas permeation and solute transport methods ［J］. Desalination, 2003, 158 （1-3）: 57-64.

［15］ Zhang G C, Zhang B Q, Lin X P, Chen Y F, Xie Y S. Pore size determination of supported organic-inorganic hybrid membranes by modified gas permeation method ［J］. High-Performance Ceramics Ⅲ, 2005, 280-283: 881-886.

［16］ Eyraud C. Application of gas-liquid permporometry to characterization of inorganic ultrafilters ［M］//Drioli E, Nakagaki M. Membranes and Membrane Processes. Boston: Springer, 1984: 629-634.

［17］ Cuperus F P, Bargeman D, Smolders C A. Permporometry-the determination of the size distribution of active pores in UF membranes ［J］. Journal of Membrane Science, 1992, 71 （1-2）: 57-67.

［18］ Cao G Z, Meijerink J, Brinkman H W, Burggraaf A J. Permporometry study on the size distribution of active pores in porous ceramic membranes ［J］. Journal of Membrane Science, 1993, 83 （2）: 221-235.

［19］ Mottern M L, Shqau K, Zalar F, Verweij H. Permeation porometry: Effect of probe diffusion in the condensate ［J］. Journal of Membrane Science, 2008, 313 （1-2）: 2-8.

［20］ Rayan Mourhatch, Theodore T Tsotsis, Muhammad Sahimi. Determination of the true pore size distribution by flow permporometry experiments: An invasion percolation model ［J］. Journal of Membrane Science, 2011, 367 （1-2）: 55-62.

［21］ Huang P, Xu N P, Shi J, Lin Y S. Characterization of asymmetric ceramic membranes by modified permporometry ［J］. Journal of Membrane Science, 1996, 116 （2）: 301-305.

［22］ Gryaznov V M. Platinum Metals as Components of Catalyst-Membrane Systems ［J］. Cheminform, 1992, 23: 51.

［23］ Burggraaf A J, Cot L. Fundamentals of inorganic membrane science and technology ［M］. Amsterdam: Elsevier, 1996.

［24］ Bhave R R. Inorganic membranes, synthesis, characteristics, and applications ［M］. New York: Van Nostrand Reinhold, 1991.

［25］ 姜迁, 朱瓘之, 陈加伟, 漆虹, 徐南平. ZrO₂ 陶瓷纳滤膜的耐酸碱性能 ［J］. 硅酸盐学报, 2013, 12: 1632-1637.

［26］ Xu Rong, Wang Jinhui, Kanezashi Masakoto, Yoshioka Tomohisa, Tsuru Toshinori. Development of robust organosilica membranes for reverse osmosis ［J］. Langmuir, 2011, 27 （23）: 13996-13999.

［27］ Tim Van Gestel, Henk Kruidhof, Dave H A Blank, Henny J M Bouwmeester. ZrO₂ and TiO₂ membranes for nanofiltration and pervaporation- Part 1. Preparation and characterization of a corrosion-resistant ZrO₂ nanofiltration membrane with a MWCO< 300 ［J］. Journal of Membrane Science, 2006, 284 （1-2）: 128-136.

［28］ Zhang Q, Fan Y Q, Xu N P. Effect of the surface properties on filtration performance of Al₂O₃-TiO₂ composite membrane ［J］. Separation and Purification Technology, 2009, 66 （2）: 306-312.

［29］ 邹栋, 笪晓薇, 邱鸣慧, 范益群. 陶瓷纳滤膜过渡层的设计与制备研究 ［J］. 膜科学与技术, 2017, 37 （2）: 32-39.

［30］ Zou Dong, Qiu Minghui, Chen Xianfu, Fan Yiqun. One-step preparation of high-performance bilayer alpha-alumina ultrafiltration membranes via co-sintering process ［J］. Journal of Membrane Science, 2017, 524: 141-150.

［31］ Ramesh Bhave. Fundamentals of inorganic membrane science and technology ［J］. Journal of Membrane Science, 1997, 137 （S1-2）: 277.

［32］ Tiller F M, Tsai C D. Theory of filtration of ceramics. 1. Slip casting ［J］. Journal of the American Ceramic

Society, 1986, 69（12）: 882-887.

[33] Van Rossum J J. Viscous lifting and drainage of liquids［J］. Applied Scientific Research, 1958, 7（2-3）: 121-144.

[34] Scriven L E. Physics and applications of dip coating and spin coating［J］. Symposium H- Better Ceramics Through Chemistry Ⅲ, 1988, 121: 717.

[35] María M Cortalezzi, Jérôme Rose, George F Wells, Jean-Yves Bottero, Andrew R Barron, Mark R Wiesner. Ceramic membranes derived from ferroxane nanoparticles: A new route for the fabrication of iron oxide ultrafiltration membranes［J］. Journal of Membrane Science, 2003, 227（1-2）: 207-217.

[36] Kimberly A DeFriend, Mark R Wiesner, Andrew R Barron. Alumina and aluminate ultrafiltration membranes derived from alumina nanoparticles［J］. Journal of Membrane Science, 2003, 224（1-2）: 11-28.

[37] 汪信文，邱鸣慧，范益群. 湿化学法制备氧化锆超滤膜及其表征［J］. 膜科学与技术，2008, 28（6）: 30-33.

[38] Ding Xiaobin, Fan Yiqun, Xu Nanping. A new route for the fabrication of TiO_2 ultrafiltration membranes with suspension derived from a wet chemical synthesis［J］. Journal of Membrane Science, 2006, 270（1-2）: 179-186.

[39] Suresh Kanchapogu, Srinu Tekula, Ghoshal Aloke Kumar, Pugazhenthi G. Preparation and characterization of TiO_2 and γ-Al_2O_3 composite membranes for the separation of oil-in-water emulsions［J］. RSC Advances, 2016, 6（6）: 4877-4888.

[40] Basumatary A K, Kumar R V, Ghoshal A K, Pugazhenthi G. Cross flow ultrafiltration of Cr（Ⅵ）using MCM-41, MCM-48 and Faujasite（FAU）zeolite-ceramic composite membranes［J］. Chemosphere, 2016, 153: 436-446.

[41] R' Kha C, Vandenborre M T, Livage J, Prost R, Huard E. Spectroscopic study of colloidal VOPO_4 ·2H_2O［J］. Journal of Solid State Chemistry, 1986, 63（2）: 202-215.

[42] Humphrey J L, Goodboy K P. Ceramic membranes for the treatment of waters produced by oil-wells［J］. Abstracts of Papers of the American Chemical Society, 1989, 197: 105.

[43] Larbot A, Alary J A, Guizard C, Cot L, Gillot J. Hydrolysis of zirconium n-propoxide study by gas chroma-tography［J］. Journal of Non-Crystalline Solids, 1988, 104（2）: 161-163.

[44] Burggraaf A J, Keizer K, Van Hassel B A. Ceramic nanostructure materials, membranes and composite layers［J］. Solid State Ionics, 1989, 32-33: 771-782.

[45] Partlow D P, Yoldas B E. Colloidal versus polymer gels and monolithic transformation in glass-forming systems［J］. Journal of Non-Crystalline Solids, 1981, 46（2）: 153-161.

[46] Voncken Jack, Lijzenga C, Nair Padmakumar, Keizer K, Burggraaf A J, Bonekamp Ben. New method for the measurement of stress in thin gel layers produced during the formation of ceramic membranes［J］. Journal of Materials Science, 1992, 27: 472-478.

[47] Kumar K N P, Zaspalis V T, Keizer K, Burggraaf A J. Drying process in the formation of sol gel-derived TiO_2 ceramic membrane［J］. Journal of Non-Crystalline Solids, 1992, 147（147）: 375-381.

[48] Dwivedi R K. Drying behavior of alumina gels［J］. Journal of Materials Science Letters, 1986, 5（4）: 373-376.

[49] Brinker C J. Hydrolysis and condensation of silicon alkoxides［J］. Journal of Non-Crystalline Solids, 1988, 100: 31-50.

[50] Scherer G W. Theory of drying［J］. Journal of the American Ceramic Society, 1990, 73（1）: 3-14.

[51] Haile S M, Johnson D W, Wiseman G H, Bowen H K. Aqueous precipitation of spherical zinc-oxide powders for varistor applications［J］. Journal of the American Ceramic Society, 1989, 72（10）: 2004-2008.

[52] Mizuno T, Nagata H, Manabe S. Attempts to avoid cracks during drying［J］. Journal of Non-Crystalline Solids, 1988, 100（1）: 236-240.

[53] Kistler S S. Coherent Expanded-Aerogels［J］. Journal of Physical Chemistry, 1931, 36（1）: 52-64.

[54] Zarzycki J, Prassas M, Phalippou J. Synthesis of glasses from gels: The problem of monolithic gels［J］.

Journal of Materials Science, 1982, 17（11）: 3371-3379.

［55］ Prassas M, Phalippou J, Zarzycki J. Synthesis of monolithic silica gels by hypercritical solvent evacuation ［J］. Journal of Materials Science, 1984, 19（5）: 1656-1665.

［56］ Leenaars A F M, Keizer K, Burggraaf A J. The preparation and characterization of alumina membranes with ultra-fine pores ［J］. Journal of Materials Science, 1984, 19（4）: 1077-1088.

［57］ Keizer K, Uhlhorn R J R, Van Vuren R J, Burggraaf A J. Gas separation mechanisms in microporous modi-fied γ-Al_2O_3 membranes ［J］. Journal of Membrane Science, 1988, 39（3）: 285-300.

［58］ Hoar T P, Mott N M. A mechanism for the formation of porous anodic oxide films on aluminium ［J］. Journal of Physics and Chemistry of Solids, 1959, 9: 97-99.

［59］ Smith Alan W. Models for ionic conduction in anodic oxide films ［J］. Journal of The Electrochemical Socie-ty, 1979, 120（8）: 1068-1069.

［60］ 王宁, 刘增彦, 李静, 杨晓辉, 柴玉俊. 阳极氧化法制备大面积双面多孔氧化铝膜及其应用 ［J］. 电镀与涂饰, 2011, 30（10）: 41-44.

［61］ 孙晓霞, 黄平, 梁建, 赵君芙, 许并社. 强烈阳极氧化法快速制备多孔氧化铝模板 ［J］. 无机化学学报, 2008, 24（9）: 1546-1550.

［62］ Itaya K, Sugawara S, Arai K, Saito S. Properties of porous anodic aluminum-oxide films as membranes ［J］. Journal of Chemical Engineering of Japan, 1984, 17（5）: 514-520.

［63］ Schnabel R, Vaulont W. High-pressure techniques with porous-glass membranes ［J］. Desalination, 1978, 24（1-3）: 249-272.

［64］ Balsa A, Sansom D M, Hall N D, Maddison P J. Expression of the costimulatory molecule B7/BB1 in rheu-matoid synovial-membrane ［J］. Arthritis and Rheumatism, 1993, 36（9）: S176.

［65］ Yazawa T, Tanaka H, Eguchi K, Yokoyama S. Novel alkali-resistant porous-glass prepared from a mother glass based on the SiO_2-B_2O_3-RO-ZrO_2（R=Mg, Ca, Sr, Ba and Zn）［J］. Journal of Materials Science, 1994, 29（13）: 3433-3440.

［66］ Koresh J E, Soffer A. Mechanism of permeation through molecular-sieve carbon membrane. 1. the effect of adsorption and the dependence on pressure ［J］. Journal of the Chemical Society-Faraday Transactions I, 1986, 82: 2057-2063.

［67］ Koresh J E, Soffer A. The carbon molecular-sieve membranes- general-properties and the permeability of CH_4/H_2 mixture ［J］. Separation Science and Technology, 1987, 22（2-3）: 973-982.

［68］ Lee K H, Khang S J. A new silicon-based material formed by pyrolysis of silicon rubber and its properties as a membrane ［J］. Chemical Engineering Communications, 1986, 44（1-6）: 121-132.

［69］ Zheng Xing, Yeap Hung Ng, Siok-Wei Tay, Rachel Pek Har Oon, Liang Hong. Shaping nanofiltration chan-nels in a carbonaceous membrane via controlling the pyrolysis atmosphere ［J］. Physical Chemistry Chemi-cal Physics, 2017, 19（32）: 21426-21435.

［70］ 李雪, 张婷, 邱鸣慧, 范益群. 两步法制备两性离子陶瓷复合膜及抗污染研究 ［J］. 膜科学与技术, 2017, 37（3）: 27-33.

［71］ 张婷, 李雪, 熊峰, 邱鸣慧, 范益群. 介孔陶瓷膜表面接枝氨基硅烷的孔径调节 ［J］. 膜科学与技术, 2016, 36（1）: 45-50.

［72］ Shu J, Grandjean B P A, Vanneste A, Kaliaguine S. Catalytic palladium-based membrane reactors- A review ［J］. Canadian Journal of Chemical Engineering, 1991, 69（5）: 1036-1060.

［73］ Lowenheim F A. Electroless and Electrodeposition of Silver ［J］. Modem Electroplating, 1974, 137（21）: 342-357.

［74］ Chen Shaohua, Xing Pifeng, Zhao Pengji, Chen Wenmei. A palladium alloy composite membrane for the purification of hydrogen isotopes ［J］. Separation Science and Technology, 2002, 37（11）: 2701-2716.

［75］ Itoh N, Kato T, Uchida K, Haraya K. Preparation of pore-free disk of $La_{(1-x)}Sr_{(x)}CoO_3$ mixed conductor and its oxygen permeability ［J］. Journal of Membrane Science, 1994, 92（3）: 239-246.

［76］ Wachtman J B, Haber R A. Ceramic films and coatings ［J］. Chemical Engineering Progress, 1986, 82
（1）: 39-46.

［77］ 孟广耀. 化学气相沉积与无机新材料 ［M］. 北京: 科学出版社, 1984.

［78］ Liguori Simona, Iulianelli Adolfo, Dalena Francesco, Pinacci Pietro, Drago Francesca, Broglia Maria,
Huang Yan, Basile Angelo. Performance and long-term stability of Pd/PSS and Pd/Al$_2$O$_3$ membranes for
hydrogen separation ［J］. Membranes, 2014, 4（1）: 143-162.

［79］ Feurer E, Suhr H. Thin palladium films prepared by metal-organic plasma-enhanced chemical vapor-deposi-
tion ［J］. Thin Solid Films, 1988, 157（1）: 81-86.

［80］ Armor J N. Catalysis with permselective inorganic membranes ［J］. Applied Catalysis, 1989, 49（1）: 1-25.

［81］ Grégory Etchegoyen, Thierry Chartier, Alain Wattiaux, Pascal Del Gallo. Mixed-conducting perovskite reac-
tor for high-temperature applications: Control of microstructure and architecture ［J］. Inorganic Membranes
for Energy & Environmental Applications, 2009: 95-106.

［82］ Zhu Jiawei, Guo Shaobin, Chu Zhenyu, Jin Wanqin. CO$_2$-tolerant oxygen-permeable perovskite-type mem-
branes with high permeability ［J］. Journal of Materials Chemistry A, 2015, 3（45）: 22564-22573.

［83］ Zhu Jiawei, Wang Tianlei, Song Zhe, Liu Zhengkun, Zhang Guangru, Jin Wanqin. Enhancing oxygen
permeation via multiple types of oxygen transport paths in hepta-bore perovskite hollow fibers ［J］. Aiche
Journal, 2017, 63（10）: 4273-4277.

［84］ Zhu Jiawei, Zhang Guangru, Liu Gongping, Liu Zhengkun, Jin Wanqin, Xu Nanping. Perovskite hollow
fibers with precisely controlled cation stoichiometry via one-step thermal processing ［J］. Advanced Materi-
als, 2017, 29（18）.

［85］ Itoh M, Mori M, Moritomo Y, Nakamura A. NMR study of the spin state and magnetic properties of layered
perovskite cobalt oxides La$_{2-x}$Sr$_x$CoO$_4$ ［J］. Physica B-Condensed Matter, 1999, 259-61: 997-998.

［86］ Itoh M, Wang R, Inaguma Y, Yamaguchi T, Shan Y J, Nakamura T. Ferroelectricity induced by oxygen
isotope exchange in strontium titanate perovskite ［J］. Physical Review Letters, 1999, 82（17）:
3540-3543.

［87］ Okubo T, Haruta K, Kusakabe K, Morooka S, Anzai H, Akiyama S. Preparation of a sol-gel derived thin
membrane on a porous ceramic hollow fiber by the filtration technique ［J］. Journal of Membrane Science,
1991, 59（1）: 73-80.

［88］ Chu L, Anderson M A. Microporous silica membranes deposited on porous supports by filtration ［J］. Jour-
nal of Membrane Science, 1996, 110（2）: 141-149.

［89］ Zhu Jin, Fan Yiqun, Xu Nanping. Modified dip-coating method for preparation of pinhole-free ceramic
membranes ［J］. Journal of Membrane Science, 2011, 367（1-2）: 14-20.

［90］ Daufin G, Escudier J P, Carrère H, Bérot S, Fillaudeau L, Decloux M. Recent and emerging applications
of membrane processes in the food and dairy industry ［J］. Food and Bioproducts Processing, 2001, 79
（2）: 89-102.

［91］ Daufin G, Merin U, Kerherve F L, Labbe J P, Quemerais A, Bousser C. Efficiency of cleaning agents for
an inorganic membrane after milk ultrafiltration ［J］. Journal of Dairy Research, 1992, 59（1）: 29-38.

［92］ Guerra A, Jonsson G, Rasmussen A, Nielsen E W, Edelsten D. Low cross-flow velocity microfiltration of
skim milk for removal of bacterial spores ［J］. International Dairy Journal, 1997, 7（12）: 849-861.

［93］ Daufin G, Merin U, Labbe J P, Quemerais A, Kerherve F L. Cleaning of inorganic membranes after whey
and milk ultrafiltration ［J］. Biotechnology and Bioengineering, 1991, 38（1）: 82-89.

［94］ Leticia Fernandez Garcia, Silvia Alvarez Blanco, Francisco A. Riera Rodriguez. Microfiltration applied to dairy
streams: Removal of bacteria ［J］. Journal of the Science of Food and Agriculture, 2013, 93（2）:
187-196.

［95］ Chai Milton, Ye Yun, Chen Vicki. Separation and concentration of milk proteins with a submerged membrane
vibrational system ［J］. Journal of Membrane Science, 2017, 524: 305-314.

[96]　Attia H, Bennasar M, Fuente B, La De Tarodo. Ultrafiltration sur membrane minérale de laits acidifiésà divers pH par voie biologique ou chimique et de coagulum lactique [J] . Dairy Science & Technology, 1988, 68 (1) : 13-32.

[97]　Bolduan P, Florke J. Microfiltration of flue-gases using ceramic membranes [J] . Filtration & Separation, 1994, 31 (6) : 597.

[98]　Noel A McCarthy, Heni B Wijayanti, Shane V Crowley, James A O' Mahony, Mark A Fenelon. Pilot-scale ceramic membrane filtration of skim milk for the production of a protein base ingredient for use in infant milk formula [J] . International Dairy Journal, 2017, 73 : 57-62.

[99]　Meike Samtlebe, Natalia Wagner, Erik Brinks, Horst Neve, Knut J Heller, Joerg Hinrichs, Zeynep Atamer. Production of phage free cheese whey: Design of a tubular laboratory membrane filtration system and assessment of a feasibility study [J] . International Dairy Journal, 2017, 71 : 17-23.

[100]　Sparsh Ganju, Parag R. Gogate. A review on approaches for efficient recovery of whey proteins from dairy industry effluents [J] . Journal of Food Engineering, 2017, 215 : 84-96.

[101]　Arkadiusz Nedzarek, Arkadiusz Drost, Agnieszka Torz, Elzbieta Boguslawska-Was. The use of a micro- and ultrafiltration cascade system for the recovery of protein, fat, and purified marinating brine from brine used for herring marination [J] . Food and Bioproducts Processing, 2017, 106 : 82-90.

[102]　Lene Fjerbaek Sotoft, Juncal Martin Lizarazu, Behnaz Razi Parjikolaei, Henrik Karring, Knud V. Christensen. Membrane fractionation of herring marinade for separation and recovery of fats, proteins, amino acids, salt, acetic acid and water [J] . Journal of Food Engineering, 2015, 158 : 39-47.

[103]　Matsumoto Y, Kawakatsu T, Nakajima M, Kikuchi Y. Visualization of filtration phenomena of a suspended solution including O/W emulsion or solid particle and membrane separation properties of the solution [J] . Water Research, 1999, 33 (4) : 929-936.

[104]　Cassini A S, Tessaro I C, Marczak L D F. Ultrafiltration of wastewater from isolated soy protein production: Fouling tendencies and mechanisms [J] . Separation Science and Technology, 2011, 46 (7) : 1077-1086.

[105]　Cheng Xiaoxiang, Liang Heng, Ding An, Tang Xiaobin, Liu Bin, Zhu Xuewu, Gan Zhendong, Wu Daoji, Li Guibai. Ferrous iron/peroxymonosulfate oxidation as a pretreatment for ceramic ultrafiltration membrane: Control of natural organic matter fouling and degradation of atrazine [J] . Water Research, 2017, 113 : 32-41.

[106]　Telmo Rodrigues de Castro, Fernando Antonio Pinto de Abreu, Jose Osvaldo Beserra Carioca. Using membrane separation processes to obtain clarified cashew apple juice [J] . Revista Ciencia Agronomica, 2007, 38 (2) : 164-168.

[107]　Echavarria A P, Torras C, Pagan J, Ibarz A. Fruit juice processing and membrane technology application [J] . Food Engineering Reviews, 2011, 3 (3-4) : 136-158.

[108]　He Yasan, Ji Zhijuan, Li Shunxin. Effective clarification of apple juice using membrane filtration without enzyme and pasteurization pretreatment [J] . Separation and Purification Technology, 2007, 57 (2) : 366-373.

[109]　Goran T Vladisavljevic, Predrag Vukosavljevic, Mile S Veljovic. Clarification of red raspberry juice using microfiltration with gas backwashing: A viable strategy to maximize permeate flux and minimize a loss of anthocyanins [J] . Food and Bioproducts Processing, 2013, 91 (C4) : 473-480.

[110]　Vitor Renan da Silva, Agnes de Paula Scheer. Study of aqueous pectin solutions microfiltration process by ceramic membrane [J] . Acta Scientiarum-Technology, 2011, 33 (2) : 215-220.

[111]　Zhao Dongjun, Lau Evonne, Huang Shan, Carmen I Moraru. The effect of apple cider characteristics and membrane pore size on membrane fouling [J] . Lwt-Food Science and Technology, 2015, 64 (2) : 974-979.

[112]　许文玲，李雁，尹丛林，涂瑞丽 . 无机陶瓷膜及其在果汁加工中的应用 [J] . 农业工程技术（农产品加工），

2007, 7: 17-20.

[113] 汪勇，唐书泽，欧仕益，李爱军，刘伟荣. 无机陶瓷膜分离技术在食品与发酵工业中的应用 [J]. 食品与发酵工业，2003, 8: 75-79.

[114] Bob Swientek. Overseeing Food Safety & Quality [J]. Food Technology, 2009, 63 (8): 98-99.

[115] Bob Swientek. Ensuring food safety & quality [J]. Food Technology, 2008, 62 (8): 105-108.

[116] Bo Li, Minyan Huang, Tingming Fu, Linmei Pan, Weiwei Yao, Liwei Guo. Microfiltration process by inorganic membranes for clarification of tongbi liquor [J]. Molecules, 2012, 17 (2): 1319-1334.

[117] Youssef El Rayess, Claire Albasi, Patrice Bacchin, Patricia Taillandier, Martine Mietton-Peuchot, Audrey Devatine. Analysis of membrane fouling during cross-flow microfiltration of wine [J]. Innovative Food Science & Emerging Technologies, 2012, 16: 398-408.

[118] Alessio Cimini, Giovanni De Francesco, Giuseppe Perretti. Effect of crossflow microfiltration on the clarification and stability of beer from 100% low-beta-glucan barley or malt [J]. Lwt-Food Science and Technology, 2017, 86: 55-61.

[119] Alessio Cimini, Mauro Moresi. Beer clarification by novel ceramic hollow-fiber membranes: Effect of pore size on product quality [J]. Journal of Food Science, 2016, 81 (10): E2521-E2528.

[120] Stopka J, Bugan S G, Broussous L, Schlosser Š, Larbot A. Microfiltration of beer yeast suspensions through stamped ceramic membranes [J]. Separation and Purification Technology, 2001, 25 (1): 535-543.

[121] Alessio Cimini, Mauro Moresi. Beer clarification using ceramic tubular membranes [J]. Food and Bioprocess Technology, 2014, 7 (9): 2694-2710.

[122] Alan Ambrosi, Nilo Sergio Medeiros Cardozo, Isabel Cristina Tessaro. Membrane separation processes for the beer industry: A review and state of the art [J]. Food and Bioprocess Technology, 2014, 7 (4): 921-936.

[123] Imasaka T, Kanekuni N, So H, Yoshino S. Cross-flow filtration of methane fermentation broth by ceramic membranes [J]. Journal of Fermentation and Bioengineering, 1989, 68 (3): 200-206.

[124] Imasaka T, So H, Matsushita K, Furukawa T, Kanekuni N. Application of gas-liquid 2-phase cross-flow filtration to pilot-scale methane fermentation [J]. Drying Technology, 1993, 11 (4): 769-785.

[125] Mark V Tsodikov, Alexey S Fedotov, Dmitriy O Antonov, Valeriy I Uvarov, Victor Yu Bychkov, Francis C. Luck. Hydrogen and syngas production by dry reforming of fermentation products on porous ceramic membrane-catalytic converters [J]. International Journal of Hydrogen Energy, 2016, 41 (4): 2424-2431.

[126] Cheryan M, Bogush G. Processing ethanol fermentation broths and stillage with ceramic membranes [M]. Worcester: Worcester Polytechmic Institute MA, 1995.

[127] Sanjeev G Redkar, Robert H Davis. Crossflow microfiltration of yeast suspensions in tubular filters [J]. Biotechnology Progress, 1993, 9 (6): 625.

[128] Elzbieta Gabrus, Daniela Szaniawska. Study on fouling of ceramic membranes during microfiltration of yeast suspensions [J]. Przemysl Chemiczny, 2008, 87 (5): 444-446.

[129] Oluwaseun O Ogunbiyi, Nick J Miles, Nidal Hilal. The effects of performance and cleaning cycles of new tubular ceramic microfiltration membrane fouled with a model yeast suspension [J]. Desalination, 2008, 220 (1-3): 273-289.

[130] Elzbieta Gabrus, Daniela Szaniawska. Application of backflushing for fouling reduction during microfiltration of yeast suspensions [J]. Desalination, 2009, 240 (1-3): 46-53.

[131] Frederike Carstensen, Andreas Apel, Matthias Wessling. In situ product recovery: Submerged membranes vs. external loop membranes [J]. Journal of Membrane Science, 2012, 394-395: 1-36.

[132] Boyaval P, Corre C. Continuous fermentation of sweet whey permeate for propionic acid production in a CSTR with UF recycle [J]. Biotechnology Letters, 1987, 9 (11): 801-806.

[133] Persson A, Jonsson A S, Zacchi G. Separation of lactic acid-producing bacteria from fermentation broth using a ceramic microfiltration membrane with constant permeate flow [J]. Biotechnology and Bioengi-

neering, 2001, 72（3）: 269-277.

［134］ Rong Fan, Mehrdad Ebrahimi, Hendrich Quitmann, Peter Czermak. Lactic acid production in a membrane bioreactor system with thermophilic Bacillus coagulans: Online monitoring and process control using an optical sensor ［J］. Separation Science and Technology, 2017, 52（2）: 352-363.

［135］ Mikel C Duke, Agnes Lim, Sheila Castro da Luz, Lars Nielsen. Lactic acid enrichment with inorganic nanofiltration and molecular sieving membranes by pervaporation ［J］. Food and Bioproducts Processing, 2008, 86（C4）: 290-295.

［136］ Li Wen, Ling Guo-Qing, Shi Chang-Rong, Li Kai, Lu Hai-Qin, Hang Fang-Xue, Zhang Yu, Xie Cai-Feng, Lu Deng-Jun, Li Hong. Pilot demonstration of ceramic membrane ultrafiltration of sugarcane juice for raw sugar production ［J］. Sugar Tech, 2017, 19（1）: 83-88.

［137］ Farmani B, Haddadekhodaparast M H, Hesari J, Aharizad S. Determining optimum conditions for sugarcane juice refinement by pilot plant dead-end ceramic micro-filtration ［J］. Journal of Agricultural Science and Technology, 2008, 10（4）: 351-357.

［138］ Silvano Tosti, Giacomo Bruni, Marco Incelli, Alessia Santucci. Ceramic membranes for processing plasma enhancement gases ［J］. Fusion Engineering and Design, 2017, 124: 928-933.

［139］ Kiyotaka Sakai, Kikuo Ozawa, Keiichi Ohashi, Ryo Yoshida, Hidehiko Sakurai. Low-temperature plasma separation by cross-flow filtration with microporous glass membranes ［J］. Industrial & Engineering Chemistry Research, 1989, 28（1）: 57-64.

［140］ Ozawa K, Ohashi K, Ide T, Sakai K. Technical evaluation of newly-developed inorganic membranes for plasma fractionation ［J］. Artificial Organs, 1987, 11（4）: 347.

［141］ Belhocine D, Grib H, Abdessmed D, Comeau Y, Mameri N. Optimization of plasma proteins concentration by ultrafiltration ［J］. Journal of Membrane Science, 1998, 142（2）: 159-171.

［142］ 董强, 刘立敏, 林淑钦, 孟广耀, 戴建勇. 中药复方水提液澄清过程中陶瓷膜污染的防治研究 ［J］. 膜科学与技术, 2004, 6: 34-37.

［143］ 魏凤玉, 肖翔, 崔鹏, 吴六四. 无机陶瓷膜微滤技术澄清中药水提液的研究 ［J］. 中成药, 2004, 12: 17-20.

［144］ 郭立玮, 金万勤. 无机陶瓷膜分离技术对中药药效物质基础研究的意义 ［J］. 膜科学与技术, 2002, 4: 46-49.

［145］ 伍利华, 黄英, 刘婷, 徐玉玲, 刘涛. 陶瓷膜分离技术应用于中药口服液的研究进展 ［J］. 药物评价研究, 2014, 2: 184-187.

［146］ 邢卫红, 徐南平. 陶瓷微滤膜在中成药澄清中的应用研究 ［C］. 全国医药行业膜技术应用研讨会, 1998.

［147］ Liu Zhao-Xia, Liang Yan, Wang Qiang, Guo Yong-Jun, Gao Ming, Wang Zhang-Bo, Liu Wan-Lu. Status and Progress of worldwide EOR field applications ［J］. Journal of Petroleum Science and Engineering, 2020, 193: 107449.

［148］ Chen A S C, Flynn J T, Cook R G, Casaday A L. Removal of oil, grease, and suspended solids from produced water with ceramic crossflow microfiltration ［J］. Society of Petroleum Engineers Production Engineering, 1991, 6（2）: 131-136.

［149］ 王怀林, 王忆川, 姜建胜, 云金明, 王建华. 陶瓷微滤膜用于油田采出水处理的研究 ［J］. 膜科学与技术, 1998, 18（2）: 59-64.

［150］ Simms K M, Liu T H, Zaidi S A. Recent advances in the application of membrane technology to the treatment of produced water in Canada ［J］. Water Treatment, 1995, 10（2）: 135-144.

［151］ 徐俊, 梁红莹, 张学东. 陶瓷膜处理油田采出水用于回注的试验研究 ［J］. 中国环境科学, 2008, 28（9）: 856-860.

［152］ 丁慧, 彭兆洋, 李毅, 温沁雪, 陈志强. 无机陶瓷膜处理油田采出水 ［J］. 环境工程学报, 2013, 7（4）: 1399-1404.

［153］ 张国胜, 谷和平, 邢卫红, 徐南平, 时钧. 无机陶瓷膜处理冷轧乳化液废水 ［J］. 高校化学工程学报, 1998, 3: 288-292.

［154］ 陈哲宇. 膜过滤技术在轧钢乳化液废水处理中的应用 ［J］. 河南冶金, 2007, 15（s1）: 38-40.

［155］ Chen A S C. Evalualing a ceramic ultrafitration system for aqueous alkaline cleaner recycling ［R］. 1994.

［156］ Chen A S C. Using ceramic crossflow filtration to recycle spent nonionic aqueous- based metal-cleaning solutions ［R］. 1994.

［157］ Chen A S C. Using ceramic crossflow filtration to recycle spent nonionic aqueous- based metal-cleaning solutions ［R］. 1994.

［158］ Lahiere R J，Goodboy K P. Ceramic membrane treatment of petrochemical wastewater ［J］. Emir Prog，1993，12（2）：86-96.

［159］ 邢卫红，张伟. 陶瓷膜脱除炼油厂焦化废水中焦粉 ［J］. 南京工业大学学报（自科版），1998，20（3）：10-13.

［160］ Kim Gye-Tai，Hyun Sang-Hoon. Reclamation of waste lubricating oil using ceramic micro/ultrafiltration composite membranes ［J］. Journal of the Korean Ceramic Society，2000，37（5）：403-409.

［161］ Deschamps A，Walther C，Bergez P，Charpin J. Separation of refining residues using ceramic membranes ［M］. France：1st International Conference on Inorganic Membranes，1989：237-242.

［162］ Vacassy R，Guizard C，Palmeri J，Cot L. Influence of the interface on the filtration performance of nano-structured zirconia ceramic ［J］. Nanostructured Materials，1998，10（1）：77-88.

［163］ Guizard C，Julbe A，Ayral A. Current status of the development of microporous or nanoporous ceramic membranes ［J］. Industrial Ceramics，2000，20（1）：22-25.

［164］ 钟道悦. 无机陶瓷膜在废润滑油再生中的应用研究 ［D］. 广州：华南理工大学，2013.

［165］ Scott J A，Howell J A，Arnot T C，Smith K L，Bruska M. Enhanced system kLa and permeate flux with a ceramic membrane bioreactor ［J］. Biotechnology Techniques，1996，10（4）：287-290.

［166］ Meabe E，Lopetegui J，Ollo J，Lardies S. Ceramic membrane bioreactor：Potential applications and challenges for the future ［C］. Membrane Asia International Conference，2011.

［167］ Qi Y，Shang H T，Wang J L，Wang J L，Pan X L. Dye wastewater treatment by using ceramic membrane bioreactor ［J］. International Journal of Environment & Pollution，2009，38（3）：267-279.

［168］ Hasan M，Shafiquzzaman M，Nakajima J，Ahmed A，Azam M. Application of a low cost ceramic filter to a membrane bioreactor for greywater treatment ［J］. Water Environment Research，2015，87（3）：233-241.

［169］ Ersu C B，Ong S K. Treatment of wastewater containing phenol using a tubular ceramic membrane bioreactor ［J］. Environmental Technology，2008，29（2）：225-234.

［170］ Xu Nong，Xing Weihong，Xu Nanping，Shi Jun. Application of turbulence promoters in ceramic membrane bioreactor used for municipal wastewater reclamation ［J］. Journal of Membrane Science，2002，210（2）：307-313.

［171］ Xu Nong，Xing Weihong，Xu Nanping，Shi Jun. Study on ceramic membrane bioreactor with turbulence promoter ［J］. Separation & Purification Technology，2003，32（1-3）：403-410.

［172］ Bauer J M，Elyassini J，Moncorge G，Nodari T，Totino E. New developments and applications of carbon membranes ［J］. Key Engineering Materials，1992，61-62（2）：207-212.

［173］ 李红，邢卫红. 硫酸法钛白粉生产工艺中的偏钛酸回收新技术研究 ［J］. 水处理技术，1995，6：325-329.

［174］ 王树勋，李杨，李晶蕊，周霞. 陶瓷膜在化工废水深度处理中的应用 ［J］. 工业水处理，2010，30（3）：79-81.

［175］ 康同森，孙元俊. 膜分离技术在合成胶乳废水处理中的应用 ［J］. 合成橡胶工业，1996（2）：125-126.

［176］ Nooijen W，Muilwijk F. Paint water sepatation by ceramic microfiltration ［J］. Filtration & Separation，1994，31（3）：227-229.

［177］ Jönsson Annsoft，Petersson E. Treatment of C-stage and E-stage effluents from a bleach plant using a ceramic membrane ［J］. Nordic Pulp & Paper Research Journal，1988，3（1）：4-7.

［178］ Barnier H，Maurel A，Pichon M. Separation and congcentration of lignosulfonates by ultafiltration on mineral membranes ［J］. Paperi Ja Puu-Paper and Timber，1987，69（7）：581-583.

［179］ Butters B E，Powell A L. Method and system for photocatalytic decontaminaton：US 5462674 A ［P］. 1995.

［180］ Kovaleva O V, Duka G G, Kovalev V V, Ivanov M V, Dragalin I P. Membrane photocatalytic destruction of benzothiazoles in an aqueous medium ［J］. Journal of Water Chemistry and Technology, 2009, 31（5）: 297-304.

［181］ Rosa M Huertas, Maria C Fraga, Joao G Crespo, Vanessa J Pereira. Sol-gel membrane modification for enhanced photocatalytic activity ［J］. Separation and Purification Technology, 2017, 180: 69-81.

［182］ Raphael Janssens, Mrinal Kanti Mandal, Kashyap Kumar Dubey, Patricia Luis. Slurry photocatalytic membrane reactor technology for removal of pharmaceutical compounds from wastewater: Towards cytostatic drug elimination ［J］. Science of the Total Environment, 2017, 599: 612-626.

［183］ Sandra Sanches, Clarisse Nunes, Paula C Passarinho, Frederico C Ferreira, Vanessa J Pereira, Joao G Crespo. Development of photocatalytic titanium dioxide membranes for degradation of recalcitrant compounds ［J］. Journal of Chemical Technology and Biotechnology, 2017, 92（7）: 1727-1737.

［184］ 黄江丽, 施汉昌, 钱易. MF 与 UF 组合工艺处理造纸废水研究 ［J］. 中国给水排水, 2003, 19（6）: 13-15.

［185］ 韶晖, 周轶, 吴琦刚, 钟璟, 姚超, 李晋. 无机陶瓷膜提纯凹凸棒土处理印染废水研究 ［J］. 非金属矿, 2013（1）: 68-70.

［186］ Cumming W, Tuner D. Optimization of an UF pilot plant for the treatment of radioactive waste ［M］. Belgium: Future Industry Prospects, 1988.

［187］ 白庆中, 陈红盛, 叶裕才, 李俊峰, 牟旭凤, 曹文. 无机纳滤膜处理低水平放射性废水的试验研究 ［J］. 环境科学, 2006, 27（7）: 1334-1338.

［188］ 陈婷, 张云, 陆亚伟, 邱鸣慧, 范益群. ZrO₂-TiO₂ 复合纳滤膜在模拟放射性废水中的应用 ［J］. 化工学报, 2016, 12: 5040-5047.

［189］ Lu Yawei, Chen Ting, Chen Xianfu, Qiu Minghui, Fan Yiqun. Fabrication of TiO₂-doped ZrO₂ nanofiltration membranes by using a modified colloidal sol-gel process and its application in simulative radioactive effluent ［J］. Journal of Membrane Science, 2016, 514: 476-486.

［190］ Trouve E, Urbain V, Manem J. Treatment of municipal wastewater by a membrane bioreactor: Results of a semi-industrial pilot-scale study ［J］. Water Science & Technology, 1994, 30（4）: 151-157.

［191］ Visvanathan C, Muttamara S, Babel S, Benaim R. Treatment of landfill leachate by crossflow microfiltration and ozonation ［J］. Separation Science, 1994, 29（3）: 315-332.

［192］ Shen X, Park J K, Kim B J. Separation of nitrocellulose manufacturing waste water by bench scale flat sheet cross flow microfiltration units ［J］. Separation Science and Technology, 1994, 29（3）: 333-356.

［193］ Goemans Marcel G, Tiller M Frank, Li Lixiong, Gloyna F Earnest. Separation of metal oxides from supercritical water by crossflow microfiltration ［J］. Journal of Membrane Science, 1997, 124（1）: 129-145.

［194］ 徐农, 范益群, 徐南平. 陶瓷膜生物反应器出水水质及回用范围 ［J］. 水处理技术, 2002, 28（4）: 213-216.

［195］ 姜红, 孟烈, 陈日志, 金万勤, 邢卫红. 反应-膜分离耦合强化技术的研究进展 ［J］. 化学反应工程与工艺, 2013, 29（5）: 199-207.

［196］ Biswajit Roy, Surajit Dey, Sahoo Ganesh C, Roy Somendra N, Bandyopadhyay Sibdas. Degumming, dewaxing and deacidification of rice bran oil-hexane miscella using ceramic membrane: Pilot plant study ［J］. Journal of the American Oil Chemists' Society, 2014, 91（8）: 1453-1460.

［197］ Mahdieh Namvar-Mahboub, Majid Pakizeh, Susan Davari. Preparation and characterization of UZM-5/polyamide thin film nanocomposite membrane for dewaxing solvent recovery ［J］. Journal of Membrane Science, 2014, 459: 22-32.

［198］ 韦平和, 彭加平, 周锡樑. 膜技术在酶法生产 L-色氨酸中去除蛋白质和色素的应用研究 ［J］. 中国生化药物杂志, 2011, 32（6）: 421-425.

［199］ Chen Xianfu, Zhang Yun, Tang Jianxiong, Qiu Minghui, Fu Kaiyun, Fan Yiqun. Novel pore size tuning method for the fabrication of ceramic multi-channel nanofiltration membrane ［J］. Journal of Membrane Science, 2018, 552: 77-85.

［200］ 金珊, 陈日志, 邢卫红, 徐南平. 陶瓷微滤膜滤除骨架镍催化剂微粒的研究 ［J］. 膜科学与技术, 2004（6）:

66-69.

[201] 仲兆祥，陈日志，邢卫红，徐南平. 采用陶瓷膜回收纳米镍催化剂 [J]. 化工学报，2006（4）：849-852.

[202] Michele Janssen, Christian Mueller, Dieter Vogt. Recent advances in the recycling of homogeneous cata-lysts using membrane separation [J]. Green Chemistry, 2011, 13（9）：2247-2257.

[203] Rao Popuri Srinivasa, Wey Ming-Yen, Tseng Hui-Hsin, Kumar Itta Arun, Weng Tzu-Hsiang. A comparison of carbon/nanotube molecular sieve membranes with polymer blend carbon molecular sieve membranes for the gas permeation application [J]. Microporous and Mesoporous Materials, 2008, 113（1）：499-510.

[204] Guo Shaobin, Liu Zhengkun, Zhu Jiawei, Jiang Xin, Song Zhe, Jin Wanqin. Highly oxygen-permeable and CO_2-stable $Ce_{0.8}Sm_{0.2}O_{2-\delta}$-$SrCo_{0.9}Nb_{0.1}O_{3-\delta}$ dual-phase membrane for oxygen separation [J]. Fuel Processing Technology, 2016, 154: 19-26.

[205] Koresh J E, Sofer A. Molecular sieve carbon permselective memebrane presentation of a new device for gas-mixture separation [J]. Separation Science and Technology, 1983, 18（8）：723-734.

[206] Johnson H, Schulman B. Assessment of the potential for refinery applications of inorganic membrane tech-nology-an identification and screening analysis [J]. U S Department of Energy Final Report under Contract No DE- ACO1-88 Fe61680, 1993, Task23.

[207] Wu J, Flowers D, Liu P. High-temperature separation of binary gas-mixtures using microporous ceramic membranes [J]. Journal of Membrane Science, 1993, 77（1）：85-98.

[208] Wilhelm F Maier. Procedure for the preparation of microporous ceramic membranes for the separation of gas and liquid mixtures: US 5250184 [P]. 1993.

[209] Way J, Roberts D. Hollow fiber inorganic membranes for gas separations [J]. Separation Science and Technology, 1992, 27（1）：29-41.

[210] Asaeda M, Du L D. Separation of alcohol water gaseous-mixtures by thin ceramic membrane [J]. Journal of Chemical Engineering of Japan, 1986, 19（1）：72-77.

[211] van Gemert Robert W, Cuperus F Petrus. Newly developed ceramic membranes for dehydration and sepa-ration of organic mixtures by pervaporation [J]. Journal of Membrane Science, 1995, 105: 287-291.

[212] Jia M D, Peinemann K V, Behling R D. Ceramic zeolite composite membranes- preparation, characteriza-tion and gas permeation [J]. Journal of Membrane Science, 1993, 82（1-2）：15-26.

[213] Hu Xiaojuan, Chen Weidong, Huang Yan. Fabrication of Pd/ceramic membranes for hydrogen separation based on low-cost macroporous ceramics with pencil coating [J]. International Journal of Hydrogen Ener-gy, 2010, 35（15）：7803-7808.

[214] Nagano Takayuki, Fujisaki Shinji, Sato Koji, Hataya Koji, Iwamoto Yuji, Nomura Mikihiro, Nakao Shin-Ichi. Relationship between the mesoporous intermediate layer structure and the gas permeation property of an amorphous silica membrane synthesized by counter diffusion chemical vapor deposition [J]. Journal of the American Ceramic Society, 2008, 91（1）：71-76.

[215] Khatib Sheima Jatib, Oyama S Ted, de Souza Kátia R, Noronha Fábio B. Chapter 2- Review of Silica Mem-branes for Hydrogen Separation Prepared by Chemical Vapor Deposition [M] //Oyama S T, Stagg-Wil-liams S M. Elsevier: Membrane Science and Technology, 2011: 25-60.

[216] Itoh N. A membrane reactor using palladium [J]. Aiche Journal, 1987, 33（9）：1576-1578.

[217] Fausto Gallucci, Ekain Fernandez, Pablo Corengia, Martin van Sint Annaland. Recent advances on mem-branes and membrane reactors for hydrogen production [J]. Chemical Engineering Science, 2013, 92: 40-66.

[218] Fenu A, Guglielmi G, Jimenez J, Sperandio M, Saroj D, Lesjean B, Brepols C, Thoeye C, Nopens I. Activated sludge model（ASM）based modelling of membrane bioreactor（MBR）processes: A critical review with special regard to MBR specificities [J]. Water Research, 2010, 44（15）：4272-4294.

[219] Lutz Boehm, Anja Drews, Helmut Prieske, Pierre R Berube, Matthias Kraume. The importance of fluid dynamics for MBR fouling mitigation [J]. Bioresource Technology, 2012, 122: 50-61.

［220］ Ivanovic I, Leiknes T O. The biofilm membrane bioreactor（BF-MBR）-A review［J］. Desalination and Water Treatment, 2012, 37（1-3）: 288-295.

［221］ Saracco G, Specchia V. Catalytic inorganic-membrane reactors- present experience and future opportunities［J］. Catalysis Reviews-Science and Engineering, 1994, 36（2）: 305-384.

［222］ Hsieh H P. Inorganic membrane reactors［J］. Catalysis Reviews-Science and Engineering, 1991, 33（1-2）: 1-70.

［223］ Zaman J, Chakma A. Inorganic membrane reactors［J］. Journal of Membrane Science, 1994, 92（1）: 1-28.

［224］ Iulianelli A, Ribeirinha P, Mendes A, Basile A. Methanol steam reforming for hydrogen generation via conventional and membrane reactors: A review［J］. Renewable & Sustainable Energy Reviews, 2014, 29: 355-368.

［225］ Alba Arratibel Plazaola, David Alfredo Pacheco Tanaka, Martin Van Sint Annaland, Fausto Gallucci. Recent advances in pd-based membranes for membrane reactors［J］. Molecules, 2017, 22（1）: 51-58.

［226］ Dittmeyer R, Grunwaldt J D, Pashkova A. A review of catalyst performance and novel reaction engineering concepts in direct synthesis of hydrogen peroxide［J］. Catalysis Today, 2015, 248: 149-159.

［227］ Dong Xueliang, Lin Y S. Catalyst-free ceramic-carbonate dual phase membrane reactor for hydrogen production from gasifier syngas［J］. Journal of Membrane Science, 2016, 520: 907-913.

［228］ Yeherskel J, Leger D, Courvoisier F. Thermal decomposition of hydroiodic acid and hydrogen separation［J］. Advanced Hydrogen Energy, 1979, 2: 569-594.

［229］ David J Edlund, William A Pledger. Catalytic platinum-based membrane reactor for removal of H_2S from natural gas streams［J］. Journal of Membrane Science, 1994, 94（1）: 111-119.

［230］ Zhao R, Itoh N, Govind R. Novel materials in heterogeneous catalysis［J］. ACS Symposium Series, 1990, 437: 216.

［231］ Li Zhaohui, Chen Rizhi, Xing Weihong, Jin Wanqin, Xu Nanping. Continuous acetone ammoximation over TS-1 in a tubular membrane reactor［J］. Industrial & Engineering Chemistry Research, 2010, 49（14）: 6309-6316.

［232］ Mikhalenko N M, Khrapova E V, Gryaznov V M. Influence of hydrogen on the dehydrogenation of isopropyl alcohol in the presence of a palladium membrane catalyst［J］. Kinetics and Catalysis, 1986, 27: 138-156.

［233］ Smart S, Lin C X C, Ding L, Thambimuthu K, da Costa J C Diniz. Ceramic membranes for gas processing in coal gasification［J］. Energy & Environmental Science, 2010, 3（3）: 268-278.

［234］ Tsotsis T T, Champagnie A M, Vasileiadis S P, Ziaka Z D, Minet R G. The enhancement of reaction yield through the use of high temperature membrane reactors［J］. Separation Science and Technology, 1993, 28: 397-422.

［235］ Song Jin-Young, Hwang Sun-Tak. Formaldehyde production from methanol using a porous Vycor glass membrane reactor［J］. Journal of Membrane Science, 1991, 57: 95-113.

［236］ Ziaka Z D, Minet R G, Tsotsis T T. A high temperature catalytic membrane reactor for propane dehydrogenation［J］. Applied Catalysis A General, 1993, 77（2-3）: 221-232.

［237］ Terry P A, Anderson M, Tejedor I. Catalytic dehydrogenation of cyclohexane using coated silica oxide ceramic membranes［J］. Journal of Porous Materials, 1999, 6（4）: 267-274.

［238］ Mondal A M, Ilias S. Dehydrogenation of cyclohexane in a palladium-ceramic membrane reactor by equilibrium shift［J］. Separation Science and Technology, 2001, 36（5-6）: 1101-1116.

［239］ Zhang Feng, Shang Hongnian, Jin Dongyang, Chen Rizhi, Xing Weihong. High efficient synthesis of methyl ethyl ketone oxime from ammoximation of methyl ethyl ketone over TS-1 in a ceramic membrane reactor［J］. Chemical Engineering and Processing，2017，116: 1-8.

［240］ Abdalla K Babiker，Elnashaie S E H Said. Fluidized bed reactors without and with selective membranes for the catalytic dehydrogenation of ethylbenzene to styrene［J］. Journal of Membrane Science，1995，101 (1-2): 31-42.

［241］ Gryaznov V M，Serebryannikova O S，Serov Yu M，Ermilova M M，Karavanov A N，Mischenko A P，Orekhova N V. Preparation and catalysis over palladium composite membranes［J］. Applied Catalysis A General，1993，96 (1): 15-23.

［242］ Vladimir M Gryaznov，Viktor S Smirnov，Valentin M Vdovin，Margarita M Ermilova，Lia D Gogua，Nina A Pritula，Igor A Litvinov. Method of preparing a hydrogen-permeable membrane catalyst on a base of palladium or its alloys for the hydrogenation of unsaturated organic compounds［P］. US 4132668，1979.

［243］ Shigeyuki Uemiya，Noboru Sato，Hiroshi Ando，Takeshi Matsuda，Eiichi Kikuchi. Steam reforming of methane in a hydrogen-permeable membrane reactor［J］. Applied Catalysis，1990，67 (1): 223-230.

［244］ Dipl Ing Michael Oertel，Dipl Ing Johannes Schmitz，Dr Ing Walter Weirich，Prof Dr Rer Nat Rudolf Schulten. Steam reforming of natural gas with intergrated hydrogen separation for hydrogen production［J］. Chemical Engineering & Technology，1987，10 (1): 248-255.

［245］ Zhao Renni，Govind Rakesh，Itoh Naotsugu. Studies on palladium membrane reactor for dehydrogenation reaction［J］. Separation Science and Technology，1990，25: 1473-1488.

［246］ Parmaliana A，Frusteri F，Arena F，Giordano N. Selective partial oxidation of light paraffins with hydrogen peroxide on thin-layer supported Nafion-H catalysts［J］. Catalysis Letters，1992，12 (4): 353-359.

［247］ Yentekakis I V，Vayenas C G. The effect of electrochemical oxygen pumping on the steady-state and oscillatory behavior of CO oxidation on polycrystalline Pt［J］. Journal of Catalysis，1988，111 (1): 170-188.

［248］ Mari C M，Molteni A，Pizzini S J. Gas phase electrocatalytic oxidation of SO_2 by solid state electrochemical technique［J］. Electrochimica Acta，1979，24 (7): 745-750.

［249］ Chiang P H，Stoukides M. Electrocatalytic methane dimerization with a Yb-doped $SrCeO_3$ solid electrolyte ［J］. Journal of The Electrochemical Society，1991，138: 6.

［250］ Costas George Vayenas，David Edward Ortman. Method and apparatus for forming nitric oxide from ammonia: EP 0023813 A1［P］. 1981.

［251］ Bebelis S，Vayenas C G. Non-faradaic electrochemical modification of catalytic activity 6. Ethylene epoxidation on Ag deposited on stabilized ZrO_2［J］. Journal of Catalysis，1992，138 (2): 588-610.

［252］ Loechel B，Strehblow H-H，Sakashita M. Breakdown of passivity of nickel by fluoride. Ⅰ. Electrochemical studies［J］. Journal of The Electrochemical Society，1984，131 (3): 522-529.

［253］ Cheng Y S，Pena M A，Yeung K L. Hydrogen production from partial oxidation of methane in a membrane reactor［J］. Journal of the Taiwan Institute of Chemical Engineers，2009，40 (3): 281-288.

［254］ Cosimo R Di，Burrington J D，Grasseli R K. Process for effecting oxidative dehydrodimerization［P］. US 4571443，1986.

［255］ Veldsink J W，Van Damme R M J，Versteeg G F，Van Swaaij W P M. A catalytically active membrane reactor for fast，exothermic，heterogeneously catalysed reactions［J］. Chemical Engineering Science，1992，47 (9): 2939-2944.

［256］ Lu Y P，Dixon A G，Moser W R，Ma Y H. Oxidative coupling of methane in a modified gamma-alumina membrane reactor［J］. Chemical Engineering Science，2000，55 (21): 4901-4912.

［257］ Zaspalis V T，Prang W，Keizer K，Ommen J C，Ross J R H，Burggraaf A. Reactions of methanol over alumina catalytically activ membranes modified by silver［J］. Applied catalysis A: general，1991，74: 235-248.

［258］ Tiscareno-Lechuga F，Hill Jr C G，Anderson M A. Experimental studies of the non-oxidative dehydrogena-tion of ethylbenzene using a membrane reactor ［J］. Applied Catalysis A General，1993，96（1）：33-51.

［259］ Sun Yi Ming，Khang Soon Jai. A catalytic membrane reactor：its performance in comparison with other types of reactors ［J］. Industrial & Engineering Chemistry Research，1990，29（2）：232-238.

［260］ Bernstein L A，Lund C R F. Membrane reactors for catalytic series and series-parallel reactions ［J］. Journal of Membrane Science，1993，77：155-164.

［261］ Adris A M，Elnashaie S S E H，Hughes R. A fluidized bed membrane reactor for the steam reforming of methane ［J］. Canadian Journal of Chemical Engineering，1991，69（5）：1061-1070.

［262］ Qi Aidu，Peppley Brant，Karan Kunal. Integrated fuel processors for fuel cell application：A review ［J］. Fuel Processing Technology，2007，88（1）：3-22.

［263］ Shrikant A Bhat，Jhuma Sadhukhan. Process intensification aspects for steam methane reforming：An overview ［J］. Aiche Journal，2009，55（2）：408-422.

［264］ Itoh Naotsugu. Analysis of equilibrium-limited dehydrogenation and steam reforming in palladium membrane reactors ［J］. Journal of the Japan Petroleum Institute，2012，55（3）：160-170.

［265］ Capobianco L，Prete Z Del，Schiavetti P，Violante V. Theoretical analysis of a pure hydrogen production separation plant for fuel cells dynamical applications ［J］. International Journal of Hydrogen Energy，2006，31（8）：1079-1090.

［266］ Akpan Enefiok，Sun Yanping，Kumar Prashant，Ibrahim Hussam，Aboudheir Ahmed，Idem Raphael. Kinetics，experimental and reactor modeling studies of the carbon dioxide reforming of methane （CDRM） over a new Ni/CeO$_2$-ZrO$_2$ catalyst in a packed bed tubular reactor ［J］. Chemical Engineering Science，2007，62（15）：4012-4024.

［267］ Andrea Di Carlo，Alessandro Dell' Era，Zaccaria Del Prete. 3D simulation of hydrogen production by ammonia decomposition in a catalytic membrane reactor ［J］. International Journal of Hydrogen Energy，2011，36（18）：11815-11824.

［268］ Wojciech M Budzianowski. Experimental and numerical study of recuperative heat recirculation ［J］. Heat Transfer Engineering，2012，33（8）：712-721.

［269］ Derevich I V，Ermolaev V S，Mordkovich V Z. Modeling of hydrodynamics in microchannel reactor for Fischer-Tropsch synthesis ［J］. International Journal of Heat and Mass Transfer，2012，55（5-6）：1695-1708.

［270］ Rafiq M H，Jakobsen H A，Hustad J E. Modeling and simulation of catalytic partial oxidation of methane to synthesis gas by using a plasma-assisted gliding arc reactor ［J］. Fuel Processing Technology，2012，101：44-57.

［271］ El-Zanati E，Ritchie S M C，Abdallah H，Elnashaie S. Mathematical modeling，verification and optimization for catalytic membrane esterification micro-reactor ［J］. International Journal of Chemical Reactor Engineering，2014，13（1）：35-40.

［272］ Wei Weisheng，Zhang Tao，Xu Jian，Du Wei. Numerical study on soot removal in partial oxidation of methane to syngas reactors ［J］. Journal of Energy Chemistry，2014，23（1）：119-130.

［273］ Selinsek Manuel，Pashkova Aneta，Dittmeyer Roland. Numerical analysis of mass transport effects on the performance of a tubular catalytic membrane contactor for direct synthesis of hydrogen peroxide ［J］. Catalysis Today，2015，248：101-107.

［274］ Zhang Guangru，Jin Wanqin，Xu Nanping. Design and fabrication of ceramic catalytic membrane reactors for green chemical engineering applications ［J］. Engineering，2018，4（6）：848-860.

［275］ Gallucci Fausto，Fernandez Ekain，Corengia Pablo，Annaland Martin van Sint. Recent advances on membranes and membrane reactors for hydrogen production ［J］. Chemical Engineering Science，2013，92：

40-66.

[276] Meng Lie，Tsuru Toshinori. Microporous membrane reactors for hydrogen production ［J］. Current Opinion in Chemical Engineering，2015，8: 83-88.

[277] Jiang Hong，Meng Lie，Chen Rizhi，Jin Wanqin，Xing Weihong，Xu Nanping. Progress on porous ceramic membrane reactors for heterogeneous catalysis over ultrafine and nano-sized catalysts ［J］. Chinese Journal of Chemical Engineering，2013，21（2）: 205-215.

[278] Liu Yefei，Peng Minghua，Jiang Hong，Xing Weihong，Wang Yong，Chen Rizhi. Fabrication of ceramic membrane supported palladium catalyst and its catalytic performance in liquid-phase hydrogenation reaction ［J］. Chemical Engineering Journal，2017，313: 1556-1566.

第 4 章
有机-无机复合膜

主 稿 人：姜忠义　天津大学教授

编写人员：金万勤　南京工业大学教授

徐铜文　中国科学技术大学教授

安全福　北京工业大学教授

吴　洪　天津大学教授

刘公平　南京工业大学教授

赵　静　南京工业大学副研究员

葛　亮　中国科学技术大学副研究员

李　杰　北京工业大学助理研究员

王乃鑫　北京工业大学副教授

审 稿 人：杨维慎　中国科学院大连化学物理研究所
研究员

4.1　有机-无机复合膜简介

4.1.1　有机-无机复合膜的概念与分类

根据膜材料的不同，可将膜分为有机膜和无机膜。有机高分子膜可加工性好，成本较低，但其机械强度和稳定性通常难以满足严苛操作条件，且受限于渗透性与选择性此升彼降的博弈（trade-off）效应制约，难以获得高的分离性能；无机膜通常可克服 trade-off 效应制约，具较强的机械强度、较好的耐腐蚀性能和热稳定性，但其质地较脆、成膜性差、制备工艺较复杂、生产成本较高，限制了其大规模应用。近些年来，研究者将有机高分子材料与无机材料混合制备了有机-无机复合膜，这类膜可结合两类膜材料的优势，有望同时获得高渗透性、选择性和稳定性，因而具有重要和独特的研究与应用价值。

有机-无机复合膜是指膜内同时存在有机高分子相（有机相）和无机相的一类膜。按有机相与无机相的复合形式，可分为以下两类：①有机相与无机相呈微观混合或化学交联而形成的"有机-无机杂化膜（organic-inorganic hybrid membrane）"，也称为"混合基质膜（mixed matrix membrane）"，即以有机高分子为基质（matrix），无机组分作为填充剂（filler）分散到高分子基质中而形成的膜［图 4-1(a)］；②有机相与无机相呈分层结构（"三明治"结构）的"有机-无机复合膜（organic-inorganic composite membrane）"，即在无机支撑层表面涂覆有机高分子层或在有机支撑层表面生长无机层［图 4-1(b)］。聚合物/陶瓷复合膜是第二类膜的典型代表，它是通过在多孔陶瓷支撑体上沉积聚合物（高分子）分离层制备而成，如图 4-2 所示，聚合物分离层可通过浸渍-提拉（dip-coating）、层层（layer-by-layer）组装、界面聚合（interfacial polymerization）等方法成膜于多孔陶瓷支撑体表面，有机层厚度通常为几十纳米至十几微米。

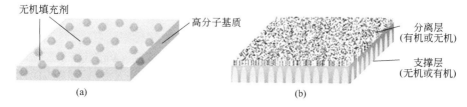

无机填充剂　　　　　　　　　　高分子基质　　　　　　　　　　　分离层（有机或无机）

支撑层（无机或有机）

(a)　　　　　　　　　　　　　　　　　(b)

图 4-1　有机-无机复合膜结构示意图

4.1.2　有机-无机复合膜的主要特点

有机-无机复合膜因包含有机高分子和无机材料两种组分，与有机膜和无机膜均有明显不同，其特点可从多重作用（multiple interactions）、多级结构（multiscale structures）、多相（multiphase）和多功能（multiple functionalities）等四个方面描述[1]。

①　多重作用　复合膜中，有机组分与无机组分间常存在多种相互作用，包括氢键、π-π作用、范德华力等较弱的物理作用力，络合作用等中等强度的化学作用力，以及共价键、离子键等较强的化学作用力。

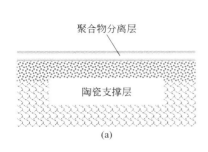
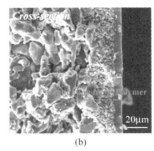

图 4-2　聚合物/陶瓷复合膜的示意图（a）和典型断面 SEM 图片（b）
及管式和中空纤维式聚合物/陶瓷复合膜照片（c）

② 多级结构　复合膜的结构特点不仅涉及有机和无机两种组分各自的结构特性，如填充剂的维度、尺寸、孔径和表面粗糙度，高分子链长、卷曲度、链间距和微相尺寸等，还涉及二者间的界面结构等。

③ 多相　复合膜内含有机相、无机相，以及两相界面处多种相互作用形成的界面相区。

④ 多功能　复合膜内的填充剂，特别是多孔填充剂，不仅为膜提供了丰富孔隙，而且可通过干扰高分子链段排布增加复合膜的自由体积，从而提高渗透性，抑或是增强高分子链的刚性，从而提升复合膜的选择性；还可通过填充剂引入功能基团，增强对目标分子的化学选择性。此外，填充剂的加入可调节膜的亲疏水特性，抑制膜的溶胀，提高膜的抗溶剂能力、抗老化和抗塑化能力，增强膜在各种分离条件下的稳定性。

4.2　有机-无机复合膜材料

4.2.1　概述

有机-无机复合膜内的填充剂与高分子基质间的界面相容性是一个共性关键问题。复合膜内易产生非理想界面效应（界面空洞、高分子链僵化、填充剂堵孔等），导致复合膜性能下降。有机-无机复合膜中常用的高分子材料包括纤维素衍生物类、聚砜类、聚酰胺类、聚酰亚胺类、聚酯类、聚烯烃类、含硅聚合物、含氟聚合物、甲壳素类等（具体内容参见第 2章）。选择与高分子基质相容性好的无机填充剂可提高界面相容性，构建较为理想的界面传递通道，提高复合膜的分离性能与稳定性等。本节主要介绍有机-无机复合膜中常用的一些无机填充剂及其性质。填充剂类型、结构和功能多种多样，相应地，有机-无机复合膜有多种分类方法。不同类型的填充剂物理与化学性质不同，与高分子基质间的相互作用也有所差别。

4.2.2　填充剂的分类

4.2.2.1　按填充剂亲疏水性分类

膜的亲疏水性与其透水能力（水通量）、抗污染性能等密切相关。填充剂的亲疏水性直接影响复合膜的亲疏水性和高分子与无机填充剂的界面相容性。常见的亲水性填充剂及疏水性填充剂列于表 4-1。

表 4-1 填充剂按亲疏水性分类表

类型	名称
亲水性填充剂	二氧化钛（TiO_2）、三氧化二铝（Al_2O_3）、氧化石墨烯（GO）、氧化锌（ZnO）、蒙脱土（MMT）、亲水性金属有机骨架材料（MOFs，如 NH_2-UiO-66，MOF-801，Na-rho-ZMOF 等）
疏水性填充剂	石墨烯、碳纳米管（CNTs）、疏水性金属有机骨架材料（如 ZIF-8 等）

4.2.2.2 按填充剂维度分类

填充剂按维度可分为零维、一维、二维和三维填充剂。零维填充剂呈球状，如 SiO_2、TiO_2 等纳米粒子；一维填充剂呈管状或棒状，如碳纳米管、硅铝酸盐管等；二维填充剂呈片状，如氧化石墨烯（GO）片；三维填充剂是具有高孔隙率的多孔材料，如金属有机骨架材料（MOFs）。常见的不同维度的填充剂列于表 4-2。

表 4-2 填充剂按维度分类表

类型	名称
零维	二氧化硅（SiO_2）、二氧化钛（TiO_2）、三氧化二铝（Al_2O_3）、碳量子点（CQD）、二氧化锆（ZrO_2）、笼形聚倍半硅氧烷（POSS）
一维	碳纳米管（CNTs）、硅铝酸盐管、凹凸棒、纳米线、硅镁土（AT）纳米棒
二维	氧化石墨烯（GO）、二维金属有机骨架材料（MOFs）、纳米黏土、二硫化钼（MoS_2）、蒙脱土、双金属氢氧化物（LDH）、g-C_3N_4、MXene
三维	三维金属有机骨架材料（MOFs）、三维共价有机骨架材料（COFs）、沸石分子筛、活性炭

零维填充剂利于在成膜时抑制大孔的生长，增加复合膜孔间的相互贯通性和表面孔的数量，在保持选择性的同时，提高复合膜的渗透性。

一维填充剂具较高的厚径比和优异的力学性能，广泛用于有机-无机复合膜的制备。有些一维无机填充剂具有独特的空心结构，内壁光滑，分子或离子可在一维孔道中快速通过，从而克服 trade-off 效应制约，提升膜的分离性能。另外，一维填充剂孔径均匀可调，可在高分子基质内规则排列，实现较好的分子筛分功能[2]。

二维纳米薄片具各向异性和高厚径比的特点，在成膜过程中一般可自发地平行于膜表面排列，在复合膜中形成曲折通道，增强复合膜的屏障效应，提高膜的选择性。有些二维材料还带有均匀的纳米孔径，具有很好的尺寸筛分性能[3]。

三维填充剂多为三维网状材料，此类填充剂孔隙率高，孔径可调，且具有渗透性，还可与高分子形成界面传递通道，可在不降低选择性的前提下提高膜的渗透性。

上述不同维度的填充剂还可组合起来用于制备复合膜，不同维度的填充剂发挥协同作用，在膜内构建多种类型、多级结构的传递通道，提高膜的分离性能。

4.2.2.3 按填充剂结构分类

填充剂内部孔隙率是影响分子和离子传递的重要因素，填充剂按结构可分为实心填充剂、多孔填充剂和中空填充剂。常见的实心、多孔及中空填充剂列于表 4-3。

表 4-3 填充剂按结构分类表

类型	名称
实心	二氧化硅(SiO_2)、二氧化钛(TiO_2)、黏土、二氧化锆(ZrO_2)、炭黑、氧化镁(MgO)
多孔	沸石分子筛、碳纳米管($CNTs$)、金属有机骨架材料($MOFs$)、碳分子筛(CMS)、共价有机骨架材料($COFs$)
中空	二氧化硅微球(HSS)

实心填充剂由于内部无孔，在与高分子复合时主要依靠填充剂及表面的官能团与高分子链段之间的相互作用，可通过干扰高分子链段排布增加复合膜的自由体积，提高复合膜的渗透性。

多孔填充剂具有固定的孔道结构，将其填充到高分子基质中可显著提高膜内自由体积，从而提高膜的渗透性。沸石分子筛、MOFs 等材料具有规整晶体结构及均匀孔径分布，可根据孔径尺寸对不同大小的分子进行选择性分离。

中空填充剂是内部具有空腔结构的一类填充剂，其内部与外部环境间的质量和能量交换可通过调整结构（空腔尺寸、壳层厚度、官能团等）加以控制。中空填充剂已被用于提高复合膜的保水性能、抗溶胀性能和质子传导性能。另外，中空结构填充剂的引入还可降低复合膜的有效传质路径，进而降低传质阻力[1]。

4.2.2.4 其他分类

填充剂还可按成分分为金属及金属氧化物、碳基纳米材料等，见表 4-4。

表 4-4 填充剂按成分分类表

填充剂类型	填充剂
金属及金属氧化物	二氧化钛(TiO_2)、沸石分子筛、三氧化二铝(Al_2O_3)、氧化锌(ZnO)
碳基纳米材料	石墨烯、氧化石墨烯(GO)、碳纳米管($CNTs$)、碳分子筛(CMS)
其他	二氧化硅(SiO_2)、金属有机骨架材料($MOFs$)、共价有机骨架材料($COFs$)

4.3 有机-无机复合膜的制备

有机-无机复合膜的主要制备方法有：物理共混法、溶胶-凝胶法、自组装法、界面聚合法、仿生矿化法、仿生黏合法、浸渍提拉法等。

4.3.1 物理共混法

物理共混法是制备复合膜的常用方法。该方法是将填充剂与有机高分子溶液、乳液或熔融高分子混合，采用搅拌、超声等方式使其均匀分散形成铸膜液，再将铸膜液刮膜，脱除溶剂后成膜（图 4-3）。该方法操作简便，适用于各种无机材料，有机高分子和无机填充剂的含量易于控制。

填充剂尺寸、有机-无机界面形态、无机填充剂的团聚是物理共混法制备复合膜的重要

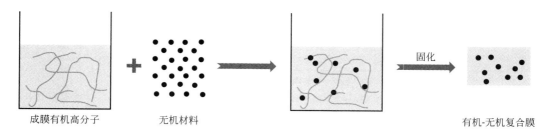

成膜有机高分子　　　　无机材料　　　　　　　　　　　　　　　有机-无机复合膜

图 4-3 物理共混法制备有机-无机复合膜过程示意图

影响因素。

4.3.1.1 填充剂尺寸

随着纳米技术的快速发展，无机粒子的尺寸已从微米级发展到纳米级。一方面，小尺寸填充剂具有更高的比表面积，可增强有机高分子与无机填充剂间的相互作用，提高有机-无机界面结合力，且可提供更多的表面用于修饰官能团。另一方面，小尺寸填充剂，特别是纳米级填充剂，可制备更薄的复合膜，缩短传质路径，提高渗透通量[4-7]。但填充剂尺寸越小，团聚现象往往越严重。

4.3.1.2 有机-无机界面形态

由于无机填充剂与有机高分子的性质差异，采用物理共混法将无机粒子分散于高分子基质中时，通常会形成非理想的有机-无机界面形态[8]。在复合膜制备过程中，有机-无机界面应力决定了界面处是否会出现空穴，是否会引起高分子链段的僵化及僵化程度[2]。多数情况下，特别是采用玻璃态高分子作为膜基质材料时，由于有机高分子与无机填充剂的相容性较差而易于导致有机-无机界面处产生非选择性空穴缺陷，从而降低复合膜的选择性。为提高高分子与无机填充剂间的相容性，减少界面缺陷，常对无机填充剂进行表面修饰改性。

4.3.1.3 无机填充剂的团聚

无机填充剂与有机高分子在密度、极性等物理化学性质上的差异及小尺寸填充剂的高表面能，使无机填充剂易发生团聚，加剧有机高分子与无机填充剂间的相分离，导致非选择性缺陷的形成[9]。早期的有机-无机复合膜是通过将无机填充剂直接掺入高分子溶液中，混合均匀后通过相转化法成膜。常用的无机填充剂有纳米二氧化硅（SiO_2）[10,11]、二氧化钛（TiO_2）[12]、二氧化锆（ZrO_2）[13,14]、氧化铝（Al_2O_3）[15,16]、碳纳米管[17]、石墨烯[18]等。为了解决有机-无机两相相容性较差的问题，研究者们对无机填充剂进行表面改性或加入增溶剂[19]，以提高相容性，实现无机填充剂的均匀分散。硅烷化是一种常用的功能化改性方法[20,21]，该方法采用硅烷偶联剂在无机填充剂表面接枝可与高分子链发生化学反应或形成强相互作用的化学基团（如氨基、羧基、环氧基等），使无机填充剂均匀分散在高分子基质中（图 4-4）。相较于纯无机填充剂，金属有机骨架化合物（MOFs）的有机配体可显著改善与高分子间的相容性。MOFs 通常无需功能化改性即可较好地分散于高分子基质中，且具有良好的有机-无机界面形态[22-24]。

4.3.2 溶胶-凝胶法

溶胶-凝胶（sol-gel）法是将无机前驱体加入高分子水溶液或有机溶液中混合，形成均

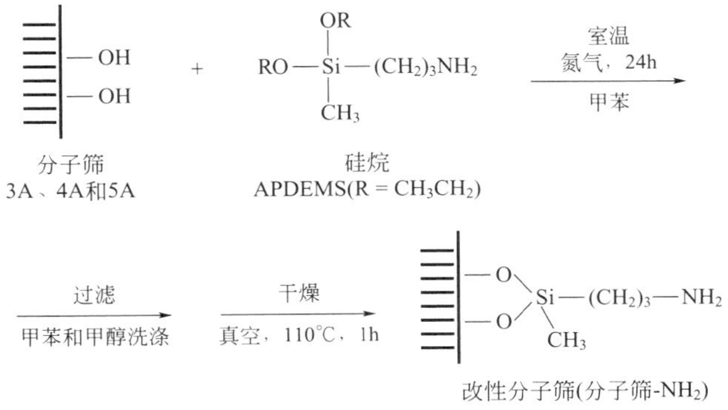

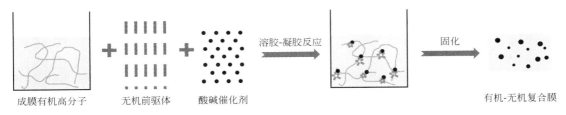

图 4-4 沸石分子筛的硅烷化改性[25]

匀溶液，经水解缩聚反应，在高分子基质中形成无机相，脱溶剂后固化成膜[26]（图 4-5）。

图 4-5 溶胶-凝胶法制备有机-无机复合膜示意图

溶胶-凝胶法可控制无机相的纳米尺寸，但反应条件有时较苛刻，需强酸或强碱环境[27]。一般采用小分子酸或碱催化无机前驱体的水解和缩聚反应，形成无机粒子，且多为无孔结构。由于溶胶-凝胶法中，可供选择的前驱体种类有限，一般为硅系或钛系前驱体，因此生成的无机相以二氧化硅或二氧化钛居多。一些常用的前驱体分子结构见图 4-6。

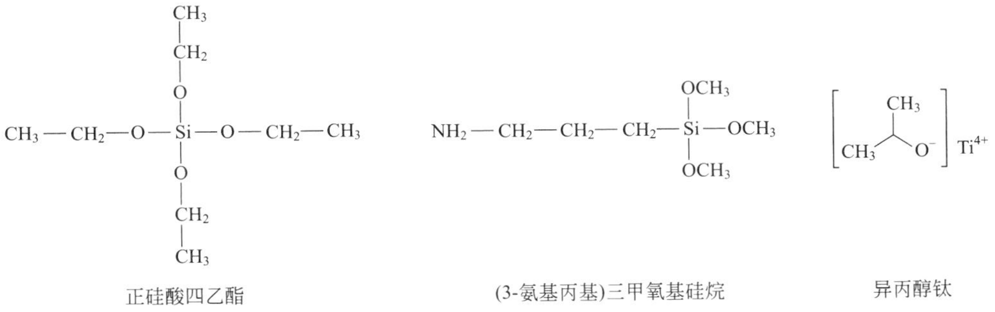

正硅酸四乙酯   (3-氨基丙基)三甲氧基硅烷   异丙醇钛

图 4-6 常用的前驱体分子结构

以正硅酸四乙酯为例，前驱体水解和缩聚反应生成无机纳米粒子的过程如下：

（1）水解过程

（2）缩聚过程

$$
\begin{aligned}
&\overset{OH}{\underset{OH}{HO-\overset{|}{\underset{|}{Si}}-OH}} + \overset{OH}{\underset{OH}{HO-\overset{|}{\underset{|}{Si}}-OH}} \longrightarrow \overset{OH}{\underset{OH}{HO-\overset{|}{\underset{|}{Si}}-O-\overset{OH}{\underset{OH}{\overset{|}{\underset{|}{Si}}}}-OH}} + H_2O \\[2mm]
&\overset{OH}{\underset{OH}{HO-\overset{|}{\underset{|}{Si}}-O-\overset{OH}{\underset{OH}{\overset{|}{\underset{|}{Si}}}}-OH}} + n Si(OH)_4 \longrightarrow -O-\overset{OH}{\underset{OH}{\overset{|}{\underset{|}{Si}}}}-O-\overset{OH}{\underset{OH}{\overset{|}{\underset{|}{Si}}}}-O-
\end{aligned}
$$

采用溶胶-凝胶法制备有机-无机复合膜，常用的有机高分子材料主要有醋酸纤维素、聚醚砜、聚丙烯腈、聚酰胺等，常用的前驱体和催化剂（诱导剂）列于表 4-5。

表 4-5　溶胶-凝胶法制备有机-无机复合膜常用的前驱体和诱导剂

有机-无机复合膜	无机粒子	前驱体	诱导剂	参考文献
聚醋酸乙烯/二氧化硅	二氧化硅	正硅酸四乙酯	盐酸	[28]
聚醚砜/二氧化硅	二氧化硅	正硅酸四乙酯	醋酸	[29]
聚丙烯腈/二氧化硅	二氧化硅	正硅酸四乙酯	盐酸	[30]
聚偏氟乙烯/二氧化硅	二氧化硅	正硅酸四乙酯	氨水	[31]
醋酸纤维素/二氧化硅	二氧化硅	正硅酸四乙酯	盐酸	[32]
Nafion/二氧化硅	二氧化硅	正硅酸四乙酯	盐酸	[33]
聚酰亚胺/二氧化硅	二氧化硅	正硅酸四乙酯	水	[34]
Pebax/二氧化硅	二氧化硅	正硅酸四乙酯	盐酸	[35]
聚酰胺/二氧化硅	二氧化硅	（3-氨基丙基）三甲氧基硅烷	（3-氨基丙基）三甲氧基硅烷	[36]
Pebax/二氧化钛	二氧化钛	四异丙醇钛	盐酸	[35]
聚苯胺/二氧化钛	二氧化钛	四异丙醇钛	盐酸	[37]
聚酰胺酰亚胺/二氧化钛	二氧化钛	钛酸四乙酯	盐酸	[38]
聚丙烯酸-聚偏氟乙烯/二氧化钛	二氧化钛	钛酸四丁酯	水	[39]
Pebax/二氧化锆	二氧化锆	四异丙氧基锆	盐酸	[40]

注：Nafion—全氟磺酸树脂；Pebax—聚醚共聚酰胺。

在溶胶-凝胶过程中加入少量的偶联剂可增加有机相和无机相的相容性。相比于物理共混法，溶胶-凝胶法中的无机前驱体与高分子为分子级混合，有机相与无机相的相容性好，无机粒子在高分子基质中原位生长，分散性好[41]，无机粒子和聚合物通过离子键或共价键作用连接。采用溶胶-凝胶法制备的有机-无机复合膜已广泛用于质子交换膜燃料电池[42,43]、气体分离膜[44]、渗透蒸发[45]、膜电解[46]等领域。

4.3.3　自组装法

层层自组装（layer-by-layer self-assembly，LbL 自组装）法是一种制备纳米级厚度多层膜的方法［见 2.2.2.2 "（3）层层自组装"］。采用 LbL 自组装技术在无机基底上制备有机-无机复合膜，需要对无机基底进行修饰以保证 LbL 自组装层的致密性，同时采用硅烷偶联剂对无机基底（陶瓷基膜）进行预处理，增强其与有机聚合物的作用力，提高复合膜的稳定性。

采用自组装法制备复合膜的过程如图 4-7 所示，首先采用硅烷偶联剂对中空纤维陶瓷基膜进行预处理，然后通过聚电解质间的静电作用，在一定压力下采用动态自组装的方法将聚阳离子或聚阴离子交替组装在中空纤维陶瓷基膜表面，根据所需膜性能（纳滤膜、渗透汽化膜、气体分离膜等），控制组装层数得到复合膜。在一定温度下进行热交联，从而提高有机-无机复合膜的分离性能和稳定性。

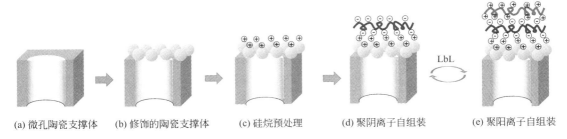

(a) 微孔陶瓷支撑体　　(b) 修饰的陶瓷支撑体　　(c) 硅烷预处理　　(d) 聚阴离子自组装　　(e) 聚阳离子自组装

图 4-7　自组装陶瓷基底复合聚电解质膜示意图

此外，采用 LbL 自组装技术制备纳米复合膜，利用纳米粒子与聚电解质静电作用，可显著提高复合膜中纳米粒子的负载量与分散性。纳米粒子与聚电解质通过静电作用形成纳米粒子复合体，以其为组装基元，通过 LbL 自组装制备纳米粒子复合聚电解质膜，如图 4-8 所示。为提高复合膜中纳米粒子的分散性和负载量，可在聚阴、阳离子电解质中复合纳米粒子。

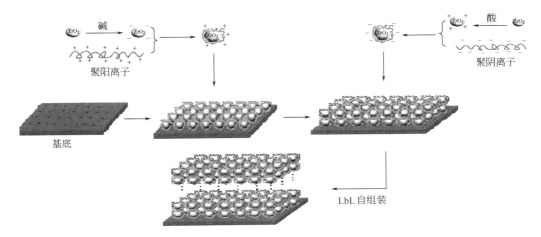

图 4-8　无机纳米粒子复合聚电解质膜的组装示意图[47]

4.3.4　界面聚合法

界面聚合法制备复合膜是利用两种反应活性很高的单体在两个互不相溶的溶剂界面处发生聚合反应，从而在多孔支撑体上形成一层很薄的致密层［见 2.2.2.2 "（1）界面聚合"］。界面聚合法在无机基底上制备复合膜，需要对基底进行处理，使基底带有反应的活性基团并相对致密以保证分离膜的完整[48]。

2005 年 Hoek 等提出了界面聚合制备纳米复合反渗透膜（TFN）的新概念[49]，在水相单体中掺杂沸石分子筛，通过界面聚合制备了沸石分子筛/聚酰胺复合反渗透膜[50]。此后，为了提高复合膜的亲水性、渗透性、抗菌性和稳定性，在界面聚合法制备复合膜的过程中分别引入了分子筛[50]、SiO_2[51,52]、TiO_2[53]、Ag[54]、CNTs[55]、GO[56]等无机填充剂。需要指出的是，无机填充剂能否有效负载到表面皮层以及在皮层内的分散情况是复合膜制备成功与否的关键，对复合膜的性能至关重要[57]。

4.3.5　仿生矿化法

生物矿化是自然界中生物体形成具有精巧微结构的有机-无机复合材料的重要方法。生物矿化是指在生物体中，无机离子在某些特定有机生物大分子（矿化诱导剂）的催化和模板作用下，在有机基质中形成无机矿物的过程[58]。生物矿化过程为实现有机-无机复合膜中小尺寸无机粒子的制备和均匀分散提供了借鉴和启发，由此衍生发展起来的仿生矿化法为制备高渗透性、高选择性的有机-无机复合膜提供了新的策略。

仿生矿化法利用有机诱导剂诱导无机前驱体发生矿化，使其在有机高分子成膜基质中成核、生长，形成分子水平的无机相，获得无机相尺寸可调且在高分子网络中均匀分散的有机-无机复合膜（图4-9）[59]。无机前驱体一般为酯类化合物、金属盐或金属醇盐，如硅酸钠、正硅酸甲酯等；有机诱导剂一般为生物分子，如明胶、鱼精蛋白、精氨酸等氨基酸和蛋白质分子[27]。无机前驱体与诱导剂通过螯合或静电作用紧密结合，为矿化过程提供反应位点和条件。

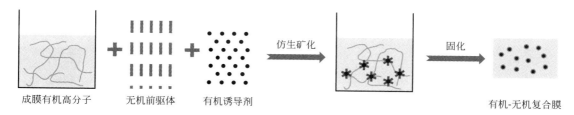

成膜有机高分子　　无机前驱体　　有机诱导剂　　仿生矿化　　　　固化　　有机-无机复合膜

图4-9　仿生矿化法制备有机-无机复合膜示意图

根据成膜高分子本身是否具有诱导矿化的能力，仿生矿化法制备复合膜主要有以下两种情况。①成膜高分子本身具有诱导矿化的能力，高分子基质可直接诱导无机前驱体发生矿化反应，从而原位合成无机颗粒。Choi等[60]将静电纺丝技术与仿生矿化法相结合，首先静电纺丝出带有Ca^{2+}或PO_4^{3-}的明胶纳米纤维（GE-Ca或GE-P）并交联成膜，再将膜浸泡于Na_2HPO_4或$CaCl_2$溶液中，通过明胶诱导矿化过程，形成GE-CaP有机-无机复合膜。上述过程中，有机高分子基质作为诱导剂，不仅对无机前驱体的矿化过程起催化作用，还能将无机颗粒的合成限制在高分子网络形成的微区内，从而可调控无机颗粒的尺寸，并有效防止颗粒团聚。②成膜高分子本身不具备诱导矿化能力，可采用在高分子上接枝可诱导矿化的官能团或在铸膜液中加入有机诱导剂的方法实现仿生矿化。其中有机诱导剂的选择至关重要，需满足两个基本条件，即催化活性适中并与高分子基质相容。

由于无机前驱体发生水解缩聚的矿化过程依赖水的存在，所以仿生矿化过程一般在水溶性高分子基质中进行。对于疏水性高分子基质膜材料，则可采用仿生矿化法与乳化法相结合，引入无机相[61]。

仿生矿化法是一种新颖且具普适性的有机-无机复合膜制备方法，具重要的研究与应用前景。仿生矿化法制备的有机-无机复合膜具有如下优势：无机前驱体与有机高分子基质间为分子级混合，有机高分子基质网络形成的受限空间可实现小尺寸无机粒子的原位形成和均匀分散；无机前驱体及矿化诱导剂的多样性及有机分子的模板作用可实现无机粒子尺寸、结构、化学组成及有机-无机界面形态的调控；制备过程可在常温、常压、近中性 pH 条件下进行，避免了高温或强酸、强碱等苛刻条件。表 4-6 列出了常用的前驱体和诱导剂。

表 4-6　仿生矿化法制备有机-无机复合膜常用的前驱体和诱导剂

有机-无机复合膜	无机粒子	前驱体	诱导剂	参考文献
聚乙烯醇-二氧化硅/聚砜	二氧化硅	硅酸钠	鱼精蛋白	[62]
明胶-二氧化硅/聚砜	二氧化硅	硅酸钠	明胶	[27]
聚多巴胺/聚乙烯亚胺-二氧化硅/聚丙烯	二氧化硅	正硅酸四甲酯	聚乙烯亚胺	[63]
聚丙烯酸-聚苯乙烯/碳酸钙	碳酸钙	氯化钙,碳酸钠	聚丙烯酸	[64]
聚多巴胺-二氧化钛/聚偏氟乙烯	二氧化钛	六氟钛酸铵	聚多巴胺	[65]

4.3.6　仿生黏合法

自然界中广泛存在生物黏合现象，例如贻贝[66-68]类海洋生物分泌的胶黏蛋白可于海水环境下在各种湿表面迅速形成固化黏合层，实现牢固附着。仿生黏合法是受自然界生物黏合现象启发，将生物黏合剂或其类似物（仿生黏合剂）引入到复合膜的制备中，利用其高强度和可控的黏合/内聚能力，增强活性层和支撑层界面相互作用，提高有机-无机界面兼容性和复合膜的结构稳定性。聚多巴胺（PDA）是常用的黏合剂材料，用于黏合支撑层和分离层。将基膜置于含仿生黏合剂的水相中浸泡，形成黏合层后再放入含活性单体的水相中浸泡，形成活性层；或直接将黏合剂层作为分离层。例如，在无机陶瓷膜表面形成聚多巴胺黏合层后，再在其上黏合有机分离层，或直接将聚多巴胺层作为有机-无机复合膜的分离层（图 4-10）。仿生黏合法还可用于无机粒子的改性，如在 SiO₂ 粒子表面黏合一层聚多巴胺后添加到高分子聚合物铸膜液中制备有机-无机复合膜。

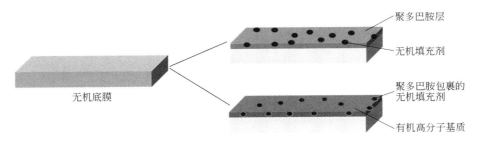

聚多巴胺层
无机填充剂
聚多巴胺包裹的无机填充剂
有机高分子基质
无机底膜

图 4-10　仿生黏合法制备有机-无机复合膜示意图

为降低黏合层可能带来的传质阻力，可将生物/仿生黏合剂直接作为分离层。选择具有良好成膜性的黏合剂，利用其黏合性和分离性能，获得高稳定性和高分离性能的复合膜。Sileika 等[69]以聚碳酸酯（PC）为支撑层，PDA 作为活性层，利用 PDA 固定在 PC 层上并诱导银纳米粒子形成，再通过表面接枝聚乙二醇（PEG）对 PDA 活性层进行表面改性，所制备的有机-无机复合膜具备良好的抗污染和抗菌能力。

仿生黏合法制备有机-无机复合膜具有如下优势：①过程简便，仅需水相浸泡；②稳定性高，生物/仿生黏合剂通过氢键、共价键等多重相互作用与支撑层或/和分离层实现牢固黏附，作用力较强，稳定性高；③适用范围广，生物/仿生黏合剂具有多种官能团，可与不同表面产生多种相互作用，几乎适用于所有固体表面。仿生复合膜作为复合膜领域的一个新的研究方向，得到了学术界和工业界的广泛关注。表 4-7 列出了采用仿生黏合法制备有机-无机复合膜常用的无机粒子和前驱体。

表 4-7　仿生黏合法制备有机-无机复合膜常用的无机粒子和前驱体

有机-无机复合膜	无机粒子	前驱体	参考文献
聚多巴胺-二氧化钛/聚偏氟乙烯	二氧化钛	六氟钛酸铵	[65]
聚多巴胺/聚乙烯亚胺-二氧化硅/聚丙烯	二氧化硅	正硅酸四甲酯	[63]
聚多巴胺-银/聚碳酸酯	银	硝酸银	[69]
聚多巴胺-埃洛石纳米管/聚偏氟乙烯	埃洛石纳米管	—	[70]
聚多巴胺-多壁碳纳米管/聚偏氟乙烯	多壁碳纳米管	—	[71]

4.3.7　浸渍提拉法

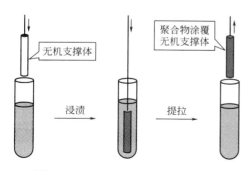

浸渍提拉法是一种有效、经济的制备有机-无机复合膜的方法。它是以有机膜材料或无机膜材料（以无机陶瓷膜材料最为常见）为基膜，浸渍于无机溶胶或有机溶液/溶胶中，浸渍一定的时间后以一定的速度往上提拉，最后将有机-无机初生态膜经干燥等过程制备而得。浸渍提拉法操作过程虽简单，但浸渍薄层的厚度和形貌受多个参数影响，如浸渍时间、提拉速度、浸渍提拉次数，浸渍溶液的密度、黏度、表面张力、蒸发条件及基膜的表面性质等。该方法的优点是操作简便易行、普适性强，理论上适合任意形状的支撑体涂覆，且易制得较薄的分离层。

图 4-11　浸渍提拉法制备聚合物/陶瓷复合膜示意图

如图 4-11 所示，聚合物/陶瓷复合膜主要采用浸渍提拉法制备，即在陶瓷支撑体表面均匀地涂覆聚合物分离层，如 PDMS 膜[72]、PEBA 膜[73]、PVA 膜[74,75]，膜层厚度可控制在 $0.5\sim10\mu m$。浸渍提拉法也可与上述物理共混法、溶胶-凝胶法、仿生矿化法结合，在多孔支撑体上制备有机-无机复合膜。

4.3.8　其他方法

除上述制膜方法外，还有其他一些技术也可用来制备有机-无机复合膜，如熔融法、溶胀填充法等。熔融法是将高分子在熔融状态下与无机填充剂共混制备复合膜。虽然熔融法可以保持高分子良好的运动性从而减少界面缺陷，但是其制备温度较高，且高分子溶液黏稠，无机填充剂难以均匀分散。溶胀填充法是将制备好的高分子膜浸泡在含有无机填充剂的分散液中，无机填充剂渗透进入溶胀的高分子链段中从而制备有机-无机复合膜。采用溶胀填充法制备复合膜对无机填充剂和溶剂都有一定要求：一方面，无机填充剂尺寸要足够小，可以渗透进入高分子链间；另一方面，溶剂应当对高分子有适度的溶胀效应，防止因过度溶胀而破坏复合膜结构。

表 4-8 给出了有机-无机杂化膜和有机-无机复合膜对应的制备方法。

表 4-8　有机-无机杂化膜和有机-无机复合膜的常用制备方法

制备方法	有机-无机杂化膜	有机-无机复合膜
物理共混法	√	
溶胶-凝胶法	√	
自组装法		√
界面聚合法		√
仿生矿化法	√	
仿生黏合法	√	√
浸渍提拉法		√

4.4　有机-无机复合膜界面结构调控与传质机理

4.4.1　复合膜界面形态

有机-无机复合膜兼具有机高分子和无机填充剂的特性，其内部结构较为复杂。受无机填充剂与高分子两者性质差异的影响，在复合膜内部存在不同界面形态，有效抑制无选择性界面缺陷的产生是制备高性能有机-无机复合膜的关键之一。

根据有机-无机复合膜内是否产生界面缺陷，可将复合膜界面形态分为两类：理想复合膜界面形态和非理想复合膜界面形态，具体的 4 种类型如图 4-12 所示。

4.4.1.1　理想复合膜界面形态

理想的复合膜界面形态如类型 1 所示，无机填充剂与高分子基质紧密结合，界面处无缺陷产生。具有这种理想界面结构的复合膜可用 Maxwell 模型预测其渗透性能。此外，也可用 Bruggeman、Böttcher and Higuchi、Lewis-Nielsen、Pal、Gonzo-Parentis-Gottifredi（GPG）、Funk-Lloyd、Kang-Jones-Nair（KJN）等模型描述其渗透性[8]。

4.4.1.2　非理想复合膜界面形态

非理想的复合膜界面形态主要包括三种类型（类型 2~4）：界面缺陷、高分子链僵化、填充剂堵孔，分别如图 4-12(b)、(c)、(d) 所示。其中，界面缺陷和高分子链僵化与两相之间的界面作用力密切相关。界面作用力可通过纳米压痕/划痕技术表征[77,78]。如图 4-13所示，通过检测原子力探针在膜样品表面滑动的摩擦力与压应力载荷曲线，结合扫描电镜观测压痕样品的微观形貌，可获得有机-无机界面剥离时的临界载荷，作为定量表征有机-无机

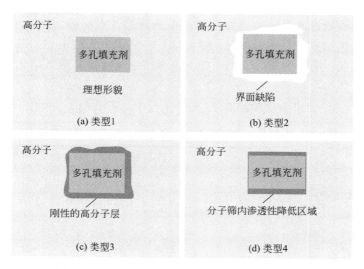

图 4-12　有机-无机膜存在的 4 种典型界面形态示意图[76]

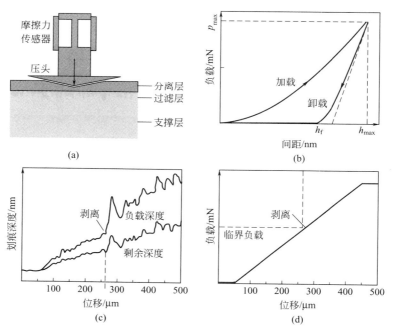

图 4-13　纳米压痕/划痕法表征聚合物/陶瓷复合膜的界面结合力[78]

p_{max}—最大使用压力；h_f—最终穿透深度；h_{max}—最大位移

界面作用力的关键参数。

（1）界面缺陷

当无机填充剂与高分子材料间的界面作用力较弱时，无机填充剂干扰高分子链段的排布，两相间的排斥力、不同的热膨胀系数和拉伸应力导致在制膜过程中产生非选择性界面缺陷，这些界面缺陷使复合膜的选择性降低。当复合膜内存在分子尺度或亚分子尺度的界面缺陷时，膜内的自由体积将增加，膜的渗透性提升，但选择性略有下降[79-81]。

（2）高分子链僵化

当两相间的黏附作用较强时，无机填充剂附近的高分子基质自由体积减小，这种现象也被称为高分子链僵化。通常，无机粒子的加入会导致有机-无机界面处的高分子链僵化，造成复合膜的渗透性下降[2,25,82,83]。但也有其他变化规律，这主要取决于掺杂无机填充剂后，高分子链段排布的变化。例如，向玻璃态无定形聚合物聚 4-甲基-2-戊炔（PMP）中填充不具分离选择性的实心氧化硅纳米颗粒后，膜对较大气体分子的渗透性和选择性同时提高[84]。这是因为氧化硅纳米颗粒扰乱了 PMP 高分子链的紧密排列，增大了膜的自由体积，提高了气体的扩散系数，同时也增加了膜对较大的气体分子的扩散选择性（图 4-14）。该现象在笼形倍半硅氧烷（POSS）填充的 PDMS 有机-无机复合膜中同样存在，丁醇的渗透性系数和丁醇/水选择性随着膜中 POSS 含量的增加而提高[85]。

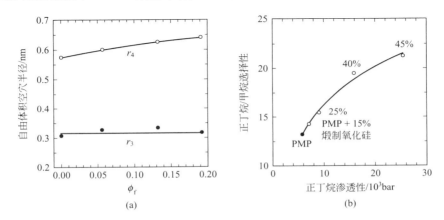

图 4-14　氧化硅/PMP 混合基质膜的：（a）自由体积空穴半径随氧化硅体积分数的变化
（r_3 = 0.3~0.4nm; r_4 = 0.5~1.0nm）；
（b）正丁烷渗透性和正丁烷/甲烷选择性随氧化硅质量分数的变化[84]

（3）填充剂堵孔

当使用多孔材料作为填充剂时，多孔材料的孔道在制膜和使用过程中被溶剂、吸附质、污染物或原料气中的小分子污染物堵塞，造成膜渗透性能降低[85-89]。根据多孔材料孔道的堵塞程度，可分为完全堵塞和部分堵塞。当多孔材料的孔道被完全堵塞时，气体分子不能通过这些填充剂，此时膜的渗透性与使用无孔填充剂的复合膜近乎相同。当多孔材料的孔道被部分堵塞时，复合膜的渗透性下降程度取决于孔道堵塞程度和气体分子尺寸，而选择性的变化则取决于填充剂的孔径尺寸。当多孔材料的孔径在气体分子尺寸范围之内，孔道的堵塞使复合膜的选择性降低。而当多孔材料的初始孔径大于气体分子尺寸时，孔道的部分阻塞有可能提升膜的选择性[90,91]。

Koros 系统研究了复合膜内有机高分子-无机填充剂间的界面形态，将非理想界面形态细分为五类，如图 4-15 所示[91]。图中"类型 0"指有机高分子-无机填充剂间的理想界面形态。

"类型Ⅰ"指界面区高分子链段发生僵化现象的情况。高分子与无机填充剂间的强相互作用导致高分子在界面处发生链段僵化，复合膜的渗透性降低，选择性提高。

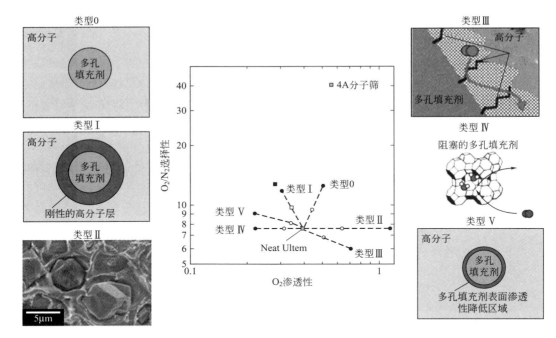

图 4-15　复合膜的界面形态与传递特性之间的关系[91]

"类型Ⅱ"指界面处产生缺陷的情况。界面缺陷的形成使复合膜的渗透性提高，选择性基本不变。

"类型Ⅲ"是类型Ⅱ的特殊情况。在"类型Ⅲ"中，界面缺陷的尺寸与分子动力学直径在一个数量级（约 5Å）。分子在缺陷区域内以努森扩散方式进行传递，导致分子渗透性提高，选择性降低。

"类型Ⅳ"指多孔填充剂的堵孔现象。高分子链完全穿插于多孔填充剂的孔道中，导致孔道堵塞，使复合膜渗透性降低。

"类型Ⅴ"指高分子在无机填充剂表面完全包覆，气体分子可透过该包覆层，此类复合膜渗透性降低，选择性提高。

4.4.2　界面结构调控

复合膜内产生的非理想界面形态对传质和分离过程具有重要影响。由于无机填充剂具有较高表面能，且与高分子基质间存在界面相容性问题，因此无机填充剂在高分子基质中易产生团聚并引发界面缺陷，导致复合膜性能下降。优化无机填充剂和高分子的界面相容性对提升复合膜性能至关重要。以下方法可用于改善有机-无机复合膜内的界面形态，减小或消除界面缺陷。

4.4.2.1　提高高分子链段柔性

（1）提高制膜温度

玻璃化转变温度（T_g）可反映高分子链段的刚柔性及高分子-填充剂间的相互作用。通过将制膜温度控制在 T_g 以上[92]，或使用具有较低 T_g 的聚合物[93,94]，或将膜在温度高于

T_g 的条件下进行后处理，可有效减小界面应力[95]。此外，也可采用熔融法，将有机高分子熔化并与无机填充剂共混制备复合膜，制膜过程中可保持高分子链段的柔性，从而形成无缺陷的复合膜[96]。

（2）加入增塑剂

增塑剂是工业上广泛使用的高分子加工助剂。在塑料加工过程中增塑剂可提高塑料的柔韧性，使其易于加工成型。在高分子溶液中加入增塑剂可有效降低高分子的 T_g 值，保持高分子链段良好的运动性，进而减少界面缺陷的产生。常用的增塑剂有邻苯二甲酸二丁酯、4-羟基-苯甲酮、聚乙二醇等[2]。

4.4.2.2　增强界面相容性

（1）加入增容剂

在制膜过程中加入低分子量的增容剂改善高分子与无机填充剂间的界面相容性。表 4-9 中列出了常用的低分子量增容剂。

表 4-9　常用增容剂

增容剂	缩写	化学结构	填充剂/聚合物	参考文献
顺丁烯酸酐/苯乙烯	MA/ST		蒙脱土/聚苯乙烯	[97]
2,4,6-三氨基嘧啶，2,4,6-嘧啶三胺	TAP	$C_4H_7N_5$	4A/5A/13X/Matrimid	[98]
聚乙烯吡咯烷酮	PVP		CMS/聚砜，Al_2O_3/6FDA-FpDA	[91,99]
N-(对羧苯基)马来酸酐	PCPM		硅球/聚苯并咪唑	[100]
聚苯乙烯-b-聚羟乙基丙烯酸	PS-b-PHEA		4A/Matrimid	[101]
对硝基苯胺	—	$C_6H_6N_2O_2$	4A/聚(二酚 A)碳酸盐	[102]
氢氧化镁	—	$Mg(OH)_2$	MFI/聚醚酰亚胺	[103]
2-羟基-5-甲基苯胺	HMA	C_7H_9NO	SAPO-34/聚醚砜	[104]
常温离子液体	RTIL		SAPO-34/聚离子液体	[105]
β-环糊精	β-CD		多壁碳纳米管/聚酰胺	[106]

（2）预处理填充剂

对无机填充剂表面进行预处理，即在与高分子溶液共混前，填充剂中加入少量高分子溶液，加入量通常为高分子溶液总用量的 5%～10%（质量分数），在无机填充剂表面先形成一层薄的高分子层[107]。该方法可提升界面相容性和两相间的黏附力，降低界面应力，减少界面缺陷，削弱无机填充剂在高填充量下的团聚行为。对于高分子/陶瓷复合膜而言，高分子分离层与陶瓷支撑层之间的界面形态对于复合膜的分离性能和结构稳定性都至关重要。在高分子溶液涂覆过程中，高分子溶液会渗入至多孔陶瓷支撑体内部从而形成高分子-陶瓷过渡层。适当厚度的过渡层有利于提高复合膜的界面结合力和长期稳定性，但过渡层太厚则会增加分离过程的传质阻力。通常采用预润湿的方法对多孔支撑体进行预处理来避免孔渗现象的发生，从而减小传质阻力。

（3）调控填充剂的物理化学结构

利用超声、细胞破碎等手段将尺寸较大的填充剂破碎为小尺寸填充剂，或将三维结构的填充剂变成二维结构，从而提供更高比表面积来增强两相间的黏合力[108]。在化学结构方面，采用表面修饰的方法提高高分子与无机填充剂间的界面相容性。硅烷偶联剂是常采用的无机材料表面修饰剂，使用硅烷偶联剂对多孔填充剂进行表面修饰后可有效提高复合膜的界面黏合力[109]。此外，还可采用原子转移自由基聚合（ATRP）、等离子诱导、聚合沉淀聚合物技术、紫外诱导聚合技术在无机填充剂表面接枝聚合高分子层或高分子刷，在提高界面相容性的同时，构建理想的界面传递通道，提升复合膜的传质及分离性能。但使用这些方法时要注意避免多孔填充剂的孔道堵塞问题。表 4-10 中列出了一些常用的硅烷偶联剂。此外，还可使用一些新型的填充剂，如 MOFs 材料，这类材料本身含有有机组分，与高分子间具有较好的相容性[22]。

4.4.3　传质机理与抑制 trade-off 效应机理

根据界面形态，描述有机-无机复合膜传质过程的模型可分为理想界面传质模型和非理想界面传质模型。为研究复合膜体系的传质过程，研究者以气体分离膜为例，建立了一系列传质模型，包括修正的 Maxwell 模型、Felske 和 Pal 模型及 Hashemifard-Ismail-Matsuura 模型（HIM）等。

4.4.3.1　理想界面传质模型

（1）Maxwell 模型

Maxwell 模型建于 1873 年，最初是用来描述复合材料的导电特性，后被用于预测复合膜的渗透特性[133]。Maxwell 模型假定填充粒子之间互不影响，适用于低含量球形颗粒填充剂，且体积分数小于 0.2 的情况。对于高填充量的复合膜，Maxwell 方程并不适用。

以气体渗透模型为例，研究复合膜（包含连续相和分散相的渗透系数 P_A 及分散相的体积分数）的有效传质特性。对于一定的渗透组分 A，渗透系数 P_A 可表示为溶解系数 S_A 和扩散系数 D_A 的乘积。

$$P_A = D_A S_A \tag{4-1}$$

式中，S_A 是分子 A 的溶解系数，$cm^3(STP)/(cm^3 \cdot cmHg)$（$1cmHg = 1333.22Pa$）；$D_A$ 是分子 A 的扩散系数，$cm^{-2} \cdot s^{-1}$。

渗透选择性 $\alpha_{A/B}$ 是组分 A 和 B 渗透系数的比值。

$$\alpha_{A/B} = \frac{P_A}{P_B} = \frac{D_A S_A}{D_B S_B} \tag{4-2}$$

P_{eff} 是在稳态条件下气体分子穿过复合膜的有效渗透系数。当采用连续两层模型（连续模型）计算膜的有效渗透性时，P_{eff} 值达到最小：

$$P_{eff} = \frac{P_c P_d}{\phi_c P_d + \phi_d P_c} \tag{4-3}$$

式中，P_c 是连续相的渗透系数；P_d 是分散相的渗透系数；ϕ_c 是连续相的体积分数；ϕ_d 是分散相的体积分数。

当假定气体分子扩散通过平行的两层膜时（平行模型），有效渗透性达到最大。

$$P_{eff} = P_c \phi_c + P_d \phi_d \tag{4-4}$$

表 4-10 无机填充剂表面修饰的常用硅烷偶联剂

偶联剂	缩写	化学结构	填充剂	参考文献
3-氨丙基二乙基甲基硅烷	APDEMS	$CH_3Si(OC_2H_5)_2(CH_2)_3NH_2$	5ASSZ-13、硅质岩-1,4A、FAU/EM、硅球	[22,25,110-112]
3-氨丙基三乙氧基硅烷	APTES	$H_2N(CH_2)_3Si(OC_2H_5)_3$	CNTs、硅球、4A、硅质岩-1、MCM-41、MWCNTs、PWA、PMA	[108,113-118]
3-氨丙基三甲氧基硅烷	APTMS	$H_2N(CH_2)_3Si(OCH_3)_3$	硅质岩-1、ZSM-5、4A、13X、硅球、MCM-41	[113,119-122]
γ-缩水甘油醚丙基三甲氧基硅烷	GPTMS	$C_9H_{20}O_5Si$	PWA、PMA	[123]
三甲氧基巯基丙基硅烷	MPTMS	$HS(CH_2)_3Si(OCH_3)_3$	硅球	[124]
3-(三甲氧基硅烷)丙基甲基丙烯酸酯	TMOPMA	$H_2C\!=\!C(CH_3)CO_2(CH_2)_3Si(OCH_3)_3$	4A、硅球	[125,126]
氯代二甲基硅烷	CDMS	$(CH_3)_2SiHCl$	硅球	[127]
二乙基二氯硅烷	DMDCS	$C_2H_6Cl_2Si$	MCM-41、MCM-48、CNTs	[123,128]
二甲基十八烷氯代硅烷	DOCS	$C_{20}H_{43}ClSi$	β-沸石	[129]
丙三醇二甲基丙烯酰基乙氧基硅烷	GUS	—	β-沸石	[130]
十六烷基三甲氧基硅烷	HTOS	$H_3C(CH_2)_{15}Si(OCH_3)_3$	β-沸石	[123]
甲基三甲氧基硅烷	MTOS	$C_4H_{12}O_3Si$	β-沸石	[123]
十八烷基三甲氧基硅烷	ODMOS	$C_{21}H_{46}OSi$	β-沸石	[123]
十八烷基三氯硅烷	OTS	$C_{18}H_{37}Cl_3Si$	β-沸石	[123]
十八烷基三甲氧基硅烷	OTOS	$C_{21}H_{46}O_3Si$	β-沸石	[123]
三甲基丙基硅氧烷	PTOS	$C_6H_{16}O_3Si$	β-沸石	[123]
N-辛基三乙氧基硅烷	OTES	$C_{14}H_{32}O_3Si$	β-沸石、ZSM-5	[123,131]
3-甲基吡啶	3-MPy	$3\text{-}CH_3C_5H_4N$	SSZ-13	[132]

式中，$\phi_c = 1 - \phi_d$。

对于低含量且无团聚现象的椭球形粒子填充的复合膜，可采用 Maxwell-Wagner-Sillar 模型计算复合膜的有效渗透性[134,135]。

$$P_{eff} = P_c \frac{nP_d + (1-n)P_c - (1-n)\phi_d(P_c - P_d)}{nP_d + (1-n)P_c + n\phi_d(P_c - P_d)} \tag{4-5}$$

式中，n 是颗粒的形状参数，对于扁长的椭球体，其长轴与气体压力梯度方向一致，$0 < n < 1/3$；对于扁圆的颗粒，其短轴方向与气体压力梯度方向一致，$1/3 < n < 1$。

当 $n = 0$ 时，方程(4-5)则会变成平行模型方程，P_{eff} 则为分散相和连续相的渗透系数平均值：

$$P_{eff} = P_c(1 - \phi_d) + \phi_d P_d \tag{4-6}$$

当 $n = 1$ 时，上式变为：

$$P_{eff} = P_c \frac{P_d}{P_d(1 - \phi_d) + \phi_d P_c} \tag{4-7}$$

当 $n = 1/3$ 时，方程可简化为 Maxwell 方程的另外一种表达形式：

$$P_{eff} = P_c \frac{P_d + 2P_c - 2\phi_d(P_c - P_d)}{P_d + 2P_c + \phi_d(P_c - P_d)} \tag{4-8}$$

$$= P_c \frac{2(1 - \phi_d) + \alpha(1 + 2\phi_d)}{(2 + \phi_d) + \alpha(1 - \phi_d)}$$

$$= P_c \frac{1 + 2\phi_d(\alpha - 1)/(\alpha + 2)}{1 - \phi_d(\alpha - 1)/(\alpha + 2)}$$

式中，α 是分散相和连续相的渗透系数比值，P_d/P_c；当 ϕ_d 趋近于 ϕ_m（ϕ_m 是填充剂的体积分数，与粒子的尺寸分布、颗粒形状、聚集状态密切相关，综合考虑其值为 0.64），有效渗透 P_{eff} 值的误差较大，尤其是对渗透系数比值 α 趋于无穷大的复合膜，由于 Maxwell 方程中未考虑填充剂的形貌、尺寸分布、颗粒类型及聚集状态，用于描述复合膜的实际传质过程时需对模型进行修正，考虑有机-无机复合膜内的非理想界面形态，包括界面缺陷、高分子链僵化及填充剂堵孔效应。

（2）Bruggeman 模型

该模型最初用于描述颗粒复合材料的导电、导热常数，后被用于描述复合膜的渗透特性[136-138]。

$$(P_r)^{\frac{1}{3}} \frac{\alpha - 1}{\alpha - P_r} = (1 - \phi_d)^{-1} \tag{4-9}$$

式中，$P_r = P_{eff}/P_c$；P_c 是连续相的渗透系数。

Bruggeman 认为高填充剂含量的复合材料性能计算，可将相邻粒子的作用，通过逐渐增加分散粒子数的方法来解决。与 Maxwell 模型相比，Bruggeman 模型考虑了填充剂间的相互影响，适用范围更广。

(3) Böttcher 和 Higuchi 模型

该模型适用于计算纳米粒子呈无规分布的有机-无机复合膜的渗透系数[139,140]。其方程为:

$$\left(1-\frac{P_c}{P_{eff}}\right)\left(\alpha+2\frac{P_{eff}}{P_c}\right)=3\phi_d(\alpha-1) \tag{4-10}$$

$$P_r=\frac{P_{eff}}{P_c}=1+\frac{3\phi_d\beta}{1-\phi_d\beta-K_H(1-\phi_d)\beta^2} \tag{4-11}$$

式中,K_H 为经验常数,其值为 0.78;β 为无机填充剂和高分子基质渗透性差异。

$$\beta=\frac{\alpha-1}{\alpha+2}=\frac{P_d-P_c}{P_d+2P_c} \tag{4-12}$$

β 参数的边界条件为:$-0.5\leqslant\beta\leqslant1$。低于或超过此边界条件分别对应非渗透或渗透性良好的填充剂。鉴于上述方程中 P_{eff} 是二阶的,因此,与 Bruggeman 模型一样,P_{eff} 作为 α 和 ϕ 的函数需要试差求解。

(4) Lewis-Nielsen 模型

该模型最初用于研究微粒复合材料的弹性模量,后也被用来预测复合膜的有效渗透系数[141,142]。

$$P_r=\frac{P_{eff}}{P_c}=\frac{1+2\phi_d(\alpha-1)/(\alpha+2)}{1-\psi\phi_d(\alpha-1)/(\alpha+2)} \tag{4-13}$$

其中,

$$\psi=1+\left(\frac{1-\phi_m}{\phi_m^2}\right)\phi_d \tag{4-14}$$

该模型考虑了材料形貌对复合膜渗透性的影响,因此,该模型可用于计算填充剂含量在 $0<\phi_d<\phi_m$ 范围内的渗透系数。当 $\phi_d=\phi_m$,α 趋于无穷大时,膜的渗透性 P_{eff} 是离散的。当 ϕ_m 趋于 1 时,Lewis-Nielsen 模型变为 Maxwell 方程的形式。

(5) 薄片复合膜渗透模型

Cussler 等提出与 Maxwell 模型相似的模型,该模型适用于含有片状材料的复合膜[143]。理想复合膜有效渗透性可由下式计算:

$$P_{eff}=P_c\frac{1}{1-\phi_d+1\bigg/\left(\dfrac{P_d}{\phi_d P_c}+4\dfrac{1-\phi_d}{a^2\phi_d^2}\right)} \tag{4-15}$$

式中,a 是片层材料的纵宽比;ϕ_d 是填充剂的体积分数。

(6) 通用的 Maxwell 模型

Petropoulous 提出了通用的 Maxwell 模型,Toy 等对其进行拓展来研究复合材料的渗透特性[144]。其中,填充剂随机分布于高分子基质中,有效渗透系数的计算公式如下:

$$P_{eff}=P_c\left[1+\frac{(1+G)\phi_d}{\dfrac{\dfrac{P_d}{P_c}+G}{\dfrac{P_d}{P_c}-1}-\phi_d}\right] \tag{4-16}$$

式中，G 是填充剂的几何结构参数，与纳米材料的形状相关。$G=1$，即棒状纳米材料，与气体渗透方向垂直；$G=2$ 表示球形纳米颗粒或等距的聚集体。对于二维层状纳米材料，如果分散的纳米片与气体渗透方向平行，G 值趋于无穷大；若纳米片与气体流动方向垂直，则 G 值趋于 0。

(7) Pal 模型

该模型最初用来描述复合材料的热传导特性，也被用来预测复合膜的渗透特性[145]：

$$(P_r)^{\frac{1}{3}} \frac{\alpha - 1}{\alpha - P_r} = \left(1 - \frac{\phi_d}{\phi_m}\right)^{-\phi_m} \tag{4-17}$$

该模型考虑了材料形貌对最大堆积体积分数（ϕ_m）的影响。当 ϕ_m 趋于 1 时，Pal 模型可简化为 Bruggeman 模型。当 Pal 模型应用于理想复合膜体系时，分散相含量范围为 $0 < \phi < \phi_m$。

(8) Gonzo-Parentis-Gottifredi（GPG）模型

该模型是 Maxwell 方程的拓展形式[146]，具体方程如下：

$$P_r = \frac{P_{eff}}{P_c} = 1 + 3\beta\phi_d + K\phi_d^2 + O(\phi_d)^3 \tag{4-18}$$

其中，参数 K 和 O 是 Maxwell 方程表达式的修正系数。系数 K 是 β 和 ϕ 的函数。

$$K = a + b\phi_d^{1.5} \tag{4-19}$$

其中，参数 a 和 b 是 β 的函数。

$$a = -0.002254 - 0.123112\beta + 2.93656\beta^2 + 1.690\beta^3 \tag{4-20}$$

$$b = 0.0039298 - 0.803494\beta - 2.16207\beta^2 + 6.48296\beta^3 + 5.27196\beta^4 \tag{4-21}$$

与 Böttcher 和 Higuchi 模型类似，β 参数的范围是 $-0.5\sim1$。在低填充量下，GPG 模型可得到与 Maxwell 模型一样的结果。与 Maxwell 模型相比，GPG 模型考虑了填充剂-高分子界面处的相互作用。

(9) Funk-Lloyd 模型

2008 年，Funk 和 Lloyd 报道了可预测多孔沸石填充复合膜传质过程的模型（图 4-16），这类膜也称为 ZeoTIPS 膜[147]。Funk-Lloyd 模型考虑了沸石填充量、空穴体积与高分子体积的比例。在非理想的 ZeoTIPS 膜中，均一厚度的高分子层包覆在分散的沸石填充剂表面。假定沸石颗粒与高分子间紧密接触，路径Ⅱ包括空穴和高分子层，区域Ⅲ（包含于路径Ⅱ中）包括沸石及其表层高分子。基于这种平行-串联模型，各组分体积分数如表 4-11 所示。高分子和空穴（不包含沸石）在整个复合膜内的体积分数分别为 ϕ_c^* 和 ϕ_v^*。参数 ξ 指代被高分子包裹的沸石颗粒占整个复合膜的体积分数。

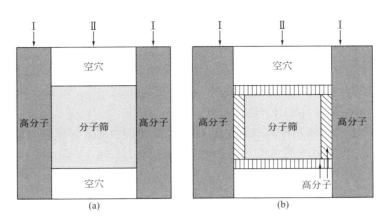

图 4-16　理想的（a）和非理想的（b）膜结构形貌[147]

表 4-11　Funk-Lloyd 模型中体积分数定义

组分	体积分数定义	
整个膜		
沸石	ϕ_d^o	
高分子层	$\phi_v^o = (1-\phi_d^o)\phi_v^*$	(4-22)
连续高分子相	$\phi_d^o = (1-\phi_d^o)\phi_c^*$	(4-23)
路径 Ⅱ		
沸石	$\phi_d^{\rm II} = \dfrac{\phi_d^o}{\phi_d^o + \phi_v^o + \xi\phi_c^o}$	(4-24)
高分子层	$\phi_c^{\rm II} = \dfrac{\xi\phi_d^o}{\phi_d^o + \phi_v^o + \xi\phi_c^o}$	(4-25)
空穴	$\phi_v^{\rm II} = \dfrac{\xi\phi_c^o}{\phi_d^o + \phi_v^o + \xi\phi_c^o}$	(4-26)
区域 Ⅲ		
沸石	$\phi_d^{\rm III} = \dfrac{\phi_d^{\rm II}}{\phi_d^{\rm II} + 1/2\phi_c^{\rm II}}$	(4-27)
高分子层	$\phi_c^{\rm III} = 1/2\phi_c^{\rm II}$	(4-28)

区域 Ⅲ（$P^{\rm III}$）、路径 Ⅱ（$P^{\rm II}$）及整个膜的渗透系数如下：

$$P^{\rm III} = \phi_d^{\rm III} P_d + \phi_c^{\rm III} P_c \tag{4-29}$$

$$P^{\rm II} = \frac{P_v P_c P^{\rm III}}{\left(1 - \phi_v^{\rm II} - \dfrac{1}{2}\phi_d^{\rm II}\right)P_v P_c + \phi_v^{\rm II} P_c P^{\rm II} + \dfrac{1}{2}\phi_c^{\rm II} P_v P^{\rm III}} \tag{4-30}$$

$$
\begin{aligned}
P_{\rm total} &= \phi^{\rm I} P_c + \phi^{\rm II} P^{\rm II} \\
&= (1-\xi)\phi_c^o P_c + [1-(1-\xi)\phi_c^o]P^{\rm II}
\end{aligned} \tag{4-31}
$$

式中，P_v、P_c 和 P_d 分别是空穴、连续高分子相和沸石颗粒的渗透系数。对理想的 ZeoTIPS 膜而言，包裹在沸石表面的高分子层厚度为 0 时，$\xi=0$，则路径 Ⅱ 的渗透系数简化为：

$$P^{\mathrm{II}} = \frac{P_{\mathrm{v}} P_{\mathrm{d}}}{\phi_{\mathrm{d}}^{\mathrm{II}} P_{\mathrm{v}} + \phi_{\mathrm{v}}^{\mathrm{II}} P_{\mathrm{d}}} \tag{4-32}$$

Funk-Lloyd 模型区分纯高分子和包裹沸石填充剂的高分子层，但未考虑沸石与高分子相间的界面接触。

（10）Kang-Jones-Nair（KJN）模型

该模型适用于管状填充剂填充的理想复合膜，这类膜中纳米管具有固定的取向且具有较好的一维传递特性[148]。其渗透系数计算公式如下所示：

$$\frac{P_{\mathrm{eff}}}{P_{\mathrm{c}}} = \left[\left(1 - \frac{\cos\theta}{\cos\theta + \frac{1}{a}\sin\theta} \phi_{\mathrm{f}} \right) + \frac{P_{\mathrm{c}}}{P_{\mathrm{d}}} \left(\frac{1}{\cos\theta + \frac{1}{a}\sin\theta} \right) \phi_{\mathrm{d}} \right]^{-1} \tag{4-33}$$

式中，$a = l/d$ 是管状填充剂的长径比；θ 是传质方向与填料的夹角，其变化范围为 $0 \sim \pi/2$。

对于完全随机取向的填充剂，KJN 模型可写成：

$$\frac{P_{\mathrm{eff}}}{P_{\mathrm{c}}} = \frac{\pi}{2} \left(\int_0^{\frac{\pi}{2}} \frac{P_{\mathrm{c}}}{P_{\mathrm{eff},\theta}} \mathrm{d}\theta \right)^{-1} \tag{4-34}$$

对含有管状填充剂的有机-无机复合膜而言，填充剂和高分子基质间的较差的兼容性可造成填充剂周围界面空穴。并且，高分子基质也可能存在固有的贯通通道（膜孔）。基于这两种缺陷结构，可将理想的 KJN 模型拓展来评估这类膜的渗透性，该模型中包含三个独立的理想膜结构体系，其有效渗透性为：

$$P_{\mathrm{eff}} = \frac{\phi_{\mathrm{d}}}{\phi_{\mathrm{d}} + \phi_{\mathrm{v}} + \phi_{\mathrm{p}}} P_{\mathrm{eff},\mathrm{d}} + \frac{\phi_{\mathrm{v}}}{\phi_{\mathrm{d}} + \phi_{\mathrm{v}} + \phi_{\mathrm{p}}} P_{\mathrm{eff},\mathrm{v}} + \frac{\phi_{\mathrm{p}}}{\phi_{\mathrm{d}} + \phi_{\mathrm{v}} + \phi_{\mathrm{p}}} P_{\mathrm{p}} \tag{4-35}$$

式中，$P_{\mathrm{eff},\mathrm{d}}$ 和 $P_{\mathrm{eff},\mathrm{v}}$ 分别是理想复合膜中填充剂/高分子和空穴/高分子的有效渗透系数；ϕ_{d}，ϕ_{v} 和 ϕ_{p} 分别是有机-无机复合膜中填充剂/高分子、空穴/高分子和膜孔的体积分数。$P_{\mathrm{eff},\mathrm{v}}$ 可由 Hamilton-Crosser 模型预测得到，该模型假定空穴呈圆柱形且分子在此空穴内的扩散为各向同性[149]。

$$\frac{P_{\mathrm{eff},\mathrm{v}}}{P_{\mathrm{c}}} = \frac{P_{\mathrm{v}} + 5P_{\mathrm{c}} - 5(P_{\mathrm{c}} - P_{\mathrm{v}})\phi_{\mathrm{v}}}{P_{\mathrm{v}} + 5P_{\mathrm{c}} + (P_{\mathrm{c}} - P_{\mathrm{v}})\phi_{\mathrm{v}}} \tag{4-36}$$

其中，P_{v} 是空穴的渗透系数。空穴和膜孔中的分子扩散假定为努森扩散，则空穴和膜孔的渗透性为：

$$P_{\mathrm{v}} = P_{\mathrm{p}} = S_{\mathrm{IG}} D_{\mathrm{Kn}} = \frac{1}{RT} \sqrt{\frac{32r^2 RT}{9\pi M}} \tag{4-37}$$

式中，D_{Kn} 是努森扩散系数；S_{IG} 是溶解系数；r 是膜孔或空穴的平均直径；M 是传递分子的分子量。

4.4.3.2　非理想复合膜传质模型

对于非理想的有机-无机复合膜，界面缺陷会影响膜的性能，因此，在传质模型中需要考虑界面形貌。如前所述，界面形貌主要包括三类：界面缺陷、高分子链僵化、填充剂堵孔。这些缺陷在有机和无机材料的界面处形成，可归为界面相。

界面相模型是 Erdem-S,enatalar 基于有效介质理论提出的[150]，该模型包含另外两个参数：界面相渗透系数（P_{di}）和界面相体积分数（ϕ_{di}）。由于无机填充剂和界面相是串联排布的，因此，总渗透性可由下式表示：

$$\frac{\phi_{di}(P_{eff}-P_{di})}{P_{di}+2P_{eff}}+\frac{\phi_d(P_{eff}+P_c)}{P_c+2P_{eff}}=0 \tag{4-38}$$

式中，$P_{di}=P_iP_d/(P_i\phi_d+P_d\phi_i)$，$\phi_{di}=\phi_d+\phi_i$。$P_i$ 和 ϕ_i 分别为界面相的渗透系数和体积分数。ϕ_i 与填充剂的半径（r）和界面相厚度（t）的关系如下：

$$\phi_i=\phi_\varphi\left(\frac{3t}{r}+\frac{3t^2}{r^2}+\frac{t^3}{r^3}\right) \tag{4-39}$$

对于立方形颗粒，r 可取作立方体边长的一半；对于其他形状的粒子，半径值可通过合理计算得到。

根据 Koros 等人对复合膜界面结构的研究，利用拓展的 Maxwell 模型来描述类型 I～V 的传质过程。在拓展的 Maxwell 模型中，将界面相和无机填充剂分散相组合在一起称为"伪分散相"。基于该假设，原始复合膜三相体系（高分子相、界面相、填充剂相）可由高分子相和伪分散相两相体系代替。

在描述不同类型界面的传递特性时需要不同的参数。对"类型 I"而言，这些参数包括高分子僵化区域的厚度和渗透系数。僵化区域的渗透系数可简化为高分子链僵化系数 β 和厚度 l_1。在类型 II～III 中，需要了解空穴的有效厚度 l_φ 及空穴的渗透系数。对于类型 IV～V，需要的参数是多孔材料内渗透层厚度 l'_φ 及渗透通量下降系数 β'。

对于拓展的 Maxwell 模型，伪分散相渗透系数可由式（4-40）进行计算：

$$P_{eff}=P_1\left[\frac{P_d+2P_1-2\phi_s(P_1-P_d)}{P_d+2P_1+\phi_s(P_1-P_d)}\right] \tag{4-40}$$

其中，

$$\phi_s=\frac{\phi_d}{\phi_d+\phi_1}=\frac{r_d^3}{(r_d+l_1)^3} \quad 或者 \quad \frac{(r_d-l'_1)^3}{r_d^3}$$

式（4-40）中涉及的参数，对于不同的界面形态，可通过不同方式得到，如下所示：

"类型 I"中，伪分散相为填充剂及其周围渗透系数降低的高分子区域之和。$P_1=P_c/\beta$，β 为高分子链僵化系数，l_1 为僵化区域厚度。复合膜渗透系数的计算公式：

$$P_{3mm}=P_c\left[\frac{P_{eff}+2P_c-2(\phi_d+\phi_1)(P_c-P_{eff})}{P_{eff}+2P_c+(\phi_d+\phi_1)(P_c-P_{eff})}\right] \tag{4-41}$$

"类型 II～III"中，伪分散相为填充剂和周围的空穴。P_1 是空穴的渗透性：$P_1=DS$，其中，$D=D_{Kn}\left(1-\frac{\sigma_p}{2l_1}\right)$；$S=\frac{1}{RT}\left(1-\frac{\sigma_p}{2l_1}\right)^2$；$D_{Kn}=\frac{d_{pore}}{3}\frac{BRT}{\pi M_r}$，是基于气体动力学扩散系

数。当孔直径与渗透剂尺寸在同一数量级时，采用 $1-\dfrac{\sigma_p}{2l_1}$ 对 D_{Kn} 进行修订。l_φ 为空穴有效厚度，通常采用孔的水力学直径（约 $2l_\varphi$）替代孔直径 d_{pore}。

"类型 Ⅳ～Ⅴ"中，伪分散相为多孔填充剂。$P_1=P_c/\beta'$，β' 为渗透通量下降系数；l'_φ 为减少的渗透区域厚度[151,152]。

4.4.3.3　有机-无机复合膜分离传质机理

分子或离子在有机-无机复合膜中的分离传质机理与纯高分子膜大致相同，其中，分子在有机-无机复合膜内的分离传质机理主要包括尺寸筛分、孔流机理、溶解-扩散机理和促进传递机理；离子在膜内的分离传质机理主要包括尺寸筛分、Donnan 效应、跳跃传递机理、运载传递机理和扩散-迁移机理。与纯高分子膜不同，无机材料的加入，在高分子膜中引入界面传质通道及固有孔传质通道显著提升有机-无机复合膜性能。下面对有机-无机复合膜内的传质机理进行介绍。

（1）尺寸筛分

当膜孔径尺寸介于分子之间，直径小的分子可以通过膜孔，直径大的分子被挡住，即具有筛分效果。由于无机多孔纳米材料（如 MOFs、沸石、介孔硅球、埃洛石纳米管等）具有一定的孔道尺寸，将无机多孔纳米材料引入高分子膜内，可实现对气体等分子的高效筛分[153-158]。当孔径在 $0.5～2nm$ 之间，溶液在此范围孔道中流动受到一定的限制。大部分膜表面与孔道内部带有电荷，能够与溶液体系的带电离子相互作用，使得膜的分离机理更为复杂。目前，以传递方程、势能方程为基本依据的结构模型在纳滤膜的传质机理应用中最为普遍。通常将孔径筛分机理与 Donnan 排斥效应相结合，可对膜在大部分溶液中的分离机理进行解释。

（2）孔流机理

分子可通过聚合物基质内形成的孔隙或自由体积进行传递。Fox 和 Flory 提出了自由体积理论，即膜体积分为被原子所占的固有体积和自由体积[83]。自由体积可作为小分子在高分子膜中的传递通道。高分子膜内自由体积来源于两方面：一是高分子链段无序排布所产生的"间隙"体积；二是高分子链段发生运动而产生的"自由"体积。因此，通过控制成膜过程中高分子链段排布和运动性来优化膜内部的自由体积特性，可实现膜内传递通道调控，进而强化膜的传质过程。

在有机-无机复合膜内，无机纳米材料的引入可通过下述途径调控复合膜内的自由体积分数：

① 通过空间干扰作用调控高分子链段排布　无机填充剂对高分子链的运动性有一定的抑制作用，对高分子的结晶也有较大影响。一般来说，无机填充剂的加入会干扰高分子链段的结晶行为，降低复合膜结晶度，增强高分子链段运动能力，提高膜内自由体积。

② 通过界面相互作用调控高分子链段排布　无机填充剂与高分子间往往存在氢键、静电力等相互作用，高分子链段在界面区域的排布更为紧密或疏松，进而影响分子或离子的传质阻力。

③ 依靠多孔填充剂或填料自组装提高膜的自由体积　无机多孔填料如沸石分子筛、介孔硅球、MOFs 等具有固定的孔道结构，将其填充到高分子基质中可显著提升膜内自由体

积，从而强化传质过程。

（3）溶解-扩散机理

溶解-扩散模型是由 Lonsdale 和 Po-dall 等人提出的，其传质过程如图 4-17 所示。高压侧溶液中的溶剂和溶质先溶于膜中，然后在化学位的推动力下，从膜的一侧向另一侧以分子扩散方式透过膜。含有特定功能基团的无机多孔纳米材料（例如 MOFs 等），可增强气体或液体分子的吸附扩散能力，从而提升复合膜的渗透通量[156-158]。溶解-扩散机理适用于气体分离，水处理，有机溶剂纳滤、渗透蒸发等膜过程[159,160]。

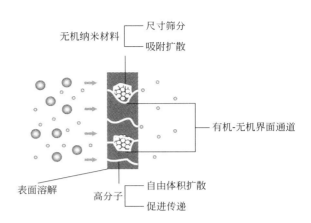

图 4-17　有机-无机复合膜溶解-扩散机制

（4）促进传递机理

促进传递膜是指含有可与小分子或者离子发生可逆反应的载体的膜材料，这些载体可促进小分子或离子在膜内的传递。以 CO_2 分离为例，在 CO_2 与 N_2、CH_4、H_2 组成的分子对中，仅 CO_2 分子可与载体发生可逆反应，而 N_2、CH_4、H_2 不与载体反应。特别的是，作为一种酸性分子，CO_2 可与氨基或其他碱性载体反应。CO_2 与氨基的反应可用 1968 年 Caplow 教授提出的两性离子机理解释。

CO_2 与伯胺、仲胺反应过程中，1mol CO_2 需要消耗 2mol 氨基生成氨基甲酸根离子，其反应式如下：

$$CO_2 + 2RNH_2 \Longleftrightarrow RHNCOO^- + RNH_3^+ \tag{4-42}$$

$$CO_2 + 2RR'NH \Longleftrightarrow RR'NCOO^- + RR'NH_2^+ \tag{4-43}$$

当有水参与反应时，反应机理发生变化，2mol 的氨基与 2mol CO_2 反应，产物为碳酸氢盐。反应式如下：

$$2CO_2 + 2RNH_2 + H_2O \Longleftrightarrow RHNCOOH + RNH_3^+ + HCO_3^- \tag{4-44}$$

$$2CO_2 + 2RR'NH + H_2O \Longleftrightarrow RR'NCOOH + RR'NH_2^+ + HCO_3^- \tag{4-45}$$

相比而言，叔胺基团与 CO_2 在干态下难以发生反应。Donaldson 和 Nguyen 认为在有水存在时叔胺可作为一种弱碱催化剂参与 CO_2 的水合反应，从而形成碳酸氢盐。他们还认为叔胺催化的 CO_2 水合反应比起伯胺和仲胺的催化更高效。叔胺（$RR'R''N$）与 CO_2 反应生成 HCO_3^- 的反应式如下：

$$CO_2 + RR'R''N + H_2O \Longleftrightarrow RR'R''HN^+ + HCO_3^- \tag{4-46}$$

其中，R，R' 和 R'' 是相同或不同种类的有机基团。羧基根（—COO^-）也是一种高效的载体，它能够以共价键固定于高分子上。在含水状态下，CO_2、—COO^- 和 H_2O 三者反应生成 HCO_3^-，然后以 HCO_3^- 的形式实现跨膜传递。

$$CO_2 + —COO^- + H_2O \rightleftharpoons —COOH + HCO_3^-\qquad\text{(4-47)}$$

综上所述，CO_2 的促进传递通过氨基甲酸酯和碳酸氢盐两种 CO_2 载体的形式来实现。

为提高膜内载体数量及稳定性，常采用化学修饰方法手段将功能基团载体负载在无机纳米材料表面，然后将其与高分子复合制备复合膜。一方面，功能化无机纳米材料具有的规整结构可提供连续的传递通道，其上的功能基团可提供额外的促进分子传递载体位点促进分子传递；另一方面，无机纳米材料特有的规整结构可提供连续的传递通道，进一步强化分子传递过程。

（5）跳跃传递、运载传递、扩散-迁移

离子膜通常用于电驱动的分离或电化学过程。研究发现，不同离子在离子交换膜遵循不同的传质机理。其中，质子和氢氧根离子可以通过膜内的氢键网络进行传递，显现出更高的离子迁移速率。其他类型离子则主要通过浓度差、运载进行传递。在有机-无机复合离子交换膜中，依据离子传递机理，常在无机纳米材料表面修饰功能基团（$—SO_3H$，$—PO_3H_2$，季铵基团，咪唑阳离子基团等）。功能化无机纳米材料的引入，在膜内部构建连续的离子传递通道，强化膜内离子传递过程（见图 4-18）。不同离子在离子交换膜中的传递机理如下所述：

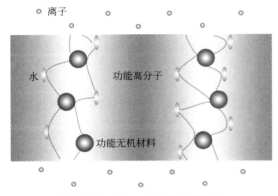

图 4-18　离子在膜内的传递路径

① 质子在质子交换膜内的传递过程已被广泛研究，其传递机理可分为运载机理、跳跃机理和表面机理。

a. 运载机理：质子电荷中心比一般离子更易接近邻近的原子或离子，并与之外层电子发生静电吸引形成氢键，故质子极易溶剂化。质子与自由水的 O 原子通过氢键结合，形成水合质子 H_3O^+。质子的总水合能（1117kJ/mol）大于其与一个水分子结合的能量（714kJ/mol）。因此 H_3O^+ 会继续与水分子形成氢键，最终形成稳定的 $H_5O_2^+$ 和 $H_9O_4^+$。水合质子通过亲水性通道或自由体积从膜一侧扩散到达另一侧，随后质子从水合质子上解离完成传递过程。

b. 跳跃机理：跳跃模型是 1806 年 Grotthuss[161] 提出的设想，有一串水分子形成连续的网络，质子位于链的左侧，与邻近的 H_2O 形成 H_3O^+；在化学势的推动下，H_3O^+ 中质子跳跃到它右边 H_2O 上，使 H_2O 变成了 H_3O^+，而左侧的 H_3O^+ 失去质子变为 H_2O 以此类推，质子沿水分子网络传导下去，从膜的一侧到另一侧。水分子网络通常是由结合水通过氢键连接形成，该网络也被形容为"质子导线"。实验和分子模拟技术的发展修正了跳跃机理，认为质子在水网络上传递分为两步：首先是 H_3O^+ 中质子克服氢键能垒，由 H_3O^+ 变为 H_2O，同时质子与邻近取向一致的 H_2O 结合形成新的 H_3O^+，完成一步跳跃；接着，原来 H_3O^+ 转变形成的 H_2O 通过旋转运动重新形成可接收质子的取向。

c. 表面机理：在该机理中，质子主要借助膜内阴离子（如 $—SO_3^-$、$—CO_2^-$ 等）或其他质子载体（$—NH_2$、$—OH$ 等），从一个载体跳跃到另一个载体。以此类推，从膜一侧传递到另一侧。采用这种机理传递时能垒比前面两种机理大，因此只有当膜内水含量较低时表面机理才是膜内主要传导机理。表面机理传递从本质上讲是质子在载体上的跳跃传递，与跳跃机理相似。此外，质子跳跃的自由程通常小于载体的距离，因此质子在载体间的传递通常是借助水分子氢键网络完成，即质子从载体上解离后首先跳跃到水氢键网络上。经水氢键网络传递接近下一个载体位点，再跳跃到该载体上。因此通常我们将跳跃机理和表面机理统称为跳跃机理。质子在膜内的传递是一个复杂过程，绝大多数情况下跳跃机理和运载机理同时存在。

② OH⁻ 主要遵从如下传递方式：Grotthuss 机理、扩散-迁移、运载机理和表面位点跳跃。

a. Grotthuss 机理：根据 OH⁻ 和 H⁺ 在膜中传递方式的相似性，研究者认为 OH⁻ 在膜中传递的主要方式是依靠 Grotthuss 机理。在此过程中，OH⁻ 在水分子形成的氢键网络中依靠氢键的形成/解离进行传递。据研究报道，水合 OH⁻ 的迁移是在一个超配位水分子的协助下完成的。另一个供电子的水分子的存在导致氢键网络的重排、再取向和 OH⁻ 的转移，形成一个完全四面体配位的水分子。OH⁻ 沿着水分子通道，通过氢键的形成/断裂的形式实现在阴离子交换膜中的传递[162]。

b. 扩散-迁移：当膜内部存在浓度梯度和电势差的情况下，OH⁻ 在膜中会通过扩散进行传递。

c. 运载机理：OH⁻ 在膜中对流传递时，会带着水分子一起透过碱性膜，因而会引起水分子在膜两侧对流。

d. 表面位点跳跃：OH⁻ 依靠膜内部传递位点进行跳跃传递是第二类传导途径，相比于依靠水分子形成的氢键网络而言，表面位点跳跃传导能力较弱，主要是因为在膜内部水分子可充当固有偶极子，并与膜的固定电荷产生相互作用，水分子与功能基团（阳离子）之间的较强配位作用降低 OH⁻ 与功能基团之间作用的可能性。然而，膜内部水化区域的形成与功能基团的亲水性、配体结构之间的关系密不可分。

③ 其他离子的传质机理。其他类型的离子在膜中的传递则主要依靠表面位点跳跃、运载、浓差扩散进行。

4.4.3.4　抑制 trade-off 效应机理

高分子材料的典型物理形态大致可分为橡胶态和玻璃态两种。橡胶态高分子具高度链迁移性和对渗透组分溶解的快速响应性，因此表现出高渗透性和低选择性；玻璃态高分子松弛时间长，气体透过玻璃态高分子时，高分子链段的运动不能很快适应透过气体的环境，所以一般来讲，玻璃态高分子的渗透性较低而选择性较高。对于纯高分子膜而言，渗透性增加，则选择性降低，反之亦然。这种渗透性与选择性间的相互制约关系被认为是高分子膜材料固有的 "trade-off" 效应。1991 年，在大量统计数据基础上，美国 Air Products 公司的 Robeson 提出了二元混合气 $CO_2/CH_4(N_2)$ 选择性对渗透性上限（upper bound）[163]。

根据 Robeson 的分析，渗透性与选择性之间的关系可用下面的经验公式表示：

$$\alpha_{A/B} = \beta_{A/B} P_A^{\lambda_{A/B}} \tag{4-48}$$

式中，$\lambda_{A/B}$ 和 $\beta_{A/B}$ 是经验参数，$\lambda_{A/B} < 0$，而 $\beta_{A/B}$ 取决于 $\lambda_{A/B}$ 气体的可凝性和一个可调

参量。所以当膜对气体 A 的渗透系数提高后，该膜对气体 A 的选择性就会降低。Freeman[164] 则从理论上论证了 trade-off 效应存在的原因，推导得到 $\lambda_{A/B}$ 只与渗透分子大小有关，可表示为：

$$\lambda_{A/B} = (d_B - d_A)^2 - 1 \tag{4-49}$$

式中，d_A 和 d_B 分别为小分子直径；$\beta_{A/B}$ 和 $\lambda_{A/B}$ 的关系则表示如下：

$$\beta_{A/B} = \frac{S_A}{S_B} S_A^{\lambda_{A/B}} \exp\left[-\lambda_{A/B}\left(b - f\frac{1-a}{RT}\right)\right] \tag{4-50}$$

式中，S_A 和 S_B 分别为组分 A 和 B 在高分子膜中的溶解选择性；a 是与高分子和气体类型无关的参数，一般取值为 0.64；b 的值与膜的性质有关，对于橡胶态高分子膜一般为 9.2，玻璃态高分子膜一般为 11.5；f 是一个与高分子性质（如高分子刚性、链长等）有关的常数。Freeman 由此推得高分子膜的选择性与渗透性之间的关系可表示为：

$$\ln\alpha_{A/B} = -\lambda_{A/B}\ln D_A + \left[\ln\frac{S_A}{S_B} - \lambda_{A/B}\left(b - f\frac{1-\alpha}{RT}\right)\right] \tag{4-51}$$

根据 Freeman 的理论，高分子结构变化不能改变 "upper bound" 曲线的斜率，只有通过增大高分子膜的溶解选择性或高分子链的刚性（减小 f 值）并同时增大高分子链间距（自由体积）才能在改善渗透性能的基础上增加高分子膜的选择性[164]。

为获得同时具有高渗透性和高选择性的高分子膜材料，学者们做了大量研究，例如通过引入位阻大及刚性基团以增加链的刚性，或通过改变链段堆积密度来改善高分子的自由体积特性等。Koros 等提出了有效改善膜性能的方法：结构的改性可抑制高分子链段之间的堆砌，同时阻止高分子主链上柔性链段周围的扭转运动，同时提高渗透性和选择性。

高分子-无机复合膜是在高分子基质中引入无机组分，改善膜的自由体积特性，增强膜的力学性能，提高膜的热稳定性。在 1984 年，Schmidt 等首先提出了高分子-无机复合膜的概念，其高分子相可为纤维、橡胶、塑料等高分子聚合物，无机相为金属及其氧化物、陶瓷、半导体等。与高分子膜相比，杂化膜抑制 trade-off 效应主要体现在如下几个方面：

① 增加膜内自由体积　无机多孔填充剂本身具有渗透性，将无机纳米填充剂添加到高分子基质中可增加复合膜的自由体积，提升膜内离子或分子的传递特性。如玻璃态高分子，其分子链是刚性的，链段无法自由转动，所以这类膜的自由体积较小，对渗透组分的通量较低，但它的选择分离性能很强。将无机填充剂与玻璃态高分子共混，可增加基体膜表面的孔隙率及孔间的贯通性，提高膜的渗透通量。

② 调整高分子的链段排布　无机填充剂通过表面基团相互作用（氢键相互作用、静电排斥/吸引作用）和空间干扰作用调控高分子链段的排布状态，从而提升复合膜的自由体积，与此同时有效干扰高分子链段的扭转运动，同时提升复合膜的渗透性和选择性。

③ 引入界面通道　将特定的官能团引入到无机填充剂表面，在复合膜界面处形成高效的传质通道，能促进气体和离子的传递，从而提高膜对特定气体或离子的优先透过性。

4.5　有机-无机复合膜的应用

4.5.1　概述

在实际应用中，有机-无机复合膜多以高分子作为成膜主体，无机粒子作为填充剂或者将无机分离层与有机支撑层复合，从而兼具高分子和无机膜的优势，成为近年来膜和膜过程领域的研究前沿，广泛研究于气体分离、渗透汽化、水处理、电渗析和其他膜过程等领域。

4.5.2　气体分离

虽然当前工业化应用的气体分离膜主要为有机高分子膜，但因其分离性能受限于 trade-off 效应，有机-无机复合膜逐渐成为近年来气体膜分离领域的研究热点，应用场合主要包括氢气富集、氧气或氮气富集、二氧化碳分离、烯烃/烷烃分离、气体除湿等。

4.5.2.1　氢气富集

富氢膜主要用于从含氢源的气体中提取氢气。根据氢气来源，主要有三类分离物系：从合成氨驰放气中回收氢气，即 H_2/N_2 分离；从焦炉气或石油加工厂尾气中回收氢气，即 H_2/CH_4 分离；从合成气中分离氢气，即 H_2/CO_2 分离。

有机-无机复合膜表现出优异的气体渗透性和分离选择性，使其在氢气分离方面表现出极大应用潜力。表 4-12～表 4-14 分别列举了近些年有机-无机复合膜的 H_2/N_2、H_2/CH_4 及 H_2/CO_2 分离性能。这类复合膜采用的无机填充剂主要包括沸石分子筛、碳分子筛、硅粒子以及有机-金属骨架等，复合膜对 H_2 的分离性能均较高分子膜有不同程度的提升。

表 4-12　有机-无机复合膜的 H_2/N_2 分离性能

填充剂类型	填充剂	高分子基质	填充量(质量分数)/%	温度/℃	压力/bar	H_2渗透系数/Barrer	H_2/N_2选择性	参考文献
氧化物	TiO$_2$	EC	10	30	1	86.9	17.9	[171]
	TiO$_2$	PI	25	30	1	14.1	187.5	[172]
	SiO$_2$	PSF	10	35	4.4	32	29	[173]
分子筛	4A	PC	15	30	1	13.1	73.2	[174]
金属粒子	Pd	PSF	14	25	1	264860	6.85	[175]
MOFs	ZIF-8	PIM-1	28%(体积分数)	30	1	2980	16.7	[176]

注：1Barrer＝10^{-10}cm^3(STP)•cm/(s•cm^2•cmHg)，后同。

表 4-13　有机-无机复合膜 H_2/CH_4 分离性能

填充剂类型	填充剂	高分子基质	填充量(质量分数)/%	温度/℃	压力/bar	H_2渗透系数/Barrer	H_2/CH_4选择性	参考文献
金属氧化物	MgO	PI	20	30	1	30	116	[177]

续表

填充剂类型	填充剂	高分子基质	填充量（质量分数）/%	温度/℃	压力/bar	H_2渗透系数/Barrer	H_2/CH_4选择性	参考文献
二氧化硅	MSS	PI	16	35	—	65	125	[178]
分子筛	FS	PMP	15	30	1	4000	2	[179]
	Nu-6(2)	PS	14.7	30	1	90	200	[180]
	4A	PDMS	40	35	1	9516	8.67	[181]
	4A	PC	2	30	1	9.3	120.5	[174]
	HZS	PS	8	25	1	38.4	180	[182]
	Cu-BPY-HFS	PI	20	30	1	16.75	46.82	[183]
MOFs	ZIF-8	PI	20	30	1	30	150	[184]
	NH_2MIL53(Al)	PSF	16	35	—	6.4	60	[185]
	MOF-5	Matrimid	15	30	1	150	83	[186]
	MIL-53(Al)	Matrimid	15	30	1	400	168	[186]

表 4-14　有机-无机复合膜 H_2/CO_2 分离性能

填充剂类型	填充剂	高分子基质	填充量（质量分数）/%	温度/℃	压力/bar	H_2渗透系数/Barrer	H_2/CO_2选择性	参考文献
分子筛	ZSM-5	Matrimid	20	25	2	22.3	2.57	[187]
	SAPO-34	聚醚砜	20	35	2	12.57	2.45	[188]
MOFs	Cu-BPY-HFS	Matrimid	10	25	2	16.91	2.17	[183]
	MOF-5	PEI	25	25	6	28.32	5.25	[189]
	ZIF-8	Matrimid	50	35	2.6	18.07	3.8	[184]
	ZIF-7	聚苯并咪唑	50	35	3.5	26.2	14.9	[190]
	$CAU-1-NH_2$	PMMA	15	25	3	11100	13	[191]

　　沸石分子筛是使用最早的多孔性晶体材料，具有规整晶体结构以及均匀的孔径分布[165,166]，孔径尺寸为 4～10Å，将沸石分子筛掺杂于高分子基质中，可以根据分子筛孔的尺寸对具有不同动力学直径的气体分子进行尺寸筛分使膜分离性能提升。碳分子筛微孔的大小和气体的分子动力学直径相近[167]，能够高效地对气体进行分离且具有较高的择形选择性。另外，碳分子筛和高分子之间界面相容性较好，可有效减少界面缺陷的产生，提高分离膜对不同气体的渗透选择性。二氧化硅粒子分散于高分子中形成硅系有机-无机复合气体分离膜[168]。因其在高分子中的分散达到了分子级别，可有效改善无机硅和有机基质两者的界面相互作用，进而加强两相的界面相容性。此外，二氧化硅粒子的存在会干扰高分子链的排布，提高有机相的自由体积，达到增强复合膜的气体分离性能的目的[169,170]。

　　金属有机骨架（MOFs）自身特有的微孔结构使其在诸多研究领域具有巨大发展潜力。将 MOFs 掺杂于高分子基质中制备有机-无机复合膜，MOFs 可以根据自身的几何构型对气体进行选择性分离，进而提高分离膜的选择性能。

4.5.2.2　氧气或氮气富集

　　用于从空气中富集氧气或氮气的气体分离膜通常为高分子膜，近年来有机-无机复合膜的研究报道逐渐增多。1990 年，Robeson 预测了高分子膜的气体分离性能存在 Robeson 上限[163]，即高分子膜的渗透性和选择性之间存在此消彼长的博弈效应（trade-off 效应）。随着气体分离膜的发展，相比于纯高分子膜，高分子/无机粒子复合膜常可获得更高的气体分离性能。图 4-19 显示了部分复合膜的 O_2/N_2 气体渗透性能，可见复合膜的性能远超过传统高分子膜的性能，且不受 Robeson 上限的限制。表 4-15 总结了目前一些有机-无机复合膜在 O_2/N_2 分离领域的应用及性能。

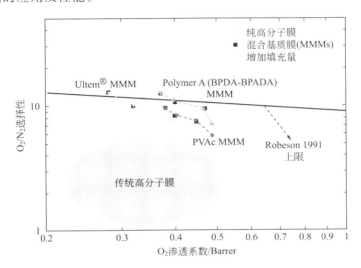

图 4-19　复合膜的 O_2/N_2 气体渗透性能

表 4-15　有机-无机复合膜的 O_2/N_2 分离性能

填充剂类型	填充剂	高分子基质	填充量（质量分数）/%	温度/℃	压力/bar	O_2 渗透系数/Barrer	O_2/N_2 选择性	参考文献
氧化硅	SiO_2	6FDA-PI	8	35	1	0.96	9.47	[192]
	SiO_2	PI	15	30	1	46	3.3	[193]
氧化钛	TiO_2	EC	10	30	1	19.91	4.1	[171]
	TiO_2	PI	15	30	1	0.718	9.5	[172]
硅烷	氟化硅氧烷	PDMS	5	30	1	779	2.48	[194]
	四甲基硅氧烷	PDMS	10	30	1	817	2.65	[195]
分子筛	4A	PVAc	40	30	1	0.5	10	[89]
	4A	PSF	25	30	1	1.8	7.7	[196]
	5A	PES	50	30	1	0.7	7.4	[87]
纳米管	SWNTs	PSF	15	30	1	1.1	5	[197]
MOFs	NH_2-MIL-53（Al）	PSF	16	35	—	0.89	3.2	[185]

4.5.2.3　二氧化碳分离

　　CO_2 主要由煤、石油、天然气等化石燃料燃烧产生。根据 CO_2 的来源不同，分离物系可分为三种：电厂烟道气中分离二氧化碳，CO_2/N_2 分离；天然气及沼气中分离二氧化碳，

CO_2/CH_4 分离；合成气产氢过程中，将 CO_2 去除得到纯净的氢气，CO_2/H_2 分离。

（1） CO_2/N_2 和 CO_2/CH_4 分离

近年来，各种各样的无机填充剂用于制备 CO_2 分离复合膜，研究较多且分离性能较好的填充剂多为无机多孔材料，包括沸石类、碳基材料、金属-有机骨架材料等，代表性研究结果列入表 4-16 中。

表 4-16　有机-无机复合膜的 CO_2/CH_4、CO_2/N_2 分离性能

填充剂类型	填充剂	高分子基质	填充量（质量分数）/%	压力/bar	温度/℃	原料气	CO_2 渗透系数/Barrer	CO_2/CH_4 选择性	CO_2/N_2 选择性	参考文献
分子筛	ZSM-5	Matrimid	20	10	35	纯气	8.65	66.07	49.8	[187]
	ZSM-5	Pebax	5	1	35	纯气	217.9	21.3	—	[204]
	13X	Pebax	15	—	—	纯气	114	—	47	[210]
	4A	Pebax	10	25	RT	纯气	97.0	26.5	54.0	[211]
	NaX	Pebax	20	7	25	纯气	35.2	121.5	—	[212]
	SAPO-34	Pebax	50	7	35	纯气	338	16	52	[199]
介孔氧化硅	MCM-41	Pebax	20	1	25	纯气	138	18	53	[201]
	MCM-41-PEI	Pebax	20	1	25	纯气	112	25	57	
	SiO_2	PU	15	10	26	纯气	12.03	25		[203]
硅纳米颗粒	SiO_2	PEBA	30	2	25	纯气	41	16.08	64.31	[213]
	SiO_2	SPEEK	20	10	65	CO_2/CH_4（30:70，体积比）CO_2/N_2（10:90体积比）	1350	20	25	[214]
	SiO_2-C						1350	55	56	
	SiO_2-S						1250	50	52	
	SiO_2-N						1960	77	75	
其他	AS-TiO_2	Pebax	3	20	25	纯气	188.6	—	84.9	[215]
	TiO_2	Pebax-PEG	8	20	25	纯气	204.46	23.61	—	
CNTs	C-f-MWCNTs	PI	1	25	15	纯气	37.31	16.5	—	[216]
	f-MWCNTs	PIM	3	—	30	纯气	12000	10	34	[217]
	MWNTs-NH_2	Pebax-GTA	33	7	35	纯气	1400	14	37	[218]
CMSs	CMS	Matrimid	36	3.5	35	CO_2/CH_4（10:90，体积比）	200	44		[219]
	CMS	Ultem	35	3.5	35	CO_2/CH_4（10:90，体积比）	3.44	54.7		[220]
GO	GO	Pebax	0.1	3	25	纯气	100		91	[221]
	GO	PEO-PBT	0.5	0.5	25	纯气	143	21	73	[222]
	PEG-PEI-GO	Pebax	10	1	25	CO_2/CH_4（30:70，体积比）CO_2/N_2（10:90，体积比）	1330	45	120	[223]

续表

填充剂类型	填充剂	高分子基质	填充量(质量分数)/%	压力/bar	温度/℃	原料气	CO_2渗透系数/Barrer	CO_2/CH_4选择性	CO_2/N_2选择性	参考文献
GO	rGO	Pebax	5	2	30	纯气	120		104	[224]
	GO-ZIF-301	PSF	GO/ZIF：1/18	—	25	CO_2/N_2(15:80,体积比)	25		63	[225]
	CNTs/GO	Matrimid	GO/CNT5/5	2	30	纯气	38.07	84.6	81.0	[226]
	imGO	Pebax	0.8	8	25	纯气	76.2		105.5	[227]
MOFs	Cu-BTC-S1	PPO	10	—	30	纯气	85.5	23.5	18.5	[228]
	Cu-BTC-S2	PPO	10		30		86.4	28.5	23.5	
	Sod-ZMOF	Matrimid	5,10,20	4	35	CO_2/CH_4(50:50,摩尔比)	6.9~13.8	36.6~43.4		[229]
	MIL-53	Matrimid	15	3	—	纯气	12.6	51.8	—	[230]
	S-MIL-101(Cr)	SPEEK	40	1	30	纯气	2074.2	50	53	[231]
	NH_2-MIL-101(Al)	P1 / P2	10	3	35	纯气	71.4 / 150.9	41.6 / 29.6		[232]
	UiO-66 / UiO-66-NH_2	Pebax	10	3	25	CO_2/N_2(50:50,体积比)	140.4 / 130.8		61.1 / 72.2	[233]
	MOF-74	PIM-1	10,15,20	2	25	纯气	9447~21375	14.3~19.1	21.2~28.7	[234]
	ZIF-8	Pebax	5~35	2	25	纯气	366.9~1293	8.1~9	29.6~32.3	[235]
	ZIF-8	6FDA-Durene	3~30	2	25	纯气	1601~2196	21.9~17.1	25.7~17.0	[236]

不同的沸石材料（如 NaA、NaX、NaY、ZSM-5、MFI）和其他类沸石类硅材料（如 TS-1[198]、ETS-10[198]、SAPO-34[199]、AlPO[200]、MCM-41[201]、COK-12[202] 和 SiO_2[203]）被用作填充剂加入到高分子中制备有机-无机复合膜。其中，ZSM-5 作为填充剂添加到高分子基质中研究较多，且气体渗透分离性能较高[187,204]。此外，对介孔硅材料进行氨基功能化，能显著增加膜对 CO_2 的渗透系数[201]；将碳基填充剂填入到高分子中制备的碳基有机-无机复合膜被认为是最有效的 CO_2 分离膜之一，可以越过 Robeson 上限，突破 trade-off 效应限制。

碳基填充剂包括碳纳米管（CNTs）、碳分子筛（CMSs）、碳纳米纤维（CNFs）和氧化石墨烯（GO）。其中，表面功能化的 CNTs 有利于填充剂的分散及与高分子基质的相容性，使 CNT 基有机-无机复合膜的渗透性和选择性有不同程度的提升。如 NH_2-MWCNTs-Pebax 膜，CO_2 渗透系数从 133Barrer 增加到 1208Barrer[205]；APTES-MWCNTs-PES 膜的 CO_2/CH_4 选择性由 2.56 提升到 250.13[206]。CMSs 被填充到 Matrimid 和 Ultem 以及 PES 中制备有机-无机复合膜，其中 CMC-PES 膜表现出较高分离性能，渗透系数和选择性较 PES 膜提高了 2.4 倍和 3.35 倍[207]，接近 2008 年渗透性上限。GO 二维片层的堆叠可构建片层之间供气体分子传输的通道，且可通过调节片层间距来实现目标气体分子的筛分。GO 作为填充剂制备复合膜的研究主要包括：将 GO 加入到高分子中制备复合膜、通过对 GO 造孔和功能化提升复合膜的性能。GO 不仅可作填充剂添加到高分子中制备有机-无机复合膜，还可通过抽滤、旋涂等方式负载在高分子基膜上制备复合膜，该类膜的显著特点是可以将选择层进行超薄化，从而显著提高膜的渗透性，如将 GO-PEGDA500 抽滤到 PES 基膜上，所得 10nm 厚的复合膜的 CO_2 渗透通量达 175.5GPU ［$1GPU = 10^{-6}$ cm³（STP)/（cm²·s·cmHg)]，CO_2/CH_4 选择性高达 69.5[208]；中空纤维膜表面快速涂覆哌嗪-GO 层，所得 20nm 厚的中空纤维复合膜 CO_2 渗透通量为 1020GPU，CO_2/N_2 选择性为 680，对烟道气中 CO_2 分离展现出优越的分离性能[209]。

MOFs 作为填充剂制备的有机-无机复合膜近年来广受关注。小孔径的 MOFs 制备有机-无机复合膜，可利用其尺寸筛分效应达到分离目的，如 Cu-BTC 孔径为 0.35nm，ZIF-8 孔径为 0.34nm，恰好处于 CO_2（0.33nm）、CH_4（0.38nm）和 N_2（0.36nm）的分子动力学直径之间，有利于对 CO_2 进行尺寸筛分，提高 CO_2 分离性能。对 CO_2 有较高亲和性的 MOFs 也常作为 CO_2 分离膜的填充剂，如 sod-ZMOF、MIL-101 和 UiO-66 等因具有未饱和的金属位点可以对 CO_2 优先吸附。此外，还可对 MOFs 进行氨基化、表面羟基化等功能化修饰提高对 CO_2 的吸附选择性。

（2）CO_2/H_2 分离

目前，80% 的 H_2 是由水煤气转化得来，CO_2 作为杂质气体需要从 H_2 中去除。CO_2/H_2 分离膜有 H_2 优先透过膜和 CO_2 优先透过膜两类，其中采用 CO_2 优先透过膜可避免 H_2 的再压缩，更有利于工业化提纯 H_2。有机-无机复合膜虽尚未工业化应用，但部分有机-无机复合膜对 CO_2/H_2 的优异分离性能让研究到工业化转化实现可能，见表 4-17。

表 4-17　有机-无机复合膜的 CO_2/H_2 分离性能

填充剂类型	填充剂	高分子基质	填充量（质量分数）/%	压力/bar	温度/℃	原料气	CO_2 渗透系数/Barrer	CO_2/H_2 选择性	参考文献
硅纳米颗粒	SiO_2	PEO	25	3.5	30	$CO_2:CH_4$（50:50，摩尔比）	148.0	13.25	[237]
	SiO_2	PVA-聚硅氧烷	22.3	15	107	$CO_2:H_2$（20:80）	2296	87	[238]
	IL/NH_2-SAPO34	Pebax/PEGDME	10	1	20	纯气	408.9	22.1	[239]
	POSS	Pebax	30	8	35	纯气	136.0	31.62	[7]
CNTs	NH_2-MWCNTs	PVA	2	15.2	100	$CO_2:H_2:N_2$（20:40:40）	836	43	[240]
MOFs	MIL-53	PMP	30	8	30	纯气	377.2	24.91	[241]

4.5.2.4　烯烃/烷烃分离

乙烯、丙烯、丁烯等轻质烯烃分子是有机化工的重要原料，通常由石油系烃类原料进行高温裂解或煤基甲醇经反应获得。但工业上裂解产物都是小分子烷烃和烯烃的混合物，需要对目标产物进行分离才能得以应用。其中烯烃/烷烃（主要为乙烯/乙烷，丙烯/丙烷）因物理化学性质相似，分子大小相近，其高效分离存在巨大挑战。膜分离技术相较于传统精馏分离具有能耗低和占地面积小等优势，有望通过开发高性能膜材料来分离烯烃/烷烃这一难分离物系。高分子膜虽然可加工性好，易规模化制备，但对烯烃/烷烃选择性较差，难以满足分离要求。碳分子筛等无机膜虽可达到渗透性和选择性的要求，但难以实现规模化制备。而将高选择性的无机材料添加到高分子中制备有机-无机复合膜可实现对烷烃/烯烃的高效分离，且易于加工成膜。MOFs 因其合适的孔径和对烯烃的优先吸附能力，可选择性透过烯烃，实现良好的分离性能，因而常作为填充剂制备烷烃/烯烃分离膜，部分研究结果列于表 4-18 中。

表 4-18　有机-无机复合膜的 C_3H_6/C_3H_8 分离性能

填充剂类型	填充剂	高分子基质	填充量（质量分数）/%	压力/bar	温度/℃	原料气	C_3H_6 渗透系数/Barrer	C_3H_6/C_3H_8 选择性	参考文献
MOFs	ZIF-8	6FDA-DAM	48	2	35	纯气	56.2	31.0	[242]
	ZIF-8	6FDA-PI	40	3.5	35	纯气	47.3	27.38	[243]
	ZIF-8	PDMS	—	6	35	$C_3H_6 : C_3H_8 (1 : 1)$	65.19[①]	104	[244]
	ZIF-67	6FDA-DAM	20	2	35	$C_3H_6 : C_3H_8 (50/50,摩尔比)$	34.14	29.9	[245]
	ZIF-71	6FDA-Durene	10	2	35	纯气	139.0	9.07	[246]
	ZIF/CNT	6FDA-D-PI	15	2	25	纯气	5.4	0.19	[247]

① 单位为 GPU。

4.5.2.5　气体除湿

利用水蒸气透过膜的速率远高于其他气体，把混合气体中的水蒸气脱除，得到相对干燥或湿度恒定的气体。膜法除湿主要包括天然气除湿和空气除湿，膜法除湿具有节能、无污染、产气露点低等优势，同时设备简单、占地面积小，基本不需维护，经济效益显著。近年来随着膜技术的发展，膜法除湿应用范围越来越广。但目前商业化的除湿膜主要为高分子膜，无机膜受限于无机材料本身的性质，作为活性层的无机膜还没有普遍应用于膜法除湿领域。目前，研究者尝试利用有机-无机复合膜进行气体除湿。PEOT/PBT/ZIF-71 复合膜作为分离层制备的中空纤维膜，展现出优异的除湿性：H_2O 渗透速率达 9300 GPU，H_2O/N_2 选择性为 3700[248]；羧酸化的 TiO_2 纳米颗粒填充到聚苯并咪唑（PBI）中制备的复合膜水渗透系数为 $7.1×10^4$ Barrer，H_2O/N_2 选择性为 $3.1×10^6$[249]；聚乙烯醇/硅-PVA 作分离层，PS 中空纤维膜作支撑层制备的复合膜分离丙烯中的水分，水渗透速率为 15 GPU，H_2O/C_3H_6 选择性为 67511[250]。

4.5.3　渗透汽化

渗透汽化也称渗透蒸发。渗透汽化过程可分为亲水渗透汽化过程和亲有机物渗透汽化过程。亲水渗透汽化的应用是指从有机-水混合溶液中分离水，如乙醇脱水和异丙醇脱水。亲有机物渗透汽化的应用主要包括从有机-水混合溶液中分离有机物（如从地下水或饮用水中除去有机物，从啤酒和葡萄酒中除去醇）和从有机物-有机物混合溶液中分离有机物（如汽油脱硫和苯/环己烷分离）。

4.5.3.1 有机物脱水

在许多行业中，需要高纯度有机物作为溶剂或反应物，有机物中水的存在降低了反应速度与产品纯度。膜法用于有机物脱水难点在于水和有机物尤其是醇类之间存在偶联效应，无机填充剂的添加缓解了上述效应，提高了膜的性能。有机物脱水主要包括两种情况：①水和有机物形成共沸物，例如水/乙醇和水/异丙醇等体系；②水含量小，例如水/苯等体系。一些有机-无机复合膜用于有机物脱水的代表性应用见表 4-19。

表 4-19 典型的用于有机物脱水的有机-无机复合膜

填料	高分子	原料液浓度（质量分数）/%	原料液温度/℃	渗透通量/[g/(m²·h)]	分离因子	参考文献
SiO$_2$	CS	乙醇/水（90：10）	30	590	5285	[251]
PAA-Fe$_3$O$_4$	SA	乙醇/水（90：10）	76	1634	1200	[252]
TiO$_2$	PEI-PAA	乙醇/水（95：5）	60	865	17254	[253]
CNT(—COOH)	SA	乙醇/水（90：10）	76	1832	551	[254]
Fe$_3$O$_4$@CNT	SA	乙醇/水（90：10）	76	2211	1870	[254]
CNT	PVA	乙醇/水（90：10）	30	395	662	[255]
TiO-CNT	PVA	乙醇/水（90：10）	30	388	805	[256]
CNT	PVA	乙醇/水（90：10）	40	82	460	[256]
CNT	PVA	乙醇/水（90：10）	40	50	780	[257]
SWNT	PVA	乙醇/水（80：20）	60	3.458×10⁴ Barrer	35	[258]
AT	SA	乙醇/水（90：10）	76	1356	2030	[259]
CNT-COOH	CS	乙醇/水（90：10）	50	340	573	[260]
PSBMA@GO	SA	乙醇/水（90：10）	76	2140	1370	[261]
GO	GE	乙醇/水（90：10）	76	1737	333	[262]
rGO	SA	乙醇/水（90：10）	76	1699	1566	[263]
pGO	SA	乙醇/水（90：10）	76	1600	1600	[263]
GO	SA-PVP	乙醇/水（90：10）	30	105	955	[264]
SGO	SPES	乙醇/水（70：30）	25	910	28	[265]
PEI-改性 GO	PAA	乙醇/水（95：5）	50	268	394	[266]
g-C$_3$N$_4$	SA	乙醇/水（90：10）	76	2469	1653	[267]
FGS	CS	乙醇/水（90：10）	30	84	1093	[268]
SNW-1(COF)	SA	乙醇/水（90：10）	76	2397	1293	[269]
NanoZIF-8@MCF	PVA	乙醇/水（90：10）	25	2000	231	[270]
ZIF-L	SA	乙醇/水（90：10）	76	1218	1840	[271]
ZIF-7	CS	乙醇/水（90：10）	25	322	2812	[272]
Cu$_3$(BTC)$_2$	PI	乙醇/水（90：10）	42	410	208	[273]
ZIF-8-NH$_2$	PVA	乙醇/水（85：15）	40	185	119	[274]
SiO$_2$	SA	异丙醇/水（95：5）	30	44.2	—	[275]
CNT-CS	SA	异丙醇/水（90：10）	30	218	6419	[276]

续表

填料	高分子	原料液浓度 （质量分数）/%	原料液温度 /℃	渗透通量 /[g/(m²·h)]	分离因子	参考文献
CNT-PAH	PVA	异丙醇/水（90∶10）	30	207	948	[277]
改性 CNT	PVA	异丙醇/水（90∶10）	30	79	1794	[278]
CNT-PPS	PVA	异丙醇/水（90∶10）	30	168	882	[279]
CNT	CS	异丙醇/水（87.5∶12.5）	30	50	296	[280]
PEI-改性 GO	PAA	异丙醇/水（90∶10）	50	290	456	[266]
FGS	CS	异丙醇/水（90∶10）	30	103	7711	[281]
FGS	SA	异丙醇/水（90∶10）	30	156100	4623	[282]
ZIF-90-SPES	P84	异丙醇/水（85∶15）	60	109	5668	[283]
ZIF-8	PVA	异丙醇/水（90∶10）	30	868	132	[284]
ZIF-8	PBI	异丙醇/水（85∶15）	60	103	1686	[285]
PEI-改性 GO	PAA	异丙醇/水（95∶5）	50	300	614	[266]
NH₂-MIL-125（Ti）	SA	醋酸/水（90∶10）	30	197.7	328.1	[286]
SiO₂	PPSU	醋酸/水（70∶10）	70	1070	4.6	[287]
Na+MMT	PANBA	醋酸/水（71.6∶28.4）	30	433.600	101.67	[288]
PEI-改性 GO	PAA	乙酸乙酯/水（95∶5）	50	1045	2356	[266]
ZIF-8	PBI	正丁醇/水（85∶15）	60	81	3417	[284]
ZrO₂	PI	丁醇/水（90∶10）	40	140	109.3	[289]
TiO₂	RC	己内酰胺/水（50∶50）	55	1787.3	150	[290]

注：GE—gelatin，明胶。

4.5.3.2　水中有机物回收

工业化学反应或生物发酵等过程得到的大多为混合物，需要进一步分离。亲有机物渗透汽化（organophilic pervaporation）技术可用于有机-水混合物的分离，以回收有机产物，同时处理废水。膜法用于从有机-水混合物中分离有机物受浓差极化的影响较大，将无机粒子添加到高分子中可增加膜的通量，减小浓差极化的影响，提高分离效率。一些有机-无机复合膜用于从水溶液中回收有机物的代表性应用见表 4-20。

表 4-20　有机-无机复合膜用于从水溶液中回收有机物的代表性实例

填料	高分子	原料液浓度 （质量分数）/%	原料液温度 /℃	渗透通量 /[g/(m²·h)]	分离因子	参考文献
CNT	PDMS	乙醇/水（8∶92）	60	69	8	[291]
MIL-53	PDMS	乙醇/水（5∶95）	70	5467	11.1	[292]
MCM-41@ZIF-8	PDMS	乙醇/水（5∶95）	70	2201	10.4	[293]
ZIF-8	PDMS	乙醇/水（5∶95）	60	1229	9.9	[294]
MSS-ZIF-8	PDMS	乙醇/水（6∶94）	40	1000	13	[295]
ZIF-71	PDMS	乙醇/水（5∶95）	50	1100	10.1	[296]
ZIF-71	PDMS	乙醇/水（5∶95）	50	900	9.9	[297]
ZIF-71	PDMS	乙醇/水（2∶98）	60	—	0.81	[298]
MSS-ZIF-71	PDMS	乙醇/水（6∶94）	40	720	15	[295]

续表

填料	高分子	原料液浓度 （质量分数）/%	原料液温度 /℃	渗透通量 /[g/(m²·h)]	分离因子	参考文献
CNT	PDMS	正丁醇/水(25∶75)	80	244	33	[299]
ZIF-7	PDMS	正丁醇/水(1∶99)	60	1689	66	[300]
ZIF-71	PDMS	正丁醇/水(5∶95)	60	3496	67	[297]
ZIF-8	PDMS	正丁醇/水(2∶98)	80	6500①	37.5	[301]
ZIF-8	PDMS	正丁醇/水(5∶95)	60	1743	30	[294]
ZIF-8	PDMS	正丁醇/水(5∶95)	80	2800.5	52.81	[302]
ZIF-8	PDMS	正丁醇/水(5∶95)	80	2800.5	52.8	[302]
ZIF-71	PEBA	正丁醇/水(1.2∶98.8)	37	96.8	4.25	[303]
ZIF-71	PDMS	正丁醇/水(2∶98)	60	—	5.64	[298]
GO	PEBA	丁酸/水(0.6∶99.4)	50	24.3	21	[304]
ZIF-8	PEBA	苯酚/水(0.6∶99.4)	70	1310	53	[305]
ZIF-7	PDMS	丙酮/水(1∶99)	60	1236.8	39.1	[306]
ZIF-71	PDMS	甲醇/水(5∶95)	50	1100	8	[297]
ZIF-71	PDMS	异丙醇/水(5∶95)	50	1300	13.6	[297]
ZIF-8	PMPS	糠/水(1∶99)	80	900	11	[307]
ZIF-8	PEBA	苯酚(8∶92)	70	391	—	[305]

① 单位为 GPU。

4.5.3.3 有机物分离

有机物与有机物之间，如苯/正己烷、甲醇/甲基叔丁基醚（MTBE）、苯/环己烷等，往往具有相似的物理化学性质和较强的耦合效应，造成分离困难。膜法用于有机混合物分离的难点在于有机混合物会导致膜的高溶胀和渗透汽化性能的快速下降。有机-无机复合膜中无机填充剂的存在可提高其在有机物中的稳定性，增加复合膜的选择性与渗透性。一些有机-无机复合膜用于有机物分离的代表性应用见表 4-21。

表 4-21 有机-无机复合膜用于有机物分离的实例

填料	高分子	原料液浓度 （质量分数）/%	原料液温度 /℃	渗透通量 /[g/(m²·h)]	分离因子	参考 文献
Ag-PDA-GNS	PEBA	噻吩/正辛烷(0.13∶99.87)	40	4420	8.76	[308]
CNT	PDMS	噻吩/正辛烷(0.13∶99.87)	30	8.7	4.6	[309]
Cu⁺Fe²⁺@CNs	PEBA	噻吩/正辛烷(0.13∶99.87)	60	13420	7.11	[310]
Cu₃(BTC)₂	PDMS	噻吩/正辛烷(0.13∶99.87)	40	6068	—	[311]
MIL-101	PDMS	噻吩/正辛烷(0.13∶99.87)	30	5200	5.6	[312]
GO	PVA	甲苯/正庚烷(50∶50)	40	27	12.9	[313]
Cu₃(BTC)₂	PVA	甲苯/正庚烷(50∶50)	40	133.3	17.9	[314]
MOP-SO₃NanHm	Boltorn W3000	甲苯/正庚烷(50∶50)	40	400	17	[315]
Co(HCOO)₂	PEBA	甲苯/正庚烷(10∶90)	40	826	7.20	[316]
AgCl	Poly(MMA-co-St)	苯/环己烷(50∶50)	30	1940	—	[317]

续表

填料	高分子	原料液浓度 （质量分数）/%	原料液温度 /℃	渗透通量 /[g/(m²·h)]	分离因子	参考 文献
CNT-Ag	PU	苯/环己烷(50∶50)	30	64	2375	[318]
Ag/MWCNT	PU	苯/环己烷(50∶50)	30	2375	—	[318]
Ag-GO	PI	苯/环己烷(50∶50)	50	1600	—	[319]
CNT-Ag⁺	CS	苯/环己烷(50∶50)	20	358	8	[320]
CNT-COOH	PU	苯/环己烷(50∶50)	30	2300	21	[321]
MOP-SO₃NanHm	Boltorn W3000	苯/环己烷(50∶50)	40	540	—	[315]
TiO₂	PA-6	甲醇/MTBE(50∶50)	30	327	11	[322]
Al₂O₃	PA-6	甲醇/MTBE(50∶50)	30	476	20	[322]
ZrO₂	PA-6	甲醇/MTBE(50∶50)	30	400	46	[322]
CNT	PA	甲醇/MTBE(85.7∶14.3)	50	600	113	[323]

4.5.4　水处理

　　无机材料的加入能够改变膜表面的亲水性和粗糙度，提高抗污染能力，增强分离膜的使用寿命。无机粒子（SiO₂，Al₂O₃，ZrO₂，TiO₂）和高分子（PSF，PVDF，CA）杂化制备的混合基质超滤膜用于水处理，膜的通量和机械强度得到了改善。然而，这些研究结果还只能从文献获得，商业化的杂化超滤膜性能较少报道。把无机粒子通过界面聚合引入聚酰胺中，制备纳滤膜和反渗透膜的工作有诸多报道，而分子筛/聚酰胺混合基质反渗透膜是成功应用的膜之一。自 2005 年 Hoek 等提出界面聚合制备纳米杂化反渗透膜（TFN）概念[49]，2007 在 *Journal of Membrane Science* 上发表了研究论文[50]，2009 年证明了 TFN 海水淡化膜制备的可行性[324]。目前，Nanowater 公司已生产和推广这种混合基质的 TFN 海水淡化膜。表 4-22 列出了部分有机-无机复合膜在水处理方面的应用实例。

表 4-22　有机-无机复合膜用于水处理的实例

填料	聚合物	应用	原料液浓度 （质量分数）/%	操作压力 /MPa	通量/[L /(m²·h)]	截留率 /%	参考 文献
TiO₂	PVDF	UF	20mg/L HA	0.05	43.21	98.28	[325]
MS	PES	UF	1g/L BSA	0.2	180.2	96.1	[326]
M-SiO₂	PES	UF	—	0.1~0.5	190~687	—	[327]
GO-TiO₂	PSF	UF	10mg/L HA	0.1	75	98.7	[328]
GO	PES	NF	0.5g/L RRB5	0.4	37.5	>97.5	[329]
SiO₂	PA	NF	1000mg/L MgSO₄	0.5	11.86	91.25	[330]
MSN	PA	NF	1mmol/L Na₂SO₄	0.6	32	>80	[331]
GO	PDA	NF	7.5mg/L MB	0.34	80~276	46~66	[332]
GO	PDA	NF	10mmol/L Na₂SO₄	0.34	80~276	26~46	[8]
PDA-MWCNT	PA	NF	1g/L MgCl₂	0.6	89.0	91.5	[333]
MWCNT	聚电解质复合物	NF	1g/L MgCl₂	0.6	27.0	93.5	[334]
NA 分子筛	PSF	RO	2000mg/L NaCl	1.24	2.1	93.4	[335]

续表

填料	聚合物	应用	原料液浓度 （质量分数）/%	操作压力 /MPa	通量/[L /(m²·h)]	截留率 /%	参考 文献
nano-NaX 分子筛	PA	RO	2000mg/L NaCl	1.2	14.6	95	[336]
TiO₂	PA	RO	2000mg/L NaCl	0.075	76	96	[337]
Silica	PAN	FO	1mol/L NaCl	0.15	56	8	[338]
TiO₂	PSF	FO	2mol/L NaCl	0.207~0.552	29.7	3.564	[339]
TiO₂	PSF	FO	2mol/L NaCl	0.25	29.7	7.3	[340]
TiO₂	PSF	FO	0.5mol/L NaCl	2.5	17.82	2.17	[341]

4.5.5　电渗析

　　电渗析是在外加直流电场的驱动下，利用离子交换膜对阴阳离子的选择透过性，使得阴阳离子分别向阳极和阴极移动，从而达到对电解质溶液进行分离、提纯和浓缩的目的。传统的离子交换膜一般为有机高分子膜，其具有易于成膜、柔韧性好、品种多等优点，但也存在一些不足，如机械强度差、稳定性差、热性能差、易变形和不易清洗等问题。而有机-无机复合离子交换膜可有效提高膜的机械强度、热学性能和稳定性，还可能出现新的性能，例如渗透性增加、选择性提高、离子交换能力增强等[342]。

　　共混法是一种较为简单的制备有机-无机复合离子交换膜的方法。纳米颗粒在优化的添加比例下，可以使得有机-无机复合离子交换膜具有更好的选择性和分离性能。而带有荷电基团的纳米颗粒能进一步提高膜的亲水性、迁移数，从而在电渗析过程中提高电流效率和通量[343,344]。例如，Hosseini 等以纳米四氧化三铁添加聚氯乙烯复合制备有机-无机复合离子交换膜。通过模拟工业脱盐的实验表明该复合膜有望解决膜分离过程中的 trade-off 效应[345]。Gahlot 等以氧化石墨烯片和磺化聚醚砜复合制备有机-无机复合阳离子交换膜。石墨烯片上的羧酸基团既能提高复合膜的离子交换容量、迁移数和离子电导率，同时还提高复合膜的尺寸稳定性。电渗析脱盐实验显示，该复合膜的电流效率、盐通量、能耗等性能均优于未添加氧化石墨烯的基膜[346]。

　　溶胶-凝胶法作为制备有机-无机复合离子交换膜较为通用的方法，已广泛用于扩散渗析和电渗析过程离子交换膜的制备。根据所使用硅烷偶联剂及高分子种类的不同可制备出一系列的阴、阳离子交换膜[347,348]（见图 4-20，图 4-21），并在电渗析脱盐[349]、离子分离[350]、双极膜电渗析[351]等领域展现出应用潜能。徐传芹等以溶胶-凝胶法制备有机-无机复合阴膜和阳膜并对模拟苏氨酸含盐母液进行脱盐。使用有机-无机复合膜和商业膜（CJMC-2 阳膜和 CJMA-2 阴膜）均可实现电渗析脱盐率大于 90%，能满足一般的工业需求。另外，该有机-无机复合膜基体为聚乙烯醇，亲水性好，从而使得其抗污染性大大强于商业膜[350-352]。Kuma 等以 SiO₂ 溶胶与聚乙烯醇复合制备有机-无机复合阳离子交换膜。无机成分的引入增强了膜的致密度，使得尺寸更大的二价离子在通过该膜的过程中传输受到了阻碍。同时，复合膜中亲水区域和疏水区域的分相，促进了膜中离子的传输，减少了因为无机成分引入导致的电导降低，达到了选择性和通量同时提高的效果。其电渗析结果表明一价/二价离子分离性能高于 Nafion 117[353]。溶胶-凝胶法制备的有机-无机复合阴离子交换膜在电渗析阴离子分离上同样表现出较好的性能[354]。

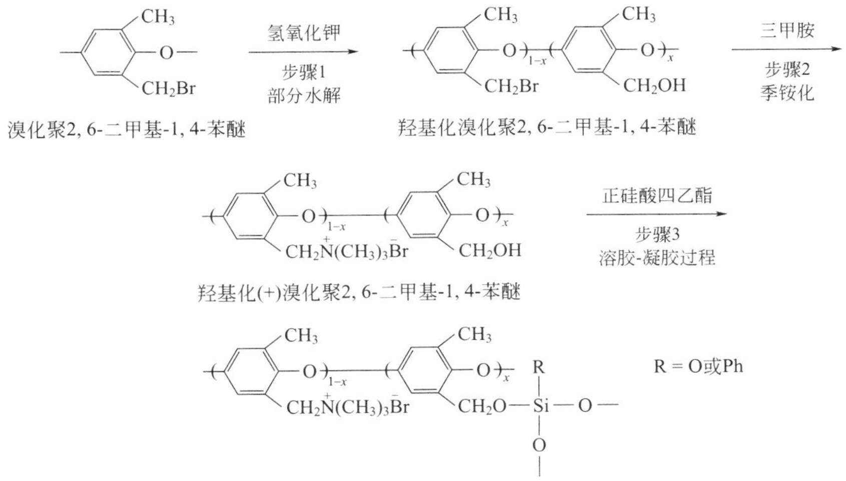

图 4-20　溴化聚苯醚-SiO$_2$ 复合阴离子交换膜制备[348]

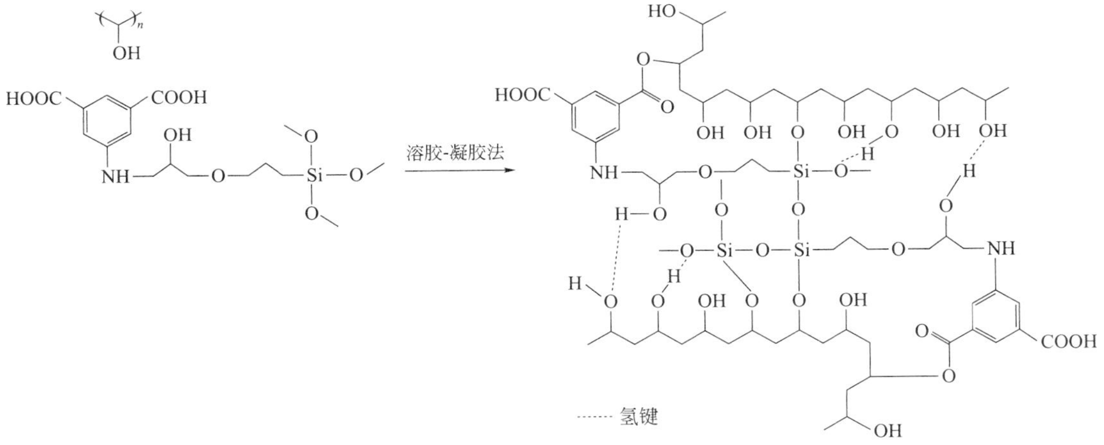

图 4-21　聚乙烯醇-SiO$_2$ 复合阳离子交换膜制备[348]

除了上述致密型有机-无机复合离子交换膜在电渗析过程中已表现出的优异性能外，多孔型有机-无机复合离子交换膜在电渗析过程也表现出特异的性能。Klaysom 等[355]以介孔氧化硅与磺化聚醚砜制备出多孔型有机-无机复合阳离子交换膜并进行电渗析脱盐性能考察，优化的复合膜在盐通量、电流效率及能耗上均优于商业膜（FKE 阳膜）。Zuo 等[356-358]研究了系列聚偏氟乙烯基多孔型有机-无机复合离子交换膜的电渗析脱盐性能，所制备的膜在极限电流密度以及对不同盐溶液的脱盐性能上均优于非复合离子交换膜，体现出复合膜在电渗析脱盐中的应用前景。而基于此种类型有机-无机复合离子交换膜具有多孔结构的特点，其在荷电分子的电渗析浓缩、淡化与提纯中的应用将更具有潜能[359-361]。

虽然有机-无机复合离子交换膜已在电渗析过程中表现出优异的性能，然而目前尚未有商业的有机-无机复合离子交换膜可用。这主要是因为相对于均相离子交换膜而言，有机-无机复合离子交换膜的制备相对复杂，在规模化制备上仍需系统研究。只有有机-无机复合离子交换膜的商业化成功制备，其在电渗析领域的潜在优势才能被进一步挖掘。

4.5.6　其他膜过程

除上述气体分离、渗透汽化、水处理和电渗析等研究领域外，有机-无机复合膜在燃料电池、膜蒸馏、膜反应器等领域也有广泛研究。如 Chen 等[362]制备的 SiO_2-PMMA 复合膜用于高分子燃料电池，在 90℃时质子传导率达到 $3.85 \times 10^{-1}S/cm$；用于电池时，80℃下最大功率密度达到 $370mW/cm^2$；Zhu 等[363]将高分子-陶瓷复合膜作为连续流渗透汽化膜反应器，用于及时移走酸和醇反应生成的水，从而打破化学平衡的限制，提高了反应产率。此外，复合膜也用于膜催化反应器。有研究者利用等离子体接枝法在 PVDF 膜表面接枝 PAA链，进而通过 Ti 离子与羧基的螯合作用将 TiO_2 纳米粒子自组装至膜表面，获得了具有催化功能的分离膜[364]。此外，ZnO 等其他纳米金属氧化物也被用于类似的研究，例如 Wang等[365]在 Nafion 膜内原位生成了 ZnO 纳米晶，该膜对罗丹明 B 具有较好的光降解效果，并且具有良好的稳定性。

4.6　展望

将有机高分子材料与无机材料进行复合，制备有机-无机复合膜，旨在结合两种材料的优势，突破膜渗透性和选择性相互制约的博弈效应，克服采用单一的有机高分子或无机材料所制备的膜的缺陷，具有重要的研究价值和应用前景。然而高性能有机-无机复合膜的规模化制备及应用仍面临着一些巨大挑战：首先是有机-无机界面兼容性问题，解决界面缺陷，充分发挥有机、无机材料各自优势，提升膜分离性能和长期稳定性；其次是大面积超薄膜的可控制备，以更好满足实际分离体系和大规模应用要求。目前，有机-无机复合膜的研究处于快速发展阶段，以下几方面有待深入研究：①进一步拓宽有机高分子材料和无机材料库，开发新的有机-无机复合膜材料；②探索新的有机-无机复合膜制备方法，深入研究成膜过程，开发规模化制备技术；③深入研究有机-无机复合膜内多重传质机制，建立复合膜传质模型；④推进有机-无机复合膜的工业化应用示范。

符号表

D_{Kn}	努森扩散系数
n	颗粒的形状参数
P_c	连续相的渗透系数
P_d	分散相的渗透系数
P_{eff}	分散相和连续相的渗透系数平均值
P_i	界面相的渗透系数
α	分散相和连续相的渗透系数比值

β	无机填充剂和高分子基质渗透性差异；高分子链段僵化系数
β'	渗透性下降系数
θ	传质方向与填料的夹角
ϕ_c	连续相的体积分数
ϕ_d	分散相的体积分数
ϕ_i	界面相的体积分数
ϕ_m	填充剂的体积分数

参考文献

[1] Li Y F, He G W, Wang S F, et al. Recent advances in the fabrication of advanced composite membranes [J]. J Mater Chem A, 2013, 1(35): 10058-10077.

[2] Lee T H, Lee M Y, Lee H D, et al. Highly porous carbon nanotube/polysulfone nanocomposite supports for high-flux polyamide reverse osmosis membranes [J]. J Membr Sci, 2017, 539: 441-450.

[3] Yin J, Zhu G, Deng B. Graphene oxide (GO) enhanced polyamide (PA) thin-film nanocomposite (TFN) membrane for water purification [J]. Desalination, 2016, 379: 93-101.

[4] 张秋根, 陈建华, 周国波, 等. 填充型无机杂化分离膜研究进展 [J]. 现代化工, 2006, 26(7): 22-26.

[5] Noble R D. Perspectives on mixed matrix membranes [J]. J Membr Sci, 2011, 378(1): 393-397.

[6] Aroon M A, Ismail A F, Matsuura T, et al. Performance studies of mixed matrix membranes for gas separation: a review [J]. Sep Purif Technol, 2010, 75(3): 229-242.

[7] Li Y, Chung T S. Molecular-level mixed matrix membranes comprising Pebax® and POSS for hydrogen purification via preferential CO_2 removal [J]. Int J Hydrogen Energy, 2010, 35(19): 10560-10568.

[8] Vinh-Thang H, Kaliaguine S. Predictive models for mixed-matrix membrane performance: a review [J]. Chem Rev, 2013, 113(7): 4980-5028.

[9] Balazs A C, Emrick T, Russell T P. Nanoparticle polymer composites: where two small worlds meet [J]. Science, 2006, 314(5802): 1107-1110.

[10] Shen J, Ruan H, Wu L, et al. Preparation and characterization of PES-SiO2 organic-inorganic composite ultrafiltration membrane for raw water pretreatment [J]. Chem Eng J, 2011, 168(3): 1272-1278.

[11] Bottino A, Capannelli G, D'asti V, et al. Preparation and properties of novel organic-inorganic porous membranes [J]. Sep Purif Technol, 2001, 22: 269-275.

[12] Shi F, Ma Y, Ma J, et al. Preparation and characterization of $PVDF/TiO_2$ hybrid membranes with different dosage of nano-TiO_2 [J]. J Membr Sci, 2012, 389: 522-531.

[13] Genne I, Kuypers S, Leysen R. Effect of the addition of ZrO_2 to polysulfone based UF membranes [J]. J Membr Sci, 1996, 113(2): 343-350.

[14] Bottino A, Capannelli G, Comite A. Preparation and characterization of novel porous PVDF-ZrO_2 composite membranes [J]. Desalination, 2002, 146(1-3): 35-40.

[15] Yan L, Li Y S, Xiang C B, et al. Effect of nano-sized Al_2O_3-particle addition on PVDF ultrafiltration membrane performance [J]. J Membr Sci, 2006, 276(1-2): 162-167.

[16] Wang X M, Li X Y, Shih K. In situ embedment and growth of anhydrous and hydrated aluminum oxide particles on polyvinylidene fluoride (PVDF) membranes [J]. J Membr Sci, 2011, 368(1-2): 134-143.

[17] Zhang J, Xu Z, Mai W, et al. Improved hydrophilicity, permeability, antifouling and mechanical performance of PVDF composite ultrafiltration membranes tailored by oxidized low-dimensional carbon nanomaterials [J]. J Mater Chem A, 2013, 1(9): 3101-3111.

［18］ Wang Z，Yu H，Xia J，et al．Novel GO-blended PVDF ultrafiltration membranes［J］．Desalination，2012，299：50-54.

［19］ Luo M，Tang W，Zhao J，et al．Hydrophilic modification of poly（ether sulfone）used TiO$_2$ nanoparticles by a sol-gel process［J］．J Mater Process Technol，2006，172（3）：431-436.

［20］ Husain S，Koros W J．Mixed matrix hollow fiber membranes made with modified HSSZ-13 zeolite in poly-etherimide polymer matrix for gas separation［J］．J Membr Sci，2007，288（1-2）：195-207.

［21］ Vankelecom I F J，Depre D，De Beukelaer S，et al．Influence of zeolites in PDMS membranes：pervaporation of water/alcohol mixtures［J］．J Phys Chem，1995，99（35）：13193-13197.

［22］ Moreton J C，Denny M S，Cohen S M．High MOF loading in mixed-matrix membranes utilizing styrene/buta-diene copolymers［J］．Chemical Communications，2016，52（100）：14376-14379.

［23］ Fan H，Shi Q，Yan H，et al．Simultaneous Spray Self-Assembly of Highly Loaded ZIF-8-PDMS Nanohybrid Membranes Exhibiting Exceptionally High Biobutanol-Permselective Pervaporation［J］．Angewandte Chemie International Edition，2014，53（22）：5578-5582.

［24］ Koros W J，Zhang C．Materials for next-generation molecularly selective synthetic membranes［J］．Nat Mater，2017，16（3）：289.

［25］ Li Y，Guan H M，Chung T S，et al．Effects of novel silane modification of zeolite surface on polymer chain rigidification and partial pore blockage in polyethersulfone（PES）-zeolite A mixed matrix membranes［J］．J Membr Sci，2006，275（1-2）：17-28.

［26］ 刘晓蕾，刘孝波．溶胶-凝胶法制备有机/无机杂化材料研究进展［J］．高分子材料科学与工程，2004，20（2）：28-31.

［27］ Pan F，Cheng Q，Jia H，et al．Facile approach to polymer-inorganic nanocomposite membrane through a biomineralization-inspired process［J］．J Membr Sci，2010，357（1-2）：171-177.

［28］ Sadeghi M，Khanbabaei G，Dehaghani A H S，et al．Gas permeation properties of ethylene vinyl acetate-silica nanocomposite membranes［J］．J Membr Sci，2008，322（2）：423-428.

［29］ 陈桂娥，张丽，许振良．溶胶-凝胶法制备 PES-SiO$_2$气体分离杂化膜及其表征［J］．化学世界，2013，54（9）：523-527.

［30］ Hu Y，Lü Z，Wei C，et al．Separation and antifouling properties of hydrolyzed PAN hybrid membranes prepared via in-situ sol-gel SiO$_2$ nanoparticles growth［J］．J Membr Sci，2018，545：250-258.

［31］ Liang H Q，Wu Q Y，Wan L S，et al．Thermally induced phase separation followed by in situ sol-gel process：A novel method for PVDF/SiO$_2$ hybrid membranes［J］．J Membr Sci，2014，465：56-67.

［32］ Chen W，Su Y，Zhang L，et al．In situ generated silica nanoparticles as pore-forming agent for enhanced permeability of cellulose acetate membranes［J］．J Membr Sci，2010，348（1-2）：75-83.

［33］ Zoppi R A，Yoshida I V P，Nunes S P．Hybrids of perfluorosulfonic acid ionomer and silicon oxide by sol-gel reaction from solution：Morphology and thermal analysis［J］．Polymer，1998，39（6-7）：1309-1315.

［34］ Joly C，Goizet S，Schrotter J C，et al．Sol-gel polyimide-silica composite membrane：gas transport properties［J］．J Membr Sci，1997，130（1-2）：63-74.

［35］ Zoppi R A，Das Neves S，Nunes S P．Hybrid films of poly（ethylene oxide-b-amide-6）containing sol-gel silicon or titanium oxide as inorganic fillers：effect of morphology and mechanical properties on gas permeability［J］．Polymer，2000，41（14）：5461-5470.

［36］ Siddique H，Rundquist E，Bhole Y，et al．Mixed matrix membranes for organic solvent nanofiltration［J］．J Membr Sci，2014，452：354-366.

［37］ Katoch A，Burkhart M，Hwang T，et al．Synthesis of polyaniline/TiO$_2$ hybrid nanoplates via a sol-gel chemical method［J］．Chem Eng J，2012，192：262-268.

［38］ Hu Q．Fabrication and characterization of poly（amide-imides）/TiO$_2$ nanocomposite gas separation membranes［J］．Virginia Tech，1996.

［39］ Zhang F，Zhang W，Yu Y，et al．Sol-gel preparation of PAA-g-PVDF/TiO$_2$ nanocomposite hollow fiber membranes with extremely high water flux and improved antifouling property [J]．J Membr Sci, 2013, 432: 25-32.

[40]　Zoppi R A, Soares C G A．Hybrids of poly (ethylene oxide-b-amide-6) and ZrO₂ sol gel: Preparation, characterization, and application in processes of membranes separation [J]．Adv Polym Tech, 2002, 21 (1): 2-16.

[41]　Laberty-Robert C, Valle K, Pereira F, et al．Design and properties of functional hybrid organic-inorganic membranes for fuel cells [J]．Chem Soc Rev, 2011, 40 (2): 961-1005.

[42]　Sel O, Soules A, Ameduri B, et al．Original Fuel-Cell Membranes from Crosslinked Terpolymers via a " Sol-gel" Strategy [J]．Adv Funct Mater, 2010, 20 (7): 1090-1098.

[43]　Chakrabarty T, Singh A K, Shahi V K．Zwitterionic silica copolymer based crosslinked organic-inorganic hybrid polymer electrolyte membranes for fuel cell applications [J]．RSC Adv, 2012, 2 (5): 1949-1961.

[44]　Suzuki T, Yamada Y, Sakai J, et al．Physical and gas transport properties of hyperbranched polyimide-silica hybrid membranes [J]．Polym Bull, 2010: 143-158.

[45]　Peng F, Lu L, Sun H, et al．Hybrid organic-inorganic membrane: solving the tradeoff between permeability and selectivity [J]．Chem Mater, 2005, 17 (26): 6790-6796.

[46]　Wu Y, Luo J, Wu C, et al．Bionic multisilicon copolymers used as novel cross-linking agents for preparing anion exchange hybrid membranes [J]．J Phys Chem B, 2011, 115 (20): 6474-6483.

[47]　Zhang G, Li J, Ji S．Self-assembly of novel architectural nanohybrid multilayers and their selective separation of solvent-water mixtures [J]．AIChE J, 2012, 58 (5): 1456-1464.

[48]　Karan S, Jiang Z, Livingston A G．Sub-10 nm polyamide nanofilms with ultrafast solvent transport for molecular separation [J]．Science, 2015, 348 (6241): 1347-1351.

[49]　Jeong B H, Subramani A, Yan Y, et al．Antifouling thin film nanocomposite (Tfnc) membranes for desalination and water reclamation [J]．AIChE Annual Meeting and Fall Showcase. 2005.

[50]　Jeong B H, Hoek E M V, Yan Y, et al．Interfacial polymerization of thin film nanocomposites: a new concept for reverse osmosis membranes [J]．J Membr Sci, 2007, 294 (1-2): 1-7.

[51]　Jadav G L, Singh P S．Synthesis of novel silica-polyamide nanocomposite membrane with enhanced properties [J]．J Membr Sci, 2009, 328 (1-2): 257-267.

[52]　Lind M L, Ghosh A K, Jawor A, et al．Influence of zeolite crystal size on zeolite-polyamide thin film nanocomposite membranes [J]．Langmuir, 2009, 25 (17): 10139-10145.

[53]　Kim S J, Lee P S, Bano S, et al．Effective incorporation of TiO₂ nanoparticles into polyamide thin-film composite membranes [J]．J Appl Polym Sci, 2016, 133 (18).

[54]　Lee S Y, Kim H J, Patel R, et al．Silver nanoparticles immobilized on thin film composite polyamide membrane: characterization, nanofiltration, antifouling properties [J]．Polym Adv Technol, 2007, 18 (7): 562-568.

[55]　Madisch I, Harste G, Pommer H, et al．Phylogenetic analysis of the main neutralization and hemagglutination determinants of all human adenovirus prototypes as a basis for molecular classification and taxonomy [J]．J Virol, 2005, 79 (24): 15265-15276.

[56]　Safarpour M, Khataee A, Vatanpour V．Thin film nanocomposite reverse osmosis membrane modified by reduced graphene oxide/TiO₂ with improved desalination performance [J]．J Membr Sci, 2015, 489: 43-54.

[57]　吴慧青．无机材料对超滤/纳滤膜性能的改进研究 [D]．上海: 复旦大学, 2013.

[58]　Mann S．Molecular tectonics in biomineralization and biomimetic materials chemistry [J]．Nature, 1993, 365 (6446): 499.

[59]　Xu A W, Ma Y, Cölfen H．Biomimetic mineralization [J]．J Mater Chem., 2007, 17 (5): 415-449.

[60]　Choi M O, Kim Y J．Fabrication of gelatin/calcium phosphate composite nanofibrous membranes by biomimetic mineralization [J]．Int J Biol Macromol, 2012, 50 (5): 1188-1194.

［61］ 彭冬冬，贺明睿，杨昊，等．仿生与生物启发膜的研究进展［J］．中国工程科学，2014，12：102-112.

［62］ Chen J, Chen X, Yin X, et al. Bioinspired fabrication of composite pervaporation membranes with high permeation flux and structural stability［J］. J Membr Sci, 2009, 344（1-2）: 136-143.

［63］ Yang H C, Pi J K, Liao K J, et al. Silica-decorated polypropylene microfiltration membranes with a mussel-inspired intermediate layer for oil-in-water emulsion separation［J］. ACS Appl Mater Interfaces, 2014, 6（15）: 12566-12572.

［64］ Chen P C, Wan L S, Xu Z K. Bio-inspired $CaCO_3$ coating for superhydrophilic hybrid membranes with high water permeability［J］. J Mater Chem, 2012, 22（42）: 22727-22733.

［65］ Shao L, Wang Z X, Zhang Y L, et al. A facile strategy to enhance PVDF ultrafiltration membrane performance via self-polymerized polydopamine followed by hydrolysis of ammonium fluotitanate［J］. J Membr Sci, 2014, 461: 10-21.

［66］ Lin Q, Gourdon D, Sun C, et al. Adhesion mechanisms of the mussel foot proteins mfp-1 and mfp-3［J］. PNAS, 2007, 104（10）: 3782-3786.

［67］ Dalsin J L, Messersmith P B. Bioinspired antifouling polymers［J］. Mater Today, 2005, 8（9）: 38-46.

［68］ Deacon M P, Davis S S, Waite J H, et al. Structure and mucoadhesion of mussel glue protein in dilute solution［J］. Biochem, 1998, 37（40）: 14108-14112.

［69］ Sileika T S, Kim H D, Maniak P, et al. Antibacterial performance of polydopamine-modified polymer surfaces containing passive and active components［J］. ACS Appl Mater Interfaces, 2011, 3（12）: 4602-4610.

［70］ Zeng G, Ye Z, He Y, et al. Application of dopamine-modified halloysite nanotubes/PVDF blend membranes for direct dyes removal from wastewater［J］. Chem Eng J, 2017, 323: 572-583.

［71］ Yang X, He Y, Zeng G, et al. Bio-inspired method for preparation of multiwall carbon nanotubes decorated superhydrophilic poly（vinylidene fluoride）membrane for oil/water emulsion separation［J］. Chem Eng J, 2017, 321: 245-256.

［72］ Xiangli F J, et al. Polydimethylsiloxane（PDMS）/ceramic composite membrane with high flux for pervaporation of ethanol-water mixtures［J］. In Eng Chem Res, 2007. 46（7）: 2224-2230.

［73］ Li Y, Shen J, Guan K, et al. PEBA/ceramic hollow fiber composite membrane for high-efficiency recovery of bio-butanol via pervaporation［J］. J Membr Sci, 2016, 510: 338-347.

［74］ Peters T A, Poeth C H S, Benes N E, et al. Ceramic-supported thin PVA pervaporation membranes combining high flux and high selectivity; contradicting the flux-selectivity paradigm［J］. J Membr Sci, 2006, 276（1-2）: 42-50.

［75］ Zhu Y, Xia S, Liu G, et al. Preparation of ceramic-supported poly（vinyl alcohol）-chitosan composite membranes and their applications in pervaporation dehydration of organic/water mixtures［J］. J Membr Sci, 2010, 349（1-2）: 341-348.

［76］ Chung T-S, et al. Mixed matrix membranes（MMMs）comprising organic polymers with dispersed inorganic fillers for gas separation［J］. Prog Polym Sci, 2007, 32（4）: 483-507.

［77］ Wei W, et al. Interfacial Adhesion Between Polymer Separation Layer and Ceramic Support for Composite Membrane［J］. AIChE J, 2010, 56（6）: 1584-1592.

［78］ Hang Y, et al. Mechanical properties and interfacial adhesion of composite membranes probed by in-situ nano-indentation/scratch technique［J］. J Membr Sci, 2015, 494: 205-215.

［79］ Kulprathipanja S. Mixed matrix membrane development［J］. Ann N Y Acad Sci, 2003, 984（1）: 361-369.

［80］ Jia M D, Pleinemann K V, Behling R D. Preparation and characterization of thin-film zeolite-PDMS composite membranes［J］. J Membr Sci, 1992, 73（2-3）: 119-128.

［81］ Jiang L Y, Chung T S, Cao C, et al. Fundamental understanding of nano-sized zeolite distribution in the formation of the mixed matrix single-and dual-layer asymmetric hollow fiber membranes［J］. J Membr Sci, 2005, 252（1-2）: 89-100.

[82] Li Y, Chung T S, Cao C, et al. The effects of polymer chain rigidification, zeolite pore size and pore block-age on polyethersulfone (PES) -zeolite A mixed matrix membranes [J]. J Membr Sci, 2005, 260 (1-2): 45-55.

[83] Mahajan R, Koros W J. Mixed matrix membrane materials with glassy polymers [J]. Part 1 Polym Eng Sci, 2002, 42 (7): 1420-1431.

[84] Merkel T C, et al. Ultrapermeable, reverse-selective nanocomposite membranes [J]. Science, 2002, 296 (5567): 519-522.

[85] Liu G, et al. Mixed matrix membranes with molecular-interaction-driven tunable free volumes for efficient biofuel recovery [J]. J Mater Chem A, 2015, 3 (8): 4510-4521.

[86] Zimmerman C M, Singh A, Koros W J. Tailoring mixed matrix composite membranes for gas separations [J]. J Membr Sci, 1997, 137 (1-2): 145-154.

[87] Clarizia G, Algieri C, Drioli E. Filler-polymer combination: a route to modify gas transport properties of a polymeric membrane [J]. Polymer, 2004, 45 (16): 5671-5681.

[88] Tantekin-Ersolmaz Ş B, Şenorkyan L, Kalaonra N, et al. n-Pentane/i-pentane separation by using zeolite-PDMS mixed matrix membranes [J]. J Membr Sci, 2001, 189 (1): 59-67.

[89] Mahajan R, Koros W J. Factors controlling successful formation of mixed-matrix gas separation materials [J]. Ind Eng Chem Res, 2000, 39 (8): 2692-2696.

[90] Moore T T, Vo T, Mahajan R, et al. Effect of humidified feeds on oxygen permeability of mixed matrix mem-branes [J]. J Appl Polym Sci, 2003, 90 (6): 1574-1580.

[91] Moore T T, Koros W J. Non-ideal effects in organic-inorganic materials for gas separation membranes. J Mol Struct, 2005, 739: 87-98.

[92] Hashemifard S A, Ismail A F, Matsuura T. Mixed matrix membrane incorporated with large pore size hal-loysite nanotubes (HNTs) as filler for gas separation: morphological diagram [J]. Chem Eng J, 2011, 172 (1): 581-590.

[93] Li Y, Chung T S, Huang Z, et al. Dual-layer polyethersulfone (PES) /BTDA-TDI/MDI co-polyimide (P84) hollow fiber membranes with a submicron PES-zeolite beta mixed matrix dense-selective layer for gas sepa-ration [J]. J Membr Sci, 2006, 277 (1-2): 28-37.

[94] Xu L, Rungta M, Koros W J. Matrimid® derived carbon molecular sieve hollow fiber membranes for ethylene/ethane separation [J]. J Membr Sci, 2011, 380 (1-2): 138-147.

[95] Garc i a M G, Marchese J, Ochoa N A. Effect of the particle size and particle agglomeration on composite membrane performance [J]. J Appl Polym Sci, 2010, 118 (4): 2417-2424.

[96] Kulprathipanja S, Soontraratpong J, Chiou J J. Mixed matrix membrane for gas separation [P]: US 7344585, 2008.

[97] Hong C K, Kim M J, Oh S H, et al. Effects of polypropylene-g- (maleic anhydride/styrene) compatibilizer on mechanical and rheological properties of polypropylene/clay nanocomposites [J]. J Ind Eng Chem, 2008, 14 (2): 236-242.

[98] Rafizah W A W, Ismail A F. Effect of carbon molecular sieve sizing with poly (vinyl pyrrolidone) K-15 on carbon molecular sieve-polysulfone mixed matrix membrane [J]. J Membr Sci, 2008, 307 (1): 53-61.

[99] Tena A, Fern á ndez L, S á nchez M, et al. Mixed matrix membranes of 6FDA-6FpDA with surface function-alized γ -alumina particles. An analysis of the improvement of permselectivity for several gas pairs [J]. Chem Eng Sci, 2010, 65 (6): 2227-2235.

[100] Chang Y N, Lai J Y, Liu Y L. Polybenzimidazole (PBI) -functionalized silica nanoparticles modified PBI nanocomposite membranes for proton exchange membranes fuel cells [J]. J Membr Sci, 2012, 403: 1-7.

[101] Patel R, Park J T, Hong H P, et al. Use of block copolymer as compatibilizer in polyimide/zeolite composite membranes [J]. Polym Adv Technol, 2011, 22 (5): 768-772.

[102] Şen D, Kalıpçılar H, Yilmaz L. Development of polycarbonate based zeolite 4A filled mixed matrix gas sepa-

ration membranes［J］. J Membr Sci, 2007, 303（1-2）: 194-203.

［103］ Bae T H, Liu J, Thompson J A, et al. Solvothermal deposition and characterization of magnesium hydrox-ide nanostructures on zeolite crystals［J］. Microporous Mesoporous Mater, 2011, 139（1-3）: 120-129.

［104］ Topuz B, Yilmaz L, Kalipcilar H. Development of alumina supported ternary mixed matrix membranes for separation of H_2/light-alkane mixtures［J］. J Membr Sci, 2012, 415: 725-733.

［105］ Hudiono Y C, Carlisle T K, LaFrate A L, et al. Novel mixed matrix membranes based on polymerizable room-temperature ionic liquids and SAPO-34 particles to improve CO_2 separation［J］. J Membr Sci, 2011, 370（1-2）: 141-148.

［106］ Peng F, Hu C, Jiang Z. Novel ploy（vinyl alcohol）/carbon nanotube hybrid membranes for pervaporation separation of benzene/cyclohexane mixtures［J］. J Membr Sci, 2007, 297（1-2）: 236-242.

［107］ Kim S, Marand E. High permeability nano-composite membranes based on mesoporous MCM-41 nanopar-ticles in a polysulfone matrix［J］. Microporous Mesoporous Mater, 2008, 114（1-3）: 129-136.

［108］ Koros W J, Vu D Q, Mahajan R, et al. Mixed matrix membranes and methods for making the same［P］: US 6585802, 2003.

［109］ Husain S, Koros W J. Mixed matrix hollow fiber membranes made with modified HSSZ-13 zeolite in poly-etherimide polymer matrix for gas separation［J］. J Membr Sci, 2007, 288（1-2）: 195-207.

［110］ Clarizia G, Algieri C, Regina A, et al. Zeolite-based composite PEEK-WC membranes: gas transport and surface properties［J］. Microporous Mesoporous Mater, 2008, 115（1-2）: 67-74.

［111］ Nik O G, Chen X Y, Kaliaguine S. Amine-functionalized zeolite FAU/EMT-polyimide mixed matrix mem-branes for CO_2/CH_4 separation［J］. J Membr Sci, 2011, 379（1-2）: 468-478.

［112］ Smaihi M, Schrotter J C, Lesimple C, et al. Gas separation properties of hybrid imide-siloxane copolymers with various silica contents［J］. J Membr Sci, 1999, 161（1-2）: 157-170.

［113］ Hibshman C, Cornelius C J, Marand E. The gas separation effects of annealing polyimide-organosilicate hybrid membranes［J］. J Membr Sci, 2003, 211（1）: 25-40.

［114］ Ismail A F, Kusworo T D, Mustafa A. Enhanced gas permeation performance of polyethersulfone mixed matrix hollow fiber membranes using novel Dynasylan Ameo silane agent［J］. J Membr Sci, 2008, 319（1-2）: 306-312.

［115］ Fryčová M, Sysel P, Kočiřik M, et al. Mixed matrix membranes based on 3-aminopropyltriethoxysilane endcapped polyimides and silicalite-1［J］. J Appl Polym Sci, 2012, 124（S1）.

［116］ Mustafa A, Kusworo T D, Busairi A, et al. The effect of functionalization carbon nanotubes（CNTs）on the performance of PES-CNTs mixed matrix membrane［J］. Int J Surf Sci Eng, 2010, 1（1）: 15-20.

［117］ Ismail A F, Rahim N H, Mustafa A, et al. Gas separation performance of polyethersulfone/multi-walled car-bon nanotubes mixed matrix membranes［J］. Sep Purif Technol, 2011, 80（1）: 20-31.

［118］ Lakshminarayana G, Nogami M. Synthesis and characterization of proton conducting inorganic-organic hybrid nanocomposite membranes based on mixed PWA-PMA-TEOS-GPTMS-H_3PO_4-APTES for H_2/O_2 fuel cells［J］. J Phys Chem C, 2009, 113（32）: 14540-14550.

［119］ Duval J M, Kemperman A J B, Folkers B, et al. Preparation of zeolite filled glassy polymer membranes ［J］. J Appl Polym Sci, 1994, 54（4）: 409-418.

［120］ Vankelecom I F J, Van den broeck S, Merckx E, et al. Silylation to improve incorporation of zeolites in polyimide films［J］. J Phys Chem, 1996, 100（9）: 3753-3758.

［121］ Boroglu M S, Gurkaynak M A. Fabrication and characterization of silica modified polyimide-zeolite mixed matrix membranes for gas separation properties［J］. Polymer Bull, 2011, 66（4）: 463-478.

［122］ Jomekian A, Pakizeh M, Shafiee A R, et al. Fabrication or preparation and characterization of new modi-fied MCM-41/PSf nanocomposite membrane coated by PDMS［J］. Sep Purif Technol, 2011, 80（3）: 556-565.

［123］ Lakshminarayana G, Nogami M. Synthesis and characterization of proton conducting inorganic-organic hybrid nanocomposite membranes based on mixed PWA-PMA-TEOS-GPTMS-H₃PO₄-APTES for H₂/O₂ fuel cells [J] . J Phys Chem C, 2009, 113 (32): 14540-14550.

[124]　Xenopoulos C, Mascia L, Shaw S J. Polyimide-silica hybrids derived from an isoimide oligomer precursor [J] . J Mater Chem, 2002, 12 (2): 213-218.

[125]　Hu C C, Liu T C, Lee K R, et al. Zeolite-filled PMMA composite membranes: influence of coupling agent addition on gas separation properties [J] . Desalination, 2006, 193 (1-3): 14-24.

[126]　Kim H, Kim H G, Kim S, et al. PDMS-silica composite membranes with silane coupling for propylene separation [J] . J Membr Sci, 2009, 344 (1-2): 211-218.

[127]　Jomekian A, Mansoori S A A, Monirimanesh N, et al. Gas transport behavior of DMDCS modified MCM-48/polysulfone mixed matrix membrane coated by PDMS [J] . Korean J Chem Eng, 2011, 28 (10): 2069.

[128]　Mustafa A, Kusworo T D, Busairi A, Ismail A F, Budiyono P. Increasing the Performance of PES-CNTs Mixed Matrix Membrane using Carbon Nanotubes (CNTs) Functionalization [J] . Int J Waste Resour, 2012 (2): 22.

[129]　Sirikittikul D, Fuongfuchat A, Booncharoen W. Chemical modification of zeolite beta surface and its effect on gas permeation of mixed matrix membrane [J] . Polym Adv Technol, 2009, 20 (10): 802-810.

[130]　Kumbar S M, Selvam T, Gellermann C, et al. ORMOCERs (organic-inorganic hybrid copolymers)-zeolite Beta (BEA) nanocomposite membranes for gas separation applications [J] . J Membr Sci, 2010, 347 (1-2): 132-140.

[131]　Hashemifard S A, Ismail A F, Matsuura T. Mixed matrix membrane incorporated with large pore size halloysite nanotubes (HNT) as filler for gas separation: experimental [J] . J Colloid Interface Sci, 2011, 359 (2): 359-370.

[132]　Ward J K, Koros W J. Crosslinkable mixed matrix membranes with surface modified molecular sieves for natural gas purification: Ⅰ. Preparation and experimental results [J] . J Membr Sci, 2011, 377 (1-2): 75-81.

[133]　Maxwell J C. Treatise on Electricity and Magnetism [M] . London: Oxford University Press, 1873.

[134]　Bouma R H B, Checchetti A, Chidichimo G, et al. Permeation through a heterogeneous membrane: the effect of the dispersed phase [J] . J Membr Sci, 1997, 128 (2): 141-149.

[135]　Petropoulos J H. A comparative study of approaches applied to the permeability of binary composite polymeric materials [J] . J Polym Sci, Part B: Polym Phys, 1985, 23 (7): 1309-1324.

[136]　Bruggeman V D A G. Berechnung verschiedener physikalischer Konstanten von heterogenen Substanzen. Ⅰ. Dielektrizitätskonstanten und Leitfähigkeiten der Mischkörper aus isotropen Substanzen [J] . Ann Phys, 1935, 416 (7): 636-664.

[137]　Van Beek L K H. Dielectric behaviour of heterogeneous systems [J] . Prog Dielectr, 1967, 7 (71): 113.

[138]　Banhegyi G. Comparison of electrical mixture rules for composites [J] . Colloid Polym Sci, 1986, 264 (12): 1030-1050.

[139]　Böttcher C J F. The dielectric constant of crystalline powders [J] . Recl Trav Chim Pays-Bas, 1945, 64 (2): 47-51.

[140]　Higuchi W I, Higuchi T. Theoretical analysis of diffusional movement through heterogeneous barriers [J] . J Am Pharm Assoc Sci, 1960, 49 (9): 598-606.

[141]　Lewis T B, Nielsen L E. Dynamic mechanical properties of particulate-filled composites [J] . J Appl Polym Sci, 1970, 14 (6): 1449-1471.

[142]　Nielsen L E. Thermal conductivity of particulate-filled polymers [J] . J Appl Polym Sci, 1973, 17 (12): 3819-3820.

[143]　Cussler E L. Membranes containing selective flakes [J] . J Membr Sci, 1990, 52 (3): 275-288.

[144]　Toy L G, Freeman B D, Spontak R J, et al. Gas permeability and phase morphology of poly (1- (trimethylsilyl) -1-propyne) /poly (1-phenyl-1-propyne) blends [J] . Macromolecules, 1997, 30 (16): 4766-

4769.

[145] Pal R. New models for thermal conductivity of particulate composites [J]. J Reinf Plast Compos, 2007, 26 （7）: 643-651.

[146] Gonzo E E, Parentis M L, Gottifredi J C. Estimating models for predicting effective permeability of mixed matrix membranes [J]. J Membr Sci, 2006, 277 (1-2): 46-54.

[147] Funk C V, Lloyd D R. Zeolite-filled microporous mixed matrix （ZeoTIPS） membranes: Prediction of gas separation performance [J]. J Membr Sci, 2008, 313 (1-2): 224-231.

[148] Kang D Y, Jones C W, Nair S. Modeling molecular transport in composite membranes with tubular fillers [J]. J Membr Sci, 2011, 381 (1-2): 50-63.

[149] Hamilton R L, Crosser O K. Thermal conductivity of heterogeneous two-component systems [J]. Ind Eng Chem Fundam, 1962, 1（3）: 187-191.

[150] Erdem-Şenatalar A, Tather M, Tantekin-Ersolmaz Ş B. 19-O-05-Estimation of the interphase thickness and permeability in polymer-zeolite mixed matrix membranes [J]. Stud Surf Sci Catal, 2001, 135: 154.

[151] Moore T T, Mahajan R, Vu D Q, et al. Hybrid membrane materials comprising organic polymers with rigid dispersed phases [J]. AIChE J, 2004, 50（2）: 311-321.

[152] Liu G, Chernikova V, Liu Y, et al. Mixed matrix formulations with MOF molecular sieving for key energy-intensive separations [J]. Nature materials, 2018, 17（3）: 283.

[153] Yuan J, Zhu H, Sun J, et al. Novel ZIF-300 mixed-matrix membranes for efficient CO_2 capture [J]. ACS applied materials & interfaces, 2017, 9（44）: 38575-38583.

[154] Ban Y, Li Z, Li Y, et al. Confinement of ionic liquids in nanocages: tailoring the molecular sieving properties of ZIF-8 for membrane-based CO_2 capture [J]. Angewandte Chemie International Edition, 2015, 54 （51）: 15483-15487.

[155] Ban Y, Li Y, Peng Y, et al. Metal-substituted zeolitic imidazolate framework ZIF-108: Gas-sorption and membrane-separation properties [J]. Chemistry-A European Journal, 2014, 20（36）: 11402-11409.

[156] Guo A, Ban Y, Yang K, et al. Metal-organic framework-based mixed matrix membranes: Synergetic effect of adsorption and diffusion for CO_2/CH_4 separation [J]. Journal of Membrane Science, 2018, 562: 76-84.

[157] Maserati L, Meckler S M, Bachman J E, et al. Diamine-appended Mg_2（dobpdc）nanorods as phase-change fillers in mixed-matrix membranes for efficient CO_2/N_2 separations [J]. Nano letters, 2017, 17 （11）: 6828-6832.

[158] Kertik A, Wee L H, Sentosun K, et al. High-performance CO_2-selective hybrid membranes by exploiting MOF-breathing effects [J]. ACS Appli Mater Interfaces, 2002, 12（2）: 2952-2961.

[159] 毛恒. 聚乙烯亚胺有机溶剂纳滤膜微结构调控与性能优化 [D]. 郑州: 郑州大学, 2015.

[160] 王少飞. 聚氧乙烯基碳捕集膜的多级结构调控与传递机制强化 [D]. 天津: 天津大学, 2016.

[161] Agmon N. The Grotthuss mechanism [J]. Chern Phys Lett, 1995, 244: 456-462.

[162] Merle G, Wessling M, Nijmeijer K. Anion exchange membranes for alkaline fuel cells: A review. J Membr Sci, 2011, 377 (1-2): 1-35.

[163] Robeson L M. Correlation of separation factor versus permeability for polymeric membranes [J]. J Membr Sci, 1991, 62: 165-185.

[164] Freeman B D. Basis of permeability/selectivity tradeoff relations in polymeric gas separation membranes [J]. Macromolecules, 1999, 32（2）: 375-380.

[165] 郭海玲. 分子筛膜和金属有机框架膜的合成及应用 [D]. 吉林: 吉林大学, 2009.

[166] Dorosti F, Omidkhah M R, Pedram M Z, et al. Fabrication and characterization of polysulfone/polyimide-zeolite mixed matrix membrane for gas separation [J]. Chem Eng J, 2011, 171（3）: 1469-1476.

[167] Ismail A F, David L I B. A review on the latest development of carbon membranes for gas separation [J]. J Membr Sci, 2001, 193（1）: 1-18.

[168] Goh P S, Ismail A F, Sanip S M, et al. Recent advances of inorganic fillers in mixed matrix membrane for

gas separation [J] . Sep Purif Technol， 2011， 81（3）：243-264.

[169] Ferrari M C， Galizia M， Angelis M G D， et al. Gas and vapor transport in mixed matrix membranes based on amorphous teflon AF1600 and AF2400 and fumed silica [J] . Ind Eng Chem Res， 2010， 49（23）：11920-11935.

[170] Rafiq S， Man Z， Ahmad F， et al. Silica-polymer nanocomposite membranes for gas separation—a review， Part 1 [J] . International Ceramic Review， 2010， 60（1）：341-349.

[171] 马诚，孔瑛，杨金荣，等. 乙基纤维素／TiO₂复合膜制备及气体渗透性能 [J] . 高分子材料科学与工程，201 1，27（9）：154-156.

[172] Kong Y， Hongwei D， Jinrong Y， et al. Study on polyimide/TiO₂ nanocomposite membranes for gas separation [J] . Desalination， 2002， 146（1-3）：49-55.

[173] Juhyeon Ahn， Wook-Jin Chung， Ingo Pinnau， et al. Polysulfone/silica nanoparticle mixed-matrix membranes for gas separation [J] . J Membr Sci， 2008， 314（1）：123-133.

[174] Şen D， Kalıpçılar H， Yilmaz L. Development of polycarbonate based zeolite 4A filled mixed matrix gas separation membranes [J] . J Membr Sci， 2007， 303（1-2）：194-203.

[175] Suhaimi H S M， Leo C P， Ahmad A L. Preparation and characterization of polysulfone mixed matrix membrane incorporated with palladium nanoparticles in the inversed microemulsion for hydrogen separation [J] . Chem Eng Process， 2014， 77（3）：30-37.

[176] Bushell A F， Attfield M P， Mason C R， et al. Gas permeation parameters of mixed matrix membranes based on the polymer of intrinsic microporosity PIM-1 and the zeolitic imidazolate framework ZIF-8 [J] . J Membr Sci， 2013， 427（1）：8-62.

[177] Hosseini S S， Li Y， Chung T S， et al. Enhanced gas separation performance of nanocomposite membranes using MgO nanoparticles [J] . J Membr Sci， 2007， 302（1-2）：207-217.

[178] Zornoza B， Téllez C， Coronas J. Mixed matrix membranes comprising glassy polymers and dispersed mesoporous silica spheres for gas separation [J] . J Membr Sci， 2011， 368（1-2）：100-109.

[179] Merkel T C. Freeman B D. Spontak R J. He Z. Pinnau I. Meakin P. Hill A J. Sorption， transport， and structural evidence for enhanced free volume in poly（4-methyl-2-pentyne）/fumed silica nanocomposite membranes [J] . Chem Mater， 2003， 15（1）：109-123.

[180] Gorgojo P， Uriel S， Tellez C， et al. Development of mixed matrix membranes based on zeolite Nu-6（2）for gas separation [J] . Microporous Mesoporous Mater， 2008， 115（1-2）：85-92.

[181] Rezakazemi M， Shahidi K， Mohammadi T. Hydrogen separation and purification using crosslinkable PDMS/zeolite A nanoparticles mixed matrix membranes [J] . Int J Hydrogen Energy， 2012， 37（19）：14576-1458.

[182] Zornoza B， Esekhile O， Koros W J， et al. Hollow silicalite-1 sphere-polymer mixed matrix membranes for gas separation [J] . Sep Purif Technol， 2011， 77（1）：137-145.

[183] Zhang Y， Musselman I H， Ferraris J P， et al. Gas permeability properties of Matrimid®， membranes containing the metal-organic framework Cu-BPY-HFS [J] . J Membr Sci， 2015， 313（1）：170-181.

[184] Ordonez M J， Balkus Jr K J， Ferraris J P， et al. Molecular sieving realized with ZIF-8/Matrimid mixed-matrix membranes [J] . J Membr Sci， 2010， 361：28-37.

[185] Valero M， Zornoza B， Téllez C， et al. Mixed matrix membranes for gas separation by combination of silica MCM-41 and MOF NH₂-MIL-53（Al）in glassy polymers [J] . Microporous Mesoporous Mater， 2014， 192（6）：23-28.

[186] Ren H， Jin J， Hu J， et al. Affinity between metal-organic frameworks and polyimides in asymmetric mixed matrix membranes for gas separations [J] . Ind Eng Chem Res， 2012， 51（30）：10156-10164.

[187] Zhang Y， Jr K J B， Musselman I H， et al. Mixed-matrix membranes composed of Matrimid®， and mesoporous ZSM-5 nanoparticles [J] . J Membr Sci， 2008， 325（1）：28-39.

[188] Karatay E， Kalıpçılar H. Yılmaz L. Preparation and performance assessment of binary and ternary PES-

SAPO 34-HMA based gas separation membranes [J]. J Membr Sci, 2010, 364: 75-81.

[189] M Arjmandi, Majid Pakizeh. Mixed matrix membranes incorporated with cubic-MOF-5 for improved poly-etherimide gas separation membranes: Theory and experiment [J]. J Ind Eng Chem, 2014, 20 (5): 3857-3868.

[190] Yang T, Xiao Y, Chung T S. Poly-/metal-benzimidazole nano-composite membranes for hydrogen purification [J]. Energ Environ Sci, 2011 (4): 4171-4180.

[191] Cao L, Tao K, Huang A, et al. A highly permeable mixed matrix membrane containing CAU-1-NH_2 for H_2 and CO_2 separation [J]. Chem Commun, 2013, 49: 8513-8515.

[192] Moaddeb M, Koros W J. Gas transport properties of thin polymeric membranes in the presence of silicon dioxide particles [J]. J Membr Sci, 1997, 125: 143-163.

[193] Suzuki T, Yamada Y, Itahashi K. 6FDA-TAPOB hyperbranched polyimide silica hybrids for gas separation membranes [J]. J Appl Polym Sci, 2008, 109 (2): 813-819.

[194] Huaxin R, Ziyong Z, Chen S, et al. Gas separation properties of siloxane polydimet-hylsiloxane hybrid membrane containing fluorine [J]. Sep Purif Technol, 2011, 78 (2): 132-137.

[195] Huaxin R, Fanna L, Ziyong Z. Preparation and oxygen/nitrogen permeability of PDMS crosslinked membrane and PDMS/tetraethoxysilicone hybrid membrane [J]. J Membr Sci, 2007, 303 (1-2): 132-139.

[196] Ekiner O M, Vassilatos G. Polyaramide hollow fibers for hydrogen/methane separation-spinning and properties [J]. J Membr Sci, 1990, 53: 259-273.

[197] Kim S, Chen L, Johnson J K, et al. Polysulfone and functionalized carbon nanotube mixed matrix membranes for gas separation: Theory and experiment [J]. J Membr Sci, 2007, 294: 147-158.

[198] Martin-Gil V, López A, Hrabanek P, et al. Study of different titanosilicate (TS-1 and ETS-10) as fillers for Mixed Matrix Membranes for CO_2/CH_4 gas separation applications [J]. J Membr Sci, 2017, 523: 24-35.

[199] Zhao D, Ren J, Li H, et al. Poly (amide-6-b-ethylene oxide) /SAPO-34 mixed matrix membrane for CO_2 separation [J]. J Energy Chem, 2014, 23 (2): 227-234.

[200] Jeong H K, Krych W, Ramanan H, et al. Fabrication of polymer/selective-flake nanocomposite membranes and their use in gas separation [J]. Chem Mater, 2004, 16 (20): 3838-3845.

[201] Wu H, Li X, Li Y, et al. Facilitated transport mixed matrix membranes incorporated with amine functionalized MCM-41 for enhanced gas separation properties [J]. J Membr Sci, 2014, 465: 78-90.

[202] Khan A L, Sree S P, Martens J A, et al. Mixed matrix membranes comprising of matrimid and mesoporous COK-12: Preparation and gas separation properties [J]. J Membr Sci, 2015, 495: 471-478.

[203] Hassanajili S, Khademi M, Keshavarz P. Influence of various types of silica nanoparticles on permeation properties of polyurethane/silica mixed matrix membranes [J]. J Membr Sci, 2014, 453: 369-383.

[204] Hosseinzadeh Beiragh H, Omidkhah M, Abedini R, et al. Synthesis and characterization of poly (ether-block-amide) mixed matrix membranes incorporated by nanoporous ZSM-5 particles for CO_2/CH_4 separation [J]. Asia-Pac J Chem Eng, 2016, 11 (4): 522-532.

[205] Zhao D, Ren J, Wang Y, et al. High CO_2 separation performance of Pebax/CNTs/GTA mixed matrix membranes [J]. J Membr Sci, 2017, 521: 104-113.

[206] Ismail A F, Rahim N H, Mustafa A, et al. Gas separation performance of polyethersulfone/multi-walled carbon nanotubes mixed matrix membranes [J]. Sep Purif Technol, 2011, 80: 20-31.

[207] Nasir R, Mukhtar H, Man Z, et al. Development and performance prediction of polyethersulfone-carbon molecular sieve mixed matrix membrane for CO_2/CH_4 separation [J]. Chemical Engineering Transportation, 2015: 1417-1422.

[208] Wang S, Xie Y, He G, et al. Graphene oxide membranes with heterogeneous nanodomains for efficient CO_2 separations [J]. Angew Chem Int Edit, 2017, 56: 14246-14251.

[209] Zhou Fanglei, Tien Huynh Ngoc, Xu Weiwei L, Chen Jung-Tsai, Liu Qiuli, Hicks Ethan, Fathizadeh Mah-

di, Li Shiguang, Miao Yu: Ultrathin graphene oxide-based hollow fiber membranes with brush-like CO_2-philic agent for highly efficient CO_2 capture [J]. Nat Commun, 2017（8）.

[210] Bryan N, Lasseuguette E, van Dalen M, et al. Development of mixed matrix membranes containing zeo-lites for post-combustion carbon capture [J]. Energy Procedia, 2014, 63: 160-166.

[211] Murali R S, Ismail A F, Rahman M A, et al. Mixed matrix membranes of Pebax-1657 loaded with 4A zeo-lite for gaseous separations [J]. Sep Purif Technol, 2014, 129: 1-8.

[212] Zarshenas K, Raisi A, Aroujalian A. Mixed matrix membrane of nano-zeolite NaX/poly（ether-block-amide）for gas separation applications [J]. J Membr Sci, 2016, 510: 270-283.

[213] Ghadimi A, Mohammadi T, Kasiri N. A novel chemical surface modification for the fabrication of PEBA/SiO_2 nanocomposite membranes to separate CO_2 from syngas and natural gas streams [J]. Ind Eng Chem Res, 2014, 53（44）: 17476-17486.

[214] Xin Q, Zhang Y, Shi Y, et al. Tuning the performance of CO_2 separation membranes by incorporating multifunctional modified silica microspheres into polymer matrix [J]. J Membr Sci, 2016, 514: 73-85.

[215] Shamsabadi A A, Seidi F, Salehi E, et al. Efficient CO_2-removal using novel mixed-matrix membranes with modified TiO_2 nanoparticles [J]. J Mater Chem A, 2017, 5（8）: 4011-4025.

[216] Aroon M A, Ismail A F, Montazer-Rahmati M M, et al. Effect of chitosan as a functionalization agent on the performance and separation properties of polyimide/multi-walled carbon nanotubes mixed matrix flat sheet membranes [J]. J Membr Sci, 2010, 364（1-2）: 309-317.

[217] Khan M M, Filiz V, Bengtson G, et al. Enhanced gas permeability by fabricating mixed matrix membranes of functionalized multiwalled carbon nanotubes and polymers of intrinsic microporosity（PIM）[J]. J Membr Sci, 2013, 436: 109-120.

[218] Zhao D, Ren J, Wang Y, et al. High CO_2 separation performance of Pebax®/CNTs/GTA mixed matrix membranes [J]. J Membr Sci, 2017, 521: 104-113.

[219] Vu D Q, Koros W J, Miller S J. Mixed matrix membranes using carbon molecular sieves: I. Preparation and experimental results [J]. J Membr Sci, 2003, 211（2）: 311-334.

[220] Vu D Q, Koros W J, Miller S J. Mixed matrix membranes using carbon molecular sieves: II. Modeling per-meation behavior [J]. J Membr Sci, 2003, 211（2）: 335-348.

[221] Shen J, Liu G, Huang K, et al. Membranes with fast and selective gas-transport channels of laminar gra-phene oxide for efficient CO_2 capture [J]. Angew Chem Int Edit, 2015, 127（2）: 588-592.

[222] Karunakaran M, Shevate R, Kumar M, et al. CO_2-selective PEO-PBT（PolyActive™）/graphene oxide composite membranes [J]. Chem Commun, 2015, 51（75）: 14187-14190.

[223] Li X, Cheng Y, Zhang H, et al. Efficient CO_2 Capture by Functionalized Graphene Oxide Nanosheets as Fillers To Fabricate Multi-Permselective Mixed Matrix Membranes [J]. ACS Appl Mater Inter, 2015, 7: 5528-5537.

[224] Dong G, Hou J, Wang J, et al. Enhanced CO_2/N_2 separation by porous reduced graphene oxide/Pebax mixed matrix membranes [J]. J Membr Sci, 2016, 520: 860-868.

[225] Sarfraz M, Ba-Shammakh M. Synergistic effect of adding graphene oxide and ZIF-301 to polysulfone to de-velop high performance mixed matrix membranes for selective carbon dioxide separation from post combus-tion flue gas [J]. J Membr Sci, 2016, 514: 35-43.

[226] Li X, Ma L, Zhang H, et al. Synergistic effect of combining carbon nanotubes and graphene oxide in mixed matrix membranes for efficient CO_2 separation [J]. J Membr Sci, 2015, 479: 1-10.

[227] Dai Y, Ruan X, Yan Z, et al. Imidazole functionalized graphene oxide/PEBAX mixed matrix membranes for efficient CO_2 capture [J]. Sep Purif Technol, 2016, 166: 171-180.

[228] Ge L, Zhou W, Rudolph V, et al. Mixed matrix membranes incorporated with size-reduced Cu-BTC for improved gas separation [J]. J Mater Chem A, 2013: 6350-6358.

[229] Kılıç A, Oral Ç A, Sirkecioğlu A, et al. Sod-ZMOF/Matrimid® mixed matrix membranes for CO_2 separation

［J］. J Membr Sci, 2015, 489: 81-89.

［230］ Dorosti F, Omidkhah M, Abedini R. Fabrication and characterization of Matrimid/MIL-53 mixed matrix membrane for CO₂/CH₄ separation［J］. Chem Eng Res Des, 2014, 92: 2439-2448.

［231］ Xin Q, Liu T, Li Z. et al. Mixed matrix membranes composed of sulfonated poly（ether ether ketone）and a sulfonated metal-organic framework for gas separation［J］. J Membr Sci, 2015, 488, 67-78.

［232］ Seoane B, Téllez C, Coronas J, et al. NH₂-MIL-53（Al）and NH₂-MIL-101（Al）in sulfur-containing copolyimide mixed matrix membranes for gas separation［J］. Sep Purif Technol, 2013, 111: 72-81.

［233］ Shen J, Liu G, Huang K, et al. UiO-66-polyether block amide mixed matrix membranes for CO₂ separation［J］. J Membr Sci, 2016, 513: 155-165.

［234］ Binh N T, Thang H V, Chen X, et al. Crosslinked MOF-polymer to enhance gas separation of mixed matrix membranes［J］. J Membr Sci, 2016, 520: 941-950.

［235］ Nafisi V, Hägg M B. Development of dual layer of ZIF-8/PEBAX-2533 mixed matrix membrane for CO₂ capture［J］. J Membr Sci, 2014, 459: 244-255.

［236］ Nafisi V, Hägg M B. Gas separation properties of ZIF-8/6FDA-durene diamine mixed matrix membrane［J］. Sep Purif Technol, 2014, 128: 31-38.

［237］ Shao L, Chung TS. In situ fabrication of cross-linked PEO/silica reverse-selective membranes for hydrogen purification［J］. Int J Hydrogen Energ, 2009, 34: 6492-6504.

［238］ Xing R, Winston Ho W S. Crosslinked polyvinylalcohol—polysiloxane/fumed silica mixed matrix membranes containing amines for CO₂/H₂ separation［J］. J Membr Sci, 2011, 367（1-2）: 91-102.

［239］ Hu L, Cheng J, Li Y, et al. Composites of ionic liquid and amine-modified SAPO 34 improve CO₂ separation of CO₂-selective polymer membranes［J］. Appl Surf Sci, 2017, 410（15）: 249-258.

［240］ ZhaoY, Jung BT, Ansaloni Luca, et al. Multiwalled carbon nanotube mixed matrix membranes containing amines for high pressure CO₂/H₂ separation［J］. J Membr Sci, 2014, 459: 233-243.

［241］ Abedini R, Omidkhah M, Dorosti F. Hydrogen separation and purification withh poly（4-methyl-1-pentyne）/MIL 53 mixed matrix membrane based on reverse selectivity［J］. Int J Hydrogen Energ, 2014, 39（15）: 7897-7909.

［242］ Zhang C, Dai Y, Johnson J R, et al. High performance ZIF-8/6FDA-DAM mixed matrix membrane for propylene/propane separations［J］. J Membr Sci, 2012, 389, 34-42.

［243］ Mohammad A, Tai S. Natural gas purification and olefin/paraffin separation using thermal cross-linkable co-polyimide/ZIF-8 mixed matrix membranes［J］. J Membr Sci, 2013, 444: 173-183.

［244］ Sheng L, Wang C, Yang F, et al. Enhanced C₃H₆/C₃H₈ separation performance on MOF membranes through blocking defects and hindering framework flexibility by silicone rubber coating［J］. Chem Commun, 2017, 53: 7760-7763.

［245］ Heseong A, Sunghwan P, Hyuk T K, et al. A new superior competitor for exceptional propylene/propane separations: ZIF-67 containing mixed matrix membranes［J］. J Membr Sci, 2017, 526: 367-376.

［246］ Japip S, Wang H, Xiao Y, et al. Highly permeable zeolitic imidazolate framework（ZIF）-71 nano-particles enhanced polyimide membranes for gas separation［J］. J Membr Sci, 2014, 467: 162-174.

［247］ Lin R, Ge L, Diao H, et al. Propylene/propane selective mixed matrix membranes with grape-branched MOF/CNT fille［J］. J Mater Chem A, 2016, 4: 6084-6090.

［248］ Yong W, Ho Y, Chung T. Nanoparticles Embedded in Amphiphilic Membranes for Carbon Dioxide Separation and Dehumidification Volume 10［J］. ChemSusChem, 2017, 20: 4046-4055.

［249］ Akhtar F H, Kumar M, Villalobos L F, et al. Polybenzimidazole-based mixed membranes with exceptionally high water vapor permeability and selectivity［J］. J Mater Chem A, 2017, 5: 21807-21819.

［250］ Cheng Q, Pan F, Chen B, et al. Preparation and dehumidification performance of composite membrane with PVA/gelatin-silica hybrid skin laye［J］. J Membr Sci, 2010, 363: 316-325.

［251］ Pandey R P, Shahi V K. Functionalized silica-chitosan hybrid membrane for dehydration of ethanol/water azeotrope: Effect of cross-linking on structure and performance. J Membr Sci, 2013, 444: 116-126.

[252] Zhao C, Jiang Z, Zhao J, et al. High pervaporation dehydration performance of the composite membrane with an ultrathin alginate/poly (acrylic acid)-Fe$_3$O$_4$ active layer [J]. Ind Eng Chem Res, 2014, 53 (4): 1606-1616.

[253] Gong L, Zhang L, Wang N, et al. In situ ultraviolet-light-induced TiO$_2$ nanohybrid super hydrophilic membrane for pervaporation dehydration [J]. Sep Purif Technol, 2014, 122: 32-40.

[254] Gao B, Jiang Z, Zhao C, et al. Enhanced pervaporative performance of hybrid membranes containing Fe$_3$O$_4$@ CNT nanofillers [J]. J Membr Sci, 2015, 492: 230-241.

[255] Panahian S, Raisi A, Aroujalian A. Multilayer mixed matrix membranes containing modified-MWCNTs for dehydration of alcohol by pervaporation process [J]. Desalination, 2015, 355: 45-55.

[256] Choi J H, Jegal J, Kim W N. Modification of performances of various membranes using MWNTs as a modifier [J]. Macromolecular Symposia. 2007, 249 (1): 610-617.

[257] Choi J H, Jegal J, Kim W N, et al. Incorporation of multiwalled carbon nanotubes into poly (vinyl alcohol) membranes for use in the pervaporation of water/ethanol mixtures [J]. J Appl Polym Sci, 2009, 111 (5): 2186-2193.

[258] Kang D Y, Tong H M, Zang J, et al. Single-walled aluminosilicate nanotube/poly (vinyl alcohol) nanocomposite membranes [J]. ACS Appl Mater Inter, 2012, 4 (2): 965-976.

[259] Xing R, Pan F, Zhao J, et al. Enhancing the permeation selectivity of sodium alginate membrane by incorporating attapulgite nanorods for ethanol dehydration [J]. RSC Adv, 2016, 6 (17): 14381-14392.

[260] Qiu S, Wu L, Shi G, et al. Preparation and pervaporation property of chitosan membrane with functionalized multiwalled carbon nanotubes [J]. Ind Eng Chem Res, 2010, 49 (22): 11667-11675.

[261] Zhao J, Zhu Y, He G, et al. Incorporating zwitterionic graphene oxides into sodium alginate membrane for efficient water/alcohol separation [J]. ACS Appl Mater Inter, 2016, 8 (3): 2097-2103.

[262] Zhao J, Zhu Y, Pan F, et al. Fabricating graphene oxide-based ultrathin hybrid membrane for pervaporation dehydration via layer-by-layer self-assembly driven by multiple interactions [J]. J Membr Sci, 2015, 487: 162-172.

[263] Cao K, Jiang Z, Zhao J, et al. Enhanced water permeation through sodium alginate membranes by incorporating graphene oxides [J]. J Membr Sci, 2014, 469: 272-283.

[264] Suhas D P, Aminabhavi T M, Jeong H M, et al. Hydrogen peroxide treated graphene as an effective nanosheet filler for separation application [J]. RSC Adv, 2015, 5 (122): 100984-100995.

[265] Gahlot S, Sharma P P, Bhil B M, et al. GO/SGO based SPES composite membranes for the removal of water by pervaporation separation [J]. Macromolecular Symposia. 2015, 357 (1): 189-193.

[266] Wang N, Ji S, Zhang G, et al. Self-assembly of graphene oxide and polyelectrolyte complex nanohybrid membranes for nanofiltration and pervaporation [J]. Chem Eng J, 2012, 213: 318-329.

[267] Cao K, Jiang Z, Zhang X, et al. Highly water-selective hybrid membrane by incorporating g-C3N4 nanosheets into polymer matrix [J]. J Membr Sci, 2015, 490: 72-83.

[268] Dharupaneedi S P, Anjanapura R V, Han J M, et al. Functionalized graphene sheets embedded in chitosan nanocomposite membranes for ethanol and isopropanol dehydration via pervaporation [J]. Ind Eng Chem Res, 2014, 53 (37): 14474-14484.

[269] Yang H, Wu H, Pan F, et al. Highly water-permeable and stable hybrid membrane with asymmetric covalent organic framework distribution [J]. J Membr Sci, 2016, 520: 583-595.

[270] Sue Y C, Wu J W, Chung S E, et al. Synthesis of hierarchical micro/mesoporous structures via solid-aqueous interface growth: zeolitic imidazolate framework-8 on siliceous mesocellular foams for enhanced pervaporation of water/ethanol mixtures [J]. ACS Appl Mater Inter, 2014, 6 (7): 5192-5198.

[271] Liu G, Jiang Z, Cao K, et al. Pervaporation performance comparison of hybrid membranes filled with two-dimensional ZIF-L nanosheets and zero-dimensional ZIF-8 nanoparticles [J]. J Membr Sci, 2017, 523:

185-196.

[272] Kang C H, Lin Y F, Huang Y S, et al. Synthesis of ZIF-7/chitosan mixed-matrix membranes with improved separation performance of water/ethanol mixtures [J] . J Membr Sci, 2013, 438: 105-111.

[273] Sorribas S, Kudasheva A, Almendro E, et al. Pervaporation and membrane reactor performance of poly-imide based mixed matrix membranes containing MOF HKUST-1 [J] . Chem Eng Sci, 2015, 124: 37-44.

[274] Zhang H, Wang Y. Poly (vinyl alcohol) /ZIF-8-NH_2 mixed matrix membranes for ethanol dehydration via pervaporation [J] . AIChE J, 2016, 62 (5) : 1728-1729.

[275] Choudhari S K, Premakshi H G, Kariduraganavar M Y. Development of novel alginate-silica hybrid membranes for pervaporation dehydration of isopropanol [J] . Polym Bull, 2016, 73 (3) : 743-762.

[276] Sajjan A M, Kumar B K J, Kittur A A, et al. Novel approach for the development of pervaporation membranes using sodium alginate and chitosan-wrapped multiwalled carbon nanotubes for the dehydration of isopropanol [J] . J Membr Sci, 2013, 425: 77-88.

[277] Amirilargani M, Ghadimi A, Tofighy M A, et al. Effects of poly (allylamine hydrochloride) as a new functionalization agent for preparation of poly vinyl alcohol/multiwalled carbon nanotubes membranes [J] . J Membr Sci, 2013, 447: 315-324.

[278] Shirazi Y, Tofighy M A, Mohammadi T. Synthesis and characterization of carbon nanotubes/poly vinyl alcohol nanocomposite membranes for dehydration of isopropanol [J] . J Membr Sci, 2011, 378 (1-2) : 551-561.

[279] Amirilargani M, Tofighy M A, Mohammadi T, et al. Novel poly (vinyl alcohol) /multiwalled carbon nanotube nanocomposite membranes for pervaporation dehydration of isopropanol: poly (sodium 4-styrenesulfonate) as a functionalization agent [J] . Ind Eng Chem Res, 2014, 53 (32) : 12819-12829.

[280] Sudhakar H, Chowdoji Rao K, Sridhar S. Effect of multi-walled carbon nanotubes on pervaporation characteristics of chitosan membrane [J] . Des Monomers Polym, 2010, 13 (3) : 287-299.

[281] Sparreboom W, van den Berg A, Eijkel J C T. Transport in nanofluidic systems: a review of theory and applications [J] . New J Phys, 2010, 12 (1) : 015004.

[282] Suhas D P, Raghu A V, Jeong H M, et al. Graphene-loaded sodium alginate nanocomposite membranes with enhanced isopropanol dehydration performance via a pervaporation technique [J] . RSC Adv, 2013, 3 (38) : 17120-17130.

[283] Hua D, Ong Y K, Wang Y, et al. ZIF-90/P84 mixed matrix membranes for pervaporation dehydration of isopropanol [J] . J Membr Sci, 2014, 453: 155-167.

[284] Amirilargani M, Sadatnia B. Poly (vinyl alcohol) /zeolitic imidazolate frameworks (ZIF-8) mixed matrix membranes for pervaporation dehydration of isopropanol [J] . J Membr Sci, 2014, 469: 1-10.

[285] Shi G M, Yang T, Chung T S. Polybenzimidazole (PBI) /zeolitic imidazolate frameworks (ZIF-8) mixed matrix membranes for pervaporation dehydration of alcohols [J] . J Membr Sci, 2012, 415: 577-586.

[286] Su Z, Chen J H, Sun X, et al. Amine-functionalized metal organic framework [NH_2-MIL-125 (Ti)] incorporated sodium alginate mixed matrix membranes for dehydration of acetic acid by pervaporation [J] . RSC Adv, 2015, 5 (120) : 99008-99017.

[287] Jullok N, Van Hooghten R, Luis P, et al. Effect of silica nanoparticles in mixed matrix membranes for pervaporation dehydration of acetic acid aqueous solution: plant-inspired dewatering systems [J] . J Clean Prod, 2016, 112: 4879-4889.

[288] Samanta H S, Ray S K, Das P, et al. Separation of acid-water mixtures by pervaporation using nanoparticle filled mixed matrix copolymer membranes [J] . J Chem Technol Biot, 2012, 87 (5) : 608-622.

[289] Sokolova M P, Smirnov M A, Geydt P, et al. Structure and transport properties of mixed-matrix membranes based on polyimides with ZrO_2 nanostars [J] . Polymers-Basel, 2016, 8 (11) : 403.

[290] Zhu T, Lin Y, Luo Y, et al. Preparation and characterization of TiO_2-regenerated cellulose inorganic-polymer hybrid membranes for dehydration of caprolactam [J] . Carbohyd Polym, 2012, 87 (1) : 901-909.

[291] Xue C, Wang Z X, Du G Q, et al. Integration of ethanol removal using carbon nanotube (CNT) -mixed membrane and ethanol fermentation by self-flocculating yeast for antifouling ethanol recovery [J] . Process Biochem, 2016, 51 (9): 1140-1146.

[292] Zhang G, Li J, Wang N, et al. Enhanced flux of polydimethylsiloxane membrane for ethanol permselective pervaporation via incorporation of MIL-53 particles [J] . J Membr Sci, 2015, 492: 322-330.

[293] Wang N, Shi G, Gao J, et al. MCM-41@ ZIF-8/PDMS hybrid membranes with micro-and nanoscaled hierarchical structure for alcohol permselective pervaporation [J] . Sep Purif Technol, 2015, 153: 146-155.

[294] Yan H, Li J, Fan H, et al. Sonication-enhanced in situ assembly of organic/inorganic hybrid membranes: Evolution of nanoparticle distribution and pervaporation performance [J] . J Membr Sci, 2015, 481: 94-105.

[295] Naik P V, Wee L H, Meledina M, et al. PDMS membranes containing ZIF-coated mesoporous silica spheres for efficient ethanol recovery via pervaporation [J] . J Mater Chem A, 2016, 4 (33): 12790-12798.

[296] Wee L H, Li Y, Zhang K, et al. Submicrometer-sized ZIF-71 filled organophilic membranes for improved bioethanol recovery: Mechanistic insights by Monte Carlo simulation and FTIR spectroscopy [J] . Adv Funct Mater, 2015, 25 (4): 516-525.

[297] Li Y, Wee L H, Martens J A, et al. ZIF-71 as a potential filler to prepare pervaporation membranes for bio-alcohol recovery [J] . J Mater Chem A, 2014, 2 (26): 10034-10040.

[298] Yin H, Lau C Y, Rozowski M, et al. Free-standing ZIF-71/PDMS nanocomposite membranes for the recovery of ethanol and 1-butanol from water through pervaporation [J] . J Membr Sci, 2017, 529: 286-292.

[299] Xue C, Du G Q, Chen L J, et al. A carbon nanotube filled polydimethylsiloxane hybrid membrane for enhanced butanol recovery [J] . Sci Rep-UK, 2014, 4: 5925.

[300] Wang X, Chen J, Fang M, et al. ZIF-7/PDMS mixed matrix membranes for pervaporation recovery of butanol from aqueous solution [J] . Sep Purif Technol, 2016, 163: 39-47.

[301] Liu X L, Li Y S, Zhu G Q, et al. An organophilic pervaporation membrane derived from metal-organic framework nanoparticles for efficient recovery of bio-alcohols [J] . Angew Chem Int Ed, 2011, 50 (45): 10636-10639.

[302] Fan H, Wang N, Ji S, et al. Nanodisperse ZIF-8/PDMS hybrid membranes for biobutanol permselective pervaporation [J] . J Mater Chem A, 2014, 2 (48): 20947-20957.

[303] Liu S, Liu G, Zhao X, et al. Hydrophobic-ZIF-71 filled PEBA mixed matrix membranes for recovery of biobutanol via pervaporation [J] . J Membr Sci, 2013, 446: 181-188.

[304] Choudhari S K, Cerrone F, Woods T, et al. Pervaporation separation of butyric acid from aqueous and anaerobic digestion (AD) solutions using PEBA based composite membranes [J] . J Ind Eng Chem, 2015, 23: 163-170.

[305] Ding C, Zhang X, Li C, et al. ZIF-8 incorporated polyether block amide membrane for phenol permselective pervaporation with high efficiency [J] . Sep Purif Technol, 2016, 166: 252-261.

[306] Ying Y, Xiao Y, Ma J, et al. Recovery of acetone from aqueous solution by ZIF-7/PDMS mixed matrix membranes [J] . RSC Adv, 2015, 5 (36): 28394-28400.

[307] Liu X, Jin H, Li Y, et al. Metal-organic framework ZIF-8 nanocomposite membrane for efficient recovery of furfural via pervaporation and vapor permeation [J] . J Membr Sci, 2013, 428: 498-506.

[308] Yu S, Jiang Z, Yang S, et al. Highly swelling resistant membranes for model gasoline desulfurization [J] . J Membr Sci, 2016, 514: 440-449.

[309] Li B, Xu D, Zhang X, et al. Rubbery polymer-inorganic nanocomposite membranes: free volume characteristics on separation property [J] . Ind Eng Chem Res, 2010, 49 (24): 12444-12451.

[310] Ding H, Pan F, Mulalic E, et al. Enhanced desulfurization performance and stability of Pebax membrane by incorporating Cu^+ and Fe^{2+} ions co-impregnated carbon nitride [J] . J Membr Sci, 2017, 526: 94-105.

[311] Yu S, Jiang Z, Ding H, et al. Elevated pervaporation performance of polysiloxane membrane using chan-

nels and active sites of metal organic framework CuBTC [J] . J Membr Sci，2015，481: 73-81.

[312] Yu S，Pan F，Yang S，et al. Enhanced pervaporation performance of MIL-101（Cr）filled polysiloxane hybrid membranes in desulfurization of model gasoline [J] . Chem Eng Sci，2015，135: 479-488.

[313] Wang N，Ji S，Li J，et al. Poly（vinyl alcohol）-graphene oxide nanohybrid "pore-filling" membrane for pervaporation of toluene/n-heptane mixtures [J] . J Membr Sci，2014，455: 113-120.

[314] Zhang Y，Wang N，Ji S，et al. Metal-organic framework/poly（vinyl alcohol）nanohybrid membrane for the pervaporation of toluene/n-heptane mixtures [J] . J Membr Sci，2015，489: 144-152.

[315] Zhao C，Wang N，Wang L，et al. Functionalized metal-organic polyhedra hybrid membranes for aromatic hydrocarbons recovery [J] . AIChE J，2016，62（10）: 3706-3716.

[316] Zhang Y，Wang N，Zhao C，et al. Co（HCOO）$_2$-based hybrid membranes for the pervaporation separation of aromatic/aliphatic hydrocarbon mixtures [J] . J Membr Sci，2016，520: 646-656.

[317] Zhou L，Dai X，Du J，et al. Fabrication of poly（MMA-co-ST）hybrid membranes containing AgCl nanoparticles by in situ ionic liquid microemulsion polymerization and enhancement of their separation performance [J] . Ind Eng Chem Res，2015，54（13）: 3326-3332.

[318] Wang T，Jiang Y，Shen J，et al. Preparation of Ag nanoparticles on MWCNT surface via adsorption layer reactor synthesis and its enhancement on the performance of resultant polyurethane hybrid membranes [J] . Ind Eng Chem Res，2016，55（4）: 1043-1052.

[319] Dai S，Jiang Y，Wang T，et al. Enhanced performance of polyimide hybrid membranes for benzene separation by incorporating three-dimensional silver-graphene oxide [J] . J Colloid Interf Sci，2016，478: 145-154.

[320] Shen J，Chu Y，Ruan H，et al. Pervaporation of benzene/cyclohexane mixtures through mixed matrix membranes of chitosan and Ag$^+$/carbon nanotubes [J] . J Membr Sci，2014，462: 160-169.

[321] Wang T，Zhao L，Chen Y，et al. Influence of modification of MWCNTs on the structure and performance of MWCNT-Poly（MMA-AM）hybrid membranes [J] . Polym Advan Technol，2014，25（3）: 288-293.

[322] Kopeć R，Meller M，Kujawski W，et al. Polyamide-6 based pervaporation membranes for organic-organic separation [J] . Sep Purif Technol，2013，110: 63-73.

[323] Penkova A V，Pientka Z，Polotskaya G A. MWCNT/poly（phenylene isophtalamide）nanocomposite membranes for pervaporation of organic mixtures [J] . Fullerenes，Nanotubes，and Carbon Nanostructures，2010，19（1-2）: 137-140.

[324] Hoek E M V，Ghosh A K. Nanotechnology based membranes for water purification//Nora Savage，Diallo Mamadou，Jeremiah S. Duncan，Nora Savage，Anita Street，Richard C Sustich，Eds. Nanotechnology Applications for Clean Water [M] . William Andrew，2009.

[325] Teow Y H，Ahmad A L，Lim J K，Ooi B S. Preparation and characterization of PVDF/TiO$_2$ mixed matrix membrane via in situ colloidal precipitation method [J] . Desalination，2012，295（6）: 61-69.

[326] Huang J，Zhang K，Wang K，Xie Z，Ladewig B，Wang H. Fabrication of polyethersulfone-mesoporous silica nanocomposite ultrafiltration membranes with antifouling properties [J] . J Membr Sci，2012，423-424: 362-370.

[327] Zhang Z H，An Q F，Liu T，Zhou Y，Qian J W，Gao C J. Fabrication and characterization of novel SiO$_2$-PAMPS/PSF hybrid ultrafiltration membrane with high water flux [J] . Desalination，2012，297: 59-71.

[328] Kumar M，Gholamvand Z，Morrissey A，Nolan K，Ulbricht M，Lawler J. Preparation and characterization of low fouling novel hybrid ultrafiltration membranes based on the blends of GO-TiO$_2$ nanocomposite and polysulfone for humic acid removal [J] . J Membr Sci，2016，506: 38-49.

[329] Zhu J，Tian M，Hou J，Wang J，Lin J，Zhang Y，Liu J，Van der Bruggen B. Surface zwitterionic functionalized graphene oxide for a novel loose nanofiltration membrane [J] . Journal of Materials Chemistry A，2015，4（5）: 1980-1990.

[330] Jin L M，Yu S L，Shi W X，Yi X S，Sun N，Ge Y L，Ma C. Synthesis of a novel composite nanofiltration

membrane incorporated SiO₂ nanoparticles for oily wastewater desalination [J]. Polymer, 2012, 53 （23）: 5295-5303.

[331] Wu H, Tang B, Wu P. Optimizing polyamide thin film composite membrane covalently bonded with modified mesoporous silica nanoparticles [J]. J Membr Sci, 2013, 428 (2): 341-348.

[332] Hu M, Mi B. Enabling graphene oxide nanosheets as water separation membranes [J]. Environ Sci Technol, 2013, 47 (8): 3715-3723.

[333] Zhao F Y, Ji Y L, Weng X D, Mi Y F, Ye C C, An Q F, Gao C J. High-flux positively charged nanocomposite nanofiltration membranes filled with poly (dopamine) modified multiwall carbon nanotubes [J]. ACS Appl Mater Interfaces, 2016, 8 (10): 6693-6700.

[334] Zhao F Y, An Q F, Ji Y L, Gao C J. A novel type of polyelectrolyte complex/mwcnt hybrid nanofiltration membranes for water softening [J]. J Membr Sci, 2015, 492: 412-421.

[335] Jeong Byeong-Heon, Hoek Eric M V, Yan Yushan, Subramani Arun, Huang Xiaofei, Hurwitz Gil, Ghosh Asim K. Anna Jawor, Interfacial polymerization of thin film nanocomposites: A new concept for reverse osmosis membranes [J]. J Membr Sci, 2007, 294 (1): 1-7.

[336] Mahdi Fathizadeh, Abdolreza Aroujaliana, Ahmadreza Raisi. Effect of added NaX nano-zeolite into polyamide as a top thin layer of membrane on water flux and salt rejection in a reverse osmosis process [J]. J Membr Sci, 2011, 375 (1): 88-95.

[337] Kima Sung Ho, Kwak Seung-Yeop, Sohn Byeong-Hyeok, Park Tai Hyun. Design of TiO₂ nanoparticle self-assembled aromatic polyamide thin-film-composite (TFC) membrane as an approach to solve biofouling problem [J]. J Membr Sci, 2003, 211 (1): 157-165.

[338] Bui N N, McCutcheon J R. Nanoparticle-embedded nanofibers in highly permselective thin-film nanocomposite membranes for forward osmosis [J]. J Membr Sci, 2016, 518: 338-346.

[339] Yang E, Chae K-J, Alayande A B, Kim K-Y, Kim I S, Concurrent performance improvement and biofouling mitigation in osmotic microbial fuel cells using a silver nanoparticle-polydopamine coated forward osmosis membrane [J]. J Membr Sci, 2016, 513: 217-225.

[340] Emadzadeh D, Lau W J, Matsuura T, Rahbari-Sisakht M, Ismail A F. A novel thin film composite forward osmosis membrane prepared from PSf-TiO₂ nanocomposite substrate for water desalination [J]. Chem Eng J, 2014, 237: 70-80.

[341] Emadzadeh D, Lau W J, Rahbari-Sisakht M, Ilbeygi H, Rana D, Matsuura T, Ismail A F. Synthesis, modification and optimization of titanate nanotubes-polyamide thin film nanocomposite (TFN) membrane for forward osmosis (FO) application [J]. Chem Eng J, 2015, 281: 243-251.

[342] 徐传芹. 有机-无机杂化膜扩散渗析和电渗析脱盐研究 [D]. 合肥: 合肥工业大学, 2017.

[343] Miao J, Li X, Yang Z, Jiang C, Qian J, Xu T. Hybrid membranes from sulphonated poly (2,6-dimethyl-1,4-phenylene oxide) and sulphonated nano silica for alkali recovery [J]. J Membr Sci, 2016, 498: 201-207.

[344] Tong X, Zhang B, Fan Y, Chen Y. Mechanism exploration of ion transport in nanocomposite cation exchange membranes [J]. ACS Appl Mater Inter, 2017, 9 (15): 13491-13499.

[345] Hosseini S, Askari M, Koranian P, Madaeni S, Moghadassi A. Fabrication and electrochemical characterization of PVC based electrodialysis heterogeneous ion exchange membranes filled with Fe₃O₄ nanoparticles [J]. J Ind Eng Chem, 2014, 20 (4): 2510-2520.

[346] Gahlot S, Sharma P P, Gupta H, Kulshrestha V, Jha P K. Preparation of graphene oxide nano-composite ion-exchange membranes for desalination application [J]. RSC Adv, 2014, 4 (47): 24662-24670.

[347] Luo J, Wu C, Wu Y, Xu T. Diffusion dialysis of hydrochloride acid at different temperatures using PPO-SiO₂ hybrid anion exchange membranes. J Membr Sci, 2010, 347 (1), 240-249.

[348] Mondal A N, Zheng C, Cheng C, Miao J, Hossain M M, Emmanuel K, Khan M I, Afsar N U, Ge L, Wu L, Xu T. Novel silica-functionalized aminoisophthalic acid-based membranes for base recovery via

diffusion dialysis [J] . J Membr Sci，2016，507: 90-98.

[349] Wu J，Xu C Q，Zhang C Y，Wang G S，Yan Y Z，Wu C M，Wu Y H. Desalination of L-threonine（THR）fermentation broth by electrodialysis [J] . Desalin Water Treat 2017，81: 47-58.

[350] Ge L，Wu L，Wu B，Wang G，Xu T. Preparation of monovalent cation selective membranes through annealing treatment [J] . J Membr Sci，2014，459: 217-222.

[351] Pan J，Hou L，Wang Q，He Y，Wu L，Mondal A N，Xu T. Preparation of bipolar membranes by electrospinning [J] . Mater Chem Phys，2017, 186: 484-491.

[352] Gu J，Wu C，Wu Y，Luo J，Xu T. PVA-based hybrid membranes from cation exchange multisilicon copolymer for alkali recovery [J] . Desalination，2012，304: 25-32.

[353] Kumar M，Tripathi B P，Shahi V K. Ionic transport phenomenon across sol-gel derived organic-inorganic composite mono-valent cation selective membranes [J] . J Membr Sci，2009，340 (1-2): 52-61.

[354] Nagarale R K，Shahi V K，Rangarajan R. Preparation of polyvinyl alcohol-silica hybrid heterogeneous anion-exchange membranes by sol-gel method and their characterization [J] . J Membr Sci，2005，248（1-2）: 37-44.

[355] Klaysom C，Marschall R，Moon S-H，Ladewig B P，Lu G M，Wang L. Preparation of porous composite ion-exchange membranes for desalination application [J] . J Mater Chem A，2011，21 (20): 7401-7409.

[356] Zuo X，Yu S，Xu X，Bao R，Xu J，Qu W. Preparation of organic-inorganic hybrid cation-exchange membranes via blending method and their electrochemical characterization [J] . J Membr Sci，2009，328 (1-2): 23-30.

[357] Zuo X，Yu S，Xu X，Xu J，Bao R，Yan X. New PVDF organic-inorganic membranes: The effect of SiO_2 nanoparticles content on the transport performance of anion-exchange membranes [J] . J Membr Sci，2009，340 (1): 206-213.

[358] Zuo X，Yu S，Shi W. Effect of some parameters on the performance of eletrodialysis using new type of PVDF-SiO_2 ion-exchange membranes with single salt solution [J] . Desalination，2012，290: 83-88.

[359] Dlask O，Václavíková N，Dolezel M. Insertion of filtration membranes into electrodialysis stack and its impact on process performance [J] . Period Polytech-Chem，2016，60 (3): 169.

[360] Aider M，Brunet S，Bazinet L. Electroseparation of chitosan oligomers by electrodialysis with ultrafiltration membrane (EDUF) and impact on electrodialytic parameters [J] . J Membr Sci，2008，309 (1-2): 222-232.

[361] Roblet C，Doyen A，Amiot J，Bazinet L. Impact of pH on ultrafiltration membrane selectivity during electrodialysis with ultrafiltration membrane (EDUF) purification of soy peptides from a complex matrix [J] . J Membr Sci，2013，435: 207-217.

[362] Chen B H，Li G R，Wang L，et al. Proton conductivity and fuel cell performance of organic-inorganic hybrid membrane based on poly (methyl methacrylate) /silica [J] . Int J Hydrogen Energ，2013，38 (19): 7913-7923.

[363] Zhu Y，Minet R G，Tsotsis T T. A continuous pervaporation membrane reactor for the study of esterification reactionsus in gacom-positepolymeric/ceramicmembrane [J] . Chem Eng Sci，1996，51 (17): 4103-4113.

[364] You S J，Semblante G U，Lu S C，et al. Evaluation of the antifouling and photocatalytic properties of poly (vinylidene fluoride) plasma-grafted poly (acrylic acid) membrane with self-assembled TiO_2 Damodar [J] . J Hazard Mater，2012，237-238: 10-19.

[365] Wang J，Liu P，Fu X，et al. Relationship between oxygen defects and the photocatalytic property of ZnO nanocrystals in Nafion membranes [J] . Langmuir，2009，25: 1218-1223.

第 5 章
膜分离中的传递过程

主 稿 人：张　林　　浙江大学教授

王晓琳　　清华大学教授

编写人员：姚之侃　　浙江大学副研究员

张雅琴　　浙江大学博士后

王　晶　　浙江大学博士后

林赛赛　　浙江大学博士后

审 稿 人：马润宇　　北京化工大学教授

第一版编写人员：朱长乐

5.1   引言

　　膜分离过程中的传递现象，包括膜内传递过程和膜外传递过程两种。膜内的传递过程要考虑两个问题，其一是气体、蒸气、溶质、溶剂或离子等在膜表面的吸附、吸收和溶胀等热力学过程，主要是分离物质在主流体和膜中不同的分配系数。另一是物质从膜表面进入膜内的传递动力学过程，这是由于膜两侧的浓度差、电位差等造成的分子运动，即扩散所产生的膜内传递过程。总之，膜与各种分离物质之间具有不同的相互作用力，在一定的推动力下，分离物质的传递速率不同形成各组分的分离。膜外的传递过程指物质从膜表面进入膜内以前因流动状况不同，受膜表面边界层传递阻力或逆扩散的影响，包括由浓差极化、伴有传热过程的温差极化以及实际操作条件下形成的传递过程。膜分离过程的效果不仅决定于膜材料及其成膜后的特性，且取决于过程中的操作条件，如流动状态、温度、压力等。因此，膜内、膜外传递过程的综合结果才能得到实际的分离效果，本章将对这两种传递过程进行分析讨论。

　　物质通过膜的分离过程较为复杂，不同物化性质（如粒度大小、分子量、溶解情况等）和传递属性（如扩散系数）的分离物质，对于各种不同的膜（如多孔型、非多孔型、荷电型）其渗透情况不同，分离过程各异，其分离机理和传递过程各有差别。因此，建立在不同传质机理基础上的传递模型也有多种，在应用上各有其局限性，实际上，各种类型往往不是截然不同的，而是互有联系。本章将介绍主要的膜传递模型及其主要应用实例。

　　在介绍膜分离中的物质传递过程时，离不开基础热力学，如力、物流和化学势等。膜的传质现象是不可逆过程，且膜的渗透过程往往包含多种不同的传质推动力和过程中的耦合效应，这些问题的研究，还有赖于非线性、非平衡热力学的发展，即非线性流体力学结合特定的耦合效应。因此，不可逆热力学（即非平衡热力学）为基础的传递模型也成为重要的方面，本章将简要介绍其概念和应用。

　　此外，对于膜分离传递过程中的有关重要参数，如溶解度和扩散系数及其在膜过程中的特征等做些介绍。

　　近年来计算机模拟技术在膜传递过程中有很多新应用和新进展，特别是 CFD（计算流体力学）和分子模拟，其中 CFD 主要是应用于膜外传递过程，分子模拟主要应用于膜内传递过程。其中 CFD 是按照常用的 Fluent 和 Comsol 方法进行分类介绍；分子模拟部分按照分子动力学和蒙特卡洛两种方法进行分类介绍。

5.2   膜内传递过程

　　本节所介绍的物质通过膜的传递过程，未考虑浓差极化现象，即只讨论"膜内传递过程"。

　　膜传递模型可分为两大类。

　　第一类以假定的传递机理为基础，其中包含了分离物质的物化性质和传递属性。这类模型又分为两种不同情况：一是通过多孔型膜的流动；另一是通过非多孔型膜的渗透。前者有孔模型、微孔扩散模型和优先吸附毛细管流动模型，表面力-孔流动模型等；后者有溶解-扩散模型和不完全的溶解-扩散模型等。当前又有不少修正型的模型，但基本概念是一致的，对于荷电膜则加上电位差梯度，仍用 Nernst Planck 方程，也可属于溶解-扩散模型。

第二类以不可逆热力学为基础，称为不可逆热力学模型，主要有 Kedem-Kstchalsky 模型和 Spiegler-Kedem 模型等。

不论哪类模型都涉及物质在膜中的传递性质，对于非荷电膜，最主要的是溶质和溶剂的扩散系数和溶解平衡（或为吸附溶胀平衡），对荷电膜尚需考虑 Donnan 平衡。

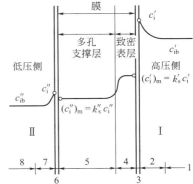

图 5-1　物质经过非对称膜的传递示意

对膜过程中的物质传递，可以典型的非对称膜为例，分几个区间来描绘，如图 5-1 所示。图中所指溶质 i 是被膜脱除的或非优先选择的，现以反渗透过程为例。

① 主流体系区间（Ⅰ）　在此区间内，稳定情况下，溶质的浓度（c'_{ib}）是均匀的，且在垂直于膜表面的方向无浓度梯度。

② 边界层区间（Ⅰ）　此区间具有浓差极化现象的边界层，这是造成膜体系效率下降的一个主要因素，是一种不希望有的现象。溶质被膜斥于表面，造成靠近表面的浓度增高现象，需用搅拌等方式促进其反扩散和提高其脱除率。

③ 表面区间（Ⅰ）　在此区间发生着两种过程：一是由于膜的不完整性和表面上的小孔缺陷，沿表面溶质扩散的同时有对流现象；另一是溶质吸附于表面而溶入膜中。后者在反渗透过程中非常重要，是影响分离的主要因素。在膜表面溶质的浓度比在溶液中溶质的浓度 $(c'_i)_m$ 低得多，通常将此两个浓度之比定义为"分配系数"（k_g）或"溶解度常数"（S_m）。

④ 表皮层区间　此区间是高度致密的表皮，是理想无孔型的。非对称膜皮层的特征是对溶质的脱除性。要求这层愈薄愈好，有利于降低流动的阻力和增加膜的渗透率，溶质和渗透物质在表皮层中的传递是以分子扩散为主，也有小孔中的少量对流。

⑤ 多孔支撑区间　这部分是高度多孔的区间，对表皮层起支撑作用。由于其孔径大且为开孔结构，所以对溶质无脱除作用，而对渗透物质的流率有一定的阻力。

⑥ 表面区间（Ⅱ）　此区间相似于③中所述的区间，其中溶质从膜中脱吸。由于多孔层基本上对选择性略而不计，所以非对称膜下游的分配系数接近于 1，即溶质在产品边膜内浓度与离膜流入低压边流体中的浓度几乎相等。

⑦ 边界层区间（Ⅱ）　此区间与②中区间相似，物质扩散方向与膜垂直，但此处不存在浓差极化现象，其浓度随流动方向而降低。

⑧ 主流体区间（Ⅱ）　此区间相似于①，在稳定状态下，其中产品的主流体浓度为 c''_{ib}。

综上所述，溶质或溶剂在膜中的渗透率取决于膜两边溶液的条件和膜本身的化学和物理性质。传质总阻力为边界层和膜层阻力之和。

5.2.1 传递机理为基础的膜传递模型

5.2.1.1 气体分离微孔扩散模型[1,2]

当气体通过微孔膜中所具有的毛细管时，虽然毛细管有粗有细、有曲有直，各不相同，但是解释在毛细管中流动的基本机理，仍是从单根毛细管着手。对于自由分子的扩散，常用分子流动-Knudsen 流动来描述。若严格地以自由分子扩散为基础，必须有下列条件：

① 孔径必须小于扩散组分的分子运动平均自由程；

② 温度必须足够高，以避免产生表面流动；

③ 压力必须足够低，以避免平均自由程接近于孔径，或因在一定压力下产生吸附现象。

此外，除所考虑气体之外，不存在其他气体。

符合上述基本条件，还需气体混合物中各组分流过膜的速度不同，才能达到分离的目的。气体通过微孔流动，不同的分子量得到不同的渗透流率 J_i：

$$J_i = \alpha(p_1 y_{1i} - p_2 y_{2i})/(M_i T)^{1/2} \tag{5-1}$$

式中，α 为膜结构的几何因素；M_i 为组分 i 的分子量；p_1、p_2 分别为膜上、下游压力；y_{1i}、y_{2i} 分别为膜上（1）、下（2）游组分 i 的浓度（摩尔分数）；T 为热力学温度。

当 $p_1 \gg p_2$ 时，分离系数 α_{1j} 取决于分离组分的不同分子量，即：

$$\alpha_{1j} = J_i/J_j = (M_j/M_i)^{1/2} \tag{5-2}$$

例如氢-氮混合气（$H_2/N_2 = 1$），在微孔的氧化铝（$\gamma\text{-}Al_2O_3$）膜中的试验情况[3]：复合型 $\gamma\text{-}Al_2O_3$ 膜支撑层的平均孔径为 160nm，顶层微孔孔径为 2～4nm。当平均压力为 100kPa、$p_{低}/p_{高} = 0.09$ 时，显示出气体在复合膜的顶层为 Knudsen 扩散；而在支撑层为 Knudsen 扩散与黏滞流动相结合，其分离系数为 2.9±0.2，与 Knudsen 分离系数 3.74 相近。平均压力为 100kPa、温度在 350K 附近，二氧化碳和氮在这种膜中的分离系数也接近 Knudsen 流动所得的值。

多孔膜孔径一般为 5～30nm，气体通过的微孔膜孔径必须小于扩散气体的分子运动平均自由程，且要满足以上条件。因此，经过多孔膜的气体分离，往往不是单纯的 Knudsen 流动，常由两种流动情况构成：一种是 Knudsen 流动 F_K，它与压力无关，由于分子量不同即可分离；另一种流动即黏滞流动 F_P（Poiseuille 流动），与分子流动时的推动力有关。两种流动的渗透性可表达为：

$$F_K = \frac{4}{3}\sqrt{\frac{2}{\pi}}\frac{\varepsilon}{\sqrt{MRT}}\frac{\bar{r}}{\tau l} \tag{5-3}$$

$$F_P = \frac{1}{8}\frac{\varepsilon}{\eta RT}\frac{\bar{r}^2}{\tau l} \tag{5-4}$$

式中，ε 为孔隙率；τ 为膜孔曲折因子；$\bar{r}$ 为孔的平均半径；η 为气体的黏度；M 为分子量；R 为气体常数；T 为温度；l 为扩散距离。

Weyten Herman 等人[4-7]曾用 $\alpha\text{-}Al_2O_3 + \gamma\text{-}Al_2O_3$ 复合硅酸盐三层型膜（大孔 $\alpha\text{-}Al_2O_3$/

小孔 $\gamma\text{-}Al_2O_3$/实际气体分离），支撑层孔径约 100nm，孔隙率达 40%～50%；中间层 $\gamma\text{-}Al_2O_3$，孔隙率为 50%～60%，平均孔径～5nm。气体分离层的孔径必须＜4nm 才能得到以 Knudsen 流动为主的结果。实验测得在 175℃ 时，H_2、He、N_2 和 CO_2 的渗透流动以 Knudsen 流为主，F_0 与 $M^{-1/2}$ 的关系为线性，但在不同压力下，直线斜率仍有差别，说明仍伴随有黏滞流动，见图 5-2。这些气体可用 Knudsen 流动的机理来分离，但实际往往不是由单一机理决定的。不同分离气体在不同膜材料和操作条件下，分离机理也是由多种形式复合而成，有多层扩散、毛细管中的冷凝[8] 等。

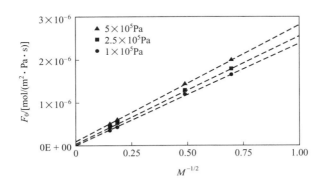

图 5-2　H_2、He、N_2 和 CO_2 的渗透性与 $M^{-1/2}$ 的关系

（在 175℃ 的 $\alpha\text{-}Al_2O_3 + \gamma\text{-}Al_2O_3$ 膜中）

筛孔分离的传递模型也可运用于气体膜分离过程，例如非对称型分子筛碳膜对气体渗透和分离[9]，这种膜用普通热裂解氧化制成，表面为功能性，具有微孔，其孔半径为 0.5～2.5nm（大部分为 0.5～1.5nm），测定高纯氢、氧、氮后，得到的结果见表 5-1。

可见气体通过这种多孔膜时，传递机理不能用 Knudsen 扩散来解释，而是受分子筛分为基础的筛分模型所控制的。

表 5-1　一种典型非对称碳膜对气体的渗透和分离性能[9-12]

膜种类	渗透率[2]/Barrer[3]			分离系数[1]	
	H_2	O_2	N_2	H_2/N_2	O_2/N_2
硅橡胶膜	520	396	134	2.83	2.15
对称碳膜		1710	240		7.13
非对称碳膜	5100	2300	216	23.61	10.65
气体分子量	2.0	32.0	28.0		
气体运动直径/nm	0.297	0.354	0.375		

① 分离系数：$\alpha = Q_i/Q_j$。

② 渗透率 $Q_i = q_i(STP)l/(A_f p_i)$；$q_i(STP)$ 为在标准状态体积下的流率；l 为膜厚；A_f 为膜有效面积；p_i 为组分 i 的分压。

③ 1Barrer = $10^{-10} cm^3(STP)\cdot cm/(s\cdot cm^2\cdot cmHg)$。

5.2.1.2　液体分离微孔扩散模型

① 孔模型常用来描述微孔过滤、超滤等过程所用的高孔率膜[13]。在以压力差为推动力的传递情况下，按不同膜孔径来选择分离溶液中所含的微粒或大分子。溶剂的渗透流率取决

于膜的多孔率、孔径、溶液的黏度、溶剂在膜中的扩散曲折途径和膜上、下游压力差，其基本原理按照 Hagen-Poiseuille 定律，可表达如下：

$$J_v = \left(\frac{\varepsilon r^2}{8\eta\tau l}\right)\Delta p \tag{5-5}$$

式中，J_v 为渗透通量，如超滤液的过滤流率；ε 为孔隙率；r 为孔径；η 为溶液黏度；τ 为膜孔曲折因子，即实际膜孔毛细管的长度和膜厚之比；l 为有效膜厚；Δp 为膜上、下游的压力差。

理想膜过程的净推动力 $\Delta p = \Delta p_T - \Delta\pi$，而 $\Delta p_T = p_1 - p_2$、$\Delta\pi = \pi_1 - \pi_2$（$\pi$ 为渗透压）。如前所述，大多数 UF 过程 $\Delta\pi$ 可忽略。

在式(5-5) 的推导中引入了以下假设：

a. 通过膜孔的流动是层流，即 $Re < 1800$；

b. 流体密度为常数，即液体为不可压缩；

c. 流速与时间无关（达到稳态）；

d. 流体为牛顿流体；

e. 端效应可忽略。

按此模型，通量正比于所用压力，反比于黏度。黏度基本上受两个因素控制：固体物浓度（料液组成）和温度；对非牛顿流体还与流速有关。因此，增加温度或增加压力都可提高渗透流率。但这只有在一定条件下才成立，即压力低、进料浓度低、料液流速高。如果过程偏离这些条件，有时在很低压力下就会出现渗透流率与压力无关的现象。在这种情况下，Hagen-Poiseuille 模型就不能有效地用于描述超滤过程的渗透流率与压力等操作参数的关系，而必须考虑浓差极化。

虽然 Hagen-Poiseuille 方程较好地描述了柱状孔膜的传递模型，但实际上超滤膜很难有这样理想的结构，该方程适用的普遍性也受到限制。相对于 Hagen-Poiseuille 方程，Kozeny-Carman 模型考虑了膜孔结构的复杂性和膜孔的连通网络结构。假设膜孔结构为紧密堆积圆球间的空隙，渗透参数的表达式为

$$J_v = \frac{\rho^3}{K(1-\varepsilon)^2 S^2 \eta\tau l} \tag{5-6}$$

式中，J_v 为渗透通量；ε 为孔隙率；η 为溶液黏度；τ 为扩散曲折率；l 为有效膜厚；ρ 为膜中总的孔体积分数；S 为单位体积中球颗粒的表面积；K 为 Kozeny-Carman 常数（大小取决于膜孔的几何形状）。

超滤膜多为非对称结构，其中皮层结构对膜的通量和截流性能起决定性作用，而大孔层几乎没有影响。显然，液体流体通过超滤的过程比较复杂，上述两种通量模型均未考虑到这个问题。

② 实际分离过程中，情况要复杂得多，如超滤过程用的"基本的孔模型"[14-16]，要综合考虑溶质的扩散和过滤流动；扩散流动中空间阻力因素 S_D，壁面阻力对扩散的影响因素 $f(q)$；则扩散流动中的总阻力为 $f(q)S_D$。过滤流动中需考虑到溶质在通过圆柱孔的层流流动过程中，流速随与轴的距离而变化，此时空间阻力系数 S_F 修正为式(5-9)；壁面阻力对流动的影响因素 $f(q)$ 修正为式(5-10)，则过滤流动中的总阻力为 $f(q)S_F$；溶剂流动符合黏

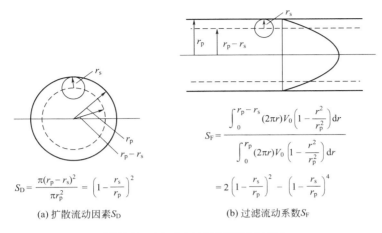

图 5-3　实际分离过程各种因素的影响

滞定律等。见图 5-3。需要注意到，当 r_s/r_p 低于 0.08 时，通过式(5-8) 和式(5-10) 所得的壁面阻力因素结果相同；当 r_s/r_p 大于 0.32 时，式(5-8) 与实验所得结果存在明显偏差，不再适用于过滤流动。

其中

$$S_D = (1-q)^2 = \frac{\pi(r_p - r_s)^2}{\pi r_p^2} = \left(1 - \frac{r_s}{r_p}\right)^2 \tag{5-7}$$

$$f(q) = \frac{1}{1 + 2.4q}, \quad q = r_s/r_p \tag{5-8}$$

$$S_F = 2(1-q)^2 - (1-q)^4 = \frac{\int_0^{r_p - r_s} (2\pi r) V_0 \left(1 - \frac{r^2}{r_p^2}\right) \mathrm{d}r}{\int_0^p (2\pi r) V_0 \left(1 - \frac{r^2}{r_p^2}\right) \mathrm{d}r} = 2\left(1 - \frac{r_s}{r_p}\right)^2 - \left(1 - \frac{r_s}{r_p}\right)^4 \tag{5-9}$$

式中，V_0 为沿孔轴线的流速。

$$f(q) = 1 - 2.1q + 2.1q^3 - 0.95q^5 \tag{5-10}$$

③ 修正的孔模型[14,17-20] 考虑了溶质颗粒上的拖曳力 F_{drag}：

$$F_{drag} = 6\pi\mu r_s [v_s - v_w g(q)]/f(q) \tag{5-11}$$

式中，μ 为流体黏度；r_s 为溶质半径；v_s 为溶质颗粒流速；v_w 为远离溶质颗粒处的轴向流速。

$$f(q) = \frac{1 - 2.105q + 2.0865q^3 - 1.7068q^5 + 0.72603q^6}{1 - 0.75857q^5}$$

$$g(q) = \frac{1 - (2/3)q^2 - 0.20217q^5}{1 - 0.75857q^5}$$

并采用表示扩散系数和在颗粒上阻力的关系式：Stokes-Eienstein 方程，即

$$D = \frac{kT}{\pi\mu r_s} = \frac{RT}{6\pi\mu r_s N_A} \qquad (5\text{-}12)$$

式中，k 为 Boltzman 常数；N_A 为 Avogadro 数，包含了

$$D = kT / f_{sw}^0 \qquad (5\text{-}13a)$$

和

$$f_{sw}^0 = 6\pi\mu r_s N_A \qquad (5\text{-}13b)$$

因此模型较为复杂。

④ 微滤和超滤膜选择表皮层的功能主要取决于膜孔平均尺寸和形状以及表皮层的表面粗糙程度。其分离效果常用筛分系数 S_0 来表征，实测的 S_0 可用凝胶渗透色谱来测定，表达为

$$S_0 = c_p / c_f \qquad (5\text{-}14)$$

式中，c_f 为原料浓度，kg/m^3；c_p 为渗透物浓度，kg/m^3。而筛分数据可以溶液的传质现象来描述，采用稳态膜模型表达为[21]

$$S_0 = \frac{S_a}{(1-S_a)\exp(-J_v/k) + S_a} \qquad (5\text{-}15)$$

也可写成

$$\ln\frac{S_0}{1-S_0} = \ln\frac{S_a}{1-S_a} + J_v/k \qquad (5\text{-}16)$$

式中，J_v 为溶剂渗透通量；k 为平均传质系数；S_a 为实测的实际筛分系数（当 $J_v = 0$ 时），低的 S_a 值表示膜对溶质有高的脱除率。对于有规则型溶质通过多孔膜的传递现象，可用以下表达式来描述[22]：

$$S_a = \varphi K_C = \varphi(2-\varphi)(1-2/3\lambda^2 - 0.163\lambda^3) \qquad (5\text{-}17)$$

式中，φ 为球状溶质粒子在毛细管孔中的平衡分配系数，$\varphi = (1-\lambda)^2$；K_C 为对流阻力因素，是渗透分子的半径（a）与膜孔半径（r）之比。采用原子力显微镜（AFM）和扫描显微镜（STM）[23-26]测定高分子聚合多孔膜的表面特征已广泛使用，A. Bessieres 等人[27]对磺化聚砜（SPS）超滤膜和聚偏氟乙烯（PVDF）微孔膜做过许多试验，并提出适用于无机硅酸盐多孔膜。

5.2.1.3　表面力-孔流模型

对于多孔膜的分离传递过程，在表面作用力结合孔流动的模型中，"优先吸附毛细管流动模型"提出较早，且应用较广。

（1）优先吸附毛细管流动模型[28-35]

Sourirajan[31] 首先提出的优先吸附毛细管流动模型，是用于反渗透进行海水脱盐的膜传递理论之一。该理论基于 Gibbs 吸附方程，并将它用于高分子多孔膜，其描述方程如下：

$$\Gamma = -\frac{1}{RT}\frac{\partial\sigma}{\partial\ln a} \qquad (5\text{-}18)$$

式中，Γ 为单位界面上溶质的吸附量；R 为气体常数；T 为热力学温度；σ 为溶液的表面张力；a 为溶质的活度。

假设膜为多微孔型，且各层是不均一的。将这一模型用于反渗透，则其分离机理包含部分由表面现象所支配、部分由流动传递所支配，即在压力作用下，优先吸附的组分流动传递通过毛细管而促成分离。膜孔径的大小、数目和表面的化学性质均为分离的条件。若用醋酸纤维素膜进行海水脱盐，则此膜的低电导率性能优先使其吸附水而将盐排斥，膜面上的水就在压力下通过毛细管，如图 5-4 所示。

对于一给定的膜和一定的操作条件，存在临界孔径，如此方能得到最好的分离效果和高渗透流率。根据 Sourirajan 的研究，此临界孔径需为吸附水层厚度 t_w 的 2 倍（见图 5-4），且要比盐和水的分子直径大好几倍，才可得到合理的分离效果。可是优先吸附的精确的物理化学标准尚未知，测定吸附水层的厚度 t_w 也很困难，使用有局限性。因此，曾有人提出各种修正。

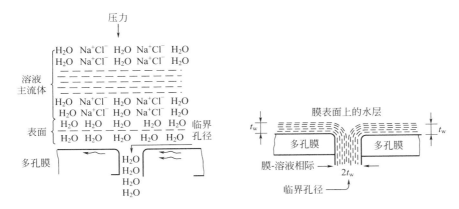

图 5-4　Sourirajan（1970 年）对于氯化钠从水溶液中以反渗透分离出来的模型，
采用了多孔膜的优先吸附毛细管流动机理

由优先吸附毛细管流动理论建立的传递方程，包括水的流动传递、溶质的扩散传递和边界层的薄膜理论。在操作压力下，溶质和溶剂（水）都有透过膜微孔的趋势，然而，水优先吸附在孔壁，而盐类则由于物化性能被脱除于膜表面。基本方程为

溶剂（水）的流率

$$J_w = A(\Delta p - \Delta \pi) \tag{5-19}$$

溶质（盐）的流率

$$J_s = \frac{D_s}{Kl}(c_1 - c_2) \tag{5-20}$$

式中，A 为膜系数，是纯水的渗透常数，$\mathrm{mol/(cm^2 \cdot s \cdot kPa)}$；$c_1$、$c_2$ 分别为高压、低压侧溶质浓度；K 为溶质的分配系数；l 为有效膜厚。

$$A = \frac{[\mathrm{PWP}]}{M_B S p} \tag{5-21}$$

$$A = A_0 \exp(-a_0 p)$$

式中，A_0 和 a_0 为常数；$[\mathrm{PWP}]$ 为操作压力为 p、有效膜面积为 S 时的纯水透过量。

式(5-21) 表明 A 随压力增加而下降。对于不同的三种芳香聚酰胺（APA）膜，a_0 接近为常数，醋酸纤维素（CA）膜也有类似情况。

溶质的传递参数 $D_s/(Kl)$，在 APA 膜中随压力和浓度而增加。

$$D_s/(Kl) = D_s/(Kl_{ref})(\Delta p/\Delta p_{ref})^{0.176}[x_1/(x_2)_{ref}]^{0.299} \tag{5-22}$$

这些结果由 NaCl 溶液，在 $0.054 \sim 1.051 mol/L$，操作压力为 1.72MPa、4.13MPa 和 6.20MPa 下测得。对 CA 膜，溶质的传递参数不随浓度而变。$\dfrac{D_s}{Kl}$ 随温度的升高而增大[35]。

$$D_s/(Kl) \propto \exp(0.005T) \tag{5-23}$$

（2）表面力-孔流动模型

松浦和 Sourirajan[33,34] 对优先吸附-毛细管流动理论作了发展，并建立了由于溶质-溶剂-膜间相互作用力，而造成细孔中流动传递的表面力-孔流动模型。此模型不仅适用于水，也可适用于各种溶质优先在膜上吸附的情况。

曾有几种假设来解释这些物理化学性质。例如 Krasne 等认为膜的选择性基于这些分离组分间和组分与膜相互间的相对自由能。所需的自由能 ΔG，即为离子（溶质）在膜-溶液相际的排斥或吸引所需的自由能。

$$\Delta G = \Delta G_I - \Delta G_R \tag{5-24}$$

式中，ΔG_I 和 ΔG_R 分别为离子（溶质）-溶剂相互间在膜-溶液相际（I）的自由能和离子（溶质）-溶剂在主流体（R）中的自由能。

离子-溶剂相互间自由能可表述为

$$\frac{1}{\Delta G} = -\frac{1}{E}r_{离子} - \frac{\Delta_i}{E} \tag{5-25}$$

式中，$r_{离子}$ 为离子的晶体半径，nm；Δ_i 为 $r_{离子}$ 的调节量。

$$E = \frac{1}{2}N_A(Z_ie)^2(1 - 1/d_w) \tag{5-26}$$

式中，N_A 为 Avogadro 数；e 为电荷数；d_w 为溶剂的介电常数；Z_i 为离子的价数。

当水为优先吸附时，式(5-25) 可用在主流体区域，也可用于膜-溶液相际。将式(5-24) 代入式(5-25) 再两边除以 RT 可得

$$-\left(\frac{\Delta G}{RT}\right)_i = \frac{1}{RT}\left(\frac{E_i}{r_i + \Delta_i} - \frac{E_B}{r_i + \Delta_B}\right) \tag{5-27}$$

式中，$\left(\dfrac{\Delta G}{RT}\right)_i$ 称为离子 i 的自由能参数，与溶质渗透率参数 $\left(\dfrac{D_s}{Kl}\right)$ 的关系式为

$$\frac{D_s}{Kl} = C^* \exp \sum_{i=1}^{n}\left[-\left(\frac{\Delta G}{RT}\right)_i\right] \tag{5-28}$$

式中，C^* 为常数，取决于膜的多孔结构，而与溶质的性质无关；K 为溶质的分配系数；l 为有效膜厚；D_s 为溶质的扩散系数。

Sourirajan 等[34]曾描述过决定 E、Δ_i、E_B 和 Δ_B 的方法，他们用 CA 和 APA 膜对于几种阴离子和阳离子的自由能参数 $[-\Delta G/(RT)]$ 进行计算，所得结果见表 5-2。若自由能参数 $[-\Delta G/(RT)]$ 为正，说明把离子从主流体相带到膜表面时需要能量，即离子是被膜表面的物质所斥。若自由能参数为负，则说明离子被吸引到膜表面。同样，如表 5-2 所示，在CA 膜表面，若 $-\Delta G>0$，则阳离子被表面所斥；而在 APA 膜表面，若 $-\Delta G<0$，则它们将被吸引到膜表面。式(5-28) 指出，溶质的渗透率取决于自由能参数的总和。不同的离子对 APA 膜的自由能参数 $[-\Delta G/(RT)]$ 的大小只为 CA 膜相应值的 20％～40％，这说明APA 膜比 CA 膜的极性低 20％～40％。对于一定的膜，其 $[-\Delta G/(RT)]$ 值低，是因为其溶质渗透率 $[D_s/(Kl)]$ 值低的结果。按照式(5-28) 所示，上述结果说明 APA 膜的分离情况比 CA 膜好（对于膜表面上给定的孔大小而言）。

表 5-2　用 CA 膜和 APA 膜在反渗透过程中 （25℃）水溶液的自由能参数

离子	离子半径/nm	CA 膜				
		E_B/(kJ/mol)	Δ_B/nm	E_i/(kJ/mol)	Δt_i/nm	$[-\Delta G/(RT)]$
Li$^+$	0.060	762.0	0.069	825.2	0.0978	5.77
Na$^+$	0.095	762.0	0.069	835.2	0.0978	5.79
K$^+$	0.133	762.0	0.089	825.2	0.0978	5.91
Rh$^+$	0.148	762.0	0.089	835.2	0.0978	5.86
Cs$^+$	0.169	762.0	0.089	825.2	0.0978	5.72
Mg^{2+}	0.065	3124.6	0.101	3182.0	0.103	4.73
Ca^{2+}	0.099	3124.6	0.101	3182.0	0.103	5.22
Sr^{2+}	0.113	3124.6	0.101	3182.0	0.103	5.25
Ba^{2+}	0.135	3124.6	0.101	3182.0	0.103	5.23
F$^-$	0.136	504.5	-0.020	477.7	-0.023	-4.91
Cl$^-$	0.181	504.5	-0.020	477.7	-0.023	-4.42
Br$^-$	0.195	504.5	-0.020	477.7	-0.023	-4.25
I$^-$	0.216	504.5	-0.020	477.7	-0.023	-3.98
离子	离子半径/nm	APA 膜				
		E_B/(kJ/mol)	Δ_B/nm	E_i/(kJ/mol)	Δt_i/nm	$[-\Delta G/(RT)]$
Li$^+$	0.060	762.0	0.089	740.2	0.086	-1.77
Na$^+$	0.095	762.0	0.089	740.2	0.086	-2.08
K$^+$	0.133	762.0	0.089	740.2	0.086	-2.11
Rh$^+$	0.148	762.0	0.089	740.2	0.086	-2.08
Cs$^+$	0.169	0.089	740.2	0.086	-2.04	-2.04
Mg^{2+}	0.065	762.0	0.089	740.2	0.086	
Ca^{2+}	0.099	762.0	0.089	740.2	0.086	
Sr^{2+}	0.113	762.0	0.089	740.2	0.086	
Ba^{2+}	0.135	762.0	0.089	740.2	0.086	
F$^-$	0.136	504.5	-0.020	516.2	-0.018	$+1.03$
Cl$^-$	0.181	504.5	-0.020	516.2	-0.018	$+1.35$
Br$^-$	0.195	504.5	-0.020	516.2	-0.018	$+1.35$
I$^-$	0.216	504.5	-0.020	516.2	-0.018	$+1.33$

根据这一模型，若 $[-\Delta G/(RT)]$ 的值为已知，则从式(5-28)可以推算出任何膜中、对任何多元溶液中溶质的渗透率。而 C^* 值是由膜表面的孔结构决定的，为一常数；可用一已知溶质（如 NaCl）的渗透率作为一参比值而得到[33,35]。

又如 Bean[36,37] 曾研究过膜材料的介电常数、孔径、离子的电负荷和操作压力对脱盐率 R 的影响，曾结合扩散和黏滞流动的机理，得到稀溶液中脱盐方程；也是膜材料性质-分离物质-孔中流动情况的一种。

$$R=\frac{\left[1-\exp\left(-\dfrac{\Delta E}{kT}\right)\right]\left[1-\exp\left(-\dfrac{\Delta p}{p^*}\right)\right]}{1+\left[\exp\left(-\dfrac{\Delta E}{kT}\right)-1\right]\left[\exp\left(-\dfrac{\Delta p}{p^*}\right)\right]} \tag{5-29}$$

$$\Delta E=(q^2/dr_p)F(d'/d_1) \tag{5-30}$$

$$p^*=8\mu D_{sw}/r_p^2 \tag{5-31}$$

式中，k 为 Boltzmann 常数；T 为热力学温度；Δp 为操作压力；q 为离子电荷；d' 为膜材料的介电常数；d_1 为在膜孔中溶液的介电常数；$F(d'/d_1)$ 为介电常数函数；r_p 为孔半径；μ 为膜孔中溶液的黏度；D_{sw} 为水中溶质的扩散系数。

对于浓溶液，式(5-29)中用 $(\Delta p-\Delta\pi)$ 代替 Δp，即未考虑渗透压差；ΔE 也做适当修正，即考虑离子的屏蔽效应（shielding effects）。

在此模型中，假设分配系数（k_s 或 S_m）在膜两面是相同的，且可从下式计算而得

$$k_s=\exp[-\Delta E/(kT)] \tag{5-32}$$

式中，k_s 为溶质在单位体积膜中的质量与溶质在单位体积溶液中的质量之比，$k_s=\dfrac{\text{溶质质量(g)/膜体积(cm}^3)}{\text{溶质质量(g)/溶液体积(cm}^3)}$ [是式(5-28)中 K 的倒数]。若膜两面孔结构不同，如非对称膜，则膜两面的分配系数不相等，从式(5-30)可见 ΔE 随膜孔径的增大而下降，k_s 也随之下降 [式(5-32)]，这意味着脱盐率要下降。Glueckauf[38] 进一步从事估算分配系数的理论工作，与其实测值相符合。

Bean 等用式(5-29)计算了一种膜，其介电常数为 3（$d'\approx3$），孔径为 2.7nm、1.35nm 和 0.9nm，对分离 1:1 类型稀电解质溶液所得的分离率分别为 90%、99% 和 99.9%；对于 2:1 类型电解质如 $MgCl_2$，孔径为 2.7nm，溶质的分离率可达 99%；对于 2:2 类型电解质如 $CaSO_4$，则孔径为 4.0nm 以下，溶质分离率也可达 99%。而当膜的介电常数为 10 时，则对 1:1、1:2、2:1 电解质的分离率就会分别降至 60%、83% 和 97%。

近年对于硅酸盐的分子筛复合膜为例的无机膜对液体或气体混合物的分离过程研究中，认为主要基于选择吸附作用[39]。也有人认为是选择吸附和扩散流动传递[40] 或者是分子不同形状引起的选择吸附和毛细管中的冷凝过程[41]。由于其选择吸附及表面力作用，这些可归结为溶质-溶剂-膜间互相作用和孔流过程。也可从吸附-渗透[42] 角度来归结于溶解-扩散模型，正如 Sherwood[43] 的扩散-孔流理论，介于表面力-孔流动与溶解-扩散理论之间。

5.2.1.4　溶解-扩散模型

Lonsdale 等[44] 提出的另一种应用广泛的机理是溶解-扩散模型。假设溶质和溶剂都能溶

解于均质的非多孔膜表面，然后在化学势推动下扩散通过膜，再从膜下游解吸，由于膜的选择性，使气体混合物或液体混合物得以分离。而物质的渗透能力，不仅取决于扩散系数，还取决于在膜中的溶解度。这种模型最适用于均相的、高选择性的膜，如应用于液体混合物的分离、反渗透和渗透汽化过程，也适用于气体混合物的分离。

① 对于反渗透过程，其溶剂（水）的扩散机理，从纯扩散情况来看，可用 Fick 定律表达为

$$J_w = -D_w \mathrm{d}c_w / \mathrm{d}X \tag{5-33}$$

式中，c_w 和 D_w 分别为水在膜中的浓度和扩散系数；J_w 为水的渗透流率；X 为膜厚。

若水在膜中的溶解服从 Henry 定律，则

$$\mathrm{d}\mu_w = -RT \mathrm{d}\ln c_w = -RT \mathrm{d}c_w / c_w \tag{5-34}$$

$$J_w = \frac{D_x c_w}{RT} \frac{\mathrm{d}\mu_w}{\mathrm{d}X} = \frac{D_w c_w}{RT} \frac{\Delta \mu_w}{\Delta X} \tag{5-35}$$

在等温情况下，

$$\Delta \mu_w = RT \ln a_w + V_w \Delta p \tag{5-36}$$

而 $V_w \Delta \pi = -RT \ln c_w$，因此

$$J_w = \frac{D_w c_w V_w}{RT \Delta X} (\Delta p - \Delta \pi) = \frac{P_w}{\Delta X} (\Delta p - \Delta \pi) \tag{5-37}$$

即

$$J_w = A(\Delta p - \Delta \pi) \tag{5-38}$$

式中，A 为溶剂的渗透系数；μ_w 为溶剂的化学位；a_w 为溶剂的活度；Δp 为膜上、下游压力差；$\Delta \pi$ 为渗透压差；V_w 为水的摩尔体积；P_w 为溶剂的渗透率。

溶质的渗透流率，几乎完全取决于浓度梯度，可写为

$$J_s = -D_s \frac{\mathrm{d}c_i^m}{\mathrm{d}X} \approx D_s \frac{\Delta c_i^m}{\Delta X} \tag{5-39}$$

式中，D_s 为溶质在膜中的扩散系数；c_i^m 为组分 i 在膜中的浓度。由于膜中浓度 c_i^m 不易测定，故引入分配系数或称溶解度常数 $k_s = c_i^m / c_i^s$，则

$$J_s = -D_s k_s \frac{c_P - c_R}{\Delta X} = \frac{P_s}{\Delta X} (c_R - c_P) = K_s (c_R - c_P)$$

$$c_j^s = c_P - c_R \tag{5-40}$$

式中，P_s 为溶质的渗透率，取决于溶解度和扩散系数；K_s 为溶质的渗透率系数；c_R 为残留液中溶质的浓度；c_P 为产品中溶质的浓度。

② 通过非多孔型膜的气体渗透，也可用溶解-扩散模型来描述，按照 Fick 定律

$$J_i = -\frac{D_i \mathrm{d}c_i}{\mathrm{d}X} \tag{5-41}$$

式中，J_i 为组分 i 的渗透流率；D_i 为组分 i 的扩散系数；c_i 为组分 i 在膜中的浓度。为简化计算，设 D 不随浓度变化，且其溶解情况服从 Henry 定律，则

$$J_i = \frac{D_i}{l}(c_{1i} - c_{2i}) \tag{5-42}$$

$$c_i = H_i p_i \tag{5-43}$$

$$J_i = \frac{D_i}{l}(H_1 p_{1i} - H_2 p_{2i}) \tag{5-44}$$

式中，H 为 Henry 常数；l 为膜厚；p_i 为分压。当膜上、下游的温度相同时，$H_1 = H_2$，则

$$J_i = (p_{1i} - p_{2i}) p_i / l \tag{5-45}$$

式中，p_i/l 为渗透系数，$p_i/l = DH/l$。

对于玻璃态的高分子膜，分子在其表面的吸附作用较明显，用"双重吸附迁移模型"[45] 更为适合，可表示为

$$J = -\frac{D_D \partial c_D}{\partial X} - \frac{D_H \partial c_H}{\partial X} \tag{5-46}$$

$$c = c_D + c_H = k_D p + c'_H b p / (1 + b p) \tag{5-47}$$

若低压侧压力与高压侧相比可略而不计，则渗透率为

$$P = kD[1 + FK/(1 + bp)] \tag{5-48}$$

式中，$k = k_D$，$D = D_D$，$K = c'_H b / k_D$，$F = D_H / D_D$。k_D 为吸收部分的溶解度常数；D_D 为吸收部分的扩散系数；c'_H 为吸附部分的容量常数；D_H 为吸附部分的扩散系数；b 为常数；p 为高压侧的压力。以双组分混合气为例，当混合气体渗透时，若忽略浓差极化，则

$$P_i = k_i D_i [1 + F_i K_i / (1 + \sum b_i p_i)] \quad (i = 1, 2, \cdots) \tag{5-49}$$

实验表明组分间还有竞争作用[46,47]。

以上表达式基于浓度梯度，也可用化学位梯度表示[48]，详细介绍见本手册第 12 章。

③ 对于近沸或共沸液体混合物，分离所采用的渗透汽化膜分离过程，因选用高选择性膜，不论是何种复合膜，起主要分离作用的活性层总是表面极薄的均质膜，使用溶解-扩散模型最为适合。当温度一定时，以化学位梯度为渗透分子的有效扩散推动力，则溶质对于静止膜的一维流率为[49]：

$$J_i(X) = \frac{-D_i(Z) c_i^m(X)}{RT} \nabla \mu_i(X) \tag{5-50}$$

简化为

$$J_i(X) = \frac{-D_i(X) c_i^m(X)}{RT} \left[RT \frac{\partial \ln a_i(X)}{\partial X} + V_i \frac{\partial P(X)}{\partial X} \right] \tag{5-51}$$

假设扩散系数不随浓度变化，则渗透汽化膜分离过程可简化为

$$J_i = \frac{P_i c_{1i}^s}{l}\left(1 - \frac{p_{i2}}{p_{i1}}\right) \tag{5-52}$$

当下游真空系统中压力很低时，$p_{i2} \ll p_{i1}$ 则

$$J_i = P_i c_{1i}^s / l \tag{5-53}$$

式中，P_i 为渗透率，$P_i = D_i k_s$；k_s 为分配常数或称溶解度常数；l 为膜厚；c_{1i}^s 为在溶液中组分 i 的浓度；p_i 为分压。可见渗透流率取决于溶质在膜中的溶解度和扩散系数，反映了分离物系和膜的热力学性质和传质过程。若考虑过程中热力学部分和扩散部分的耦合效应，并用 Flory-Huggins 分子间相互作用参数来反映渗透物质之间、渗透物质与膜之间的相互作用对过程的影响，就能使模型更加直观、准确地反映过程的机理和特征[50,51]。

渗透汽化过程的热力学部分，可从溶质、溶剂和膜所形成的三元体系的 Gibbs 混合自由能 ΔG^M 着手，进行推论和描述：

$$\Delta G^M = RT(x_i \ln\varphi_i + x_j \ln\varphi_j + x_m \ln\varphi_m + \psi_{ij} u_j x_i \varphi_j + \psi_{im} x_i \varphi_m + \psi_{jm} x_j \varphi_m) \tag{5-54}$$

式中，下角 i、j 为组分，m 为膜；φ 为组分在体系中的体积分数；ψ 为 Flory-Huggins 相互作用参数；x 为分子分数；$u_j = \varphi_j/(\varphi_i + \varphi_j)$，求得化学位差 $\Delta\mu$，从而可得活度 a。

$$\ln a_i = \Delta\mu_i/(RT) = \ln\varphi_i + (1 - \varphi_i) - (V_i/V_j)\varphi_i - (V_i/V_m)\varphi_m$$
$$+ (\psi_{ij} u_j \varphi_j + \psi_{jm}\varphi_m)(\varphi_j + \varphi_m) - (V_i/V_j)\psi_{jm}\varphi_j\varphi_m \tag{5-55}$$

$$\ln a_j = \Delta\mu_j/(RT) = \ln\varphi_j + (1 - \varphi_j) - (V_j/V_i)\varphi_i - (V_j/V_m)\varphi_m$$
$$+ (\psi_{ij} u_i \varphi_i + \psi_{im}\varphi_m)(\varphi_i + \varphi_m) - (V_j/V_i)\psi_{im}\varphi_i\varphi_m \tag{5-56}$$

ψ_{ij} 可从组分 i、j 混合物的剩余自由能 ΔG^E 计算

$$\psi_{ij} = \frac{1}{x_i \varphi_j}\left(x_i \ln\frac{x_i}{\varphi_i} + x_j \ln\frac{x_j}{\varphi_j} + \frac{\Delta G^E}{RT}\right) \tag{5-57}$$

而 ψ_{im}、ψ_{jm} 可从组分 i、j 在高分子膜中溶胀平衡时，所测得 φ_i、φ_j 计算求得

$$\psi_{im}\varphi_m^2 + \varphi_m + \ln(1 - \varphi_m) = (V_i/M_c\varphi_m)(\varphi^{\frac{1}{3}} - \varphi_m/2) \tag{5-58}$$

式中，高分子链的分子量 M_c 为几百数量级，故等号右边可略而不计，于是，可简化求得 ψ_{im}、ψ_{jm}。

$$\psi_{im} = [\ln\varphi_i + (1 - \varphi_i)]/(1 - \varphi_i)^2 \tag{5-59}$$

$$\psi_{jm} = [\ln\varphi_j + (1 - \varphi_j)]/(1 - \varphi_j)^2 \tag{5-60}$$

因此，运用溶胀平衡的测定和 Flory 相互作用参数的计算，所求得的溶解部分包含了耦合效应，反映了膜结构、材质性能和混合体系组分的物理化学性质。

同样，这种溶解-扩散模型中的传递部分的扩散系数，也以六参数扩散模型来描绘，包含了扩散部分的耦合效应。

$$D_i = D_i^0 \exp(A_{ii}\varphi_i + A_{ij}\varphi_j) \tag{5-61}$$

$$D_j = D_j^0 \exp(A_{jj}\varphi_j + A_{ji}\varphi_i) \tag{5-62}$$

式中，$D_i^0(D_j^0)$ 为无限稀释下渗透组分在膜中的扩散系数；$A_{ij}(A_{ji})$ 为交叉系数（或伴生系数），即由于组分 i（或 j）的存在，对另一组分扩散传递的影响；A_{ii}（或 A_{jj}）为直接系数。

综合热力学和动力学的描述，归结为[52]

$$J_i = -D_i^m c_i^m \frac{\partial \ln a_i}{\partial X} \tag{5-63}$$

$$J_i = -c_i^m D_i^m (A_{ii}, A_{ij}, \varphi_i, \varphi_j) \frac{\partial \ln a_i}{\partial X} (\psi_{ij}, \psi_{im}, \psi_{jm}, V_i, V_j, V_m, \varphi_i, \varphi_j, \varphi_m) \tag{5-64}$$

这种修正的溶解-扩散模型较清晰地反映了渗透汽化过程的传质机理。

对于渗透汽化过程的各种修正型溶解扩散模型很多，大同小异，详细介绍见"渗透汽化"章。

④ 此外，为了修正 Lonsdale 等将膜看成"无缺陷"的理想膜，Sherwood 等曾将溶解-扩散模型扩充，把溶剂和溶质在微孔中的流动也包括进去。该模型可用来描绘膜的非理想性，称为不完全的溶解-扩散模型。若总的水流率为 N_w，总的盐流率为 N_s，则对于反渗透可用下式描述

$$N_w = J_w + K_3 \Delta p c_w = A(\Delta p - \Delta \pi) + K_3 \Delta p c_w \tag{5-65}$$

$$N_s = J_s + K_3 \Delta p c_R = K_2(c_R - c_P) + K_3 \Delta p c_R \tag{5-66}$$

式中，c_w 为膜上游的水浓度；K_3 为耦合系数；K_2 为溶质的渗透系数。若对式(5-65)两边都除以 c_w，则式左边水的渗透流率 $V_w = N_w / c_w$，与总的渗透流率很接近，而溶质流率为渗透流率乘以浓度，即

$$N_s = V_w c_P \tag{5-67}$$

则式(5-65)、式(5-66) 可写成

$$V_w = K_1(\Delta p - \Delta \pi) + K_3 \Delta p \tag{5-68}$$

$$V_w c_P = K_2(c_R - c_P) + K_3 \Delta p c_R \tag{5-69}$$

式中，$K_1 = A/c_w$，因此脱盐率 $R = 1 - c_P/c_R$ 可表达为

$$R = |c_R \Delta p (1 + K_3/K_1) + \pi_0 (c_R + K_2/K_1) - [c_R^2 \Delta p^2 (1 + K_3/K_1) + 2c_R \Delta p \pi_0 (1 + K_3/K_1)$$
$$(c_R - K_2/K_1) + \pi_0^2 (c_R + K_2/K_1)^2 - 4\pi_0 \Delta p c_R^2]^{1/2} |/(2\pi_0 c_R) \tag{5-70}$$

式中，π_0 为原料的渗透压。式(5-68)、式(5-69) 中 K_3 项看作微孔中流动的耦合传递，比溶解-扩散模型中只考虑分子扩散更为符合实际。Applegate 等曾用此方程对芳香聚酰胺膜和醋酸纤维素膜作了多变量非线性回归计算，结果与实测数据非常相近。

对于膜分离过程中，由于膜表面的微孔"缺陷"，在膜孔中任何组分的对流效应，特

别是对溶质的传递影响往往是明显的。对渗透组分 i 的总流率（真实流率）也可用下式表示：

$$N_i = J_i + c_i v^*　(5-71)$$

式中，c_i 为组分 i 的局部摩尔浓度；J_i 为渗透流率；v^* 为平均速度；$c_i v^*$ 为对流流率。

$$v^* = \sum_i c_i v_i / \sum_i c_i　(5-72)$$

式中，v_i 为组分 i 的流速。

⑤ 介于溶解-扩散与表面力-孔流动理论之间的传递现象，大多归纳于溶解-扩散模型（S-D），更确切些说为吸附-扩散。近年来，常用于某些无机和有机复合的膜。例如 Mikihiro Nomura 等[42,53]，对 Silicalite 分子筛膜的研究，发表了单元和多元组分在这种疏水性分子筛膜（由 Colloidal Silica，0.1TPABr-0.05Na$_2$O-1SiO$_2$-80H$_2$O 制成）中的吸附和解吸作用与吸附解吸法测定的结果，以及在渗透汽化池中测定的渗透率等结果。发现单组分测得的扩散系数与双组分混合液测得的同样组分的扩散系数相差很多，并具有很高的乙醇/水的分离性能，计算式为：

$$J_i = \frac{\overline{D_i}}{l}(c_{i料液} - c_{i渗透液})　(5-73)$$

式中，$c_{i料液}$ 由吸附试验测定，$c_{i料液}=0$（因下游为真空）；D_i 为计算而得的扩散系数；l 为膜厚度，由 SEM 测得。结果见表 5-3，说明在微孔中两种组分相互作用、互相影响，限制了扩散作用，影响了扩散系数和分离结果。认为这种分离机理主要是吸附与渗透。

表 5-3　在 Silicalite 膜中的吸附、扩散与渗透

原料组分		组分 A 浓度（质量分数）/%	渗透率(303K)/[10^{-7}mol/(m^2·s·Pa)]		扩散系数/(10^{12}m^2/s)	
A	B		A	B	A	B
水		100	20		22	
苯		100	0.33		3.4	
乙醇		100	3.0		6.4	
乙醇	水	4.7	11	1.9	2.5	1.2
乙醇	水	51	0.32	0.036		
乙醇	苯	49	0.19	0.047	0.5	0.44

组分	A 组分(质量分数)/%			
	料液	吸附(296K)	PV 选择性	汽-液平衡
乙醇/苯(A/B)	50	60	64	33
乙醇/水(A/B)	5.2	58	76	27

同样，Tsuneji Sano 等[39,54]用多孔不锈钢或铝为支撑底膜的 Silicalite 膜，在渗透汽化过程中分离乙醇和水，得到的分离因子超过 60（乙醇水溶液中乙醇体积分数为 50%，30℃），主要是由于乙醇和水在膜中的吸附性能不同，乙醇在膜中的选择吸附较好，且通过分子筛孔道中的传递扩散，得到了较好的分离结果。

此外，这种吸附-扩散模型对气体或蒸气分离也基本适用。例如 Vroon 等对烷烃气体通过薄的硅酸盐分子筛 MFI 膜（厚度小于 $5\mu m$，基本无缺陷）进行研究，认为烷烃气渗透流速是吸附和晶体内扩散的函数。对于同分异构体分离如丁烷/异丁烷、己烷/2,2-二甲基丁烷的分离，得到很高的分离系数：分别为 10 和 2000（200℃时）。这种高分离因子明显地反映为膜对组分的不同选择性[40,55]，主要是"形状选择"吸附。

同样，Meng Dong Jia 等[41]用硅酸盐分子筛复合膜，包括多孔硅酸盐基膜和微米纯分子筛薄表面层，对 He、N_2、正丁烷、异丁烷进行渗透和分离，发现 He/N_2 的理想选择性为 2.81，N_2/正丁烷为 47.7，远离 Knudsen 扩散所得结果。经过改进和提高，正丁烷/异丁烷的选择性可达 6.2，说明这效果主要取决于分子筛的"形状选择"吸附和非分子筛孔的毛细管冷凝现象。示例见表 5-4。表 5-5 给出分子的运动直径。

表 5-4　几种气体通过硅酸盐分子筛复合膜（IM28-1）的渗透情况

项目	N_2	He	H_2	n-C_4H_{10}	i-C_4H_{10}
渗透率/[m^3/($m^2\cdot h\cdot bar$)]	0.612	1.4	1.87	0.0128	0.20
理想选择性 α_{X/N_2}	1	2.29	3.74	1/47.7	1/3.06
Knudsen 扩散选择性		2.65	3.06	1/1.44	1/1.44

注：理想选择性 $\alpha = (p/L)_i/(p/L)_j$，式中 $p/L = p/(A\Delta p)$[m^3/($m^2\cdot h\cdot bar$)]，p 为体积流率，A 为膜面积，Δp 为通过膜的压力差。

表 5-5　根据 Lennard-Jones 关系[56]各种分子的运动直径

分子	N_2	He	H_2	O_2	n-C_4H_{10}	i-C_4H_{10}
运动直径/10^{-10}m	3.64	2.6	2.89	3.46	4.3	5.0

⑥ 随着对聚离子复合膜研究的兴起，国际上常将它用在渗透汽化过程中。对于分离过程中的传递模型，归结于 S-D 模型。例如 Toyozo Hamada 等[57]用两种聚丙烯腈膜——一种为中空纤维，另一种为平膜，经过水解、阳离子溶液处理后，对醇/水作了系列研究，假设符合 S-D 模型，溶胀参数 A 与浓度 c 无关，在膜中的扩散系数 D_i 随膜中水浓度而变，所得方程为

$$J_w = \left[-D_{w0}\exp(A_w c_w) \right]\frac{dc_w}{dX} \tag{5-74}$$

$$J_A = \left[-D_{A0}\exp(A_A c_w) \right]\frac{dc_w}{dX} \tag{5-75}$$

边界条件为在 $X = 0$ 时，$c_w = c_{w1}$，$c_A = c_{A1}$；在 $X = l$ 时，$c_w = c_{w2}$，$c_A = c_{A2}$，则得到：

$$J_w = \frac{D_w}{lA_w}\left[\exp(A_w c_{1w}) - \exp(A_w c_{2w}) \right] \tag{5-76}$$

$$J_A = \frac{D_{A0}}{lA_w M}\left[\exp(A_w c_{1w}) - \exp(N c_{1w}) + MN(c_{2A} - c_{1A})^{\frac{A_w}{N}} \right] \tag{5-77}$$

用 EtOH、1-PrOH、2-PrOH 和 1-BuOH 测定，结果与上述计算值较为接近。几种体系的分离结果规律性也较好，见表 5-6。

表 5-6　几种扩散系数和溶胀系数

项目	EtOH	1-PrOH	2-PrOH	1-BuOH
$D_{w0} \times 10^9/(m^2/s)$	4.63	4.99	4.67	4.78
$D_{A0} \times 10^{11}/(m^2/s)$	8.56	1.93	4.35	0.57
$A_w \times 10^4/(m^3/mol)$	1.05	1.23	1.08	1.31
$A_A \times 10^3/(m^3/mol)$	3.04	4.07	4.26	5.84

又如：M. Tsuynmoto 等[58]在 PAN 为底膜的中空纤维 PIC 膜对高浓度乙醇-水溶液作渗透汽化传递的研究，用 S-D 模型也符合实验结果。Schwarz 等[59,40]用聚电解质膜在渗透汽化过程中分离双元液体溶液，发现用阴离子多醇制成膜是典型的亲水膜，在混合液脱水过程中，水优先传递透过。在甲醇和水混合液中甲醇极少透过。但如果这种阴离子多醇膜用阳离子表面活性剂处理后，就变成疏水性了，在甲醇和水混合液中，甲醇优先透过，而水通量很少，使甲醇可从非极性有机溶液中分出。表面改性改变了膜的性能，见图 5-5 和图 5-6。可见过程中的分离机理主要取决于传递分子对膜间相互作用力，由膜中亲水/疏水基团的作用所致。总之，荷电膜在分离过程中，由于溶质离子和膜上荷电基团的同性相斥、异性相吸原理，达 Donnan 平衡。而吸附后，在膜中仍以溶解扩散机理传递。进一步理解，可将荷电膜的 NF、RO 过程，用 Nernst-Plank 方程来描述；ED 也以 Nernst-Plank 方程描述，这可说是 Donnan 效应，加上膜中的溶解-扩散机理。

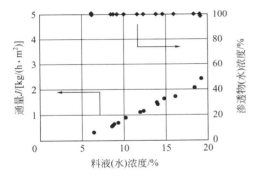

图 5-5　样品膜中料液和渗透物的渗透通量　　图 5-6　活性剂处理后，样品膜中料液的渗透通量

⑦ 非多孔荷电膜对于电解质溶液的分离：荷电粒子被脱除时，受荷电膜影响，其分离过程中最完善的传递模型，是用扩充的 Nernst-Plank 方程式来描述。既描述离子透过膜的扩散和电迁移，是由于浓度梯度和电位梯度所驱动的，也描述通过膜的压力差和对流扩散，可应用于电渗析、反渗透以及纳滤过程[60-65]。在膜表面为 Donnan 平衡，电中性，电流为零的情况下，可写出每个离子的 N-P 方程。

一维 N-P 方程为：

$$J_i = -c_i u_i \frac{d l u a}{dX} - c_i u_i z_i F \frac{d\psi}{dX} \tag{5-78}$$

式中，J_i 为垂直于膜方向的离子流率；z_i 为离子的价数；F 为法拉第常数；$d\psi/dX$ 为电位梯度；c_i 为溶质浓度；u_i 为离子的摩尔活动率。对于理想溶液，活度系数 $\gamma=1$，活度

a 就以浓度 c 代之，根据 Einstein 关系式 $D_i = RTu_i$ 为扩散系数，则 N-P 方程一般写为

$$J_i = -D_i \left(\frac{dc_i}{dX} + \frac{z_i c_i}{RT} F \frac{d\psi}{dX} \right) \tag{5-79}$$

若渗透流率中包括由对流形成的体积流部分，称为扩充的 N-P 方程，即为

$$J_i = -D_i \left(\frac{dc_i}{dX} + \frac{z_i c_i}{RT} F \frac{d\psi}{dX} \right) + c_i J_v \tag{5-80}$$

若考虑膜中的对流障碍系数 K_{ic}，则：

$$J_i = -D_i \left(\frac{dc_i}{dX} + \frac{z_i c_i}{RT} F \frac{d\psi}{dX} \right) + K_{ic} c_i J_v \tag{5-81}$$

以上所述 N-P 方程是以电化学势梯度为作用于物质上的力，在等温下引起的扩散过程，而前面已述的

$$J_i = c_i u_i \frac{du}{dX}$$

所指溶解-扩散模型是考虑等温等压以及非电解质和非荷电膜，未考虑 $d\psi/dX$ 的情况而已，见式(5-50)、式(5-51)。N-P 方程广泛应用于电解质溶液荷电膜中的分离，不仅是 RO、NF、ED，对于酸性气体 CO_2 透过阳离子膜，分离 CO_2/N_2 的促进传递过程中所用的模型，也基于 N-P 方程，与实验结果相符[66]。其他，在此基础上进一步考虑各种因素的修正，改进情况，将于各有关分离过程中详述。

　　归纳以上几种主要传递模型的介绍及实验过程的描述，可见实际上，对于非荷电膜，从多孔及孔小而少直到非多孔，所涉及的分离过程例如 MF、UF、DA、RO、PV，其分离机理由筛孔、膜/溶剂/溶质间作用力-孔流动，直到溶解扩散，不是截然不同，而是有交叉、逐步变化的。同样对于荷电膜，从多孔到非多孔，所涉及的分离过程如 UF、DA、NF、RO、ED 等，其分离机理是由筛孔加上 Donnan 效应，直到以 Donnan 效应为主加上溶解-扩散（或指 N-P 方程），也不是截然不同的，而是有所交叉、逐步变化的。简要表达为：

　　非荷电膜：

　　　　多孔 ————————————————→ 非多孔
　　　　MF，　　UF，　　DA，　　RO，　　PV
　　　　筛孔→膜/溶剂/溶质间作用力→溶解扩散

　　荷电膜：

　　　　多孔 ——————————————————————→非多孔
　　　　UF，　　　DA，　　　NF，　　　RO，　　　ED
　　　　筛孔＋Donnan→Donnan效应＋溶解-扩散（N-P方程）

5.2.2　非平衡热力学为基础的膜传递模型[67-71]

　　非平衡热力学（或称不可逆热力学）扩充了经典热力学的原理，以不可逆物质流和能量

流为特征以替代平衡，引入了"时间"参数。非平衡热力学的研究是对唯象理论的研究。它可用于描绘一个体系同时伴生（或称耦合，coupling）两个或几个过程，也即体系中有几个"物流"和几个相应的共轭力。膜渗透作用正是如此。膜可以划分成很多薄层来考虑，正如非平衡热力学假定，体系划分为很多小体积元，则每个体积元都可作为平衡体系加以处理，并定义出热力学函数，称为局部平衡原理，这是非平衡热力学中的连续性体系部分。非平衡体系中，相邻的体积元之间并不达成平衡，可有能量和物质的流动，这是非平衡热力学中的不连续性体系部分。这种自发的变化是不可逆过程，故非平衡热力学又称不可逆过程热力学。如果不受外力作用，则体系的熵增加，而自由能减少。表示自由能减少速度的消散函数，可用膜渗透过程中流率与共轭力来表达，因此，建立于非平衡热力学基础上的传递模型，研究应用于膜分离过程较令人关注。本节将简要介绍非平衡热力学概念及其在膜分离中的应用。

5.2.2.1　非平衡热力学基本概念

（1）线性唯象方程

很早以前，在经验基础上，认识到体系中单个力和单个流，即

$$J_i = L_{ij} X_i \tag{5-82}$$

式中，J_i 是容量性质，为物流；X_i 为共轭推动力；L_{ij} 是一比例系数。如电流的 Ohm 定律、热流的 Fourier 定律、物质扩散的 Fick 定律和 Poiseuille 方程以描绘物质流、能流，都是式(5-82)熟悉的例子。

若体系以几个物流和力为特征，则有非共轭流和力之间的耦合现象。且在体系中对于很慢的流动，即离平衡态不远，则流率与非共轭力的关系也是线性的。这些经验的观察可用一组线性唯象方程来描绘。

$$J_i = L_{ii} X_i + L_{ij} X_j + L_{ik} X_k + \cdots + L_{in} X_n$$

$$J_j = L_{ji} X_i + L_{jj} X_j + L_{jk} X_k + \cdots + L_{jn} X_n$$

$$J_k = L_{ki} X_i + L_{kj} X_j + L_{kk} X_k + \cdots + L_{kn} X_n$$

$$\cdots\cdots$$

$$J_n = L_{ni} X_i + L_{nj} X_j + L_{nk} X_k + \cdots + L_{nn} X_n$$

即

$$J_i = L_{ii} X_i + \sum_j^n L_{ij} X_j \tag{5-83}$$

式中，系数 L_{ii}、L_{jj}、L_{kk} 等称为直接系数，是流与共轭推动力之间的联系系数。而 $L_{ij}(i \neq j)$ 称为交叉系数或耦合系数，是关系到流与非共轭推动力的系数。

"流"的线性组合也可以表达"力"，如

$$X_i = R_{ii} J_i + R_{ij} J_j + R_{ik} J_k + \cdots + R_{in} J_n$$

$$X_j = R_{ji} J_i + R_{jj} J_j + R_{jk} J_k + \cdots + R_{jn} J_n$$

$$X_k = R_{ki} J_i + R_{kj} J_j + R_{kk} J_k + \cdots + R_{kn} J_n$$

$$\cdots\cdots$$

$$X_n = R_{ni}J_i + R_{nj}J_j + R_{nk}J_k + \cdots + R_{nn}J_n$$

或
$$X_i = R_{ii}J_i + \sum_{j}^{n} R_{ij}J_j \tag{5-84}$$

式中，R 为阻力。

（2）消散函数

若体系不是离平衡很远，则总熵的变化可由 Gibbs 方程给出，然后利用关系式

$$dS = (dS)_e + (dS)_i$$

可得
$$T(dS)_i / dt = \sum_{i}^{n} J_i X_i \tag{5-85}$$

式中，J 为流率；X 为热力学力或推动力；J、X 两者为热力学共轭性的。$T(dS)_i/dt$ 常用符号 φ 表示，称为消散（或耗散）函数。如前所述，在一等温等压的封闭体系中，此函数就等于 Gibbs 自由能的耗散速率（$-dG/dt$）。通常，它总可以作为自由能的耗散率，或是形成有用功能力的减少。

对于一个简单的体系，只有一种流和一种推动力，则

$$X_i = R_{ij}J_i$$

$$T(dS)_i / dt = R_{ij}J_i^2 \tag{5-86}$$

因为 $T(dS)_i/dt$ 总是正的，R_{ij} 必须为正，而与物流的方向无关。若这种物流 J_i 为电流 I，电阻为 R，则

$$T(dS)_i dt = I^2 R \tag{5-87}$$

由此可见，这种体系的功（也可说是热量）在消耗。

一个重要的推理：如果一个体系中只有单种力和单种流，则所有的自由能（或势能、位能）是耗散的。

（3）Onsager 的互易关系

若方程式(5-83) 中的流和力都是热力学共轭的，即满足式(5-85)，则

$$L_{ij} = L_{ji}（对所有的 i 和 j） \tag{5-88}$$

而从 $T(dS)_i/dt$ 一定为正值的性质，出现一个约束因素。由于消散函数永不会为负值（因流率 J 为正，力 X 为负），直接系数必定为正，而交叉系数必须满足条件

$$L_{ii}L_{jj} \geqslant L_{ij}^2 \tag{5-89}$$

以上三点称为非平衡热力学三定律，或 Onsager 三定律。

（4）耦合流、能量转换和有用功

如果一个体系中包含两种力和两种流，则可描述如下：

$$\left. \begin{array}{l} J_i = L_{ii}X_i + L_{ij}X_j \\ J_j = L_{ji}X_i + L_{jj}X_j \end{array} \right\} \tag{5-90}$$

若 $L_{ij}=0$，即没有耦合流，则

$$T(\mathrm{d}S)_i/\mathrm{d}t = J_iX_i + J_jX_j = L_{ii}X_i^2 + L_{jj}X_j^2 = R_{ii}J_i^2 + R_{ij}J_j^2 > 0$$

在此体系中自由能贮于力 X_i 和 X_j 中，将全部耗散。

若 $L_{ij} < 0$，而 $|L_{ij}X_j| > L_{ii}X_i$，则 $J_i < 0$，这是负耦合，即非共轭力 X_j 可以驱动，J_i 向共轭力 X_i 相反方向流动，形成有用功。在这种情况下耗散函数为：

$$T(\mathrm{d}S)_i'/\mathrm{d}t = J_jX_j + J_iX_i = L_{jj}X_j^2 + L_{ii}X_i^2 + 2L_{ij}X_iX > 0$$

显然，由于 $J_i < 0$、$L_{ij} < 0$，则 $T(\mathrm{d}S)_i'/\mathrm{d}t < T(\mathrm{d}S)_i/\mathrm{d}t$，而其差值即为自由能转换的有用功，而不是纯粹的耗散。例如某一方向的"流动"，在另一相反的共轭推动力所形成的负耦合机制下转换为有用功。功的转换效率为

$$\eta = \frac{\text{输出功}}{\text{输入功}} = \frac{-J_iX_i}{J_jX_j} = 1 - T\frac{(\mathrm{d}S)_i}{\mathrm{d}t} \tag{5-91}$$

对于理想可逆过程，

$$(\mathrm{d}S)_i/\mathrm{d}t = 0, \quad \eta = 1 \tag{5-92}$$

宇宙间的传递过程，实际上多为不可逆的并具有多种推动力的复杂过程，即具有耦合现象；而人们通常熟悉和应用的，往往是简化过程。例如对于电子流，推动力为电位差和温度差，则其含有耦合效应的线性唯象方程为

$$J_e = -\left(k_e\frac{\mathrm{d}E}{\mathrm{d}Z} + k_T\frac{\mathrm{d}T}{\mathrm{d}Z}\right) \tag{5-93}$$

式中，J_e 为电子流；$\mathrm{d}E/\mathrm{d}Z$ 为电位差梯度；$\mathrm{d}T/\mathrm{d}Z$ 为温度梯度；k_e 为电导率；k_T 为导温系数。若忽略温度梯度的影响，则简化为常见的 Ohm 定律：

$$J_e = -k_e\mathrm{d}E/\mathrm{d}Z \tag{5-94}$$

又如热传导，考虑过程的耦合现象，则

$$q = -\left(k_T\frac{\mathrm{d}T}{\mathrm{d}Z} + k_e\frac{\mathrm{d}E}{\mathrm{d}Z} + k_e\frac{\mathrm{d}c}{\mathrm{d}Z}\right) \tag{5-95}$$

式中，q 为热流率；$\mathrm{d}c/\mathrm{d}Z$ 为浓度梯度；k_e 为传质系数。在没有电场作用和浓度差时，就简化为常见的 Fourier 定律：

$$q = -\frac{k_T\mathrm{d}T}{\mathrm{d}Z} \tag{5-96}$$

同样，在质量传递中

$$J_{mi} = -\left(D_i\frac{\mathrm{d}c_i}{\mathrm{d}Z} + k_T\frac{\mathrm{d}T}{\mathrm{d}Z} + k_e\frac{\mathrm{d}E}{\mathrm{d}Z}\right) \tag{5-97}$$

式中，D_i 为组分 i 的扩散系数；J_{mi} 为传质速率，在无电场作用和温度差时，就简化为常见的 Fick 定律：

$$J_{mi} = -\frac{D_i \, \mathrm{d}c_i}{\mathrm{d}Z} \tag{5-98}$$

而现代科学工程中，已愈来愈多地运用重要的耦合效应，以求更精确地处理问题。

从上述基础理论，得出非平衡热力学的研究就是对唯象理论的研究。它可用来描绘一个体系同时耦合有两个或几个过程，按膜渗透作用正是如此，如膜分离中电解质分为两种组分，推动力为压力差和电位差，用消散函数来表达

$$\varphi = T(\mathrm{d}S)_i/\mathrm{d}t = J\Delta p + I\Delta E \tag{5-99}$$

式中，Δp 为压力差；ΔE 为电位差；J 为物质流率；I 为电流。其线性唯象方程可表达为

$$I = L_{11}\Delta E + L_{12}\Delta p \tag{5-100}$$

$$J = L_{21}\Delta E + L_{22}\Delta p \tag{5-101}$$

式中，L 为线性唯象系数。当无电流时，由压力差造成电位差，则

$$(\Delta E/\Delta p)_{I=0} = -L_{12}/L_{11} \tag{5-102}$$

若没有压力差，在电渗析中造成流体的流动，则

$$(J/I)_{\Delta p=0} = L_{21}/L_{11} \tag{5-103}$$

同样，若无物质流，电位差只造成通过膜的压降，则

$$(\Delta E/\Delta p)_{J=0} = -L_{12}/L_{11} \tag{5-104}$$

运用 Onsager 的互易关系，以及式(5-102)～式(5-104)，可得两个方程

$$(\Delta E/\Delta p)_{I=0} = -(J/I)_{\Delta p=0} \tag{5-105}$$

$$(\Delta p/\Delta E)_{J=0} = -(I/J)_{\Delta E=0} \tag{5-106}$$

这些都是早期实验证实数，与理论相符。而在非平衡热力学基础上提出有关反渗透膜和渗析等分离过程的研究，就更为令人关注，其内容将在膜分离应用中介绍。

5.2.2.2　非平衡热力学传递模型

（1）用于非荷电膜的 K-K 模型（Kedem-Katchalsky 提出）[73,74]**（二元体系——两种物流和两种推动力）**

在一个体系中各有两种物流和两种推动力，则消散函数为

$$\varphi = T(\mathrm{d}S)_i/\mathrm{d}t = J_b X_s + J_w X_w \tag{5-107}$$

式中，J_b 为不荷电的溶质流率；J_w 为水的流率。因此 X_s 为 $\Delta\mu_s$，即

$$\varphi = J_s\Delta\mu_s + J_w\Delta\mu_w \tag{5-108}$$

$$\Delta\mu_s = \overline{V}_s\Delta p + RT\Delta\ln a_s \tag{5-109}$$

$$\Delta\mu_w = \overline{V}_w\Delta p + RT\Delta\ln a_w \tag{5-110}$$

$$\pi = (-RT/\overline{V}_m)\ln a_w \tag{5-111}$$

式中，Δp 为通过膜的压差；π 为渗透压。

由于 $J_s\overline{V}_s + J_w\overline{V}_w = J_v$，并定义溶质与溶剂流速之差为 J_D，则可用线性唯象方程描述此体系，即为

$$J_v = L_P\Delta p + L_{PD}\Delta\pi \tag{5-112}$$

$$J_D = L_{DP}\Delta p + L_D\Delta\pi \tag{5-113}$$

根据 Onsager 互易关系，$L_{PD} = L_{DP}$，因此只有 L_P、L_{PD} 和 L_D 为三个独立的唯象系数。将 $L_{PD}/L_P = \sigma$ 称为反射系数，L_P 称为过滤系数，$\omega = (c_s)_m(L_{PD}L - L_{PD})^2/L_P$，$\omega$ 称为溶质渗透系数，则反渗透过程流率方程可表达为

$$J_v = L_P(\Delta p - \sigma\Delta\pi) \tag{5-114}$$

$$J_s = (c_s)_m(1-\sigma)J_v + \omega\Delta\pi \tag{5-115}$$

式中，$(c_s)_m$ 表示原料侧和渗透侧溶质的对数平均浓度；σ 表示溶质被膜的脱除率，其值为 $0 \leqslant \sigma \leqslant 1$。当 $\sigma = 0$ 时，溶质在膜中全部透过，即膜对溶质无脱除能力。当 $\sigma = 1$ 时，表明溶剂透过膜时没有耦合效应，即溶质完全不能透过而被膜脱除，这与理想的溶解-扩散理论一致。而实际情况为 $\sigma < 1$，即有耦合效应。

K-K 模型普遍用于反渗透，也可用于渗析过程[72]。

(2) S-K 模型 (Spiegler-Kedem) 模型[74,75]

从消散函数的微分方程出发，改进了 K-K 模型中唯象系数 L_P、σ 和 ω 对浓度变化不灵敏的缺点，适用于体积流量大和浓度梯度高的情况。其局部唯象方程为

$$J_w = L_{ww}\left(-\frac{d\mu_w}{dZ}\right) + L_{ws}\left(-\frac{d\mu_s}{dZ}\right) \tag{5-116}$$

$$J_s = L_{sw}\left(-\frac{d\mu_w}{dZ}\right) + L_{ss}\left(-\frac{d\mu_s}{dZ}\right) \tag{5-117}$$

得到

$$J_v = P_w\left(\frac{dp}{dZ} - \sigma\frac{d\pi}{dZ}\right) \tag{5-118}$$

$$J_s = P_s\frac{dc_s}{dZ} + (1-\sigma)c_sJ_s \tag{5-119}$$

式中，P_w 为膜的局部水渗透率；P_s 为局部溶质渗透率。

和 K-K 模型一样，用于溶剂（水）和一种非电解质溶液。

(3) 用于电解质水溶液通过膜的情况 (三元体系、三种物流和三种推动力)[74,76,77]

现简要讨论组分 i 为一种完全电离的盐。若只考虑电离为一价阳离子（＋）和一价阴离子（－），则此三元体系的消散函数可写为

$$T(dS)_{\pm}/dt = J_+\Delta\mu_+ + J_-\Delta\mu_- + J_w\Delta\mu_w \tag{5-120}$$

式中，$\Delta\mu_+ = \overline{V}_+ \Delta p + RT\Delta \ln c_+ + F\Delta\psi$，或用线性近似方法得

$$\Delta\mu_+ = \overline{V}_+ \Delta p + [RT\Delta c_+ /(c_+)_{in}] + F\Delta\psi \tag{5-121}$$

$$\Delta\mu_- = \overline{V}_- \Delta p + [RT\Delta c_- /(c_-)_{in}] - F\Delta\psi \tag{5-122}$$

因为主流体中保持电中性，即 $c_{+1} = c_{-1} = c_{i1}$，$c_{+2} = c_{-2} = c_{i2}$

因此对阳、阴离子为 1:1 的盐，其化学位差为

$$\Delta\mu_i = \Delta\mu_+ + \Delta\mu_- = \overline{V}_i \Delta p + 2RT\Delta c_+ /(c_+)_{in} \tag{5-123}$$

式中，$\overline{V}_i = \overline{V}_+ + \overline{V}_-$。有了式(5-121)～式(5-123)，则式(5-120) 可写成消散函数的显性式。然而，比较方便的方法是定义体系的电动势 E，这是可以测定的。

$$E = -(\Delta\mu_- /F) = -(RT/F)\Delta \ln c_- + \Delta\psi \tag{5-124}$$

式中，$\Delta\psi$ 为静电位差。任何体系在稳定状况下，E 和 $\Delta\psi$ 都有一定的关系。通过膜的电流为

$$I = F(J_+ - J_-) \tag{5-125}$$

因此，消散函数可表达为

$$T(dS)_i /dt = J_w \Delta\mu_w + J_i \Delta\mu_i + IE \tag{5-126}$$

此体系可用三个线性唯象方程表达，即

$$\left. \begin{array}{l} J_w = L_{ww}\Delta\mu_w + L_{wi}\Delta\mu_i + L_{wI}E \\ J_i = L_{iw}\Delta\mu_w + L_{ii}\Delta\mu_i + L_{iI}E \\ I = L_{Iw}\Delta\mu_w + L_{Ii}\Delta\mu_i + L_{II}E \end{array} \right\} \tag{5-127}$$

式(5-123) 更方便的处理方法是用体积流，可以精确测定。由于 $\Delta\mu_w = \overline{V}_w(\Delta p - RT\Delta c_i)$，$\Delta\mu_i = V_i\Delta p + 2RT\Delta c_i /(c_i)_{in}$，则式(5-126) 可写成

$$T(dS)_i /dt = J_v(\Delta p - RT\Delta c_i) + J_i[1 + (c_i)_{in}\overline{V}_i]RT\Delta c_i /(c_i)_{in} + IE \tag{5-128}$$

因为稀溶液 $(c_i)_{in}\overline{V}_i \ll 1$，则式(5-128) 可简化为

$$T(dS)_i /dt = J_v(\Delta p - RT\Delta c_i) + J_i RT\Delta c_i /(c_i)_{in} + IE \tag{5-129}$$

相应的线性唯象方程为

$$J_v = L_{vv}(\Delta p - RT\Delta c_i) + L_{vi}[RT\Delta c_i /(c_i)_{in}] + L_{vI}E \tag{5-130}$$

$$J_i = L_{iv}(\Delta p - RT\Delta c_i) + L_{ii}[RT\Delta c_i /(c_i)_{in}] + L_{iI}E \tag{5-131}$$

$$I = L_{Iv}(\Delta p - RT\Delta c_i) + L_{Ii}[RT\Delta c_i /(c_i)_{in}] + L_{II}E \tag{5-132}$$

式中，$L_{vI} = L_{Iv}$，$L_{iv} = L_{vi}$，$L_{iI} = L_{Ii}$。

所有的唯象系数都是在一定条件下定义的，其值只能用于同样条件下。

此外，遇到的情况为温度梯度引起热流，也影响物流，成为四元体系[74]、四种物流和四种推动力的情况在此不详细讨论。

（4）膜分离中扩散系数的耦合效应

对于多元体系混合物的性能预测时，常用单组分的性能，其扩散系数、渗透率等的数据，在实际分离过程中常有较大的误差。在混合体系中，由于组分间和组分与膜之间的相互作用，使传质过程有强烈的耦合效应，反映于分离过程中的传递系数（扩散系数、渗透率等）常比单组分的低，有时影响明显，这种组分间的正耦合效应，是分离过程效率降低的原因之一。

用不可逆热力学 Onsager 形式可以处理组分间的耦合作用，曾试用于一体系中两独立流的耦合扩散，也可测定耦合程度，其结果用于系统的膜分离因子。

在三元体系中，包括溶质一种组分、溶剂一种组分和固体膜，就有三个独立流，有耦合现象。

① 用线性唯象方程表达

$$J_1 = -L_{11}\,\mathrm{grad}\mu_1 - L_{12}\,\mathrm{grad}\mu_2 \tag{5-133}$$

$$J_2 = -L_{21}\,\mathrm{grad}\mu_1 - L_{22}\,\mathrm{grad}\mu_2 \tag{5-134}$$

从 Onsager 互易关系：

$$L_{12} = L_{21} \tag{5-135}$$

$$L_{11} > 0, \quad L_{22} > 0, \quad L_{11}L_{22} \geqslant L_{12}^2 \tag{5-136}$$

若化学势 μ 写成组分的浓度 c，则

$$J_1 = -D_{11}\,\mathrm{grad}c_1 - D_{12}\,\mathrm{grad}c_2 = J_{11} + J_{12} \tag{5-137}$$

$$J_2 = -D_{21}\,\mathrm{grad}c_1 - D_{22}\,\mathrm{grad}c_2 = J_{21} + J_{22} \tag{5-138}$$

则

$$\begin{bmatrix} D_{11} & D_{12} \\ D_{21} & D_{22} \end{bmatrix} = \begin{bmatrix} L_{11} & L_{12} \\ L_{21} & L_{22} \end{bmatrix} \begin{bmatrix} \mu_{11} & \mu_{12} \\ \mu_{21} & \mu_{22} \end{bmatrix} \tag{5-139}$$

式中，$\mu_{jk} = (\partial \mu_j / \partial c_k)$；$c_1$、$c_2$ 是膜中位置 X 和时间 t 的函数；只有当 $\mu_{12} = \mu_{21} = 0$ 时，$D_{12} = D_{21} = 0$，否则 $D_{12} \neq D_{21}$（耦合扩散系数或交叉扩散系数）。

② 设简化 $\mu_{12} = \mu_{21} = 0$

$$\mathrm{grad}\mu_j = \frac{RT}{c_j}\,\mathrm{grad}c_j \text{（不考虑活度系数）}$$

定义耦合程度 ε

$$\varepsilon = \frac{L_{12}L_{21}}{L_{11}L_{22}} = \frac{L_{12}^2}{L_{11}L_{22}} = \frac{L_{21}^2}{L_{11}L_{22}}, \quad \text{则 } 0 \ll \varepsilon \ll 1 \tag{5-140}$$

也可用 D 表达：

$$\varepsilon = \frac{D_{12}D_{21}}{D_{11}D_{22}}, \quad 0 \ll \varepsilon \ll 1 \tag{5-141}$$

$$则 \qquad D_{jk} = \pm \sqrt{\varepsilon \frac{c_i}{c_k} D_{ij} D_{kk}} \quad (j \neq k) \qquad (5\text{-}142)$$

$$\left(\frac{D_{ik}}{D_{kj}} = \frac{c_i}{c_j} \right)$$

$D_{jk} > 0$ 称为正耦合，$D_{jk} < 0$ 称为负耦合（ε 总为正，则 D_{jk} 与 D_{kj} 总是同号）。

③ 渗透率系数

$$P = \frac{DS}{l} \qquad (5\text{-}143)$$

在分离过程中，下游浓度或压力对上游浓度或压力相比可略而不计时，如气体分离或渗透汽化，若无耦合，则理想分离系数可估算为

$$\alpha_{A/B} = \frac{P_A}{P_B} \qquad (5\text{-}144)$$

$$则 \qquad \alpha_{A/B} = (D_A/D_B)(S_A/S_B) = \alpha_{A/B}^D \alpha_{A/B}^S \qquad (5\text{-}145)$$

这是溶解-扩散模型中常用的，可见分离系数可受耦合效应影响严重。由于大多数耦合为正耦合，故系统的分离因子下降。

耦合扩散系数的模拟计算与实测，可分几种情况：

Level-flow-膜表面上，组分浓度在膜两侧相等：$\Delta c_1 = 0$，$\Delta c_2 = 0$

Co-flow 两组分同一方向通过膜，所得浓度差相等：

$$[c_1(0,t) = c_2(0,t) = 常数, \quad c_1(L,t) = c_2(L,t) = 常数] \Delta c_1 = \Delta c_2 = \Delta c_+$$

Courter-flow：两种组分在边界浓度下逆向传递，$\Delta c_1 = \Delta c_2 = \Delta c_-$

即通过膜相反方向的浓度相等，详见文献 [78-81]。

此外，在膜制备技术中，也采用不可逆热力学的原理以推导多元体系的传质动力学方程，如高分子相转变制膜技术中，蒸发传质动力学和浸沉传质动力学已有研究[82,83]，最近国内研究有所发展[84]。

5.2.3　膜内基本传质形式

5.2.3.1　三种膜内基本传质形式[85,86]

（1）被动传递

如图 5-7(a) 所示。这过程的传质方向由化学势高者流向化学势低者，$\mu'_A > \mu''_A$，为热力学"下坡"过程，这里膜的作用就像一物理的平板屏障，所有通过膜的组分均以化学势梯度为推动力。组分在膜中的化学势梯度，可以是膜两侧的压力差、浓度差、温度差或电势差。

（2）促进传递

如图 5-7(b) 所示。在这过程中，各组分通过膜的传质推动力仍是膜两侧的化学势梯度 $\mu'_A > \mu''_A$，而各组分由其特定的载体带入膜中，是"载体-介质传递"中常见的一种。过程中

没有逆化势差的传递情况，也称促进扩散。由于各特定的载体在膜中的作用，促进传递是一种具有高选择性的被动传递。在液膜中常用，固膜中也有用的，如酸性气体 CO_2 在荷电膜中的分离作用[66]。

（3）主动传递

如图 5-7（c）所示。这过程与前两者情况不同，各组分可以逆其化学势梯度而传递，$\mu_A' < \mu_A''$，为热力学"上坡"过程。其推动力是由膜内某化学反应提供，主要发现于生物膜。在具有化学反应的液膜和其他仿生膜中以及常见膜分离过程中，也有主动传递过程。

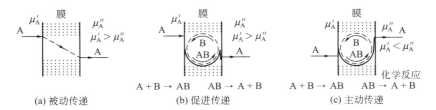

图 5-7　通过膜相际传质过程基本形式示意图

5.2.3.2　以非平衡热力学定义基本传质形式

（1）以非平衡热力学区分被动传递和主动传递

简言之，消散函数

$$\Phi = T\frac{(\mathrm{d}S)_i}{\mathrm{d}t} = \sum J_i X_i > 0 \tag{5-146}$$

即流动方向从电化学势高的区域向低的区域流动，称为被动流动，为被动传递。相反，消散函数

$$\Phi = T\frac{(\mathrm{d}S)_i}{\mathrm{d}t} = \sum J_i X_i < 0 \tag{5-147}$$

即为主动传递，必须依靠其他推动力如化学反应、流动过程才能进行。若把外供的推动力划入这个膜分离体系，成为一个大的封闭体系，它仍是一个熵增过程，因此传递能够进行。

（2）Kedem 方法

对于单一作用力和单一物流，流动方向必定从电化学势高的区域流向电化学势低的区域，即 $T(\mathrm{d}S)_i/\mathrm{d}t = J_i X_i > 0$，流率和作用力必定同号，称"被动流动"。然而，一个体系中有两个或多个物流和力时，流动中的耦合负效应可使一种物质逆其共轭作用力而流动。这种现象发生于生物膜体系，同样也可发生于人工膜体系。例如一种膜对溶质的选择性优于溶剂，溶剂伴随溶质从浓度高处流向溶质浓度低处，对溶剂而言是逆其渗透推动力而流动的。这种逆其共轭推动力的流动，$J_i X_i < 0$，J_i 为主动流动，因此，在被动流动中有主动流动，以前的定义就易混淆。

Kedem 给了另一种定义方法，若将式（5-84）重整后得

$$J_i = (X_i/R_{ii}) - \sum_j (R_{ij}J_j/R_{ii}) - (R_{ir}J_r/R_{ii}) \tag{5-148}$$

式中，J_r 为化学反应造成的物流；R_{ir} 是交叉系数，反映了 J_i 和 J_r 之间的耦合效应；

J_j 为其他的物流。于是，在等温体系中，J_i 取决于其共轭推动力、组分之间的耦合流动以及化学反应的耦合流动（也称化学渗透耦合）。当 $R_{ir} \neq 0$ 时，流动为"主动传递"；若无化学反应 $R_{ir} = 0$，则为"被动传递"。可见 Kedem 的定义不是取决于流动的方向。J_i 的方向可以与 X_i 一致；但若 J_i 受 J_r 耦合效应影响而加速或减慢，即耦合效应为"正"或"负"，仍为"主动传递"。这种定义方法还导入流速的耦合概念。但要用实验确定 J_i 与化学反应之间（如生物中的代谢作用）的"正"或"负"耦合效应。

（3）主动传递的不可逆热力学模型

根据 Kedem 定义的主动传递，一种由化学反应产生的物流 J_r，可与任何一种物流在同一体系中耦合，而成为主动传递过程。在体系中 J_i 与 J_r 耦合，则可用消失（或消散）函数写成下式

$$T(\mathrm{d}S)_i / \mathrm{d}t = J_i X_i + J_r X_r \tag{5-149}$$

式中，X_r 是 J_r 的共轭推动力。

化学反应的共轭推动力为 $\sum (-\gamma_j \mu_j)$，即等温等压下，单位反应进行速度的 Gibbs 自由能的减少。设物流与力为线性关系，则对两个力、两个物流的体系用下式表达

$$X_i = \Delta \mu_i = R_{ii} J_i + R_{ir} J_r$$
$$A = R_{ri} J_i + R_{rr} J_r \tag{5-150}$$

式中，R 为普遍化的阻力系数，适用互易关系 $R_{ir} = R_{ri}$，如前所述，线性唯象方程和 Onsager 互易关系式都不能离平衡太远，而最后分析这些关系式是否合适，还要从经验和实验出发。Prigogine 和 Lefever 指出，总的反应要取决于一系列的中间反应，每一中间反应均不能偏离平衡太远，总的反应速率是总亲和力的线性函数。重整式(5-150)，可得

$$J_i = (\Delta \mu_i / R_{ii}) - (R_{ir} J_r / R_{ii}) \tag{5-151}$$

若 J_r 使 J_i 向相反方向流动，$J_i \Delta \mu_i < 0$，则此耦合为负耦合；若定义 J_r 和 $\Delta \mu_i$ 为正值，则 $R_{ir} > 0$ 再定义两个唯象系数的组合

$$z = (R_{rr} / R_{ii})^{1/2}$$
$$\varepsilon = -R_{ir} / (R_{ii} R_{rr})^{1/2} \tag{5-152}$$

由于，$R_{ir}^2 < R_{ii} R_{rr}$，因而 $-1 \ll \varepsilon \ll 1$，则 ε 定义为耦合程度。

① 若 $\varepsilon = \pm 1$，则（以 $J_i / J_r) = \pm z$，两流动为完全耦合。若其中一物流固定，另一物流也已定，两流率之比与两力之比无关。这是理想的一个极端情况。一般 J_i 是受 $\Delta \mu_i$ 变化影响的，J_r 也要受影响。

② 若 $\varepsilon = 0$，则 $R_{ir} = 0$，且

$$\frac{J_i}{J_r} = \frac{z^2 \Delta \overline{\mu}_i}{A} = \frac{\Delta \overline{\mu}_i / R_{ii}}{A / R_{ii}} = \frac{L_{ii} \Delta \overline{\mu}_j}{L_{rr} A} \tag{5-153}$$

则流率之比等于两力之比，每一流率只受其共轭推动力影响，因此，这两种流动相互间完全没有耦合效应。

③ 若 $-1 < \varepsilon < 0$，即为负耦合效应；若 $0 < \varepsilon < 1$，情况与一般的正耦合效应相对应。

主动传递和载体介质传递等传递形式分类，常用在生物膜中，还有多种不同形式。

5.2.4　膜分离传递过程中的常用参数

5.2.4.1　渗透与渗透率[1,87]

（1）膜分离中基本的渗透过程

包括物料流到膜面，进入膜内，通过膜，再离开膜的另一表面而流入产品一侧。渗透是一种现象的统称，是一个唯象定义。它可由多种不同的推动力如浓度梯度、温度梯度、压力梯度和电位梯度等，各种不同的传递机理而产生。渗透不同于扩散，扩散是指分子扩散，而渗透代表一种更为广泛的物质传递现象。

（2）渗透的量度为渗透率

渗透率不考虑实际传递机理，比分子扩散的应用更为广泛，是实际应用中表示透过膜的程度，常用符号 Q，可以用常见的简化形式表示

$$Q = DS_m \qquad (5\text{-}154)$$

式中，D 为膜中扩散系数；S_m 为膜中溶解度常数。若为扩散过程，一般渗透通量 J，在稳定态下

$$J = DS_m(c_1^m - c_2^m)/l \qquad (5\text{-}155)$$

式中，c_1^m、c_2^m 为膜中实际浓度，不易测定，故用 S_m（或称分配系数）

$$S_m（或 k_s） = \frac{溶解质量(g)/膜体积(cm^3)}{溶解质量(g)/溶液体积(cm^3)} \qquad (5\text{-}156)$$

则

$$J = DS_m(c_1^s - c_2^s)/l \qquad (5\text{-}157)$$

这样，可用溶液中的浓度 c_1^s 和 c_2^s，便于实际测量。渗透率也可写为

$$Q = \frac{Jl}{c_1^s - c_2^s} = \frac{渗透量 \times 膜厚}{时间 \times 膜面积 \times \Delta'(推动力)} \qquad (5\text{-}158)$$

可见，它是简化的实际的膜透过能力，是单位膜面积、推动力、流动时间和一定膜厚的实际性能指标。若不简化，则应考虑流体两侧边界层阻力。膜分离过程的分离因子，也可用渗透率之比来表征

$$\alpha_{ij} = Q_i/Q_j \qquad (5\text{-}159)$$

渗透的量度也可用渗透率系数 Q' 来表达，即单位膜厚的渗透率

$$Q' = \frac{Q}{l} \qquad (5\text{-}160)$$

（3）温度对渗透率的影响

可用 Arrehenuis 表达式

$$Q = Q_0 \exp \frac{-E_0}{RT} \qquad (5\text{-}161)$$

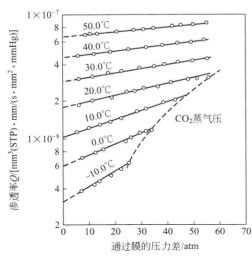

图 5-8 二氧化碳在聚乙烯膜中的渗透率 Q 与温度、压力的关系（1mmHg=133.322Pa）

$$E_Q = E_D + \Delta H_s \qquad (5\text{-}162)$$

式中，E_Q 为渗透活化能；E_D 为扩散活化能；ΔH_s 为溶解热，例如图 5-8 中 CO_2 的性质。

5.2.4.2　溶解度、溶解度参数、热力学耦合过程[90-92]

膜分离的主要指标是分离系数和渗透率。对于选择性好、无化学反应的非多孔性膜而言，以分离物系在膜中的溶解度和扩散系数为主要决定因素。而内在因素取决于分离物系和膜所构成的三元（或多元）体系中，溶剂-膜、溶质-膜和溶剂-溶质之间的亲和力，反映于 Flory 相互作用参数；取决于溶剂、溶质共存时在传递过程中的相互影响，反映于耦合效应。

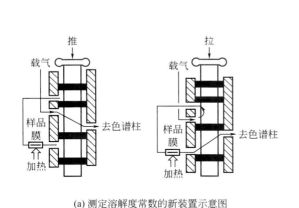

(a) 测定溶解度常数的新装置示意图
（不锈钢阀门装置)[94]

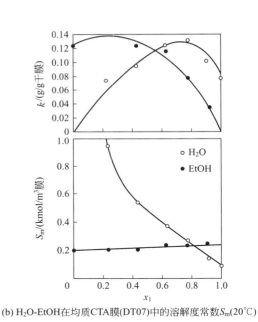

(b) H_2O-EtOH在均质CTA膜(DT07)中的溶解度常数S_m(20℃)

图 5-9　溶解度的测定

（1）溶解度（也称溶解度常数）的意义及其测定

溶解度通常定义为"分配系数"或"分布系数"或溶解度常数，写成式(5-156)。测定时必须先测定溶质（或溶剂）在膜内的溶胀量。一般将均质膜样品浸泡在已知浓度的所测溶液中，约48h达溶胀平衡[90]。然后取出膜样品，表面擦干后称重，同时分析浸泡过的溶液，求知其浓度的变化，从而计算出溶质（溶剂）在干膜中的平衡溶胀量，再计算溶解度 S_m。另一种方法是将一定体积的膜按上法浸泡后，膜样品取出，表面擦干称重，再将此膜放在容器中抽真空，至恒重，取出称重，用减量法得到膜中溶胀液量并分析得其组成，再算出测定组分的量，求得 S_m，这种方法较为准确。另一改进的新方法[51,93]是用一不锈钢阀门装置（见图 5-9），接于色谱仪进样阀上，将浸泡后的膜样品置于新装置中，加热将其中溶胀的溶质（溶剂）赶出，直接于色谱仪上分析，算得其在三元体系中所占体积分数；然后计算出干膜的重量，得到溶解度，这种方法比一般方法方便且精确。

至于气体或蒸气的溶解度，往往是在测定渗透率和扩散系数后计算而得。下面就溶解度的影响因素进行讨论。

① 温度的影响　一般来讲，溶解度与温度呈 Arrhenius 型关系

$$S_m = S_0 \exp\left(-\frac{\Delta H_s}{RT}\right) \qquad (5\text{-}163)$$

式中，ΔH_s 为溶解热；S_0 为溶质在极稀情况下的溶解度，为一参比系数。如图 5-10 所示[89]。

ΔH_s 为摩尔冷凝热（ΔH^c）与摩尔混合热（ΔH^M）之和，ΔH^M 由 Hildebrand 方程可计算而得

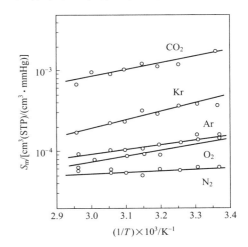

图 5-10　溶解度与温度关系

$$\Delta H^M = \overline{V}_1 (\varphi_2)^2 (\delta_1 - \delta_2)^2 \qquad (5\text{-}164)$$

式中，$\overline{V}_1$ 为渗透物的偏摩尔体积；φ_2 为高分子膜的体积分数。对于永久性气体（He，O_2 等）ΔH^M 是正值，大于 ΔH^c，因此溶解度随温度增加而增大，相反可凝性蒸气如碳氢化物，由于 ΔH_s 主要取决于冷凝热 ΔH^c，是为负值，故其溶解度随温度的上升而减小。液体的溶解度随温度的增加而增大，主要是由于塑性化效应[95]。溶解热对于 Lennard-Jones 引力（ε/k）的关系，不论对永久性或冷凝性蒸气，在 PE 中均为[96]

$$\Delta H_s = 7.322 - 0.0686(\varepsilon/k) \qquad (5\text{-}165)$$

扩散活化能与溶解热见表 5-7[97-99]。

气体在微孔膜中的溶解，实际为"吸附"，即包含气体溶解和气体吸附两部分，且服从于气体溶解的 Henry 定律和气体吸附的 Langmuir 关系式，即气体平衡浓度为

表 5-7　扩散活化能与溶解热

聚合物	渗透物	E_D/(kJ/mol)	ΔH_s/(kJ/mol)	聚合物	渗透物	E_D/(kJ/mol)	ΔH_s/(kJ/mol)
LDPE	O_2	40.1	2.5	HDPE	CO_2	35.5	−5.3
HDPF	O_2	37.6	2.1	POM	CO_2	49.0	—
POM	O_2	38.8	—	PTFE	CO_2	28.6	−14.7
PTFE	O_2	26.3	−7.2	LDPE	H_2O	59.4	−18.0
LDPE	CO_2	38.4	0.4	IPP	H_2O	68.7	−17.6

$$c = c_D + c_H = k_D p + c_H' b p / (1 + b p) \qquad (5\text{-}166)$$

式中，c 为气体平衡浓度；c_D 为溶解部分浓度；c_H 为吸附部分浓度；p 为气体压力；k_D、b、c'_H 为常数。

② 溶胀液组成的影响 从图 5-9（b）可见，溶胀量和溶解度随溶胀液组成而变化的情况，对于乙醇-水溶液在均质的 CTA 膜和交联后的 PVA 膜中，水都有极大溶胀量。这种现象正是由于水的氢键力很强，易自缔合成水团。水团体积大、立体形，不易透入膜内。水团之间也有未缔合的单个分子，与水团形成动态平衡：$n H_2O \rightleftharpoons (H_2O)_n$。加入溶质后，可增加或破坏氢键力形成的缔合结构。少量乙醇进入水团之间，与水分子缔合而使水分子易溶于膜。当醇浓度很高时，甚至能破坏水团，使其结构平衡向小分子移动，而增加单分子水的密度。因此，水中有了醇，可以促进水在膜中的溶解，同时水对醇的溶解也有耦合效应。

③ 透过组分分子大小的影响 气体分子在一般高分子膜中引力很小，控制溶解度的主要因素是其冷凝的难易程度，即临界温度 T_c、正常沸点 T_b 和 Lennard-Jones（L-J）常数（ε/k）。这些参数都随分子尺寸的增大而增加，见表 5-8 和图 5-11[100]。

表 5-8 气体的溶解度

气体	原子半径 $10^{10}b$/m	正常沸点 T/K	L-J 常数 (ε/k)/K	$S_m \times 10^2$/[mm³(STP)/(mm³·kPa)]	
				PEM[18]	PDMS[19]
He	0.95	4	10	1.18×10^{-3}	4.24×10^{-2}
Ne	1.18	27	35	1.48×10^{-2}	8.88×10^{-2}
Ar	1.44	37	121	0.212	0.336
Kr	1.60	121	165	0.434	0.967
Xe	1.76	166	221	—	3.95

④ 膜性质的影响 荷电的离子膜和极性膜对电解质的渗透有显著的影响。在荷电性膜分离中，选择性的主要支配因素是溶解度，如 CTA 膜中含有 40%（质量分数）乙酰基。对各种电解质溶质而言，扩散系数的变化只在 $2 \times 10^{-9} \sim 8 \times 10^{-9}$ cm²/s 之间，而溶解度常数的变化可大于 3 个数量级。

对于一般气体、有机物和水等，在非离子交换膜中，溶解度直接取决于 Flory-Huggins 分子间相互作用引力参数或溶解度参数，即

$$S_m \propto \exp(-\psi) \qquad (5\text{-}167)$$

式中，ψ 为 Flory-Huggins 相互作用参数。各种简单气体与各种无定形高分子膜间的 ψ 变化很小，因此，渗透过程中溶解度差别的影响远小于扩散系数差别的影响。例如氢气在聚甲基丙烯酸乙酯中的扩散系数比在硅橡胶膜中大 500 多倍，而在异戊二烯/异丁烯腈共聚物和在硅橡胶中溶解度之比只有 6 倍。

聚合物膜结构对气体的溶解度也有明显的影

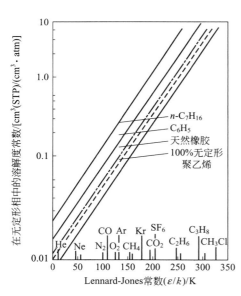

图 5-11 气体在无定形聚合物中溶解度常数与 L-J 常数关系（1atm=101.325kPa）

响，例如聚乙烯（PE），气体在结晶区域内不溶解，因此在聚合物膜的溶解度 S 为

$$S = \varphi_a S_a \tag{5-168}$$

式中，S_a 为气体在完全无定形聚合物膜中的溶解度；φ_a 为无定形部分在膜中体积分数。S_a 为 Lennand-Jones 常数（ε/k）的函数[101]

$$\ln(S_a) = 0.022\frac{\varepsilon}{k} - 5.07 \tag{5-169}$$

但在 Michaels[100] 的工作中 S_a 为常数。

在橡胶态半晶体聚合物中 S_a（或 S）随溶质在聚合物中的浓度 c 和分压 p 而变，在低浓度时

$$c = Sp \tag{5-170}$$

Rogers[95,102] 作出 S 与浓度 c（或分压）的关系为

$$S = S^0 e^{\sigma c} \tag{5-171}$$

式中，S^0 为溶质极稀时的溶解度系数；σ 为与浓度大小有关的数，这关系符合聚合物与溶质之间无特殊引力的情况。

在橡胶态中晶体聚合物中[103]，Flory-Huggins（F-H）方程可用来描绘与压力成非线性关系的溶解度

$$\ln\frac{p}{p^0} \approx \ln a_1 = \ln\varphi_1 + \varphi_2 + \psi_1\varphi_2^2 + \frac{(\varphi_2)^{\frac{1}{2}}\overline{V}\rho_a}{\overline{M}_C} \tag{5-172}$$

式中，p^0 为溶质的饱和蒸气压；a_1 为溶质的活度；φ_1，φ_2 分别为溶质和聚合物的体积分数；ψ_1 为 F-H 参数；ρ_a 为非溶胀聚合物的无定形密度；$\overline{M}_C$ 为无定形链长（晶体间）。Alan S. Michaels[104] 在自由体积基础上推导了 S_a

$$S_a = \frac{\rho_1}{\rho_2}\frac{f_2}{\varphi_a f_1 p^0 e^{1+\psi_1}}\frac{1}{1 - 2\dfrac{p/p^0}{e^{1+\psi_1}}} \tag{5-173}$$

式中，f_2、f_1 分别为聚合物和溶质的自由体积分数；p 为溶质分压。

至于有机物和水在膜中的溶解度，受 Flory-Huggins 相互作用参数的影响更为显著。

（2）溶解度参数

液体混合物组分在高分子膜中的溶解情况，可用溶解度参数 δ 来描述，主要用于非电解质溶液，但也可扩充用于离子体系。一般来讲，具有相近的溶解度参数的物质具有较高的互溶度。溶解度参数表征分子间的内聚能（$-E$），定义为单位体积的分子间内聚能

$$\delta = (-E/V)^{\frac{1}{2}} \tag{5-174}$$

高分子膜与溶于其中的溶剂组分的热力学描绘，可用 Gibbs 混合自由能来表达。对于晶体高分子，则

$$\Delta G^M = \Delta H^M - T\Delta S^M + \Delta H_f \tag{5-175}$$

而对于无定形高分子，则

$$\Delta G^M = \Delta H^M - T\Delta S^M \tag{5-176}$$

式中，ΔH^M 为混合焓；ΔS^M 为混合熵；ΔH_f 为熵溶热。实际应用多为后者，即式 (5-176)。在高分子-溶剂体系中混合熵 ΔS^M 总为正值，ΔG^M 取决于 ΔH^M 值；由于 ΔH^M 实际为正值，所以必须使 ΔH^M 愈小愈好，才能使 ΔG^M 为负值，溶解可自发进行。对于二元体系的混合焓 ΔH^M 可依 Scatchard 和 Hildebrand[92] 提出的方法表达为

$$\Delta H^M = (x_A V_A + x_B V_B)(\delta_A - \delta_B)^2 \varphi_A \varphi_B \tag{5-177}$$

$$\varphi_A = x_A V_A / V_T \tag{5-178}$$

式中，φ 为体积分数；$V_A(V_B)$ 为偏摩尔体积；V_T 为总体积。溶解度参数之差 $(\delta_A - \delta_B)$ 愈小，ΔH^M 值愈小，愈易溶解。一般规律为 $\delta_A \approx \delta_B$，即 $(\delta_A - \delta_B) < 1.7 \sim 2.0$，则 $\Delta H = 0$，AB 互溶。$(\delta_A - \delta_B) > 2.0$ 时，不易发生溶解。

溶解度参数有几种表示法。当前应用最多的是 Hansen[105] 提出的三元溶解度参数，表达为

$$\delta = [\delta(d)^2 + \delta(p)^2 + \delta(h)^2]^{\frac{1}{2}} \tag{5-179}$$

式中，$\delta(d)$ 为色散分量；$\delta(p)$ 为极性分量；$\delta(h)$ 为氢键分量。

三元溶解度参数较全面地表征了分子间的引力。

① 溶解度参数的色散分量　由分子间的色散引力——E_d 所形成。

由于两种原子之间瞬时偶极矩而产生的引力，称为色散引力。它与分子的永久偶极矩无关，不论是极性或非极性分子都可产生。例如 X 原子内电子无规则运动而形成非对称型，这时瞬时偶极矩使 S 原子感应而产生偶极矩，造成 S 的极性，X 与 S 之间产生了引力，其大小取决于分子的尺寸、分子中各种键的电子运动情况和单位体积电子数。折射率指数是这种力的表示法。

② 溶解度参数的极性分量　由分子间的偶极矩引力——E_p 所形成，常在溶解和分离过程中起重要的作用。当一种分子具有永久性偶极矩时，它与相邻分子产生了另一种应力，使 S 分子感应产生偶极矩，但 X 的偶极矩不是瞬时的，而是永久性的。例如分子 CH_3—$C^+ \equiv N^-$ 具有永久性偶极矩，分子可连成串：CH_3—$C^+ \equiv N^- \rightleftharpoons CH_3$—$C^+ \equiv N^- \cdots$

一些官能团的偶极矩举例如下：

官能团	偶极矩/D	官能团	偶极矩/D
—N—	0.8	—COOH	1.7
—NH—	1.1	—CHO	2.5
—O—	1.2	—CN	35
—S—	1.4	—OH	1.7
—SO—	3.5	$\diagdown \atop \diagup$C	2.7
—NH$_2$—	1.4		

注：1D(debye) = 3.33564×10^{-30} C·m。

③ 溶解度参数的氢键分量　由分子间的偶极矩引力——E_h 所形成。

若 A 分子为质子给予者，B 分子为质子接受者，AB 分子间的相互作用力为氢键引力，常为溶解和分离过程中起支配作用的因素。例如氯仿为质子给予者，三甲基胺为质子接受者：$Cl_3C^- \text{—} H^+ \cdots N \text{—} (CH_3)_3$，这两种分子具有强的氢键引力。具有强的氢键引力的化合物有醇、酚、氯仿、酸等。

溶解度参数表示法还有 Prausnitz 等[106]提出的二维参数表示法

$$\delta^2 = \lambda^2 + \tau^2 \tag{5-180}$$

式中，λ^2 为非极性分量；τ^2 为极性分量。其他还有 Homomosph 三维溶解度参数等。常见聚合物膜的溶解度参数见表 5-9，常用溶剂的溶解度参数见表 5-10，结构基团对溶解度参数的贡献见表 5-11。几种溶剂和高分子溶解度参数对照图见图 5-12[107]。

表 5-9　常见聚合物膜的溶解度参数[109]　　　　　单位：$cal^{1/2}/cm^{3/2}$

聚合物	δ_P	δ_M	δ_S	$\delta(d)$	$\delta(p)$	$\delta(h)$
CA	11.1～12.5	10.0～14.5		7.60	7.97	6.33
CTA				7.61	7.23	5.81
PE	7.7～8.2			8.61	0	0
PC	9.5～10.6	9.5～10.0				
PAN		12.0～14.0		8.91	7.9	3.3
Mylar	9.5～10.8	9.3～9.9				
PMMA	8.9～12.7	8.5～13.3				
PSF	10.0～10.5			8.99	8.06	3.66
PS	8.5～10.6	9.1～9.4		9.64	0.42	1.0
PTFE	5.8～6.4			6.84	0	0
PVC	8.5～11.0	7.8～10.5		9.15	4.9	1.5
PVAC	8.5～9.5			93	5.0	4.0
PVA				7.82	12.93	11.68
天然橡胶	8.1～8.5					
硅橡胶	7.0～9.5	9.3～10.8	9.5～11.5			

注：δ_P 为在弱氢键溶剂中的溶解度参数；δ_M 为在中等氢键溶剂中的溶解度参数；δ_S 为在强氢键溶剂中的溶解度参数。$\delta(d)$、$\delta(p)$、$\delta(h)$ 分别为溶解度参数的色散分量、极性分量和氢键分量。$1 cal = 4.1868 J$。

表 5-10　常用溶剂的溶解度参数　　　　　单位：$cal^{1/2}/cm^{3/2}$

溶剂	氢键	δ_0	δ	$\delta(d)$	$\delta(p)$	$\delta(h)$	摩尔体积 $V_i/(cm^3/mol)$
正丙烷	弱	7.0	7.1	7.1	0.0	0.0	116.2
正丁烷	弱	6.8	6.9	6.9	0.0	0.0	101.4
正己烷	弱	7.3	7.3	7.3	0.0	0.0	131.6
环己烷	弱	8.2	8.2	8.2	0.0	0.0	108.7
苯	弱	9.2	9.1	9.0	0.0	1.0	89.4
甲苯	弱	8.9	8.9	8.8	0.7	1.0	106.8
苯乙烯	弱	9.3	9.3	9.1	0.5	2.0	115.6
邻二甲苯	弱	9.0	8.9	8.7	0.5	1.5	121.2

溶剂	氢键	δ_0	δ	$\delta(d)$	$\delta(p)$	$\delta(h)$	摩尔体积 $V_i/(cm^3/mol)$
间二甲苯	弱	8.9	8.8	8.7	0.4	1.3	121.2
对二甲苯	弱	8.8	8.8	8.7	0.0	1.3	121.2
1,1-二氯乙烷	弱	9.1	9.2	8.3	3.3	2.3	79.0
氯仿	弱	9.3	9.3	8.7	1.5	2.8	80.7
四氯化碳	弱	8.6	8.7	8.7	0.0	0.3	97.1
氯苯	弱	9.5	9.6	9.3	2.1	1.0	102.1
四氢呋喃	中等	9.1	9.5	8.2	2.8	3.9	81.7
丙酮	中等	9.9	9.8	7.6	5.1	3.4	74.0
甲乙酮	中等	9.3	9.3	7.8	4.4	2.5	90.1
环己酮	中等	9.9	9.6	8.7	3.1	2.5	104.0
乙腈	强	10.3	11.0	9.5	2.5	5.0	91.5
N-甲基吡咯烷酮	中等	11.3	11.2	8.8	6.0	3.5	96.5
二甲基甲酰胺	中等	12.1	12.1	8.5	6.7	5.5	77.0
二甲基亚砜	中等	14.5	14.6	9.3	9.5	6.0	75
甲醇	强	14.5	14.5	7.4	6.0	10.9	40.7
乙醇	强	12.7	13.0	7.7	4.3	9.5	58.5
丙醇	强	11.9	12.0	7.8	3.3	8.5	75.2
异丙醇	强	11.5	11.5	7.7	3.0	8.0	76.8
水	强	23.4	23.4	7.6	7.8	20.7	18.0

注：δ_0 为一维溶解度参数；δ 为三维溶解度参数的总和。

表 5-11　结构基团对溶解度参数的贡献

基团	$F_{d,i}$ /(cal·cm$^{3/2}$/mol)	$F_{p,i}$ /(cal·cm$^{3/2}$/mol)	$E_{h,i}$ /(cal/mol)	V_i /(cm^3/mol)
—CH₂—	132	0	0	15.9
CH₃—	205	0	0	23.9
—OH	39	244	4777	9.7
＼CH— ／	142	0	0	9.5
＼C=O ／	210	376	478	13.4
—C≡N	244	538	597	19.5
—NO₂	244	523	358	—
O ‖ —C—OH	259	205	2388	23.1
O ‖ —C—O—	191	239	1672	23.0
—N— | H	78	103	740	12.5
⬡	792	0	0	90.7
⬡ (o,m,p)	699	54	0	72.7
⬡	621	54	0	65.6

续表

基团	$F_{d,i}$ /(cal·cm$^{3/2}$/mol)	$F_{p,i}$ /(cal·cm$^{3/2}$/mol)	$E_{h,i}$ /(cal/mol)	V_i /(cm^3/mol)
—F	108	—	—	10.9
—Cl	220	269	96	19.9
—CN	210	588	597	19.5
—NH$_2$	137	—	2006	—
—N—	10	391	1194	6.7
—S	215	—	—	17.8
—SO$_2$—	289	—	3224	31.8

注：$\delta(h) = (E_{h,i}/V_i)^{1/2}$；$\delta(p) = (\sum F_{p,i}^2)^{1/2}/V_i$，$\delta(d) = (\sum F_{d,i}^2)^{1/2}/V_i$。

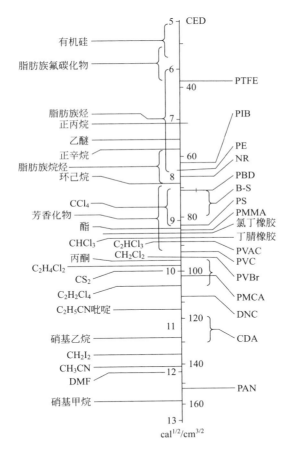

图 5-12　几种溶剂和高分子聚合物溶解度参数对照

Smolders[108]将 δ 的矢量形式用于渗透汽化膜分离过程的膜选择，用两物质 δ 的矢量差和模数 Δ_{im} 表示两者的作用状况，显然 Δ_{im} 值越小，两者的互溶越易进行。

$$\Delta_{im}^2 = (\delta_{di} - \delta_{dm})^2 + (\delta_{pi} - \delta_{pm})^2 + (\delta_{hi} - \delta_{hm})^2 \tag{5-181}$$

Lloyd 等[110]又提出以 Δ_{jm}/Δ_{im} 作为衡量由物质 j 和 i 及膜（m）组成的体系优先吸附

和膜材料选择性的指标。Δ_{jm}/Δ_{im} 值愈大，即 Δ_{im} 小，表示 i 和膜（m）之间亲和力大，故分离系数 α_j^i 愈大。见表 5-12。

表 5-12　几种聚合物的溶解度参数及其在水-乙醇膜体系中的 Δ 值

聚合物膜	δ	$\delta(d)$	$\delta(p)$	$\delta(h)$	Δ_{im}	Δ_{jm}	Δ_{jm}/Δ_{im}
CTA	12.0	7.61	7.23	5.81	14.9	4.71	0.316
PSf	12.6	8.97	8.06	3.66	17.10	17.06	0.413
CA	12.7	7.60	7.97	6.33	14.37	4.85	0.338
磺化聚砜	14.1	8.87	9.41	5.62	15.22	6.52	0.429
聚丙烯腈(PAN)	14.4	8.51	11.01	3.65	17.38	8.95	0.515
聚乙烯醇(PVA)	19.1	7.82	12.93	11.68	10.38	8.90	0.858

注：δ 单位为 $cal^{1/2}/cm^{3/2}$；Δ 单位为 cal/cm^3。i 表示水，j 表示乙醇，m 表示膜。

（3）Flory-Huggins 相互作用参数

组分在膜中的溶解情况，也可用分子间相互作用参数 ψ 来描述。物质分子间有较强的相互作用力，也就具有较高的互溶度。

Flory-Huggins 相互作用参数是分子间引力的一种表示方法，定义为

$$\psi = \frac{N_A ZW}{RT}$$

式中，N_A 表示 Avogadro 常数；Z 表示晶格配位数；W 表示相邻分子间的相互作用交换能。ψ 在一定温度下对每种溶剂-聚合物体系是无量纲常数，并与聚合物的分子量无关。

溶剂-聚合物的混合熵和混合焓为

$$\Delta S^M = -RT(x_i \ln\varphi_i + x_m \ln\varphi_m) \tag{5-182}$$

$$\Delta H^M = \psi RT x_i \varphi_m \tag{5-183}$$

因此 Gibbs 混合自由能为

$$\Delta G^M = RT(x_i \ln\varphi_i + x_m \ln\varphi_m + \psi_{im} x_i \varphi_m) \tag{5-184}$$

式(5-184) 即为 Flory-Huggins 方程。x 为摩尔分数；φ 为体积分数。ψ 值愈大愈不易互溶，其临界值 $\leqslant 0.5$。曾做过许多实验，测定溶剂-聚合物体系的 ψ 值见表 5-13。表中的值是在溶剂的浓度接近于零的条件下测定的，但对大多数体系，在有限溶剂浓度下，同样可以应用。纯组分在高分子膜内达溶胀平衡时，可用下式表达

$$1/(\overline{M}_n)_c = 2/(\overline{M}_n)_0 - (\overline{v}/V_i)[\ln(1-\varphi_m) + \varphi_m + \psi\varphi_m^2]/[\varphi_m^{\frac{1}{3}} - \frac{1}{2}\varphi_m] \tag{5-185}$$

式中，$(\overline{M}_n)_c$ 为聚合物链节平均分子量；$(\overline{M}_n)_0$ 为主要链节的平均分子量（在交联前为直线形分子）；$\overline{v}$ 为聚合物的比体积；V_i 为溶剂的摩尔体积；φ_m 为达溶胀平衡时聚合物的体积分数。

表 5-13 溶剂与聚合物体系在不同温度下的 Flory-Huggins 相互作用参数 ψ 值[111]

溶剂	110℃	125℃	150℃	175℃	200℃
低密度聚乙烯,$\overline{M}_n = 35000, M_w = 235000$①					
苯	0.45	0.43	0.39	0.37	0.29
甲苯	0.35	0.35	0.33	0.31	0.28
对二甲苯	0.30	0.28	0.28	0.30	0.25
正己烷	0.30	0.30	0.38	0.36	0.33
正庚烷	0.35	0.34	0.34	0.32	0.28
正辛烷	0.31	0.30	0.31	0.29	0.26
环己烷	0.21	0.19	0.19	0.18	0.13
反十氢化萘	0.02	0.03	0.04	0.03	0.02
乙烯丙烯共聚物,40%±3%(质量分数)乙烯,$\overline{M}_n = 250000$②					
苯	0.46	0.40	0.37	0.35	0.30
甲苯	0.34	0.30	0.28	0.27	0.24
对甲苯	0.27	0.28	0.21	0.20	0.17
正己烷	0.28	0.27	0.26	0.27	0.26
正庚烷	0.27	0.23	0.22	0.19	0.16
环己烷	0.18	0.14	0.14	0.15	0.13
聚异丁烯,$M_w = 53000$③					
苯	0.82	0.78	0.74	0.70	0.66
甲苯	0.70	0.66	0.65	0.59	0.55
正己烷	0.58	0.57	0.56	0.55	0.54
环己烷	0.43	0.42	0.42	0.41	0.40

① 联合碳化物公司，未混合的 DYNI。

② Enjay 化学公司，Vistalan-404。

③ Enjay 化学公司，Vistanex-LM；其中 Vistalan 和 Vistanex 都是商品名。

$$\varphi_m = \frac{(W_1 - W_0)\rho_p}{W_0 \rho_s} \times 100$$

式中，W_0 为溶胀前样品质量；W_1 为溶胀后的样品质量；ρ_p 为聚合物样品的密度；ρ_s 为溶剂的密度。

将式(5-185)简化，略去含有聚合物分子量的项，可以求得 Flory-Huggins 相互作用参数

$$\psi_{im} = -(\ln\varphi_i + \varphi_m)/\varphi_m^2 \tag{5-186}$$

ψ 值也可从第二维里系数 A_2 方法求得，例如用渗透压测定法

$$A_2 = -\frac{\rho_s}{\rho_p^2 M_s}\left(\frac{1}{2} - \psi\right) \tag{5-187}$$

用沸点法测定

$$A_2 = \frac{RT^2}{\rho_p^2 \Delta H_s}\left(\frac{1}{2} - \psi\right) \tag{5-188}$$

ψ 值包含熵和焓两部分

$$\psi = \psi_S + \psi_H \tag{5-189}$$

ψ_S 一般为 $0.2 \sim 0.6$，ψ_H 必须很小

$$\psi_H = V_i (\delta_i - \delta_p)^2 / (RT) \tag{5-190}$$

ψ 随浓度、温度而变化。

当二元溶液在膜内形成一个三元体系，各组分间的相互作用参数为 ψ_{ij}、ψ_{im}、ψ_{jm}，其混合自由能为

$$\Delta G^M = RT[x_i \ln\varphi_i + x_j \ln\varphi_j + x_m \ln\varphi_m + \psi_{ij}(u_j)x_i\varphi_i + \psi_{im}x_i\varphi_m + \psi_{jm}x_j\varphi_m] \tag{5-191}$$

式中，$u_j = \varphi_j / (\varphi_i + \varphi_j)$；$\psi_{ij}$ 可从组分 i、j 混合物的剩余自由能 ΔG^E 计算；ψ_{im}、ψ_{jm} 可从式（5-186）求得。

$$\psi_{ij} = \frac{1}{x_i\varphi_j}\left(x_i \ln\frac{x_i}{\varphi_i} + x_j \ln\frac{x_j}{\varphi_j} + \frac{\Delta G^E}{RT}\right) \tag{5-192}$$

5.2.4.3 扩散过程、扩散系数、扩散耦合过程[88]

物质透过膜的传递过程，不论是气体、蒸气、溶剂、溶质或离子等，要考虑的第一个问题是表面吸附、吸收和溶胀等热力学过程。第二个问题就是物质从膜表面进入膜内或相反方向传递的动力学过程。

（1）等温扩散

讨论在一定温度下，溶质透过分隔两均相溶液的平板无孔膜时的扩散。图 5-13 中 o 和 i 表示膜两侧溶液，上横线 "—" 表示膜内性质。两个方向的流率分别为 J_i^{oi} 和 J_i^{io}，而其净流率为

$$J_i = J_i^{oi} - J_i^{io}$$

溶液浓度简化为 c_i 而不考虑活度。

① Nernst-Planck 方程 考虑体系如图 5-14 所示，其中 1cm^3 溶液含有 n 个溶质粒子，相邻于 1cm^2 的膜表面。显然单位时间内，在 X 方向通过膜的粒子数为

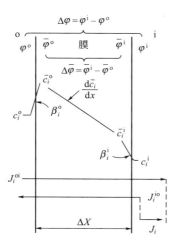

图 5-13 溶质透过平板无孔膜的扩散

ΔX—膜厚；上角 o 和 i—膜两侧；c—浓度；
φ—电势；J—流率；下角 i—组分

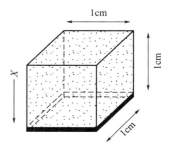

图 5-14 1cm^3 体积的溶液与
表面积为 1cm^2 的膜相邻

$$J_i = c_i v_i$$

式中，v_i 为每个溶质粒子的速度。若 v_i 单位为 cm/s，c_i 单位为 mol/cm³，则 J_i 单位为 mol/(cm²·s)。当 $v_i = 1$cm/s，则全部粒子在 1s 内从左到右。而 v_i 正比于作用在每个粒子上的力（f_i），$v_i = f_i u_i$。其中 u_i 定义为活动率，是单位力的速度。这样，就可写成通用式

$$J_i = c_i u_i f_i \tag{5-193}$$

一般情况下，力可定义为能量与距离的变化率（$\mathrm{d}E/\mathrm{d}X$），因此，作用于 1mol 物质上的力为单位摩尔自由能的梯度或电化学势梯度。即可表示为

$$J_i = -c_i u_i (\mathrm{d}\mu_i/\mathrm{d}X) \tag{5-194}$$

式(5-194) 为 Nernst-Planck 方程，是描述扩散的最通常的出发点。由于物流发生于高电化学位，J_i 定义为正值，正的物流是由一负的电化学位梯度所推动的，所以有一负号。从式(5-194) 可见 J_i 完全由其共轭推动力所驱动，未受其他物流或力的影响，且假定没有 i 组分对流，则在等温时，体系可描述为

$$\mu_i = (\mu_i^0)_T + \overline{v}_i P + RT\ln c_i + Z_i F\psi \tag{5-195}$$

由于大多数溶质的 $\overline{v}_i$ 很小，$\overline{v}_i P$ 项对 μ_i 的贡献常可略而不计，特别是在生物体系中。因此，

$$J_i = -u_i \overline{c}_i [RT(\mathrm{d}\ln\overline{c}_i/\mathrm{d}X) + Z_i F(\mathrm{d}\psi/\mathrm{d}X)] \tag{5-196}$$

对于无电荷的溶质通过膜，膜厚为 ΔX，$Z_i = 0$，则式(5-196) 简化为

$$J_i = -u_i \overline{c}_i RT(\mathrm{d}\ln\overline{c}_i/\mathrm{d}X) = -RTu_i(\mathrm{d}\overline{c}_i/\mathrm{d}X) \tag{5-197}$$

上式是对应于组分 i 在膜内某点，流率 J_i 向 X 方向的运动；u_i、$\overline{c}_i$ 也是组分 i 在该点的活动率和浓度。当体系为稳定态时，J_i 是定值，且在膜中各点相同。假定 u_i 通过膜也是常数，则式(5-197) 可沿膜厚从 $X = 0$ 到 $X = l$ 而积分：

$$J_i \int_0^l \mathrm{d}X = -RTu_i \int_0^l (\mathrm{d}\overline{c}_i/\mathrm{d}X)\mathrm{d}X \tag{5-198}$$

得

$$J_i = -RTu_i \Delta\overline{c}_i/\Delta X \tag{5-199}$$

式中 $\Delta\overline{c}_i = \overline{c}_i^l - \overline{c}_i^0$。根据 Einstein 关联式 $D_i = RTu_i$，D_i 即为扩散系数，即

$$J_i = -D_i \Delta\overline{c}_i/\Delta X = -Q_i' \Delta\overline{c}_i \tag{5-200}$$

式中，Q_i' 为渗透系数，即 $D_i/\Delta X$；一般 $\overline{c}_i^l \neq c_i^0$，但可以由分配系数 S_m 来联系

$$S_\mathrm{m} = c_i^l/c_i^0 = \overline{c}_i^l/c_i^l$$

则式（5-200）可用膜外溶液中的浓度来表示

$$J_i = -D_i S_\mathrm{m} \Delta c_i/\Delta X = -Q_i \Delta c_i \tag{5-201}$$

式中，$\Delta c_i = c_i^l - c_i^0$，而 Q 包括分配系数，$Q_i = S_\mathrm{m} Q_i'$。式(5-201) 为稳定条件下平板

无孔膜的 Fick 第一扩散定律。

② 等电场方程　当溶质是荷电的（$Z_i \neq 0$），以及通过荷电膜有电位差，情况就较为复杂。在这种情况下

$$J_i = -u_i c_i \left[RT(\mathrm{d}\ln \overline{c}_i / \mathrm{d}X) + Z_i F(\mathrm{d}\overline{\psi}/\mathrm{d}X) \right]$$

或者

$$J_i = -D_i \left(\frac{\mathrm{d}\overline{c}_i}{\mathrm{d}X} + \frac{\overline{c}_i Z_i F}{RT} \frac{\mathrm{d}\overline{\psi}}{\mathrm{d}X} \right) \tag{5-202}$$

式(5-202)两边均乘以 $\exp[Z_i F \overline{\psi}/(RT)]$，整理后得

$$J_i \exp \frac{Z_i F \overline{\psi}}{RT} = -D_i \left[\frac{\mathrm{d}}{\mathrm{d}X} \left(\overline{c}_i \exp \frac{Z_i F \overline{\psi}}{RT} \right) \right]$$

假定在稳态下，且 D_i 为常数，则方程可通过膜厚积分而得

$$J_i \int_0^l \exp \frac{Z_i F \overline{\psi}}{TR} \mathrm{d}X = -D_i \left(\overline{c}_i^l \exp \frac{Z_i F \Delta \overline{\psi}}{RT} - \overline{c}_i^o \right) \tag{5-203}$$

式中，$\Delta \overline{\psi} = \overline{\psi}^l - \overline{\psi}^0$。因式左边尚需积分，显然，这解答不完整。要完整就必须知道膜内 $\overline{\psi}$ 与 X 的关系，最简单而常用的是 Goldman 假设的 $\overline{\psi}$ 与 X 成线性关系，即 $\mathrm{d}\overline{\psi}/\mathrm{d}X = \Delta \overline{\psi}/\Delta X$（即所谓"等电场"），则 $\overline{\psi}_X = \Delta \overline{\psi}(X/\Delta X)$。其中义为膜内 $0 \sim \Delta X$ 间的一点，于是式(5-203)左边为

$$J_i \int_0^l \exp \frac{Z_i F \Delta \overline{\psi} X}{RT \Delta X} \mathrm{d}X = -J_i \frac{RT \Delta X}{Z_i F \Delta \psi} \left(\exp \frac{Z_i F \Delta \overline{\psi}}{RT} - 1 \right)$$

因此

$$J_i = \frac{-D_i Z_i F \Delta \overline{\psi}}{RT \Delta X} \frac{\overline{c}_i^l \exp[Z_i F \Delta \overline{\psi}/(RT)] - \overline{c}_i^0}{\exp[Z_i F \Delta \overline{\psi}/(RT)] - 1} \tag{5-204}$$

式(5-204)常称为 Goldman 方程或等电场流率方程。

（2）扩散系数

① Fick 扩散系数和热力学扩散系数　物质由分子无序运动而传递的过程为扩散。若在一体系中，物质不均匀地分布，对传递发生于浓度自高向低的方向时的描述，著名的 Fick 定律是最早的，即描述为

$$J_i = -D_i \delta c_i / \delta X \text{（在 } X \text{ 方向上）} \tag{5-205}$$

式中，D_i 为 Fick 扩散系数；$\delta c_i / \delta X$ 为浓度梯度。

近代扩散理论用了更为精确的描绘，认为扩散流正比于化学势梯度（$\delta \mu_i / \delta X$）。这一理论与 Fick 扩散定律相比，扩散系数被修正为 D_T，也称为热力学扩散系数。

$$D_T = \frac{D_i}{(\delta \ln a_i / \delta \ln c_i)_{T,p}} \tag{5-206}$$

式中，a_i 为组分 i 的活度。Fick 扩散系数 D_i 在各种双元体系中几乎都正比于 $\delta \ln a_i /$

$\delta \ln c_i$；而 D_T 虽然与浓度的关系不如 D_i 密切，但它仍不是常数。广泛承认的另一现象是，为了保持等温等压的需要，从体系中不同组分的扩散系数所得到的净扩散，一般由混合物的对流体所补偿。若组分 i 的传质总物质的量为 N_i，而总流体为 N，则组分 i 的扩散流率为

$$J_i = N_i - x_i N \tag{5-207}$$

② Maxwell-Stefan 方程　这一模型的传递推动力为化学势梯度——$\mathrm{grad}\mu$，它作用于稳定流动的混合物中组分 i 上，而被体系中其他组分作用于其上的摩擦力平衡。著名的 Maxwell-Stefan（MS）方程为

$$c_i \frac{\mathrm{grad}\mu_i}{RT} = \sum_{\substack{j=1 \\ j \neq i}}^{n} \frac{x_i N_j - x_j N_i}{D_{ij}} \tag{5-208}$$

式中，D_{ij} 为组分 i 在 i 和 j 混合物中的 Maxwell-Stefan 二元扩散系数。在推导此方程时，假设 D_{ij} 与浓度无关，也与存在的其他组分无关。对于气体，往往扩散系数差别不大，式(5-208) 可以成功地应用。然而，对于液体混合物或液体和聚合物的混合物，从实验观察知 D_{ij} 随组成和浓度变化相当明显，但比 Fick 扩散系数的变化小得多。因此需要一更为适用的扩散方程，以便在多元体系混合物中，可靠地描述物质传递。

③ 修正的 Maxwell-Stefan 方程[112]　在推导 MS 方程时，假设分子 i 和 j 之间的相互作用力不受其他分子的影响，因此它们的相互摩擦系数不受组成或浓度的影响。这对于气体混合物是有效的，但对于液体是不适合的。在液体中，每个分子都有相当大数量的直接相邻分子，对球形分子来讲，其座位（Z）即为 12。分子 i 在液体中移动时，会有摩擦力，这就是周围相邻分子间的相互作用力；而摩擦系数决定于 i 分子的大小和形状（σ_i）以及局部混合物的平均摩擦性质。在此原理基础上，导出另一方程：

$$c_i \frac{\mathrm{grad}\mu_i}{\sigma_i \gamma_{\mathrm{m}}} = \sum_{\substack{j=1 \\ j \neq i}}^{n} (x_i N_j - x_j N_i)$$

在去除摩擦系数后，得修正的 Maxwell-Stefan（MMS）方程：

$$c_i \frac{{}^*D_{im}}{RT} \mathrm{grad}\mu_i = \sum_{\substack{j=1 \\ j \neq i}}^{n} (x_i N_j - x_j N_i) \tag{5-209}$$

MMS 方程中扩散系数表示得明显，实际使用更为方便和可靠。

因为

$$N = N_i + \sum_{\substack{j=1 \\ j \neq i}}^{n} N_j$$

所以 MMS 方程可写成

$$-c_i \frac{{}^*D_{im}}{RT} \mathrm{grad}\mu_i = N_i - x_i N = J_i \tag{5-210}$$

MMS 方程可用来推导在高分子膜中的渗透速率。

④ 多元体系中扩散系数的预测

a. 溶质在无限稀释时的扩散系数 D_{ij}^0 为在二元体系 i 和 j 中，组分 i 无限稀释时的二元扩散系数。它有很多评估法，如 Wilke-Chang、Scheibel、Reddy-Doraiswarny 等[113]，这些半经验关联式均基于 Stokes-Einstein 方程，即

$$D_{ij}^0 \gamma_j / T = 溶质尺寸和形状的函数(R/\sigma_{ij}^0) \tag{5-211}$$

式中，γ_j 为溶剂的黏度。对于黏度 $\leqslant 5 \times 10^{-3} \mathrm{Pa \cdot s}$ 无强极性引力时，式(5-211) 精确可用；对于高黏度和强极性引力，则修正上式为

$$D_{ij}^0 = 常数 \times \gamma_j^0 \tag{5-212}$$

b. 具有一定浓度的溶质扩散系数。对于二元体系中互扩散系数的估算经验式很多，取决于浓度，且在 D_{ij}^0 和 D_{ji}^0 基础上。Vigne 方程是一个较好的方程，它对近于理想混合物做了描述

$$\ln D_i = x_i \ln D_{ji}^0 + x_j \ln D_{ij}^0 \tag{5-213}$$

对于非理想混合物则修正为

$$\ln(D_i \gamma_m) = x_i \ln(D_{ji}^0 \gamma_i) + x_j \ln(D_{ij}^0 \gamma_j) \tag{5-214}$$

式中，m 指混合物，即

$$\gamma_m = x_i \ln \gamma_i + x_j \ln \gamma_j \tag{5-215}$$

以上互扩散系数均以 Fick 方程定义，是不计对流的。

对于多元体系的扩散系数，常用拟二元的方法，用 Cald-well 和 Babb 方程

$$D_{im} = x_i D_{mi}^0 + (1 - x_i) D_{im}^0 \tag{5-216}$$

而 D_{im} 来自

$$\ln D_{im} = \sum_{\substack{j=1 \\ j \neq i}}^{n} \frac{x_j}{1 - x_i} \ln D_{ij}^0 \tag{5-217}$$

$$D_{im}^0 = \sum_{\substack{j=1 \\ j \neq i}}^{n} \frac{x_j}{1 - x_i} D_{ji}^0 \tag{5-218}$$

如前所述，在修正的 Maxwell-Stefan 方程中，必须用在混合物中的自扩散系数 $^*D_{im}$，而不是互扩散系数 D_{im}，因此对于双元体系，有

$$\ln {}^*D_{im} = x_i \ln {}^*D_{ii} + x_j \ln D_{ij}^0 \tag{5-219}$$

而对于多元体系，则

$$\ln {}^*D_{im} = x_i \ln {}^*D_{ii} + \sum_{\substack{j=i \\ j \neq 1}}^{n} x_j \ln D_{ij}^0 \tag{5-220}$$

对于膜分离过程，通常混合物溶胀于高分子膜中，根据 Flory-Huggins 理论，溶胀的膜可以

看成是一均相的液体混合物，包括高分子和渗透组分，高分子仅看作其中一个组分，可使用上列方程。因为高分子的分子量很大，所以计算高分子中的扩散系数时，用体积分数比用摩尔分数为好。

（3）影响扩散与渗透的因素

① 气体在高分子膜中的扩散与渗透　扩散系数的大小可表示气体分子在膜内高分子链节中迁移的难易程度，也可用自由容积理论来解释。因此可以推测扩散系数与气体分子直径之间有一定关系。表 5-14 为在 25℃下聚乙烯膜中，渗透气体分子大小与扩散系数的关系可用下式表示

$$\lg D = -(\alpha d - \beta) \tag{5-221}$$

式中，d 为分子直径，nm；α，β 为常数，参见图 5-15。

表 5-14　渗透气体分子大小与扩散系数的关系

参数	He	Ne	Ar	Xe
分子直径 d/nm	0.177	0.213	0.268	0.320
扩散系数 $D \times 10^{11}$/(m²/s)	4.90	2.90	2.47	1.14

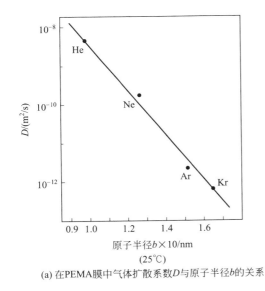

(a) 在PEMA膜中气体扩散系数D与原子半径b的关系

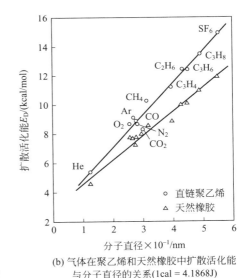

(b) 气体在聚乙烯和天然橡胶中扩散活化能与分子直径的关系(1cal = 4.1868J)

图 5-15　扩散系数与气体分子直径的关系

在结晶体中，组分是不能透过的，因此 Michaels 等人[96]，早就提出扩散系数与无定形高分子中扩散系数的关系，简单为 $D = \dfrac{D_a}{\tau \beta}$，式中 D_a 为无定形高分子中的扩散系数；β 为不活动因子；τ 为曲折因子。

对于 τ 和 β 值有各种文献数值[114-119]。

当前对于各种不同的高分子性能对扩散系数的影响，做了多种研究[120-124]。

② 温度对气体扩散的影响　在临界温度以上时，气体扩散系数与温度的关系呈 Arrhenius 关系，即扩散活化能与温度 T^{-1} 呈线性关系。

$$D = D^0 \exp\left(-\frac{E_D}{RT}\right), \quad E_D = -R\,\mathrm{d}\ln D/\mathrm{d}T^{-1} \tag{5-222}$$

在高分子膜中许多气体的 E_D 值为 $5\sim200\mathrm{kJ/mol}$[125]。扩散活化能也随分子直径的增大而升高。在扩散的区域理论中[126]，假设在气体扩散的每一步骤涉及聚合物中的一个区域，因此在每一个扩散步骤中包含了几个聚合物原子的振动运动，就使活化能 E_D 分布在 f 个振动自由度上，则单分子气体的活化能就有几个自由度 E_D'，扩散系数与温度的关系式就改为以下形式

$$D = \left[\frac{\nu\lambda^2\sigma}{(f-1)!}\right]\left(\frac{\overline{E}_D}{RT}\right)^{(f-1)}\exp\left(-\frac{E_D'}{RT}\right) \tag{5-223}$$

式中，ν 为扩散分子振动频率；λ 为其跳动的平均距离；σ 为或然率；f 为振动自由度。

$$\overline{E}_D = -R\,\mathrm{d}\ln D/\mathrm{d}T^{-1} = E_D' - (f-1)RT \tag{5-224}$$

在扩散区域内，f 值在 $10\sim20$ 之间，有时更大。

也有人曾提出过一些有用的经验关联式，如下式

$$\ln D^0 = -18.9 + \frac{0.626\overline{E}_D}{RT} \tag{5-225}$$

不仅对简单气体，对较复杂的分子也较为精确。或写成

$$\ln D^0 = -18.9 - \frac{0.374\overline{E}_D}{RT} \tag{5-226}$$

对于非结晶体的聚合物存在两种形态，其一为玻璃态，此状态分子运动很受限制，就像冻结于体系中；另一为弹性体或似液态，这种状态在聚合物的临界玻璃态转化温度（T_g）以上，这时分子可作长距离的运动，而不存在永久性的孔隙。因此在 T_g 上下，扩散分子运动情况不同，扩散系数与温度（T^{-1}）的关系中出现了突变，成了折线，参见图 5-16。

③ 有机分子在弹性体聚合物膜中的扩散和渗透

a. 有机蒸气在溶胀的聚合物膜中扩散系数的修正　在有机蒸气吸附过程中，聚合物膜发生溶胀，膜厚度增加，其中扩散系数所受影响不能忽略。Crank 做过综合性处理[127]。在溶胀时蒸气的扩散系数为 D_v^m，则

$$D_v = D_v^m/(1-\varphi_v)^2 \tag{5-227}$$

式中，D_v 为正常的扩散系数；φ_v 为渗透蒸气的体积分数。也有用互扩散系数的，则

$$D_v = D'/(1-\varphi_v)^\lambda \tag{5-228}$$

式中，D' 为测量的扩散系数；而 λ 一般为 2。实际上，用体积分数于扩散系数时，浓度对扩散系数的影响很小，当浓度接近于零时，体积分数很小，这种修正也可省略不计。如图 5-17 所示，为聚醋酸乙烯酯（PVAC）中苯蒸气的扩散系数（45℃），也可写成

$$D' = D^0 \exp(\alpha\varphi_v) \tag{5-229}$$

式中，α 为常数；D^0 为无限稀释情况下渗透组分在膜中的扩散系数。

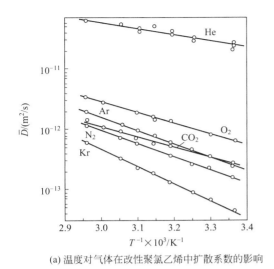

(a) 温度对气体在改性聚氯乙烯中扩散系数的影响

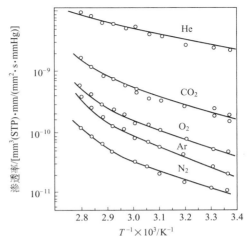

(b) 在 T_g 附近出现突变成了折线(1mmHg = 133.322Pa)

图 5-16　扩散系数与温度的关系

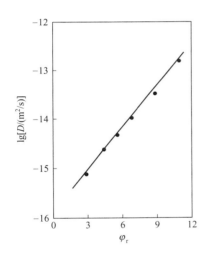

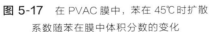

图 5-17　在 PVAC 膜中, 苯在 45℃时扩散
系数随苯在膜中体积分数的变化

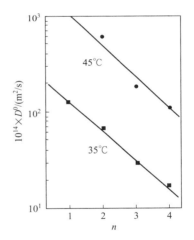

图 5-18　多种烷基醋酸盐在
PMA 中的扩散系数

　　b. 扩散分子的大小和形状　对于气体, D^0 随透过物尺寸的增大而下降, 如表 5-15 和图 5-18 所示[126]。图 5-18 中是 4 种烷基醋酸盐在聚甲基丙烯酸盐 (PMA) 中的扩散情况。扩散分子的形状比尺寸影响更大。早在 30 多年前, 对戊烷的 3 种异构体: 正戊烷、1-甲基丁烷和 2,2-二甲基丙烷, 在聚异丁烯中 25℃时, 测得它们的 D^0 为 10.8×10^{-14} m²/s、4.7×10^{-14} m²/s 和 2.0×10^{-14} m²/s。近年来用放射示踪技术研究了相对非挥发性分子正十六烷和双对氯苯基三氯乙烷 (DDT) 在聚丁二烯和塑化聚氯乙烯中的情况, 指出有弹性的正十六烷分子的扩散系数比更为规则的 DDT 分子的扩散系数要大 30 倍, 尽管后者的摩尔体积比前者小。这种现象 (D^0 随分子弹性增加而增大) 说明有弹性的分子可从狭缝中通过。

表 5-15　渗透分子的大小对扩散活化能（$\overline{E}_D$）和无限稀释时的扩散系数 D^0 的影响（40℃）

扩散质	$10^6 \times$摩尔体积(V)/(m³/mol)	D^0/(m²/s)	$\overline{E}_D$/(kJ/mol)
水	18	1.2×10^{-11}	60
甲醇	41	1.5×10^{-13}	90
丙酮	76	1.3×10^{-15}	160
正丙醇	76	1.1×10^{-16}	170
苯	91	4.8×10^{-17}	150

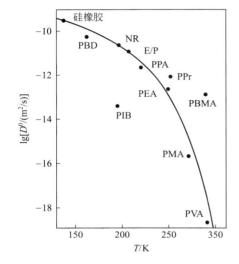

图 5-19　在各种不同 T_g 的介质中，苯的 D^0

c. 扩散系数随温度和玻璃态转化温度的影响 从表 5-15 中与 $\overline{E}_D$ 的关系中可见。在有限的温度范围内，可以用 Arrhenius 型关系表示

$$D = D_0 \rho \left(-\frac{E_D}{RT} \right)$$

E_D 为活化能，随透过物的塑性程度而减

$$E_D = E'_D(c \to 0) - \gamma RT \qquad (5\text{-}230)$$

式中，γ 为溶质的塑性系数。

而聚合物性质中，以玻璃态转化温度 T_g 对 D^0 的影响最为显著，从图 5-19[126]和表 5-16 可见。

d. 扩散的自由体积理论　扩散系数随浓度、温度、T_g 和渗透分子大小等引起的变化都可用扩散的自由体积理论来表达。此理论假设扩散分子的移动只能在其周围的空间（即自由体积）超过一临界值时才能发生。Fujita 等[128,129]曾提出过用式(5-231) 来描述

$$D_T = RTA_f \exp(-B/\varphi_f) \qquad (5\text{-}231)$$

式中，B 为所需的局部自由体积的量；φ_f 为自由体积分数（空间体积分数）；A_f 为比例常数。Fleischer[130] 报告中 $B = 0.4 + 0.1(n-2)$，n 为碳原子数（$n \leqslant 16$），其他见文献 [131，132] 等。

表 5-16　苯在各种聚合物中的扩散活化能（E_D）（35℃）

聚合物	PBD	NR	PEA	PMA	VAMA
T/K	171	200	349	278	约 293
E_D/(kJ/mol)	23	39	62	166	290

注：VAMA—46∶54 醋酸乙烯酯-丙烯酸甲酯共聚物。

任何体系的自由体积分数都随温度而增加，而在聚合物体系中自由体积分数随 T_g 的升高而降低。由于渗透组分比聚合物有较大的自由体积，所以自由体积分数随渗透组分浓度的增加而增加。于是，从式(5-231) 可见，扩散系数随浓度增加而增加，随温度升高而增加，且随 T_g 的降低而增加；同时，也随 B 值的降低而增加。当扩散物较大时，扩散所需的临界局部自由体积也较大，式(5-231) 预测，扩散系数随扩散物体积的减小而增加。

浓度的影响：假设自由体积服从加和性原则，则聚合物渗透体系中总的自由体积分数为 φ_f，即

$$\varphi_f = \varphi_{f_0} + B_f \varphi_v \tag{5-232}$$

式中，φ_{f_0} 为纯聚合物的自由体积分数；B_f 为纯聚合物的自由体积分数和纯有机渗透组分的自由体积分数之差；φ_v 为渗透组分的体积分数。结合式(5-231)，得

$$\ln(D_T/D^0) = B_f B \varphi_v / (\varphi_{f_0}^2 + \varphi_{f_0} B_f \varphi_v) \tag{5-233}$$

式(5-233) 表达出 $1/\ln(D_T/D^0)$ 和 $1/\varphi_v$ 的线性关系。由其斜率和截距中得 B 和 B_f 值，一般情况 B 小于 1。当扩散组分浓度非常高、扩散分子体积和聚合物链体积之差非常大时，上式偏差就增大了；但对于大多数有机组分来说，这样的处理能满足在聚合物膜中的情况。

在很多情况下，特别是在高度溶胀系统中扩散系数随浓度明显影响，可表达为[102]

$$D = D^0 \exp(\gamma c) \tag{5-234}$$

$$D = D^0 (1 + \gamma c)^{[133]} \tag{5-235}$$

式中，c 为浓度；γ 为常数；D^0 为无限稀释时的扩散系数。

在玻璃态转化温度（T_g）以上温度的影响：在温度 T 时，聚合物自由体积分数 φ_{f_0} 和在玻璃态转化温度时的自由体积分数 φ_{f_g} 以及自由体积的膨胀系数的关系为

$$\varphi_{f_0} = \varphi_{f_g} + \alpha_f(T - T_g) \tag{5-236}$$

结合式(5-231) 得

$$T - T_g = -\varphi_{f_g}/\alpha_f - (B/\alpha_f)[\ln D + \ln A_f/(RT)] \tag{5-237}$$

式(5-237) 明显指出扩散系数的对数值与玻璃态转化温度与测量温度差的关系，这对于苯在多种聚合物中的扩散系数数据都是符合的[126]。

④ 耦合效应对扩散的影响　在混合物分离过程中，组分 i 在膜中的扩散，还受混合物中另一组分 j 在膜中的影响，称为耦合效应，如前面不可逆热力学原理应用中所述。双组分溶液在聚合物膜中的六参数扩散模型是反映耦合扩散的一种模型：

$$D_i = D_i^0 \exp(A_{ii}\varphi_i + A_{ij}\varphi_j)$$

和

$$D_j = D_j^0 \exp(A_{jj}\varphi_j + A_{ji}\varphi_i)$$

式中，A_{ii}、A_{jj} 为直接系数；A_{ij}、A_{ji} 为耦合系数（或交叉系数），即在膜中组分 i 受组分 j 的影响，或反之。这种影响可以增加渗透组分的扩散系数，也可使之减小，称为正效应和负效应。如苯-水体系、氯仿-水体系在 NBR 膜中的实测数据，经计算得[134]

$$\left.\begin{array}{l} D_i = 8.3\times10^{-12}(500\times10^{-6}\bar{c}_i - 40\times10^{-6}\bar{c}_j) \\ D_j = 1.46\times10^{-12}(-280\times10^{-6}\bar{c}_j + 0\,\bar{c}_i) \end{array}\right\}\text{（苯-水体系）}$$

$$\left.\begin{array}{l} D_i = 21.4\times10^{-12}(770\times10^{-6}\bar{c}_i - 140\times10^{-6}\bar{c}_j) \\ D_j = 1.43\times10^{-12}(-280\times10^{-6}\bar{c}_j + 270\times10^{-6}\bar{c}_i) \end{array}\right\}\text{（氯仿-水体系）}$$

在 SBR 膜中，

$$D_i = 9.24 \times 10^{-12}(400 \times 10^{-6}\overline{c}_i + 50 \times 10^{-6}\overline{c}_j)$$
$$D_j = 4.2 \times 10^{-12}(-530 \times 10^{-6}\overline{c}_j - 200 \times 10^{-6}\overline{c}_i)$$
（苯-水体系）

$$D_i = 22 \times 10^{-12}(600 \times 10^{-6}\overline{c}_i - 100 \times 10^{-6}\overline{c}_j)$$
$$D_j = 4.0 \times 10^{-12}(-530 \times 10^{-6}\overline{c}_j + 300 \times 10^{-6}\overline{c}_i)$$
（氯仿-水体系）

NBR 是一种丙烯腈和丁二烯的共聚物。SBR 是一种苯乙烯-丁二烯共聚物。式中扩散系数的单位为 m^2/s，A_{ij} 等的单位为 m^3/mol。

　　直接扩散系数和交叉扩散系数的正效应和负效应，取决于溶剂与膜的相互作用、溶质与膜的相互作用以及溶质与溶剂之间的相互作用。

　　在 SBR 憎水性膜中，水浓度的增加使其自缔合加剧，成为水团的趋势增大，因而扩散受影响而降低。NBR 膜为极性的，其中—C≡N 基与水分子有氢键引力，使水浓度高时所形成的水团比在完全憎水性的 SBR 膜中要弱些，因此其直接系数的负效应（-280）绝对值要比在 SBR 膜中的负效应（-530）小些。

　　氯仿和苯在 NBR 膜中的直接扩散系数均为正值，因为 NBR 膜的—C≡N 基与它们有强的作用力，NBR 对氯仿有强的亲和力，且氯仿不会自缔合。氯仿也能被非极性的 SBR 吸附。苯也能被 NBR 和 SBR 吸附。这两种有机溶质扩散时都是单个分子，自由体积贡献的增加使其扩散系数增大。结果，两者各自的直接系数均为正值，且较相近。

　　耦合系数一般低于直接系数。在 NBR 膜中，氯仿-水混合物比苯-水混合物的耦合系数要高些。由于苯能扩散通过全部聚合物，不仅是憎水区域，而因水和氰基之间形成的氢键使苯的扩散受了一定影响，造成了 A_{ij} 负值（-40cm³/mol）。反之苯的存在对于水的扩散没有影响，因此 A_{ji} 为 0。苯在 SBR 膜中由于有了水自由体积效应，使 A_{ij} 为 50cm³/mol。氯仿在 NBR 膜中自由体积效应很强，A_{ii} 为 770cm³/mol。氯仿不论在 NBR 膜或 SBR 膜中都有强的耦合效应，使 A_{ji} 为 270～300cm³/mol。有水存在时，水团的影响使氯仿的扩散受到限制，故耦合系数 A_{ij} 均为负值。

　　从而可见，溶质-膜、溶剂-膜以及溶质-溶剂间的相互作用造成了耦合效应的正效应或负效应，以及直接系数的正值或负值，六参数扩散模型能较清晰地反映这种内在因素，表达扩散系数模型还有多种，如

$$D_i = D_i^0(\omega_i + \alpha\omega_j) \tag{5-238}$$

$$D_j = D_j^0(\omega_j + \beta\omega_i) \tag{5-239}$$

或
$$D_i = D_i^0 \exp(\gamma_i\varphi_i + \gamma_j\varphi_j) \tag{5-240}$$

$$D_j = D_j^0 \exp(\gamma_j\varphi_j + \gamma_i\varphi_i) \tag{5-241}$$

其中溶质、溶剂与膜的相互作用，均不如六参数扩散模型描绘得完善。

（4）扩散系数测定简介

　　① 气体扩散系数　气体扩散系数测定方法有变容法、变压法等，常用"时间滞后"法[135]，是一种变压测定法，也为"高真空法"，见图 5-20、图 5-21。

　　在高真空下一侧实验气体的浓度几乎等于 0，在这种情况下，通过对达到平衡状态时滞后时间 θ_0 的测定来计算扩散系数 D

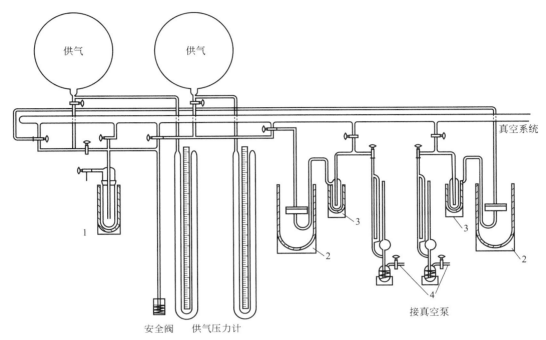

图 5-20　变压法气体渗透率测定法
1—气体的纯化捕集器；2—渗透率测定池（在恒温池中）；
3—捕集器；4—真空计（接真空泵）

$$\theta_0 = l^2/(6D) \qquad (5\text{-}242)$$

式中，l 为膜厚度，依据该式可求得扩散系数 D，还可从 $Q=DS_m$ 计算溶解度常数 S_m。但此法有相当的误差，且只适用于扩散系数在膜中与浓度无关情况下，即气体与膜相互作用影响很小的场合。

② 液体及其混合物扩散系数的测定

a. 从渗透汽化过程测得的渗透流率 J_i 计算得渗透率 Q_i，见式（5-243）、式（5-244）。由于 $Q=DS_m$，而 S_m 是可测得的溶解度常数，故可计算得扩散系数 D。

$$J_i = (Q_i c_{i1}/l)(1-p_{i2}/p_{i1}) \qquad (5\text{-}243)$$

当，$p_{i2} \leqslant p_{i1}$ 时，可简化为

$$J_i = Q_i c_{i1}/l \qquad (5\text{-}244)$$

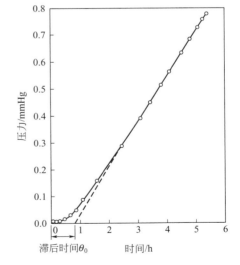

图 5-21　"时间滞后"法压力与时间
关系（1mmHg=133.322Pa）

渗透汽化实验装置[51]，膜下游真空系统保持在 13Pa 左右（0.1mmHg），上游维持常压。以渗透汽化池置于恒温池中，操作温度在 20℃、30℃、40℃和 50℃等，实验在稳定流动状况下进行。产品蒸气流冷凝于液氮冷阱中，测得渗透通量，并用气相色谱分析产品和原料组成，可计算得渗透率 Q 和分离系数。

b. 曾用两种方法测定扩散系数[86]，一是非稳态液体吸附法，另一是非稳态蒸气吸附法（对纯组分），并与用渗透汽化测定法计算所得的扩散系数作比较。

（a）非稳态液体吸附溶胀法。将一定重量的膜浸泡于混合液中，每隔一定时间间隔，用上述装置测定膜中溶胀量，同时也可计算扩散系数。根据 Crank[127] 方法，当扩散系数 D 为常数时，一维非稳态传质过程中吸附溶胀量的变化和扩散系数关系可表达为

$$\frac{M_t}{M_\infty} = 1 - \frac{8}{\pi^2} \sum_0^\infty \frac{1}{(2n+1)^2} \exp \frac{-D(2n+1)^2 \pi^2 t}{l^2} \tag{5-245}$$

式中，M_t 为时间 t 时的吸附溶胀量；M_∞ 为达平衡时的溶胀量；l 为膜厚。在扩散的后期，只考虑式(5-245)中 exp 展开式第一项，可得 $\ln(1 - M_t/M_\infty)$ 对 t 的关系呈直线，从其斜率可得扩散系数。

$$D = -\frac{l^2}{\pi^2} \frac{\mathrm{d}\ln(1 - M_t/M_\infty)}{\mathrm{d}t} \tag{5-246}$$

测定结果见表 5-17，并得扩散六参数模型中各参数值。

表 5-17　用非稳态液体吸附溶胀法测定 H_2O-EtOH 体系的扩散系数

（CTA 膜 DT07，20℃）

$x_{H_2O}(i)$	$\varphi_{H_2O}(i)$	$\varphi_{EtOH}(j)$	$D_i \times 10^{14}$ /(m²/s)	$D_j \times 10^{14}$ /(m²/s)	六参数扩散模型中参数，式(5-61)、式(5-62)
0.0575	0.0334	0.0484	11.09	4.62	$D_i^0 = 1.91 \times 10^{-14} \, \text{m}^2/\text{s}$
0.1022	0.0248	0.0556	15.60	5.30	$D_j^0 = 1.91 \times 10^{-14} \, \text{m}^2/\text{s}$
0.2017	0.0440	0.0804	38.81	8.09	$A_{ii} = 28.11$
0.3275	0.0452	0.0856	41.59	8.32	$A_{ij} = 21.67$
0.5220	0.0700	0.0570	49.90	10.40	$A_{ji} = 15.78$
0.8174	0.0813	0.0517	55.45	10.94	$A_{jj} = 8.88$

（b）非稳态蒸气（纯组分）吸附法[86,136]。对于纯乙醇和纯水的扩散系数测定，曾用蒸气动态吸附法。其装置见图 5-22。所测定的膜吸附溶剂蒸气后，石英弹簧随膜重的变化而伸长，直到达稳定态，用测高仪读数。溶剂在膜中的扩散系数同样可用式(5-245) 和式

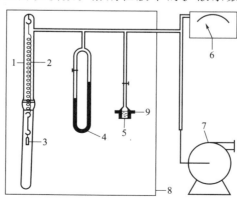

图 5-22　蒸气吸着装置

1—玻璃吸着管；2—石英弹簧；3—膜；4—水银差压计；5—溶剂罐；
6—真空仪表；7—真空泵；8—恒温槽（T_1）；9—溶剂恒温槽（T_2）

(5-246) 计算。不同的蒸气压对应于膜中不同的浓度。所得无限稀释扩散系数值 D^0 与方法 a 非常接近。

5.3　膜外传递过程

膜分离过程的效率不仅取决于各种膜材料及其成膜后的特性，而且取决于物料进入膜时的流动状况[137-140]，因此，膜表面的传递阻力需仔细考虑，这涉及浓差极化、形成凝胶层的传质过程、伴有传热过程的温差极化、沿膜表面操作条件的变化等。在膜组件的工程设计中，其几何形状、流动状态、温度、压力等都直接影响膜表面的传递阻力。

5.3.1　膜表面传质过程

膜表面传递阻力的形成，有两种不同情况，一种是膜本身具有高传递阻力、低渗透通量，其结果造成低度的浓差极化。膜表面上由于溶解组分的集聚，所形成的浓差极化未达饱和程度。这种浓差极化情况下的传质过程，为膜控制的传质过程。另一种是在高渗透通量情况下溶解的一种或几种组分的浓度达到了饱和程度，在膜表面形成一层凝胶层，这时的传质过程由凝胶层控制，为凝胶层控制的传质过程，如超滤、微滤等。

5.3.1.1　浓差极化

膜分离中的浓差极化可见图 5-23，即在稳定状态下，被脱除（截留）组分的浓度分布和易渗透组分的浓度分布情况。前者如反渗透过程，其中溶质被具有高脱除系数的膜所截留，靠近膜表面边界层中溶质浓度增加，而溶剂（水）的浓度降低；后者如渗透汽化过程，膜对溶质有高选择性，过程中溶质渗透穿过膜，但由于边界层阻力较大，溶质浓度逐渐降低。总之，膜表面相邻边界层中的阻力形成浓度梯度，即浓差极化，降低了优先渗透组分的推动力，增加了难渗透组分的浓度，使总的分离效果下降。

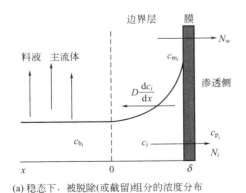

(a) 稳态下，被脱除（或截留）组分的浓度分布　　　　(b) 稳态下，易渗透组分的浓度分布

图 5-23　膜分离中的浓差极化

（1）在反渗透过程中，浓差极化从两方面使产品产量和质量下降

① 由于渗透压差 $\Delta\pi$ 的增加，降低了对溶剂传递的推动力（$\Delta p - \Delta\pi$），使溶剂的渗透

通量降低；

② 对溶解的组分推动力 Δc 增加，使透过液中溶质的浓度 c_{p_i} 增高。

在稳态下，膜表面留下的组分必然会返回液体主流体中。若靠近膜表面是层流，则此返回的流量以基于浓度差造成的扩散形式存在。在稳态下，浓度分布可由物质衡算和传质系数 k 推导而得

$$\frac{c_{m_i} - c_{p_i}}{c_{b_i} - c_{p_i}} = e^{J_w/k} \qquad (5\text{-}247)$$

该方程也称浓差极化方程。

$$k = \lim_{J_w \to 0} k^0 = \frac{D_{sw}}{\delta} \qquad (5\text{-}248)$$

式中，J_w 为水的渗透通量；k^0 为真实的传质系数；k 为通量趋近于零时的传质系数；D_{sw} 为扩散系数；δ 为边界层厚度。

用传热与传质类比，可从已知的传热方程来计算传质系数 k，不同流动的情况下，强制对流和自然对流的传质方程见表 5-18 和表 5-19。

表 5-18　强制对流传质方程

强制对流的传质准数	式中，$Re = \dfrac{d_h u}{\nu}$
$Sh = kd/D = f(Re, Sc, 几何形状)$	$Sc = \dfrac{\nu}{D}$（u 为流速，ν 为运动黏度）
$Sh = \dfrac{kd}{D} = \left(3.36^3 + 1.61^3 ReSc\dfrac{d_h}{L}\right)^{1/3}$ 式中，$0.1 < ReSc\dfrac{d_h}{L} < 10^4$ 管径 d 流道高 $2h$ $Sh = \dfrac{kd}{D} = 0.023 Re^{7/8} Sc^{1/4}$ $Sh = 0.04 Re^{1/4} Sc^{1/3}$	层流 $d_h = d$ $d_h = 4h$ 湍流

表 5-19　自然对流的传质方程

自然对流的传质准数	式中，$Ra = \dfrac{gL^3 \Delta\rho}{\nu D\rho} = GrSc$
$Sh = f(Ra, 几何形状) = kL/D$	$Gr = \dfrac{\rho_2 - \rho}{\rho_1 \nu_2} gL^3$，$Sc = \nu/D$
垂直壁高 L $\quad Sh = c(Sc)Ra^{1/4}$ $\quad c(Sc = 1000) = 0.663$ $\quad Sh = 1.08 + 0.41Ra + 0.04Ra^{1/3}$ $\quad Sh = 0.10Ra^{1/3}$ $\quad Sh = 0.0674(GrSc)^{1/3}$ 水平管直径 d，垂直壁高的方程有效（当 $L = 2.76d$ 时）	层流区 $Ra < 10^9$ 过渡区 $10^9 < Ra < 10^{11}$ 湍流区 $Ra > 10^{11}$

从图 5-24 和图 5-25 可见反渗透过程中层流和湍流通过管状膜时浓差极化的大小数量级，并表示雷诺数愈大，浓差极化愈小，湍流较为有利。

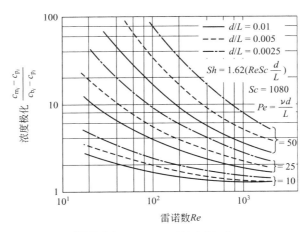

图 5-24　层流流动时的浓差极化

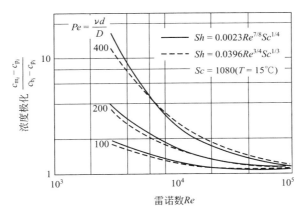

图 5-25　湍流流动时的浓差极化

浓度分布不仅取决于流动情况，而且取决于物料性质。因此，在膜单元中流率通常是由数值计算迭代而得。从图中也看到渗透流速为一重要无量纲量参数，可用 Pe 数，$Pe = \nu d/D$，取决于流速和物料特性，而图 5-24、图 5-25 中 d/L 为附加参数，包含了膜组件的几何状态。在一定区域中即流动分布尚未充分展开的层流区，其变化对传质的影响很重要。气体混合物在膜分离中 $Pe < 1$，可以不计浓差极化，因为气体的扩散系数很大，例如氧-氮混合气，其扩散系数比 $NaCl\text{-}H_2O$ 要大 10^4 倍。

（2）在边界层中 Pe 数可以与浓差极化直接关联，这里包含了物料浓度对浓差极化的影响

近年来，S-T Hwang[141,142]、Michaels[143] 等对于膜分离过程中的 Pe 数与浓差极化、分离因子等做了很多研究，发表了不少专题论文，用于渗透汽化以及反渗透超滤等，常用溶质在膜表面的浓度 c_m（或 x_m）和在主流体中浓度 c_b（或 x_b）之比来表征，定义为浓差极化指数或模数 I

$$I = \frac{c_m}{c_b} = \frac{x_m}{x_b} \tag{5-249}$$

I 比 1 愈大，则浓差极化愈严重。

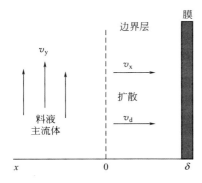

图 5-26　膜表面上的液流速

① Michaels 等将此表达为

$$I = \frac{c_m}{c_b} = \exp\frac{J_w\delta}{Dc_w} - \frac{J_ic_w}{J_wc_b}\left(\exp\frac{J_w\delta}{Dc_w}-1\right) \quad (5\text{-}250)$$

式中，J_ic_w/J_wc_b 为分离因子 α。

② S-T Hwang 等将 Pe 修正为在边界层中对流速度与扩散速度之比（v_x/v_d），而常用的 Pe 为 v_y/v_d，见图 5-26，修正的 Pe（即 M-Pe）定义为

$$Pe = \frac{v_s}{v_d} = \frac{v}{v_i - v} \quad (5\text{-}251)$$

式中，摩尔平均流速

$$v = \frac{\sum\limits_i c_iv_i}{\sum\limits_i c_i} = \frac{\sum\limits_i N_i}{\sum\limits_i c_i} = \frac{N}{c} \quad (5\text{-}252)$$

$$N_i = c_iv_i = c_i(v_i - v) + c_iv_i \quad (5\text{-}253)$$

③ 他们又给出了近似于修正的 Pe 数的两个无量纲量：

$$Pe^M = \frac{v}{D/\delta} \quad (5\text{-}254)$$

$$Pe^J = \frac{v}{k_i} \quad (5\text{-}255)$$

则平均的修正 Pe 数（$\overline{Pe}$）为

$$\overline{Pe} = \frac{Pe^M}{Pe^J} - 1 \quad (5\text{-}256)$$

$$\overline{Pe} = \frac{1}{c_b - c_m}\int_{c_m}^{c_b}\frac{v}{v_i - v}\mathrm{d}c_i$$

④ 对反渗透、超滤、微滤过程中的 Pe 数、分离系数 α、脱除率（截留率）R 和浓差极化的关系

$$分离系数\ \alpha = \frac{c_p}{c_b}\frac{c_{wb}}{c_{wp}} \quad (5\text{-}257)$$

式中，c_p 为在渗透液中的溶质浓度；c_b 为主流体中溶质浓度；c_{wp} 为溶剂（水）在渗透液中浓度；c_{wb} 为溶剂（水）在主流体中浓度。

截留率
$$R = 1 - \frac{c_p}{c_b} \quad (5\text{-}258)$$

当没有浓差极化时的本质分离系数为 α_{in}

$$\alpha_{i\mathrm{n}}=1-R_{i\mathrm{n}} \qquad (5\text{-}259)$$

则
$$I=\frac{c_{\mathrm{m}}}{c_{\mathrm{b}}}=\frac{\alpha}{\alpha_{i\mathrm{n}}}=\frac{1-R}{1-R_{i\mathrm{n}}} \qquad (5\text{-}260)$$

在超滤中，典型的浓差极化和 Pe 数（Pe^{M}）的关系如图 5-27 所示。

（3）在渗透汽化和溶解气体的膜渗透过程中，浓差极化也可作为分离系数的函数

① 当下游为真空，其浓度可略时
$$I=\frac{1}{1+Q_i^{\mathrm{m}}H_i/(k_ilc)} \qquad (5\text{-}261)$$

因
$$I=\frac{\alpha}{\alpha_{i\mathrm{n}}}=\frac{1}{1+Q_i^{\mathrm{m}}H_i/(k_ilc)}=\frac{1}{1+E} \qquad (5\text{-}262)$$

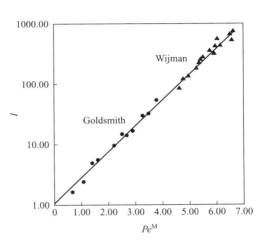

图 5-27　浓差极化为 Pe 数（Pe^{M}）的函数，见 Goldsmith[144] 值与 Wijman[145] 对超滤的情况

式中，E 为边界层中传质阻力与膜传质阻力之比。膜本质的分离系数 $\alpha_{i\mathrm{n}}=Q_i^{\mathrm{m}}H_i/(Q_{\mathrm{w}}H_{\mathrm{w}})$，当 $E\to0$，即无边界层传质阻力或无浓差极化时，实际分离系数 α 即等于 $\alpha_{i\mathrm{n}}$，则

$$I=\frac{\alpha}{\alpha_{i\mathrm{n}}}\approx1 \qquad (5\text{-}263)$$

对于 VOC 渗透汽化中浓差极化与 Pe 数关系见图 5-28，可溶气体的情况见图 5-29。

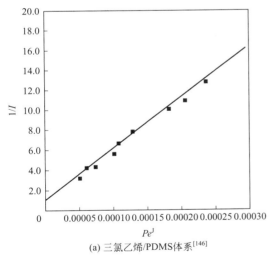
(a) 三氯乙烯/PDMS体系[146]

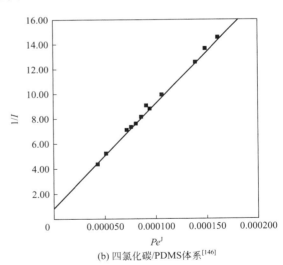
(b) 四氯化碳/PDMS体系[146]

图 5-28　浓差极化与 Pe 数关系

② 这里也反映了膜厚（l）对浓差极化的影响
$$\frac{1}{I}=1+\frac{Q_i^{\mathrm{m}}H_i}{k_ic}\frac{1}{l} \qquad (5\text{-}264)$$

当膜增厚时，浓差极化的问题就减少了，当膜无限厚时，似乎在液体边界层中已无阻力，因

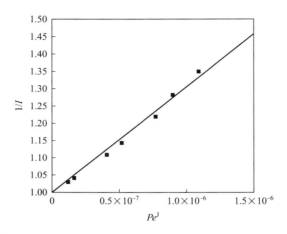

图 5-29 水中溶解氧气在 PDMS 膜中浓差极化与 *Pe* 数关系[147]

此浓差极化也几乎消失，所有阻力均归结于膜本身。浓差极化与厚度的关系式（5-264），如图 5-30、图 5-31 所示。

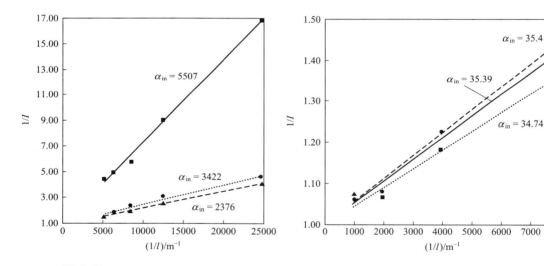

图 5-30 浓差极化为膜厚的函数，
在 PEBA 膜中甲苯渗透情况[141]

图 5-31 苯酚/PDMS 体系中浓差极化
与膜厚关系[141]

5.3.1.2 凝胶层极化

（1）膜表面上凝胶层控制的传递过程

对于高渗透通量的膜，特别在超滤过程中，常遇到一种现象，即使膜两侧有不同的压差，其渗透流速只达一定值，见图 5-32，这种情况就是料液中溶质含量达到了饱和，趋向沉淀，在膜表面上形成一层凝胶层。随着时间的延长，这凝胶层的厚度增加到使膜的渗透通量降低到一个平衡值，若增加膜两侧压差，在一个时间区间，渗透通量可以增加，但新的凝胶层又沉积而形成，于是又达到一个新的平衡态，到稳定状态时，增加推动力已不可能使渗透通量增加，这时传质过程已由凝胶层控制。

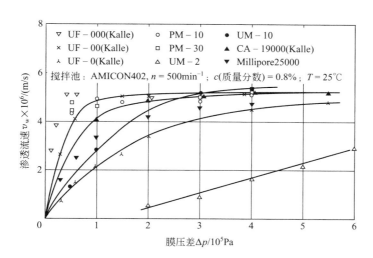

图 5-32　在膜表面上凝胶层控制的传质过程[140]

从沉淀物料的浓度分布，可以解释以上现象，尤其是对于一些大分子物料，有沉积的趋势，这时的渗透选择性可考虑为理想情况，即 $c_{p_i}=0$（渗透产物中已没有溶质）则浓差极化方程

$$\frac{c_{m_i}-c_{p_i}}{c_{b_i}-c_{p_i}}=e^{J_w/k}$$

可简化为

$$\left(\frac{c_{m_i}}{c_{b_i}}\right)_{lim}=\frac{(c_i)_{lim}}{c_{b_i}}=\exp\left(\frac{J_w}{k}\right)_{max} \tag{5-265}$$

即

$$\left(\frac{J_w}{k}\right)_{max}=\ln\left|\frac{(c_i)_{lim}}{c_{b_i}}\right| \tag{5-266}$$

式中，$(c_i)_{lim}$ 为组分 i 的最大可能量，即饱和含量。因此要增加渗透通量 J_w，只能改变流动条件，使传质系数 k 增加。如图 5-33 是乳酪的超滤过程，若增加试验池的搅拌速度，可使渗透通量增加，但当达到饱和时，渗透通量仍为零。

（2）凝胶层传质阻力和传质系数 $k_{i,Gel}$

从图 5-34 可见，在一多元体系中，组分 j 达溶解极限而形成多孔凝胶层，此凝胶层对组分 i 也有传递阻力，至少部分被它截留，在这过程中，凝胶层传质阻力可用传质系数 $k_{i,Gel}$ 来表达：

$$\frac{1}{k_{i,Gel}}=\frac{\Delta l_{Gel}}{\varepsilon D_{i,Gel}} \tag{5-267}$$

这时的渗透通量不仅由于膜表面的渗透压 π 增加而下降，也因凝胶层摩阻力 Δp_{Gel} 而下降。

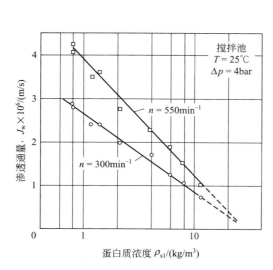

图 5-33　不同条件下渗透通量与浓度的关系

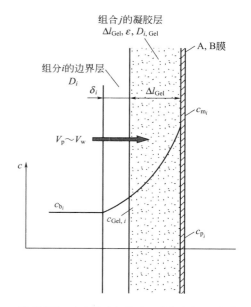

图 5-34　由于多孔凝胶层形成的浓度分布[140]

（3）组分 i 和 j 在凝胶层前面的浓度分布

① 由于浓差极化，在液体和多孔凝胶层中的组分 i 浓度分布：

$$\frac{c_{m_i} - c_{p_i}}{c_{b_i} - c_{p_i}} \approx \exp\left[J_w \left(\frac{1}{k_i} + \frac{\Delta l_{Gel}}{\varepsilon D_{i,Gel}} \right) \right] \qquad (5\text{-}268)$$

② 组分 j 饱和浓度时的渗透通量

$$J_w = k_j \ln \left| \frac{(c_j)_{lim}}{c_{b_j}} \right| c_{p_j} = 0 \qquad (5\text{-}269)$$

③ 在膜中溶剂的传递

$$J_w = A(\Delta p - \Delta p_{Gel} - \sum \Delta \pi) \qquad (5\text{-}270)$$

④ 在凝胶层上的摩阻损失

$$\Delta p_{Gel} = \text{const} x \Delta l_{Gel} J_w \qquad (5\text{-}271)$$

⑤ 渗透压差

$$\sum \Delta \pi = \Delta \pi_j + \Delta \pi_i \qquad (5\text{-}272)$$

⑥ 在膜中溶解组分 i 的传递

$$J_i = B_i(c_{m_i} - c_{p_i}) = c_{p_i} v_p \approx c_{p_i} \tau_w \qquad (5\text{-}273)$$

此外还要考虑 k_i、k_j 的测定。

5.3.2　传质过程的实验测定

在膜分离中的传质系数，可从以上介绍情况进行计算。大多数情况下，假设传质与传热可以类比，但在很多情况下，$Pr = Sc$ 这种类比并不适用。因此，对于不同物料和不同流态，最好能用实验来校验。Rautenbach 介绍了某些实验测定方法。

5.3.2.1　强制流动的传质

曾用连续运行的 RO 膜组件测定传质系数，其实验流程见图 5-35。料液恒温后经过滤池进入一定压差的 RO 池，用针形阀控制压力。高通量及其相应的高雷诺数是由循环泵造成大循环而得到。渗透通量 $J_p = J_w$，在溶液中和渗透液中盐的含量 c_{b_i}、c_{p_i} 和膜压差 Δp 均由实验测得。则传质系数 k 可以计算而得：

$$k = \frac{J_w}{\ln \left| \dfrac{c_{m_i} - c_{p_i}}{c_{b_i} - c_{p_i}} \right|}$$

在膜表面上未知的盐浓度用下式决定：

$$c_{m_i} = \frac{A \Delta p - J_w}{Ab} + c_{b_i}$$

式中，膜常数 A 和压差 Δp 由纯水（$c_{p_i} = 0$）实验测定；系数 b 是与渗透压有关的，可从文献中查得；传质系数 k 仍是通量为零时的数据，如前所述。

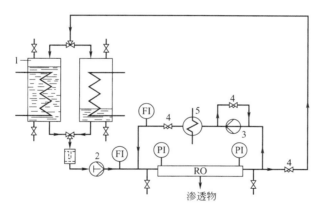

图 5-35　实验测定传质系数流程（RO 膜组件）

1—贮槽；2—高压泵；3—循环泵；4—压力控制阀；5—换热器

所用的 RO 膜组件，表面积为 $880 cm^2$，长方形流道，宽 $63 mm$，多孔烧结不锈钢板为膜支撑板，总流道长分为 7 段，可用以测定进口效应。测定的结果在层流情况下如图 5-36 所示。

对于膜渗透实验测定的结果[148]见图 5-37。

垂直流动：

$$Sh = 7.23 Re^{0.1} \left(Sc \frac{d_h}{L} \right)^{1/3} \tag{5-274}$$

$$Re Sc \frac{d_h}{L} > 6000 \text{（不包括强制对流）}$$

这关联式与反渗透膜相符与流动方向无关。

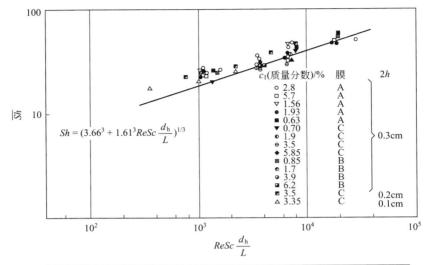

膜的型号	$A/[\text{m}/(\text{s} \cdot \text{bar})]$	$b/(\text{m/s})$
A	2.0×10^{-7}	4.5×10^{-7}
B	1.53×10^{-7}	3.8×10^{-7}
C	0.93×10^{-7}	0.8×10^{-7}

图 5-36　在层流 RO 膜组件中的传质实验结果

水平流动：

$$Sh = \left(3.66^3 + 1.61^3 ReSc \frac{d_{\text{h}}}{L}\right)^{1/3} \tag{5-275}$$

5.3.2.2　自然对流传质系数

在膜平放的渗透池中，流速区间为

$$3 < Re_{\text{dh}} < 120$$

以及在 $17000 < Gr_{\text{H}} < 60000$，$H/L = 6.25 \times 10^{-3}$ 条件下，所得结果为

$$Sh = 0.069 Gr_{\text{H}}^{1/3} Sc^{0.407} \tag{5-276}$$

式中，$Gr = \dfrac{gH^3}{\nu^2} \dfrac{\Delta\rho}{\rho}$（$\Delta\rho = \rho_2 - \rho_1$，$\rho = \rho_1'$），$Sc = \nu/D$，$Sh = \dfrac{kH}{d}$，这准数式可与传热类比[149]。误差在 25% 以内，可在工程上使用。

平放装置用于自然对流传质的测定结果，见图 5-38(a)。

膜垂直放的试验装置见图 5-38(b)，根据测定结果，自然对流传热与在垂直板上的传质很相吻合，这是在很多电化学传质与传热试验基础上的经验式[150]。适用于 $10^2 < Ra < 10^{12}$ 区间。图 5-39 中 1 和 3 为理论基础上的数据，其中 1 用于空气湍流边界层，3 用于液体层流边界层，当 Pr 和 Sc 在 1000 以上时。

此外，对于管式组件中传质：

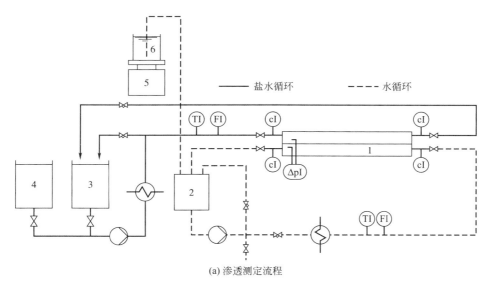

(a) 渗透测定流程

1—膜组件；2—料槽；3—中间槽；4—咸水供给；5—量器；6—水供给；
TI—温度指示；FI—流量指示；cI—电导率指示；ΔpI—压差指示

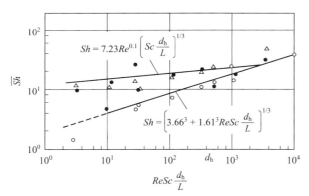

(b) 膜渗透实验测定传质系数(在层流下)

图 5-37　膜渗透实验测定

○—膜平放，具有一定的稳定浓度梯度时；●—膜垂直放，液体向上流动时；△—膜垂直放，液体向下流动时

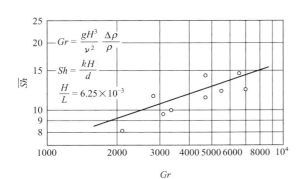

(a) 膜平放时流道边界层中传质

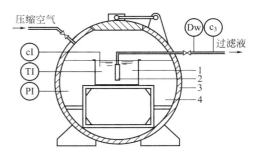

(b) 膜垂直放时的自然对流传质试验装置

1—盐溶液；2—膜；3—压力容器；4—清洁水

图 5-38　传质实验

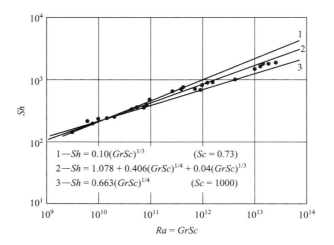

图 5-39   在膜面上自然对流控制的传质

湍流：
$$Sh = 0.04Re^{3/4}Sc^{1/3} \qquad (5\text{-}277)$$

或
$$Sh = 0.023Re^{7/8}Sc^{1/4} \qquad (5\text{-}278)$$

层流：
$$Sh = \left(3.66^3 + 1.61^3 ReSc\frac{d_h}{L}\right)^{1/3} \qquad (5\text{-}279)$$

摩阻可用光滑管情况

$$\varepsilon = 0.316Re^{-1/4}（湍流 2\times10^3 < Re < 10^5）$$

$$\varepsilon = 64/Re（层流） \qquad (5\text{-}280)$$

式中，水力直径 $d_h = \dfrac{4V_1}{A_1}$；V_1 为管束周围总自由体积；A_1 为管束和压力容器的总表面积。

5.3.3　膜分离传递过程中的其他内容

5.3.3.1　温差极化

在伴有传热的传质过程中，例如渗透汽化和膜蒸馏，膜表面的流体边界层除了对传质造成浓差极化外，还存在温差极化，即边界层的传热阻力造成一定的温降，使膜表面的温度低于主流体的温度这种现象，称为温差极化。图 5-40 为渗透汽化过程中，温差极化使渗透通量下降[151]，从料液到渗透液之间的总热量传递可表达为

$$1/K_h = 1/k_{hl} + 1/k_{hm} = \frac{1}{\alpha} + \frac{l_m}{\lambda_m} \qquad (5\text{-}281)$$

式中，K_h 为总传热系数；$1/k_{hl}$ 和 $1/k_{hm}$ 分别为主流体的边界层热阻和膜的热阻（即湿膜的热传导阻力）；λ_m 为膜热导率。

据 Gooding 等人[152]的研究，$1/k_{hm}$ 通常很小，因为膜的导热性良好，通过膜的温降很

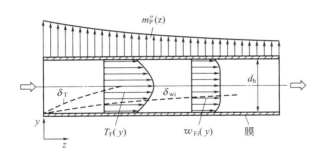

图 5-40　渗透汽化中的浓差极化和温差极化

小，为 $10^{-3}℃$ 左右。而实验确定料液与渗透液温差可达 $5\sim12℃$。Rautenbach 等[151]指出边界层传热为控制步骤。试验中 $\alpha=987$，$\lambda_\mathrm{m}/l_\mathrm{m}=2200$。因此，在渗透汽化中料液侧的温差极化现象影响较大，流动状态的影响不可忽略。料液与渗透液之温度差 ΔT_FP 由渗透液的汽化和热量传递阻力所致，可表达为

$$\Delta T_\mathrm{FP}=J\,\Delta H_\mathrm{v}\frac{1}{\alpha} \tag{5-282}$$

式中，J 为渗透通量；ΔH_v 为汽化潜热；α 为传热系数，此传热系数中，可忽略膜导热热阻。α 可从 Nu 数求得

$$Nu=\frac{\alpha d_\mathrm{h}}{\lambda} \tag{5-283}$$

Nu 取决于物料性质，流体流动状况和膜组件几何形状

$$Nu=f(Re,Pr,几何形状)$$

在层流区：$0.1<RePr\dfrac{d_\mathrm{h}}{L}<10^4$，$d_\mathrm{h}=2h$（板框式）

$$Nu=\frac{\alpha d_\mathrm{h}}{\lambda}=\left(3.36^3+1.61^3RePr\frac{d_\mathrm{h}}{L}\right)^{1/3} \tag{5-284}$$

这与传质准数 Sh 的相似性，在文献［153，154］描述渗透汽化和设计中均有应用。

膜蒸馏研究中[155]，在一般水通量下，对流传热系数 α 可用下式表达：

$$Nu=\alpha d_\mathrm{h}/\lambda=0.044Re^{0.8}Pr^{0.3}$$

对于管式膜组件，湍流时传质的 Sh 数［式(5-277)］式也符合可类比性。

5.3.3.2　沿膜面流道的传递过程

渗透的结果，沿膜表面的平均流速和浓度以及压力都在变化，原则上在料液侧和产品侧均如此。因此，组件设计时两侧都应考虑到，但都要根据膜组件的实验情况来决定。例如在管式膜组件设计时，若料液在管中，则沿管应考虑：①由于沿管的摩擦阻力，使压力差 Δp 减小，因而减少了渗透通量；②由于料液中溶质的浓度增加，因而增加了渗透压 π，使溶剂的渗透通量下降，而溶质-盐类的渗透通量有所增加；③由于浓差极化的因素，使水（溶剂）

的渗透通量下降，而溶质-盐类的渗透通量有所增加。因此，计算中沿流道的总渗透通量和产品质量需要积分计算。

例如：在不考虑多孔支撑层时，反渗透组件中一段流道的计算方程为

（1）膜面的传质

浓差极化

$$\frac{c_{m_i} - c_{p_i}}{c_{b_i} - c_{p_i}} = e^{J_w/k}$$

传质方程

$$Sh = \frac{kd}{D} = Sh(Re, Sc, 几何因素)$$

（2）膜内传质

水渗透通量

$$J_w = A_v[\Delta p - b(c_{m_i} - c_{p_i})]$$

$$\Delta p = p_n - p_{p,n}$$

盐的渗透通量

$$J_i = B(c_{m_i} - c_{p_i})$$

盐的浓度

$$c_{p_i} = \frac{J_i}{J_w}$$

（3）对于流道的一个长度单元的衡算

总物质衡算

$$\bar{v}_{i,n+1} = \bar{v}_{i,n} - \frac{4\Delta X}{d} v_{w,n}$$

盐物料衡算

$$v_{i,n+1} c_{i,n+1} = \bar{v}_{i,n} - \frac{4\Delta X}{d} \bar{v}_{w,n} c_{i,n}$$

能量衡算（ρ＝常数）

$$P_{n+1} = \frac{v_{i,n}}{\bar{v}_{i,n+1}}\left[P_n + \frac{1}{2}\rho \bar{v}_{i,n}^2\left(1 - \xi\frac{\Delta X}{d}\right)\right] - \frac{4\Delta X J_w}{d\bar{v}_{i,n+1}} c_n - \frac{1}{2}\rho \bar{v}_{i,n+1}^2 - \Delta P_v$$

式中，$\Delta P_v = (\sum \xi) \times \frac{1}{2}\rho \bar{v}_{i,n}^2$ 是阀门、弯头等的摩擦损失；摩阻系数 ε 可取光滑管 $\varepsilon_管$ 的倍数，如 $\varepsilon = \varphi\varepsilon_管$，$\varphi = 1.5$ 左右。$\varepsilon_管 = 0.316Re^{-1/4}$（湍流），$\varepsilon_管 = 64/Re$（层流）。

进一步的研究，如在传质与传热同时进行的过程中，膜流道内的速度分布、浓度分布和温度分布，及其分析与测试，可见文献［140,156,157］等。

5.3.3.3　提高传质过程的方法实例

沿膜面增加流速与温度是增加传质显而易见的方法，能改变物料性质，如使溶剂黏度降低、扩散系数增大等。其他，如增加对物料的搅拌，改变流道情况等都是提高传质的途径。

① 例如管状组件中装上混合器[158]，内有左右螺旋状搅拌器，使传质系数比空管中提高 2.6 倍，但压降增加，其增加因子 $K > 4.8$[140]见图 5-41。

② 又如用渗透汽化法从水中分离易挥发有机物，分离系数很高，但传质常受膜边界层阻力的影响，边界层阻力比膜本身阻力大，Wijmans 发现 VOC 在膜面的浓度与主流体中浓度之比（c_m/c_b）常为 0.1～0.001。因此，要减少浓差极化，需使膜面上料液充分混合和流

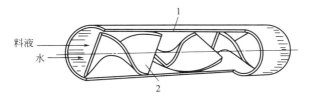

(a) 装有稳定式混合器的管式组件

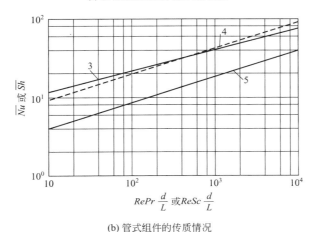

(b) 管式组件的传质情况

图 5-41　管式组件装混合器的传质情况

1—膜；2—稳定混合器；3—传热准数，$\overline{N_v}=365+3.8\left(RePr\dfrac{d}{L}\right)^{1/3}$；

4—RO 膜的传质准数，$\overline{Sh}=4.34\left(ReSc\dfrac{d}{L}\right)^{1/3}$；5—光滑空管

动。这甚至比减小膜厚度和下游压力更为重要。料液流道的几何形状也值得研究，据最近报道，GKSS 研究中心[159] 曾在隔板上用小固体条带，使料液位置提高约 1.5mm，如图 5-42(a) 所示。另外，改进用新的办法：a. 装有更多的小固体条带 ［见图 5-42(b)］，使流体分布更好，流道高为 1.0mm，料液流速增加 15%～20%，据试验对 1,2-二氯乙烷从水中分离效果提高 10%。下游压降不明显。b. 用纺织纤维和无纺布作膜间隔，见图 5-43。用纺织纤维时，VOC 渗透通量比原板提高 2～3 倍，但压降增大 10 倍。用无纺布时，通量只达纺布的 80%～90%。因此在高料液流速下，用纺布作为湍流促进器，使混合增加，VOC 渗透通量

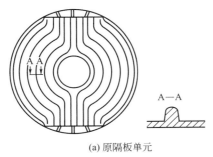

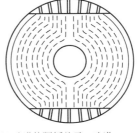

(a) 原隔板单元

(b) 改进的隔板单元，改进 流道高度和流体的分布

图 5-42　隔板单元

增加，而压降较高的缺点是可以补偿的，见图 5-44。具体方法此处不多介绍，详见各种具体的膜过程章。

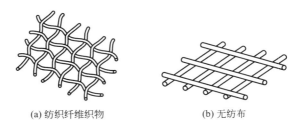

(a) 纺织纤维织物　　　　　(b) 无纺布

图 5-43　纺织纤维织物和无纺布示意图

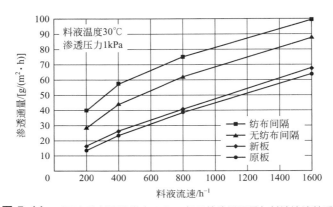

图 5-44　对于各种料液流道中 1,2-二氯乙烷渗透通量与料液流速关系

5.4　计算机模拟在膜分离传递过程中的应用

5.4.1　计算流体力学在膜分离传递现象中的应用

5.4.1.1　计算流体力学的基本方法

　　计算流体力学（computational fluid dynamics，CFD）是在流体基本方程的控制下，通过计算机数值计算和图像显示的方法，对包含有流体流动、传质和传热等相关物理现象的系统进行可视化分析。作为一种有效的数值模拟手段，CFD 与理论分析以及实验测量互为基础，是膜分离过程流体力学与传递现象研究的重要方法。

　　CFD 基本方法是根据所求解的实际问题建立合理的数学模型，通过计算机编程或者应用商业软件来求解流体流动和传质传热问题。目前，CFD 最常用的求解方法有：有限体积法（finite volume method，FVM）和有限元法（finite element method，FVM）。这两种方法的代表性商业软件分别为 ANSYS Fluent 和 COMSOL Multiphysics。

　　（1）有限体积法与 ANSYS Fluent

　　有限体积法将计算区域划分成一系列控制体积，每个控制体积用一个节点表示，通过将守恒型的控制方程对控制体积作积分来导出离散方程。

ANSYS Fluent 是常用的有限体积模拟仿真的专业分析软件之一。ANSYS Fluent 具有众多的物理模型，可以满足用户精确复杂流动现象的需要。ANSYS Fluent 提供用户自定义程序功能，可让用户自行设定连续方程、动量方程、能力方程或组分运输方程中的体积源项，自定义边界条件、初始条件、流体的物性、添加量的标量方程和多孔介质模型等。

（2）有限元法与 COMSOL Multiphysics

有限元法的基本原则是将复杂的几何形状离散化，通过将其中每个节点用近似函数来表示，然后再整体分析。在用有限元法求解时，在一定范围内，单元数量的增加或单元自由度的增加和插值求解精度的升高，会使求解精度提高。当单元满足收敛条件时，得到求解结果。

COMSOL Multiphysics 是有限元模拟仿真的专业分析软件，可以方便地定义求解多物理场耦合问题。其完整的建模过程包括以下步骤：

① 建立几何模型：COMSOL Multiphysics 具有丰富的几何构型选择，同时支持 Solidworks、AutoCAD、Pro/Engineer 等几何模型的导入；

② 定义物理模型：基于相应的实际问题确定控制方程和边界条件，对物理参数进行修改或简单设置；

③ 划分网格：人工设定网格划分功能便捷，自定义网格功能可以降低网格划分难度，提高划分效率和网格品质；

④ 求解与后处理：根据实际问题需要，选择合适的求解器和相应的收敛判据。

5.4.1.2 CFD 在膜过程传递现象研究中的应用

CFD 技术可以看作是在流体力学控制方程：质量、动量和能量三大守恒方程，进行的流体力学数值模拟。膜分离过程除了有流体流动，还涉及溶质和溶剂的分离问题，因此，CFD 对膜分离过程的模拟需要在三大守恒方程的基础上，同时考虑溶质传递方程。膜分离过程中 CFD 流动基本方程见表 5-20。

表 5-20 膜分离过程中 CFD 流动基本方程

流动方程	公式
质量守恒	$\dfrac{\partial \rho}{\partial t} + \nabla \cdot (\rho u) = 0$
动量守恒	$\dfrac{\partial (\rho u)}{\partial t} + \nabla \cdot (\rho u u) = \nabla \cdot \mu \left[(\nabla u) + (\nabla u)^{-1} \right] - \nabla p + \rho g$
能量守恒	$\dfrac{\partial (\rho T)}{\partial t} + \nabla \cdot (\rho u T) = \nabla \cdot \left(\dfrac{k}{c_p} \nabla T \right)$
组分质量守恒	$\dfrac{\partial (\rho c)}{\partial t} + \nabla \cdot (\rho u m_A) = \nabla \cdot (\rho D_{AB} \nabla m_A)$

注：u、p 和 T 分别是流体流速、压力以及温度；ρ，μ，k 和 c_p 分别代表流体密度、黏度、传热系数和比热容；D_{AB} 和 m_A 分别代表溶质的扩散系数和质量分数。

准确模拟膜分离过程中流体的水力学状况，需要针对具体模型的特殊性，建立相对应的边界条件。在模拟膜分离过程中，常用的边界条件如表 5-21 所示。对于存在隔网的膜组件，由于隔网单元具有周期性使膜组件内部流场形成周期性分布，故一些研究者为减小计算量采用了周期性边界条件，大大减小了计算强度。

表 5-21   膜分离过程中常用的边界条件

位置	边界条件
入口	指定流速、浓度及温度分布
出口	指定出口压力，浓度梯度为零
开口	指定静压，物质、能量流入流出
壁面	无壁面滑移，无传质
对称	垂直平面浓度梯度、速度及其梯度为零

膜分离的 CFD 可视化研究，不仅能够对传递过程与机理进行深入分析，并能够对膜分离过程和系统进行优化设计。目前，CFD 模拟集中在膜表面极化现象的研究中，进一步通过优化流道构型等方面降低极化现象的研究。相比而言，膜孔道内部传递现象的模拟研究较少。以下以具体模拟实例为例进行说明。

（1）纳滤膜表面浓差极化的 CFD 模拟

薄膜理论定义了渗透膜边界条件，利用非平衡热力学传质模型定义了渗透膜通量，对纳滤膜渗透过程进行了二维模拟[1]。上壁面认为是无滑移的不可渗透壁面，下壁面作为可渗透的壁面（见图 5-45）。采用 ANSYS Fluent 软件中的用户自定义函数（user defined function，UDF）将纳滤传质模型和 CFD 边界条件进行耦合，克服了 CFD 商业软件的限制。该 CFD-SKK 的耦合模型能够实现对膜表面溶质浓度模拟，对浓差极化现象进行可视化分析。

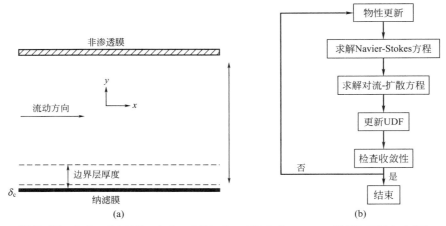

图 5-45   薄膜理论中的边界条件和浓差极化示意图（a）和 Fluent 模拟流程图（b）[160]

上膜边界条件（非渗透性）：

$$\frac{\partial u}{\partial x}=0, \quad \frac{\partial v}{\partial x}=0, \quad \frac{\partial m_A}{\partial x}=0 \tag{5-285}$$

式中，u 为沿 x 方向的速度；v 为沿 y 方向的速度；m_A 为溶质的质量分数。

下膜边界条件（纳滤膜）：

$$u=0;v=-J_v;m_{Aw}=\frac{\exp\dfrac{J_v\delta_c}{D_{AB}}}{R+R'\exp\dfrac{J_v\delta_c}{D_{AB}}}m_{Ac} \tag{5-286}$$

式中，J_v 是渗透体积通量；m_{Aw} 为靠近膜处料液的溶质质量分数；m_{Ac} 为模拟区域紧挨膜表面的单元格质心处的溶质质量分数；δ_c 为膜壁面与模拟区域紧挨膜表面单元格质心间的距离；D_{AB} 为二元传质系数；R 为截留率；$R'=1-R$。其中 J_v 由 Spiegler-Kedem 模型确定：

$$J_v=L_p\Delta p-L_p\sigma\gamma m_{Aw}R \tag{5-287}$$

式中，L_p 为过滤系数；Δp 为跨膜压力；σ 为溶质渗透系数；γ 为渗透压常数。

（2）纳滤膜孔内离子传递的 CFD 模拟

以纳滤膜对不同离子的选择性截留为例：在膜表面浓差极化的 CFD 模拟基础上，采用经典的 Donnan 位阻孔模型（Donnan steric pore model，DSPM），可以引入溶质、溶剂与膜材料之间的相互作用力，实现对纳滤分离过程更加完善的模拟[161]。错流过程中，膜表面浓差极化模型和 Donnan 位阻孔模型的耦合传输现象如图 5-46 所示。该模型采用扩展的 Nernst-Planck 方程表述由于扩散、对流及电场作用引起的离子在膜内的迁移现象，得到离子在膜孔轴向浓度梯度的微分方程：

$$J_i=-D_{i,m}\frac{\partial c_i}{\partial y}+K_{i,c}c_iJ_v-\frac{z_ic_iD_{i,m}F}{RT}\frac{\partial\Psi_m}{\partial y} \tag{5-288}$$

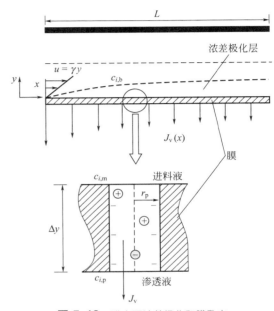

图 5-46 膜表面浓差极化和膜孔内
离子传递过程示意图[161]

式中，右边各项分别为由于扩散、对流、电势梯度引起的溶质传输；J_i 为离子 i 的渗透通量；J_v 为溶液的渗透通量；c_i 为离子 i 在膜孔内的浓度；z_i 为离子 i 的化合价；R 为气体常数；T 为热力学温度；F 为法拉第常数；Ψ_m 为膜孔中的轴向电势；$D_{i,m}$ 为离子 i 在膜孔内的位阻扩散系数；$K_{i,c}$ 为离子 i 在膜孔中的对流位阻因子。组分 i 在膜与外部溶液界面处的分离效应主要通过空间位阻和 Donnan 效应来描述。

$$\frac{c_i}{C_i}=\Phi_i\exp\left(-\frac{z_iF}{RT}\Delta\Psi_D\right) \tag{5-289}$$

式中，C_i 为离子 i 在纳滤膜上、下表面处的浓度，在计算中可用于迭代求解膜上表面处离子浓度 $C_{i,w}$ 和透过侧离子浓度 $C_{i,p}$；Φ_i 为离子 i 的位阻因子；$\Delta\Psi_D$ 为 Donnan 电势。此外，在膜外部的溶液和膜孔中的溶液应保持电中性条件，故有：

$$\sum_i z_ic_i+X=0 \tag{5-290}$$

通过上述基本方程，可以在给定溶液渗透通量 J_v 的条件下用 DSPM 模型求解纳滤膜的离子截留率。首先采用扩展的 Nernst-Planck 方程得到离子在膜孔轴向的浓度分布。通过膜内和膜两侧的电中性条件以及 Donnan 平衡和空间位阻效应，可以得到膜孔入口和出口的边

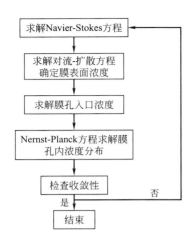

图 5-47 膜孔内离子传递过程的 COMSOL 模拟流程图[162]

界条件。由于滤出液中离子浓度影响到扩展的 Nernst-Planck 方程的求解，因此需要重新迭代计算，直到获得收敛解。采用多物理场耦合有限元模拟软件 COMSOL Multiphysics 对纳滤膜传质模型进行数值分析，可以获得更好的收敛性结果。膜孔内离子传递过程的 COMSOL 模拟流程如图 5-47 所示。

（3）膜蒸馏温差极化的 CFD 模拟

本例是采用 CFD 技术对伴有传热现象的真空膜蒸馏（VMD）过程的模拟，对过程中的温差极化现象实现了可视化。膜蒸馏过程是一个质量传递和热量传递同时进行的过程，在膜面位置料液中易挥发组分发生相变，透过膜孔传递到另一侧；伴随质量传递汽化潜热被移除，再有膜两侧的温差使得热量通过膜材料进行热传导，传质传热相互影响、相互制约。

VMD 传质传热过程概括如下：

① 热量和挥发性组分从料液主体通过边界层（温度边界层和浓度边界层）传递到料液侧膜面；

② 挥发性组分在膜面处吸热汽化，部分热量以汽化潜热的形式存在于蒸气分子中；

③ 蒸气分子携带一定的热能扩散通过膜孔到达膜的另一侧，同时部分热量以热传导的方式透过膜材料，以及少量热量由膜孔内的气体分子携带由膜的高温侧传递至低温侧；

④ 蒸气在膜的内表面穿过气膜边界层扩散到气相主体；

⑤ 蒸气在真空侧聚集并被抽离膜界面，进入冷凝装置（换热器），在换热器中冷凝释放潜热，成为液态水[163]。

与质量传递类似，所有膜蒸馏过程的热量传递都包括热量从料液主体传递至进料侧膜面和跨膜热量传递这两个步骤。VMD 传热过程 CFD 模拟与上文（1）中案例的传质过程 CFD 模拟类似。VMD 过程中的质量和热量传递如图 5-48 所示，温度分布如图 5-49 所示。

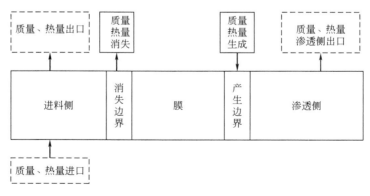

图 5-48 VMD 过程中质量和热量传递示意图[163]

（4）CFD 在膜组件隔网优化设计研究中的应用

膜组件中的隔网一方面可以增加流体湍流强度，减小极化现象，提高膜分离过程的传质

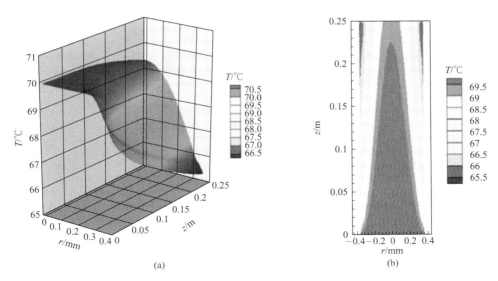

图 5-49　VMD 过程中的温度分布[164]

和传热效率。同时，隔网的存在会增加流体阻力，引起压降增加和能耗，并且可能出现局部沟流、死区等。因此，CFD 技术可以很好地用于膜组件隔网的优化研究。

CFD 模拟可以给出速度场、剪切力、剪切力场和湍动能分布图。研究发现合理设置原料间隔器及其之间的距离对提高膜性能有效：一方面，适当地减小原料间隔器之间的距离，可以减小剪切力峰值间的距离，增加漩涡，从而提高膜表面的传质；但另一方面，会增大压力降，从而增加成本。

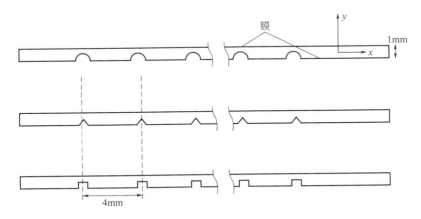

图 5-50　隔网细丝形状和尺寸[165]

隔网的形状同样会对膜组件内流体流动产生一定影响。Ahmad 等[165]采用 CFD 技术对矩形、圆形和三角形隔网细丝（见图 5-50）的流道中均产生不稳定漩涡的情况进行了研究，模拟结果发现在相同的雷诺数下三种不同形状的隔网产生漩涡的情况有所不同。此外，随着计算机技术的不断发展，隔网优化设计也从形状简单的单层隔网研究发展到形状复杂的双层隔网或者多层隔网的研究（图 5-51）。

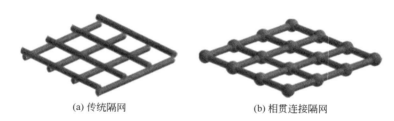

（a）传统隔网　　　　　　　　　　　　（b）相贯连接隔网

图 5-51　隔网形态示意图[166]

5.4.2　分子模拟技术在膜分离传递过程中的应用

5.4.2.1　蒙特卡罗分子模拟

（1）蒙特卡罗分子模拟的基本概念

蒙特卡罗分子模拟是一种基于随机模拟的分子模拟方法。这种方法采用重要性抽样来探测平衡态分子系统的势能面，从而研究其结构和热力学性质。最基本的蒙特卡罗（Metropolis）分子模拟流程如下[167]：

① 确定系统的初始构型 R。

② 通过随机改变系统内粒子的坐标，生成新的构型 R′。

③ 计算构型 R→R′ 的势能变化 ΔU：若 $\Delta U < 0$，则接受构型变化；若 $\Delta U > 0$，则生成一个 [0,1] 的随机数 RAND。若 $e^{\frac{-\Delta U}{k_B T}} < \text{RAND}$，则接受构型变化，否则舍弃构型变化。

④ 若接受构型变化，则 R′ 成为新的 R；否则舍弃 R′ 保留 R。之后回到步骤②进行下一个循环。

随着这一循环的进行，构型 R 的势能会越来越低，最终趋于稳定。以这种方法可以找出低势能的稳定结构，从而起到优化结构的作用。蒙特卡罗模拟过程中会得到系统的大量构型，可以通过统计力学的方法来计算系统的宏观参数。

蒙特卡罗分子模拟和分子动力学模拟中，势能是通过势函数 $U(\vec{r})$ 由分子的位置进行计算得出的。势函数方程及其参数称为力场。力场的选择对于模拟结果影响巨大。膜过程的分子模拟中采用较多的力场有 CGFF、GAFF、OPLS-AA 等[168]。

与分子动力学模拟相比，蒙特卡罗分子模拟的算法更为简单，计算迅速高效。蒙特卡罗分子模拟的粒子运动不具物理意义，无法用来分析动态过程。然而在一些蒙特卡罗分子模拟中，利用无物理意义的构型变化可以大幅加速模拟过程。

（2）蒙特卡罗分子模拟在膜过程中的应用

蒙特卡罗分子模拟可以用于生成结构模型，例如膜表面或是聚合物系统的模型。这些模型可以直接用于分析。此外，蒙特卡罗分子模拟也可以将聚合物链或单体均匀地分布在模拟空间中。以这些结构为初始结构，采用进一步的分子动力学模拟，可以生成更详细的膜结构模型[169]。

蒙特卡罗分子模拟也可以用于计算一些与膜相关结构性质，如膜的孔径分布、聚合物的持续长度、聚合物的吸附等温线等[169]。

5.4.2.2　分子动力学模拟

（1）分子动力学模拟的基本概念

分子动力学模拟是一种分析原子和分子运动的计算机模拟方法。这种方法计算系统内各粒子的相互作用力，并以数值方法求解牛顿运动方程，从而得到各粒子的运动状态。以极短的时间步长 dt（一般为 fs 级）重复这一过程，不断更新粒子的位置，即可得到系统内各粒子的运动轨迹，最终获得系统构型随时间的演化过程。分子动力学模拟的基本流程如下[167]：

① 确定系统的初始构型（包括各粒子的初始位置和速度）；
② 通过势函数确定系统的势能；
③ 由势能求出各粒子所受的力 $F = -\nabla U(\vec{r})$ 及其加速度；
④ 求解牛顿运动方程，计算各粒子在 dt 后的位置和速度；
⑤ 更新系统内各粒子的位置和速度，对构型进行分析；
⑥ 应用控温、控压、约束算法等（如需要）；
⑦ 回到步骤②进行下一个循环。

反复这一过程直至达到预设的模拟时间，即可得到系统内各粒子的运动轨迹及分子在这段时间内的构型变化。一般的平衡态分子动力学模拟（equilibrium molecular dynamics，EMD）需要先运行至系统的温度、密度等参数稳定在目标值附近，再进行进一步的模拟以获得想要的数据，模拟的时长往往为数纳秒～数百纳秒左右。在平衡态下运行足够长的模拟后，可以用统计力学的方法，由时间平均求取系统宏观参数。基于涨落耗散定理，还可以通过平衡态的物理量涨落来描述一些非平衡态的输运系数。除了平衡态分子动力学模拟外，也有一些非平衡态的分子动力学模拟方法（non-equilibrium molecular dynamics，NEMD），通过对整个系统外加力场或是对特定粒子施加作用力来模拟非平衡过程。

与蒙特卡罗分子模拟相比，分子动力学模拟可以得到具有实际物理意义的粒子运动轨迹。从轨迹中可以直观地看到并分析系统随时间的演化过程，也可以计算扩散系数等与时间相关的参数。

分子动力学模拟软件主要有 LAMMPS、Gromacs、NAMD、DLPOLY、Materials Studio Forcite Plus 等[168]。

（2）分子动力学模拟在膜过程中的应用

分子动力学在膜过程（特别是反渗透过程）的研究中已经有了广泛的应用。使用分子动力学模拟研究膜过程，首先需要构建滤膜分离层的模型。聚酰胺反渗透膜的模型可以通过对一条聚合物链进行合适的折叠和修饰来获得，也可以将多条聚合物链折叠成为网络结构。这些结构中还可以在距离合适的羧基基团间导入间苯二胺（MPD）片段，形成更复杂的交联结构。聚合物模型的另一种构建方法是模拟交联法，它在模拟区域内放置大量 TMC 和 MPD 单体，通过让这些单体不断运动并在靠近的单体之间成键来模拟聚合过程，形成聚合物网络结构。这一过程可由工具脚本实现[168-170]。建立膜结构模型之后，可以计算其物性参数（如密度和交联度）并与实验值对比，从而验证模型的准确性。

建立纯水或是溶液中的膜模型主要有两种方法，一是在聚合物所在的模拟空间内随机插入水分子（数量参考实验测定的膜吸水量）和溶剂（如盐离子），之后可以在膜旁边放置整块的水或溶液，以模拟膜外的溶液主体[170]。二是生成一个充满溶液的模拟盒子，通过模拟使其达到平衡状态，然后将聚合物模型与其重叠，并删除重叠的溶液分子[171]。

对于水透膜的过程，最直接的分析方法是对一段时间内透过膜的水分子进行计数；也可以抽取其中部分水分子，观察其运动轨迹，从而定性分析水分子在膜内的运动，确定膜内的"快速"水通道。分子动力学模拟有多种计算扩散系数的方法，例如在平衡态分子动力学模拟中，可以通过均方位移（mean squared displacement，MSD）和爱因斯坦关系计算水的自扩散系数 D_S：

$$D_S = \frac{1}{6} \lim_{t \to \infty} \frac{\mathrm{d}(\mathrm{MSD})}{\mathrm{d}t} \tag{5-291}$$

式中，MSD 为水的均方位移[170]。分子动力学模拟也可计算径向分布函数（radial distribution function，RDF）：

$$g(r) = \rho(r)/\rho \tag{5-292}$$

式中，$\rho(r)$ 为距离核心粒子 r 处的粒子密度；ρ 为平均密度。径向分布函数描述某种粒子周围另一种粒子出现的概率。计算水分子中氧原子与水分子氢原子及聚合物官能团原子的径向分布函数，即可推测水分子与水分子、水分子与膜的相互作用。此外，还可以计算水的配位数以及团簇大小，定量分析不同区域内水的连接状况[171-174]。

分析溶质（主要是盐离子）与膜的相互作用，可以在膜外放置盐溶液，研究离子在模拟空间内的浓度分布，从而分析膜对溶质的截留能力。也可以计算和对比离子在不同位置上的配位数及径向分布函数，此外，可以采用伞状取样（umbrella sampling）等方法研究离子跨过膜表面时的自由能变化情况，进一步分析跨膜阻力及其成因[173]。一些非平衡分子动力学模拟方法也可以用于这类研究。如使用目标分子动力学模拟（targeted molecular dynamics，TMD）对离子施加作用力，使其从膜的一侧移动到另一侧，从而找出膜内的盐离子通道。通过估算通道内的自由能变化，还可以估计膜的离子渗透系数[174]。

符号表

a	活度；几何结构因子
A	面积；组分 A 各种常数
A_a	组分 i 的塑性化常数
A_{ij}	组分 i 与 j 间的相互作用系数
b	流道宽；Langmuir 常数
B	组分各种常数
c	浓度；热容；各种常数
d	直径
D	扩散系数
E	电位；能量
E_a	活化能

E_D	扩散活化能
E_Q	渗透活化能
f	Fanning 摩擦系数；气体速度
F	法拉第常数
ΔG	自由能变化
h	流道高度
H	亨利定律常数；焓
ΔH_v	汽化潜热
ΔH	焓的变化
I	电流；极化指数
J	渗透通量（流率）
J_c	对流传质通量
J_w	纯水渗透通量
k	Boltzman 常数；传质系数
K	总传质系数；平衡常数；Kozeny-Carman 常数
l	距离；膜厚度
L	膜长；唯象系数
M	质量；分子量
n	分子数；其他数目
N_A	Avogadro 数
p	分压
P	总压；产物流量
p^0	纯组分的饱和蒸气压
Pe	Peclet 数
Q	渗透率
r	半径
R	气体常数；阻力；脱除率；截留率
Ra	Rayleigh 数
Re	Reynold 数
S	熵；表面积
Sc	Schmidt 数
Sh	Sherwood 数
S_0	筛分系数
S_m（或 k_s）	溶解度常数；分配常数
t	时间
T	温度
V	体积；摩尔体积
W	质量；宽度
x	摩尔分数；坐标

y	摩尔分数；坐标
X	距离；共轭推动力
z	距离；坐标；化合价
α	分离系数；指数；传热系数
β	增浓系数；指数
γ	活度系数
δ	溶解度参数；边界层厚度
$\delta(d)$	溶解度参数色散分量
$\delta(h)$	溶解度参数氢键分量
$\delta(p)$	溶解度参数极性分量
ε	孔隙率；Lennard Jones 常数
η	效率；黏度
λ	热导率
μ	黏度（动力黏度，Pa·s）；化学位
ν	黏度（运动黏度，m^2/s）
π	渗透压
ρ	密度
σ	表面张力
τ	曲折因子
φ	体积分数
ψ	Flory-Huggins 相互作用参数

下标

b	主流体
eff	有效的
eq	平衡的
h	水力学的
$i(j)$	任意组分
l	液相
m	膜
P	产物
S	溶剂
v	气相
w	水相

参考文献

[1] Hwang S T, Kammermeyer K. Membranes in Separations [M]. New York: Wiley-Interscience, 1975.

[2] King C J. Separaion Processes. 2nd ed [M]. New York: Mc-Graw-Hill, 1980.

[3] Keizer K, Uhlhorn R J R, Vanvuren R J, et al. Gas separation mechanisms in microporpous modified gamma-Al₂O₃ membranes [J]. Journal of Membrane Science, 1988, 39 (3): 285-300.

[4] Weyten H, Kinoo A, Luyten J, et al. Stability and separation properties of ceramic gas separative membranes for catalytic membrane reactors [C]. Proceedings of the 4th International Congress on Membranes and Membrane Processes (ICOM' 96). Yokohama: The Membrane Society of Japen, 1996.

[5] Bhave R R. Inorganic Membranes, Synthesis, Charaterisation and Applications [M]. New York: Van Nostrand Reinhold, 1996: 10-56.

[6] Teplyakov V. Gas Separation and Purification vol. 4 [M]. Oxford: Butterworth-Heinemann Elsevier Ltd, 1990: 66-74.

[7] Saracco G, Specchia V. Catalytic inorganic-membrane reactors-present experience and future opportunities [J]. Catalysis Reviews-Scienceand Engineering, 1994, 66 (2): 305-384.

[8] Li D, Seok D R, Hwang S T. Gas-permeability of high-temperature-resistant silicone polymer vycor glass membrane [J]. Journal of Membrane Science, 1988, 37 (3): 267-275.

[9] Weng S S, Zeng M Y, Wang Z H, et al. Asymmetric molecular sieve carbon membranes [J]. Journal of Membrane Science, 1996, 109 (2): 267-270.

[10] Bhave R R. Inorganic Membranes [M]. New York: Van Nostrand Reinhold, 1991.

[11] Fleming H L. Synthesis and characterization of tubular carbon composite membranes [J]. Abstracts of Papers of the American Chemical Society, 1989, 197: 176.

[12] Koresh J, Soffer A, et al. Study of molecular-sieve carbons. 2. Estimation of cross-sectional diameters of non-spherical molecules [J]. Journal of the Chemical Society-Faraday Transactions I, 1980, 1 (76): 2472-2485.

[13] Lacey R E, Loeb S. Industrial Processing with Membranes [M]. NewYork: Wiley-Intrscince, 1972.

[14] Kimura Shoji. Transport phenomena in membrane separation processes [J]. Jouranl of Chemical Engineering of Japan, 1992, 25 (5): 469-480.

[15] Pappenheimer J R, Renkin E M, Borrero L M, et al. Filtration, diffusion and molecular sieving through peripheral capillary membranes a contribution to the pore theory of capillary permeability [J]. American Journal of Physiology, 1951, 167 (1): 13-46.

[16] Renkin E M. Filtration, diffusion, and molecular sieving through porous cellulose membranes [J]. Jouranl of General Physiology, 1954, 38 (2): 225-243.

[17] Nakao S, Kimura S. Analysis of solutes rejection in ultrafiltration [J]. Journal of Chemical Engineering of Japan, 1981, 14 (1): 32-37.

[18] Nakao S, Kimura S. Models of membrane-transport phenomena and their applications for ultrafiltration [J]. Journal of Chemical Engineering of Janpen, 1982, 15 (3): 200-205.

[19] Vemiory A, Dubois R, Decoodt P, et al. Measurement of permeability of biological-membranes-application to glomerular wall [J]. Journal of Genenal Physiology, 1973, 62 (4): 489-507.

[20] Wendt R P, Klein E, Bresler E H, et al. Sieving properties of hemodialysis membranes [J]. Joural of Membrane Science, 1979, 5 (1): 23.

[21] Osada Y, Nakagawa T. Membrane Science and Technology [M]. New York: Plenum, 1970, 47.

[22] Anderson J L, Quinn J A, et al. Restricted transport in small pores-model for steric exclusion and hindered [J]. Biophys Journal, 1974, 14 (2): 130-150.

[23] Chahboun A, Coratger R, Ajustron F, et al. Comparative-study of micro-and ultrafiltration membranes using STM, AFM and SEM techniques [J]. Utramicroscopy, 1992, 41 (1-3): 235-244.

[24] Bottino A, Capannelli G, Grosso A, et al. Surface characterization of ceramic membranes by atomic force microscopy [J]. Jouranl of Membrane Science, 1994, 95 (3): 289-296.

[25] Meireles M, Bessieres A, Rogissart I, et al. An appropriate molecular-size parameter for porous membranes calibration [J]. Journal of Membrane Science, 1995, 103 (1-2): 105-115.

［26］ Fritzsche A K, Arevalo A R, Moore M D, et al. Image enhancement of polyethersulfone ultrafiltration membrane surface structure for atomic force microscopy［J］. Journal of Applied Polymer Science, 1992, 46（1）: 167.

［27］ Bessieres A, Meireles M, Coratger R, et al. Investigations of surface properties of polymeric membranes by near field microscopy［J］. Jouranl Membrane Science, 1996, 109（2）: 271-284.

［28］ Alegranti C W, Pye D G, Hoehn H H, et al. The morphology of asymmetric separation membranes［J］. Journal of Applied Polymer Science, 1975, 19（5）: 1475-1478.

［29］ Merten U. Desalination by Reverse Osmosis［M］. Cambridge（Mass）: MIT Pr, 1966.

［30］ Panar M, Hoehn H H, Hebert R R. The nature of asymmetry in reverse osmosis membranes［J］. Macromolecules, 1973, 6（5）: 777-780.

［31］ Sourirajan S. Mechanism of demineralization of aqueous sodium chloride solutions by flow, under pressure, through porous membranes［J］. Industrial & Engineering Chemistry Fundamentals, 1963, 2（1）: 51.

［32］ Agrawal J P, Sourirajan S. specification, selectivity and performance of porous cellulose acetate membranes in reverse osmosis［J］. Industrial & Engineering Chemistry Process Design and Development, 1969, 8（4）: 439.

［33］ Matsuura T, Baxter A G, Sourirajan S. Predictability of reverse osmosis separations of higher alcohols in dilute aqueous solutions using porous cellulose acetate membranes［J］. Industrial & Engineering Chemistry Process Design and Development, 1977, 16（1）: 82-89.

［34］ Matsuura T, Pageau L, Sourirajan S. Reverse osmosis separation of inorganic solutes in aqueous solutions using porous cellulose acetate membranes［J］. Journal of Applied Polymer Science, 1975, 19（1）: 179-198.

［35］ Agrawal J P, Sourirajan S. Specification, selectivity and performance of porous cellulose acetate membranes in reverse osmosis［J］. Industrial & Engneering Chemistry Process Design and Development, 1969, 8（4）: 439.

［36］ Bean C P. In Eisenman G. Membranes［M］. New York: Marcel Dekker, 1972: 154.

［37］ Deblois R W, Bean C P, Wesley R K A. Electrokinetic measurements with submicron particles and pores by resistive pulse technique［J］. Journal of Colloid and Interface Science, 1977, 61（2）: 323-335.

［38］ Glueckauf E. Distribution of electrolytes between cellulose-acetate membranes and aqueous-solution［J］. Desalination, 1976, 18（2）: 155-172.

［39］ Sano T, Yanagishita H, Kiyozumi Y, et al. Separation of ethanol/water mixture by silicalite membrane on pervaporation［J］. Journal of Membrane Science, 1994, 95（3）: 221-228.

［40］ Vroon Z A E P, Keizer K, Gilde M J, et al. Transport properties of alkanes through ceramic thin zeolite MFI membranes［J］. Journal of Membrane Science, 1996, 113（2）: 293-300.

［41］ Jia M D, Peinemann K V, Behling R D. Ceramic zeolite composite membranes.: Preparation, characterization and gas permeation［J］. Journal of Membrane Science, 1993, 82（1-2）: 15-26.

［42］ Nomura M, Ueno W, Yamaguchi T, et al. Preparation and transport phenomena of silicalite molecular sieving membrane［C］. Proceedings of the 4th International Congress on Membranes and Membrane Processes（ICOM' 96）. Yokohama: The Membrane Society of Japen, 1996.

［43］ Sherwood T K, Brian P L T, Fisher R E, et al. Desalination by reverse osmosis［J］. Industrial & Engineering Chemistry Fandamentals, 1967, 6（1）: 2.

［44］ Lonsdale H K, Merten U, Riley R L. Transport properties of cellulose acetate osmotic membranes［J］. Journal of Applied Polymer Science, 1965, 9（4）: 1341.

［45］ Erb A J, Paul D R. Gas sorption and transport in polysulfone［J］. Journal of Membrane Science, 1981, 8（1）: 11-22.

［46］ Koros W J, Chern R T, Stannett V, et al. A model for permeation of mixed gases and vapors in glassy polymers［J］. Journal of Polymer Science Part B-Polymer Physics, 1981, 19（10）: 1513-1530.

［47］ 冯献社, 蒋国英, 朱葆琳. 气体在均质高分子膜中渗透过程的研究［J］. 化工学报, 1989,（2）: 213-220.

［48］ Sada E，Kumazawa H，Xu P，et al. Some considerations on the mechanism of gas-transport in glassy poly-mer-films［J］. Journal of Membrane Science，1987，35（1）：117-122.

［49］ Lee C H. Theory of reverse-osmosis and some other membrane permeation operations［J］. Journal of Ap-plied Polymer Science，1975，19（1）：83-95.

［50］ Mulder M H V，Smolders C A. On the mechanism of separation of ethanol/water mixtures by pervaporation I. Calculations of concentration profiles［J］. Journal of Membrane Science，1984，17（3）：289-307.

［51］ Zhu C L，Moe L，Ji W C，et al. A study on characteristcs and enhancement of pervaporation membrane separation process［J］. Desalination，1989，71（1）：1-18.

［52］ 朱长乐，刘茉娥，徐伟，等. 渗透汽化-膜分离过程特性和强化途径的研究［J］. 化工学报，1989（2）：146-153.

［53］ Kataoka T，Tsuru T，Nakao S，et al. Membrane-transport properties of pervaporation and vapour perme-ation in ethanol-water system using polyacrylonitrile and cellulose-acetate membranes［J］. Journal of Chemical Enginnering of Japen，1991，24（3）：334-339.

［54］ Sauo T，Kiyozumi Y，Kawamura M，et al. Preparation and characterization of ZSM-6 zeolite film［J］. Zeo-lites，1991，11（8）：842-845.

［55］ Hayhurst D T，Paravar A R，et al. Diffusion of C-1 to C-5 normal paraffins in silicalite［J］. Zeolites，1988，8（1）：27-29.

［56］ Pauling L. Nature of the Chemical Bond. 3rd ed［M］. New York：Cornell Union Press，1960.

［57］ Hamada T，Nakatsuka M，Tone S，et al. Pervaporation of water-alcohol mixture through polyion complex membrane［C］. Proceedings of the 4th International Congress on Membranes and Membrane Processes（ICOM' 96）. Yokohama：The Membrane Society of Japen，1996.

［58］ Tsuyumoto M，Akita K，Teramoto A. Pervaporative transport of aqueous ethanol：Dependence of perme-ation rates on ethanol concentration and permeate side pressures［J］. Desalination，1995，103（3）：211-222.

［59］ Schwarz H H，Richau K，Paul D，et al. Separation of binary liquid mixtures by pervaporation with polyelec-trolyte membranes［J］. Proceedings of the 4th International Congress on Membranes and Membrane Processes（ICOM' 96）. Yokohama：The Membrane Society of Japen，1996.

［60］ Timmer J M K，Vanderhorst H C，Robbertsen T，et al. Transport of lactic Acid through reverse osmosis and nanofiltration membranes［J］. Journal of Membrane Science，1993，85（2）：205-216.

［61］ Bowen W R，Mukhtar H. Characterisation and prediction of separation performance of nanofiltration mem-branes［J］. Journal of Membrane Science，1996，112（2）：263-274.

［62］ Rautenbach R，Groschil A，et al. Separation potential of nanofiltration membranes［J］. Desalination，1990，77（1-3）：73-84.

［63］ Dresner L. Some remarks on integration on extended Nernst-Planck equations in hyperfiltration of multicom-ponent Solutions［J］. Desalination，1972，10（1）：27-46.

［64］ Tsuru T，Nakao S，Kimura S，et al. Calculations of ion rejection by extended Nernst-planck equation with charged reverse-osmosis membranes for single and mixed electrolyte-solutions［J］. Journal of Chemical Engineering of Japen，1991，24（4）：511-517.

［65］ Vonk M W，Smit J A M，et al. Positive and negative-ion retention curve of mixed electrolytes in reverse-osmosis with a cellulose-acetate membrane-an analysis on the basis of the generalized Nernst-Planck equation［J］. Journal of Colloid and Interface Science，1983，96（1）：121-134.

［66］ Langevin D，Pinsche M，Selegny E，et al. CO_2 facilitated transport through functionalized cation-exchange Membranes［J］. Journal of Membrane Science，1993，82（1-2）：51-63.

［67］ Prigogine I. Thermodynamics of Irreversible Processes［M］. New York：Wiley，1961.

［68］ Katchalsky A，Gurran P F. Nonequilibrium Thermodynamics in Biophysics［M］. Cambridge（Mass）：Har-vard Liniv Pr，1965.

［69］ Van Pysselberghe. Thermodynamics of Irreversible Processes［M］. New York：Wiley，1963.

［70］ Keizer J. Thermodynamics of nonequilibrium processes［C］// Haken H, ed. Pattern Formation by Dynamic Systems and Pattern Recognition. New York: Springer-Verlag Berlin Heidelberg, 1979.

［71］ Lacey R E, Loeb S. Industrial Progress with Membranes［M］. New York: Wiley-Interscience, 1972.

［72］ Sirkar Ho. Membrane Handbook［M］. New York: Chapman and Hall, 1992.

［73］ Kedem O, Katchalsky A. Thermodynamic analysis of the permeability of biological membranes to non-Electrolytes［J］. Biochimica Biophysica ACTA, 1958, 27（2）: 229-246.

［74］ Baranowski B. Non-equilibrium thermodynamics as applied to membrane transport［J］. Journal of Membrane Science, 1991, 57（2-3）: 119-159.

［75］ Spiegler K S, Kedem O. Thermodynamics of hyperfiltration（reverse osmosis）: criteria for efficient membranes［J］. Desalination, 1966, 1（4）: 31.

［76］ House C R. Water Transport in Cells and Tissues［M］. London: Edward Arnold, 1974.

［77］ Schultz S G. Basie Principles of Membrane Transport［M］. London: Cambridge Univ Pr, 1980.

［78］ Muider M H V, Smolders C A. Mass-transport phenomena in pervaporation processes［J］. Separation Science and Technology, 1991, 26（1）: 85-95.

［79］ Vandenberg G B, Smolders C A. Diffusion phenomena in membrane separation processes［J］. Journal of Membrane Science, 1992, 73（2-3）: 103-118.

［80］ Simon A M, Doran P, Paterson R. Assement of diffusion coupling effects in membrane separation. 1. Network thermodynamics modelling［J］. Journal of Membrane Science, 1996, 109（2）: 231-246.

［81］ Grzywna Z J, Simon A M, et al. Transport diffusion experiments in catalytically active membranes［J］. Chemical Engneering Science, 1991, 46（1）: 335-342.

［82］ Prasad R, Notaro F, Thompson D R. Evolution of membranes in commercial air separation［J］. Journal of Membrane Science, 1994, 94: 225-248.

［83］ Renvers A J, Smolders C A. Formation of membranes by means of immersion precipitation［J］. Journal of Membrane Science, 1987, 34（1）: 45.

［84］ 曹义鸣. 聚合物膜相转化成膜机理研究［D］. 大连: 中国科学院大连化学物理研究所, 1997.

［85］ Bungay P M, Lonsdale H K, Pinho M N, et al. Synthetic Membranes: Science, Engineering and Application［M］. Holland: D Keidel Publiship Co., 1986.

［86］ 朱长乐, 刘茉娥, 等. 膜科学技术［M］. 杭州: 浙江大学出版社, 1992.

［87］ Strarhmann H. Trennung von Molekularen Mischungen mit Hilfe Synthetischer Membranen［M］. Darmstadt: Steinkopf Verlag, 1979.

［88］ Eyring H. Viscosity, plasticity, and diffusion as examples of absolute reaction rates［J］. Journal of Chemical Physics, 1936, 4（4）: 283-291.

［89］ Nakagawa T, Hopfemberg H B, Stannett V. Transport of fixed gases in radiation-stabilized poly（vinyl chloride）［J］. Journal of Applied Polymer Science, 1971, 15（1）: 231.

［90］ Soltanieh M, Gill W N. Review of reverse-osmosis membranes and transport models［J］. Chemical Engineering Communications, 1981, 12（4-6）: 279-363.

［91］ Flory P J. Principle of Polymer Chemistry［M］. Ithaca: Comell Univ Pr, 1953.

［92］ Scatchard G. Equilibria in non-electrolyte solutions in relation to the vapor pressures and densities of the components［J］. Chemical Reviews, 1931, 8（2）: 321-333.

［93］ Zhu C L, Liu M, Xu W, et al. Separation of ethanol water mixtures by pervaporation membrane separation process［J］. Desalination, 1987, 62: 299.

［94］ 徐伟, 朱长乐, 刘茉娥. 渗透汽化膜分离过程溶解-扩散传递机理的探讨［J］. 水处理技术, 1989, 15（3）: 146.

［95］ Rogers C E. Permeation of gases and vapours in polymers［C］// Comyn J, ed. Polymer Permeability. Barking: Elsevier Applied Science Publishes, 1988.

［96］ Michaels A S, Bixler H J. Solubility of gases in polyethylene［J］. Journal of Polymer Science, 1961, 50（154）: 393.

[97] Yasuda H, Stannett V. Polymer Handbook, 2nd ed [M]. New York: Wiley, 1975.

[98] Hedenqvist M, Gedde U W. Diffusion of small-molecule penetrants in semicrystalline polymers [J]. Progress in Polymer Science, 1996, 21（2）: 299-333.

[99] Peppas N A, Reinhart C T. Solute diffusion in swollen membranes. 1. A new theory [J]. Journal of Membrane Science, 1983, 15（3）: 275-287.

[100] Perry E S. Progress on Separation and Purification. Vol 1 [M]. New York: Wiley-Interscience, 1968: 149.

[101] Ghosal K, Chern R T, Freeman B D. Gas-permeability of radel-a polysulfone [J]. Journal of Polymer Science Part B-Polymer Physics, 1993, 31（7）: 891-893.

[102] Rogers C E, Stannett V, Szwarc M. The sorption, diffusion and permeation of organic vapors in polyethylene [J]. Journal of Polymer Science, 1960, 45（145）: 61-82.

[103] Rogers C E, Stannett V, Szwarc M. The sorption of organic vapors by polyethylene [J]. Journal of Physical Chemistry, 1959, 63（9）: 1406-1413.

[104] Michaels A S, Vieth W R, Barrie J A. Diffusion of gases in polyethylene terephthalate [J]. Journal of Applied Physics, 1963, 34（1）: 13.

[105] Hansen C, Beerbower A, et al. Kirk-Othmer Encyclopedia of Chemical Technology. Suppl 2nd ed [M]. New York: Wiley, 1971: 889.

[106] Blanks R F, Prausnitz J M. Thermodynamics of polymer solubility in polar+ nonpolar systems [J]. Industrisl & Engineering Chemistry Fundamentals, 1964, 3（1）: 1.

[107] Kesting R E. Synthetic Polymer Membranes [M]. New York: McGraw-Hill, 1971.

[108] Mulder M H V, Smolders C A. Pervaporation, solubilty aspects of the solution-diffusion model [J]. Separation and Purification Methods, 1986, 15（1）: 1-19.

[109] 朱长乐, 刘茉娥, 朱方铨. 化学工程手册: 第十八篇. 薄膜过程 [M]. 北京: 化学工业出版社, 1987.

[110] Lloyd D R. Material, Science of Synthetic Membranes [M]. Washington: ACS, 1985, 1-21.

[111] Newman R D, Prausnit J M. Thermodynamics of concentrated polymer-solutions containing polyethylene, polyisobutylene, and copolymers of ethylene with vinyl-acetate and propylene [J]. AICHE Journal, 1973, 19（4）: 704-710.

[112] Rilter J G A. Transport Mechanisms in Membrane Separation processes [M]. Amsterdam: Koninklike Sheil-Laboratorium, 1988.

[113] Reid R C, Prausnitz J M, Sherwood T K. The Properties of Gaese and Liquids. 3rd ed [M]. New York: McGraw-Hill, 1975.

[114] Michaels A S, Parker R B. Sorption and flow of gases in polyethylene [J]. Journal of Polymer Science, 1959, 41（138）: 53-71.

[115] Peterlin A. Dependence of diffusion transport on morphology of crystalline polymers [J]. Journal of Macromolecular Science-Physics, 1975, B11（1）: 57-87.

[116] Hamilton R L, Crosser O K. Thermal conductivity of heterogeneous two-component systems [J]. Industrial & Engineering Chemistry Fundamentals, 1962, 1（3）: 187.

[117] Puleo A C, Paul D R, Wong P K. Gas sorption and transport in semicrystalline poly（4-methyl-1-pentene）[J]. Polymer, 1989, 30（7）: 1357-1366.

[118] Kreituss A, Frisch H L. Free-volume estimates in heterogeneous polymer systems. I. Diffusion in crystalline ethylene-propylene copolymers [J]. Journal of Polymer Science Part B-Polymer Physics, 1981, 19（5）: 889-905.

[119] Weissberg H L. Effective diffusion coefficient in porous media [J]. Journal of Applied Physics, 1963, 34（9）: 2636.

[120] Pant P V K, Boyd R H. Simulation of diffusion of small-molecule penetrants in polymers [J]. Macromolecules, 1992, 25（1）: 494-495.

[121] Ciora R J, Magill J H. separation of small molecules using novel rolltruded membranes. I. Apparatus and

preliminary results [J]. Journal of Polymer Science Part B-PolymerPhysics, 1992, 30: 1035-1044.

[122] Webb J A, Bower D I, Ward I M, et al. The effect of drawing on the transport of gases through polyethylene [J]. Journal of Polymer Science Part B-Polymer Physics, 1993, 31 (7): 743-757.

[123] Mandelkern L, Mclaughlin K W. Phase and supermolecular structure of binary mixtures of linear polyethylene fractions [J]. Macromolecules, 1992, 25 (5): 1440-1444.

[124] Mutter R, Stille W, Strobl G. Transition regions and surface melting in partially crystalline polyethylene-a-Raman-sprctroscopic study [J]. Journal of Polymer Science Part B-Polymer Physics, 1993, 31 (1): 99-105.

[125] Van Amerongen. Influence of structure of elastomers on their permeability to gases [J]. Journal of Polymer Science, 1950, 5 (3): 307-332.

[126] Park G S. Transport principles solution-diffusion permeation in polymer membranes [C] //Bungay P M, ed. Synthetic Membranes; Science, Engineering and Applications. Holland: D Reided Publishing Co. , 1986.

[127] Crank J. The Mathematics of Diffusion [M]. Oxford: Clarendon Pr. , 1975.

[128] Fujita H. Notes on free-volume theories [J]. Polymer Journal, 1991, 23 (12), 1499-1506.

[129] Cohen M H, Turnhull D. Molecular transport in liquids and glasses [J]. Journal of Chemical Physics, 1959, 31 (5): 1164-1169.

[130] Fleischer G. A pulsed field gradient NMR study of diffusion in semicrystalline polymers-self-diffusion of alkanes in polyethylenes [J]. Colloid and Polymer Science, 1984, 262 (12): 919-928.

[131] Horas J A, Rizzotto M G. Gas diffusion in partially crystalline polymers . 1. Concentration dependence [J]. Journal of Polymer Science Part B-Polymer Physics, 1996, 34 (9): 1541-1546.

[132] Meerwall E V, Ferguson R D. Diffusion of hydrocarbons in rubber, measured by the pulsed gradient NMR method [J]. Journal of Applied Polymer Science, 1979, 23 (12): 3657-3669.

[133] Iijima T, Chung D J. Concentration dependence of diffusion coefficient of p-nitroaniline in poly (ethylene terephthalate) and polyamide [J]. Journal of Applied Polymer Science, 1973, 17 (2): 663-665.

[134] Brun J P, Larchet C, Bulvestre G, et al. Sorption and pervaporation of dilute aqueous solutions of organic compounds through polymer membranes [J]. Journal of Membrane Science, 1985, 25 (1): 55-100.

[135] Rogers C E, Stannett V, Szwarc W J. The sorption, diffusion and permeation of organic vapors in polyethylene [J]. Jouranl of Polymer Science, 1960, 45 (145): 61-82.

[136] Tshudy J A, Frankenb R V. A model incorporating reversible immobilization for sorption and diffusion in glassy polymers [J]. Journal of Polymer Science Part B-Polymer Physics, 1973, 11 (10): 2027-2037.

[137] Rautenbach R, Ranch K. Ultrafiltration and reverse-osmosis-principles and technology [J]. Chemie Ingenieur Technik, 1977, 49 (3): 223-231.

[138] Pusch W. Boundary-layer phenomena in mass-transfer through synthetic membranes [J]. Chemie Ingenieur Technik, 1976, 48 (4): 349.

[139] Sourrirajan S. Reverse Osmosis [M]. London: Logos Press, 1970.

[140] Rautenbach R, Albrecht R. Membranes Processes [M]. Chichester: John Wiley & Sons, 1989.

[141] Bhattacharga S, Hwang S T. Concentration polarization, separation factor, and peclet number in membrane processes [J]. Journal of Membrane Science, 1997, 132 (1): 73-90.

[142] Ji W C, Sikdar S K, Hwang S T. Modeling of multocomponent pervaporation for removal of volatile organic-compound from Water [J]. Journal of Membrane Science, 1994, 93 (1): 1-19.

[143] Michaels A S. Effects of feed-side solute polarization on pervaporative stripping of volatile organic solutes from dilute aqueous solution: a generalized analytical treatment [J]. Joural of Uembrane Science, 1995, 101: 117-126.

[144] Goldsmith R L. Macromolecular ultrafiltration with microporous membranes [J]. Industrial & Engineering Chemistry Fundamentals, 1971, 10 (1): 1.

[145] Wijmans J G, Nakao S, Vandenberg J W A, et al. Hydrodynamic resistance of concentration polarization boundary layers in ultrafiltration [J]. Journal of Membrane Science, 1985, 22 (1): 117-135.

[146] Cote P, Lipski C. Mass transfer limitations in pervaporation for water and wastewater treatment [C] //Bakish R, ed, Proceedings of the 3rd International Conference on Pervaporation Process in the Chemical Industry. France: Naney, 1988.

[147] Hwang S T, Tang T E S, Kammermeyer K. Transport of dissolved oxygen through silicone rubber membrane [J]. Journal of Macromolecular Science-Physics, 1971, B5 (I): 1.

[148] Pitera E W, Middleman S. Convection promotion in tubular desalination membranes [J]. Industrial & Engineering Chemistry Process Design and Development, 1973, 12 (1): 52-56.

[149] Globe S, Dropkin D. Natural convection heat transfer in liquids confined between two horizontal plates [J]. Journal of Heat Transfer, 1959, 81: 24-28.

[150] Tang T E, Hwang S T. Mass-transport of dissloved-gases through tubular membrane [J]. AIChE J, 1976, 22 (6): 1000-1006.

[151] Huang R Y M. Pervaporation Membrane Process [M]. Nertherlands: Elsevier Science Publishers, 1991.

[152] Gooding C H. Reverse osmosis and ultrafiltration solve separation problems [J]. Chemical Engineering, 1985, 92 (1): 56-62.

[153] Cai B X, Zhou Y, Hu H, et al. Solvent treatment of CTA hollow fiber membrane and its pervaporation performance for organic/organic mixture [J]. Desalination, 2003, 151 (2): 117-121.

[154] Franke M. Auslegung and Qptimierung Von Pervaporation Sanlagen Zur Entwasserung Von Losungsmitteln and Losunsmittlegemischen [M]. Aachen: Rwth Aachen University, 1990.

[155] 陈翠仙, 钱峰, 蒋维钧, 等. 渗透汽化过程中的极化现象 [C] // 第一届全国膜和膜过程学术报告会文集. 大连: 中国科学院, 1991.

[156] Rautenbach R, Albrecht R. The separation potential of pervaporation part 1. discussion of transport equations and comparison with reverse osmosis [J]. Journal of Membrane Science, 1985, 25 (1): 1-23.

[157] Zhu C L, Moe L, Wei X, et al. A study on characteristics and enhancement of pervaporation membrane separation process [J]. Desalination, 1989, 71 (1): 1-18.

[158] Wijmans J G, Athayde A L, Daniels R, et al. The role of boundary layers in the removal of volatile organic compounds from water by pervaporation [J]. Journal of Membrane Science, 1996, 109 (1): 135-146.

[159] Schute B, Schulz A, Hapke J, et al. Influence of the feed channel geometry to the mass transfer in diffusion controlled pervaporation process [C]. Proceedings of the 4th International Congress on Membranes and Membrane Processes (ICOM'96). Yokohama: The Membrane Society of Japen, 1996.

[160] Ahmad A L, Lau K K, Abu Baker M Z, et al. Integrated CFD simulation of concentration polarization in narrow membrane channel [J]. Computers & Chemical Engineering, 2005, 29 (10): 2087-2095.

[161] Bhattacharjee S, Chen J C, Elimelech M. Coupled model of concentration polarization and pore transport in crossflow nanofiltration [J]. AIChE Journal, 2001, 47 (12): 2733-2745.

[162] 王钊, 贾玉玺, 徐一涵, 等. 高分子膜错流纳滤的多场耦合有限元分析 [J]. 化学学报, 2013, 71 (11): 1511-1515.

[163] Lian B Y, et al. A numerical approach to module design for crossflow vacuum membrane distillation systems [J]. Journal of Membrane Science, 2016, 510: 489-496.

[164] Zhang Y G, Peng Y L, Ji S L, et al. Numerical simulation of 3D hollow-fiber vacuum membrane distillation by computational fluid dynamics [J]. Chemical Engineering Science, 2016, 152: 172-185.

[165] Ahmad A L, Lau K K, Abu Bakar M Z, et al. Impact of different spacer filament geometries on concentration polarization control in narrow membrane channel [J]. Journal of Membrane Science, 2005, 262 (1-2): 138-152.

[166] Koutsou C P, Karabelas A J. A novel retentate spacer geometry for improved spiral wound membrane (SWM) module performance [J]. Journal of Membrane Science, 2015, 488: 129-142.

[167] Frenkel S. 分子模拟-从算法到应用［M］. 北京：化学工业出版社，2002.

[168] Ridgway H F, Orbell J, Gray S. Molecular simulations of polyamide membrane materials used in desalination and water reuse applications: Recent developments and future prospects［J］. Journal of Membrane Science, 2017, 524: 436-448.

[169] Abbott L J, Hart K E, Colina C M. Polymatic: A generalized simulated polymerization algorithm for amorphous polymers［J］. Theoretical Chemistry Accounts, 2013, 132（3）: 1-19.

[170] Kotelyanskii M, Wagner N J, Paulaitis M E, et al. Atomistic simulation of water and salt transport in the reverse osmosis membrane FT30［J］. Journal of Membrane Science, 1998, 139（1）: 1-16.

[171] Harder E, Walters D E, Bodnar Y D, et al. Molecular dynamics study of a polymeric reverse osmosis membrane［J］. Journal of Physical Chemistry B, 2009, 113（30）, 10177-10182.

[172] Ding M X, Szymczyk A, Goujon F, et al. Structure and dynamics of water confined in a polyamide reverse-osmosis membrane: A molecular-simulation study［J］. Journal of Membrane Science, 2014, 458: 236-244.

[173] Hughes Z E, Gale J D, et al. A computational investigation of the properties of a reverse osmosis membrane［J］. Journal of Materials Chemistry, 2010, 20（36）: 7788-7799.

[174] Li F B, Li L, Liao X Z, et al. Precise pore size tuning and surface modifications of polymeric membranes using the atomic layer deposition technique［J］. Journal of Membrane Science, 2011, 384（1-2）: 1-9.

第 **6** 章
膜过程的极化现象和
膜污染

主 稿 人： 纪树兰　北京工业大学教授

　　　　　李建新　天津工业大学教授

编写人员： 王　湛　北京工业大学教授

　　　　　彭跃莲　北京工业大学教授

　　　　　李贤辉　丹麦科技大学研究员

审 稿 人： 刘忠洲　中国科学院生态环境研究中心

　　　　　　　　　研究员

第一版编写人员： 刘忠洲

6.1　概述[1]

　　膜分离技术具有设备简单、操作方便、低能高效等优点，作为一种单元操作日益受到人们的重视，已在海水淡化、环境保护、电子工业、食品工业、医药工业和生物工程等领域得到广泛应用。但在使用过程中，由于存在极化现象和膜污染，膜通量和分离效率往往随着运行时间延长而衰减，已成为膜分离技术工业化应用中的瓶颈问题。在压力驱动膜过程、浓度差驱动膜过程和电场驱动膜过程（电渗析）中主要的极化现象是浓差极化；在膜蒸馏、渗透汽化、热渗透等非等温膜过程中，还存在温差极化。

　　极化现象与膜污染是两个具有本质差别，又相互紧密关联的过程[2]。它们都会导致膜通量和分离性能变化，但极化现象是可逆的，膜污染不可逆。浓差极化是膜表面的溶质浓度高于本体溶液中的浓度，导致膜表面溶质要向本体溶液扩散，从而形成传质阻力，而且膜表面渗透压增高（主要是纳滤和反渗透），降低了传质推动力，使得膜通量降低。温差极化是膜面与本体溶液间存在温度边界层，使得传热阻力增大，传质速率降低，导致膜通量减小。膜污染是指由于被截留的颗粒、胶粒、乳浊液、悬浮液、大分子、有机物和盐等在膜表面和膜孔内的不可逆沉积，这种沉积包括吸附、堵孔、沉淀、形成滤饼等，同样会造成膜通量降低和分离性能变化。因此对极化现象和膜污染进行在线与非在线监测、优化膜过程运行条件、建立膜污染数学模型以及污染物结构与化学成分分析、开发新型膜清洗方法等方面的研究对膜分离技术的开发应用具有重要意义。

6.2　浓差极化

6.2.1　浓差极化的定义

　　在压力驱动膜过程中，如微滤、超滤、纳滤、反渗透等，料液中的溶剂在压力作用下透过膜，溶质（离子或不同分子量的溶质）被截留，于是在膜与主体溶液界面或邻近膜界面区域的溶质浓度越来越高，甚至形成凝胶层［图 6-1(a)］。在浓度梯度作用下，溶质由膜面向本体溶液反向扩散，形成边界层，使溶剂传质阻力与局部渗透压增加，从而导致膜通量下降。当溶剂向膜面流动（对流）时引起溶质向膜面流动的速率与由于浓度梯度使溶质向主体溶液反向扩散的速率达到平衡时，在膜面附近形成一个稳定的浓度梯度区域，这一区域称为浓差极化边界层，这一现象称为浓差极化。显而易见，浓差极化只有在膜分离设备运行过程中才发生。温差驱动的膜蒸馏过程中的浓差极化与此类似。

　　而对于浓度驱动的膜过程，如透析、正渗透、液膜分离、渗透汽化、膜吸收等，渗透组分在原料侧进入膜内并在推动力作用下扩散通过膜，浓度分布如图 6-1(b) 所示，原料侧的膜表面浓度要低于本体浓度[3]，也存在边界层。尤其当渗透组分在料液中含量很低时，边界层会很厚，成为影响渗透组分通量的重要因素。

　　对于电场驱动的膜过程，如电渗析，对置于阴极和阳极之间、荷负电的阳离子交换膜来说，当在阴极和阳极间施加直流电压时，阳离子将向阴极移动，由于阳离子在膜内的传递比在边界层中快，膜左侧浓度降低而右侧浓度会逐渐升高。这个浓度梯度会造成阳离子的反向扩散，最终形成稳定的浓度极化边界层 ［图 6-1(c)］[4]。

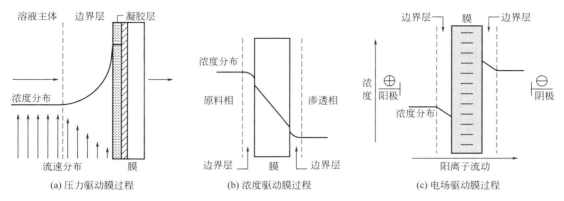

(a) 压力驱动膜过程　　(b) 浓度驱动膜过程　　(c) 电场驱动膜过程

图 6-1　浓差极化及浓度分布

在微滤和超滤过程中，被截留的是大分子或悬浮颗粒，其扩散系数（k）的数量级在 $10^{-10} \sim 10^{-11}\,m^2/s$ 或更低。在反渗透过程中，截留的是单价和/或多价盐，而低分子量溶质的扩散系数约在 $10^{-9}\,m^2/s$ 数量级；又因为反渗透的膜通量（J）较低和传质系数比较大，所以其浓差极化没有超滤和微滤的严重。在气体分离和渗透汽化过程中，浓差极化的影响很小或可以忽略。因为气体分离中膜通量小，且气体分子的扩散系数在 $10^{-4} \sim 10^{-5}\,m^2/s$ 数量级，传质系数高。渗透汽化过程中膜通量也较低，但传质系数却较气体分离过程的小，因此，浓差极化会略严重；且当原料中选择性渗透的组分浓度很低而选择性很高时，浓差极化的影响会变得特别严重，如从水中除去诸如三氯乙烯等挥发有机组分就是这种情况。渗析和扩散透析过程的浓差极化一般不严重，这是因为这些过程通量较低（比反渗透低），低分子溶质的传质系数与反渗透过程中数量级相同。在载体介导传递、膜蒸馏和膜接触器中，由于通量不太大，所以浓差极化也不太严重。此外，电渗析过程中浓差极化的影响可能会非常严重。在各种膜过程的具体介绍中将详细讨论浓差极化。表6-1总结了各种膜过程浓差极化的原因和影响程度[4]。

表 6-1　浓差极化的影响和形成原因[4]

膜过程	影响	原因	膜过程	影响	原因
反渗透	中等	k 大	膜蒸馏	低	k 大/J 小
超滤	严重	k 小/J 大	电渗析	严重	—
微滤	严重	k 小/J 大	渗析	低	J 小
气体分离	（非常）低	k 大/J 小	扩散透析	低	k 大/J 小
渗透汽化	低	k 大/J 小	载体介导传递	中等	k 大/J 大[①]

① 与非载体介导传递过程相比，此膜通量较大。

6.2.2　浓差极化的危害及用途

6.2.2.1　浓差极化的危害

浓差极化首先会导致截留率的变化。当溶质为盐等小分子时（如反渗透和纳滤），由于膜面处溶质浓度增高，溶质的传质推动力增加，故透过液中溶质浓度增加，截留率下降；当溶质中存在大分子时（如超滤），被完全截留的大分子溶质会形成一种次级膜或动态膜，从而使得小分子溶质的截留率提高。沉积层或凝胶层的形成会改变膜的分离特性。

浓差极化时，膜面溶质浓度增高还会导致此处的渗透压增大（如反渗透和纳滤），降低溶剂的传质推动力，使溶剂通量降低。此外当膜面溶质的浓度达到饱和浓度时，便会在膜表面形成沉积或凝胶层，进一步增加溶剂的传质阻力。严重的浓差极化导致结晶析出，阻塞孔道。而在渗透汽化过程中，当有机溶质在膜面达到一定浓度时，膜有可能发生溶胀或溶解，膜的性能恶化。

6.2.2.2   浓差极化的用途

长期以来，人们一直致力于消除浓差极化的研究。然而，浓差极化作为压力驱动膜过滤中的固有现象难以完全消除。并且，许多消除浓差极化的方法也是以增加生产成本为代价的。由于浓差极化，溶质在膜面的浓度可达其主体相浓度的几百倍，甚至超过其溶解度而在膜面析出，而且相对稳定的浓差极化层可在一分钟或数分钟内形成。这足见浓差极化本质上是一个对溶质的高效浓缩过程。所以，对浓差极化加以利用，是近几年提出的一项创新应用，如快速浓缩生物大分子。特制的汲取器紧贴膜面放置，将膜面浓溶液连续不断地汲取出[5]。利用浓差极化超滤浓缩生物大分子可连续操作，具有高效浓缩和显著减缓膜污染的双重功效；不需引入化学试剂，不需改变被浓缩溶液的 pH 值和离子强度；浓缩在无剪切或低剪切的条件下进行，蛋白质失活、变性的风险小；无料液循环或循环流量很低，能耗大大降低。

6.2.3   浓差极化的在线监测方法

随着科学技术的不断进步，在线监测逐渐发展成为一种研究浓差极化的有效手段，不仅能直观反映浓差极化的形成过程，定量测定浓差极化层的厚度，提供极化程度和膜表面溶质沉积情况，了解膜和溶质间的相互作用，更为控制浓差极化提供了科学依据。

6.2.3.1   光学技术

由于光的折射率随着溶液浓度变化而发生改变，通过观察折射率等光学参数变化，得到膜表面浓差极化层量化信息[6]。Vilker 等[6]用影像光学技术观察了超滤膜过滤牛血清蛋白时，膜面浓差极化层的变化，阐述了污染物浓度对浓差极化程度和扩散率的影响规律。Ethier 和 Lin[7]利用示差折光技术在线观察膜表面玻尿酸的浓度梯度，以及膜面凝胶层的形成过程。

6.2.3.2   核磁共振技术（NMR）

在磁场作用下，以氢的同位素为例的质子，信号特征（诱导频率振幅和电压衰减）随着检测样品的特性（化学环境和扩散系数）而发生变化。通过分辨氢原子特性的差异，得到磁共振图像[8]。

1995 年，Yao 等[8]首次利用 NMR 成像技术观察到了中空纤维膜组件内部的流动分布和污染、浓差极化现象。采用此技术考察了膜组件壳程和管程的流动分布情况，同时计算出了相应的流速，进而证明了在低装填密度组件内存在流动渠道。Pope 等[9]进一步将 NMR

成像技术应用到中空纤维膜处理油水乳状液时的浓差极化研究过程中，通过测定污染层平均厚度和溶液浓度，计算出浓差极化层的过滤阻力，揭示了强化湍流传质是控制浓差极化的主要方法。

6.2.3.3　同位素标定技术

利用闪烁探测器追踪膜面同位素标记的分子数量，进而得到浓差极化层的量化信息[10]。基于上述原理，McDonogh 等[10]利用^{125}I 标记牛血清蛋白，研究了超滤膜面浓差极化层的演变过程，发现了浓差极化层中牛血清蛋白的浓度增长规律。该方法提供了极化程度和膜面牛血清蛋白的沉积情况，对了解膜材料和蛋白质相互作用有一定参考意义，然而该技术无法对膜表面浓度梯度提供具体的量化信息。

6.2.3.4　超声时域反射技术

超声反射波的振幅随着界面阻抗的改变而变化，阻抗大小与介质密度及声波在其中的传播速度有关。通过超声信号振幅及其在时域上的变化，得到膜面浓差极化梯度。例如，Zhang 等[11]将超声技术与微传感器相结合，成功监测到纳滤膜表面浓差极化层的演变，及其随后 $CaSO_4$ 在膜面的沉积过程。An 等[12]通过超声信号拟合及声强计算模型，量化了反渗透膜表面浓差极化引起的结晶诱导时间，揭示了污染物沉积量逐级增加、污染渐趋严重的无机污染物轴向分布规律，为反渗透膜系统及膜元件设计优化、膜污染机理研究提供了一种新的量化方法。

6.2.4　浓差极化的控制方法

从理论上说，有三种方法可以减少浓差极化程度，分别是降低膜通量、降低溶质的主体浓度与膜表面浓度之差、降低溶质在进料液中的浓度和透过液中的浓度之差[13]。在实际过程中，总是希望膜通量越大越好，所以第一种方法不太适用，但在反渗透中限制水回收率和MBR（膜生物反应器）中采用临界压力即是利用此方法以达到减小浓差极化和膜污染的目的。膜浓缩过程中，料液浓度与透过液浓度之差随着时间的延长而增大，势必导致浓差极化程度的加剧。虽然重过滤过程中可以将料液的浓度维持在较低水平，以避免浓差极化的产生，但最终得到的产品的浓缩倍数将减小。因此，减弱浓差极化最常采用的、也是最佳的方案，是第二种方法，即降低溶质在料液中的主体浓度与膜面浓度差，增强浓差极化边界层内的传质。

结合浓差极化形成的原因，由浓差极化模型的传质方程可知，溶质在浓差极化边界层内的传质系数 $k = D/\delta$[14]，减小浓差极化层的厚度 δ，提高溶质的扩散系数 D，均可增大溶质的传质系数，削弱浓差极化的影响。减小浓差极化层厚度和增大传质系数的方法主要是改善膜面的流体力学条件。

6.2.4.1　改善膜表面的流体力学条件[15]

（1）错流操作

错流操作是指让料液平行流过膜表面，此时，沿膜组件长度方向料液的组成逐渐发生改变。为了尽可能减弱极化现象和膜污染，膜过程通常以错流方式操作。与死端操作相比，它具有以下几个优点：①便于在连续操作中控制循环比；②由于流体平行流过膜表面，剪切力可以带走膜表面的沉积物，阻止滤饼的累积，使之处于动态平衡，从而使过滤操作可以在较长的时间内连续稳定进行；③错流产生的流体剪切力和惯性力能促进膜表面被截留物质向流体主体反向扩散，从而提高膜通量。

（2）稳态湍流

控制浓差（温差）极化和膜污染最简单的方法就是提高膜面流速，让流体处于稳态湍流状态。这种方式不仅可以较好地促使边界层内被截留物质的返混，减薄浓差极化边界层的厚度，而且高剪切速度还有助于带走膜面沉积的颗粒和溶质，减轻膜污染。但依靠提高膜面流速来控制浓差极化存在能耗高、影响膜通量等问题。另外，靠促进湍流来削弱浓差极化的措施不适用于对剪切力敏感的物料。因此，只有当提高膜面流速对膜通量的促进作用大于其不利影响时才会采用。

提高膜面流速的一种方法是加大料液循环量，料液通过循环泵而多次流过膜面，使膜面的流体力学条件达到最佳状态。对渗透汽化、膜蒸馏这类膜通量比较小和温差极化严重、超滤和微滤等污染及浓差极化比较严重的膜过程，最好选择料液循环方式。海水脱盐这种较为简单的应用场合从经济上考虑可采用单程方式。

（3）非稳态流动

流体的非稳态流动是指在各流动截面上流体的流速、压强、密度等物理量不仅随位置而变，而且还随时间而变。与稳态湍流相比，非稳态流动在层流和湍流状态下都能起到强化作用。利用流体的非稳态流动来强化膜过程主要有以下四种方式。

① 湍流促进器　湍流促进器是指可强化流态的障碍物，它与膜面保持一定的间距，可以在流动边界层中产生周期性的非稳态流动。由于这种非稳态流动非常靠近膜面，能大大减小浓差极化边界层的厚度，在层流条件下特别有效。强化了的传质从两个方面来促进膜通量，即传质系数增大和膜面浓度降低[4]。如在反渗透、纳滤和超滤中使用的卷式膜组件，在原料腔室的膜之间放有隔网，因而传质系数增大，但同时压降和能耗上升。卷式膜组件浓水隔网设计时充分考虑促进浓水的湍流[16]。在板框式膜器内可引入湍流促进器以强化传质。

湍流促进器主要有静态混合器、扰流挡板、圆柱式湍流促进器、缠绕式湍流促进器和螺旋式湍流促进器[17]。缠绕式和螺旋式是两种比较合理、强化效果较好的结构形式。隔网和湍流促进器不仅能提高流体流速，还会增大摩擦系数，根据 Fanning 公式，流动的压降也会增大[4]。尽管湍流促进器拆洗困难，但由于其结构简单、方法简便、能耗较低、促湍效果明显，因而受到人们的广泛重视。

② 脉动发生器　由流体力学可知，当对圆管中的流体施加一个脉动的压力梯度时，会产生沿径向分布的具有两个峰值的速度曲线。与稳态层流的抛物线速度曲线相比，脉动流可以显著地提高膜表面的剪切速度，促使膜面被截留物质向流体主体运动，从而强化膜过程。脉动流可通过容积泵或控制阀门来实现。脉动流方法的主要缺点是部分流体会反向流动，使过滤能力下降；且额外的脉动发生装置让膜组件复杂化[18,19]。

③ 离心失稳　旋转式的膜组件，它由内外两个同心圆柱体构成，内筒以一定的速度旋转，当转速超过某个临界值时，就会产生 Taylor 涡旋。这种方式的优点是由于膜的旋转而产生了相对速度差，造成了流体的湍动，主体流可以非常好地混合。同时，高膜面剪切力对膜有自清洁作用，适用于高浓度、高黏度物系的处理。缺点是旋转装置将消耗大量的能量，

组件难以密封和维修，膜的反冲和更换困难，而且难以工业放大[20]。

④ 复合湍动方式　复合湍动方式是同时采用湍流促进和脉动两种强化措施，此时在料液循环中产生大量涡旋，依靠涡旋的形成和碰撞来削弱浓差极化，优于单纯的脉动和湍流促进器。复合湍动方式也会面临产水量下降和能耗增大的问题，因而须平衡考虑[21]。

（4）流化床

为了强化膜过程中的界面传质效应，可以采用通入气泡或加入固体颗粒如金属球、玻璃球等分散相形成流化床的方式。但固体颗粒会造成有机膜表面的严重磨损，无机膜机械强度高，能够承受流化颗粒的撞击。膜的损伤和流化床的强化效果与颗粒的大小密切相关。通入气体来强化过滤过程的机理与湍流促进器类似。从总体上来看，采用流化床的强化方法虽然方法简单、容易实现，但由于会导致压降增大，其应用前景不容乐观[22]。

（5）附加场

附加场的方法包括附加电场、超声场等。直流电场作用下的错流过滤是一个多效应的过程。它既有颗粒在电场下的电泳迁移，又有溶剂在电场作用下的电渗，还有错流流体的剪切作用，这些过程的联合效应减少了颗粒在膜表面上的沉积和极化作用，达到清洁膜的效果，能大大提高膜通量。但这种方法适用的物料比较少，要求各组分应具有相同的电性和大小一致的 Zeta 电位，而且物料的电导率要低，否则就需要加入高压电场，导致大量的电能消耗。附加电场带来的组件绝缘问题也不能忽视。但总体上来说该方法仍具有十分诱人的前景[23]。

利用超声场来强化化工分离过程的研究越来越活跃，尤其在液-液体系和固-液体系分离中已得到广泛的应用。在固-液体系的分离中，超声场能同时产生四种效应，即：湍动效应、微扰效应、界面效应和聚能效应[24]。

（6）反冲

反冲是指周期性地采用气体、液体等反冲介质，让膜受到与过滤相反方向的短暂压力，迫使膜表面及孔内的颗粒返回浓缩液中，并且破坏膜面的凝胶层和浓差极化层，使膜通量明显提高。无机膜的高机械强度使得反冲技术已经成为其改善膜污染的常用方法，反冲过程中同时配合膜面的快速冲洗则效果更佳[25]。负压清洗既能保证膜表面有较高的液体流速，透过液又可由抽吸作用返回膜功能面，故膜表面和堵孔的污染物都能较好去除，而逐渐发展为一种广泛使用的清洗方式[26]。

（7）窄流道和横向流设计

在膜组件设计中，设计合理的流道结构，让被截留物质及时地被水流带走，同时减小流道截面积，以达到提高流速的目的，使流体处于稳态湍流状态。例如对于平板膜，通常都采用薄层流道法；对于管式膜组件，可设计成套管以促使膜间流体的薄层化。此外，还应注意减少设备结构中的死角，以防止截留物在此变质，扩大膜污染。由于流道长度与轴向阻力损失有很大关系，流道太长，阻力损失会增大，流速会降低，因而浓差极化也会更严重。适当缩短流体的流动距离，可以降低膜进出口之间的压力损失，使膜的操作压力尽可能均匀。

新组件的开发主要是为了最大限度地减少浓差极化和膜污染。实现这一目的的方法之一就是改变流道形状，如用横向流代替切向流。使用皮层在外侧的中空纤维或毛细管膜的横向流膜组件就是一个例子。在这种膜组件中，原料垂直于纤维流动，如图 6-2 所示，这等于强化了边界层的传质过程。此时纤维本身起到了湍流促进器的作用，纤维可以有不同的排列方式[27]。这种膜组件不仅有利于微滤、超滤和反渗透等压力驱动膜，而且也有利于渗透汽化、膜蒸馏和膜接触器等过程，因为这些过程中边界层阻力也可能变得十分重要[4]。

(a) 顺排　　　　　　　　　　　　(b) 错排

图 6-2　横向流膜组件示意图，纤维排列方式

6.2.4.2　操作条件的优化

采用预处理手段降低料液中的颗粒物浓度、提高原料液温度、降低操作压力、控制回收率、间歇操作等都是有效减弱浓差极化的措施。适当提高原料液的温度，可以增大溶质的反向扩散系数，提高膜通量。但提高原料液温度会使膜通量上升，这不利于传质改善[4]。在实际应用过程中，过滤初期可采用较低的操作压力，然后慢慢升高压力，这样可以在较长的时间内获得稳定的过滤速度。对于反渗透，一般卷式组件，单个组件的水回收率不得高于15％，整机回收率不得高于75％（或最后级最后元件的终端出口，浓水与淡水流量之比不得小于 6∶1）。间歇操作，即膜过滤一段时间后停止一段时间，再开泵操作，这样也可以提高膜通量，但对泵的性能和自控要求较高。

由此可见，控制膜过程中浓差极化的方法多种多样，但也存在：①流动的阻力损失增加，能耗增大；②膜和膜组件结构更复杂的问题。

6.3　温差极化

在膜蒸馏、渗透汽化、热渗透等非等温过程中，尽管这些膜过程中所用的膜、分离机理和应用领域各不相同，但因为在质量传递的同时还伴随着热传递，而且质量传递也影响着热量传递速率和传热系数，导致了热量传递过程的复杂性。因此，除浓差极化外，还存在温差极化现象。

现以直接接触式膜蒸馏为例，说明温差极化的概念。多孔疏水膜将进料侧（热侧）与透过侧（冷侧）两种不同料液隔开，由于膜两侧温度不同而产生蒸气压差，在此蒸气压差的推动下，热侧的挥发性组分以蒸气形式通过膜孔，透过的蒸气被透过侧冷流体冷凝，从而实现料液的分离或提纯。在传质过程中，还发生了以下传热过程：①热量从热侧料液主体以热对流的方式穿过热侧热边界层，到达热侧膜面；②从热侧膜面传递到冷侧膜面，包括跨膜导热和汽化潜热；③从冷侧膜面以热对流的方式穿过冷侧热边界层，到达冷侧冷凝液主体。

总体的结果是水在热侧蒸发，水蒸气在冷侧冷凝。蒸发所需热量由热侧进料液提供，并以汽化热的形式进入冷侧，还有部分热量以热传导的方式由热侧传递到冷侧，所以沿着膜组件长度方向热侧进料液温度逐渐下降，冷侧冷凝液温度逐渐上升。稳态时，进料液和冷凝液各自形成了稳定的热边界层，如图 6-3 所示。

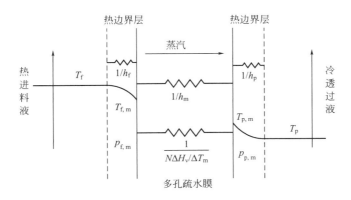

图 6-3　DCMD（直接接触式膜蒸馏）的传热和传质过程

T_f—进料液的主体温度；$T_{f,m}$—进料液侧的膜面温度；$p_{f,m}$—与 $T_{f,m}$ 对应的水饱和蒸气压；

T_p—冷凝液的主体温度；$T_{p,m}$—冷凝液侧的膜面温度；$p_{p,m}$—与 $T_{p,m}$ 对应的水饱和蒸气压；

h_f—进料液侧的对流传热系数；h_p—冷凝液侧的对流传热系数；$1/h_f$—进料液侧的对流传热热阻；

$1/h_p$—冷凝液侧的对流传热热阻；$1/h_m$—跨膜热传导的热阻；N—膜通量；$\dfrac{1}{N\Delta H_v/\Delta T_m}$—水汽化的热阻

膜两侧热边界层的存在使得料液侧膜面温度（$T_{f,m}$）低于料液主体的温度（T_f），冷凝液侧膜面温度（$T_{p,m}$）高于冷凝液主体的温度（T_p），这种现象称为温差极化。温差极化系数（TPC）定义为跨膜温差与流体主体温差之比：

$$\mathrm{TPC} = \frac{T_{f,m} - T_{p,m}}{T_f - T_p} \tag{6-1}$$

温差极化的存在使膜两侧流体主体之间的温差没有全部用于传质，一定程度上削弱了传质推动力，这是影响膜蒸馏过程传质通量的重要因素，它反映了传质过程对总温差推动力的有效利用程度[28]。TPC 值接近于 1，说明膜蒸馏过程受跨膜传质控制；当 TPC 值接近于 0 时，说明膜蒸馏过程受热边界层中的传热控制。通常 DCMD 过程的 TPC 值在 0.4～0.7 之间。TPC 值与膜材料（热导率、疏水性等）、膜结构（厚度、孔状况）、膜组件形式、组件内流体力学状况等条件密切相关[29]。

6.4　膜污染

6.4.1　膜污染的定义

膜污染是指处理物料中的微粒、胶体粒子或溶质分子与膜发生物理化学相互作用或因浓差极化使某些溶质在膜表面或膜孔内吸附、沉积造成膜孔径变小或堵塞，使膜通量与分离特性发生的不可逆变化现象。

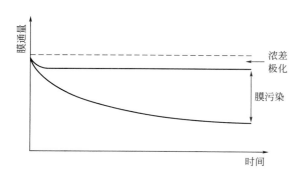

图 6-4　膜通量随运行时间的变化趋势

膜污染与浓差极化有内在联系，尽管很难区别，但是概念上截然不同。对于浓差极化现象，某一时刻的膜通量总是低于初始值。达到定态后，膜通量则不再继续下降，即膜通量不随时间变化。但是在实际运行过程中，膜通量往往会持续下降，如图 6-4 所示，造成该现象的原因即是膜污染。浓差极化是可逆过程，但膜污染对膜的性能往往会造成不可逆的影响[4]。

应当说，一旦料液与膜接触，膜污染即开始，也就是说，由于溶质与膜之间的相互作用而发生吸附，开始改变膜的特性。对微滤膜来说，这一影响不十分明显，它以溶质粒子聚集与堵孔为主；但对超滤膜来说，若膜材料选择不合适，此影响相当大，与初始纯水膜通量相比，可降低 20%～40%。运行开始后，由于浓差极化，尤其在低流速、高溶质浓度及高浓缩比的情况下，膜面的溶质浓度达到或超过其饱和溶解度时，便有凝胶层或沉积层形成，此时膜通量不依赖于操作压力，膜通量急剧降低。在此种状态下运行的膜，使用后必须清洗，恢复其性能，因此膜清洗方法的研究也是膜应用研究中的重要内容。

6.4.2　污染物的种类

膜表面的污染物主要可分为有机污染物、无机污染物及生物活性污染物三类[13]。

有机污染物主要有蛋白质、脂肪、糖类、有机胶体及凝胶、腐殖酸、多羟基芳香化合物等。由于成分及化学结构复杂，往往与膜表面存在着多种结合力，易受到 pH 值、离子强度、温度等环境影响，导致其污染机理复杂、处理难度较大。此外由于蛋白质类污染物的不稳定性，在受热、剪切、溶剂变化等条件下极易变性而造成膜的快速污染且较难清洗。

无机污染物主要包括无机颗粒和离子两类，主要有 $CaSO_4$、$CaCO_3$、铁盐或凝胶、磷酸钙复合物、无机胶体等。无机颗粒是超滤、微滤等多孔膜的主要污染物，不同粒径的颗粒会在膜表面沉积形成滤饼层或在孔道中聚集，极大地降低膜的分离性能；离子污染，主要存在于反渗透和纳滤过程中，在压力作用下大量离子在膜表面聚集导致浓差极化，增大传质阻力，而进一步聚集的二价、三价离子则会在膜表面结垢，降低膜的性能。当存在某些有机污染物时，这种结垢同样会出现在超滤和微滤等多孔膜过程中（盐会与某些有机物，如腐殖酸联合作用），尤其是膜蒸馏过程[30,31]。此外，二价、三价离子易增强有机官能团与膜表面官能团的相互作用，往往会加剧有机物污染[32]。

生物活性污染主要由藻类和微生物引起，它们在膜表面富集繁殖过程中会产生大量 EPS 胞外聚合物（多糖、蛋白质），在膜面形成生物层，这是 MBR 过程中主要的污染方式。胞外聚合物的存在会增加膜的清洗难度[33]。

6.4.3　膜污染的影响因素[1]

因为多孔膜对污染物更敏感，所以超滤和微滤膜的污染更严重。对于使用致密膜的渗透汽化和气体分离，一般不会发生膜污染。膜污染程度主要取决于溶质或粒子尺寸与膜孔的相对大小、溶质与膜的相互作用力强弱以及膜与料液的其他物化性质，具体影响膜污染的因素如下。

6.4.3.1　粒子或溶质尺寸及形态

当粒子或溶质尺寸与膜孔径相近时，由于压力的作用，溶剂透过膜时把粒子带向膜面，极易产生膜孔堵塞。当膜孔径小于粒子或溶质尺寸，由于错流作用，它们在膜表面很难停留聚集，因而不易堵孔。对于球形蛋白质、支链聚合物及直链线型聚合物，它们在溶液中的状态也直接影响膜污染；膜孔径分布或切割分子量敏锐性，也对膜污染产生重大影响。

6.4.3.2　溶质与膜的相互作用

膜-溶质、溶质-溶剂、溶剂-膜相互作用的影响复杂多样，其中以膜与溶质间相互作用影响为主，相互作用力有以下几种。

（1）静电作用力

有些膜材料带有极性基团或可离解基团，当与料液接触后，由于溶剂化或离解作用使膜表面荷电，它与溶液中的荷电溶质产生相互作用；当二者所带电荷相同时，便相互排斥，膜面不易被污染；当所带电荷相反时，则相互吸引，膜面易吸附溶质而被污染。

（2）Van Der Waals 力

它是一种分子间的吸引力，常用比例系数 H（Hamaker 常数）表征，与组分的表面张力有关，对于水、溶质和膜三元体系，决定膜和溶质间 Van Der Waals 力的 Hamaker 常数为：

$$H_{213} = \left[H_{11}^{1/2} - (H_{22}H_{33})^{1/4} \right]^2 \tag{6-2}$$

式中，H_{11}、H_{22} 和 H_{33} 分别是水、溶质和膜的 Hamaker 常数。由上式可见，H_{213} 始终是正值或零。若溶质（或膜）是亲水的，则 H_{22}（或 H_{33}）值增高，H_{213} 值则降低，即膜和溶质间的吸引力减弱，较耐污染和易清洗，因此膜材料选择极为重要。

（3）溶剂化作用

亲水的膜表面能与水形成氢键，这种水处于有序结构。当疏水溶质靠近亲水膜表面时，必须破坏有序水，这需要能量，不易进行，此时膜不易污染。而疏水膜表面上的水无氢键作用，当疏水溶质靠近膜面时，挤开水是一个疏水表面的脱水过程，是一个熵增大过程，容易进行，此时膜易污染。

（4）空间立体作用

对于通过接枝聚合反应接在膜面上的长链聚合物分子，在合适的溶剂化条件下，由于它的运动范围很大，所以作用距离的影响将十分显著，因而可以使大分子溶质远离膜面，而溶剂分子能畅通无阻地通过膜，阻止膜面被污染。

6.4.3.3　膜的结构与性质

膜的结构选择也很重要。对于微滤膜，对称结构显然较不对称结构更易被堵塞。这是因为对于对称结构的微滤膜来说，其弯曲孔的表面开口尺寸有时比内部孔径大，进入表面孔的粒子往往会被截留在膜中，因此截留粒子的容量大、截留率高。核孔膜也是一种对称膜，但其过滤特性与不对称膜类似。对不对称结构的微滤膜来说，粒子基本被截留在膜表面，易被切向流带走。即使在膜表面孔上产生聚集、堵塞，也容易用反冲洗的方法冲走，因而不易造成膜内部孔堵塞。

对于中空纤维超滤膜，由于双皮层膜的内外皮层各存在孔径分布，与中间海绵质孔径不同，因此使用内压时，有些大分子透过内皮层孔，可能在外皮层更小孔处被截留而产生堵孔，引起膜通量不可逆衰减，甚至用反冲洗也不能恢复其性能。而对于单内皮层中空纤维超滤膜，外表面为开放孔结构，即外表面孔径比内表面孔径大几个数量级，透过内表面孔的大分子决不会被外表面孔截留，因而抗污染能力强。而且即使内表面被污染，用反冲洗也很容易恢复膜性能。当然在膜孔中的堵塞程度也与膜材料、溶质性质有关[1,34,35]。

6.4.3.4　溶液特性的影响

溶液特性包括盐的种类与浓度、pH 值、温度和黏度等。通常来讲，多价盐类对反渗透和超滤膜污染可能性大，尤其是有蛋白质或其他有机大分子存在时，污染程度更严重。在生物工程中，通常盐的种类和浓度及溶液 pH 值对蛋白质的溶解度和构型有影响，从而影响膜的性能。温度与黏度对膜污染的影响，是通过溶质状态和溶剂扩散系数来影响膜的透过性和分离特性[1,34]。

6.4.3.5　膜的物理特性

膜的物理特性包括膜表面粗糙度、荷电性、孔径分布及空隙率等。显然膜面光滑，不易被污染；膜面粗糙则容易吸留溶质。孔径分布越窄越耐污染。使用带（负）电膜可能有利于减少污染，特别是当原料中含有带（负）电微粒时，还可以在膜上预先吸附某一容易除去的组分[1,34]。

6.4.3.6　操作参数

操作参数包括料液流速和温度、操作压力等。通常高料液流速可以减慢浓差极化或沉积层的形成，提高膜通量。但要考虑有些生物产品对剪切力敏感，必须选择合适的料液流速。在浓差极化不严重的情况下，通常可提高操作压力来提高膜通量，但需用实验确定其限度。因为提高操作压力会使浓差极化与膜污染加重，在临界操作压力下便形成"凝胶层"，此时膜通量不再随操作压力提高而增加，因此操作压力要合适，以不超过临界操作压力为限。料液温度通常是通过影响料液黏度而对膜通量产生作用。但在考虑升温时必须注意生物产品活性的稳定性和有些蛋白质溶解度随温度的变化，否则升高温度有时反而使膜通量降低。

临界通量（critical flux）概念最初来自膜过滤（主要是微滤和超滤）研究领域，后被逐步引入到膜生物反应器的膜污染研究方面。Field 等[36]于 1995 年首次提出了临界通量的概念，Howell 等[37]对其进行了总结：当膜的渗透通量低于临界通量 J_c 时，膜的边界层形成滤饼的速度为零，膜的过滤阻力不随时间或跨膜压差的改变而改变；当膜的渗透通量大于临界通量 J_c 时，膜的边界层将逐步地形成滤饼，膜的过滤阻力随时间的延长或跨膜压差的增加而增加。临界通量理论存在的机理大体上可归结于活性污泥粒子所受的趋向于膜表面的拖曳力与粒子的返混作用（布朗扩散、惯性提升和剪切力等）达到了平衡，此时对应的膜通量即为临界通量；临界通量与膜及膜组件性质（包括膜材料和膜孔径等）、混合液性状（包括污泥浓度、粒径等）、操作条件（包括错流速度和曝气强度等）等因素有关，且各个因素间互相制约。临界通量的测定方法主要包括流量阶梯法、压力阶梯法、滞后效应法、工作曲线作图法等；采用流量阶梯法时应选择合适的通量梯度和阶梯间隔。膜生物反应器在低于临界通量下运行时，大量的活性污泥颗粒不会形成膜表面的沉积，从而可达到降低膜清洗费用的目的[38]。

6.4.4 膜污染的研究方法

通过对膜污染机制的研究，采取相应的操作策略，可以减轻极化和膜污染，提高膜通量，更好地发挥膜分离技术的作用。对膜污染的研究方法分为在线监测和非在线监测两种。

6.4.4.1 膜污染的在线监测方法

（1）光学技术

① 直接观测技术　通常使用的设备包括一个可以调整发射和反射光源的光学显微镜和与之连接的摄像机。利用高分辨率摄像机可以清晰观察到直径大于 $1\mu m$ 的污染颗粒。Chang 等[39]利用该技术研究了横向和轴向放置的中空纤维膜对酵母菌过滤行为的影响，揭示了曝气和纤维直径差别是导致过滤效果随纤维膜方向不同而产生差异的主要原因。除了利用光学显微镜直接观察外，借助于荧光、微流反应器、激光成像、光学折射和干涉等技术还可提高检测精度[39,40]。

② 光学相干层析成像（OCT）技术　基于低相干干涉原理，根据材料内部光学反射（散射）特性的空间变化，通过扫描可以重构出材料内部结构的二维或三维图像[41]。Gao 等[41]利用 OCT 技术在线观察了污染物在膜表面的动态沉积过程，进而量化了不同流体力学特性（流速和格网等）对污染物沉积的作用关系（如图 6-5 所示）。特别是，由于分辨率高、穿透性强等特性，OCT 技术广泛应用于膜表面生物污染的在线监测，借助于图像分析处理技术，不仅可以获得污染层体积、覆盖率等膜表面污染特征，而且可以得到污染层的内部结构。因此，OCT 技术是有效的膜污染特性在线监测手段。

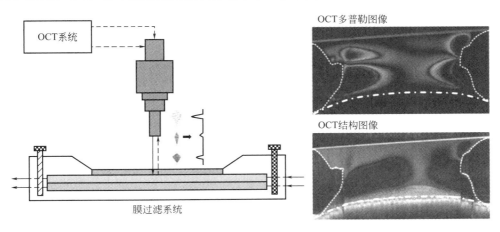

图 6-5 OCT 测量膜污染装置及原理示意图[26]

（2）非光学技术

① 超声时域反射（UTDR）技术　根据污染物沉积会造成膜的声阻抗发生变化的特性，

或者随着污染物滤饼层的形成，产生了新的界面阻抗，当超声波传播到这些新的界面时，所产生超声反射波的振幅发生变化（如图 6-6）[42,43]。1999 年 Greenberg 等[42]首先将 UTDR 技术应用于平板反渗透膜污染的研究中。在污染实验过程中，发现超声信号振幅随着污染程度的增加逐渐降低，首次验证了超声技术在膜污染监测中的可行性。Li 等[43]首次将 UTDR 技术应用在中空纤维膜的污染监测过程中，利用超声技术能够清晰分辨单根中空纤维的四个界面，并能够反映各个界面在操作过程中膜污染的变化情况。并且进一步将超声技术与差动信号和小波分析等信号处理手段相结合，不仅极大地提高超声测量的分辨率，将检测灵敏度提高近一个数量级，而且实现了膜表面污染沉积过程的可视化监测，进而为膜表面污染状况提供了量化信息。

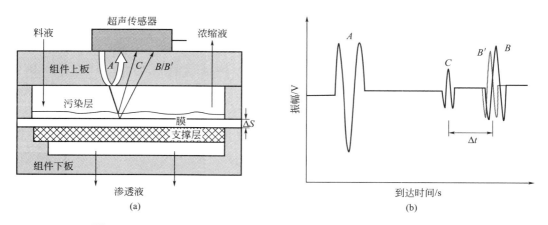

图 6-6　UTDR 测量膜污染原理示意图（a）和相对应的超声信号谱图（b）[43]

② X 射线成像技术　将 X 射线以一定角度射入膜组件内，随着污染物在膜面的沉积，其振幅和相位会发生改变，通过高清晰摄像机进行捕捉，进而显示膜表面形态变化[44]。利用该技术，Yeo 等[44]在线研究了内压中空纤维膜过滤氢氧化铁悬浮溶液时的膜污染情况。结果发现，X 射线成像技术分辨率可达 $1\mu m$，因此利用该技术可以清晰地监测到污染物在纤维膜内腔的分布甚至在膜孔内部的沉积过程。如果使用分辨率更高的光发射电子显微镜进行图像获取，该技术的分辨率还可进一步提高。

③ 小角中子散射（small angle neutron scattering，SANS）技术　SANS 技术是测量膜微孔结构的无损监测技术。测量原理根据样品的密度、浓度以及磁性不同，导致各自中子束散射差异，进而测量样品的孔径、形状等参数。与 X 射线相比，中子束在试样间相互作用力较弱，穿透力更强，分辨率更高（$0.1\sim10nm$）[45]。Pignon 等[45]利用 SANS 技术在线研究了死端过滤下硅酸镁锂溶胶对膜表面结构的影响，能够清晰分辨出不同位置处的污染物沉积形貌的差别。同时，Jin 等[46]进一步利用 SANS 技术考察了超滤错流装置中，超声波对污染层的控制机理。结果显示：在声波场作用下，将污染颗粒分散成为微米或者更小的颗粒，在错流剪切力作用下，污染物从膜表面去除。然而，该方法需要特定而复杂的装置，有效信号的提取较为复杂，因此该方法不具备普适性。

④ 核磁共振成像技术　基于核磁共振成像原理（见 6.2.3.2），核磁共振成像技术已成功应用在平板、管式以及中空纤维膜污染的无损在线监测过程中[47,48]。Qulfaz 等[47]利用 NMR 成像技术对比了传统圆形中空纤维膜与新型的微结构中空纤维膜的污染行为，虽然两

种类型中空纤维膜具有相似的轴向污染分布，但是相比较于圆形纤维膜，微结构中空纤维膜齿状凹槽内的污染易于去除，不易形成不可逆污染，证实微结构中空纤维膜具有更好的抗污染能力。Fridjonsson 等[48]利用 NMR 成像技术无损在线监测了商业卷式纳滤/反渗透膜组件的生物污染沉积行为和轴向分布，提高了膜组件的清洗效果，降低了膜法脱盐系统的运行能耗。

⑤ 电化学阻抗谱（electrical impedance spectroscopy，EIS）技术　当污染物沉积在膜表面时，界面处的电导率和电容发生改变，进而使得阻抗发生变化[49]。基于该原理，EIS 技术成功在线监测了膜表面有机、无机、胶体甚至生物污染过程。Bannwarth 等[49]对比了不同组件构型对污染特性的影响规律。在相同操作条件下，内压中空纤维膜比平板膜的污染层厚度更低、空隙率更低，证实了膜表面流体力学对污染层结构有重要影响。

⑥ 流动电位技术　流动电位是电解质流动引起的上下游之间的电位差。污染沉积会导致膜的电性能发生改变，使得流动电位发生改变。利用 Helmholtz-Smoluchowski（H-S）公式结合流动电位，可以计算得到膜表面的 Zeta 电位。利用 Zeta 电位的变化，可以在线监测乳胶颗粒、牛血清蛋白等污染物在膜表面的沉积过程及沿轴向分布状况[50]。除了研究单一污染物，Wang 等[50]研究了中空纤维膜在实际污水处理过程中的污染物沉积过程，证实 Zeta 电位测量技术可以作为污水处理过程中膜污染在线监测手段。

6.4.4.2　膜污染的非在线监测方法

（1）直接观测技术

运用扫描电子显微镜（SEM）、透射电子显微镜（TEM）、原子力显微镜（AFM）等直接观察技术对膜表面污染层结构及形貌进行观察。另外，AFM 不仅可以观察污染层的形貌同时计算表面粗糙度，而且可以测量污染颗粒与膜表面之间的相互作用力。

（2）表面分析技术

X 射线光电子能谱（XPS）、X 射线色散谱（EDX）、傅里叶变换红外光谱（FTIR）等化学元素分析方法也可对膜污染的化学特性进行分析。XPS 技术的检测深度通常为 10nm，通过分析膜表面的化学元素的变化，进而得到膜表面污染物的化学特性。同样地，利用红外光谱可以量化膜表面污染程度，进一步研究料液 pH、离子强度和温度对膜污染的影响规律，进而探究不同清洗策略对膜表面污染物的去除效果。

6.4.5　膜污染的数学模型

膜过滤是一个基于物质传输的复杂过程。不同种类的膜对应于不同的物料传输机制。例如，多孔膜（微滤膜和超滤膜）的主要传输机制是筛分机理，而致密的纳滤膜、反渗透膜的传输机制则主要是溶解-扩散机理。基于这些传质原理并结合质量、动量守恒原则就可以建立不同的膜污染数学模型用于预测膜的过滤行为，并为膜的过滤过程提供理论指导。

一般而言，膜过滤过程中经常发生的传输机理可分为主体液的普通穿孔行为、扩散穿孔行为、受限扩散穿孔行为和溶解扩散行为四种情况。

6.4.5.1　多孔膜

对于多孔膜过滤来说，其传输机制主要为筛分机理，即粒径大于膜孔径的物质被截留。

Hermans 和 Bredee[51] 提出了最早的孔堵塞过滤模型（完全孔堵塞、中间孔堵塞和标准孔堵塞），后被 Grace 等发展成为包含完全孔堵塞、中间孔堵塞、标准孔堵塞和滤饼过滤的孔堵塞模型[52]（图 6-7）。

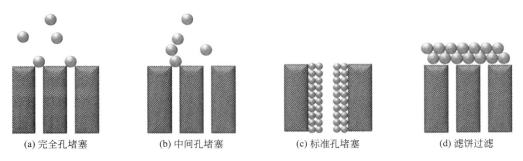

(a) 完全孔堵塞　　　　(b) 中间孔堵塞　　　　(c) 标准孔堵塞　　　　(d) 滤饼过滤

图 6-7　经典污染模型

（1）经典孔堵塞过滤模型[53]

① 牛顿流体的恒压过滤

$$\frac{\mathrm{d}^2 t}{\mathrm{d}v^2} = k\left(\frac{\mathrm{d}t}{\mathrm{d}v}\right)^n \tag{6-3}$$

式中，t 是过滤时间，s；v 是单位有效膜面积的过滤体积，m；n 是堵塞指数；k 是堵塞系数，$\mathrm{m}^{n-2}\cdot\mathrm{s}^{1-n}$。当 $n=2.0$ 时，过滤机理为完全孔堵塞，每个微粒都到达膜面并堵塞膜孔，微粒之间不相互叠加，堵塞表面积和过滤体积成正比；当 $n=1.5$ 时，过滤机理为标准孔堵塞，微粒能进入大部分膜孔并沉积在孔壁上，这样就减少了膜孔的有效体积，减小量与过滤体积成正比；当 $n=1.0$ 时，过滤机理为不完全（中间）孔堵塞，被堵塞的孔数目或表面积和过滤体积成正比，微粒之间可能发生相互叠加；当 $n=0$ 时，则为滤饼过滤，比膜孔径大的微粒沉积在膜面上形成滤饼层。牛顿流体恒压过滤的具体表达式见表 6-2。

表 6-2　**牛顿流体恒压过滤的具体表达式**

函数形式	完全孔堵塞	标准孔堵塞	中间孔堵塞	滤饼过滤
$\dfrac{\mathrm{d}^2 t}{\mathrm{d}v^2}=k\left(\dfrac{\mathrm{d}t}{\mathrm{d}v}\right)^n$	$n=2.0$	$n=1.5$	$n=1.0$	$n=0$
$v=f(t)$	$v=\dfrac{J_0}{K_\mathrm{b}}[1-\exp(-K_\mathrm{b}t)]$	$\dfrac{t}{v}=\dfrac{K_\mathrm{s}}{2}t+\dfrac{1}{J_0}$	$K_\mathrm{i}v=\ln(1+K_\mathrm{i}J_0t)$	$\dfrac{t}{v}=\dfrac{K_\mathrm{c}}{2}v+\dfrac{1}{J_0}$
$J=f(t)$	$J=J_0\exp(-K_\mathrm{b}t)$	$J=\dfrac{J_0}{\left(\dfrac{K_\mathrm{s}J_0}{2}t+1\right)^2}$	$K_\mathrm{i}t=\dfrac{1}{J}-\dfrac{1}{J_0}$	$J=\dfrac{J_0}{(1+2K_\mathrm{c}J_0^2t)^{1/2}}$
$J=f(v)$	$K_\mathrm{b}v=J_0-J$	$J=J_0\left(1-\dfrac{K_\mathrm{s}}{2}v\right)^2$	$J=J_0\exp(-K_\mathrm{i}v)$	$K_\mathrm{c}v=\dfrac{1}{J}-\dfrac{1}{J_0}$

注：K_b 为完全孔堵塞常数，s^{-1}；K_s 为标准孔堵塞常数，m^{-1}；K_i 为中间孔堵塞常数，m^{-1}；K_c 为滤饼过滤常数，$\mathrm{s/m}^2$；J 为通量，$\mathrm{m/s}$；J_0 为初始膜通量，$\mathrm{m/s}$。

② 非牛顿流体的恒压过滤

$$\frac{\mathrm{d}^2 t}{\mathrm{d} v^2} = k_N \left(\frac{\mathrm{d} t}{\mathrm{d} v}\right)^{n_N} \tag{6-4}$$

式中，k_N 为堵塞系数，$\mathrm{m}^{n_N - 2} \cdot \mathrm{s}^{1-n_N}$；$n_N$ 为常数。当 $n_N = \dfrac{5N+1}{3N+1}$ 时，过滤机理为标准孔堵塞；当 $n_N = 1 - N$ 时，过滤机理为滤饼过滤，N 为过滤指数。非牛顿流体恒压过滤的具体表达式见表 6-3。

表 6-3 非牛顿流体恒压过滤的具体表达式

函数形式	标准孔堵塞	滤饼过滤
$\dfrac{\mathrm{d}^2 t}{\mathrm{d} v^2} = k_N \left(\dfrac{\mathrm{d} t}{\mathrm{d} v}\right)^{n_N}$	$n_N = \dfrac{5N+1}{3N+1}$	$n_N = 1 - N$
$v = f(t)$	$v = \dfrac{2}{K_s}\left[1 - \left(\dfrac{N+1}{4N}K_s J_0 t + 1\right)^{-2N/(N+1)}\right]$	$\left[K_c v + \left(\dfrac{1}{J_0}\right)^N\right]^{(N+1)/N} - \left(\dfrac{1}{J_0}\right)^{N+1} = \dfrac{N+1}{N}K_c t$
$J = f(t)$	$J = J_0 \left(\dfrac{N+1}{4N}K_s J_0 t + 1\right)^{-(3N+1)/(N+1)}$	$\left(\dfrac{1}{J}\right)^{N+1} - \left(\dfrac{1}{J_0}\right)^{N+1} = \dfrac{N+1}{N}K_c t$
$J = f(v)$	$J = J_0 \left(1 - \dfrac{K_s}{2}v\right)^{(3N+1)/2N}$	$K_c v = \left(\dfrac{1}{J}\right)^N - \left(\dfrac{1}{J_0}\right)^N$

③ 牛顿流体的恒流过滤

$$\frac{\mathrm{d} p}{\mathrm{d} v} = k' p^{n'} \tag{6-5}$$

式中，p 为过滤压力，Pa；k' 为堵塞系数，$\mathrm{kg}^{1-n'} \cdot \mathrm{m}^{n'-2} \cdot \mathrm{s}^{2n'-2}$；$n'$ 为指数。$n' = 2.0$ 时，过滤形式为完全孔堵塞；当 $n' = 1.5$ 时，过滤形式为标准孔堵塞；当 $n' = 1.0$ 时，过滤形式为中间孔堵塞；而当 $n' = 0$ 时，则为滤饼过滤。牛顿流体恒流过滤的具体表达式见表 6-4。

表 6-4 牛顿流体恒流过滤的具体表达式

函数形式	完全孔堵塞	标准孔堵塞	中间孔堵塞	滤饼过滤
$\dfrac{\mathrm{d} p}{\mathrm{d} v} = k' p^{n'}$	$n' = 2.0$	$n' = 1.5$	$n' = 1.0$	$n' = 0$
$p = f(v)$	$\dfrac{p_0}{p} = 1 - \dfrac{K_b}{J_0}v$	$\left(\dfrac{p_0}{p}\right)^{1/2} = 1 - \dfrac{K_s}{2}v$	$\ln \dfrac{p_6}{p_0} = K_i v$	$\dfrac{p_6}{p_0} = 1 + K_c J_0 v$

注：p_0 为初始过滤压力，Pa。

④ 非牛顿流体的恒流过滤

$$\frac{\mathrm{d} p}{\mathrm{d} v} = k'_N p^{n'_N} \tag{6-6}$$

式中，k'_N 为堵塞系数，$kg^{1-n'_N} \cdot m^{n'_N-2} \cdot s^{2n'_N-2}$；$n'_N$ 为常数。当 $n'_N = \dfrac{N+1}{N}$ 时，过滤形式为完全孔堵塞；当 $n'_N = \dfrac{3N+3}{3N+1}$ 时，过滤形式为标准孔堵塞；当 $n'_N = 1$ 时，过滤形式为中间孔堵塞；而当 $n'_N = 0$ 时，则为滤饼过滤。非牛顿流体恒流过滤的具体表达式见表 6-5。

表 6-5　非牛顿流体恒流过滤的具体表达式

函数形式	完全孔堵塞	标准孔堵塞	中间孔堵塞	滤饼过滤
$\dfrac{\mathrm{d}p}{\mathrm{d}v} = k'_N p^{n'_N}$	$n'_N = \dfrac{N+1}{N}$	$n'_N = \dfrac{3N+3}{3N+1}$	$n'_N = 1$	$n'_N = 0$
$p = f(v)$	$\left(\dfrac{p_0}{p}\right)^{1/N} = 1 - \dfrac{K_b}{J_0}v$	$\left(\dfrac{p_0}{p}\right)^{2/(3N+1)} = 1 - \dfrac{K_s}{2}v$	$\ln\left(\dfrac{p}{p_0}\right) = NK_i v$	$\dfrac{p}{p_0} = K_c J_0^N v + 1$

（2）改进的孔堵塞过滤模型

经过不断完善，Polyakov 等建立了考虑污染物在膜孔内累积的恒压标准孔堵塞模型[54,55]，而 Lee 等则建立了恒压中间孔堵塞模型[56]。Polyakov 等建立了包含膜孔径分布的恒压完全孔堵塞模型[55]：

$$J(t) = \vartheta \int_{r_P^{\min}}^{r_P^{\max}} n(r_P, 0) \exp\left[-\vartheta r_P^4 t \int_{r_P}^{r_P^{\max}} c(r_s)\mathrm{d}r_s \right] r_P^4 \mathrm{d}r_P \tag{6-7}$$

式中，ϑ 为堵塞常数 $\dfrac{\pi p}{8\eta l_P}$；l_P 为膜厚，m；η 为液体动力黏度，$kg/(m \cdot s)$；$r_P^{\min}$ 为最小膜孔径，m；$r_P^{\max}$ 为最大膜孔径，m；$n(r_p, 0)$ 为 0 时刻的孔隙密度，m^{-3}；r_P 为孔径，m；r_s 为溶质粒径，m。

适用于搅拌和不搅拌工况的死端滤饼过滤模型可表达为[57]：

$$J(t) = \dfrac{\Delta p}{\sqrt{\dfrac{2r_0 \phi_b \eta \Delta p^{1+s}}{[\phi_c(\gamma+1) - \phi_b]}t + \eta^2 R_m^2}} \tag{6-8}$$

式中，Δp 是跨膜操作压力差，Pa；r_0 是与颗粒的尺寸和形状有关的常数；η 是液体动力黏度，$kg/(m \cdot s)$；s 是滤饼压缩因子；ϕ_b，ϕ_c 分别是悬浮液和滤饼中的固体体积分数；γ 是剥蚀系数，用来定量描述由于搅拌作用使膜表面颗粒反向传输到主体悬浮液中的量；R_m 是膜的固有阻力，m^{-1}。

将传统普通过滤理论应用到微滤膜过程，朱中亚等建立了可描述微滤膜过程中膜上滤饼性质随时间和空间变化规律性的模型[58]：

$$J = \dfrac{\Delta p}{\mu\left\{ R_m - \rho_s \varepsilon_s^0 \alpha^0 (1-\delta)\dfrac{L}{C}\left[1 - (1+C)^{\frac{1}{1-\delta}}\right] \right\}} \tag{6-9}$$

式中，Δp 是跨膜操作压力差，Pa；R_m 是膜的固有阻力，m^{-1}；ρ_s 是悬浮液中固体颗粒的密度，kg/m^3；ε_s^0 是压缩压力为 0 时，滤饼的固含量；α^0 为滤饼的比阻；δ 是压缩压力对渗透率的压缩效应；L 是滤饼的厚度，m；C 是与滤饼内部固体的压缩压力相关的参数。

针对高剪切微滤系统，Sliva 等建立了半经验的模型[59]：

$$J(t)=\frac{\Delta p}{\sqrt{\dfrac{\Delta p^{1+s}\phi_b\eta_0\eta\alpha_0\rho_s\phi_c}{\sigma\tau}\left(1-\mathrm{e}^{\frac{-2\sigma\tau t}{\mu(\phi_c-\phi_b)}}\right)+\eta_0(R_m+R_f)}}\tag{6-10}$$

式中，Δp 为跨膜操作压力差，Pa；s 为滤饼的压缩因子；ϕ_b 为悬浮液中固体体积分数；η 为动力黏度，kg/(m·s)；η_0 为纯流体的动力黏度，kg/(m·s)；α_0 为与颗粒大小和形状相关的常数；ρ_s 为滤饼中固体的质量分数；ϕ_c 为滤饼中固体体积分数；σ 为常数；τ 为膜壁上剪切力，kg/(m·s²)；R_f 为污染阻力，m⁻¹。

恒压工况下板框式膜组件的错流稳态膜通量预测模型如下[60]：

$$J(t)=\frac{\Delta p}{\mu(R_m+r_cL)}\tag{6-11}$$

$$\frac{\mathrm{d}\delta(x)}{\mathrm{d}x}=A[J(x)-K\tau_w\delta(x)]\tag{6-12}$$

$$p(x)=p_0\left\{1-\frac{\rho U_0^2}{2p_0}\frac{x}{h}\left\{C_f\left\{1-2\frac{J(x)}{U_0}\frac{x}{h}+\frac{4}{3}\left[\frac{J(x)}{U_0}\right]^2\left(\frac{x}{h}\right)^2\right\}-4\frac{J(x)}{U_0}\left[1+\frac{J(x)}{U_0}\frac{x}{h}\right]\right\}\right\}\tag{6-13}$$

式中，Δp 为跨膜操作压力差，Pa；$p(x)$ 为膜通道内在距入口 x 处的操作压力值，Pa；δ 为膜上污垢的厚度，m；r_c 为滤饼的厚度比阻，m/kg；L 为滤饼的厚度，m；A 和 K 为模型参数；τ_w 为壁面剪切率，s⁻¹；U_0 为膜组件入口处的流体速度，m/s；h 为膜通道的高度，m；x 为距入口处的距离，m；p_0 为初始压力，Pa；C_f 为有效阻力系数；$J(x)$ 为膜通量，m/s。

针对错流微滤模式下亚稳态通量在不同操作条件下的变化情况，Chang 等建立了关联亚稳态通量与壁面剪切率变化关系的模型[61]：

$$J=\frac{7.21d_p\tau_w}{6\psi}+\frac{2.6\tau_w^2d_p^3\rho}{576\mu}+\frac{0.816\varepsilon_e\varepsilon_0\zeta^2\left(1+\dfrac{d_p}{2x_a}\right)\exp\left(\dfrac{-D}{x_a}\right)}{\psi\mu x_a\left[1-\exp\left(\dfrac{-D}{x_a}\right)\right]}\tag{6-14}$$

式中，d_p 为颗粒直径，m；τ_w 为壁面剪切率，s⁻¹；ψ 为斯托克斯定律的校正系数；ρ 为水的密度，kg/m³，ε_e 为水的介电常数；ε_0 为真空电容率，C²/(J·m)；ζ 为电动电势，V；x_a 为德拜长度，m；D 为粒子表面之间的距离，m；μ 为悬浮液的动力黏度，kg/(m·s)。

中空纤维膜组件错流稳态膜通量预测用数学模型为[62]：

$$J(t)=\frac{\Delta p}{\mu(R_m+r_cL)}\tag{6-15}$$

$$\frac{\mathrm{d}L(x)}{\mathrm{d}x}=Ac_bJ(x)/J_0-K\tau_w(x)L(x)\tag{6-16}$$

$$\tau_{\mathrm{w}}(t)=\frac{4}{R}u(t) \tag{6-17}$$

式中，Δp 为跨膜操作压力差，Pa；r_{c} 为滤饼的厚度比阻，m/kg；L 为滤饼的厚度，m；A 和 K 为模型参数；c_{b} 为主体液体浓度，kg/m³；τ_{w} 为壁面剪切率，s⁻¹；R 为中空纤维膜内径，m；u 为中空纤维膜组件内的流体速度，m/s。

（3）组合模型

在实际的膜过滤过程中，通常任何单一的孔堵塞过滤模型并不能完全解释整个过滤过程。组合模型通常也可以分为恒压和恒流两大类[63]，见表 6-6 和表 6-7。

表 6-6　恒压组合模型的一般表达式

模型	公式形式	模型参数
滤饼过滤-完全孔堵塞	$V=\dfrac{J_0}{K_{\mathrm{b}}}\left\{1-\exp\left[\dfrac{-K_{\mathrm{b}}}{K_{\mathrm{c}}J_0^2}\left(\sqrt{1+2K_{\mathrm{c}}J_0^2 t}-1\right)\right]\right\}$	$K_{\mathrm{c}}(\mathrm{s/m^2}),K_{\mathrm{b}}(\mathrm{s^{-1}})$
滤饼过滤-中间孔堵塞	$V=\dfrac{1}{K_{\mathrm{i}}}\ln\left\{1+\dfrac{K_{\mathrm{i}}}{K_{\mathrm{c}}J_0}\left[(1+2K_{\mathrm{c}}J_0^2 t)^{1/2}-1\right]\right\}$	$K_{\mathrm{c}}(\mathrm{s/m^2}),K_{\mathrm{i}}(\mathrm{m^{-1}})$
完全孔堵塞-标准孔堵塞	$V=\dfrac{J_0}{K_{\mathrm{b}}}\left[1-\exp\left(\dfrac{-2K_{\mathrm{b}}t}{2+K_{\mathrm{s}}J_0 t}\right)\right]$	$K_{\mathrm{b}}(\mathrm{s^{-1}}),K_{\mathrm{s}}(\mathrm{m^{-1}})$
中间孔堵塞-标准孔堵塞	$V=\dfrac{1}{K_{\mathrm{i}}}\ln\left(1+\dfrac{2K_{\mathrm{i}}J_0 t}{2+K_{\mathrm{s}}J_0 t}\right)$	$K_{\mathrm{i}}(\mathrm{m^{-1}}),K_{\mathrm{s}}(\mathrm{m^{-1}})$
滤饼过滤-标准孔堵塞	$V=\dfrac{2}{K_{\mathrm{s}}}\left\{\beta\cos\left[\dfrac{2\pi}{3}-\dfrac{1}{3}\arccos(\alpha)\right]+\dfrac{1}{3}\right\}$	$K_{\mathrm{c}}(\mathrm{s/m^2}),K_{\mathrm{s}}(\mathrm{m^{-1}})$

表 6-7　恒流组合模型的一般表达式

模型	公式形式	模型参数
滤饼过滤-完全孔堵塞	$\dfrac{p}{p_0}=\dfrac{1}{1-K_{\mathrm{b}}t}\left[1-\dfrac{K_{\mathrm{c}}J_0^2}{K_{\mathrm{b}}}\ln(1-K_{\mathrm{b}}t)\right]$	$K_{\mathrm{c}}(\mathrm{s/m^2}),K_{\mathrm{b}}(\mathrm{s^{-1}})$
滤饼过滤-中间孔堵塞	$\dfrac{p}{p_0}=\exp(K_{\mathrm{i}}J_0 t)\left\{1+\dfrac{K_{\mathrm{c}}J_0}{K_{\mathrm{i}}}\left[\exp(K_{\mathrm{i}}J_0 t)-1\right]\right\}$	$K_{\mathrm{c}}(\mathrm{s/m^2}),K_{\mathrm{i}}(\mathrm{m^{-1}})$
完全孔堵塞-标准孔堵塞	$\dfrac{p}{p_0}=\dfrac{1}{(1-K_{\mathrm{b}}t)\left[1+\dfrac{K_{\mathrm{s}}J_0}{2K_{\mathrm{b}}}\ln(1-K_{\mathrm{b}}t)\right]^2}$	$K_{\mathrm{b}}(\mathrm{s^{-1}}),K_{\mathrm{s}}(\mathrm{m^{-1}})$
中间孔堵塞-标准孔堵塞	$\dfrac{p}{p_0}=\dfrac{\exp(K_{\mathrm{i}}J_0 t)}{\left\{1-\dfrac{K_{\mathrm{s}}}{2K_{\mathrm{i}}}\left[\exp(K_{\mathrm{i}}J_0 t)-1\right]\right\}^2}$	$K_{\mathrm{i}}(\mathrm{m^{-1}}),K_{\mathrm{s}}(\mathrm{m^{-1}})$
滤饼过滤-标准孔堵塞	$\dfrac{p}{p_0}=\left(1-\dfrac{K_{\mathrm{s}}J_0 t}{2}\right)^{-2}+K_{\mathrm{c}}J_0^2 t$	$K_{\mathrm{c}}(\mathrm{s/m^2}),K_{\mathrm{s}}(\mathrm{m^{-1}})$

Ho 和 Zydney 等首次建立了经典的孔堵塞滤饼过滤模型[64]：

$$R_p = (R_m + R_{p0}) \sqrt{1 + \frac{2 f' r_c p c_b}{\mu (R_m + R_{p0})^2} t} - R_m \tag{6-18}$$

式中，c_b 为主体液体浓度，kg/m^3；R_{p0} 为最初蛋白质的沉淀阻力，m^{-1}；f' 为构成滤饼的蛋白含量比例；r_c 为饼层的厚度比阻，m/kg。少量实验数据便可以确定 R_{p0}、f'、r_c 这三个参数的具体数值，从而对通量进行预测。

侯磊等[65]建立了完全孔堵塞-滤饼过滤模型，此模型适用性强，应用范围更广。

$$J = \frac{\left\{ J_0 (1 - \kappa) \exp \left\{ \frac{-K_b}{K_c J_0^2} \left[(1 + 2 K_c J_0^2 t)^{1/2} - 1 \right] \right\} + \kappa \right\}}{(1 + 2 K_c J_0^2 t)^{1/2}} \tag{6-19}$$

式中，κ 为稳态时膜的开口面积，m^2；K_b 是完全孔堵塞常数，h^{-1}；K_c 是滤饼过滤常数，h/m^2；J_0 是初始膜通量，$m^3/(m^2 \cdot h)$。

6.4.5.2　致密膜

致密膜的数学模型是以膜内传质机理为基础，借用数学手段来表达溶剂或者溶质透过膜的速率与过滤时间、传质推动力以及膜本身的结构参数之间的关系。目前，人们对致密膜的分离机理进行了深入的研究并建立了大量的传质模型，如现象学模型、溶解-扩散模型、优先吸附-毛细孔流模型、摩擦模型、孔道模型等[66]。其中，被广泛接受和认可的是溶解-扩散模型。

溶解-扩散模型假设膜有一个均一、无孔、无缺陷的表层。如果忽略膜结构对传递性能的影响，可得[66]：

$$J_w = S_w (\Delta p - \Delta \pi) \tag{6-20}$$

$$J_s = S_s (c_1 - c_2)$$

式中，J_w 为膜的纯水通量，$m^3/(s \cdot m^2)$；S_w 为水的渗透系数，$m^3/(s \cdot m^2 \cdot atm)$；$p$ 为跨膜压差，atm，$\Delta \pi$ 为溶质的渗透压，atm，J_s 为溶质通量，$mol/(s \cdot m^2)$；S_s 为溶质的渗透系数，m/s；c_1、c_2 分别为料液侧和透过液侧的溶质浓度，mol/m^3。

如果进一步考虑膜污染及浓差极化对膜通量的影响，方程(6-20) 可修正为：

$$J_w = K_w \left(\Delta p - \Delta \pi \frac{c_m}{c_1} + \frac{\Delta \pi}{D_r} \right)$$

$$J_s = K_i c_1 \left(\frac{c_m}{c_1} - \frac{1}{D_r} \right) \tag{6-21}$$

式中，K_w 为水的传质系数，$m/(s \cdot atm)$；c_m 为膜表面的溶质浓度，kg/m^3；D_r 为脱盐率；K_i 为溶质在膜中的渗透系数，m/s。

6.4.6　膜污染的控制方法

由于膜污染现象的复杂性，对于控制污染的方法只能做一般性讨论。对于每一具体分离问题均需要特殊的处理方法。

6.4.6.1　料液预处理

预处理是指在原料液过滤前向其中加入一种或几种物质，使原料液的性质或溶质的特性发生变化，或进行预絮凝、预过滤、吸附、加阻垢剂、加热或改变料液 pH 值等方法，以脱除一些与膜存在相互作用的物质，从而提高膜通量。恰当的预处理有助于降低膜污染、提高膜透过性和膜的截留性能，减少膜清洗的频率和难度。

（1）预过滤

去除颗粒物，以防堵塞流道或损伤膜、泵和仪表。作为一种规则，大于组件内最小流道尺寸 1/5 的粒子必须脱除。用自然沉降、格栅（筛）去除大块碎片和水中生物。粗筛或水力离心过滤器可脱除大粒子。浮选脱除轻悬浮物（如浮游生物、微生物等）和轻絮凝体。筒式微滤或多介质过滤去除细粒子。粗过滤器分离粒径大于 $10\mu m$ 的颗粒和机械杂质、微生物。超滤或微滤去除大肠杆菌和细菌。气体分离中采用高效气-液分离技术脱除气体中的固体颗粒、液态水或液态烃，包括旋风分离器、超滤技术与毛细管凝聚技术结合的高效过滤[13]。一般来讲，卷式组件的进水应经 $20\sim50\mu m$ 过滤，而中空纤维壳程进料应经 $5\mu m$ 过滤。

（2）絮凝

胶体是直径 $<1\mu m$ 的荷电粒子，如不脱除，会严重影响膜通量。常用的脱除方法是絮凝或絮凝后进行常规过滤。常用的絮凝剂有 $FeCl_3$、明矾或聚电解质（聚合氯化铝）等。其原理是改变悬浮颗粒的特性来影响膜通量，其作用是产生蓬松的无黏聚性的絮状物来显著减轻膜污染；在油水分离中，原料液中加入絮凝剂进行预处理不仅可以提高膜通量，而且能提高膜的截留率，可以用微滤代替常规的超滤。

（3）除有机物

活性炭过滤可去除痕量油和烃类物质。紫外线也可以分解有机物，对低分子有机物的去除，紫外线氧化比离子交换、反渗透更合适。臭氧＋紫外线处理还有杀菌、使胶状物微粒化、使胶状氧化硅氧化分解等效果。

（4）调节 pH 值

在处理含重金属离子废水时，可预先加入碱性物质调节溶液的 pH 值或加入硫化物或其他一些物质，使重金属离子形成氢氧化物沉淀或难溶性的硫化物或其他物质而除去。如投加 H_2SO_4 将 pH 值调到 6 左右，去除海水中的二氧化碳，防止膜上形成碳酸钙垢。为了避免增加 SO_4^{2-} 浓度而形成 $CaSO_4$ 垢，用 HCl 调 pH 值。也可以用 $NaOH$、Na_2CO_3、$BaCl_2$、石灰去除高价离子，以沉淀形式脱除。在甲氧头孢菌素 C 的发酵液中加酸，能稳定料液黏度和防止菌体污染。对于蛋白质，pH 值的调节很重要。溶液 pH 值对蛋白质在水中溶解性、荷电性及构形有很大影响。一般来讲，蛋白质在等电点时，溶解度最低，偏离等电点时，溶解度增加，并带电荷。在等电点时的蛋白质吸附量最高，膜通量最低。因此用膜分离、浓缩蛋白质或酶时，一般把 pH 值调至远离等电点（以不使蛋白质变性失活为限），结合选择合适的膜，可以减轻膜污染。

（5）灭菌

防止生物污染，用氯气或次氯酸盐、臭氧、甲醛、双氧水、浓亚硫酸氢钠溶液、异噻唑啉酮等，或者紫外、电子杀菌器。热处理灭菌时，需注意热处理温度，尤其对蛋白质，要防止高温下的蛋白质变性。

（6）除氯

反渗透膜不耐氯，在原水进入反渗透工艺前投加 $NaHSO_3$，除氯。

（7）除氨

合成氨弛放气中膜法 H_2 回收时，先用水洗塔除氨。

（8）除水

从沼气中分离甲烷时，先通过消雾器脱除沼气中夹带的水汽，因为水会比甲烷更快透过膜。

（9）离子交换

用螯合树脂去除多价离子。

（10）加入离子隐蔽剂

添加阻垢剂，如六偏磷酸钠等，减慢成垢速度，避免离子与有机大分子形成复合物污染膜，让体系可在高于饱和溶解度的浓度下操作。

（11）加入稳定剂

主要对酶育多肽，以防失活。

（12）降低黏度

在高黏度溶液的过滤过程中，可以加入适当的试剂使溶液的黏度下降，提高剪切速率，从而提高膜过滤性能。

（13）加热或冷却

气体分离中通过加热原料气使其远离露点，避免水蒸气在膜内冷凝。制备无菌空气时，需先将原料空气加热至 $30\sim35℃$，天然气脱湿则升温至 $5\sim10℃$[13]。

原料液的预处理必须考虑体系的特点，对于不能改变性质的体系则不能进行预处理。

6.4.6.2　膜材料的选择

膜的亲疏水性、荷电性会影响膜与溶质间相互作用的大小。一般来讲，静电相互作用较易预测，但对膜的亲疏水性测量则较为困难（见膜物化特性表征），尤其对生物发酵系统，组成极为复杂，必须对不同对象、在不同条件下对膜材质进行筛选，通常认为亲水性膜及膜材料电荷与溶质电荷相同的膜较耐污染。例如几种聚合物微孔膜对蛋白质 IgG 的吸附性列于表 6-8。

表 6-8　几种聚合物与微滤膜对蛋白质 IgG 的吸附性

聚合物种类	吸附量/(g/m^2)	亲疏水性
聚醚砜/聚砜	$0.5\sim0.7$	疏水
再生纤维素	$0.1\sim0.2$	亲水
改性 PVDF	0.04	亲水

为了提高疏水膜的耐污染性，可用对膜分离特性不产生很大影响的小分子化合物对膜进行预处理，如表面活性剂，使膜表面覆盖一层保护层，这样可减少膜的吸附，但由于这些表面活性剂是水溶性的，且靠分子间弱作用力（Van Der Waals）与膜粘接，所以很易脱落。为了获得永久耐污染性，人们常用膜表面改性法引入亲水基团，或用复合膜手段复合一层亲

水性分离层，或采用阴极喷镀法在超滤膜表面镀一层碳。

6.4.6.3　膜孔径或截留分子量的选择

从理论上讲，在保证能截留所需粒子或大分子溶质前提下，应尽量选择孔径或截留分子量大一点的膜，以得到较高的膜通量。但在实际工作中发现，选用较大膜孔径，因有更高污染速率，长时间膜通量反而下降。这是因为当待分离物质的尺寸与膜孔径相近时，由于压力的作用，溶剂透过膜时把粒子带向膜面，极易产生孔堵塞；而当膜孔径小于粒子或溶质尺寸，由于切向流作用，它们在膜表面很难停留聚集，因而不易堵孔。

6.4.6.4　膜结构选择

通常的原则是对于微滤膜，大多采用对称膜，但研究人员也非常重视不对称微滤膜的制备。若要收集菌体，即需要浓缩液，则采用错流过滤，选择不对称结构膜较耐污染，这可以从图 6-8 得到理解，但要注意应根据不同需求选择合适结构的膜。

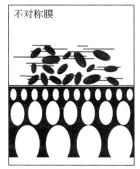

图 6-8　膜结构对膜污染的影响

6.4.6.5　膜表面改性

膜表面的改性可分为物理改性和化学改性。物理改性是指用一种或几种对膜的分离特性不会产生很大影响的小分子化合物，如表面活性剂或可溶性的高聚物，将膜面具有吸附活性的结构部分覆盖住，在膜表面上形成一层功能性预涂覆层，阻止膜与溶液中的组分发生作用，而提高膜的抗污染性能。

除纤维素、壳聚糖和聚乙烯醇外，大多数膜是由疏水材料制成的。而水体中常含一些有机物，容易吸附在疏水膜表面或孔内，形成不可逆的污染。一般蛋白质在疏水膜上比在亲水膜上更容易吸附且不易除去。为防这些污染物，经常是将膜面亲水化，或使其具有自清洁能力、光催化或光降解的能力。

为了获得永久性的抗污染特性，常采用以下三种化学改性的方法：①制备复合膜；②在膜表面引入亲水或疏水基团；③将某些物质加入制膜液中，如共混，使其在成膜过程中均匀分布于膜的内外表面以改变膜的表面性能、提高膜的抗污染性。

6.4.6.6　组件结构选择

膜的污染程度随浓差极化减轻而减轻。通过提高传质系数和使用较低通量的膜可以减轻浓差极化，从而减轻膜污染。当料液中悬浮物含量较低，且产物在透过液中时，用微滤或超滤分离澄清，则选择组件结构余地较大。但若截留物是产物，且要高倍浓缩，则选组件结构要慎重。一般来讲，带隔网作料液流道的组件，如卷式组件，由于固形物容易在膜面沉积、堵塞，而不宜采用；毛细管式与薄流道式组件设计可以使料液高速流动，剪切力较大，有利于减少粒子或大分子溶质在膜面沉积，能减轻浓差极化或避免凝胶层形成。

　　膜组件的选择主要从经济上考虑，这并不意味着最便宜的构型就是最佳选择，因为还必须考虑到具体的应用场合。事实上，具体的应用场合决定了膜组件的功能。尽管各种膜组件的造价相差很多，但各有各的用途。虽然管式膜是最昂贵的一种形式，但它特别适用于高污染体系，因为这种膜组件便于控制和清洗。相反，中空纤维膜组件很容易被污染且清洗困难。对于中空纤维膜组件，原料的预处理非常关键。复杂的预处理造成的费用可能在总费用中占相当高的比例。海水淡化、气体分离和渗透汽化，可以选用中空纤维膜组件，也可选卷式膜组件。乳品工业中主要选用管式膜组件和板框式膜组件[4]。

6.4.6.7　溶液中盐浓度的控制

　　无机盐是通过两条途径对膜产生重大影响，一是无机盐及有些无机盐复合物会在膜表面或膜孔内直接沉积，或使膜对蛋白质的吸附增强而加重膜污染；二是无机盐改变了溶液离子强度，影响到蛋白质的溶解性、构型与悬浮状态，改变了沉积层的疏密程度，从而对膜通量产生影响。NaCl 的加入会增加膜对蛋白质的吸附，但膜通量则随 NaCl 加入量的增加而提高，这是因为 NaCl 改变了蛋白质构型与悬浮状态，形成了较疏松的"凝胶层"的缘故。在用超滤技术分离、浓缩青霉素酰化酶时，也发现一定浓度的 NaCl 或（NH_4）$_2SO_4$ 对酶有增溶作用，膜通量有所提高。所以对于不同的分离对象，合适的盐类型与浓度要用实验来确定。

6.4.6.8　溶液温度的控制

　　温度对膜污染的影响尚不是很清楚，根据一般规律，溶液温度升高，其黏度下降，膜通量应提高。但对某些蛋白质溶液，温度升高，膜通量反而下降，这是因为在较高温度下，某些蛋白质的溶解性反而下降。超滤浓缩甜乳清时即出现此现象。Dillman 等也认为在大多数有意义的超滤应用温度范围内（30～60℃），蛋白质分子的吸附随温度提高而增加。

6.4.6.9　溶质浓度、料液流速与压力的控制

　　在用超滤技术分离、浓缩蛋白质或其他大分子溶质时，压力与料液流速对膜通量的影响通常是相互关联的（图 6-9、图 6-10）。当流速等操作条件一定时，而且在浓差极化不明显之前（低压力区），膜通量随压力增加而近似线性增加。在浓差极化起作用后，压力增加，膜通量提高，浓差极化随之严重，使膜通量随压力提高呈曲线增加。当压力升高到一定数值后，浓差极化使膜面的溶质浓度达到极限浓度（饱和浓度 c_g）时，溶质在膜表面开始析出并形成"凝胶层"，这个压力称为临界压力。此时，"凝胶层"阻力对膜通量的影响起决定作用，膜通量几乎不依赖于压力[4]。因此当溶质浓度一定时，要选择合适压力（低于临界压力）与料液流速，避免"凝胶层"形成，可得到最佳膜通量，一些蛋白质的 c_g 值列于表 6-9。

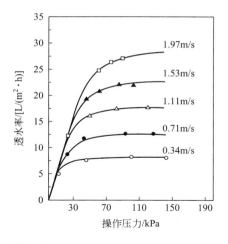

图6-9　操作压力及流速对透水率的影响
条件：脱脂牛奶（19.1%固含量；60℃）

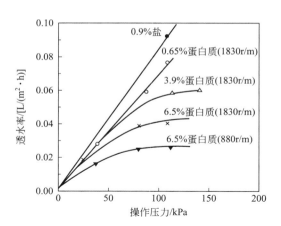

图6-10　操作压力及料液浓度对透水率的影响

表6-9　某些蛋白质的 c_g 值

材料	c_g	材料	c_g
牛奶（脱脂）	22%　20%～22%　20%　25%	牛血清蛋白	30%　20%
牛奶（全,3.5%脂肪）	9%～11%蛋白质	红细胞 Porcine	45%
大豆萃取物	10%蛋白质	Porcine Bloox plasma	35%
脱脂大豆粉　萃取物	20%～25%蛋白质	明胶	20%～30%　30%
乳清	30%　20%　28.5%	鸡蛋白	40%
人血清蛋白	44%　24%　28%	人血浆	60%
免疫血清球蛋白	19%	人血（HCT-21）	28.7%

6.4.7　膜清洗

在任何膜分离技术应用中，尽管选择了较合适的膜和适宜的操作条件，但在长期运行中，膜的透水量随运行时间增长而下降的现象，即膜污染必定产生。因此，必须采取一定的清洗方法，使膜面或膜孔内的污染物去除，以达到恢复膜的透水量、延长膜寿命的目的。所以，膜清洗方法的研究成了国内外膜应用研究的一个热点。

6.4.7.1　要考虑的因素

（1）膜的物化特性

指膜的耐酸性、耐碱性、耐温性、耐氧化性和耐化学试剂的特性。它们对选择化学清洗剂类型、浓度、清洗液温度等极为重要。一般来讲，各膜的生产厂家对其产品物化特性均会给出简单说明。当要使用说明书以外的化学清洗剂时，一定要慎重，需先做小实验来检测它对膜的损害程度。

（2）污染物特性

指膜上的污染物在不同 pH 的溶液中、不同种类盐及浓度的溶液中、不同温度下的溶解性、荷电性、可氧化性及可酶解性等。因此可有的放矢地来选择合适的化学清洗剂，获得最佳清洗效果。

6.4.7.2　清洗方法

常用的膜清洗方法包括物理清洗、化学清洗和生物清洗三大类。

（1）物理清洗

物理清洗主要包括水力清洗、超声波清洗和机械刮除等。它们是仅依靠人工或机械来去除膜表面的污染物。常见的水力清洗有低压高速清洗、反冲洗等，主要是靠剪切力和反向压力去除膜表面的污染物。对于中空纤维膜，通常采用反冲洗的方法，效果较好（图6-11）。负压抽吸清洗与反冲洗有一定的相似性，在某些情况下清洗效果更好。超声波清洗是通过在水中引发剧烈的紊流和振动，让污染层结构变得疏松并易于去除[67]。机械刮除是借助水力使海绵球通过管式组件的内压管，刮去那些结构蓬松的软质垢。另外，电场过滤、脉冲电泳清洗、脉冲电解清洗及电渗透反冲洗的研究也十分活跃。一般来说，物理清洗所需设备简单、成本低、对膜损伤小、环境影响小、使用周期短，已成为去除污染物的常用手段。

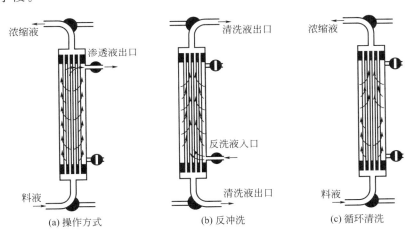

图 6-11　中空纤维膜组件操作与清洗方式示意图

（2）化学清洗

当物理清洗的效果有限时，就需要使用化学清洗。它是通过化学清洗试剂与膜面或膜孔内的污染物发生溶解、置换或化学反应来使污染层的结构和性质发生变化，并将其转变成可以清洗去除的状态。化学清洗又可分为酸洗、碱洗、氧化剂清洗、络合剂清洗、盐洗、表面活性剂清洗等[68]。

酸洗主要用于无机污染物的去除，中和反应和复分解反应是去除无机污染物的关键机制。草酸、柠檬酸、硝酸、盐酸、磷酸和硫酸等是广泛使用的酸。硝酸是一种强氧化剂，有时可通过其硝化作用来去除有机和生物污染物。其缺点是对溶液的 pH 值影响大并影响到膜的完整性；另外，一些酸的溶解度有限，可能会再次沉积。

碱洗液（氢氧化钠、氢氧化钾和碳酸钠等的水溶液）可把蛋白质和糖、胶体和微生物等溶解或分解成小分子、细颗粒或可溶性有机物，从而破坏凝胶层结构，然后加以去除。采用 NaOH 水溶液可有效去除蛋白质污染。

次氯酸钠、过氧化氢、过氧乙酸等作为强氧化剂，其主要作用是氧化和消毒，将有机物官能团氧化成亲水性的酮、醛或羧酸基团，从而降低污染物的黏附性；把胶体和微生物絮体分解成细颗粒和可溶性有机物，促进其进一步氧化消除。

常见的表面活性剂，如十二烷基苯磺酸钠、Triton X-100 等能与水中的脂肪、油和蛋白质形成胶束溶解大分子，从而去除污染物。螯合剂如乙二胺四乙酸（EDTA）是通过配体交换金属离子，破坏原本有效交联在一起的污染物，达到清洗效果。在某些应用中，如多糖等污染物，温水浸泡即可基本恢复膜通量。

（3）生物清洗

生物清洗是利用具有生物活性的清洗剂（如酶等）来去除 $80\%\sim100\%$ 的污染物。使用酶清洗的优点是膜保持清洁的时间延长；此外，酶清洗还可减少有害化学清洗剂的用量，但使用不当时可能会造成新的膜污染。

在实际工业过程中，组合清洗方式，如氧化剂和碱（次氯酸钠和氢氧化钠）、氧化剂和酸（次氯酸钠和柠檬酸）以及氧化剂和螯合剂（次氯酸钠和乙二胺四乙酸）联用等的清洗效果都优于单一试剂的清洗效果。对于蛋白质污染严重的膜，用含 0.5% 胃蛋白酶的 $0.01mol/L$ NaOH 溶液清洗 30min 可有效恢复膜通量。另外，物理-化学联合清洗可增强反洗的清洗效果（见图 6-12），通过将低浓度的化学清洗试剂加入反冲洗的水中来提高清洗效率。超声波与化学试剂的联合清洗也是目前的发展趋势。

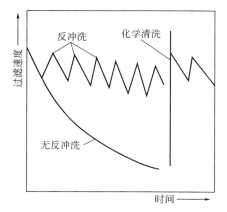

图 6-12　清洗程序对膜性能的影响

综上所述，对于不同类型的膜和污染物，应该选择不同的清洗方法。通过优化组合，找出经济合理的清洗方式，可大大降低清洗过程的运行费用，达到节能降耗的目的。

6.4.7.3　清洗效果的表征

（1）纯水通量恢复系数

恒压过滤时，经常采用纯水通量恢复系数 r 来表征清洗效果：

$$r=\frac{J_{cw}}{J_0}\times100\% \tag{6-22}$$

式中，J_{cw} 和 J_0 分别为膜清洗后的纯水通量和初始纯水通量。

也有人用清洗后前的膜通量变化值来表征清洗效果[69]：

$$r=\frac{J_a-J_b}{J_0-J_b} \tag{6-23}$$

式中，J_a 与 J_b 分别表示膜清洗后前的纯水通量，$m^3/(m^2\cdot h)$；J_0 为初始纯水通量，$m^3/(m^2\cdot h)$。

（2）操作压力变化

恒流过滤时，常采用操作压力变化值来表征清洗效果：

$$\chi = \frac{p_f - p_0}{p_f - p_i} \tag{6-24}$$

式中，p_i 与 p_f 为过滤过程中初始和结束时的压力值，Pa；p_0 为清洗之后的压力值，Pa。

（3）过滤阻力

清洗效果也可用过滤阻力来表征[70]：

$$\chi = \frac{R_n - R_m}{R_m} \tag{6-25}$$

式中，R_n 为清洗之后的膜阻力，m^{-1}；R_m 是膜的固有阻力，m^{-1}。

$$\chi = \frac{R_f - R_n}{R_f - R_m} \times 100\% \tag{6-26}$$

式中，R_f 表示清洗前的膜阻力，m^{-1}。

6.4.7.4　清洗模型

Cabero 等[71]在进行乳清蛋白水力清洗实验时，提出了清洗过程中膜阻力随时间变化的预测模型：

$$R = R_c + (R_{f0} - R_i)e^{-k_1 t} + (R_i - R_c)e^{-k_2 t} \tag{6-27}$$

式中，R_c 为清洗之后的膜阻力，m^{-1}；R_{f0} 为膜污染之后的阻力，m^{-1}；R_i 为水洗过程中的最小污染阻力，m^{-1}；k_1 为第一阶段的水洗速率常数，min^{-1}；k_2 为第二阶段的水洗速率常数，min^{-1}。

王湛等[72]在用 NaCl 清洗被腐殖酸污染的膜的清洗过程中，建立了可预测膜阻力随时间变化的一般性的膜的污染阻力的预测模型。

$$R_f(t) = R_c + \frac{R_{f0} - R_r}{\sqrt[m-1]{1 + (m-1)(R_{f0} - R_i)^{m-1} k_1 t}} + \frac{R_i - R_r}{\sqrt[n-1]{1 + (n-1)(R_i - R_r)^{n-1} k_2 t}} \tag{6-28}$$

式中，R_c 为清洗之后的膜阻力，m^{-1}；R_{f0} 为膜污染之后的阻力，m^{-1}；R_i 为水洗过程中的最小污染阻力，m^{-1}；R_r 为污染膜盐洗过程中的最小污染阻力，m^{-1}；k_1 为第一阶段的水洗速率常数，min^{-1}；k_2 为第二阶段的水洗速率常数，min^{-1}；m 为第一阶段的盐洗速率级数（0，1，2）；n 为第二阶段的盐洗速率级数（0，1，2）。

Popovic 等[73]用 NaOH 和 P3-ultrasil（洗涤剂）清洗被乳清蛋白污染的管式陶瓷膜，将清洗过程中的膜总阻力 R_{tf} 分为膜本身阻力 R_m（m^{-1}）、滤饼层阻力 R_c（m^{-1}）和膜孔内阻力 R_{in}（m^{-1}），针对不同的清洗剂分别建立了动力学模型：

碱洗（NaOH）过程：

$$R_{tf} = R_m + R_c + R_{in} = R_m + e^{-p_1 t + p_2 t} + p_{3a} t^2 + p_{4a} t + p_{5a} \tag{6-29}$$

洗涤剂（P3-ultrasil）清洗过程：

$$R_{tf} = R_m + R_c + R_{in} = \frac{\Delta p}{\mu_w J_w} + e^{-p_1 t + p_2 t} + p_{3d} t^3 + p_{4d} t^2 + p_{5d} t + p_{6d} \tag{6-30}$$

式中，p_1、p_2、p_{3a}、p_{4a}、p_{5a}、p_{3d}、p_{4d}、p_{5d}、p_{6d} 为拟合参数；Δp 为跨膜压差，Pa。

孔亚东等[74]基于膜上及膜孔内污染物的溶胀和溶解机理，将去除污染物的过程分为溶解部分（包括先溶胀后溶解和直接溶解的部分）和溶胀部分（在研究的清洗时间内不继续发生溶解的部分），并假设各部分的阻力变化符合一级动力学模型，建立了膜上污染阻力随水洗时间变化的清洗模型：

$$R_f = Z e^{r_1 t} + (R_{f,0} - Z) e^{r_2 t} + \frac{Z k_1}{r_1} e^{r_1 t} + \frac{(R_{f,0} - Z) k_1}{r_2} e^{r_2 t} - \frac{Z k_1}{r_1} - \frac{(R_{f,0} - Z) k_1}{r_2}$$

$$r_1 = \frac{-(k_1 + k_2 + k_3) - \sqrt{(k_1 + k_2 + k_3)^2 - 4 k_1 k_3}}{2}$$

$$r_2 = \frac{-(k_1 + k_2 + k_3) + \sqrt{(k_1 + k_2 + k_3)^2 - 4 k_1 k_3}}{2} \tag{6-31}$$

式中，R_f 为任意时刻清洗过程中的污染阻力，m^{-1}；$R_{f,0}$ 是未清洗时除了膜本身阻力以外的污染阻力，m^{-1}；Z 是一个常数；k_1、k_2 和 k_3 分别为溶胀、溶解和沉积的速率常数；r_1、r_2 为组合参数。

侯磊等[75]提出了化学清洗过程中膜上污染阻力随时间变化的模型：

$$R_{tf}(t) = R_m + [R_{tf}(0) - R_m] e^{-k c^n t^m} \tag{6-32}$$

式中，$R_{tf}(t)$ 为 t 时刻膜污染总阻力，m^{-1}；$R_{tf}(0)$ 为 0 时刻膜污染总阻力，m^{-1}；R_m 是膜的固有阻力，m^{-1}；k 为动力学常数；c 为清洗剂浓度，mg/L；k、m、n 为模型参数。

王湛等[76]在研究化学清洗 MBR 污染膜的过程中，提出了化学清洗过程中通量回复率随时间变化的模型：

$$J_r = \frac{1}{1 + \dfrac{J_0 - J_{cw}}{J_{cw}} \exp(-k c_c^n t_c^m)} \tag{6-33}$$

式中，J_{cw} 为预清洗之后的膜通量，m/s；J_0 为未污染膜的膜通量，m/s；c_c 和 t_c 分别为清洗剂的浓度（mg/L）和清洗时间（s）；m、n 均为常数。

郭洋洋等[77]在研究水洗 MBR 污染膜的过程中，考虑了清洗过程中溶胀、溶解和沉积过程的影响，建立了水洗过程中预测瞬时污染阻力 $[R_f(t)]$ 的数学表达式：

$$R_f(t) = R_f(0) \left(1 - \frac{k_1 - k_3}{k_1 - k_2 - k_3}\right) e^{-k_1 t} + \left[\frac{R_f(0)(k_1 - k_3)}{k_1 - k_2 - k_3} - R_r\right] e^{-(k_2 + k_3) t} + R_r \tag{6-34}$$

式中，$R_f(0)$ 是水洗时间为 0 时膜上污染的阻力，m^{-1}；t 是清洗时间，s；k_1、k_2 和 k_3 分别是水力清洗中溶胀、溶解和沉积过程的速率常数，s^{-1}；R_r 是清洗过程结束时膜上污染物的阻力大小，m^{-1}。

姚伟等[78]在研究水洗 MBR 污染膜的过程中，建立了用于计算水洗过程中清除污垢所需消耗能量大小的公式：

$$\eta = \delta_1 [1 - \exp(-\delta_2 t)] \tag{6-35}$$

式中，η 为水洗过程中能量的消耗，kJ；δ_1 是污泥悬浮液相互作用能的特征参数，kT；

δ_2 是剥离速率参数，s^{-1}。

符号表

c_g	饱和浓度，%
H	Hamaker 常数
h_f	进料液侧的对流传热系数
h_p	冷凝液侧的对流传热系数
J_c	临界流量
k	扩散系数；堵塞系数
n	堵塞指数
$P_{f,m}$	与 $T_{f,m}$ 对应的水饱和蒸气压
$P_{p,m}$	与 $P_{p,m}$ 对应的水饱和蒸气压
Δp	跨膜操作压力差，Pa
T_f	进料液的主体温度
$T_{f,m}$	进料液侧的膜面温度
T_p	冷凝液的主体温度
$T_{p,m}$	冷凝液侧的膜面温度
TPC	温差极化系数

参考文献

［1］刘忠洲. 膜过程的浓差极化和膜污染［M］∥膜技术手册. 北京：化学工业出版社，2001：171-177.

［2］刘忠洲，张国俊，纪树兰. 研究浓差极化和膜污染过程的方法与策略［J］. 膜科学与技术，2006，26（5）：1-15.

［3］贾志谦. 膜科学与技术基础［M］. 北京：化学工业出版社，2012.

［4］米尔德 M. 膜技术基本原理［M］. 2 版. 李琳，译. 北京：清华大学出版社，1999.

［5］焦小光，陈向荣，马光辉，等. 浓差极化超滤浓缩生物大分子溶液［J］. 膜科学与技术，2008，28（5）：16-22.

［6］Vilker V L, Colton C K, Smith K A. Concentration polarization in protein ultrafiltration. Part Ⅰ：An optical shadowgraph technique for measuring concentration profiles near a solution-membrane interface［J］. AIChE J, 1981, 27: 632-637.

［7］Ethier C R, Lin D C. Refractometric measurement of polarized layer structure: studies of hyaluronic acid ultrafiltration［J］. J Membr Sci, 1992, 68: 249-261.

［8］Yao S, Costello M, Fane A G, et al. Non-invasive observation of flow profiles and polarisation layers in hollow fibre membrane filtration modules using NMR micro-imaging［J］. J Membr Sci, 1995, 99: 207-216.

［9］Pope J M, Yao S, Fane A G. Quantitative measurements of the concentration polarisation layer thickness in membrane filtration of oil-water emulsions using NMR micro-imaging［J］. J Membr Sci, 1996, 118: 247-257.

［10］McDonogh R M, Bauser H, Stroh N, et al. Experimental in situ measurement of concentration polarisation during ultra-and micro-filtration of bovine serum albumin and Dextran Blue solutions［J］. J Membr Sci, 1995, 104: 51-63.

［11］ Zhang Z X, Bright V M, Greenberg A R. Use of capacitive microsensors and ultrasonic time-domain reflecto-metry for in-situ quantification of concentration polarization and membrane fouling in pressure-driven membrane filtration ［J］. Sens Actuators B, 2006, 117: 323-331.

［12］ An G H, Lin J B, Li J X, et al. Non-invasive measurement of membrane scaling and cleaning in spiral-wound reverse osmosis modules by ultrasonic time-domain reflectometry with sound intensity calculation ［J］. Desalination, 2011, 283: 3-9.

［13］ 刘茉娥. 膜分离技术应用手册［M］. 北京: 化学工业出版社, 2001.

［14］ 王湛. 膜分离技术基础［M］. 北京: 化学工业出版社, 2000.

［15］ 邢卫红, 童金忠, 徐南平, 等. 微滤和超滤过程中浓差极化和膜污染控制方法研究［J］. 化工进展, 2000, 19（1）: 44-48, 56.

［16］ 窦照英, 张烽, 徐平. 反渗透水处理技术应用问答［M］. 北京: 化学工业出版社, 2004.

［17］ 刘元法. 湍流促进器强化错流微滤膜过程的研究［D］. 大连: 大连理工大学, 2013.

［18］ Rodgers V G J, Sparks R E. Effect of transmembrane pressure pulsing on concentration polarization ［J］. J Membr Sci, 1992, 68（1-2）: 149-168.

［19］ Spiazzi E, Lenoir J, Grangeon A. A new generator of unsteady-state flow regime in tubular membranes as an anti-fouling technique: A hydrodynamic approach ［J］. J Membr Sci, 1993, 80（1）: 49-57.

［20］ KunYong Chung, William A Edelstein, Georges Belfort. Dean vortices with wall flux in a curved channel membrane system: 6. Two dimensional magnetic resonance imaging of the velocity field in a curved imper-meable slit ［J］. J Membr Sci, 1993, 81（1-2）: 151-162.

［21］ Millward H R, Bellhouse B J, Sobey I J, et al. Enhancement of plasma filtration using the concept of the vortex wave ［J］, J Membr Sci, 1995, 100（2）: 121-129.

［22］ Cui Z F, Wright K I T. Flux enhancements with gas sparging in downwards crossflow ultrafiltration: perform-ance and mechanism ［J］. J Membr Sci, 1996, 117（1-2）: 109-116.

［23］ Wakeman R J, Tarleton E S. Membrane fouling prevention in crossflow microfiltration by the use of electric fields ［J］. Chem Eng Sci, 1987, 42（4）: 829-842.

［24］ 秦炜, 原永辉, 戴猷元. 超声场对化工分离过程的强化［J］. 化工进展, 1995, 46（1）: 1-5.

［25］ Richard J Lahiere, Kenneth P Goodboy. Ceramic membrane treatment of petrochemical wastewater ［J］. Environmental Progress, 1993, 12（2）: 86-92.

［26］ 吴光夏, 张东华, 刘忠洲, 等. 膜的负压清洗方法研究［J］. 膜科学与技术, 1999, 19（4）: 52-55, 57.

［27］ Li B, Sirkar K K. Novel membrane and device for vacuum membrane distillation-based desalination process ［J］. J Membr Sci, 2005, 257（1）: 60-75.

［28］ Fan H, Peng Y. Application of PVDF membranes in desalination and comparison of the VMD and DCMD processes［J］. Chem Eng Sci, 2012, 79: 94-102.

［29］ Zhang Y, Peng Y, Ji S. Numerical simulation of 3D hollow-fiber vacuum membrane distillation by computa-tional fluid dynamics ［J］. Chem Eng Sci, 2016, 152: 172-185.

［30］ Ge J, Peng Y, Li Z, et al. Membrane fouling and wetting in a DCMD process for RO brine concentration ［J］. Desalination, 2014, 344: 97-107.

［31］ 代婷, 武春瑞, 吕晓龙, 等. 腐殖酸聚集体对膜蒸馏过程膜污染的作用机理［J］. 化工学报, 2012, 63（5）: 1574-1583.

［32］ Tijing L D, Woo Y C, Choi J-S, et al. Fouling and its control in membrane distillation—a review ［J］. J Membr Sci, 2015, 475: 215-244.

［33］ Iorhemen O T, Hamza R A, Tay J H. Membrane bioreactor（MBR）technology for wastewater treatment and reclamation: membrane fouling ［J］. Membranes, 2016, 6（2）: 33.

［34］ 刘忠洲, 续曙光, 李锁定. 微滤、超滤过程中的膜污染与清洗［J］. 水处理技术, 1997, 23（4）: 187-193.

［35］ 刘忠洲. 单皮层中空纤维超滤膜及其应用［J］. 膜科学与技术, 2003, 23（4）: 172-179.

［36］ Field R W, Wu D, Ho well J A, et al. Critical flux concept for microfiltration fouling ［J］. J Membr Sci,

1995, 100: 259 -272.

［37］ Howell J A. Sub-critical flux operation of microfiltration［J］. J Membr Sci, 1995, 107: 165-171.

［38］ 袁栋栋，樊耀波，徐国良，等. 膜生物反应器中临界通量理论的研究［J］. 膜科学与技术, 2010, 30（2）: 97-103.

［39］ Chang S, Fane A G, Vigneswaran S. Experimental assessment of filtration of biomass with transverse and axial fibres［J］. Chem Eng J, 2002, 87: 121-127.

［40］ Marselina Y, Li F, Le-Clech P, et al. Characterisation of membrane fouling deposition and removal by direct observation technique［J］. J Membr Sci, 2009, 341: 163-171.

［41］ Gao Y B, Haavisto S, Li W Y, et al. Novel Approach To Characterizing the Growth of a Fouling Layer during Membrane Filtration via Optical Coherence Tomography［J］. Environ Sci Technol, 2014, 48: 14273-14281.

［42］ Mairal A P, Greenberg A R, Krantz W B, et al. Real-time measurement of inorganic fouling of RO desalination membranes using ultrasonic time-domain reflectometry［J］. J Membr Sci, 1999, 159: 185-196.

［43］ Li X H, Mo Y H, Li J X, et al. In-situ monitoring techniques for membrane fouling and local filtration characteristics in hollow fiber membrane processes: A critical review［J］. J Membr Sci, 2017, 528: 187-200.

［44］ Yeo A, Yang P, Fane A G, et al. Non-invasive observation of external and internal deposition during membrane filtration by X-ray microimaging（XMI）［J］. J Membr Sci, 2005, 250: 189-193.

［45］ Pignon F, Magnin A, Piau J M, et al. Structural characterisation of deposits formed during frontal filtration［J］. J Membr Sci, 2000, 174: 189-204.

［46］ Jin Y, Hengl N, Baup S, et al. Effects of ultrasound on colloidal organization at nanometer length scale during cross-flow ultrafiltration probed by in-situ SAXS［J］. J Membr Sci, 2014, 453: 624-635.

［47］ Çulfaz P Z, Buetehorn S, Utiu L, et al. Fouling Behavior of Microstructured Hollow Fiber Membranes in Dead-End Filtrations: Critical Flux Determination and NMR Imaging of Particle Deposition［J］. Langmuir, 2011, 27: 1643-1652.

［48］ Fridjonsson E O, Vogt S J, Vrouwenvelder J S, et al. Early non-destructive biofouling detection in spiral wound RO membranes using a mobile earth's field NMR［J］. J Membr Sci, 2015, 489: 227-236.

［49］ Bannwarth S, Trieu T, Oberschelp C, et al. On-line monitoring of cake layer structure during fouling on porous membranes by in situ electrical impedance analysis［J］. J Membr Sci, 2016, 503: 188-198.

［50］ Wang J, Yang S S, Guo W S, et al. Characterization of fouling layers for in-line coagulation membrane fouling by apparent zeta potential［J］. RSC Adv, 2015, 5: 106087-106093.

［51］ Hermans P H, Bredee H L. Principles of the mathematic treatment of constant-pressure filtration［J］. Journal of the society of chemical industry, 1936, 55: 1-4.

［52］ Grace H P. Structure and performance of filter media. Ⅱ. Performance of filter media in liquid service. AIChE J, 1956, 2（3）: 316-336.

［53］ Hermia J. Constant pressure blocking filtration laws—application to power-law non-newtonian fluids. Trans IChemE, 1982, 60: 183-187.

［54］ Polyakov S V, Maksimov E D, Polyakov V S. One-dimensional microfiltration model［J］. Theor Found Chem Eng, 1995, 29（4）: 329-332.

［55］ Polyakov Y S, Zydney A L. Ultrafiltration membrane performance: Effects of pore blockage/ constriction［J］. J Membr Sci, 2013, 434: 106-120.

［56］ Lee D J. Filter medium clogging during cake［J］. AIChE J, 1997, 43（1）: 273-276.

［57］ Zhan W, Chu J S, Zhang X M. Study of a cake model during stirred dead-end microfiltration［J］. Desalination, 2007, 217（1-3）: 127-138.

［58］ Zhu Z, Wang Z, Wang H, et al. Cake properties as a function of time and location in microfiltration of activated sludge suspension from membrane bioreactors（MBRs）［J］. Chem Eng J, 2016, 302: 97-110.

［59］ Silva C M, Reeve D W, Husain H, et al. Model for flux prediction in high-shear microfiltration systems［J］. J Membr Sci, 2000, 173（1）: 87-98.

［60］ 王湛，纪树兰，吕晓猛，等．稳态工况下板式超滤器的计算［J］．水处理技术，1996，22（6）：328-332.

［61］ Chang D J，Hsu F C，Hwang S J．Steady-state permeate flux of cross-flow microfiltration［J］．J Membr Sci，1995，98（1-2）：97-106.

［62］ Wang Z，Cui Y，Wu W，et al．The convective model of flux prediction in hollow-fiber module for steady-state cross-flow microfiltration system［J］．Desalination，2009，238（1-3）：192-209.

［63］ Bolton G，LaCasse D，Kuriyel R．Combined models of membrane fouling：development and application to microfiltration and ultrafiltration of biological fluids［J］．J Membr Sci，2006，277（1）：75-84.

［64］ Ho C，Zydney A L．A combined pore blockage and cake filtration model for protein fouling during microfiltration［J］．J Colloid Interf Sci，2000，232（2）：389-399.

［65］ Hou L，Wang Z，Song P．A precise combined complete blocking and cake filtration model for describing the flux variation in membrane filtration process with BSA solution［J］．J Membr Sci，2017，542：186-194.

［66］ Baker R W．Membrane technology and applications［M］．USA：McGraw-Hill，2000.

［67］ Kobayashi T，Kobayashi T，Hosaka Y，et al．Ultrasound-enhanced membrane-cleaning processes applied water treatments：influence of sonic frequency on filtration treatments［J］．Ultrasonics，2003，41（3）：185-190.

［68］ Mohammadi T S，Madaeni M M．Investigation of membrane fouling［J］．Desalination，2003，153（1）：155-160.

［69］ Qu F，Liang H，Wang Z，et al．Ultrafiltration membrane fouling by extracellular organic matters（EOM）of Microcystis aeruginosa in stationary phase：influences of interfacial characteristics of foulants and fouling mechanisms［J］．Water Res，2012，46（5）：1490-1500.

［70］ Blanpain-Avet P，Migdal J F，Bénézech T．Chemical cleaning of a tubular ceramic microfiltration membrane fouled with a whey protein concentrate suspension—characterization of hydraulic and chemical cleanliness［J］．J Membr Sci，2009，337（1）：153-174.

［71］ Cabero M L，Riera F A，Álvarez R．Rinsing of ultrafiltration ceramic membranes fouled with whey proteins：effects on cleaning procedures［J］．J Membr Sci，1999，154（2）：239-250.

［72］ Wang Z，Li Y，Song P，et al．NaCl cleaning of 0.1m polyvinylidene fluoride（PVDF）membrane fouled with humic acid（HA）［J］．Chem Eng Res Design，2018，DOI：10.1016/j.cherd.2018.01.009.

［73］ Popovic S S，Miodrag N T，Mirjana S D．Kinetic models for alkali and detergent cleaning of ceramic tubular membrane fouled with whey proteins［J］．J Food Eng，2009，94（3）：307-315.

［74］ Kong Y D，Wang Z，Ma Y，et al．Theory investigation on the variation of fouling resistance during water rinsing process of the membrane fouled with sodium alginate［J］．Journal of the Taiwan Institute of Chemical Engineers，2017，122：121-131.

［75］ Hou L，Gao K，Li P，et al．A kinetic model for calculating total membrane fouling resistance in chemical cleaning process．Chemical Engineering Research and Design，2017，128：59-72.

［76］ Wang Z，Zhang X M，Zhu Z Y，et al．Influence of various operating conditions on cleaning efficiencyin sequencing batch reactor（SBR）activated sludge process．Part Ⅴ：Chemical cleaning model［J］．Journal of the Taiwan Institute of Chemical Engineers，2016，63：52-60.

［77］ Guo Y Y，Wang Z，Ma Y，et al．A new composite model of the membrane cleaning for predicting the fouling resistance in the hydraulic cleaning process［J］．Journal of Membrane Science，2020，602：1-17.

［78］ Yao W，Wang Z，Wang X．Detachment mechanism and energy consumption model for the exsitu rinsing process in Membrane Bioreactors［J］．Journal of Membrane Science，2020（in press）.

第 7 章
膜器件

主　稿　人：许振良　华东理工大学教授

　　　　　　范益群　南京工业大学教授

编写人员：许振良　华东理工大学教授

　　　　　　范益群　南京工业大学教授

　　　　　　崔朝亮　南京工业大学教授

　　　　　　汤永健　华东理工大学特聘副研究员

　　　　　　庄黎伟　华东理工大学讲师

　　　　　　杨　虎　华东理工大学副教授

　　　　　　魏永明　华东理工大学副教授

　　　　　　马晓华　华东理工大学副教授

　　　　　　陈献富　南京工业大学副教授

审　稿　人：戴猷元　清华大学教授

第一版编写人员：王从厚　邓麦村

7.1 膜器件分类

7.1.1 膜器件定义

各种分离膜只有组装成膜器件，并与泵、过滤器、阀、仪表及管路等装配在一起，才能完成分离任务。所谓膜器件是将膜以某种形式组装在一个基本单元设备内，在一定驱动力作用下，可完成混合物中各组分分离的装置。这种单元设备称为膜器件或膜组件或膜分离器，也称渗透器[1]。在工业膜分离过程中，根据生产需要，膜分离装置中可装有数个甚至数百个膜器件。除选择适用的膜外，膜器件的类型选择、设计和制作的好坏，将直接影响到过程最终的分离效果。

7.1.2 膜器件的基本类型

目前，工业上常用的膜器件主要有下列五种类型：板框式、圆管式、螺旋卷式、中空纤维式和毛细管式，其主要特征列于表 7-1。

表 7-1   各种类型膜器件的主要特征[2]

膜器件类型	中空纤维式	毛细管式	螺旋卷式	板框式	圆管式
生产成本/(元/m²)①	20～60	20～60	50～100	60～120	60～120
装填密度	高	适中	适中	低	低
抗污染能力	适中	好	适中	好	很好
产生压降	高	适中	适中	适中	低
高压操作	适合	适合	适合	适合	可以

① 以聚砜为标准聚合物的估计价格。

一般说来，一种性能良好的膜器件应具备以下条件[3]：

① 对膜可提供足够的机械支撑，死角最小，流道良好，并可使原料侧与透过侧严格分开；

② 在能耗最小的条件下，使原料在膜面上的流动状态均匀合理，以减少浓差极化，提高分离效果；

③ 具有尽可能高的装填密度（即单位体积的膜组件中填充较多的有效膜面积），并使膜的安装和更换方便；

④ 装置牢固，安全可靠，价格低廉和容易维护。

7.1.3 构成膜器件的基本要素

构成膜器件的基本要素主要包括：膜、膜的支撑体或连接物、与膜器件中流体分布有关的流道、膜的密封、外壳或外套以及外接口等。

7.1.3.1 膜

膜是构成膜器件、膜分离系统乃至膜分离过程的核心要素。按照膜的定义（参见第 1 章），膜可以是固态的，也可是液态的，甚至是气态的[8]，膜本身可以是均相的，也可以是由两相以上凝聚态物质构成的复合体；膜按制膜工艺不同，又可以分为对称膜（又称均质膜）、非对称膜和复合膜。

常用的制膜材料主要有纤维素、聚砜、聚醚砜、聚氯乙烯、聚偏氟乙烯、聚酰胺、聚酰亚胺、聚酯、聚烯烃、聚四氟乙烯、含硅聚合物和甲壳素类等合成或天然有机物，以及金属、陶瓷等无机物。表 7-2 列出一些常用膜材料在组件中的使用情况。

表 7-2 常用膜材料在组件中的使用情况

膜/支撑体	组件构型					正常孔径/μm
	平板式	圆管式	多管式①	螺旋卷式	中空纤维式	
聚砜	√	√		√	√	0.1～5 0.05～1②
聚丙烯	√	√			√	0.1～0.65
聚乙烯		√			√	0.2～2.5
聚氯乙烯					√	0.01～0.5
聚偏氟乙烯		√		√	√	0.01～0.5
聚四氟乙烯	√	√				0.1～0.5
聚酰亚胺	√					0.05～1
聚碳酸酯	√					0.2
聚砜/氟化高聚物	√					0.2
聚苯基咪唑	√					0.01～0.5
氟化高聚物	√			√		0.1～5
尼龙	叠层板式					0.2～10
尼龙-6		√			√	0.1～0.4
醋酸纤维素	√				√	0.01～0.5
硝酸纤维素	√					0.1～0.65
γ-氧化铝	√		√			0.01～0.3
α-氧化铝		√				0.1～5
氧化锆/氧化铝		√	√			0.1
氧化锆/烧结金属		√				0.1～0.6
氧化锆/碳		√	√			0.1～0.6
碳化硅		√	√			0.15～8
316 型不锈钢		√				0.1～5
玻璃					√	0.05～0.3

① 多通道单体式组件。

② 核径迹法。

按分离过程，可分为反渗透（RO）膜、超滤（UF）膜、微滤（MF）膜、气体分离（GP）膜、渗析（DL）膜、电渗析（ED）膜、渗透汽化（PV）膜、纳滤（NF）膜、反应（MR）膜和控制释放（CR）膜等。表 7-3 列出一些主要膜分离过程的基本情况。

表 7-3　主要膜分离过程一览表[1,4]

过程	概念示意	膜类型	推动力	透过物质	被截留物质
微滤		多孔膜 非对称膜	压力差(0.1～2kgf/cm²)	水、溶剂、溶解成分、胶体	悬浮物质（胶体、细菌）各种微粒
超滤		非对称膜	压力差(1～10kgf/cm²)	溶剂和离子及小分子(分子量<1000)	生物制品、胶体及各类大分子（分子量1000～500000）
反渗透		非对称膜 复合膜 动力膜	压力差(10～70kgf/cm²)	水	全部悬浮物、溶解物和胶体
渗析		非对称膜 离子交换膜	浓度差	离子、低分子量有机质、酸、碱	分子量大于1000的溶解物和悬浮物
电渗析		离子交换膜	电位差	离子	所有非解离和大分子颗粒
气体分离		均质膜 复合膜	压力差(1～150atm)	气体	不易和不可渗透气体
渗透汽化		均质膜 复合膜	浓度差	蒸气	液体

注：1kgf/cm² = 98.0665kPa；1atm = 101325Pa。

7.1.3.2　支撑物或连接物

　　膜在组装成器件过程中，需要有支撑体给予辅助，才能使其形状固定并达到使用所需的强度。不同形态的膜，其支撑体的形状和结构也不相同。例如，平板膜由于机械强度较差，容易破碎，在实际使用时，必须把它衬在平滑的多孔支撑体上。常用的支撑体是以烧结不锈钢或烧结镍等制成的，也有用尼龙布、丝绸或无纺布等，但需用密孔筛板作支撑。夹在两张膜片之间的这些支撑物既起支撑作用，又具有导流作用。螺旋卷式膜的支撑体是夹在两张膜片之间的隔网，并与膜一起卷绕，密封后装入壳体中。圆管式或中空纤维式膜的支撑体为管子或中空纤维本身，即可把膜涂布在管内壁、管外壁或管内和管外都涂布。对中空纤维膜同样如此，所不同的是，有的中空纤维本身既是膜，具有分离功能，又是支撑体起支撑的作用，如在反渗透和超滤中所使用的中空纤维膜与支撑体为同一种物质。而在气体分离用中空纤维膜中，支撑体与膜为复合体，各自发挥其不同的作用。

由于支撑体既起支撑作用，又具有隔离的功能和导流的作用，因此，在各种膜组件设计中，对支撑体的化学性能、结构形状、耐污染情况等都有一定的要求，因为这与组件的流道设计密切相关。

7.1.3.3 流道

在膜分离过程中，原料进入膜器件进行分离和经分离后产物以及残留物流出器件经过的空间叫作流道。大多数膜器件的流道是通过膜与膜之间的支撑体、导流板或隔离层来实现的。图 7-1 为空心导流板和涡轮导流槽板等示意图，主要用于平板式膜组件，其高度在

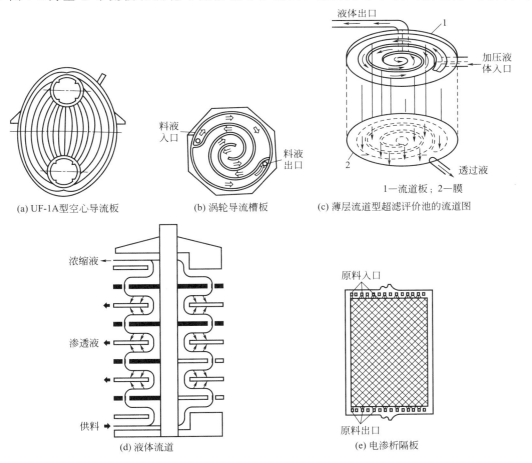

图 7-1 各种导流板及流道示意图[5]

0.5～1.0mm 之间。螺旋卷式组件中流道由原料流道中的网状间隔材料控制，其厚度为 0.76mm 或 1.1mm。圆管式膜组件中的流道取决于管径大小、内压型或外压型以及放入管内的湍流促进器。中空纤维式膜组件的流道取决于纤维在壳体内的分布方式、内压型或外压型以及进料的位置等。在膜器件设计时，首先要考虑到组件内流体分布均匀，没有死角，保持一定的流速，减少浓差极化，容易清洗以及提高组件的装填密度等，而这一切都与流道的设计密切相关。

7.1.3.4　密封

所有的膜分离过程都需要外界施加不同形式的能量才能进行，如压力差、电位差、浓度差和温度差等。因此，各种膜器件在制作中，要使原料与透过物在器件中各行其道来实现分离的目的，需要采取一定的密封措施，其中包括膜与膜之间的密封、膜与支撑体之间的密封、器件与器件之间的密封，以及与外界接口的密封。各种膜器件，由于结构形式不同，对密封的要求也不相同，如螺旋卷式膜器件主要是膜与支撑材料三个边之间的密封，以及多个元件的中心管之间的串联密封；中空纤维膜器件的密封主要在纤维一端的环氧管板密封和另一端的环氧封头密封；其他膜器件可采用通常的橡胶密封垫圈等方法密封，这在器件的设计中需分别给予考虑。

7.1.3.5　外壳

大多数膜器件都有外壳，由于应用的目的不同，对外壳的形式和结构材料的要求也不相同。常用的膜过滤器外壳可分为两种。

（1）卫生过滤用外壳

这种过滤器主要是为了清洁或灭菌过滤而设计的，通常要符合制药工业以及食品、饮料工业对卫生方面的要求。如所有不锈钢要用 300 系列，流体不与螺母连接处相接触以及所有的入口和出口处都要用卫生法兰盘连接。另外，焊接处要磨平抛光，对所有浸湿部件的表面加工精度必须是一致的，以减少表面的粗糙程度和污染物粘到表面上的可能性，提高易清洗程度和耐腐蚀性等。

（2）工业过滤用外壳

一般国外公司生产的工业用过滤器外壳都有标准（国内的正在着手制定），其结构材料从高级塑料到针对应用的 316L 不锈钢。在工业上对于特别需要用于某些化学品的地方，可用其他材料替代不锈钢。如为了降低成本可采用聚丙烯和聚氯乙烯；采用氟化高聚物和纯聚丙烯可提高耐化学腐蚀等。对于外壳强度和高耐腐蚀两方面都有严格要求的地方，可采用复合设计的方法，即在不锈钢壳体的里面涂覆上 PEA 或 PVDF。不过，目前国内外厂商一般采用玻璃纤维环氧树脂外壳，包括用于海水淡化的卷式反渗透器外壳。用于 N_2/H_2 分离的中空纤维式膜器件，由于要在高压下操作，需要用耐高压（14MPa 以上）的钢管做外壳。

也有少数膜器件不需要外壳，如用减压法制取富氧空气的螺旋卷式膜器件，由于是在减压条件下操作，因此对外壳没有要求，若采用加压法，则需加外壳。

管式膜器件的外壳即其支撑体，材质有金属，如铜管或钛管或非金属，如塑料或碳管等。表 7-4 列出主要过滤器用的壳体材料。

表 7-4　国外主要过滤器用的壳体材料[6]

壳体	药物				化学品					微电子学				食品和饮料				
	水	母液	排出气	一般的	墨水	酸性蚀刻剂	溶剂	电镀液	一般的	水	排出气	酸性蚀刻剂	光刻胶	水	啤酒	酒	一般的	排出气
工业用不锈钢	×		×	×	×		×		×	×	×		×	×	×	×	×	×
卫生用不锈钢	×	×	×	×						×	×		×	×	×	×		×
重质聚丙烯	×			×		×			×		×		×	×			×	
纯聚丙烯	×			×		×			×		×		×	×			×	
聚碳酸酯	×												×				×	
不锈钢(标有 ASME 记号)	×										×						×	

注：×表示已有应用。

7.1.3.6　外接口与连接

膜器件与应用工程中的工艺管线、配套设备的接口，以及与自控仪表阀门等相连接的部位叫作外接口。大多数膜器件主要有三个外接口，其中包括原料入口、渗透物出口和渗余物出口，其连接方式可视具体情况而定。一般可分为可拆卸连接（如螺纹连接和法兰连接）和不可拆卸连接（如焊接）。在卫生过滤用的器件中，其壳体与过滤器的连接，以及接口的连接都需要专用的 O 形环密封圈连接。在制药工业中，外接口的密封要按常规采用双 O 形环密封；对灭菌用过滤器的外接口要用清洁的法兰盘连接。对小型工业用过滤器外接口通常是用螺母连接或像大型工业用壳体那样用同样的凸面法兰盘连接；对在负压下操作的容器需要用真空法兰盘；对其他部位应用的工业壳体可采用密封垫密封的方法与外接口连接。

7.2　板框式

板框式膜器件也称平板式膜器件，其外形类似于化工单元操作用的板框式压滤机，所不同的是后者用的过滤介质为帆布、棉饼等，而前者用的是膜。目前有机膜和无机膜均可以被制备成平板式组件。

7.2.1　板框式膜组件的特点

板框式膜组件最早是以传统的板框式压滤机为原型设计开发出来的，主要用于液体分离过程[9]。它是以隔板、膜、支撑隔板、膜的顺序，多层交替重叠压紧组装在一起制成的（参见图 7-2）。隔板表面上有许多沟槽，可用作原料和未透过液的流动通道；支撑板上有许多孔，可用作透过液的流动通道。当原液进入系统后，沿沟槽流动，一部分将从膜的一面渗透到膜的另一面，并经支撑板上的小孔流向其边缘上的导流管排出。典型的板框式过滤机及膜组件如图 7-3 所示。

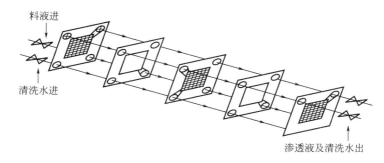

图 7-2 多层板框过滤内部结构及液体流动过程示意图

图 7-3 德国 STRASSBURGER FILTER 板框式过滤机及其板框式膜

一般来说，板框式膜组件的优点是制造组装比较简单，操作比较方便，膜的维护、清洗、更换都比较容易。缺点是制造成本较高，当膜面积增大时，对膜的机械强度要求较高。焊接式膜片结构是板框式过滤机常用的结构，代替常规的过滤板。

表 7-5 概括了平板式膜组件的优点、缺点和应用领域。

表 7-5 平板式膜组件的优点、缺点和应用领域

优点	可更换单对膜片 不易污染 平板膜无需黏合即可使用
缺点	需要很多密封 由于流体的流向转折而造成较大的压力损失 装填密度相对较小（$<400\mathrm{m}^2/\mathrm{m}^3$）
应用领域	UF、MF、RO、PV 和 ED

（1）组装比较简单

与圆管式、螺旋卷式和中空纤维式等相比，板框式膜组件的最大特点是制造组装比较简单，装置的体积比较紧凑，当处理量增大时，可以简单地通过增加膜的层数来实现。板框式和圆管式相比，原料流动通道高度要更低些，一般不到 1mm 宽。板框式膜组件中，原料流道高度大都在 0.3～0.75mm 之间，膜板既可以是直立式，相互并列排起来，或采用横放式，一个在另一个上面堆积起来。膜板有圆形、椭圆形或长方形。在直立式组件中，可以用

并排的每一张膜板运行，或以其中的两张或三张单独运行。

（2）操作比较方便

板框式膜组件在性能方面与圆管式相似，由于原料液流道的截面积可以根据实际情况适当增大，因此其压力损失较小，原液的流速可以高达 $1 \sim 5m/s$。同时，由于流道的截面积比较大，因此原液中即使含有一些杂质异物也不易堵塞流道，从而提高了对处理物料的适应能力。另外，还可以将原液流道隔板设计成各种形状的凹凸波纹，使流体易于产生湍流，能减少污染，提高分离效率。

（3）膜的机械强度

由于部分板框式膜的面积可以大到 $1.5m^2$，如果没有足够的机械强度将难以安装、更换和经受住湍流造成的波动。此外，需要密封的边界较长，对各种零部件的加工精度要求较高，从而增加了成本。另外，板框式膜组件的流程比较短，加上原液流道的截面积较大，因此，单程的回收率比较低，需增加循环次数和泵的能耗。不过，由于这种膜组件的阻力损失较小，可进行多段操作来提高回收率。板框式膜组件遇到的另一个问题是热质转换，分离体系如果涉及传热会影响其使用效率。此外工业用板框式膜组件大都是用不锈钢做的，虽然在可靠性、耐溶剂浸蚀和承受高温、高压等方面都具有优势，但价格较贵，其成本几乎是螺旋卷式组件的 $5 \sim 10$ 倍。

（4）几种典型的膜组件简介

板框式组件是目前最重要的组件构型之一，可以用于渗透汽化、电渗析、微滤、超滤、纳滤、反渗透、MBR 等。如 GFT 公司（现属瑞士 Sulzer Chemtech 公司），采用渗透汽化板框式组件，通过两个密封垫与中空的板框叠合而成，流道内料液供上下表面共同使用，成功地应用于无水乙醇的生产。我国清华大学开发的型膜组件，改进了薄层流道结构，也已被广泛应用。电渗析的扩散渗析器也是由离子交换膜与流道隔网交替拼装组成的框架式结构，可应用于回收酸等。丹麦 DDS 公司（现属瑞典的 Alfa Laval 公司）是最早研究开发超滤板框式组件的公司。此外 Milli-pore，Rhone-Poulenc 和 Sartorius 等也都开发出相关的产品。我国已研制出工业用平板式超滤组件。杭州水处理技术研究开发中心研制的圆板式海水淡化装置有效膜面积约 $13m^2$，在 10MPa 压力下，对 28000mg/L 的海水进行了累计 4000h 的海水一级脱盐淡化试验，淡水含盐量为 400mg/L，该装置与电渗析相结合，进行了超纯水的制备，在 $3 \sim 5MPa$ 压力下，日产水量 $10m^3$，平均脱盐率 85%，纯水水质达 $15 \sim 18M\Omega \cdot cm$（25℃），装置已稳定运行三年以上，该装置还应用于谷氨酸和木糖的浓缩。

目前平板膜组件应用最广泛的领域属于超滤、微滤，在高价值的、低处理量的生物与制药品种领域；以及膜生物反应器用于污水处理。不同的板式膜设计一般差别在料液流道的结构设计，主要是尽量促进湍流效果，如将支撑板表面设计成波纹结构，或在膜面上配置筛网等。

丹麦 DDS 公司开发的板框式组件最具有典型性。超滤膜配置在椭圆形支撑板的两侧，膜与支撑板上有料液的进口与出口，透过水通过支撑板由支撑板边缘的导流管引出。组件由许多膜与支撑板相互叠加而成，支撑板上的料液进出口用抛物线形导流槽连接，它有利于避免料液在膜表面形成死角，减少膜的浓差极化，见图 7-4。这种组件在欧洲、新西兰等国家，特别是在乳品工业中得到广泛应用，可以进行牛奶分离浓缩、脱脂牛奶的超过滤浓缩以及乳糖的反渗透回收。

图 7-4　椭圆形膜片、板框式组件及装置示意图[10]

现在 Alfa Laval 公司的平板框架式模组件已有多种型号，其膜片包括椭圆形和长方形，见图 7-4 和图 7-5，包含不同分离面积的标准板框模块。由一个中心螺栓把膜片连接在一起，膜本身由有许多槽的空心板支撑，这些缝隙允许渗透物通过渗透收集管从模块中收集和去除。目前，已进一步拓展到反渗透（RO）和纳滤（NF），广泛应用于乳品、食品、化工、制药、造纸、水处理等行业。Alfa Laval 公司的板和框架模块是在模块化的基础上设计的，具有高度的灵活性。单独的膜可以更换，而不影响模块的其他膜。

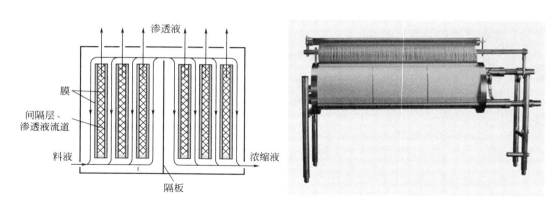

图 7-5　长方形膜片的板框式组件及设备构造示意图（Alfa Laval 公司）[9]

以 Alfa Laval 公司的平板框架式模组件 M30 为例，其构成包括：

① 间隔法兰、管道和配件，全部由不锈钢制成；
② 支撑板、隔离板和板，由聚偏二氟乙烯或 PPO、PSO、POM 制成；
③ 渗透集合管，由聚砜（PSF）制成；
④ 丁腈橡胶作为垫片；
⑤ 渗透硅橡胶软管；
⑥ 框架：模块安装在可调节的腿上，单中心螺栓连接顶部和底部法兰；
⑦ 液压工具型 T30 装卸。

其组件尺寸见表 7-6。

另外一种特殊的平板框架式组件是丹麦的 SANI Membranes 公司的 Hollow Plate™ 组件，采用多孔隔板结构，由 PP 制成。材料之间采用焊接而成，满足卫生标准。组件面积为 2.5m²，可以选配不同的膜，见图 7-6。

表 7-6　Alfa Laval 公司的平板框架式模组件 M30 主要结构尺寸数据

项目	尺寸数据		
膜面积/m²	4.5	7.5	19
设备高度/mm	1000	1700	2200
设备质量/kg	135	150	340
设备体积/m³	0.3	0.4	0.5

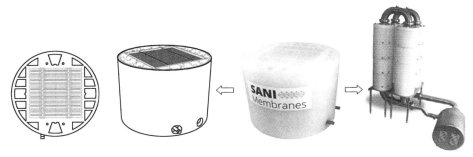

图 7-6　SANI Membranes 公司的 Hollow Plate™组件[11]

7.2.2　系紧螺栓式膜组件

根据板式膜组件的固定方式又可以对组件进一步分类。系紧螺栓式膜组件是先由圆形承压板、多孔支撑板和膜经黏结密封构成脱盐板，再将一定数量的这种脱盐板多层堆积起来，用 O 形环密封，最后用上下头盖（法兰）以系紧螺栓固定组成而得。原水是由上盖进口流经脱盐板的分配孔，在诸多脱盐板的膜面上逐层流动，最后从下盖的出口流出，透过膜的淡水则流经多孔支撑板后，于承压板的侧面管口处导出。

承压板可由耐压、耐腐蚀材料，如环氧-酚醛玻璃钢模压制成，或由不锈钢、铜材等制成。支撑材料的主要作用是支撑膜和为淡水提供通道，其材质可选用各种工程塑料、金属烧结板，也可选用带有沟槽的模压酚醛板等非多孔材料。

7.2.3　耐压容器式膜组件

耐压容器式膜组件主要是把众多脱盐板堆积组装后放入耐压容器中而成。原水是从容器的一端进入，浓水由容器的另一端排出。脱盐板分段串联，每段各板并联，其板数是从进口到出口依次递减，以保持原液流速变化不大而减轻浓差极化现象。这类组件适合于反渗透、纳滤、超滤等，其压力范围在 $0.5\sim2.0\mathrm{MPa}$[8]。

系紧螺栓式和耐压容器式两种板框式膜组件各有特点。系紧螺栓式结构简单、紧凑，安装拆卸及更换膜均较方便，用于低填充密度的场合。耐压容器式因靠容器承受压力，膜可做得很薄，膜的填充密度较大。此外，为了改善膜表面上原液的流动状态，降低浓差极化，上述两种形式的膜组件均可设置导流板。

7.2.4　褶叠式膜组件

对于大量液体的过滤，可采用一种褶叠型筒式过滤装置，又称百叶裙式或者折叠式滤芯，其单位体积的膜面积大，因而过滤效率高。图 7-7 是这种组件的滤芯结构示意图，主要用于微滤过程，具有操作压力低、高通量、良好的过滤精度的特点。其过滤精度（μm）分为：0.1、0.2、0.45、1；滤芯长度分为：5″、10″、20″、30″、40″（1″=25.4mm）；密封材料：硅橡胶、丁腈橡胶、三元乙丙橡胶、氟橡胶；密闭方式：热熔焊接。可以用于气体、液体的高速分离过程。

把一张膜按一定的尺寸和规格折叠起来，装入圆筒中制成的过滤器称作单层褶叠型筒式过滤组件。

为增加单位体积中膜的面积，提高过滤效率和质量，根据分流液体的需要，可把多张膜分别用衬材间隔起来一起折叠成百褶型，装入圆筒中。这样制成的过滤器可以作为多层褶叠过滤器，或者筒式（囊式）过滤组件，如图 7-8 所示。

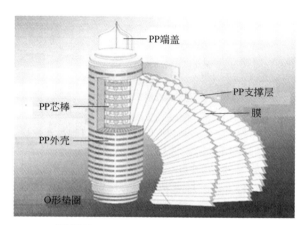

图 7-7　褶叠型筒式过滤装置的滤芯结构

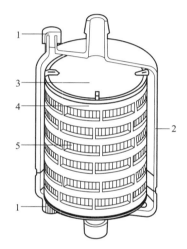

图 7-8　囊式（一体式）过滤器结构
1—通气口/排水口；2—外壳；3—末端盖；
4—外层套筒；5—折叠式过滤材料

折叠滤芯应用领域包括：电子工业中反渗透水系统预过滤，去离子水系统预过滤；医药工业中医药、生物和血浆产品的过滤，压缩空气和气体过滤；食品饮料工业中矿泉水、饮料、果汁、酒类过滤；化学工业中有机溶剂、墨水过滤；石油工业中油田注水过滤，以及电镀液、金属切削液、感光抗蚀剂和磁性介质的过滤等。目前滤芯结构已经标准化，不同公司的产品可以互通，其标准接口尺寸见表 7-7。

表 7-7　滤芯标准接口尺寸

型号	内径/mm	外径/mm	含 O 形圈外径/mm
226 型	43.9	56.5	58.7
222 型	32.1	44.3	45.5
220 型	24.6	33.9	35.6
215 型	23.1	31.3	33.6

7.2.5　碟片式膜组件

碟片式（disk tube）膜组件（简称 DT 膜组件）是平板膜组件技术领域的一大进步，其技术由德国 GKSS 研究所和德国 ROCHEM 公司始创。DT 膜组件特殊的水力学设计使处理液在压力作用下流经滤膜表面遇凸点碰撞时形成湍流，增加透过速率和自清洗功能，从而有效地避免了膜堵塞和浓差极化现象，成功地延长了膜片的使用寿命；清洗时也容易将膜片上的积垢洗净，保证 DT 膜组件适用于恶劣的进水条件。现在碟片式膜组件应用从超滤扩展到 DTRO（碟片式反渗透）和 DTNF（碟片式纳滤）等领域。德国、美国都有专业公司从事上述设备的开发。

7.2.5.1　碟片式膜组件的特点

　　碟片（垫套）式膜组件与螺旋卷式膜组件在结构上有许多类似之处，也是将两层膜结合在一起，膜之间也有一层纤维网；同样在每两个这样的膜袋之间安置一个间隔板。不同的是，膜袋（或者说垫套）在整个外周长上都是封闭的，渗透物通过装有圆形密封垫圈的开口从中心流出。碟管式膜柱主要由膜片、导流盘、中心拉杆、外壳、两端法兰各种密封件及连接螺栓等部件组成。把过滤膜片和导流盘叠放在一起，用中心拉杆和端盖进行固定，然后置入耐压外壳中，就形成一个膜柱。料液通过膜堆与外壳之间的间隙后经导流通道进入底部导流盘中，被处理的液体以最短的距离快速流经过滤膜，然后 $180°$ 逆转到另一膜面，再流入到下一个过滤膜片，从而在膜表面形成由导流盘圆周到圆中心，再到圆周，再到圆中心的切向流过滤，浓缩液最后从进料端法兰处流出。料液流经过滤膜的同时，透过液通过中心收集管不断排出。浓缩液与透过液通过安装于导流盘上的 O 形密封圈隔离，见图 7-9。

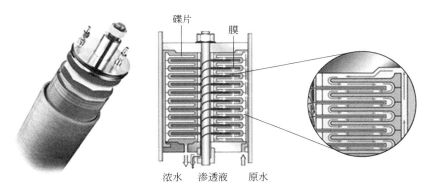

图 7-9　Pall 公司碟片式组件结构及其内部流体流动情况[12]

　　碟片式膜组件具有以下三个明显的特点：通道宽，膜片之间的通道宽为 6mm；流程短，液体在膜表面的流程仅 7cm；湍流型，由于高压的作用，渗滤液打到导流盘上的凸点后形成高速湍流，在这种湍流的冲刷下，膜表面不易沉降污染物。在卷式封装的膜组件中，网状支架会截留污染物，造成静水区从而带来膜片的污染。此外采用的管道、零备件大多是标准件，安装、维修比较方便。同时，系统内的膜片可以单独抽换。Memsys 公司采用的就是八角形的膜片[13]。

　　DT 膜组件的支撑板上有一定的花纹凸点，这类凸点目的是在废水流动过程中增加废水的湍流，从而降低膜面的浓差极化，减少膜的污染。凸点花纹的合理性与否，加工的精密度高低直接关系到膜组件的使用性能和膜片的使用寿命。此外，不同的公司在碟片组件的流道设计上各有差别，见图 7-10。

　　流道设计具有非常重要的作用。ROCHEM 公司的 DT 膜组件的流道结构如图 7-11 所

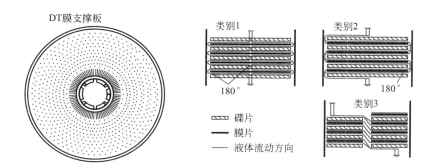

图 7-10 DT 膜的支撑板结构及不同类别的流道设计

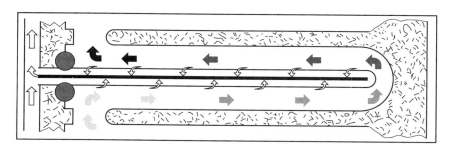

图 7-11 ROCHEM 公司的 DT 膜组件的流道结构

示。其流道中板管有 1mm 的开口流道，降低了预处理的处理需求，减少了污垢形成的可能性。能顺利应用于淤泥密度指数（SDI）15～20 的水，对 SDI 3～5 和浊度 NTU 为 4～5 的体系具有优良的耐受性。允许更彻底的清洗。流体流程短，流动反转引起湍流，湍流降低表面污染，延长了膜寿命。紧凑的模块化结构易操作、易扩展，并且易于隔离，提高了故障情况下的可置换性，从而可以降低膜的更换费用。碟片（垫套）式膜组件的优点、缺点和应用领域见表 7-8。

表 7-8 碟片（垫套）式膜组件的优点、缺点和应用领域

优点	密封处少 可在高压条件下操作 渗透边压力损失低 不易污染
缺点	装填密度相对较小($<400\text{m}^2/\text{m}^3$) 膜必须是可焊接或可黏合的
应用领域	RO,GP,NF

7.2.5.2　碟片（垫套）式膜组件的应用

碟片（垫套）式膜组件可用于反渗透、气体分离和纳滤，而且可在高压领域内使用（跨膜压差可高达 20MPa）。例如，在进料溶液含盐量较高的情况下，为了达到高的浓缩系数，必须要有很高的压差。又如，在应用反渗透技术分离纯有机体系的情况下也需要在高压下进行。不过到目前为止，在气体分离技术中，只有在很特殊的情况下才用到这类组件。GKSS

研究所曾经开发过用于分离有机蒸气的垫套式膜组件。

目前垫套式膜组件的最重要应用包括填埋场渗滤液、高浓度工业废水、工业浓盐水等的过滤。1988 年，DTRO 系统进入渗滤液处理市场，第一座 DTRO 设备处理垃圾渗滤液工程在德国 Ihlenberg 建成。到 1997 年，DTRO 在欧洲、美洲、远东等国家或地区已有 200 多个成功的工程实例，占反渗透法处理渗滤液市场的 75%，目前已成为渗滤液处理的最主要的处理手段。

7.2.6　浸没式膜组件

浸没式膜组件也是平板式组件的类别之一，主要用于膜生物反应器（MBR）。MBR 是将生物反应器和膜分离技术相结合的一种高效水处理技术，具有出水水质好、污泥产率低、占地面积小、操作简单、易于管理等优点。浸没式平板膜组件是 MBR 过程中一种常见的组件形态。单个平板膜元件由 ABS 衬板、聚酯导流布和平板膜组成，在导流板的顶端设有一个抽吸口，膜池中的活性污泥被阻隔在膜元件的外部，过滤后的水通过膜元件抽吸口在负压作用下被抽出。将多个平板膜元件集合起来作为膜元件箱。MBR 平板膜组件就由膜元件箱、不锈钢框架和曝气箱组成。其中，膜元件箱包括膜元件、产水软管、集水管、导向槽（固定膜元件）；不锈钢框架是用来支撑膜，并固定曝气装置、为鼓风气泡提供上升通道。曝气装置用于膜元件的清洗，具体包括曝气框架、曝气管、软管、集水管等。曝气框架位于膜框架的下部，固定于不锈钢支架底部。外部鼓风机的空气通过管道首先送至曝气管的主管（下部较粗的管道），通过主管分配至曝气支管，曝气支管上有散气孔，空气通过曝气孔，经过曝气框架，吹入膜框架的空隙之间，防止膜堵塞。每个膜框架的出水口与出水软管相连接，出水软管的水再汇集至集水管，最终流入集水池，见图 7-12。此外根据膜元件的堆集程度，又可以分成单层、双层和多层结构。东丽公司 MBR 平板膜的规格说明见表 7-9。

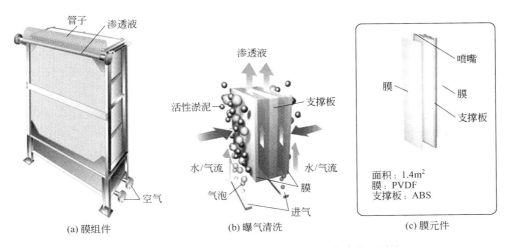

图 7-12　东丽公司平板膜元件、组件结构及曝气清洗原理[14]

表 7-9　东丽 MBR 平板膜 TMR140-200D 规格

项目		规格
型号		TMR140-200D
膜孔径/μm		0.08
膜面积/m^2		1.4
尺寸/mm	宽度	51.5
	高度	1.608
	厚度	13.5
重量/kg	干重	4.8
	湿重	约 8.0
材料	膜	聚偏氟乙烯(PVDF)＋PET 无纺布
	框架	ABS 树脂

浸没式平板膜组件具有以下特点：

① 污泥浓度高。由于平板膜采用了生物膜过滤机理，并且日常运行中反冲洗频率低，MBR 平板膜的生物池中混合液悬浮固体浓度（MLSS）可以达到很高，设计的 MBR 池的 MLSS 可达到 15000～20000mg/L。

② 跨膜压差低。由于平板膜主要靠生物膜过滤悬浮颗粒，而生物膜在冲洗空气的作用下不断更新，始终保持几个微米的厚度。故平板膜运行中的跨膜压差很小，一般在 0.2～1.8mH$_2$O（1mH$_2$O＝9.80665kPa）之间。

③ 易维护。平板膜组件由一张张膜组成，单张膜损坏可以独立更换，无需整个组件更换。

④ 清洗方式多样。平板模的清洗可以采用多种清洗方式，由于平板膜采用支撑结构，可以承受较强的清洗方法，如高压冲洗、海绵擦洗等。

目前膜片都是独立结构，更换方便。材质也包括 PTFE，其特点在于可以反冲洗，且更换更加方便，见图 7-13。

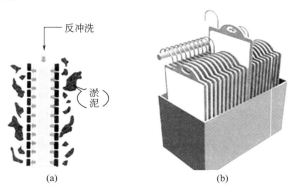

图 7-13　膜反冲洗（a）及膜片更换（b）示意图

目前，国内外有很多公司具有独立生产 MBR 组件的能力。生产平板膜组器的厂商主要有日本久保田（Kubota）、东丽（Toray），新加坡凯发（Hyflux），美国 A3-USA，德国 MICRODYN-NADIR、Weise Water，中国斯纳普、蓝天沛尔等。

平板陶瓷膜是新一代陶瓷膜技术，采用 Al$_2$O$_3$、ZrO$_2$、SiC 等材料经高温煅烧而成，具有机械强度大、渗透通量高和使用寿命长等特点。平板陶瓷膜组件由平板陶瓷膜和集流器构成，见图 7-14[15]。德国 ItN 公司是最早一批开发平板陶瓷膜产品的企业之一，生产的平板陶瓷膜在饮用水净化和污水处理方面实现了良好的工业应用[16]。目前，世界上规模生产平板陶瓷膜的企业还有日本 Meiden 公司和新加坡 Ceraflo 公司等。这几家公司开发的陶瓷平板膜材质以 Al_2O_3 为主。此外，丹麦 Cembrane 和 CERAFILTEC 公司还开发了 SiC 材质的陶瓷平板膜。不同平板陶瓷膜产品之间的对比见表 7-10。

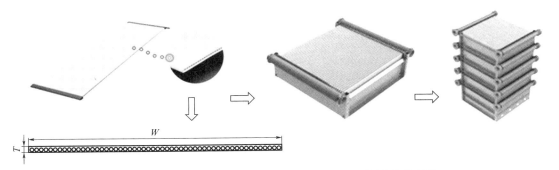

图 7-14　Cembrane 平板陶瓷膜元件、断面及其组件的结构特点[15]

表 7-10　国外一些公司的平板陶瓷膜组件介绍

公司	产品外观	单个元件特性
Cembrane		表面涂层型非对称膜结构 SiC 基材 玻纤/PPS 水收集器 分离孔径 $0.1\mu m$ 过滤面积 $6.04m^2$ 最大膜组件通量 1000LMH 最大操作压力 0.70bar 最大反冲压力 3.00bar pH 值耐受 0~14
CERAFILTEC		表面涂层型非对称膜结构 SiC 基材 玻纤/PPS 水收集器 分离孔径 $0.1\mu m$ 过滤面积 $6.0m^2$ 最大膜组件通量 1500LMH 最大操作压力 $-0.70bar$ 最大反冲压力 2.00bar pH 值耐受 0~14
Ceraflo		表面涂层型非对称膜结构 Al_2O_3 基材 ABS 水收集器 分离孔径 $0.10\mu m$ 过滤面积 $3.5m^2/4.5m^2$ 最大膜组件通量 400LMH 最大操作压力 $-0.50bar$ 可反冲 pH 值耐受 2~12

公司	产品外观	单个元件特性
Meiden		表面涂层型非对称膜结构 Al_2O_3 基材 PVC 水收集器 分离孔径 0.10μm 过滤面积 0.5m² 最大膜组件通量 450LMH 最大操作压力－0.70bar 最大反冲压力 3.00bar pH 值耐受 2～12
ItN Water Filtration		表面涂层型非对称膜结构 Al_2O_3 基材 PU 水收集器 ZrO_2 活性涂层,截留孔径 0.20μm 过滤面积 4.0m² 最大膜组件通量 450LMH 最大操作压力－0.70bar 最大反冲压力 4.00bar pH 值耐受 2～10

注：LMH—L/(m²·h)。

目前，国内许多企业也掌握了相应的技术，如：博鑫精陶、华瓷科技、久吾高科等公司，所开发的平板陶瓷膜产品性能可以满足实际应用需求。此外，巴安水务公司于 2016 年通过股份收购引入德国 ItN 公司的平板陶瓷膜技术，并在工业污水和市政水处理方面实现了工程应用。

7.3　圆管式

所谓圆管式膜器件是指在圆筒状支撑体的内侧或外侧刮制上半透膜而得的圆管形分离膜，其支撑体的构造或半透膜的刮制方法随处理原料液的输入方式及透过液的导出方式而异。管状膜组件的管径一般为 6～24mm，管子长度为 3～4m，压力容器一般装有 4～100 根膜管或更多。管式组件明显的优势是可以控制浓差极化和结垢。但是投资和运行费用都高，故在反渗透系统中其已在很大程度上被中空纤维式所取代。但在超滤系统中管式组件一直在使用，这是由于管式系统对料液中的悬浮物具有一定的承受能力，很容易用海绵球清洗而无需拆开设备。管式膜优势就在于，对料液的预处理要求比较简单，只需经粗格栅、细格栅去除对膜有直接损害的硬粒物质即可进机组，由于预处理简单从而节约了投入成本及运行费用。管式膜用于 MBR，其污泥浓度可为 20～30g/L，原水浊度≤3000NTU。管式膜组件的压力损失小，因此其流道长（最长可串联 48m），过滤效率高。现今，有机管式膜被广泛地用于果蔬汁澄清、外置式 MBR，油田回注水的处理、废酸碱液回用及污水处理工程等。

图 7-15 为圆管式膜组件分离过程及装置示意图。用泵输送料液进管内，渗透液经半渗透膜后，通过多孔支撑管集中排出，浓缩物从管子的另一端排出，完成分离过程。如果用于支撑管的材料不能使滤液渗透通过，则需在支撑管和膜之间安装一层很薄的多孔状纤维网，帮助滤液向支撑管上的孔眼横向传递，同时对膜还提供了必要的支撑作用。

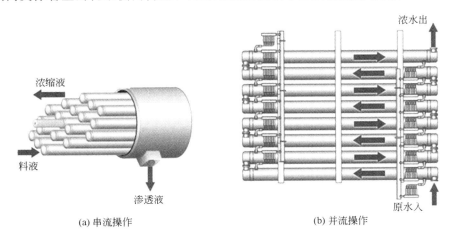

(a) 串流操作　　　　　　　　　(b) 并流操作

图 7-15　圆管式膜组件的分离过程及其装置示意图

7.3.1　圆管式膜组件的特点

圆管式膜组件的优点是：膜的使用寿命长，独特的膜支撑体结构防止膜破裂；机械强度大；流动状态好，流速易控制；安装、拆卸和膜的更换及维修均较方便，而且能够处理含有悬浮固体的溶液；同时，机械清除杂质也较容易，抗污堵能力强。此外，流动状态合理还可以防止浓差极化和污染。缺点是与平板膜比较，圆管式膜的制备条件较难控制。同时，采用普通的管径（1.27cm）时，单位体积内有效膜面积的比率较低。此外，管口的密封也比较困难。表 7-11 概括了圆管式膜组件的优点、缺点和应用领域。

表 7-11　圆管式膜组件的优点、缺点和应用领域[17]

特征	$d_i = 10 \sim 25mm$ 进料流体走管内 有支撑管
优点	湍流流动 对堵塞不敏感 易于清洗 膜组件中的压力损失较小
缺点	装填密度小($<100m^2/m^3$) 单位膜面积的进料体积通量较大 需要有弯头连接(增加了压力损失)
应用领域	MF,UF,RO,NF

（1）流动状态好

圆管式膜组件中的流体多属湍流流动，而且流道直径一般比较大，例如，中空纤维的管径通常为 0.5～2.5mm，毛细管的管径为 3～8mm，而管式膜的管径为 10～25mm[8]。因此，原水流动状态好，压力损失较小，适合处理含有较大颗粒和悬浮物的原液。一般认为，在膜组件中可以加工的最大颗粒应该小于通道高度的 1/10，因此，含有粒径 1.25mm 的原料，要用管内径为 12.5mm 的装置处理[6]。

（2）容易清洗

因为圆管式膜组件在操作时可采用较高的流速（单管为 15～60L/min）和较高的雷诺数（一般在 10000 以上），容易产生湍流，所以和其他膜组件相比，比较容易防止浓差极化和结垢。即使产生结垢，可采用原位清洗技术或放入冲洗球等机械方法清洗。另外，组件比较容易安装、拆卸和更换。

（3）设备和操作费用较高

圆管式膜组件的制造成本在各类组件中是较高的（参见表 7-12），另外，能耗较高，如长约 8～12ft（1ft＝0.3048m）的管子，平均压降为 2～3psi（1psi＝6894.76Pa）。若把 0.5～1.0ft 长的管子用于超滤装置，其压降为 30～40psi（2～2.5atm）。由于操作需在高流速下进行，压降又较大，使操作费用提高。

表 7-12　各类组件的制造成本比较[18]

类型	制造成本/(元/m²)	类型	制造成本/(元/m²)
管式	60～120	螺旋卷式	50～100
板框式	60～120	中空纤维式	20～60

（4）膜装填密度较低

在所有膜组件中，圆管式膜组件的表面积/体积比是最低的，以各类反渗透组件为例，其比较情况见表 7-13。因此要提高产量，就得增加投资费用。

表 7-13　各类反渗透组件的特性比较

类型	装填密度/(m²/m³)	操作压力/(kgf/cm²)	透水量/[m³/(m²·d)]
碟片(管式)(中科瑞阳)	166	75～125	0.2～1
螺旋卷式(8in膜)	1180	5～40	0.6～1
中空纤维式(Toyobo)	10000	50	0.4

注：1kgf/cm²＝98.0665kPa。

管式膜组件的形式较多，按其连接方式一般可分为单管型和管束型；按其作用方式又可分为内压式［图 7-16(a)］和外压式［图 7-16(b)］。

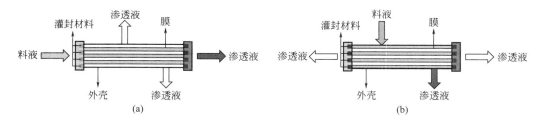

图 7-16　管式内压（a）和外压（b）过滤结构对比说明

设计的多样化包括尺寸、面积、长度等和支撑层结构及膜的性能的优化，以及膜芯与膜壳的分离式设计，可提高其更换性能。管式膜制造有 Norit（现属 Pentair）、Berghof 公司、美国 DURAFLOW 管式膜等。

7.3.2 内压型

大多数管式膜组件采用内压型，即把分离膜刮制在支撑管的内侧，使要处理的原液从管内流入，渗透液从管外流出。可根据处理液的性质和数量，决定采用单管式或多管式。

7.3.2.1 内压型单管式

内压型单管式膜组件是将膜管裹以尼龙布、滤纸一类的支撑材料并被镶入耐压管内。膜管的末端做成喇叭形，然后以橡皮垫圈密封。原水由管式组件的一端流入，于另一端流出。淡水透过膜后，于支撑体中汇集，再由耐压管上的细孔流出。许多管式组件并联或串联组成单管式反渗透组件。当然，为了进一步提高膜的装填密度，也可采用同心套管式组装方式。

7.3.2.2 内压型管束式

内压型管束式膜组件的结构与列管式换热器相似。首先是在多孔性耐压管内壁上直接喷涂成膜，再把许多耐压膜管平行排列组装成有共同进出口的管束，然后把管束装在一个大的收集管内，即构成管束式淡化装置。原水是由装配端的进口流入，经耐压管内壁的膜管，于另一端流出，淡水透过膜后由收集管汇集，见图 7-17。

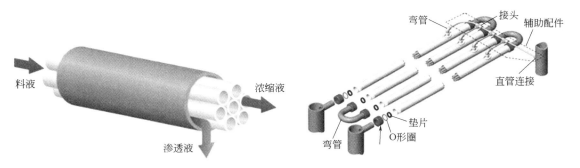

图 7-17 Koch 公司 ABCOR® 组件接口示意图[19]

图 7-17 示出了管束式组件的流动过程，以及其连接方法。通过多组件的连接，可以形成大型的组件结构。在管式组件中通常采用树脂进行封端处理，树脂将膜与外壳黏结在一起，同时起到集水作用。通常采用环氧树脂胶，见图 7-18。

德国 MICRODYN-NADIR 公司的 SEPRO-DYN® 膜是自支撑管式膜，极为坚固耐用。管式膜内径为 5.5mm，因此，不仅能过滤含固量高的料液，而且单个膜组件具有很高的填装密度。膜材料为超高分子量的聚乙烯。膜

图 7-18 树脂黏结砂芯管膜支撑体端部平面图

结构对称，膜管为厚度约为 1.5mm 的过滤膜层。即使膜受到机械损伤（磨损），也不会影响膜的分离性能。通过该公司自主研发的生产工艺，膜管与膜组件外壳牢固地焊接在一起，膜管与膜组件外壳结合稳定性极高[20]。

7.3.2.3　薄层流道式

薄层流道超滤组件，也是一种内压管式膜组件，由美国罗米康（Romicon）公司首创，其具体结构是在一根管内装有一支八角形的芯棒，在芯棒的周边刻有深度为 0.38mm 或 0.76mm 的沟槽，超滤膜被刮制在此芯棒的周围，膜的外部则编织有支撑网套（也称耐压支撑体）。原水是在此沟槽与膜之间的狭窄流道内通过的，因此被命名为"薄层流道"，透过水是从支撑网套的外部渗出。用 60 根这样的管组成一只组件，组件直径为 150mm，长度为 1090mm，总面积为 1.3m²。此组件的主要优点是在低流量下可达到高线速和大通量。

7.3.3　外压型

外压型管式与内压型管式相反，即把分离膜刮制在支撑管外侧，使原液从管外流入，渗透液在管内集中流出。根据实际需要，可以采用单管式或多管式。

早期，因外压型管式装置的流动状态不好，单位体积的透水流量小，而且需耐高压的容器，采用者不多。后来由于改用了小口径细管（直径约 1.5～6mm）和某些新工艺，提高了膜的装填密度，增大了单位体积的透水量，且膜的装拆和更换都比较容易。与内压型相比，膜更能耐高压和抗较大的压力变化，因而，该种形式又有了新的发展。采用聚酯超滤管卷绕焊接（双层或单层），通过高频振动摩擦产生热量焊接，不需任何介质，研制的一体化无纺布纺制支撑管的管式膜制膜机，将卷管与刮膜工艺结合在一起，见图 7-19。

图 7-19　单管膜制备用支撑 PET 膜管形态

7.3.3.1　外压型单管式

早期的外压型单管式膜组件，它以管体开有许多细孔的圆管作支撑体，在其表面上衬以布或合成纸，然后用带状平膜作螺旋形缠绕，重叠处用胶黏剂黏结密封即得。现在多采用超声焊接的 PET 管制备不同直径的管式膜。

7.3.3.2　外压型多管式

将一定数量的单管式组件安装到管板上，然后整体放入圆筒容器中即构成外压型多管式膜组件（参见图 7-20）。这种多管式组件可内设隔板构成如同多管式换热器的样子。操作时原料液是通向膜管的外侧，在压力作用下，由管内侧即可导出透过液。

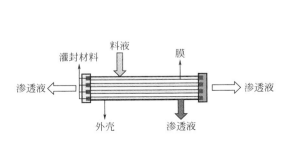
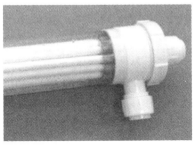

图 7-20　外压型多管式膜组件

7.3.3.3　外压型槽棒式

外压型槽棒式膜组件其内部基本上和内压型类似，所用的多孔性支撑材料是聚氯乙烯烧结棒或陶瓷烧结棒，也可采用带流水沟槽的聚丙烯棒等。棒的表面是以特丽纶线编织包覆，然后于其上涂制反渗透膜。

Pentair 公司的 HELIX 管式超滤膜突破性的螺旋结构技术特点是：螺旋结构技术增强了湍流，在低错流流速下可以更有效地去除滤饼层，最大可增加 60% 的产水量，这是管式膜技术的突破。X-Flow 管式膜结合了多个行业独一无二的特性，包括双支撑膜，能够反冲洗、高透水率、干净的外置式、特殊的螺旋结构等，增加了膜通量。螺旋结构作用原理：螺旋线在膜管内部形成突起，增强了进水流的混合状况，持续有效地去除滤饼，以及更低的错流流速。Norit 公司（现属 Pentair 公司）的三种管式超滤组件设计参数见表 7-14。

表 7-14　**Norit 公司**（现属 Pentair 公司）的三种管式超滤组件设计参数比较

项目	气提膜	微错流	错流
膜面积/(m^2/支)	33	29	27
纯水通量/[$L/(m^2 \cdot h)$]	1000	1000	750
设计通量/[$L/(m^2 \cdot h)$]	40~60	70~160	80~200
工作压力/kgf	<0.5	<4	<6
运行能耗(电耗)/度	1	4	8

注：1kgf=9.80665N。

POREX 管式膜结构具有如下特点：无膜分层，相同的聚合物，均匀的化学和耐温性，反冲洗效率提高，膜与基体结合，坚韧均匀的膜复合材料，表面划痕不会破坏整体结构完整性。同时，高压力的使用，增加了流量，减小了系统的尺寸。

7.3.4　无机膜组件

包括陶瓷膜在内的无机膜主要有圆管式和平板式两种构型。其中，圆管式无机膜的发展较为成熟，在微滤和超滤过程已经得到广泛应用。近年来，随着陶瓷纳滤膜技术的发展，国内外均已推出商品化的陶瓷纳滤膜产品。陶瓷纳滤膜在构型上与微滤和超滤膜类似，仍以圆管式为主。陶瓷纳滤膜由于孔径较小，面向的是更精细的分离过程，因而在构型设计上可以适当减小流体通道直径、增加通道数量，从而提高装填膜面积。根据无机膜材料构型的不同，所封装形成的无机膜组件也有所不同。其中，圆管式无机膜对应的膜组件外观通常呈圆筒状，由壳体、密封件和装配在壳体里的膜管组成，类似于一个小型的壳管式热交换器（参见图 7-21）。

图 7-21 江苏久吾高科技股份有限公司生产的多通道陶瓷膜组件

平板式陶瓷膜组件近年来发展较为迅速，其外观通常呈箱式结构，具有易于清洗、耐酸碱腐蚀、使用寿命长、渗透通量大等特点，特别适合装配成膜生物反应器（MBR）用于污水处理等过程。目前，日本 MEIDEN（明电舍）及新加坡 CERAFLO（世来福）等公司已可以提供成熟的平板陶瓷膜产品。例如，日本明电舍生产的平板陶瓷膜材质为氧化铝，孔径为 $0.1\mu m$，单片膜有效面积 $0.5m^2$，25℃时纯水渗透性能为 $40m^3/(m^2\cdot d\cdot bar)$。由该平板膜组成的膜组件产品主要有 CH250-1000TM100-U1DJ 和 CH250-1000TM100-U2DJ 两种规格，其膜面积分别为 $100m^2$ 和 $200m^2$，日处理能力分别为 $100m^3$ 和 $200m^3$。图 7-22 为日本明电舍公司用于展示的平板式陶瓷膜组件，日处理能力为 $12.5m^3$。此外，本章 7.2.6 节也对平板陶瓷膜的特性和相关产品进行了描述，表 7-10 对几种不同的平板式陶瓷膜组件产品进行了对比。

无机膜组件对苛刻环境具有良好的耐受性，这主要是因核心的无机膜材料具有机械强度高、耐高温和耐腐蚀等特性。例如：管状碳膜为碳和碳纤维复合形成的细管。虽然它的多孔碳层厚度仅有 $10\mu m$，支撑体的壁厚也只有 1.5mm，但可以承受 50bar 以上的压强。由氧化铝或氧化锆制得的陶瓷膜不仅耐高压，还耐高温和化学腐蚀。比如，由 99.96% 纯氧化铝制成的陶瓷微滤膜，可在 pH 0～14、温度 0～300℃、压力＜10bar 的苛刻条件下长期稳定运行。由氧化锆制得的超滤膜，其使用范围为 pH 0.5～13.5、温度 0～300℃。此外，壳体材质的选择对无机膜组件的环境耐受性也具有重要影响。无机膜组件的壳体通常为不锈钢材质，其对弱酸性和 pH 小于 14 的碱性体系具有较好的耐受性。对于强酸性体系，可以在膜组件壳体内衬上 PTFE，以提高壳体的耐腐蚀性。此外，对于某些特殊体系（如高含盐溶液），壳体材料还可以选择金属钛或特种塑料等。

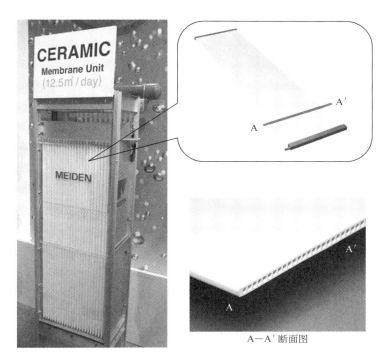

A—A′断面图

图 7-22　日本明电舍公司用于展示的平板式陶瓷膜组件

7.4　螺旋卷式

卷式膜组件，也被称作螺旋卷式膜组件。它是 20 世纪 60 年代中期，美国 Gulf General A-tomics 公司在盐水局对海水淡化应用项目的资助下首先开发的。它是平板膜的另一种型式。由于其所用的膜易于大规模工业化生产，制备的组件也易于工业化，所以获得了广泛的应用，涵盖了反渗透、纳滤、超滤、微滤四种膜分离过程，并在反渗透、纳滤领域有着最高的使用率。

卷式膜组件是将制作好的平板膜密封成信封状膜袋，在两个膜袋之间衬以网状间隔材料，然后紧密地卷绕在一根多孔的中心管上而形成膜卷，再装入圆柱形压力容器内，构成膜器件（参见图 7-23）。原料从一端进入组件，沿轴向流动，在驱动力作用下，易透过物沿径向渗透通过膜至中心管导出，另一端则为渗余物。通过采用不同的料液格网厚度（0.8～2mm）来改变料液流通的高度，适应各种黏度或固含量的料液。这种独特的设计可以实现良好的水利学条件，同时降低能耗。

在实际应用中，如图 7-24 所示，可将多个膜卷的中心管密封串联起来，再装入压力容器内，形成串联式卷式膜组件单元；也可将若干个膜组件并联使用。

7.4.1　螺旋卷式膜组件的特点

卷式膜组件首先是为反渗透过程开发的，目前也广泛用于纳滤、超滤和气体分离过程，

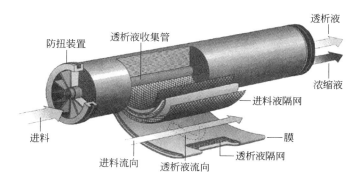

图 7-23   螺旋卷式膜组件的构造示意图

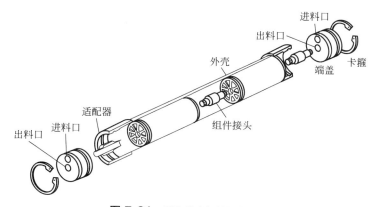

图 7-24   螺旋卷式组件的装配图

其主要特点为：

① 结构紧凑，单位体积内膜的有效膜面积较大；

② 制作工艺相对简单；

③ 安装、操作比较方便；

④ 适合在低流速、低压下操作，高压操作难度较大；

⑤ 在使用过程中，膜一旦被污染，不易清洗，因而对原料的前处理要求较高。

表 7-15 概括了螺旋卷式膜组件的优点、缺点和应用领域。

表 7-15   卷绕式膜组件的优点、缺点和应用领域[17]

优点	结构简单，造价低廉 装填密度相对较高（<1000m²/m³） 由于有进料分隔板，物料交换效果良好
缺点	渗透侧流体流动路径较长 难以清洗 膜必须是可焊接的或可粘贴的
应用领域	RO,NF,GP,PV

7.4.2   螺旋卷式膜组件的结构

螺旋卷式膜组件中所用的膜仍为平面膜，常用的膜组件构型如图 7-25 所示。将多孔性的支撑材料夹在信封状的半透膜袋之内，半透膜的开口与中心管密封，然后再衬上格网，并连同膜袋一起在中心管外缠绕成卷，膜袋的数量称为叶数，叶数越多，对密封的要求越高。但是，叶数增加之后，原料的流程可变短，阻力减少，不过产物的回收率会下降[5]。

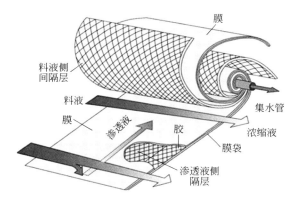

图 7-25　日本东丽公司螺旋卷式膜组件的构造[14]

　　常规螺旋卷式膜组件端面结构示意图，见图 7-26。日本东丽公司生产的螺旋卷式膜组件选用过另一种结构。普通组件原液的流向是与中心管平行的，而东丽公司的是绕着中心管流动的，这种改进的好处一是流速分布均匀；二是流程增长，从而可以提高回收率；三是不容易发生膜卷的变形。

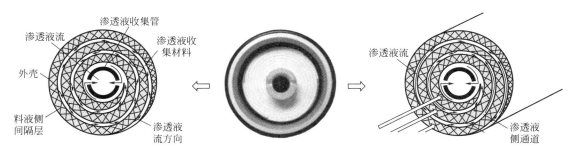

图 7-26　螺旋缠绕膜组件的截面及螺旋缠绕膜组件中的流道类型图

　　一叶型结构是最简单的螺旋卷式膜组件构型，它只有一个膜袋，其开放边与多孔的中心渗透液收集管相连，膜袋外部衬一层供原水流入的网状间隔材料，并按膜袋/隔网的叠合顺序绕中心管紧密卷绕起来，装入圆柱形压力容器中。

　　为了增加膜的面积，不仅可以把几个膜元件串联起来装入一个压力容器中，组成一个膜装置，而且也可采取增加膜袋长度的方法。但膜袋长度增加，透过液流向中心集水管的路程要加长，阻力就会增大。为了避免这个问题，在一个膜组件内可以装几叶（二叶、四叶或更多）的膜

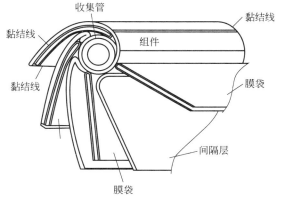

图 7-27　螺旋卷式膜组件结构形式（四叶型）

袋，如此既能增加膜的面积，又不增大透过液的流动阻力，其结构形式如图 7-27 所示。它有 4 个膜袋，其外部均衬隔网，并绕中心集水管紧密卷绕形成，叫作四叶型。现在更多采用多叶型结构，制备大型组件。

7.4.3　制造中应注意的问题

螺旋卷式膜组件在制造和使用中应注意以下问题：
① 防止中心管主要弯折处产生泄漏；
② 膜及支撑材料在黏结线上会发生皱纹；
③ 胶线太厚可能会产生张力或压力的不均匀；
④ 支撑材料移动会使膜的支撑不合适，出现平衡线移动现象；
⑤ 由于膜的质量不合格，膜上会有针孔。

7.4.3.1　部件和材料的选择

（1）中心管
可用铜管、不锈钢管或聚氯乙烯管制成。

（2）支撑材料
主要用作支撑膜，作为渗透液多孔通道及减少压降。目前有的改用玻璃微粒层，其中间层颗粒较大（0.1～0.2mm），表面层颗粒较小（0.015～0.06mm），在表面层上面再加一层微孔涤纶布组合而成，这样材料的阻力小，而且也不会把膜刺破。也有采用增强的三聚氰胺甲醛织成的支撑材料。

（3）间隔材料
又称隔网，其厚度必须综合考虑浓差极化与压力降之间的关系，目前大都采用化学性能稳定的聚丙烯作隔网，厚度一般为 0.76mm 或 1.1mm。它的作用不仅提供原水的通道，而且兼有湍流促进器的作用，因此隔网的大小、形状均会影响水流状态。

膜的支撑材料在国外多数用聚酯无纺布，国内选用的是编织布。无论是无纺布还是编织布，均需作整理。前者用聚丙烯酸类树脂，后者除可用聚丙烯酸类树脂外，也可用三聚氰胺树脂。整理的目的一是使纤维不外露，二是使衬料定形，以便于刮膜。膜的支撑材料可以用经过整理后的聚酯罗纹布之类的材料，以减少渗透液流动时的阻力，布厚度可以选 0.3mm左右。所有这三种材料的选择均应考虑化学稳定性、尺寸稳定性、耐压性和毒性等因素。

7.4.3.2　膜材料的选择

螺旋卷式膜组件常用的膜材料有醋酸纤维素、聚酰胺和复合聚酰胺、聚醚砜等材料。材料的化学稳定性和机械强度等对组件的性能起着重要的作用。

（1）膜的化学稳定性
主要是指膜的抗氧化和抗水解性能，这既取决于膜本身的化学结构，也与要分离流体的性质有关。通常水溶液中含有如次氯酸钠、溶解氧、双氧水和六价铬等氧化性物质，容易产生初级自由基并与高分子膜材料进行链引发反应和链转移反应，造成膜的氧化，影响膜的性能和寿命。因此，在选用膜材料时，应考虑上述因素的影响。

另外，膜的水解与氧化是同时发生的，当制膜用高分子主键中含有易水解的化学基团

—CONH—、—COOR—、—CN、—CH$_2$—O—等时，这些基团在酸或碱的作用下，易产生水解降解反应，使膜的性能受到破坏。因此，在进行膜分离过程前，要考虑待分离流体的主要性能，以便选用化学性能较稳定的膜。目前，常用的制膜材料有醋酸纤维素、芳香聚酰胺、聚砜、磺化聚砜和聚乙烯醇等。

（2）膜的耐热性和机械强度

膜的耐热性能提高，可扩大其应用范围，如在医药、食品等行业中有许多需要在高温下进行的分离操作。另外，也有利于膜本身在高温（120℃）下灭菌。此外，溶液的温度提高，也会使水的透过速率增加。

膜的机械强度包括膜的黏弹性和在压力作用下，膜的压缩和剪切蠕变，以及表现出的压密现象，其结果导致膜的透过速率下降。因此，在膜组件的制造中，应尽量采用在压力作用下，蠕变较小、耐压密的膜材料。例如，聚砜除了具有良好的稳定性外，蠕变性也很小。另外，在较低的压力下，醋酸纤维素的蠕变也较小，因此，应大力发展低压用反渗透膜组件。

7.4.3.3　黏结与密封

黏结密封时，渗透液侧的支撑材料不易密封，因此它与膜边缘必须有足够的胶渗入，否则在装配时支撑材料或膜发生折痕或皱纹，就有可能在密封边或端头处产生漏洞，胶的涂刷要完全，两条胶线互相之间要并排，否则黏结剂就不能完全渗入，因而密封边就可能渗漏。要严格地选择使用黏结材料的性质，以使胶线同膜牢固连接。常用的有效黏结剂是聚酰胺凝固环氧树脂。

目前，螺旋卷式组件的制作国外已实现机械化。例如采用一种 0.91m 的滚压机，连续喷胶使膜与支撑材料黏结密封在一起并卷成筒，牢固后不必打开即可使用，这就避免了人工制作时的缺点，大大提高了卷筒质量。

7.4.3.4　其他

螺旋卷式组件的主要规格参数有外形尺寸、有效膜面积、产水量、脱除率、操作压力和最高操作压力、最高使用温度及进水水质要求等。例如 UOP 公司的 ROGA-8150S 型，外形尺寸为 ϕ200mm × 950mm，有效膜面积为 30.4m^2，产水量为 18.17m^3/d（操作压力 2.8MPa，温度 25℃，进料为 2000mg/L NaCl 水溶液，回收率 10%），NaCl 的去除率 95%，操作压力 2.8~3.5MPa，最高操作压力 4.2MPa，最高使用温度 40℃。东丽公司 SC 型组件对进料水还提出了水质要求，如进料浊度（FI 值）为 4，进水余氯为（0.2~1）×10^{-6}，pH 4~7.5，同时还规定了透过水/浓缩水＜1/6。

卷式膜芯常用的尺寸规格为 4040、8040，其他还有 1812、2012、2514、2540、3833、3833、3833.75、3840、4038、4338、4340、6338、8038、8338、8340 等尺寸规格的，在特定场合（如膜实验设备）或特定行业中使用。规格中的前两位数字＝膜芯的直径（以 in 为单位）÷10，后两位数字＝膜芯的长度（以 in 为单位）。如 4040 代表膜芯直径 4in（10.16cm），长度 40in（1.016m）；8040 代表膜芯直径 8in（20.32cm），长度 40in（1.016m）。

卷式膜元件的缺点：

① 由于隔网窄，一旦堵塞污染，清洗较板式膜和管式膜困难，因此对预处理要求较高。

② 由于流速降低，单位面积处理速度不如板式膜和管式膜。

③ 膜必须是可焊接或可粘贴的，才可制成卷式膜芯。

④ 膜芯一处破损，将影响整只膜芯。

此外由于卷式膜的表面分离皮层仅有单向支撑层，所以在反向压力差下易剥离开裂，通常仅允许 0.02MPa 的背压，所以通常不允许进行反冲洗。

另外，下列水力学参数，如原水浓度、进口流速、回收率、操作压力和间隔材料厚度等的影响，在组件制造中必须综合考虑。若原水浓度较高，可采用预过滤或较厚的间隔材料，以增加流道高度和促进湍流。研究表明，间隔材料的结构对膜组件的性能影响极大。如含有料液隔网流道的临界 Reynolds 数（Re_c）相比空流道的大大减小，有利于消除膜表面浓差极化。流道表面粗糙度的提高可以有效扰动浓差极化边界层，但也会带来较高的压力损失。此外提升初始流速会增强流体与膜之间剪切作用力，从而影响膜的产水率。见表 7-16。

表 7-16　组件结构及操作参数对膜组件性能的影响

项目	流速	溶液浓度	间隔结构密集度	流道粗糙度
产水率	正比	反比	反比	不明显
耐污染性能	略有改善	降低	提高	提高
能耗	增加	增加	增加	不明显

7.5　中空纤维式

中空纤维式膜组件把大量中空纤维膜丝按照一定的形式封装起来，纤维束的一端或两端用密封胶粘接在一起，可广泛应用于物质的分离、浓缩、提纯等过程，在水质净化、污水处理、中水回用、气体分离等领域发挥着重要作用。制备中空纤维膜的材料有很多，其中聚偏氟乙烯（PVDF）中空纤维膜组件具有强度高、耐腐蚀、抗污染等优点，成为应用最广的中空纤维式膜组件。

根据过滤物料的不同，中空纤维膜组件的应用对象主要分为液体过滤和气体过滤两大类。对于液体过滤来说，按进水方式的不同，中空纤维式膜组件可分为外压式（outside-in）和内压式（inside-out）两种（见图 7-28）。原料液在膜丝外侧流动的膜组件为外压式，在内侧流动的膜组件为内压式，二者的优缺点对比见表 7-17。与内压式相比，外压式中空纤维膜组件具有纳污能力强、能耗低等优势，应用越来越广泛，已逐步成为中空纤维膜组件的主流构型。

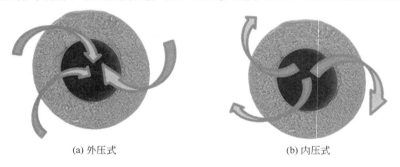

(a) 外压式　　　　　　　　　　　　(b) 内压式

图 7-28　中空纤维膜组件过滤方式

表 7-17　中空纤维膜两种操作方式的优缺点

项目	优缺点		项目	优缺点	
	外压式	内压式		外压式	内压式
纳污能力	强	较弱	组件长度	没有明显限制	短
空气擦洗功能	有	无	组件流道污堵状况	可恢复	不可恢复
膜面积	较大	较小	运行方式	死端过滤	错流过滤，电力消耗大
原水水质要求	应用范围广	水质要求严格			

　　根据组件形状和密封方式的不同，中空纤维式膜组件分为圆柱式、可拆卸式和浸没式（帘式）。其中，圆柱式膜组件主要是由中空纤维膜丝和膜壳组成，通常采用外压式操作，料液从膜组件一端流入，沿纤维外侧平行于纤维束的方向流动，透过液渗透通过中空纤维壁进入内腔，然后从纤维在密封胶固封头的开端引出，原液则从膜组件的另一端流出。圆柱式中空纤维膜组件的壳体最早采用钢质衬耐腐蚀环氧酚醛涂料，但由于钢材较重，同时内衬涂料容易剥落，使用不安全，现多改用不锈钢或者塑料壳体，两端的端板也使用这两种材料。目前，使用最为广泛的是聚氯乙烯（PVC）材质。

7.5.1　中空纤维式膜组件的特点

　　中空纤维式膜组件的特点是膜与支撑体为一体的自承式，而且纤维的管径较细，所以装填密度较高，相应的单位组件体积内有效膜面积也较其他形式膜组件高。表 7-18 概括了中空纤维膜组件的优点、缺点和主要的应用领域。

表 7-18　中空纤维膜组件的优点、缺点和主要的应用领域

特征	进料走膜丝内或者走膜丝外
	自承式膜
优点	装填密度高
	单位膜面积的制造费用相对较低
	耐压稳定性高（至少在外压情况下）
缺点	对堵塞很敏感
	在某些情况下纤维管中的压力损失较大
应用领域	MF、UF、NF、RO、GP

7.5.2　中空纤维式膜组件的排列方式

　　根据原料液的流向和膜丝的排列方式，中空纤维膜组件通常可分为：轴流型、径流型、纤维卷筒型和帘式型（表 7-19）。

表 7-19　各种中空纤维膜组件的比较

组件类型	优点	缺点
轴流型	膜的装填密度最高、制造比较容易	原料流动不易达到均匀
径流型	原料流动比较均匀	制造比较复杂，单位流程长度的压力损失比轴流式大
纤维卷筒型	组件制造比较容易	装填密度小
帘式型	装配、操作简便；储存、系统启动容易	对膜丝强度要求较高

7.5.2.1　轴流型

轴流型的特点是中空纤维在组件内纵向排列，原料液的流动方向与装在筒内的中空纤维方向相平行（参见图 7-29）。

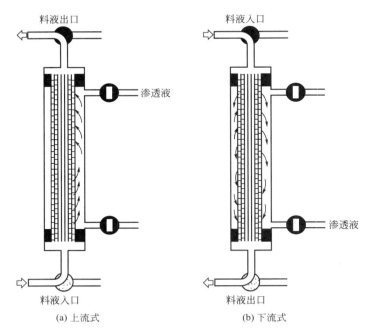

（a）上流式　　　　　　　　　　（b）下流式

图 7-29　轴流型中空纤维膜组件

7.5.2.2　径流型

目前，已商品化的中空纤维膜组件中，大都采用这种类型。其中，中空纤维膜丝在组件内的排列方式与轴流型相同，但原料液是从设在组件中心的多孔配水管径向流出，然后通过纤维层从壳体侧部的导管排出（参见图 7-30）。

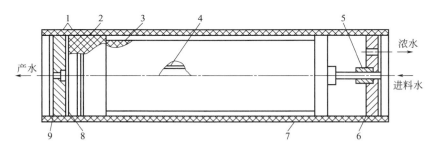

图 7-30　杭州水处理技术研究开发中心的径流型 HRC 组件

1,5—O 形圈；2—环氧管板；3—纤维束；4—微孔中心分配管；6—进料水端板；
7—壳体；8—产水端板；9—挡圈

7.5.2.3　纤维卷筒型

纤维卷筒型膜组件的特点是中空纤维膜丝以螺旋式卷绕在中心多孔管上，原料液也是通过中心管上的微孔径向流出，然后从壳体的侧部导管排出（参见图 7-31）。

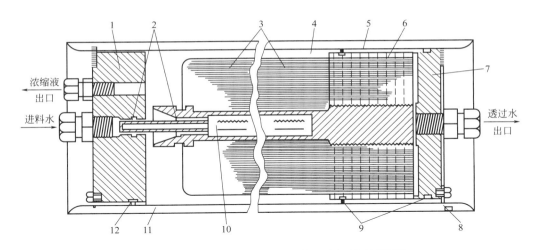

图 7-31　Dowex 4K 和 2K 纤维卷筒型反渗透组件断面图
1,7—端板；2,9,12—O 形圈；3—中空纤维束；4—聚酯包装；5—管板；6—环氧树脂固封；
8—挡圈；10—布水孔；11—外壳

7.5.2.4　帘式型

帘式膜是一种主要应用在膜生物反应器、浸没式超滤中的膜组件形式，其组件结构如图 7-32 所示。这些类似膜片形式的膜组件组合在一起形成膜箱。可以将膜箱直接浸没在曝气池中，或者装于单独的膜池内以更方便清洗。还可以将多个膜箱接在一起形成一个膜列，并直接与透过液母管连接，然后通过泵将透过液抽出。

7.5.3　中空纤维式膜组件的结构

中空纤维式膜组件的结构主要为单封头式、双封头式、可拆卸式及浸没式。

7.5.3.1　单封头式

单封头式膜组件，如图 7-33 所示，膜丝做成一束或多束装入在耐压的膜壳中，膜丝束的一端使用胶黏剂密封在膜壳的一侧即成为封头，膜丝束的另一端用胶黏剂制成管板并固定在膜壳的另一端。原料液流体一般从中空纤维膜的外侧进入，在压力驱动下，流体中的可渗透物质透过膜的分离层进入膜丝内侧，并从膜丝束的管板端流出，被膜截留下来的物质则从膜组件的另一出口端排出。

7.5.3.2　双封头式

双封头式膜组件，如图 7-34 所示，膜丝束的两端都是开口的，并用胶黏剂制成管板固定在耐压膜壳的两端。原料液既可以在膜丝的内侧进入，也可以从膜丝的外侧进入，在压力驱动下，通过料液物质的粒径大小进行分离。如饮用水处理中使用的中空纤维超滤膜分离器，原水从中空纤维膜的内侧进入，大于膜孔径的粒子则被膜截留在膜丝管内，而小于膜孔径的粒子通过膜，从膜的外侧排出。

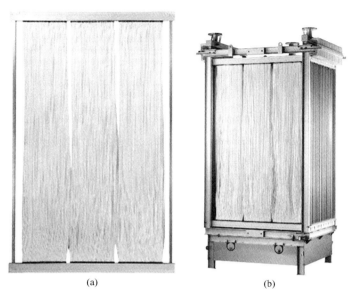

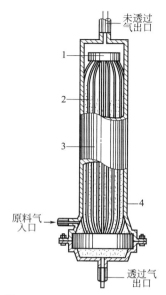

(a)	(b)

图 7-32 帘式膜组件（a）与膜箱（b）

图 7-33 单封头中空纤维膜组件
1—纤维束封头；2—中空纤维膜丝；
3—分离器；4—耐压容器

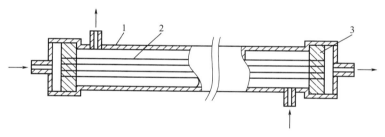

图 7-34 双封头中空纤维膜组件
1—膜壳；2—中空纤维膜丝；3—封头

7.5.3.3　可拆卸式

图 7-35 日本可乐丽
（Kuraray）公司
生产的外压型 SL-5101U
型 PVDF 中空纤维
膜组件（可拆卸）

可拆卸式膜组件，如图 7-35 所示，在膜组件的一侧，膜丝束是开口的，用胶黏剂将其制成管板，用密封圈固定在耐压的膜壳一端，密封圈上面配有卡槽，并在卡箍的作用下，将可拆卸式封头和膜壳卡紧固定在一起。流体流动方式和前两种大致相同，但膜丝在长期使用后，必然会有污染物积累，尤其是在膜丝端头的胶封处，前两种结构的清洗可能无法满足清理要求，可拆卸式的膜组件则可以拆卸下来，清洗效率高并且方便。

7.5.3.4　浸没式

近些年，浸没式中空纤维膜组件在自来水生产、膜生物反应器污水处理技术中获得了广泛的应用。与传统的外置式膜过滤不同，浸没式膜组件是将中空纤维膜膜丝直接浸没在处理液中，通过虹吸作用或产水泵的负压抽吸作用将水由外向内抽吸出来从而实现分离过程。浸没式膜过滤在较低的负压状态下运行，可以实现低跨膜压差下适宜膜通量的平稳运行。此外，在过滤过程中，通过鼓风机在膜组件底部鼓入空气，气流在上升过程带动处理液在膜面形成湍流，不仅对中空纤维膜的外部表面产生擦洗作用，清除膜表面上黏附的固体物质，而且减小了膜面的浓差极化，大大降低了膜的堵塞和污染。其特点主要有以下几方面：

① 固液分离效率高，由于膜的高效截留作用，反应器中颗粒物、胶体、大分子有机物以及细菌等均被截留于膜的进水侧；

② 膜压差沿中空纤维膜长度方向均匀分布，在膜的进水一侧没有压降损失；

③ 预处理要求简单，抗污染力强；

④ 设备紧凑，占地面积小；

⑤ 适合于大规模水厂应用；

⑥ 能耗与运行成本低。

图 7-36 是日本旭化成（Microza）UHS 系列 PVDF 材质的浸没式膜组件结构图。

在 MBR 应用过程中，由于反冲洗、高压水流的冲击、曝气等操作出现，膜丝容易出现断裂现象。因此，提高中空纤维膜强度非常重要。在中空纤维膜的内部或支撑层引入编织管或纤维束提高其整体强度，图 7-37 给出了加入内衬编织管后，PVDF 超滤膜的断面电镜图。

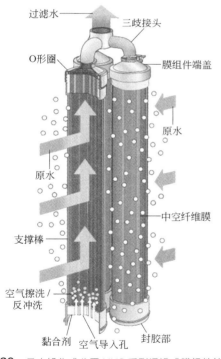

图 7-36　日本旭化成公司 UHS 系列浸没式膜组件结构图

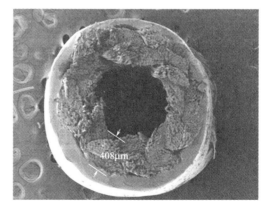

图 7-37　内衬增强型 PVDF 超滤膜照片

7.6　电渗析器

电渗析器主要是由阴、阳离子交换膜及隔板和电极等部分组成的，由于其结构特点不同，常用的又可分为压滤型、水槽型和卷式三种。电渗析器主要用于海水淡化、苦咸水处理、废水处理和海水浓缩制盐等[24]。

7.6.1　电渗析器的结构类型

（1）压滤型电渗析器

主要由隔板、离子交换膜、电极框和上下压紧板等部分组成，而且都为平板式结构，通常是按一张阴膜、隔板甲、一张阳膜和隔板乙的顺序依次交替排列，组成一个膜对，膜对是组成膜堆的基本单元。在膜和隔板框上开有若干个孔，当膜和隔板多层重叠排列在一起时，这些孔便构成了进出浓、淡液流的管状通道，其中，浓液流道只与浓缩室相通；淡液流道只与淡化室（脱盐室）相通，这样分离后的浓、淡液自成系统，相互不会混流。图 7-38 为一对电极之间的膜堆结构示意图。这种电渗析器的优点是加工制造和部件更换都比较容易，便于清洗，其缺点是组装比较麻烦。

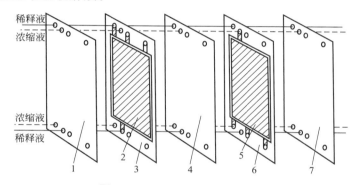

图 7-38　电渗析器的内部结构[22]

1,7—阴离子交换膜；2,5—隔板；3—稀释室框；4—阳离子交换膜；6—浓缩室框

（2）水槽型电渗析器

将一张阳膜和一张阴膜的周围黏结成袋状，并把许多这样的膜袋插入水槽内，通过导水管把所有袋口连接在一起。原水从水槽的下部流至上部，移入袋内的盐水充满整个袋子后，由导水管溢流流出，浓缩过的水则从另一根管子集中排出。图 7-39 为水槽型电渗析器的结构示意图，这种器件用于海水浓缩制盐，不宜用于脱盐。这种电渗析器的优点是压头损失小，对原水的浊度要求不如压滤型电渗析器那样严格，其缺点是溢流水经过导管会减压，容易引起液流断续或停滞。此外，膜袋难以清洗，对密封技术要求较高。

（3）卷式电渗析器

由若干独立的平行于中心管的阴膜和阳膜绕中心管排列成卷式，用端盖密封于外壳内就形成了卷式电渗析器，如图 7-40 所示。该类型电渗析器具有除盐效率高、耐受硬度能力强和能耗低等优点。

7.6.2　电渗析器的主要部件

电渗析器的主要部件包括电极、膜堆和锁紧件三部分，其中，膜堆是电渗析器的主体，

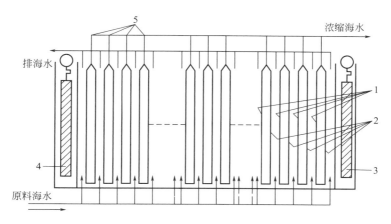

图 7-39　水槽型电渗析器结构[23]

1—阳离子交换膜；2—阴离子交换膜；3—阴极；4—阳极；5—浓缩海水出口

它由若干个膜对组成，每个膜对又主要由隔板和阴、阳离子交换膜组成。下面将主要介绍与压滤式电渗析器膜堆有关的隔板和配水板，以及锁紧件等。其他离子交换膜部分请参见本手册下册第 11 章。

7.6.2.1　隔板

隔板由隔板框和隔板网组成，主要用作阴、阳离子交换膜的隔离物和支撑物，并与膜一起构成液流通道，使其按规定方向流动，以形成浓水隔室与淡水隔室。另外，还具有湍流促进器的作用，强化传质，使液流分布均匀。

（1）材质

隔板通常由半导体和非吸湿性材料制作，如天然或合成橡胶、聚乙烯、聚氯乙烯和聚丙烯等。均相离子交换膜较薄，弹性差，以选配天然橡胶或合成橡胶隔板为宜；异相离子交换膜较厚，弹性好，则可选用硬质聚氯乙烯或聚丙烯等做隔板。

（2）种类

隔板按液体流动方向是否沿流程变化可分为两种：无回路隔板和有回路隔板。无回路隔板（参见图 7-41）流程短、流道宽、水头损失小，适用于各种脱盐工艺流程。有回路隔板（参见图 7-42）流程长、水头损失大、

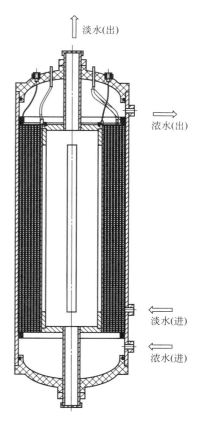

图 7-40　卷式电渗析器

流量小，适用于小批量一次脱盐工艺。目前，美国生产的电渗析器多属有回路隔板，西欧和日本的产品多数是无回路隔板，我国则两者兼而有之。我国现有的隔板尺寸主要有800mm×1600mm、400mm×1600mm、400mm×800mm、340mm×640mm 等，基本与国产离子交换膜的尺寸相适用。

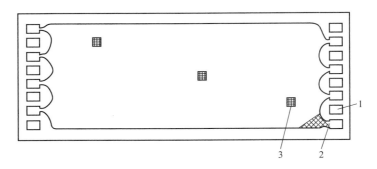

图 7-41　无回路隔板[23]

1—布水孔；2—网式布水槽；3—网格

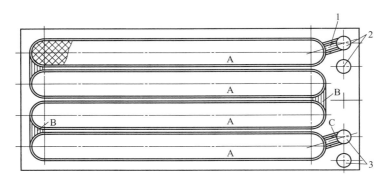

图 7-42　有回路隔板[23]

A—流水道；B—进水道；C—集水道；1—布水道；2—进水孔；3—出水孔

隔板厚度大于 1mm 者称为厚隔板，这种隔板对液流搅拌混合效果较差，隔室电阻大，但对水流的阻力损失少，对进水的质量要求较低；隔板厚度小于 1mm 者称为薄隔板，它对液流搅拌混合效果好，隔室电阻小，极限电流密度高，但对进水的质量要求较高。国外广泛使用薄隔板，我国目前以使用 1mm 左右的隔板为主。

（3）对隔板及其材质的要求

① 表面平整，尺寸稳定，化学和热稳定性能好，框网匹配，网眼结构均匀，便于密封；

② 隔板框绝缘性能好，不漏电，通电面积大，约占 70%～80%，电阻小；

③ 使液流分布均匀，死域面积小，浓、淡液流不混淆；

④ 对液流的搅拌作用强，通过液流的阻力损失小；

⑤ 价格便宜。

7.6.2.2　隔板网

隔板网是隔板的重要组成部分之一，又称湍流促进器，能有效地减少浓度扩散层厚度。常用的网主要有四种类型：鱼鳞网、编织网、挤塑网和冲模网，其中编织网中又可分为平织纱网和绞织网两种。各种网由于制作工艺和形状不同，性能也不同，如绞织网单丝细，比较柔软，不易损伤膜，水流阻力比鱼鳞网小；又如挤塑网成型简单，平整性好，不易变形，对膜无损伤作用，且水流阻力较小。因此，设计时应最大限度利用各种网型的特点，尽量提高其极限电流密度。图 7-43 为各种网型的示意图。

图 7-43　隔板网类型[23]

1~3—挤塑网；4~6—编织网；7,8—鱼鳞网；9—日本挤塑网

7.6.2.3　锁紧件

电渗析器有两种锁紧方式：压机锁紧或螺杆锁紧。大型电渗析器用压机（一般为油压机）锁紧，中、小型电渗析器多用螺杆锁紧。

锁紧板有钢板、铸铁板和玻璃钢板几种形式。其制作方法是：钢板加槽钢作筋，电焊焊牢；铸铁板由模型翻砂铸造；玻璃钢板通过热压模法成型，其重量只有钢铁板的 1/4，而且抗腐蚀不生锈，值得推广。

7.6.2.4　配水板（框）

配水板位于膜堆的两侧或一侧，其作用是引导浓、淡液流进、出膜堆，使膜堆的进、出水内流道孔，可以通过配水板与外管道连接在一起，配水板的内框还可兼作电极框或保护框。

配水板有直管式（参见图 7-44）和弯管式（参见图 7-45）两种结构形式。前者多用于小型电渗析器或长流程有回路电渗析器，后者一般用在大、中型无回路电渗析器中。

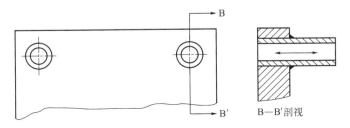

图 7-44　直管式配水板结构示意图

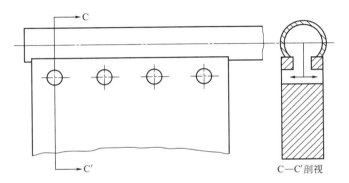

图 7-45　弯管式配水板结构示意图

7.6.2.5　保护框

保护框与离子交换膜一起构成保护室。保护室（即缓冲室）介于极室与膜堆之间，其作用如下。

① 平衡压力。当极室与膜堆压力不等时，它起缓冲作用。

② 保护膜堆不受极室产物的影响，避免极水直接污染淡水，以利于电渗析器的正常运行。

保护框一般与板框结构类似，并可兼作配水板，也可以选择厚隔板用作保护框。保护框两侧均装抗氧化膜或阳膜，它一般只在高电流密度操作的电渗析器中设置，如海水淡化器。

7.6.3　电渗析器结构应具备的条件

为了能够正常使用，电渗析器结构应该具备以下条件：

① 密封性能好。电渗析器外部没有泄漏现象，内部浓、淡水不混流。

② 绝缘性能好。电流短路现象得到抑制，漏电系数小，电流效率高。

③ 流道畅通不堵塞，极室和浓、淡室的脏物和气体容易排出。

④ 隔室间及其膜面上水流均匀分布，无死角，具有长期连续运转能力。

⑤ 直流耗电省，膜堆电阻小，非膜堆电压降所占比例小。

⑥ 水头损失小，动力耗电小。

⑦ 装拆方便，不容易出现故障，使用寿命长。

⑧ 操作方便，维修容易。

⑨ 机械强度高，尺寸稳定，耐化学腐蚀性能好，长期使用不易变形和老化。

7.7　实验室用膜设备

在国外，有几家制造商专门提供以实验室应用为主的膜设备，而且这些设备有许多就是大工业装置按比例的缩影。下面介绍几种实验室用于微滤和超滤的错流过滤装置、陶瓷过滤元件和系统、反渗透/纳滤装置以及气体渗透和无机膜反应器装置等。

7.7.1　微滤和超滤装置[6]

实验室用微滤装置的选择一般取决于研究的目的：

① 少量大分子稀溶液或悬浮液的简单过滤；

② 对比较浓的溶液预先采取措施以防止凝胶化和结垢的过滤；

③ 导致工业应用较大体积的过滤。

并流微滤可以完全按常规方法用简单的漏斗式过滤器来完成，通过对渗透液抽真空来提供驱动力。在微滤和超滤应用中，搅拌器用于提供质量传递。平板膜支撑在密封的圆柱形烧杯容器中，"流体"用磁性驱动搅拌器混合。过滤通过在外部压缩空气提供的压力来完成（参见图 7-46）。

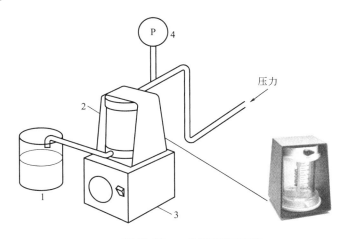

图 7-46　一般搅拌器示意图

1—渗透液；2—过滤装置；3—磁力搅拌器；4—压力表

搅拌器的大小根据处理的量来决定，可以小到 $0.6cm^3$，大至 $500cm^3$ 或更大。常用的结构材料有丙烯酸、聚碳酸酯或玻璃，用氟橡胶 O 形密封圈和用 PTFE 做搅拌棒，通常可承受压力 2～6bar 的材料都可以使用。

7.7.1.1　错流过滤器[6]

用于实验室流动过滤系统的有错流微滤器和超滤器，它们被使用的范围很宽（参见表 7-20 和表 7-21），例如，蛋白质的浓缩和全过滤，获得细胞、乳化液的澄清和分离。一般过滤装置由两部分组成，不锈钢流动分布及组件外壳装置和过滤装置或组件。组件为长方形（137mm×127mm），密封在含有过滤器的 9mm 厚的装置中。过滤器为层状成对平行排列，并且位于每一对之间的是一层格网。原料流动按规定线路通过在过滤器之间形成狭窄通道中的格网层。格网起着湍流促进器的作用，抵消在错流期间的浓差极化影响。每个过滤器的滤片面积为 $0.1m^2$，每套装置可容纳 5 个组件，即过滤面积为 $0.5m^2$。要加工的流体经过在滤片底下的 4 个入口进入，作为截留物通过在顶部的 4 个对应的孔流出。渗透液通过位于渗透板上面和下面的 3 个开口流出。

表 7-20　实验室用膜过滤装置的类型

类型	特征	应用
并流过滤	无极化控制	稀溶液
搅拌器	提高对极化的控制,而且不会再产生极化。通过产品累积来影响	适合少量和高浓度的流体
薄型流道错流	对可再生产的极化控制良好,通常要比搅拌法好	可用于任何浓度或体积的流体
筒式	对于螺旋卷式或中空纤维式装置的极化控制良好	可用于任何浓度或体积的流体

用作微滤器的滤片一般为聚丙烯膜和醋酸纤维素膜，或用非对称三醋酸纤维素或聚砜超滤器。微滤的能力为 0.05～30m³/(m²·h)，这取决于应用场合。

表 7-21   实验室错流过滤器的应用

底物/产物	应用	组件的大概分类
细胞	细胞培养分离	超滤膜组件，孔径 $0.45\mu m$
透明质酸	提纯	孔径 $0.2\mu m$，$0.45\mu m$
发酵产物	澄清、浓缩	孔径 $0.2\mu m$
血浆	澄清	孔径 $0.2\sim0.6\mu m$
病毒	浓缩、超提纯	孔径 $0.1\mu m$
果汁	浓缩	反渗透膜组件
噬菌体	浓缩、超提纯	超滤组件
免疫球蛋白	分离	正常截留分子量 100000
高分子量溶质	分离	超滤组件
油-水乳化液	分离	正常截留分子量 20000
抗生素	浓缩	GE 卫生型纳滤膜元件
多聚糖	净化	微滤膜组件
蛋白质和酶	浓缩、超提纯	超滤组件，正常截留分子量 10000
乳清	脱盐	纳滤膜组件
蛋白质	全过滤	超滤组件
肽	浓缩	正常截留分子量 5000

实验室用错流过滤器的另一种设计采用线状或槽状通道，这种通道不易堵塞，比较适合用于固体含量较高的流体。也可以把膜以两张膜的密封夹层作为单个膜对来提供，并以聚苯乙烯为支撑板。当实验需要大量膜时，有几种组件设计，可把作为单层膜或多层膜的分离板导入。这些分离板既可用作长方形板式错流装置，或使用其具有径向流动或螺旋式流动通道的膜。

实验室用的简单螺旋卷式膜组件长 12in、直径 2in，它是由单个膜袋绕中心管卷绕形成的，膜面积为 $2\sim3ft^2$[6]。螺旋式流动是由机械制的薄层螺旋通道获得的，在相似的流速下，通过螺旋通道所导入的第二种流动方式与简单的错流相比，会产生更高的过滤性能。另外，许多实验室用的错流装置大都作为完整的系统提供，包括膜组件、泵、阀、配件、仪器和控制器。

7.7.1.2   陶瓷过滤元件和系统[6,21]

实验室用陶瓷过滤元件主要有片式和管式两种。其中，片式陶瓷过滤元件中阳极氧化铝（AAO）圆形膜片是较为常见的一种。例如，美国 GE 公司生产的 Whatman Anopore 系列 AAO 膜片，其直径主要有 13mm、25mm、47mm 三个规格，孔径主要有 $0.02\mu m$、$0.1\mu m$、$0.2\mu m$ 三个规格。这些圆形膜片可以配合砂芯抽滤瓶、超滤杯和扩散池等常见实验室设备使用。圆管式陶瓷过滤元件主要采用 Al_2O_3、ZrO_2、TiO_2、SiC 等材料经高温煅烧而成，可以在高温、高压、酸碱、有机溶剂、高黏度、高固体含量、高氯化物含量等苛刻环境下操作。圆管式陶瓷过滤元件的构型主要有单管式和多通道式两种。实验室用的陶瓷过滤元件从片式到单管式再到多通道式，其过滤面积通常依次增大。多通道式陶瓷过滤元件的构型及性能已经接近于工业用陶瓷过滤元件，由其所获得的实验数据具有较大的工程参考价值。表 7-22 列出常见多通道陶瓷过滤元件的规格。此外，由于陶瓷过滤材料具有良好的热稳定性，适合于高温下的分离过程，表 7-23 列出常见可以应用于高温环境的陶瓷过滤元器件。

表 7-22　常见多通道陶瓷过滤元件的规格[7]

端面形状						
孔径/截留分子量	微滤：1.2μm、0.8μm、0.5μm、0.3μm、0.2μm 和 0.1μm； 超滤：50nm、20nm、5nm；100kDa、50kDa、20kDa 和 5kDa					
膜元件外径/mm	25	30	30	30	30	41	41
通道直径/mm	6	6.5	4	5	4	6	4
膜通道数	7	7	19	9	19	19	37
膜管长度/mm	100～1500					
孔径/nm	20～2000					

表 7-23　陶瓷过滤器的应用和选择指南

性能参数	多铝红柱石	烧结 SiC	堇青石	VFCF	VFCCF
使用温度/℃	1000(900)	>1000	1250	>1250	>1250
重量(10mm 壁厚)/kg	1.25(2.8)	2.2(3.2)	2.2	0.3(0.4)	0.35
相对价格	1	1.6	0.7	0.5	0.7
热冲击阻力/N	1	1.25	1.85	1.75(1.95)	1.85

　　以陶瓷过滤元件为核心的过滤系统可以采用自动化、间歇式或连续式操作设计，并可在原位进行清洗或消毒，具有操作简单和易于维护等特点。小型化的陶瓷过滤系统可以用于实验室气体除尘、除菌；实验用水除菌、除杂；动植物提取液和微生物发酵液澄清；催化剂回收以及产品浓缩等过程。

7.7.2　反渗透/纳滤装置[6]

　　实验室用于反渗透的评价装置有搅拌槽，薄层流道槽和圆管式组件以及工业上现成设备的缩小型。高压不锈钢搅拌槽用于过滤达 400mL 的溶液。这种槽最初是为最大额定压力 10MPa（1500psi）的反渗透装置设计的，它也适用于当聚合物 UF 槽出现不能与溶剂共存场合下的超滤；高度可调的磁性搅拌棒可减少在膜表面上的浓差极化；可以通过高压气体或空气驱动泵来操作。

　　对于反渗透中的错流研究，采用直径为 76mm 的膜，可以进行截留物、分离因子和通量与压力、流速、浓度和时间之间关系的长期与短期研究。

　　一般针对溶质分子量小于 1500Da 的溶液，所设计的实验室用螺旋卷式反渗透膜组件，可以用直径 51～203mm、面积为 0.3～27.9m² 的膜。反渗透膜由完全复合到支撑体上的非常薄（0.1～0.5μm）的半渗透膜组成，支撑体提供膜的强度和耐久性，而不影响产物过滤速度或膜的持留特征。在压力下，把要分离的产物从组件的一端沿切向流入组件，其中，渗透液经过膜流入渗透质通道并螺旋进入中心轴，持留物从组件的另一端流出。操作压力由膜材料决定，不过最大入口压力一般为 7MPa。

对于进行较大规模短期评估反渗透错流分离用的圆管式膜装置是用 316L 不锈钢构成的，组件装有直径 1.25cm、长 30cm 的管式膜。

基本的装置含有一个组件，长 1.2cm，外壳为 316L 不锈钢，组件里的膜面积为 0.9m²。一般可以把 6 个组件固定在一起，得到的膜面积为 5.4m²。

热交换器用于保持循环液的温度，达到所需要的值。它的结构与膜组件的相似，用 316L 不锈钢制成，长 0.6m。循环泵为三柱塞式，带有不锈钢接触点和高压切割开关。这种装置在 7MPa 下，可为 RO 运行输送 22mL/min 或通过改变驱动滑轮，在 1.2MPa 下可为 UF 运行输送 30mL/min。装置的渗透速率（通量）将取决于所用膜的类型，要加工流体的类型和操作条件，一般在 15～60L/(m²·h) 之间。

圆管式膜组件意味着在低压下也特别容易用简单的方法清洗。需要化学清洗剂的地方可以用主泵循环，它也可以用来清洗主管网和配件。表 7-24 列出实验室用 RO 组件的操作条件和规格。

表 7-24　实验室用 RO 组件的操作条件和规格[6]

操作条件	
一般渗透液流速	5～50mL/min
一般建议的压力	RO：4000kPa(40bar) UF：400kPa(4bar)
一般建议的循环流速	RO：2m/s(15L/min) UF：4m/s(30L/min)
压降（水） 　流速 2m/s 　流速 4m/s	 15kPa(2psi) 50kPa(7psi)
规格①	
膜面积	240cm²(0.024m²)
管边体积	75mL
渗透液体积（满流） 　　　　　（空流）	约 750mL 约 50mL
最大操作压力	5500kPa(55bar)，70℃ 7000kPa(70bar)，20℃
材料（包括膜）	316L 不锈钢和氰基橡胶密封件

① 把两根直径为 1.25cm、长 30cm 的管子串联在一起。

对于纳滤来说，虽然其是反渗透的一个分支，但它们的评价装置却并不相同。根据膜的形态不同，实验室用于纳滤的评价装置主要分为两种：平板纳滤膜评价装置（图 7-47）与中空纤维纳滤膜评价装置（图 7-48）。两种纳滤膜评价装置均采用错流过滤的方式，操作压力一般小于 1.5MPa，原料液则一般采用 2000mg/L 的 Na_2SO_4 或 $MgSO_4$ 溶液。一般在同一评价装置中设置 3 个相同的组件，用以减少实验误差。表 7-25 列出实验室用纳滤组件的操作条件和规格。

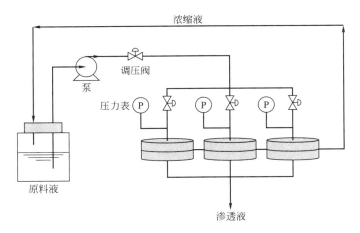

图 7-47　平板纳滤膜评价装置

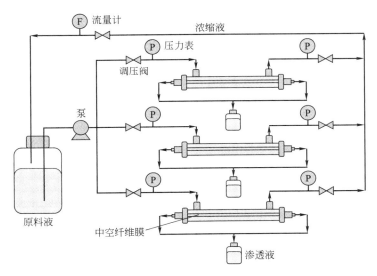

图 7-48　中空纤维纳滤膜评价装置

表 7-25　实验室用 NF 组件的操作条件和规格

操作条件	平板膜组件	中空纤维膜组件
一般渗透液流速/(mL/min)	10～20	5～15
一般建议的压力/kPa	600(6bar)	400(4bar)
一般建议的循环流速/(L/min)	15	15
pH 范围	2～11	2～11
规格①		
膜面积/cm²	85(0.0085m²)	30(0.0030m²)
最大操作压力/kPa	1500(15bar)	800(8bar)
材料(包括膜)	316L 不锈钢和氰基橡胶密封件	

① 平板膜组件：把三个直径为 15cm 的组件并联在一起；中空纤维膜组件：把三根直径为 1cm、长 23cm 的管子并联在一起。

7.7.3　气体渗透和无机膜反应器装置[6]

用于评价膜材料气体渗透性能的装置和将反应与分离耦合的膜反应器装置都有用于实验室的小型化设备。这些实验室用膜设备主要有两种：一种是以平板式膜为基础，另一种是以圆管式无机膜为基础。平板式装置适合用于材料开发和催化与渗透性能的评价；而圆管式系统适合于过程评价和开发。平板膜的气体渗透性能评价过程如图 7-49 所示：①将制备好的膜片小心放入膜池中，垫上密封圈，压平并旋紧螺丝扣；②打开原料气瓶，调节稳压阀，充分吹扫膜池；③保持膜片一侧为外界大气压，另一侧为进料气压力，在一定温度和跨膜压差（0.1～1.0MPa）下进行气体渗透速率测试。气体的渗透速率可以由皂泡流量计的读数计算得到，气体的组成可以采用气相色谱仪进行测定。每片膜平行测试 3～6 次，取平均值。管式膜的气体渗透性能测试装置与平板式膜装置类似，主要区别在于膜分离组件的不同，如图 7-50 所示。管式膜通常用胶水或密封圈进行密封。进气方式可以根据需要选择多路进气或单路进气（如图 7-49 所示）。选择多路进气时，通过进气调节阀调节渗透气体的种类。膜池的气体渗透侧还可以根据需要增加真空泵用于负压抽吸，或者增加惰性气体吹扫管路。

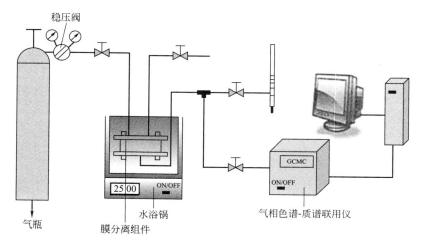

图 7-49　平板膜气体渗透性能评价装置示意图[25]

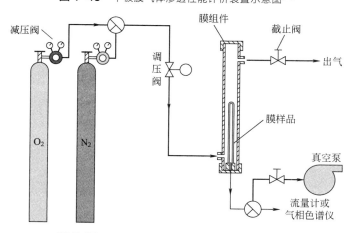

图 7-50　管式膜气体渗透性能评价装置示意图[26]

　　在无机膜反应器中，为了使无机膜在具有气体分离性能的同时还具有催化性能，可以用催化剂对膜孔道或膜表面进行修饰。修饰后催化剂均匀地分布于无机膜孔道内或附着在膜表面。无机膜反应器装置与气体渗透性能装置主体结构基本一致，只是需要增加加热和温度控制单元以实现对反应温度的控制。此外，由于气体催化反应通常在较高温下进行，无机膜的密封需要采用耐高温的密封材料，如惰性金属或石墨等。

7.8　膜器件设计中应考虑的主要因素

　　在膜器件的优化设计和工艺优化中，主要应考虑以下几方面：
　　① 进料侧和渗透物侧的质量及物料平衡；
　　② 渗透物侧的压力损失情况；
　　③ 进料侧的浓差极化情况；
　　④ 膜的特性及与介质的相容性等。
　　而对于一个良好的膜组件，应该具备的基本条件是：
　　① 流体分布均匀，无静水区或死角；
　　② 具有良好的力学、化学和热稳定性；
　　③ 膜填充密度大，制造成本低，压力损失小；
　　④ 易于清洗，更换膜的成本尽可能低。
本节简单介绍流型与流道、非均匀流动、膜组件性能优化、某些膜组件的设计、浓差极化、装填密度、密封与粘接、预处理和清洗等内容。

7.8.1　流型与流道

　　在各类膜组件设计中，流型与流道不仅与流体分布有关，而且影响到组件本身的性能、产量、效能、污染，甚至使用寿命等许多方面。由于各种膜组件的结构特点和使用场合不同，因此，在设计时对流型和流道以及组件中的物质传递和交换，都将提出不同的要求。
　　板式组件的原料通道高度一般为 $0.3\sim0.75$mm。对黏度较高的原料，需采用较高通道的支撑板，如采用 0.6mm 的通道，其能耗要比 0.3mm 的节能 $20\%\sim40\%$[8]。
　　管式反渗透组件的耐压管直径一般在 $6\sim25$mm 之间。常用的材料有两类：一类是多孔性玻璃纤维环氧树脂增强管或多孔性陶瓷管；另一类是非多孔性，但钻有小孔眼（直径约1.6mm）或表面具有淡水收集槽的增强塑料管、不锈钢管或铜管。
　　影响管式组件成本的主要水力学参数是：管径、进口速率、回收率、原水浓度、操作压力和速度比（管出口与进口的流速比）等。
　　另外，与流型和流道相关的还有组件中的流体流动导向。从理论上讲，工程用膜组件中可以有 5 种不同形式的流体流动导向（参见图 7-51）。其中逆流、并流、交叉流形式与经典的热交换器中的流体流动导向是一致的。自由流出状态是渗透物以垂直于膜的方向排出，即在平行于膜的方向不会出现混合，而且也没有压力梯度。完全搅拌混合状态即在整个渗透侧或进料侧的物料处于混合状态，其中浓度、压力和温度是相同的，并常处于交叉流动形式。

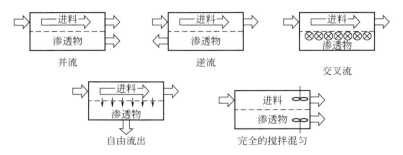

图 7-51 膜组件的流体流动导向

不过，对于大多数膜组件，其构造形式就决定了其流体的流动导向。例如，在螺旋卷式膜组件中，经常为交叉流动形式；而在中空纤维膜组件中，可以任选并流、逆流或交叉流形式进行操作。因此，只有在气体分离和渗透汽化过程中才有必要考虑流体流动导向对组件效率的影响，而且这种影响通常是不大的。另外，在热交换器中，逆流形式要优于其他流动形式；但在膜组件中，因为决定推动力的是浓度和压力，所以逆流形式不一定是最好的。

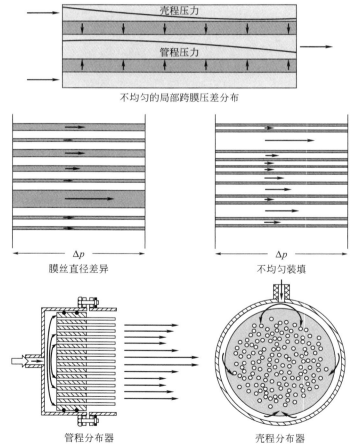

图 7-52 中空纤维膜组件的非均匀流动的分类及原因
箭头的长度表示预计的流速变化的相对大小

7.8.2　非均匀流动

预测膜组件性能通常基于单个膜元件性能的均匀放大，然而实际的膜组件内存在各种类型的非均匀流动，导致膜组件性能的预测值和实际值的偏差[27]。相对于其他膜组件型式，中空纤维膜组件内的非均匀流动最为严重。

如图 7-52 所示，中空纤维膜组件非均匀流动主要可以分为两类：不均匀的通量分布；管壳程横截面上不均匀的速度分布。不均匀的通量分布由管壳程压力差沿轴向不均匀分布导致。膜丝性质（如直径、渗透性）的差异、不均匀的装填，以及进出口分布器的存在造成了膜组件管壳程横截面上不均匀的速度分布。不均匀的流动分布降低了整个组件的传质效率，是膜组件放大失败的主要原因。

7.8.3　膜组件性能优化

性能优异的膜组件，能耗低，产率高，寿命长。为此，除了从膜材料和膜微观结构调控上入手，获得高性能的膜元件，还需要合理设计组件几何结构和强化操作过程，优化组件内的流体力学环境和质量传递过程[28]。

组件几何结构设计主要为了形成特定的流体流动分布、降低流动阻力、抑制浓差极化及结垢等。以中空纤维膜组件为例，底（顶）部端盖的进（出）口通常有平行、垂直中心、垂直偏心进（出）料等型式，如图 7-53 所示。端盖内部空间呈流线形设计，降低局部阻力，避免流动死区。端盖与膜丝束衔接处会安置分布器，常见的分布器型式有多孔板（旭化成）、多狭缝（陶氏化学）等。由于分布器型式没有统一标准，因此型式各异、种类繁多。

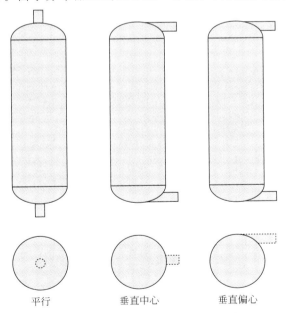

图 7-53　中空纤维膜组件的进出口型式

通过添加内构件，或者设计结构新颖的膜组件，可以显著提升组件性能。比如以下组件型式：

（1）编织型膜组件

　　如轴向螺旋卷式（图 7-54）、编织交叉式（图 7-55）、片式（图 7-56）、偏挡板式（图 7-57）、全挡板式（图 7-58）。传统轴流式膜组件经常造成不均匀的流体流动分布，而以上新型膜组件更便于控制膜丝间距，促进混合，并能显著提高壳程传质系数[29]。

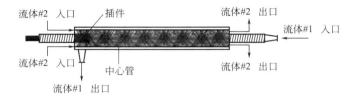

图 7-54　轴向螺旋卷式膜组件

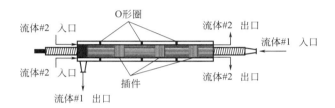

图 7-55　编织交叉式膜组件

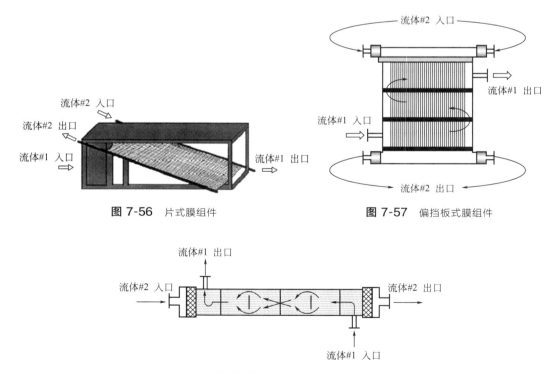

图 7-56　片式膜组件　　　　　　　　　　**图 7-57**　偏挡板式膜组件

图 7-58　全挡板式膜组件

（2）U 形膜组件

　　如图 7-59 所示，相对于传统的线形膜组件，U 形膜组件可以装载一至多捆膜丝束，不仅可以提高管壳程流体间的接触面积，而且管程形成的二次流和壳程形成的绕流还能强化传质。

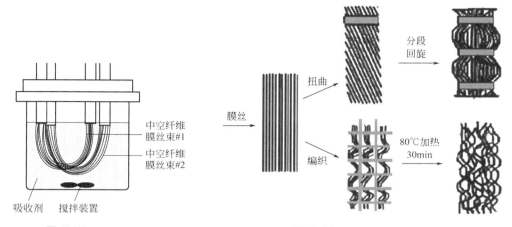

图 7-59　U 形膜组件　　　　　　　　　　图 7-60　波浪状中空纤维膜

　　除此之外，通过机械外力手段或者热处理，将线形的膜丝制作成波浪形状（图 7-60），可以促进流动均匀分布，方便安装格栅、挡板等内构件。有研究显示，采用波浪状膜丝进行膜精馏，在不安装湍流促进器的情况下，通量就可以比采用传统线形膜丝，高 36% 左右。

　　有时单纯通过改变组件几何结构，对膜过程的强化程度有限。因此，通过输入外加能量，从操作方式上入手，能更大程度地实现膜过程的强化。虽然这种手段需要解决能耗和过程强化之间的最优化问题，但是已被广泛应用于膜领域。

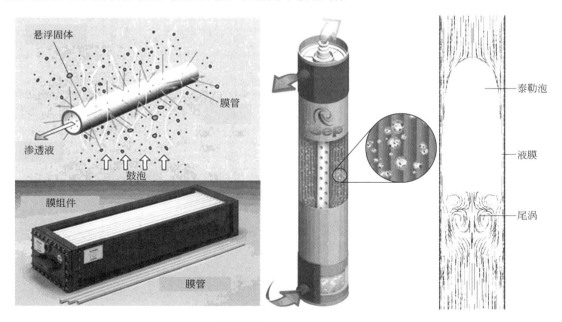

图 7-61　鼓泡膜分离系统

（1）鼓泡膜系统
在所有输入外加能量的强化手段中，鼓泡膜应用最为广泛，如图 7-61 所示。自从 1989

年日本的 Imasaka 等[30]首次报道采用气液两相流提升陶瓷微滤膜组件通量以来，出现了大量关于气液两相流强化膜分离过程的研究[31]。鼓泡系统强化膜过程的机理可以分为以下五个方面：

　①　气泡诱导的二次流；

　②　浓差极化层的移除；

　③　气泡通过时带来的压力脉冲；

　④　表观错流速度的增大；

　⑤　膜丝的摆动（针对壳程鼓泡的情况）。

（2）振动膜系统

在振动膜系统中（图 7-62），相对于扰动膜周围的流体，直接振动膜能获得更强的膜-流体相对运动，从而破坏液膜边界层，缓解浓差极化和结垢。

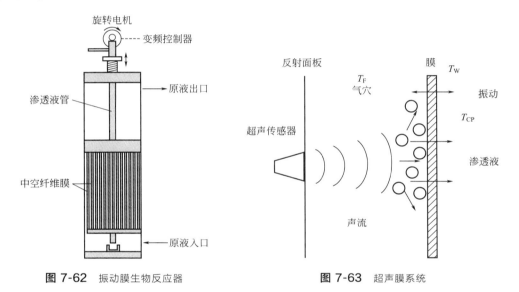

图 7-62　振动膜生物反应器　　　　图 7-63　超声膜系统

（3）超声膜系统

超声膜系统（图 7-63）中，超声所形成的力学、热、气穴效应，能有效抑制浓/温差极化，并将细微颗粒从膜表面移除。

7.8.4　微滤膜组件设计要点

微滤主要用于悬浮液的提浓和低分子溶解物与大分子的分离。使用的组件类型主要有平板式、圆管式和细管式。操作方式主要有两种：死端式过滤和错流式过滤（参见图 7-64）。

（1）死端式过滤的特点

见图 7-64(a)，这种操作方式比较简单，能耗较低，通常适合于浓度较低溶液的过滤。一般来说，当流体中固体含量较低（＜0.1%）时，几乎全部采用这种方式。

若原料中固体含量＜0.5%时，也可采用这种操作方式。通常在膜的表面上，用填充玻璃做成的过滤器来保护，使大多数颗粒在它们到达膜之前就被除掉，这样，既可起到保护膜

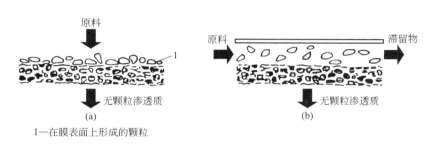

图 7-64　微孔滤膜的两种操作示意图
（a）死端式过滤；（b）错流式过滤

的作用，又具有预滤的功能。

（2）错流式过滤的特点

见图 7-64（b），所有的原料液要顺着膜的表面过去，沿膜的表面方向，流出渗余物，而渗透物则沿垂直膜的方向流出。在许多工业应用中，优先选用这种操作方式，因为与死端式过滤相比，其结垢的倾向较低，通量下降的趋势要相对小些，因此，比较适合浓度较高流体的过滤。一般来说，当流体中固体含量＞0.5％时，大都采用错流式操作。另外，还可以通过选择合适的组件、适当的压差和错流速度来控制通量和减少结垢。不过，这种操作的能耗要比死端式过滤的高。此外，采用错流的操作方式对于连续操作或减少浓差极化和结垢都是必要和可能的。对于给定的组件设计和原料液，错流的速度是决定组件中质量传递的主要参数。各种错流操作可能有下列方式：

① 并流：原料/渗余液与渗透液平行流动；

② 逆流：原料/渗余液与渗透液反向流动；

③ 错流：原料与完全渗透的混合物错流；

④ 原料与渗透液两者完全混合方式。

微孔过滤中的错流操作类似于超滤操作，主要差别是靠近膜的极化层性能。在错流过滤装置中，渗透质产生的速度主要由膜挡住的固体能否再弥散进入整体原料中，然后流过膜表面的速度所决定。若不这样，错流过滤会像死端式过滤那样，在过滤器的表面上形成固体。采用针对反渗透和超滤所发展起来的理论和概念，由膜挡住物质的分子扩散性是由它以多快的速度从表面上扩散掉直接决定的。事实上，即使在较低错流速度下，微孔过滤速度与超滤相比常常是十分高的。这好像是由于增加了颗粒扩散的剪切力而使通量明显增加的结果，错流过滤最后剩下的固状物不同于死端式过滤，它产生的是浓缩液体滞留物，而不是干饼，当它循环时，会进一步浓缩成残留的固体。最终，由膜挡住的物质再弥散的驱动力减少，过滤速度下降，直到进一步浓缩变得不经济时为止。

7.8.5　反渗透膜组件设计要点

7.8.5.1　中空纤维式膜组件[13,14]

原则上，在反渗透用中空纤维膜中，料液可与纤维平行流动（轴流型）或错流（径流型）。对于平行流动，料液与渗透液可并流或逆流。Gill 等得出的结果表明，逆流优于并流。

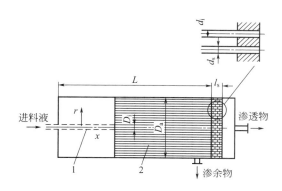

图 7-65　中空纤维式膜组件的渗透流动示意图
1—料液分布多孔管；2—中空纤维

对于错流来说，可能要更好些，在已商品化的组件中，大都采用径流型。

对于径流型，如图 7-65 所示，设：

① 当 $c_2=c_1$ 时，浓差极化可忽略不计。

② 纤维外料液压力、浓度和平均流速只是径向位置的函数，即

$$p_1=p_1(r), \quad c_1=c_1(r), \quad \overline{v}=\overline{v}(r)$$

③ 由于纤维内径很小，纤维内的流动可用 Hagen-Poseuille 定律表示。

根据上述假设，可以用有关的微分方程组分别求解，得到膜组件的产率和沿纤维长度方向的压力与渗透流率的变化（参见文献［13］）。

用于中空纤维式膜组件设计的特征参数如下。

① 纤维束的尺寸：纤维长度 L，纤维束直径 D_a，内径 D_i（参见图 7-65）。

② 封头长度 l_s。

③ 纤维内径 d_i，外径 d_s。

④ 纤维束的装填密度：

膜面积/束体积　　A/V

纤维数　　　　　n_f

孔隙率　　　　　ε

它们之间的关系为：

$$1-\varepsilon=n_f\frac{\pi}{4}D_a^2=\frac{A}{V}\frac{D_a}{4}$$

中空纤维膜组件的容量基于单根纤维的容量，随着纤维管径减少，装填密度增加，单位体积的效率提高，但压力损失也会随之增大。据计算，管径以 $30\sim70\mu m$ 为最佳。另外，通过求解，认为纤维不能太长，而且对 RO 用的长纤维只有前一段有效；因为受纤维内部沿轴压力下降的影响，纤维后段穿过膜的压差和流率均很低。不希望溶解的组分由于浓度差而通过膜壁使产品质量变差，所以组件短些更为经济，一般有效长度以 $0.8\sim1.2m$ 为宜。因此，如何选择纤维直径与长度以达到单位体积纤维束的最大产率是很有必要的。

另外，一般采用高压原液从中空纤维外面流入的方式，因为纤维壁可承受的内向压力要比外向扩张力大，当原液在纤维外壁上流动时，即使纤维的强度不够，它也只能被压瘪，或中空部分被压实、堵塞，但不会破裂，而且还可以防止产品水被原水污染的可能。

此外，为提高中空纤维束的装填密度和使流体分布合理，中空纤维是以 U 形方式沿着中心分配管径向均匀紧密排列，整个纤维束分为 10 层，每一层的外边包一层无纺布，最外一层包上导流网。同时，纤维 U 形弯曲端用环氧树脂粘接，另一端用环氧树脂管板密封，使流体分布合理。

7.8.5.2　螺旋卷式膜组件[1,2]

它的结构是由中间为多孔支撑材料，两边为膜的"双边结构"装配组成的。这种膜组件

的原液流道高度一般为 0.76mm 或 1.1mm，主要由膜袋外部的网状间隔材料厚度决定。在有些情况下，需对原料液进行预过滤，若预滤可使原料液中的颗粒降到 $5\sim25\mu m$，建议用 0.76mm 的隔网；降到 $25\sim50\mu m$ 的，则用 1.00mm 的隔网[6]。

当流道高度较大时，膜的填充密度小，但有利于减少压降和原料流道结垢的可能性；另外，还可以通过提高流速来增加湍流的成分。当表面流速达 25cm/s 时，压降约为 $1\sim1.4bar$，在这种高流速和高压降下，流体本身可能会沿流出方向螺旋推出，这会损害膜。因此，需要在膜组件的下游端采取适当的保护措施来减少膜的损失。

当流道高度较小时，膜的填充密度会大些，流速和压降也会相应减少，若适当增加湍流成分，会使它成为一种能耗低的经济组件。

在利用网状间隔材料控制流道时，要注意在网格的后面有可能直接产生"死"点，使颗粒"挂"在网格上而难以清洗。因此，螺旋卷式组件最好是用于处理比较清洁、含有较小悬浮物或经过预过滤的原料液。

螺旋卷式膜组件中的水力学尚不清楚，不过物料是交叉流动，其流速范围为 $10\sim60cm/s$，对应的雷诺数为 $100\sim1300$，因此，属层流范围。另外，受隔网的影响，流动又属湍流范围。对设计过程具有重要影响的只是渗透侧的压力损失。

螺旋卷式膜组件在设计时还应考虑以下几个方面：

① 改进黏结技术，减少黏合宽度；

② 增加膜袋数目，以减少膜袋长度，但组件的直径不宜选用比 8in 大许多的，否则会使膜袋过长；

③ 在不降低机械强度的前提下，提高渗透物隔层间的空隙率，既减少传递阻力，又不影响组件的致密性。

7.8.5.3 反渗透法的基本流程

反渗透技术作为一种分离、浓缩和提纯的方法，其常见的基本流程有四种形式（参见图 7-66）[34]。

① 一级流程 指在有效横断面保持不变的情况下，原水一次通过反渗透装置便能达到要求的流程，此流程的操作最为简单，能耗也最少。

② 一级多段流程 当采用反渗透作为浓缩过程时，如果一次浓缩达不到要求时，可以采用这种多段浓缩流程方式，它与一般流程不同的是，有效横断面逐段递减。

③ 二级流程 如果反渗透浓缩一级流程达不到浓缩和淡化的要求时，可采用二级流程方式，二级流程的工艺路线是，把由一级流程得到的产品水，送入另一个反渗透单元去，进行再次淡化。

④ 多级流程 在化工分离中，一般要求达到很高的分离程度，例如在废水处理中，为了有利于最终处置，经常要求把废液浓缩至体积很小而浓度很高的程度；又如对淡化水，为达到重复使用或排放目的，要求产品水的净化程度越高越好。在这种情况下，就需要采用多级流程，但由于必须经过多次反复操作才能达到要求，所以操作相当烦琐、能耗也很大。

在工业应用中，有关反渗透法究竟采用哪种级数流程有利，需根据不同的处理对象和条件而定。

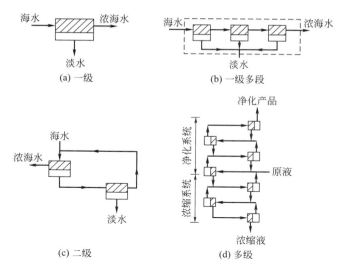

图 7-66 反渗透法工艺流程图

7.8.6　超滤膜组件设计要点

超滤膜组件有 4 种构形：板框式、管式、卷式和中空纤维式组件。超滤膜组件的设计有两个基本要求：一是和微滤一样，要尽量限制在膜表面上生成覆盖层，以确保有足够的流量通过膜表面，同时尽可能限制浓差极化层的形成和避免形成死点；二是在形式上尽可能紧密，即具有较大的填充密度。另外还应具有以下特点：容易拆卸以便换膜；容易清洗和消毒；具有良好的化学相容性和压阻。为此，应着重考虑以下几方面。

① 提高溢流速度　在覆盖层形成过程是可逆的情况下，提高溢流速度，可以增加膜表面上的剪切应力，从而使渗透通量持续升高，其缺点是能耗增加。因此，在进行错流操作时，要把提高渗透通量和增加能耗两方面结合起来考虑，选择最佳尺寸的膜组件，既可最大限度地提高膜的充填密度，又不使组件容易堵塞。

② 反向冲洗　在渗透物一侧对膜进行反向冲洗，这对除掉在膜上形成的暂时性覆盖层是很有效的，其前提是膜的渗透侧对压力要有一定的承受能力。

③ 改变组件结构，提高剪切力（参见"7.8.8　浓差极化"）。

7.8.7　渗透汽化膜组件设计要点[15]

渗透汽化过程与反渗透、超滤相比，主要有如下不同之处：①这是一个有相变的膜过程，膜上游是待分离的液体混合物，膜下游透过的为气相；②渗透流速很小，一般为 2kg/(m²·h)；③在有机溶剂脱水中，分离体系常是浓的有机溶剂。因此，在组件设计前，必须在实际料液操作条件下，进行长期试验，以取得设计的数据和经验。通常需要试验的内容主要有以下几方面。

7.8.7.1　膜下游侧真空度对膜分离性能的影响

根据渗透汽化的原理，如何使扩散透过膜的组分尽快从膜的下游表面解吸出来，是决定膜分离性能的主要因素之一。因此，应尽量提高膜下游侧真空系统的总流道 U。

　　真空管路的流道与真空系统的流态、管路结构、体系性质等都有关系。在渗透汽化操作条件下，膜下游真空系统的流态大多属黏滞流，在温度、压力一定时，流道与管路的几何尺寸有密切关系，如圆管流道 $U \propto D^4/L$，其中 D 为圆管直径，L 为管长；薄壁孔流道 $U \propto A$，A 为孔面积，对串联系统，总流道 U 与多串联部分流道 U_i 有如下关系：$\dfrac{1}{U} = \sum \dfrac{1}{U_i}$。因此在真空管路中尽量用短而粗的管子，保证渗透侧有较大的空间，以增加真空管路中的流道，这是提高膜下游操作真空度的主要措施。

7.8.7.2　温度极化对膜组件结构的影响

　　当透过组分在膜下游侧解吸、汽化时，要吸收汽化潜热，若过程在绝热条件下进行，这会使体系温度下降，从而使膜上游的主体溶液与膜面之间形成温度梯度，产生温度极化现象，对膜内传质也会产生一定的影响。因此，GFT 公司在设计板框式渗透汽化膜组件时，采用正方形，膜面积为 $500\text{mm} \times 500\text{mm}$，而非一般膜装置采用的长方形，而且每一级膜组件均有加热装置，以弥补渗透汽化过程中的温度下降。

7.8.7.3　膜渗透流率小对膜组件结构和过程的影响

　　在连续生产中，膜面上的料液流速极小，以板框式膜组件为例，膜的有效宽度约 0.5m，流道高度 1mm，而料液在膜面上的流速只有 1cm/s，Re 数约 28。如此低的流速和 Re 数对传热和传质极不利。因此，在组件设计时，必须考虑料液的均匀分布，减少死角，降低流道宽度，促进湍流，以改善传质和传热条件。例如 GFT 公司采用了如图 7-67 所示的组件结构，该结构的优点是料液分布均匀，进料后折流，增加了组件内的流动等。

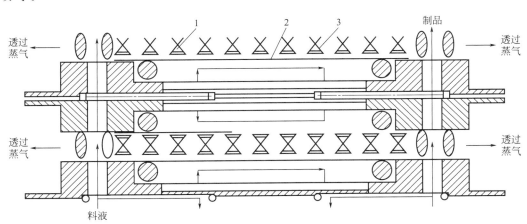

图 7-67　GFT 公司渗透汽化组件结构示意图[13]

1—隔网；2—渗透汽化膜；3—多孔板

　　另外，在高温高真空下操作，是提高膜的渗透流率、减小膜面积的有效方法。但要注意在较高温度下，高浓度的醇、醋酸等溶剂会对塑料和橡胶之类的密封材料产生溶胀，造成损坏。

7.8.8　浓差极化

浓差极化在许多膜分离过程中是一个不可忽视的影响因素，特别是在反渗透和超滤技术中，当溶液透过膜时，溶质会在高压侧的溶液与膜界面上发生溶质积聚，使界面上溶质的浓度高于主体溶液的浓度，这种现象称为膜的浓差极化（参见本手册第 6 章 6.2 节）。这种现象的存在，会使膜的传递性能以至分离性能明显下降，大大影响膜组件的工作效率，并将缩短其使用寿命，因此，在膜组件的设计和操作过程中应该引起注意[32,33]。

7.8.8.1　浓差极化的危害[2]

在反渗透过程中，当膜表面上溶质浓度增加时，溶质透过膜的流量也将增加。以醋酸纤维素膜为例，其溶质通量随界面浓度直线增加，这样，直接支配产品水中溶质含量的将是膜表面浓度，而不完全取决于进料的溶质浓度。另外，膜表面上溶质浓度的增加，必然导致界面上渗透压的增高，因而使有效工作压力减小，透水率下降。

局部浓度的增高，通常会促使溶液中部分溶质成分饱和，在一定条件下，甚至会晶析沉积，或成胶状物质，附着于膜表面，将膜孔堵死，从而减少了膜的有效面积，使透水率进一步下降。特别是当上述膜污染严重时，几乎等于在膜表面上又形成了一层二次薄膜，导致反渗透膜的透水作用完全消失。

在超滤过程中，由于要加工的溶质多数是高分子或胶体物质，这些物质在膜面上的积聚虽然不会形成结晶，但是当膜面上溶质的浓度超过凝胶化浓度时，溶质会在膜面形成凝胶层。凝胶层对流体流动有明显阻力，结果使透过流速急剧下降。在这时，增加操作压力，不会提高透过流速，只能增加溶质在凝胶层上的积聚，使凝胶层厚度继续增加，通常把刚形成凝胶层时的操作压力作为临界压力。在实际操作时，应当低于临界压力。另外，当凝胶层一旦形成，即使加大搅拌速度，也不会对透过流速产生多大影响，因为搅拌对非常靠近膜表面的影响是很小的，这时大的溶质只有通过扩散方式，才能使其重新分配。

在渗透汽化过程中，浓差极化的影响一般较小，因为所进行的渗透速率比较低。不过，在原料侧确有浓差极化的影响，这主要取决于要分离混合物的组成，所施加的流体动力学和通过膜的真正渗透速率。

7.8.8.2　改善浓差极化的对策[3]

（1）提高流速

在各种膜组件的操作过程中，提高流速会使浓差极化问题得到缓解。因为，提高原液的流速后，可以增加线速度（超过 1m/s），使传质强化，从而减少浓差极化的影响。

在工艺设计中，可以采用层流薄层流道法，这样不仅可以提高流速，而且可在膜面产生剪切速度，表 7-26 列出流道的构形与剪切速度的关系。

（2）填料法

例如 Bixler 法，系将 $29 \sim 100 \mu m$ 的小球放入被处理液体中，令其共同流经反渗透器以减小流道长度而增大透过速度。小球的材质可用玻璃、甲基丙烯酸甲酯（MMA）聚合物。不过对比起来，高密度（2.5g/mL）的玻璃球要比低密度（0.49g/mL）的甲基丙烯酸甲酯聚合物更有效。其试验结果参见图 7-68。

表 7-26　流道的构形与剪切速度的关系[3]

流道的构形	剪切速度 γ_w
长方形沟（高 $=2h$）	$2u/h$
圆管（半径 $=R'$）	$4u/R'$
三角形沟（膜为底边，长度 $=b'$，高 $=a''$）	$\dfrac{30u}{a''}\dfrac{\left(5\dfrac{b'}{a''}\right)^2+12}{27\left(\dfrac{b'}{a''}\right)^2+20}$

注：u 为流道内的平均速度。

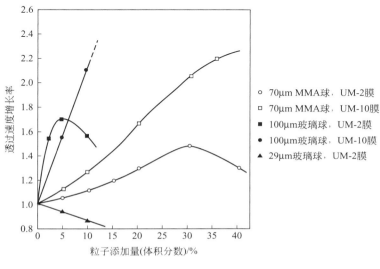

图 7-68　Bixler 等的湍流促进效果

此外，对管式反渗透器，也可向进料液中添加微型海绵球，效果也较好。对板式和卷式膜组件而言，加填料的方法是不适宜的，这将造成流道堵塞。

（3）装设湍流促进器

在反渗透器中央装入各种湍流促进器，也是消除浓差极化的有效措施之一。例如，可在管式组件内部安装螺旋挡板；在板式或卷式反渗透组件内衬上网栅等以促进湍流。实验表明，这些湍流促进器的效果很好。图 7-69 为日本市售的湍流促进器（螺旋式和球式）示意图。图 7-70 为 Abcor 公司采用促进器的效果。湍流促进器的效果，一般可使系统的传质系数增加 4～10 倍。

湍流促进器的缺点是系统的压力降增加，同时带来了拆洗的困难。采用时，需具体全面分析利弊。

（4）脉冲法

在消除浓差极化的措施中，脉冲流动是一种值得注意的方法，其流程如图 7-71 所示。

脉冲的振幅和频率不同，效果也不同。对流速而言，振幅越大或频率越高，透过速度也越大。以 13.1mm 的管状膜进行的实验表明：如果不施加脉冲，以 10% 蔗糖溶液在 15cm/s 的线速度下运转时，其透过速度为 12.5cm³/min，而在相同条件下，施以振幅为 18.7cm、频率为 50 周/min 的脉冲时，透过速度将增高到 21.5cm³/min（参见图 7-72）。

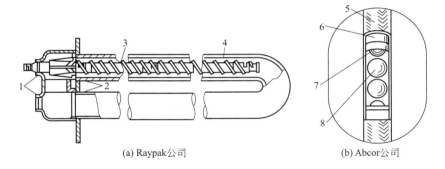

(a) Raypak公司   (b) Abcor公司

图 7-69 湍流促进器

1—O形环；2—密封O形环；3—湍流促进用螺旋体；4,7—膜；

5—增强玻璃纤维管；6—衬里材质；8—湍流促进器

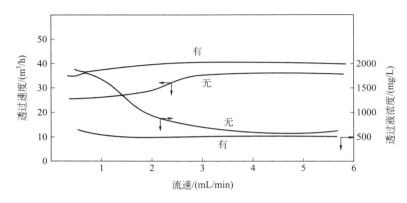

图 7-70 湍流促进器效果

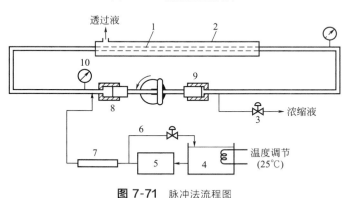

图 7-71 脉冲法流程图

1—膜；2—夹套；3—压力调节阀；4—原料槽；5—活塞泵；6—支管；

7—高压泵；8—脉冲发生装置；9—活塞；10—压力表

　　澳大利亚的 Memtec 公司对残留固体的处理采用了新的系统：空气反冲毛细管式[2]，见图7-73，采用和反冲清洗、并流及错流过滤器一样的方法操作。料液沿微孔毛细管的外侧通过，并很快在表面上形成一层残留物，这层残留物起助滤器的作用。当该层发展到过滤不能继续进行时，把空气从毛细管的内部压入，吹掉孔上滤饼。反冲频率为每 10～30min 一次，每次 30s。对高固体含量的原料，Memtec 公司采用错流形式并以每个通道低于 50% 的转化率来操作。

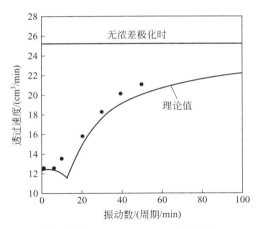

图 7-72 脉冲导致的透水率增加[3]

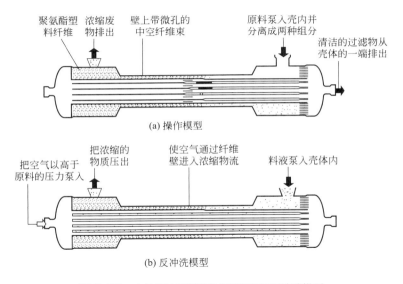

图 7-73 空气反冲毛细管组件的操作和反冲洗模型

7.8.9 装填密度

对于各种膜器件，增加膜的装填密度，可提供高的比表面积，减少死空间，但装填密度过大，又会增加原料在膜中的阻力，在装卸中又易对膜表面造成损伤。因此，选择合适的装填密度是器件设计中必须考虑的重要问题之一。表 7-27 列出每种膜器件的装填密度，可供设计时参考。

表 7-27 各种膜器件装填密度比较

组件类型	管式	板框式	螺旋卷式	中空纤维式
装填密度 /(m²/m³)	33～330 328[①]	650～1600 492[①]	650～1600 656[①]	16000～30000 9180[①]

① 反渗透用的膜装置。

7.8.10　密封与粘接

各种膜分离过程都要在外界驱动力的作用下才能进行，因此在组件的设计中要考虑密封与粘接问题。由于各种膜组件的结构特点不同，所以考虑的重点也不相同。例如，螺旋卷式膜组件的有效黏结剂是聚酰胺凝固环氧树脂[3]。黏结密封时，膜与支撑材料的边缘必须有足够的胶渗入，使之组装时不出现折痕或皱纹，在密封边或封头处不产生漏洞。胶的涂刷要完全，两条胶线间要相互并排，使密封边不出现渗漏。又如，管式组件中的单管式用 U 形管连接，采用喇叭口形，再用 O 形环进行密封。至于管束式的连接，主要靠管板和带螺栓的盖。管板上配有装管的管口，盖内有匹配好的进出口和适当的密封元件。再如，在中空纤维膜组件中，需要把装有数千根甚至数万根中空纤维束的一端用环氧树脂黏合剂将其黏结密封在一起，形成环氧封头，放进分离器的一端，而另一端用环氧树脂黏合剂把纤维黏结成环氧树脂管板，如同换热器的花板，固定在分离器的另一端。在环氧管板的制作中，既要把纤维束黏结密封在一起，又要使纤维束不受到破损泄漏或干燥皱缩。通常采用离心浇注的方法，将中空纤维束放在保护套里，当离心机转动时，要浇注的纤维束端在 50～60 倍的重力加速度推动下，沿着圆周运动，同时将新配制的环氧树脂加入纤维束端部，直到环氧树脂固化，方可停止离心机转动。最后在车床上，将固化的环氧浇注头用非常锋利的刀具加工成环氧管板，其两端都用 O 形密封圈与外面的树脂或不锈钢壳体密封连接在一起。因此一个结构合理、性能良好的环氧封头和环氧树脂管板将对中空纤维膜器件的性能起着十分重要的作用。

黏结中空纤维用的环氧树脂黏合剂主要包括环氧树脂（30%～80%）、固化剂（5%～50%）、交联剂（1%～5%）、增韧剂（5%～20%）、稀释剂（1%～10%）和填料（0～300%，按配方总量比），按一定的比例混合制成的[36]。如密封气体分离用的中空纤维膜的环氧树脂主要选用双-2,3-环氧基环戊基醚，1,5-环氧环己烷与 1,2-二甲酸二缩水甘油酯，二氧化双环戊基醚，4,5-环氧环己烷与 1,2-二甲酸二缩水甘油酯，二氧化环戊基醚或上述环氧衍生物。固化剂可选用脂肪胺类（如乙二胺、二亚乙基三胺、三亚乙基四胺、四亚乙基五胺、乙二胺、间苯二甲胺），芳香胺类（如间苯二胺、4,4'-二氨基二苯甲烷、4,4'-二氧基二苯砜、间氨基苄胺）和酸酐类固化剂（如邻苯二甲酸酐及其衍生物或咪唑类及其衍生物）。交联剂可选用有机硅类偶联剂。增韧剂可选用聚砜、聚硫、聚酯类等。稀释剂可选用甘油、苯、二甲苯、松节油、丙酮、邻苯二甲酸二丁酯、邻苯二甲酸二辛酯。填料可选用石棉、炭黑、石墨、二氧化硅、玻璃纤维、金属氧化物或金属（铜、铝、铁）的细粉。如黏合剂中加入的活化剂可选用 $SnCl_2 \cdot 2H_2O$、$FeCl_2 \cdot 6H_2O$、$ZnCl_2 \cdot 15H_2O$ 或 $SrCl_2 \cdot 6H_2O$ 等。上述黏合剂的各种组分按比例称取混合后，充分搅拌均匀，如需要加填料时，再加入一定比例填料混合后即可作为黏合剂使用。

利用上述配制的黏合剂可进行浇注分离器的环氧封头或环氧树脂管板，黏合剂配制和浇注工序应在室温（25℃）至最初固化温度内进行，浇注工序没有特殊的技术要求，但浇注后的高温固化工序应在程序升温或梯度升温方式下进行，并保持一定的固化时间。所谓程序升温式固化，是以 0.5～2℃/h 升温速度连续升到固化温度 80～150℃下进行固化，固化时间不少于 20h。所谓梯度升温方式固化，是以不少于两个温度段内进行固化，在最后固化温度进行固化时间不少于 10h，其他升温固化段内不少于 2h。梯度升温范围可选 10～30℃温度级差进行各级升温固化，例如，初温段 20～50℃，后 70～90℃、100～120℃、130～150℃ 等段，但最终固化温度不应高于 150℃，可在 30～150℃ 范围内选择，即梯度升温式固化一般可选 2～5 段进行。

7.8.11　预处理与清洗

由于原料液中杂质的存在，使反渗透膜在操作一定时间后膜表面被沉积的不溶物所覆盖，使膜的性能下降，这种现象称为膜污染。膜污染与浓差极化对反渗透过程所产生的影响，从表面上看是类似的，但存在着本质的不同，浓差极化并没有使膜遭到破坏，改变操作条件，消除浓差极化后，可使膜恢复至原来的性能；而膜污染破坏了膜，使膜的性能不可能恢复到初始状态。为了使膜污染减小到最低水平，在进行膜法分离前对原料液进行预处理是十分必要的。通常造成膜污染的主要因素有溶液中悬浮的固体和胶体、微生物、可溶性有机物和可溶性的无机物等，这些物质必须在预处理过程中去除。

7.8.11.1　悬浮固体和胶体的去除

对于悬浮固体，用 5～25μm 的过滤筒就可以充分去除。而 0.3～5μm 的悬浮颗粒和胶体最容易引起膜的污染。由于胶体本身的荷电性，可加入一些与胶体粒子电荷相反的荷电粒子——凝集剂，使胶体粒子凝集成大的胶团，这样就很容易去除。常用的凝集剂有无机电解质，如含有 Al^{3+}、Fe^{3+} 等高价金属离子的无机电解质；或者采用高分子电解质凝聚剂，具有用量少、效果好的优点。

近年来，在海水淡化等试验中，用超过滤或精密过滤来去除胶体粒子。由于处理的精度高，所以可作为反渗透组件的最高一级的前处理方法。另外，预处理的要求程度，还与膜组件的类型有关，中空纤维系统的要求最高，而管式装置要求最低。

工业上经常采用的预处理过程如下：

地面水：氯化-絮凝-沉降-砂滤。

高硬度水：石灰或石灰碱软化-砂滤。

低硬度水：砂和锰沸石过滤。

7.8.11.2　微生物（细菌、藻类）的去除

为了去除进料液中的细菌、藻类等微生物，加入氯是价廉而有效的。采用 NaClO 时，浓度控制在 1～5mg/L，并尽可能在前面的工序中加入。另外，应该规定膜的进料液中余氯的含量，在操作时，氯的含量必须低于允许的上限值。除氯以外，在进料液中加入 H_2O_2、O_3 和 $KMnO_4$ 也是有效的。

7.8.11.3　可溶性有机物的去除

可溶性有机物（长链的可离解成离子的有机脂肪酸等除外）和胶体物质不同，用沉降或凝聚法无法去除。可溶性有机物的存在不仅使膜性能恶化，在浓缩时甚至会使膜发生溶解。去除方法有两种。

① 用氯或次氯酸钠进行氧化，几乎能去除可溶性的、胶体状的和悬浮性的有机物。氧、臭氧和高锰酸钾虽然是强氧化剂，使用效果好，但成本较高，不太经济。

② 用活性炭吸附几乎可除去所有可溶性的有机物。由于活性炭能够再生，相对来说还是经济的。但是对那些不能被活性炭吸附的可溶性有机物，如醇、酚等仍需用氧化法处理。

7.8.11.4　可溶性无机物的去除

在膜法分离时，当水的回收率超过30%～40%，海水中的少数盐类将达到饱和状态，很容易从进料中沉析下来，被截留在膜的表面上。对于这类污垢，如铁离子、锰离子和碳酸钙等可通过调节pH的方法去掉；硫化氢可用强制曝气法使其氧化成单质硫，然后过滤除掉；对硫酸钙常用阳离子交换树脂吸附或用石灰沉降法；对二氧化硅可用强碱性阴离子交换树脂吸附或石灰处理。

7.8.11.5　膜的清洗[5]

当膜被污染后，通常可采用物理或化学方法对膜进行清洗。由于各种膜组件的结构和使用材质不同，对其清洗的要求、清洗剂的配制和使用方法也大不一样，在采购膜组件时，应同时了解其清洗的方法，有的厂家还同时提供清洗剂。前面"7.8.8.2　改善浓差极化的对策"中提到的填料法、装设湍流促进器以及脉冲等方法不仅可用于克服浓差极化，而且对膜的清洗也有效果，可以结合使用。化学清洗剂的配方大都是保密的，常用的清洗剂有以下几种。

（1）柠檬酸溶液

在高压或低压下，用1%～2%的柠檬酸水溶液对膜进行连续或循环冲洗，这个方法对$Fe(OH)_2$污染有很好的清洗效果。

（2）柠檬酸铵溶液

在柠檬酸的溶液中加入氨水或配成不同pH值的溶液加以使用，也有在柠檬酸铵的溶液中加入HCl，调节pH至2～2.5再进行使用，例如，在190L去离子水中，溶解277g柠檬酸铵，用HCl调节溶液pH=2.5，用这种溶液在膜系统内循环清洗6h，能获得很好的清洗效果。假如把这种溶液加温到35～40℃，则清洗效果更好。这种方法对无机物垢也能清洗。该法的缺点是清洗时间长，为了防止在低pH下对醋酸纤维素膜的水解，此时柠檬酸铵的pH应调节在4～5。

（3）加酶洗涤剂

用加酶洗涤剂对有机物，特别是对蛋白质、多糖类、油脂类污染的清洗是有效的。对加酶洗涤剂来说，在温度为50～60℃时具有良好的效果，但由于膜耐热性能的限制，通常在30～35℃下用加酶洗涤剂清洗，一般是每十天或每周用1%的加酶洗涤剂在低压下对膜进行清洗一次。但用低浓度的加酶洗涤剂时，必须长时间浸渍；当用高浓度的加酶洗涤剂时，清洗时间可短一些，然而必须十分注意它们对膜性能的影响。

（4）过硼酸钠溶液

假如在膜的细孔内存在胶体堵塞，则可用分离率差的物质，如尿素、硼酸、醇等作清洗剂，此时这些物质很容易渗入细孔而达到清洗的目的。

（5）浓盐水

对被浓厚胶体污染的膜采用浓盐水清洗是有效的，这是由于高浓度的盐水能减弱胶体间的相互作用，促进胶体凝聚形成胶团。

（6）水溶性乳化液

它对被油和氧化铁污染的膜是十分有效的，一般清洗 30～60min。

（7）双氧水水溶液

例如将 0.5L 30％的 H_2O_2 用 12L 去离子水稀释，然后对膜表面清洗。这种方法对被排水污染的膜及受到有机物污染的膜都具有良好的效果。

（8）三聚磷酸钠清洗液

例如将三聚硫酸钠（7.7kg）、EDTA 四钠盐（3.18kg）或十二烷基苯磺酸钠（0.97kg）与无游离氯的产品水（379L）混合，用硫酸调节 pH 至 10.0，可用于反渗透膜的清洗。

表 7-28 列出某些反渗透膜的清洗技术，其中有的是一些传统方法，也有的是新近提出并行之有效的方法。随着膜技术的推广应用，一些新的清洗剂和操作工艺必将不断出现。

表 7-28　反渗透膜的清洗技术[2]

方法	说明
物理方法： ①机械的 ②水力学的 ③逆向流动 ④空气/水冲洗 ⑤声学的	泡沫塑料清洗管道 切线速度改变；湍流促进器 减压和逆向流动（渗透） 每天降压冲洗 15min 超声波清洗
化学方法： ①向进料液中添加加剂 ②低压下加添加剂冲洗	控制 pH 以阻止水解和污染物沉积，在 pH＝5 下，每升加入 1.32mL 的 5% NaClO；减少摩擦助剂（聚乙二醇）和污秽 分散剂（硅酸钠）；络合剂（EDTA，六偏磷酸钠）；氧化剂（柠檬酸）；去垢剂（1% BIZ）；预涂层（硅藻土、活性炭和表面活性剂）；高浓度 NaCl（18%）
膜的改进： ①膜置换 ②无机膜 ③使活性不溶解酶贴附于膜 ④聚电解质膜	原地膜置换 生物产生的保护膜 使污垢膜降解 复合膜，动态层技术

7.9　膜器件的特性比较与发展趋势

7.9.1　特性比较

对膜组件的基本要求是，尽可能高的膜装填密度，并使流体在膜表面上有合理的流速与分布，以减少膜表面的浓差极化和膜污染。同时组件的价格应尽可能低，并便于清洗和更换。下面概括列出一些常用膜组件的主要特征比较情况，见表 7-29～表 7-33。

表 7-29　各种膜组件的主要特征比较[5,13]

项目	圆管式	板框式	螺旋卷式	中空纤维式
组件结构	简单	非常复杂	复杂	复杂
生产成本/(元/m²)	30～80	30～80	50～100	60～120

续表

项目	圆管式	板框式	螺旋卷式	中空纤维式
膜装填密度[①]/(m²/m³)	33～330	160～500	650～1600	10000～30000
流层高度/cm	>1.0	<0.25	<0.15	<0.3
流道长度/m	3.0	0.2～1.0	0.5～2.0	0.3～2.0
流动形态	湍流	层流	湍流	层流
膜支撑体结构	简单	复杂	简单	不需要
限于专门类型的膜	不	不	不	是
抗污染能力	很好	好	适中	很差
膜清洗难易	（内压）易 （外压）难	易	难	难（内压中空纤维超滤易）
膜更换方式	更换膜(内压)或组件(外压)	更换膜	更换组件	更换组件
膜更换难易	内压式费时 外压式易	尚可	易	易
膜更换成本	低	中	较高	较高
对水质要求	低 除去50～100μm微粒	较低	较高	高
产生压降大小	低	适中	适中	高
是否适合高压操作	可以,有一定困难	可以,有一定困难	适合	适合
要求泵容量	大	中	小	小
工程放大	易	难	可以	可以

① 以聚砜为标准聚合物。

表 7-30   常用超滤膜组件的一般特征比较[8]

组件类型	原料流道高度/mm	膜填充密度/(m²/m³)	原料流速/(m/s)	雷诺数[①] Re	膜成本/(元/m²)	容纳体积	主要供应商
螺旋卷式	0.5～1	600	0.2～1.0	100～1000[②]	30～200	低	Fluid System Koch Dow
中空纤维式	1～2.5	1200	0.5～3.5	10～1000	100～200	非常低	Amicon Romicon
窄孔管/单体式[③] 大孔管式	3～8 10～25	200 60	— 3～6	— 10000～30000	— 60～500	一般 高	Alcoa Koch PCI Wafilin
板框式	0.3～1	300	0.7～2.0	100～6000	60～150	一般	DDS Dorr-Oliver Millipore

① 对多孔管和狭缝,从层流转变成湍流发生在 Re=4000,相对非多孔管,则发生在 Re=2100,因此圆管式组件在湍流区操作,而其他一般为层流。

② 虽然其 Re 低,但湍流是由原料隔网导入的。

③ 正在开发的蜂窝状单体式组件的原料流道高度为2～3mm。

表 7-31   各种反渗透装置的优缺点比较[5]

类型	优点	缺点	使用状况
板框式	结合紧凑、简单、牢固,能承受高压 可使用强度较高的平板膜 性能稳定,工艺简便	装置成本高,流动状态不良,浓差极化严重 易堵塞,不易清洗,膜的堆积密度较小	适于小容量规模 已商业化

续表

类型	优点	缺点	使用状况
管式	膜容易清洗和更换 原水流动状态好,压力损失较小,耐较高压力 能处理含有悬浮物的、黏度高的,或者能析出固体等易堵塞流水通道的溶液体系	装置成本高 管口密封较困难 膜的装填密度小	适于中小容量规模 已商业化
螺旋卷式	膜堆积密度大,结构紧凑 可使用强度好的平板膜 价格低廉	制作工艺和技术较复杂,密封较困难 易堵塞,不易清洗 不宜在高压下操作	适于大容量规模 已商业化
中空纤维式	膜的堆积密度大 不需外加支撑材料 浓差极化可忽略 价格低廉	制作工艺和技术复杂 易堵塞,不易清洗	适于大容量规模 已商业化

表 7-32　常用反渗透膜组件的一般特征比较[1,8]

特征	螺旋卷式	中空纤维式	圆管式	板框式
膜装填密度/(m²/m³)	800	6000	70	500
需要的原料流速/[m³/(m²·s)]	0.25~0.5	0.005	1~5	0.25~0.5
操作压力/(kgf/cm²)	56	27	50① 70②	56
原料侧压降/(kgf/cm²)	3~6	0.1~0.3	2~3	3~6
单位体积透水量/[m³/(m²·d)]	670	670	335① 220②	502
透水率/[m³/(m²·d)]③	1.00	0.073	1.00① 0.61②	1.00
膜玷污性能	高	高	低	一般
容易清洗	差到好	差	很好	好
对原液过滤的要求/μm	10~20	5~10	不需要	10~25
相对费用	低	低	高	高

① 内压管式。

② 外压管式。

③ 指原液 (5000×10⁻⁶ NaCl) 脱盐率达 92%~96% 时的透水率。

事实上,各类膜组件在设计和使用中又有不同的要求,表 7-33 列出有关这方面的特征比较情况[6]。

表 7-33　各种膜组件的一般特征比较

组件类型	一般特征
板框式膜组件	①流道高度一般在 0.5~1.0mm 之间。超滤系统是在层流和高剪切条件下操作。流道长度(入口处与出口处之间的距离)一般在 6~60cm 之间,雷诺数在 100~3000 之间,以及流道高度在 0.4~1.0mm 之间进行的实验结果很一致 ②来自每个膜对的渗透液,在流过支撑板的塑料管时,可用肉眼观察到,这样对确定膜对中是否发生泄漏,进行取样分析和测定通道的生产能力等很方便,另外膜的替换也比较容易 ③在平放式组件中,流体是以大约 2m/s 的速度平行通过所有的流道。对于 30 块板为一体的组件,可产生压降约 1MPa。板框式系统的能耗介于螺旋卷式和圆管式系统之间 ④这类膜美国的售价分别为:醋酸纤维素 50 $/m²,非醋酸纤维素的 RO 膜 100 $/m²,聚砜膜 50 $/m² 另外,膜的装填密度较高,平均约 200~300ft²/ft³

续表

组件类型	一般特征
圆管式膜组件	①流道直径一般较大，能够处理含有较大颗粒和悬浮物的原料液。通常在膜组件中可处理的最大颗粒直径应该小于通道高度的 1/10 ②直径为 1.25～2.5cm 的圆管式组件，在湍流条件下建议用 2～6m/s 的速度操作。流速与管径有关，当每根管子的流速为 15～60L/min 时，雷诺数通常大于 10000 ③对每根长 8～12ft 的管子，平均压降为 2～3psi。这样，对 0.5～1.0ft 长的管子，在平行流动条件下进行超滤操作的一般压降约为 30～40psi（2～2.5atm）。这样压降和高的流速结合在一起，会使能耗提高 ④开口管设计和高的雷诺数操作，使组件容易用标准的原位清洗技术清洗，另外，也可以用放入冲洗球或圆条的方法，以帮助膜清洗 ⑤组件的膜装填密度在所有组件中是最低的。若考虑到节约运输费用和膜的成本，有些组件可在工厂条件下就地更换，并很容易
螺旋卷式膜组件	①流道高度一般为 0.76mm 或 1.1mm，这通常是由原料流道中类似网络的间隔材料厚度来控制。流道高度较小膜组件的优点是可以提高膜的装填密度 ②对流道高度较大的组件，会使膜的装填密度略为减少，不过，这对减小压降和降低原料流道结垢可能更为有利。把预过滤物为流道高度 1/10 的一般规律用于螺旋卷式膜组件，并考虑到组件中间隔材料的存在会使流道中的自由体积减小等因素，若原料经预过滤后，可使颗粒降到 5～25μm，则建议用 0.76mm 的隔网；若预过滤可使颗粒降到 25～50μm，则用 1.00mm 的隔网 ③单个膜装置的长度一般在 1～6ft 之间，当计算其膜的表面积时，可简单地把它当作两张板式膜来考虑，膜三个边之间的黏结以及第四个边固定到渗透液集中管上用去的膜面积可以忽略不计 ④这种组件里的水力学尚不清楚。装置中的表面速度（即不考虑间隔材料在流道中所占有的体积）一般为 10～60cm/s，对应产生的雷诺数为 100～1300，其中对较厚的间隔材料可采用较高的流速 　另外，由于间隔材料的存在，流体可呈湍流状态，并会产生较大的压降。在表面速度为 25cm/s 时，压降约 0.1～0.14MPa ⑤总成本较低，膜的装填密度较高，平均约 200～300ft²/ft³。替换膜（醋酸纤维素膜，聚偏氟乙烯膜和聚砜膜）的价格一般为 30～120 \$ /m²
中空纤维膜组件	①在超滤系统中，建议用 0.5～2.5m/s 的流速操作，产生的雷诺数为 500～3000，操作是在层流范围内进行 ②在中空纤维中，由于流道狭窄、流速较高，所以在纤维壁上的剪切速度较高 ③膜的装填密度最高，而容纳体积较低，一般在膜面积为 1.4～1.7m² 的 3ft 长的短管壳中，容纳体积只有 0.5L ④压降与流速有关，一般为 0.03～0.13MPa。若压降与流速能最佳结合，则这种组件在能耗方面会是非常经济的一种 ⑤压力额定值约 0.18MPa。对超短型（30cm）管壳在低温（<30℃）下所承受的压力可高达 0.24MPa。在超滤应用中，若原料液是非常稀的，则可高于 0.17MPa 的压力下操作。另外，由于流速与压降成正比，流速会因入口压力不能超过 0.17MPa 而受到限制。对高黏稠溶液，要特别注意使用管壳的问题，而对细的纤维，要注意防止结垢的问题，原料应预过滤到 100μm 以下 ⑥中空纤维膜是自撑体，所以适合用"反冲洗"法在原位进行清洗，以保证膜的性能不会下降 ⑦膜的替换成本较高，即是在 50～3000 根纤维为一束的组件中，有一根纤维受损，意味着要更换整个组件。不过，在某些情况下，可以进行原位修复。对一个直径 7.5cm 的工业组件，不管表面积有多大，其成本约 600 \$，而替换成本约 200～300 \$ /m²

7.9.2　选用原则

7.9.2.1　膜过滤系统的选择

在选择膜过滤系统前，首先要对待分离系统本身做全面的考虑，如在选用微滤系统时，首先需要了解有关流体污染物的性质、系统的压力特征、温度范围、杀菌和消毒的条件，以及金属构件、系统构型等方面的情况。表 7-34 列出有关膜过滤系统方面的选择依据[6]。

表 7-34　膜过滤系统的选择依据

依据	特征
流体性质	要过滤的是气体或液体 液体的特征包括:pH、黏度、温度、表面张力、稳定性等 主要的化学成分和它们的浓度 是否需对流体进行预处理 需要的最小和最大流速是多少 一次可生产多少
压力特征	最大的入口压力 可承受的最大压差 需要有初始压差吗 压力的来源(离心泵/正压移动泵,重力,压缩空气等)
杀菌/消毒	过滤系统是用蒸汽或压热器处理 系统是用化学品或热水消毒 系统杀菌或消毒的时间多少 杀菌/消毒的条件
金属构件	外壳用材料是否有限制 所推荐的外壳表面是否需磨光 入口和出口的管道连接 设备的大小或重量有限制吗
过滤器	渗余物颗粒的大小 要进行过滤器完整性测试吗? 怎么测试? 是杀菌过滤吗 消除颗粒的最小可能大小 所推荐的过滤器更换频率
温度	流体的温度是多少,因为温度影响液体的黏度 气体的体积和过滤体系的相容性
构型	过滤系统将是怎样的结构,是串联式或并联式 ①并联式布置:同时采用几个孔径大小相等的过滤器,这样既可提高流速,延长过滤器的使用寿命,或降低分压差。另外,还允许不用拆卸系统,就可更换过滤器。总的流速和分压相等地分布在通过的每个过滤器上,对任何给定的流速,分压可通过增加并联式过滤器的数量来减少 ②串联式布置:当污染物的大小分布范围很宽时,采用一组孔径大小递减的过滤器以保护最后的过滤器。也可以串联的方式外加孔径大小相同的过滤器来提高颗粒的回收效率,防止系统中单个器件可能出现的失效,并在任何应用中,加上额外的安全措施

7.9.2.2　膜器件类型的选择

膜器件主要有 5 种类型可供选择，它们是板框式、圆管式、螺旋卷式、中空纤维式和毛细管式，并可广泛用于微滤（MF）、超滤（UF）、反渗透（RO）、电渗析（ED）、气体分离（GP）和渗透汽化（PV）等分离过程。由于各种膜分离系统的具体情况和要求不同，因此在对膜器件的选型上也会有所不同。针对各种膜器件的特点，它们对各种分离方法的适用情况参见表 7-35[6]。

表 7-35 膜器件类型与分离方法的适用情况

膜器件类型	分离方法					
	RO	PV	GP	UF	ED	MF
板框式	(RO)①	√		√	√	√
圆管式	(RO)①	√		√		√
螺旋卷式	√	√	√	√		√
中空纤维式	√	(PV)①	√	√		√
毛细管式		(PV)①		√		√

① 尚不成熟，正在开发中。

对于某一个特定的分离过程，究竟选择哪种类型的膜器件还需要对许多因素，如在表
7-29 中所列的成本、装填密度、是否需要专门的膜材料和特定的操作条件以及膜的抗污染
能力、膜清洗和膜更换等方面的情况，进行综合考虑[3]。

（1）成本

虽然膜器件的成本总是非常重要的，却难以定量讨论。因为膜器件的实际销售价格往往
依赖于应用。一般，高压膜器件要比低压或真空系统的售价高一些。另外，销售价格还与用
量、供需情况和价格结构有关。例如，苦咸水淡化用的反渗透膜，由于制造厂家较多，竞争
激烈，价格很低；而用于其他分离过程的相似膜器件的价格则要高得多。通常销售价格是生
产成本的 2~5 倍。

另外，对成本的计算不限于膜器件本身的成本，还要考虑到整个系统中的所有费用。因
为最便宜的膜器件不总是最佳选择，还要根据使用中的具体要求，全面计算出总的投资费
用，其中还包括操作费用以及膜的清洗和更换费用等。

（2）抗污染能力

在液体分离，如反渗透和超滤过程中，膜污染问题尤为重要，而在气体分离过程中，膜
污染的问题相应好控制一些。

通常，在反渗透应用中，大都采用中空细纤维或螺旋卷式膜器件。板框式和圆管式膜器
件常用于对膜污染特别严重的少数操作，如食品工业和工业重污染水的处理。螺旋卷式膜器
件抗污染性能好，可使原料预处理的成本降低。另外，目前现成的薄层界面复合膜就是最好
的反渗透膜，不必制成中空细纤维式。

在超滤应用中，对污染严重的原料液，大多使用圆管式或平板式膜器件。不过，近年来
已开发出耐污染的螺旋卷式膜器件，使其在该领域得到广泛的应用。在某些超过滤操作中也
可应用毛细管式膜器件。

（3）是否对制膜用材料有限制

一般来说，几乎所有的膜材料都可以制成平板膜，进而制成板框式或螺旋卷式膜器件，
但可制成中空纤维的膜材料却很少。近年来，随着膜材料科学的发展和制膜工艺的提高，像
聚砜、聚酰亚胺和聚碳酸酯一类的高聚物都可用于制成中空纤维膜。

（4）是否适合特定的操作条件

所选用的膜材料是否适于高压操作；膜的原料侧与渗透侧的压降是否大等。

在高压气体分离操作中，主要采用中空细纤维式膜器件，虽然这种组件的单位膜面积成
本最低，而耐污染较差，但在气体分离中不是突出的问题。用于高压气体分离的聚合物材料

主要有聚砜、聚碳酸酯和聚酰亚胺等，这些材料都容易形成中空细纤维。在该领域中，也有少数公司采用螺旋卷式膜器件，如 Separex 和 W. R. Grace。

在低压或真空下进行气体分离的操作中，普遍采用螺旋卷式膜器件，例如，生产富氧空气，或从空气中分离有机蒸气。在这些应用中，原料气接近环境压力，在膜的渗透侧用真空产生驱动力。若用中空细纤维式膜器件，同样在膜的渗透侧产生负压作驱动力，不仅给设计带来一定的困难，而且也难以奏效。

在渗透汽化操作中，如低压气体分离，主要采用螺旋卷式和板框式膜器件，而且板框式在这方面的应用中具有一定的优势，尽管其成本较高，但可在高温并具有一定腐蚀性原料液中操作，这对螺旋卷式膜器件是做不到的。

另外，其他一些因素在膜过程的设计和膜器件选型中也是非常重要的，如原料预处理要求是否严格，膜器件的更换是否方便，是否容易清洗等都需要综合考虑。

7.9.3　发展趋势

膜分离技术从实验室走向工业化已经历了 60 多年，4 种比较成熟的膜器件，板框式、圆管式、螺旋卷式和中空纤维式已在微滤、超滤、纳滤、反渗透和电渗析等许多领域得到了广泛的应用，并取得了明显的经济效益，年销售额在数百亿美元以上。由于这些膜过程现已比较成熟，因此，在膜器件的制造技术上很难有惊人的突破。自 1995 年中国膜工业协会成立以来，在协会领导下，我国的膜技术和产业得到了飞速的发展和壮大，取得重大的社会和经济效益。我国 2012 年膜产业总产值 400 亿元，2018 年已经接近 2500 亿元，占全球的25%，我国已成为分离膜研究、制造和应用的大国。另外，膜公司的更迭非常迅速。有的公司消亡，有的公司被并购。总体而言，膜及其膜工程公司日趋规模化、大型化。相关的引领性膜技术企业的影响力和市场占有率越来越高。在技术方面，日益重视从理论上对组件的结构设计进行指导，优化膜组件的专利技术和研究文章也日益增多[35]，概述如下。

7.9.3.1　中空纤维式膜器件的改进

目前带支撑层的中空纤维膜越来越普及，其可以提高膜的强度，对应的膜组件可以承受更大的冲击和剪切力。此外组件的结构越来越多采用 CFD 进行模拟优化。从外部流形到纤维束的流体分布目前了解得还很少。理想情况下，流体被流入和流出，越过各纤维内腔的压力降相同，即在壳中的任意两点之间，在同一径向上的相对的管板位置，压力下降都是一样的，这样流量均匀、稳定性最好。传统的腔体结构，流速最高的区域在纤维膜束的中心，然后迅速下降。达到最低限度然后再增加在束外围。此外，流体从壳体管汇集到壳体中的分布空间也是不均匀的。X 射线计算机断层扫描显示壳体外部比壳体中部具有更高的流动效率，见图 7-74。

7.9.3.2　螺旋卷式膜器件的改进

螺旋卷式膜器件的改进主要体现在间隔层的结构上。间隔层的结构会影响膜污染情况、压力降及跨膜压差等，从而改变膜的运行效率[37]。同时，新技术也用于间隔织物的设计，如 3D 打印技术（图 7-75）。通过优化隔板，增加传质，降低膜表面的浓差极化，有可能解

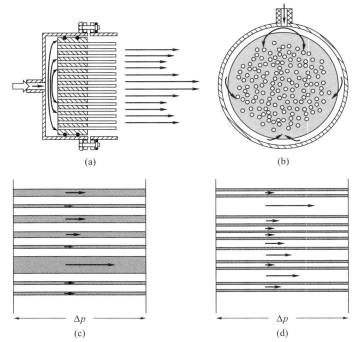

图 7-74 中空纤维膜组件内部非均匀流的分布情况[36]

（a）从管腔端口流向纤维腔的流动分布；（b）组件断面从壳体外部边缘到壳体中部的
流动分布；（c）纤维内径诱导管腔流动变化；（d）纤维间距诱导流动变化
（箭头的长度表示预计的流速变化的相对大小）

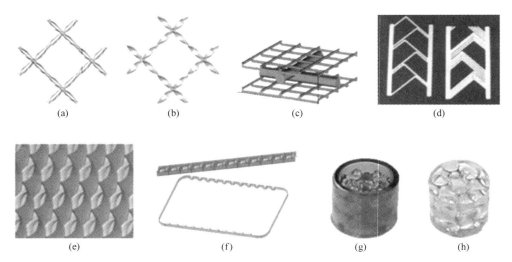

图 7-75 3D 打印膜的间隔层及膜组件[38]

（a）改性纤维间隔物；（b）螺旋间隔物；（c）多层间隔物；（d）交错人字分隔物；
（e）微结构间隔；（f）混合垫片；（g）打印通道；（h）打印膜组件

决膜污染问题。3D 打印技术可能彻底改变当前膜组件的设计，并可能降低海水淡化厂和污水处理厂的能耗和化学试剂使用量。

反渗透膜中进料侧最常用的填料间隔结构是双面 PP 网，其厚度的改变是主要变化趋势。如图 7-76 所示，原先的原料隔离层只有 0.25～0.50mm，这样虽然膜的填充密度会高些，但对原料的条件要求较高，其浊度要小于 1NTU（Nephelos，浊度单位）。近年来，常用的原料隔离层厚度大都改为 0.76～1.1mm，这样只要把原料经 5～25μm 的预过滤就可符合要求。为了提高原料的有效通道，有许多厂商还制造了捆扎疏松形膜器件（loose-wrap module）。这种膜器件既不在通常的外部捆绑，也不集中密封，其结果是当它遇到原料时，可使原先卷绕的膜轻微松开并扩展，以贴合到压力壳体上。这样可使器件得到较高的有效通道，并有利于消除浓差极化和清洁设计中产生的死角[8]。

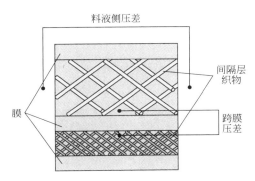

图 7-76　卷式膜的跨膜压差与料液侧压差示意图

此外端盖的改变也使得组件接头之间可以互锁（图 7-77），可以更加方便地实现互联，从而使得大规模组件的安装变得更加容易（图 7-78）。

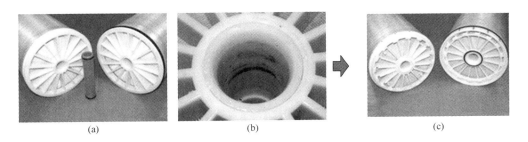

(a)　　　　　　　　　　　(b)　　　　　　　　　　　(c)

图 7-77　传统的端盖接头（a）和结合后 O 形圈的摩擦痕迹（b）与
改进的互锁型端盖接头（c）[39]

7.9.3.3　平板式膜器件的开发状况

对于平板式 RO、NF 组件，目前主要的是采用模块设计，提高设备的可组装和可拆卸性。特别是对于单个膜片的拆卸和更换，使其变得更加方便。

对于浸没式 MBR 膜器件，目前主要是提高其通量，减少运行能耗。包括 Alfa Laval 利用水下静压差自动超低跨膜压差进行过滤的无动力式，意味着膜上的压力降接近于零，膜上没有死点。由于极低的 TMP，膜不太容易污染，从而导致更长的膜使用寿命。其次，提高

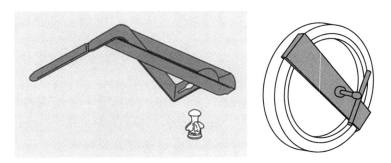

图 7-78　卷式膜组件两端的端盖的拆卸工具[40]

膜的反冲能力，是平板膜组件的一个重要的发展方向。

　　目前部分平板膜如 PTFE 膜可以实现反冲。由于膜本身结构的特性会影响运行过程中的能耗和耐污染性能。改变膜表面结构可以优化膜的性能，提高膜的清洗效率，见图 7-79。另外，改变板式膜组件为柔性膜组件，特别是具有 3D 结构的膜组件，可以减少膜的厚度，提高膜组件的适应性，便于不同场合使用，如德国 MICRODYN-NADIR 公司的 3D 柔性膜组件，见图 7-80。

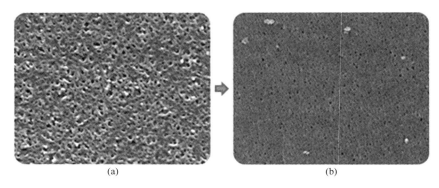

(a)　　　　　　　　　　　　　　(b)

图 7-79　Koch 公司 PURON MBR 组件表面结构的优化改进

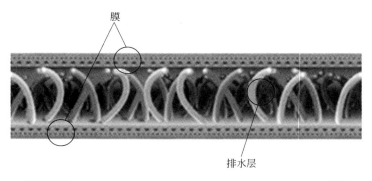

膜

排水层

图 7-80　MICRODYN-NADIR 公司的 3D 结构柔性平板膜示意图[20]

　　DT 膜组件除流道结构的优化外，膜片形状也发生了改变。如由传统的八角形改成圆形。由于废水在膜的支撑板上不断来回折流往返，对膜片折边冲击力很大，传统的八角形的膜片易受到冲击而产生较为强烈的震动，导致膜片被支撑板的凸起花纹击穿。膜片的破损会导致脱盐性能下降。新一代的膜片采用圆形结构，其在组件内安放的时候，圆角不易受到料液冲击，从而极大地提高了膜片在组件内部的稳定性，降低了刺穿的可能性，提高了运行稳定性，延长了膜的使用寿命，见图 7-81。

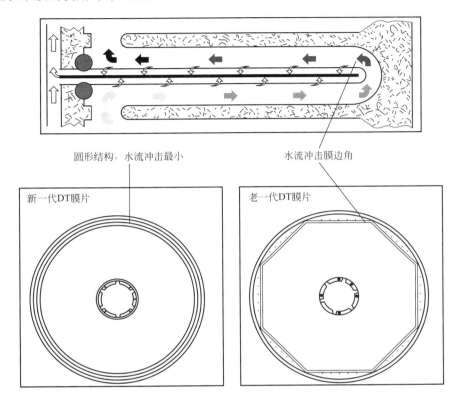

图 7-81　改变后的膜片结构对废水在组件内部流动影响示意图

7.9.3.4　其他

此外管式组件目前也有新的发展。目前最常见的解决办法是提高横流速度，解决膜污染堆积导致的更高能耗。通量增强螺旋技术可以通过防止污垢的堆积，优化膜长期性能来提高生产率，见图 7-82。传统上，不受控制地形成不溶性污垢/粒子，会降低膜系统的渗透，增加能量消耗，降低整体性能。

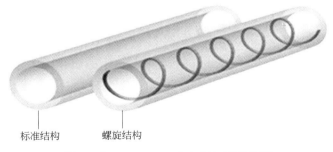

图 7-82　Pentair 公司管式膜的改进结构[41]

7.10 膜器件的规格性能和应用

本节主要介绍一些常用的膜器件规格和性能以及主要的应用领域，其中包括国内和国外部分厂商生产的微孔滤膜、核径迹膜、无机膜以及超滤、反渗透、纳滤、电渗析、气体分离、渗透汽化等膜器件及其应用情况。本节列出的部分器件规格和性能，大都是从厂商的产品说明书中筛选来的，有关详细情况和使用要求，需与厂商直接联系。

7.10.1 微滤膜器件的规格性能和应用

7.10.1.1 国产微滤膜器件的规格性能和应用

国内从事研制和生产微孔滤膜的单位和产品种类较多，表7-36概括了国产主要微孔滤膜和膜组件的性能。表7-37~表7-39分别列出部分国产微孔滤膜、微孔过滤器以及核微孔滤膜的规格和性能及其主要应用，表7-40为核微孔滤膜孔径的选择指南。

表 7-36 国产主要微孔滤膜和膜组件的性能概况

单位	类型	膜材料	膜孔径/μm
上海一鸣过滤技术有限公司	折叠滤芯、平板滤膜	PP、PVDF、PTFE	0.1~1.0
上海名列新材料有限公司	平板滤膜	PVDF、PP、PET	0.1~1.0
上海金科过滤器材有限公司	折叠滤芯	PES、PP、PVDF、PTFE	0.1~5.0
上海过滤器有限公司	折叠滤芯、平板滤膜	PES、PP、PVDF、PTFE	0.1~5.0
上海灵桥环保设备有限公司	平板滤膜	PTFE	0.1~5.0
杭州科百特过滤器材有限公司	折叠滤芯、平板滤膜	PTFE、PES、PVDF	0.1~5.0
杭州安诺过滤器材有限公司	折叠滤芯、平板滤膜	PTFE、PES、PVDF	0.1~5.0
浙江东大水业集团有限公司	中空纤维	PTFE	0.1~0.5
北京赛诺膜技术有限公司	中空纤维	PVDF	0.05~0.1
新象化工电子技术(芜湖)有限公司	平板滤膜	PP	0.1~5.0
深圳市嘉泉膜滤设备有限公司	折叠滤芯	PP	0.1~0.5
天津津膜科技股份有限公司	中空	PP、PVDF	0.1~0.5
中科院高能物理所	平板滤膜	PC	核径迹膜
中国原子能科学研究院	平板滤膜	PC、PET	核径迹膜
山东招金膜天股份有限公司	折叠滤芯、平板滤膜	CA、NL、PP	0.2~5.0

表 7-37 国产微孔滤膜的规格、性能和应用（上海一鸣过滤技术有限公司）

项目	规格、性能和应用						
产品名称	微孔滤膜			折叠滤芯		PTFE 滤芯	
型号	Vilon NLT 系列 N6/N66	Tifone EA 系列 PES	Covifluo DLT 系列 PVDF	JPP	JPR	Dutra FV 疏水型	Dutra FV 亲水型
规格 φ/mm	47、90、142、200、250、300	47、90、142、200、250、300	47、90、142、200、250、300	254、508、762、1016	254、508、762、1016	254、508、762、1016	254、508、762、1016
孔径 /μm	0.1、0.22、0.45、0.65、0.8、1.0、1.2、3.0、5.0	0.1、0.22、0.45、0.65、0.8、1.0、1.2、3.0、5.0	0.1、0.22、0.45、0.65、0.8、1.0、1.2、3.0、5.0	0.1、0.22、0.45、1.0、3.0、5.0	0.1、0.22、0.45、1.0、3.0、5.0、10、20	0.22、0.45、1.0、5.0	0.22、0.45、1.0、5.0

项目	规格、性能和应用		
产品名称	微孔滤膜	折叠滤芯	PTFE 滤芯
主要应用	产品分离过滤和生产工艺用超纯水的终端处理及液体净化等	水质改善和超纯水的终端处理	除菌和净化过滤组件,可在 130℃ 下进行消毒和灭菌;亲水型用于液体过滤,疏水型用于气体过滤

表 7-38　国产微孔过滤器的规格、性能和应用（上海金科过滤器材有限公司）

项目	规格、性能和应用				
产品名称	高精度型聚丙烯深层滤芯	高强度、长寿命、疏水聚四氟乙烯除菌级滤芯	耐高温灭菌聚醚砜除菌级滤芯	高效率尼龙除菌级滤芯	耐腐蚀型全聚四氟乙烯滤芯
产品型号	E5 A-Polypure	SCF LF-Solvent	SCS GS-Suporflow	LFEB-Nylon	SCF LFF-Solvent
膜材质	聚丙烯	聚四氟乙烯	聚醚砜	尼龙	聚四氟乙烯
密封技术	无黏合剂的热熔封技术	无黏合剂的热熔封技术	无黏合剂的热熔封技术	无黏合剂的热熔封技术	无黏合剂的热熔封技术
最高工作温度	88℃,0.28MPa;60℃,0.42MPa	80℃,0.173MPa	85℃,0.05MPa	60℃,0.21MPa	170℃,0.15MPa
最大压差(正向)	0.42MPa,25℃	0.42MPa,25℃	0.42MPa,25℃	0.42MPa,25℃	0.4MPa,50℃
最大压差(反向)	0.28MPa,60℃	0.35MPa,25℃	0.21MPa,25℃	0.21MPa,25℃	0.3MPa,110℃
过滤面积[①]/m²	0.40～0.65	≥0.60	≥0.60	≥0.6	≥0.60
过滤精度/μm	0.1、0.2、0.45、1、3、5、10、30、60	0.1、0.2	0.1、0.2、0.45、0.65、1	0.2、0.45、0.65、1	0.1、0.2、0.45、1、5
主要应用	生物制药废水的预处理,制药和生物技术工艺中的空气和气体的除菌过滤		适用于操作环境较为极端的条件,如需要高温灭菌的工艺,对膜的化学兼容性要求较高的环境,以及存在强化学腐蚀和高温物料的过滤过程		

① 直径 69mm;10in 组件的面积。

表 7-39　国产核微孔滤膜的规格和性能（中国原子能科学研究院）

项目	规格和性能		备注
膜材质	PC 膜	PET 膜	
孔隙率/%	1～15	1～15	
孔密度/(孔/cm²)	10^5～6×10^8	10^5～6×10^8	
孔径/μm	0.01～12	0.01～15	
孔径大小分布	偏差<±6%	偏差<±6%	加速器重离子辐照
微孔形状	圆形	圆形	
过滤选择性	截留	截留	
厚度/μm	6～11	6～11	
爆破强度/(kgf/cm²)	>0.7	>0.7	1cm²支撑面
热焊温度/℃	230～275	250～280	
最高使用温度/℃	140	150	
亲水和疏水性	亲水,疏水	亲水,疏水	疏水需特殊处理
热压消毒	可以	可以	121℃
吸水率/%	0.24	0.5	25℃水中 24h
生物相容性	惰性	惰性	
聚合物结构	拉伸(结晶型)	双向拉伸(结晶型)	

表 7-40　核微孔滤膜孔径的选择指南

孔径/μm	适用范围
9~15	输液器终端过滤,微生物研究中分离细菌液内的悬浮物等
3~8	脑脊髓液诊断,食糖精制,澄清过滤,红细胞变形能力检查,药液封灌前过滤,内燃机和油泵中颗粒杂质测定,工业尘埃重量测定,寄生虫及虫卵浓集,有机液体中分离水滴(憎水膜),啤酒生产中麦芽沉淀量测定等
1~2	粉尘重量分析,航空油中微粒监测和过滤,空气净化过滤,酵母及霉菌显微镜监测,脑脊髓液诊断,组织移植,细胞学研究等
0.6~0.8	放射性气溶胶定量分析,气体除菌过滤,细胞学研究,药液和针剂大输液过滤,饮料冷法稳定消毒过滤,牛奶中大肠杆菌检测,大剂量注射液澄清过滤,油类澄清过滤,贵金属槽液质量控制,油及燃料油中杂质的重量分析,液体中的残渣测定等
0.2~0.45	血清、组织培养基和过敏药物除菌过滤,化验用水净化,饮料和食品中大肠杆菌检测,洗涤用高纯水制备及终端过滤,白糖色素测定,饮用水中磷酸根的测定,航空用油及其他油料的质量控制,液体中微生物的部分滤除,锅炉用水中氢氧化铁含量测定,鉴别微生物,血细胞计数用电解质溶液的净化 液体中细菌计数,电子工业中空气净化,泌尿液镜检用水的除菌,药液、生物制剂和热敏性液体的除菌过滤,空气中病毒的定量测定等
0.1~0.2	超纯试剂净化,胶状分析,沉淀分离过滤,最精细颜料制备,生理膜模型等
0.01~0.03	较粗颗粒溶胶分离,噬菌体及较大病毒(100~250nm)的分离等

7.10.1.2　国外微滤膜器件的规格和性能

表 7-41 列出 Millipore、Pall 和 Sartorius 等公司生产的微滤膜器件的规格和性能，表 7-42 列出一些除菌用过滤器的规格和性能，表 7-43 列出 Tami 和 Pall 公司生产的两种陶瓷微滤膜的一般特征。

表 7-41　国外微滤膜器件的规格与性能

项目	Brunswick	Gelman Acroflow	Millipore Durapare	Millipore Wafergard-40	Nuclepore Polycarbonate	Pall M-60 Ultipore	Sartorius Sartobran
过滤器	BTSM	SUPER E	GVWP	WGVL	QR	MIE	Ⅱ
额定孔径/μm	0.1	0.2	0.22	0.1	0.1	0.1	0.1
滤芯构型	折叠式	折叠式	折叠式	折叠式	折叠式	折叠式	折叠式
高/in	10	9.8	10	4.0	10	10	10
直径/in	2.7	2.6	2.0	2.5	2.5		2.8
过滤面积/ft²	5.8	5.2	7.4	2.2	18	7.5	6.4
结构材料[①]							
膜	PS	ACR＋/PES	PVDF	MPVDF	PC	HYL/PET	CA
垂直支撑体	PES	PES/PP	PET		PP	PES	PP
芯柱	PS	ACE	PP		PP	PP	PP
套管	PS		PP		PP	PP	PP
端盖	PS	PS	PP	PS	PP	PES	PP
密封 O 形圈	S	EP	V	V	BM	S	S
小孔黏结	PU	PU	TP	TP		TP	
操作性能							
可完整性试验	是	是	是	是	是	是	是
最大压差/psi	80	80	50	60	100	80	74

续表

项目	Brunswick	Gelman Acroflow	Millipore Durapare	Millipore Wafergard-40	Nuclepore Polycarbonate	Pall M-60 Ultipore	Sartorius Sartobran
操作温度/℃	20	88	23	20	25	50	20
最高操作温度/℃	126	88	80	100	79	50	20
可清洗	是	是	是	是	是	是	是
渗透性/gpm	0.259	0.226	0.268	0.200		0.240	0.125

① ACE—乙缩醛共聚物；ACR—丙烯共聚物；BM—BUMA-M；CA—醋酸纤维素；EP—乙烯-丙烯共聚物；PVDF—聚偏氟乙烯；MPVDF—改性聚偏氟乙烯；HYL—尼龙；PC—聚碳酸酯；PES—聚醚砜；PET—聚对苯二甲酸乙二醇酯；PP—聚丙烯；PS—聚砜；PU—聚脲；S—聚硅氧烷；TP—热塑塑料；V—氟橡胶。

注：1gal=3.785L；gpm—gal/(ft² • min)。

表 7-42　国外除菌用过滤器的规格与性能（Millipore 公司）

项目	规格与性能				
滤芯型号	Millidisk	Optiseal	Durapore	Solvex	Aerex
滤芯特点	叠盘式	折叠式			
滤膜	PVDF	PVDF	PVDF	PP	PTFE
支撑体	PS	PP	PP	PP	PP
O 形环	硅橡胶	硅橡胶	硅橡胶	乙丙橡胶	硅橡胶
套筒	316L 不锈钢	316L 不锈钢	316L 不锈钢	316L 不锈钢	316L 不锈钢
有效过滤面积/m²	0.1（20 层） 0.15（30 层） 0.20（40 层）	0.177	0.69（10in） 1.38（20in） 2.07（30in）	0.69（10in） 1.38（20in） 2.07（30in）	0.65（10in） 1.95（30in） 2.6（40in）
高压灭菌 在线蒸汽灭菌	126℃（60min,5 次） 135℃（60min,5 次）	126℃（30min,10 次） 135℃（30min,30 次）	126℃（60min,30 次） 135℃（30min,30 次）	126℃（60min,30 次） 135℃（30min,30 次）	145℃（20min,50 次）
孔径/μm 　亲水性 　疏水性	0.1、0.22、0.45、0.65 0.22	0.1、0.22 0.22	0.1、0.22、0.45、0.65 0.22	0.22 0.22	0.22 0.22
主要应用	输液、试剂、培养基、生物制剂及气体除菌和除粒子	输液、试剂、培养基、生物制剂及气体等除菌	除支原体、粒子及除菌过滤或用作除菌过滤的前处理	溶液、抗生素和溶液混合剂、氮气除菌过滤	发酵前气体出入过滤，WFI 槽出入通风

注：PTFE—聚四氟乙烯。

表 7-43　两种陶瓷微滤膜的一般参数

项目	膜参数	
	INSIDE CéRAM™ Tami	Membralox™ Pall
陶瓷膜供应商		
支撑体	ATZ	α-Al₂O₃
膜	ZrO₂	α-Al₂O₃
孔径大小/μm	0.14、0.2、0.45、0.8、1.4	0.1、0.2、0.5、0.8、1.4
横断面	圆形	正六边形
长度/mm	1020、1178	1020
直径/mm	25、41	31、43①
通道数	8、11、23、25、39、93	19、37
通道直径/mm	—②	3.0、4.0、6.0
膜面积/m²	0.2、0.25、0.35、0.5、0.54、0.6	0.35、0.47、0.24、0.36
操作压力限制/bar	10	10

① 外切圆直径。

② 非圆形通道。

7. 10. 1. 3　微滤膜按行业分类的应用

表 7-44 列出按行业分类的应用实例。

表 7-44　按行业分类的应用实例

行业	应用实例
电子	超净高纯试剂杂质清除,控制检测电子产品洁净生产场所的微粒子和细菌
给水工程	细菌的去除、超纯水及饮用纯净水生产中的微粒去除等
冶金	废水处理
实验分析	溶液的澄清,受体结合研究,酶活性的测定等
石油	催化剂生产中的液固分离,低渗油田注入水的处理等
医疗	眼药水和静脉注射液的除菌、除颗粒等
微生物学	浓缩细菌、酵母菌、霉菌以及虫卵等
污水回用	印染废水脱色,用于污水回用单元的预处理等
制药	中药提取液微细絮状物的过滤澄清分离,制药生产废水的综合治理等

7. 10. 1. 4　发展的微孔过滤应用

表 7-45 列出一些推广的应用领域、主要市场、竞争工艺以及每种工艺存在的问题[42]。

表 7-45　发展的微孔过滤应用[42]

应用	用户	设备类型①	竞争工艺	问题
葡萄糖澄清	玉米精加工厂	a、b	硅藻土过滤	高黏稠性,需要很高的蛋白质透过率
酒	酒厂	a、b、c	石棉	结垢,收率,气味
啤酒渣回收	啤酒厂	a、b、c	离心机	泡沫稳定性,气味
鲜啤酒杀菌	啤酒厂	a、b、c	巴氏杀菌	可靠性,大市场的潜力
药物/生物技术	生物技术和药物公司	并流过滤		市场大,但通常以比其他方法更小的规模进行

① a—螺旋卷式；b—毛细管式；c—板框式。

7.10.2　超滤膜器件的规格性能和应用

7. 10. 2. 1　国产超滤膜器件的规格和性能

国内研制和生产超滤膜组件及装置的单位较多，表 7-46 仅列出一些有代表性的单位生产的超滤装置性能概况，表 7-47 列出某些国产组件的规格性能和应用。

表 7-46　国产超滤装置的性能概况

单位	类型	膜材料①	截留分子量/10³
杭州水处理技术研究开发中心	中空	PVDF	5～100
天津津膜科技股份有限公司	中空	PS,PVDF	6～100
中科院生态环境研究中心	中空、平板、管式	PS,PSA	10～100
山东招金膜天股份有限公司	中空	PS,PES,PVDF	6～100
无锡市超滤设备厂	平板、管式	CA,PAN,PVC,PS,PSA,PVDF,PES	3～150
江阴市金水膜技术工程有限公司	管式	PES,PVDF	10～100
江苏凯米膜科技有限公司	平板、管式	PS,SPEF,PES	10～100
江苏蓝天沛尔膜业有限公司	平板	PVDF+PET(MBR)	30～100

单位	类型	膜材料①	截留分子量/10^3
上海斯纳普膜分离科技有限公司	平板、管式	PVDF	30～100
烟台金泓滤膜技术有限公司	中空	PVDF	70～100
海南立升净水科技有限公司	中空	PS、PES、PVDF	10～100
盐城海普润膜科技股份有限公司	中空	PVDF（MBR）	60～100

① CA—醋酸纤维素；PAN—聚丙烯腈；PS—聚砜；PSA—聚砜酰胺；PES—聚醚砜；PVDF—聚偏氟乙烯；PVC—聚氯乙烯；SPEF—磺化聚醚砜。

表 7-47　国产中空纤维超滤膜组件的规格、性能和应用（杭州水处理技术研究开发中心）[43]

项目		规格		
产品型号		PVDF-1808	PVDF-1508	PVDF-1808 Ⅱ
膜组件	膜丝材料	PVDF（聚偏氟乙烯）	PVDF（聚偏氟乙烯）	PVDF（聚偏氟乙烯）
	膜丝内外径（内径/外径）/mm	0.7/1.3	0.7/1.3	0.7/1.3
	膜组件面积/m^2	66	53	66
性能	公称孔径/μm		0.03	
使用材质	膜壳材料	白色 UPVC	白色 UPVC	白色 UPVC
	端盖材料	蓝色 UPVC	灰色 UPVC	灰色 UPVC
使用条件	设计产水量/（m^2/h）	2.0～6.0	1.5～5.8	2.0～6.0
	最大进水压力/MPa	0.3	0.3	0.3
	最大跨膜压力/MPa	0.15	0.15	0.15
	产水方式	外压，双端出水	外压，单端出水	外压，双端出水
	使用温度/℃	5～45	5～45	5～45
	常用 pH 范围	3～10	3～10	3～10
	化学清洗 pH 范围	2～12	2～12	2～12
应用领域	各种净水处理[饮用水（去除细菌）、食品厂和饮料厂的工艺用水、各种清洗用水]			
	海水淡化预处理[海水、亚海水、苦咸水淡化 RO 预处理]			
	中水回用[中水回用处理、RO 预处理等]			
	冷凝水/循环水处理[锅炉、冷却塔、游泳池、景观用水等]			
	反渗透和纳滤的预处理			

7.10.2.2　国外超滤膜器件的规格和性能

表 7-48 列出超滤用中空纤维膜器件的有关操作参数，表 7-49 以美国海德能公司为例列出了其所生产的超滤膜规格及性能。表 7-50 概括总结了国外主要超滤膜器件的规格和性能。

表 7-48　超滤用中空纤维膜组件的一般操作参数

规格		中试			生产		
型号		AIP-2013	ACP-2053	AHP-2013	AIP-3013	ACP-3053	AHP-3013
性能	截留分子量/10^3	6	13	50	6	13	50
	渗透液流速①/（L/h）	50	90	460	160	360	2,250

续表

规格		中试			生产		
型号		AIP-2013	ACP-2053	AHP-2013	AIP-3013	ACP-3053	AHP-3013
规格	纤维内径/mm	0.8	1.4	0.8	0.8	0.8	0.8
	膜面积/m²	1.0	0.6	1.0	4.7	3.1	4.7
规格	组件长度/mm	552	552	552	1,129	1,129	1,129
	组件直径②/mm	60	60	60	89	89	89
操作条件	最大入口压/bar	5	5	4	5	5	4
	最大传递膜压差/bar	3	3	3	3	3	2
	最大渗透液侧压/bar	3	3	3	3	3	2
	最大操作温度/℃	50	50	50	50	50	50
	pH 范围	2～10	2～10	2～10	2～10	2～10	2～10
材料	膜　（聚丙烯腈）　　浇灌材料　　（环氧树脂）						
	护板　（聚丙烯）　　外壳　　（聚砜）						
	膜套管　（聚乙烯）　　垫圈　　（硅酮）						

① 在平均跨膜压差 1bar 和 25℃ 下，初始干净水渗透液流速。

② 包括端板和渗透液出口在内的正规壳体直径。

表 7-49　美国海德能公司部分超滤膜组件规格及性能[44]

项目	HYDRAcapMAX40	HYDRAcapMAX60	HYDRAcapMAX80		项目	HYDRAcap60	HYDRAcap60-LD
产水量/(m³/h)	1.7～5.5	2.7～8.6	3.6～11.6	性能参数	产水流量/GPM(m³/h)	12.7～29.5 (2.7～6.7)	7.8～19 (1.8～4.3)
有效膜面积/m²	52	78	105		产水浊度/NTU	<0.07	
内径/外径/mm		0.6/1.2			>2μm 颗粒去除率 (对数值)	>4	
膜孔径/μm		0.1			病毒去除率(对数值)	>4	
膜结构材料		PVDF 中空纤维			细菌去除率(对数值)	>4	
应用数据					TOC 去除率/%	0～50	
产水通量范围		20～65GFD/34～110LMH			水流动方式	内压式,进水膜丝内进, 产水膜丝外出	
最大进水压力/MPa		0.5		结构参数	膜材料	亲水性聚醚砜	
最大跨膜压差/MPa		0.2			公称截留分子量	150000Da	
短时余氯耐受浓度/(mg/L)		5000					
余氯耐受限度/[mg/(L·h)]		750000			工程膜面积	500ft²(46m²)	323ft²(30m²)
最高进水温度/℃		40			膜丝数量	13200	5600
进水 pH 范围		4～10			膜丝直径	内径 0.031″ (0.8mm) 外径 0.055″ (1.4mm)	内径 0.047″ (1.2mm) 外径 0.08″ (2.0mm)
清洗 pH 范围		1～13					
运行模式		外压式,全量过滤或错流过滤					

注：GFD—gal/(ft²·d)，1GFD=1LMH/1.7；LMH—L/(m²·h)；GPM—gal/min。

表 7-50 国外主要超滤膜组件的规格和性能[45]

厂商/商品名	组件类型	膜类型	截留分子量或孔径	水产量	最高操作条件		
					压力/bar	温度/℃	pH
Pall Membralox	多管式,含1~19根管 内径:4mm或6mm 面积:0.2~3.6m² 单管式,内径:7mm和15mm	γ-Al₂O₃担载在 α-Al₂O₃上	4~100nm	10L/(m²·h·bar) (20℃,膜孔径:4nm)	8~25 (受组件结构限制)	300	
GE Whatman Anopore	圆片式 直径:13mm,25mm,47mm 厚度:60μm	γ-Al₂O₃	20nm			400	
AMICON (W. R. Grace)	平板式、中空纤维式 纤维内径:0.2mm、0.5mm、1.1mm 长度:20cm,64cm 膜面积:0.3~9.5ft²	聚砜	10000 30000 100000	平板式(F) 通量/[mL/(min·cm²)] (55psi) 中空式(H) 通量/(mL/min) 内径:1.1mm 面积:0.3ft² 2.5~4.0(F) 40~100(H) 6~10(F) 40~100(H) 170~220(H)	25psi (对多数组件) 10psi (对内径为0.2mm的组件)	50	
	螺旋卷式 面积:0.9~10ft² 原料流道隔网:0.8mm(现只有YM膜)	亲水聚合物 丙烯基乙烯基聚合物	1000 5000 50000 100000	0.02~0.035(F) 0.06~0.12(F) 1.0~1.8(F) 0.4~2.0(F)	75	75	
ASAHI	中空纤维式 内径:0.8mm或1.4mm 长度:35cm或112cm 面积:0.2~4.7m²	聚丙烯腈	6000 7000	通量/[L/(m²·latm)] (25℃,1atm) 内径:0.8mm 面积:4.7m² 36 170	3 3	50 50	2~10 2~10

续表

厂商/商品名	组件类型	膜类型	截留分子量或孔径	水产量	最高操作条件		
					压力/bar	温度/℃	pH
BERGHOF	圆管式,BTU 系列 管径:11.5mm 面积:0.2~3.5m² 中空纤维式,BMK 系列 内径:0.6mm,1.1mm 或 1.5mm 面积:0.2~4.0m²	非醋酸纤维聚合物 BTU-1020 聚酰胺 或聚砜	20000 2000,10000, 30000,50000, 100000	PEG 溶液通量 /[L/(m²·h)] 80(压力:4bar)	8 2	80 50~ 60	2~12
DAICEL	平板式(F)和圆管式(T) 内径:14.5mm	聚丙烯腈 HH 聚乙醚砜-40	5000 40000	通量[L/(m²·h·atm)] 13(F),21(F) 4(T)	10 10	45 90	— —
DDS	板框式 原料流道隔网:0.5~1.0mm	醋酸纤维素 FS60P	30000	通量[L/(m²·h)] (5atm,20℃) 200	15	80	0~14
DESALINATION SYSTEMS	螺旋卷式 直径:2in,4in,8in 长度:12~40in 实验用组件:6~20ft² 生产用组件:60~350ft²	聚砜类 (E 系列)	平板式 (1%葡聚糖在 7psi 下的脱除率) 95%(35000 葡聚糖) 96%(500000 葡聚糖)	通量[L/(m²·h·atm)] 30~108 180~360	2~6 (受组件限制)	100 (膜) 50~ 60 (组件)	1~13
INC/DSI	原料流道隔网: 30mil,50mil,90mil	TFC类 (G 系列)	脱盐率 85%	1400gal 水/d(310psi)	40(组件)	50	2~10

续表

厂商/商品名	组件类型	膜类型	截留分子量或孔径	最高操作条件			
				水产量	压力/bar	温度/℃	pH
Dorr-Oliver (W. R. Grace)	板框式 工业用原料隔网： 1.0mm 或 2.5mm	醋酸纤维素 C 系列 Dynel,D 系列 聚砜,S-30 聚酰胺,MFA 系列	1000,5000,10000 30000,100000 50000,100000 30000 20000,200000	L/(m²·h) (50℃,2atm) 210(10000) 500(100000) 500(50000) 850(100000) 700 425	75 60 60		3.5~10 2~12 2~12
FILTRON	平板式圆式和膜盒式 (单独或预先安装) 面积：0.14mm²~25.7m² 采用筛网或开口流道的原料分离器	NOVA 系列 (聚乙醚砜) OMEGA 系列(PES, 用防泡剂修饰成耐沾污 染型)	正常 MWCO 1000,3000,5000, 8000,10000,30000, 50000,100000 与 NOVA 系列相同, 另有 300000,1000000	期望的 DI 在搅拌槽中 25℃,55psi 下水的通量/ [mL/(min·cm²)] 0.05~0.10(1000) 0.25~0.50(5000) 0.9~1.9(10000)	5 5	60 60	1~14 1~12
Fluid Systems	螺旋卷式	聚乙醚砜	6000~10000	反渗透组件中	5.5(75℃)	75	2~9 (75℃)
SYSTEM	直径：3.8~4.3in 长度：33~39in 对牛奶场的应用设计成成 3A 标准 原料流道隔网： 30mil,41mil,80mil			水的通量： 65gal/(ft²·d) (20℃,50psi)	8(50℃) 10(25℃)		1~12 (50℃) 1~13 (25℃)
GORE-TEX	圆板式 厚度：3mil	聚四氟乙烯	0.02μm (水的最小入口压 力：350psi)	甲醇的通量： 1.2mL/(min·cm²) (Hg 压降 27.5in,21℃)		230~ 315	

续表

厂商/商品名	组件类型	膜类型	截留分子量或平均孔径/脱除率	最高操作条件			
				水产量 水溶液通量/[L/(m²·h)]	压力/bar	温度/℃	pH
NADIR（HOECHST）	平板式膜（做成单板式，板框式或螺卷式组件）	PES（亲水性）	MWCO/平均溶质脱除率				
		UF-PES-4/PP 60	4000/75%（5000旋复花粉）	30~50（1%旋复花粉）	40	90	1~14
		PES（疏水性）UF-PES-25N	25000/92%（49000PVP）	150~250（2%PVP）	10	90	1~14
		聚砜（亲水性）UF-PS-100m/PP100	100000/85%（2×10⁶葡聚糖）	300~500（1%,2×10⁶葡聚糖）	10	90	1~14
		醋酸纤维素 UF-CA-1/PP100	1000/98%（5000旋复花粉）	20~25（1%旋复花粉）	20	40	2~8
		再生纤维素 UF-C-30/PP100	30/72%（49000PVP）	400~900（2%PVP）	10	60	1~12
		芳香聚酰胺 UF-PA-20/PP100	20000/95%（49000PVP）	150~250（2%PVP）	10	80	2~12
		聚偏氟乙烯 UF-PVDF-30N	30000/75%（49000PVP）	250~400（2%PVP）	15	80	1~10
NADIR（HOECHST）	圆管式（组载在PET上,直径:1in）	聚丙烯腈 UF-PAN-30	30000/80%（49000PVP）	通量/[L/(m²·h)] 500~1000（2%PVP）	10	60	1~10
		聚砜类 UF-PES-30	30000/87%（49000PVP）	200~300（2%PVP）	15	90	2~10
		醋酸纤维素 UF-CA-10	10000/70%（10000葡聚糖）	40~70（1%葡聚糖）	20	40	2~8
		UF-CA-30	30000/70%（49000PVP）	50~90（2%PVP）	15	40	2~8

续表

厂商/商品名	组件类型	膜类型	截留分子量或孔径	最高操作条件			
				水产量	压力/bar	温度/℃	pH
KALLE	圆管式和板式	醋酸纤维素 聚酰胺 聚砜	2~100000 20~100000 8~25000		20 10 10	10 60 90	2~8 2~12 1~14
Millipore	圆板式 厚度:13~150mm 膜盒面积:0.5~5ft²,15ft²,25ft² 筛孔:20号,50号或线形原料隔网 Prostak:0.7mm 长方形开口流道 Pellicon:0.3mm 端流促进流道 螺旋卷式 面积:15ft²,50ft² 原料流道隔网:0.7mm	聚乙醚砜 PTGC PTTK PTHK 聚砜 PTMK 混合纤维素酯 PCAC 纤维素 PLGC 聚偏氟乙烯 PKMK	 10000 30000 100000 300000 1000 10 300000	螺旋卷式 面积:50ft² 水通量/(gal/min) (25℃,50psi) 2.0 3.2 5.3 0.45 2.0	膜盒式 80~100psi (可能比管式的低) 80~100psi	操作 50	 2~14 2~14 2~14 2~14 4~8 2~13 2~14
Koch Membrane System	螺旋卷式 直径:2in,4in,8in 原料流道隔网: 20~80mil 圆管式(有各种现成的设计): 内径:0.5in,1in Series-Cor:15.5in 管壳:3in Ultra-cor:7.5in管子 Super-cor:19.6in管子	聚乙醚砜 HFK-328 聚偏氟乙烯 HFM-100 聚偏氟乙烯(阳离子) HFM-163 聚偏氟乙烯(阴离子) HFM-276	 1~10000 10~30000 20~80000 110~600000	通量/[gal/(ft²·d)] (50psi,25℃) 卷式(4in):30~50(S) 板式:80~100(F) 卷式:50~90(S) 板式:300~400(F) 通量/[L/(m²·h)] (3.3atm,25℃) 约170 约1000	只限于膜的操作条件 10 10 10 10	在 pH 6.25℃ 下 90 90 60 90	 1~13 1~11 2~11 1~13

续表

厂商/商品名	组件类型	膜类型	截留分子量或孔径	水产量	最高操作条件 压力/bar	温度/℃	pH
	螺旋卷式 直径:4in	聚砜 3150	50000	386gal/h (4in×40in 卷式 RO 组件,29psi,25℃)	10	40(限于组件)	2~11
		亲水性聚乙烯 (2120)	(PEG 基) 20000				1~13 (25℃)
	圆管式(含 4 根或 18 根管子) 内径:11.5mm 壳长:1.3~2.9m	亲水性聚乙烯 (2000)	20000,100000		4~10	40	3~10 (40℃)
NITTO Hydranautics	圆管式(含 18 根管子) 内径:11.5mm 壳长:1.3m	聚酰亚胺	8000,20000		10	40	2~8
		聚砜	8000,20000				
	中空纤维式 内/外径=0.55mm/1.0mm 内/外径=1.1/1.9mm 外壳直径:3.5~11.4cm 长度:0.5~1m	聚砜型 3050	100000,20000	>0.44gal/min (4.3ft²组件,14.2psi,25℃)			
		3250	20000				
OSMONICS/ SEPA	螺旋卷式 直径:5cm,10cm,21cm 长度:66cm,102cm 原料流道隔网:24mil,34mil,45mil	醋酸纤维素	1000(50000)	通量/[L/(m²·h)] (35atm,35℃) 85(600)	14	40	2~8.5
		聚砜	2000(50000) 100000	130(1000) 800	14	100	1~13
		氟化聚合物	2000(20000)	130(350)	14	90	1~12
RHONE- POULENC/ IRIS	板框式 原料隔网: 0.5mm 和 1.5mm 面积:0.11~10m²	聚丙烯腈共聚物 3038(3042)	25000(20000)	通量/[L/(m²·h)] (2atm,室温) 830(500)		50	310
		PVDF(3065)	20000	1670		80	1~10
		磺化聚砜(3026)	15000	500		80	3~14
CARBOSEP (SFEC)	圆管式 内径:6mm 长度:1.2mm 面积:0.1~5.7m²	ZrO₂/碳复合膜 M1 M4 M5 M9	$(6\sim8)\times10^4$ 20000 10000 300000			300℃ 系统可能限至 150℃	0~14

续表

厂商/商品名	组件类型	膜类型	截留分子量或孔径	水产量 通量[L/(m²·h)] (管式,4atm,25℃)	最高操作条件 压力/bar	温度/℃	pH
PCI Membrane	圆管式(含 2~9 根管子) 内径:12.5mm 长度:3.66m	聚乙醚砜(ES404)	4000		30	70	2~12
		聚砜 PU608	8000	800	15	70	2~12
		PU120	20000	800	15	70	2~12
		聚丙烯腈(AN620)	25	180	10	60	2~10
		聚偏氟乙烯 FP100	100000	4000	10	70	2~12
		FP200	200000		10	70	2~12
		醋酸纤维素, CA202(CA407)	2000(7000)	25(100)	25(20)	30	3~6
Romicon	中空纤维式 内径:0.5~1mm 长度:31cm,63cm,100cm 膜面积:0.17~4.9m²	聚砜	1000,2000, 3000,10000, 30000,50000, 100000				
Sartorius	平板膜 (用于搅拌槽,板框式或离心式装置)	三醋酸纤维素	5000(10000)	通量[mL/(min·cm²)] 0.02(0.05)			4~8
		聚砜	20000	0.4			
		硝酸纤维素	100000	1.6			1~14
		醋酸纤维素	10000,50000, 20000,70000, 160000				
		再生纤维素	20000,70000, 160000				

续表

厂商/商品名	组件类型	膜类型	截留分子量或孔径	水产量	最高操作条件		
					压力/bar	温度/℃	pH
SCHOTT /Bioran	中空纤维测试组件 内径:0.3mm 面积:0.05m²	玻璃(SiO₂>96% 可修饰成更加亲水性)	孔径/nm 10,13,14, 19,27,44, 90	$10 \text{L}/(\text{m}^2 \cdot \text{h} \cdot \text{bar})$ (44nm 孔径)			
TEIJIN	圆管式	聚砜 Tu 系列	90		10	90	
Wafilin	圆管式 内径:14mm	非醋酸纤维聚合物 WFS系列 8010(6010) 5010 WFA系列 7010 5010 3010	20000(35000) 100000 120000 150000 360000	通量$[\text{L}/(\text{m}^2 \cdot \text{h})]$ (1atm,25℃) 30~50(70~90) 150~200 15~25 30~50 150~200	10(3~6) 3 5	85 55	2~12 2~12
ZENON	圆管式 内径/面积: 24mm/2.2ft² 12mm/7.0ft² 21mm/10.5ft²	ZM-1 ZM-7 ZM-8	偏低 偏低 偏低	废水通量 100~200gal/(ft²·d) 100~200gal/(ft²·d)	4 4 5.5	40 40 65	2~12 2~12 2~12

注：1mil=1/1000in=0.0025cm=25μm；1gal=3.785L。

7.10.2.3 各种超滤膜器件的主要应用

表 7-51 列出各种膜器件在超滤方面的主要应用领域。

表 7-51 各种超滤膜组件的主要应用

应用	用户	主要膜构型	主要膜供应商
从电泳涂漆废水中回收漆	汽车、用具工厂等	螺旋卷式 圆管式 板框式 毛细管式	Rhone-Poulenc Koch Asahi Romicon NITTO
从干酪乳清中回收蛋白质	牛奶场	螺旋卷式 板框式	Koch DDS
牛奶超滤以增加干酪收率	牛奶场	螺旋卷式 板框式	Koch DDS
药物	医药工厂	螺旋卷式 板框式	Koch Rhone-Poulenc DDS
高纯水	集成电路块加工厂	螺旋卷式 毛细管式	Nitto Osmonics Romicon Asahi
胶料回收	纺织厂	螺旋卷式	Koch
酶回收	酶生产厂生物技术	螺旋卷式 板框式 毛细管式	Koch DDS Romicon
凝胶浓缩	食品工业	螺旋卷式	Koch
浓缩油状乳化液以消除污染	金属切割和成形厂,制罐厂,工业洗衣房	板框式 圆管式 毛细管式	Rhone-Poulenc Koch Romicon
灰水(生活废物)	宾馆、政府机关	板框式 管式 平板式	Rhone-Poulenc Nitto

7.10.3 反渗透膜器件的规格性能和应用

7.10.3.1 国产反渗透膜器件的规格和性能

国内研制和生产以及从国外引进设备生产反渗透器件的单位有上百家,表 7-52 仅列出少数有代表性的单位生产的产品性能概况,其中,脱盐率部分,由于组件的使用目的和膜材质的不同,会有一些差异,所以其数据仅供参考。表 7-53 和表 7-54 以国内杭州水处理技术研究开发中心所生产的反渗透膜为例,列出了其规格和性能。

表 7-52 国产反渗透膜组件的性能概况

单位	类型	膜材料[①]	脱盐率/%
杭州水处理技术研究开发中心	卷式	APA、CTA	98~99.2
山东招金膜天股份有限公司	卷式	APA	>99.2

续表

单位	类型	膜材料^①	脱盐率/%
湖南沁森高科新材料有限公司	卷式	APA	＞99.5
杭州天创环境科技股份有限公司	卷式	APA	99～99.5
北京碧水源膜科技有限公司	卷式	APA	＞98

① APA—芳香聚酰胺；CTA—三醋酸纤维素。

表 7-53　国产反渗透膜组件的规格性能和应用——海水淡化反渗透系列

（杭州水处理技术研究开发中心）[43]

	型号	BDX40405	BDX80405
主要性能	膜片材质	聚酰胺	
	标准脱盐率(最小脱盐率)/%	99.5(99.2)	
	产水量/GPD(m³/d)	1500(5.5)	6600(25.0)
	产水量误差/%	±1.9	
	有效膜面积/ft²(m²)	75(7.0)	375(35.0)
测试条件	测试标准溶液	3.2% NaCl 溶液	
	操作压力/psi(MPa)	800(5.44)	
	单支膜元件水回收率/%	10	
	温度/℃	25	
	测试溶液 pH	7.8	
	测试时间	运行 30min 后	
使用极限条件	最高进水温度/℃	45	
	最高操作压力/psi(MPa)	1200(8.16)	
	最高进水流量/(gal/min)(m³/h)	16(3.6)	75(17.0)
	最大进水 SDI	5	
	最大进水浊度/NTU	1	
	进水游离氯浓度/(mg/L)	＜0.1	
	连续运行进水 pH 范围	2～11	
	化学清洗进水 pH 范围	1～12	
	单只膜元件最大允许压强/psi(MPa)	13(0.09)	
	单只膜元件浓缩水与透过水量最小比例	8∶1	

注：GPD—gal/d。

表 7-54　国产反渗透膜组件的规格、性能和应用——低压反渗透系列

（杭州水处理技术研究开发中心）[43]

	项目	BDX40405	BDX80405
主要性能	膜片材质	聚酰胺	
	标准脱盐率(最小脱盐率)/%	99.5(98)	
	产水量/GPD(m³/d)	2200(8.4)	9500(36.0)
	产水量误差/%	±15	
	有效膜面积/ft²(m²)	80(7.5)	385(36.0)
测试条件	测试标准溶液	1500mg/L NaCl 溶液	
	操作压力/psi(MPa)	150(1.05)	
	单支膜元件水回收率/%	15	
	温度/℃	25	
	测试溶液 pH	7.8	
	测试时间	运行 30min 后	

续表

项目		BDX40405	BDX80405
使用极限条件	最高进水温度/℃	45	
	最高操作压力/psi(MPa)	600(4.12)	
	最高进水流量/GPM(m³/h)	16(3.6)	75(17.0)
	最大进水 SDI	5	
	最大进水浊度/NTU	1	
	进水游离氯浓度/(mg/L)	<0.1	
	连续运行进水 pH 范围	2~11	
	化学清洗进水 pH 范围	1~12	
	单只膜元件最大允许压强/psi(MPa)	13(0.09)	
	单只膜元件浓缩水与透过水量最小比例	5∶1	

7.10.3.2 国外反渗透膜器件的规格和性能

表 7-55～表 7-58 分别列出国外一些公司的产品规格性能和应用，其中包括 DOW（Film Tec），美国海德能公司和日本日东电工的卷式组件以及美国 Du Pont 公司和日本东洋纺的中空纤维式组件等。表 7-59 列出一些常用反渗透膜组件的性能测试情况。

表 7-55　DOW（Film Tec）部分卷式反渗透膜组件的规格、性能和应用

项目		TW30-4040	TW30HP-4040	BW30-400	BW30-365
规格	外径/长度/mm	φ99.4/1016	φ99.4/1016	φ201/1016	φ201/1016
	有效膜面积/m²(ft²)	18(200)	18(200)	37(400)	34(365)
性能	最低脱盐率/%	98	99	99.5	99.5
	透过水量/(m³/d)(GPD)[①]	8.33(2000)	10.6(2800)	40(10500)	36(9500)
	膜材质	TFC	TFC	TFC	TFC
测试条件	测试液浓度(NaCl)/(mg/L)	2000	2000	2000	2000
	操作压力/MPa(psi)	1.6(225)	1.6(225)	1.6(225)	1.6(225)
	测试液温度/℃	25	25	25	25
	单只组件水回收率/%	15	15	15	15
	测试液 pH	8	8	8	8
使用条件	最高进水温度/℃	45	45	45	45
	进水 pH 范围	2~11	2~11	2~11	2~11
	最高操作压力/MPa(psi)	2.1(300)	2.1(300)	4.1(600)	4.1(600)
	最高进水流量/(m³/h)(GPM)	3.9(17)	4.1(18)	15.9(70)	15.9(70)
	进水最高 SDI(15min)	5	5	5	5
	进水最高浊度/NTU	1	1	1	1
	进水余氯/(mg/L)	<0.1	<0.1	<0.1	<0.1
主要应用		自来水精制		苦咸水处理	

① 透过水量误差为 TW30-4040，15%～25%；TW30HP-4040，15%；BW30-400，<7%；BW30-365，<15%。
注：TFC—薄层复合膜。

表 7-56　美国海德能公司部分反渗透膜组件规格、性能和应用

项目		PROC30	PROC10	PROC20	CPA3-LD	CPA2-4040
性能	脱盐率/% 平均	99.8	99.75	99.5	99.7	99.5
	脱盐率/% 最低	99.7	99.6	99.2	99.6	99.2
	产水量 GPD	11500	10500	10500	11000	2250
	产水量 m³/d	41.5	39.7	39.7	41.6	8.5

续表

项目			PROC30	PROC10	PROC20	CPA3-LD	CPA2-4040
类型	尺寸/in		8			8	4
	膜材质		芳香族聚酰胺复合材料				
	有效膜面积	ft²	400			400	365
		m²	37.1			37.1	33.9
	进水隔膜网厚度/mil		34			31	31
测试条件	NaCl 溶液浓度/(mg/L)		2000			1500	1500
	压力/psi(MPa)		225(1.55)		150(1.05)	225(1.55)	225(1.55)
	温度/℃		25			25	25
	单只膜元件回收率/%		15			15	15
	测试液 pH		6.5～7.0			6.5～7.0	6.5～7.0

项目			ESPA1	LFC3-LD	SWC6 MAX	YQS-8040	YQS-4040
性能	脱盐率/%	平均	99.4	99.7	99.8	99.5	99.0
		最低	99.2	99.5	99.7	99.0	98.0
	产水量	GPD	12000	11000	13200	9500	3000
		m³/d	45.4	41.6	50.0	364.0	11.4
类型	尺寸/in		8				
	膜材质		芳香族聚酰胺复合材料				
	有效膜面积	ft²	400	400	440	365	77
		m²	37.2		40.8	33.9	7.2
	进水隔膜网厚度/mil		—			—	—
测试条件	NaCl 溶液浓度/(mg/L)		1500	1500	32000	1500	1500
	压力/psi(MPa)		150(1.05)	225(1.55)	800(5.52)	225(1.55)	150(1.05)
	温度/℃		25				
	单只膜元件回收率/%		15		10	15	
	测试液 pH		6.5～7.0				

注：本表只列出部分膜组件的规格与性能，有关其他组件的详细情况请与厂商直接联系。

表 7-57　日本日东电工部分反渗透膜组件的规格、性能和应用

	项目	ES20-D	NTR-1698	NTR-769SR	NTR-7450	ES20-U	NTR-7250
规格	膜组件直径/in	8	S8	S8	S4	8	S8
	有效膜面积/m²	37	37	37		37	
性能	脱盐率/%	99.7	98	96	50	96(异丙醇)	60
	透过水量/(m³/d)	30	25.7	18	13	32	48
	膜材质①	APA	CA	PVA	SPS	APA	PVA
测试条件	测试液浓度(NaCl)/%	0.05	0.2	0.15	0.2	纯水	0.15
	操作压力/(kgf/cm²)	7.5	29	15	10	7.5	15
	测试液温度/℃	25	25	25	25	25	25
	单只组件水回收率/%	10～20	10	10～20	50	10～20	30～35
	测试液 pH	7	5～6	6.5	6.5	—	6.5
使用条件	最高进水温度/℃	40	40	40	40	40	40
	最高操作压力/(kgf/cm²)	42	42	30	30	42	30
	常用操作压力/(kgf/cm²)	5～7	8～12	—	—	8～10	7～10
	最高进水流量/(L/min)	245	320	200	42	245	200
	进水浊度(SDI)	<4	<4	<4	<4	—	—
	进水 pH 范围	2～10	2～10	2～10	2～10	2～10	2～8

续表

项目	ES20-D	NTR-1698	NTR-769SR	NTR-7450	ES20-U	NTR-7250
主要应用	制备超纯水和用于苦咸水的前级脱盐		苦咸水,工业废水处理	有价物回收,燃料脱盐等	超纯水和苦咸水脱盐,更适合离子交换树脂后水精制及水回收	

　① APA—芳香聚酰胺；CA—醋酸纤维素；PVA—聚乙烯醇；SPS—磺化聚砜。

表 7-58　国外部分中空纤维式反渗透膜组件的规格和性能

项目	美国 Du Pont 公司				日本东洋纺		
产品型号	B-10		B-9		高压型	中压型	低压型
组件编号	6440T	6880T	0410	0880	HR8355	HA8130	HA5110
膜材料	APA		APA		CA	CA	CA
组件直径/mm	11.7	21.6	10.2	20.3	305	295	140
组件长度/mm	126	205	43.5	178	1300	1320	420
组件重量/kg	32	136	10	94	125	100	11
进水浓度/(mg/L)	35000		1500		35000	1500	500
进水压力/MPa	6.9		2.8		5.5	3.0	1.0
进水温度/℃	25		25		25	25	25
进水回收率/%	35		75		30	75	30
产水量/(m³/d)	6.81	53	5.3	140	12	60	2.5
脱盐率/%	99.2	99.35	94	95	99.4	94	94
压力范围/MPa	5.5～8.3		2.4～2.8		<6.0	<1.5	<1.5
温度范围/℃	0～40		0～40		5～40	5～35	5～35
浓水流速/(m³/d)	39.4	210.4	6.4	131.7	15～150	25～150	3～12
进水 SDI					4.0	4.0	4.0
进水 pH	4～9		4～11		3～8	3～8	3～8
进水余氯					0.2～1.0	0.2～1.0	0.2～1.0
主要应用	海水淡化		海水淡化		海水淡化	苦咸水脱盐和废水再利用	医药、电子工业等用水精制

表 7-59　常用反渗透膜组件的性能测试情况

膜材料	膜组件	测试溶质	测试条件	通量/[m³/(m²·h)]	脱除率/%
醋酸纤维素	平板式	NaCl 甲醇 乙醇 酚	50000mg/L,8MPa 50000mg/L,1.7MPa 23～138mg/L,1.7MPa 50000mg/L,1.7MPa	33.017	98 7 10 0
	圆管式	NaCl 甲醇 乙醇 脲 酚	5000mg/L,25℃,4.1MPa,R=0% 1000mg/L,25℃,4.1MPa,R=0% 1000mg/L,25℃,4.1MPa,R=0% 1000mg/L,25℃,4.1MPa,R=0% 1000mg/L,25℃,4.1MPa,R=0%	172.8	98 <0 2 26 17
	螺旋卷式 (40in×7.9in)	NaCl NaCl NaCl NaCl NaCl 甲醇 乙醇 脲	2000mg/L,25℃,2.9MPa,R=10% pH 5.0～6.0 2500mg/L,25℃,pH 7,4.5MPa 2500mg/L,25℃,pH 7,4.5MPa 2500mg/L,25℃,pH 7,4.5MPa 1500mg/L,25℃,1.5MPa 1000mg/L,25℃,1.5MPa 1000mg/L,25℃,1.5MPa 1000mg/L,25℃,1.5MPa	(1641.6L/h)[①] (751.40L/h) 702.0[②] 500.4[②] 200.52[②] 124.92	17 97.5 90～92 95～97 98～99.5 96 5 9 26

续表

膜材料	膜组件	测试溶质	测试条件	通量/[m³/(m²·h)]	脱除率/%
二醋酸和三醋酸纤维素	螺旋卷式	NaCl	2500mg/L,20℃,3MPa	853.20	26~34
		NaCl	2500mg/L,20℃,1MPa	601.20	26~34
		NaCl	2500mg/L,20℃,3MPa	702.0	55~65
		NaCl	2500mg/L,20℃,4MPa	601.20	>85
		NaCl	2500mg/L,20℃,4MPa	601.20	>90
		NaCl	2500mg/L,20℃,4MPa	399.60	>94
三醋酸纤维素	平板式	NaCl	5000mg/L,25℃,4.1MPa,$R=0\%$		98
		甲醇	1000mg/L,25℃,4.1MPa,$R=0\%$		<0
		乙醇	1000mg/L,25℃,4.1MPa,$R=0\%$	83.16	23
		脲	1000mg/L,25℃,4.1MPa,$R=0\%$		38
		酚	1000mg/L,25℃,4.1MPa,$R=0\%$		<0
醋酸丁酸纤维素	平板式	NaCl	5000mg/L,25℃,4.1MPa,$R=0\%$		>99
		甲醇	1000mg/L,25℃,4.1MPa,$R=0\%$		<0
		乙醇	1000mg/L,25℃,4.1MPa,$R=0\%$	23.40	1
		脲	1000mg/L,25℃,4.1MPa,$R=0\%$		8
		酚	1000mg/L,25℃,4.1MPa,$R=0\%$		10
芳香族聚酰胺	中空纤维(4ft×5in)	NaCl	5000mg/L,25℃,5.2MPa,$R=75\%$		99
		甲醇	1000mg/L,25℃,5.2MPa,$R=75\%$		10
		乙醇	1000mg/L,25℃,5.2MPa,$R=75\%$	(709.20L/h)	15
		脲	1000mg/L,25℃,5.2MPa,$R=75\%$		41
		酚	1000mg/L,25℃,5.2MPa,$R=75\%$		64
交联芳香聚酰胺	螺旋卷式(40in×7.9in)	NaCl	35000mg/L,25℃,pH 8,5.5MPa,$R=10\%$	205.56(630.0L/h)	99.5
		NaCl	2000mg/L,25℃,pH 8,1.6MPa,$R=15\%$	385.20(1184.40L/h)	98
		甲醇	2000mg/L,25℃,pH 7,1.6MPa		25
		乙醇	2000mg/L,25℃,pH 7,1.6MPa		70
		脲	2000mg/L,25℃,pH 7,1.6MPa		70
		酚	51mg/L,pH 7.4,2.1MPa,$R=83\%$		90
	平板式	NaCl	2000mg/L,25℃,pH 8,1.6MPa,$R=15\%$	381.60(284.40L/h)	98
	螺旋卷式(40in×3.9in)	NaCl	2500mg/L,25℃,4MPa	752.40	95~97
		甲醇	1000mg/L,25℃		42
		乙醇	9000~26000mg/L,25℃,4MPa		70~75
		脲	1000~20000mg/L,25℃,4MPa		70
		酚	30~1000mg/L		80~90
		NaCl	2000mg/L,25℃,pH 8,1.6MPa,$R=10\%$	(36284.4L/h)	98
聚乙烯醇(薄层复合膜)		NaCl	1500mg/L,25℃,pH 6~7,0.99MPa		92
		乙醇	1500mg/L,25℃,pH 6~7,0.99MPa	543.6[2]	25
		NaCl	1500mg/L,25℃,pH 6~7,0.99MPa		95
		乙醇	1500mg/L,25℃,pH 6~7,0.99MPa		30
芳香基烷基聚酰胺/聚脲	螺旋卷式(40in×3.9in)	NaCl	5000mg/L,25℃,4.1MPa		98.5
		NaCl	1500mg/L,25℃,1.5MPa		90
		NaCl	1500mg/L,25℃,1.5MPa	961.2[2]	98~99
		甲醇	1000mg/L,25℃,1.5MPa	1044.0	9
		乙醇	1000mg/L,25℃,1.5MPa	417.6	34
		脲	1000mg/L,25℃,1.5MPa		28
		酚	1000mg/L,25℃,1.5MPa		26

续表

膜材料	膜组件	测试溶质	测试条件	通量/[m³/(m²·h)]	脱除率/%
PEC100 (聚呋喃)		NaCl	25000mg/L,25℃,pH 7,5.5MPa	145.8	99.92
		甲醇	55000mg/L,25℃,pH 6.9,5.5MPa	158.40	41
		乙醇	10000mg/L,25℃,pH 6.9,5.5MPa	96.12	97
		脲	10000mg/L,25℃,pH 6.9,5.5MPa	232.56	85
		酚	10000mg/L,25℃,pH 5.2,5.5MPa	100.08	99.0
交联聚乙烯酰亚胺	平板式	NaCl	5000mg/L,25℃,4.1MPa,R=0%	164.88	99
		甲醇	1000mg/L,25℃,4.1MPa,R=0%		17
		乙醇	1000mg/L,25℃,4.1MPa,R=0%		61
		脲	1000mg/L,25℃,4.1MPa,R=0%		79
		酚	1000mg/L,25℃,4.1MPa,R=0%		64
		NaCl	5000mg/L,25℃,4.1MPa,R=0%	113.76	97
		甲醇	1000mg/L,25℃,4.1MPa,R=0%		36
		乙醇	1000mg/L,25℃,4.1MPa,R=0%		84
		脲	1000mg/L,25℃,4.1MPa,R=0%		78
		酚	1000mg/L,25℃,4.1MPa,R=0%		85
其他膜 TFC-LP③	螺旋卷式	NaCl	苦咸水,1.4MPa 净压		97
		NaCl	5530mg/L,2.8MPa		98
		NaCl	35000mg/L,6.9MPa	370.80	99.4
		乙醇	700mg/L,25℃,pH 4.7,6.9MPa	339.48	90
		脲	1250mg/L,25℃,pH 4.9,6.9MPa	339.48~424.8	80~85
		酚	100mg/L,25℃,pH 4.9,6.9MPa		93
		酚	100mg/L,25℃,pH 12,6.9MPa		＞99

① 括号内为组件的渗透水产量。

② 纯水通量。

③ TFC-LP：薄层复合膜-低压型。

注：R—脱盐率。

7.10.3.3 反渗透膜器件的主要应用

表 7-60 列出国外一些大型反渗透装置在海水和苦咸水脱盐方面的应用情况。反渗透膜器件在其他领域也有着广泛的应用前景（参见表 7-61），有关具体使用情况请参阅第 7.8 节。

表 7-60　大型海水和苦咸水淡化用反渗透装置

安装地点及年份	正常生产能力 /(km³/d)	原料 /(mg/L)	膜	总能耗 /(kW·h/m³)	回收率 /%	压力 /MPa
大型海水反渗透装置						
沙特阿拉伯吉达海淡Ⅲ期,2012	260	43300 (TDS)	日本东洋纺 CTA 中空纤维 HU10255	8.4	35	6.0
澳大利亚珀斯,2007	144	35000~37000 (TDS)	美国陶氏 一级 SWRO； 二级 BWRO 卷式	3.2~3.5	45	6.0

续表

安装地点及年份	正常生产能力/(km³/d)	原料(mg/L)	膜	总能耗/(kW·h/m³)	回收率/%	压力/MPa
中国浙江舟山六横岛，2010	20	29000(TDS)	美国陶氏SWRO卷式	3.0	40.5	5.0
中国河北曹妃甸，2011	50	33000(TDS)	日本东丽TM820M卷式	3.8	46	5.3
大型苦咸水反渗透装置						
中国浙江慈溪，2004	50	滩涂水980～1200(TDS)	美国陶氏BWRO卷式	1.5	75	1.0
中国甘肃庆阳，2008	16.3	苦咸水1500(TDS)	美国陶氏BWRO卷式	2.2	85	0.8

注：TDS—总溶解固体。

表 7-61　反渗透的市场应用情况

应用领域	应用情况	应用领域	应用情况
脱盐	可饮水的生产 海水 苦咸水	金属和金属抛光	矿物流出物的处理 电镀漂洗水再利用和金属回收
超纯水	半导体生产 药物 医药用	食品加工	奶品加工 糖分浓缩 果汁和乳品加工 生产低度酒和啤酒；废物流加工
公用事业和发电	锅炉原料水 冷凝塔泄料再循环	纺织工业	印染和整理 化学品回收 水再利用
家庭应用	家用反渗透	纸浆与造纸	流出物处理和水再利用
化学加工工业	工艺用水生产和再利用 流出物的处理和再利用 水/有机液体分离 有机液体混合物的分离	生物工程/医药	发酵产品回收和纯化
		分析	溶质和颗粒的分离、浓缩及鉴定
		脱除有害物质	除掉表面水和地下水的环境污染物

7.10.4　纳滤膜器件的规格和性能

7.10.4.1　国产纳滤膜器件的规模和性能

目前，纳滤膜的国内研究单位有杭州水处理技术研发开发中心、华东理工大学、浙江工业大学、浙江大学、清华大学、天津大学、南京工业大学、中科院长春应化所、天津工业大学、中国海洋大学、中科院上海高等研究院、厦门大学等。纳滤膜技术已经被广泛应用于氯碱行业、硬水软化、水体中重金属离子脱除、水体中特定污染物的脱除、盐湖卤水中镁锂分离、生物工程与食品行业分离与纯化，以及废水"零排放"中分盐等。表 7-62 列出国内部分纳滤膜组件的规格和性能概况（以中科瑞阳膜技术公司研发的纳滤膜组件为例）。纳滤膜已开发出平板和卷式及中空式多种纳滤组件，部分已投入应用，其中以 CA、CPA、PA 为材质的纳滤膜已有系列化产品，有些纳滤膜品种对 NaCl 的截留率低于 30%。

表 7-62　中科瑞阳纳滤膜组件的规格和性能

厂商		中科瑞阳膜技术公司					
	型号	SS-NF1-8338-F	SS-NF2-8040-F	SS-NF3-8038-F	SS-NF4-F	SS-NF5-3838-F	SS-NF6-2540-F
规格	外径/长度/mm	ϕ211/965	ϕ201/1016	ϕ203/965	ϕ2001016	ϕ96.5/965	ϕ61/1016
	有效膜面积/ft^2	400	370	370	370	76	34
性能	最低脱盐率/%	99 ($MgSO_4$)	98.5 ($MgSO_4$)	97 ($MgSO_4$)	92 ($MgSO_4$)	98 ($MgSO_4$)	98.5 ($MgSO_4$)
	透过水量/(m^3/d)(GPD)	36.0(9500)	8700	11500	9500	1510	800
	膜材质[①]	PA	PA	PA	PA	PA	PA
测试条件	测试液浓度/(mg/L)	2000 $MgSO_4$ 溶液	2000 $MgSO_4$ 溶液	2000 $MgSO_4$ 溶液	2000 $MgSO_4$ 溶液	2000 $MgSO_4$ 溶液	2000 Na_2SO_4 溶液
	操作压力/MPa	70	70	70	110	110	142
	测试液温度/℃	25	25	25	25	25	25
	单只组件水回收率/%	15	15	15	15	15	15
	测试液 pH	8	8	8	8	8	8
使用条件	最高进水温度/℃	45	45	45	45	45	45
	连续使用温度/℃	35	35	35	35	35	35
	进水 pH 范围	2~11	2~11	2~11	2~11	2~11	2~11
	最高操作压力/MPa(psi)	41(600)	41(600)	41(600)	41(600)	41(600)	41(600)
	最高进水流量/GPD	123840	115200	115200	115200	25920	9648
	最大进料浊度/NTU				2	1	1
	进水最高 SDI(15min)	5	5	5	5	5	5
	进水余氯/10^{-6}	<0.1	<0.1	<0.1	0.5~1.0	<0.1	<0.1
	单只组件最高压力损失/psi	13	13	13			

① PA：聚酰胺。

在有机纳滤膜器件取得长足进展的同时，国内陶瓷纳滤膜器件的开发也取得了重要突破。南京工业大学和江苏久吾高科技股份有限公司，在国家 863 重大项目课题的支持下，打破国外技术垄断，共同开发建成年产 5000m^2 的陶瓷纳滤膜生产线，产品性能达到了国际先进水平，并在碱液回收等过程中实现了工程化示范应用。

7.10.4.2　国外纳滤膜器件的规格和性能

表 7-63 列出美国和日本部分纳滤膜组件的规格和性能，表 7-64 列出一些常用纳滤膜器件的性能测试情况。

表 7-63　美国和日本部分纳滤膜组件的规格和性能

厂商		美国海德能					美国通用	日东电工	
	型号	4040-UHT-ESNA	8540-UHY-ESNA	ESNA-FREE650	ESNA-FREE1700	ESNA1-K1	DK8040C30	NTR-7450HG	NTR-729HG
规格	外径/长度/mm	ϕ100.1/1016.0	ϕ201.9/1016.0	ϕ106.7/533.4	ϕ106.7/1016.0			ϕS4S(in)	ϕS4S(in)
	标称膜面积/ft^2	85	445	32	85	400	374	—	—

续表

厂商		美国海德能					美国通用	日东电工	
型号		4040-UHT-ESNA	8540-UHY-ESNA	ESNA-FREE650	ESNA-FREE1700	ESNA1-K1	DK8040C30	NTR-7450HG	NTR-729HG
性能	脱盐率/%	85	85	85	85	97		50	93
	透过水量/(m³/d)(GPD)	6.4	30.3	2.5	6.4	39.7	30.7	13	12
		(1700)	(8000)	(650)	(1700)	(10500)	(8100)		
	膜材质	APA	APA	APA	APA	APA	PA	SPS	PVA
测试条件	测试液浓度/(mg/L)	500±50	500±50	500±50	500±50	500	2000	0.2%	0.15%
		(NaCl)	(NaCl)	(NaCl)	(NaCl)	(MgSO₄)	(MgSO₄)		
	操作压力/MPa(psi)	0.52(75)	0.52(75)	0.52(75)	0.52(75)	0.52(75)	1.1(76)	0.98	1.5
	测试液温度/℃	25	25	25	25	25	25	25	25
	单只组件水回收率/%	15±5	15±5	15±5	15±5	15	15	50	15~25
	测试液 pH	6.5~7.0	6.5~7.0	6.5~7.0	6.5~7.0	6.5~7.0		6.5	6.5
使用条件	最高进水温度/℃	45	45	45	45	45	50	90	60
	最高操作压力/MPa(psi)	2.77(400)	2.77(400)	1.38(200)	1.38(200)	4.14(600)	4.14(600)	4.9	4.9
	进水 pH 范围	3.0~10.0	3.0~10.0	3.0~10.0	3.0~10.0	3.0~10.0	2.0~11.0	2~11	2~8
	最高进水浊度/NTU	1.0	1.0	1.0	1.0	1.0	1.0	—	—
	进水余氯/10⁻⁶	<0.1	<0.1	<0.1	<0.1	<0.1	<1000	<100	<1
	最高进水流量/(m³/h)(GPM)	3.6(16)	3.6(16)	3.6(16)	3.6(16)	17(75)	25(111)	2.5	2.5
	单只组件最高压力损失/psi	12	12	12	12	10	10	—	—
	单只组件上浓缩水与透过水量比例	5:1	5:1	5:1	5:1	5:1	5:1	—	—

表 7-64　常用纳滤膜组件的性能测试情况

膜组件	测试溶质	测试条件	通量/[m³/(m²·h)]	脱除率/%
中空纤维式 （NF40HF） （40in×4in）	NaCl MgSO₄ 葡萄糖	2000×10⁻⁶,25℃,0.9MPa 2000×10⁻⁶,25℃,0.9MPa 2000×10⁻⁶,25℃,0.9MPa	432.0	40 95 90
中空纤维式 （SU200UF）	NaCl	1500×10⁻⁶,25℃,1.5MPa	1501.2	50
中空纤维式 （SU600）	NaCl 葡萄糖	500×10⁻⁶,25℃,0.35MPa 500×10⁻⁶,25℃,1MPa	280.44	55 93
中空纤维式 （SU700）	葡萄糖	500×10⁻⁶,25℃,1MPa		99
螺旋卷式 （NTR-7450） （40in×4in）	NaCl Na₂SO₄ MgSO₄ 葡萄糖 NaCl MgSO₄ 葡萄糖	5000×10⁻⁶,25℃,0.99MPa 5000×10⁻⁶,25℃,0.99MPa 5000×10⁻⁶,25℃,0.99MPa 5000×10⁻⁶,25℃,1MPa 1500×10⁻⁶,25℃,1.5MPa 2000×10⁻⁶,25℃,1.5MPa 1000×10⁻⁶,25℃,1.5MPa	932.4（纯水） 1018.8 399.6	51 92 32 93 70~80 >94 85
螺旋卷式 （MPT-20） （40in×4in）	NaCl+低分子量有机物 NaCl 葡萄糖	35000×10⁻⁶(5%有机物),45℃,2.5MPa 50000×10⁻⁶,25℃,2.5MPa 10000×10⁻⁶,25℃,2.5MPa	424.8	 0 75

续表

膜组件	测试溶质	测试条件	通量 /[m³/(m²·h)]	脱除率/%
螺旋卷式 (Desal-5)	NaCl 葡萄糖	1000×10^{-6}, 25℃, 1MPa 1000×10^{-6}, 25℃, 1MPa	460.8	47 83
螺旋卷式 (DRC-1000)	NaCl	3500×10^{-6}, 25℃, 1.0MPa	500.4	10
螺旋卷式 (HC50)	NaCl	2500×10^{-6}, 25℃, 4.0MPa	802.8	60
螺旋卷式 (NF-PES-10/PP60)	NaCl	5000×10^{-6}, 25℃, 4.0MPa	4006.8	15
螺旋卷式 (NF-CA-50/PET100)	NaCl	5000×10^{-6}, 25℃, 4.0MPa	1202.4	55

7.10.5　电渗析器件的规格性能和应用

表 7-65～表 7-68 是从标准图集摘录的国产工业用电渗析器的规格性能和设计数据，供设计单位和用户查阅。

表 7-65　DSA 型电渗析规格和性能

项目	DSA Ⅰ			DSA Ⅱ			
	1×1/250	2×2/500	3×3/750	1×1/200	2×2/400	3×3/600	4×4/800
隔板尺寸/mm	800×1600×0.9			400×1600×0.9			
离子交换膜	异相阳、阴离子交换膜			异相阳、阴离子交换膜			
电极材料[①]	钛涂钌(石墨、不锈钢)			钛涂钌(石墨、不锈钢)			
组装膜对数/对	250	500	750	200	400	600	800
产水量[②]/(m³/h)	35	35	35	13.2	13.2	13.2	13.2
脱盐率[②]/%	≥50	≥70	≥80	≥50	≥75	≥87.5	93.75
工作压力/kPa	<50	<120	<180	<50	<75	<150	<200
外形尺寸/mm	2550×1370 ×1100				2300×1010 ×520		
安装形式	立式	立式	立式	立式	立式	立式	立式
本体质量/t	2	2×2	2×3	1	1×2	1×3	1×4
标准图号	91S430(一)			91S430(二)			

① 不锈钢电极只允许用在极水氧离子浓度不高于 1000mg/L 的情况下。

② 电渗析脱盐率和产水量的数据是指在 2000mg/L 的 NaCl 溶液中，25℃下测定的数据。

表 7-66　DSB 型电渗析规格和性能

项目	DSB Ⅱ		DSB Ⅳ			
	1×1/200	2×2/300	1×1/200	2×2/300	2×4/300	3×6/300
隔板尺寸/mm	400×1600×0.5		400×800×0.5			
离子交换膜	异相阳、阴离子交换膜		异相阳、阴离子交换膜			

续表

项目	DSB Ⅱ		DSB Ⅳ			
	1×1/200	2×2/300	1×1/200	2×2/300	2×4/300	3×6/300
电极材料①	不锈钢（石墨、钛涂钌）		不锈钢（石墨、钛涂钌）			
组装膜对数/对	200	300	200	300	300	300
组装形式	一级一段	二级二段	一级一段	二级二段	二级四段	三级六段
产水量②/(m³/h)	8	6	8	6	3	1.5～2.0
脱盐率②/%	≥75	≥85	≥50	≥70～75	≥80～85	≥90～95
工作压力/kPa	<100	<250	<50	<100	<200	<250
外形尺寸/mm	600×1800×800	600×1800×800	600×1800×800	600×1000×1000	600×1000×1000	600×1000×1000
安装形式	立式	立式	立式	立式	立式	立式
本体质量/t	0.56	0.63	0.28	0.35	0.35	0.38
标准图号	91S430（三）		91S430（四）			

①②同表 7-56。

表 7-67 DSC 型电渗析规格和性能

项目	DSC Ⅰ		DSC Ⅳ			
	1×1/200	2×2/300	1×1/200	2×2/300	3×3/240	4×4/300
隔板尺寸/mm	800×1600×1.0		400×800×0.5			
离子交换膜	异相阳、阴离子交换膜		异相阳、阴离子交换膜			
电极材料	石墨（不锈钢、钛涂钌）		石墨（不锈钢、钛涂钌）			
组装膜对数/对	100	300	100	200	240	300
组装形式	一级一段	二级二段	一级一段	二级二段	三级三段	四级四段
产水量②/(m³/h)	25～28	30～40	1.8～2.0	1.5～2.0	1.4～1.8	18～22
脱盐率②/%	28～32	45～55	50～55	70～80	85～90	75～80
工作压力/kPa	80	120	120	160	200	200
外形尺寸/mm	940×9600×2150	1550×9600×2150	960×620×900	960×620×1210	960×620×1350	1600×9600×2150
安装形式	立式	立式	立式	卧式	卧式	立式
本体质量/t	1.1	2.3	0.2	0.3	0.4	2.5
标准图号	91S430（五）		91S430（六）			

①②同表 7-65。

表 7-68 各种型号电渗析器规格和性能

项目	DSA Ⅰ	DSA Ⅱ	DSB Ⅱ	DSB Ⅳ	DSC Ⅰ	DSC Ⅳ
平面尺寸/mm	800×1600	400×1600	400×1600	400×800	800×1600	400×800
厚度/mm	0.9	0.9	0.5	0.5	1.0	1.0

续表

项目		DSA Ⅰ	DSA Ⅱ	DSB Ⅱ	DSB Ⅳ	DSC Ⅰ	DSC Ⅳ
浓、淡水孔	个数	16	8	8	8		
	尺寸/mm	28×50	28×50	28×50	28×50		
布水槽形式		网式(启开式)	网式(启开式)	启开式(网式)	启开式(网式)		启开式
隔板形式		网式无回路	网式无回路	网式无回路	网式无回路	冲槽有回路	冲槽有回路
流水道宽×长/mm		740×1364	350×1400	350×1400	350×60		6 条 56×707.5
隔网		双层编织网	双层编织网	单层编织网	单层编织网	无网	无网
密封尺寸/mm	长边	30	25	25	25		22
	短边	30	20	20	20		
	孔间距	18	18	18	18		
有效膜面积/%		78.9	76.6	76.6	65.6		

7.10.6　气体分离膜器件的规格性能和应用

7.10.6.1　国产气体分离膜器件的规格和性能

目前，国内生产气体分离用中空纤维膜组件的单位主要有中国科学院大连化学物理研究所、大连欧科膜技术工程有限公司、天津凯德科学仪器有限公司等，其产品规格及性能情况参见表 7-69。

表 7-69　国产气体分离膜器件的规格和性能概况[46]

产品及技术	规格	产量	用途	应用厂家	生产厂家
氮氢膜分离器及其分离技术	φ50mm×3000mm, φ100mm×3000mm, φ200mm×3000mm	年产量相当于 400 台 φ50mm×3000mm 分离器	合成氨驰放气及炼油厂气中氢回收	化肥生产企业	大连化物所
膜法空气富氧技术	φ100mm×1000mm, φ200mm×1000mm	年产量相当于 30~50 套 100m³/h 的富氧装置	燃油玻璃窑炉燃烧节能,高原室内增氧。氧浓度;28%~30%,氧氮分离系数 2.0	玻璃生产企业	大连化物所
天然气脱 CO_2	4600mm×2400mm×3600mm	12000m³/d	采用非再生吸附工艺,将 CO_2 含量从 50% 降低到 10%	中国海油	大连欧科
炼油厂 H_2 回收	330 万吨	55000m³/d	对渣油加氢循环放空气中 H_2 的回收。设计压力 18MPa, H_2 回收率≥93%, H_2 纯度≥98%	中化集团	大连欧科
聚丙烯装置中的丙烯回收及氮气纯化	20 万吨	丙烯 2700~3000t,纯度 99%氮气9000~10000t	20 万吨 PP 装置,丙烯回收率 90%~95%, N_2 回收率 50%~70%, N_2 纯度≥98%	中国石化	大连欧科

7.10.6.2　国外气体分离膜器件的规格和性能

表 7-70 和表 7-71 分别列出国外气体分离用膜器件的主要供应厂家和部分产品的性能。

表 7-72～表 7-75 分别为日本东洋纺、日本宇部兴产和德国 MESSER（MG Generon 公司）的提氢和富氮等膜器件的规格和性能。

表 7-70   国外气体膜分离器的主要供应厂家[42]

公司	膜材料	膜结构	膜组件
A/G Technology	乙基纤维素	非对称膜	中空纤维
Air Products	聚三甲基硅丙炔	复合膜	中空纤维
	醋酸纤维素	非对称膜	卷式
	聚烯烃	均质膜	中空纤维
DOW Chemical	聚烯烃	熔融纺丝致密膜	中空纤维
	聚碳酸酯	非对称膜	中空纤维
Du Pont	聚芳香胺	非对称膜	中空纤维
Grace Membrane	醋酸纤维素	非对称膜	卷式
MTR	聚醚酯酰胺	复合膜	卷式
OECO	聚硅氧烷/聚碳酸酯	复合膜	平板式
Permea	聚硅氧烷/聚砜	复合膜	中空纤维
Union Carbide	乙基纤维素	复合膜	中空纤维
UOP	聚硅氧烷/多孔膜	复合膜	卷式
General Electric	聚硅氧烷/聚硅氧烷聚碳酸酯	复合膜	卷式或平板式
Ube Industries	聚酰亚胺	非对称复合膜	中空纤维
宇部	聚酰亚胺	非对称膜	中空纤维
东洋纺	醋酸纤维素	非对称膜	中空纤维
日本电工	聚硅氧烷/聚酰亚胺	复合膜	卷式

表 7-71   国外主要生产气体膜分离器的公司及其产品性能[47]

国家	公司	主要产品	性能指标	商业目标
美国	孟山都	合成氨驰放气氢回收 乙烯气氢分离 裂解排放气、二甲苯异构化废气、加氢脱硫排放气氢回收	50000m³/h 60000m³/h 30000m³/h	全球市场
	流体系统	富氧空气	1000m³/h,氧浓度30%	市场开拓
	Air Products	富氮气 精炼厂分离氢气	氮气浓度95%～99.5% 氢气浓度95%	全球市场
	W. R. Grace	二氧化碳	未公布	美国炼厂
日本	宇部兴产	聚酰亚胺膜脱水器 氢、氮、二氧化碳分离器	高分离系数、高稳定性,氢氮分离系数大于40,氧气浓度30%～35%	长期发展
	帝人	医用富氧器	氧浓度35%～40%	全球市场
	大赛璐	高浓度甲烷气体处理,油田天然气精制	未公布	全球市场
欧洲	GKSS	氢气分离器	氢浓度≥99%	市场开发
	DOW	富氧、富氮分离器	30～50m³/h,氧浓度30%～35%,氮浓度≥97%	市场开发

注：气体体积无特殊说明的均指标况下的体积，下同。

表 7-72　中空纤维气体分离膜组件的规格和性能 （日本东洋纺）

项目	HG-51	KG-53
膜材料	CTA	CTA
外径/长度/mm	$\phi130/355$	$\phi130/1140$
气体透过速率比	He：77，H_2：66，CO_2：31，O_2：5.5，Ar：2.5， CO：1.5，CH_4：1，N_2：1（为基准）	
气体透过速率 (25℃)/(m³/h)	7.5(H_2) 0.7(O_2)	10.0(H_2) 2.0(O_2)
操作温度/℃	0～50	0～60
操作压力/(kgf/cm²)	0～120	0～120
操作压差/(kgf/cm²)	0～50	0～60
主要应用	炼厂气和化工厂回收 H_2，天然气和三次采油分离回收 CO_2，天然气提 He，从空气制富氧或富氮气	

表 7-73　提氢用中空纤维膜组件的规格和性能 （日本宇部兴产）

项目	规格和性能					
膜类型	Ube 气体分离系统（石油加工厂用）					
型号	A，B-L，B-H					
膜材料	芳香聚酰亚胺					
外径/长度/mm	$\phi100/2000$，$\phi100/4000$，$\phi200/2000$，$\phi200/4000$					
原料气来源	集中驰放气			加氢脱硫排出气		
流体	原料	渗透气	渗余气	原料	渗透气	渗余气
组成(摩尔分数)/%						
H_2	75	95.5	36.2	75	98.0	35.6
CH_4	21	4.3	52.6	21	1.8	53.7
C_{2+}	4	0.2	11.2	3.9	0.1	10.6
H_2S				0.1	0.1	0.1
压力/bar(psi)	26(370)	10(140)	24(340)	83(1180)	17(240)	181(1150)
流速/(m³/h)	12700	8280	4420	9000	5650	3350
H_2 回收率/%	83			82		

表 7-74　中空纤维富氮膜组件规格和性能 （日本东洋纺）

	项目	HG-51LMR	HG-53LMR
规格	膜材料	CTA	CTA
	外径/长度/mm	$\phi140/420$	$\phi150/1240$
	组件重量/kg	8.2	21
性能	富氮气流量/(m³/h)	＞0.75	＞5
	氧气浓度(体积分数)/%	＜7	＜5
	氮气浓度(体积分数)/%	＞93	＞95

续表

项目		HG-51LMR	HG-53LMR
测试条件	供给空气（O_2 体积分数）/%	21	21
	供给气压力/（kgf/cm²）	7	7
	透过气压力/（kgf/cm²）	0	0
	供给气温度/℃	25	25
	回收率/%	40	40
操作供气状况	供给气压力/（kgf/cm³）	10	10
	温度范围/℃	0～35	0～35
	相对湿度/%	<80	<80
	微粒子/μm	<1.0	<1.0
	CCl_4 可溶成分/（mg/L）	<0.1	<0.1

表 7-75　富氮用中空纤维膜组件的常用规格和性能 （MG Generon）

型号	氮气浓度				$L \times W \times H$/m	质量/kg
	99.9%	99.5%	99.0%	98.0%		
	氮气产量/（m³/h）/氮气回收率/%					
HPX-6201	3/20	5/24	7/34	12/39	1.0×0.6×1.7	140
HPX-6202	6/20	10/24	14/34	24/39	1.0×0.6×1.7	160
HPX-6203	9/20	15/24	21/34	36/39	1.0×0.6×1.7	180
HPX-6204	12/20	20/24	28/34	48/39	1.0×0.6×1.7	200
HPX-7201	20/20	30/24	40/34	60/39	2.2×0.8×1.7	320
HPX-7202	40/20	60/24	80/34	120/39	2.2×0.8×1.7	590
HPX-7203	60/20	90/24	120/34	180/39	2.2×1.3×2.1	860
HPX-7204	80/20	120/24	160/34	240/39	2.2×1.3×2.1	930
HPX-7205	100/20	150/24	200/34	300/39	2.2×1.3×2.1	1100

7.10.6.3　气体分离膜器件的主要应用

气体分离用膜组件可广泛用于膜法提氢、膜法富氧和富氮、工业气体脱湿、有机蒸气脱除和天然气脱湿、提氦、脱二氧化碳及硫化氢等，表 7-76 列出气体膜分离过程目前的和正在发展的应用情况。

表 7-76　气体膜分离过程目前和正在发展的应用

混合气体	应用	短评和关键技术问题
H_2/N_2	从合成氨驰放气中回收 H_2	是成功的，但要除掉可凝结的 H_2O 或 NH_3
H_2/CH_4	从加氢过程中回收 H_2	是成功的，不过可凝结的烃对膜是致命的
H_2/CO	调节合成气的比例	是成功的，不过要除掉可凝结的甲醇
O_2/N_2	富氮惰性介质	实用的为 95%，最高氮的浓度可达 99% 以上，其富集浓缩的状况将与 PSA 相媲美
	家庭医用富氧 富氧炉气	在技术上不存在大的问题，但市场小，高温炉需要设计，可满足经济上的需要，因新制的膜具有调整生产的能力
	高富氧（>50%）气体	高聚物膜的选择性太低，如要实现高富氧，需要 $\alpha > 6.0$ 的膜

续表

混合气体	应用	短评和关键技术问题
酸性气体/烃	从生物气中回收 CO_2	是成功的,在消除可凝结的有机物方面可与 PSA 法相媲美;为防止污染可用来净化擦洗水;生产能力需要调整
	从井口气回收 CO_2	是成功的,但要除掉可凝结物和提高生产能力,并需要耐老化的膜
	从天然气中脱除 H_2S	有广泛前景,但目前大部分还处于实验阶段,开发耐高温、抗腐蚀的膜是关键点
H_2O/烃 H_2O/空气	天然气脱水 必要的空气去湿	是有效的,不过烃会或多或少地流失至渗透质中 对中等露点是有效的,问题是渗透质的浓差极化
烃/空气 烃(CH_4)/N_2	控制污染和回收溶剂 提高 BTU 气体的等级	对氯化过的烃分离是成功的,渗透质趋向富氧,真空系统的设计是奇特的 现有膜的选择性不足以防止甲烷过量损失在渗透质中
He/烃 He/N_2	从气井回收氦 从潜水作业的气体混合物中回收氦	低浓度的氦原料需要多级操作;市场小 可行,市场小

7.10.7　渗透汽化膜器件概况

　　渗透汽化膜组件可根据使用情况,选择板框式、卷式和中空纤维式。在渗透汽化方面应用最多的是板框式和中空纤维式膜组件。图 7-83 为中空纤维式膜组件,可根据生产要求改变填充膜的数量。另外,应用比较成熟的还有板框式膜组件,但因中空纤维膜组件更集成、更高效,已成为渗透汽化膜的研究热点。

　　除已经大规模应用的德国 GFT 公司生产的 GFT 型膜组件,国内还有清华大学研发的 THU 型膜组件以及四川大学的 SCU 型膜组件。THU 型膜组件相对 GFT 型膜组件的料液分布较为均匀,但存在入口射流造成料液发展区较长的缺点;SCU 型膜组件的薄层流道由于通过均布的入口折流进料,料液流动的发展更快、分布更均匀[48]。图 7-84 为三种膜组件的膜面流道情况。

　　螺旋卷式膜组件也可用于渗透汽化,其操作和

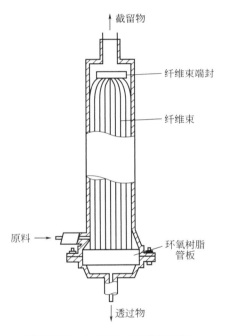

图 7-83　中空纤维式膜组件示意图

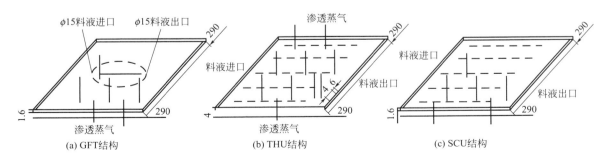

(a) GFT 结构　　　　　(b) THU 结构　　　　　(c) SCU 结构

图 7-84　膜面流道结构[48]

低压气体分离一样，在膜渗透侧的压降较小，这使它在该领域的应用具有一定的潜力。不过，目前在工业方面的应用数量有限，而且为其专门设计的组件尚不如板框式那样普遍。

符号表

A	孔面积
c	浓度
D_a	纤维束直径
D_i	纤维束内径
d_i	纤维内径
d_s	纤维外径
p	压力
Re	雷诺数
U	总流道
V	体积
ε	孔隙率

参考文献

［1］ 时钧，袁权，高从堦 . 膜技术手册［M］. 北京：化学工业出版社，2001.

［2］ Baker R W, Cussler E L, Eykamp W, et al. Membrane Separation Systems: Recent Developments and Future Directions［M］. New Jersey: Noyes Date Corporation, 1991.

［3］ 陈观文，许振良，曹义鸣，施艳荞 . 膜技术新进展与工程应用［M］. 北京：国防工业出版社，2013.

［4］ 许振良，马炳荣 . 微滤技术与应用［M］. 北京：化学工业出版社，2005.

［5］ 许振良 . 膜法水处理技术［M］. 北京：化学工业出版社，2001.

［6］ Scott K. Handbook of Industrial Membranes［M］. Oxford: Elsevier Advanced Technology, 1995: 94-863.

［7］ 赵远明，张科峰，刘敬浩 . 泡沫陶瓷过滤器应用技术的探讨［J］. 铸造工程，2012（1）：36-37，42.

［8］ Winston Ho W S, Sirkar K K. Membrane Handbook［M］. New York: Springer, 1992.

［9］ Drioli E, Giorno L. Encyclopedia of Membranes［M］. Berlin/Heidelberg: Springer-Verlag, 2013.

［10］ http：//www. alfalaval. com/products/separation/membranes/Modules/.

［11］ https：//sanimembranes. com/the%20products/hollow%20plate%20modules. html.

［12］ https：//chemicals-polymers.   pall. com/content/dam/pall/chemicals-polymers/literature-library/non-gated/Disc-Tube_Filter_Technology-DT100b. pdf.

［13］ http：//www. memsys. eu/technology/dt-membrane-technology. html.

［14］ http：//www. toraywater. com/.

［15］ www. cembrane. com.

［16］ http：//www. itn-nanovation. com/products/technology/ceramic-flat-membranes. html.

［17］ 劳顿巴赫 R. 膜工艺-组件和装置设计基础［M］. 王乐夫，译 . 北京：化学工业出版社，1998.

［18］ Koros W J, Fleming G K. Membrane-based gas separation［J］. J Membr Sci, 1993, 83: 1-80.

［19］ http: //www. kochmembrane. com/Membrane-Products. aspx.

［20］ http: //www. microdyn-nadir. com/en/produkte/.

［21］ http: //www. deltawts. com/icerik/Pall/urunler/Schumasiv_Brochure-keramik-membran_eng_0706. pdf.

［22］ 时钧, 汪家鼎, 余国琮, 陈敏恒. 第 19 篇, 膜过程. // 化学工程手册［M］. 二版. 北京: 化学工业出版社, 1996.

［23］ Lioyd D R. Materials Science of Synthetic Membranes［M］. ACS Series, 1985: 327.

［24］ 张维润. 电渗析工程学. 北京: 科学出版社, 1995.

［25］ 聂飞. 耐溶胀 PTFPMS 气体分离复合膜的制备及其性能研究［D］. 大连: 大连理工大学, 2013.

［26］ 刘颖. 管式复合炭膜的制备及其气体分离性能［D］. 大连: 大连理工大学, 2009.

［27］ Mat N C, Lou Y, Lipscomb G G. Hollow fiber membrane modules［J］. Curr Opin Chem Eng, 2014（4）: 18-24.

［28］ Hennessy J, Livingston A, Baker R. Membranes from academia to industry［J］. Nat Mater, 2017, 16: 280-282.

［29］ Yang X, Wang R, Fane A G, et al. Membrane module design and dynamic shear-induced techniques to enhance liquid separation by hollow fiber modules: a review［J］. Desal Water Treat, 2013, 51（16-18）: 3604-3627.

［30］ Imasaka T, Kanekuni N, So H, et al. Gas-liquid two-phase cross-flow filtration by ceramic membrane modules［J］. Kagaku Kogaku Ronbunshu, 1989, 15（3）: 638-644.

［31］ Wibisono Y, Cornelissen E R, Kemperman A J B, et al. Two-phase flow in membrane processes: A technology with a future［J］. J Membr Sci, 2014, 453: 566-602.

［32］ 刘茉娥. 膜分离技术［M］. 北京: 化学工业出版社, 1998.

［33］ 朱长乐. 膜科学技术［M］. 杭州: 浙江大学出版社, 1992.

［34］ ふじびろし. 海水脱監用逆浸透トンブレン. ブロヤス技術に開する現況［J］. クシカルュンジニやリング, 1977, 72（5）: 78-85.

［35］ Dontula P R, Tayalia Y, Goebel P. Spiral wound membrane permeate carrier with thin border: US 9675937 B2［P］. 2013.

［36］ Mat N C, Lou Y, Lipscomb G G. Hollow fiber membrane modules［J］. Curr Opin Chem Eng, 2014（4）: 18-24.

［37］ Vrouwenvelder J S, Picioreanu C, Kruithof J C, et al. Biofouling in spiral wound membrane systems: Three-dimensional CFD model based evaluation of experimental data［J］. J Membr Sci, 2010, 346: 71-85.

［38］ Lee J Y, Tan W S, An J, et al. Module design with 3D printing technology［J］. J Membr Sci, 2016, 499: 480-490.

［39］ Johnson J, Busch M. Engineering aspects of reverse osmosis module Design［J］. Desalin Water Treat, 2010, 15（1-3）: 236-248.

［40］ http: //xflow. pentair. com/en/products/compact-helix.

［41］ 陈山林. 膜法富氧性能优化研究［D］. 北京: 北京交通大学, 2011.

［42］ 刘茉娥, 等. 膜分离技术应用手册［M］. 北京: 化学工业出版社, 2001.

［43］ Lipscomb G G. // Pabby A K, Rizvi S S H, Sastre A M. Handbook of Membrane Separations［M］. Boca Raton: CRC Press, 2009.

［44］ Pabby A K, Rizvi S S H, Sastre A M. Handbook of Membrane Separations［M］. Boca Raton: CRC Press, 2009.

［45］ Baker R W. Membrane Technology and Applications［M］. London：John Wiley & Sons，2004.

［46］ http：//eurofilm. com. cn/product/Default. aspx？ ID=3.

［47］ http：//www. chinawatertech. com/hzscl/cpyfw/gscp/mcpjzb/A33030101web_1. htm.

［48］ 刘光培，黄龙，刘令，等. 板框式渗透汽化膜组件中薄层流动的 CFD 模拟［J］. 化工设备与管道，2012，49（6）：30-33.

第 8 章
反渗透、正渗透和纳滤

主 稿 人：俞三传　浙江理工大学研究员

编写人员：俞三传　浙江理工大学研究员

王晓琳　清华大学教授

周　勇　浙江工业大学教授级高级工程师

王　艳　华中科技大学教授

孙世鹏　南京工业大学教授

何　涛　中国科学院上海高等研究院研究员

胡云霞　天津工业大学教授

杨　波　杭州水处理技术研究开发中心有限
公司教授级高级工程师

刘丽芬　浙江工业大学研究员

夏建中　北京碧水源科技股份有限公司高级
工程师

审 稿 人：王世昌　天津大学教授

第一版编写人员：高从堦　胡振华　俞三传　高以堦

徐荣安　刘玉荣　柴天禹　杨荣新

8.1　概述

8.1.1　发展概况

人类发现渗透现象至今已有 200 多年的历史，通常认为 1748 年 Abbe Nollet 发表的水通过动物膜的实验为始点。之后，Van't Hoff 建立了稀溶液的完整理论。J. W. Gibbs 提供了认识渗透压及其热力学性能关系的理论[1]。

反渗透（reverse osmosis，RO）研究始于 20 世纪 50 年代。1953 年初，C. E. Reid 建议美国内务部把反渗透（RO）的研究纳入国家计划。1956 年，S. T. Yuster 提出从膜表面撇出所吸附的纯水作为脱盐过程的可能性。1960 年，S. Loeb 和 S. Sourirajan 制得了世界上第一张高脱盐率、高通量的不对称醋酸纤维素（CA）反渗透膜[2-7]。1970 年美国 Du Pont 公司推出由芳香族聚酰胺（APA）中空纤维制成的"Permasep"B-9 反渗透器，主要用于苦咸水脱盐，之后又开发了 B-10 反渗透器，用于海水一级脱盐。与此同时 Dow Chemicals 公司和东洋纺公司先后开发出三醋酸纤维素中空纤维反渗透器并用于海水和苦咸水淡化[8-10]，卷式反渗透元件由 UOP 公司成功地推出[11]。1980 年 Filmtec 公司推出性能优异的、实用的 FT-30 复合膜[12]；80 年代末高脱盐率的全芳香族聚酰胺复合膜工业化[13-16]；90 年代中期，超低压高脱盐全芳香族聚酰胺复合膜进入市场。在最近的二十多年中，RO 膜的选择透过性、耐污染性和耐氧化性得到了进一步提高[17-24]，膜组件的新设计、抗污染的流道格网、端密封和压力容器等不断改进；高脱硼的膜组件和 16～18in（1in＝2.54cm）直径的 SWRO 膜元件已开始进入商业应用[25,26]。近几年，纳米技术在膜材料科学中的应用，包括沸石掺杂的 RO 膜，取得了重大突破，特别是 NanoH$_2$O 公司（美国）与 Aquaporin 公司（丹麦）分别开发了 NaA 分子筛和水通道蛋白混合基质反渗透膜，并形成了膜产品与元件，较同期膜产品水通量提高 20％以上。经过 60 多年的研究、开发和产业化，反渗透技术日渐成熟，广泛地用于海水和苦咸水淡化，纯水和超纯水制备，以及浓缩纯化和水回用等领域。低成本、长寿命、高脱盐率和渗透性的新型反渗透膜仍是反渗透技术发展的重点之一[26-28]。

纳滤（nanofiltration，NF）研究始于 20 世纪 70 年代中期，到 80 年代中期实现了商品化，主要产品有芳香族聚酰胺复合纳滤膜和醋酸纤维素不对称纳滤膜等。其孔径介于反渗透和超滤之间[29]。反渗透膜几乎对所有的溶质都有很好的去除率，而纳滤膜只对特定的溶质具有高截留率，在混合溶液的浓缩与分离方面纳滤具有正渗透与反渗透无可比拟的优点。因而，纳滤膜可让溶液中低价离子透过而截留高价离子和数百分子量的物质，它可用于海水软化，浓缩和净化许多化工产品、食品和药物等物料。目前市场上大多数纳滤膜为荷负电的纳滤膜，荷负电的纳滤膜在各类阴离子以及带负电的溶质去除等方面得到了广泛的利用。随着对纳滤膜研究的深入，目前已经形成了比较完备的理论知识体系。纳滤膜在工业废水中的应用工作也随之逐渐展开。对纳滤膜的研究也已经不仅仅局限于水溶液体系，在有机溶剂中的应用越来越引起研究人员的兴趣。近年来，随着耐有机溶剂纳滤膜的开发，纳滤膜正在逐渐被应用于含有有机废水的石油化工、食品化工、生物制药等工业领域。

近些年来，海水淡化技术已经成为缓解水资源短缺问题的重要手段之一，其中基于膜分离的水处理技术起着举足轻重的作用；而如何低成本地实现净水的生产，受到了越来越多的关注。传统的压力驱动膜技术过程，很难再进一步降低能耗，在此背景下，正渗透（forward osmosis，FO）技术应运而生[30]。与其他膜过程相比，正渗透是一种自发低能耗的过程，它利用膜两侧溶液的渗透压差，以此为驱动力驱使水分子从高化学势一侧向低化学势一侧自发迁移[31]。由于其操作过程不需提供外压或者操作过程中只存在很低的液压，相较于其他压力驱动膜过程，正渗透有着能耗较低、产水率高、污染小的优点，它有可能被广泛应用于各个领域，包括污水处理与淡水净化、海水淡化、食品、医药、压力阻尼渗透发电等[32-36]。

8.1.2　反渗透、正渗透和纳滤简介

能够让溶液中一种或几种组分通过而其他组分不能通过的这种选择性膜叫作半透膜。当用半透膜隔开纯溶剂和溶液（或不同浓度的溶液）的时候，纯溶剂通过膜向溶液相（或从低浓度溶液向高浓度溶液）有一个自发的流动，这一现象叫作渗透（正向渗透）。若在溶液一侧（或浓溶液一侧）加一外压力来阻碍溶剂流动，则渗透速率将下降，当压力增加到使渗透完全停止时，渗透的趋向被所加的压力平衡，这一平衡压力称为渗透压。渗透压是溶液的一个性质，与膜无关。若在溶液一侧进一步增加压力，引起溶剂反向渗透流动，这一现象习惯上称为"反（逆）渗透"[37,38]。原理如图 8-1 所示。

图 8-1　原理示意图

由热力学可知，当在恒温下用半透膜分隔纯溶剂和溶液时，膜两侧压力差为 p^n，则溶液侧溶剂的化学位 $\mu_1 (p^n)$ 可表示为：

$$\mu_1(p^n) = \mu_1^0(p^n) + RT\ln a_1(p^n) \tag{8-1}$$

式中，$\mu_1^0(p^n)$ 为纯溶剂的化学位；a_1 为溶液的活度。

从渗透平衡可以推出渗透压的公式为：

$$\pi = \frac{RT}{\overline{V}_1}\ln a_1(p^n) \approx n_2 RT \tag{8-2}$$

式中，$\overline{V}_1$ 为偏摩尔体积；n_2 为溶质的物质的量（稀溶液）。

根据用一超过渗透压无限小的压力使纯水体积 dV 从溶液侧向溶剂侧传递所做的功为 dW，可计算任何浓度的溶液分离所需的最低能量：

$$dW = -\pi dV \qquad\qquad (8\text{-}3)$$

可以推出，常温下海水淡化的最低能耗为 $0.7\mathrm{kW\cdot h/m^3}$ 左右。

纳滤是以压力差为推动力，介于反渗透和超滤之间，孔径范围在 $0.5\sim2.0\mathrm{nm}$ 之间，可对水中粒径为纳米级颗粒物进行截留的一种膜分离技术。对二价阴离子或多价阴离子以及分子量介于 $200\sim2000\mathrm{Da}$ 的有机分子有较高的截留率，弥补了超滤和反渗透之间的空白。与反渗透相比，它的操作压力更低，因此也称为低压反渗透或疏松反渗透。

8.1.3　反渗透膜、正渗透膜和纳滤膜及组器件[8,39]

反渗透膜主要分两大类：一类是醋酸纤维素膜，如通用的醋酸纤维素-三醋酸纤维素共混不对称膜和三醋酸纤维素中空纤维膜；另一类是芳香族聚酰胺膜，如通用的芳香族聚酰胺复合膜和芳香族聚酰胺中空纤维膜。

醋酸纤维素类膜的优点是制作较容易、价廉、耐游离氯、膜表面光洁、不易结垢和耐污染等，缺点是应用 pH 范围窄、易水解、操作压力偏高、性能衰减较快等。此类膜多用于地表水和废水处理方面。

芳香族聚酰胺类复合膜的优点是脱盐率高、通量大、应用 pH 范围宽、耐生物降解、操作压力要求低等，缺点是不耐氧化、氧化后性能急剧衰减、抗结垢和污染能力差等。此类膜广泛应用于海水及苦咸水淡化、纯水和超纯水制备、工业用水处理等方面。

膜的外形有片状、管状和中空纤维状。用片状膜可制备板式反渗透器和卷式反渗透器，用管状膜可制备管式反渗透器，用中空纤维膜可制备中空纤维反渗透器。目前广泛应用的是卷式反渗透器和中空纤维反渗透器，板式反渗透器和管式反渗透器仅用于特种浓缩处理场合。

纳滤膜和组器件与反渗透的基本相同，另外还有无机纳滤膜和相应的组器件。

正渗透膜主要包括醋酸纤维素类和聚酰胺薄膜复合膜两大类，另外还有层层沉积复合膜、双皮层膜、生物仿生膜等新型的正渗透膜。

8.1.4　反渗透过程的特点和应用[10,40]

反渗透是一种高效节能技术。它是将进料中的水（溶剂）和离子（或小分子）分离，从而达到纯化和浓缩的目的。该过程无相变，一般不需加热，工艺过程简便，能耗低，操作和控制容易，应用范围广泛。该技术由于渗透压的影响，其应用的浓度范围有所限制，另外对结垢、污染、pH 和氧化剂的控制要求严格。

反渗透技术的主要应用领域有海水和苦咸水淡化，纯水和超纯水制备，工业用水处理，饮用水净化，医药、化工和食品等工业料液处理和浓缩，以及废水处理等。

8.1.5　正渗透过程的特点和应用

正渗透过程以半透膜两侧的溶液渗透压差为驱动力，无需提供外加压力，因此相较于传统分离技术具有更低的能耗。另外，由于操作过程中无外压或者只有很低的液压，因此膜污染倾向相较于反渗透过程明显降低。正渗透过程中也存在着浓差极化的现象，由于净渗透压差的降低，FO 模式下的水通量大幅度降低。

正渗透技术可应用于污水处理、淡水净化、海水淡化、食品、医药、压力阻尼渗透发电等领域。

8.1.6　纳滤过程的特点和应用[13-15]

纳滤膜的孔径在纳米级内，同时其中有些膜对不同价阴离子的 Donnan 电位有较大差别，其截留分子量在百量级，对不同价的阴离子有显著的截留差异，可让进料中部分或绝大部分的单价无机盐透过。

纳滤在水软化、有机低分子的分级、有机物的除盐净化等方面有独特的优点和明显的节能效果。

8.2　分离机理

8.2.1　反渗透分离机理

8.2.1.1　溶解-扩散模型[1]

该模型假设膜是完美无缺的理想膜，高压侧浓溶液中各组分先溶于膜中，再以分子扩散方式通过厚度为 δ 的膜，最后在低压侧进入稀溶液，如图 8-2 所示。

在高压侧溶液-膜界面的溶液相及膜相中水和盐的浓度分别为 c'_{cw}、c'_{cs} 和 c'_{wm}、c'_{sm}。在低压侧溶液-膜界面的溶液相及膜相中水和盐的浓度分别为 c''_{cw}、c''_{cs} 和 c''_{wm}、c''_{sm}，同时设溶液和膜面之间水和盐能迅速建立平衡关系并遵循分配定律：

$$\frac{c'_{wm}}{c'_{w}}=\frac{c''_{wm}}{c''_{w}}=K_{w} \qquad (8\text{-}4)$$

$$\frac{c'_{sm}}{c'_{w}}=\frac{c''_{sm}}{c''_{s}}=K_{s} \qquad (8\text{-}5)$$

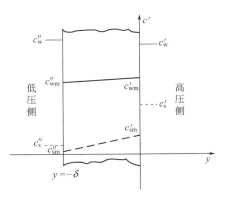

图 8-2　膜内及两侧溶液中的浓度剖面

式中，K_{w} 的 K_{s} 分别为水和溶质在膜与溶液间的分配系数。则任意组分（水或盐）的通量 J_i 主要取决于化学位梯度。

$$J_{i}=-\frac{D_{i}c_{i}}{RT}\times\frac{\mathrm{d}u_{i}}{\mathrm{d}y}=-\frac{D_{i}c_{i}}{RT}\left[\left(\frac{\partial\mu_{i}}{\partial c_{i}}\right)_{p,T}\times\frac{\mathrm{d}c_{i}}{\mathrm{d}y}+\overline{V}_{i}\frac{\mathrm{d}p}{\mathrm{d}y}\right] \qquad (8\text{-}6)$$

式中　J_i——组分 i 的通量，mol/(cm²·s)；

D_i——组分 i 在膜内的扩散系数，cm^2/s；

c_i——组分 i 的浓度，mol/cm^3；

$d\mu_i/dy$——化学位梯度；

dc_i/dy——浓度梯度；

dp/dy——压力梯度。

由上式可见，水和盐传质的推动力有两部分：浓度梯度和压力梯度。

对于水的传递，可进一步推导出：

$$J_w = -\frac{D_{wm}c_{wm}}{RT}\left(-\overline{V}_w\frac{d\pi}{dy}+\overline{V}_w\frac{dp}{dy}\right) \tag{8-7}$$

$$J_w = -\frac{D_w c_w \overline{V}_w}{RT\delta}(\Delta p - \Delta\pi) \tag{8-8}$$

$$J_w = -A(\Delta p - \Delta\pi) \tag{8-9}$$

式中 J_w——水的通量，$mol/(cm^2\cdot s)$；

D_{wm}——水在膜内的扩散系数，cm^2/s；

c_{wm}——水在膜内的浓度，mol/cm^3；

Δp——膜两侧的压力差，MPa；

$\Delta\pi$——膜两侧溶液的渗透压差，MPa；

A——膜的水渗透性常数，$mol/(cm^2\cdot s\cdot MPa)$。

对于盐的传递，可进一步推导出：

$$J_s = -\frac{D_{sm}c_{sm}}{RT}\left[\left(\frac{\partial\mu_s}{\partial c_{sm}}\right)_{p,T}\times\frac{dc_{sm}}{dy}+\overline{V}_s\frac{dp}{dy}\right] \tag{8-10}$$

$$J_s = -\frac{D_{sm}c_{sm}\Delta\mu_s}{RT\delta} = \frac{D_{sm}c_{sm}}{RT\delta}\left(RT\ln\frac{c_s'}{c_s''}+\overline{V}_s dp\right) \tag{8-11}$$

$$J_s = -\frac{D_{sm}K_s}{\delta}\Delta c_s（忽略压力推动项 \overline{V}_s dp） \tag{8-12}$$

$$J_s = -B\Delta c_s \tag{8-13}$$

式中 J_s——透过膜的盐通量，$mol/(cm^2\cdot s)$；

B——膜对盐的透过性常数，cm/s；

Δc_s——膜两侧溶液中盐浓度之差，mol/cm^3。

该模型基本上可定量描述水和盐透过膜的传递，但推导中的一些假设并不符合真实情况，另外传递过程中水、盐和膜之间的相互作用也没考虑。

8.2.1.2 优先吸附-毛细孔流动模型[2]

关于溶液界面张力（σ）和溶质（活度 a）在界面的吸附 Γ 的 Gibbs 方程，预示了在界面处存在着急剧的浓度梯度：

$$\Gamma = -\frac{1}{RT}\left(\frac{\partial\sigma}{\partial\ln a}\right)_{T,A} \tag{8-14}$$

式中，A 为溶液的表面积。

Harkins 等计算了 NaCl 水溶液在空气界面上由于负吸附效应而产生的纯水层厚度 t：

$$t=-\frac{1000a}{2RT}\left[\frac{\partial\sigma}{\partial(am)}\right]_{T,A} \tag{8-15}$$

式中，a 为溶液的活度；m 为溶液的质量摩尔浓度。

S. Sourirajan 在此基础上，进一步提出优先吸附-毛细孔流动模型和最大分离的临界孔径 $\Phi(\Phi=2t)$，如图 8-3 所示。

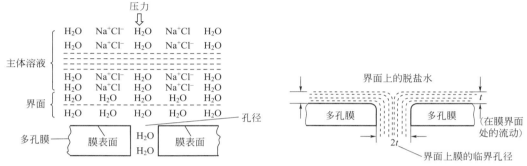

图 8-3　优先吸附-毛细孔流动模型

S. Kimura 和 S. Sourirajan 基于优先吸附-毛细孔流动模型，对反渗透资料进行分析和处理，并考虑到浓差极化（见图 8-4），提出了一套传质方程式：

$$A=[\mathrm{PWP}]/(M_{\mathrm{w}}\times S\times3600\times p) \tag{8-16}$$

$$J_{\mathrm{s}}=\frac{D_{\mathrm{sm}}}{K\delta}(c_2X_{\mathrm{s}2}-c_3X_{\mathrm{s}3}) \tag{8-17}$$

$$J_{\mathrm{w}}=A(p-\pi X_{\mathrm{s}2}+\pi X_{\mathrm{s}3}) \tag{8-18}$$

$$J_{\mathrm{w}}=\frac{D_{\mathrm{sm}}}{K\delta}\frac{1-X_{\mathrm{s}3}}{X_{\mathrm{s}3}}(c_2X_{\mathrm{s}2}-c_3X_{\mathrm{s}3}) \tag{8-19}$$

$$J_{\mathrm{w}}=c_1k\frac{1-X_{\mathrm{s}3}}{X_{\mathrm{s}3}}\ln\frac{X_{\mathrm{s}2}-X_{\mathrm{s}3}}{X_{\mathrm{s}1}-X_{\mathrm{s}3}} \tag{8-20}$$

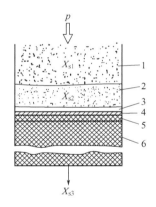

图 8-4　稳态操作下反渗透迁移示意图
1—在操作压力（p）下的主体进料液；
2—浓缩边界溶液；3—被优先吸附的
界面流体；4—致密的微孔膜表面；
5—不太致密的微孔膜过渡层；
6—海绵状的微孔膜的疏松层

式中　　　　A——纯水渗透性常数，mol/(cm^2·MPa)；

[PWP]——膜面积为 S，压力为 p 时纯水的透过量，g/h；

M_{w}——水的分子量；

S——有效膜面积，cm^2；

c_1，c_2，c_3——料液、浓边界层和产水的浓度，mol/cm^3；

$X_{\mathrm{s}1}$，$X_{\mathrm{s}2}$，$X_{\mathrm{s}3}$——料液、浓边界层和产水中溶质的摩尔分数；

k——膜高压侧传质系数，cm/s。

该模型的提出有其理论依据，而传质公式是基于试验给出的，公式推导中的一些假设，仅限于一定的条件。由于以试验为依据，公式有其适用性。

8.2.1.3 形成氢键模型[41,42]

膜的表层很致密，其上有大量的活化点，键合一定数目的结合水，这种水已失去溶剂化能力，盐水中的盐不能溶于其中。进料液中的水分子在压力下可与膜上的活化点形成氢键而缔合，使该活化点上其他结合水解缔下来，该解缔的结合水又与下面的活化点缔合，使该点上原有的结合水解缔下来，此过程不断地从膜面向下层进行，水分子就是以这种顺序型扩散从膜面进入膜内，最后从底层解脱下来成为产品水。而盐是通过高分子链间空穴，以空穴型扩散，从膜面逐渐到产品水中的。图 8-5 是以醋酸纤维素膜为例的氢键模型。

膜表面
不纯物
H
O
CH_3
C=O
CH_2—O
O—H_2C
HO
OH
H_2O

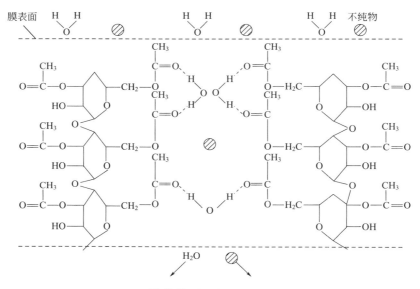

图 8-5 氢键模型示意图

从聚合物的物理化学和水化学基础提出的这一模型，有一定的说服力。由温度升高引起的水通量增加，据阿伦尼乌斯公式进行活化能计算表明该能量正在氢键能范围。但该模型缺乏更多的关于传质的定量描述。

8.2.1.4 Donnan 平衡模型[43,44]

荷电膜脱盐多用 Donnan 平衡模型解释。如图 8-6 所示，这里的膜为固定负电荷型。

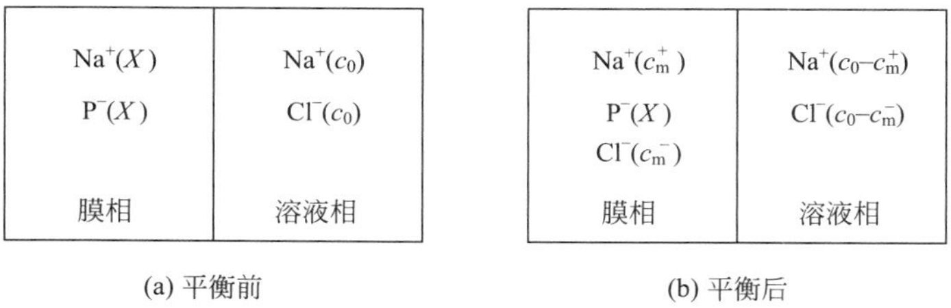

$Na^+(X)$
$P^-(X)$
膜相
$Na^+(c_0)$
$Cl^-(c_0)$
溶液相
(a) 平衡前
$Na^+(c_m^+)$
$P^-(X)$
$Cl^-(c_m^-)$
膜相
$Na^+(c_0-c_m^+)$
$Cl^-(c_0-c_m^-)$
溶液相
(b) 平衡后

图 8-6 Donnan 平衡模型示意图

根据电中性原理可得：

$$c_m^+ = X + c_m^-\qquad(8\text{-}21)$$

根据膜和溶液中离子化学位平衡可得：

$$c_0^2 \gamma_0^2 = c_m^+ c_m^- \gamma_m^2 \quad (\text{对大量液相})\qquad(8\text{-}22)$$

$$\gamma_1^2 [c_0 - c_m^-]^2 = c_m^+ c_m^- \gamma_m^2 (\text{对有限液相})\qquad(8\text{-}23)$$

式中　c_0，c_m^+，c_m^-——原液相、平衡后膜中液相及膜相荷电的浓度，mol/cm^3；

　　　　γ_0，γ_1，γ_m——原液相、平衡后液相及平衡后膜相内的活度系数。

通常认为借助于排斥同离子的能力，荷电膜可用于脱盐，经研究发现，只有稀溶液在压力下通过荷电膜时才有较明显的脱盐作用，最佳脱盐率为：

$$R = 1 - \frac{c_m^-}{c_0}\qquad(8\text{-}24)$$

但随着浓度的增加，脱盐率迅速下降。二价同离子的脱除比单价同离子好，单价同离子的脱除比二价反离子的好。

该模型以 Donnan 平衡为基础来说明荷电膜的脱盐，虽有依据，但 Donnan 平衡是平衡态状况，而对于在压力下透过荷电膜的传质，还不能从膜、进料及传质过程等多方面来定量描述。

8.2.1.5　其他分离模型

除上述模型，许多学者还提出不少其他的模型，如脱盐中心模型[41]、表面力-孔流模型[15]、有机溶质脱除机理等[45,46]，这里就不详述了。

8.2.2　正渗透分离机理

正渗透过程依靠选择性半透膜两侧溶液的渗透压差作为驱动力，驱使水分子自发地从化学位高（渗透压低）的一侧向化学位低（渗透压高）的一侧迁移。其分离机理如图 8-7(a) 所示。水和盐水两种渗透压不同的溶液被半透膜隔开，那么水会自发地从水侧通过半透膜扩散到盐水侧，使盐水侧液位提高，直到膜两侧的液位压差与膜两侧的渗透压差相等（$\Delta p = \Delta \pi$）时停止。而反渗透过程，如图 8-7(c) 所示，是在盐水侧施加压力克服渗透压（$\Delta p > \Delta \pi$）使得水从盐水侧扩散到水侧。当盐水侧施加的压力小于渗透压（$\Delta p < \Delta \pi$）时，水依然

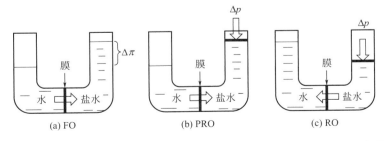

图 8-7　正渗透（FO）、压力阻尼渗透（PRO）及反渗透（RO）工作原理示意图

从水侧扩散到盐水侧，该过程称为压力阻尼渗透（pressure retarded osmosis，PRO），如图 8-7（b）所示。

该过程的推动力是溶剂在两种溶液中的化学位差或者是溶液的渗透压差[47]。在理想溶液体系中，渗透压可以通过范特霍夫（van't Hoff）公式计算：

$$\pi V = iRT \qquad (8\text{-}25)$$

式中，i 是校正系数，$i > 1$，与溶质分子电离成的离子数量相关；π 是溶液的渗透压；V 是溶液体积；R 是理想气体常数；T 是溶液的热力学温度。若由渗透压公式得到盐水侧的渗透压高（例如 0.5mol/L 的盐水渗透压约为 25atm）（1atm＝101325Pa），则在渗透压的作用下，水会从低渗透压侧扩散到高渗透压侧。

反渗透过程中水通量的表达式如下[48]：

$$J_w = A(\Delta p - \Delta \pi) \qquad (8\text{-}26)$$

式中，J_w 为水通量；A 为膜的水渗透常数；$\Delta \pi$ 为膜两侧的渗透压差；Δp 为操作压力。

在正渗透海水淡化过程中，需要高通量和高截流率的正渗透膜（注意不是反渗透膜）；同时需要高渗透压的汲取溶液，使得纯水在膜两侧的渗透压差（$\Delta \pi$）的推动下，从海水一侧渗透到汲取溶液一侧；而要得到纯净的水还需要对汲取溶液进行分离。作为正渗透的特殊应用，压力阻尼渗透则是部分利用渗透压做功或者转化成电能的过程。

8.2.3　纳滤分离机理[24]

纳滤膜多数荷电，对无机盐的分离不仅受化学势控制，同时也受电势梯度的影响，确切的传质机理目前尚无定论。传质通道的位置和大小不固定，随机改变的通道称作暂时孔。永久性孔与暂时孔之间存在过渡区（孔径约为 0.5～10nm），称为过渡态孔。纳滤膜的孔径处于过渡态孔的孔径范围。几个不成熟的机理如下：

8.2.3.1　Donnan 平衡模型[43,44]

Bhattacharyya 和 Cheng 提出的 Dannan 平衡模型预示纳滤膜的截留率是膜荷电量、料液溶质浓度和离子电荷数的函数。该模型没有考虑扩散和对流的影响，而扩散和对流在荷电纳滤膜过程中也起着很重要的作用。

8.2.3.2　细孔模型

细孔模型是基于非平衡热力学模型和摩擦模型提出的。应用纳滤膜进行不同溶质的选择性分离时，中性溶质的主要特征参数是分子尺寸。考虑溶质的空间位阻效应和溶质与孔壁之间的相互作用，只要知道膜的结构和溶质大小，就可以运用细孔模型计算出纳滤膜的特征参数，从而得知膜的截留率与膜透过体积流速的关系。反之，如果已知溶质大小，并由其透过实验得到膜的截留率与膜透过体积流速的关系，借助模型也可确定膜的结构参数。一般应用细孔模型确定膜性能参数，细孔模型广泛用于纳滤膜结构尺寸的表征和中性溶质分离性能的预测。

8.2.3.3　固定电荷模型

Teorell、Meyer 和 Sisvers 共同提出固定电荷模型（TMS 模型）[11,47]。该模型在离子交换膜、荷电反渗透膜和超滤膜中得到应用。模型建立在以下假设基础上：假设膜是均质的无孔膜，膜中的固定电荷是均匀分布的，同时也不考虑膜孔径等结构参数，认为离子浓度和电势能在传质方向有一定梯度。该模型与广义 Nernst-Planck 方程结合可以预测纳滤膜的离子截留率。

8.2.3.4　空间电荷模型

空间电荷模型（space-charge pore model，SC 模型）[46,49,50]假设膜为贯穿性毛细管通道组成的有孔膜，电荷分布在毛细管通道的表面，离子浓度和电势能除在传质方向不均匀分布外，在孔的径向也存在电势和离子浓度的分布，这种分布符合 Poisson-Boltzmann 方程。孔径、毛细管表面电荷密度和离子浓度是空间电荷模型的三个重要参数。为了能够预测膜的截留性能，必须要有方法解 Poisson-Boltzmann 方程，同时与 Nernst-Planck 方程相结合。

8.2.3.5　静电位阻模型

在前人的研究基础上，Wang 等[51]将 TMS 模型和细孔模型结合起来，建立了静电排斥和立体阻碍模型，简称为静电位阻模型（electrostatic and steric-hindrance model）。这种模型假定膜分离层由孔径均一、表面电荷分布均匀的微孔构成。对于已知的分离体系，根据孔径、开孔率、孔道长度（即膜分离层厚度）等结构参数和电荷特性参数，就可以运用静电位阻模型预测各种溶质（中性分子、离子）通过膜的传递分离特性。由于 Donnan 离子效应的影响，物料的荷电性、离子价数、离子浓度、溶液 pH 等对纳滤膜的分离效率有一定的影响，静电位阻模型考虑了膜的结构参数对膜分离过程的影响，截留率由 Donnan 效应与筛分效应共同决定，与空间电荷模型相比，可以较好地描述纳滤膜的分离机理。但是因为静电位阻模型参考了固定电荷模型的结论，所以只有膜的微孔壁面无量纲电荷密度小于 1.0 时，静电位阻模型才能比较合理地反映膜与电解质间的静电作用。

纳滤分离的其他机理在此不再赘述。

8.3　膜及其制备

8.3.1　反渗透膜及其制备

8.3.1.1　主要膜材料及其发展概况

到目前为止，国际上通用的反渗透膜材料主要有醋酸纤维素和芳香族聚酰胺两大类，另外在开发过程中也制备过其他一些材料的膜，如磺化聚醚砜膜等；为了简明，表 8-1 和表 8-2分别对非对称膜和复合膜来加以说明。

由上可以看出，对膜材料的要求是所成的膜要有高脱盐率和高通量，以满足经济脱盐的要求，要有足够的机械强度；以保证在所承受的压力下正常工作。另外，根据实际要求，膜

表 8-1   不对称膜的发展概况[8,12,37,48]

年份	膜材料	备注
1960	CA	Loeb 和 Sourirajan 研制出世界上第一张不对称 RO 膜
1963	CA	Manjikion 的改性膜
1968	CA-CTA	Salmnstall 研制的共混膜
1968	a-PA	美国 Monsanto Du Pont 公司发现其具有优异的 RO 性能
1969	S-PPO	美国 General Electric 公司开发的废水处理膜
1970	B-9(a-PA)	Du Pont 公司推出的苦咸水脱盐中空纤维膜
1970	CTA	美国 Dow Chemical 公司的脱盐中空纤维膜
1971	PBI	美国 Celanese Research 公司开发的耐热膜
1972	S-PS	法国 Phone-Poulence,S. A. 公司开发的耐热膜
1972	聚哌嗪酰胺	意大利 Credali 公司开发的耐氯膜
1973	B-10(a-PA)	Du Pont 公司推出的海水脱盐中空纤维膜

表 8-2   典型复合膜的发展概况[12]

年份	膜材料	备注
1970	NS-100	聚亚乙基亚胺与甲苯二异氰酸酯在 PS 支撑膜上形成的复合膜
1972	NS-200	糠醇在酸催化下,在 PS 支撑膜上就地聚合成膜
1976	PA-300	己二胺改性聚环氧氯丙烷与间苯二甲酰氯界面聚合成膜
1977	NS-300	哌嗪与均苯三甲酰氯和间苯二甲酰氯界面聚合成膜
1978	FT-30	间苯二胺与均苯三甲酰氯界面聚合成膜
1980	PEC-1000	糠醇和三羟乙基异氰酸酯在酸催化下就地聚合成膜
1983	NTR-7200	PVA 和哌嗪与均苯三甲酰氯界面聚合成膜
	NTR-7400	S-PES 涂层的 NF 膜
	UTC-20	与 NS-300 类似
	UTC-70	均苯三胺与 TMC 和 IPC 界面聚合成膜
	UTC-80	均苯三胺与 TMC 和 IPC 界面聚合成膜
1985	NF-40	同 NS-300
	NF-70	同 FT-30,膜更疏松
1986	FT-30SW	同 FT-30,表层更加致密
1995	ESPA 等	同 FT-30,膜表层形态不同
2005	TFN	纳米颗粒掺杂的复合膜

材料还应有良好的化学稳定性，以耐水解、耐清洗剂侵蚀、耐强氧化以及可在苛刻条件下应用；要有耐热性，以便能在较高温度下工作；要耐生物降解，不会因生物的活动而丧失其优异性能；要耐污染，可长期保持膜的性能，少清洗，长寿命。

8.3.1.2　膜材料的选择

反渗透膜材料的选择经历了由实验到认识的不断深化过程，最初是较盲目地大量地直接成膜试验，以后逐步从膜的传递机理、材料的结构和性能与膜性能之间的关系等方面来进行预测。下面是选择膜材料的几个方法。

（1）直接成膜评价

这是最初采用的方法，虽有一定可行性，但由于膜的好坏与制膜全过程有关，一步有误，就得不出正确结论。

（2）基于溶解-扩散机理的选择[1]

由上节的有关公式可知：

$$J_w = -\frac{D_{wm}c_{wm}\overline{V}_w}{RT\delta}(\Delta p - \Delta \pi) \tag{8-27}$$

$$J_s = -\frac{D_{sm}K_s}{\delta}\Delta c_s \tag{8-28}$$

材料的 D_{wm} 和 c_{wm} 越大，所成膜的水通量越大；材料的 D_{sm} 和 K_s 越小，所成膜的脱盐率越高，表 8-3 给出了 CA 和 a-PA 两种材料的相关数据，可以看出 a-PA 比 CA 要好。

表 8-3　醋酸纤维素和芳香族聚酰胺的盐、水渗透性

性能	醋酸纤维素	芳香族聚酰胺
水的体积浓度 $c_{wm}/(g/cm^3)$	0.17	0.49
水的扩散系数 $D_{wm}/(cm^2/s)$	1.6×10^{-6}	1.5×10^{-6}
水的渗透性 $(c_{wm}D_{wm}=P_w)$	2.6×10^{-7}	7.3×10^{-7}
NaCl 的分配系数 K_s	0.039	0.20
NaCl 的扩散系数 $D_{sm}/(cm^2/s)$	3.0×10^{-8}	1.0×10^{-8}
NaCl 的渗透性 $(K_sD_{sm}=P_s)$	1.0×10^{-10}	2.0×10^{-10}
P_w/P_s	2000	3000

（3）基于材料溶解度参数的选择[15]

溶解度参数是聚合物重要的物化性能之一，是聚合物结构中各个基团贡献的加和，表示总体效应，尽管有其局限性，但仍是选择膜材料的重要参数之一。溶解度参数最通用的表达式为：

$$\delta_{sp}^2 = \delta_d^2 + \delta_p^2 + \delta_h^2 \tag{8-29}$$

式中，δ_{sp} 为溶解度参数，$J^{\frac{1}{2}}/m^{\frac{3}{2}}$；$\delta_d$、$\delta_p$ 和 δ_h 分别为其色散分量、偶极分量和氢键分量。

膜材料要求亲水特性和疏水特性的平衡。将膜材料的溶解度参数与被分离物质的溶解度参数结合起来选择膜材料，则针对性更好。例如，若要脱除 A 而使 B 透过膜，则在一定的限度内选择溶液中组分 A 和组分 B 与膜材料 M 的溶解度参数差的比值最大的膜材料为好。

（4）基于优先吸附原理的选择[15]

在液相色谱柱中，以粉末状膜材料为固定载体，以水为载液，测得不同材料对不同溶质的相互作用，是选择水溶液分离膜用材料的有效手段。根据液相色谱理论，可以求得溶质在界面溶液和本体溶液间的平衡分配常数 K'_A 和界面水的体积 V_s，配合吸附法，可进一步得界面水层厚度 t_j，优异的膜材料应有较高的 t_j 值和较低的 K'_A 值。表 8-4 给出了几种材料的 K'_A 值和 t_j 值。图 8-8 给出了一些溶质的 K'_A 值。优先吸附原理的缺点在于它仅考虑热力学平衡，没有考虑传递动力学方面。

表 8-4　几种材料的 K'_A 值和 t_j 值（25℃）

参数	CA	纤维素	PAH	PS	备注
K'_A(NaCl)	0.333	0.649	0.525	—	
$t_j \times 10^{10}$/m	9.5	11.7	6.8	8.3	PAH 为聚丙烯酰肼

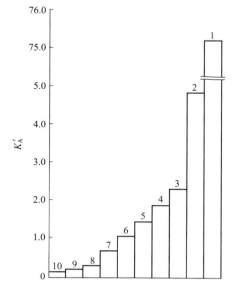

图 8-8　对于 CA 膜，不同无机溶质和有机溶质的 K'_A
1—苯酚；2—乙酸乙酯；3—丙酮；
4—乙酸；5—乙醇；6—硼酸；7—乙二醇；
8—氯化钠；9—硫酸钠；10—蔗糖

（5）基于分子结构的模拟

刘清芝等用分子动力学模拟的方法，针对 8 种反渗透复合膜展开研究，探讨了水和 NaCl 分子的扩散状态以及其在膜中的扩散系数。水分子与膜结构单体上的亲水基团和疏水基团的长程相互作用，通过分子的运动状态得到很形象的描述；膜种类不同，水分子在其中的扩散系数也有明显的变化，通过对比发现，扩散系数的变化规律与实验所得到的膜的水通量一一对应。另外，在同一个膜体系中，NaCl 分子中的阴离子和阳离子的扩散系数并不相同，且有较大差别，在扩散过程中哪种离子起主导作用取决于膜的类型。

另外还有一些选择膜材料的方法，如根据极性和非极性参数、材料亲和性参数、材料介电常数、折射率、水吸附等进行选择，在此不一一介绍。

8.3.1.3　膜的分类[3]

基于不同的出发点，膜的分类方法有很多，下面介绍主要的几种。

根据膜传递机理分，有活性膜和被动膜。活性膜是指在透过膜的过程中，透过组分的化学性质可改变；被动膜是指透过膜前、后的组分没有发生化学变化。目前所有的反渗透膜和纳滤膜都属于被动膜。

根据膜的材料分，则按材料来命名，反渗透膜和纳滤膜有醋酸纤维素及其衍生物膜、芳香族聚酰胺膜、聚酰亚胺膜、磺化聚砜膜、磺化聚醚砜膜和磺化聚亚苯基氧膜等。

按制膜工艺分，反渗透膜和纳滤膜有溶液相转化膜、熔融热致相变膜、复合膜和动力形成膜等，如 CA 膜为溶液相转化膜，CTA 中空纤维膜为熔融热致相变膜，目前卷式膜普遍用的为芳香族聚酰胺复合膜。

按膜的结构特点分，反渗透膜和纳滤膜有非对称膜和复合膜等，如溶液相转化的 CA 膜、热致相转化的 CTA 中空纤维膜都属非对称膜之列，因其表皮层致密，皮下层呈梯度疏松；通用的复合膜大多是用聚砜多孔支撑膜制成，而表层致密的芳香族聚酰胺薄层是以界面聚合法制成的。

按膜的功能和作用分，反渗透膜和纳滤膜属渗透膜范畴，渗透压在膜的传递过程中起重大作用。

按膜的使用和用途分，反渗透膜和纳滤膜又可分为低压膜、超低压膜、苦咸水淡化用膜、海水淡化用膜等许多品种。

按膜的外形分，反渗透膜和纳滤膜可制成片状膜、管状膜和中空纤维膜等。

8.3.1.4　非对称反渗透膜的制备和成膜机理[15]

第一张成功的海水淡化用反渗透膜就是用溶液相转化法制得的非对称 CA 膜。非对称膜的出现，由于使致密层成数量级地减薄，使膜的传递速率剧增，到目前为止，CA 膜、CTA 膜和复合膜的支撑膜仍是非对称膜。

非对称膜片的制备过程包括下面四个主要步骤：一是配制含有聚合物-溶剂-添加剂的三组分制膜液；二是将此制膜液展成一薄的液层，并让其中的溶剂挥发一段时间；三是将挥发后的液层浸入非溶剂的凝胶浴中，使之凝胶成聚合物的固态膜；四是将凝胶的膜进行热处理或压力处理，改变膜的孔径，使膜具有所需的性能。

下面分别对上述四个步骤中的一些机理进行简要讨论。

（1）制膜液

膜是制膜液中聚合物脱溶剂相转变的产物，所以制膜液是膜的基础。制膜液中聚合物的分布是由制膜液整个热力学状态决定的，它是制膜液组成和温度的函数。制膜液中有超分子聚集体存在，每个聚集体又有自身的链段网络，这种网络和聚集体本身之间构成了制膜液所成膜中两类孔的起源。如图 8-9 所示，它们的大小、数目、分布和形态直接影响膜的孔的状态。

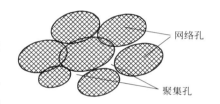

网络孔

聚集孔

图 8-9　制膜液结构示意图

制膜液中聚合物的形态可根据溶液的黏度进行宏观研究，根据 Mark-Houwink 方程：

$$[\eta] = K_\eta \overline{M}_\eta^a \tag{8-30}$$

式中，$[\eta]$ 为特性黏数；K_η 为黏度常数；$\overline{M}_\eta$ 为黏均分子量；a 为指数项。

制膜液中不同聚合物的聚集体的大小可根据 Rudin-Johnston 等价半径公式估算：

$$\overline{S} = \left(\frac{3V\varepsilon}{4\pi} \right)^{1/3} \tag{8-31}$$

式中　$\overline{S}$——聚合物的聚集体的等价半径；

　　　V——未溶剂化的聚合物分子的体积；

　　　ε——有效体积因数。

制膜液中聚合物聚集体的空间分布问题可用热力学统计方法进行表达（从略）。

制膜液中，膜材料的含量一般在 $10\% \sim 45\%$，由于它是膜的本体，所以其含量太低，膜的强度很差；而含量太高，膜材料本身的溶解状态不佳。制膜液的组成多用三元相图表示，如图 8-10 所示。

溶剂的作用是溶解膜材料形成制膜液，在蒸发阶段能较快地蒸发（对反渗透不对称膜而言，对超薄膜无此要求）；在膜面处形成一致密层；可与凝胶浴（通常为水）混溶，在凝胶

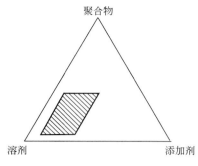

图 8-10 制膜液三元组成相图（示意图）

阶段向凝胶浴扩散较快，使膜呈海绵状结构；所成溶液可常温下制膜，与膜中其他成分无化学反应，含量在 $50\%\sim90\%$ 左右。另外，选择溶剂时应考虑混合溶剂，以及溶剂的沸点、极性、密度、酸碱性、毒性和价格等。

添加剂的作用很重要，它可改变溶剂的溶解能力，即调节聚合物分子在溶液中的状态；在挥发阶段降低制膜液中溶液的蒸气压，控制蒸发速率；在凝胶阶段，扩散速率较慢，以调节膜的孔结构和水含量。可见添加剂用量和性质对制膜液的结构、初生态膜的形成和膜的性能有极大的影响；同样，添加剂应与制膜液中各组分相混溶，溶于水。有些添加剂有较高的沸点等，当然，混合添加剂的使用也是可以考虑的，有时是很关键的。图 8-11 表明了添加剂用量对膜性能的影响。

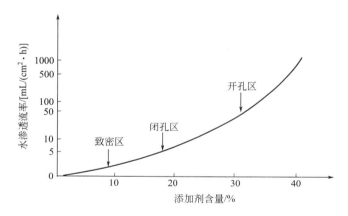

图 8-11 添加剂用量对膜结构的影响示意图

制膜液的配制有两种不同的步骤：混合-溶解法和溶解-混合法。前者是先将溶剂和添加剂混合，之后将膜材料溶入其中；后者是先用溶剂溶解膜材料，之后再与添加剂混合。前者因溶剂与添加剂先混合，溶解能力下降，所以制膜液中膜材料分子间氢键和超分子网状结构的趋势增大，黏度也增高（主要为结构黏度），属远离牛顿流体行为的宾汉流体，黏度随剪切速率的增加而明显降低。后者溶剂溶解膜材料的能力强，分子间氢键和超分子结构较少，属稍偏离牛顿流体行为的假塑性流体。

几种典型的制膜液配方如表 8-5 所示。

表 8-5 典型制膜液配方（质量分数）[12,15] 　　　　　　　　　　　　　　　单位：%

组分	L-S 标准膜	316 型膜	甲酰胺改性膜	CA-CTA 苦咸水膜	CA-CTA 海水膜	芳香族聚酰胺膜
CA	22.2	17	25	12(10)	12	
CTA				8(10)	8	
芳香族聚酰胺						15
丙酮	66.7	69.5	45	35	35	

续表

组分	L-S 标准膜	316 型膜	甲酰胺改性膜	CA-CTA 苦咸水膜	CA-CTA 海水膜	芳香族聚酰胺膜
$Mg(ClO_4)_2$	1.0	1.45				2
H_2O	10	12.35				
甲酰胺			30			
二氧六环				55	55	
甲醇				9(5)	9	
顺丁烯二酸				3(0)	3	
$LiNO_3$						7
DMF						76
乙酰胺				(4)		

S. Sourirajan 利用三元相图分析了各组分变化对膜结构（孔径等）的影响，如图 8-12 所示，图中的 O 表示制膜液的某一特定状态，其他字母表示组分变化方向，并不特指某一具体物质，当 N/S、N/P（S/P 不变）增加，S/P（N/P 不变）降低的时候，膜的孔径增加；而 S/P 增大时，孔数增多，即聚集的胶束少，而网络多，可形成较多的小孔。

（2）溶剂蒸发[15]

刮好的制膜液液层在凝胶之前，是在特定环境中，让溶剂适当挥发，则表层聚合物浓度最高，不良溶剂或添加剂的浓度也相对增加，这样溶剂从下部向表层扩散，添加剂有可能向下扩散，从而在膜横断面上建立了溶剂、聚合物和添加剂的浓度梯度。

溶剂蒸发速率与制膜液及环境、工艺条件有关，如溶剂的浓度、蒸气压、蒸发潜热、在皮层中扩散速率等，环境的温度、湿度、溶剂氛、空气流动速率等。S. Sourrajan 等用蒸发速率常数来进行定量的量度如下：

$$W_t - W_\infty = (W_0 - W_\infty)\exp(-bt) \tag{8-32}$$

式中，W_t 为在 t 时刻的膜重；W_0 为 $t=0$ 时的 W_t 的值；W_∞ 为恒重时 W_t 的值；b 为该方程直线部分的斜率，称为蒸发速率常数，如图 8-13 所示。

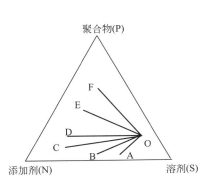

图 8-12 制膜液组成变化

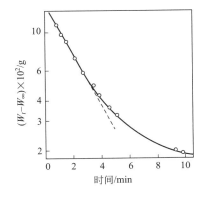

图 8-13 蒸发速率常数示意图

制膜液中高沸点的添加剂和溶剂使 b 值下降，低沸点的溶剂和添加剂可使 b 值升高。

环境温度和制膜液温度升高，则 b 值增大，其中制膜液温度影响更甚，且环境温度高于制膜液温度利于膜通量的增加。

环境中溶剂气氛浓度、湿度增加，b 值下降。环境中空气流动快、交换大，b 值上升。b 值不能太低，这时挥发得慢，在一定时间内，表层聚合物浓度仍较低，表层不完整孔径仍较大。而 b 值也不能太高，这时挥发太快，一定时间内蒸发过度而表层变得致密。所以取适中的 b 值为好，这时在表层既生成较多的高分子网络，同时具有较小的聚集体尺寸，又不产生皮层不完整或皮层过于致密的情况。

图 8-14 为蒸发过程中制膜液组成变化示意图。原液组成点为 A，这时溶剂为连续相，添加剂与聚合物分散体为分散相，蒸发后，溶剂减少，聚合物和添加剂含量相对增加，逐渐达 A' 点，此为聚合物饱和点。再继续蒸发，则发生分相。

实际工作中，可进行 b 值与溶剂和添加剂的沸点和蒸发潜热、制膜液温度、环境温度和湿度、环境气氛、空气流动等之间关系的研究，并将其与以后的热处理等进行关联，最终进行所成膜的性能比较，从而确定较佳的参数值。

（3）凝胶过程[12]

在凝胶阶段，膜浸入凝胶浴中，溶剂和添加剂从膜中被漂洗出来，聚合物沉淀出来成为固态膜，这种膜为初级（或第一）凝胶结构。

从热力学上看，这一过程当 $\Delta G < 0$ 和 $\left(\dfrac{\partial \mu_i}{\partial x_i}\right)_{p,T} < 0$ 时，溶液自发地分为平衡的两相。式中，ΔG 为混合自由能；μ_i 为组分 i 的化学位；x_i 为 i 组分的摩尔分数。

从动力学上看，扩散系数 D_i 表示如下：

$$D_i = B_i \left(\frac{\partial \mu_i}{\partial x_i}\right)_{p,T} = \frac{B_i RT}{x_i}\left(1 + \frac{\partial \ln f_i}{\partial \ln x_i}\right) \tag{8-33}$$

这里 f_i 为活度系数；B_i 为迁移率；当 $\dfrac{\partial \ln f_i}{\partial \ln x_i} < 1$ 或 $f_i x_i > 1$ 时，则发生相分离。

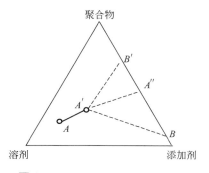

图 8-14　制膜液蒸发中组成变化图

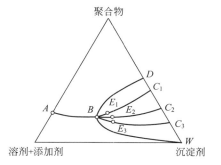

图 8-15　凝胶过程三元相图

该过程可用三元相图来说明（图 8-15），图中 A 点为制膜液组成，浸入凝胶浴中后，组成沿 AB 变化，B 为沉淀点，这时分离富固相组分 D 和富液相组分 W。实际膜变化是经固化点 E，最终到组成为 C 的膜。若沿 BC_1 沉淀，可得致密膜，在这一沉淀区内，溶剂进入沉淀浴的速率大于水进入膜相的速率；若沿 BC_2 沉淀，则得适度的膜，这时溶剂进入沉淀浴的速率略大于或等于水进入膜相的速率；若沿 BC_3 沉淀，则得多孔膜，这时溶剂进入沉淀浴的速率小于水进入膜相的速率。

实际工作中应认识如下一些问题。

凝胶过程是透过膜表层进行的双扩散过程，驱动力是化学位梯度而不是浓度梯度（分相为富相和贫相即为此说明）。

凝胶速率不仅与制膜液和凝胶浴的组成及温度有关，且与各组分的扩散速率有关，也与膜表层状况、凝胶浴流动状态等有关。

膜中溶剂向外迁移的速率对膜的皮层形成和膜的性能十分重要，它的扩散速率应比添加剂快；最终溶剂和添加剂扩散到凝胶浴中多，而水进入膜相较少，所以膜中聚合物含量高。

凝胶浴的非溶剂含量大或温度高，使沉淀加快，易得指状孔结构，反之为海绵状结构。

使用良溶剂时，聚合物沉淀慢，与其应力松弛也相适应，得海绵状结构；而使用不良溶剂时，聚合物沉淀快，易成指状孔结构；添加剂也有类似影响。

溶剂与凝胶剂混合热大，聚合物沉淀快，也易得指状孔结构，反之为海绵状结构。制膜液浓度高，易得海绵状结构；浓度低易成指状结构。

凝胶过程伴随着膜的收缩，这是聚合物聚集体、溶剂和添加剂，以及沉淀剂体积变化的综合结果。

（4）热处理[15]

将初级凝胶后所成的膜于一定温度的热介质（通常为水或水溶液）中加热一段时间，这一过程叫作热处理。这时膜进一步收缩，孔径也相应减小，对反渗透来说，就有了选择性。这是第二级凝胶过程。

S. Sourirajan 等对膜的热处理进行了深入的研究，并进行了热力学的解释。

如上所述，不对称的未热处理的膜有两个孔径分布峰，第一个平均孔径在 $0.7\sim1.0$nm 左右，第二个平均孔径在 $4.0\sim5.0$nm 左右，如图 8-16 所示。

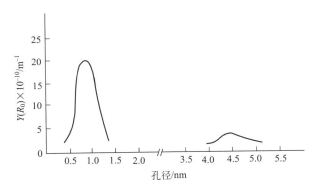

图 8-16　不对称的未热处理膜的孔径分布微分曲线

热处理之后，在第一孔径分布的孔仅仅稍微收缩，而在第二孔径分布的孔收缩很厉害，绝大多数也趋向第一分布的孔径范围。这就是膜有了选择性的原因，如图 8-17 所示。

从热力学观点看，孔径减小是外界对膜做功，能量储存于较小的孔中造成的。从化学角度看，温度升高，分子的动能增大，可克服链段内旋转的势垒，链段可适度转动，其上的侧基可取向，进行精细调节，如羧基中氧原子被分子内氧键所固定，热运动可使部分氢键断开，使相邻分子更加靠近。

图 8-18 表明在一定温度（如 T_1 和 T_2）下，给膜孔一定的热能（e_1 和 e_2）就能引起孔径相应的变化，可以看出，在一特定的温度下，有一临界孔径（如 T_1 时的 d_{2u} 和 T_2 时的 d'_{2u}），小于该孔径的孔最终都收缩到孔径 d_s，这一过程中熵变的贡献是极大的。

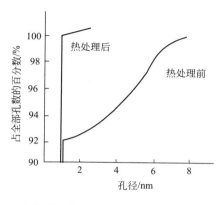

图 8-17　热处理膜和未热处理膜的孔径　　图 8-18　热处理对膜孔径的影响
　　　　　分布积分曲线

热处理一般是在高于聚合物玻璃化温度（T_g）下进行的，这里的 T_g 为水增塑的膜材料的 T_g。不同制膜条件制备的不同类型的膜，热处理条件也不同。控制一定热处理温度和时间，膜的总孔数可以不变，只是孔径收缩，且收缩前后孔径大小的顺序不变；过高热处理温度和过长的处理时间会使膜丧失渗透性；选择合适的增塑剂，可降低热处理的温度或缩短热处理时间；热处理也是使孔径分布变窄的一种有效手段。

另外还有预压处理、反压处理等手段，在此不再详述。

非对称纤维素反渗透膜，一定要经过上述四个主要步骤来制备；一些低压膜，只要配方适合，可以不热处理；芳香族聚酰胺反渗透膜，由于经高温蒸发阶段，不需热处理；大多数超滤用非对称膜，不必经蒸发和热处理即可获得。正确把握上述成膜机理，就可根据各种实际需求，制出实用的各类膜。

8.3.1.5　复合反渗透膜的制备和成膜机理[12]

制备复合膜的方法是很多的，如稀溶液中拉出法、水面形成法、稀溶液涂布法、就地聚合法、界面聚合法及等离子聚合法等。其中反渗透复合膜多采用就地聚合法和界面聚合法，而界面聚合法用得最广。

就地聚合是将聚砜支撑膜浸在一定浓度的预聚体中，然后取出滴干，于一定温度下反应一定的时间。界面聚合一般是将聚砜支撑膜先浸入一定浓度的单体 1 中，取出滴干，再将该膜浸入一定浓度的单体 2 中，反应很短的时间，取出干燥或涂以保护层，即可备用。

关于复合膜的成膜机理国外报道得很少，这里就界面聚合法从热力学和动力学的有关几个方面做一介绍。

① 单体的选择　这里主要考虑单体的反应活性和官能度。众所周知，聚酰胺可用许多种聚合方法来获得，如丙酰胺开环聚合、二元酸和二元胺直接熔融法、尼龙盐的熔融缩聚、酰氯与胺类的界面缩聚以及活性多元酯和酐类与二元胺的缩聚等。但要形成复合膜，酰氯与

胺类界面缩聚法是最可取的，这可以从基团的活性比较看出：酰氯＞酸酐＞酸＞酯、伯胺＞肿胺、脂肪胺＞芳胺。所以为了常温下短时间内形成复合膜，最好选择酰氯与伯胺为单体。

为了获得耐久性好的复合膜，适度的交联是必要的，所以酰氯或多胺分子至少其中之一是三官能度的为好。为了提高膜的耐游离氯性能，可选用仲胺单体，但成膜工艺要苛刻些。

以均苯三甲酰氯（TMC）与间苯二胺（m-PDA）和哌嗪（PIP）等当量反应为例，m-PDA 的平均官能度（f）为 3.4，PIP 的 f 为 2.4，从而可初步判断 TMC 和 m-PDA 形成网状和支链状结构的聚合物要比哌嗪容易得多，分子量也会大得多。

② 分子量控制　众所周知，缩聚反应的特点是反应初期生成大量的低聚物，之后随时间的延长而生成高分子量的聚合物，见图 8-19。

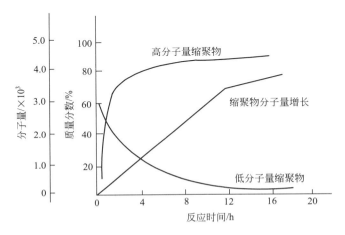

图 8-19　缩聚反应特点示意图

由缩聚反应的平均聚合度可知：

$$\overline{X}_n = \frac{1}{1-P} = \sqrt{\frac{K}{n_f}} \tag{8-34}$$

式中，$\overline{X}_n$ 为平均聚合度；P 为反应程度；K 为平衡常数；n_f 为小分子浓度。

$$K = \frac{(N_0 - N)N_f}{N^2} \tag{8-35}$$

式中，N_0 为缩聚前一种单体官能团的总数；N 为达到平衡时该单体官能团的总数；$N_0 - N$ 为缩聚形成新键的数目；N_f 为小分子的数目。

要获得高分子量则必须增大 P、K，减小 $N_f(n_f)$。要提高 P，则一般可延长反应时间、提高反应温度、尽量排除生成的低分子物、使用催化剂、选用高活性单体等。要提高 K，主要是选用高活性单体及提高反应温度（对吸热反应，以及低放热反应的开始阶段）。要降低 N_f，常采用真空、高温、搅拌、薄层操作、共沸、通入惰性气体降低小分子的分压等。

从缩聚反应的第一步反应方程可知：

$$V_1 = K' c_1 c_2 \tag{8-36}$$

式中，K' 为反应常数；c_1、c_2 分别为酰氯和多胺的浓度。反应初期正向反应速率很大，之后逐步趋于平稳。有不少因素可中止该反应，如非当量比、温度过低、低分子物的存在、水解和单官能团杂质的存在等，所以还必须对上述诸因素予以充分考虑，才能获得大分子产物。

复合膜的试验，主要通过选择合适的多胺和酰氯及其溶剂、控制其浓度、保证环境和设备的洁净度、保证各种试剂的纯度、选择合适的催化剂和表面活性剂、调节多胺水相的pH、控制反应时间和温度、控制后处理的温度和时间等手段来控制所生成聚酰胺分子量的大小。

③ 界面缩聚成膜　界面缩聚反应是非均相反应。如图 8-20 所示，聚砜多孔膜吸收多胺水溶液为水相，酰氯类溶于有机溶剂中成有机相，水合的多胺由水相向界面连续地扩散与有机相中的酰氯在界面处发生缩聚反应，该反应有明显的表面反应特征。

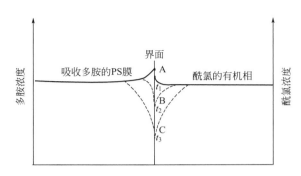

图 8-20　界面缩聚反应浓度变化示意图（t 为反应时间）

④ 最佳浓度比　缩聚反应中以生成最高分子量相对应的两种单体浓度比为最佳浓度比，对于膜的研究来说，可把能获得最佳膜性能的两种单体的浓度比定为最佳浓度比（各自的浓度为最佳浓度）。显然，不同的单体。其最佳浓度比是不同的。就均苯三甲酰氯和多胺来说，最佳浓度范围分别为 $0.1 \times 10^{-2} \sim 0.5 \times 10^{-2}$ g/mL 和 $0.5 \times 10^{-2} \sim 2.5 \times 10^{-2}$ g/mL，二者的最佳百分质量浓度比范围为 5～10。

⑤ 最佳反应时间　由图 8-20 可以看到，随着反应的进行，在界面处两种单体的浓度逐渐减小，反应速率也会不断下降。开始两种单体的浓度最高，反应速率也最快：

$$V_0 = k_0 c_{10} c_{20} \tag{8-37}$$

这里 c_{10}、c_{20} 分别为酰氯和多胺的初始浓度，而后反应速率下降：

$$V_1 = k_1 c_{11} c_{21} \tag{8-38}$$

接着反应速率受两种单体之一的扩散所控制：

$$V_2 = k_d c_{12} c_{22} \tag{8-39}$$

当界面形成薄膜后，单体要透过膜进行扩散，反应速率就更慢：

$$V_3 = k_{dm} c_{13} c_{23} \tag{8-40}$$

从反应规律讲，毫无疑问，反应时间越长，分子量越大；但对成膜来讲，应以膜的性能来衡量，即膜性能最佳情况下的反应时间为最佳反应时间。从试验可以得出 TMC 与多胺类进行反应，最佳反应时间范围为 5～30s。时间太长，膜性能反而下降，这不是分子量低所引起的，大多可归因于膜的致密化，使渗透性大为降低。

⑥　反应温度的影响　酰氯与多胺类的缩聚反应为放热反应，但热效应不大，从文献可知，ΔH 一般为 $-33\sim42\mathrm{kJ/mol}$，从这点看，温度升高对大分子的形成不利，但影响不会很显著。另外，温度高，水解快，对大分子形成也不利；但是温度高，体系黏度低，各种分子运动扩散变快，反应速率快，小分子排出也快，这又有利于大分子的形成，试验表明温度在 $5\sim30℃$ 之间变化，对膜的性能影响不大，即温度的影响不明显，所以在室温下可获得性能优异的膜，难确定最佳温度。

⑦　反应的 pH　作为水相，多胺水溶液呈弱碱性，它本身可作为酸接收剂，中和部分反应中放出的酸，但若浓度太低或碱性很弱，这一中和作用是十分不完全的，为解决这一问题，通常再溶解少量的无机碱，使 pH 上升到一合适的值，以促进反应的进行，但 pH 太高又会使酰氯和新形成的聚合物水解，所以 pH 有一最佳范围，以膜的性能为标准来衡量，试验表明 pH 的最佳范围为 $8\sim11$。

⑧　溶剂系统　界面缩聚中，水相为吸着多胺水溶液的多孔聚砜膜，水能较好地溶解多胺，可溶解碱类作为小分子副产物——酸的接收剂，同时对酰氯的溶解性极差。对于有机相，它与水的混溶性越差越好，即其界面张力越小越好，还要对酰氯有一定的溶解性，本身有一定的挥发性等。几种烃类试验表明，以正己烷、壬烷和十二烷等为有机相所成膜的性能最佳，是最可取的，但应解决易燃易爆的问题。

⑨　界面控制　如上所述，当界面形成超薄层后，扩散必成为主要的影响因素，以往文献表明，胺透过膜向有机相扩散大大地超过反向的扩散，所以成膜后的反应速率基本上由胺的扩散所决定，即 $V_{\mathrm{dm}}=k_{\mathrm{dm}}c_2''$。这可很方便地通过试验验证：在一玻璃管中，下部放水相（浅黄色），上部放有机相（透明），一天之后可看到有机相中有透过膜扩散过来的淡黄色的胺。这方面的定量工作还有待进一步探讨。

8.3.1.6　不同构型的膜的制备[27,29]

上述的各种膜可呈任何构型，如片状膜、管状膜和中空纤维膜等，其制备过程简要介绍如下。

（1）片状膜的制备

片状膜不但用于板式组器中，而且主要用于制备卷式元器件。现在的片状膜大多用聚酯无纺布增强，一般膜宽 $1\sim1.5\mathrm{m}$，都是在刮膜机上自动地、连续地制备的。简单的制膜过程如图 8-21 所示。缠绕在滚筒 A 上的织物经展平滚筒 B 和导向滚筒 C 后，到达大滚筒 E 和浇铸刀槽 D 之间，在这里一层膜液刮在织物上，成膜的厚度和均匀性就在此控制和调节；从这里到进入凝胶槽 F 之前为蒸发阶段，在这一阶段中，溶剂挥发形成膜的皮层；在 F 中的传动为凝胶阶段，这里溶剂和添加剂扩散到凝胶浴中，而凝胶浴中的水扩散到膜液中使之凝胶成膜；再向前运动则到达热处理槽 G，在这里膜受热收缩，孔变小，选择性大大地提高；若需要干膜，可使膜再向前进入干燥箱 H，最后干燥的增强膜收集在滚筒 I 上。

（2）管状膜的制备

管状膜有内压式和外压式之分，实际上都制成管束式元件来应用。虽然管状膜堆积密度小，但是由于流动状态好、对进料预处理要求低，因而管状膜仍在许多领域中广泛应用。

图 8-22、图 8-23 分别为内压式管状膜和外压式管状膜的制备方法。

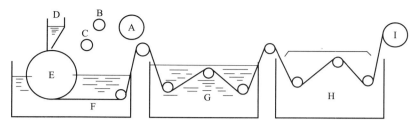

图 8-21　片状膜制备示意图

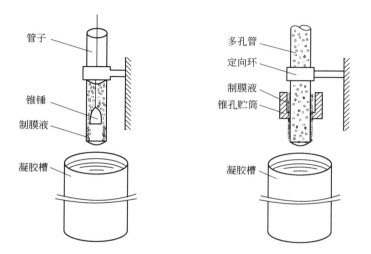

图 8-22　内压式管状膜制备示意图　　　**图 8-23**　外压式管状膜制备示意图

　　制内压式管状膜（图 8-22），先选用内径均匀的玻璃管或不锈钢管，在管中放置一个锥锤和一定量的制膜液后，使锥锤匀速地向上运动（或管子匀速地向下运动），则在锥锤与管内径的间隙处留下一层制膜液，这决定了膜的厚度。当该管浸入凝胶槽后，膜液层便凝胶并收缩成最终所需的内压式管状膜。

　　制外压式管状膜（图 8-23），先选择合适尺寸的多孔管（PVC 管或 PE 管等），使它通过定向环和底部有一锥孔的贮筒，这样多孔管的外壁就涂上了一层制膜液，落入凝胶槽中后，便凝胶为所需的外压式管状膜。

　　（3）中空纤维膜的制造

　　图 8-24 为中空纤维膜的简要制备过程。纺丝的料液从储液桶经计量泵、过滤器后，进入喷丝板，喷丝板的喷口呈环形，所以喷出的纤维是中空的。为了不使纤维瘪塌，由供气（液）系统向纤维的中空中供气（液）；喷出的纤维可直接进入凝胶槽，也可先经一挥发甬道，使部分溶剂蒸发或使纤维冷却（或受热）后进入凝胶槽；凝胶后的纤维经漂洗槽进行漂洗，再经干燥箱进行干燥后，收集在收集筒上。

8.3.1.7　复合膜的制备

　　图 8-25 为用界面聚合法连续制备复合膜的过程。聚砜支撑膜先通过第一单体槽，吸附第一单体后经初步干燥接着进入第二单体槽，在这里反应形成超薄复合膜，经洗涤去除未反

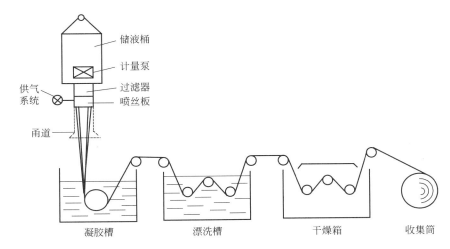

图 8-24　中空纤维膜制备示意图

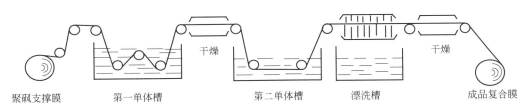

图 8-25　复合膜连续制备示意图

应的单体并干燥后，则得成品复合膜。

8.3.2　正渗透膜及其制备

理想的正渗透膜材料应具备的基本特征包括：拥有对溶质有高截留率的致密皮层；较好的亲水性，水通量高且耐污染；支撑层尽量薄；机械强度高；耐酸、碱、盐等腐蚀的能力。

FO 过程的膜材料主要分为以下几类：浸没沉淀膜、界面聚合复合膜以及荷电膜等。下面对其进行详细的介绍。

8.3.2.1　浸没沉淀膜

浸没沉淀膜是指将聚合物溶液延涂在一种合适的基底上，然后浸入非溶剂凝固浴中，经过非溶剂和溶剂的交换，聚合物快速析出，形成的一种具有致密皮层和多孔底层的不对称膜。通常认为，热力学和动力学是控制相转化法成膜的两个主要因素。热力学与系统的相平衡相关，而动力学与两相之间的相互扩散速率相关。降低相平衡速率和增大两相之间的扩散速率将形成更开放的膜结构。除此之外，聚合物溶液浓度、添加剂、溶剂等都会影响膜的结构和性质。铸膜液的浓度对形成的膜性能有显著的影响，铸膜液浓度太低，单位体积溶液中高分子含量过少，所制得的膜机械强度较差，不适合在工业中推广应用；但铸膜液浓度太高，聚合物的黏度随其浓度的增大而迅速上升，结果导致聚合物溶解性能变差及溶液的流动性下降，从而出现刮膜困难、膜的均匀性变差等问题，膜的孔隙率和孔径也会变小。有机/

无机添加剂，如聚乙二醇（PEG）、聚乙烯吡咯烷酮（PVP）、氯化锂等可使膜更疏松多孔或亲水性更好。溶剂种类也会影响膜的性质，如图 8-26 所示，用不同溶剂制得的三醋酸纤维素（CTA）膜具有不同的孔结构和表面形貌。

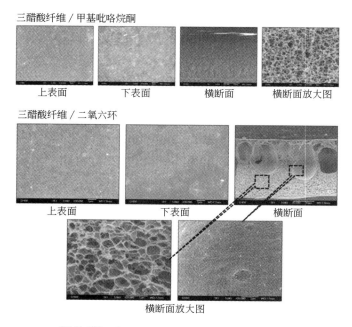

图 8-26　使用不同溶剂制备的 CTA 膜结构图[49]

　　目前，常见的相转化法不对称 FO 膜主要有醋酸纤维素膜、三醋酸纤维素膜、聚苯并咪唑膜和聚酰胺酰亚胺膜这几大类。如 Statkraft 公司为 PRO 海水发电技术制备了非对称醋酸纤维素膜和复合正渗透膜（如图 8-27 所示）。根据 GKSS 专利，其性能可达到 $1.3W/m^2$，但距离理想值 $5W/m^2$ 还有较大差距。国内中国科学院高等研究院课题组利用浸没沉淀法制备了基于 CTA 的正渗透膜材料，该材料具有接近双皮层结构的特性。其膜结构和水通量见图 8-28，可见该膜由致密皮层和大孔支撑层组成。同 HTI 膜相比，其水通量有显著的优势而盐截留率接近[42]。

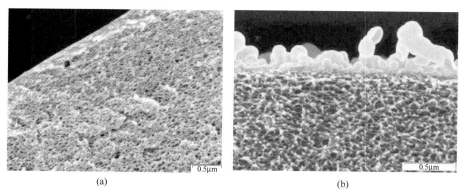

图 8-27　非对称醋酸纤维素膜（a）和复合正渗透膜的 SEM 截面（b）

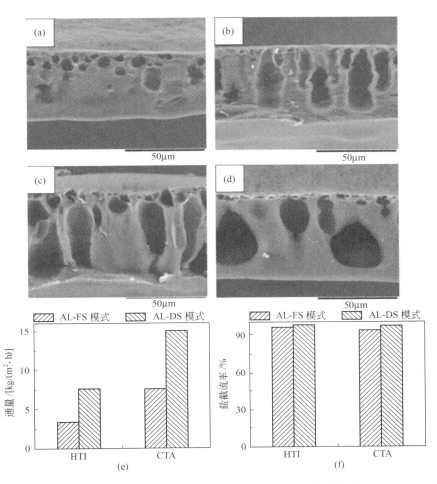

图 8-28　CTA-FO 膜截面电镜图 [（a）~（d）] 及 CTA 膜与 HTI 膜的性能比较 [（e）、（f）][52]

聚苯并咪唑（PBI，结构式见图 8-29）[53] 材料制得的非对称 FO 膜表面带正电荷（pH＝7.0），具有较好的亲水性和抗污染性，对正价离子和较大尺寸的二价离子有较大的截留率（如 Mg^{2+} 和 SO_4^{2-} 的截留率可达到 99.99%），而对 NaCl 的截留率在 97% 左右。还可以进一步用化学改性的方法使用对二氯苄（p-xylylene dichloride）对 PBI 进行交联，调节膜的孔径，得到高通量和高截留率的正渗透膜。经过 2h 的化学改性后，NaCl 截留率提高到了

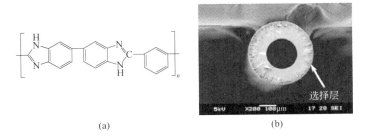

图 8-29　聚苯并咪唑（PBI）的结构式和 PBI 中空纤维
正渗透膜的 SEM 截面照片[53]

99.5％以上，水渗透系数为 32.4L/(m² • h • bar)(1bar＝10⁵Pa)（操作条件：活性分离层对汲取液，5mol/L 的 MgCl₂，23℃），可用于废水的处理和脱盐[54]。

与 PBI 类似，用聚酰胺酰亚胺（PAI）材料制得的 FO 膜也可以进行化学交联提高膜性能。如用聚乙烯亚胺（PEI）对 PAI 中空纤维进行了化学交联，交联后的 PAI 膜表面由荷负电变成荷正电，对阳离子的截留率提高。用 MgCl₂ 溶液作为汲取液时，获得的水通量高于大部分同期的其他 FO 膜[55]。

8.3.2.2　界面聚合复合膜

（1）界面聚合机理

界面聚合复合膜近些年来作为正渗透膜材料得到了广泛的发展，其具备较高的水通量、高截盐率、较好的机械性能与较长的使用寿命，是如今比较主流的正渗透膜材料。薄膜复合膜主要由两部分构成，即多孔的支撑层和在支撑层上通过界面聚合方式制备的超薄聚酰胺选

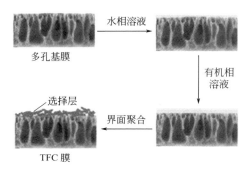

图 8-30　界面聚合法制备复合膜示意图

择层。一般所选用的支撑层材料多为使用相转化法、静电纺丝法制备的微滤膜和超滤膜，基膜表面较为均匀致密，无明显孔洞，起到支撑选择层的作用。超薄聚酰胺选择层一般使用间苯二胺（MPD）作为水相单体，使用均苯三甲酰氯（TMC）作为油相单体，在基膜表面通过界面聚合方式，制备出均匀的聚酰胺选择层。选择层为典型的"峰谷"结构，表面粗糙度较大，厚度在几十至几百纳米。界面聚合的过程如图 8-30所示。

通常认为，理想的正渗透薄膜复合膜（TFC FO 膜）应具有如下的特点：①致密的活性层，以保证高的溶质截留率；②尽量减小支撑层厚度，以减缓内浓差极化（ICP），提高水通量；③机械强度高，以适于高压操作的压力延缓渗透工艺；④膜的亲水性强，以提高通量和降低膜污染。在 TFC FO 膜的制备中，常用的基膜材料包括聚砜（PSF）、聚醚砜（PES）、聚偏氟乙烯（PVDF）等均较为疏水，造成了严重的内浓差极化，极大地限制了TFC 膜在 FO 应用中的效率。此外，MPD 和 TMC 形成的聚酰胺层的疏水性和粗糙度使得TFC 膜有较大的污染倾向。因此，为了推进 TFC 膜在 FO 中的实际应用，还需要对聚酰胺TFC 膜进行优化。一方面对基膜材料和结构进行优化，减小内浓差极化，提高膜的水通量；另一方面，对聚酰胺选择层进行改性，减小 TFC 膜的污染倾向，提升膜性能。

（2）TFC 膜的基膜优化

在基膜的优化方面，主要是提高基膜亲水性和调控膜的孔结构等。

提高基膜的亲水性，可以有效地减小基膜的传质阻力，减缓内浓差极化，还可以使得通过界面聚合过程制备的聚酰胺选择层更加均匀致密，可以通过共混亲水性聚合物或纳米粒子来实现。将全氟磺酸（PFSA）[56]、磺化聚醚酮（SPEK）[57]和磺化聚苯醚（SPPO）[58]等亲水性聚合物掺入疏水聚合物中，均可有效提高疏水基膜的亲水性并改善制得的 TFC 膜的性能。将亲水性的纳米粒子如二氧化钛（TiO₂）、沸石（zeolite）和氧化硅（SiO₂）等作为纳米填料添加在聚合物中，也可以制得亲水性良好的纳米复合基膜。另外，纳米粒子与聚合物

基质之间形成的空隙还可以提升基膜的孔隙率，有利于降低 TFC 膜的内浓差极化。添加适量的纳米粒子可以使制得的 TFC 膜的水通量增大而盐通量保持不变。但是，当纳米粒子的含量过高时，基膜表面会产生缺陷，导致形成的 TFC 膜反向盐通量增大。因此，需要对纳米粒子的含量进行调控以取得最优性能。此外，用自身亲水性良好的纤维素酯[59]作为基膜材料也可以制得浓差极化小、水通量高的 FO 膜。或者用化学方法直接对疏水基膜进行亲水化改性，如用碱液处理聚丙烯腈基膜使氰基水解成亲水性的羧基[60]，利用多巴胺在基底材料上的黏附性及其自缩聚行为使聚合物基膜上附着一层亲水性聚多巴胺层[61]等。

　　除了提高基膜的亲水性，调控膜的孔结构也是一种有效减小基膜传质阻力、减轻内浓差极化的方法。通常排列规整、贯穿性良好、孔隙率高、迂曲度低的基膜传质阻力小，浓差极化效应弱。如使用聚合物/稀释剂二元体系双向结晶的方法，可以制备出垂直定向孔道分布的 PVDF 基膜（图 8-31）[62]，最终制得的 TFC 膜 FO 水通量远大于用基于相转化法基膜的 TFC 膜。此外，通过静电纺丝技术制备的纳米纤维基膜也具有孔隙率高、孔连通性好等优点，可以制得内浓差极化很小的高通量 FO 膜，但机械强度差是目前纳米纤维基膜亟待解决的问题[63]。

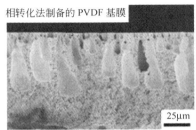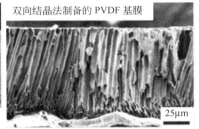

相转化法制备的 PVDF 基膜　　　　　双向结晶法制备的 PVDF 基膜

图 8-31　相转化法与双向结晶法制备的 PVDF 基膜的 SEM 截面照片[63]

（3）选择层改性

　　对聚酰胺选择层的改性主要致力于改善其亲水性，提高水通量和抗污染性能。TFC 膜改性的方法可以分为本体改性和表面改性。本体改性通常是在单体溶液中添加亲水性纳米粒子、亲水性单体或者其他可提高膜亲水性的添加剂，在界面聚合过程中直接对选择层进行改性。而表面改性则是借助聚酰胺上的官能团进一步在聚酰胺层上接枝亲水性物质来调节膜的性能。

　　① 本体改性　　与基膜改性类似，亲水性纳米粒子掺入选择层也可以有效提高 TFC 膜表面的亲水性。将亲水纳米颗粒分散在界面聚合水相或有机相溶液中，纳米颗粒在界面聚合的过程中被引入形成的聚酰胺层中。纳米颗粒使聚酰胺层的亲水性提高，并与聚酰胺链之间形成亲水性水通道，使水通量增大而保持盐通量不变，在一定程度上克服了聚合物膜中普遍存在的"trade-off"效应。然而，由于无机纳米粒子与聚酰胺的相容性较差，纳米粒子含量较高时易发生团聚，使聚酰胺层中形成缺陷，导致膜选择性下降。同时，纳米粒子存在释出的可能性，影响膜的长期稳定性。因此，研究者们常采用修饰过的纳米粒子来改性 TFC 膜的聚酰胺层，如用氨基功能化的 SiO_2[64] 和 TiO_2[65]、羧基化的碳纳米管[66]等。改性后的纳米粒子与水相单体间苯二胺或有机相单体均苯三甲酰氯之间有较强的作用力（氢键作用或形成化学键），因而可以更均匀、稳定地分散在聚酰胺选择层中，形成的 TFC 膜的亲水性和水通量得到提高。其他的亲水性材料如氧化石墨烯纳米片层[67]分散在 MPD 水相溶液中引入

聚酰胺选择层也可以起到类似的作用。由于氧化石墨烯的亲水性和层间的快速水通道，加入氧化石墨烯的膜表现出更高的水通量和适中的溶质截留率，以及更低的膜污染倾向。

选择层的性能与界面聚合单体的结构直接相关，因此采用亲水性的界面聚合单体也是一种简单有效提高 TFC 膜亲水性的方法。将一定量的亲水性二胺单体与传统界面聚合单体 MPD 混合，形成的聚酰胺选择层的亲水性可以得到改善。通过改变亲水性单体的含量，可以对膜的亲水性和 FO 性能进行调节。然而，新单体的引入通常会破坏原芳香聚酰胺结构的规整度，使选择层交联度降低，自由体积增大，一定程度上降低了膜的选择性，使反向盐通量增大，因此需要优化亲水性单体含量来平衡膜的水通量和选择性。最近的研究报道了一种三元胺——三(2-氨基乙基)胺[68]，它除了可以作为活性胺单体参与界面聚合反应，还可以作为胺交联剂对间苯二胺和均苯三甲酰氯形成的聚酰胺分子链进行交联，此外，叔胺基团可以吸收界面聚合反应的副产物氯化氢，起到催化剂的作用，促进界面聚合反应的进行。这种多功能单体，使改性后的膜亲水性提高，使聚酰胺选择层更光滑更致密，不仅提高了 TFC 膜的水通量和抗污染能力，还降低了反向盐通量。

② 表面改性　聚酰胺选择层含有残留的未反应的酰氯及其水解后得到的羧基，可以与很多含有活性基团的物质发生反应，因此还可以通过化学方法对 TFC 膜进行后续的表面改性。用含亲水性聚醚链段的聚醚胺（jeffamine）[69]、含有亲水性吡啶环的卟啉[70]和含有磺酸基团的二胺 2-[(2-氨基乙基)氨基]乙磺酸单钠盐（SEA）、不同分子量的亲水性聚乙烯亚胺[71]等物质改性 TFC 膜，都能有效提高膜的 FO 水通量和抗污染性能。还可以先用乙二胺（EDA）或其他多元胺将 TFC 膜表面氨基化，再进一步将其他可与氨基反应的亲水性物质接枝在 TFC 膜表面。如将聚（乙二醇）二缩水甘油醚接枝在乙二胺改性的膜表面，使膜表面引入了大量的亲水性—OH[72]。上述借助 TFC 膜表面酰氯或羧基基团的酰胺化反应的改性方法，都较为便捷有效。此外，还有人利用酰胺上的氨基基团进行接枝改性。如通过点击化学反应接枝上两性聚合物聚[2-(甲基丙烯酰氧基)乙基]二甲基-(3-磺丙基)氢氧化铵（poly-MEDSAH）（图 8-32）[73]或季铵阳离子（QAC）（图 8-33）[74]，改性后膜的抗污染性能均得到有效提升。

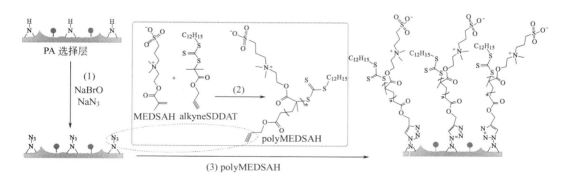

图 8-32　polyMEDSAH 改性 TFC FO 膜机理[73]

8.3.2.3　层层自组装沉积聚电解质膜

层层自组装是另一种制备高性能复合 FO 膜的方法。利用带相反电荷的聚电解质之间的相互作用，在多孔的基膜上交互沉积聚电解质，形成超薄的选择层。层层自组装沉积聚电解

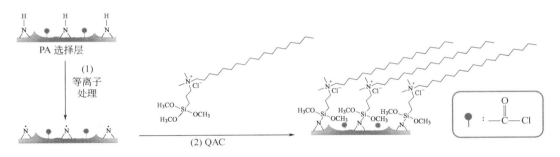

图 8-33 QAC 改性 TFC FO 膜机理[74]

质膜（LbL 膜）通常有很高的热稳定性和良好的耐溶剂性，酸碱稳定性和长期稳定性虽然有所欠缺，但也可以通过后续的交联反应来提高。通常，LbL 膜的选择层相比界面聚合形成的聚酰胺选择层较为疏松，具有纳滤级别的分离效果，对二价以上盐的截留率较高，对单价盐的截留率低。因此，用于 FO 过程时，需要选择合适的汲取液，通常采用能被 LbL 膜截留的二价盐作为汲取液。

为了制备高性能的 LbL 膜，首先也需要选择合适的多孔基膜，尽可能降低内浓差极化的影响。基膜的优化方法在界面聚合复合膜中已有较为详细的介绍，这里不再赘述。LbL 膜的性能主要由聚电解质选择层决定。常用于 LbL 膜制备的阳离子聚电解质有聚乙烯亚胺（PEI）、聚二甲基二烯丙基氯化铵（PDDA）、壳聚糖（CS）等，阴离子聚电解质有聚苯乙烯磺酸盐（PSS）、聚丙烯酸钠、羧甲基纤维素钠（CMC-Na）等。由于不同聚电解质的结构和电荷密度不同，可以选择不同的阴阳离子聚电解质来制备不同性能的 LbL 膜。还可以改变聚电解质组装层数来优化膜性能。如用聚苯乙烯磺酸盐（PSS）和 PAH 作为阴离子聚电解质和阳离子聚电解质，制备了不同层数的 LbL 膜。随着聚电解质层数增加，LbL 膜的水通量降低，截留率增大[75]。但是多层自组装的制膜工艺较为复杂。因此，可以用戊二醛对聚电解质层进行交联，减少组装层数获得较高的截留率，同时提高 LbL 的稳定性。另外，将银纳米粒子[76]或者带负电的氧化石墨烯[77]掺入聚电解质溶液中，制得了具有抗菌性的新型纳米复合 LbL 膜。

8.3.2.4 其他新型 FO 膜

为了进一步减轻浓差极化以及解决 FO 膜在 AL-DS（选择层面向汲取液）模式下的污染问题，研究者设计了双皮层的 FO 膜。Tang 等[78]设计了双皮层的 LbL 膜（图 8-34），发现该膜在上皮层面向汲取液模式下的抗污染性能相比单皮层膜得到了有效的提高。

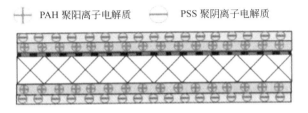

图 8-34 双皮层 LbL 膜结构[69]

此外，随着生物仿生概念的兴起，生物仿生膜的设计也激起了膜研究者的兴趣。仿生膜结合生物元素或借鉴生物系统的概念来提高膜的传输效率和选择性。水通道蛋白是一种最常用于仿生膜制备的生物材料。水通道蛋白在细胞膜上组成"孔道"，可控制水在细胞中的进出，就像是"细胞的水泵"一样。目前，已经有商用的水通道蛋白 FO 膜，是将水通道蛋白嵌入 TFC 膜选择层制得的[79]。研究者们还通过各种方式将水通道蛋白固定在基膜上，制备出了新型的水通道蛋白 FO 膜。如通过共价键合将含有水通道蛋白 Z（AqpZ）的嵌段共聚物囊泡固定在基膜上，然后通过聚多巴胺-组胺层层涂覆的方法合成了仿生膜[80]。或者用聚多巴胺涂覆基膜后，利用脂质双层和聚多巴胺之间可以形成酰胺键，将掺入了水通道蛋白的脂质双层键合在基膜表面，从而制得水通道蛋白-脂双层 FO 膜（图 8-35）。增大水通道蛋白的含量可以提高 FO 膜的通量而保持反向盐通量不变，表现出极大的应用前景[81]。

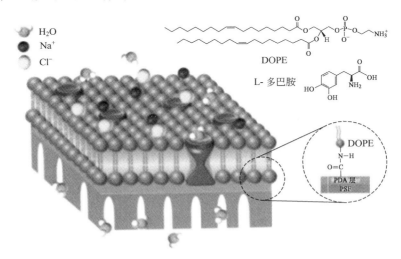

图 8-35　水通道蛋白-脂质双层 FO 膜[81]

8.3.3　纳滤膜及其制备

纳滤膜从起初研究到现在，制备方法不断完善。目前为止，主要有相转化法、界面聚合法、涂覆法以及表面改性，表面改性包括等离子处理、传统的有机反应、聚合物表面接枝以及使用表面活性剂等。

8.3.3.1　相转化法

相转化法是通过将热力学稳定的聚合物溶液浸入非溶剂浴等手段，使聚合物溶液发生分层，形成贫聚合物相和富聚合物相，完成从液相到固相的转化，最终形成膜。最早是Sourirajan 和 Leob 在 1962 年使用相转化法成功制备出膜[82,83]，目前该方法也是工业上比较成熟的制膜方法。膜的性质与聚合物的类型、铸模液的组成（包括溶剂、聚合物的浓度、添加剂、挥发性溶剂、非溶剂添加剂、致孔剂等）、蒸发的时间和温度、凝胶浴以及后处理（如接枝、交联）等多种因素有关。

8.3.3.2　界面聚合法[84]

界面聚合法以 Morgan 的相界面聚合原理为基础，使两种反应活性很高的单体在界面处发生反应，从而在基膜表面形成很薄的选择层。这种方法反应速率快，一般几十秒就能发生反应生成选择层。反应条件温和，室温下即可进行反应并且参与反应的单体的量不需要严格等量，易于控制。一般将聚醚砜（PES）膜、聚砜（PSF）膜、聚丙烯腈（PAN）膜等基膜首先浸入亲水单体（如哌嗪、间苯二胺等）水溶液中，放置一段时间吸附单体，然后取出将膜表面的水分除去，再浸入含有另一种单体的有机溶液中接触反应一段时间即可。

使用界面聚合法和相转化法这两种方法制备纳滤膜，与反渗透膜和正渗透膜的制备原理类似。前面对反渗透膜和正渗透膜的制备方法已经做了详细完整的介绍，因此本节就不再做过多介绍。

8.3.3.3 涂覆法

涂覆法是将加有某种聚合物或者纳米材料的聚合物凝胶溶液，使用旋涂、浸渍、压滤等方式涂到多孔基膜的表面，是一种相对简单的制膜方法。旋涂一般是使用旋涂机，利用工作台高速旋转时产生的离心力，使溶液由内向外扩散，最终形成薄膜。溶液本身的性质以及工作条件等都会影响薄膜的结构。因此在使用旋涂机时需要对转速、工作时间等参数进行估算和调整[85]。

8.3.3.4 表面改性

通过对膜表面进行改性来提高纳滤膜的性能和长期稳定性也是目前经常采用的一类制备方法。通过表面改性，可以引入一些功能基团、改变孔的结构以及提高膜表面的亲水性。目前最重要的改性方法主要有等离子处理、传统的有机反应、聚合物表面接枝以及使用表面活性剂等。

（1）等离子处理

等离子处理是指通过对气体施加一定的压力，使之活化成等离子状态，利用这些活性组分来处理膜的表面，这是近年来比较新的一种对纳滤膜改性的方法[86]。目前已有大量的研究使用等离子诱导接枝聚合对膜表面进行改性。赵志平等[87]使用氩等离子体进行照射，将亲水单体丙烯酸诱导接枝到聚丙烯腈（PAN）超滤膜上，提高了膜的亲水性，渗透性也得到了大幅提升，并且处理后对蔗糖仍然保持很高的截留率。Rackel Reis 首次[88]使用氢气和水蒸气对商业 TFC 膜进行等离子处理，5min 后膜表面的亲水性急剧增强，接触角从 46.6°变为 8.9°，膜的通量增加了 66%，并且对盐的截留效果没有任何降低，表现出了优异的性能。

（2）传统的有机反应

目前也有许多研究工作采用比较经典的有机反应来对膜表面进行改性，例如磺化、硝化、交联或者采用有机溶剂对膜进行处理。磺化聚合物具有显著的亲水性、低结垢倾向，能够选择性地输送离子并且有良好的抗氯性。其具有高亲水性，在非溶剂诱导相转化的过程当中可以形成海绵状并且具有良好机械性能的纳滤膜[89]。交联则是通过加入某种交联剂与基膜表面上的基团进行反应，从而生成纳滤膜。交联的方法主要有两种[90]：一种是用紫外光照射诱导进行光化学交联，但是中空纤维膜不能均匀反应；另一种则是通过加热进行交联，但是高温下进行交联会恶化不对称纳滤膜的结构和性能。因此探究低温条件下进行的交联反应成为主流。

8.3.3.5　荷正电纳滤膜的制备

目前商品化以及研究较多的复合纳滤膜多为荷负电的纳滤膜，相比之下，荷正电的纳滤膜的研究要明显滞后很多。荷负电的纳滤膜在单价阴离子、多价阴离子以及带负电的染料去除等方面得到了广泛的利用。但是在去除正电离子和染料时，由于 Donnan 效应的影响，膜表面更易受到污染。而荷正电的纳滤膜则可更好地避免因 Donnan 效应给膜带来的污染，因此荷正电纳滤膜可以广泛应用于荷正电的医药废水的处理、染料截留、氨基酸蛋白质的分离等，其制备与应用正得到越来越多的重视。

（1）交联法

主要是指通过在加热等条件下交联剂与基膜上的基团进行反应形成纳滤膜。目前制备荷正电纳滤膜广泛采用的一种有效方法是将聚酰亚胺（PI）基膜与聚乙烯亚胺（PEI）交联。在聚合反应中，由于其很容易失去电子发生阳离子聚合反应，在现有材料中具有最高的阳离子密度而且亲水性很强，因此在荷正电膜的制备中有广阔的应用前景。Sun 等通过聚酰胺酰亚胺（PAI）中空纤维膜基膜与 PEI 交联制备了荷正电的中空纤维纳滤膜[91,92]，并基于此技术将膜组件放大至 4 寸（1 寸＝3.33cm），其在处理印染废水中展现良好性能，在染料生产和纺织企业处理废水的现场中试实验测试中表现出稳定的性能[93,94]。图 8-36 为超支化聚乙烯亚胺交联的聚酰胺酰亚胺的化学结构示意图。

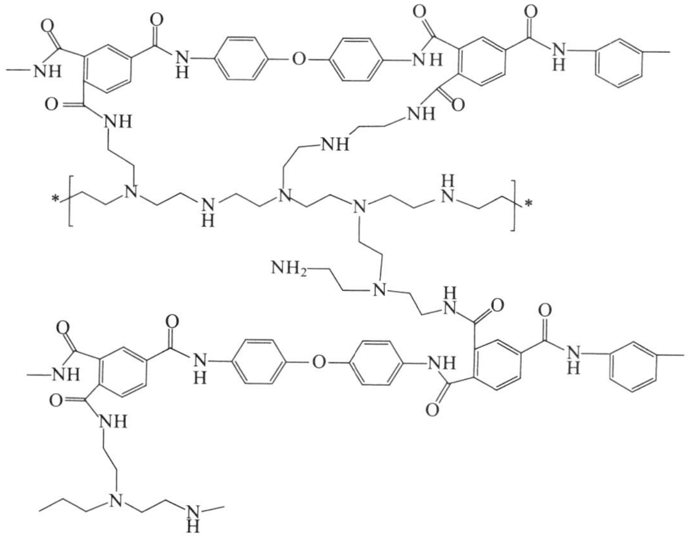

图 8-36　超支化聚乙烯亚胺交联的聚酰胺酰亚胺的化学结构示意图

目前制备中空纤维膜主要有两种交联方法：①将中空纤维基膜在交联液中进行浸泡，干燥后制备膜组件；②先将中空纤维基膜制备成组件，针对外压式或内压式中空纤维膜，在膜的壳侧或者腔侧连续流动交联剂。对于平板膜，目前通常有两种交联方法[95,96]：①普遍采用的方法是将整个膜浸入交联液中，但是膜的表面和背面都会被改性，这可能会降低膜的机械性能，也会增大传质阻力降低通量；②利用板框将膜固定后，将膜的上表面与交联液接触，此方法可对膜的单表面进行改性，但是一些比较黏稠的大分子交联剂溶液可能会不均匀地分布在膜表面，影响膜的性能。Wang 等[97]自主研发了一种表面交联装置，可有效调节交联液转速、温度等参数，将交联液均匀有效地涂于平板膜的上表面。这种方法有助于高效选择最优化交联剂和交联条件，还可以对中空纤维膜等其他膜的表面交联提供数据支撑。这种方法制备的平板纳滤膜具有 458 的低分子量截留值和 11.40L/(m² · h · bar) 的高纯水渗透率，对分子量高于 319 的一系列碱性染料表现出 95% 以上的截留率。

（2）界面聚合法

用界面聚合法制备纳滤膜与制备反渗透膜和正渗透膜类似。一般将聚醚砜（PES）、聚砜（PSF）、聚丙烯腈（PAN）等基膜首先浸入亲水性强的阳离子聚合物单体（如支化聚乙烯亚胺）水溶液中，放置一段时间吸附二胺类单体，然后取出将膜表面的水分除去，再浸入含有酰氯或其他单体的有机溶液中接触反应一段时间即可。

（3）将以壳聚糖为基材的膜荷正电[98]

壳聚糖是一类天然碱性多糖，具有很好的生物相容性，其分子链上的氨基可与 H⁺ 发生反应，以壳聚糖为基材的膜在较低 pH 下就会成为荷正电膜。一般将基膜浸入一定浓度的壳聚糖溶液中，然后取出干燥后再用交联剂进行交联。但是这种先涂覆后交联的方法制备的纳滤膜通量较低[99,100]。

（4）UV 接枝

将聚合物基膜浸入单体溶液中，在紫外光下进行照射，产生自由基，然后引发接枝聚合物以共价键的形式与基膜相键合[101]。由于紫外光穿透力较弱，反应基本只在膜表面进行，不会破坏基膜本身的结构，在水中仍能保持很好的稳定性，而且紫外光的反应成本低，易实现连续化操作，因此比较适合对膜表面进行改性[102]。

8.3.3.6　耐有机溶剂纳滤膜的制备

随着医药、石化等领域对有机溶剂体系提纯、浓缩的需求日益增长，耐有机溶剂纳滤膜的制备技术得到了快速发展。通常纳滤膜都是在基膜表面构建一层薄的选择层制成的复合膜。耐有机溶剂纳滤膜则要求制备的纳滤膜基膜和选择层具有良好的耐溶剂性，即在有机溶剂中不会溶解，并且基膜和选择层的溶胀程度相近，在有机溶剂中两者不会发生分离。目前市场上的商业膜大多数是在聚丙烯腈（PAN）载体上组装聚二甲基硅氧烷（PDMS）分离层的复合膜，或直接由聚酰亚胺交联制备的不对称膜[103]。由聚酰亚胺制成的不对称膜已经在甲苯、甲醇、乙酸乙酯等几种有机溶剂中显示出良好的稳定性，但是适用于诸如二氯甲烷、四氢呋喃、N,N-二甲基甲酰胺、N-甲基吡咯烷酮等某些非质子极性溶剂的耐溶剂纳滤膜还较少见[104]。目前的制备方法主要有交联法、界面聚合法、相变交联一步法制备双层纳滤膜、层层自组装。

（1）交联法

使用交联法制备耐有机溶剂纳滤膜的原理与前面介绍的荷正电纳滤膜一样，都是交联剂与基膜进行反应。交联的高分子只会溶胀不会溶解，因此常采用热交联、化学交联等来提高膜的耐溶剂性能[105,106]。目前交联的几种方法主要包括自由基引发（加热或者使用 UV 照射）和化学交联法[107,108]。因为有机溶剂纳滤（OSN）膜要求基膜和选择层都要有很高的稳定性，并且溶胀程度接近，要求膜表面能够有效均匀地发生交联，因此化学交联法成为首选。Livingston 等使用 P84 作为基膜，将二胺与其进行交联制得的 OSN 膜在各种有机溶剂包括极性非质子溶剂如 DMF、THF 等中均表现出良好的化学稳定性，在 DMF 中连续测试

120h 仍然保持很高的截留率。后续的研究工作中以聚苯并咪唑（PBI）作为基膜[108]、二溴二甲苯（DBX）作为交联剂制备的纳滤膜应用于含有酸或碱的有机溶剂中，表现出很好的耐受性，在 DMF、乙腈等溶剂中化学性质良好。

（2）界面聚合法

目前由界面聚合法制备的耐溶剂纳滤膜的选择层主要是由交联聚酰亚胺组成的。一般通过对膜进行后处理或者预处理，有时会通过改变参与界面聚合反应的单体的种类来提升 OSN 膜的性能。这种方法起初主要应用于水体系。随着研究的深入，目前已有大量研究将其应用于极性和非极性溶剂中，并在 DMF、THF 等强溶剂中保持较强稳定性[109]。Peyravi 等[110]使用聚砜与磺化聚醚硫砜（SPESS）共混后制备了改性的聚砜基膜，然后将 PEI 和异邻苯二甲酰氯在改性的聚砜基膜上进行界面聚合反应，开发了耐甲醇纳滤膜。Livingston 等[111]对界面聚合工艺进行了改进。他们使用聚酰亚胺超滤膜作为基膜，浸入 PEG400 溶液中，接着进行界面聚合，最后用 DMF 和 DMSO 作为活化剂溶剂对 TFC 膜进行处理，制得的 OSN 膜有很好的稳定性，在强溶剂中溶胀程度很小，通量得到很大的提升。在后续另一项研究工作中，为了增加非极性溶剂的通量，又用带有疏水性基团的不同单体与 TFC 膜表面上的游离酰氯基团进行反应，制备了疏水性的耐溶剂纳滤膜，它对于乙酸乙酯等非极性溶剂表现出比商业膜更高的渗透性。孙世鹏等的研究[112]中提出了一种新型的慢-快相转化法（SFPS），用此方法来制备超滤双层中空纤维基膜，通过控制外层和内层铸膜液中非溶剂与挥发性共溶剂的比例，在干喷湿纺共挤出工艺中，外层和内层分别经历慢速和快速相变。在此基础上，在中空纤维的外表面进行有效的界面聚合。制得的中空纤维纳滤膜最终可承受 16bar 的操作压力，溶剂通量和对溶质的截留率都有显著提高。图 8-37 为 SFPS 法制备双层中空纤维膜的原理、双层纺丝头示意图和活性蓝截留前后示意图。

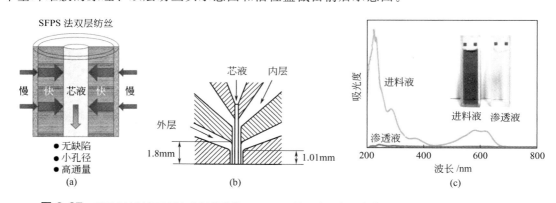

图 8-37　SFPS 法制备双层中空纤维膜的原理、双层纺丝头示意图（b）和活性蓝截留前后示意图（c）

除此之外，还有一些学者在复合膜中加入 TiO$_2$、MOFs 等纳米材料，通过纳米粒子对高分子运动的阻碍作用来降低膜的溶胀率[113,114]。目前主要有三种方法使用纳米粒子对膜进行修饰：①在相转化之前，将纳米粒子加入铸膜液中；②将纳米粒子沉积在膜表面；③用纳米粒子填充膜的孔隙。当金属氧化物纳米粒子在相转化过程中加入铸膜液中时，会改变纳米复合膜的结构和性能，对膜性能有重要影响。当纳米颗粒结合到聚合物基质中时，膜的机械性能、热性能、结晶度和亲水性发生变化。沉积或孔隙填充方法可能使用预先合成的纳米颗粒或原位形成的纳米颗粒。Soroko 和 Livingston[113]将 TiO$_2$ 纳米颗粒在相转化之前加入交联的聚酰亚胺铸膜液中，制备了有机/无机复合聚酰亚胺混合基质膜。TiO₂ 的加入明显改变了膜的形貌，提高了膜的亲水性和机械强度，在对溶质的截留效果保持不变的同时，大幅提高了对乙醇的通量。James Campbell 等[114]使用原位生长法将 HKUST-1 生长在聚酰亚胺膜的孔内，然后用 1,2,4-苯三甲酸酐进行改性，将芳基羧酸部分引入聚酰亚胺 P84 超滤膜中，使 HKUST-1 直接与聚合物配位。改性后的膜在溶质截留率和渗透性方面都得到很大提升。图 8-38 为交联聚酰亚胺的结构式及在膜表面引入 HKUST-1 的示意图。

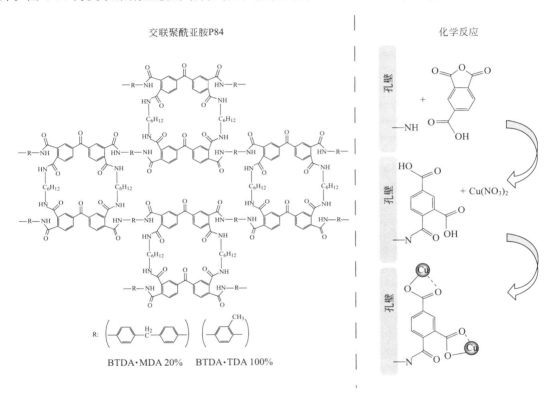

图 8-38 交联聚酰亚胺的结构式及在膜表面引入 HKUST-1 的示意图

(3) 相变交联一步法制备双层纳滤膜

前面对交联的原理及研究已经做了简单的介绍。交联制备 OSN 膜的诸多优点已在广大的研究工作中得到了验证。但是，在实际反应过程中，为提供最佳的 OSN 性能，交联过程、溶剂和后处理等都会消耗大量的时间和原材料。为了简化交联过程，一些研究提出采用转化交联一步反应制备聚酰亚胺膜。Vankelecom 等[115]研究了聚酰亚胺平板膜与在凝胶浴中预混合的二胺进行交联。Stamatialis 等[116]在中空纤维纺丝过程中通过在芯液中加入交联剂制备耐有机溶剂的聚酰亚胺中空纤维膜。尽管这两种方法制备的 OSN 膜对分子量低于 1000 的溶质的截留率比较低，但是这些尝试证明了简化 OSN 膜的制造过程的可能性。孙世鹏首次报道了在干喷湿纺工艺中采用一步相变交联法[117]成功制备出聚苯并咪唑（PBI）/超支化聚乙烯亚胺（HPEI）交联聚酰亚胺双层中空纤维 OSN 膜。该工作以聚苯并咪唑为外选择层，超支化聚乙烯亚胺交联聚酰亚胺为内支撑层，采用一步法共挤出工艺制备了双层 OSN 中空纤维膜。OSN 膜对亚甲蓝（M_w：319.85Da）的截留率＞99%，在水、甲醇和乙腈中均具有良好的溶剂通量。此方法减少了膜形成过程中的溶剂消耗，消除了烦琐的交叉后处理步骤，为简单有效地生产用于有机溶剂回收的高性能 OSN 膜提供了新思路。图 8-39 为一步法制备双层中空纤维膜的原理及亚甲蓝被截留前后示意图。图 8-40 为 SFPS 制备的超滤双层中空纤维基膜的 SEM 图。

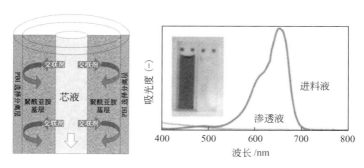

图 8-39　一步法制备双层中空纤维膜的原理及亚甲蓝被截留前后示意图

图 8-40　SFPS 制备的超滤双层中空纤维基膜的 SEM 图
（a）横截面；（b）外层；（c）外表面；（d）内表面

（4）层层自组装

该方法可以在任何支持聚合物吸附的多孔基质上进行，主要涉及聚阳离子与聚阴离子的交替吸附。通过调节聚电解质的种类、组装条件等即可得到不同性能的纳滤膜。此类膜对有机溶剂的分离特性，与无机盐的浓度、种类以及组装层数等因素有关。此方法操作简单，制备的膜通常具有高耐溶剂性和高热稳定性，但是具有相对较高的生产成本[118]，因此大规模应用受到限制。

8.4　膜结构与性能表征

不同结构的膜，其性能也各异，因此弄清膜的结构对指导制膜和了解膜的性能等是十分重要的。广泛应用的反渗透膜和纳滤膜多为不对称膜和复合膜。

8.4.1　反渗透膜及纳滤膜结构与性能表征

不同的膜，由于所用的材料、制备工艺和后处理等方面的不同，在结构上则各有差异，这主要有均相和异相、对称和不对称、致密和多孔、复合和一体之别，可用扫描电镜观测膜的横断面来确定。膜本身包括表层（或超薄致密层）、过渡层和支撑下层等。原子力显微镜适于薄膜表面形态和表层粗糙度的研究，接触角测定可表征膜的亲水性和疏水性，正电子湮灭技术适于反渗透膜和纳滤膜表层纳米级孔的研究，还可以通过测试膜的表面流动电势来表征纳滤膜表面电荷对纳滤膜分离性能的影响。

8.4.1.1　膜结构与表面性质表征方法

在对反渗透纳滤膜进行研究制备的过程中，通常采用接触角测试仪、原子力显微镜、X射线光电子能谱、扫描电子显微镜、能量色散 X 射线荧光光谱仪、衰减全反射傅里叶红外光谱、流动电位等几种常见手段对膜表面的形貌、元素等进行分析。

（1）接触角测试仪

水接触角（water contact angle）的测试比较简单，它是对膜表面润湿性能的一种度量方式[119]。尽管润湿性与亲水性是两个不同的概念，膜表面的润湿性除了与材料的亲水性有关以外，还与表面形状如粗糙度有很大的关系。只有对于光滑平整的固体表面，物体对膜表面的润湿性才完全取决于物体的内在亲水性。针对纳滤膜以及反渗透膜这类小孔径膜来说，由于孔径很小，几乎可以看成无孔的固体表面，因此只要膜的表面足够光滑平整，对其接触角的测量值就基本上反映了膜表面的亲水性强弱[120]。Zhang 等[121]使用层层自组装的方法将 g-C₃N₄/TiO₂-CNT 和 GO 等层层组装在基膜表面，然后在光照下对动态接触角进行测试，发现膜的接触角降低，斜率变小，改善了膜的亲水性，增加了纯水通量，提高了对二价盐的截留率。图 8-41 为 GO/g-C₃N₄/TiO₂-CNT 纳滤膜在黑暗和光照下的接触角变化图。

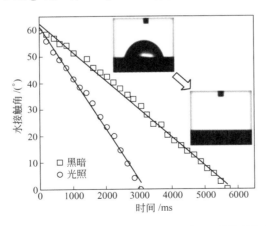

图 8-41　GO/CN/TiO-CNT 纳滤膜在黑暗和光照下的接触角变化图

（2）原子力显微镜

原子力显微镜（atomic force microscope，AFM）是通过检测待测样品表面和一个微型力敏感元件之间的极微弱的原子间相互作用力来研究物质的表面结构及性质的[122]。操作条件简单，样品不需要特殊的预处理，通过探针在样品表面进行扫描，即可生成原子分辨率水平的图像。

　　AFM 在膜技术中的应用相当广泛，它可以在大气和水溶液中对膜的表面进行研究[123]。通过对膜表面形态、结构以及与颗粒间的相互作用力进行测定，得到膜的结构参数，包括孔结构、孔尺寸、孔径分布，确定表面粗糙度，有利于进一步对成膜机理及性能进行更深入的研究。

　　Wu 等[124]成功制备了球形的 TiO_2-PDA 纳米颗粒，并加入 PSF 基膜中，在相转化的过程中，亲水性的纳米粒子迁移到 PSF 基膜表面。PDA 充当黏合剂使 TiO_2 纳米粒子均匀分布在膜表面，同时也可以作为自由基的清除剂，保护 PSF 基膜在 UV 照射的过程中不因 TiO_2 产生的自由基受到损害，提高膜的水通量。对改性后的膜进行 SEM 分析，发现膜表面的粗糙度增加，后又用 AFM 分析测定了膜的粗糙度，从膜表面粗糙度的角度对膜通量的变化做出了解释。图 8-42 为不同膜表面的 SEM 图和 AFM 图。

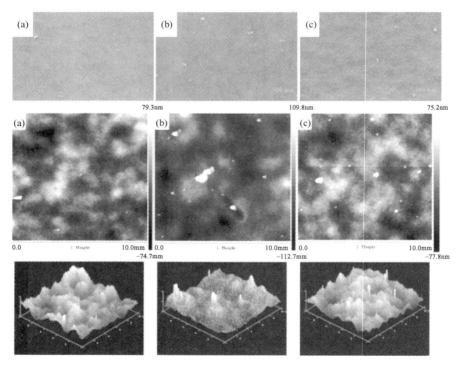

图 8-42　不同膜表面的 SEM 图和 AFM 图
（a）PSF；（b）TiO_2/PSF；（c）TiO_2-PDA/PSF

（3）X 射线光电子能谱

　　X 射线光电子能谱（X-ray photoelectron spectroscopy，XPS）是使用 X 射线辐射样品，使原子或分子的内层电子或价电子受激发射出来，从而获得样品有关信息，包括样品表面的组成、化学状态分析，元素分析以及化合物结构鉴定等[125]。Micah Belle Marie Yap Ang 等[126]将 4-氨基苯甲酸（ABA）、6-氨基己酸（ACA）和 3-氨基丙酸（APA）3 种含有端基羧酸的不同的单胺加入含有哌嗪的水溶液中，然后与均苯三酰氯进行界面聚合，开发出了一系列高性能的复合聚酰胺纳滤膜。使用 XPS 对三种膜进行了分析，对 N1s 谱图进行拟合分析，发现 400eV 的峰强度发生了变化，由于未反应的仲胺和仲酰胺在 400eV 处具有相似的峰，所以并不能证明是哪种基团。随后又对 C1s 谱图进行了分析，证明加入的羧酸单胺与 TMC 发生了反应。图 8-43 为不同聚酰胺纳滤膜的 XPS 分析。

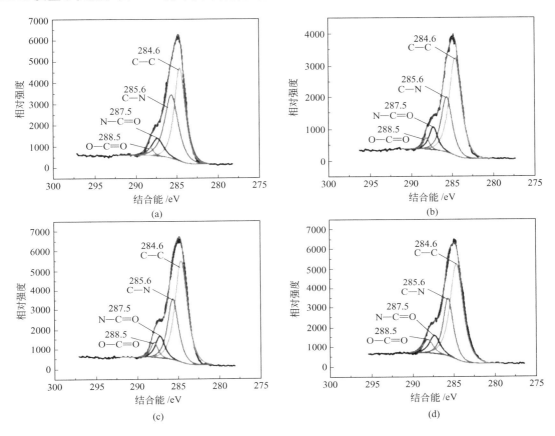

图 8-43　不同聚酰胺纳滤膜的 XPS 分析
（a）PAM；（b）PAM-ABA；（c）PAM-ACA；（d）PAM-APA

（4）扫描电子显微镜

扫描电子显微镜（scanning electron microscope，SEM）主要利用二次电子信号成像来观察样品的表面形态。SEM 制样简单，成像立体，特别适合样品表面和横断面的形貌分析。Xia 通过简单地颠倒底层和顶层膜的顺序[127]，成功将开始完全分离的双层膜紧密黏附在一起，并且在 SEM 中观察到了对应的良好结构，分层明显。通过对样品进行 SEM 分析，不仅可以根据膜的形貌对膜性能进行分析，还可以指导后续实验方案的设计，可以说，SEM 已经成为当今材料合成以及膜制备研究中必不可少的表征手段。图 8-44 为制膜液刮涂顺序颠倒前后所制备的双层膜的 SEM 图。

（5）能量色散 X 射线荧光光谱仪

能量色散 X 射线荧光光谱仪（energy dispersive X-ray spectroscopy，EDX）是借助电子束轰击样品表面时发出的特征 X 射线来进行分析的手段，利用特征 X 射线发出的能量和强度不同来鉴定元素，测定元素的相对含量，经常与 SEM 联合使用。能快速检测样品表面含有的大部分元素种类及含量，且样品制作简单，对固体可直接分析，不损坏样品。Yuan

颠倒顺序之前　　　　　　颠倒顺序之后

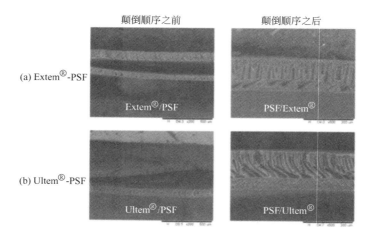

(a) Extem®-PSF

Extem®/PSF　　　　　　PSF/Extem®

(b) Ultem®-PSF

Ultem®/PSF　　　　　　PSF/Ultem®

图 8-44　制膜液刮涂顺序颠倒前后所制备的双层膜的 SEM 图

等[128]将不同碳化程度的碳量子点加入 PEI 的水相中，然后在聚丙烯腈基膜上进行界面聚合。研究通过使用 EDX 对膜表面 C 和 O 的元素分布进行分析来证明所制备的纳滤膜的不同碳化程度。含有低碳化量子点的膜通过亲水性基团有效吸附极性溶剂，而含有高碳化量子点的膜可通过疏水性基团提升非极性溶剂的渗透性。图 8-45 为不同碳化程度的 CQDs 在膜表面分布的 EDX 图。

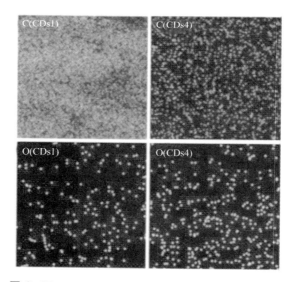

图 8-45　不同碳化程度的 CQDs 在膜表面分布的 EDX 图

（6）衰减全反射傅里叶红外光谱

衰减全反射傅里叶红外光谱（attenuated total refraction Fourier transform infrared spectroscopy，ATR-FTIR）是通过样品表面的反射信号获得样品表面有机物结构的分析信息的[129]。它基于光内反射原理而设计。在分析过程中，试样在入射光频率区域内有选择吸收，反射光强度减弱，产生与透射吸收相类似的谱图，从而获得样品表层化学成分的结构信息。与常规的红外光谱相比，无需制样，无需破坏样品，操作简单，测量灵敏度高，并且在较短的测试时间内能得到高质量的红外光谱图，特别适合对纳滤膜等固体样品进行测试。通过对膜表面的有机结构基团进行分析，来判断反渗透和纳滤过程中交联以及聚合反应过程中的反应性。Mi等[130]通过 1,3-丙磺酸内酯开环直接在 3,3′-二氨基-N-甲基二丙胺和均苯三甲酰氯界面聚合制备的纳滤膜上进行表面两性离子化，提高了纳滤膜的亲水性，从而增强了透水性和防污性能。有研究对含有不同含量两性离子的纳滤膜表面进行了 ATR-FTIR分析，在 $1040 cm^{-1}$ 处出现了新峰，表明 1,3-丙磺酸内酯分子通过与叔胺的开环反应有效地锚定到DNMA-TMC 膜表面。图 8-46 为含有不同含量两性离子的纳滤膜的红外光谱图。

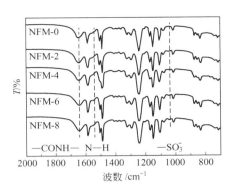

图 8-46　含有不同含量两性离子的
纳滤膜的红外光谱图

（7）流动电位

流动电位是评价膜荷电性能的重要参数。当对荷电膜一侧的电解质溶液施加压力使电解质溶液通过荷电膜时，膜两侧就会产生相应的电位差（ΔE）[131,132]。

$$\Delta E = -\beta \Delta P \tag{8-41}$$

式中，ΔP 是测试溶液流过膜表面的压差；β 为电压渗系数，其正负表示膜的正负性，由 ΔP 与 ΔE 求出。在实验中取 0.1mol/L 的 KCl 溶液为标准溶液，电导率 κ_s 用电导率仪测试，Zeta 电位（ζ）可以通过 Helmholtz-Smolushowski 方程计算：

$$\zeta = \frac{\Delta E \eta \kappa_s R_{el,s}}{\Delta P \varepsilon R_{el}} \tag{8-42}$$

式中，ε 是电解质的介电常数；η 是电解质溶液的黏度；R_{el} 是电解质溶液的电阻；$R_{el,s}$ 是标准溶液的电阻。

通过电位差的测量可计算出流动电位并判断荷电膜内表面所带电荷的性质及其电性能的强弱，还可计算出膜表面的 Zeta 电位，以此来定量表示荷电膜的电性能。

8.4.1.2　膜性能表征方法

① 纯水渗透系数 L_p、反射系数 σ 和溶质渗透系数 ω　这三个参数是反渗透膜的内在性能参数。L_p 为单位时间、单位面积和单位压力下纯水的渗透量；σ 为膜两侧无流动时，一侧渗透压和另一侧外压之比，是膜完美程度的标志之一；ω 为膜两侧无流动时，溶质的渗透系数，是膜完美程度的标志之一。

$$L_p = J_v / \Delta P_{(\Delta \pi - 0)} \tag{8-43}$$

$$\sigma = \Delta P / \Delta \pi_{(J_v - 0)} \tag{8-44}$$

② 纯水渗透性常数（pure water permeation，PWP）、脱盐率 f、水通量 F 和温度校正系数 TCF　这四个参数是在反渗透工艺设计中常用的。纯水渗透性常数，表明膜对纯水的透过性，与 L_p 意义相近；脱盐率 f，表明膜的脱除性能；水通量 F，是在一定工艺条件下，单位膜面积、单位时间内的渗透水量；温度校正系数，是在工作温度下的水通量与 25℃下

的水通量之比。

③ 截留分子量（MWCO）　纳滤膜除了用纯水渗透性常数（PWP）来表示其性能之外，通常还用膜的截留分子量或膜孔径来分析纳滤膜的性能和结构。截留分子量定义为稀溶质体系下表观截留率为 90％所对应的有机物的分子量。一般来讲，截留分子量越大，膜孔径越大。为计算截留分子量[133]需先用公式（8-45）计算出不同分子量 PEG 的 Stokes 半径：

$$r_s = 16.73 \times 10^{-12} M_w^{0.557} \qquad (M_w \leqslant 35000 \text{Da}) \tag{8-45}$$

式中，M_w 是 PEG 的分子量；r_s 是 PEG 的 Stokes 半径，nm。而截留分子量则是 PEG 截留率为 90％时所对应的分子量。

对溶质的截留率 R_T 可以用溶质分子大小的正态概率函数表示[134]：

$$R_T = 1 - \frac{c_p}{c_f} = \text{erf}(y) = \frac{1}{\sqrt{2\pi}} \int_{-\infty}^{y} e^{-(u^2/2)} du \tag{8-46}$$

式中，c_f 为进料液的浓度；c_p 为透过液的浓度。用 r_s 表示溶质的半径；μ_s 是 $R_T = 50\%$ 时溶质的平均几何半径；σ_g 表示 $R_T = 84.13\%$ 和 $R_T = 50\%$ 之间所对应 μ_s 的几何标准偏差。

$$\mu_s = \ln \bar{r}_s = (\ln r_s)_{R_T = 50\%} \tag{8-47}$$

$$\sigma_g = \frac{(\ln r_s)_{R_T = 84.13\%} - (\ln r_s)_{R_T = 50\%}}{2} \tag{8-48}$$

当在对数正态概率坐标上以膜对溶质的截留率与溶质半径作图时，得到一条直线：

$$F(R_T) = A + B(\ln r_s) \tag{8-49}$$

分子中某些原子或者基团彼此接近而引起的分子内张力会带来空间位阻，同时水和其他液体的运动与边界相互作用引起的流体动力学阻碍效应都可能对溶质截留造成一定影响。在忽略这两种作用力的情况下，可以假定平均有效孔半径（μ_p）和几何标准偏差（σ_p）分别与 μ_s 和 σ_g 相同。因此，基于 μ_p 和 σ_p，根据概率密度函数得到 NF 膜的孔径分布[135]：

$$\frac{dR_T(r_p)}{dr_p} = \frac{1}{r_p \ln \sigma_p \sqrt{2\pi}} \exp\left[-\frac{(\ln r_p - \ln \mu_p)^2}{2(\ln \sigma_p)^2} \right] \tag{8-50}$$

式中，r_p 是有效孔半径；μ_p 和 σ_p 分别决定孔径分布曲线的位置和清晰度。

对于一种中性溶质，依赖 Stocks 半径（r_s，单位为 nm）与分子量（M_w）之间的关系来评价对溶质的截留性能[136]：

$$\lg r_s = -1.32 + 0.395 \lg M_w \tag{8-51}$$

从这个等式中可以看出，根据给定分子的分子量，就可以得到相应的溶质半径。反之，已知溶质半径，也可以求得分子量。

8.4.1.3　结构和性能的关系

① 对称结构和非对称结构　20 世纪 60 年代非对称膜出现之前，膜材料多为数十微米厚的致密对称膜，渗透阻力很大，对分离过程无实用价值。非对称膜有效表层仅 0.1～

0.3μm，这样传递阻力小，使渗透通量增加 2～3 个数量级。非对称膜的缺点是在表层下有一层会被压密的过渡层，其被压密，则影响水通量。

② 复合结构与非复合结构　复合膜的有效层极薄，一般在 0.1～0.2μm，可以选择最优材料来制备，其支撑体也可优化且不易压密，所以复合膜是至今通量和脱盐率等综合性能最好的，比非对称膜更优异。

③ 荷电和非荷电　至今开发的反渗透膜和纳滤膜，大多数不同程度地带负电荷（少数带正电荷），这样在处理天然水时，膜不易被含量多的有机酸等所污染，即使被污染，也易于清洗。当然，亲水非荷电膜是优选的。

④ 表层粗糙度　20 世纪 60 年代开发的早期的复合膜的表层十分光洁平整，呈二维结构；而后开发的复合膜表面是一层细微的突起物，呈三维结构，从而使表面积成倍地增加，与之对应的水通量也同样地增加，当然它的耐污染性较差。

8.4.2　正渗透膜结构与性能表征

正是由于正渗透过程的特性，所使用的正渗透膜的结构与理化性质需要进行良好的设计与调控，这样正渗透膜才能具备较好的性能。理想的正渗透膜应当具备让水从原料液侧向汲取液侧快速传递的性质，且在整个过程中，基本没有汲取质由汲取液侧反向传递至原料液侧。正渗透膜应用于水处理过程时，较为理想的膜应当具备以下几个特点：

① 具有一个致密超薄的选择层，从而达到对汲取液侧溶质的高效截留。

② 具有一个相对疏松多孔、亲水性好、孔曲率低、机械性能稳定、化学性能稳定、浓差极化影响较小的基膜。

③ 膜与水分子具备较好的亲和力，从而既可以快速传质，又可以降低膜污染。

在设计正渗透基膜时，应当着手于降低传质边界层，从而有利于汲取液扩散至正渗透膜的选择层表面。在膜的表征方面，膜的形态主要用扫描电镜进行直接观察，从而进一步进行分析。

8.4.2.1　正渗透膜基膜的形态与表征

为了更好地评价正渗透膜的性能，针对正渗透膜特殊的结构与性质，主要使用以下参数对正渗透膜的基膜与选择层进行表征。基膜相关的表征参数主要有结构参数、基膜孔径分布、孔隙率等，而用于表征选择层性质的参数主要有选择层表面亲水性、表面电荷、粗糙度、交联度等。以下分别进行说明。

就基膜而言，其表面性质包括亲水性、孔径、孔径分布等，均对选择层的形成有着至关重要的影响，从而决定正渗透膜的水通量与选择性；而基膜的孔隙率、孔结构、孔径分布等指标决定了水分子通过膜的难易程度，影响正渗透膜的通量；另外结构参数 S 则是对正渗透膜浓差极化影响的度量。

（1）基膜表面粗糙度

基膜的表面粗糙度在一定程度上影响基膜的亲水性。一般来讲，对于较为亲水的膜（接触角小于 90°），表面粗糙度越大，其亲水性能越好，反则反之。而基膜的粗糙度在界面聚合制备薄膜复合膜的过程中，对选择层的生长有直接影响。基膜表面越粗糙，相应地聚酰胺

（PA）层形成位点的初始高度越不同，从而影响其最终形貌[137]。另外，由于界面聚合的发生始于水相与有机相界面处，因此基膜的粗糙度较大会提供相对较大的反应区域与反应位点，从而增大反应区域，相应地形成的选择层更加粗糙[138]。原子力显微镜（AFM）是常用的表征膜表面粗糙度的仪器，平均粗糙度（Ra）和均方根粗糙度（Rq）是常用的粗糙度参数。

（2）基膜亲水性

常用的基膜亲水性表征手段是测试膜表面接触角。基膜的亲水性决定了水分子与膜的亲和能力，亲水性较好的膜往往容易被水分子润湿，传质阻力较小，水分子得以顺利透过，因此膜具备较高的渗透通量。另外，较好的亲水性有助于界面过程中水相单体在基膜中的吸附，使得足够的胺单体参与界面聚合反应并使反应充分进行，制备得到均匀无缺陷的 PA 选择层，保证了所得复合膜高的渗透选择性。

基膜较疏水则会造成水分子在基膜中的传递受限，内浓差极化影响严重，造成膜通量的大幅下降。有文献报道，厚度较大（77μm）、亲水性较好（接触角为 64.2°）的醋酸纤维素非对称膜（去除纤维支撑层，GE Osmonics）比厚度为 35.5μm、接触角为 76.0°的聚酰胺复合膜（去除纤维支撑层，GE Osmonics）的水通量更高，其可能原因就是膜材料的亲水性不同。因此，支撑层必须具有较好的亲水性，能够完全被水润湿。另外，共混亲水性聚合物、无机纳米粒子是一种有效提升基膜亲水性、降低浓差极化影响的途径。在基膜中加入亲水性较好的全氟磺酸、磺化聚醚酮（SPEK）、聚乙烯吡咯烷酮（PVP）、磺化聚亚苯基砜（sPPSU）、碳纳米管（CNTs）、氧化石墨烯等材料，可以显著提高支撑层的亲水性、降低正渗透膜的结构参数，从而制备出高性能正渗透薄膜复合膜[139-143]。如图 8-47 所示，使用全氟磺酸共混改性的聚偏氟乙烯基膜具备更好的亲水性，促进了间苯二胺（MPD）在基膜表面与孔道内的均匀吸附，保证了界面聚合与均苯三甲酰氯（TMC）的均匀反应，制备的选择层峰谷结构更加明显，选择层更加均匀[56]。

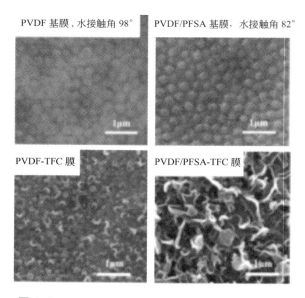

PVDF 基膜，水接触角 98° PVDF/PFSA 基膜，水接触角 82°

PVDF-TFC 膜 PVDF/PFSA-TFC 膜

图 8-47 基膜亲水性对选择层的影响（SEM 形貌图）[54]

（3）孔隙率

基膜的孔隙率是膜孔体积的总和与膜体积的比值。基膜孔隙率直接影响基膜的传质阻力，一般来讲，孔隙率较大的基膜孔道贯穿性更好，具备较低的传质阻力，作为正渗透膜的基膜使用，可以带来更大的渗透通量。相转化法制备的膜孔隙率主要由聚合物浓度、铸膜液组成、膜分相速率等因素决定。聚合物浓度较高，往往造成孔隙率下降，然而使用过低的聚合物浓度制备的膜材料往往机械性能等难以达标。在基膜中共混多孔的无机粒子由于其本身可以提供额外的孔道，从而可以进一步提升膜的孔隙率。膜分相速率较快往往相应地形成规则的大孔/指状孔结构，其孔隙率稍高于膜延迟分相形成的海绵孔。重力测量法是目前较为主流的计算膜孔隙率的方法，近几年来，很多研究报道了使用重力测量法可以粗略地测出膜的孔隙率。此外也有人使用干-湿膜测重法确认膜的孔隙率，它包括测试膜在干态与湿态（通常使用水或者异丙醇作为润湿试剂）下的质量，由以下公式进行计算：

$$\varepsilon = \frac{(m_{wet}-m_{dry})/\rho_w}{[(m_{wet}-m_{dry})/\rho_w]+m_{dry}/\rho_m} \times 100\% \tag{8-52}$$

式中，m_{wet} 和 m_{dry} 分别为膜在湿态与干态下的质量；ρ_w 和 ρ_m 分别为润湿试剂和膜的密度。实验中通常用水作为测试亲水膜的润湿试剂。对于疏水膜而言，膜本身难以被水浸润，因此在测试疏水膜的孔隙率时，通常使用异丙醇或其他低表面能的液体作为润湿试剂。然而，使用这种方法计算孔隙率，也存在一些难以避免的问题，如湿膜下的膜质量难以准确反映只吸附在膜孔内的润湿介质的质量。通过膜表面腐蚀、化学后处理、改变溶剂与凝胶浴组成，以及共混亲水性物质等手段可以有效地增加基膜孔隙率[144-146]。一般来讲，通过共混亲水聚合物、无机纳米粒子来提升基膜孔隙率这一方法较为简便，且效果显著。如图 8-48 所示，通过在聚砜基膜中添加适量（0.25%，质量分数）的氧

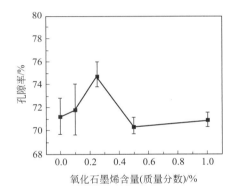

图 8-48 氧化石墨烯含量对
基膜孔隙率的影响

化石墨烯，基膜孔隙率由 71.2% 上升至 74.8%，基膜孔隙率上升可以相应地提升正渗透膜的通量。

（4）孔径分布

针对薄膜复合膜而言，聚酰胺选择层是通过界面聚合的方式在基膜上形成的，因此，基膜的理化性质直接决定所形成的选择层形貌、交联度、厚度等，从而影响薄膜复合膜的正渗透性能。因此，基膜的理化性能尤其是孔径与孔径分布，在设计正渗透膜时需要特别注意。基膜的孔径与孔径分布会影响 MPD 单体到达与 TMC 反应位点的速度与浓度，以及反应进行的深度，从而影响选择层在基膜上的形成[147]。使用不同孔径的聚砜基膜制备正渗透薄膜复合膜，其对盐的截留率呈现出明显的差异[148]。具体来讲，较小孔径的基膜会促进致密选择层的形成，所制备的膜更加耐压，选择性更好。当基膜孔径为 0.2μm 时，其对应的薄膜复合膜具备较高的水通量和较低的反向盐通量[149]。若基膜孔径较大，则会造成选择层在基膜孔内生长，从而形成当量厚度较大的选择层，导致膜通量下降。若基膜孔径过大，会导致

选择层在形成时，部分区域向基膜孔内塌陷，从而破坏选择层的均匀性，引起反向盐通量的上升。

此外，由于制膜过程的不可控性，往往难以取得膜孔径的均一性，因此，在正渗透膜基膜的设计与制备中，使用有效截留分子量（MWCO）这一指标来量化膜的孔径则比较合适。一般来讲，基膜的有效截留分子量小于 300kDa 时，选择层的形成较为均匀，且不会大量渗透进膜孔，选择层厚度大幅上升，相应地薄膜复合膜渗透通量更高，选择性较好[150]。常用的确定基膜孔径分布的方法主要有压汞仪直接测试法、扫描电镜处理与统计法和溶质截留法。其中使用溶质截留法测定膜的孔径与孔径分布结果重复性好，该方法是目前比较主流的方法。如图 8-49 所示，使用全氟磺酸共混改性聚偏氟乙烯基膜，可以提升基膜孔隙率，减小基膜孔径并相应地增加基膜孔密度，在后续的界面聚合过程中，选择层的形成位点相应增加，从而形成的选择层更加均匀明显，粗糙度上升[151]。基膜亲水性较好、孔径较小相应地保证了胺单体的过量吸附且提供更多的选择层生长位点，形成的选择层较为均匀，峰谷结构明显，粗糙度较大，具备较高的水通量与良好的选择性。而亲水性较差、孔径较大的基膜，往往由于胺单体难以均匀吸附，且选择层存在向基膜孔内塌陷的可能，影响选择层的完整性，相应地正渗透膜反向盐通量较大[152]。

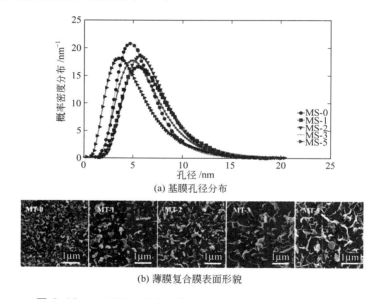

(a) 基膜孔径分布

(b) 薄膜复合膜表面形貌

图 8-49　不同孔径分布的基膜对应的薄膜复合膜的表面形貌图[56]

8.4.2.2　正渗透膜选择层的形态与表征

在实际过程中，正渗透过程往往是选择层朝向原料液侧，支撑层朝向汲取液侧进行废水处理、海水淡化的过程。因此选择层的表面亲水性、表面电位、表面形貌、交联度均会直接影响膜的性能与使用效率。以下分别进行阐述。

（1）选择层表面电位

与纳滤膜相似，正渗透膜的表面电位也是一项很重要的指标，表面电荷对膜分离性能的影响与 Donnan 现象相关。膜表面带与汲取溶质扩散决速离子（如 NaCl、Na_2SO_4 和 $MgCl_2$ 的扩散决速离子分别为 Cl^-、SO_4^{2-} 和 Mg^{2+}）相同的电荷，可降低膜的反应溶质通量。通过测试正渗透膜表面电位可以分析污染物与膜表面的相互作用，从而进一步构建抗污染性能较好的膜，提升膜的处理能力。常用的表征膜表面电位的方法是 Zeta 电位测试法。通常来讲，使用间苯二胺和均苯三甲酰氯为单体，通过界面聚合法制备的正渗透薄膜复合膜，其选择层表面未反应的酰氯基团会水解转化为羧基基团，因此选择层往往具备一定程度的负电荷。荷负电的膜在实际的水处理过程中，容易和水中的荷正电的污染物产生静电相互作用，从而引起膜污染现象的发生，降低膜的渗透通量。

通过使用荷正电/不带电的聚合物与未反应的酰氯基团作用，对初生的聚酰胺层进行二次界面聚合改性，可以从一定程度上调控选择层的荷电性。例如，使用聚乙烯亚胺（PEI）对聚酰胺薄膜复合膜表面进行修饰可以从一定程度上改变膜的表面荷电性，由于 PEI 本身带有较多的氨基基团，从而具备较强的荷正电性，如此改性从一定程度上中和了原始聚酰胺层表面的负电荷，提升了膜的抗污染性能。Zeta 电位测试结果显示，修饰后的膜表面电位从 -42.6mV 上升至 -25.2mV，具备更好的抗污染能力[153]。如图 8-50 所示，使用聚醚胺（Jeffamine）对 PA 层进行表面改性，可以将膜表面 Zeta 电位由 -16mV 提升至 -5.5mV，相应地膜在处理含有 Ca^{2+} 的海藻酸钠溶液时，膜通量衰减明显下降[154]。

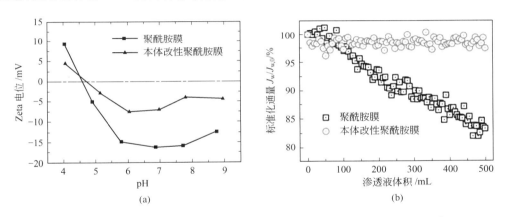

图 8-50　Jeffamine 改性前后 PA 层表面电位图（a）与污染测试通量衰减图（b）

（2）选择层交联度

薄膜复合膜选择层的交联度可以间接地反映选择层的致密程度与自由体积大小，从而可进一步讨论选择层的水通量与反向溶质通量。常用 X 射线光电子能谱（XPS）、X 射线衍射（XRD）与正电子湮灭能谱（PAS）等对选择层交联度进行表征。一般来讲，选择层交联度越大，选择层越致密，相应的 TFC 膜自由体积越小，膜的通透性越差，选择性越好；选择层交联度小，则其结构相对松散，膜的渗透性能较好，选择性较差。

使用 XPS 分析选择层的 O/N 比，从而计算出聚酰胺选择层的交联度是比较常规且准确的方法。对于二元胺（如 MPD）和三元酰氯（如 TMC）形成的 PA 分子，对于完全无交联的线型聚酰胺和完全交联的网状聚酰胺其 O/N 比的理论计算值分别为 2 和 1，即 O/N 比越接近 1，则交联度越大，反则反之[155]。

在实际过程中，如果对选择性要求不高，仅仅需要增大渗透通量，可以通过引入长链状胺单体与 TMC 进行反应，降低选择层的交联度。例如，使用 N-(2-氨基乙基)-3-氨基丙基三甲氧基硅烷（NPED）与 MPD 共混，原位改性制备正渗透 TFC 膜，由于 NPED 长链状

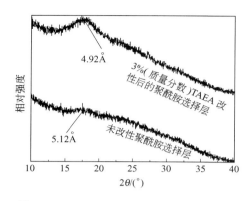

图 8-51　TAEA 改性前后 PA 层的 XRD 图[68]

的分子柔性结构，改性后的聚酰胺选择层交联度下降。相比于 MPD 与 TMC 交联后形成的网状刚性结构，NPED 与 TMC 形成的聚酰胺层更加疏松柔和，自由体积分数增加。在正渗透性能测试中，改性后的膜通量有很大程度上升，然而其反向盐通量也由于膜交联度下降而有所上升[60]。同样地，可以采用使用芳香性多氨基单体、引入叔胺催化剂等方法增加选择层的交联度，从而增强正渗透膜的选择性[68]。例如，使用 TAEA 与MPD 共混，原位改性聚酰胺选择层。由于 TAEA 可以吸收界面聚合的副产物 Cl$^-$，从而起到对界面聚合反应的催化作用，提升了 MPD 与 TMC 的交联程度。随着 MPD 中 TAEA 含量从 0（质量分数）上升到 3%（质量分数），相应地选择层 O/N 比由 1.78 下降至 1.08，说明选择层的交联度大大增加。另外通过 XRD 测试，也可以进一步证明交联度增加而带来的选择层内 PA 链链间间距的下降。如图 8-51 所示，由选择层的 XRD 曲线，通过布拉格方程可以计算出聚酰胺分子链的链-链间距，改性后的聚酰胺选择层由于交联度上升，链-链间距由 5.12Å 下降到 4.92Å，降低了膜的反向盐通量。

（3）选择层表面亲水性

在 FO 过程中使用的 PA-TFC 膜通常采用 MPD 和 TMC 反应制备得到。得到的芳香性聚酰胺层的交联度较高，因此通常亲水性较差，这使得传统的 PA-TFC 膜水通量相对较低，有较大的提升空间。此外，正渗透膜在实际处理过程中，原料液侧通常为成分较复杂的污染物体系，因此在使用过程中，会造成膜的污染，从而使得膜的处理能力下降。正渗透膜良好的表面亲水性一方面会提升膜的渗透通量，另一方面会降低膜与污染物之间的结合力，从而提升污染再生后膜的通量回复率，提升膜的处理能力与使用寿命。使用亲水聚合物对聚酰胺选择层进行表面改性是较为有效的提升正渗透膜表面亲水性的方法。例如，使用亲水性很好的枝状聚乙烯亚胺（PEI），通过二次界面聚合的方法，对初始的聚酰胺选择层进行表面改性，由于 PEI 本身带有很多亲水性的氨基基团，从而大幅提升了正渗透膜的表面亲水性。在模拟人工废水处理过程中，PEI 改性后的正渗透膜通量衰减仅为 15%，未改性的膜通量衰减为 55%，PEI 改性后膜的抗污染性能有了很大提升[71]，如图 8-52 所示。

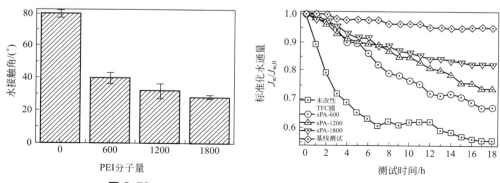

图 8-52　PEI 改性前后膜表面接触角与抗污染性能测试图[68]

（4）选择层表面形貌

使用界面聚合手段制备的正渗透薄膜复合膜表面通常是典型的"峰-谷"结构，这是因为通常 MPD 只能微溶于有机相（正己烷），而 TMC 不能溶于水相，这样界面聚合过程通常认为是在油相中发生，而 PA 选择层的生长也因此由水相胺单体向油相的扩散决定。并且，初形成的聚酰胺层也会进一步抑制胺单体向油相的传递，这种扩散受限生长进一步重塑了初始的超薄选择层形貌，导致界面聚合反应形成随机分布的"峰-谷"结构。使用扫描电镜（SEM）对选择层的形貌进行观测是目前比较主流的表征手段。如图 8-53 所示，使用界面聚合法制备的聚酰胺选择层的表面"峰-谷"结构分布比较均匀，在断面形貌图中可以直观地观测到聚酰胺选择层的厚度，一般在几百纳米范围内。通过控制初始超薄选择层的致密程度，限制后续 MPD 向有机相迁移等手段，可以进一步制备表面较平滑的选择层，降低膜污染倾向。如图 8-54 所示，使用不同含量的三(2-氨基乙基)胺（TAEA）与 MPD 共混，原位改性聚酰胺选择层。由于 TAEA 对 MPD 与 TMC 反应的催化作用，致使 MPD 与 TMC 反应

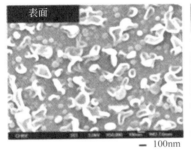

图 8-53　聚酰胺选择层表面、断面 SEM 形貌图[141]

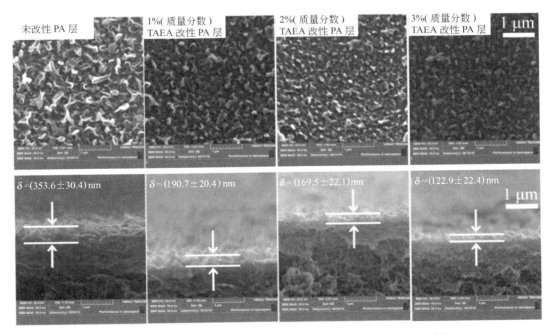

图 8-54　不同含量 TAEA 原位改性 PA 层的表面、断面 SEM 形貌图[68]

形成的初始 PA 层更加致密，抑制了后续 MPD 向有机相迁移的行为，继而与 TMC 反应重塑 PA 层结构。因此随着 TAEA 含量的增加，相应地形成的选择层更加平整，"峰-谷"结构的层次更加平滑，相应地选择层厚度有所下降[68]。

此外，由于原料液侧与正渗透膜的选择层相接触，因此正渗透膜的表面粗糙度构建存在一个典型的"trade-off"现象，即表面粗糙度较大的正渗透膜往往可以提供更大的膜表面传质面积，提升膜通量；然而，粗糙度较大提升了污染物附着的位点，在持续的处理过程中会造成严重的膜污染，因此对正渗透膜表面粗糙度的设计与表征十分关键。与表面形貌调控类似，通过限制 MPD 向有机相迁移可以显著降低选择层的表面粗糙度。使用 TAEA 与 MPD 共混，原位改性聚酰胺选择层。由于 TAEA 对 MPD 与 TMC 反应的催化作用，使得初始的 PA 层更加致密，后续的 MPD 向有机相迁移行为受限，因此改性后的薄膜复合膜表面粗糙度下降，在模拟废水处理过程中，相比于未改性的 TFC 膜，改性后的膜通量衰减率下降，洗涤后通量回复率升高[68]。

8.4.2.3　正渗透膜性能表征

为了进一步量化正渗透膜性能，可以通过错流反渗透实验，使用水渗透系数 $[A,$ $L/(m^2 \cdot h \cdot bar)]$、盐截留率 $(R_s, \%)$ 和盐渗透系数 $[B, L/(m^2 \cdot h)]$ 等参数来评价膜的渗透性能。首先使用去离子水将膜进行预压，消除膜因压力而发生形变所带来的跨膜压差增大，使用较低浓度的氯化钠溶液（10mmol/L）作为原料液，进行正渗透膜的 RO 测试，可以计算出膜通量和相应的膜通量系数、盐截留率与盐通量系数：

$$J_w = \frac{\Delta V}{A_m \Delta t} \tag{8-53}$$

$$A = \frac{J_w}{\Delta P} \tag{8-54}$$

$$R_s = \left(1 - \frac{c_p}{c_f}\right) \times 100\% \tag{8-55}$$

$$\frac{1 - R_s}{R_s} = \frac{B}{A(\Delta P - \Delta \pi)} \tag{8-56}$$

式中，ΔV 是体积流量；Δt 是测试时间；A_m 是有效膜面积；ΔP 是跨膜压力；$\Delta \pi$ 是原料液侧的渗透压；c_f 与 c_p 分别代表原料液和透过液侧的盐浓度。

另外，在正渗透测试中，两种模式（FO 模式和 PRO 模式）下的水通量和反向盐通量可以分别被测定。其中水通量 $[J_v, L/(m^2 \cdot h)]$ 与盐通量 $[J_s, g/(m^2 \cdot h)]$ 可以分别由下式计算得到：

$$J_v = \frac{\Delta V'}{A_m \Delta t} \tag{8-57}$$

$$J_s = \frac{\Delta(c_t V_t)}{A_m \Delta t} \tag{8-58}$$

式中，$\Delta V'$ 是水从原料液侧在单位时间 Δt 内单向传递至汲取液侧的体积；c_t 与 V_t 分别代表原料液侧的盐浓度与体积。

正渗透过程中，基膜的结构与性质造成了内浓差极化现象，其严重程度可以通过结构参数（S）进行度量，其定义式如下所示：

$$S = \frac{t\tau}{\varepsilon} \qquad (8\text{-}59)$$

式中，t 为基膜厚度；τ 为基膜曲率；ε 为基膜的孔隙率。对于高性能的正渗透膜来讲，较小的 S 值是比较有利的，说明内浓差极化现象得到部分缓解。

8.5 膜组器件技术[8,43]

8.5.1 反渗透膜组器件技术

反渗透组件是膜组装成的能付诸实际应用的最小基本单元，是反渗透装置的主要部件。组件可呈不同的构型，组件的尺寸可大可小，以适应不同规模的装置和不同的应用。

对组件设计和制作的要求如下：

① 膜高压侧的进水与低压侧的产水之间有良好的密封。

② 膜的支撑体（片状膜或管状膜）或膜本身（中空纤维膜）能承受高的工作压力差；防止进水与产水之间以及这些液体与外界之间有泄漏，避免进水与产水间过大的压差。

③ 膜流道是设计的关键因素，根据水的力学条件和膜的性能确定范围，应用中再结合过程参数最佳化；要有好的流动状态，降低浓差极化度，以防止膜表面盐的积累和污染。

④ 有高的填充密度，膜便于更换，以降低设备费用；同时应可大规模、高质量地制备和装配等。

根据膜的几何形状，至今商品化的反渗透组件主要有下面四种基本形式：板框式（PF）、管式（T）、卷式（SW）和中空纤维式（HF）。板框式和管式是早期开发的两种结构形式，由于膜填充密度低、造价高、难规模化生产等，仅用于小批量的浓缩分离等方面。卷式和中空纤维式具有填充密度高、易规模生产、造价低、可大规模应用等特点，是反渗透水处理中主要的结构形式。这四种形式的膜组件的比较如表 8-6 所示。

表 8-6 四种形式的膜组件的比较

组件形式	填充密度/m^{-1}	投资费用	操作费用	流动控制	膜清洗
板框式	400～600	高	低	较好	较难
管式	25～50	高	高	好	易
卷式	800～1000	很低	低	较差	较难
中空纤维式	8000～1500	低	低	较差	难

表 8-7～表 8-9 分别列出了典型反渗透膜、反渗透膜器件和复合膜的典型性能的变化。

表 8-7 反渗透膜的特性[①]

膜材料	厂商	测试溶质	测试条件	通量 /[L/(m²·h)]	脱除率/%
CA	UOP DDS Toray	NaCl	1500mg/L,1.5MPa,25℃	12.5	96.0
		甲醇	1000mg/L,1.5MPa,25℃	12.5	5.0
		乙醇	100mg/L,1.7MPa,25℃	12.5	10.0
		酚	100mg/L,1.7MPa,25℃	12.5	0.0
		脲	100mg/L,1.5MPa,25℃	12.5	26.0
交联芳香族聚酰胺	Filmtec Fluid Syatems Hydranautics Toray Trisep	NaCl	35000mg/L,5.5MPa,25℃,$R=10\%$	20.6	99.5
		NaCl	2000mg/L,1.6MPa,25℃,$R=15\%$	38.2	98.0
			2000mg/L,1.6MPa,25℃,$R=15\%$	61.6	99.2
			1500mg/L,1.05MPa,25℃,$R=15\%$	53.0	>99.0
		甲醇	2000mg/L,1.6MPa,25℃	—	25.0
		乙醇	2000mg/L,1.6MPa,25℃	—	70.0
		脲	2000mg/L,1.6MPa,25℃	—	70.0
		酚	51mg/L,2.1MPa,pH 7.4,$R=83\%$	—	90.0
			85mg/L,2.1MPa,pH 11.4,$R=39\%$	—	99.0
PA-300 (聚醚酰胺)	UOP	NaCl	35000mg/L,6.9MPa,25℃	34.0	99.4
		乙醇	700mg/L,6.9MPa,25℃	34.0	90.0
		脲	1250mg/L,6.9MPa,25℃	34.0	80.0～85.0
		酚	100mg/L,6.9MPa,25℃,pH 4.9	34.0	93.0
			100mg/L,6.9MPa,25℃,pH 12	34.0	>99.0
PEC-100 (聚呋喃醇)	Toray	NaCl	35000mg/L,25℃,5.5MPa	14.6	99.9
		甲醇	55000mg/L,25℃,5.5MPa	15.8	41.0
		乙醇	60000mg/L,25℃,5.5MPa	9.6	97.0
		脲	10000mg/L,25℃,5.5MPa	23.2	85.0
		酚	10000mg/L,25℃,5.5MPa	10.0	99.0

① 仅列出四种典型膜的分离特性。

表 8-8 反渗透膜器件的性能

膜材料	厂商	组件规格	溶质	测试条件	产量 /(m³/d)	脱除率 /%
CA	Toray	SC-1200R[40×8][①]	NaCl	500mg/L,1.5MPa,25℃, $R=15\%$	24.8	85
		SC-2200[40×8]	NaCl	1500mg/L,3.0MPa,25℃, $R=15\%$	35.2	95
		SC-3200[40×8]	NaCl	1500mg/L,3.0MPa,25℃, $R=15\%$	17.6	97
		SC-8200[40×8]	NaCl	35000mg/L,5.5MPa,25℃, $R=10\%$	8.8	96

续表

膜材料	厂商	组件规格	溶质	测试条件	产量 /(m³/d)	脱除率 /%
CA-CTA	Hydranautics	8060MSY CAB-1[60×8]	NaCl	2000mg/L,2.9MPa,25℃, $R=16\%$	50.0	95.0
		8060MSY CAB-2[60×8]			41.6	98.0
		8060MSY CAB-3[60×8]			22.5	99.0
	Fluid Systems	823ISD[60×8]	NaCl	2000mg/L,2.9MPa,25℃, $R=16\%$	49.2	95.5
	Desalination	CE8040F[40×8]	NaCl	1000mg/L,2.8MPa,25℃, $R=10\%$	32.0	96.0
		CC8040F[40×8]	NaCl	1000mg/L,1.4MPa,25℃, $R=10\%$	27.67	84.0
CTA	东洋纺	HA5110(Φ140×420)[②]	NaCl	500mg/L,1.0MPa,25℃, $R=30\%$	2.5	94
		HA5330(Φ150×1240)	NaCl	1500mg/L,3.0MPa,25℃, $R=75\%$	24.0	94.0
		HA8130(Φ295×1320)	NaCl	1500mg/L,3.0MPa,25℃, $R=75\%$	60.0	94.0
		HR8355(Φ305×1330)	NaCl	3500mg/L,5.5MPa,25℃, $R=30\%$	12.0	99.4
		HM10255(Φ390×2915)	NaCl	3500mg/L,5.5MPa,25℃, $R=30\%$	45.0	99.4
芳香族聚酰胺	Du Pont	B-9 0440(Φ102×1190)	NaCl	1500mg/L,2.8MPa,25℃, $R=75\%$	15.9	92.0
		B-9 0880(Φ203×1280)	NaCl	1500mg/L,2.8MPa,25℃, $R=75\%$	140.0	95.0
		B-10 6440T(Φ117×1260)	NaCl	35000mg/L,6.9MPa,25℃, $R=35\%$	6.8	99.2
		B-10 6880T(Φ216×2050)	NaCl	35000mg/L,6.9MPa,25℃, $R=35\%$	53.0	99.35
交联芳香族聚酰胺	Fluid Systems	S-2822[40×8]	NaCl	32800mg/L,25℃,5.5MPa, $R=17\%$	19.0	99.4
		S-8832[60×8]	NaCl	2000mg/L,25℃,1.55MPa, $R=16\%$	49.0	99.5
		S-8821ULP[40×8]	NaCl	500mg/L,25℃,1.0MPa, $R=10\%$	41.6	98.5
	Filmtec	S-SW301IR[40×8]	海水	35000mg/L,25℃,5.5MPa, $R=8\%$	15.0	>99.2
		S-BW30-400[40×8]	NaCl	2000mg/L,25℃,55MPa, $R=15\%$	40.0	99.5
		TW30-4040[40×8]	NaCl	2000mg/L,25℃,1.55MPa, $R=15\%$	9.1	99.5
		BW30LE-400	NaCl	2000mg/L,25℃,1.07MPa, $R=15\%$	9.5	99.0

续表

膜材料	厂商	组件规格	溶质	测试条件	产量 /(m³/d)	脱除率 /%
交联芳香族聚酰胺	Hydranautics	8040-HSY-SWC₂[40×8]	NaCl	32000mg/L,25℃,5.5MPa, $R=10\%$	23.5	>99.2
		8040-HSY-SWC₁[40×8]	NaCl	32000mg/L,25℃,5.5MPa, $R=10\%$	18.9	>99.5
		8040-LHY-CPA₂[40×8]	NaCl	1500mg/L,25℃,1.55MPa, $R=15\%$	8.5	>99.2
		8040-LHY-CPA₃[40×8]	NaCl	1500mg/L,25℃,1.55MPa, $R=15\%$	41.6	>99.6
		8040-URY-ESPA[40×8]	NaCl	1500mg/L,25℃,1.05MPa, $R=15\%$	45.4	99.5
		8040-UHA-ESPA[40×4]	NaCl	1500mg/L,25℃,1.05MPa, $R=15\%$	9.8	>99.2
	Trisep	8040 ACM₄ TSA[40×8]	NaCl	2000mg/L,25℃,1.55MPa, $R=15\%$	53	99.2
	Toray	SU-820[40×8]	NaCl	35000mg/L,25℃,5.5MPa, $R=10\%$	16.0	99.75
		SU-720L[40×8]	NaCl	1500mg/L,25℃,1.5MPa, $R=15\%$	36.6	99.4
		SU-720[40×8]	NaCl	1500mg/L,25℃,1.5MPa, $R=15\%$	26.0	99.5
	Desalination	SC-8040FXP[40×8]	NaCl	35000mg/L,25℃,5.5MPa, $R=10\%$	12.96	>99.2
		SE-8040[40×8]	NaCl	1000mg/L,25℃,2.8MPa, $R=10\%$	29.14	98.5
		SH 8040F[40×8]	NaCl	1000mg/L,25℃,1.0MPa, $R=10\%$	29.18	96.0
		AG 8040F[40×8]	NaCl	1000mg/L,25℃,1.4MPa, $R=15\%$	34.07	98.0

① [长×外径]，单位为 in，1in=25.4mm。

② (Φ 直径×长)，单位为 mm。

表 8-9　复合膜的典型性能

膜类型	测试条件			膜性能		
	(海水)浓度 /(mg/L)	操作压力 /MPa	温度/℃	水通量 /[L/(m²·h)]	脱盐率 /%	商品化年份
TW	2000	1.55	25	40	98	1980
BW	2000	1.55	25	40	98	1985
SW	35000	5.5	25	34	99.1	1985
高脱盐型	35000	5.5	25	34	99.5	1990

续表

膜类型	测试条件			膜性能		
	(海水)浓度 /(mg/L)	操作压力 /MPa	温度/℃	水通量 /[L/(m²·h)]	脱盐率 /%	商品化 年份
超低压型	500	1.55	25	59	98	1995
抗污染型	1500	1.55	25	50	98	1995
高脱盐型	35000	5.52	25	34~40	99.8	2000
极低压型	1500	1.05	25	45~55	98~99	2000
高脱盐型	35000	5.5	25	45~50	99.8	2010
超低压型	500	0.73	25	47	99.5	2010
抗污染型	2000	1.55	25	50	99.7	2010
极低压型	500	0.7	25	50~55	>99	2010
NF	500	0.52	25	45~60	50~70	2000
NF	500	0.35	25	25~30	50~70	2010

表 8-10~表 8-13 列出了一些膜器件的性能、规格及限制条件。

表 8-10　国产反渗透膜器件的性能

膜材料	组件	厂商	组件规格 /mm	溶质	测试条件	产量 /(m³/d)	脱除率 /%
CTA	中空 纤维式	杭州水 中心	Φ220×1300 (HRC-220)	NaCl	100mg/L,1.5MPa,25℃, Y=60%	>30.0	>90.0
CA-CTA	卷式	8271 厂	Φ220×1000 CS040FF	NaCl	1000mg/L,2.8MPa,25℃	23.0~28.0	≥95.0
			C8040GF	NaCl	1000mg/L,2.8MPa,25℃	25.0~27.0	≥90.0
芳香族 聚酰胺	卷式	8271 厂	8040 (复合膜)	NaCl	1000mg/L,2.8MPa,25℃	27.0	97.0
芳香族 聚酰胺	卷式	杭州 水中心	8040	NaCl	32800mg/L,5.5MPa,25℃	22.7	99.7
			8040	NaCl	2000mg/L,2.8MPa,25℃	39.7	99.5
芳香族 聚酰胺	卷式	时代沃顿	8040	NaCl	32800mg/L,5.5MPa,25℃	22.7	99.7
			8040	NaCl	2000mg/L,1.55MPa,25℃	39.7	99.5
芳香族 聚酰胺	卷式	时代沃顿	SW8040XHR-400	NaCl	32800mg/L,5.5MPa,25℃	22.7	99.85
			LP22-8040	NaCl	2000mg/L,1.55MPa,25℃	39.7	99.5
芳香族 聚酰胺	卷式	奥斯博	SW-8040-400	NaCl	32800mg/L,5.5MPa,25℃	23.0	99.7
			BW-8040-400	NaCl	2000mg/L,1.55MPa,25℃	42.0	99.5
芳香族 聚酰胺	卷式	易膜	BW-8040-400	NaCl	2000mg/L,1.55MPa,25℃	39.7	99.5
			EF-8040-1	NaCl	500mg/L,1.03MPa,25℃	45.4	≥99.0
			EF-8040-2	NaCl	500mg/L,0.69MPa,25℃	39.7	90.0~95.0

表 8-11   卷式元件常用规格尺寸

组件	尺寸/in			有效面积/ft²(m²)	干重/lb
	A	B	C		
2.5in	40	0.750	2.40	33(3.05)	5
4in	40	0.625	3.88	90(8.36)	12
8in	40	1.187	7.88	350(32.52)	35

注：1in＝25.4mm，1lb＝0.4536kg，1ft＝30.48cm。A 表示膜身长度；B 表示中心管内径；C 表示膜身直径。

表 8-12   卷式元件进水、产水和浓水的一些限制

项目		进水水源			
		UF 产水	井水（SDI＝0~2）	表面水（SDI≤5）	海水（SDI＜5）
最大产水流量/(gal/d)(m³/d)	8in×40in	12000(45.5)	7700(29.1)	6500(24.6)	6000(22.7)
	4in×40in	3000(11.4)	2000(7.58)	1700(6.44)	1500(5.6)
	4in×25in	1900(7.19)	1200(4.54)	1000(3.79)	—
	2.5in×40in	1000(3.79)	600(2.27)	551(2.09)	500(2.09)
最大进水流量①/(gal/min)(m³/h)	8in×40in	70.6(16)			
	4in×40in	16(3.6)			
	4in×25in	—	—	—	—
	2.5in×40in	6(1.3)	6(1.3)	6(1.3)	6(1.3)
最低浓水流量②/(gal/min)(m³/h)	8in×40in	16(3.63)			
	4in×40in	4(0.91)			
	4in×25in	—			
	2.5in×40in	1.6/0.36			
最大产水浓水比/(单元件)	8in×40in	0.333/1	0.234/1	0.167/1	0.1/1
	4in×40in	0.333/1	0.234/1	0.167/1	0.1/1
	4in×25in	0.148/1	0.104/1	0.074/1	—
	2.5in×40in	0.333/1	0.234/1	0.167/1	0.1/1

① 对低压元件，最大进水流量应当减小。

② 供参考，根据实际情况确定。

注：1in＝25.4mm，1gal＝3.78L。

表 8-13   东洋纺部分中空纤维组件的规格和性能

项目	高脱盐型			高通量型		低压型	
组件编号	HR5155	HR8355	HM9255	HA5230	HA8130	HA3110	HA5110
组件数目	1	1	2	1	1	1	1
组件直径/mm	153	305	360	150	295	90	140
组件长度/mm	444	1300	1665	840	1320	420	420
组件质量/kg	13	125	310	21	100	4	11

续表

项目		高脱盐型			高通量型		低压型	
连接螺母	进水	PT1/2	PT3/4	PT1	PT1/2	PT3/4	PT3/8	PT1/2
	产水	PT1/2	PT3/4	2-PT3/4	PT1/2	PT3/4	PT1/8	PT1/2
	浓水	PT3/8	PT3/4	PT1	PT3/4	PT3/4	PT3/4	PT3/8
进水浓度/(mg/L)		35000			1500		500	
进水压力/MPa		5.5			3.0		1.0	
进水温度/℃		25			25		25	
进水回收率/%		30			75		30	
产水量/(m³/d)		1.2	12	35	15	60	0.9	2.5
脱盐率/%		99.4	99.4	99.4	94.0	94.0	94.0	94.0
压力范围/MPa		<6.0	<6.0	<7.0	<4.0	<1.5	<1.5	<6.0
温度范围/℃		5~40			5~35		5~35	
浓水流速范围/(m³/d)		2~10	15~150	50~150	7.5~60	25~150	1~4	3~12
进水 SDI		4.0			4.0		4.0	
进水 pH		3~8			3~8		3~8	
进水余氯浓度/(mg/L)		0.2~1.0			0.2~1.0		0.2~1.0	

　　反渗透膜组件的进展主要包括：Koch Membranes 开发了 18in 的组件，Dow Filmtec、Toray 和 Hydranautics 等开发了 16in 的组件，16in 膜组件的膜面积是原 8in 膜组件的 4.3 倍；宽流道和抗污染的流道格网的开发，降低了组件的流动压降，提高了组件的抗污染性；Dow Water Solutions 开发的 iLEC™端密封技术，与以前的密封相比，密封更方便和可靠，产品水侧压降小，水质好；高脱硼的膜组件使 SWRO 一级即可满足产水作为饮用水的硼的要求[156]。

8.5.2　正渗透膜组器件技术

　　正渗透膜组件是正渗透膜装配成的能付诸实际工程应用的最小基本单元，是正渗透装置的核心部件。然而，由于正渗透过程中须配置汲取液和料液两个溶液循环回路，且待处理料液通常为高污染型水体，因此正渗透膜组件无法完全照搬现有成熟的反渗透膜组件设计，需根据正渗透过程特点进行重新设计或针对性改造。根据膜的几何形状，正渗透膜组件目前主要分为板框式、卷式和中空纤维式三种基本形式。不同类型膜组器各有利弊，其应用领域与操作模式（间歇操作或连续操作）有关。下面重点介绍目前用于正渗透过程的膜组件类型、结构设计、适用领域等。

8.5.2.1　板框式组件

　　板框式组件设计可直接应用于正渗透过程，早在 1998 年 Osmoteck（现在的 HTI）公司就基于板框式组件建立起一套 150t/d 中试规模的正渗透系统用于浓缩垃圾渗沥液，回收率可达到 90%～95%[157]。在正渗透过程中，膜的活性层面向支撑板，汲取液通过输送泵进入支撑板与膜之间的孔道，构成 FO 模式，膜布置及流道设计示意图如图 8-55 所示。在该模式下，渗透通量的大小主要取决于内浓差极化效应的强弱，汲取液侧的流速对于渗透通量的增加效果不显著，因此汲取液侧流速不宜过高，只需保证主体溶液区域可提供足够的渗透压。

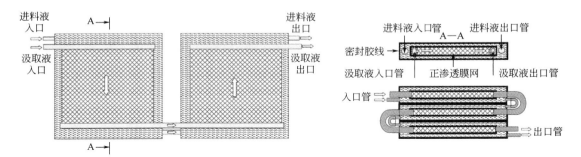

图 8-55　板框式膜组件流道设计示意图[158]

板框式组件最大的问题在于膜的填充密度低、投资及运行成本高。然而，由于待处理料液以隔板上布置的沟槽作为流动通道，无需布置垫网，且正渗透过程中无需施加外在压力，因此板框式设计适用于高污染性水体的浓缩。

（1）分置式设计

料液和汲取液通过外置输送泵进入由隔板、膜、支撑板、膜的顺序多层交替重叠组成的板框式模组器。用于浓缩垃圾渗沥液的分置式板框设计照片如图 8-56 所示。

图 8-56　用于垃圾渗沥液处理的分置式板框设计照片

（2）浸没式设计

传统的膜生物反应器所采用的膜均为压力驱动型膜（如超滤膜和微滤膜），膜污染是其实际应用过程中所面临的最为棘手的问题。由于正渗透过程无需施加外在压力、低能耗和低污染倾向的优势，渗透膜生物反应器（osmotic membrane reactor，OMBR）应运而生，如图 8-57 所示。在该系统中所使用的正渗透膜组件为浸没式板框膜组器，汲取液通过输送泵进入浸没式板框膜组器，在渗透压作用下，生物反应器内的水分子通过正渗透膜渗透进入汲取液，而反应器内的悬浮颗粒以及可溶性固体物质难以通过。稀释后的汲取液进入汲取液再浓缩系统实现汲取液再生。与传统膜生物反应器相比，OMBR 具有膜污染倾向低、可通过膜面反冲洗实现通量恢复、出水水质高等优点。

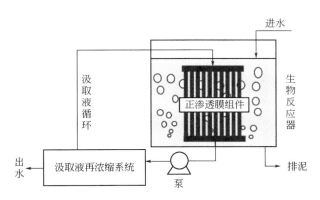

图 8-57　渗透膜生物反应器示意图[159]

8.5.2.2　卷式膜组件

现有商品化的卷式膜组件（如反渗透卷式膜组件）通常仅有一个流道，供料液沿与膜面平行的方向进入膜组件，在压力驱动下溶剂进入膜袋（两张膜片通过环氧树脂密封形成）内部，通过中心管均匀布置的小孔汇集进入中心管，从而得到渗透液。渗透液在膜袋内部的流动极为缓慢，且流速受制于膜渗透性能及操作条件。因此，当前卷式膜流道设计无法在正渗透过程中应用。由于正渗透过程需料液及汲取液两个循环回路，故需增加可供汲取液循环的流道。

正渗透卷式膜元件流道设计如图 8-58 所示，在此需要注意的是中心管并不是直通的（反渗透卷式膜组件中心管是直通的），而是在中间位置被封住，另外以此点为起点，在与中心管垂直方向使用环氧树脂形成一条黏胶线。基于此，汲取液只能通过中心管一端小孔进入膜袋，沿通过环氧树脂密封形成的流道流动，在充满整个膜袋后经中心管另外一端小孔流出膜袋，形成一个溶液循环回路；料液沿与膜

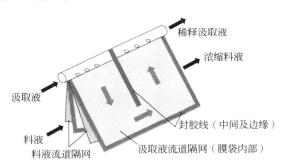

图 8-58　正渗透卷式膜元件流道设计示意图[160]

片平行方向进入膜组件。需要说明的是，此种溶液-流道配置（料液进入中心管，汲取液进入膜袋与膜袋之间的进水隔网区域）不可应用于压力渗透发电过程，主要原因在于该过程中汲取液侧需要施加一定的水力压力，此压力远远大于膜袋所能承受的最大压力。另外，溶液-流道配置也可为汲取液进入膜袋与膜袋之间的进水隔网区域，料液进入中心管，正如上文所述，该溶液-流道配置可用于压力阻尼渗透发电过程。表 8-14 简述了几种文献中报道的商品化正渗透/反渗透卷式膜元件的技术参数，由于双流道设计，其有效膜面积约为反渗透膜组件的 1/2。其中，HTI 公司 4040MS 膜元件的具体尺寸说明如图 8-59 所示。

表 8-14　商品化正渗透/反渗透卷式膜元件的技术参数

厂家	膜类型	产品型号	有效膜面积/m²	膜片数量	料液进水隔网厚度/mm
Hydranautics	RO-PA 复合膜	SWC5-4040	7.9	—	0.71

续表

厂家	膜类型	产品型号	有效膜面积/m²	膜片数量	料液进水隔网厚度/mm
Hydranautics	RO-PA 复合膜	SWC5-8040	37.1	—	0.71
HTI	FO-CTA	2521MS	0.5	—	1.14
HTI	FO-CTA	4040MS	3.2	2	1.14
HTI	FO-CTA	8040CS	9.0	6	2.50
HTI	FO-CTA	8040MS	11.2	7	1.14
Porifera	FO-PA 复合膜	PFO20	1.0	—	0.73
Toray	FO-PA 复合膜	8040TFC	15.0	10	1.19

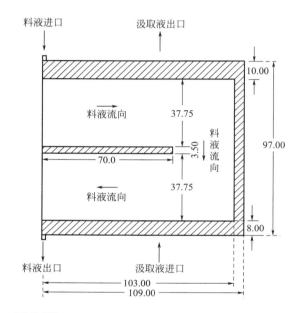

图 8-59　HTI 公司生产的 4040MS 卷式膜元件的尺寸说明

（图中尺寸单位为 cm）[161]

（1）压力容器中填充单支膜元件设计

卷式膜元件无法直接应用，需配套对应的压力容器方可使用。图 8-60 所示为单支正渗透 4040MS 卷式膜元件填充至对应的压力容器所形成的膜组件。由图可知，与反渗透压力容器只有三个端口不同的是，正渗透压力容器有四个端口。需要注意的是膜元件在料液进口端须布置密封圈，否则将有部分料液直接通过旁路流出，不能进入膜元件内部，造成不必要的能量损失。该设计主要用于实验室规模的样机测试。

（2）压力容器中填充多支膜元件设计[163]

对卷式膜组件而言，单支压力容器中通常填充多支膜元件（反渗透系统通常一支压力容器配置 6 支 8in 膜元件）。然而与常规压力驱动型膜分离过程不同，正渗透过程需要料液和汲取液两个循环流道，这给压力容器中填充多支膜元件带来了一定的困难。在压力驱动膜分离过程中，膜组件的中心管可通过 O 形圈密封，故压力容器内的每一支膜元件形成的渗透

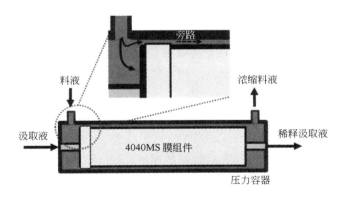

图 8-60　单支正渗透 4040MS 卷式膜元件与压力容器所构成的膜组件[162]

液可汇集到一起流出压力容器。然而，在正渗透过程中，除料液输送外，汲取液也需在输送泵的驱动下进入第一支膜元件内部的膜袋，如若正渗透过程中压力容器中亦填充 6 支膜元件，则当每一个膜元件膜袋内充满相同浓度汲取液时，由于膜袋内部填充隔网传质阻力较大，故所需体积流量较大，从而导致输送泵能耗增加。

　　为解决这一问题，针对性地设计出具有双通道的中心管，一个流道将高浓度的汲取液输送至下一支膜元件，另外一个流道将稀释后的汲取液引出压力容器，如图 8-61 所示。基于此种分流设计，将膜元件由串联形式转变为并联形式，有效降低膜进出口的压降。图 8-62 所示为 HTI 公司设计的双通道中心管的剖面图。图 8-63 为 HTI 公司设计的新一代同心双通道中心管。

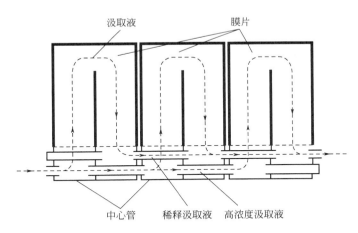

图 8-61　汲取液在多支卷式膜元件（双通道中心管设计）内的流动情况[163]

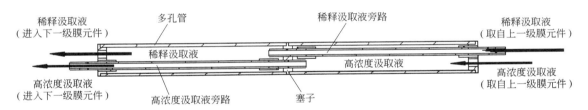

图 8-62　HTI 公司设计的双通道中心管的剖面图

图 8-63　HTI 公司设计的新
一代同心双通道中心管

图 8-63 所示的设计存在两个问题：需要一个直径较大的中心管（8.75cm）为多个膜元件提供足够的汲取液；存在两个偏心带 O 形圈的连接头，导致组件安装困难。针对这些问题，HTI 公司已开发出一种直径更小、原料和汲取液分流、同心流道的中心管（7cm），如图 8-60 所示。中心管中间含有一个流道切换机关可实现内外流体切换位置，从而能够保持如图 8-58 的流动状态。

（3）渗透侧隔网设计[164]

渗透侧隔网开口尺寸要足够大且厚度尽量薄，从而保证固定尺寸下膜组件具有最大的有效膜面积和进水流量。另外，隔网需具备一定的机械强度及支撑密度，保证长时间的使用寿命以及避免膜变形。图 8-64 为两种商品化正渗透膜元件内渗透侧（膜袋内）隔网照片。其中，图 8-64（a）所示的经向斜纹编织隔网与反渗透渗透侧隔网类似，在压力驱动膜分离过程所使用的卷式膜组件中已得到广泛应用，此种隔网与图 8-64（b）所示的菱形隔网相比，能有效降低膜变形程度。然而，这种类型隔网的最大问题是当流体方向垂直于骨架时，压降较大，因此如若将此隔网用于渗透侧，则流体在整个膜袋内速度分布将存在差异，正如图 8-65 所示，大部分流体沿胶缝线流出膜元件，导致膜袋内出现大量"死区"，使得实际渗透过程中有效膜面积进一步减小，渗透通量下降，膜性能降低。针对这个问题，在隔网的远端拼接上轴向倒流隔网，如图 8-66 所示，使渗透侧的流动状态变得更加均匀。

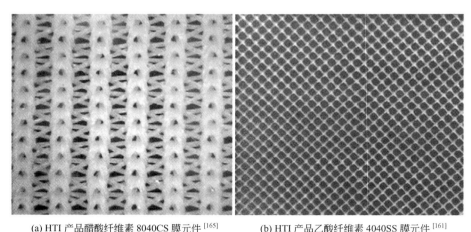

(a) HTI 产品醋酸纤维素 8040CS 膜元件[165]　　　(b) HTI 产品乙酸纤维素 4040SS 膜元件[161]

图 8-64　渗透侧（膜袋内）隔网设计照片

8.5.2.3　中空纤维式膜组件

中空纤维式膜元件结构示意图如图 8-67 所示。其中，中空纤维丝为自支撑结构，从而无需布置隔网为料液与汲取液提供流道。与卷式膜组件相比，中空纤维膜组件具备装填面积更大（单支装填面积可达 1000m² 以上）以及所面临的膜污染问题减弱（可通过增加膜面错流速度增大表面剪切力）等优势。然而，当前中空纤维式膜组件在密封、装填密度及实际加工成本等方面仍面临着不小的挑战[165]。

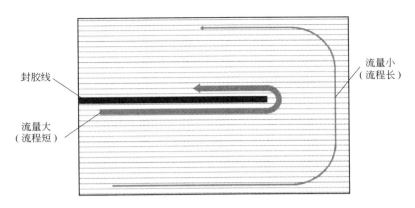

图 8-65　采用经向斜纹编织隔网时膜袋内流体的分布情况[164]

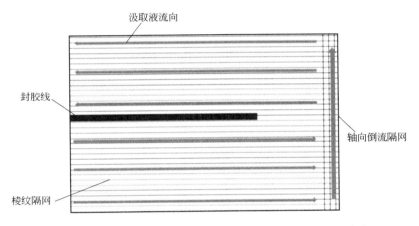

图 8-66　隔网远端拼接轴向倒流隔网后膜袋内流体的分布情况[164]

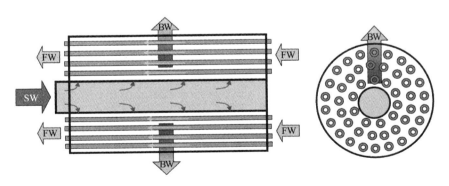

图 8-67　中空纤维式膜元件示意图[165]

SW—海水；BW—苦咸水；FW—进水

8.5.3　纳滤膜组器件技术

　　根据膜的几何形状，商品化的纳滤膜组件同样主要有板框式（PF）、管式（T）、卷式（SW）和中空纤维式（HF）四种基本形式。纳滤膜组件的设计与制造与反渗透膜相似，目前主要以卷式膜组件为主。图 8-68 为卷式复合纳滤膜元件生产工艺流程。图 8-69 为卷式纳滤膜组件。

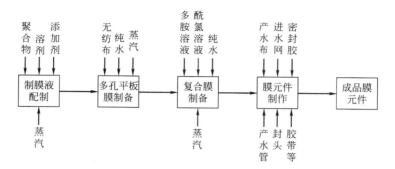

图 8-68　卷式复合纳滤膜元件生产工艺流程

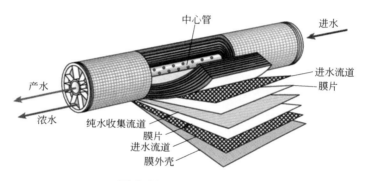

图 8-69　卷式纳滤膜组件

表 8-15 和表 8-16 分别列出了典型纳滤膜、纳滤膜器件的性能（含某些厂家、尺寸和部分操作参数）。

表 8-15　纳滤膜的分离特性

膜材料	厂商（膜型号）	测试溶质	测试条件	通量/[L/(m²·h·bar)]	脱除率/%
交联芳香族聚酰胺	Filmtec(NF90)	MgSO₄	2000mg/L,25℃,0.48MPa	8.4	＞97
	Filmtec(NF270)	MgSO₄	2000mg/L,25℃,0.48MPa	11.0	97
	Toray(TMN20H-400)	NaCl	500mg/L,25℃,0.69MPa	7.4	95
	Toray(TM620N-420)	NaCl	500mg/L,25℃,0.48MPa	7.6	97
	Fluid Systems(8060-S-650)	MgSO₄	100mg/L,25℃,0.55MPa	5.9	＞99
	Fluid Systems(400-SR-100)	MgSO₄	5000mg/L,25℃,0.55MPa	4.6	＞99
S-PES	Hydra(CoRe 50)	NaCl	2000mg/L,25℃,1.05MPa	5.2	50

表 8-16　纳滤膜器件的性能

膜材料	厂商	组件规格	溶质	测试条件	产量 /(m³/d)	脱除率 /%
交联芳香族聚酰胺(含哌嗪的聚酰胺)	Filmtec	S-NF-70-400 [40×8]	MgSO₄	2000mg/L,0.48MPa, 25℃,R=15%	47	95
		S-NF-90-400 [40×8]	MgSO₄	2000mg/L,0.48MPa, 25℃,R=15%	39	>95
	Hydranautics	ESNA-4040-VHY [40×8]	NaCl	500mg/L,0.52MPa, 25℃,R=15%	7.9	80~97
		8040-VHY [40×8]	NaCl	500mg/L,0.52MPa, 25℃,R=15%	30.3	>85
		8540-VHY [40×8.5]	NaCl	500mg/L,0.52MPa, 25℃,R=15%	34.1	>85
	Trisep	8040-TS-40-TSA [40×8]	NaCl	500mg/L,0.7MPa, 25℃,R=15%	41.7	40.0
		8040-TS-80-TSA [40×8]	NaCl	2000mg/L,0.7MPa, 25℃,R=15%	30.0	85.0
	Toray	SU-220[40×8]	NaCl	500mg/L,0.75MPa, 25℃,R=15%	44.0	60.0
		SU-620[40×8]	NaCl	500mg/L,0.75MPa, 25℃,R=15%	36.0	65.0
	Desal	DK8040F [40×8]	MgSO₄	1000mg/L,0.75MPa, 25℃,R=10%	30.28	96
		DL8040F [40×8]	MgSO₄	1000mg/L,0.75MPa, 25℃,R=10%	38.86	94
	Nitto	NTR-7250 [40×8]	NaCl	1500mg/L,1.5MPa, 25℃,R=15%	48	60
	Vontron	VNF1-8040	NaCl	2000mg/L,0.69MPa, 25℃,R=15%	45.5	30~50
			MgSO₄	2000mg/L,0.69MPa, 25℃,R=15%	37.9	≥96
		VNF2-8040	NaCl	2000mg/L,0.69MPa, 25℃,R=15%	37.9	90~98
			MgSO₄	2000mg/L,0.69MPa, 25℃,R=15%	37.9	≥96
	E-MEM	NF-8040-R85	MgSO₄	500mg/L,0.48MPa, 25℃,R=15%	28.4	≥98
		NF-8040-R40	MgSO₄	500mg/L,0.48MPa, 25℃,R=15%	38.3	≥95
S-PES	Nitto	NTR-7450 [40×4]	NaCl	2000mg/L,1.0MPa, 25℃,R=15%	13	50
		NTR-7410 [40×4]	NaCl	2000mg/L,0.5MPa, 25℃,R=15%	25	10

注:"[　]"内为膜尺寸,单位为 m。

8.6　工艺过程设计

8.6.1　反渗透工艺过程设计

8.6.1.1　系统设计要求[40,44]

（1）进水水质

水样是一定时间内所要分析水的水质代表。对水质要有全面的把握，必须在不同时期收集水样，进行分析比较，了解其变化原因。这对反渗透系统的有效设计（预处理、产水量、回收率、脱除性能、压力、流速等）、正确操作、避免错误地应用、诊断系统存在的问题和准确评价系统性能等方面至关重要。

首先对水源进行研究，包括水量和水质及其变化，如市政供水为了防腐，一般 pH 值偏高；地表水的浊度、细菌及有机物是关键；井水成分一般相对稳定；地下水多半是高硬度和碱度等。取样时要有代表性，要有足够的量，选点要正确，容器要合适及要有标签和记录。仪器、手续、现场分析项目（CO_2、pH 值、O_2、Cl、SO_4^{2-} 等）、样品保护等都要事先做好充分准备。

具体分析报告可有多种格式，表 8-17 为其中一种。

表 8-17　进水水质报告示例

项目名称：＿＿＿＿＿　收集时间：＿＿＿＿＿　接收时间：＿＿＿＿＿
原水水源：＿＿＿＿＿　分析时间：＿＿＿＿＿　分析人：＿＿＿＿＿

pH ＿＿		浊度＿＿＿		电导/(μS/cm)＿＿＿		CO_2/(mg/L)＿＿＿
温度/℃＿＿		SDI＿＿＿		H_2S/(mg/L)＿＿＿		Fe/(mg/L)＿＿＿
阳离子	mg/L	mmol/L	阴离子	mg/L		mmol/L
Ca^{2+}			Cl^-			
Mg^{2+}			SO_4^{2-}			
Ba^{2+}			CO_3^{2-}			
Sr^{2+}			HCO_3^-			
K^+			NO_3^-			
Na^+			F^-			
NH_4^+			SiO_3^{2-}			
总阳离子			总阴离子			

TDS/(mg/L)＿＿＿　渗透压/(MPa)＿＿＿　离子平衡＿＿＿　离子强度＿＿＿
总碱度/(mg/L)＿＿＿　总硬度/(mg/L)＿＿＿　TOC/(mg/L)＿＿＿

潜在结垢物	饱和度/%	细菌分析
$CaCO_3$		酵母和霉菌
$CaSO_4$		标准平板计数
$SrSO_4$		总大肠杆菌
CaF_2		厌氧(H_2S)菌
BaS		
SiO_2		
$BaSO_4$		

（2）产品水质和水量

这一要求决定了系统的规模和所用工艺过程的选择，如单位时间的产水量，膜组件种类、数量和排列方式，回收率以及具体的工艺流程等。

（3）膜和组器的选择

目前大规模应用的膜是醋酸纤维素膜和芳香族聚酰胺膜两大类，应用的组器主要是卷式组件和中空纤维式组件。

CA-CTA 膜或 CTA 膜，价廉、耐游离氯、耐污染，多用于饮用水净化和 SDI 较高的地方。但 pH 范围窄（5.6 左右），易水解，通量和脱盐率下降较大。芳香族聚酰胺复合膜，通量高，脱盐率高，操作压力低，耐生物降解，不易水解，pH 范围宽（2～11），脱 SiO_2 和 NO_3^- 及有机物都较好，但不耐游离氯，易受 Fe、Al 和阳离子絮凝剂的污染，污染速度较快。

综合考虑组器的制备难易、流动状态、堆砌密度、清洗难易等诸方面，卷式元件用得最普遍，在海水淡化方面，中空纤维式组件用得也较多。根据进水和出水水质，可初步选定膜元件，由产水量可初步确定元件的个数。

（4）回收率

一般海水淡化回收率在 30%～45%，纯水制备在 70%～85%；而实际过程应根据预处理、进水水质等条件具体确定。根据节水的严格要求，回收率也要尽可能提高。

（5）产水量下降斜率（m）

产水量下降斜率通常根据式(8-60)进行计算：

$$m = \frac{\lg \frac{Q_1}{Q_0}}{\lg t} \tag{8-60}$$

式中，m 为产水量下降斜率；t 为运行时间，h；Q_0 和 Q_1 分别为运行初期和 t 时刻的产水量。

通常 CA 类膜 $m = -0.03 \sim -0.05$，复合膜 $m = -0.01 \sim -0.02$。

即 CA 类膜产水量年平均下降 10% 左右，复合膜约为 5% 左右。当然进料变化产水量亦有变化。

（6）盐透过增长速率

通常 CA 类膜的年透盐增长率为 20% 左右，复合膜为 10% 左右。当然不合适的预处理或不当的操作，会使透盐增长率增大。

（7）产水量随温度的变化

产水量随温度的变化通常根据下式进行计算：

$$Q = Q_0 \times 1.03^{T-25} \tag{8-61}$$

式中，T 为温度，℃。即温度每变化 1℃，产水量变化 3% 左右。也可用温度校正因子（TCF）表示（见表 8-21）。

8.6.1.2　浓差极化[43,44,155,156]

（1）浓差极化的定义

在反渗透过程中，由于膜的选择渗透性，溶剂（通常为水）从高压侧透过膜，而溶质则

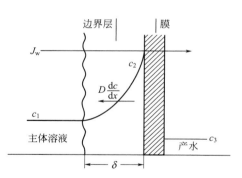

图 8-70　浓差极化理论模型

被膜截留，其浓度在膜表面处升高，同时发生从膜表面向本体的回扩散，当这两种传质过程达到动态平衡时，膜表面处的浓度 c_2 高于主体溶液浓度 c_1，这种现象称为浓差极化。上述两种浓度的比（c_2/c_1）称为浓差极化度。根据薄膜理论模型描述浓差极化现象，见图 8-70。

（2）浓差极化度的计算

浓差极化度可根据膜-溶液相界面层邻近膜-面传质的质量平衡的微分方程加以积分，然后将边界条件代入求得。主要表达式如下：

质量平衡的微分方程：

$$J_a = -D_a \frac{\mathrm{d}c}{\mathrm{d}x} + J_w c \tag{8-62}$$

根据边界条件积分可得

$$c_2 - c_3 = (c_1 - c_3)\exp\frac{J_w}{k} = (c_1 - c_3)\exp\frac{J_w}{bU^a} \tag{8-63}$$

或

$$\pi_2 - \pi_3 = (\pi_1 - \pi_3)\exp\frac{J_w}{k} = (\pi_1 - \pi_3)\exp\frac{J_w}{bU^a}$$

当流速 $U \to \infty$ 时，几乎不存在浓差极化。此时膜高压侧的浓度几乎是均一的，即 $c' = c_2 = c_1$ 或相应的渗透压 $\pi' = \pi_2 = \pi_1$，而在通常的反渗透过程中，流速 U 不能太高，因为随着流速 U 的提高，流道的阻力升高，能耗增加。这样，通常取适当的流速 U 进行操作，于是存在一定的浓差极化，即 $c' = c_2 > c_1$ 或 $\pi' = \pi_2 > \pi_1$。

（3）浓差极化下的传质方程

① 水通量

$$J'_w = A[\Delta p - (\pi_2 - \pi_3)] = A\left[\Delta p - (\pi_1 - \pi_3)\exp\frac{J_w}{bU^a}\right] \tag{8-64}$$

② 脱盐率

$$r = \frac{A}{A + B/[\Delta p - (\pi_2 - \pi_3)]} = \frac{A}{A + B\left/\left[\Delta p - (\pi_1 - \pi_3)\exp\dfrac{J_w}{bU^a}\right]\right.} \tag{8-65}$$

$$= \frac{c_2 - c_3}{c_2} = 1 - \frac{c_3}{c_2}$$

$$r_{abs} = \frac{A}{A + B/[\Delta p - (\pi_1 - \pi_3)]} = \frac{c_1 - c_3}{c_1} = 1 - \frac{c_3}{c_1}$$

③ 真实脱盐率 r 与表观脱盐率 r_{abs} 的关系　由上述的浓差极化方程可以推出：

$$\lg\frac{r - r_{abs}}{r_{abs}} = \lg\frac{1-r}{r} + \frac{1}{2.303} \times \frac{J_w}{bU^a} \tag{8-66}$$

在半对数坐标纸上作 $\lg\dfrac{1-r_{abs}}{r_{abs}}\sim\dfrac{J_w}{U^a}$ 图。在保持 J_w 不变情况下，测定不同 U 时的 r_{abs}，计算不同 U 时的 $\lg\dfrac{1-r_{abs}}{r_{abs}}$，并与相应的 $\dfrac{J_w}{U^a}$ 作图，其所得的图线为直线。将直线外推，其与纵坐标的截距为 $\lg\dfrac{1-r}{r}$，从而可得真实的脱盐率 r；直线的斜率为 $\dfrac{1}{2.303b}$，其中流速指数 $a=0.3$（滞流）或 0.8（湍流）。这样由直线的斜率可求出比例常数 b 及传质系数 k。也可以求出反渗透工程上实际存在的浓差极化度 $\dfrac{c_2-c_3}{c_1-c_3}$。

$$\frac{c_2-c_3}{c_1-c_3}=\frac{\dfrac{1}{1-r}-1}{\dfrac{1}{1-r_{abs}}-1}=\frac{1-r_{abs}}{r_{abs}}\times\frac{r}{1-r} \tag{8-67}$$

通常由浓差极化度与能耗权衡，取浓差极化度为 $\dfrac{c_2-c_3}{c_1-c_3}=1.2$。这样，若实验测定得到 $r_{abs}=0.950$ 时 r 为多少？根据式(8-66)和已知数得：

$$r=\frac{\dfrac{c_2-c_3}{c_1-c_3}\times\dfrac{r_{abs}}{1-r_{abs}}}{1+\dfrac{c_2-c_3}{c_1-c_3}\times\dfrac{r_{abs}}{1-r_{abs}}}=\frac{\dfrac{1.2\times0.950}{1-0.950}}{1+\dfrac{1.2\times0.950}{1-0.950}}=0.958 \tag{8-68}$$

(4) 浓差极化对反渗透的影响和降低浓差极化的途径

① 浓差极化对反渗透的影响

a. 降低水通量　根据存在或几乎不存在浓差极化的情况下导出的水通量方程可知，由于存在浓差极化时的溶液渗透压项由原先的 $(\pi_1-\pi_3)$ 变为 $(\pi_1-\pi_3)\exp\dfrac{J_w}{bU^a}$，而且 $\exp\dfrac{J_w}{bU^a}>1$，所以此时的水通量小于几乎不存在浓差极化时的水通量。

b. 降低脱盐率　比较上述相应情况下的脱盐率方程式，同样因 $\exp\dfrac{J_w}{bU^a}>1$，使脱盐率由 r 降为 r_{abs}。

c. 导致膜上沉淀污染和增加流道阻力　由于膜表面浓度增加，水中的微溶盐（$CaCO_3$ 和 $CaSO_4$ 等）沉淀增加膜的透水阻力和流道压力降，使膜的水通量和脱盐率进一步降低。极化严重的话，导致反渗透膜性能急剧恶化。

② 降低浓差极化的途径　反渗透过程中浓差极化不能消除只能降低。其途径如下所述：

a. 合理设计和精心制作反渗透基本单元——膜元（组）件，使之流体分布均匀，并且在膜表面形成一定的湍流促进溶质扩散回进料液本体。

b. 适当控制操作流速，改善流动状态，使膜-溶液相界面层的厚度减至适当的程度，以降低浓差极化度。通常浓差极化度有一个合理的值，约为1.2。

c. 适当提高温度，以降低流体黏度和提高溶质的扩散系数。

8.6.1.3　溶度积和饱和度

详见 8.7.1 预处理部分。

8.6.1.4　过程基本方程式[56-61]

（1）渗透压

渗透压 π 随溶质种类、溶液浓度和温度而变，表示方法和表达式很多。

$$\pi = \Phi RT \sum M_i = \Phi RTc_p = Bx_f \tag{8-69}$$

式中，c_p 为溶质的摩尔浓度；x_f 为溶质的摩尔分数；Φ 为渗透压系数；M_i 为溶质 i 的质量摩尔浓度。对稀溶液 Φ 可取 0.93，对 π 进行近似估算。一些溶质的 B 值如表 8-18 所示。

表 8-18　各种溶质-水体系的 B 值

溶质	$B \times 10^{-3}/\mathrm{MPa}(25℃)$	溶质	$B \times 10^{-3}/\mathrm{MPa}(25℃)$
尿素	0.135	K_2SO_4	0.306
甘油	0.141	$NaNO_3$	0.247
砂糖	0.142	NaCl	0.255
$CuSO_4$[①]	0.141	Na_2SO_4[①]	0.307
$MgSO_4$[①]	0.156	$Ca(NO_3)_2$	0.340
NH_4Cl	0.248	$CaCl_2$	0.368
LiCl	0.258	$BaCl_2$	0.353
$LiNO_3$	0.258	$Mg(NO_3)_2$	0.365
KNO_3	0.237	$MgCl_2$	0.370
KCl	0.251		

① 硫酸盐数据的一致性不好，浓度升高 B 减小。

$$\pi(\mathrm{MPa}) \approx 0.714 \times \mathrm{TDS}(\mathrm{mg/L}) \times 10^{-4} \tag{8-70}$$

用此式可计算 π 的近似值。

查表得渗透压。表 8-19 和表 8-20 分别列出了 NaCl 和蔗糖水溶液的渗透压和其他参数。

表 8-19　NaCl-H_2O 体系 25℃ 时的数据

浓度 /[mol/(100g 溶液)]	摩尔分数 $\times 10^3$	溶质的质量分数 /%	渗透压 /MPa	溶液的密度 /(g/mL)	水的摩尔浓度 $\times 10^2$ /(mol/mL)	运动黏度 $\times 10^2$ /(cm²/s)	溶质的扩散系数 $\times 10^5$ /(cm²/s)
0	0	0	0	0.9971	5.535	0.8963	1.610
0.1	1.798	0.5811	0.466	1.011	5.535	0.9009	1.483
0.2	3.590	1.1555	0.911	1.0052	5.535	0.9054	1.475
0.4	7.154	2.2846	1.798	1.0130	5.534	0.9147	1.475
0.5	8.927	2.8395	2.255	1.0169	5.534	0.9193	1.475
0.6	10.693	3.3882	2.708	1.0208	5.534	0.9242	1.475
0.7	12.453	3.9307	3.17	1.0248	5.534	0.9290	1.475
0.8	14.207	4.4671	3.63	1.0286	5.533	0.9338	1.477
0.9	15.955	4.9976	4.10	1.0322	5.532	0.9389	1.480

续表

浓度 /[mol/(100g 溶液)]	摩尔分数 ×10³	溶质的质量分数 /%	渗透压 /MPa	溶液的密度 /(g/mL)	水的摩尔浓度 ×10² /(mol/mL)	运动黏度 ×10² /(cm²/s)	溶质的扩散系数 ×10⁵ /(cm²/s)
1.0	17.696	5.5222	4.58	1.0357	5.530	0.9440	1.483
1.2	21.160	6.5543	5.54	1.0427	5.526	0.9567	1.488
1.4	24.600	7.5640	6.52	1.0505	5.526	0.9685	1.492
1.6	28.016	8.5522	7.54	1.0581	5.526	0.9802	1.497
1.8	31.408	9.5194	8.59	1.0653	5.524	0.9923	1.505
2.0	34.777	10.4665	9.65	1.0722	5.521	1.0044	1.513
2.2	38.122	11.3939	10.75	1.0790	5.517	1.0206	1.521
2.4	41.444	12.3022	11.87	1.0859	5.515	1.0365	1.530
2.6	44.743	13.1922	13.03	1.0927	5.512	1.0523	1.539
2.8	48.019	14.0642	14.21	1.0991	5.507	1.0683	1.548
3.0	51.273	14.9190	15.44	1.1056	5.504	1.0840	1.556
3.2	54.505	15.7568	16.69	1.1121	5.500	1.1047	1.565
3.4	57.715	16.5784	18.03	1.1185	5.497	1.1252	1.570
3.6	60.903	17.3840	19.28	1.1247	5.492	1.1457	1.575
3.8	64.070	18.1743	20.64	1.1309	5.488	1.1660	1.580
4.0	67.216	18.9496	22.03	1.1369	5.484	1.1862	1.585
4.2	70.340	19.7130	23.44	1.1429	5.479	1.2108	1.589
4.4	73.443	20.4569	24.90	1.1490	5.475	1.2150	1.594
4.6	76.526	21.1897	26.39	1.1550	5.472	1.2591	1.593
4.8	79.589	21.9092	27.92	1.1608	5.467	1.2832	1.593
5.0	82.631	22.6156	29.48	1.1666	5.463	1.3070	1.592
5.2	85.653	23.3093	31.07	1.1723	5.458	—	1.592
5.4	88.655	23.9908	32.70	1.1778	5.453	—	1.591
5.6	91.638	24.6602	34.38	1.1832	5.447	—	1.590
5.8	94.601	25.3179	36.08	1.1887	5.443	—	—
6.0	97.545	25.9643	37.82	1.1941	5.438	—	—

表 8-20　蔗糖-水体系 25℃ 时的数据

浓度 /[mol/(100g 溶液)]	摩尔分数 ×10³	溶质的质量分数 /%	渗透压 /MPa	溶液的密度 /(g/mL)	水的摩尔浓度 ×10² /(mol/mL)	运动黏度 ×10² /(cm²/s)	溶质的扩散系数 ×10⁵ /(cm²/s)
0	0	0	0	0.9971	5.535	0.8963	0.523
0.1	1.798	3.3097	0.24	1.0100	5.431	0.9615	0.509
0.2	3.590	6.4074	0.50	1.0222	5.330	1.0352	0.499
0.3	5.375	9.3127	0.75	1.0339	5.233	1.1151	0.490
0.4	7.154	12.0431	1.01	1.0453	5.140	1.2053	0.483
0.5	8.927	14.6138	1.27	1.0560	5.050	1.3033	0.477
0.6	10.693	17.0386	1.53	1.0665	4.965	1.4124	0.472

浓度 /[mol/(100g 溶液)]	摩尔分数 ×10³	溶质的 质量分数 /%	渗透压 /MPa	溶液的密度 /(g/mL)	水的摩尔 浓度×10² /(mol/mL)	运动黏度×10² /(cm²/s)	溶质的扩散 系数×10⁵ /(cm²/s)
0.7	12.453	19.3295	1.80	1.0764	4.881	1.5330	0.467
0.8	14.207	21.4972	2.07	1.0862	4.802	1.6639	0.463
0.9	15.955	23.5515	2.35	1.0953	4.723	1.8083	0.459
1.0	17.696	25.5010	2.63	1.1042	4.469	1.9658	0.455
1.2	21.160	29.1162	3.20	1.1210	4.506	2.3270	0.448
1.4	24.600	32.3968	3.79	1.1367	4.373	2.7580	0.443
1.6	28.016	35.3872	4.39	1.1512	4.248	3.2701	0.434
1.8	31.408	38.1242	4.99	1.1649	4.131	3.8722	0.428
2.0	34.777	40.6387	5.76	1.1777	4.021	4.6023	0.421
2.5	43.096	46.1134	7.27	1.2063	3.771	7.0584	0.404
3.0	51.273	50.6636	9.01	1.2310	3.553	10.8171	0.387
3.5	59.312	54.5051	10.83	1.2524	3.362	16.5067	0.370
4.0	67.216	57.7917	12.70	1.2711	3.393	25.0529	—

$$\pi(\text{psi}) \approx K_0(T+273)c_{\text{f}} \tag{8-71}$$

式中，K_0 为系数，$(2 \sim 4) \times 10^{-5}$；$T$ 为温度，℃；c_{f} 为进料浓度，mg/L。

对 NaCl 水溶液，可根据下式计算：

$$\pi(\text{MPa}) = \frac{2.64 \times 10^{-4} c(T+273)}{1000 - \dfrac{c}{1000}} \tag{8-72}$$

式中，c 为 NaCl 水溶液的浓度，mg/L。

（2）水通量

$$J_{\text{w}} = A(\Delta p - \Delta \pi) = A \times NDP \tag{8-73}$$

式中，A 为水的渗透性常数；NDP 为净驱动压力。

$$NDP = p_{\text{f}} - 0.5\Delta p - p_{\text{p}} - \pi_{\text{avg}} \tag{8-74}$$

式中，p_{f} 和 p_{P} 分别为进料压力和产水压力；Δp 为进出口压降；π_{avg} 为平均渗透压。

$$Q_{\text{p}} = AS \times NDP = AS\left(\frac{p_{\text{p}} + p_{\text{B}}}{2} - p_{\text{p}} - \frac{\pi_{\text{p}} + \pi_{\text{B}}}{2} - \pi_{\text{p}}\right) \tag{8-75}$$

式中，Q_{p} 为产水量；S 为膜面积。

（3）盐通量 J_{s}

$$J_{\text{s}} = B(c'_{\text{s}} - c''_{\text{s}}) = B\Delta c_{\text{s}} \tag{8-76}$$

式中，B 为盐的透过性常数；Δc_{s} 为膜两侧盐浓度差。

$$Q_s = BS\Delta c_s = BS\left(\frac{c_p + c_B}{2} - c_p\right) \tag{8-77}$$

式中，Q_s 为盐透量；S 为膜面积。

（4）产水盐浓度 c_p

$$c_p = \frac{J_s}{J_w} \tag{8-78}$$

（5）盐透过率 SP

$$SP = \frac{c_p}{c_{fm}} \times 100\% = \frac{Q_s}{Q_p c_p} \tag{8-79}$$

式中，c_{fm} 为平均进料浓度。

（6）脱盐率 SR 或 r

$$SR = r = 1 - SP = 1 - \frac{c_p}{c_{fm}} = 1 - \frac{Q_s}{Q_s c_p} \tag{8-80}$$

（7）回收率 R 和流量平衡

$$R = \frac{Q_p}{Q_f} \times 100\% \quad Q_f = Q_r + Q_p \tag{8-81}$$

式中，Q_p 为产水量；Q_f 为进料量；Q_r 为浓缩液量。

（8）浓缩因子 CF

$$CF = \frac{1}{1-R} \tag{8-82}$$

（9）浓差极化因子 CPF

$$CPF = \frac{c_B}{c_b} = K_p \exp\frac{Q_p}{Q_{favg}} = K_p \exp\frac{2R_i}{2-R_i} \tag{8-83}$$

式中，c_B 为膜表面盐浓度；K_p 为与元件构型有关的常数；R_i 为膜元件回收率。
对 1m 长的元件，18% 回收率时，CPF 取 1.2。

（10）膜元件产水量 Q_p

$$Q_p = Q_{ps} \times TCF \times \frac{NDP_f}{NDP_B} = AS \times NDP \tag{8-84}$$

式中，Q_{ps} 为标准条件下的产水量；TCF 为温度校正因子；NDP_f 为现场条件下的净驱动力；S 为膜面积。

（11）温度校正因子 TCF（见表 8-21）

$$TCF = \exp\left[K_t\left(\frac{1}{273+T} - \frac{1}{298}\right)\right] \tag{8-85}$$

式中，K_t 为与膜材料有关的常数。

表 8-21　产水量的温度校正因子（*TCF*）[①]

温度/℃	温度校正因子		温度/℃	温度校正因子	
	CA 膜	TFC 膜		CA 膜	TFC 膜
5	0.590	0.534	23	0.956	0.943
6	0.609	0.552	24	0.978	0.971
7	0.628	0.571	25	1.000	1.000
8	0.647	0.590	26	1.024	1.030
9	0.666	0.609	27	1.046	1.060
10	0.685	0.630	28	1.068	1.091
11	0.705	0.651	29	1.092	1.122
12	0.725	0.672	30	1.115	1.155
13	0.745	0.693	31	1.139	1.188
14	0.765	0.716	32	1.161	1.221
15	0.786	0.739	33	1.186	1.256
16	0.806	0.762	34	1.210	1.292
17	0.827	0.786	35	1.235	1.328
18	0.848	0.810	36	1.260	1.364
19	0.869	0.836	37	1.286	1.403
20	0.890	0.861	38	1.313	1.411
21	0.912	0.888	39	1.339	1.479
22	0.934	0.915	40	1.366	1.520

① 供参考，不同公司，不同膜型号，值不同。

（12）产水盐浓度 c_p

$$c_p = c_f \times CPF \times SP_s \times \frac{NDP_B}{NDP_f} \tag{8-86}$$

式中，SP_s 为标准条件下的 SP_c。

（13）系统平均渗透压

$$\pi_{avg} = \pi_f \ln \frac{\dfrac{1}{1-R}}{R} \tag{8-87}$$

8.6.1.5　工艺流程及其特征方程[157,158]

反渗透装置是由其基本单元——组件以一定的配置方式组装而成。装置的流程根据应用对象和规模的大小，通常可采用连续式、部分循环式和循环式三类。

由反渗透装置的物料平衡和透过（产）水、浓水的浓度与进水浓度的关系式，可导出各种流程的特征方程。

8.6.1.5.1　连续式——分段式(浓水分段)

（1）流程及简要说明

这种流程如图 8-71 所示。将前一段的浓水作为下一段的进水，最后一段的浓水排放废弃，而各段产水汇集利用。这一流程适用于处理量大、回收率高的应用场合。通常苦咸水的淡化和低盐度水或自来水的净化均采用该流程。

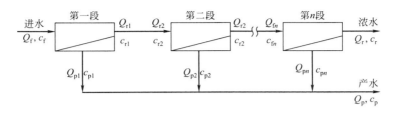

图 8-71　分段式反渗透流程

（Q 和 c 分别为流量和浓度；下标 f、p 和 r 分别指进水、产水和浓水；下标 $1,2,\cdots,n$ 为段号）

（2）特征方程

① 装置及其各段的进水流量 Q_f、Q_{fi}

通式：

$$Q_{fi}=Q_f\prod_{j=0}^{i-1}(1-R_j)=\frac{Q_p}{R}\prod_{j=1}^{i-1}(1-R_j) \quad （设 i=1,2,\cdots,n；R_0=0） \tag{8-88}$$

通常采用二段式的流程，于是：

$$Q_{f1}=Q_f=\frac{Q_p}{R} \tag{8-89}$$

$$Q_{f2}=(1-R_1)Q_f=(1-R_1)\frac{Q_p}{R} \tag{8-90}$$

式中，$R=\dfrac{Q_p}{Q_f}$ 和 $R_j=\dfrac{Q_{pj}}{Q_{fj}}$ 分别为装置和第 j 段的回收率。

② 装置及其各段的浓水流量 Q_r、Q_{ri}

通式：

$$Q_{ri}=Q_f\prod_{j=1}^{i}(1-R_j)=\frac{Q_p}{R}\prod_{j=1}^{i}(1-R_j) \quad （设 i=1,2,\cdots,n；R_0=0,Q_r=Q_n） \tag{8-91}$$

二段式：

$$Q_{r1}=\frac{Q_p}{R}(1-R_1) \tag{8-92}$$

$$Q_r=Q_{r2}=\frac{Q_p}{R}(1-R_1)(1-R_2) \tag{8-93}$$

③ 装置的回收率 R 与其各段同收率 R_i 的关系

通式：

$$R=\sum_{i=1}^{n}R_i\prod_{j=1}^{i-1}(1-R_j) \quad （设 R_0=0） \tag{8-94}$$

二段式：

$$R=R_1+(1-R_1)R_2 \tag{8-95}$$

④ 装置及其各段的产水浓度 c_p、c_{pi}

通式：

$$c_p = \frac{\sum_{i=1}^{n}\left[\prod_{j=0}^{i-1}(1-R_j)\right]\left[1-(1-R_j)^{1-r_i}\right]\prod_{j=0}^{i-1}(1-R_j)^{-r_j}}{\sum_{i=1}^{n}R_j\prod_{j=0}^{i-1}(1-R_j)}c_f \quad (\text{设 }R_0=0) \quad (8\text{-}96)$$

式中，r_i 和 r_j 分别为第 i 段和第 j 段组件以进、出口积分平均进水浓度计的脱盐率。

二段式：

$$c_p = \frac{1-(1-R_1)^{1-r_1}+(1-R_1)^{1-r_1}\left[1-(1-R_2)^{1-r_2}\right]}{R_1+(1-R_1)R_2}c_f \quad (8\text{-}97)$$

通式：

$$c_{pi} = c_f\frac{1-(1-R_1)^{1-r_1}}{R_1}\prod_{j=0}^{i-1}(1-R_j)^{-r_j} \quad (\text{设 }R_0=0) \quad (8\text{-}98)$$

二段式：

$$c_{p1} = c_f\frac{1-(1-R_1)^{1-r_1}}{R_1} \quad (8\text{-}99)$$

$$c_{p2} = c_f(1-R_1)^{-r_1}\frac{1-(1-R_2)^{1-r_2}}{R_2} \quad (8\text{-}100)$$

⑤ 装置及其各段的浓水浓度 c_r、c_{ri}

通式：

$$c_{ri} = c_r\prod_{j=1}^{i}(1-R_i)^{-r_j} \quad (\text{设 }i=1,2,\cdots,n; R_0=0, c_r=c_n) \quad (8\text{-}101)$$

二段式：

$$c_{r1} = c_r(1-R_1)^{-r_1} \quad (8\text{-}102)$$

$$c_r = c_{r2} = c_r(1-R_1)^{-r_1}(1-R_2)^{-r_2} \quad (8\text{-}103)$$

8.6.1.5.2　连续式——分级式（产水分级）

（1）流程及简要说明

分级式流程通常为二级流程。为了提高其回收率和产水水质，将浓度低于装置进水的第二级浓水返回至第一级进口处与装置进水相混合作为第一级进水；第一级产水作为第二级进水；第二级产水就是装置的产水；第一级浓水排放废弃。其流程如图 8-72 所示。

该流程通常用于下列情况：

① 原水含盐量特别高，一级反渗透难以得到稳定的产水水质，如特别高浓度的海水淡化。

② 水源经常受海水倒灌的影响，仅用常规的一级分段式反渗透流程时其产水水质无法达到要求，需考虑临时使用二级反渗透流程。

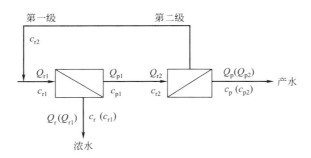

图 8-72 第二级浓水循环的二级反渗透流程
（Q 和 c 分别为流体的流量和浓度；下标 f、p 和 r 分别指进水、产水和浓水；
下标 1 和 2 分别指第一级和第二级）

③ 当一级反渗透达不到最终产水的水质（如电导或电阻率）指标时，二级反渗透可以省去通常的离子交换从而能达到上述水质指标，且简化了水处理系统的流程和操作。

（2）特征方程

① 装置的进水流量 Q_f

$$Q_f = \frac{1 - R_1(1 - R_2)}{R_1 R_2} Q_p \tag{8-104}$$

② 装置（第一级）的浓水流量 Q_r（Q_{r1}）

$$Q_r = Q_{r1} = (1 - R_1)\frac{Q_p}{R_1 R_2} \tag{8-105}$$

③ 第二级浓（循环）水的流量 Q_{r2}

$$Q_{r2} = \frac{1 - R_2}{R_2} Q_p \tag{8-106}$$

④ 装置的回收率 R 与第一、二级的回收率 R_1、R_2 的关系

$$R = \frac{Q_p}{Q_r} = \frac{R_1 R_2}{1 - R_1(1 - R_2)} \tag{8-107}$$

⑤ 装置的进水浓度 c_f

$$c_f = \frac{1 - [1 - (1 - R_1)^{1-r_i}](1 - R_2)^{1-r_2}}{[1 - (1 - R_1)^{1-r_1}][1 - (1 - R_2)^{1-r_2}]} \times \frac{R_1 R_2}{1 - R_1(1 - R_2)c_p} \tag{8-108}$$

式中，r_1 和 r_2 分别为以第一、二级组件的进、出口平均浓度计的第一级和第二级组件的脱盐率。

⑥ 第一级进水浓度 c_{f1}

$$c_{f1} = \frac{R_1}{1 - (1 - R_1)^{1-r_1}} \frac{R_2}{1 - (1 - R_2)^{1-r_2}} c_p \tag{8-109}$$

⑦ 第一级产水浓度 c_{p1}（第二级进水浓度 c_{r2}）

因为 $c_{p2}=c_p$

$$c_{p1}=c_{f2}=\frac{R_2}{1-(1-R_2)^{1-r_2}}c_{p2}=\frac{R_2}{1-(1-R_2)^{1-r_2}}c_p \tag{8-110}$$

⑧ 装置（第一级）的浓水浓度 $c_r(c_{r1})$

$$c_{r1}=c_r=(1-R_1)^{-r_1}\frac{R_1}{1-(1-R_1)^{1-r_1}}\times\frac{R_2}{1-(1-R_2)^{1-r_2}}c_p \tag{8-111}$$

⑨ 二级（循环）水的浓度 c_{r2}

$$c_{r2}=(1-R_2)^{-r_2}\frac{R_2}{1-(1-R_2)^{1-r_2}}c_p \tag{8-112}$$

8.6.1.5.3　部分循环式——部分透过水循环

（1）流程及简要说明

这种流程如图 8-73 所示，部分透过水循环至装置进口处与其原始的进水相混合作为装置的进水，浓水连续排放废弃，部分透过水作为产水收集起来。

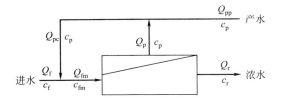

图 8-73　部分透过水循环的反渗透流程
［Q 和 c 分别为流体的流量和浓度；下标 f、p 和 r 分别指原（进）水、透过水和浓水；下标 fm、pc 和 pp 分别指混合进水、循环透过水和产水］

这一流程便于控制产水的水质和水量，适用于水源水质经常波动、在反渗透浓水中有可能出现微溶盐（如 $CaCO_3$ 和 $CaSO_4$ 等）沉淀和在无加温条件下要求连续额定产水量等小规模应用的情况。

（2）特征方程

① 装置的原（进）水流量 Q_f

$$Q_f=\frac{1}{R(1+K_f)-K_f}Q_{pp} \tag{8-113}$$

式中，R 为以混合进水流量计算的回收率，其值为 $R=Q_p/Q_{fm}$；K_f 为透过水循环率，其值为 $K_f=Q_{pc}/Q_f$。

② 装置的进（混合）水流量 Q_{fm}

$$Q_{fm}=\frac{1+K_f}{R(1+K_f)-K_f}Q_{pp} \tag{8-114}$$

③ 装置的透过水循环量 Q_{pc}

$$Q_{pc}=\frac{K_f}{R(1+K_f)-K_f}Q_{pp} \tag{8-115}$$

④ 装置的透过水流量 Q_p

$$Q_p=\frac{R(1+K_f)}{R(1+K_f)-K_f}Q_{pp} \tag{8-116}$$

⑤ 装置的浓水流量 Q_r

$$Q_r = \frac{(1+K_f)(1-R)}{R(1+K_f)-K_f} Q_{pp} \tag{8-117}$$

⑥ 装置的回收率 R_f

$$R_f = (1+K_f)R - K_f \tag{8-118}$$

式中，R_f 为以原（进）水流量计算的回收率，其值为 $R_f = \dfrac{Q_{pp}}{Q_f}$。

⑦ 装置的进（混合）水浓度 c_{fm}

$$c_{fm} = c_f \frac{R}{R(1+K_f)-K_f[1-(1-R)^{1-r}]} \tag{8-119}$$

式中，r 为以组件进水的平均浓度计的脱盐率。

⑧ 装置的透过（产）水浓度 c_p

$$c_p = c_{fm} \frac{1-(1-R)^{1-r}}{R} = c_f \frac{1-(1-R)^{1-r}}{R(1+K_f)-K_f[1-(1-R)^{1-r}]} \tag{8-120}$$

⑨ 装置的浓水浓度 c_r

$$c_r = c_{fm}(1-R)^{-r} = c_f \frac{R(1-R)^{-r}}{R(1+K_f)-K_f[1-(1-R)^{1-r}]} \tag{8-121}$$

8.6.1.5.4　部分循环式——部分浓缩液循环

（1）流程及简要说明

如图 8-74 所示，在反渗透过程中，将连续加入的原料液与反渗透部分浓缩液相混合作为反渗透进料液，其余的浓缩液作为产品液连续收集；其透过液连续排放或重复利用。

这一流程用于某些料（废）液连续除溶剂（水）浓缩的场合，如废液的浓缩处理等。

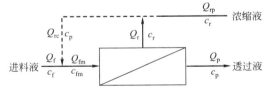

图 8-74　部分浓缩液循环的反渗透流程

（各符号的含义见图 8-73）

（2）特征方程

① 装置的原料液流量 Q_f

$$Q_f = \frac{1}{1-R(1+K_r)} Q_{rp} \tag{8-122}$$

式中，K_r 为浓缩液的循环率，其值为 $K_r = \dfrac{Q_m}{Q_f}$。

② 装置的进料液流量 Q_{fm}

$$Q_{fm} = \frac{1+K_r}{R(1+K_r)-K_r} Q_{rp} \tag{8-123}$$

③ 装置的透过液流量 Q_p

$$Q_p = \frac{(1+K_r)R}{1-R(1+K_r)}Q_{rp} \tag{8-124}$$

④ 装置的浓缩循环液流量 Q_{rc}

$$Q_{rc} = \frac{K_r}{1-R(1+K_r)}Q_{rp} \tag{8-125}$$

⑤ 装置的浓缩液流量 Q_r

$$Q_r = \frac{(1+K_r)(1-R)}{1-R(1+K_r)}Q_{rp} \tag{8-126}$$

⑥ 装置的混合进料液浓度 c_{fm}

$$c_{fm} = c_f \frac{1}{1+K_r[1-(1-R)^{-r}]} \tag{8-127}$$

⑦ 装置的浓缩液浓度 c_r

$$c_r = c_{fm}(1-R)^{-r} = c_f \frac{(1-R)^{-r}}{1+K_r[1-(1-R)^{-r}]} \tag{8-128}$$

⑧ 装置的透过液浓度 c_p

$$c_p = c_{fm} \frac{1-(1-R)^{-r}}{R} = c_f \frac{1-(1-R)^{1-r}}{R} \frac{1}{1+K_r[1-(1-R)^{-r}]} \tag{8-129}$$

8.6.1.5.5 循环式——补加稀释剂的浓缩液循环

（1）流程及简要说明

如图 8-75 所示，在运行过程中，连续向原料液中补加相当于透过液流量的稀释剂，浓缩液全部循环，透过液连续排放，直至反渗透进料液的浓度达到预定的值时，作为成品收集，透过液排放或再利用。

这一流程用于溶液中物质的分离，产品有较高的得率和纯度。

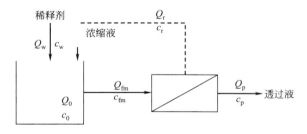

图 8-75　补加稀释剂的浓缩液循环的反渗透流程
（Q_0 和 c_0 分别为原料液的流量和浓度；
Q_w、Q_{fm}、Q_p 和 Q_r 分别为稀释剂、进料液、透过液和浓缩液的流量；c_w、c_{fm}、c_p 和 c_r 分别为上述料液相应的浓度）

（2）特征方程

① 进料（成品）液与原料液的浓度比 $\dfrac{c_{fm}}{c_0}$

$$\frac{c_{fm}}{c_0} = \exp\left\{\frac{1}{R}\left[(1-R)^{1-r}-1\right]S\right\} \tag{8-130}$$

式中，R 为装置的回收率，$R = \dfrac{Q_p}{Q_{fm}}$；S 为处理单位体积原料液所需稀释剂的量，即稀释剂比耗，$S = \dfrac{Q_p t}{Q_0} = \dfrac{Q_w t}{Q_0}$，$t$ 为运行时间。

② 浓缩液的浓度 c_r

$$c_r = (1-R)^{-r} c_{fm} = c_0 (1-R)^{-r} \exp\left\{\frac{1}{R}\left[(1-R)^{1-r}-1\right]S\right\} \tag{8-131}$$

③ 透过液的浓度 c_p

$$c_p = c_{fm}\frac{1-(1-R)^{-r}}{R} = c_0(1-R)^{-r}\exp\left\{\frac{1}{R}\left[(1-R)^{1-r}-1\right]S\right\} \tag{8-132}$$

④ 进料液流量 Q_{fm}

$$Q_{fm} = \frac{Q_0}{t}\frac{1}{(1-R)^{1-r}-1}\ln\frac{c_{fm}}{c_0} \tag{8-133}$$

⑤ 浓缩（循环）液流量 Q_r

$$Q_r = Q_{fm}(1-R) = \frac{Q_0}{t}\times\frac{1-R}{(1-R)^{1-r}-1}\ln\frac{c_{fm}}{c_0} \tag{8-134}$$

⑥ 稀释液、透过液的流量 Q_w、Q_p

$$Q_w = Q_p = Q_{fm}R = \frac{Q_0}{t}\times\frac{R}{(1-R)^{1-r}-1}\ln\frac{c_{fm}}{c_0} \tag{8-135}$$

8.6.1.5.6　循环式——浓缩液循环

(1) 流程和简要说明

这种流程与图 8-75 相同。所不同的是补加的不是稀释剂而是原料液。其流量和浓度分别为 Q_f 和 c_{f0}。操作过程也与上述流程相同。这一流程用于溶质的浓缩和分离。

(2) 特征方程

① 进料（成品）液与原料液的浓度比 $\dfrac{c_{fm}}{c_{f0}}$

根据不同的运行时间反渗透过程的质量平衡可得下列微分式：

$$Q_0 \mathrm{d}c_{f0} = (c_{f0}Q_f - c_p Q_p)\mathrm{d}t \tag{8-136}$$

$$Q_0 \mathrm{d}c_{f0} = Q_p(c_{f0}-c_p)\mathrm{d}t \quad (因为 Q_f = Q_p) \tag{8-137}$$

反渗透的透过液、浓缩液的浓度与进料液浓度的关系：

$$c_p = \frac{1-(1-R)^{1-r}}{R}c_{fm} \tag{8-138}$$

$$c_r = (1-R)^{1-r}c_{fm} \tag{8-139}$$

将式(8-138)代入式(8-137)经变换和整理得：

$$\frac{\mathrm{d}\left(c_{\mathrm{f0}}-\dfrac{1-(1-R)^{1-r}}{R}c_{\mathrm{fm}}\right)}{c_{\mathrm{f0}}-\dfrac{1-(1-R)^{1-r}}{R}c_{\mathrm{fm}}}=-\frac{1-(1-R)^{1-r}}{R}\times\frac{Q_{\mathrm{p}}}{Q_0}\mathrm{d}t \qquad (8\text{-}140)$$

将式(8-140) 积分并将边界条件：

$t=0$ 时， $c_{\mathrm{fm}}=c_{\mathrm{f0}}$

$t=t$ 时， $c_{\mathrm{fm}}=c_{\mathrm{f}}$

代入式(8-139)，整理得：

$$\frac{c_{\mathrm{fm}}}{c_{\mathrm{f0}}}=\frac{R}{1-(1-R)^{1-r}}\left\{1-\left[1-\frac{1-(1-R)^{1-r}}{R}\right]\exp\left[-\frac{1-(1-R)^{1-r}}{R}\times\frac{Q_{\mathrm{p}}}{Q_0}t\right]\right\} \qquad (8\text{-}141)$$

② 浓缩液的浓度 c_{r}

由式(8-139) 和式(8-141) 得：

$$c_{\mathrm{r}}=(1-R)^{1-r}c_{\mathrm{fm}}$$

$$=c_{\mathrm{f0}}(1-R)^{-r}\frac{R}{1-(1-R)^{1-r}}\left\{1-\left[1-\frac{1-(1-R)^{1-r}}{R}\right]\exp\left[-\frac{1-(1-R)^{1-r}}{R}\times\frac{Q_{\mathrm{p}}}{Q_0}t\right]\right\}$$
$$(8\text{-}142)$$

③ 透过液的浓度 c_{p}

由式(8-139) 和式(8-141) 得：

$$c_{\mathrm{p}}=\frac{1-(1-R)^{1-r}}{R}c_{\mathrm{fm}}=c_{\mathrm{f0}}\left\{1-\left[1-\frac{1-(1-R)^{1-r}}{R}\right]\exp\left[-\frac{1-(1-R)^{1-r}}{R}\times\frac{Q_{\mathrm{p}}}{Q_0}t\right]\right\}$$
$$(8\text{-}143)$$

④ 原料液（透过液）的流量 $Q_{\mathrm{f}}(Q_{\mathrm{p}})$

由式(8-142) 得：

$$Q_{\mathrm{f}}=Q_{\mathrm{p}}=-\frac{R}{1-(1-R)^{1-r}}\times\frac{Q_0}{t}\ln\frac{1-\dfrac{1-(1-R)^{1-r}}{R}\times\dfrac{c_{\mathrm{fm}}}{c_{\mathrm{f0}}}}{1-\dfrac{1-(1-R)^{1-r}}{R}} \qquad (8\text{-}144)$$

⑤ 进料液流量 Q_{fm}

$$Q_{\mathrm{fm}}=\frac{Q_{\mathrm{p}}}{R}=-\frac{1}{1-(1-R)^{1-r}}\times\frac{Q_0}{t}\ln\frac{1-\dfrac{1-(1-R)^{1-r}}{R}\times\dfrac{c_{\mathrm{fm}}}{c_{\mathrm{f0}}}}{1-\dfrac{1-(1-R)^{1-r}}{R}} \qquad (8\text{-}145)$$

⑥ 浓缩液流量 Q_{r}

$$Q_{\mathrm{r}}=(1-R)Q_{\mathrm{fm}}=-\frac{1-R}{1-(1-R)^{1-r}}\times\frac{Q_0}{t}\ln\frac{1-\dfrac{1-(1-R)^{1-r}}{R}\times\dfrac{c_{\mathrm{fm}}}{c_{\mathrm{f0}}}}{1-\dfrac{1-(1-R)^{1-r}}{R}} \qquad (8\text{-}146)$$

8.6.1.6　装置的组件配置和性能[157,158]

8.6.1.6.1　膜元（组）件的操作性能

膜元（组）件的操作性能通常是指脱除率和水通（流）量。

（1）膜元（组）件的脱盐率

在元（组）件的情况下，膜的进水侧和产水侧的浓度沿流道不断发生变化，如图 8-76 所示。

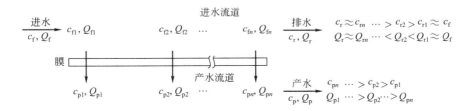

图 8-76　计算脱盐率的流道模型

（c 和 Q 分别为流体的浓度和流量；下标 f、p 和 r 分别是指进水、产水和排（浓）水；
下标 $1,2,\cdots,n$ 表示沿流道的不同位置）

由于进水中的水在压力下沿流道不断透过，其浓度由入口处的 c_f 变为出口处的 c_r，相应的产水浓度由入口处的 $(1-r)c_f$ 变为出口处的 $(1-r)c_r$。元（组）件的总产水浓度是沿流道不同位置的膜产水浓度的平均值 $\overline{c}_p$。根据产水的质量平衡可得元（组）件总产水的浓度为：

$$\overline{c}_p = \frac{Q_{p1}c_{p1} + Q_{p2}c_{p2} + \cdots + Q_{pn}c_{pn}}{Q_p} \tag{8-147}$$

欲得到元（组）件真实的脱盐率，必须知道整个流道的积分平均浓度 $\overline{c}_f$。

$$\overline{c}_f = c_f \frac{1-(1-R)^{1-r}}{(1-r)R} \tag{8-148}$$

$$\overline{c}_p = c_f \frac{1-(1-R)^{1-r}}{R} \tag{8-149}$$

经变换可得：

$$r = 1 - \frac{\ln\left(1 - \dfrac{\overline{c}_p}{c_f}R\right)}{\ln(1-R)} \tag{8-150}$$

另外，组件的脱盐率与膜常数和平均有效压力的关系如下：

$$r = \frac{A(\Delta\overline{p} - \Delta\overline{\pi})}{A(\Delta\overline{p} - \Delta\overline{\pi}) + R} = \frac{1}{1 + R/[A(\Delta\overline{p} - \Delta\overline{\pi})]} \tag{8-151}$$

（2）膜元（组）件的水通量

在元（组）件的情况下，膜两侧的压力和溶液的渗透压均沿流道不断地发生变化，所以不同位置膜的水通量亦不同，如图 8-77 所示。

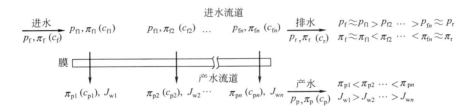

图 8-77　计算水通量的流道模型

［p、c 和 π 分别为压力（MPa）、浓度（mg/L）和渗透压（MPa）；下标 f、p 和 r 分别是指进水、产水
和排（浓）水；下标 $1,2,\cdots,n$ 表示沿流道的不同位置］

若元（组）件的膜面积为 $S(\mathrm{m}^2)$，则其产水流量为：

$$Q_\mathrm{p}=AS(\Delta\overline{p}-\Delta\overline{\pi})=K_\mathrm{w}(\Delta\overline{p}-\Delta\overline{\pi}) \tag{8-152}$$

式中，K_w 为元（组）件产水流速的压力系数。

8.6.1.6.2　装置组件的配置

装置内组件的配置原则是保持装置内各组件的平均流速（流量）大于或等于规格元
（组）件在标准测试条件下的值，从而使装置的浓差极化度不大于其元（组）件的浓差极化
度。这样，在其他操作条件如进水的组成和浓度、压力和温度等相同时，可由规格元（组）
件的性能推知装置的性能。

为此，无论是分段式（浓水分级）还是分级式（产水分级）流程的装置均应逐段或逐级
减少并联组件数，即所谓的锥形排列。图 8-78 和图 8-79 分别为分段式（二段）和分级式
（二级）装置内各段或各级组件的分配比为 2 : 1 的流程。

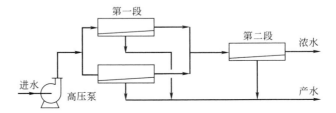

图 8-78　分段式（二段）锥形排列的装置

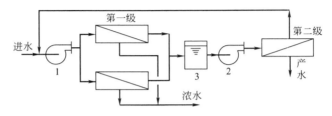

图 8-79　分级式（二级）锥形排列的装置

1,2—高压泵；3—中间水箱

8.6.1.6.3　装置的性能

装置的性能通常是指初始时的产水量和脱盐率。装置的上述性能取决于其规格元（组）

件的性能、数量（仅对产水量而言）和配置以及操作参数。

水处理方面通常采用分段式或分级式流程的装置。前者的应用最为普遍，在此述及的为该流程装置的性能。

（1）产水量 Q_p

$$Q_p = \sum_{i=1}^{n} Q_{p_i} \tag{8-153}$$

$$Q_p = SA \sum_{i=1}^{n} (\Delta \overline{p}_i - \Delta \overline{\pi}_i) \tag{8-154}$$

$$Q_p = K_w \sum_{i=1}^{n} N_{mi} (\Delta \overline{p}_i - \Delta \overline{\pi}_i) \tag{8-155}$$

式中 Q_p——装置的产水量，m^3/h；

Q_{pi}——第 i 段元（组）件的产水量，m^3/h；

S——元（组）件的有效膜面积，m^2；

A——元（组）件的水渗透系数，$m^3/(h \cdot m^2 \cdot MPa)$；

K_w——元（组）件的产水量的压力系数，$m^3/(h \cdot MPa)$；

N_{mi}——第 i 段元（组）件数；

$\Delta \overline{p}_i$——第 i 段元（组）件的平均操作压力差，MPa；

$\Delta \overline{\pi}_i$——第 i 段元（组）件膜两侧溶液的平均渗透压差，MPa。

（2）脱盐率

将描述元（组）件脱盐性能的式（8-154）中的 A 以 $\dfrac{K_w}{S}$ 取代，可得装置的脱盐率方程：

$$r = \cfrac{1}{1 + B \bigg/ \cfrac{K_w}{S \sum\limits_{i=1}^{n} N_{mi}} \sum\limits_{i=1}^{n} (\Delta \overline{p}_i - \Delta \overline{\pi}_i)} \tag{8-156}$$

式中 B——元（组）件的盐渗透系数，m/h；

$S \sum\limits_{i=1}^{n} N_{mi}$——装置的元（组）件总数。

由式（8-153）可知，装置的产水量 Q_p 取决于元（组）件的膜常数 K_w 和各段的元（组）件数 N_{mi} 与相应的平均有效压力 $(\Delta \overline{p}_i - \Delta \overline{\pi}_i)$ 乘积的加和。就特定规格的元（组）件数以一定的配置方式组装的装置而言，其产水量与施加在各段元（组）件的平均有效压力成正比。

进而可知，如果施加在装置各段的平均有效压力与其规格元（组）件测试时相当，其他的操作条件，如水温和进水的组成和浓度亦相同，则可由规格元（组）件的性能推知装置的性能。

8.6.1.7 基本设计内容和过程[166-169]

一些大的膜公司都有各自的一整套软件，供工程设计用，要求既保证产水的产量和质量，又保证浓水有一定流速和浓度范围，以减少污染和结垢，实现长期安全、经济地运行。

（1）给出设计限制范围

这包括不同进水时的平均水通量、水通量年下降百分率、不同膜类型的盐透过率、盐透过的年增长率、浓水中难溶盐的饱和极限、饱和指数的限度、元件最大进水量和最低浓水流速。

（2）设计的具体要求

设计目的是给定系统参数，在给定系统参数条件下将产生最有效的成本设计和经济操作。通常是在尽可能高的回收率下，生产所需的水质和水量。主要系统参数包括操作压力、回收率、产水水质、产水水量、平均水通量、反渗透单元（膜元件数、排列方式和操作模式）等。

（3）基本设计过程

① 设定计量单位　包括压力、流速、通量、浓度、温度。

② 建立新的进水记录（工程名称、代号等）、输入新数据　包括进水水质、水源类型、组成、离子浓度、pH、温度、浊度、SDI、H_2S、Fe、SO_2、TOC、TDS、电导率、渗透压。

③ 数据计算和转换　计算渗透压、离子强度、结垢盐的饱和值，保证进水阴离子、阳离子当量平衡，误差在 10% 以内，存盘。

④ 根据进水，设置预处理，达到所要求的 SDI。

⑤ 根据回收率，确立难溶盐的浓度限制（浓水、pH、LSI、离子强度、HCO_3^-、CO_2、总碱度），确定调 pH 或加防垢剂。

⑥ 选择膜元件类型，结合进水，确立盐透过率的年增长率、水通量、水通量的年下降百分率等。

⑦ 根据产水流速，再根据膜元件的面积和水通量可知膜的元件数、压力容器数等；根据回收率等可初步给出压力容器的排列和段（级）数。

⑧ 总计算程序为一重复计算，原则是调节进水压力使回收率满足要求，先计算第一个元件的性能，其浓水为第二个元件的进水，再计算第二个元件性能……将所有渗透水相加，与月标值比较，据此调节进水压力，直到收敛为所要求的压力和回收率，同时满足各限制范围要求。

⑨ 计算结果

a. 显示流量、压力、水通量、β 系数、产水水质、浓水饱和度；

b. 超出设计限制时报告显示；

c. 结果输出到打印机；

d. 图形显示系统流程；操作压力、产水水质、回收率、温度等之间曲线；

e. 给出能耗和系统经济成本，根据泵的压力、流量、回收率、效率和电机效率，得出电机功率，根据输入的投资、材料、劳务费用，再根据设计部分的有关资料（产水量、功耗、膜元件、试剂用量等），可计算产水的成本。

设计最佳化和设计选择

① 基本设计；

② 渗透水与部分进水混合；

③ 渗透水节流；

④ 设置级间泵；

⑤ 部分浓水循环；

⑥ 一级（二段）RO 系统；

⑦ 后处理：pH 值调节和脱气等。

（4）RO 系统设计的初步估算[166-170]

在无计算机软件的情况下，或为了先对项目有一个简要的把握，可根据上述"（3）基本设计过程"简要进行计算：

① 水源类型、水质、所需的预处理。

② 产水量、回收率、进水预处理。

③ 选择膜元件类型，计算所需元件的数量（加安全系数 0.8）。

$$N_e = \frac{Q_p}{q_{max} \times 0.8} \tag{8-157}$$

式中，N_e 为元件数目；Q_p 为产水量；q_{max} 为元件最大产水量。

④ 确定压力容器数，根据回收率等，确定排列方式。

$$N_v = \frac{N_e}{n} \tag{8-158}$$

式中，N_v 为压力容器数目；n 为每个容器中的元件数。

通常其二段排列容器比为 2：1，三段排列容器比为 4：2：1。

检验进水和最后浓水是否符合最高进水量和最低排水量的要求。

8.6.2　正渗透工艺过程设计

8.6.2.1　正渗透工艺应用场所

不同于压力驱动型膜分离过程（如反渗透或者纳滤）可直接产出淡水，最基本的正渗透膜分离过程（不含汲取液再生系统）只能形成稀释的汲取液和浓缩的料液。因此，在进行正渗透工艺设计时，需考虑一定渗透压差的料液和汲取液体系。常见的料液体系包含工业废水、市政污水、垃圾渗沥液、待浓缩果汁溶液等，而汲取液体系通常为高浓度化肥溶液、海水/浓海水/苦咸水/地下卤水（天然汲取液）、碳酸氢铵溶液（人工配制汲取液）等。处理体系存在差异，将对后续工艺路线的设计产生影响。例如，当料液体系为待浓缩果汁溶液时，其浓缩后可直接利用；对垃圾渗沥液进行浓缩后，则需配套蒸发-结晶工艺方可实现废水零排放；当汲取液体系为高浓度化肥溶液时，经稀释后，在满足农作物生长营养浓度的条件下，可直接浇灌；当汲取液体系为海水等天然汲取液时，稀释后可直接排放，也可配置汲取液再生系统回收汲取液，同时生产高品质纯水；当汲取液体系为碳酸氢铵等人工配制汲取液时，考虑到汲取液成本问题，此时必须配置汲取液再生系统。

由此可见，正渗透工艺过程设计需结合具体应用场所（料液与汲取液配置情况），选择合适的汲取液体系（是否配套汲取液再生系统）、正渗透膜配置以及合理的工艺流程。

8.6.2.2　正渗透过程汲取液选择

目前正渗透技术工程化应用的三大挑战为：高性能正渗透膜的规模化制备、合适的汲取液体系及再生系统和工艺过程优化设计[171]。其中，汲取液体系的选取不仅决定了正渗透系统的效率，而且关系到汲取液再生阶段的能量消耗。因此本节重点阐述正渗透工艺过程设计中涉及汲取液的相关理论和知识点。

（1）理想汲取液的特征[172]

理想汲取液需具备的基本特征有：可产生高渗透压；溶质反向通量最小化；溶质常温下呈固态，易于储存及运输；尽量无毒；与正渗透膜具有较好的化学相容性；无需或者依靠简易且低能耗的汲取液再生系统实现汲取液回收和补给。

汲取液渗透压测试方法包括理论计算和实际测定两种。需要特别注意的是：普遍使用的摩西等式（$\pi = icrt$，i 为 Van't Hoff 系数，c 为溶质摩尔浓度）仅适用于稀溶液的渗透压计算，对于高摩尔浓度的电解质溶液，渗透压计算偏差较大（预测氯化钠水溶液渗透压准确度较好，然而其他电解质溶液渗透压计算结果需谨慎对待）。目前多数研究主要基于 OLI Stream Analyzer 软件进行溶液渗透压计算。另外，也可通过渗透压测定仪进行实验测定，但渗透压测定仪的最大问题在于最大测量值较低（渗透压不高于 77bar），难以测定高摩尔浓度汲取液的渗透压值，即使如此，对于软件库内不存在的新型汲取溶质水溶液渗透压的测定仍具有一定的使用价值。目前，渗透压测定仪主要生产商有德国 Gonotec、德国 Löser、美国 Wescor 等公司。

降低溶质的反向渗透不仅有助于降低汲取液补给成本，提高正渗透膜渗透性能，更为关键的是可以避免由于溶质反向扩散而对待浓缩料液中有效成分产生干扰甚至破坏。例如，若料液体系为含蛋白质溶液体系，汲取液为高浓度盐溶液，盐的反向渗透将使蛋白质失活；在渗透膜生物反应器系统中，溶质反向渗透将导致其在料液体系的积累，对微生物群落的健康生长具有潜在的毒副作用。因此，在控制汲取液溶质反向渗透的同时，需注意所配伍的料液体系。

（2）可选汲取液类型[173]

可用于汲取液的溶质类型分为：热敏性化合物、有机物、无机盐、有机盐及新型合成材料五大类。表 8-22 为不同汲取液类型、再生工艺、存在问题、应用场所和商业化现状的概览。

表 8-22　不同汲取液类型、再生工艺、存在的问题、应用场所和商业化现状概览

汲取液类型	汲取液溶质	再生工艺	存在的问题	应用场所	商业化现状
热敏性化合物	碳酸氢铵	蒸馏	水溶解度低；反向盐通量高；热稳定性差	海水脱盐；工业废水零排放	商业化推广阶段（Oasys Water 公司）
	二氧化硫	加热、汽提、蒸馏	易挥发；具有腐蚀性；水溶液体系稳定性较差	海水脱盐	未商业化推广
有机物	葡萄糖	低压反渗透	浓差极化现象严重	应急供水；海水脱盐；番茄汁浓缩	未商业化推广
	果糖	无需汲取液回收	未提及	饮料生产	未商业化推广
	蔗糖	纳滤	水通量低	废水处理	未商业化推广
	乙醇	渗透蒸发	反向渗透量大；溶剂渗透通量低	废水处理	未商业化推广

续表

汲取液类型	汲取液溶质	再生工艺	存在的问题	应用场所	商业化现状
无机盐	溴化钾	反渗透	反向盐通量较高；回收成本高	海水脱盐	未商业化推广
	氯化钠	反渗透、蒸馏	反向盐通量较高	应急供水；果汁浓缩；蔗糖浓缩；废水处理	试商业化阶段（IDE Technologies，Porifera）
	氯化镁	纳滤	黏度高；扩散系数低；镁离子与某些官能团作用加剧膜污染	海水脱盐；应用供水；生物柴油生产	未商业化推广
	碳酸氢钠	反渗透	水溶解度低；有易结垢离子	脱盐	未商业化推广
	氯化钙	反渗透	有易结垢离子	果汁浓缩；应急供水；脱盐	未商业化推广
	碳酸氢钾	反渗透	有易结垢离子	脱盐	未商业化推广
	硫酸钠	纳滤	有易结垢离子	脱盐	未商业化推广
	硫酸钾	反渗透	有易结垢离子	脱盐	未商业化推广
	硫酸镁	纳滤	黏度高；水溶解度低；有易结垢离子	脱盐	未商业化推广
	硫酸铜	氢氧化钡沉淀，硫酸处理	通量低；有易结垢离子	苦咸水脱盐	未商业化推广
	氯化钾	无需汲取液回收	反向盐通量较高	农业施肥 & 灌溉一体化应用	未商业化推广
	氯化铵		反向盐通量较高		
	硝酸铵		反向盐通量较高		
	硫酸铵		反向盐通量较高		
	硝酸钾		反向盐通量较高；毒性大		
	硝酸钙		未提及		
	磷酸二氢铵		水通量低		
	磷酸氢二铵		水通量低		
有机盐	甲酸钠	反渗透	反向盐通量较高；回收成本高	废水处理	未商业化推广
	乙酸钠	未提及	回收成本高	未提及	未商业化推广
	丙酸钠	未提及	未提及	未提及	未商业化推广
	乙酸镁	未提及	未提及	未提及	未商业化推广
新型合成材料	聚丙烯酸磁性纳米颗粒	磁场分离、超滤	纳米颗粒团聚造成通量下降	蛋白质浓缩；脱盐；废水回用	未商业化推广
	葡聚糖包裹的四氧化三铁纳米颗粒	磁场	纳米颗粒团聚造成通量下降	苦咸水脱盐	未商业化推广
	高分子凝胶	加热、压力刺激	能耗高；通量低	海水脱盐	未商业化推广

（3）汲取液选择标准

合适的正渗透汲取液筛选流程如图 8-80 所示，主要分为预筛选环节、正渗透性能测试环节以及汲取液回收系统评价环节。

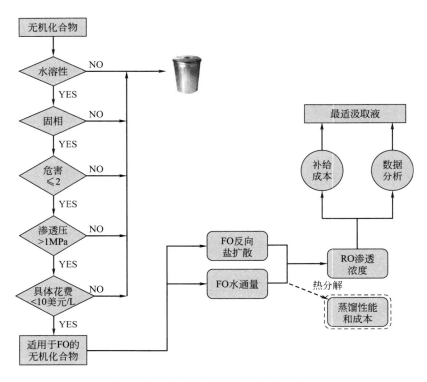

图 8-80　正渗透汲取液筛选流程示意图[177]

① 预筛选环节　首先，根据汲取液溶质在水溶液中的溶解性以及常温常压下的存在形式筛选，若水溶性较差且在常温常压下以非固体形态存在，则将其排除。其次，通过危险材料鉴定系统[174]（hazardous materials identification system，HMIS）筛选，若毒性等级>2（在 HMIS 系统中，化学品的毒性量级范围为 0～4，0 为最小毒性，2 为中等毒性，4 为最大毒性），则将其排除。再次，通过 OLI Stream Analyzer 软件（美国 OLI System Inc.）计算不同浓度下溶液的渗透压，若在饱和溶解度时的渗透压值低于 10bar，则将其排除。最后，评估产生 1L 汲取液（28bar 渗透压）所需汲取溶质的成本，若该值大于 10 美元，则将其排除。

② 正渗透性能测试环节　采用商品化正渗透膜，在标准测试条件下（因我国尚未有正渗透膜测试标准，标准测试条件可参考表 8-23）测定水通量及溶质反向通量。

③ 汲取液回收系统评价环节　若回收系统为反渗透系统，可采用商品化反渗透系统设计软件（如陶氏的 ROSA 软件和海德能的 IMS Design 软件）进行评价。选择软件库内合适的反渗透膜进行汲取液回收，其选择标准为渗透液浓度最低。基于软件计算，比较不同汲取液体系下的吨水成本。另外，由于反渗透膜和正渗透膜均非百分百截留，因此吨水成本仍需包含溶质补充成本（正渗透过程通过反向盐通量与水通量的比值计算得到渗透单位水量时溶质的泄漏量及所需成本，反渗透过程通过渗透液产量及浓度确定溶质的泄漏量及所需成本）。

表 8-23　正渗透过程测试标准条件[175]

操作条件	数值	单位	备注
测试模式:FO 模式(活化层朝向料液)和 PRO 模式(活化层朝向汲取液)			
温度	20	℃	
料液浓度	0	mol/L	去离子水
料液、汲取液 pH	不做强制要求	—	尽可能中性条件
错流速度	0.25	m/s	流道内无隔网填充;并流测试
料液、汲取液压力	<0.2	bar	压力尽可能小且两侧压力一致

若回收系统为蒸馏系统,可采用商品化化工设计软件(如 Aspen Plus)进行蒸馏塔设计。若使用 Aspen Plus 进行评估分析,建议使用 Rad Frac 模型(设计多级分离系统)和 elecNRTL 模型(计算电解质体系热力学性质)。投资成本可根据 Multe-Corripio-Evans 方法进行估算[176]。吨水成本可按以下公式计算:

$$C = \frac{1}{Q} \times \left[\frac{C_{投资,蒸馏塔}}{L_{蒸馏塔}} + \frac{C_{投资,膜过程}}{L_{膜过程}} (1 + U_{膜过程}) \right] + (P_{蒸汽} Q_{蒸汽} + P_{电} Q_{电}) \quad (8\text{-}159)$$

式中,Q 为产水量;$C_{投资,蒸馏塔}$ 和 $C_{投资,膜过程}$ 分别为蒸馏塔系统和正渗透膜分离系统的固定投资;$L_{蒸馏塔}$ 和 $L_{膜过程}$ 分别为蒸馏塔系统和正渗透膜分离系统的设计寿命;$U_{膜过程}$ 为膜分离过程公用设施成本系数;$P_{蒸汽}$ 和 $P_{电}$ 为蒸汽和用电价格;$Q_{蒸汽}$ 和 $Q_{电}$ 为吨水所需蒸汽量和电量。在正渗透分离过程中,稀释后汲取液浓度越低,吨水成本越大(所需膜面积增大),然而此时蒸馏塔系统所需设备体积及能耗将大幅下降。因此,正渗透系统与蒸馏塔汲取液回收系统设计需以最低能耗为目标,计算得到不同汲取液体系下的吨水成本。

8.6.2.3　正渗透工艺操作模式

FO 过程中存在两种操作模式,即 FO 模式和 PRO 模式(图 8-81)。FO 模式下,膜的活性层朝向原料液(active layer facing feed solution,AL-FS);PRO 模式下,膜的活性层朝向汲取液(active layer facing draw solution,AL-DS)。在 FO 模式下,相较于 PRO 模式下的有效渗透压差($\Delta \pi_{eff}$),由于存在严重的内浓差极化(ICP),其有效渗透压差明显降低,这使得 FO 模式下的水通量和盐通量均要小于 PRO 模式下的。根据内浓差极化模型,两种

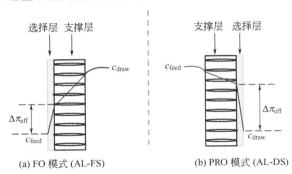

(a) FO 模式 (AL-FS)　　　　(b) PRO 模式 (AL-DS)

图 8-81　FO 过程操作模式

模式下的水通量可以通过式(8-160) 和式(8-161) 计算得到。

FO 模式[178]：

$$J_v = \frac{D}{S} \ln \frac{A\pi_D + B}{A\pi_F + J_v + B} \tag{8-160}$$

PRO 模式：

$$J_v = \frac{D}{S} \ln \frac{A\pi_D - J_v + B}{A\pi_F + B} \tag{8-161}$$

式中，D 为溶质的扩散系数；π_D 和 π_F 分别为料液和汲取液的渗透压；A 和 B 分别为膜的水渗透系数和盐渗透系数；S 为膜的结构参数。

8.6.2.4　浓差极化

理论上，正渗透过程可以采用具有非常高的渗透压的汲取溶液，从而实现比反渗透更大的水通量，然而研究发现实际正渗透通量远远小于理论预期，通常低于理论预期的 20%[179,180]。研究发现，FO 过程的内浓差极化和外浓差极化是造成实际通量远低于理论通量的根本原因。

（1）外浓差极化 （ECP）

在膜过滤操作中，原料溶液在压力差的推动下，对流传递到膜表面，被截留的溶质聚积在膜表面附近，从而使溶质在膜表面的浓度远高于其在主体溶液中的浓度 （如图 8-82 所

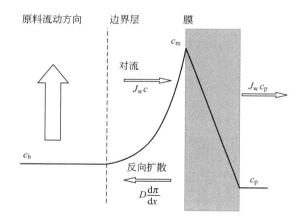

图 8-82 外浓差极化示意图
（实线表示溶质在不同位置的浓度，虚线表示浓差极化边界层）

示），这种现象称为外浓差极化。图 8-82 是正渗透过程中外浓差极化的示意图。假设图中为对称性膜结构，当进料溶液与膜的皮层 （类似于反渗透） 接触的，由于溶剂透过膜，溶质在分离层表面聚集 （$c_{F,m} > c_{F,b}$），这种情况称为浓缩性的外浓差极化。该极化现象中，进料侧膜表面的溶液渗透压高于主体溶液 （$\pi_{F,m} > \pi_{F,b}$），从而降低了有效的汲取力 $\Delta\pi_{eff}$。类似地，当膜皮层与汲取液接触时，由于水的渗透汲取液不断被稀释，降低了膜表面汲取液的浓度 （$c_{D,m} < c_{D,b}$），即 $\pi_{D,m} < \pi_{D,b}$，这称为稀释性的外浓差极化。浓缩性的外浓差极化和稀释性的外浓差极化会降低主体溶液渗透压差，造成通量的下降，降低过程效率。外浓差极化现象在膜过程中是普遍现象，可以通过增加膜表面流速，达到湍流从而减小边界层厚度来减轻外浓差极化的负面作用，也可通过降低水通量的方法来降低膜表面溶质的浓度变化从而减轻外浓差极化的负面作用。

（2）内浓差极化 （ICP）

就目前来说，几乎所有商业化的溶质截留膜都是非对称膜，正是膜本身结构的非对称特性，致使其在正渗透过程的使用中存在内浓差极化现象，因此内浓差极化是正渗透过程特有

的现象。图 8-83 列举了对称膜材料和非对称膜材料在 FO 过程中发生浓差极化的不同。理想情况下，溶液体系中的物质不能透过致密的对称型膜材料，浓差极化仅发生在膜的外表面，如图 8-83（a）所示。然而，实际的膜材料均是非对称结构。下面分两种情况来分析：①如果膜材料的致密层面向汲取液［AL-DS，如图 8-83（b）所示］，当水和溶质在多孔支撑层中扩散时，沿着致密皮层的内表面就会生成一层极化层（$c_{F,i} > c_{F,m}$，渗透压 $\pi_{F,i} > \pi_{F,m}$），称为浓缩性的内浓差极化[180]，因为发生在多孔支撑层内，因此改善外部水力学状态对内浓差极化影响甚微；②如果膜材料的致密层面向进料溶液［AL-FS，如图 8-83（c）所示］，当水渗透过皮层时，稀释多孔支撑层中的汲取液（$c_{D,i} < c_{D,m}$，渗透压 $\pi_{D,i} < \pi_{D,m}$），这称为稀释性的内浓差极化。

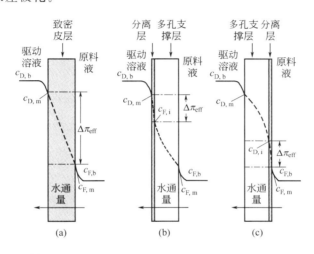

图 8-83　正渗透过程中不同膜方向的浓差极化示意图

（a）对称致密膜，发生外浓差极化；（b）非对称膜，多孔支撑层对进料侧，发生浓缩性
内浓差极化；（c）非对称膜，多孔支撑层对汲取侧，发生稀释性内浓差极化
（c 表示溶质浓度，$\Delta\pi_{eff}$ 表示有效汲取力）

内浓差极化现象的特点是：发生在膜孔内部，导致膜两侧有效的渗透压差降低，导致表观渗透通量大大低于理论通量；受膜结构的控制，无法通过外部流动的改变而减小内浓差极化现象。

正渗透过程中，正渗透膜受内浓差极化的影响，造成水通量大幅度降低。基膜内的 ICP 是由膜本身的性质（如膜厚度、孔隙率、孔曲率）和溶质扩散系数决定。利用经典的溶解-扩散模型可以反映浓差极化所带来的影响。当膜的支撑层朝汲取液侧时（FO 模式），稀释的浓差极化影响正渗透膜的水通量（J_w），水通量可以表示为下式：

$$J_w = \frac{1}{K} \ln \frac{A\pi_{draw} + B}{A\pi_{feed} + B + J_w} \qquad (8\text{-}162)$$

在膜的选择层朝向汲取液侧时（PRO 模式），浓缩的浓差极化与水通量之间的关系可以表示为下式：

$$J_{\mathrm{w}}=\frac{1}{K}\ln\frac{A\pi_{\mathrm{draw}}+B-J_{\mathrm{w}}}{A\pi_{\mathrm{feed}}+B} \tag{8-163}$$

式中，B 是膜的溶质渗透系数；K 是溶质阻碍系数。这里使用 K 来描述溶质反向扩散至基膜层的能力，它也可以反映出基膜受浓差极化影响的程度。K 值较小说明 ICP 影响程度较轻，从而膜通量较大，K 的定义见下式：

$$K=\frac{t\tau}{\varepsilon D}=\frac{S}{D} \tag{8-164}$$

式中，t、τ、ε 与 S 分别代表基膜的厚度、孔曲率、孔隙率和结构参数；D 是溶质扩散系数。这里 S 是基膜的一项重要的参数，它与膜厚度、孔隙率、孔曲率相关，直接反映了膜所经受的 ICP 严重程度。在实际应用中，计算出膜所经受的浓差极化影响程度是十分必要的，结合 FO 测试结果，可以计算出膜的结构参数。

在实际计算中，可使用 Loeb 等[181]开发的模型分别计算出正渗透膜的结构参数，见下式。然而这个模型未考虑 ECP 的影响，仅考虑 ICP 对膜的影响。

PRO 模式：

$$J_{\mathrm{w}}=\frac{D}{S}\ln\frac{B+A\pi_{\mathrm{draw}}-J_{\mathrm{w}}}{B+A\pi_{\mathrm{feed}}} \tag{8-165}$$

FO 模式：

$$J_{\mathrm{w}}=\frac{D}{S}\ln\frac{B+A\pi_{\mathrm{draw}}}{B+A\pi_{\mathrm{feed}}+J_{\mathrm{w}}} \tag{8-166}$$

为了更加全面地描述 ECP 与 ICP 同时作用对膜带来的影响，Mc Cutcheon 等学者建立了模型，用来同时反映 ECP 与 ICP 的影响程度[182]。在 FO 模式下，此模型可以量化由稀释的 ICP 与浓缩的 ECP 对膜通量带来的影响，见下式：

$$J_{\mathrm{w}}=A\left[\pi_{\mathrm{draw}}\exp(-J_{\mathrm{w}}K)-\pi_{\mathrm{feed}}\exp\frac{J_{\mathrm{w}}}{k}\right] \tag{8-167}$$

而在 PRO 模式下，此模型可以相应地反映浓缩的 ICP 与稀释的 ECP 对膜通量的影响，见下式：

$$J_{\mathrm{w}}=A\left[\pi_{\mathrm{draw}}\exp\frac{-J_{\mathrm{w}}}{k}-\pi_{\mathrm{feed}}\exp(J_{\mathrm{w}}K)\right] \tag{8-168}$$

8.6.2.5　正渗透模块设计

不同应用场所，所适用的正渗透膜组件类型不尽相同，详细表述可参照 8.5.2 节。目前被广泛使用的是 HTI 公司生产的三种商品化的正渗透膜片，其基本性能参数如表 8-24 所示。根据表 8-24 所述膜性能及表 8-14 所述膜元件基本参数，确定正渗透过程所需膜面积或膜组件数量。简化的计算方法可参照以下公式：

$$N_{\text{膜元件}}=\frac{S_{\text{总}}}{S_{\text{膜元件}}}=\frac{(Q/J_{\mathrm{w}})}{S_{\text{膜元件}}} \tag{8-169}$$

式中，Q 为正渗透过程中的渗透水量；J_w 为膜的平均水通量；$S_{膜元件}$ 为单支膜元件的膜面积。需要注意的是，HTI 公司所提供的膜性能测试条件与上文所提及标准方法中的测试条件存在一定差异，因此在实际设计过程中需谨慎对待。

表 8-24　HTI 公司商品化的正渗透膜性能及组件形式[183]

产品类型	水通量	盐截留率	组件形式
OsMem™ CTA-NW	6.6L/(m²·h)① /12.0L/(m²·h)②	99%①/98%②	HydroPack、LifePack、X-Pack 水袋
OsMem™ CTA-ES	9.0L/(m²·h)① /12.0L/(m²·h)②	99%①/99%②	Expedition、HydroWell、2521 FO-CTA 卷式膜组件、4040 FO-CTA 卷式膜组件、8040 FO-CTA 卷式膜组件
OsMem™ TFC-ES	18.0L/(m²·h)① /36.0L/(m²·h)②	99.4%①/99.4%②	2521 FO-CTA 卷式膜组件、4040 FO-CTA 卷式膜组件、8040 FO-CTA 卷式膜组件

① 膜朝向为 FO 模式，测试条件为：料液侧溶液为自来水，流量 4L/min，温度 25℃，流道进口尺寸为 100mm×5mm，出口压力 35kPa，料液初始体积 1.5L；汲取液侧溶液为 1mol/L NaCl 溶液，流量 26L/h，温度 25℃，进口压力 15kPa，流道进口尺寸为 100mm×1.4mm，流道内有 0.76mm 厚的菱形隔网 2 个，汲取液初始体积 0.5L；膜面积 0.020m²。

② 膜朝向为 PRO 模式，测试条件为：料液侧溶液为自来水，流量 26L/h，温度 25℃，出口压力 15kPa，流道进口尺寸为 100mm×1.4mm，流道内有 0.76mm 厚的菱形隔网 2 个，料液初始体积 1.0L；汲取液侧溶液为 1mol/L NaCl 溶液，流量 4L/min，温度 25℃，出口压力 35kPa，汲取液初始体积 0.8L；膜面积 0.020m²。

8.6.2.6　正渗透工艺流程设计

（1）汲取液开路设计的正渗透系统[184]

汲取液开路设计的正渗透系统流程图如图 8-84 所示。汲取液开路循环设计通常适用于汲取液体系为天然高盐度水体或高渗透压水体，如海水或者地下卤水。在该系统设计中，系统能耗因正渗透过程无需额外压力输入而大幅下降，稀释后海水（或者反渗透浓水）排入海中；料液侧废水经正渗透过程浓缩后，经后续工艺处理（焚烧或蒸发结晶）。例如，在施肥和灌溉一体化理念下的现代农业发展趋势下，利用该设计流程，从高污染型水体中汲取水稀释高浓度化肥溶液，稀释化肥溶液直接进行作物浇灌。因此，该设计从热力学角度考虑为最优的正渗透过程设计，但是其应用面受到一定局限，如汲取液稀释后须具有直接利用价值或者汲取液来源广泛、价格低廉等限定条件。

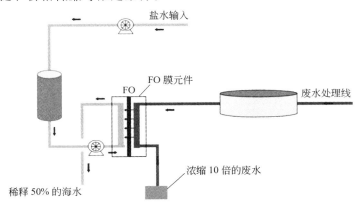

图 8-84　汲取液开路设计的正渗透系统流程图[139]

（2）汲取液闭路循环设计的正渗透系统[184]

图 8-85 为汲取液闭路循环设计的正渗透系统流程图。该设计主要基于正渗透过程低污染倾向、低维护成本以及高品质产水需求。汲取液闭路循环设计需配置汲取液再生系统。此系统设计的最大优势在于：当汲取液再生系统采用热法脱盐技术时，正渗透过程可显著降低进料水中多价离子浓度，从而降低结垢趋势，最终保证热法工段可在更高操作温度和回收率下正常运转；当汲取液再生系统为传统压力驱动型膜分离过程时，正渗透过程可规避进料液中所有溶解物质而非特定的离子，保证常规膜分离过程处于极低结垢风险的状态，在更高的操作压力下正常运行，从而获取更高的回收率。

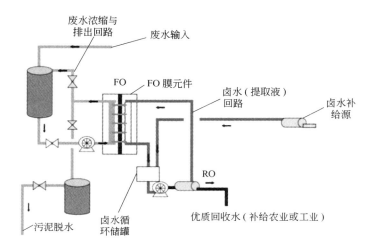

图 8-85　汲取液闭路循环设计的正渗透系统流程图[139]

（3）汲取液开路设计的压力阻尼渗透系统[185]

图 8-86 为汲取液开路设计的压力阻尼渗透系统。该系统设计可回收反渗透浓水与受污染水体之间的盐差能，同时可解决反渗透浓水给周边海域生态环境带来的影响。该设计另外两个潜在优势在于：①净水生产与污水处理处于不同的工艺流程，相互不受干扰；②汲取液开路设计，可有效规避污染物在系统内的累积效应。与反渗透系统中能量回收装置不同的是，

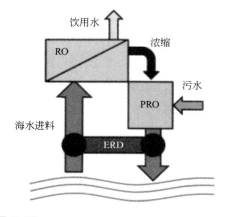

图 8-86　汲取液开路设计的压力阻尼渗透系统[140]

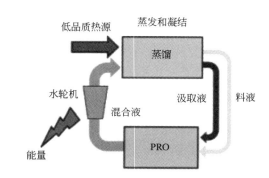

图 8-87　汲取液闭路循环设计的压力阻尼渗透系统[187]

压力阻尼渗透过程可作为能量产生模块，进一步降低反渗透海水脱盐系统的能耗。当前最大的问题在于正渗透膜在 PRO 模式下较为严重的膜污染倾向[186]。

（4）汲取液闭路循环设计的压力阻尼渗透系统[187]

图 8-87 为汲取液闭路循环设计的压力延迟阻尼系统。汲取液闭路循环设计的压力阻尼渗透系统亦可称为闭路渗透压热泵。其工作原理为：在蒸馏装置内将热能转化成化学能（高盐度汲取液），通过压力阻尼渗透过程将化学能转化为机械能，最后通过水轮机将机械能转化成电能。

8.6.3　纳滤膜工艺过程设计

纳滤膜因为分离机理复杂，包含溶解扩散、尺寸筛分以及 Donnan 效应，所以其对不同离子的去除率有很大差异，而且这种差异还会因为浓度、温度以及其他离子的相互作用而发生相应的变化。针对不同的应用，应该选取具有代表性的水样进行大量中试来获取设计数据，目前为止，除了以陶氏 NF90 为代表的高脱盐纳滤膜可以使用软件进行模拟外，其他种类的纳滤膜，如以哌嗪为界面聚合单体的纳滤膜，或者以磺化聚砜为分离层的纳滤膜，暂时还无法通过理论计算来预测其工程分离性能，工艺过程设计需要建立在大量中试的基础上。在国内，碧水源科技股份有限公司针对市镇给水和污水的应用特点，基于大量中试数据开发了低盐度下聚哌嗪酰胺纳滤膜的设计软件，可以在一定程度上预测其工程分离性能。

8.6.3.1　进水水质

同反渗透部分。

8.6.3.2　产品水质和水量

同反渗透部分。

8.6.3.3　膜和组器的选择

目前大规模应用的纳滤膜主要是以间苯二胺或哌嗪为界面聚合反应单体合成的聚酰胺膜，应用的组器主要是卷式组器。

以间苯二胺为单体的纳滤膜，脱盐率高且不同离子的去除率差异较小，操作压力低，pH 范围宽（2～11），但不耐游离氯。以哌嗪为单体的纳滤膜，通常只对硫酸根的去除率较高（一般来说大于98%），对于其他离子，如钙离子、钠离子等，去除率较低且存在一定程度的差异，pH 范围较窄（3～10），耐氯性稍好但依然不可以将加氯这种工艺应用于纳滤膜系统的生物污染控制。

综合考虑组器的制备难易、流动状态、堆砌密度、清洗难易等方面，卷式元件用得最普遍，但是根据不同的应用场景，其浓水流道分布、纯水流道分布以及外壳材质都可以进行灵活搭配。

8.6.3.4　回收率

一般市政给水回收率在75%～90%，市政污水回收率在70%～85%，料液分离的回收率根据具体项目要求而定，最佳回收率应根据预处理、进水水质等条件具体确定。

8.6.3.5 产水量随温度的变化

同反渗透部分。

8.6.3.6 工艺流程

纳滤具有大通量及低脱盐率的特性，所以工艺过程设计需要充分考虑系统压降，以及元件平衡产水的问题。在大型工程的工艺设计中，宜采用短流程的设计，即便要使用一级两段的设计提高系统回收率，也建议在两段之间增设段间增压泵或者增加一定的产水背压来平衡元件的产水分布，防止前端元件负荷过重而后端元件开工不足，从而造成污染情况不均影响系统运行稳定性。工艺流程的其他部分详见反渗透相关章节。

8.7 系统与运行

8.7.1 反渗透系统和纳滤系统及其运行

8.7.1.1 预处理系统[13,40,44,170,188-193]

进水的种类很多，有各种天然水、市政水和工业废水等，其成分复杂，在反渗透和纳滤过程中会产生沉淀，会污染膜，会损伤膜等，为了确保反渗透和纳滤过程的正常进行，必须对进水进行预处理。预处理的目的通常为：

① 除去悬浮固体，降低浊度；

② 抑制和控制微溶盐的沉淀；

③ 调节和控制进水的温度和 pH；

④ 杀死和抑制微生物的生长；

⑤ 去除各种有机物；

⑥ 防止铁、锰等金属的氧化物和二氧化硅的沉淀等。

只有认真进行预处理，使进水水质符合反渗透和纳滤过程要求，才能使过程正常进行，减少污染，减少清洗，减少事故，延长膜寿命，提高产水水质。若预处理达不到过程要求，则后果严重。

8.7.1.1.1 除去悬浮固体和胶体，降低浊度

悬浮固体包括淤泥、铁的氧化物和腐蚀产物、MnO_2、与硬度有关的沉淀物、$Al(OH)_3$ 絮凝物、SiO_2 微细沙石、硅藻、细菌、有机胶体等。其中胶体最难处理，大多数胶体是荷电的，其同号电荷排斥而稳定地悬浮于水中，稳定的胶体其 Zeta 电位多大于 $-30mV$，当这类胶体凝结在膜表面上时，则引起膜的污染，其凝结速率方程为：

$$\frac{-\mathrm{d}n}{\mathrm{d}t}=K_2 n^2 \tag{8-170}$$

式中，K_2 为凝结速率常数；n 为胶体的浓度。

污染速度与胶体浓度的平方成正比。反渗透预处理中采用淤塞密度指数（SDI）来判断进水的好坏，SDI 就是胶体和微粒浓度的一种量度。它是由进水在 207kPa 的压力下，通过

0.45μm Millipore 滤膜的淤塞速率推算出来的。通常反渗透要求进水的 SDI<3。井水的 SDI<1，故不必进行胶体的预处理，地表水的 SDI 在 10～175，需认真进行针对性的预处理。

（1）SDI 的测定

① 设备建立

a. 按图 8-88 组装设备；

b. 连接该设备到工作管路上；

c. 调节压力到 207kPa，准备测试。

② 测试步骤

a. 测定进水温度；

b. 开排气阀放空滤器中的全部空气，之后关闭排气阀；

c. 在滤器下放置一只 500mL 刻度量筒，准备收集滤过水；

d. 开球阀，测定收集 500mL（或 100mL）水样所需的时间，并使水继续流；

e. 15min（或 5min、10min）后，再测定收集 500mL（或 100mL）水样所需的时间（若取 100mL，收集水样的时间大于 60s，表明淤塞太大，不必测试了）；

f. 再测水温，前后变化不得大于 1℃；

g. 卸掉装置。

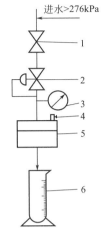

图 8-88　SDI 的测定装置
1—阀门；2—压力调节阀；
3—压力表；4—排气阀；
5—滤器；6—刻度量筒

③ 计算

$$SDI = \frac{P_{30}}{T_t} = \left(1 - \frac{T_i}{T_f}\right) \times 100/15 \qquad (8\text{-}171)$$

式中　　P_{30}——在 207kPa 下的淤塞指数；

T_t——总的测试时间，通常取 15min；

T_i——最初收集 5mL 水样所需的时间，s；

T_f——T_t后（含 T_i）收集 500mL 水样所需的时间，s。

（2）除去悬浮物和胶体的方法

① 在线絮凝-多介质过滤　在原水中投加絮凝剂，经有效的混合，再通过压力式多介质滤器除去形成的微絮凝体，其效果取决于絮凝剂的种类、浓度。合适的混合和停留时间等应经现场试验，最终优化，同时应严格监控，根据实际情况进行调整，压力式在线絮凝-过滤系统示于图 8-89 中。絮凝剂有 $FeCl_3$、明矾、聚合氯化铝和聚阳离子型絮凝剂。使用铝剂应注意，其絮凝物在 pH 6.5～6.7 有最小的溶解度；聚阳离子絮凝剂的优点在于形成的絮凝物少，在过滤时不会破碎，对 pH 的要求不太严格等，但应严格控制剂量，若过量会对膜造成不可逆的损伤。聚阳离子絮凝剂的美国产品有 Cyananmid's Magnifroc[R]570 系列（5700C、572C、573C、575C 和 577C），国产的有 ST 等。

当使 Zeta 电位接近于零时的投加量为最佳投药量，此时 SDI 最低。对铁剂和铝剂，通常投药量为 10～30mg/L，聚阳离子絮凝剂为 2～4mg/L。絮凝剂可以单独投加，也可用混合絮凝剂，如（5:1）～（2:1）的铝剂和聚阳离子絮凝剂。

过滤介质的选择也是很关键的，AG[R]（一种无水硅酸铝）、海绿砂、砂-无烟煤（双介

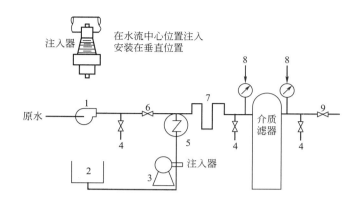

图 8-89　压力式在线絮凝-过滤系统

1—增压泵；2—加药槽；3—计量泵；4—取样阀；5—止回阀；6—节流阀；
7—混合器；8—压力计；9—流量控制阀

质）和多介质（可多达 5 种）等是效果良好的过滤介质。

典型的在线凝结过程包括在原料水中投入凝结剂、有效地混合以及直接通过压力式介质滤器除去形成的微絮凝体。过滤的细节参见常用的水处理手册。

② 微滤（MF）和超滤（UF）（参阅微滤和超滤有关部分）　MF 和（或）UF 法预处理，优点是除去范围宽，包括胶体在内；可连续操作、性能优良、出水水质好，对高压泵和反渗透的保护性好；少用或不用药剂，物理消毒安全；投资少、占地少、人工省等，连续微滤（CMF）多用孔径 0.2μm 的聚丙烯中空纤维组件，用两套可自动清洗的装置即可连续生产，浊度可以从 32NTU 降至 0.3NTU，COD 从 12.8mg/L 降至 3.3mg/L，大肠杆菌从 126 个/mL 降至 0。

连续超滤，则用截留分子量（MWCO）50000Da 的中空纤维组件制成的装置进行，水质比 CMF 的还好，浊度<0.2NTU，SDI<1，但水的回收率比 CMF 低。

8.7.1.1.2　微生物污染及防治

进水是生物污染来源之一，在传递过程中，微生物也向膜面迁移并吸附在膜上及繁殖。过量的絮凝剂，如六偏磷酸钠（SHMP）是营养物质，会促进微生物繁殖；氯会使腐殖酸分解，也变为营养物质；油和烃类也是易引起微生物生长的。

微生物污染会形成致密凝胶层，会吸附高浓度的离子，使浓差极化更严重，降低流动混合效果，同时由于酶的作用也会促进膜的降解和水解。该过程是缓慢的，表现为通量逐渐下降、脱除率逐渐下降和压降逐渐增加。

浓水中总细菌数的迅速增加是微生物污染的特征之一，对完全失效膜进行剖析，分析细菌数量、品种以及 TOC、蛋白质、ATP 和醇等可证实微生物污染的存在。

引起微生物污染的原因主要有：进水预处理不良，温度高，SDI 高，有机和无机营养物浓度高以及残存大量细菌等；实际管路过长，透光，有死角，有裂缝，有非消毒部分等；操作中不经常检测，流速低，长期存放和使用已污染的试剂等。

杀菌消毒是防止微生物污染的主要方法。一般是用氯化杀菌，在反渗透单元前的系统中水的余氯保持在 0.5～1mg/L 即可防止微生物繁殖。

对于芳香族聚酰胺膜（复合膜或不对称中空纤维膜等），其耐氯性差，应以活性炭或亚硫酸氢钠脱氯，使进水满足使用要求。

醋酸纤维素类膜，在 0.2～0.5mg/L 的余氯和 pH＝6 的条件下，膜寿命可达 3 年之久，而在无游离氯的进水条件下，细菌在十多天内即可使膜完全失效，这点应特别注意。

8.7.1.1.3　微溶盐沉淀的控制

水垢是反渗透过程中最普遍的膜污染。由于水不断透过膜，膜的进水中的那些微溶盐在膜面附近的浓水中超过其溶度积而沉淀析出导致水垢的产生。当苦咸水为水源时，碳酸钙和硫酸钙是最普遍存在的沉淀；而以海水为水源时，通常只考虑碳酸钙的沉淀析出。若微溶盐的浓度超过其溶度积，可采取下列方法处理：

① 降低回收率，避免浓水超过溶度积；

② 离子交换软化除去钙（镁）离子，但对高碱度的水和大工程，此法不经济；

③ 加酸除去进水中的碳酸根和重碳酸根；

④ 添加防垢剂，如 SHMP，抑制硫酸钙等微溶盐的沉淀。

实际应用中，多用加酸和加防垢剂相结合的方法。

（1）碳酸钙沉淀的判断和防止

由于反渗透过程中膜对 CO_2 的透过率几乎为 100%，而对 Ca^{2+} 的透过率很低，一旦进水被反渗透浓缩，在膜的浓水中 pH 升高，Ca^{2+} 浓度增加；另外，pH 上升又会使水中 HCO_3^- 的比例增加。这样，在反渗透过程中，在膜上会产生碳酸钙沉淀。其化学反应为：

$$Ca(HCO_3)_2 \longrightarrow CaCO_3 \downarrow + CO_2 \uparrow + H_2O$$

天然水源作为反渗透进水时，在浓水中多半发生碳酸钙沉淀的问题，需要加以判断和防止。通常有两种判断碳酸钙沉淀的方法。苦咸水和城市自来水为反渗透水源时，采用 Langelier 饱和指数（LSI）法；对于海水，采用 Stiff & Davis 稳定指数（S&DSI）法。

为了上述的判断和防止碳酸钙沉淀，需要做如下假设：

a. 浓水的温度等于进水的温度。

b. 浓水中的离子强度，等于进水的离子浓缩因子（CF）。

$$CF = \frac{1}{1-R} \tag{8-172}$$

式中，R 是以分数表示的组件或装置的回收率。该式是偏于保守的，这是因为某些离子透过膜，计算的 CF 值偏高。

c. 浓水中的钙、钡、锶、硫酸根、硅和氟化物的浓度等于进水中的相应值乘以 CF。

浓水中的重碳酸根则以下列方程计算：

$$[HCO_3^-]_r = CF[HCO_3^-]_f \tag{8-173}$$

$$CF = \frac{1 - R(SP_{HCO_3^-})}{1-R} \tag{8-174}$$

式中　$[HCO_3^-]_r$——浓水中 HCO_3^- 的浓度，mg/L（以 $CaCO_3$ 计）；

　　　　CF——HCO_3^- 的浓缩因子；

$[HCO_3^-]_f$——进水中 HCO_3^- 的浓度，mg/L(以 $CaCO_3$ 计)；

$SP_{HCO_3^-}$——在回收率为 R 时以分数表示的 HCO_3^- 的透过率。

HCO_3^- 是 pH 敏感离子，在不同的 pH 下，其透过率 SP 或脱除率 r 不同。图 8-90 为有关资料报道的 HCO_3^- 脱除率与进水 pH 变化范围的现场数据。

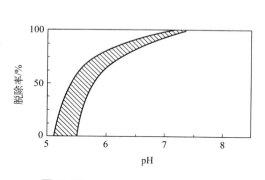

图 8-90 HCO_3^- 脱除率与 pH 的关系

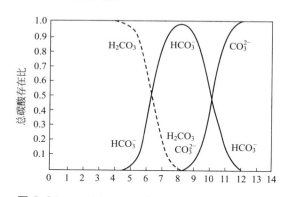

图 8-91   pH 的变化与 CO_3^{2-}、HCO_3^-、H_2CO_3 的关系

二氧化碳和其他任何气体几乎全透过膜。因此，浓水中的二氧化碳浓度等于进水中的相应浓度。同样，透过（产）水中二氧化碳的浓度也是如此。

① Langelier 饱和指数（LSI）判断法   Langelier 在 20 世纪 30 年代推导出计算饱和 pH（pH_s）的公式［式(8-175)］。在 pH_s 时，$CaCO_3$ 不溶解也不沉淀。

$$pH = lg\frac{K_{sp}}{K_2} - lg[Ca^{2+}]_s - lg[HCO_3^-]_s \tag{8-175}$$

式中 K_{sp}——$CaCO_3$ 的溶度积；

K_2——H_2CO_3 的第二离解常数；

$[Ca^{2+}]_s$——饱和状态时 Ca^{2+} 的浓度；

$[HCO_3^-]_s$——饱和状态时 HCO_3^- 的浓度。

当 $pH \leqslant 8.5$ 时，HCO_3^- 的浓度近似等于甲基橙（总）碱度，见图 8-91。而平衡常数（K_{sp} 和 K_2）与温度和溶解总固体或离子强度有关。通常由式(8-175) 派生出来的式(8-178b) 和表 8-25 所列的有关因子来计算 pH_s。

表 8-25   计算 Langelier 饱和指数的因子——A、B、C 和 D

A			
TDS/(mg/L)	A 值	TDS/(mg/L)	A 值
50	0.07	800	0.19
75	0.08	1000	0.20
100	0.10	2000	0.23
150	0.11	3000	0.25
200	0.13	4000	0.26
300	0.14	5000	0.27
400	0.16	6000	0.28
600	0.18		

续表

$B^{①}$					
$t/°F$		个位数				
		0	2	4	6	8
十位数	30		2.60	2.57	2.54	2.51
	40	2.48	2.45	2.43	2.40	2.37
	50	2.34	2.31	2.28	2.25	2.22
	60	2.20	2.17	2.14	2.11	2.09
	70	2.06	2.04	2.03	2.00	1.97
	80	1.95	1.92	1.90	1.88	1.86
	90	1.84	1.82	1.80	1.78	1.76
	100	1.74	1.72	1.71	1.69	1.67
	110	1.65	1.64	1.62	1.60	1.58
	120	1.57	1.55	1.53	1.51	1.50
	130	1.48	1.46	1.44	1.43	1.41
	140	1.40	1.38	1.37	1.35	1.34
	150	1.32	1.31	1.29	1.28	1.27
	160	1.26	1.24	1.23	1.22	1.21
	170	1.19	1.18	1.17	1.16	

$C^{①}$

1～200 上表，210～990 下表

[Ca²⁺] (以 CaCO₃ 计)/(mg/L)		个位数									
		0	1	2	3	4	5	6	7	8	9
十位数	0				0.08	0.20	0.30	0.38	0.45	0.51	0.56
	10	0.60	0.64	0.68	0.72	0.75	0.78	0.81	0.83	0.86	0.88
	20	0.90	0.94	0.92	0.96	0.98	1.00	1.02	1.03	1.06	1.05
	30	1.08	1.09	1.11	1.12	1.13	1.15	1.16	1.17	1.18	1.19
	40	1.20	1.21	1.23	1.24	1.25	1.26	1.26	1.27	1.28	1.29
	50	1.30	1.31	1.32	1.33	1.34	1.34	1.35	1.36	1.37	1.37
	60	1.38	1.39	1.39	1.40	1.41	1.42	1.42	1.43	1.43	1.44
	70	1.45	1.45	1.46	1.47	1.47	1.48	1.48	1.49	1.49	1.50
	80	1.51	1.51	1.52	1.52	1.53	1.54	1.54	1.54	1.55	1.55
	90	1.56	1.56	1.57	1.57	1.58	1.58	1.58	1.59	1.59	1.60
	100	1.60	1.61	1.61	1.61	1.62	1.63	1.63	1.63	1.64	1.64
	110	1.64	1.65	1.65	1.66	1.66	1.67	1.67	1.67	1.67	1.68
	120	1.68	1.68	1.69	1.69	1.70	1.70	1.70	1.71	1.71	1.71
	130	1.72	1.72	1.72	1.73	1.73	1.73	1.74	1.74	1.74	1.75
	140	1.75	1.75	1.75	1.76	1.76	1.76	1.76	1.77	1.77	1.78
	150	1.78	1.78	1.78	1.79	1.79	1.79	1.80	1.80	1.80	1.80
	160	1.81	1.81	1.81	1.81	1.82	1.82	1.82	1.82	1.83	1.83
	170	1.84	1.84	1.84	1.84	1.84	1.85	1.85	1.85	1.85	1.85
	180	1.86	1.86	1.86	1.86	1.87	1.87	1.87	1.87	1.88	1.88
	190	1.88	1.88	1.89	1.89	1.89	1.89	1.89	1.90	1.90	1.90
	200	1.91	1.91	1.91	1.91	1.91	1.91	1.92	1.92	1.92	1.92

续表

[Ca²⁺]（以 CaCO₃ 计）/(mg/L)	十位数									
	0	10	20	30	40	50	60	70	80	90
200		1.92	1.94	1.96	1.98	2.00	2.02	2.03	2.05	2.06
300	2.08	2.09	2.11	2.12	2.13	2.15	2.16	2.17	2.18	2.19
400	2.20	2.21	2.23	2.24	2.25	2.26	2.26	2.27	2.28	2.29
500	2.30	2.31	2.32	2.33	2.34	2.34	2.35	2.36	2.37	2.37
600	2.38	2.38	2.39	2.40	2.41	2.42	2.42	2.43	2.43	2.44
700	2.45	2.45	2.45	2.47	2.47	2.48	2.48	2.49	2.49	2.50
800	2.51	2.51	2.52	2.52	2.53	2.53	2.54	2.54	2.55	2.55
900	2.56	2.56	2.57	2.57	2.58	2.58	2.58	2.59	2.59	2.60

百位数 是左栏标注。

$D^{①}$

1～200 上表，210～990 下表

[HCO₃⁻]（以 CaCO₃ 计）/(mg/L)	个位数									
	0	1	2	3	4	5	6	7	8	9
0		0.00	0.30	0.48	0.50	0.70	0.74	0.85	0.90	0.95
10	1.00	1.04	1.08	1.11	1.15	1.18	1.21	1.23	1.26	1.29
20	1.30	1.32	1.34	1.36	1.38	1.40	1.42	1.43	1.45	1.46
30	1.48	1.49	1.51	1.52	1.53	1.54	1.56	1.57	1.58	1.59
40	1.60	1.61	1.62	1.63	1.64	1.65	1.66	1.67	1.68	1.69
50	1.70	1.71	1.72	1.72	1.73	1.74	1.75	1.76	1.76	1.77
60	1.78	1.79	1.79	1.80	1.81	1.81	1.82	1.83	1.83	1.84
70	1.85	1.85	1.86	1.86	1.87	1.88	1.88	1.89	1.89	1.90
80	1.90	1.91	1.91	1.92	1.92	1.93	1.93	1.94	1.94	1.95
90	1.95	1.96	1.96	1.97	1.97	1.98	1.98	1.99	1.99	2.00
100	2.00	2.00	2.01	2.01	2.02	2.02	2.03	2.03	2.03	2.04
110	2.04	2.05	2.05	2.05	2.06	2.06	2.06	2.07	2.07	2.08
120	2.08	2.08	2.09	2.09	2.09	2.10	2.10	2.10	2.11	2.11
130	2.11	2.12	2.12	2.12	2.13	2.13	2.13	2.14	2.14	2.14
140	2.15	2.15	2.15	2.16	2.16	2.16	2.16	2.17	2.17	2.17
150	2.18	2.18	2.18	2.18	2.19	2.19	2.19	2.20	2.20	2.20
160	2.20	2.21	2.21	2.21	2.21	2.22	2.22	2.23	2.23	2.23
170	2.23	2.23	2.23	2.24	2.24	2.24	2.24	2.25	2.25	2.25
180	2.26	2.26	2.26	2.26	2.26	2.27	2.27	2.27	2.27	2.28
190	2.28	2.28	2.28	2.29	2.29	2.29	2.29	2.29	2.30	2.30
200	2.30	2.30	2.30	2.31	2.31	2.31	2.31	2.32	2.32	2.32

十位数 是左栏标注。

续表

[HCO₃⁻] （以 CaCO₃ 计） /（mg/L）		十位数								
		0	10	20	30	40	50	60	70	80	90
百位数	200		2.32	2.34	2.36	2.38	2.40	2.42	2.43	2.45	2.46
	300	2.48	2.49	2.51	2.52	2.53	2.54	2.54	2.57	2.58	2.59
	400	2.60	2.61	2.62	2.63	2.64	2.65	2.65	2.67	2.68	2.69
	500	2.70	2.71	2.72	2.72	2.73	2.74	2.74	2.76	2.76	2.77
	600	2.78	2.79	2.79	2.80	2.81	2.81	2.82	2.83	2.83	2.84
	700	2.85	2.85	2.86	2.86	2.87	2.88	2.88	2.90	2.90	2.890
	800	2.90	2.91	2.91	2.92	2.92	2.93	2.93	2.94	2.94	2.95
	900	2.95	2.96	2.96	2.97	2.97	2.98	2.98	2.99	2.99	3.00

① B、C、D 值由对应的温度或离子浓度查取，如 32°F 对应的 B 值为十位数 30 所在行与个位数 2 所在列交叉处的值 2.60。

注：$t_℃ = \dfrac{5}{9}(t_℉ - 32)$。

LSI 的定义如下：

$$LSI = pH_r - pH_s \tag{8-176}$$

式中，pH_r 为浓水的 pH，其值为：

$$pH_r = 6.30 + \lg R_r \tag{8-177}$$

$$R_r = \frac{[HCO_3^-]_r}{[CO_2]_r} \tag{8-178a}$$

式中，$[HCO_3^-]$ 以 CaCO₃ 计，mg/L；$[CO_2]$ 以 CO₂ 计，mg/L。

pH_r 可由式（8-177）或图 8-92 得到。

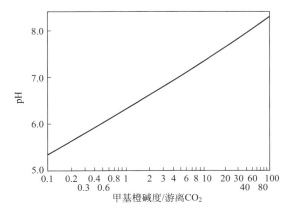

图 8-92　HCO₃⁻ 碱度与 CO₂ 的比率对 pH 的影响

pH_s 为饱和时水的 pH，其值为：

$$pH_s = 9.3 + A + B - (C + D) \tag{8-178b}$$

式中　A——与溶解总固体（TDS）有关的因子，$A = (\lg[TDS] - t)/10$，$[TDS]$ 单位为 mg/L；

B——与温度 $t(\text{℃})$ 有关的因子，$B=-13.2\lg(t+273)+34.55$；

C——与 Ca^{2+} 浓度有关的因子，$C=\lg[Ca^{2+}_{\text{作为}CaCO_3}]-0.4$，$[Ca^{2+}]$单位为 mg/L；

D——与碱度（HCO_3^- 浓度）有关的因子，$D=\lg[\text{碱度}_{\text{作为}CaCO_3}]$，[碱度] 单位为 mg/L。

根据浓水的 LSI 可判断 $CaCO_3$ 沉淀的可能性，具体情况如下：

$$LSI>0 \quad \text{沉淀}$$
$$LSI=0 \quad \text{饱和状态}$$
$$LSI<0 \quad \text{溶解}$$

若进水中添加防垢剂，如 SHMP，可使浓水的 LSI≤1 时不会发生 $CaCO_3$ 沉淀，不然就得加酸调节 pH 使 LSI<0。通常取 LSI<−0.2（不加 SHMP）或 LSI<0.5（加 10mg/L SHMP）。

LSI 计算见例 8-1。

【例 8-1】 计算含盐量 TDS=400mg/L、$[Ca^{2+}]=240$mg/L（以 $CaCO_3$ 计）、$[HCO_3^-]=196$mg/L（以 $CaCO_3$ 计）、pH=7.2 的水在 51℃（124℉）的 LSI。

解   根据上述已知条件得：

$A=0.16$（由 $A\sim$TDS=400mg/L）

$B=1.53$（由 $B\sim t=51$℃）

$C=1.98$（由 $C\sim[Ca^{2+}]=240$mg/L）

$D=2.29$（由 $D\sim[HCO_3^-]=196$mg/L）

$pH_s=9.30+0.16+1.53-(1.98+2.29)=6.72$

$LSI=7.2-6.72=+0.48$

② S&DSI 法   对于高 TDS 的水，如海水，采用 20 世纪 50 年代 H. A. Stiff 和 L. E. Davis 提出的 S&DSI 法判断 $CaCO_3$ 沉淀更为精确。其定义为：

$$S\&DSI=pH_r-pH_s \tag{8-179}$$

式中的符号意义和判断 $CaCO_3$ 沉淀的方法与 LSI 法相同。当进水的 pH 为 7.0~7.5，回收率约为 30% 时海水为水源的浓水通常 S&DSI<0。

知道了进水的 $[Ca^{2+}]$、$[HCO_3^-]$ 和 TDS 或离子强度，在一定的回收率下，浓水的相应值可将上述各项分别乘以浓缩因子 CF 得到，水的离子强度 I 的计算方程为：

$$I=\frac{1}{2}\sum m_i Z_i^2 \tag{8-180}$$

式中 I——离子强度；

m_i——离子 i 的质量摩尔浓度，$mol/100gH_2O$；

Z_i——离子 i 的电荷。

质量摩尔浓度的计算方程为：

$$m_i=\frac{c_i}{1000M_{wi}\dfrac{10^6-\text{TDS}_r}{10^6}}=\frac{c_i}{1000M_{wi}(1-\text{TDS}_r\times10^{-6})} \tag{8-181}$$

式中　c_i——离子 i 的浓度，mg/L；

　　M_{wi}——离子 i 的分子量；

　　TDS$_r$——进水中总溶解固体，mg/L。

浓水的饱和 pH（pH$_r$）为：

$$pH_r = pCa + pAlk + K \qquad (8\text{-}182)$$

式中　pCa——钙离子浓度的负对数；

　　pAlk——碱度（HCO$_3^-$ 浓度）的负对数；

　　K——最高温度时的离子强度常数。

上述 pCa、pAlk 和 K 可分别由图 8-93 和图 8-94 查得。

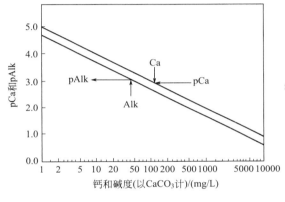

图 8-93　钙、碱度与 pCa、pAlk 关系图

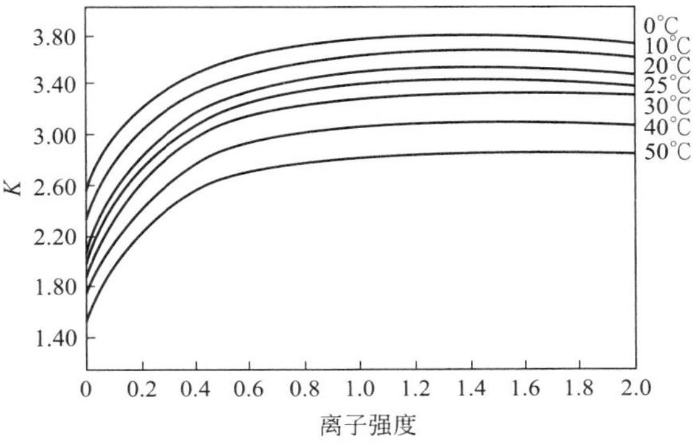

图 8-94　Stiff 和 Davis "K" 与离子强度和温度的关系

浓水的 pH（pH$_r$）可由图 8-95 得到。

③ 防止碳酸钙沉淀的预处理——加酸法　加酸调节进水的 pH 值是使 LSI 或 S&DSI<1，防止 CaCO$_3$ 沉淀最普遍采用的方法。加酸使 CO$_3^{2-}$ 转化为 HCO$_3^-$ 然后转化为 CO$_2$（通常脱气去除）。硫酸或盐酸均可作为调节 pH 的药剂。前者价廉且硫酸根反渗透脱除率较高，故更为可取。但对某些水源，因硫酸带入的硫酸根会导致钙、锶和钡的硫酸盐沉淀，在这种情况下，应以盐酸调节 pH。加酸后的化学反应如下：

$$H^+ + HCO_3^- \longrightarrow CO_2 \uparrow + H_2O$$
$$H_2SO_4 + 2HCO_3^- \longrightarrow 2CO_2 \uparrow + 2H_2O + SO_4^{2-}$$
$$HCl + HCO_3^- \longrightarrow CO_2 \uparrow + H_2O + Cl^-$$

a. 加酸量的计算　加酸量与进水组成有关。根据化学反应，参考式（8-181）和式（8-182）的类似式可导出硫酸和盐酸加入量的计算式。

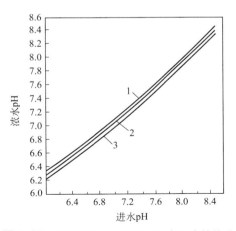

图 8-95　进料海水 pH 与浓水 pH（pH$_r$）的关系

1—回收率≤15%；2—15%≤回收率≤25%；

3—回收率≥25%

根据化学反应，每加入 $1mg/L$ H_2SO_4（100％）产生 $0.898mg/L$ CO_2（以 CO_2 计），同时减少 $1.020mg/L$ 的 HCO_3^-（以 $CaCO_3$ 计）。这样，由式(8-178a) 的类似式

$$R_{f0} = \frac{[HCO_3^-]}{[CO_2]} \tag{8-183}$$

写成

$$R_f = \frac{[HCO_3^-]_{f0} - 1.020[H_2SO_4]_f}{[CO_2]_{f0} + 0.898[H_2SO_4]_f} \tag{8-184}$$

式中 R_f——加酸使进水 pH 由 pH_{f0} 变为 pH_f 时的 R；

$[H_2SO_4]$——将进水 pH_{f0} 调至 pH_f 时加入 H_2SO_4(100％) 的量，mg/L。

式(8-184) 中右端分子为加酸后的进水中 HCO_3^- 的残留浓度；分母为相应的 CO_2 浓度。

将式(8-183) 类同式的指数式

$$R_f = 10^{pH_f - 6.30} \tag{8-185}$$

和

$$[CO_2]_{f0} = [HCO_3^-]_{f0} \times 10^{6.30 - pH_{f0}} \tag{8-186}$$

代入式(8-184) 得硫酸加入量

$$[H_2SO_4]_f = \frac{[HCO_3^-]_{f0} \times (1 - 10^{pH_f - pH_{f0}})}{0.898 \times 10^{pH_f - 6.30} + 1.020} \tag{8-187}$$

根据反应，每加 $1mg/L$ HCl（100％）产生 $1.205mg/L$ CO_2（以 CO_2 计），同时减少 $1.370mg/L$ HCO_3^-（以 $CaCO_3$ 计）。按上述同样方法处理，可得盐酸加入量[mg/L HCl(100％)]

$$[HCl]_f = \frac{[HCO_3^-]_{f0} \times (1 - 10^{pH_f - pH_{f0}})}{1.205 \times 10^{pH_f - 6.30} + 1.370} \tag{8-188}$$

由式(8-185) 和式(8-186) 可知，只要知道原始进水中的 HCO_3^- 浓度（$[HCO_3^-]_{f0}$）和 pH（pH_{f0}）及调整至设定的 pH（pH_f）就可计算硫酸或盐酸的加入量（$[H_2SO_4]_f$ 或 $[HCl]_f$）。

b. LSI 的计算   在通常水处理中，水源为苦咸水和城市自来水。因此，采用 LSI 法判断碳酸钙的沉淀可能性。根据上述 LSI 的定义

$$LSI = pH_r - pH_s$$

$$pH_r = 6.30 + \lg R_r$$

式中，$pH_s = 9.3 + A + B - (C + D)$。

（a）pH_r 的计算步骤

$$R_{f0} = \frac{[HCO_3^-]_{f0}}{[CO_2]_{f0}} = 10^{pH_f - 6.30}$$

$$[CO_2]_{f0} = [HCO_3^-]_{f0} \frac{1}{R_{f0}} = [HCO_3^-]_{f0} \times 10^{6.30 - pH_{f0}}$$

$$[HCl]_f = \frac{[HCO_3^-]_{f0} \times (1 - 10^{pH_f - pH_{f0}})}{1.205 \times 10^{pH_f - 6.30} + 1.370} \quad (HCl\ 调节\ pH)$$

$$[H_2SO_4]_f = \frac{[HCO_3^-]_{f0} \times (1 - 10^{pH_f - pH_{f0}})}{0.898 \times 10^{pH_f - 6.30} + 1.020} \quad (H_2SO_4\ 调节\ pH)$$

$$[HCO_3^-]_f = [HCO_3^-]_{f0} - 1.020 [H_2SO_4]_f \tag{8-189}$$

$$[HCO_3^-]_f = [HCO_3^-]_{f0} - 1.370 [HCl]_f \tag{8-190}$$

$$[HCO_3^-]_f = CF [HCO_3^-]_{f0}$$

式中，$CF = \dfrac{1 - R(SP_{HCO_3^-})}{1 - R} = (1 - R)^{-t_{HCO_3^-}}$

$$[CO_2]_f = [CO_2]_{f0} + 1.205 [HCl]_f \quad (HCl\ 调节\ pH) \tag{8-191}$$

$$[CO_2]_f = TDS_{f0} - 0.266 [H_2SO_4]_f \quad (H_2SO_4\ 调节\ pH) \tag{8-192}$$

$$R_r = \frac{[HCO_3^-]_r}{[CO_2]_r} = \frac{[HCO_3^-]_r}{[CO_2]_f} \tag{8-193}$$

$$pH_r = 6.30 + \lg R_r$$

由图 8-90 pH~R_r图线读取 pH$_r$或由式(8-182) 直接计算。

（b）pH$_s$的计算步骤

$$TDS_f = TDS_{f0} - 0.302 [HCl]_f \quad (HCl\ 调节\ pH) \tag{8-194}$$

$$TDS_f = TDS_{f0} - 0.266 [H_2SO_4]_f \quad (H_2SO_4\ 调节\ pH) \tag{8-195}$$

$$TDS_r = CF \cdot TDS_f = \frac{1}{1 - R} TDS_f \tag{8-196}$$

$$t_{°F} = \frac{9}{5} t_{°C} + 32 \tag{8-197}$$

$$[Ca^{2+}]_r = CF [Ca^{2+}]_f = \frac{1}{1 - R} [Ca^{2+}]_f \tag{8-198}$$

$$[HCO_3^-] = CF[HCO_3^-]_f = \frac{1 - R(SP_{HCO_3^-})}{1 - R} [HCO_3^-]_f = (1 - R)^{-r_{HCO_3^-}} [HCO_3^-]_f \tag{8-199}$$

由表 8-25 的 A~TDS、B~t、C~$[Ca^{2+}]$ 和 D~$[HCO_3^-]$ 分别查得与上述 TDS、t、$[Ca^{2+}]$ 和 $[HCO_3^-]$ 相对应的 A、B、C 和 D。利用查得的数据即可求得 pH$_s$。

（c）计算 LSI

$$LSI = pH_r - pH_s$$

c. 例题

【例 8-2】　有一种苦咸水，其水质分析的主要结果如下：$[Ca^{2+}]_{f0}$ 为 90mg/L($CaCO_3$ 计）；碱度 $[HCO_3^-]_{f0}$ 为 240mg/L（以 $CaCO_3$ 计）；总溶解固体（TDS_{f0}）为 1490mg/L；pH_{f0} 为 7.40；水温 t 为 21℃；反渗透装置回收率 R 为 75%。试问：①$CaCO_3$ 是否会沉淀；②若发生 $CaCO_3$ 沉淀，加 H_2SO_4 或 HCl 后 pH 变为 $pH_f=6.0$ 时的情况。

解　（a）$CaCO_3$ 沉淀趋势的判断

$$R_{f0}=\frac{[HCO_3^-]_{f0}}{[CO_2]_{f0}}=10^{pH_f-6.30}=10^{7.4-6.30}=12.59$$

$$[CO_2]_{f0}=[HCO_3^-]_{f0}\times10^{6.30-pH_{f0}}=240\times10^{6.30-7.40}$$
$$=19.06mg/L（以 CO_2 计）$$

设 $SP_{HCO_3^-}=0.06$

$$[HCO_3^-]_{r0}=CF[HCO_3^-]_{f0}=\frac{1-R(SP_{HCO_3^-})}{1-R}[HCO_3^-]_{f0}$$
$$=\frac{1-0.75\times0.06}{1-0.75}\times240=3.82\times240$$
$$=916.8(mg/L)（以 CaCO_3 计）$$

$$R_{r0}=\frac{[HCO_3^-]_{r0}}{[CO_2]_{r0}}=\frac{[HCO_3^-]_{r0}}{[CO_2]_{f0}}=\frac{916.8}{19.06}=48.10$$

$$pH_{r0}=6.30+lgR_{r0}=6.30+lg48.10=6.30+1.68=7.98$$

$$TDS_{r0}=CF\cdot TDS_f=\frac{1}{1-R}TDS_f$$
$$=\frac{1}{1-0.75}\times1490$$
$$=5960(mg/L)（加 HCl 调节 pH）$$

$$t_{℉}=\frac{9}{5}t_{℃}+32=\frac{9}{5}\times21+32=70(℉)$$

$$[Ca^{2+}]_{r0}=CF[Ca^{2+}]_{f0}=\frac{1}{1-R}[Ca^{2+}]_{f0}=\frac{1}{1-0.75}\times90$$
$$=360(mg/L)（以 CaCO_3 计）$$

由表 8-25 可得：

$A\sim TDS$：$TDS_{r0}\approx6000mg/L$　　　　　　　　　$A=0.28$

$t\sim B$：$t=21℃=70℉$　　　　　　　　　　　　$B=2.06$

$C\sim[Ca^{2+}]$：$[Ca^{2+}]_{r0}=360mg/L$　　　　　　　$C=2.16$

$D\sim[HCO_3^-]$：$[HCO_3^-]_{r0}=916.8mg/L$　　　　$D=2.96$

$$pH_s=9.3+A+B-(C+D)$$
$$=9.3+0.28+2.06-(2.16+2.96)=6.52$$

$$LSI=pH_{r0}-pH_s=7.98-6.52=1.46>0（有 CaCO_3 沉淀趋势）$$

（b）加 H_2SO_4 或 HCl 后 pH 变为 $pH_f = 6.0$ 时 $CaCO_3$ 沉淀趋势判断

$$[H_2SO_4]_f = \frac{[HCO_3^-]_{f0} \times (1 - 10^{pH_f - pH_{f0}})}{0.898 \times 10^{pH_f - 6.30} + 1.020}$$

$$= \frac{240 \times (1 - 10^{6.0 - 7.4})}{0.898 \times 10^{6.0 - 6.30} + 1.020}$$

$$= 156.8 (mg/L)(H_2SO_4, 100\%)$$

或

$$[HCl]_f = \frac{[HCO_3^-]_{f0} \times (1 - 10^{pH_f - pH_{f0}})}{1.205 \times 10^{pH_f - 6.30} + 1.370}$$

$$= \frac{240 \times (1 - 10^{6.0 - 7.4})}{1.205 \times 10^{6.0 - 6.30} + 1.370}$$

$$= 116.7 (mg/L)(HCl, 100\%)$$

$$[HCO_3^-]_f = [HCO_3^-]_{f0} - 1.020[H_2SO_4]_f$$

$$= 240 - 1.020 \times 156.8$$

$$= 80.1 (mg/L)(以 CaCO_3 计)$$

或

$$[HCO_3^-]_f = [HCO_3^-]_{f0} - 1.370[HCl]_f$$

$$= 240 - 1.370 \times 116.7$$

$$= 80.1 (mg/L)(以 CaCO_3 计)$$

$$[HCO_3^-]_r = \frac{1 - R(SP_{HCO_3^-})}{1 - R}$$

$$[HCO_3^-]_f = \frac{1 - 0.75 \times 0.45}{1 - 0.75} \times 80.1$$

$$= 2.65 \times 80.1 = 212.3 (mg/L)(以 CaCO_3 计)$$

$$[CO_2]_f = [CO_2]_{f0} + 0.898[H_2SO_4]_f$$

$$= 19.06 + 0.898 \times 156.8$$

$$= 159.9 (mg/L)(以 CO_2 计)$$

或

$$[CO_2]_f = [CO_2]_{f0} + 1.205[HCl]_f$$

$$= 19.06 + 1.205 \times 116.7$$

$$= 159.7 (mg/L)(以 CO_2 计)$$

$$[CO_2]_r = [CO_2]_f = 159.8 mg/L(以 CO_2 计)$$

$$R_r = \frac{[HCO_3^-]_r}{[CO_2]_r} = \frac{[HCO_3^-]_r}{[CO_2]_f} = \frac{212.3}{159.8} = 1.329$$

$$pH_r = 6.30 + \lg R_r = 6.30 + \lg 1.329 = 6.30 + 0.124 = 6.42$$

$$TDS_f = TDS_{f0} - 0.266[H_2SO_4]_f \quad (加 H_2SO_4)$$

$$= 1490 - 0.266 \times 156.8 = 1490 - 41.7$$

$$= 1448 (mg/L)$$

或
$$\text{TDS}_f = \text{TDS}_{f0} - 0.302[\text{HCl}]_f \quad (\text{加 HCl 调节 pH})$$
$$= 1490 - 0.302 \times 116.7 = 1490 - 35.2$$
$$= 1455(\text{mg/L})$$

$$\text{TDS}_r = \text{CF} \cdot \text{TDS}_f = \frac{1}{1-R}\text{TDS}_f = \frac{1}{1-0.75} \times 1448$$
$$= 5792(\text{mg/L}) \quad (\text{加 H}_2\text{SO}_4)$$

或
$$\text{TDS}_r = \text{CF} \cdot \text{TDS}_f = \frac{1}{1-R}\text{TDS}_f$$
$$= \frac{1}{1-0.75} \times 1455$$
$$= 5820(\text{mg/L}) \quad (\text{加 HCl 调节 pH})$$

无论加 H_2SO_4 或 HCl，总溶解固体减少，但其值甚微，因此，$\text{TDS}_r \approx \text{TDS}_{r0} \approx 6000\text{mg/L}$

根据该数据和其他的上述有关数据从表 8-25 查得：

$A \sim \text{TDS}$：$\text{TDS}_{r0} \approx 6000\text{mg/L}$ \qquad\qquad $A = 0.28$

$t \sim B$：$t = 21℃ = 70℉$ \qquad\qquad\qquad $B = 2.06$

$C \sim [\text{Ca}^{2+}]$：$[\text{Ca}^{2+}]_{r0} = 360\text{mg/L}$（以 $CaCO_3$ 计）\qquad $C = 2.16$

$D \sim [\text{HCO}_3^-]$：$[\text{HCO}_3^-]_{r0} = 212\text{mg/L}$（以 $CaCO_3$ 计）\qquad $D = 2.32$

$$\text{pH}_s = 9.3 + A + B - (C+D)$$
$$= 9.3 + 0.28 + 2.06 - (2.16 + 2.32) = 7.16$$
$$\text{LSI} = \text{pH}_{r0} - \text{pH}_s = 6.42 - 7.16 = -0.74 < 0$$

将原始的苦咸水加 H_2SO_4（100%）157mg/L 或 HCl（100%）117mg/L 可使水的 pH 调节至 $\text{pH}_f = 6.0$，此时，$\text{LSI} = -0.74 < -0.2$（不加污垢抑制剂时的实际控制值），故不会发生 $CaCO_3$ 沉淀。

④ 防止 $CaCO_3$ 结垢的另一种计算方法

a. 确定进水的总碱度 Alk、TDS、$[\text{Ca}^{2+}]$ 和 $[\text{CO}_2]$；

b. 确定浓水的总碱度 Alk、TDS、$[\text{Ca}^{2+}]$ 和 $[\text{CO}_2]$；

c. 由碱度/$[\text{CO}_2] \sim$ pH 图（图 8-92）可得浓水 pH；

d. 由浓水碱度、浓水 $[\text{Ca}^{2+}]$、浓水 TDS 和温度在 LSI 曲线图（图 8-96）上可分别求得 pAlk、pCa 和 c；

e. 根据 $\text{pH}_s = \text{pAlk} + \text{pCa} + c$ 可求得 pH；

f. 根据 $\text{LSI} = \text{pH}_r - \text{pH}_s$ 可判断 $CaCO_3$ 是否会沉淀。

【例 8-3】 已知进水 TDS = 405mg/L，pH = 6.0，总碱度（$CaCO_3$）= 10mg/L，$[\text{Ca}^{2+}]_{(CaCO_3)} = 65\text{mg/L}$，$T = 25℃$，$[\text{CO}_2] = 16\text{mg/L}$，回收率 = 75%，计算 LSI。

解 浓水总碱度 $= \dfrac{10}{1-0.75} = 40(\text{mg/L})$，$[\text{CO}_2] = 16\text{mg/L}$，$[\text{Ca}^{2+}] = \dfrac{65}{1-0.75} = 260$（mg/L），$\text{TDS} = \dfrac{405}{1-0.75} = 1620(\text{mg/L})$

由水总碱度/$[CO_2]$，从图 8-92，可得浓水 pH＝6.7

由水总碱度/$[Ca^{2+}]$、TDS 和温度，从图 8-96 上可分别求得：

$$pAlk＝3.1，pCa＝2.6，c＝2.24$$

则 $pH_s＝3.1＋2.6＋2.24＝7.94$

$$LSI＝pH－pH_s＝6.7－7.94＝－1.24$$

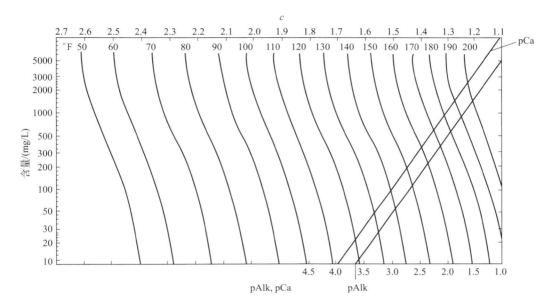

图 8-96　LSI 曲线图

⑤ 另一种求 pH_s 的方法　碳酸钙在水中平衡时，其 pH_s 的简化表达式如下：

$$pH_s＝(pK_2－pK_s)＋pCa＋p[A]　（浓度以 mol/L 表示）$$

$$＝(pK_2－pK_s)＋p'Ca＋p'[A]　（浓度以 mol/L 表示）$$

式中，$pK_2－pK_s$ 反映盐度和水温的影响；pCa 和 p[A] 反映 $[Ca^{2+}]$ 和 [碱度] 的影响。

利用表 8-26 或图 8-97 可对 pH_s 进行计算。

表 8-26　$pK_2－pK_s$ 的值

含盐量 /(mg/L)	$pK_2－pK_s$				
	0℃	10℃	20℃	50℃	80℃
0	2.60	2.34	2.10	1.55	1.13
40	2.68	2.42	2.18	1.63	1.22
200	2.76	2.50	2.27	1.72	1.32
400	2.82	2.56	2.33	1.79	1.39
600	2.86	2.60	2.37	1.84	1.44
800	2.89	2.64	2.40	1.87	1.48

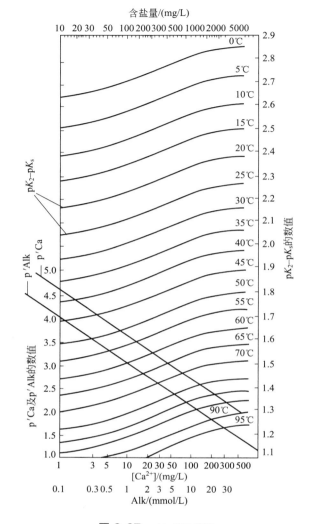

图 8-97 pHₛ 值计算图

（2）硫酸盐（硫酸钙、硫酸银和硫酸钡）沉淀的判断和防止

海水为水源时，通常不存在微溶性硫酸盐沉淀的问题。然而对于苦咸水来说，要考虑反渗透浓水中钙（锶和钡）硫酸盐的沉淀并加以控制。

若反渗透浓水中的微溶性硫酸盐超过该水溶液温度下的溶度积 K_{sp}，在膜上会产生硫酸钙（硫酸锶和硫酸钡）沉淀。由于这些盐沉淀难以除去，故通常以此作为限制装置回收率 R 的指标。

每种盐的溶度积 K_{sp} 分别与其对应的离子在浓水中的离子积 IP_r 相比的结果如下：

$$K_{sp} > IP_r \quad 沉淀$$
$$K_{sp} < IP_r \quad 溶解$$
$$K_{sp} = IP_r \quad 饱和溶液（处于平衡状态）$$

为防止沉淀，有的膜制造公司推荐 $IP_r \leqslant 0.8K_{sp}$。

一般来说，微溶盐的溶解度随着溶液离子强度的增加而提高。就苦咸水中通常存在的微溶盐而言，K_{sp} 值是离子强度 I 的函数。

离子强度的计算方程参见式(8-180)，质量摩尔浓度的计算，参见式(8-181)。

钙、锶和钡的硫酸盐的溶度积 K_{sp} 与离子强度 I 的关系分别参见图 8-98、图 8-99 和图 8-100。

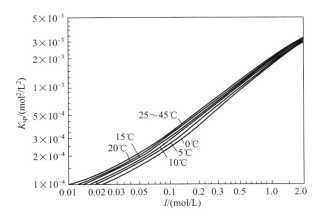

图 8-98　硫酸钙的 K_{sp} 与离子强度 I 的关系

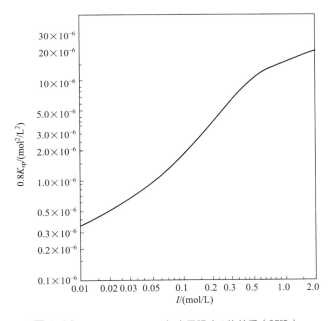

图 8-99　硫酸锶的 $0.8K_{sp}$ 与离子强度 I 的关系（25℃）

① 硫酸钙沉淀的判断和防止　为判断硫酸钙沉淀的可能性需进行如下计算。

a. 计算进水的离子积 IP_f

$$IP_f = [Ca^{2+}]_f[SO_4^{2-}]_f \tag{8-200}$$

$$[Ca^{2+}]_f = \frac{[Ca^{2+}]_f}{1000M_{Ca^{2+}}} \tag{8-201}$$

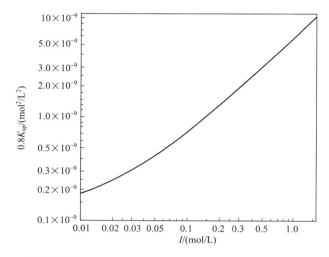

图 8-100 硫酸钡的 $0.8K_{sp}$ 与离子强度 I 的关系（25℃）

$$[\mathrm{SO_4^{2-}}]_f = \frac{[\mathrm{SO_4^{2-}}]_f}{1000 M_{\mathrm{SO_4^{2-}}}} \tag{8-202}$$

式中　　$[\mathrm{Ca^{2+}}]_f$——进水中 $\mathrm{Ca^{2+}}$ 的浓度，mol/L；

$M_{\mathrm{Ca^{2+}}}$——$\mathrm{Ca^{2+}}$ 的分子量；

$[\mathrm{SO_4^{2-}}]_f$——进水中 $\mathrm{SO_4^{2-}}$ 的浓度，mol/L；

$M_{\mathrm{SO_4^{2-}}}$——$\mathrm{SO_4^{2-}}$ 的分子量。

b. 计算进水的离子强度 I_f，参见式(8-180)。

c. 由图 8-98 得到与 I_f 相应的 K_{sp}。

d. 计算不发生硫酸钙沉淀的最高浓缩倍数

$$\mathrm{CF_{max}} = \sqrt{\frac{0.8 K_{sp}}{\mathrm{IP_f}}} \quad （不加\ SHMP） \tag{8-203}$$

$$\mathrm{CF_{max}} = \sqrt{\frac{1.2 K_{sp}}{\mathrm{IP_f}}} \quad （加\ 10mg/L\ SHMP） \tag{8-204}$$

e. 计算与 $\mathrm{CF_{max}}$ 相应的最高回收率 R_{max}

$$R_{max} = 100 - \frac{100}{\mathrm{CF_{max}}} \tag{8-205}$$

② 硫酸锶沉淀的判断和防止　苦咸水为水源时，反渗透浓水中有可能出现 $\mathrm{SrSO_4}$ 沉淀。这是因为 $\mathrm{SrSO_4}$ 的 K_{sp} 比 $\mathrm{CaSO_4}$ 的要低得多。水源中含有 $10\sim15mg/L$ 的 $\mathrm{Sr^{2+}}$ 足以引起浓水中 $\mathrm{SrSO_4}$ 沉淀。其计算式和步骤同 $\mathrm{CaSO_4}$，所不同的是式中的 $\mathrm{IP_f}$ 和 K_{sp} 是由 Sr 的浓度代替 Ca 的，由图 8-99 代替图 8-98。另外，当加入 $10mg/L$ 的 SHMP 时的最高浓缩倍数为：

$$\mathrm{CF_{max}} = \sqrt{\frac{8.0 K_{sp}}{\mathrm{IP_f}}} \tag{8-206}$$

③ 硫酸钡沉淀的判断和防止　苦咸水中通常 Ba^{2+} 含量比 Sr^{2+} 低得多，与 Ca^{2+} 相比更是微不足道，但其 K_{sp} 极低，Ba^{2+} 的浓度低至 $0.05\sim0.10mg/L$ 时反渗透浓水中有可能出现 $BaSO_4$ 沉淀。有关计算式和计算步骤亦与上述相同。只是由 Ba^{2+} 的浓度和图 8-100 代替上述相应的浓度和图即可。另外，当加入 $10mg/L$ 的 SHMP 时，最高浓缩倍数为：

$$CF_{max}=\sqrt{\frac{40K_{sp}}{IP_f}} \tag{8-207}$$

由上述计算式可知，加 SHMP 防止 $SrSO_4$ 和 $BaSO_4$ 沉淀更为有效。

④ 防止硫酸钙（硫酸锶和硫酸钡）沉淀的措施

a. 控制装置的回收率 $R<R_{max}$；

b. 添加适量防垢剂如 SHMP 提高 R_{max}；

c. 采用钠型（R-Na）离子交换去硬度——软化。

硫酸钙是膜水垢中最常见的微溶性硫酸盐。在反渗透单元的操作温度下，硫酸钙以石膏形式（$CaSO_4\cdot2H_2O$）存在。其在 25℃的水中的溶解度为 0.21%（质量分数）。与其相对应的溶度积为：

$$K_{sp}=2.4\times10^{-4}mol^2/L^2=2.4\times10^6mg^2/L^2（以CaSO_4计）$$

基于这一 K_{sp}，是否添加 SHMP 及其添加量的粗略估计见表 8-27。

8.7.1.1.4　金属氢氧化物的控制

原始进水中溶解的金属盐在反渗透单元中会发生沉淀。这些沉淀中最常见的是氢氧化铁，其次是氢氧化铝，也有可能存在氢氧化锰沉淀，但不太常见。在除铁过程中锰也被除去。

表 8-27　浓水中硫酸钙的离子积与 SHMP 的添加量

$[Ca^{2+}]_r[SO_4^{2-}]_r$(以 CaSO_4 计)/(mg²/L²)	SHMP/(mg/L)
$<2.4\times10^6$	0
$(2.4\sim5)\times10^6$	$5\sim10$
$(5\sim10)\times10^6$	15

（1）铁化合物、锰化合物

① 铁污染的原因

a. 组件内亚铁离子的氧化　二价的亚铁离子本身不会影响膜组件的性能，且脱除率很高。然而，进水中含有溶解氧，使之氧化为三价铁，尤其是在高 pH 下，在膜上形成沉淀。这一氧化反应的速率与进水中铁离子的浓度、氧的浓度和 pH 有关。控制进水的 pH 和消除氧气可防止氢氧化铁沉淀。将 pH 降至通常反渗透单元的 pH 范围（$5\sim7$），不会影响二价铁的溶解度，但在较低的 pH 下二价铁的氧化速率大为降低。

b. 预处理和反渗透的设备和管系可能出现铁的腐蚀产物，如预处理系统的某些衬胶设备、泵和管阀件等的局部缺陷处和高压耐腐蚀泵及管道的某些死角、焊缝处的腐蚀产物等。

c. 水源至反渗透系统之间长距离铁（铸铁）管的腐蚀产物。

d. 铁腐蚀产物中的部分铁胶体（划归为胶体处理）。

② 铁污染的防止

a. 根据进水 pH 和溶解氧含量确定进水二价铁含量的准则见表 8-28。

表 8-28 进水二价铁含量控制准则

氧含量/(mg/L)	pH	允许的亚铁(Fe²⁺)含量/(mg/L)
<0.5	<6.0	4
0.5~5	6.0~7.0	0.5
5~10	>7.0	0.05

b. 亚铁（Fe^{2+}）浓度极高时的措施

（a）曝气、加氯（Cl_2 或 $NaClO$）或高锰酸钾（$KMnO_4$）将亚铁（Fe^{2+}），氧化为三价铁（Fe^{3+}），然后过滤除去；

（b）海绿砂滤器一步将 Fe^{2+} 氧化为 Fe^{3+} 同时将铁的沉淀滤去；

（c）铁含量不高，如<1mg/L 时也可由钠型阳离子交换软化除铁，但铁含量>1mg/L 时会使软化器中毒（污染）。

（2）铝化合物

某些城市自来水采用明矾（硫酸钾铝）作为絮凝剂。这类自来水有可能出现铝污染。铝离子是两性的，在 pH 为 6.5~6.7 时的溶解度最小。在絮凝过程中，pH 过高或过低，处理后的水中都会含有较高浓度的铝离子。这样的水作为反渗透的原始进水，不是在调节 pH 防止碳酸钙沉淀的过程中出现氢氧化铝沉淀，就是在反渗透过程中出现氢氧化铝沉淀。为防止出现上述情况，在以铝剂处理系统中，必须控制 pH 在 6.5~6.7，从而使铝的溶解度最低，防止铝对反渗透单元的污染。

8.7.1.1.5 SiO₂ 沉淀的控制

（1）SiO₂ 的溶解度

二氧化硅过饱和时会聚合产生不溶性的胶体硅或硅胶而污染膜。浓水中最高的二氧化硅浓度是根据无定形二氧化硅的浓度确定的。在纯水中，无定形二氧化硅在 25℃ 时的溶解度为 100mg/L，其溶解度随温度呈线性变化，在 0℃ 时为 0mg/L，在 40℃ 时为 160mg/L，见图 8-101 中的实线。当 pH 为中性时，似乎只有溶解的硅酸，在碱性溶液中，无定形硅的溶

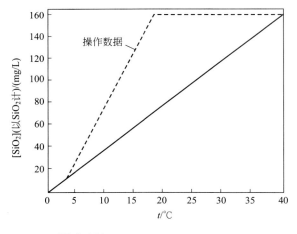

图 8-101 温度与 SiO₂ 溶解度的关系

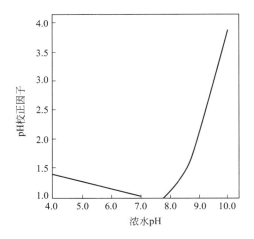

图 8-102 SiO₂ 溶解度的 pH 校正因子

解度大于酸性和中性溶液中的值，这主要是由于硅酸离子化的结果，图 8-102 所示的为不同 pH 下 SiO_2 溶解度的 pH 校正因子。SiO_2 的溶解度似乎与离子强度无关。然而 Fe、Al、Mn 的氢氧化物会吸附 SiO_2 及催化 SiO_2 复合体发生沉淀。国外的一个组件生产公司的经验指出，若无杂质催化作用，实际应用中 SiO_2 的溶解度与温度的操作线如图 8-101 中虚线所示，在此虚线范围内，不产生 SiO_2 沉淀。

（2）SiO_2 沉淀的判断

不产生 SiO_2 沉淀的条件为：

$$[SiO_2]_r \leqslant [SiO_2]_{ht}$$

$$[SiO_2]_r = CF[SiO_2]_f = (1 - R^-_{SiO_2})[SiO_2]_f \tag{8-208}$$

$$[SiO_2]_{ht} = [SiO_2]_r CF_{pH} \tag{8-209}$$

式中　$[SiO_2]_r$——浓水中 SiO_2 的浓度，mg/L；

$\quad\quad [SiO_2]_f$——SiO_2 在水中的溶解度，mg/L；

$\quad\quad [SiO_2]_{ht}$——温度为 t 时 SiO_2 在水中的溶解度，mg/L；

$\quad\quad CF_{pH}$——SiO_2 在水中溶解度的 pH 校正因子（图 8-102）。

（3）二氧化硅沉淀的控制

SiO_2 无任何防垢剂和分散剂，主要控制方法如下：

① 降低回收率，使浓水中 SiO_2 含量小于其溶解度；

② 适当提高操作温度，以提高 SiO_2 在水中的溶解度；

③ 适当提高 pH；

④ 上述三方面的组合选择；

⑤ 石灰软化，可使 SiO_2 浓度降低一半左右。

8.7.1.1.6　有机物的去除

（1）有机物类型

进水中可能存在各种有机物，有挥发性的低分子化合物，如低分子的醇、酮和氨等；有极性和阴离子型化合物，如腐殖酸和丹宁酸等；有非极性和弱离解的化合物，如植物性蛋白等。这些有机物呈悬浮、胶体和溶解三种形态。这里仅涉及可溶性有机物。

（2）有机物对膜污染的作用

有些低分子化合物如乙醇等，可透过膜，这样对膜没有影响；腐殖酸分子量大，不透过膜，也很少污染膜；而丹宁酸易吸附在膜上，是强污染剂。

（3）有机物的去除方法

不同种类的有机物，根据其特性，用不同的方法去除。除上述用聚阳离子絮凝剂除去阴离子、极性大分子外，还可用下述一些方法：

① 低分子易挥发有机物，可用脱气法去除；

② 非极性、中高分子量的有机物，可用活性炭吸附去除；

③ 弱解离的大分子，可用吸附树脂（又叫有机物清除剂）去除；

④ 在某些情况下，可考虑用超滤来处理，去除相应分子量的有机物。

8.7.1.1.7　常见的预处理系统

按供水水源可分为地下水、地表水和海水等预处理系统。

（1）以地下水作为供水水源

① 美国泰特电厂的预处理系统　该厂补给水源来自深井，压力为0.86MPa。软化器前的调压阀将水压降至0.34MPa。软化器将总硬度降至＜1.7mg/L（以$CaCO_3$计），从而防止反渗透系统中产生碳酸钙垢。系统设计中考虑了软化器可自动切换，当一台软化器水量达到一定值后，即自动再生，备用软化器投入运行。软化器出水的硬度由硬度仪监测，当超过标准时自动停下，同时控制盘发出报警信号，运行人员即投入备用软化器。软化水经3μm保安过滤器后，由高压泵输入反渗透设备。见图8-103。

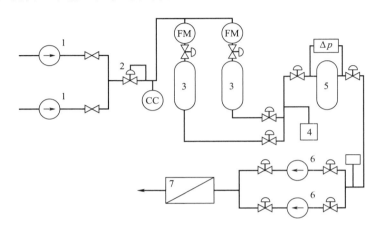

图 8-103　美国泰特电厂的预处理系统

1—深井水泵；2—压力调节阀；3—软化器；4—硬度监测仪；5—3μm保安过滤器；

6—升压泵；7—反渗透设备；CC—统计校正；Δp—压差；FM—反馈机构

② 美国得克萨斯州某电厂　补给水来自砂层中深井，所采用的系统如图8-104所示。

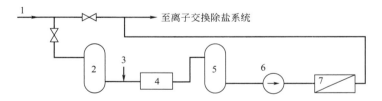

图 8-104　美国得克萨斯州某电厂预处理系统

1—井水；2—活性炭过滤器；3—加酸；4—混合器；5—5μm过滤器；6—高压泵；7—反渗透器

（2）以地表水作为供水水源

以中东地区某电厂锅炉补给水预处理为例：其系统为凝聚、澄清、过滤，精密过滤，将原水制成清水，然后进行次氯酸钠灭菌，加酸调pH值，添加防垢剂等，以保证反渗透器的长期安全运行。系统流程见图8-105。

如反渗透器采用芳香族聚酰胺膜，则反渗透器前应设活性炭过滤器，以除去游离氯，防止膜的氧化。

（3）以海水作为供水水源

① 日本某厂预处理系统　见图8-106。

② 含砂量较低的海水的预处理系统　见图8-107。

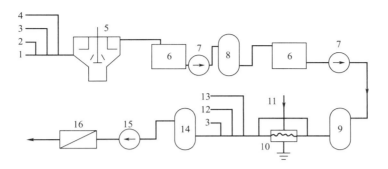

图 8-105　中东地区某电厂预处理系统

1—原水；2—FeCl₃；3—NaClO；4—助凝剂；5—凝聚澄清池；6—水箱；7—水泵；
8—双滤料过滤器；9—精密过滤器；10—加热器；11—蒸汽；12—加酸；13—防垢剂；
14—保安过滤器；15—高压泵；16—反渗透器

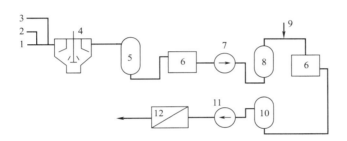

图 8-106　日本某厂预处理系统

1—海水；2—加氯；3—加凝聚剂；4—凝聚澄清池；5—过滤器；6—水箱；7—水泵；
8—精密过滤器；9—加酸调 pH；10—保安过滤器；11—高压泵；12—反渗透器

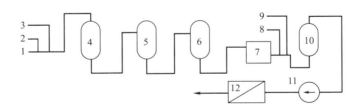

图 8-107　海水预处理系统

1—海水；2—加氯；3—加凝聚剂；4—一级过滤器；5—活性炭过滤器；6—二级过滤器；7—水箱；
8—加酸调 pH；9—加六偏磷酸钠防垢剂；10—保安过滤器；11—高压泵；12—反渗透器

（4）深井水和地表水互为备用供水水源

以天津大港电厂中空纤维组件预处理系统为例，如图 8-108 所示。

8.7.1.2　反渗透和纳滤装置

反渗透和纳滤装置是系统的核心部分，可以除去绝大部分的盐（主要通过反渗透去除），同时还能除去有机物、病毒、细菌和微粒等。

装置的核心部分是反渗透和纳滤元（组）件。这些元（组）件可以是卷式（SW）、中空

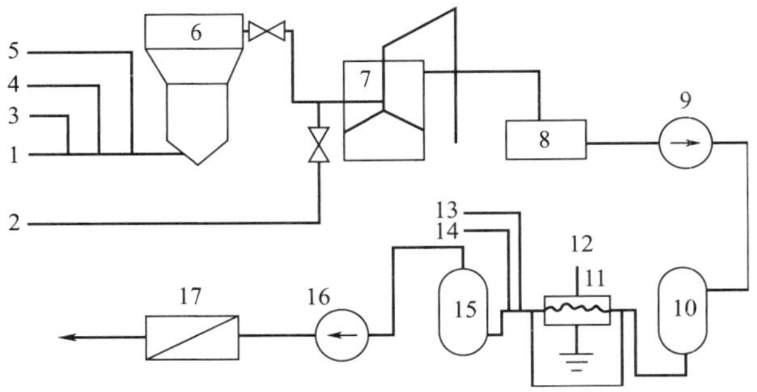

图 8-108 大港电厂中空纤维组件预处理系统

1—地表水；2—地下进水；3—加氯；4—加石灰；5—加凝聚剂；6—凝聚澄清器；7—滤池；
8—清水箱；9—清水泵；10—活性炭过滤器；11—加热器；12—蒸汽；13—加酸调 pH；
14—加六偏磷酸钠防垢剂；15—5μm 过滤器；16—高压泵；17—反渗透器

纤维式（HF）、板框式（PF）和管式（T）等。在水处理方面的应用，几乎都采用前两种元（组）件。一台反渗透或纳滤装置的元（组）件数少则一个，多则几个、几十个，甚至更多，装置内元（组）件数的配置各有差异。

8.7.1.2.1 单组件反渗透和纳滤装置[99,118]

最简单的反渗透和纳滤装置包括一台升高进水压力的高压泵、一个组件和控制装置回收率的浓水流量调节阀。

图 8-109 所示的为设有产水高位槽冲洗回路的单组件反渗透和纳滤装置。预处理后的进水经进水阀流过筒式微米级保安过滤器后至高压泵，由高压泵加压的进水中透过膜的产水进入高（位）产水槽，未透过膜的浓水经流量控制阀排放。对高盐度的苦咸水或海水淡化，应设停机高位产水槽冲洗回路。

装置的配套件及其功能如下：

① 进水阀一旦停机该阀关闭，停止供水。

② 筒式过滤器 5～10μm 过滤器用来除去较粗颗粒，避免损坏高压泵和膜元件。

③ 高压泵 通常采用节流式的多级离心泵或容积式的柱塞泵提供反渗透和纳滤的推动力。前者需设止回阀防止停机时回水冲击而损坏高压泵和元、组件，可用节流阀控制进组件的流量；后者需设缓冲器消除脉动压力对膜的损伤和设保险阀防止超压；若泵的容量大于实际需要值时，均可设旁通回路（十分之一总流量），见图 8-109。

④ 压力开关 高压泵低压侧的吸入管和装置组件入口管、产水管分别设置低压开关和高压开关，从而防止供水不足对高压泵的气蚀、高压气体对膜元件的冲击损坏和进组件压力过高，及由此而引起的回收率过高、对膜元件的损坏以及产水背压过高导致低压管阀件破裂。可能的话，加药箱也应液位控制。

⑤ 流量控制阀 调节浓水排放流量，控制装置的回收率。若采用针形阀，要防止阀门被堵。

⑥ 流量计和压力表 设置产水和浓水的流量计，以度量装置的产水量并借此控制装置的回收率；在筒式过滤器前、后设置压力表，后者可知高压泵吸入压力，前后两者的压差作为更换滤芯的依据；在组件进、出管和产水管处设置压力表，分别控制操作压力，了解组件

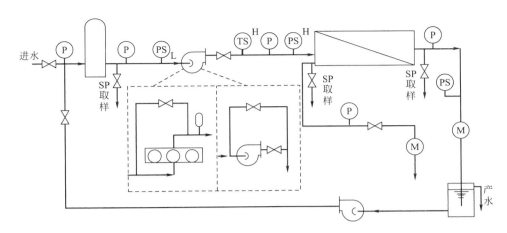

图 8-109　单组件反渗透和纳滤装置

进、出口压差和产水管的背压。压力表宜采用充液（甘油或水）式，所有流量计和压力表应有一定的精度并要定期校验。

　　⑦ 取样阀　在组件的进水、浓水和产水管处设置取样阀，以监测装置、组件的性能。

　　⑧ pH 上、下限切断开关　若加酸调节进水 pH 需设置这一开关。

　　⑨ 高温开关　若进水设有加温设备则需设置高温切断开关。

　　此外，可供选择的监控仪器和仪表如下：

　　a. 高压泵后设置进水温度连续记录仪；

　　b. 高压泵之前的进水管处设置 SDI 连续监测仪；

　　c. 高压泵前面进水管处设置进水 pH 连续记录仪；

　　d. 高压泵之前设置具有自动切断功能的余氯监测器；

　　e. 反渗透运行计时器；

　　f. 若预处理中采用了软化，则要设置硬度报警器；

　　g. 防止软化再生液进入装置，在高压泵前设置高电导切断开关；

　　h. 在组件的进、出口处设置压差计；

　　i. 产水和浓水电导高位报警器。

8.7.1.2.2　多组件反渗透和纳滤装置[99,118,131]

　　为满足对产水的不同量和质的要求，多数需采用多组件的装置。三种基本的配置组件的装置可解决多数水处理（淡化和净化）的问题。多组件装置的主要配套件如泵、阀门、流量计和压力表等与单组件的装置相同。

　　① 多组件并联单段（级）反渗透或纳滤装置　这种装置是分段（浓水分级）式或分级（产水分级）式的特例，如图 8-110 所示。这一装置与图 8-109 所示的单级组件装置无多大的区别，所不同的是增加了并联组件数和增设了进、出并联组件的母管。对于中空纤维式装置，每个组件的浓水出口至母管之间须增设为防止并联组件间回收率相对变化的流量平衡管。这种装置常用于高浓度苦咸水和海水一级淡化及小规模的水净化。

　　② 分段（浓水分级）式反渗透和纳滤装置　分段（二段）式装置通常适用于在反渗透产水满足水质要求的前提下提高回收率的应用场合。中空纤维式的二段式装置的回收率可达

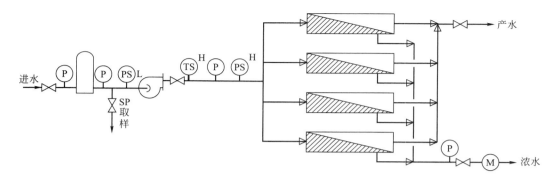

图 8-110　多组件并联单级装置

75％。而三段式的卷式装置要达到这一回收率，通常若不采用浓水回流的流程，须采用六元件的压力容器或采用三段式的四元件的压力容器。图 8-111 所示的为二段式反渗透装置。

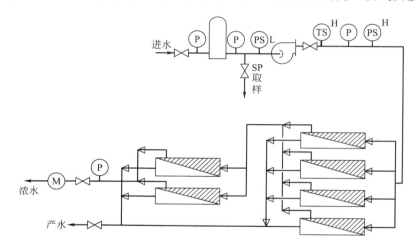

图 8-111　二段式反渗透装置

　　这种装置是将多组件并联的第一段的浓水作为第二段的进水，第二段的产水与第一段产水合并为装置的产水流入（高位）产水槽；第二段的浓水经调节阀后排放。

　　这种装置通常适用于浓度＜10000mg/L 的苦咸水淡化和自来水的净化（去离子和其他杂质）。

　　③ 分级（产水分段）式反渗透装置　分级式装置常用于海水二级反渗透淡化和二级自来水净化，如通常含盐量≤500mg/L 的自来水的制取。电阻为 $0.5\sim1M\Omega(25℃)$ 的纯水，不需离子交换再次除盐。

　　这种装置是将多组件并联的第一级的产水作为第二级的进水，第一级浓水排放；第二级的产水就是装置的产水；由于第二级浓水的含盐量低于装置的原始进水，将其返回与原始进水相混后作为第一级进水。这种装置与分段式装置（图 8-111）相似，所不同的是第一、二级间设置中间水箱和中间水泵，实际上可将其视为两个分段（或单段）式装置的串联。

　　在海水二级反渗透淡化制取饮用水时，装置的第一、二级分别采用海水元（组）件和苦咸水元（组）件。这是因为第二级进水（第一级产水）的含盐量通常＜100mg/L。基于上述进水的含盐量较低和污染物微不足道，故该级的回收率可高达 90%，但为保持较好的流动状态，需采用多段式。

8.7.1.3　辅助设备和主要零部件[118,131]

8.7.1.3.1　停机冲洗系统

（1）海水和高盐度苦咸水应用

海水等高盐度水的淡化应用场合，一旦停机要及时进行冲洗，其理由如下：

① 静态的海水对不锈钢部件的腐蚀较甚；

② 通常加入的防垢剂产生的亚稳态过饱和微溶盐在 4h 内会发生沉淀，须及时冲洗除去；

③ 在停机时，反渗透停止，此时膜产水侧的化学位远高于进水侧的化学位从而发生（自然）渗透，若无适当体积的产水补充会使膜失水干燥而损坏。

为此，须设高位低盐度的产水洗槽回路。其容量由装置的元、组件的规格、数量和冲洗回路中的管线和滤器的容积所确定。这些元、组件的冲洗水量由有关生产这些产品的公司提供，如 B-10ϕ100(4in) 和 ϕ200(8in) 的冲洗水量分别为 11L 和 38L。冲洗回路中的管线和滤器的冲洗水量约 5 倍于其容积。

（2）通常纯水制备应用

由于长期运行，膜面会有一定的沉积物（处于疏松的状态），另外，总溶解固体浓度也会高得多，这时用预处理水低压冲洗，可冲走部分沉积物，并使膜表面溶质浓度趋于正常。一般冲洗 15～30min。

8.7.1.3.2　清洗、灭菌装置

详见 8.7.1.5.5 有关部分。

8.7.1.3.3　能量回收装置[35,36,194,195]

反渗透淡化的能耗通常以比能耗，即生产单位容积淡水所需的能量（kW·h/m³）来表示。它主要取决于操作压力 P 和回收率 R。工程性反渗透淡化装置用于淡化海水时，比能耗为 3～4kW·h/m³（P=5.96MPa；R=30%～35%）；苦咸水淡化的相应值为 1.0～2.0kW·h/m³（P=2.98MPa；R=75%）；反渗透过程中，相当部分能量因浓缩水的放空而没有利用，特别是海水淡化，约 60%～70% 的能量没有利用。所以能量回收从节能和经济性等方面看，是十分重要的。

能量回收设备包括涡轮机（包括冲击式水轮机）、各种旋转泵（即离心泵和叶片泵）、正位移泵、流动功装置（flow-work divice）、水力涡轮增压器（hydraulic turbo charger）、压力交换器等。图 8-112～图 8-115 分别表明常用的几种能量回收设备的原理和应用方式。根据其种类和容量的大小，回收能量各有差异，通常可回收 50%～95% 的能量。

① 小型的流动功装置　见图 8-112。

② 能量回收泵　见图 8-113。

③ 水力能量回收透平　见图 8-114。

④ 水力涡轮增压器　见图 8-115。

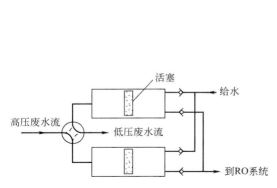

图 8-112 典型的流动功装置

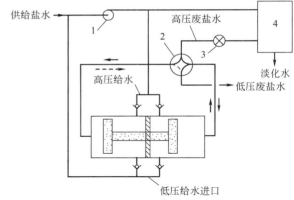

图 8-113 能量回收泵

1—主泵；2—四通阀；3—控制阀；4—RO 膜

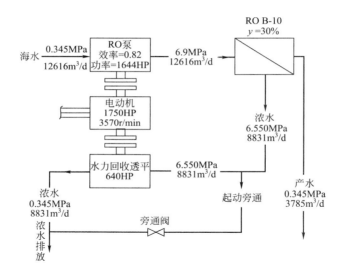

图 8-114 3785m³/d 海水一级反渗透装置的水力能量回收透平

[1HP(马力)＝0.746kW]

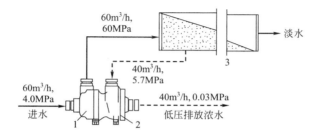

图 8-115 水力涡轮增压器

1—泵部分；2—涡轮部分；3—反渗透装置

表 8-29 为水力涡轮增压器的型号和规格。

表 8-29　水力涡轮增压器的型号和规格

型号	最小流量/(m³/d)	最大流量/(m³/d)	型号	最小流量/(m³/d)	最大流量/(m³/d)
HTCⅡ-25	98	218	HTCⅡ-600	2861	4088
HTCⅡ-50	218	354	HTCⅡ-900	4088	5723
HTCⅡ-75	354	490	HTCⅡ-1200	5723	8175
HTCⅡ-100	490	681	HTCⅡ-1800	8175	11445
HTCⅡ-150	681	1025	HTCⅡ-2400	11445	19350
HTCⅡ-225	1025	1428	HTCⅡ-3600	19350	22890
HTCⅡ-300	1428	2044	HTCⅡ-4800	22890	32700
HTCⅡ-450	2044	2861			

美国 Union Pump 和 Pump Engineering 公司有水力涡轮增压器产品。

⑤ 压力交换器　压力交换器是近几年开发的新的能量回收装置[196,197]，利用正位移的原理，直接传递脱盐浓海水的能量给进料海水，其净能量传递效率在 95% 左右。它由一圆柱形转子、套筒和封盖等组成，转子中有多条与旋转轴平行的导管，转子在套筒内旋转，两端是封盖，封盖上有高低压进出口，转子和端盖间被密封体分为低压区、高压区；转子转动时，导管中先进入进料海水，它的进入使低压浓海水排掉，转过密封区，高压浓海水进入导管，使原来的进料海水获得高压并排出。由于浓海水和进料海水在导管中运动时有一隔层，几乎不混合，每一转仅 1%~3% 的海水是混合的，如图 8-116 所示。

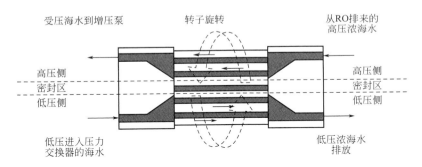

图 8-116　压力交换器工作原理示意图

海水脱盐过程中，海水通过反渗透膜组件的压力损失约为 0.16~0.17MPa，通过压力交换器的压力损失约为 0.13~0.14MPa，管道中压力损失约为 0.03~0.04MPa，所以通过压力交换器获得高压的进料海水只要再增压 0.30~0.33MPa，即可以达到高压进料海水所需的压力，如图 8-117 所示。

压力交换器适于各种类型和规模的海水与苦咸水脱盐中的能量回收，其压力范围在 1.4~8.3MPa。表 8-30 中所列的几种型号的压力交换器可供选用，当一台的容量不够时，可选用多台并联。

⑥ 功交换式能量回收装置　DWEER 是瑞士 Calder. AG 公司的功交换式能量回收装置，属活塞式阀控压力交换器。类似装置还有德国 KSB 公司的 SalTec DT 压力交换器、德国 Siemag Transplan 公司的 PES 压力交换系统等。DWEER 能量回收系统如图 8-118 所示，原

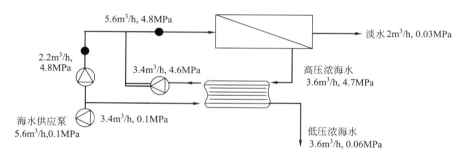

图 8-117　压力交换器回收能量示意图

表 8-30　压力交换器的型号和规格[①]

压力交换器的型号	流量范围/（m³/h）	压力交换器的型号	流量范围/（m³/h）
PX-15（PX-15B）	2.3～3.4	PX-120（PX-120B）	20.4～27.3
PX-25（PX-25B）	3.6～5.7	PX-140（PX-140B）	27.3～34.1
PX-40（PX-40B）	5.9～9.1	PX-200（PX-200B）	36～45
PX-60（PX-60B）	9.3～13.6	PX-220（PX-220B）	41～50
PX-90（PX-90B）	13.9～20.4	PX-260（PX-260B）	50～59

[①] 无括号的表示海水用，压力最高为 8.2MPa；括号内的型号表示苦咸水用，压力最高为 2.76MPa，详见公司说明。

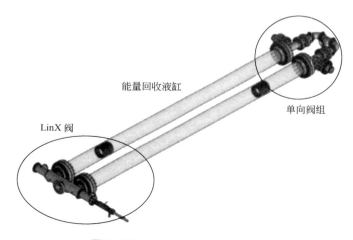

图 8-118　DWEER 能量回收系统图

理是采用两个大直径液缸，其中一个液缸中的高压浓水推动活塞将能量传递给低压原海水并向外排液，另一个液缸中的供料泵压入低压原海水补液并排出低压浓水，两液缸在 PLC 和浓水换向阀的控制下交替排补海水，实现了浓水能量转换成原海水能量的回收过程。活塞式阀控压力交换器需配备增压泵以使初步升压的原海水进入 RO 系统，由活塞隔离浓水和原海水，能量回收效率一般高于 94％。

　　国内对能量回收装置的研究起步较晚，主要的能量回收类型及其安装形式见表 8-31。进行反渗透用能量回收装置研究的主要有中科院广州能源所、天津大学、杭州水处理中心和天津海水淡化研究所等单位，研发方向均为双液压缸功交换式能量回收装置。这些单位申请了相关专利，使用电磁阀、气动阀和液动阀或四通功能阀进行高、低压水的切换，由 PLC

控制阀门的动作，平台试验表明，装置运行稳定，有效能量回收率＞90%，压力波动＜0.2MPa。

表 8-31　能量回收及其安装形式

能量回收的类型	安装形式
水力透平	接入管道系统，为进入往复泵的给水增压
推力透平(pelton)	机械地连接到电动机或水泵的轴上
反转泵(HPRT)	机械地连接到电动机或水泵的轴上
压力(功)交换器	安装在管道系统，直接为补给海水加压

8.7.1.3.4　高低压设备和部件

(1) 高压泵[35]

高压泵是反渗透过程中的关键部件，其选择对 SWRO 很重要，其性能好坏直接影响过程的进行和经济性。与选用其他设备、仪器等一样，选择高压泵必须考虑其可靠性、投资费、机械效率等，还要考虑对环境的影响（噪声）。用于反渗透海水淡化工程的高压泵主要是往复式柱塞泵和多级离心泵。

常用泵的品种如下：

① 往复泵　为正位移泵，扬程高、效率高（达80%以上），但流量不稳，主要应用于高扬程和小流量的场合，如实验室和小型海水淡化装置等场合下的应用。现今往复泵最大出水量大约为227m³/h，超出此范围，就要选用多级离心泵。大容量的往复泵，其机械效率可高达90%～94%，对于电价较高的海区，选用往复泵是经济的。往复泵除了效率比离心泵高之外，还有一个优点，即出水量比较恒定，不像离心泵，出水流量随压力增大而降低。但往复泵出水压力有脉冲，不像离心泵那样稳定。此外往复泵的噪声较大，为了稳定往复泵的压力和流量，在往复泵的进水口或排水管路上必须安装缓冲器（或称稳压器）。目前国产的有宝鸡水泵厂、沈阳水泵厂、大连水泵厂的产品，进口的有 Union Pump 的产品等。

② 多级离心泵　结构简单、安装方便、体积小、重量轻、易操作维修、流量连续均匀，且可用阀方便地对流量进行调节，效率在60%～85%左右。在大型反渗透海水淡化工程中，目前所用高压泵产品主要是欧美产品，比如德国 KSB 公司的 Multitec-RO 型和 HGM-RO 型节段式多级泵、瑞士 Sulzer 公司的 MC 型和 MBN 型节段式多级泵、美国滨特尔水处理有限公司 PWTD(N) 的系列节段式多级离心泵，以及美国 Flowserve 公司的中开泵产品。目前，进入中国市场的海水淡化高压泵主要有德国 KSB、瑞士 Sulzer 和美国滨特尔水处理有限公司的产品。国产的有杭州南方特种泵厂、浙江科尔泵业股份有限公司、江苏大学和杭州中杭泵业有限公司等的产品[198]。

水平中开式多级离心高压泵适用于流量大于220m³/h的场合，流量越大，泵的效率越高，效率可达75%～85%，特点是轴向推力小、维护保养方便，但制造成本高；节段式多级离心高压泵用于中等流量（80～220m³/h）的场合，效率在65%～80%，特点是结构简单、体积小、重量轻、价格相对便宜；不锈钢冲压泵只用于中小流量场合，通常流量＜95m³/h，它的特点是效率不高，一般小于70%，但体积小、重量轻、操作维护方便。

图 8-119 给出了这类泵的工作曲线，可供选泵用。

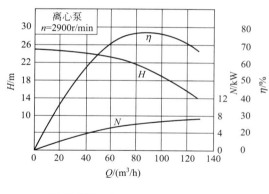

图 8-119 多级离心泵工作曲线示例

③ 高速泵 是一种高扬程、高转速（$1 \times 10^4 \sim 3 \times 10^4 \text{r/min}$）的泵，它体积小、重量轻、结构紧凑、占地面积小、流量连续均匀、维修方便等，但加工精度要求高，效率偏低（约40%）。

另外还有鱼雷泵等（略）。

（2）加药泵

现多用隔膜计量泵，以机械或电磁形式传动，也有用柱塞泵的。通常将药剂（酸、消毒剂、防垢剂或絮凝剂等）先配成一定浓度的大桶（$100 \sim 200\text{L}$）溶液，之后用加药泵计量注入 RO 系统或 NF 系统。可用如下公式计算：

$$Q_p = PC_{dp}PC_{vp}Q_{max} \tag{8-210}$$

$$\frac{Q_p V_0 c_0}{V_t} = c_{ef}Q_f \tag{8-211}$$

式中，Q_p 为泵的注入速度，L/d；PC_{dp} 为泵行程百分比；PC_{vp} 为泵速度百分比；Q_{max} 为泵的最大输出速度，L/d；V_0 为药剂体积；c_0 为药剂原浓度；V_t 为配药剂桶体积；c_{ef} 为进水中药剂浓度；Q_f 为进水流速，L/d。

（3）阀门

RO 系统中用的阀门品种较多，包括节流阀、截止阀、止回阀和取样阀等，有进水和浓水用的高（中）压阀门，也有产水部分用的低压阀门，根据需求，可用手动、电动、气动或液动来控制。

高压泵进水装止回阀和闸阀，防止启动时流速太大和停运时回流对泵和膜组件造成不必要的损伤。浓水出口装节流阀，调节和控制回收率在一定范围。产水侧装止回阀，防止停运时，产水回流对组件的损伤。进水、浓水和产水各设取样阀，供取样分析。另外，水泵应设放气阀，柱塞泵应设安全阀和稳压阀等。

（4）膜元件的承压壳体

卷式反渗透元件使用时要装入相应的承压壳体中。根据不同的应用，可选用玻璃钢（FRP）、不锈钢和塑料等材料的壳体，如海水淡化可选 FRP 的，医用纯水生产可选不锈钢的，直径 5.08cm(2in) 和低压用 10.16cm(4in) 的元件可选用廉价的 PVC 壳体。壳体长度根据实际需求选定，从单元件壳体直到可容 $7 \sim 8$ 个元件的壳体。通常容 6 个元件的壳体用得最多。壳体在 1.5 倍操作压力下进行安全性试验后，方可使用。高压进出口开在壳体侧面的两端，利于元件装卸和更换。在现场，壳体两端各应有至少 1.5m 的空间供操作和更换元件。FRP 壳体在支架上要有靠垫并固定牢，防止振动使壳体与机架摩擦而造成损伤。

（5）有关材质

反渗透膜污染物的来源之一是这些设备和管阀件的铁腐蚀产物。为此，对于溶液（水）

过滤部件，必须采用耐腐蚀材料，应根据承受压力和接触的介质选用。

① 高压部件　凡高压设备和管阀件等通常采用不同牌号的不锈钢。玻璃钢等耐压、耐腐蚀的非金属材料也常被选用，如组件的壳体。对于海水等含盐量很高的水的过流部件，通常采用 SS（SUS）316 不锈钢，而对于一般的苦咸水或自来水通常采用 SS（SUS）304 或 1Cr18Ni9Ti（国产）不锈钢。

不锈钢铸件、死角和焊缝等处往往也会出现腐蚀现象，应根据需要进行相应的机械加工和氩弧焊，以改善腐蚀状况。另外，在管道设计时采用 ≥1.5m/s 的流速也是防止不锈钢管阀件腐蚀的措施。

② 低压部件　凡低压设备多半采用钢衬胶，也有采用 SS(SUS)304 不锈钢、1Cr18Ni9Ti、玻璃钢、聚乙烯等。大管径（>φ100mm）的低压管道常采用钢衬胶管，而小管径的多半采用 ABS、U-PVC 和 PVDF（接触流体为超纯水）。

8.7.1.3.5　有关仪表

（1）测量仪表

① 流量仪表　测定浓水和产水的流量。

② 压力仪表　测定保安过滤器进出口的压力；测定反渗透组件进出口的压力；测定高压泵入口的压力；测定产水的压力。

③ 水质仪表　测定进水的 SDI；测定进水、产水的电导率；测定进水的 pH；测定进水的游离氯；测定进水的温度。

（2）控制仪表

① 低压开关　在高压泵前的进水设置，以免损坏泵。

② 高压开关　在高压泵后的进水设置，以免损坏膜元件。

③ 高压开关　在产水侧设置，不应超过进水压力，保护膜元件。

④ 水位开关　控制中间水箱高低液位，启、闭 RO 系统。

⑤ 硬度在线检测仪　检测软化器出水是否失效。

⑥ 氧化还原电位（ORP）仪　检测游离氧含量的高低。

⑦ 高温开关　在进水侧设置，以免温度过高损坏膜。

⑧ 流量开关　在浓缩水侧设置，防止回收率太高（浓水流量太小）。

⑨ 电导率开关　在产水侧设置，电导率过高则排放，保护下流设备和过程。

⑩ 高、低 pH 开关　在进水侧设置，防止系统结垢或膜水解。

另外，根据客户要求可增设其他相关的测量仪表和监控仪表。

8.7.1.4　设备的操作与维修[44,158,176]

8.7.1.4.1　元件装配和取换

（1）元件装配

① 装元件前，整个系统应清洗、漂洗，确保无污染物，取下承压壳体的两个端板；

② 打开塑料封袋，取出元件；

③ 在每一个元件上游沟槽处放一盐水密封圈，其开叉对着上游；

④ 从承压壳体的上游放入第一个元件，元件的盐水密封在上游处，为了便于装第二个元件，第一个元件伸出承压壳体外约 15cm；

⑤ 记录元件号码和位置；

⑥ 在内连接管的"O"形密封环上涂少许甘油，转动使之均匀，并将该内连接管插入第一个元件上游的中心管中；

⑦ 使第二个元件下游与第一元件的内连接管对齐，轻推并旋转，使之插入第二元件下游的中心管中；

⑧ 与承压壳体平行地推这两个元件进入壳体内，使第二个元件伸出承压壳体外约 15cm；

⑨ 记录第二个元件的号码和位置；

⑩ 重复上述装填过程，直到所需数目的元件装入壳体内；

⑪ 在第一个和最后一个元件的两外端插入甘油润滑的产水接头；

⑫ 将下游压力端板连接到产品水接头上并固定；

⑬ 将上游压力端板连接到产水接头上并固定；

⑭ 在两个端板处，连接上所需要的管道。

（2）从承压壳体中取出元件

① 从两个端板上拆掉所有管件，从壳体上卸下两个端板；

② 从进水的上游向下游推出元件，从下游出口一个个地取出元件，为了从壳体中取出第 2～6（最后一个）个元件，必要时可使用推杆。

注：

a. 装、取元件时，手要干净或带干净手套，以防污染。

b. 装、取元件时，要小心，不要产生元件振动，如跌落、与其他物品碰撞等。

c. 装、取元件时，要仔细，不要划伤密封端面，如盐水和产水的密封沟槽和密封面等。

（3）更换元件

先取再装，同上述的（2）和（1）。

8.7.1.4.2　启动、记录和停运

（1）启动

① 检查进水水质是否符合要求；

② 在低压和低流速下排掉系统中所有的空气；

③ 检查系统是否渗漏；

④ 调节进水和浓水的节流阀，逐渐增大压力和流速到设计值；

⑤ 取浓水样品分析，确定有无结垢、沉淀和污染的可能；

⑥ 检查和试验所有在线传感器，设定联锁点、时间延时保护和报警等；

⑦ 系统达设计条件后，运行 1～2h 全排放，去掉残存的制膜试剂或杀菌保护试剂；

⑧ 系统稳定运行后，记录操作条件和性能参数；

⑨ 系统停运后，再启动，开始应在低压下用预处理水冲洗，以冲走静置时膜表面上变疏松的沉淀物等。

（2）记录（表8-32供参考）

表8-32 RO运行关键参数日常检测（供参考）

参数		检测日期		
砂滤器	进、出口压力/kPa			
	压降/kPa			
	游离氯/(mg/L)			
活性炭过滤器	进、出口压力/kPa			
	压降/kPa			
	游离氯/(mg/L)			
软化器	进、出口压力/kPa			
	压降/kPa			
	再生后流量/(m³/h)			
	出口硬度/(mg/L)			
保安过滤器	进、出口压力/kPa			
	压降/kPa			
RO进水	SDI			
	水温/℃			
	游离氯/(mg/L)			
	pH			
	TDS/(mg/L)			
	电导率/(μS/cm)			
	压力/kPa			
浓水	流速/(m³/h)			
	压力/kPa			
	压降/kPa			
产水	流速/(m³/h)			
	TDS/(mg/L)			
	电导/(μS/cm)			
	压力/kPa			
	脱盐率/%			
循环水	流速/(m³/h)			
	运行时间/h			

每天收集记录操作参数和性能数据（自动记录更好）。

① 流速　包括进水、渗透水和浓水。

② 压力　包括进水、渗透水、浓水和级间。

③ 进水温度。

④ 操作延续时间。

⑤ 清洗或非正常事件　如停车，预处理有问题等。

⑥ 启动时及以后每 3 个月的间隔，对进水、渗透水和浓水做全化学分析；其中要包括以下离子的浓度：Ca^{2+}、Mg^{2+}、Na^+、Sr^{2+}、Ba^{2+}、Fe^{3+}、Al^{3+}、HCO_3^-、SO_4^{2-}、Cl^-、NO_3^-、SiO_3^{2-}。对渗透水可不分析 Sr^{2+}、Ba^{2+}、Fe^{3+}、Al^{3+} 等离子。

⑦ 日常记录一定要有电导（进水、浓水和渗透水）、SDI、浊度、游离氯、pH 值。

⑧ 为了能准确评价工厂性能变化趋势，收集的数据必须标准化。

标准化的参考点可以是设计的启动条件，也可以是启动 50～10h 之后所取的实际数据，标准化的参考点可手工计算也可用计算机程序计算，公式如下：

$$Q_{ps} = \frac{\overline{NDP_f}}{NDP_t} \times \frac{\overline{TCF_f}}{TCF_t} \times Q_{pt} \tag{8-212}$$

$$S_{ps} = \frac{\overline{NDP_f}}{NDP_t} \times \frac{\overline{TCF_f}}{TCF_t} \times \frac{NDP_t}{NDP_p} \times S_{pt} \tag{8-213}$$

$$\overline{NDP} = \frac{P_f + P_p}{2} - P_p - \overline{\pi}_{f/b} \tag{8-214}$$

$$\overline{\pi}_{f/b} = \pi_f \times \frac{\ln\dfrac{1}{1-R}}{R} \tag{8-215}$$

$$\pi_f = \frac{c_f}{100} \tag{8-216}$$

$$\pi_p = \frac{c_p}{100} \tag{8-217}$$

$$S_p = \frac{c_p}{c_f} \tag{8-218}$$

$$\overline{c}_f = \frac{\ln\dfrac{1}{1-R}}{R} \times c_f \tag{8-219}$$

式中，Q_{ps} 为标准化的渗透流速，L/min；S_{ps} 为标准化的透盐率，%；r 为参考条件；t 为非参考条件；$\overline{NDP}$ 为平均净驱动压力，MPa；TCF 为温度校正系数；P_f 为进水压力，MPa；P_p 为渗透水压力，MPa；R 为回收率，%；c_f 为进水浓度，mg/L；$\overline{c}_f$ 为平均进水浓度，mg/L；c_p 为渗透水浓度，mg/L；$\overline{\pi}_{f/b}$ 为平均进水-浓水渗透压，MPa；π_p 为渗透水的渗透压，MPa；π_f 为进水的渗透压，MPa。

(3) 停运

① 工厂一停运，马上用渗透水或预处理的进水冲洗整个系统，若预处理加 SHMP，则必须用无 SHMP 的水冲洗整个系统；

② 系统停车后，其他辅助系统也停车；

③ 停车后，不能有滴漏现象，也不能有从渗透侧对元件的背压；

④ 若停车时间在一周之内，每天向系统换新水以减少微生物生长；

⑤ 若停车时间长于一周，则应向系统添加消毒液。

8.7.1.4.3　查找故障

当系统性能超出所规定的范围，表明系统发生了问题，这时应查找故障，采取校正措施，减小进一步的损失。查找故障的主要方式是分析标准化的性能数据，找出可能的原因，再结合分析等手段加以证实，而后对症下药，采取有效的措施。这里介绍在线查找和非在线检查两种方式。

（1）在线查找

在运行中，分析渗透流速、透盐率和各级压差的变化趋势，而后根据查找故障指南（表 8-33）进行评价。

表 8-33　RO 查找故障指南

症状			位置	可能原因	证实	校正措施
透盐率	渗透流速	压力降				
大增	降	大增	主要在第一级	金属氢氧化物污染	分析清洗液中的金属离子	改进预处理、酸洗
大增	降	大增	主要在第一级	胶体污染	测进水 SDI，清洗液残物 X 射线分析	改进预处理，高 pH 下阴离子洗涤剂清洗
增	降	增	主要在最后一级	钙垢和 SiO_2	检查浓水中的 LSI，分析清洗液中的金属离子	增加酸和防垢剂添加量，降低回收率，酸洗
大增、中增	降	大增、中增	各级	生物污染	渗透水、浓水细菌计数，管路和压力容器黏液分析	预处理以 Cl_2 消毒，换保安过滤器，以 $NaHSO_3$ 高剂量冲洗，甲醛消毒，低 pH 下连续供给低浓度 $NaHSO_3$
降或中增	降	正常	各级	有机污染	破坏性红外分析	改进预处理（絮凝），吸附树脂/活性炭处理，高 pH 下洗涤剂清洗
增	增	降	主要在第一级	游离氯侵蚀	进水分析 Cl^-，破坏性元素分析	检修加氯设备和脱氯设备
增	增	降	主要在第一级	膜被结晶物磨损	进水固体显微观测，元件破坏性检查	改进预处理，各种过滤器检测
增	增	—	各级	CA 膜酸水解和降解	进水 pH、膜表面元素分析	校正加酸设备，处理重金属离子
增	大增	降	无规律	O 形环漏，端、侧密封胶漏	探管测试，真空检查，通胶体物质	修 O 形环，修或换元件
增	大增	降	各级	回收率太高	检查各流量和压力	降低回收率，校准传感器，增加数据分析

当发现有的压力容器溶质透过率大时，可用探管试验，如图 8-120 所示，方法是以一细长塑料管伸入元件的产品水管中，根据管子伸入的长度可知该处水样的水质，探管试验的几

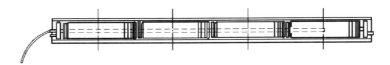

图 8-120　探管试验示意图

点信息如下：

① 接近内接头处溶质透过率的大量增加通常表明 O 形环渗漏；

② 整个渗透管中溶质透过率的大量增加表明黏合处或 O 形环渗漏；

③ 溶质透过率的适度增加表明需要清洗，也可能是在极端条件下操作或是膜降解。

根据探管试验，可确定是否卸开压力容器，检查哪一个元件或 O 形环。

单元件湿试验使用元件测试装置，以 1000mg/L NaCl 溶液为进料液，在 1.38～2.76MPa 下，保持回收率小于 13%（8in 膜元件浓水流速至少为 132.5L/min，4in 膜元件浓水流速至少为 22.7L/min），测试损伤元件的分离性能。

（2）非在线检查

当探管试验表明某一元件性能低下时，则该元件要从系统中取出进行真空衰减试验和单元件湿试验。

真空衰减试验是堵住元件产品水管一端，从另一端抽真空，没有粘好的元件会漏气，所以整体损伤的元件有一相应的真空衰减时间。

8.7.1.5　清洗、再生、消毒和存放技术[36,118,131]

反渗透技术的经济性在很大程度上受膜污染的影响。无论预处理系统如何完美，日常操作如何严格，在长期运行中，膜的表面上都会逐渐有进水中存在的各种污染物的沉积而引起膜的污染，这造成系统性能（脱除率和产水量）的下降。组件进出口压差的升高，引起不定期的停产，事故多发及膜组件的更换等，从而使操作费用大增，所以防止膜污染是反渗透应用中最重要的方面之一。膜的定期清洗和消毒是防止膜污染的主要措施之一。

8.7.1.5.1　膜的清洗

（1）需要清洗的准则

① 装置的产水量下降 10%～15% 时；

② 装置的进水压力增加 10%～15% 时；

③ 装置各段的压力差增加 15% 时；

④ 装置的盐透过率增加 50% 时；

⑤ 装置运行 3～4 个月时；

⑥ 装置长期停运时，在用甲醛溶液保护之前。

出现上述情况之一时，应进行化学清洗。

（2）查找污染原因

① 操作的正常性（压力、流量、温度、浓度、pH……）

② 机械原因（密封、泵、阀、管道、元件、过滤器、仪表……）

③ 试剂计量（加酸、凝聚剂、防垢剂、消毒剂……）

④ 分析（进水水质变化 SDI、TSS、TOC……）

⑤ 污染物鉴别（元素、色、味、重量、清洗溶解小试、IR、SEM……）

（3）膜污染特征

不同的污染物，有其不同的表现，如表 8-34 所示。

表 8-34　不同膜污染的特征

污染物	原因	一般特征		
		盐透过率(SP)	组件压差(ΔP)	产水量(V_p)
金属氢氧化物	$Mn(OH)_2$、$Fe(OH)_3$ 等沉淀,多在第一级	明显增加	明显增加,为主要表现	明显下降
水垢	浓差极化,微溶盐沉淀多在最后一级	适度增加	适度降低	适度降低
胶体	SiO_2、$Al_2(SiO_3)_3$、$Fe_2(SiO_3)_3$ 等	适度增加	增加较明显,为主要表现	适度降低
生物污染	微生物(细菌)在膜表面生长,发生较慢	适度增加	适度增加	明显降低,为主要表现
有机物	有机物附着和吸附	较轻增加	适度增加	明显降低,为主要表现
细菌残骸	无甲醛保护而存放	明显增加	明显增加	明显降低

（4）除去污染物的技术

① 机械清洗　包括正向渗透、高速水冲洗、海绵球清洗、刷洗、超声清洗、空气喷射等。

② 化学清洗　包括用酸、碱、螯合剂、消毒剂、酶、表面活性剂等清洗。

③ 组合清洗　机械清洗与化学清洗结合。

④ 化学清洗常用试剂

a. 酸　有 HCl、H_2SO_4、H_3PO_4、柠檬酸、草酸等。酸对 $CaCO_3$、$Ca_3(PO_4)_2$、Fe_2O_3、Mn_nS_m 等有效，对 SiO_2、$MgSiO_3$、有机污染物等无效。其中柠檬酸常用，其缺点是与 Fe^{2+} 形成难溶化合物，这可用氨水调节 pH＝4，使 Fe^{2+} 形成易溶的铁铵柠檬酸盐来解决。

b. 碱　有磷酸钠、碳酸钠、氢氧化钠等，对污染物有松弛、乳化和分散作用，与表面活性剂一起对油、脂、污物和生物质有去除作用，另外对 SiO_3^{2-} 也有一定效果。

c. 螯合剂　最常用的为 EDTA，与 Ca^{2+}、Mg^{2+}、Ba^{2+}、Fe^{3+} 等形成易溶的络合物，故对碱土金属的硫酸盐很有效。其他螯合剂有磷羧酸、葡萄糖酸、柠檬酸和聚合物基螯合剂等。

d. 表面活性剂　降低表面张力，起润湿、增溶、分散和去污作用，最常用的为非离子表面活性剂，如 Triton X-100。但应注意目前复合膜与 Triton X-100 不相容。

e. 酶　蛋白酶等，有利于有机物的分解。

（5）清洗剂的选择原则和配方

① 选择原则　根据检测分析污染物的结果，选择合适的清洗剂，同时要使清洗剂与膜类型有相容性，对系统无腐蚀等。表 8-35 给出了一般选择原则。

② 一些商用配方见表 8-36。

表 8-35　膜清洗剂的一般选择原则

污染物	清洁剂选择原则
钙垢	以各种酸结合 EDTA 除去
金属氢氧化物	以草酸、柠檬酸结合 EDTA 和表面活性剂处理
SiO_2 等胶体	在高 pH 下，以 NH_4F 类结合 EDTA 及特种洗涤剂 STP、BIZ 洗涤
生物污染物	高 pH 下以 BIZ 或 EDTA 清洗，用 Cl_2、$NaHSO_3$、CH_2O、H_2O_2 或过氧乙酸短期冲洗
有机物	以 IPA 或其他专用试剂结合表面活性剂处理
细菌	用 Cl_2 或甲醛水溶液冲洗

注：STP、BIZ 为 Argo 公司产品名。

表 8-36　一些通用清洗剂配方

配方	适用范围						
	$CaCO_3$	Ca、Ba、Sr的硫酸盐	金属氢氧化物	无机胶体	微生物（细菌）	有机物	备注
2.0%柠檬酸+0.1% Triton X-100+NH_4OH,使 pH=4.0~2.5	—		—				CA 膜
盐酸(0.5%)或 pH=4.0	—			—			—
2.0%柠檬酸+NH_4OH(或 NaOH),使 pH=8.0~4.0		—					PA 膜
2.5%柠檬酸+2.5% NH_4HF_2		—					
1.5%Na_2EDTA+NaOH,使 pH=7.0~8.0		—					
2.0%三聚磷酸钾+0.8% Na_2EDTA+0.1% Triton X-100+NH_4OH+H_2SO_4,pH=7.5~8.0		—			—	—	CA 膜
1.0%Na_3PO_4 或三聚磷酸钠+1% Na_2EDTA+NaOH,使 pH=11.5~11.9			—				PA 膜
H_3PO_4(0.5%)			—				
草酸(0.2%~1%)+NH_4OH,pH=2.0~4.0			—				
$NaHSO_3$(1%~4%)					—		
NaOH,pH=11.0~11.9				—	—		
0.1% Triton X-100+0.5%过硼酸钠+H_2SO_4,pH=7.5						—	CA 膜
BIZ(0.5%~1.0%)					—		
2%三聚磷酸钠+0.25%+二烷基硫酸钠+H_2SO_4,使 pH=7.5						—	
5~10mg/L Cl_2,pH=5~6					—		
1.0%甲醛					—		

③ 国外一些商品清洗剂及应用见表 8-37。

表 8-37　国外膜专用清洗剂及应用

类型	供应商	品名	使用浓度
PA 膜酸性清洗剂 （无机垢）	Argo Scientific King Lee American Fluid	IPA 403 Bioelean 103A KL-1000 Dianmite LPH Filtrapure™ Acid Cleaner	1lb/5gal 1lb/5gal 1lb/10gal 1gal/40gal 1lb/15gal
CA 膜酸性清洗剂 （无机垢）	Argo Scientific King Lee American Fluid	HPC 403 Bioclean 103A KL-3030 Diamite CPH Filtrapure™ Acid Cleaner	1lb/4gal 1lb/5gal 1lb/4gal 1gal/40gal 1lb/15gal
PA 膜碱性清洗剂 （无机垢）	Argo Scientific King Lee American Fluid	IPA 411 Bioelean 511 KL-2000 Filtrapure™ TH	1lb/5gal 1lb/6gal 1lb/12gal 1gal/40gal 1lb/10gal
CA 膜酸性清洗剂 （无机垢）	Argo Scientific King Lee American Fluid	HPC 307 Bioclean 103A KL-7330 Diamite ACA Filtrapure™ CA	1lb/4gal 1lb/5gal 1lb/4gal 1gal/40gal 1lb/10gal
PA/CA 膜铁清洗剂	Argo Scientific King Lee American Fluid	N/A KL-3000 Filtrapure™ Iron Flemover	— 1lb/12gal 1lb/10gal
PA 膜消毒剂	Argo Scientific King Lee American Fluid	Bioclean 882 Microtreat-TF Filtrapure™ Peracetic Acid	1lb/9gal 1lb/1000gal 1gal/400gal

注：1lb=0.4536kg；1gal=3.7854L。

（6）一般清洗步骤

① 反渗透产水在 50psi（1psi=6.895kPa）下，以 75％最大流速逐级冲洗元件 15min；

② 配制清洗液，充分混合，调节 pH 和温度；

③ 以 75％最大流速泵送清洗液到系统中，全部充满后，停泵关阀浸泡 15min，之后循环 45min 排放；

④ 重复步骤③到排出的清洗液色淡为止；

⑤ 以进水循环 45min 并排放；

⑥ 以 50％最大流速，在 50psi 下用产品水冲洗 15min；

⑦ 以最高流速，于 50psi 下用产品水冲洗 30min；

⑧ 检查排水的 pH、电导等，并且要无泡沫，合格后则完成清洗。

8.7.1.5.2　膜的再生

由于表面的缺陷、磨蚀、化学侵蚀和水解等原因，膜在使用中性能会逐渐下降，为了延长膜的寿命，可对膜进行再生。一般再生前脱盐率应在 80％以上，再生后可达 94％以上。脱盐率低于 80％的膜再生效果很差。目前只有醋酸纤维素膜和芳香族聚酰胺中空纤维膜有再生剂。醋酸纤维素膜的再生剂为聚醋酸乙烯酯或其共聚物，芳香族聚酰胺中空纤维膜的再生剂为聚乙烯甲醚/丹宁酸。再生时，首先要彻底清洗膜组件，之后配制再生液，将再生液泵入系统中循环，测定脱盐率、产水量和压降等，当达到所需脱盐率后，以产品水冲洗，运行到性能稳定为止。

8.7.1.5.3　膜元件的消毒

（1）醋酸纤维素膜消毒可使用的消毒剂

① 游离氯　允许 0.1～1.0mg/L 游离氯连续或间歇接触膜，也可用 5mg/L 的浓度冲洗 1h（半月一次）。若进水中有腐蚀产物游离氯会引起膜降解，这时可用 10mg/L 的 NH_4Cl 代之。

② 甲醛　0.1％～1.0％的甲醛可用于消毒和元件的长期保存。

③ 异二氢噻唑　15～25mg/L 的溶液可用来消毒和元件的保存。

（2）芳香族聚酰胺复合膜用杀菌剂

芳族聚酰胺复合膜由于结构不同，所需要的消毒剂与乙酸纤维素膜不同，简要地列出如下几种：

① 甲醛　元件至少运行 24h 后，才能用甲醛消毒，其浓度也为 0.1％～1.0％。

② $NaHSO_3$　为微生物生长抑制剂，可用 500mg/L，30～50min 的日常冲洗；也可用 1％的浓度用于元件长期存放。Du Pont 公司用 1.8％甘油＋1.5％ $NaHSO_3$＋200～300mg/L $MgCl_2$ 保存组件。

③ 异二氢噻唑　15～25mg/L 的溶液可用来消毒和元件的长期存放。

④ H_2O_2　用 0.2％的 H_2O_2 或含过氧乙酸的 H_2O_2 来消毒，但应在无 Fe、Mn 存在的进水条件下，温度在 25℃ 以下。它不能用于元件的存放。日东电工推荐：0.5％～2％的 H_2O_2 清洗 2h。

8.7.1.5.4　膜元件的存放

（1）短期存放（5～30d）操作

① 定位清洗 RO 元件，放空内部气体；

② 用渗透水配制消毒液冲洗 RO 元件，出口处消毒液浓度达标；

③ 全部充满消毒液后，关阀，使溶液留在壳体内；

④ 根据不同消毒剂，每 3～5d 重复②、③步骤；

⑤ 重新使用时，先用低压进水冲洗，产水排放 1h，再在高压下洗涤 5～10min，检查是否残存消毒剂。

（2）长期存放

同短期存放，应注意的是 27℃ 以下每月重复②、③步骤一次，27℃ 以上时，每 5d 重复②、③步骤一次。

（3）干存放

元件本来是干的，注意不要日晒，放在干冷处（20～30℃）。

8.7.1.5.5　清洗、消毒装置

反渗透装置与大多数其他水处理设备一样，需要进行定期清洗灭菌。因此，对于上规模

的反渗透装置专设这一装置，而小型的反渗透装置通常利用该装置的高压泵等配套设备，增设临时性的管路进行清洗等操作。

这一辅助装置由清洗槽、清洗泵和 $5 \sim 10 \mu m$ 筒式过滤器等组成，如图 8-121 所示。化学清洗、灭菌的流程见图 8-122。

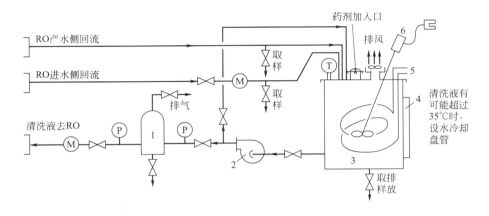

图 8-121　化学清洗、灭菌装置
1—5μm 过滤器；2—清洗泵；3—清洗水箱；4—液位指示；5—水冷却盘管；6—搅拌器

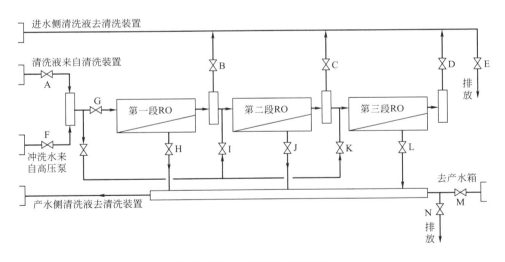

图 8-122　化学清洗、灭菌流程

① **清洗槽**　清洗槽应由耐腐蚀材料，如聚乙烯和玻璃钢等制作。其容积由一次清洗的元、组件的规格、数量和清洗回路的管件以及过滤器等的容积确定。每个不同规格的元、组件的清洗剂量由有关生产公司提供。有的公司规定清洗槽的容量除了上述清洗剂的容积之外，至少有 3min 清洗泵流量的容积。

清洗槽应设盖、通风扇、混合器和旁通回路，在某些情况下应设冷却盘管，避免因泵运转产生的热量使清洗液的温度超过膜的最高允许温度。

② **清洗泵**　清洗泵通常采用不锈钢离心泵，其扬程和流量应分别大于被清洗装置的最

大压差和元、组件正常操作的工作流量，其具体参数也由有关公司确定。

③ 5～10μm 筒式过滤器　该过滤器装于清洗泵的出口处，以除去清洗下来的沉淀物。表 8-38 给出了部分 RO 常用药剂及有关厂商。

表 8-38　部分 RO 常用药剂及有关厂商

药剂	牌号	厂商
阳离子絮凝剂	Magnitloc 570 系列	Cyanamid
	Nalcelyte 8101	Nalcu
	ST	余姚化工厂
	Fihermate	Argo
防垢剂①	Hypersperse 系列	Argo
	Flocon 100,250	Plizer
	AF 系列	BF Goodrich
	Cyanamer P-35	Cyanamid
	EL4010,5000,…	Calgon
	Tripol 8510,9510	Triscp
膜清洗剂②	Permaclean 系列	Permacare
	Triclean 系列	Triscp
	107,511,IPA,HPC,…	Argo
	MT-5000,3100,…	BF Goodrich
	KL-1000,2000,…	King Lee
	Filtrapure™ 系列	American Fluid
消毒剂③	Bioclean 系列	Argo
	Permaclean 44,55	Permacare
	Triclean 882	Triscp
	Microtreat-TF	KingLee

① 不同型号，不同作用。

② 不同型号，清洗不同污垢。

③ 不同型号，适用于不同的膜。

8.7.1.6　计算机监控

8.7.1.6.1　概述

20 世纪自动控制技术的发展在工程和科学发展中起着极为重要的作用。随着自动控制理论的发展和新的自动控制技术的出现，特别是计算机工业的兴起与发展，使得包括水处理过程自动控制系统在内的过程控制系统跨入了计算机控制时代。数字计算机应用于工业自动化领域，它运算速度快，精度高，逻辑判断能力强，所以其控制功能比常规调节器要强得多。而计算机分散控制系统（distributed control system，DCS）作为计算机控制系统的后起之秀更为生产过程的自动控制提供了强有力的控制手段，它采用微机智能技术，不仅具有记忆、数据运算、逻辑判断功能，还可以实现自适应、自诊断、自检测。它采用分级递阶结构，使系统功能分散，危险分散，提高了系统的可靠性，使系统更为灵活。而局部网络通信技术的应用大大提高了分散控制系统通信的可靠性，可实现对全系统信息进行综合管理以及对各过程控制单元、人机接口单元和操作进行管理。另外，分散控制系统具有丰富的软件包和强有力的人机接口功能，适应现代化工业生产控制操作和管理的各种要求，正是分散控制系统的高可靠性使得它在水处理行业中得到了广泛的应用。

图 8-123 所示是用计算机控制系统对水处理过程实现多级控制的系统示意图。

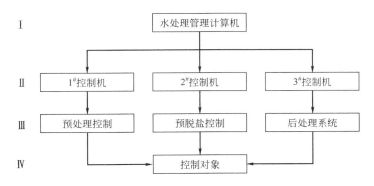

图 8-123　膜法水处理过程计算机多级监控系统示意图
Ⅰ—厂级管理机；Ⅱ—单元级工业控制机；
Ⅲ—功能群控级（可编程控制器 PLC）；Ⅳ—执行级

整个系统分为四级：厂级是系统管理级，采用大型计算机或工作站，实时地监视管理全厂的运行，根据取用水量负荷的大小，协调各控制机运行，使全厂处于最佳运行状态；单元级工业控制机（即 DCS 系统的操作管理级），根据厂级计算机命令，对本单元机组各控制系统实现协调控制，保证本机组处于最佳运行状态；功能群控级包括机组各局部控制系统或计算机控制系统（即 DCS 系统现场控制级），它们相互独立完成控制功能，又能接收单元机组级的监控信号；执行级为现场执行器。

8.7.1.6.2　制水系统

实现制水系统的自动控制是提高科学管理水平、减轻工人的劳动强度、保证水处理质量、减少能耗和药耗的重要措施。

目前我国大型纯水制造系统和电厂的锅炉补给水及海水淡化制水系统，普遍采用分散控制、集中监视的 DCS 控制系统。系统以工业控制机作为操作站。可编程控制器（即 PLC）为控制站组成的一个高可靠性和高效率的 DCS 控制系统，它主要对水质、流量、水温、水压、pH 等物理对象有关模拟信号进行实时采集、显示、存储、统计、制表和打印。

制水系统一般分为三个部分。

（1）预处理系统

它包括多介质过滤器、交换器、加药计量泵、活性炭过滤器、软化器、超滤器、反渗透装置等，其组成主要视原水水源而定。

控制系统的执行阀通常采用气动阀、液动阀、多路组合阀。气动阀需要气源，其特点是可靠性高；液动阀可直接利用系统中的水压来实现开关，其特点是方便；多路组合阀由于体积小，结构紧凑，所以小的制水系统尤其适用。

根据工艺条件的需要，过滤器通常有单台或多台组成，过滤器清洗时以过滤器的水头损失和污染指数、出水压力差作为系统的控制参数。当过滤器运行一段时间后，水头损失逐渐增加，同时污染指数也将提高，当水头损失大于设定值时，计算机发出清洗命令。对于多台过滤器，根据指令发出先后，进行顺序清洗。清洗步骤：①空气擦洗；②反洗（或水、气同时进行）；③静置；④正洗。清洗完毕后自动恢复正常工作。

在中央控制室里，通过计算机对各步骤进行动态监视，当清洗到设定值时，计算机发出声光信号，以提示操作人员注意。

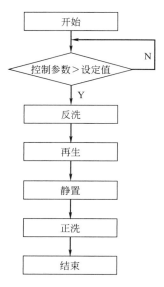

图 8-124　软化器再生程序控制流程

软化器也分为单台和多台控制，软化器的再生还原控制参数主要由周期时间、周期总水量、负荷终点来决定。当控制参数达到设定值时，计算机发出再生指令，对树脂进行再生还原。对于多台软化器，根据再生指令发出先后，进行顺序再生。再生步骤：①反洗；②再生；③静置；④正洗。再生完毕后自动投入运行。图 8-124 为软化器再生程序控制流程。

（2）预脱盐系统

它包括反渗透装置、电渗析装置、离子交换装置等，其选择及组合视具体情况综合分析、评价优化、设定选择而定。

反渗透装置在制水工艺中作为预脱盐设备，它的运行好坏对系统影响较大，所以在系统设计中作为重点进行控制。由于工作压区在 $1.3 \sim 1.6 \mathrm{MPa}$，特别是海水淡化系统压力将达到 $5.5 \sim 7.0 \mathrm{MPa}$，所以必须设置保护措施，除了应设置 RO 高压泵的进口低压、出口高压和膜产水侧的高压保护外，还必须设置开机时的低压冲洗排气和停机时的浓水置换功能，对大型装置还必须设置自动升压控制程序，如 RO 泵采用变频调速升压等措施。

RO 高压泵进口低压、出口高压和膜产水侧的高压采用离散化的数字 PID 调节，使各压力维持在一定压力范围内。

（3）后处理系统

后处理系统的深度除盐工艺中大多采用混合床制水，主要是采用运行周期和周期总水量作为控制参数，同样是选择手动和自动再生。再生程序为：①运行；②反洗；③再生；④置换；⑤混合反洗；⑥正洗。各步骤都通过 PLC 进行控制，并通过大屏幕显示器对各程序进行监控。

（4）制水系统的自动控制

制水系统的控制参数包括压力、温度、流量、液位、水质等，工业控制计算机对它们进行监控、报警、记录，同时由 PLC 对温度、计量泵加药量进行 PID 自动调节。

此控制系统硬件设备包括现场测量显示仪表、信号变送器、执行器、计算机模拟量输入/输出通道模板、开关量输入/输出通道模块、可编程控制器（PLC）、工业控制计算机、打印机、显示器等。

系统软件包括操作员站软件和控制站软件。操作员站软件包括在 Windows 下的组态软件包和生成的组态软件，它包括数据显示模块、数据存储模块、打印模块等。控制站软件包括数据采集模块、滤波模块、控制回路模块、报警模块等。

操作员站和控制站的 RS485 通信网络进行数据传输。显示器可以清楚地显示出系统的总貌图、流程图、趋势图、参数整定图等。同时可实时及定时打印各生产报表。

8.7.1.6.3 示例

下面以"500m³/d 反渗透海水淡化示范工程"为例（图 8-125），说明计算机在水处理过程中的应用。

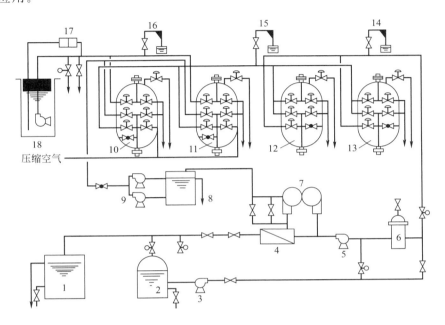

图 8-125 500m³/d 反渗透海水淡化示范工程流程图

1—淡水箱；2—清洗箱；3—清洗泵；4—反渗透装置；5—高压泵；6—精密过滤器；
7—能量回收装置；8—浓水箱；9—反洗泵；10—机械过滤器（1）；11—机械过滤器（2）；
12—活性炭过滤器（1）；13—活性炭过滤器（2）；14—H_2SO_4 计量泵；
15—$NaHSO_3$ 计量泵；16—$FeCl_3$ 计量泵；17—$NaClO$ 发生器；18—海水槽

此系统已应用在浙江舟山群岛的嵊山岛上，由于应用在海岛，所以对计算机的可靠性要求特别高，通过论证，操作员站选用研华工业控制机，控制站为德国西门子公司的可编程控制器。

（1）系统配置

① 硬件 586 研华工业控制机，内存 32M，硬件 1.2G，软盘驱动器一台，大屏幕彩色显示器一台，LQ-1600K 打印机一台。

德国西门子 PLC：S4-214PLC 两台，通信适配器一根。

② 软件 操作员站在 Windows 环境下的组态软件包和组态软件，以及控制站所用的 PLC214 的模拟信号编程软件。

（2）系统控制流程图（图 8-126）

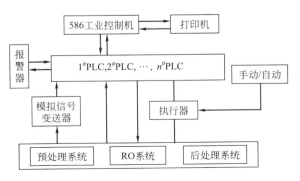

图 8-126 系统控制流程图

(3) 系统信号

① 模拟量信号

a. 水温 $0\sim50℃$ 　　　　　　信号为：$4\sim20mA$

b. 进水电导率 $0\sim100000\mu S/cm$　　信号为：$4\sim20mA$

c. 产水电导率 $0\sim1000\mu S/cm$　　信号为：$4\sim20mA$

d. 进水流量 $0\sim100m^3/h$　　　信号为：$4\sim20mA$

e. 产水流量 $0\sim50m^3/h$　　　信号为：$4\sim20mA$

f. 排水流量 $0\sim100m^3/h$　　　信号为：$4\sim20mA$

g. 产水 pH $0\sim14$　　　　　　信号为：$4\sim20mA$

h. 水位 $0\sim3000mm$　　　　　信号为：$4\sim20mA$

② 开关量输入信号　所有与工艺状态有关的触点信号都进入计算机，作为运行状态参数在屏幕上显示。

③ 开关量输出信号　深井泵、高压泵、反渗透泵等电机通过计算机远程控制。

(4) 控制过程

在 PLC 中的程序按照一定的算法运行，它包括数据采集、PID 算法运算、控制阀门及开关电机等；控制站工业控制机通过 RS485 通信网络与控制站交换数据，当启动某一泵时，在计算机屏幕上就能显示泵的动态效果及所对应的水管水流方向，所有数据在屏幕上实时刷新，动态显示某一变量的实时曲线；当某一量超过允许范围时，计算机就发出声光报警，提示操作人员注意。

(5) 报表打印

计算机在运行过程中可随时打印参数运行报表，同时还具有定时打印功能，每隔 1h 自动打印。

(6) 存档功能

系统每隔一定时间自动将各工艺参数存入硬盘中，以便于日后查寻数据。

8.7.2 正渗透系统及其运行

正渗透系统因应用场所不同，系统配置存在较大差异，详见 8.6.2 节。本小节重点阐述不同正渗透系统（正渗透系统和压力阻尼渗透发电系统）在实际运行时的潜在问题及相应对策。

8.7.2.1 正渗透系统工程应用时的潜在问题及相应对策

在正渗透过程中，溶剂在渗透压驱动下，由低渗透压侧（低盐侧）渗透到高渗透压侧（高盐侧），而溶质则被膜截留累积在膜低盐侧，由于溶质的"聚集浓缩作用"造成流体主体溶液浓度要小于膜面溶质浓度。受浓差扩散的影响，溶质会发生从膜面向流体主体区域的反向扩散，当溶剂向膜面流动时引起的溶质的流动速率与浓度梯度导致的溶质从膜表面向主体溶液的扩散速率达到平衡时，在膜面附近存在一个稳定的浓度梯度区——浓差极化边界层，这种现象称为浓差极化。浓差极化的存在会引发以下潜在的不利影响：①膜表面渗透压升高，传质驱动力下降，溶剂（水）通量下降；②难溶盐的浓度增加，超过其溶度积形成沉淀或者凝胶层，发生饼层增强型浓差极化，进一步增加传质阻力，溶剂（水）通量下降，严重时甚至改变膜的分离性能；③增加透盐量；④当有机溶质在膜表面达到一定浓度时可能造成膜的溶胀或者溶解，影响膜的渗透选择性能；⑤膜污染一旦发生，特别是污染较为严重时，相当于在膜表面额外形成一层薄膜，势必导致膜的透水性能大幅度下降，甚至完全消失。

因此，膜污染将关系到系统效率及能耗，不利于整个系统正常运行。正渗透系统与传统压力驱动型膜分离系统（反渗透系统或者纳滤系统）相比，相同点在于膜污染行为均受处理料液污染特性、膜表面特性、水动力学条件共同影响；而不同点在于所形成的污染层厚度和致密程度存在较大差异。正渗透操作系统无需施加外加压力或仅需要施加一定水力压力克服膜组件内部的流道阻力，因而在膜表面所形成的污染层较松散，有机污染和无机污染均为可逆污染。此处讲的浓差极化是指"外浓差极化"，见"8.6.2.4（1）"，即原料液侧的浓差极化，这与反渗透膜是一致的。因而，正渗透过程中的膜污染可通过调控流道水动力学条件、气洗、渗透反洗等物理清洗方法来缓解，以下简要介绍几种可用于正渗透系统缓解膜污染的物理清洗方法。

（1）水动力学条件优化

通过改进料液/汲取液侧隔网参数（选择合适的膜元件）以及增加错流速度（增加料液输送泵流量），使膜两侧流体处于湍流状态，降低污染物在膜表面的累积。流道内填充隔网时的水动力学条件（质量传递系数）可通过以下公式计算。

① 质量传递系数（κ）

$$\kappa = Sh\frac{D}{d_{\mathrm{h}}} \tag{8-220}$$

式中，Sh 为无量纲的 Sherwood 数；d_{h} 为流道的水力学直径。另外，D 为溶质扩散系数（不同温度、不同浓度下的扩散系数不同，详见表 8-39），在特定温度下的溶质扩散系数符合以下公式：

$$D(10^{-9}\,\mathrm{m^2/s}) = a_0 + a_1\left[c(\mathrm{mol/L})\right]^{1/2} + a_2\left[c(\mathrm{mol/L})\right] + a_3\left[c(\mathrm{mol/L})\right]^{3/2} + a_4\left[c(\mathrm{mol/L})\right]^2 \tag{8-221}$$

式中，a_0、a_1、a_2、a_3、a_4 可从表 8-39 中查到相关数值并通过拟合得到（如表 8-40 所示），需要注意的是拟合得到的扩散系数与浓度之间的函数关系式仅适用于表 8-39 中浓度范围内的某浓度下的扩散系数计算。

表 8-39　NaCl 和 KCl 在水溶液中的扩散系数一览表[199]

NaCl(0℃)	浓度/(mol/L)	0.0768	0.2492	0.5943	1.9337	2.8472	3.7215
	扩散系数/(10^{-9}m²/s)	0.725	0.699	0.699	0.734	0.756	0.780
NaCl(18℃)	浓度/(mol/L)	0.0698	0.7872	2.3822	3.6975	4.6435	4.9585
	扩散系数/(10^{-9}m²/s)	1.248	1.230	1.276	1.318	1.330	1.325
NaCl(35℃)	浓度/(mol/L)	0.0792	1.4483	1.9123	2.8099	4.0859	4.9386
	扩散系数/(10^{-9}m²/s)	1.882	1.891	1.913	1.958	1.999	1.975
NaCl(50℃)	浓度/(mol/L)	0.1966	1.4393	2.3505	3.1569	4.0574	4.8604
	扩散系数/(10^{-9}m²/s)	2.532	2.543	2.587	2.631	2.660	2.644

续表

KCl(0℃)	浓度/(mol/L)	0.0996	0.4953	0.9741	1.8951	2.3349	2.7631
	扩散系数/($10^{-9}\,m^2/s$)	0.924	0.928	0.960	1.034	1.074	1.109
KCl(18℃)	浓度/(mol/L)	0.0638	0.5889	1.1338	2.3242	2.7489	3.3481
	扩散系数/($10^{-9}\,m^2/s$)	1.569	1.564	1.612	1.730	1.778	1.843
KCl(35℃)	浓度/(mol/L)	0.0594	0.5860	0.9652	1.8754	2.7208	3.5411
	扩散系数/($10^{-9}\,m^2/s$)	2.314	2.294	2.340	2.430	2.530	2.625
KCl(50℃)	浓度/(mol/L)	0.0983	0.5824	1.4186	1.8633	3.1205	3.7828
	扩散系数/($10^{-9}\,m^2/s$)	3.067	3.027	3.135	3.194	3.355	3.395

表 8-40　溶质扩散系数表达式中的系数 $a_0 \sim a_4$ 一览表

溶质	温度/℃	均方差	a_0	a_1	a_2	a_3	a_4
MgCl$_2$	25	0.0228	1.09	−0.133	0.199	−0.0771	0.760
MgSO$_4$	25	0.0177	0.656	−0.717	0.704	−0.308	0.460
NaCl	25	0.0299	1.54	−0.257	0.257	−0.0862	0.0968
Na$_2$SO$_4$	25	−0.0412	1.10	−1.16	1.57	−1.17	0.320

　　② Sherwood 数（Sh）　Sherwood 数在不同流道几何形状和流体流动状态下的计算公式存在差异，具体计算公式可参考表 8-41。

表 8-41　不同流型下的 Sherwood 数计算公式一览表[200]

流道形状	适用膜构型	层流	湍流
圆管	中空纤维式	$Sh=1.62\,(Re \cdot Sc \cdot d_h/L)^{0.33}$	$Sh=0.04\,Re^{0.75}Sc^{0.33}$
狭缝	板框式、卷式	$Sh=1.85\,(Re \cdot Sc \cdot d_h/L)^{0.33}$	$Sh=0.04\,Re^{0.75}Sc^{0.33}$

　　注：L 为管长度或狭缝长度。

　　Re 和 Sc 分别为无量纲的 Reynolds 数和 Schmidt 数，可由以下数学公式表达：

$$Re=\frac{d_h u}{\nu}=\frac{\rho u d_h}{\eta} \tag{8-222}$$

$$Sc=\frac{\nu}{D}=\frac{\eta}{\rho D} \tag{8-223}$$

　　式中，ν 为运动黏度；d_h 为水力学直径；η 为动力黏度；u 为流速。电解质溶液的动力黏度（mPa·s）可根据以下数学公式计算：

$$\ln\eta=\frac{A_1(1-w_w)^{A_2}+A_3}{(A_4 t+1)\left[A_5(1-w_w)A_6+1\right]} \tag{8-224}$$

　　式中，A_1、A_2、A_3、A_4、A_5、A_6 为常数（可参考表 8-42）；w_w 为水在溶液中的质量分数；t 为温度，℃。

表 8-42　不同溶质在水溶液中的动力黏度表达式系数一览表[201]

溶质	A_1	A_2	A_3	A_4	A_5	A_6	温度范围/℃	最大溶质质量分数
NaCl	16.22	1.32	1.48	0.0075	30.78	2.06	5～154	0.264
Na₂SO₄	26.52	1.57	3.50	0.010	106.23	2.97	15～150	0.331
KCl	6.49	1.32	−0.78	0.093	−1.3	2.08	5～150	0.306
K₂SO₄	−983.76	0.0002	984.52	0.0038	−9.50	2.19	0～89.5	0.155
MgCl₂	24.03	2.27	3.71	0.022	−1.12	0.14	15～70	0.386
MgSO₄	23.29	0.99	5.41	0.0064	63.57	1.67	15～150	0.303

③ 水力学直径（d_h）　在流道不同几何构型的情况下，水力学直径的计算公式不一致，在无隔网填充的情况下，其数学表达式如下所示：

管状通道（直径 d）：$d_h = 4A/S = 4(\pi/4)d^2/(\pi d) = d$

狭缝状通道（高 h、宽 ω）：$d_h = 4A/S = 4\omega h/[2(\omega+h)] = 2\omega h/(\omega+h)$

若狭缝状通道内填充隔网，水力学直径的数学表达式如下所示[202]：

$$d_h = \frac{4\varepsilon}{2h_{sp} + (1-\varepsilon)S_{v,sp}} \tag{8-225}$$

式中，ε 为隔网孔隙率；h_{sp} 为隔网厚度；$S_{v,sp}$ 为隔网的比表面积，可通过以下公式计算：

$$S_{v,sp} = \frac{S_{sp}}{V_{sp}} \tag{8-226}$$

式中，S_{sp} 为隔网表面积；V_{sp} 为隔网体积。

（2）流程控制

压降与流速之间的关系可由 Fanning 公式表示：

$$\Delta P = f(SL/A) \times 0.5\rho u^2 \tag{8-227}$$

式中，f 为摩擦系数；u 为流速；S 为周长；A 为横截面积；L 为流程长度；ρ 为流体密度。由上式可知，流程长度（L）与压降（ΔP）直接相关，流程越长，阻力损失越大，流速降低，浓差极化愈发严重。可通过串、并联结合的锥形排列法缩短流程，降低压降。

（3）气洗

在料液侧鼓入气泡，增加膜表面总剪切力并使流体处于湍流状态，缩短清洗时间[203]。

（4）脉冲流

脉冲流操作模式（如图 8-127 所示）已在反渗透系统中得到应用，尽管动力成本有一定提高（25%～50%），但是渗透通量提高更大（70%）。相同的模式可应用在正渗透系统中，进料液以脉冲流方式进入膜元件，通过在流道内形成湍流区域，提高膜表面总剪切力，降低浓差极化层厚度以及污染物在膜表面的附着。

（5）渗透反洗

渗透反洗技术是较为成熟的膜表面污染清洗技术。其原理如图 8-128 所示，利用反向水

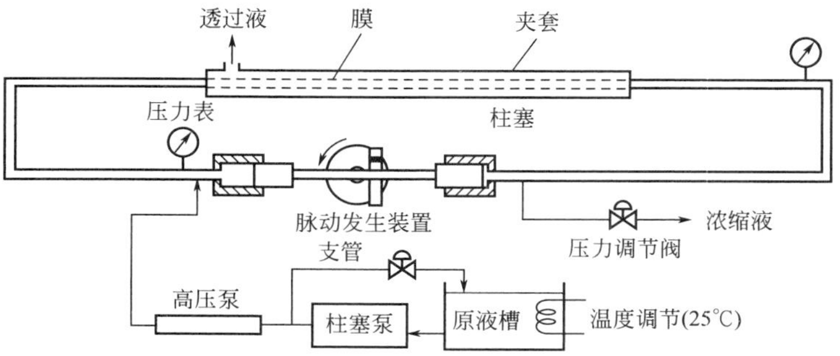

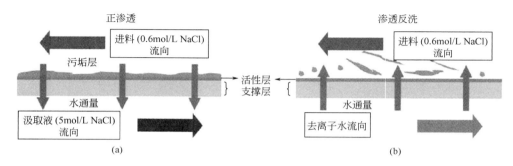

图 8-127 用于反渗透过程的脉冲流进料模式[200]

清除膜表面附着的污染物，由于正渗透过程污染物较为松散，渗透反洗效率较高，膜通量回复率高。另外，不同污染物以及膜朝向时的渗透反洗情况如表 8-43 所示。

图 8-128 渗透反洗示意图[204]

表 8-43 渗透反洗对不同污染物的清洗效率[205]

污染物类型	污染物性质或大小	膜朝向	通量下降情况	反洗效率
海藻酸盐	亲水性	FO 模式	适中	高
		PRO 模式	适中	高
腐殖酸	疏水性	FO 模式	适中	低
		PRO 模式	严重	低
二氧化硅	20nm	FO 模式	适中	低
		PRO 模式	严重	适中
	100nm	FO 模式	严重	适中
		PRO 模式	严重	适中

8.7.2.2 压力阻尼渗透发电系统实际运行中的问题及应对策略[206]

压力阻尼渗透发电系统在实际应用时，其最大发电功率取决于汲取液侧所施加的水力压力（P_D）与纯水渗透体积（ΔV）。为更深入理解该过程所能提取的最大能量及实现系统的最优化运行，需首先理解以下几个概念。

① 热力学可逆条件下的最大功率　若压力阻尼渗透发电过程为热力学可逆过程，则热力学最大发电功率等于低盐溶液与高盐溶液混合时的吉布斯自由能，可用以下数学表达式表示：

$$W_{th} = -\Delta G = iRT\left[c_D^f V_D^f \ln(c_D^f) - c_D^0 V_D^0 \ln(c_D^0) + c_F^f V_F^f \ln(c_F^f) - c_F^0 V_F^0 \ln(c_F^0)\right]$$

$$(8-228)$$

式中，上标 0 和 f 代表混合前和混合后；下标 D 和 F 代表汲取液和料液；c 为浓度；ΔG 为吉布斯自由能。

② 恒压操作条件下的最大功率　由于在实际压力阻尼渗透发电过程中，汲取液侧所施加的水力压力为恒定值，因而实际操作时所能获取的最大发电功率小于热力学可逆条件下的最大功率。实际操作条件下的发电功率表达式为：

$$W_{\Delta P} = iRT\left(\frac{c_D^0 V_D^0}{V_D^0 + \Delta V} - \frac{c_F^0 V_F^0}{V_F^0 - \Delta V}\right)\Delta V$$

$$(8-229)$$

式中，ΔV 为渗透通量。相应地，最大发电功率可用以下表达式表示：

$$W_{\Delta P,max} = iRT\left(\frac{V_F^0 V_D^0}{V_F^0 + V_D^0}\right)\left(\sqrt{c_D^0} - \sqrt{c_F^0}\right)^2$$

$$(8-230)$$

然而，由于随着汲取液的不断稀释和料液的不断浓缩，有效渗透压差下降，净驱动力随之减小，因此在实际工程应用时所能提取的最大功率也将显著下降。

③ 比能　在压力阻尼渗透发电过程中，比能定义为发电功率与料液和汲取液的流量和之比，可用以下数学表达式表示：

$$SE = \frac{\Delta V \Delta P}{V_F^0 + V_D^0}$$

$$(8-231)$$

根据以上几个概念的阐释，在实际应用时，为获取最大的发电功率需重点关注以下几点：

① 汲取液来源　海水被作为汲取液广泛应用，然而其渗透压仅为 27bar，若使用更高渗透压的汲取液（如海水淡化反渗透浓盐水），单位膜面积发电功率将增大。

② 汲取液侧施加的水力压力　为获取最高的发电功率，汲取液侧施加的水力压力近似等于 1/2 膜两侧渗透压差。然而，由于在压力阻尼渗透发电过程中汲取液的稀释效应和 PRO 膜本身的非 100% 截留率，因此，在实际应用时所需施加的水力压力可能与理论值存在一定差别。

③ PRO 膜　需要配置高纯水渗透系数、低溶质渗透系数、低结构参数且具备一定机械强度的半透膜。

④ 汲取液和料液流量　过低汲取液流量将会导致水通量急剧下降（因渗透稀释导致汲取液浓度下降明显，渗透压同步下降），然而过高汲取液流量将导致汲取液所蕴含的渗透压未被合理利用即流出。因此，合理的汲取液和料液流量控制至关重要。

⑤ 泵及能量交换装置效率　泵、能量交换装置效率非 100%，各部分能量消耗取决于流体流量、操作压力以及装置系统效率。

⑥ 膜两侧流体压力降　可通过串、并联结合的锥形排列法缩短流程，降低压降。

⑦ 料液输送及汲取液增压的能量消耗。

⑧ 系统配置　使用反渗透海水淡化工程高压反渗透浓水（如何实现反渗透浓水压力与压力阻尼渗透发电过程施加压力的匹配？如反渗透浓水压力通常为压力阻尼渗透发电过程获

取最大功率所施加水力压力的 2 倍）或者通过能量交换装置回收稀释后汲取液的静压能。

另外，由于 PRO 膜支撑层朝向料液，因此压力阻尼渗透发电系统中的膜污染问题相比正渗透系统更为严重。料液中污染物随纯水渗透进入支撑层孔道内部，无法通过优化水动力学条件来消除。通过渗透反洗技术，可恢复至初始水通量的 80%；另外，需要注意的汲取液反向渗透到料液中的溶质分子也会加剧膜污染（如 Ca^{2+} 和 Mg^{2+}）。因此，压力阻尼渗透发电系统汲取液和料液均需要针对原水水质要求设置针对性的预处理系统（可参考反渗透预处理系统设计）。

8.8 典型应用案例

8.8.1 反渗透典型应用案例[40,207,208]

8.8.1.1 海水淡化

反渗透技术就是 20 世纪 50 年代为海水淡化而提出的，现在已成为海水淡化最经济的方法，是海水淡化的主要过程之一。自 60 年代开始美国在赖兹维尔比奇设立海水淡化试验场，日本在 70 年代中期在茅崎也设立了海水淡化试验场，反渗透法是其核心技术，这些试验场促进了海水淡化的产业化。要从海水一级脱盐制取饮用水，膜组件应有高脱盐率（＞99%），能承受高驱动压力（5.5～8.0MPa）和较高的水通量。目前世界上海水淡化用组件主要是 Filmtec、Hydrananties、GE 和 Koch 等公司的卷式元件，以及日本东洋纺的 Hollosep CTA 中空纤维组件等。除小型装置外，一般海水淡化装置都备有能量回收装置，可回收 30% 以上的能量。下面是几个应用实例。

8.8.1.1.1 澳大利亚珀斯反渗透海水淡化工程[209]

珀斯反渗透海水淡化厂日产水量达到 144000m³（3800 万加仑），项目总投资 3.87 亿澳元，年运行费低于 1900 万澳元，单位制水总成本为 1.16 澳元/m³。

（1）工艺与设备

珀斯海水淡化工程的工艺流程如图 8-129 所示，由海水取水和预处理、一级反渗透海水淡化、二级反渗透苦咸水淡化、淡化水再矿化和杀菌、产品水储存和输配等工序组成。

① 海水取水和预处理　海水取自科伯恩海湾，海水盐度在 35000～37000mg/L 之间，水温在 16～24℃。取水装置头部为直径 8m 圆柱构筑物，离岸 300m，在海平面下 11m。构筑物高 5.5m，上半周边有高 2.2m 粗格栅。格栅的中心点位于海平面以下 5.5m。构筑物由一根内径 2.3m 的玻璃钢管与岸上设施相连，岸上设施包括筛机和筛分处置设备、集水井和取水泵站。

海水取水设施位于海平面以下，海水可以借助重力流入集水井。泵站取水泵输送海水进入海水预处理系统。海水取水量为每天 36.3 万立方米，考虑了反渗透系统 14.4 万立方米最终产水和机械过滤器反洗水量。海水取水口 1～2 周投加一次次氯酸钠，防止生物在取水系统繁殖。

预处理设施由大型卧式双滤料过滤器和保安过滤器组成，卧式过滤器共 24 台，安装在

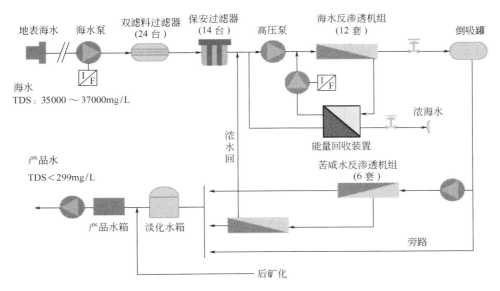

图 8-129　珀斯反渗透海水淡化厂工艺流程

室外。每台卧式过滤器的过滤面积为 $52m^2$，由无烟煤和石英砂层组成，厚 1.15m，过滤器的设计流速为 11.54m/h。

在双滤料过滤器前的海水中投加三氯化铁混凝剂和助凝剂，在双滤料过滤器后的海水中投加亚硫酸氢钠、硫酸和阻垢剂。投加亚硫酸氢钠，中和前面工序间歇投加次氯酸钠所剩余的氧化性氯，以防止其进入反渗透膜，氧化破坏膜元件；投加硫酸降低海水 pH，防止膜结垢，同时在进入一级反渗透海水淡化系统前投加阻垢剂。

为进一步保护反渗透膜，免遭劫悬浮固体的物理损伤，在双滤料过滤器后设置了 14 台保安过滤器（5μm），每台保安过滤器的设计流量为 $1250m^3/h$，相当于一系列反渗透海水淡化装置的进水量。保安过滤器安装在反渗透厂房内。

② 一级反渗透海水淡化　本案例海水淡化由两级反渗透组成，也就是说一级反渗透海水淡化出来的渗透液全部或部分转到二级反渗透进一步脱盐，使产水盐度低于 200mg/L，硼含量低于 0.5mg/L，确保最终产水符合饮用水水质标准。

共设置 6 个系列一级反渗透海水淡化设备，每个系列由两个膜堆组成。每个膜堆含有 162 根膜压力容器。每根压力容器组装 7 支 8in 海水反渗透膜元件，每个膜堆的总元件数量为 1134 支。

高压海水泵的最大流量为 $1250m^3/h$，功率为 2500kW，相当于供给一系列两个膜堆的海水量。每个膜堆配置 1 组由 16 台并联的美国能量回收公司生产的压力交换器（进行能量回收）和一台变频高压循环增压泵。

一级反渗透海水淡化系统的水回收率为 45%，合计产水 $160000m^3/d$，产水的平均 TDS 低于 300mg/L。

③ 二级反渗透苦咸水淡化　共设置 6 系列二级反渗透苦咸水膜堆，分别配置了变频高压泵，其最大流量为 $1020m^3/h$。每个膜堆含有 104 根膜压力容器。每根压力容器组装 7 支 8in 苦咸水反渗透（BWRO）膜元件，每个膜堆的总元件数量为 728 支，采用两段式排列

（三一排列），水回收率为 95%。

二级反渗透产水的平均 TDS 低于 30mg/L。为了达到要求的产水水质，一级反渗透的淡化水与二级反渗透产水进行勾兑。

④ 淡化水再矿化和杀菌 淡化水进入市政供水系统前需要进行再矿化和杀菌处理。矿化通过投加石灰和二氧化碳来实现，以提高产水的 pH、硬度和碱度。石灰耗量约 6.7t/d，配置了两个 100% 的石灰供给系统，每个系统的储量约 100m³。二氧化碳耗量约 2t/d，配置了两个 30t 的二氧化碳储罐。

矿化过程出水再进行氯化和氟化。氯化是对最终供水进行杀菌，耗量约每小时 6kg。水氟化是调节产水氟含量到天然水的水平，以保护牙齿免遭破坏，氟的耗量约为每小时 26.5L。

⑤ 产品水储存和输配 经矿化和杀菌的淡化水进入容积为 12500m³ 的产水储槽，储槽起缓冲作用，然后再通过产水输送泵站将水送出。产水储槽直径 54.4m，高 6.5m，相当于储存 2h 的产水量，外加 1000m³ 的消防用水。产水输送泵站由 4 台在位供水泵组和消防水泵组成，并配置了空压机和补偿阀门，供水能力为 144000m³/d。

(2) 特色

① 利用可再生能源 珀斯反渗透海水淡化厂是全球利用可再生能源最大的海水淡化系统，位于珀斯以北 200km 的 Emu Downs 风电站装机 83MW，共有 48 台风机，每年可为电网贡献 272GW·h 电力，为珀斯反渗透海水淡化厂补充 180GW·h 电量。

② 降低能耗 工程采用美国能量回收公司的压力交换式能量回收器，每套海水反渗透设备配备 16 台 PX-220 能量回收器，能源回收效率大于 95%，节约了约 15%～20% 能量。另外，采用两套海水反渗透设备配备一台大流量高压泵（Weir 公司），以提高海水高压泵的效率，从而降低吨产水能耗。海水淡化本体能耗为 2.32kW·h/m³，工程总能耗为 3.2～3.5kW·h/m³。

③ 浓海水排放 为了降低浓海水对海洋环境的影响，排放口离岸 500m，设置了 40 个扩散喷嘴，促使浓海水在水体环境中扩散和稀释，确保在喷出点 50m 内混合海水的盐度低于 4%。最终，接受水体的盐度增加率低于 1%。

8.8.1.1.2 56800t/d 的反渗透淡化厂（大型）

该厂是日本在沙特阿拉伯的 Jeddah 用东洋纺的 Hollosep 10255 F1 膜组件承建的淡化厂。

(1) 设计图

设计图见图 8-130。

(2) 主要设计参数

① 海水 TDS 43300mg/L，温度 24～35℃，总硬度 7500mg/L（$CaCO_3$），SDI 4.68，pH 8.16，碱度 120mg/L（$CaCO_3$）；

② 海水提取 7400m³/h；

③ 高压供海水 6700m³/h；SDI<3，pH 6.60，余氯 0.2mg/L；

④ 运行压力 6.90MPa；

⑤ 最高压力 7.0MPa；

⑥ 回收率 35%；

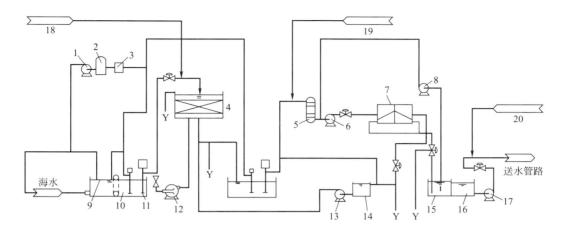

图 8-130 56800t/d RO 淡化厂流程图

1—加氯泵；2—氯储槽；3—氯发生装置；4—复层式过滤器；5—安全过滤器；6—高压泵；

7—RO组件；8—清洗泵；9—移动式格栅；10—滤网洗涤泵；11—海水取水泵；

12—反洗用鼓风机；13—反洗用泵；14—反洗水槽；15—清洗槽；16—成品水槽；

17—成品水泵；18—絮凝剂注入设备；19—硫酸注入设备；20—添加石灰水设备

⑦ 产水量 2370m³/h（56800t/d，初始产量58800t/d）；

⑧ 脱盐级数 1级；

⑨ 脱盐率 99.2%～99.7%；

⑩ 能耗 8.2kW·h/m³淡水（无能量回收）。

（3）主要设备

① 海水取水系统

    海底取水管道 1 套

    移动隔栅 2 台

    海水取水泵 3 台（1 台备用）

② 预处理系统

双层过滤器	14 台
袋式保安过滤器	12 台（2 台备用）
过滤水送水泵	3 台（1 台备用）
NaClO 发生装置	2 台（1 台备用）
FeCl₃ 注入装置	2 台（1 台备用）
H₂SO₄ 注入装置	12 台（2 台备用）
反洗鼓风机	1 台
反洗用泵	1 台

③ 反渗透系统

高压泵	10 台
中空纤维组件系列	10 台

  ④ 后处理系统

    反洗泵   1 台

    产品水槽   1 只

    产品水泵   3 台（1 台备用）

    $Ca(OH)_2$ 溶液注入泵   2 台（1 台备用）

  ⑤ 供电系统

    高、中压配电   380kV、13.8kV 和 4.16kV

    低压配电   480V

    电力消耗   20MW

  ⑥ 控制系统

    分散控制系统（DCS）

    紧急用辅助操作盘（模拟式）

    空气设备（控制用）

  ⑦ 其他冷却水设备

    排水处理设备

    分析室

（4）主要过程要求

  ① 预处理系统 离岸 50m、水下 10m 处通过混凝土管道，以 7400m³/h 取原海水；用 1.7mg/L 的 NaClO 消毒，用 1.2～1.3mg/L 的 $FeCl_3 \cdot 6H_2O$ 来絮凝，再经由无烟煤和砂粒组成的双介质过滤器过滤，最后用 10μm 的保安过滤器过滤，进水 SDI 可达 2～3，同时以 40mg/L 的 H_2SO_4 溶液来抑垢。

  ② 反渗透系统 为一级海水淡化，由 10 个同样大小的系列组成，每一系列由一台高压泵、148 个日本东洋纺的双芯 10255 型中空纤维组件组成；供水压力 7.0MPa，供水流量 676m³/h，浓水压力 6.8MPa，淡水产量 237m³/h，电导率 585μS/cm。

  ③ 后处理系统 总淡水产量 2370m³/h，加消石灰 25mg/L，调节硬度和 pH，有残留游离氯 0.2mg/L 足以消毒，最终淡水 pH 为 8.5，电导率 585μS/cm，TDS 322mg/L。

（5）应注意的问题

  ① 膜清洗 一年 2～3 次。

  ② 泵、容器、管道和阀门 马达火花、轻微腐蚀、龟裂、附着物。

  ③ 污染，间歇加药 0.15～0.25mg/L 游离氯，每 8h 一次，每次 1h；0.52～1.5mg/L $NaHSO_3$，每 8h 一次，每次 2h。

  ④ 膜降解 CTA 膜无游离氯时易生物降解；当重金属离子共存时，CTA 膜易氧化降解；pH 过高或过低时，膜易水解。

8.8.1.1.3 小型反渗透淡化器

  小型海水淡化器多用于舰船、海上钻井平台和缺水岛屿的用户等，以解决其饮用水问题，一般产量多在 1～3m³/d。对岛屿、大型船只和平台，可采用如下流程：

取水泵→双层过滤器→精密过滤 1→精密过滤 2

高压泵→淡化组件→淡化水、浓水

而对于小型船只，可不用笨重的双层过滤器，以求轻便、紧凑。

如上所述，脱盐用的小型组件可选用日本东洋纺的 Hollosep CTA 中空纤维组件（如 HR5155）以及美国 Filmtec、Hydranautics 和 GE 等公司的卷式元件（如 FT30SW-2540）。

这种小型装置多选用柱塞式高压泵（带缓冲器和安全阀），应保证泵的出口流量恒定。对于小型船只用装置，可经一次或两次精密过滤（10μm，0.5～1μm），或一次精密过滤加超滤等，这取决于所处理海水的具体状况。

对于岛屿和大型船只、平台用的装置，应加强预处理。CTA 中空纤维膜的预处理流程可为杀菌→絮凝→双层过滤→精密过滤；芳香族聚酰胺膜可用杀菌→絮凝→双层过滤→活性炭过滤→精密过滤的流程，或采用絮凝→双层过滤→紫外→精密过滤的流程等。表 8-44 给出了几种小型装置的设计和性能参数。

表 8-44　几种小型海水淡化装置的主要参数

进水流量 /(m³/h)	设计产量 /(m³/d)	操作压力 /MPa	回收率/%	泵功率/kW	脱盐率/%	所有组件类型
0.2	0.6	5.6	10～20	0.75	99	SW-30
0.4	1.3	5.6	10～20	1.5	99	SW-30
0.6	2.0	5.6	10～20	1.5	99	SW-30

石油钻井平台用小型海水淡化装置示例如下。

取水：该平台有自备的取水设备，是将海水直接抽到平台下部的储水箱中，该海水取自渤海湾黄海入海口处，泥砂含量较高而含盐量较低，主要成分为氯化钠、硫酸镁、硫酸钙和重碳酸钙，其含量为：Cl^- 11524mg/L，Na^+ 6488mg/L，SO_4^{2-} 2119.2mg/L，Mg^{2+} 1272.0mg/L，Ca^{2+} 840mg/L，HCO_3^- 140mg/L，TDS＝22400mg/L，pH＝8。

预处理：由于进料泥砂含量大，浊度200°，采用二级砂过滤，在第二级前投加阳离子高分子絮凝剂。处理结果：第一级砂滤出口浊度25°，第二级砂滤出口浊度＜2°。然后再经精密过滤进入柱塞式高压泵。

膜组件：采用两个 Filmtec SW-2540 膜元件串联，进水流量 0.6m³/h，设计产量 2.0m³/d。

回收率为 14%～18%，进水最大压力为 6.9MPa。

最大产水量 3.0m³/d，高压泵功率 1.5kW，一台运转，一台应急备用。

小型装置的过程控制：流量靠柱塞泵的恒定流量控制并用进水流量计监视，产水靠出口阀手工调节。出水水质设电导计监测。

维修：主要是泵、电机的维修保养；清洗是在设计的淡水储箱中进行，根据不同的污染物选择药剂配方进行清洗。

8.8.1.2　苦咸水淡化[6,39,40,210,211]

虽然 RO 是为海水淡化而提出的，但最早的应用是苦咸水淡化，随着膜性能的不断提高，使用范围越来越广，遍及美国、日本、阿拉伯国家、非洲等地，规模越来越大，成本也越来越低。现在，反渗透法苦咸水淡化已成为最经济的淡化方法，对解决一些地区的工业用水和市政用水起关键的作用。通常的反渗透组件，大多适用于苦咸水淡化，如卷式元件，有 Filmtec 公司的 FT-30BW 型、Hydranautics 公司的 8040LHY-CPA2；以及中空纤维组件，有东洋纺的 Hollosep 和 HA8130 等。苦咸水淡化的回收率一般在 75% 左右，当然，根据进水水质和预处理等工艺的差异而有所增减。

8.8.1.2.1　15000m³/d 苦咸水淡化厂

该厂是美国 Hydranautics 公司在加州阿灵顿谷地承建的厂，将高 NO_3^-（90mg/L）和高 SiO_2（40mg/L）含量的地下水经 RO 处理后供市政用水，长远目标是使该谷地的地下水复苏。

(1) 主要设计工艺和参数

① 进水　TDS 1200mg/L，NO_3^- 90～100mg/L，SiO_2 44mg/L。

② 进水压力　1.10～1.41MPa。

③ RO 系列数　3。

④ 每系列排布（两段）　33：11（共 44 支 6 元件的承压壳体）。

⑤ 每系列元件数　264。

⑥ 元件型号　8040 LSY-CPA2。

⑦ 元件通量　第一段 $7.5×10^{-6} m^3/(m^2·s)$，第二段 $5.7×10^{-6} m^3/(m^2·s)$，平均 $7×10^{-6} m^3/(m^2·s)$。

⑧ 回收率　77%。

⑨ 产水水质　见本页下文"注"。

⑩ 产水量　15000m³/d。

⑪ 预处理　pH 调节、防垢剂、精密过滤。

⑫ 后处理　脱气。

⑬ 高压泵能耗　0.343kW·h/kL（带能量回收）。

⑭ 造水成本　0.267 美元/kL。

(2) 过程特点

① 产水节流控制产量以保持能量回收处恒定的浓水压力。由于产量随膜的压密程度、污染、清洗、进水的盐度和温度而变，产水节流调产量可保证其他部分的压力和流速稳定。

② 根据逐元件计算，在第二段的第 5 个元件处会有 SiO_2 饱和，但只在元件停留 10s。经分析，如此短的时间不会有 SiO_2 结晶析出（因原水无悬浮物作为晶核）。为了保险和证实此结论，在第二级最后出水处接一个 0.1m(4in) 的元件，证实无 SiO_2 析出；但若停机时，浓水没被进水置换而放置，则有 SiO_2 晶体析出。

③ 尽管进水中只有 0.1mg/L 的 Fe^{3+}，但却发现 $Fe(OH)_3$ 沉淀较多，经分析是由于酸性阻垢剂引起的反应所致，改用分散剂后，无 $Fe(OH)_3$ 沉淀，元件压差降减小。

注：15000m³/d 的 RO 水与 7500m³/d 只经活性炭处理的地下水混合作为市政用水，此时水质为 TDS<500mg/L，NO_3^-<40mg/L。

8.8.1.2.2　中型苦咸水淡化实例

某煤矿自备小型电厂锅炉进水处理。

取水：原水为煤矿坑井水，经水泵抽取后泵入平流式沉淀池，经混凝反应，澄清后，进入无阀滤池过滤（常规处理）。原水水质不同季节变化较大。一年中最高数据如下：Ca^{2+} 118.43mg/L，Mg^{2+} 19.63mg/L，Na^+ 425.38mg/L，HCO_3^- 494.9mg/L，SO_4^{2-} 730.86mg/L，

Cl^- 91.39mg/L，总含盐量 1880.56mg/L。该水质主要成分为重碳酸盐、硫酸钠和氯化钠。

预处理：原水经常规处理后，再经过机械过滤器和氢离子交换，进行部分 Ca^{2+} 交换后使水 pH 下降，再经精密过滤后进入反渗透装置。设计中亦考虑了投加隐蔽剂，视具体水质而投加。

膜组件：本项目采用 Filmtec 30-BW330 膜元件，每个组件装三个元件，呈 2∶2∶1∶1 排列，共十七个膜元件，高压泵为格兰富立式泵，进水流量 25m³/h（泵出口加流量回调），产水 15m³/h，设计回收率 60%。

过程控制：进水流量靠泵后的回流调节阀控制并采用感应式流量计监测。当压力超过设定值、供水不足或断水以及泵电机过载时，采用压力控制器来实现装置自动停机并报警。进水、产水质量由数字电导计监测。

后处理：经反渗透处理后的水，通过除二氧化碳器除去水中的二氧化碳及氧，然后用氨水调 pH 为中性后进入脱盐水罐中，备用。

该工程除了需对电机、泵等机械设备进行维修外，还备有更换膜元件，专门设置了清洗设备用来进行清洗维护。

8.8.1.2.3　小型苦咸水淡化装置

取水：水源为地下苦咸水，将水抽到地面储水池，水质为：Ca^{2+} 120mg/L，Mg^{2+} 96mg/L，Na^+、K^+ 706mg/L，HCO_3^- 553.2mg/L，SO_4^{2-} 1296.96mg/L，Cl^- 758.9mg/L，含盐量 3531.0mg/L。经分析，"常规化合物"主要成分为 Na_2SO_4、$Ca(HCO_3)_2$、$MgSO_4$、$NaCl$，具有西北地下苦咸水的典型特点。

预处理：由于地下水很清洁，预处理采用煤砂双层滤料过滤后，再经 5μm 精过滤，不投加药剂。

进水流量恒定为 1.67m³/h，产水 0.5m³/h，回收率设为 30%。

膜组件：采用两个 Filmtec 30-BW4040 元件串联；泵采用柱塞式往夏泵，进水最大压力 4.1MPa，高压泵功率 2.2kW。

过程控制：主要是设计时靠柱塞式往复泵恒定了进水流量并设进水流量计监视，产水靠调节出口阀控制，出水设台式电导仪随时测定。

8.8.1.3　纯水和超纯水制备[212-215]

纯水、超纯水是现代工业必不可少且又重要的基础材料之一，在科学研究试验、医药工业、生物工程、电子工业、电力工业、石油化工、通信业、涂装业及其他高新技术产业中，具有十分广泛的用途。膜技术，特别是反渗透技术在纯水、超纯水系统中的成功应用，大大地改进了以往单一离子交换纯水系统的复杂工艺：降低了纯水、超纯水制造成本；水质更稳定；节省酸碱 95% 以上，环境污染得到极大改善。膜技术在纯水、超纯水制备系统中的中心地位，被越来越多的行业所认识。同时，纯水、超纯水制备技术的进步也极大地推动了现代高科技工业的发展。

从纯水、超纯水的角度来看，水中的杂质有溶解性无机物、溶解性有机物、溶解性离子化的气体、颗粒、细菌和热原等六大类。而纯水、超纯水则没有统一的标准，各行业对纯水、超纯水的定义大多数都带有很浓的行业因素。含有微量氯化钠的水作为静脉注射剂的配制水不会产生严重的影响，而含有痕量微生物和热原可导致极其严重的后果。同样，痕量的有机物对从事无物分析的专家来说，可以完全不当一回事。因此，各行业有各行业的水质标准，并且随着行业的技术发展，其行业的水质标准不断地被改进。

8.8.1.3.1　实验室纯水、超纯水系统

无论是化学分析还是仪器分析都需要纯水和超纯水，同样在半导体元件和生物工程的研究、试验中也需要超纯水。CAP 和 NCCLS 是实验室行业所规定的纯水、超纯水标准，表 8-45给出了不同等级纯水的主要规格。

表 8-45　CAP/NCCLS 纯水规范

项　目	Ⅰ 级	Ⅱ 级	Ⅲ 级
电导率(最大,25℃)/(μS/cm)	<0.1	<0.5	<10.0
电阻率(最小,25℃)/(MΩ/cm)	>10.0	>2.0	>0.1
二氧化硅(最大)/(mg/L)	<0.05	<0.1	<1.0
活菌/(菌落/mL)	<10.0	10^3	N. A.
pH	N. A.	N. A.	5.0~8.0

Ⅰ级水主要用于需要极大程度的准确度和精密度的过程，例如自动光谱测定法、火焰光谱法、生化物质分析、微量金属元素分析、标准溶液和缓冲液的制备等。Ⅱ级水可用于大部分分离过程和常规实验室试验，例如血液、微生物分析和无特别的化学法分析过程。Ⅲ级水能满足某些常规的实验室试验，大部分定性分析，分析样品、玻璃器皿的淋洗和普通溶液的配制。

实验室纯水、超纯水系统，通常其制备水量在 5~60L/h，制备的水质以满足 CAP/NCCLS 水质规范为目的。图 8-131 给出了这类小型超纯水系统的工艺流程图。该系统以城市自来水为水源，经 5μm 颗粒活性炭 1μm 筒式三级预过滤后，进入反渗透膜组件，膜组件通常选用超低压复合膜，操作压力在 0.3~0.6MPa，具有 95%~99% 无机离子、溶解性有

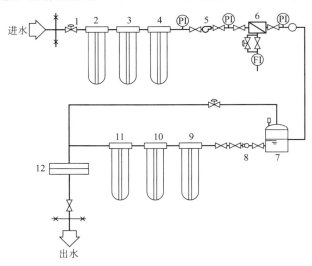

图 8-131　50L/h 小型超纯水系统的工艺流程

1—电磁阀；2—10μm 滤筒；3—炭滤筒；4—3μm 滤筒；5—高压泵；6—RO 装置；7—循环水箱；
8—循环增压泵；9—精炭滤筒；10—粗混筒；11—精混筒；12—0.22μm 膜过滤器

机物去除率和 99% 以上的细菌脱除率。当自来水含盐量较低（200～300μS/cm）时，反渗透出水可达 CAP Ⅲ 级纯水的要求。该循环精制系统由精制碳滤芯、二级精制混合柱和终端膜过滤器组成，系统出水电阻率能达到 10～15MΩ•cm，满足 CAP/NCCLS Ⅰ 级纯水的标准。

这类小系统的每个过程都是滤芯式设计，并一次性使用，无需再生，更换滤芯十分便利。

8.8.1.3.2　血液透析用纯水系统

透析液通常由浓缩液与纯水按 1∶34 的比例混合而成，透析液流量通常为 500mL/min，按每例病人每周透析 12h 计，则每位病人每周需要 360L 纯水，因此血液透析所需要的纯水是很多的，透析液虽然不像注射液那样直接进入人体静脉中，但透析液同人体血液仅仅由一层半透膜隔开，任何分子量小于 100000Da 的物质都有可能随透析液进入血液中，由于病人需要长期接受透析治疗，累积耗水量极大，水质对透析效果和透析病人的生活质量至关重要。不合格的纯水将会给病人带来各种并发症。例如，水中钙、镁含量过高会引起高钙、高镁血症；有机物含量过高会引起过敏和发热反应；有些微量元素短期内看不出明显影响，长期透析可能引起器官功能异常；等等。同时，血液透析机是昂贵精密度极高的医疗器械，不良的纯水对机器损害很大，有时还可使自动控制系统失灵。这是血液透析过程中需要纯水的另一个重要原因。

表 8-46 给出了 AAMI 血液透析用纯水标准。这是根据美国人工脏器协会（ASAIO）和医疗仪器促进协会（AAMI）肾脏标准分会的建议所制定的。

表 8-46　AAMI 血液透析用纯水标准

序号	项目	单位	最高允许值
1	钙	mg/L	2.0
2	镁	mg/L	4.0
3	钠	mg/L	70.0
4	钾	mg/L	8.0
5	氟化物	mg/L	0.2
6	氯	mg/L	0.5
7	氯胺	mg/L	0.1
8	硝酸盐	mg/L	2.0
9	硫酸盐	mg/L	100.0
10	铜、钡、锌	mg/L	各 0.1
11	铝	μg/L	10.0
12	砷、铅、银	μg/L	各 5.0
13	镉	μg/L	1.0
14	铬	μg/L	14.0
15	硒	μg/L	90.0
16	汞	μg/L	0.2
17	悬浮微粒	μg/L	5①
18	细菌	个/mL	≤100
19	电阻率（25℃）	MΩ•cm	≥1（离子交换法）
20	盐透过率（25℃）	%	若采用 RO 方法，盐透过率（即 100% 减去脱盐率）不应超过该设备开始试验时盐透过率的两倍

① 用于冲洗或消毒透析器血区和血液回路的水，其所含悬浮微粒最好不超过 1μm。

图 8-132 给出了某医院血液透析中心的水处理系统图。系统由预处理系统、反渗透系统和循环杀菌供水系统三部分组成。预处理通常采用砂过滤、活性炭过滤和软化三个过程，它们的作用分别是降低悬浮物、余氯和钙、镁离子含量，以满足下游反渗透膜进水的要求。反渗透通常采用低压高脱盐率的卷式复合膜，以往的醋酸纤维素卷式膜和中空纤维式的芳香聚酰胺膜已被逐步淘汰。反渗透膜能去除 97%～99% 溶解性无机盐和 99% 以上的重金属离子、细菌、热原和分子量在 200 以上的有机物。循环杀菌供水系统由增压泵、2537Å 波长的紫外线杀菌器和 0.22μm 终端膜过滤器组成，循环杀菌系统原则上需要 24h 连续运行以防止微生物的污染，对于夜间无透析病人的医院，水循环系统可以停机，但第二天透析机开机前两小时，水循环需要先投运。

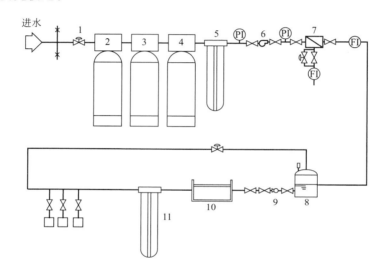

图 8-132 血液净化用纯水系统工艺流程图

1—电磁阀；2—多介质过滤器；3—活性炭过滤器；4—软化器；5—保安过滤器；6—高压泵；

7—RO 装置；8—循环水槽；9—循环增压泵；10—紫外杀菌器；11—0.45μm 过滤器

随着血液净化技术的不断提高和更先进的精密的透析机的使用，透析用水的标准也将不断提高。目前超过滤技术（切割分子量 10000～30000Da）开始应用于循环系统中，以代替以往的微孔过滤膜。采用超过滤后的最大优点是能将纯水热原含量降低到 0.2～0.5EU/mL 的水平，这一数值完全达到了中国、美国最新药典注射用水的标准。

血液透析用纯水设备，我国以往都从国外随透析机成套进口，价格很贵，备品备件供应不及时。近年来，国内自己设计、制造的水处理系统，整体水平已达到了同类进口设备，出水水质完全符合 AAMI 标准。由于预处理设计、配置方面结合了我国自来水水质差且变化大的特点，反渗透膜、水泵和控制阀选择了国际上最先进的产品，从而使纯水系统的可靠性较进口设备更强，设备价格较进口设备低 1/3 左右。

8.8.1.3.3　制剂用无菌、无热原纯水系统

在过去的 50 年间，医学的发展能获得目前这样的重大进步，其原因之一就是广泛地使用无热原物质的水来制备静脉注射液，不仅可以防止病人脱水，还可以维持病人的营养摄入量，防止他们过度虚弱，因此许多病人外科手术后会选择使用静脉注射药物。

各国药典规定，制备静脉注射液所需要的水，都必须是无热原反应的，并且是采用蒸馏的方法来制取的，但到了 1975 年，美国药典将反渗透法同蒸馏法并列作为制备静脉注入用水的法定方法，并且在以后的第 20～23 版药典中，反渗透法被连续采用，从而确定了反渗透法制取注射用水的合法性。

近年来，我国在此方面开展了许多研究试验，并分别在北京协和医院和安徽繁昌制药厂建立了工业性示范工程，繁昌药厂注射用水系统的制水量为 6000L/h，北京协和的为 1000L/h。最终出水的设计值为中国药典 2015 版和美国药典 23 版注射用水标准。

图 8-133 给出了繁昌药厂注射用水制备系统的工艺流程图。该系统由预处理、反渗透、离子交换和后处理四部分组成。原水为深井地下水，经加酸脱气后进入双层过滤器，为了防止微生物的生长和提高过滤效果，在双层过滤器之前分别加入适量的次氯酸钠和 ST 聚凝剂，同时为防止硫酸钙沉淀，在保安过滤器前投入 5×10^{-6} 的 SHMP。反渗透系统选用国产 HRC-220 8in 中空纤维低压组件，膜材料为三醋酸纤维素，设计产水量为 600L/h（25℃），回收率 75%，脱盐率 85%～95%。离子交换部分则采用阳床阴床混床－$3 \mu m$ 工艺，交换柱材料为钢衬胶。复床的设计制水量为一周的正常生产产量，混床的制水量为三个月至四个月的正常生产产量。复床的出水水质为小于 $10 \mu S$（25℃），混床为 $5 M\Omega \cdot cm$（25℃），$3 \mu m$ 过滤器是为了防止破碎树脂流入下游后处理系统。后处理系统由原来的多效蒸馏水机及新增的超微滤-反渗透系统并联组成。用于评价膜系统在去除热原方面的可靠性，并同传统的蒸馏法进行逐一比较。

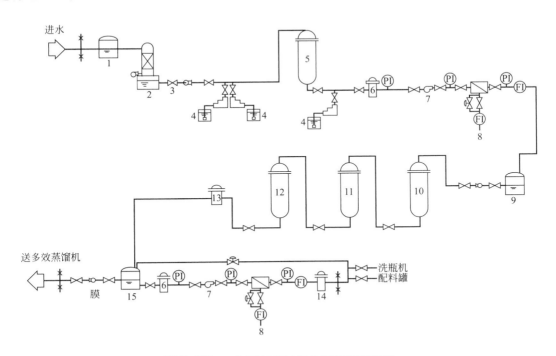

图 8-133　无热原注射用水制备系统工艺流程图

1—原水箱；2—脱气塔；3—增压泵；4—投药装置；5—多介质过滤器；6—保安过滤器；

7—高压泵；8—RO 装置；9—中间水箱；10—阳床；11—阴床；

12—混床；13—精滤器；14—膜滤器；15—成品水箱

　　经过一年多的长期运行考核，表明该系统完全达到了原设计要求。二级反渗透和超过滤装置的出水指标，与目前的法定的多效蒸馏水完全一致。各项指标均达到了中国药典 2015 版注射用水的标准，并且热原达到了美国药典第 23 版 0.25EU/mL 的国际最高指标。反渗透法制取注射用水的能耗为 0.81kg 标准煤/m³ 纯水，超过滤为 0.22kg 标准煤/m³ 纯水，多效蒸馏机为 34.3kg 标准煤/m³ 纯水；反渗透每立方注射用水的制水成本为 11.2 元，超过滤为 10.4 元，而多效蒸馏法为 22.5 元（按 1995 年的物价计算）。

8.8.1.3.4　电子工业超纯水系统[212,213,215-218]

　　在整个电子学范围内，研究结果的成功与否，对超纯水有着很大的依赖性。因此从原则上讲，所有半导体和微电子学的研究实验中都要用超纯水做清洗；在电子元件生产过程中，无论将水作为溶剂还是清洗剂，几乎基本每一步化学加工步骤都需要超纯水。这是因为现代电子工业已发展到这样的程度，电子元件中的电路宽度已进入亚微米级别，这意味着任何大于 $0.2\mu m$ 的颗粒物质都会导致其报废。可以毫不夸张地讲，没有先进的超纯水制备技术，就不可能有发达的电子工业。表 8-47 给出了 ASTM 超纯水推荐标准。能否大量地、经济地制造这类超纯水，对电子产品质量的控制是十分关键的。

表 8-47　ASTM 电子级水标准（草案 8）

项目	E I	E II	E III	E IV
电阻率(25℃)/MΩ•cm	18 （90%时间） 17 （10%时间）	15 （90%时间） 17 （10%时间）	2	0.5
总 SiO_2(最大)/(μg/L)	5	50	100	1000
颗粒数(最大,>1μm)/(g/mL)	2	5	10	500
细菌(最大)/(个/mL)	<1	10	50	100
TOC(最大)/(μg/L)	50	200	1000	5000
Cu(最大)/(μg/L)	<1	5	50	100
Cl(最大)/(μg/L)	2	10	100	1000
K(最大)/(μg/L)	2	10	100	500
Na(最大)/(μg/L)	1	10	200	1000
Zn(最大)/(μg/L)	10	50	500	2000
总固体(最大)/(μg/L)	5	20	200	500

　　由于许多单分子有机物、低分子有机物和热原病毒等不能轻而易举地用传统的纯水制备方法除去，所以这类物质，特别是在超纯水制备中，尤其讨厌。反渗透技术的研制成功和应用，使经济而又稳定可靠的大型工业化超纯水系统成为现实。反渗透、离子交换联合制备超纯水已成为电子工业超纯水制造的主导工艺技术。随着世界范围内膜技术及纯水制备工艺的不断提高，二级反渗透系统也应用于电子工业超纯水系统中；超过滤技术正在取代微孔膜过滤器，以取得更低的 TOC 指标和更小的颗粒要求；连续电去离子法（CEDI）的开发成功，使得 15～18MΩ•cm 超纯水站、无酸碱化和系统直接连续供水成为可能。

　　图 8-134 是目前常规的电子工业 18MΩ•cm 超纯水制备系统图。该系统由预处理、反渗透、初级离子交换和精制循环送水系统四大部分组成。根据原水水质、水型、系统规模大小

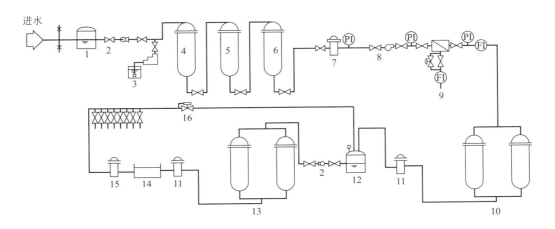

图 8-134　电子工业 18MΩ·cm 超纯水系统工艺流程图

1—原水箱；2—增压泵；3—投药装置；4—多介质过滤器；5—活性炭过滤器；6—软化器；

7—保安过滤器；8—高压泵；9—RO 装置；10—粗混床；11—3μm 精滤器；

12—中间水箱；13—精混床；14—紫外杀菌器；15—终端膜过滤器；16—稳压阀

和最终水质指标的要求，系统局部有些变化。对原水为地表水、规模较小的系统往往采用活性炭去除余氧，而对大型系统则用注入还原剂的方法。对原水为地下水、规模较小的系统优先选用软化器去除钙、镁，以防止反渗透系统中碳酸盐类和硫酸盐类的沉淀，而大型系统通常选用自动注入阻垢剂的方法。初级离子交换工艺则根据原水含盐量的高低和规模大小而定：当原水电导率大于 $500\mu S/cm(25℃)$ 时，往往选用复床系统，同时对于每小时数千吨的大型纯水站，也往往选择复床系统，以降低每吨纯水酸、碱耗量且采用复床系统再生简便；对于终端膜过滤器，通常可选用 $0.22\mu m$ 的滤孔过滤器；对于颗粒和 TOC 有特别要求的系统，则可选用切割分子量为 $10000\sim30000Da$ 的超过滤装置。

8.8.1.3.5　中、高压锅炉补给水系统[219,220]

动力工业也许可以被视为初期的超纯水的大用户，并且在这方面一直保持着它的这个地位。火力发电厂和核电厂都对水质有较高的要求，特别是那些亚临界高压锅炉对补给水的水质纯度要求更高。从量上讲，热电厂较发电厂补给水用量更大。

离子交换方法是锅炉补给水处理所采用的传统工艺，20 世纪 70 年代，反渗透技术进入电力工业后，改变了人们以往的这种想法。特别对含盐量、含硅量较高的地下水，在离子交换系统前设置反渗透预脱盐装置，可以获得很大的经济效益和环境效益。选择是否采用反渗透预脱盐过程，本质上取决于经济性。近年来，反透膜大规模工业化的生产和膜性能水平的提高，使每吨纯水膜装置的初期一次性投资和以后日常的膜更换费用，与传统的离子交换树脂和设备相比，具有越来越大的竞争力；同时化学试剂费的不涨价和行业内部发电成本的不断下降，使得每吨纯水的运行费用，反渗透离子交换联合工艺较全离子交换法更低。由于反渗透系统的脱盐率通常要达到 $95\%\sim97\%$，这就意味着纯水制造系统的酸、碱耗量仅为全离子交换系统的 $3\%\sim5\%$，在原全离子交换系统前增设反渗透装置，可使离子交换系统的周期造水量提高 20 倍以上。

图 8-135 给出了反渗透离子交换联合工艺制取高压锅炉补给纯水流程图。该系统由预处

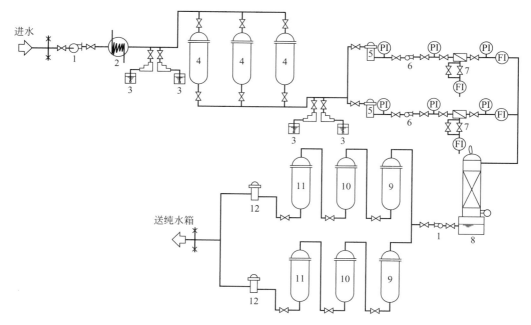

图 8-135　电厂高压锅炉补给水 ROD 系统工艺流程图

1—增压泵；2—热交换器；3—投药装置；4—多介质过滤器；5—保安过滤器；
6—高压泵；7—RO 装置；8—脱气塔；9—阳床；10—阴床；11—混床；12—精滤器

理、反渗透预脱盐和离子交换深度脱盐三部分组成。预处理部分由热交换器、凝聚剂、助凝剂、液氯注入、双层机械过滤器和阻垢剂、还原剂注入系统所组成。设置热交换器是为了反渗透有一个稳定的产水量，降低反渗透膜的投资，同时可以大大地改善、提高接触-凝聚过程的效果，降低污染指数（SDI）值，确保反渗透系统长期稳定地运行。在双层过滤器前投入液氯是为了抑制微生物的繁殖，降低污染指数值，而后注入还原剂（如亚硫酸氢钠）是为了防止过多的余氯进入反渗透组件中氧化聚酰胺复合膜。为了确保污染指数在 4 以下，双层过滤器的运行滤速，对地表水不宜超过 10m/h，而对地下水不宜超过 15m/h，而无烟煤和石英滤料的粒径及均匀系数、填层高度等必须符合设计要求。反渗透系统由保安过滤器、高压泵、组件和控制仪表等所组成。保安过滤器通常选择 5μm 的深层筒式滤芯，防止 5μm 以上的微粒子损坏反渗透膜脱盐层，同时对上游添加的化学药品具有混合均匀的作用。反渗透组件通常采用一级二段工艺，每段的回收率设计值均为 50%，以满足总水的运行费用，反渗透离子交换联合工艺较全离子交换系统 75% 回收率的要求，离子交换深度除盐通常选择三床四塔工艺，由于反渗透在除盐的同时，伴随非常精密的过滤作用，离子交换进水的水质比以往任何时候都要好，树脂的胶体、有机物和重金属的污染得到根本改变，树脂的使用寿命也将得到大大延长。另外，由于反渗透对水中各种离子去除率的差异和对二氧化碳气体的无效性，从而导致反渗透产水中阴离子总量高于阳离子。因此离子交换系统中阴床的负荷较重，阴、阳离子树脂的比例通常在 2～3 之间。这点应在设计中引起注意。

随着反渗透膜大规模工业化生产，膜的价格也在逐年下降，同时高通量、高脱盐率、低压反渗透膜的商业化运行大大降低了反渗透装置的一次性投资费用和日常的运行费用。根据美国陶氏化学公司对反渗透一级混床系统与一级除盐-混床系统的比较，对不同的进水含盐量与产水成本，分别给出两套系统的变化曲线，两条曲线的交点即为拟采用反渗透预脱盐系统时进水含盐量适用的低限值。从该公司 1978 年、1982 年、1987 年三次的比较结果看出，拟选用反渗透预脱盐的消费者的含盐量低限值分别为 325mg/L、130mg/L 和 75mg/L。电力部 2011 年出版的《大中型火力发电厂设计规范》（GB 50660—2011）推荐原水溶解固体在 500mg/L（地下水）、600mg/L（地表水）以上时，可采用反渗透系统预脱盐。

8.8.1.3.6 瓶装食用纯净水系统

随着水源污染的加剧和人们对饮水健康意识的增强，人们对饮用水提出了新的更高的要求，饮用水与生活其他用水分质供应已逐步被人们接受，政府和许多大集团也积极地推动此项工作的进展。

瓶装水、管道纯净水和家用净水器是实施分质供水的有效途径。瓶装纯净水有多种规格，以适应不同场合不同消费者的需要。反渗透膜技术是瓶装食用纯净水制造的核心技术，同早期使用的离子交换和电渗析技术相比，利用该技术生产的纯净水具有更好的口感和更长的保质期。同蒸馏比，反渗透膜技术具有更低的制造成本且适合更大的规模。臭氧技术的采用，在确保瓶装水微生物指标方面起到了关键性的作用。

图 8-136 是瓶装纯净水制造工艺流程图，该系统由预处理、反渗透和臭氧杀菌三大部分组成。预处理则根据各地的水源而采用不同的组合过程，其根本目的是为了将原水经物理、化学处理，以满足下游反渗透膜系统的要求指标。反渗透根据原水电导率的高低，可选用一级反渗透装置或二级反渗透装置。在二级反渗透系统中，通常将一级反渗透产水的 pH 调整到 7 以上，以进一步提高二级反渗透膜的脱盐率和满足二级反渗透产品水对 pH 的要求。臭氧系统目前常规采用的是鼓泡式接触，常压吸附工艺，而且臭氧发生器的气源为空气，从而使出口的臭氧浓度较低（通常在 0.8%～1.2%），这就使得臭氧的吸收效率很低，吸收塔很高（通常在5～7m 高）。图中表示的是一种最新开发的臭氧系统，目前它正在取代常规的臭氧系统，新型的臭氧系统在下面三方面得到了改进：第一，改原来的空气气源为氧气气源，

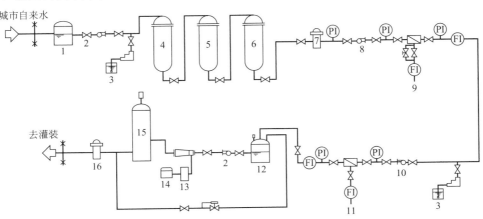

图 8-136 瓶装纯净水制备系统工艺流程图

1—原水箱；2—增压泵；3—投药装置；4—多介质过滤器；5—活性炭过滤器；
6—软化器；7—保安过滤器；8—一级高压泵；9—一级 RO 装置；10—二级高压泵；
11—二级 RO 装置；12—纯水塔；13—臭氧制备系统；14—氧气制备系统；
15—压力式吸收塔；16—终端过滤器

并配置了一整套氢制备装置，从而大大提高了臭氧发生器的效率和气体中臭氧的浓度（通常浓度为 3.5%）；第二，文丘里水射器替代了原来的鼓泡分配器，从而大大地提高了臭氧与水的接触效果；第三，压力式吸收塔替代了原来的常压式吸收塔，从而提高了臭氧的吸收效率且降低了吸收塔的高度（通常在 3m 以下）。这种新型的臭氧杀菌系统已在规模较大、技术水平较高的企业中被使用，效果十分令人满意。

8.8.1.3.7 反渗透-电去离子超纯水系统

反渗透-电去离子（RO-EDI）超纯水制备系统近年来得到了长足发展，特别在经济的组件化的膜堆开发方面，使得这一新技术在经济上同常规的 RO-DI 超纯水系统具有竞争能力，使大规模超纯水系统的无酸、碱化成为现实。

电去离子（electrodeionization，EDI）过程虽然早在 1955 年就被发明了，但第一台商品化设备直到 1987 年才由美国 MILIPORE 公司研制成功，由于电去离子设备能在很高回收率（>90%）下连续生产 $8 \sim 15 M\Omega \cdot cm$ 超纯水，它与传统的混合床相比，不需要酸碱再生且能避免由于再生引起的废水排放。从而该技术和设备在全世界得到了研究和应用，到 1995 年底，有近 1000 套 EDI 系统在世界各地运行，其生产能力最小的为 $0.1 m^3/h$，最大的 $100 m^3/h$，分别应用于制砖工业、电子业、化学工业和电力工业超纯水的制造。

美国滤器公司（U.S. FILTER）、离子公司（IONICS）和加拿大格兰格公司（GLEGG）都有电去离子设备出售。在过去的几十年中，限制电去离子设备市场的主要是其价格相对昂贵和单元膜堆产水量偏小。加拿大格兰格公司新开发了一种组件化的大型膜堆，系统的产水量为 $135 m^3/h$。在美国某核电厂进行了现场考核试验，EDI 系统的进水为 $4 \sim 7 \mu S/cm$ 的反渗透水。在设计参数条件下操作，EDI 出水的电阻率为 $17.8 \sim 18 M\Omega \cdot cm$，二氧化硅从 50×10^{-9} 降到 4×10^{-9}，而且 TOC 从 120×10^{-9} 降到 30×10^{-9}，完全符合核电厂电阻率 $16.7 M\Omega \cdot cm$、二氧化硅 $<5 \times 10^{-9}$，TOC $<50 \times 10^{-9}$ 的技术指标，并比原来的 RO-EDI 系统具有更低的设备投资和制水成本。

表 8-48 给出了 EDI 系统的进水指标，图 8-137 给出了通常反渗透电去离子超纯水系统图。

表 8-48 电去离子系统进水指标

项目	指标	项目	指标
水源	反渗透产水	$Fe、Mn、H_2S$	$<0.01 \times 10^{-6}$
TDS(电导率)/($10 \mu S/cm$)	$<5.0 \times 10^{-6}$	压力/MPa	$0.11 \sim 0.7$
硬度($CaCO_3$)	$<1.0 \times 10^{-6}$	温度/℃	$5 \sim 43$
TOC	$<0.5 \times 10^{-6}$	pH	$4 \sim 10$
余氯	$<0.05 \times 10^{-6}$		

在未来的几年里，反渗透电去离子新工艺将在我国电子、医药中小型超纯水系统中得到应用，并逐步发展到电力、化工等大型超纯水系统中，应用前景广阔。

8.8.1.4 反渗透脱水浓缩[213,215,221]

近年来，膜分离技术在食品、医药、环保、化工等领域的应用日益扩大，在液体浓缩、分离净化、有用物质的回收等方面的潜力也在逐步被挖掘。其初步应用，不仅显示了技术上

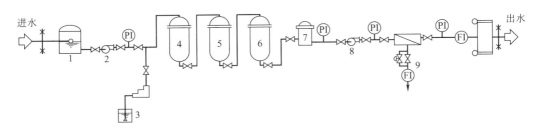

图 8-137 RO-EDI 超纯水制备系统工艺流程图

1—原水箱；2—增压泵；3—投药装置；4—多介质过滤器；5—活性炭过滤器；
6—保安过滤器；7—高压泵；8—RO 装置；9—EDI 装置

的可行性，也充分显示了技术上的优越性。举例如下。

8.8.1.4.1　在甜菊苷提取工艺中的应用

从甜菊叶中提取甜菊苷国内外有许多方法，国内从 20 世纪 70 年代就开始研究，至今国内还没有一种很成熟的工艺路线。不少研究单位和生产厂家都试图完善和改进现有工艺，以降低成本，提高效益。采用膜集成工艺进行净化、浓缩甜菊苷水溶液，拟采用的工艺流程如图8-138所示。

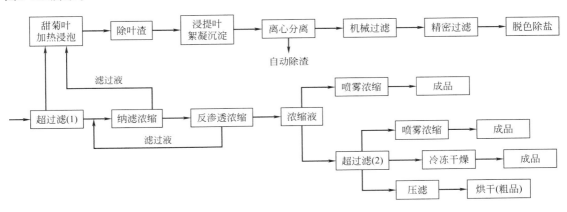

图 8-138 甜菊苷提取工艺流程

1. 超过滤（1）的作用是除去胶体和破碎树脂，进一步起脱色作用。
2. 超过滤（2）的作用是除去浓缩液中少许残存胶体和管路系统内的杂质，该工序进一步起净化作用。
3. 冷冻干燥产品损耗小、色度白，但能耗高。
4. 最后三种干燥工艺，根据能源和产品要求具体选定

（1）采用膜分离技术应考虑的因素

采用膜分离技术浓缩甜菊苷水溶液时，必须考虑操作参数的影响，如操作压力、料液温度、进料流速等，分述如下。

① 操作压力的影响　在甜菊苷水溶液浓缩过程中，随着操作压力的升高，膜的除水速度和对甜菊苷的截留率都提高，但随着除水量的增加，甜菊苷浓度提高，料液的渗透压升高，有效压力降低，故膜的除水量也随之减少。在实际生产中，可以采用两级浓缩工艺：第一级料液浓度较稀，可采用纳滤膜，操作压力控在 1.5～2.0MPa，浓缩到一定程度后，进入第二级浓缩；第二级采用中压反渗透膜，操作压力可适当提高到 2.5～3.0MPa。分两级

浓缩不仅提高了膜的除水量，而且也可较容易地达到浓缩倍数的要求，浓缩结果见表 8-49。

表 8-49　甜菊苷水溶液的两级浓缩结果

级别	第一级	第二级
操作压力/MPa	1.5　1.8　2.0	2.0　3.0　3.0 3.0　3.0　3.0
透水速度/[L/(m³·h)]	31.0　31.5　28.2	23.5　37.5　35.5 34.0　28.0　16.5
透过液(折射率)/%	0.0　0.0　0.0	0.0　0.0　0.2 0.5　1.0　1.5
透过液(味觉)	有草腥味,无甜味	由无甜味,逐渐微甜到甜

注：1. 进液温度为 18.5℃。
2. 浓缩液折射率为 13.5%。

可以将第一级透过液引入浸泡槽浸泡干叶，将第二级透过液引入第一级继续浓缩。

② 进料液温度的影响　浸泡甜菊干叶的温度一般在 60℃ 左右，但经除渣、沉降、过滤等一系列工序后，料液温度一般降到室温或略高于室温。进入膜分离设备后，随运转时间的延长，透过液的量增多而进料液的量逐渐减少，温度升高。在同一料液浓度下，随料液温度升高，膜的透水速度也提高，对甜菊苷的截留率基本不变。料液温度高，黏度小，流动状态好，所以膜的除水量相应提高。为此，冬季温度低时，可以通过预热料液来提高膜的除水量。

③ 进料速度的影响　进料液流速加大，料液在膜表面的流动状态好，料液中的悬浮胶体微粒等杂物不易沉淀在膜表面阻塞膜孔，故膜的透水量大。料液流速太高，回收比降低，循环次数多，能量损失太大，为此，在工业生产中取中等进料速度为宜。

（2）采用膜分离技术的优越性

① 用膜分离技术浓缩甜菊苷水溶液，在工艺流程中可以革除或减少热蒸发设备，节能，不但减少设备投资，节省生产费用，降低成本，提高经济效益，而且可避免热蒸发引起的焦糖现象和某些有效成分的挥发（目前已知甜菊苷含九种成分），并可排出部分无机盐和异味，提高产品质量。

② 高效节能是膜分离技术的特色。浓缩时不需加热，没有相变，不仅克服了热蒸发所引起的色度加深和焦糖化，而且也避免了一些营养成分的热分解和受热挥发，能保持原物质的鲜、香。

③ 缓解用水紧缺。第一级排出液可用来浸泡干叶，第二级微有甜味或有甜味的排出液可以引入第一级继续浓缩。除了损耗之外，水均可以循环使用，既节省了水，又回收了糖苷。

④ 原工艺浓缩液进行喷雾干燥时，易粘贴喷雾干燥器壁，而膜法浓缩液仅有轻微粘贴，可能是膜法浓缩除去了无机盐和部分酸的结果。

8.8.1.4.2　在木糖醇生产过程中的应用

生产木糖醇过程中的中间体——木糖水溶液的浓缩，国内现有厂家均采用"三效蒸发"工艺。该工艺技术成熟，具有一定的实用性，但能耗高，劳动强度大，容易产生焦糖现象和污染环境，并需要大量冷却水。采用膜分离技术浓缩是在常温下进行，不会产生焦糖现象和新色素，同时，还能除去木糖水溶液中的部分酸和少量灰分（无机盐），减轻交换树脂的负担，缩短生产周期，降低成本，提高木糖醇的质量，使木糖醇的净化工艺进一步得到完善。在实际生产中，以折射率为 3.5% 的稀木糖液 1600t，经反渗透浓缩后得平均折射率为 15% 的浓缩液 290t，折射率为 17% 的浓缩液 60t。以该批料液所得结果与原工艺进行了经济效益对比，结果是每生产 1t 结晶木糖醇，用膜分离技术比"三效蒸发"省汽 52.1t（折合成煤 34.7t），省电 97.8kW·h，省水 325.6t，收率提高 0.8%。

如按年产 150t 结晶木糖醇计算，一年可省煤约 5200t，省电近 15000kW·h，省水 48800t，多产产品 1.2t。

8.8.1.4.3　在速溶茶制取中的应用

低档粗茶加工提取速溶茶，既提高工厂和茶农的收益又便于携带，饮用方便，为此，不少茶厂试图利用价格低的低档茶加工提取速溶茶。为验证膜分离技术浓缩茶汁的优越性，取出即将进行蒸馏的茶汤，用反渗透膜法进行了可行性浓缩试验。对比分析结果见表 8-50。

表 8-50　不同浓缩方法对茶叶挥发性芳香物质的影响

物质	原液中含量/(mg/L)	浓缩液中含量/(mg/L)	
		蒸馏器	反渗透膜
1-戊烯-3-醇	0.342	0.012	0.048
异戊醇	0.027	—	1.174
正戊醇	0.192	—	—
2,5-二甲基吡嗪	0.196	—	微
2,6-二甲基吡嗪	—		
顺-3-己烯醇	微	—	0.746
芳樟醇氧化物（Ⅰ）	0.210	0.365	1.390
芳樟醇氧化物（Ⅱ）	0.043	0.134	微
癸醛	0.112	0.075	0.084
芳樟醇	0.188	0.732	0.317
正辛醇	0.084	0.074	0.119
未知物	0.132	0.195	0.215
α-紫罗兰酮	0.024	—	微
香叶醇	0.188	0.239	0.139
苯甲醇	0.162	0.339	0.672
α-苯乙醇	0.042		0.178
β-紫罗兰酮	微		0.135
橙花叔醇	微		
雪松醇	0.791	0.150	0.191
二氢海葵内酯	0.081	0.071	—
吲哚	0.038	0.016	
进液运行方式		密封蒸馏	敞开运行浓缩

在实际生产中，采用膜分离技术浓缩，完全可以使进料液在密封条件下进行闭路循环，更好地保留浓缩液中的香气成分。我国茶叶资源十分丰富，这是一项非常值得推广的新工艺，目前虽已有单位用此工艺生产干茶粉，但工艺流程尚有待改进。

8.8.1.5 反渗透法废液处理[215,222,223]

反渗透作为浓缩技术在废液处理中也发挥了积极作用，成功的例子包括电镀废水、照相洗印废水、低放废水、化工废水、矿山废水、造纸废水、医药废水和生活污水等的处理。

8.8.1.5.1 电镀废水处理概述

电镀是许多工业部门中重要的工艺环节，工件电镀后，附在工件表面的电镀液应用水漂洗，通常新水从最后的漂洗槽进入，与镀件成逆向传送，从邻近电镀槽的漂洗槽排出，排出液含有多种金属离子和药剂，浓度在 $1000 \sim 3000 \text{mg/L}$ 左右，这些物质大多具有高毒性，但有较高经济价值，如 Ni^+、Cr^{6+}、Cd^{2+}、Cu^{2+}、Au^+、Zn^{2+}、Sn^{2+} 等，因此应回收利用，同时使水能闭路循环，达到废物资源化和保护环境之目的。

用反渗透法处理电镀废水，首先于 20 世纪 70 年代初处理镀镍漂洗废水，其后又应用于镀铬、镀铜、镀锌、镀镉、铝材着色漂洗废水等。

(1) 反渗透法处理电镀废水的主要特点

① 可以实现漂洗废水的封闭循环处理。在反渗透过程中漂洗废水中有价值的重金属离子及其他镀液成分基本上可照镀槽电解液成分"原样"浓缩，而膜的透过水由于除去了绝大部分溶质，大大降低了溶质浓度，因而可重新用作漂洗用水。

② 与其他处理方法（如化学沉淀法、离子交换法等）相比，由于不向反渗透系统中添加任何化学物质或第二相物质，因而不会产生污泥与残渣，不产生二次污染。

③ 与蒸发法和有相变化的处理技术相比，由于反渗透过程可以在常温下进行，因而能耗低。

(2) 在实际工程应用中反渗透法处理电镀废水的特殊性

① 首先，对多数镀种来说，由于镀槽电解液具有很高或很低的 pH，如镀铬废水 pH 可达 0.5，而碱性镀锌等 pH 可达 13 以上。因此对膜适用的 pH 范围有严格要求。同时对于镀铬那样的电镀废水及镀锌纯化漂洗废水，由于镀液中 Cr^{6+} 的强氧化性，因而对氧化剂敏感的反渗透复合膜很难适用。从上可以看出，电镀废水处理最重要的是对膜的选择，要求膜对 pH 及氧化剂有足够高的化学稳定性。

② 其次，由于电解液 TDS 大约在 $20\% \sim 30\%$，具有很高的渗透压，因而清洗废水通常只能浓缩到镀槽电解液浓度的 1/4，达不到电解液含量要求；但对于需加温电镀的过程来说，上述浓度可作为电解液因蒸发需补充的补给水。但对常温镀槽来说，由于电解液蒸发量很少，因此上述浓度的浓缩液返回镀槽后会降低电解液浓度，破坏正常的电解过程。此时对少量浓缩液必须辅以其他方法进行进一步浓缩，通常采用蒸发法。

③ 再次，对于具有絮凝物的电镀废水（如锌酸盐镀锌废水），不能直接用反渗透处理。此时可采用 PE 管过滤或超滤等预处理技术，然后再用反渗透浓缩分离。对许多电镀废水采用类似的集成技术，能获得比单一反渗透技术更好的效果，在经济上更为合理。

④ 最后还需指出，由于膜对各种溶质有不同的选择透过性，因而对各种溶质的分离率有所差别。大量基础研究表明，膜对各种重金属离子能获得相近的分离率，并可达到 $95\% \sim 99\%$。而对电解液中一些有机物成分如光亮剂等，分离率显著低下，如用 CA 膜，对 H_3BO_3 的分离率仅 41.7%，总有机碳为 79.9%，因此在反渗透的浓缩液中，保留的各成分比例与电解液有所差别，所以把浓缩液返回镀槽重新应用时，必须对各成分比例适当加以

调整。

以下就反渗透法处理电镀废水的典型工业应用实例进行介绍与分析。

8.8.1.5.2 镀镍废水

镀镍漂洗废水的处理由于技术上的可靠性与良好的经济性而被广泛采用。由于废水呈弱酸性，所以反渗透膜材料大多为醋酸纤维素，也有采用芳香族聚酰胺的。

若用芳香族聚酰胺膜元件，则应以活性炭过滤器去除游离氯等，这也吸附了光亮剂，这样光亮剂应按原配方加入。以浓水循环方式，系统回收率可达 96% 以上，对 Ni 盐的脱除率在 99% 以上，可将其浓缩 20~30 倍。为了浓缩中不产生钙、镁沉淀物，补给水应去除 Ca^{2+} 和 Mg^{2+}。

泵的能耗一般在 $4kW \cdot h/m^3$ 透过液，膜的寿命至少 2 年，膜约 1 个月清洗一次……1~2 年内可偿还全部投资（图 8-139）。

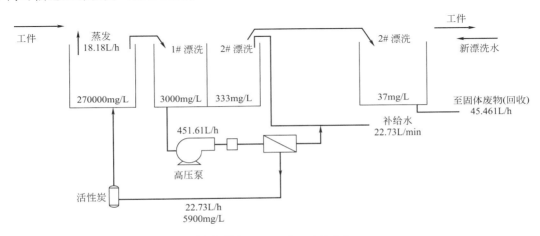

图 8-139 反渗透处理电镀废水

北京广播器材厂用醋酸纤维素管式反渗透装置处理镀亮镍和暗镍的漂洗废水，废水中 Ni^{2+} 为 1510~2400mg/L，在 3MPa 下，Ni^{2+} 的分离率为 97.2%~99.7%，透水速度为 400~422L/($m^2 \cdot d$)，系统对 Ni 的回收率>99%。我国最大的反渗透处理镀镍装置，在苏州阀门厂运行，处理 3×6000L 体积的镀镍漂洗废水。美国芝加哥 APL 工艺公司采用芳香族聚酰胺中空纤维组件处理滚镀 Watt Ni 漂洗废水，废水含 Ni^{2+} 650mg/L，经反渗透浓缩 20 倍至 13000mg/L，膜对 Ni 的分离率为 92%。每月对膜面污染物清洗一次。

8.8.1.5.3 镀铬漂洗废水

（1）用反渗透法处理镀铬废水有以下两条途径

① 对镀铬废水进行 pH 调整（pH 为 4~6），然后用醋酸纤维素反渗透膜进行分离浓缩（中和法）。

② 对镀铬废水用抗氧化性优良的非醋酸纤维素反渗透膜直接进行分离浓缩（未中和法）。

（2）不同途径中废水处理效果不完全相同的原因

① 铬酸的分离率受溶液中 pH 的影响。图 8-140 给出了对 NaCl 分离率不同的 3 种醋酸纤维素膜在不同 pH 下对铬酸的分离率。以对 NaCl 分离率为 85% 的膜为例，当 pH=3 时，

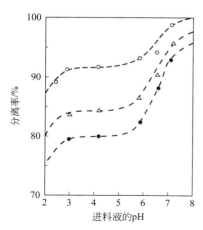

图 8-140 进料液的 pH 对铬酸
分离率的影响

○—醋酸纤维素酯膜 CA 398；

△—三醋酸纤维素酯膜 CTA；

●—醋酸纤维素丙酸酯 CAP-151

铬酸分离率为 83%，而 pH＝7.25 时，铬酸的分离率达 96%，这是因为铬酸在不同 pH 下离解程度不同。

$$H_2CrO_4 \underset{}{\overset{k_1}{\rightleftharpoons}} H^+ + HCrO_4^- \qquad (8\text{-}232)$$

$$HCrO_4^- \underset{}{\overset{k_2}{\rightleftharpoons}} H^+ + CrO_4^{2-} \qquad (8\text{-}233)$$

式中，$k_1 = 1.8 \times 10^{-1}$，$k_2 = 3.2 \times 10^{-7}$。对于 0.01mol/L 的铬酸溶液，通过计算可知，在 pH＝3 时，铬酸溶液几乎都以 $HCrO_4^-$ 的形式存在，而在 pH＝7.25 时，溶液中 $HCrO_4^-$ 与 CrO_4^{2-} 的含量分别为 14.8% 和 85%，所以 pH＝2～7 时，H_2CrO_4 几乎是不存在的。基于上述结果，可以用下式计算 pH＝2～8 范围内铬酸的分离率。

$$R_{ej} = \frac{a[H_2CrO_4] + b[HCrO_4^-] + c[CrO_4^{2-}]}{[H_2CrO_4] + [HCrO_4^-] + [CrO_4^{2-}]}$$

$$(8\text{-}234)$$

式中，a、b、c 分别为 H_2CrO_4、$HCrO_4^-$ 和 CrO_4^{2-} 分离率的计算值，用该式计算的结果与实测值非常一致。

因此，在用中和法时，控制溶液的 pH 是重要的。而未中和的镀铬废水 pH 有时可低至 0.5～1.5。无论是醋酸纤维素膜还是聚酰胺膜，用中和法，膜对 Cr^{6+} 的分离率均要比未中和法的分离率高。但是，中和法通常是用 NaOH 调节废水的 pH，结果反渗透的浓缩液与透过液均引入 Na^+。假定浓缩液回镀槽重新使用，则必须用离子交换树脂去除 Na^+，无疑增加了碱、酸消耗和离子交换系统的设备投资。

② 对废水浓缩效果的区别。在废水浓缩时，无论用哪种方法，膜的分离率几乎不变，而透水速度随废水浓缩倍数的增加而下降。在分离率不变时，废水浓缩程度可用下式计算。

$$c/c_0 = \left(\frac{V_0}{V}\right)^{R_e} \qquad (8\text{-}235)$$

式中，c、c_0 分别为浓缩终止时溶液浓度及初始溶液浓度；V、V_0 分别为浓缩终止时残留液量和初始溶液量；R_e 为分离率。目前在中和法中采用的醋酸纤维素膜的透水速度一般要比未中和法中采用的非醋酸纤维素膜（如 PSA 膜）高，对废水的浓缩效果也更好，例如，PSA 膜对未中和的废水，Cr^{6+} 大体可浓缩至 5000～10000mg/L，在相近的条件下，醋酸纤维素膜对中和法的废水，能很容易地将 Cr^{6+} 浓缩至 20000mg/L，如表 8-51 所示。显然，采用中和法对废水的浓缩有利。

③ 膜的稳定性。从膜的稳定性上看，用于中和法的醋酸纤维素膜和用于未中和法的 PSA 膜性能相近，目前 PSA 膜的使用寿命在良好的维护和管理条件下大于 1 年；但从膜成本来看，醋酸纤维素膜要低一些。

总之：对处理量小的中小型镀铬槽漂洗废水，采用未中和法较为适宜；对处理量大的，则需在经济上做进一步权衡，采用中和法可能更为有利。

表 8-51 反渗透对中和法镀铬废水的浓缩效果（4MPa）

试验编号	初始溶液		平均透水速度/[m³/(m²·d)]	平均分离率/%	最终溶液		
	CrO_3/(mg/L)	pH			CrO_3/(mg/L)	pH	残留量/L
1	1988	5.6	1.29	96.4	5800	5.8	1.46
2	5049	5.6	1.23	96.5	17300	6.0	1.11
3	4567	7.1	1.17	98.0	14300	7.3	1.25
4	9135	5.6	1.19	96.0	29000	6.5	1.26

8.8.1.5.4 镀铜漂洗废水

对氰化镀铜漂洗废水，美国 Whyco Chromium 公司和 New England Plating 公司在生产线上用"B-9"中空纤维组件处理。

对镀黄铜漂洗水，美国 Winter Products 公司，从 1973 年起，先后用"B-9""B-10"中空纤维膜装置进行处理。镀槽后设四级漂洗，一级、二级和三级、四级漂洗槽液分别各设一台反渗透装置。系统对氰的回收率大于 99.9%，水量能实现平衡。反渗透设备投资，由于回收了水和化学物质，能在 5~6 个月得到补偿。

8.8.1.5.5 二级污水综合处理再用

在中东和淡水资源贫乏地区，二级污水综合处理是扩大水资源的重要措施之一。从图 8-141 可以看出二级污水经不同的深度处理，可用作消防用水、工厂一般用水、冷却水和锅炉供水，也反映出 RO 所起的重要作用。

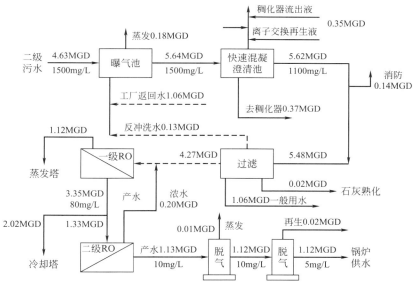

图 8-141 反渗透二级污水综合处理流程图
(1MGD=3.78m³/d)

8.8.2 正渗透典型应用案例

在全球能源危机和淡水资源危机的时代背景下，对新能源开发利用技术及低能耗海水脱盐技术的需求正逐步升温。相比于常规的压力驱动膜分离过程，正渗透技术因低能耗、低污染倾向、易于清洗及可回收盐差能等特点被誉为新一代的膜分离技术，在海水淡化、废水处理与纯化、应急供水、制药工程、清洁能源领域展现出巨大的应用前景和商业潜力。

8.8.2.1 海水淡化

正渗透技术早在 20 世纪 60 年代就被提出应用于海水淡化，然而由于受商品化正渗透膜性能所限，基于正渗透技术的海水淡化研究主要停留在实验室规模上，实际工程应用案例有限。文献可查的可实现商业化应用的工程公司有英国 Modern 水务公司和美国 Oasys Water 公司。其中，前者致力于正渗透海水脱盐技术开发及工程应用，2008 年 9 月于地中海直布罗陀投产全球第一套海水淡化装置，并且在 2009 年 9 月于阿曼苏丹国投产了 100t/d 的正渗透脱盐工厂，两项工程均实现与市政管网并网供水。后者所开发产品 ClearFlo（MBCx）™ 主要应用于工业废水零排放处理，将在 8.8.2.2 节详述。

（1）直布罗陀正渗透海水淡化装置

图 8-142 为现代水务公司生产并于直布罗陀投产的正渗透海水淡化装置。该系统主要包含预处理系统、正渗透膜、汲取液再生系统以及汲取液储罐等（如图 8-143 所示）。其中，预处理系统为多介质过滤器；正渗透膜为该公司开发的第三代正渗透膜，膜性能提升 30%，但具体产品参数并未详细说明；汲取液再生系统为反渗透或者纳滤系统；汲取液类型及浓度并未公开。根据该公司提供的资料，该设备实际运行条件及主要性能如表 8-52 所示，并于 2009 年 5 月并网供水。

(a)   (b)

图 8-142 现代水务公司所生产的正渗透海水淡化装置（a）和建于直布罗陀的示范装置实景（b）

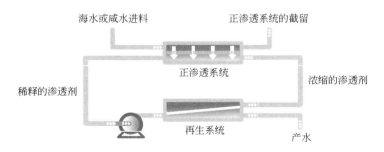

图 8-143 现代水务公司 MOD 系统流程示意图

表 8-52　现代水务公司正渗透海水淡化设备运行条件和性能（直布罗陀项目）

类别	指标	类别	指标
原水	SDI$_{15}$＝3～4	正渗透系统压力容器数量	未提及
产水	TDS＜200mg/L；硼含量＜0.6mg/L	反渗透系统压力容器内膜元件数量	3
		反渗透系统压力容器数量	未提及
产水量	未提及	反渗透系统水回收率	50%
正渗透系统压力容器内膜元件数量	未提及		

（2）阿曼苏丹国 100t/d 正渗透海水淡化工厂

如图 8-144 所示，该工厂坐落于离阿曼苏丹国首都马斯喀特（Muscat）450km 以外的阿尔哈鲁福（Al Khaluf），原用地设施为 100t/d 反渗透海水淡化工厂，主要包含设施有：两个钻井；海水取水系统；海水消毒装置；介质过滤器；海水储罐；2 个 8in 反渗透压力容器；药剂投加装置；产水储罐；除硼装置；加氯装置（产水）；油罐若干。现代水务公司使用原有反渗透淡化工程的预处理及后处理系统，与原有反渗透系统形成并联设计，改造设计流程参见 8.9.10.2。

图 8-144　正渗透淡化工厂（现代水务阿曼项目）实景

图 8-145 为正渗透工厂的外景图及内景图。该工厂的主要特点为：40ft 高的集装箱设计，便于运输，降低基建投资的同时，可抵御当地严酷的气候条件（风沙、干旱、高温）；PLC 控制并且可运行 SCADA 软件的 PC 机对数据进行实时监测；流量、温度、电导率、压力、pH 等参数实时自动监测；基于膜系统的汲取液回收系统；正渗透膜元件可灵活调配及安装；膜原位清洗系统；预留原水进口、浓水排放口、产水出口、渗透液进口（用于初始阶段管路充水）以及 415V 三相交流电接口，方便现场安装。

尽管原有设施有钻井，但是该工厂所使用原水为表层海水，未使用深层海水，因此水质较差。鉴于原反渗透海水淡化工厂预处理系统为双重介质过滤器（滤速 16～25m/h）且出水水质难以监测。基于此，现代水务公司增加 10μm 滤筒式过滤器，使得原水 SDI$_5$ 接近 5。另外，增加阻垢剂投加系统和周期性的氯投加系统。该工厂于 2009 年 11 月运行，其主要性能指标如表 8-53 所示。

图 8-145 现代水务阿曼正渗透海水淡化工程外景图及内景图

表 8-53 现代水务公司正渗透海水淡化设备的主要性能（阿曼项目）

类别	指标	类别	指标
设计产水量	100t/d	产水水质	TDS<200mg/L；硼浓度 0.6～0.8mg/L
实际产水量	约96t/d	正渗透膜清洗频率	>1年（1年内产水量在 4t/h 附近小幅度波动）
海水回收率	35%	能耗下降率	40%（与原反渗透系统相比）
水质标准	符合阿曼标准 No.8/2006		

原反渗透系统即使在进行反复清洗的情况下，在 5 个月内产水量仍下降 30%，而正渗透系统产水量一直稳定在 4t/h 附近。因此，正渗透系统的膜污染倾向、能耗、运行维护成本更低。另外，与反渗透系统相比，正渗透系统产水中硼的浓度更低。总之，该系统自动化程度高，运行稳定，产水水质高，满足阿曼水质标准。基于此，现代水务公司于 2011 年 6 月与阿曼水电公共事业部门（PAEW）签订了价值 65 万美元产水量 200t/d 的正渗透海水淡化合同。

8.8.2.2 废水处理与纯化

正渗透技术的优势为低污染倾向，因此正渗透技术被广泛应用于垃圾渗沥液、废水、冷却塔补给水等高污染水体处理。本小节将重点介绍 HTI 公司、Oasys Water 公司以及 Modern Water 公司在这方面的工作。

(1) 垃圾渗沥液处理——HTI 公司

HTI 公司最早利用正渗透技术涉足垃圾渗沥液处理，以下介绍 HTI 用于垃圾渗沥液处理的几套工艺路线。

图 8-146 为正渗透技术处理垃圾渗沥液的流程简图，使用分置式平板构造正渗透系统或者多级卷式正渗透系统。该技术的特点为：无需压力驱动的渗透工艺降低膜污染倾向；低压、低能耗，降低运行成本；简单膜清洗操作（每季度清洗一次，渗透反洗或者简单的缓冲清洗液清洗），降低膜清洗所需的药剂费用；水回收率高（90%）。表 8-54 为使用正渗透系统（使用卷式膜组件）处理 260t/d 垃圾渗沥液的系统配置表，总占地面积为 600m²。

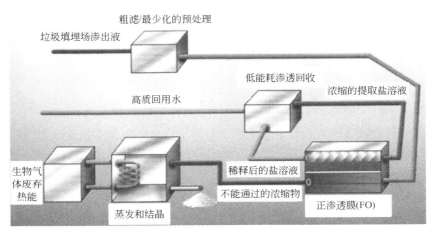

图 8-146　分置式平板正渗透膜处理垃圾渗沥液流程简图

表 8-54　正渗透系统（卷式膜组件）处理 260t/d 垃圾渗沥液系统配置

系统	单元模块	数量	备注
OsMem 系统[①]	FO 装置集成模块单元	3	单元包含 128 支 HTI 产的 FO-CTA 8040CS 膜,35kW 循环泵一台
	汲取液泵	3	功率 0.33kW
	进料液泵	1	功率 0.80kW
	制造盐水装置集成模块单元	1	
	纳滤装置集成模块单元	1	
	CIP 装置集成模块单元	1	
HCRO 系统[①]	反渗透装置集成模块单元	2	
	高压泵	2	44kW 一台;21kW 一台
	能量回收装置及增压泵	4	功率 3.5kW
ERC 系统[①]	ERC 装置集成单元模块		

① 详细说明参见 8.9.10.3 节。

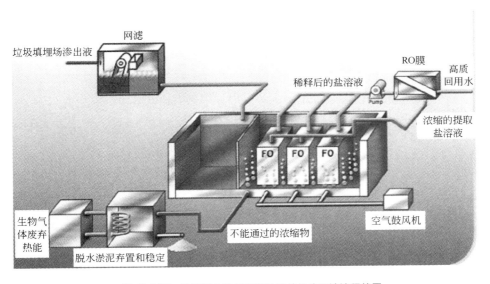

图 8-147　渗透膜生物反应器处理垃圾渗沥液流程简图

图 8-147 为渗透膜生物反应器处理垃圾渗沥液流程简图。HTI 混合 OsMBR™ 技术利用正渗透膜截留水中的营养物（如磷、氮化合物），保证产水的高品质。该技术的特点为：微生物完全分解 TOC 及其他污染物；膜污染倾向低，膜清洗频率下降，化学清洗药剂成本下降；低压操作，能耗低。

（2）工业废水零排放——Oasys Water 公司

美国 Oasys Water 公司设计开发出 ClearFlo MBC 系统（如图 8-148 所示），该系统中汲取液体系为碳酸氢铵溶液体系，通过热法对汲取液进行回收，形成汲取液的闭路循环。该处理系统目前被广泛应用于工业废水零排放，现有应用项目有华能长兴电厂废水零排放项目、阳煤集团太原化工新材料有限公司废水零排放项目（工艺流程图见图 8-149）以及中天合创能源有限责任公司废水零排放项目（工艺流程图见图 8-150）。以长兴电厂零排放项目为例，介绍其主要运行指标，如表 8-55 所示。

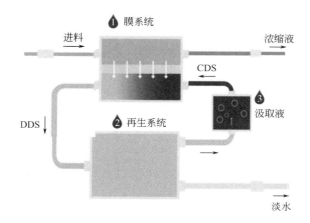

图 8-148 Oasys Water 公司开发的 ClearFlo MBC 系统的流程简图

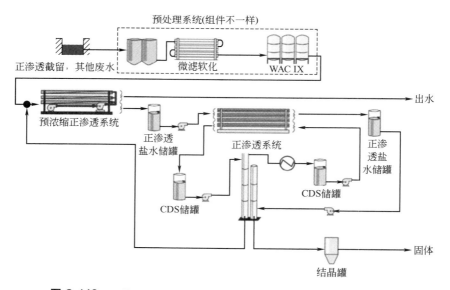

图 8-149 阳煤集团太原化工新材料有限公司废水零排放项目工艺流程图

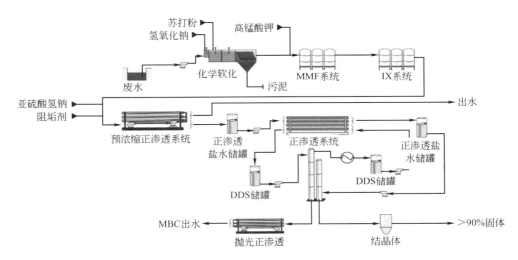

图 8-150　中天合创能源有限责任公司废水零排放项目工艺流程图

表 8-55　基于 MBC 系统的废水零排放项目技术指标

运行指标	设计值	实际值
产水量/(t/h)	19.6	19.66
产水吨水能耗/(kW·h/t)	9.4	6.40
结晶器吨水耗汽量/(kg/t)	82	15.4
MBC 系统吨水耗汽量/(kg/t)	115	67.2
吨水需耗碳酸钠量/(kg/t)	3.79	4.06
吨水需耗阻垢剂和还原剂量/(kg/t)	0.0067/0.027	0.0052/0.017
树脂再生用盐酸和氢氧化钠量/(kg/t)	0.258/0.315	0.197/0.106
系统清洗频率/(次/年)	<2	1
清洗时间/min	10080	2295
系统整套装置年等效可用系数/%	95	99.6
产水氨含量/(mg/L)	—	<2

(3) 冷却塔补给水——Modern Water 公司

Modern Water 公司利用海水/苦咸水/污水和冷却塔冷凝水之间的渗透压差，在无需外加压力时，通过正渗透技术实现水分子从料液侧自发到汲取液侧渗透，对冷凝水进行稀释，从而补充冷却塔运行过程中的水分流失。同时，该技术可循环利用冷凝水中的化学添加剂，从而降低运行成本。该项目已在阿曼苏丹国的索哈尔（Sohar）石化工厂得到试验验证（如图 8-151 所示）。

8.8.2.3　应急供水

HTI 公司于 2001 年开始为野外生存设计开发一款称为水袋（hydration bag）的应急供水产品[225]，并于 2002~2009 年实现由产品设计到商品销售，美国军方为首批客户（采购量为 100000 个）。目前产品序列分为 SeaPack、SeaPack Crew、HydroPack、Expedition、LifePack、X-Pack 等。以 X-Pack 为例进行说明，如图 8-152 所示，其基本构造为双层袋状结构，内层为正渗透膜（通常为 HTI 第一代醋酸纤维正渗透膜，产品型号为 OsMem™

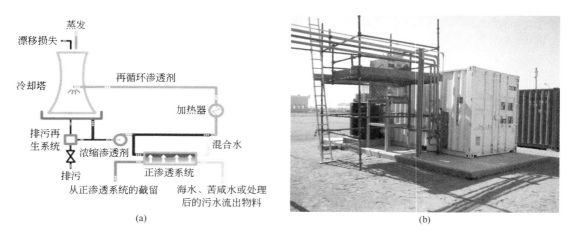

图 8-151 正渗透技术用于冷却塔补给水处理流程（a）和实景图（b）

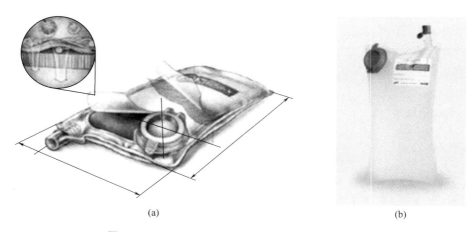

图 8-152 X-Pack 水袋结构示意图（a）和实物图（b）

CTA-NW），外层为防水材料，将正渗透膜包裹起来，并作为汲取液容器。内层膜装入可饮用的汲取溶液（糖类或功能性饮料）和渗透加速剂，将原水装入内层与外层的夹层中，净化水即可透过内层正渗透膜稀释汲取液以供饮用。该水袋质量轻，携带方便，极大降低了野外生存负重（携带 1lb 汲取液可汲取 15lb 净化水，如图 8-153 所示）。另外，HTI 公司所开发的不同型号水袋的相关性能参数如表 8-56 所示。

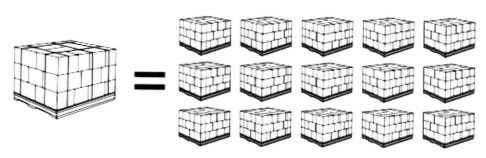

图 8-153 X-Pack 可汲取水量对比图（携带 1lb 汲取液等同于携带 15lb 瓶装水）

表 8-56　HTI 公司开发的不同型号水袋参数一览表

型号	水袋容量/L	最大汲取水量/L	净水汲取效率/L
Expedition	3	60	0.8/1h
X-Pack	1.6	16	1.6/4～12h
SeaPack	0.5	4	0.5/5～8h
SeaPack Crew	0.5	0.5	0.5/10～15h
HydroPack	0.355	0.355	0.355/10～12h

8.8.2.4　制药工程

胶囊渗透压泵可利用渗透压作为驱动力控制药物的释放速率，从而可在医学上实现精准治疗。胶囊渗透压泵早在 20 世纪 70 年代就已实现商品化应用（ALZET® 渗透压泵），并用于动物实验[226]。当前，胶囊渗透压泵已用于人体研究，并开发出 DUROS®、OROS® Push-Pull™、L-PROS™ 以及 EnSoTrol® 等不同系统，均可实现药物在长达 1 年内不间断地持续释放。以植入式 DUROS® 系统为例进行说明（如图 8-154 所示），一个聚氨酯材质膜片对左端进行封端处理，人造橡胶制成的活塞将圆柱体胶囊分割成两部分，靠近左侧腔体填充汲取液构成渗透压引擎，靠近右侧腔体填充药物。一旦水通过半透膜进入胶囊左侧腔体，渗透压引擎启动，推动活塞向右运动，胶囊右侧腔体内的药物将从右侧出口释放。因此，药物释放速率取决于半透膜的渗透速率。另外，渗透压引擎内填充的汲取液通常为 NaCl 溶液与以片剂形式存在的药用辅料；药物可为溶解态亦可为悬浮态，且必须能够在人体体温（37℃）环境下保持 3 个月到 1 年时间内稳定不失活。

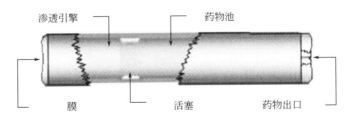

图 8-154　植入式 DUROS® 系统横截面示意图[227]

8.8.2.5　清洁能源

早在 20 世纪 70 年代，以色列 Loeb 教授便提出利用压力阻尼渗透过程（PRO）提取海水中所蕴藏的盐差能（"蓝色"能量），其简易流程图如图 8-155 所示[228]。第一种方案为压力阻尼渗透直接发电过程，低盐水体（河水等）沿着正渗透膜一侧流动，水在渗透压差驱动下渗透进入膜另外一端的加压侧与海水混合，稀释后海水分为两股流体，一股通过涡轮机将机械能转化为电能，另外一股则通过压力交换装置为海水预增压，该方案正处于工程应用阶段。另外，美国 Childress 教授于 2014 年提出 RO-PRO 耦合系统，通过回收反渗透浓水余压的同时，降低反渗透浓水给周边海域所带来的环境效应，目前该方案仍停留在实验室研究阶段[229,230]。

基于第一种方案，欧洲 Statkraft 公司早在 1996 年就联合 Sintef（挪威）开展压力阻尼渗透发电技术相关的研究工作，并于 2009 年 11 月在挪威 Tofte 建成并运行世界上第一座

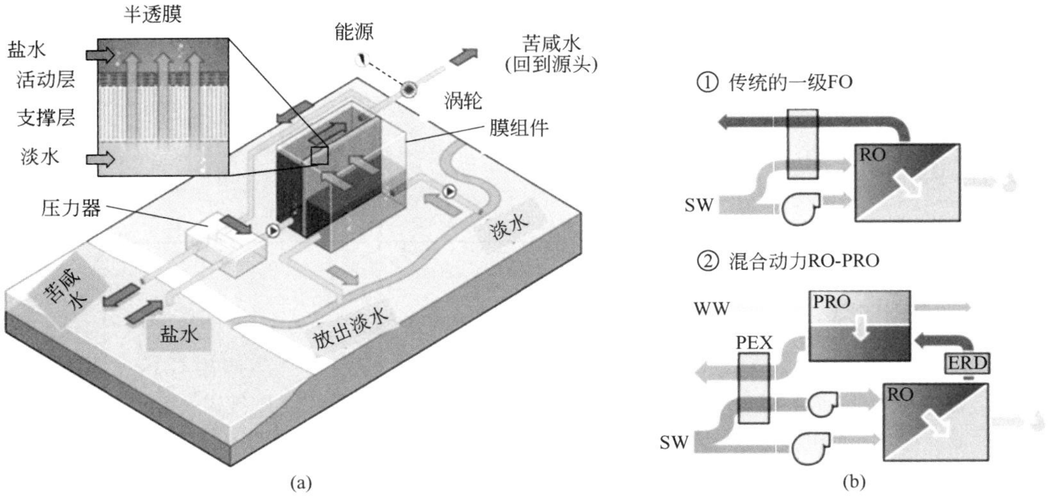

半透膜
盐水
活动层
支撑层
淡水
能源
苦咸水
(回到源头)
涡轮
膜组件
压力器
淡水
苦咸水
盐水
放出淡水
(a)
① 传统的一级FO
RO
SW
② 混合动力RO-PRO
WW
PRO
PEX
ERD
RO
SW
(b)

图 8-155 压力阻尼渗透发电技术示意图（a）和 RO-PRO 耦合系统示意图（b）

压力阻尼渗透发电站（如图 8-156 所示），设计发电功率为 1MW，填装膜面积约 2000m^2（66 个膜元件，单个膜元件 28m^2）。该电站建立的核心目的在于验证技术工程应用可行性、研究系统规模化放大技术、评测及优化膜及其他核心部件以及积累工程操作及运行经验。目前技术较为成熟的部件为阀门、泵以及管路；仍需进一步技术开发的部件为压力阻尼渗透膜、压力交换装置以及预处理系统。第一代醋酸纤维素膜发电功率密度仅为 0.5W/m^2，Statkraft 公司联合 Nitto Denko/Hydranautics 公司对压力阻尼渗透膜进行开发及优化，采用第二代正渗透薄层复合膜元件，功率密度达到 3.5W/m^2，仍与可规模化应用的功率密度存在一定距离（>5W/m^2）。尽管经过大量努力，但是受制于当前压力阻尼渗透膜性能，Statkraft 公司不得不在 2013 年暂停该项目。表 8-57 为利用膜技术回收压差能的相关公司列表。

未成熟组件的例子
膜元件
压力器
预处理
Statkraft
淡水
海水
苦咸水
阀门
涡轮
水管
成熟组件的例子

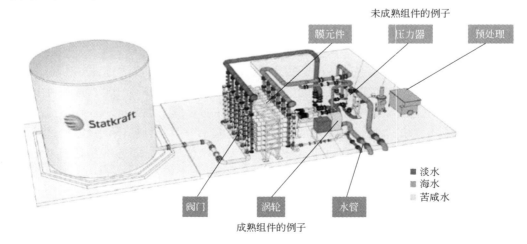

图 8-156 Statkraft 公司压力阻尼渗透发电站示意图[231]

表 8-57 在压差能应用方面的主要公司及其业务范围[232]

公司名称	所属国家	建立时间	业务范围
Statkraft	挪威	1992	压力阻尼渗透发电技术
Kema	荷兰	1997	反电渗析发电技术及反电渗析膜
REDstack	荷兰	2005	反电渗析发电技术
Energy Recovery Inc.	美国	1992	能量回收装置
Oasys Water①	美国	2008	正渗透膜
HTI②	美国	1987	正渗透膜
Aquaporin	丹麦	2005	正渗透膜

① HTI 公司于 2016 年进行资产重组，产品销售停滞。

② 北京沃特尔水技术股份有限公司于 2013 年入股美国 Oasys Water 公司。

8.8.3 纳滤典型应用案例

8.8.3.1 市政给水工程

【应用实例】 山西阳泉 35000m³/d 纳滤膜饮用水处理工程

阳泉市位于山西省太行山中段，是山区丘陵城市。娘子关深层岩溶水的客观属性决定了其水质为高硬度水，现有原水总硬度 490mg/L，硫酸盐 284mg/L，不满足国家强制标准 GB 5749—2006 的要求，需要对原水进行硬度以及硫酸根的去除。系统采用高回收率的设计，使用两级纳滤进行硬度以及硫酸根的去除，详细工艺见图 8-157。

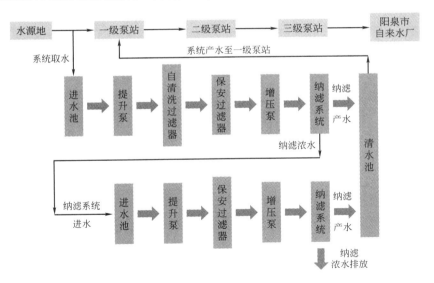

图 8-157 纳滤饮用水处理工程流程示意图

图 8-158 为山西阳泉市 35000m³/d 纳滤水处理系统实景照片。主纳滤设备运行压力在 0.48～0.49MPa 之间，浓水回收纳滤运行压力在 0.61～0.63MPa 之间。比常规反渗透运行压力低 0.5～0.7MPa，大幅度节约了能耗，降低了运行成本。主纳滤设备回收率为 78%，浓水回收纳滤设备回收率为 54%。废水排放量小，提高了资源利用率。纳滤膜采用碧水源膜科技有限公司制造的 DF90-8040 元件，整套设备总硬度硫酸盐去除率≥95%，总脱盐

图 8-158　山西阳泉市 35000m³/d 纳滤水处理系统实景照片

率≥90％，能满足工艺设计要求。

8.8.3.2　市政污水工程

【应用实例】　北京市翠湖 7500m³/d MBR＋NF 双膜法新水源工程

图 8-159 为北京市翠湖 7500m³/d 纳滤新水源系统工艺流程图。北京市翠湖双膜法新水源工程位于北京市海淀区翠湖国家湿地公园旁，进水为翠湖地区的生活污水，经过碧水源公司的 MBR（膜生物反应器）与 DF™纳滤工艺两级处理以后，产水水质除了总氮以外其他全部达到地表Ⅲ类水水质（GB 3838—2002）以上标准，作为国家湿地公园的补充用水。新水源厂将市政污水转化为达到地表Ⅱ类标准的高品质新水资源，具有消除水环境污染和增加新生水源的双重功能。系统工作压力在 0.3～0.5MPa，系统回收率达到 80％。进出水水质如表 8-58 所示。图 8-160 为北京市翠湖 7500m³/d 纳滤新水源系统实景照片。

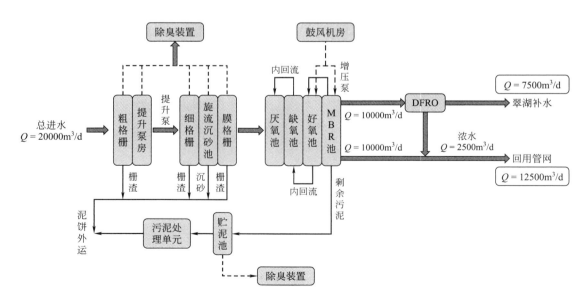

图 8-159　北京市翠湖 7500m³/d 纳滤新水源系统工艺流程图

表 8-58　进出水水质

序号	指标	进水水质	MBR 系统出水水质	DF 系统出水水质	地表水 II 类标准(河流)限制
1	COD_{Cr}/(mg/L)	318	23	<10	15
2	TN/(mg/L)	35.7	6.4	5.9	—
3	NH_3-N/(mg/L)	28.5	0.6	0.41	0.5
4	TP/(mg/L)	3.00	0.17	0.016	0.1
5	TDS/(mg/L)	452	360	247	—
6	pH	7.5	7.42	7.3	6.9

8.8.3.3　纳滤膜软化[233-238]

8.8.3.3.1　概述

软化是水处理过程中的一个重要部分，在常规水脱硬、工业冷却水系统、凝结水系统、锅炉补给水系统和饮用水净化等领域都有广泛的应用。

随着膜技术的进步，膜软化工艺备受人们的重视，在国外某些地区和领域，膜软化已成为主要的软化工艺。与药剂软化和离子交换法相比，膜软化有其特有的优

图 8-160　北京市翠湖 7500m^3/d 纳滤新水源系统实景照片

点，如不需再生，无污泥产生，完全除去悬浮物，同时除去有机物，操作简便，占地面积省等，所以膜软化是有竞争潜力的。

常用于软化的纳滤膜对二价离子 SO_4^{2-}、Ca^{2+}、Mg^{2+} 有相当高的脱除率，特别对二价阴离子脱除更高，所以膜软化特别适于高 SO_4^{2-} 含量的水。

和其他膜过程一样，膜软化过程主要考虑的因素有进水水质和水量、产品水质和水量（水的回收率）；根据进水水质和回收率确定是否加酸和防垢剂及其用量；所需的膜组件的数量及分级或分段；按膜污染的实际情况，选择清洗剂配方、清洗方法和周期；根据产品水最终用途，决定产品水的后处理工艺等。

8.8.3.3.2　纳滤软化实例[233,239]

美国佛罗里达州路丝市 3800m^3/d 纳滤软化试验厂。

(1) 目的

地下水中含有高 TOC、Fe、H_2S、Ca^{2+}、Mg^{2+}、色度和 THMFP（三卤甲烷潜在形成物）等，以纳滤去掉上述的绝大部分物质供市政用水。

(2) 主要工艺与参数

进水：浅井水，TDS=55mg/L，TOC 23～32mg/L，Fe 0.1～2.9mg/L，H_2S 0.4～0.9mg/L，Ca^{2+} 85～139mg/L，色度 8～105 单位。

产水：3800m^3/d，TDS 40～60mg/L，色度和 TOC 减少到 10×10^{-9} 的 THMFP。

预处理：pH 调节，（防垢剂），精密过滤。

回收率：85%。

进水压力：0.62～0.83MPa。

膜类型：PVD1，卷式 21.6cm 元件。

排列：16×2∶8×2∶8×2（256 个元件，4×64），四元件的承压壳体。

后处理：脱气（H_2S、CO_2），加氯，加硬，pH 调节。

能耗：≤1.4kW·h/kgal。

（3）特点

① 采用的元件多（膜面积大），膜的平均通量在 $4.72 \times 10^{-6} m^3/(m^2 \cdot s)$，这样可延缓胶体和溶解有机物对膜的污染。

② 可溶性 Fe 2.9mg/L，产水含量仍大于 0.3mg/L，后调节 pH 到 3.5～4.5，可使 Fe＜0.3mg/L，同时由于低 pH 可免加防垢剂。

（4）流程

见图 8-161。

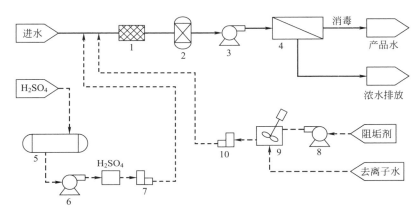

图 8-161　3800m³/d 纳滤软化流程图

1—砂滤；2—保安过滤器；3—高压泵；4—纳滤装置；5—硫酸储罐；

6—泵；7—硫酸计量泵；8—泵；9—混合器；10—阻垢剂计量泵

8.8.3.3.3　纳滤软化的经济性

美国佛罗里达州采用纳滤软化已达 $2.27 \times 10^5 m^3/d$。对 3800m³/d 或更大的工厂的经济性粗略估算如下：

建筑投资费用 230～500 美元/(m³·d)

操作维修费用 100～250 美元/(m³·d)

与石灰软化相比，纳滤软化的投资费用高 10%，操作维修费高 15%，若使被处理的水部分旁路，水质与石灰软化的相同，则纳滤操作和维修费用会比石灰软化法低。

8.8.3.4　纳滤纯化和浓缩

8.8.3.4.1　概述

由于纳滤膜可让溶液中低价离子透过而截留高价离子和数百分子量的物质，所以它可用于同时浓缩和净化许多化工产品、食品和药物等物料——浓缩这些物料并从中除去低价离子、小分子物质和部分水。这些物料包括染料、抗生素、多肽、氨基酸和维生素等。工艺简便，高效节能，经济和环境效益俱佳。

纳滤浓缩和纯化可采用批量法，也可采用恒容渗滤法和非恒容渗滤法。下面是应用的例子。

8.8.3.4.2 纳滤浓缩和纯化染料

(1) 目的

合成的粗制染料，含盐量高达 40% 左右，且还混有相当数量的异构体，品位低、价廉，不仅影响产品质量的提高，而且阻碍染料新配方和新品种的开发，所以纯化和浓缩染料是十分重要的。

(2) 纳滤脱盐和脱水浓缩

① 基本流程见图 8-162。

② 其中对恒容脱盐可分析如下，

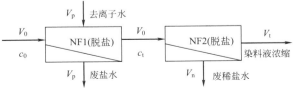

图 8-162 纳滤脱盐和浓缩流程图

染料液初始体积 V_0，含盐量 c_0(mol/ m^3)，连续加去离子水恒容下脱盐，膜对盐的截留率为 r，最后流出液为 V_n，其中含盐量为 c_t。根据过程微分方程式：

$$V_0 \mathrm{d}c = -c(1-r)\mathrm{d}V \tag{8-236}$$

$$-\frac{\mathrm{d}c}{c} = \frac{1-r}{V_0}\mathrm{d}V \tag{8-237}$$

$$\ln\frac{c_0}{c_t} = \frac{1-r}{V_0}V_t \tag{8-238}$$

这里假设 r 不变（实际上开始和终了 r 值相差较大）。

③ 脱水浓缩 由于是浓溶液，故浓差极化和形成凝胶层是难免的，浓缩时，产水流率与驱动压力成正比，与阻力成反比：

$$J_w = \Delta P / (R_m + R_g) \tag{8-239}$$

式中，R_m 和 R_g 分别为膜和凝胶层的阻力。

实际上由于浓度不断增加，有效驱动压力逐渐降低，凝胶层逐渐变厚等，所以实际脱水过程中 J_w 是逐渐下降的。

(3) 过程实施

① 膜和组器的选择 根据染料的分子量和其他性质及清洗处理的要求等，选择透水量和透盐率都高，而又能完全截留染料的膜，同时能耐酸、碱的清洗为好。所用组器以卷式为好。

② 确定凝胶点浓度 c_g 和恒容纳滤浓度 c^* 根据关系式

$$J_w = k\ln(c_g/c_b) \tag{8-240}$$

$$c^* = c_g/\mathrm{e} \tag{8-241}$$

通过测定通量和浓度的关系，可作图求出 c_g 和 c^*。

③ 确定装置规模和流程 根据膜元件的产水量、透盐率及要求的除盐程度和浓缩倍率，按批量或连续方式的要求，可初步估算所需元件数及其排列。

8.8.3.4.3　其他纯化和浓缩

（1）纳滤在麻黄碱制备中的应用

将天然麻黄草通过加压浸煮、加碱游离、二甲苯萃取等工艺制备麻黄碱，工艺过程复杂，并产生大量高 TDS、高色度有机废水，废水中含有总量 5% 的麻黄碱，同时生产中碱、甲苯耗量大，致使产品成本较高。采用膜分离技术是解决上述问题的有效途径之一。

膜分离法在麻黄碱制备中，主要用于麻黄草的加压浸煮液的预处理和浓缩。用超滤、纳滤和反渗透集成工艺较合理，原因如下：

① 加压浸煮液中可溶性固形物成分（TDS）高达近 2000mg/L，麻黄碱在加压浸煮液中含量仅 0.07%，其余主要为叶绿素（分子量 800Da）、叶黄素、胡萝卜素（分子量 500Da 以上）、鞣质、杂蛋白、无机盐、麻黄油等。在高 TDS 下，加压浸煮液具有较高的渗透压，当进行反渗透浓缩时，按生产要求希望麻黄碱浓缩至 3% 以上，即需浓缩约 40 倍，此时加压浸煮液 TDS 可高达 80g/L，渗透压大幅上升，结果导致透水速度急剧下降。试验采用低压卷式反渗透复合膜进行浓缩，尽管膜对麻黄碱的分离率可高达 99.5%，但麻黄碱浓缩到 4.35 倍时，膜的透水速度已下降到初始值的 10%，因此采用反渗透浓缩时必须确定合理的浓缩倍数。

② 要提高浓缩倍数必须降低非麻黄碱可溶性固形物含量，在反渗透前，先用纳滤膜尽可能除去中高分子量的非麻黄碱可溶性固形物成分，使麻黄碱（分子量 165.2Da）透过膜以降低透过液中 TDS 含量，然后将纳滤透过液进行反渗透浓缩。试验采用对 NaCl 分离率为 69% 的 CA-CTA 卷式纳滤膜组件，结果表明组件对 TDS 的去除率为 28.6%～61.1%，由于纳滤透过液 TDS 含量下降，降低了反渗透进料液的渗透压，从而提高了反渗透的浓缩倍数，比起单纯反渗透体积浓缩倍数提高了 5 倍以上。

③ 采用纳滤-反渗透组合膜工艺后，反渗透透过液麻黄碱含量平均为 0.0004%，从而提高了麻黄碱回收率，反渗透透过液完全符合工艺用水要求。而纳滤与反渗透的浓缩液中的麻黄碱含量分别为 0.262% 和 0.207%，而总体积不到进料液的 1/4，少量浓缩液中的麻黄碱可用多级闪蒸浓缩至 3%，从能量的利用上更合理。

采用上述工艺年产 30t 麻黄碱的生产厂年增加收益估算为 330 万～380 万元，设备投资当年即可收回。

（2）纳滤纯化和浓缩药液

纳滤可纯化和浓缩多种多样的物质，有多肽、抗生素、维生素、乳糖和催化剂等。如：1,6-二磷酸果糖药液中，含有效成分 2%，氯化钠 0.17mol/L，希望在浓缩的过程中既除去水，也除去盐。要实现这一目标，最好选用纳滤技术进行等容渗滤浓缩，即不断向被浓缩液中加入无离子水，直到除盐达到要求后，再进行浓缩。浓缩倍数可根据具体情况和实际要求而定。上述 1,6-二磷酸果糖药液在没加无离子水的情况下直接进行浓缩。分析除去水 75% 以上的浓缩液可知，含 1,6-二磷酸果糖 8.12%，氯化钠 0.07mol/L。若进行等容浓缩，基本上可以将氯化钠完全除去。

8.8.3.4.4　纳滤净化水[240-243]

① 纳滤饮用水处理　由于饮用水中的三卤甲烷（THM）被认为是致癌物质之一，有的饮用水标准已规定其含量不得大于（50～100）$\times 10^{-9}$。THM 是加氯时水中有机物分解、取代所致，用 NF 可除去 THM 及其潜在形成物，日本 21 世纪水计划中，将 NF 列为饮用水处理的最合适的技术，流程见图 8-163。

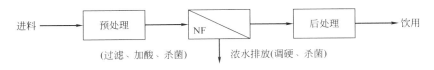

图 8-163　纳滤饮用水处理流程图

② 纳滤工业废水处理　通常处理流程见图 8-164，工业废水经 NF 后，浓液可进一步曝气或焚烧，而透过液可进一步生化处理后排放。

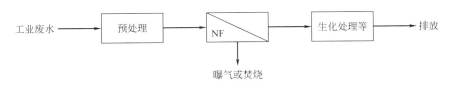

图 8-164　纳滤工业废水处理流程图

③ 纳滤膜在表面活性剂分离中的应用　用超滤或纳滤均能对水溶液中的表面活性剂进行分离，但纳滤膜对表面活性剂表现出更好的分离性能。

用 CA-CTA 共混纳滤膜及截留分子量界限为 10000Da 的超滤膜（DDS 公司）对十二烷基苯磺酸钠水溶液的分离特性进行了试验，结果表明四种规格的纳滤膜在 1.0MPa 下对十二烷基苯磺酸钠的分离率为 40%～50%，透水速度达 20～40L/(m²·h)。上述结果表明 CA-CTA 纳滤膜具有比超滤膜更小的膜孔径，所以溶质更不易对膜孔产生堵塞和吸附效应，因而表现出良好的透水速度。试验所用的 CA-CTA 纳滤膜在 1.0MPa 下对 1000mg/L NaCl 的分离率为 50%～80%，透水速度为 20～60L/(m²·h)；对 100mg/L MgSO₄ 的分离率为 90%～98%，透水速度为 20～60L/(m²·h)；对 1000mg/L 葡萄糖的分离率为 90%～95%，透水速度为 20～60L/(m²·h)。

④ 纳滤在处理酵母生产工艺废水中的应用　采用美国 Synder 公司对 NaCl 分离率为 80% 的纳滤卷式组件（NF802540）在 0.5～0.6MPa 下对食用酵母生产工艺中的三种废水进行生产现场处理。就 COD 而言，废水一为 35302mg/L，废水二为 2892mg/L，废水三为 2291mg/L，经纳滤处理 COD 的分离率分别为 92.05%、82.26% 和 98.19%，其中废水三经处理后，COD 已符合国家工业排放标准。为防止纳滤膜的污染必须对酵母废水进行预处理，采用具有正电荷的壳聚糖絮凝剂具有较好效果，色度去除率＞60%，COD 去除率约 20%。废水经处理后，透过液可重新用作发酵工艺用水。

⑤ 纳滤生活污水处理　通常处理流程见图 8-165，生活污水经活性污泥处理后，上部清液以 NF 处理，透过液可排放，浓缩液可以氧化、吸附或再循环处理。

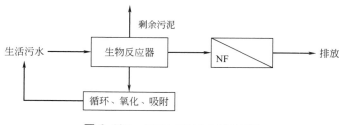

图 8-165　纳滤生活污水处理流程图

8.9　过程经济性

8.9.1　成本考虑的基础

　　决定反渗透水处理成本的关键因素是反渗透系统的投资费用和操作费用。由于反渗透应用范围广（从海水淡化到超纯水制备），进料组成差别大，产品质量要求不一，工厂规模大小悬殊（从 $2.0 \times 10^5 \mathrm{m}^3/\mathrm{d}$ 的海水淡化厂到每小时几升的实验室装置），采用工艺和设备也有差异，商业环境（能源、劳力……）和时期不同，同时工艺技术变化仍十分快，所以成本很难用一个成熟的标准成本方程式来进行计算。因此只能对一定的应用、一定的规模提供有一定准确性的方法供参考。设计者可根据实际情况，进行适当的修正，使经济性评价更实际、更准确。成本评价包括的范围如图 8-166 所示。

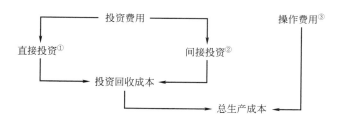

图 8-166　成本评价范围示意图
①包括现场开发、水的成本、器具、设备和土地等；
②包括额外建筑、偶然事故等成本；
③包括能耗、膜替换、劳力、备件、试剂、过滤器等成本

　　为了具体、实际和有代表性，通常选择常用的海水淡化、苦咸水淡化和低压反渗透三种应用情况，中等规模的容量，计算其成本。对于大型和小型的工厂可适当选择规模因子来估算，如以 $3800\mathrm{m}^3/\mathrm{d}$ 的产量为代表，用规模因子 n 来估算 $380 \sim 190000\mathrm{m}^3/\mathrm{d}$ 的工厂成本。

$$规模校正系统直接投资成本＝基本系统直接投资成本 \times \left(\frac{实际系统规模}{基本系统规模}\right)^n$$

　　例如，海水、苦咸水和低压反渗透的 n 值可分别取 0.95、0.87 和 0.85。高的 n 值表示随规模增大，节省不显著。这也表明小型装置的经济性。

8.9.2 直接投资成本

（1）现场开发

现场开发包括建筑物、路、墙、其他与安装有关的建设，通常估价为 26.42 美元/（m³·d）；若在已有的系统内安装反渗透系统，这部分费用可不计。

（2）供、排水成本

这里指的是进水供应和浓水排放。

影响进水供应的因素有供应系统（水井、管路）的复杂性、贮槽的多少和进水回收率的高低等；浓水排放取决于排放方式（排海、地上分散、排入污水沟、注井、蒸发结晶等）及路程的长短。表 8-59 是一较宽范围的估算。

表 8-59 供、排水成本估算范围

应用	代表性成本/[美元/（m³·d）]	范围/[美元/（m³·d）]
海水淡化	23.78	13.20～264.20
苦咸水淡化	23.78	13.20～132.20
低压 RO	22.84	13.20～118.90

（3）共用设备

这是指与动力供应有关的设备和外部排放管路等，大概估算见表 8-60。

表 8-60 共用设备成本估算

应用	代表性成本/[美元/（m³·d）]	范围/[美元/（m³·d）]
海水淡化	42.27	26.42～118.90
苦咸水淡化	29.06	13.20～79.20
低压 RO	15.85	7.93～26.42

（4）系统设备

这是投资的主要部分，包括预处理系统、膜组件（含膜元件更换）、反渗透系统（含泵、管路、电气、控制、能量回收、元件压力容器和底座等）、运输安装及与工程设计有关的费用等。系统设备成本因实际情况而变动，如：进水易结垢等，预处理费用会偏高；膜元件更换周期短，膜元件费用则偏高；运输距离远、转运次数多，则运输安装费用就高。估价范围和各部分占的百分比如表 8-61 所示。

表 8-61 系统设备成本估算

应用		海水淡化	苦咸水淡化	低压 RO
设备费/[美元/（m³·d）]	代表性成本	882.43	409.51	198.15
	范围	660.50～1188.90	198.15～528.40	105.68～290.62
设备费百分比/%	预处理	15	20	15
	膜组件	15	15	20
	RO 系统	60	55	55
	运输安装	5	5	5
	设计等	5	5	5

（5）土地

土地成本一般可不计，在特别贵的情况下可予以考虑，因一般情况下是建设在土地很便宜的地方。

（6）其他

这包括特殊要求的场合，如超纯水制备中，后处理很复杂，应另加考虑。

8.9.3　间接投资成本

相对来说，间接投资是次要的，且有很大的不确定性。这包括额外费用（临时设施、建筑、合同工费用、现场指导、系统安装等）和偶然事故费用等，一般前者约占总直接投资的12%，后者占10%。

8.9.4　操作成本

（1）能耗

这是最大的单项成本，包括低压供水、预处理、高压泵等的能耗费用，其中主要为高压泵的能耗。代表性的成本见表8-62。

表 8-62　能耗的成本

应用	代表性成本/(美元/m³)	范围/(美元/m³)
海水淡化	0.42	0.11~0.75
苦咸水淡化	0.11	0.08~0.25
低压 RO	0.05	0.04~0.08

（2）膜更换

这是操作费用中另一关键因素。膜寿命多取 3~7 年，若操作失误或进水突变引起元件损坏，则对总成本影响较大。通常代表性成本和范围见表8-63。

表 8-63　膜更换的代表性成本和范围

应用	代表性成本/(美元/m³)	范围/(美元/m³)
海水淡化	0.11	0.05~1.70
苦咸水淡化	0.05	0.05~1.30
低压 RO	0.05	0.05~0.50

膜元件更换费用（美元/m²）公式如下：

$$（膜更换成本）_{单级} = 0.723 M_0 M_P^{-1} M_L^{-1} \tag{8-242}$$

$$（膜更换成本）_{二级} = 0.723 \times (100/F_{R1}) M_0 M_P^{-1} M_L^{-1} \tag{8-243}$$

式中，M_0 为元件费用，美元/只；M_P 为组件产量，gal/d；M_L 为元件寿命，年。

（3）劳力

这也是关键操作费用之一，由于各地劳力价格不一和反渗透工厂所需操作人数又不同，因而劳力成本变化很大。代表性成本及范围见表 8-64。

表 8-64　劳力的代表性成本和范围

应用	代表性成本/（美元/m³）	范围/（美元/m³）
海水淡化	0.08	0.04～0.20
苦咸水淡化	0.08	0.04～0.20
低压 RO	0.05	0.03～0.12

其计算公式为（美元/m³）：

$$劳力成本 = 0.0287 L_b S W_s P_{LC}^{-1} \times (L_{OH} + 100) \tag{8-244}$$

式中，L_b 为劳力费用，美元/h；S 为每天的班数；W_s 为每班工人数；P_{LC} 为工厂产量；L_{OH} 为额外劳力份额，%。

表 8-66 中的代表性成本依据如表 8-65 所示。

表 8-65　劳力成本计算基础

项目	海水淡化	苦咸水淡化	低压 RO
每天的班次	1	1	1.3
每班工人数	2	2	1.0
劳力费用/（美元/h）	14.5	14.5	14.5
额外劳力份额/%	30	30	30

（4）备件

这主要指维修更换件，如泵、阀的部件、控制系统的部件等，但不包括试剂、过滤器和膜组件的消耗和更换，所以这部分很低，对海水和苦咸水淡化可取 0.02 美元/m³，对低压 RO 取 0.01 美元/m³。

（5）试剂

因进水的不同，试剂成本变动较大，设计中应特别注意，若添加量太大，不仅成本高，而且预处理部分也要加大，不经济，应另选别的途径。一般代表性的成本如表 8-66 所示，其依据的试剂价格列在表 8-67 中。

表 8-66　试剂的代表性成本

应用	代表性成本/（美元/m³）	范围/（美元/m³）
海水淡化	0.08	0.04～0.20
苦咸水淡化	0.08	0.04～0.20
低压 RO	0.05	0.03～0.12

表 8-67　主要试剂单价及其产水的成本

试剂	单价/（美元/kg）	产水成本/（美元/m³）
消泡剂	2.54	0.003
H_2SO_4	0.58	0.01
防垢剂	4.38	0.01

试剂	单价/(美元/kg)	产水成本/(美元/m³)
SILMP	0.77	0.005
NaOH	0.51	0.005
Na_2SO_3	0.13	0.005
Cl_2	0.33	0.003

（6）5～25μm 过滤器

根据进水的不同，其使用寿命变化很大，因而其成本也随之变化，通常代表性的值见表 8-68。

表 8-68　过滤器更换成本

应用	代表性成本/(美元/m³)	范围/(美元/m³)
海水淡化	0.01	0.01～0.14
苦咸水淡化	0.01	0.005～0.05
低压 RO	0.005	0.003～0.03

（7）其他

对一些具体的应用，还应考虑非正常的成本，如超纯水生产中要求的 UV 和脱 CO_2 等。

8.9.5　投资回收成本

总投资成本是决定项目可行性的关键，而生产成本取决于投资所占的比例。投资回收成本（美元/m³）基于利率和设备寿命，计算如下：

$$投资回收成本 = \frac{总投资成本 \times 1000i\left(1+\dfrac{i}{100}\right)^r}{3.785 \times 365(100-D_t)\left[\left(1+\dfrac{i}{100}\right)^r - 1\right]} \tag{8-245}$$

式中　i——年利率（％），通常取 12％；

　　　r——寿命（年），通常取 15 年；

　　D_t——停运时间百分比（％），通常取 15％。

8.9.6　评价成本的方法

（1）一般方法

通常的评价方法是用各部分的校正方程式对每一部分的成本进行校正，并以此为基础而求得。

校正的投资成本［美元/(m³·d)］ ＝LD＋SD＋WS＋U＋EQ

式中，LD、SD、WS、U 和 EQ 分别为校正的场地、现场开发、供水、设施和设备成本。

$$校正的操作成本(美元/m^3) = OB + OM + OL + OA + OC + OF$$

式中，OB、OM、OL、OA、OC、OF 分别为校正的能耗、膜更换、劳力、备件、试剂和过滤器等的成本。

总成本的评价顺序如下：

开始（确定应用类型） → 代表性成本 $\left\{\begin{array}{l}投资成本 → 校正值 → 规模因子校正\\ 操作成本 → 校正值\end{array}\right\}$ → 总生产成本

（2）反渗透代表性成本评价示例

表 8-69 给出了代表性成本的综合，对每一具体的应用，可以以此表为依据，再考虑校正值以及相应的规模大小的校正，则可得出最终的生产成本。

表 8-69   RO 代表性成本综合　　　　　　　　单位：美元/(m³·d)

成本范围	应用		
	海水淡化	苦咸水淡化	低压 RO
1. 投资成本			
（1）直接投资			
现场开发	26.42	26.42	24.42
水	23.78	23.78	52.84
设施	42.27	29.06	15.85
设备	882.43	409.51	198.15
土地	—	—	—
总直接投资	974.90	488.77	291.26
（2）间接投资			
临时建筑	126.98	58.65	35.19
偶然事件	97.49	48.88	29.33
总间接投资	224.47	107.53	64.52
总投资	1199.37	596.30	355.78
2. 操作费用			
能耗	0.42	0.11	0.04
膜更换	0.11	0.05	0.05
劳力	0.08	0.08	0.05
备件	0.02	0.02	0.01
试剂	0.04	0.04	0.02
滤器	0.01	0.01	0.01
其他	—	—	—
总操作费用	0.68	0.31	0.18
投资回收成本	0.56	0.28	0.17
总生产成本	1.24	0.59	0.35

8.9.7 敏感性分析

敏感性分析是用来研究投资和操作费用中各项的变化对总生产成本的影响程度的，以指导投资和各种操作，使之效益最佳。

8.9.7.1 投资成本的敏感性研究

图 8-167 给出了总投资与总生产成本的关系，可以看出，总投资对苦咸水和低压 RO 的总生产成本的影响比海水的大。图 8-168 表明了工厂产量与投资费之间的关系。

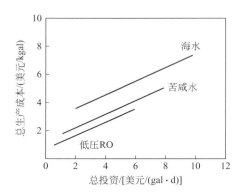

图 8-167   总投资与总生产成本的关系（1gal= 4.546L）

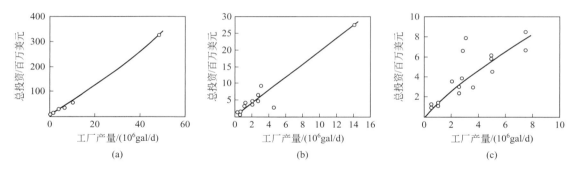

图 8-168   工厂产量与投资费之间的关系

8.9.7.2 总生产成本与工厂产量的关系

图 8-169 表明了总生产成本与工厂产量的关系，可以看出，随着产量的增大，总生产成本对产量变得不太敏感。

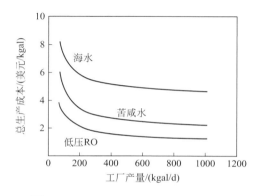

图 8-169   总生产成本与工厂产量的关系

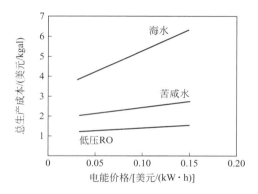

图 8-170   电能价格与总生产成本的关系

8.9.7.3　操作费用敏感性研究

（1）能耗的影响

能耗是操作费用中的关键参数之一，它是电能、操作压力和回收率的函数。

① 电能价格的影响　图 8-170 表明了电能价格与总生产成本的关系。可以看出海水淡化对电力价格很敏感，因此采用能量回收或与发电结合来降低成本。

② 操作压力的影响　图 8-171 表明了操作压力的影响。可以看出压力对海水淡化的影响比对苦咸水和低压 RO 的更大，这与能耗与压力成正比相一致。

③ 回收率的影响　图 8-172 表明了回收率与总生产成本的关系。一般海水最佳回收率范围在 $30\%\sim45\%$，苦咸水在 $60\%\sim85\%$，而低压 RO 可取 $70\%\sim90\%$。

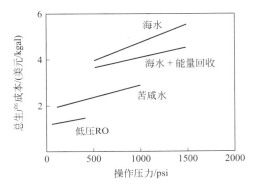

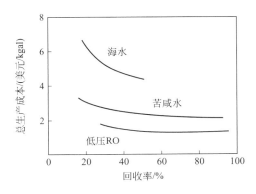

图 8-171　操作压力与总生产成本的关系（1psi= 6894.76Pa）　　**图 8-172**　回收率与总生产成本的关系

（2）膜组件性能的影响

① 膜组件是通过投资费用（购膜组件）和操作费用（膜更换等）影响总生产成本的。图 8-173 表明了膜组件价格对总生产成本的影响，由于近些年来膜组件价格不断下降，总生产成本也逐渐降低。

② 图 8-174 表明了组件产水量的影响。在产水量达到一定值之后，其对成本的影响就变得很小。但膜污染使通量下降，则会引起成本的提高。

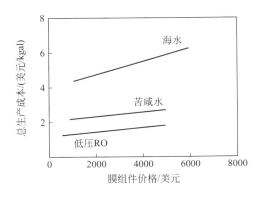

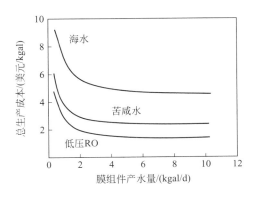

图 8-173　膜组件价格与总生产成本关系　　**图 8-174**　膜组件产水量与总生产成本的关系

③ 寿命的影响示于图 8-175 中，一般 3 年以上寿命对成本影响较小，但若操作失误，使

膜寿命缩短而要常换膜组件，显然可使成本大增。

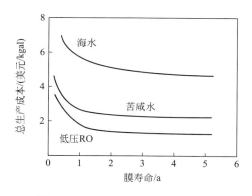
图 8-175　膜寿命与总生产成本的关系

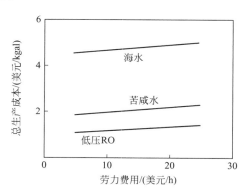
图 8-176　劳力费用与总生产成本的关系

（3）劳力的影响

图 8-176 表明了劳力费用的影响。可以看出，预处理的改进、膜工艺技术的突破等使劳动力费用大大降低。

（4）化学试剂的影响

图 8-177 表明了化学试剂费用的影响。其与劳力影响很相似。但遥远地区，运费等会很高而使之敏感，其他如过滤器、备件或其他费用的影响方式与以上类同，不再多述。

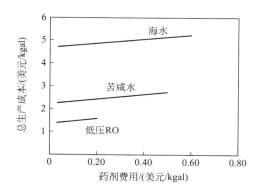
图 8-177　药剂费用与总生产成本的关系

8.9.8　小规模和特种系统

小系统与大系统在许多费用上是十分不同的。这表现在如下几个方面：在投资设备费中的仪表控制，对大系统来讲占很小比例，但对小系统来讲比例就相当高了；在操作费用中，小系统在能耗（一般无能量回收）、劳力等方面的费用比大系统高得多；小系统的膜更换成本比大系统也高得多，用直径 4in 元件的小系统更甚。

通常低压 RO 小装置价格在 300～1000 美元，家用 RO 为 80～800 美元，小型船用 RO 装置根据大小和复杂程度可达 10000 美元以上。

另外还有管式和板式装置，以循环方式用于高负荷或高黏度的场合，比常规的 RO 系统要贵得多。

8.9.9　国内外反渗透代表性成本示例

（1）浙江省舟山六横 20000m³/d 反渗透海水淡化工程生产成本（表 8-70）

表 8-70　20000m³/d 反渗透海水淡化系统吨产品水生产成本表

项目名称	年支出金额/万元	吨产水费用/元	项目名称	年支出金额/万元	吨产水费用/元
电费	1458.6	2.21	工资及福利费	100	0.152
药剂费	180.18	0.273	其他费用	50	0.076
膜与材料费	369.94	0.561	合计	2227.7	3.377
维修费	68.98	0.105			

注：膜与材料费包括微孔滤芯和反渗透膜元件更换费，反渗透膜元件寿命按 3 年计算。

（2）马耳他 20000m³/d 海水淡化厂生产成本（表 8-71）

表 8-71　马耳他 20000m³/d 海水淡化厂生产成本

项目	成本/(美元/m³)	所占比例/%	项目	成本/(美元/m³)	所占比例/%
电费	0.43	40	药剂	0.01	1
膜更换	0.11	10	消耗品	0.01	1
人工	0.05	5	固定投资费	0.43	40
备件	0.04	3	总计	1.08	100

（3）苦咸水脱盐

20m³/h，75% 回收率，70% 运行时间；电价 0.08 美元/(kW·h)；水泵效率 60%，马达效率 94%，压力 1.6MPa；防垢剂 7mg/L，1.5 美元/lb；保安过滤器滤芯，2 美元/支，每月换一次；元件产水 1m³/h，1000 美元/支；用水和废水 0.065 美元/m³；清洗剂 400 美元/年，8 人·时，20 美元/(人·时)。在以上条件下的操作费用见表 8-72。

表 8-72　苦咸水脱盐操作费用

项目	操作费用/(美元/kgal)	项目	操作费用/(美元/kgal)
能耗	0.34	用水和废水	1.16
试剂	0.12	清洗	0.01
滤芯	0.02	维修劳力	0.077
膜更换	0.27	总计	1.997

8.9.10　国内外正渗透代表性成本示例

正渗透过程本身是一个自发的过程，无需消耗外加能量，但随着料液侧的水不断进入汲取溶液一侧，汲取液逐渐被稀释使得两侧的渗透压差降低，进而正渗透过程的推动力降低，为保证整个过程有稳定的水通量持续输出，因此需要在汲取液一侧偶联一个用于浓缩汲取液与分离纯水的操作。整个系统的能耗主要集中在浓缩汲取液的操作环节，另外料液和汲取液通过泵传输以及料液的预处理也消耗一部分能量。

研究报道通过 Aspen Plus 软件模拟不同操作条件下正渗透及反渗透脱盐过程的能量消

耗情况，考察了料液的预处理、泵的效率以及水的回收率对过程能量消耗的影响[244]（图8-178）。结果表明，单级反渗透、正渗透-纳滤联用以及正渗透-其他压力驱动过程联用所消耗的能量相当。同时作者还提出由于正渗透过程具有较低的膜污染倾向，所以正渗透-纳滤联用过程可以降低料液预处理所产生的能量消耗以及膜的化学清洗产生的费用。

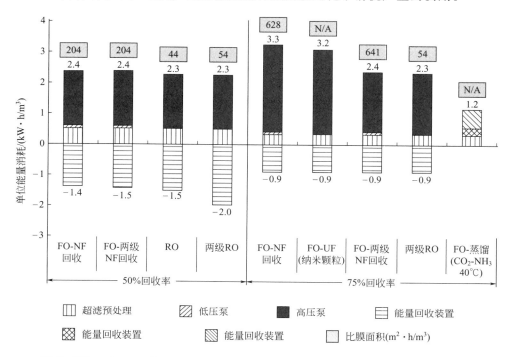

图 8-178　FO-NF 回收、FO-两级 NF 回收、单级 RO、两级 RO、FO-UF、FO-蒸馏操作多种工艺在水回收率为 50% 和 75% 两种条件下的单位能量消耗和比膜面积（能耗来自于各操作过程中的预处理阶段、低压泵、高压泵、能量回收装置和蒸馏）[92]

正渗透过程由于具有较低的膜污染倾向，膜的使用寿命长，因此其在处理页岩气开采废水以及垃圾渗滤液等高污染物废水时表现出很大的潜力。另外还可以利用化学肥料为正渗透汲取溶质来处理页岩气开采废水以及垃圾渗滤液，稀释后的汲取液可以用于农业灌溉。

8.9.10.1　正渗透脱盐工厂理论成本分析

（1）正渗透脱盐工厂流程[245]

印度海水淡化领域的 50 位顶级科学家和专业人士通过调查分析得出适用于印度市场的正渗透脱盐工厂流程及工艺配置。图 8-179 为建议用于印度市场的正渗透脱盐工厂流程图。其中，可使用的正渗透膜为乙酸纤维素膜和聚芳香胺薄层复合膜；可使用的汲取液为二氧化硫吸收液、葡萄糖溶液、碳酸铵溶液、氯化钠溶液以及硝酸钾与二氧化硫吸收液的混合溶液；汲取液的再生工艺可选择反渗透工艺或者其他热法脱盐工艺。

（2）成本分析

使用模型：CH2M Hill 公司开发的成本估算模型。

假设条件：工厂每日运行 24h；工厂每年运行 329d；膜每 6 年更换一次。

模型说明：膜/过滤器更换成本、劳动力成本、药剂成本均已包含在运行与维护成本内。

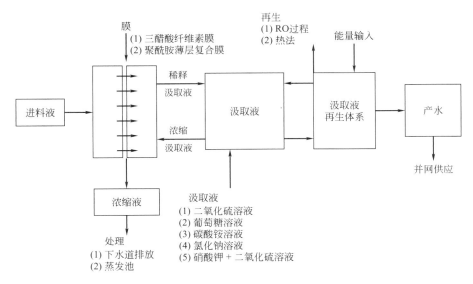

图 8-179 建议用于印度市场的正渗透脱盐工厂流程图

表 8-73 为设计产水量为 10^6 gal/d 的反渗透海水脱盐工厂及正渗透海水脱盐工厂的成本分析示例。采用目前可供选择的正渗透膜及汲取液再生系统，基于正渗透技术的海水脱盐工厂可按反渗透海水淡化工程 90％的投资成本建设，并以其 80％的运营成本运行。随着高性能正渗透膜的开发及应用，正渗透海水脱盐工厂的投资及运行成本势必将进一步下降。

表 8-73 反渗透和正渗透海水脱盐工厂成本对比

类别	反渗透	正渗透	类别	反渗透	正渗透
设计产水量/(10^6 gal/d)	1	1	投资成本/百万美元	9.96[2]	8.78[3]
膜面积/ft²	—	66666.6[1]	运行成本/百万美元	1.06[2]	0.83[3]

① 膜性能为 15gal/(ft²·d)[246]。
② 反渗透投资成本计算公式：投资成本 $= -39877C^2 + 3 \times 10^6 C + 7 \times 10^6$，$C$ 为设计产水量；
反渗透运行成本计算公式：运行成本 $= 697283C + 368927$。
③ 正渗透投资成本计算公式[247]：投资成本 $= 86.82A + 3 \times 10^6$，A 为正渗透膜面积；
正渗透运行成本计算公式[247]：运行成本 $= 3 \times 10^{-6}A^2 + 10.631A + 116981$。

8.9.10.2 正渗透脱盐工厂实际运行成本示例：现代水务公司

英国现代水务公司（Modern Water）于 2009 年 9 月在阿曼苏丹国的 Al Khaluf 设计建设产水量 100t/d 的正渗透海水淡化工厂，该工厂在原有反渗透海水淡化工程基础上进行改造，充分利用原有设备，大幅降低投资成本。

（1）设计流程图

见图 8-180。

（2）运行成本分析

如表 8-74 所示，正渗透海水脱盐系统运行能耗仅为反渗透海水脱盐系统的 60％左右。需要注意的是，原有反渗透海水淡化系统没有使用能量回收装置，同时正渗透系统亦未在能耗方面进行深度优化。

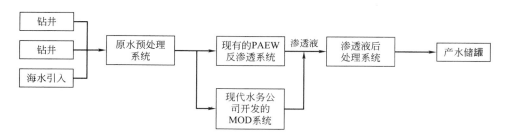

图 8-180　现代水务公司 MOD 系统用于反渗透系统改造示意图

表 8-74　反渗透与正渗透脱盐工厂运行状态对比

类别	反渗透	正渗透	类别	反渗透	正渗透
回收率/%	25	35	汲取液回收率/%	—	7
产水量/(t/h)	3.0	4.2	稀释后汲取液流量/(t/h)	—	8.9
原水流量/(t/h)	11.9	11.9	稀释后汲取液压力/bar	—	65
原水所需施加压力/bar	65	4	汲取液再生效率/%	—	85
原水泵效率/%	85	85	汲取液再生泵能耗/kW	—	18.8
原水泵能耗/kW	25.3	1.6	比能耗/(kW·h/t)	8.5	4.9

8.9.10.3　正渗透系统用于处理垃圾渗沥液成本分析：HTI 公司

（1）HTI 公司开发的处理垃圾渗沥液的成套系统

美国 HTI 公司开发出的 OsMem™（正渗透系统）、HiCOR™（反渗透系统）以及 ERC（蒸发结晶系统）用于处理垃圾渗沥液，以提高浓缩渗沥液废水回收率（不低于 90%）并实现浓水零排放，设备如图 8-181 所示。

HTI-HiCOR™

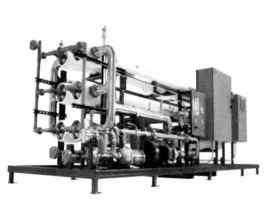

HTI-OsMem™

HTI-ERC

图 8-181　HTI 开发的处理垃圾渗沥液的成套系统实物图

（2）系统运行成本

该系统的典型工艺数据如表 8-75 所示。具体而言，正渗透膜更换成本为 1.35 美元/t（使用寿命为 3 年），正渗透系统电力消耗为 0.87 美元/t（每度电 0.08 美元），反渗透膜更换成本为 0.30 美元/t（使用寿命为 3 年），反渗透系统电力消耗为 0.73 美元/t（每度电 0.08 美元），其他药剂消耗 0.07 美元/t，整个膜系统能耗为 3.32 美元/t。结合 ERC 系统，整个系统处理垃圾渗沥液的成本为 3.34 美元/t。

表 8-75　HTI 公司混合膜系统处理垃圾渗沥液的典型数据

类别	参数	类别	参数
系统流量/(t/d)	260	ERC 系统运行成本/美元	34
膜系统运行成本/美元	282793	处理成本/(美元/t)	3.34

8.9.11　国内外纳滤代表性成本示例

纳滤膜因为其低压运行的属性，所以其吨水能耗相比于反渗透有大幅下降，表 8-78 以北京市翠湖双膜法新水源工程为例，进行了详细的成本分析。其中纳滤工艺段的直接运行成本为 0.91 元/t，包含膜更换费用以后，总经营成本为 1.14 元/t。在直接运行费用中，电耗占比接近 50%。表 8-76 为国内外纳滤代表性成本。

表 8-76　国内外纳滤代表性成本

	项目	$A^2/O+MBR$ 运行费用（20 万吨/d,Ⅳ类水）/(元/t)	DF 段运行费用（0.7 万吨/d,Ⅲ类水）/(元/t)	总制水成本(Ⅲ类,$A^2/O+MBR+DF$,0.7 万吨/d)/(元/t)	备注
直接运行成本	E1. 人工工资及福利费	0.11	0.08	0.19	包含五险一金
	E2. 电费	0.38	0.41	0.80	吨水耗电(含占容)：A^2O+MBR 为 0.56 kW·h
	2.1 电度电费	0.34	0.36	0.70	
	2.2 变压器占容费	0.03	0.05	0.08	
	E3. 药剂费	0.14	0.21	0.35	
	E4. 溶、砂、污泥费	0.09	0.00	0.09	
	E5. 生产用水费	0.001	0.001	0.002	生活用水 5t/d,生产用水以再生水为主
	E6. 水质检测费	0.02	0.04	0.06	包括(在线和人工自行检测)
	E7. 检测维护	0.03	0.05	0.08	
	E8. 大修费	0.06	0.07	0.13	
	E9. 管理费	0.05	0.05	0.10	直接运行费用(不含膜更换)
	E10. 直接运行成本小计＝∑(E1～E9)	0.881	0.911	1.792	不含膜更换和折旧费
经营成本	E11. 膜组件更换	0.10	0.23	0.33	MBR+DF 膜更换

注：1. 电度电价 0.75 元/t，变压器占容费单价 28 元/月，污泥处理费 140 元/t，自来水价 5 元/t。
2. 吨水耗电（含占容）：A^2O+MBR 为 0.56kW·h/t，DF 为 0.55kW·h/t，$A^2O+MBR+DF$（Ⅲ类水）总耗电为 1.11kW·h/t。

8.10　展望

　　反渗透技术近60年的飞跃发展、纳滤技术近30年的快速发展和正渗透技术近十年的创新发展是膜科学技术的重大进步之一。反渗透已成为海水淡化、苦咸水淡化、纯水和超纯水制备等领域最经济的手段，纳滤膜技术已成为水软化、工业流体浓缩与分离、微污染水净化、废水资源化等领域的核心工艺，而正渗透则在能源、海水淡化、废水处理、水源净化、食品工业以及医药领域表现出巨大的应用潜力。但反渗透、正渗透和纳滤的潜力还没有充分发挥，有待进一步开发，尤其是正渗透技术的应用大多还处于实验室阶段，距离工业化应用或代替反渗透成为主流的水处理技术还有一段很长的路程。

　　第一，膜材料和制膜工艺，现在的膜材料仍局限在纤维素衍生物和芳香族聚酰胺范围内，在耐水解、耐生物降解、耐氯和其他氧化剂、耐热、耐污染和耐溶剂等方面还有大量的研究开发工作可做；当然进一步提高反渗透膜的水通量与脱盐率，提高纳滤膜的渗透选择性，降低操作压力也是要进一步努力的方向，从节能和分离效率角度讲，这一方面尤为重要。

　　第二，组器技术上，随着膜性能的改进，要充分发挥其性能，必须进行组器用材的合理选择、组器结构的优化和大型化，提高和完善其制备技术，包括膜和组器制造过程的自动化和智能化等。

　　第三，相应过程的工艺开发，包括新的应用工艺、膜集成工艺、预处理工艺等；如新的防垢、消毒、防污染的工艺技术、药剂和设备等。

　　第四，扩展应用领域，随着膜性能的改进，除现有的应用领域外，应充分发挥RO、NF和FO技术在反应、分离和浓缩等工业过程中的作用，包括废水、非水、温热、专一分离和浓缩等领域，尤其是耐溶剂纳滤在非水流体的分离与浓缩中的应用。

　　第五，对于正渗透技术，如何解决膜材料的设计与制备并开发出低成本、易回收的汲取溶质是商业化规模化应用的关键之一。

　　第六，乐见一批全新概念的淡化与水处理方法、膜材料和能源技术等的出现和创新发展。希望能在这些方面加强基础研究。

符号表

a	溶液活度，$kmol/m^3$
A	纯水渗透性常数，$m^3/(m^2 \cdot h \cdot MPa)$；面积，$m^2$
B	盐透过性常数，m/s
c	浓度，mol/L
D	扩散系数，m^2/s；盐在水溶液中的扩散系数，m^2/s
D_t	工厂停运时间百分比

i	年利率
J	通量，$m^3/(m^2 \cdot h)$
k	高压侧传质系数
K	分配系数
L	厚度，m
m	质量摩尔浓度，mol/kg
n	物质的量
NDP	平均净驱动压力，MPa
P_t	破坏压力，MPa
P_w	泵或电机效率
Q	产水量，m^3/h
R	回收率；脱盐率
S	面积，m^2
SP	盐透过率
$\overline{S}$	聚合物聚集体等价半径，m
TCF	温度校正因子
u	X 方向的分速度，m/s
U	X 方向的无量纲速度
v	Y 方向的分速度，m/s
V	Y 方向的无量纲速度；偏摩尔体积，m^3/mol
W	功，J
x	流道长度，m
X	平均聚合度
γ	活度系数
Γ	吸附量，kg/m^2
δ	厚度，m
δ_{sp}	溶解度参数，$J^{\frac{1}{2}}/m^{\frac{3}{2}}$
η	特性黏数，$Pa \cdot s$
π	渗透压，MPa
σ	界面张力，N/m

下标

r	浓水
f	进水
p	渗透水
i	组分 i
m	膜
w	水

s	盐
Pn	标准化的
Pt	非标准化的
r	参考条件
t	非参考条件
avg	平均

参考文献

［1］ Merten U. Desalination by Reverse Osmosis［M］. Carnbridge MA: MIT Pr, 1966.

［2］ Sourirajan S. Reverse Osmosis［M］. New York: Academic, 1970.

［3］ Kesting R. Synthetic Polymeric Membranes［M］. Nueva York, EUA：McGraw-Hill, 1971.

［4］ Cacey R, Loeb S. Industrial Processing with Membranes［M］. New York: Wiley-interscience, 1972.

［5］ Lonsdale H, Podall H. Reverse Osmosis Membrane Research［M］. New York: Plenum, 1972.

［6］ Spieger K, Laird A. Principles of Desalination［M］. New York: Academic Press, 1980.

［7］ Loeb S, Sourirajan S. Sea water demineralization by means of an osmotic membrane［C］. Advances in Chemistry Series, 1963（3）: 117.

［8］ Sourirajan S. Reverse Osmosis and Synthetic Membranes［M］. Ottawa, Canada: NRCC Press, 1977.

［9］ Turbak A. Synthetic Membranes, vol, 1 and 2, ACS symposium series No. 153 and 154［C］. Washington, D C: ACS, 1981.

［10］ Lonsdale H K. Synthetic membranes［M］: science, engineering and applications. Publishing Co, 1986.

［11］ Baker R W, Cussler E L, et al. Membrane Separation Systems: recent developments and future directions ［M］. Park Ridge NJ: Noyes Data Corporation, 1991.

［12］ Uoyd Douglas R. Material science of synthetic membranes［C］. ACS symposium series; No. 269. Washington, DC: ACS, 1985.

［13］ Porter Mark C. Handbook of industrial membrane technology［M］. Park ridge, NJ: Noyes Publications, 1990.

［14］ Winston Ho W S, Sirkar Kamalesh K. Membrane Handbook［M］. New York: Van Nostrand Reinbold, 1992.

［15］ Sourirajan S. 反渗透科学［J］. 膜分离科学与技术, 1984, 4（11）: 70.

［16］ Cadotte J E, King R, et al. Interfacial Synthesis in the Preparation of Reverse Osmosis Membranes［J］. Journal of Macromolecular Science: Part A-Chemistry, 1981（15）: 724-755.

［17］ Lifen Liu, Sanchuan Yu, Yong Zhou, Congjie Gao. Study on a novel antifouling polyamide-urea reverse osmosis composite membrane（ICIC-MPD）Ⅲ. Analysis of membrane electrical properties［J］. Journal of Membrane Science, 2008（310）: 119-128.

［18］ Haifeng Wang, Lei Li, Xiaosa Zhang, Suobo Zhang. Polyamide thin-film composite membranes prepared from a novel triamine 3, 5-diamino-N-（4-aminophenyl）-benzamide monomer and m-phenylenediamine［J］. Journal of Membrane Science, 2010（353）: 78-84.

［19］ Xinyu Wei, Zhi Wang, Zhe Zhang, Jixiao Wang, Shichang Wang. Surface modification of commercial aromatic polyamide reverse osmosis membranes by graft polymerization of 3-allyl-5, 5-dimethylhydantoin［J］. Journal of Membrane Science, 2010（351）: 222-233.

［20］ 吴宗策, 赵小阳, 何耀华, 等. 一种耐氧化复合反渗透膜: CN200610051219. X［P］: 2006.

［21］ Byeong-Heon Jeong, Eric M V Hoek, Yushan Yan, Arun Subramani, Xiaofei Huang, Gil Hurwitz, Asim K Ghosha, Anna Jawor. Rapid communication, Interfacial polymerization of thin film nanocomposites: A new concept for reverse osmosis membranes [J]. Journal of Membrane Science, 2007（294）: 1-7.

［22］ 张林, 瞿新营, 董航, 等. 一种含纳米沸石分子筛反渗透复合膜的制备方法 [P]. CN101940883A, 2010.

［23］ 具滋永, 洪成杓. 具有高的脱硼率的复合聚酰胺反渗透膜及其制备方法 [P]. CN 101053787, 2007.

［24］ 王晓琳, 丁宁. 反渗透和纳滤膜及其应用 [M]. 北京: 化学工业出版社, 2005.

［25］ Kah Peng Lee, Tom C Arnot, Davide Mattia. A review of reverse osmosis membrane materials for desalination—Development to date and future potential [J]. Journal of Membrane Science, 2011（370）: 1-22.

［26］ Baltasar Peñate, Lourdes García-Rodríguez. Current trends and future prospects in the design of seawater reverse osmosis desalination technology [J]. Desalination, 2012（284）1-8.

［27］ 高从堦, 陈国华. 海水淡化技术和工程手册 [M]. 北京: 化学工业出版社, 2004.

［28］ John P, Mac Harg. The evolution of SWRO energy-recovery systems [J]. Desalination & Water Reuse, 2001, 21（11）: 49-53.

［29］ 王晓琳. 纳滤膜分离机理及其应用研究进展 [J]. 化学通报, 2001, 64（2）: 86-90.

［30］ 唐媛媛, 徐佳, 陈幸, 高从堦. 正渗透脱盐过程的核心——正渗透膜 [J]. 化学进展, 2015, 27（7）: 818-830.

［31］ Chung T S, Li X, Ong R C, Ge Q, Wang H, Han G. Emerging forward osmosis（FO）technologies and challenges ahead for clean water and clean energy applications. Current Opinion in Chemical Engineering, 2012, 1（3）: 246-257.

［32］ Cui Y, Ge Q, Liu X Y, Chung T S. Novel forward osmosis process to effectively remove heavy metal ions [J]. J Membr Sci, 2014, 467（19）: 188-194.

［33］ Cui Y, Liu X Y, Chung T S, Weber M, Staudt C, Maletzko C. Removal of organic micro-pollutants（phenol, aniline and nitrobenzene）via forward osmosis（FO）process: Evaluation of FO as an alternative method to reverse osmosis（RO）[J]. Water Research, 2016, 91: 104-114.

［34］ Sukitpaneenit P, Chung T S. High performance thin-film composite forward osmosis hollow fiber membranes with macrovoid-free and highly porous structure for sustainable water production [J]. Environmental Science & Technology, 2012, 46（13）: 7358.

［35］ Cui Y, Liu X Y, Chung T S. Enhanced osmotic energy generation from salinity gradients by modifying thin film composite membranes [J]. Chemical Engineering Journal, 2014, 242（8）: 195-203.

［36］ Wang K Y, Teoh M M, Nugroho A, Chung T S. Integrated forward osmosis-membrane distillation（FO-MD）hybrid system for the concentration of protein solutions [J]. Chemical Engineering Science, 2011, 66: 2421-2430.

［37］ 高以垣, 叶凌碧. 膜分离技术基础 [M]. 北京: 科学出版社, 1989.

［38］ 石松, 高从堦, 我国膜科学技术发展概况 [C] // 第一届全国膜和膜过程学术报告会文集. 大连: 1991.

［39］ Souriajan S, Matsuura T. Reverse Osmosis/Ultrafiltration Process Principles [M]. Ottawa, Canada: NRCC Press, 1985.

［40］ Parckh B. Reverse Osmosis Technology [M]. New York: Marcel Dekker, 1988.

［41］ Reid C E, Breton E J. Water and ion flow across cellulosic/membranes [J]. Journal of Applied Polymer Science, 1959（1）: 133-143.

［42］ Reid C E, Kuppers J R. Physical characteristics of osmotic membranes of organic polymers [J]. Journal of Applied Polymer Science, 1959（2）: 264-272.

［43］ Hoffer E, Kedem O. Hyperfiltration in charged membranes: the fixed charge model [J]. Desalination, 1967（2）: 25-39.

［44］ Hoffer E, Kedem O. Negative rejection of acids and separation of ions by hyperfiltration [J]. Desalination, 1968, 5（2）: 167-172.

[45]　朱长乐，等 . 薄膜过程 [M] . 北京：化学工业出版社，1987.

[46]　Amjad Z. Reverse Osmosis [M] . New York：Van Nostrand Reinhold，1992.

[47]　Cath T Y，Childress A E，Elimelech M. Forward osmosis：Principles，applications，and recent developments [J] . J Membr Sci，2006，281（1）：70-87.

[48]　Wijmans J G，Baker R W. The solution-diffusion model：a review [J] . J Membr Sci，1995，107（1-2）：1-21.

[49]　Ong R C，Chung T S. Fabrication and positron annihilation spectroscopy（PAS）characterization of cellulose triacetate membranes for forward osmosis [J] . J Membr Sci，2012，394-395（6）：230-240.

[50]　Li G，Li X M，He T，Jiang B，Gao C J. Cellulose triacetate forward osmosis membranes：preparation and charaterization [J] . Desalin Water Treat，2013，51（13-15）：2656-2665.

[51]　Wang X L，Tsuru T，Togoh M，et al. Evaluation of pore structure and electrical properties of nanofiltration membranes [J] . Journal of Chemical Engineering of Japan，1995，28（2）：186-192.

[52]　McCutcheon J R，McGinnis R L，Elimelech M. A novel ammonia—carbon dioxide forward（direct）osmosis desalination process [J] . Desalination，2005，174：1-11.

[53]　Wang K Y，Chung T S，Qin J J. Polybenzimidazole（PBI）nanofiltration hollow fiber membranes applied in forward osmosis process [J] . J Membr Sci，2007，300：6-12.

[54]　Wang K Y，Yang Q，Chung T S，Rajagopalan R. Enhanced forward osmosis from chemically modified poly-benzimidazole（PBI）nanofiltration hollow fiber membranes with a thin wall [J] . Chem Eng Sci，2009，64：1577-1584.

[55]　Setiawan L，Wang R，Li K，Fane A G. Fabrication of novel poly（amide-imide）forward osmosis hollow fiber membranes with a positively charged nanofiltration-like selective layer [J] . J Membr Sci，2011，369：196-205.

[56]　Zhang X，Shen L，Lang W Z，Wang Y. Improved performance of thin-film composite membrane with PVDF/PFSA substrate for forward osmosis process [J] . J Membr Sci，2017，535：188-199.

[57]　Han G，Chung T S，Toriida M，Tamai S. Thin-film composite forward osmosis membranes with novel hydro-philic supports for desalination [J] . J Membr Sci，2012，423-424：543-555.

[58]　Zhou Z，Lee J Y，Chung T S. Thin film composite forward-osmosis membranes with enhanced internal osmotic pressure for internal concentration polarization reduction [J] . Chem Eng J，2014，249：236-245.

[59]　Ong R C，Chung T S，de Wit J S，Helmer B J. Novel cellulose ester substrates for high performance flat-sheet thin-film composite（TFC）forward osmosis（FO）membranes [J] . J Membr Sci，2015，473：63-71.

[60]　Xiong S，Zuo J，Ma Y G，Liu L，Wu H，Wang Y. Novel thin film composite forward osmosis membrane of enhanced water flux and anti-fouling property with N-[3-（trimethoxysilyl）propyl] ethylenediamine incorpo-rated [J] . J Membr Sci，2016，520：400-414.

[61]　Han G，Zhang S，Li X，Widjojo N，Chung T S. Thin film composite forward osmosis membranes based on polydopamine modified polysulfone substrates with enhancements in both water flux and salt rejection [J] . Chem Eng Sci，2012，80：219-231.

[62]　Liang H Q，Hung W S，Yu H H，Hu C C，Lee K P，Lai J Y，Xu Z K. Forward Osmosis Membranes with Unprecedented Water Flux [J] . J Membr Sci，2017，529：47-54.

[63]　Bui N N，Lind M L，Hoek E M V，McCutcheon J R. Electrospun nanofiber supported thin film composite membranes for engineered osmosis [J] . J Membr Sci，2011，385-386：10-19.

[64]　Tiraferri A，Kang Y，Giannelis E P，Elimelech M. Highly Hydrophilic Thin-Film Composite Forward Osmosis Membranes Functionalized with Surface-Tailored Nanoparticles [J] . ACS Appl Mat Interfaces，2012，4：5044-5053.

[65]　Amini M，Rahimpour A，Jahanshahi M. Forward osmosis application of modified TiO_2-polyamide thin film nanocomposite membranes [J] . Desalin Water Treat，2016，57：14013-14023.

[66]　Goh K, Setiawan L, Wei L, Jiang W, Wang R, Chen Y. Fabrication of novel functionalized multi-walled car-bon nanotube immobilized hollow fiber membranes for enhanced performance in forward osmosis process [J]. J Membr Sci, 2013, 446: 244-254.

[67]　Shen L, Xiong S, Wang Y. Graphene oxide incorporated thin-film composite membranes for forward osmosis appli-cations [J]. Chemical Engineering Science, 2016, 143: 194-205.

[68]　Shen L, Zuo J, Wang Y. Tris (2-aminoethyl) amine in-situ modified thin-film composite membranes for forward osmosis applications [J]. J Membr Sci, 2017, 537: 186-201.

[69]　Lu X, Romero-Vargas Castrillón S, Shaffer D L, Ma J, Elimelech M. In Situ Surface Chemical Modification of Thin-Film Composite Forward Osmosis Membranes for Enhanced Organic Fouling Resistance [J]. Envi-ron Sci Technol, 2013, 47: 12219-12228.

[70]　Wang Y, Li X, Cheng C, He Y, Pan J, Xu T. Second interfacial polymerization on polyamide surface using aliphatic diamine with improved performance of TFC FO membranes [J]. J Membr Sci, 2016, 498: 30-38.

[71]　Shen L, Zhang X, Zuo J, Wang Y. Performance enhancement of TFC FO membranes with polyethylenei-mine modification and post-treatment [J]. J Membr Sci, 2017, 534: 46-58.

[72]　Romero-Vargas Castrillón S, Lu X, Shaffer D L, Elimelech M. Amine enrichment and poly (ethylene glycol) (PEG) surface modification of thin-film composite forward osmosis membranes for organic fouling control [J]. J Membr Sci, 2014, 450: 331-339.

[73]　Yu H Y, Kang Y, Liu Y, Mi B. Grafting polyzwitterions onto polyamide by click chemistry and nucleophilic substitution on nitrogen: A novel approach to enhance membrane fouling resistance [J]. J Membr Sci, 2014, 449: 50-57.

[74]　Park K H, Yu S H, Kim H S, Park H D. Inhibition of biofouling by modification of forward osmosis membrane using quaternary ammonium cation [J]. Water Science and Technology, 2015, 72: 738.

[75]　Qiu C, Qi S, Tang C Y. Synthesis of high flux forward osmosis membranes by chemically crosslinked layer-by-layer polyelectrolytes [J]. J Membr Sci, 2011, 381: 74-80.

[76]　Liu X, Qi S, Li Y, Yang L, Cao B, Tang C Y. Synthesis and characterization of novel antibacterial silver nanocomposite nanofiltration and forward osmosis membranes based on layer-by-layer assembly [J]. Water Res, 2013, 47: 3081-3092.

[77]　Hu M, Mi B. Layer-by-layer assembly of graphene oxide membranes via electrostatic interaction [J]. J Membr Sci, 2014, 469: 80-87.

[78]　Qi S, Qiu C Q, Zhao Y, Tang C Y. Double-skinned forward osmosis membranes based on layer-by-layer assembly—FO performance and fouling behavior [J]. J Membr Sci, 2012, 405-406: 20-29.

[79]　Madsen H T, Bajraktari N, Hélix-Nielsen C, Van der Bruggen B, Søgaard E G. Use of biomimetic forward osmosis membrane for trace organics removal [J]. J Membr Sci, 2015, 476: 469-474.

[80]　Wang H L, Chung T S, Tong Y W, Jeyaseelan K, Armugam A, Duong H H P, Fu F, Seah H, Yang J, Hong M. Mechanically robust and highly permeable AquaporinZ biomimetic membranes [J]. J Membr Sci, 2013, 434: 130-136.

[81]　Ding W, Cai J, Yu Z, Wang Q, Xu Z, Wang Z, Gao C. Fabrication of an aquaporin-based forward osmosis membrane through covalent bonding of a lipid bilayer to a microporous support [J]. J Mater Chem A, 2015, 3: 20118-20126.

[82]　Loeb S. Sea Water demineralization by means of an osmotic membrane [M]. 1963.

[83]　Reuvers A J, Smolders C A. Formation of membranes by means of immersion precipitation: Part II. the mechanism of formation of membranes prepared from the systemcellulose acetate-acetone-water [J]. Jour-nal of Membrane Science, 1987, 34 (1): 67-86.

[84]　张慧娟, 沈江南, 高从堦. 界面聚合法制备 TFN NF 膜研究进展 [J]. 过滤与分离, 2017, 27 (2): 6-8.

［85］ 王东，刘红缨，贺军辉，等．旋涂法制备功能薄膜的研究进展［J］．影像科学与光化学，2012，30（2）：91-101.

［86］ Borcia C, Borcia G, Dumitrascu N. Relating plasma surface modification to polymer characteristics［J］. Applied Physics A, 2008, 90（3）: 507-515.

［87］ Zhao Z P, Li J, Zhang D X, et al. Nanofiltration membrane prepared from polyacrylonitrile ultrafiltration membrane by low-temperature plasma: I. Graft of acrylic acid in gas［J］. Journal of Membrane Science, 2004, 251（1）: 239-245.

［88］ Reis R, Dum E L F, Merenda A, et al. Plasma-induced physicochemical effects on a poly（amide）thin-film composite membrane［J］. Desalination, 2016, 403: 3-11.

［89］ Tashvigh A A, Lin L, Chung T S, et al. A novel ionically cross-linked sulfonated polyphenylsulfone （sPPSU）membrane for organic solvent nanofiltration（OSN）［J］. Journal of Membrane Science, 2018, 545, 221-228.

［90］ Liu Y, Wang R, Chung T S. Chemical cross-linking modification of polyimide membranes for gas separation ［J］. Journal of Membrane Science, 2001, 189（2）: 231-239.

［91］ Sun S P, Chung T S, Hatton T A. Hyperbranched polyethyleneimine induced cross-linking of polyamide-imide nanofiltration hollow fiber membranes for effective removal of ciprofloxacin［J］. Environmental Science & Technology, 2011, 45（9）: 4003-4009.

［92］ Shi P S, Hatton T A, Sui Y C, et al. Novel thin-film composite nanofiltration hollow fiber membranes with double repulsion for effective removal of emerging organic matters from water［J］. Journal of Membrane Science, 2012, 401-402（10）: 152-162.

［93］ Liang C Z, Sun S P, Li F Y, et al. Treatment of highly concentrated wastewater containing multiple synthetic dyes by a combined process of coagulation/flocculation and nanofiltration［J］. Journal of Membrane Science, 2014, 469（11）: 306-315.

［94］ Ong Y K, Li F Y, Sun S P, et al. Nanofiltration hollow fiber membranes for textile wastewater treatment: Lab-scale and pilot-scale studies［J］. Chemical Engineering Science, 2014, 114（30）: 51-57.

［95］ Lu S, Lau C H, Chung T S. A novel strategy for surface modification of polyimide membranes by vapor-phase ethylenediamine（EDA）for hydrogen purification［J］. International Journal of Hydrogen Energy, 2009, 34（20）: 8716-8722.

［96］ Japip S, Liao K S, Chung T S. Molecularly tuned free volume of vapor cross-linked 6FDA-Durene/ZIF-71 MMMs for H_2/CO_2 separation at 150℃［J］. Advanced Materials, 2017, 29（4）: 1603833.

［97］ Wang X, Ju X, Jia T Z, et al. New surface cross-linking method to fabricate positively charged nanofiltration membranes for dye removal［J］. Journal of Chemical Technology & Biotechnology, 2018, 93（8）: 2281-2291.

［98］ Huang R, Chen G, Yang B, et al. Positively charged composite nanofiltration membrane from quaternized chitosan by toluene diisocyanate cross-linking［J］. Separation & Purification Technology, 2008, 61（3）: 424-429.

［99］ Cheng S, Oatley D L, Williams P M, et al. Positively charged nanofiltration membranes: review of current fabrication methods and introduction of a novel approach［J］. Advances in Colloid & Interface Science, 2011, 164（1-2）: 12.

［100］ Zhang R, Su Y, Zhao X, et al. A novel positively charged composite nanofiltration membrane prepared by bio-inspired adhesion of polydopamine and surface grafting of poly（ethylene imine）［J］. Journal of Membrane Science, 2014, 470（470）: 9-17.

［101］ 余振，殷冠南，平郑骅．UV辐照接枝聚合制备亲水性纳滤膜［J］．化学学报，2006，64（19）：2027-2032.

［102］ Razdan U, Joshi S V, Shah V J. Novel membrane processes for separation of organics［J］. Current Science, 2000, 85（6）: 761-771.

[103] Silva P, Han S, Livingston A G. Solvent transport in organic solvent nanofiltration membranes [J]. Journal of Membrane Science, 2005, 262 (1-2): 49-59.

[104] Tarleton E S, Robinson J P, Low J S. Nanofiltration: A technology for selective solute removal from fuels and solvents [J]. Chemical Engineering Research & Design, 2009, 87 (3): 271-279.

[105] Peshev D, Peeva L G, Peev G, et al. Application of organic solvent nanofiltration for concentration of antioxidant extracts of rosemary (Rosmarinus officiallis L.) [J]. Chemical Engineering Research & Design, 2011, 89 (3): 318-327.

[106] Tin P S, Chung T S, Liu Y, et al. Effects of cross-linking modification on gas separation performance of Matrimid membranes [J]. Journal of Membrane Science, 2003, 225 (1-2): 77-90.

[107] Toh Y H S, Lim F W, Livingston A G. Polymeric membranes for nanofiltration in polar aprotic solvents [J]. Journal of Membrane Science, 2007, 301 (1): 3-10.

[108] Valtcheva I B, Kumbharkar S C, Kim J F, et al. Beyond polyimide: Crosslinked polybenzimidazole membranes for organic solvent nanofiltration (OSN) in harsh environments [J]. Journal of Membrane Science, 2014, 457 (457): 62-72.

[109] Jimenez-Solomon M F, Gorgojo P, Munoz-Ibanez M, et al. Beneath the surface: Influence of supports on thin film composite membranes by interfacial polymerization for organic solvent nanofiltration [J]. Journal of Membrane Science, 2013, 448 (50): 102-113.

[110] Peyravi M, Rahimpour A, Jahanshahi M. Thin film composite membranes with modified polysulfone supports for organic solvent nanofiltration [J]. Journal of Membrane Science, 2012, s 423-424 (12): 225-237.

[111] Solomon M F J, Bhole Y, Livingston A G. High flux membranes for organic solvent nanofiltration (OSN) - interfacial polymerization with solvent activation [J]. Journal of Membrane Science, 2012, s 423-424 (s 423-424): 371-382.

[112] Sun S P, Chan S Y, Chung T S. A slow-fast phase separation (SFPS) process to fabricate dual-layer hollow fiber substrates for thin-film composite (TFC) organic solvent nanofiltration (OSN) membranes [J]. Chemical Engineering Science, 2015, 129 (1): 232-242.

[113] Soroko I, Livingston A. Impact of TiO_2 nanoparticles on morphology and performance of crosslinked polyimide organic solvent nanofiltration (OSN) membranes [J]. Journal of Membrane Science, 2009, 343 (1-2): 189-198.

[114] Campbell J, Burgal J D S, Szekely G, et al. Hybrid polymer/MOF membranes for organic solvent nanofiltration (OSN): chemical modification and the quest for perfection [J]. Journal of Membrane Science, 2016, 503: 166-176.

[115] Mari N H, Vankelecom I F J. Transformation of cross-linked polyimide UF membranes into highly permeable SRNF membranes via solvent annealing [J]. Journal of Membrane Science, 2017, 541: 205-213.

[116] Kopeć K K, Dutczak S M, Wessling M, et al. Chemistry in a spinneret-on the interplay of crosslinking and phase inversion during spinning of novel hollow fiber membranes [J]. Journal of Membrane Science, 2011, 369 (1-2): 308-318.

[117] Sun S P, Chan S Y, Xing W, et al. Facile Synthesis of dual-layer organic solvent nanofiltration (OSN) hollow fiber membranes [J]. Acs Sustainable Chemistry & Engineering, 2015, 3 (12).

[118] Saren Q, Qiu C Q, Tang C Y. Synthesis and characterization of novel forward osmosis membranes based on layer-by-layer assembly [J]. Environmental Science & Technology, 2011, 45 (12): 5201-5208.

[119] 臧红霞. 接触角的测量方法与发展 [J]. 福建分析测试, 2006, 15 (2): 47-48.

[120] 祝振鑫. 膜材料的亲水性、膜表面对水的湿润性和水接触角的关系 [J]. 膜科学与技术, 2014, 34 (2): 1-4.

[121] Zhang Q, et al. A Multifunctional Graphene-based Nanofiltration Membrane under Photo Assistance for

Enhanced Water Treatment based on Layer-by-Layer Sieving［J］. Applied Catalysis B Environmental, 2017.

［122］ 刘慈. 原子力显微镜及其应用［J］. 自然杂志，2002，24（1）：36-40.

［123］ 罗敏，王浪. 纳滤膜的场发射扫描电镜、能量色散 X 射线、原子力显微镜与傅里叶转换红外光谱分析［J］. 膜科学与技术，2001，21（5）：20-24.

［124］ Wu H，et al. Doping polysulfone ultrafiltration membrane with TiO$_2$-PDA nanohybrid for simultaneous self-cleaning and self-protection［J］. Journal of Membrane Science，2017，532：20-29.

［125］ 郭沁林 . X 射线光电子能谱［J］. 物理，2007，36（5）：405-410.

［126］ Ang M B M Y，et al. Incorporation of carboxylic monoamines into thin-film composite polyamide membranes to enhance nanofiltration performance［J］. Journal of Membrane Science，2017，539：52-64.

［127］ Xia Q C，et al. A hydrophilicity gradient control mechanism for fabricating delamination-free dual-layer membranes［J］. Journal of Membrane Science，2017，539：392-402.

［128］ Yuan Z，et al. Carbon Dots-incorporated composite membrane toward enhanced organic solvent nanofiltration performance［J］. Journal of Membrane Science，2017，549：1-11.

［129］ 徐琳，等，傅里叶变换衰减全反射红外光谱法的应用与进展［J］. 光谱学与光谱分析，2004，24（3）：317-319.

［130］ Mi Y F，et al. Constructing zwitterionic surface of nanofiltration membrane for high flux and antifouling performance［J］. Journal of Membrane Science，2017，541：29-38.

［131］ 李昭成，杨桂花. 流动电位法 Zeta 电位仪的测量原理及使用性能［J］. 纸和造纸，2002，（4）：29-30.

［132］ Mantilla C，Pedraza J，Laverde D. Aplication of zeta potential studies in the development of an alternative process for the flotation of feldspar minerals［J］. Dyna，2008，75（154）：65-71.

［133］ Sun S P，Wang K Y，Rajarathnam D，et al. Polyamide-imide nanofiltration hollow fiber membranes with elongation-induced nano-pore evolution［J］. AIChE Journal，2010，56（6）：1481-1494.

［134］ Bruggen B V D，Schaep J，Wilms D，et al. A comparison of models to describe the maximal retention of organic molecules in nanofiltration［J］. Separation Science & Technology，2000，35（2）：169-182.

［135］ Aimar P，Meireles M，Sanchez V. A contribution to the translation of retention curves into pore size distributions for sieving membranes［J］. Journal of Membrane Science，1990，54（3）：321-338.

［136］ Bowen W R，Mohammad A W. Characterization and prediction of nanofiltration membrane performance-ageneral assessment［J］. Chemical Engineering Research & Design，1998，76（8）：885-893.

［137］ Ghanbari M，Emadzadeh D，Lau W J，Riazi H，Almasi D，Ismail A F. Minimizing structural parameter of thin film composite forward osmosis membranes using polysulfone/halloysite nanotubes as membrane substrates［J］. Desalination，2016，377：152-162.

［138］ Kwak S Y，Jung S G，Kim S H. Structure-Motion-Performance Relationship of Flux-Enhanced Reverse Osmosis（RO）Membranes Composed of Aromatic Polyamide Thin Films［J］. Environ Sci Technol，2001，35：4334-4340.

［139］ Han G，Chung T S，Toriida M，Tamai S. Thin-film composite forward osmosis membranes with novel hydrophilic supports for desalination［J］. J Membr Sci，2012，423-424：543-555.

［140］ Yoo S H，Kim J H，Jho J Y，Won J，Kang Y S. Influence of the addition of PVP on the morphology of asymmetric polyimide phase inversion membranes：effect of PVP molecular weight［J］. J Membr Sci，2004，236：203-207.

［141］ Widjojo N，Chung T S，Weber M，Maletzko C，Warzelhan V. A sulfonated polyphenylenesulfone（sPPSU）as the supporting substrate in thin film composite（TFC）membranes with enhanced performance for forward osmosis（FO）［J］. Chemical Engineering Journal，2013，220：15-23.

［142］ Park M J，Phuntsho S，He T，Nisola G M，Tijing L D，Li X M，Chen G，Chung W J，Shon K H. Graphene oxide incorporated polysulfone substrate for the fabrication of flat-sheet thin-film composite forward osmosis membranes［J］. J Membr Sci, 2015, 493: 496-507.

［143］ Tian M, Wang Y N, Wang R. Synthesis and characterization of novel high-performance thin film nanocom-posite（TFN）FO membranes with nanofibrous substrate reinforced by functionalized carbon nanotubes ［J］. Desalination, 2015, 370: 79-86.

［144］ Yan W, Wang Z, Wu J, Zhao S, Wang J, Wang S. Enhancing the flux of brackish water TFC RO mem-brane by improving support surface porosity via a secondary pore-forming method［J］. J Membr Sci, 2016, 498: 227-241.

［145］ Kuang W, Liu Z, Yu H, Kang G, Jie X, Jin Y, Cao Y. Investigation of internal concentration polarization reduction in forward osmosis membrane using nano-CaCO$_3$ particles as sacrificial component［J］. J Membr Sci, 2016, 497: 485-493.

［146］ Xu G R, Xu J M, Feng H J, Zhao H L, Wu S B. Tailoring structures and performance of polyamide thin film composite（PA-TFC）desalination membranes via sublayers adjustment-a review［J］. Desalination, 2017, 417: 19-35.

［147］ Ghosh A K, Hoek E M V. Impacts of support membrane structure and chemistry on polyamide-polysulfone interfacial composite membranes［J］. J Membr Sci, 2009, 336: 140-148.

［148］ Singh P S, Joshi S V, Trivedi J J, Devmurari C V, Rao A P, Ghosh P K. Probing the structural variations of thin film composite RO membranes obtained by coating polyamide over polysulfone membranes of differ-ent pore dimensions［J］. J Membr Sci, 2006, 278: 19-25.

［149］ Huang L, McCutcheon J R. Impact of support layer pore size on performance of thin film composite membranes for forward osmosis［J］. J Membr Sci, 2015, 483: 25-33.

［150］ Shi M, Wang Z, Zhao S, Wang J, Wang S. A support surface pore structure re-construction method to enhance the flux of TFC RO membrane［J］. J Membr Sci, 2017, 541: 39-52.

［151］ Loeb S, Titelman L, Korngold E, Freiman J. Effect of porous support fabric on osmosis through a Loeb-Sourirajan type asymmetric membrane［J］. J Membr Sci, 1997, 129: 243-249.

［152］ McCutcheon J R, Elimelech M. Influence of concentrative and dilutive internal concentration polarization on flux behavior in forward osmosis［J］. J Membr Sci, 2006, 284: 237-247.

［153］ Qin D, Liu Z, Bai H, Sun D D. Three-dimensional architecture constructed from a graphene oxide nanosheet-polymer composite for high-flux forward osmosis membranes［J］. Journal of Materials Chemistry A, 2017, 5: 12183-12192.

［154］ Lu X, Romero-Vargas Castrillon S, Shaffer D L, Ma J, Elimelech M. In situ surface chemical modification of thin-film composite forward osmosis membranes for enhanced organic fouling resistance［J］. Environ-mental science & technology, 2013, 47: 12219-12228.

［155］ Khorshidi B, Thundat T, Fleck B A, Sadrzadeh M. A novel approach toward fabrication of high performance thin film composite polyamide membranes［J］. Sci Rep, 2016, 6: 22069.

［156］ Nur Muna Mazlan D P, Andrew G Livingston. Energy consumption for desalination—A comparison offorward osmosis with reverse osmosis, and the potential for perfect membranes［J］. Desalination, 2016, 377: 138-151.

［157］ York R J, Thiel R S, Beaudry E G. Full scale experience of direct osmosis concentration applied to leachate management［C］// Proceedings of the Seventh International Waste Management and Landfill Symposium （Sardinia' 99）, S Margherita di Pula, Cagliari, Sardinia, Italy: 1999.

［158］ Bamaga O A, Yokochi A, Zabara B, et al. Hybrid FO/RO desalination system: Preliminary assessment of osmotic energy recovery and designs of new FO membrane module configurations［J］. Desalination, 2011, 268: 163-169.

［159］ Achilli A, Cath T Y, Marchand E A, et al. The forward osmosis membrane bioreactor: A low fouling alternative to MBR processes [J] . Desalination, 2009, 239（1-3）: 10-21.

[160] Kim JE, Phuntsho B, Lotfi F, Shon H K, et al. Investigation of pilot-scale 8040 FO membrane module under different operating conditions for brackish water desalination [J] . Desalination and Water Treatment, 2015, 53: 2782-2791.

[161] Filed R W, Siddiqui F A, Ang P, Wu J J. Analysis of the influence of module construction upon forward osmosis performance [J] . Desalination, 2018, 431: 151-156.

[162] Kim Y C, Park S J. Experimental Study of a 4040 Spiral-wound forward-osmosis membrane module [J] . Environmental Science and Technology, 2011, 45: 7737-7745.

[163] Shon K Y, Phuntsho S, Zhang T C, et al. 正渗透基本原理及其应用 [M] . 何涛, 李雪梅, 等译 . 北京: 科学出版社, 2017: 58-66.

[164] Kim J, Blandin G, Phuntsho S, et al. Practical considerations for operability of an 8 spiral wound forward osmosis module: Hydrodynamics, fouling behaviour and cleaning strategy [J] . Desalination, 2017, 404: 249-258.

[165] Nielson W K. Progress in the development of osmotic power [C] ∥ International conference on Desalination and water reuse. Qingdao, Shandong, China, 2011.

[166] Riurterh R, Albzrrht R. Membrane process [M] . New York: John Wiley-Sons, 1989.

[167] 冯伯华 . 化学工程手册 [M] . 第四卷 . 北京: 化学工业出版社, 1989.

[168] 冯敏 . 工业水处理技术 [M] . 北京: 海洋出版社, 1992.

[169] 萧刚 . 反渗透系统设计研究 [J] . 净水技术, 1996（3）: 22-27.

[170] 胡振华 . 反渗透水处理技术 [M] . 杭州: 国家海洋局杭州水处理技术研究开发中心, 1997.

[171] Escobar I C, Schäfer A. 水循环利用与淡化 [M] . 北京: 科学出版社, 2011: 318-319.

[172] Linares R V, Li Z, Elimelech M, et al. Recent Development in Forward Osmosis Processes [M] . London: IWA Publishing, 2017: 182-184.

[173] Shon K Y, Phuntsho S, Zhang T C, et al. 正渗透基本原理及其应用 [M] . 何涛, 李雪梅等译 . 北京: 科学出版社, 2017: 68-78.

[174] National Paint and Coating Association, 2010 [EB/OL] . http: //www. paint. org/hmis/index. cfm.

[175] Cath T Y, Elimelech M, McCutcheon J R, et al. Standard methodology for evaluating membrane performance in osmotically driven membrane processes [J] . Desalination, 2013, 312: 31-38.

[176] Kim T, Kim Y, Yun C, et al. Systematic approach for draw solute selection and optimal system design for forward osmosis desalination [J] . Desalination, 2012, 284: 253-260.

[177] Achilli A, Cath T Y, Childress A E. Selection of inorganic-based draw solutions for forward osmosis applications [J] . J Membr Sci, 2010, 364: 233-241.

[178] Zhao S, Zou L, Tang C Y, Mulcahy D. Recent developments in forward osmosis: Opportunities and challenges [J] . J Membr Sci, 2012, 396: 1-21.

[179] McCutcheon J R, McGinnis R L, Elimelech M. Desalination by ammonia-carbon dioxide forward osmosis: Influence of draw and feed solution concentrations on process performance [J] . J Membr Sci, 2006, 278: 114-123.

[180] Gray G T, McCutcheon J R, Elimelech M. Internal concentration polarization in forward osmosis: role of membrane orientation [J] . Desalination, 2006, 197: 1-8.

[181] Loeb S, Titelman L, Korngold E, Freiman J. Effect of porous support fabric on osmosis through a Loeb-Sourirajan type asymmetric membrane [J] . J Membr Sci, 1997, 129: 243-249.

[182] Cath T Y, Adams D, Childress A E. Membrane contactor processes for wastewater reclamation in space: II. Combined direct osmosis, osmotic distillation, and membrane distillation for treatment of metabolic wastewater [J] . J Membr Sci, 2005, 257: 111-119.

[183] www. hitwater. com.

[184] Gugliuzza A, Basile A. Membranes for Clean and Renewable Power Applications [M]. Cambridge: Woodhead Publishing, 2014: 386-388.

[185] Hoek E M V, Tarabara V V. Encyclopedia of Membrane Science and Technology [M]. New Jersey: Wiley Blackwell (John Wiley & Sons), 2014.

[186] Saito K, Irie M, Zaitsu S, et al. Power generation with salinity gradient by pressure retarded osmosis using concentrated brine from SWRO system and treated sewage as pure water [J]. Desalin Water Treat, 2012, 41: 114-121.

[187] Loeb S. Method and apparatus for generating power utilizing pressure-retarded-osmosis: US 3906250 [P]. 1975.

[188] Byrne W. Reverse Osmosis: a Practical Guide for Industrial Users [M]. New York: Tall oaks Publishing Inc, 1995.

[189] Butt F H, Rate F, Rabaman F. Baduruthamal, Evaluation of SHMP and advanced scale inhibitors for control of CaSO$_4$, SrSO$_4$, and CaCO$_3$ scales in RO desalination [J]. Desalination, 1997, 109: 323-332.

[190] Redondo J A, Lomax I. Experiences with the pretreatment of raw water with high fouling potential for reverse osmosis plant using FILMTEC membranes [J]. Desalination, 1997, 110: 164-182.

[191] Chida K. Reverse osmosis plants operation and maintenance experience in the Middle Eastern region [J]. Desalination, 1997, 110: 59-63.

[192] Taniguchi Y. An overview of pretreatment technology for reverse osmosis desalination plants in Japan [J]. Desalination, 1997, 110: 21-35.

[193] Abdel-Jawad M, Ebrehim S, Al-Atram F, et al. Pretreatment of the municipal wastewater feed for reverse osmosis plants [J]. Desalination, 1997, 109: 211-223.

[194] Lozier J, Oklejas E, sillbernagel M. The hydraulic turbocharger™: a new type of device for the reduction of feed pump energy consumption in reverse osmosis systems [J]. Desalination, 1989, 75: 71-83.

[195] Andrews, William T. A twelve-year history of large scale application of work-exchanger energy recovery technology [J]. Desalination, 2001, 138: 201-206.

[196] Vernresque C, Bablon G. The integrated nanofiltration system of the Méry-sur-Oise surface water treatment plant (37 mgd) [J]. Desalination, 1997, 113: 263-266.

[197] Bertrand S, Lemaitre I, Willimann E. Performance of a nanofiltration plant on hard and highly sulphated water during two years of operation [J]. Desalination, 1997, 113: 274-281.

[198] 胡敬宁，肖霞平，周生贵，周广凤. 万吨级反渗透海水淡化高压泵的优化设计 [J]. 排灌机械, 2009 (01): 25-29.

[199] Lobo V M M. Mutual diffusion coefficients in aqueous electrolyte solutions [J]. Pure & Appl Chem, 1993, 65 (12): 2613-2640.

[200] 王湛. 膜分离技术基础 [M]. 北京: 化学工业出版社, 2000.

[201] Laliberete M. Models for calculating the viscosity of aqueous solutions [J]. J Chem Eng Data, 2007, 52: 321-335.

[202] She Q, Hou D, Liu J, et al. Effect of feed spacer induced membrane deformation on the performance of pressure retarded osmosis (PRO): Implication for PRO process operation [J]. J Membr Sci, 2013, 445: 170-182.

[203] Mi B, Elimelech M. Organic fouling of forward osmosis membranes: fouling reversibility and cleaning without chemical reagents [J]. J Membr Sci, 2010, 348 (1-2): 337-345.

[204] Kim C, Lee S, Hong S. Application of osmotic backwashing in forward osmosis: mechanisms and factors involved [J]. Desalination and water treatment, 2014, 43: 314-322.

［205］ Shon K Y，Phuntsho S，Zhang T C，et al. 正渗透基本原理及其应用［J］. 何涛，李雪梅，等译. 北京：科学出版社，2017：171-188.

［206］ Cipollina A，Micale G. Sustainable Energy from Salinity Gradients［M］. Amsterdam：Elsevier，2016：27-53.

［207］ 清水博. 膜处理技术大系［M］. 东京：口夕·于夕/夕风于石株式会社，1991.

［208］ Dianne E Wiley，Christopher J D Fell，Anthony G Fane. Optimisation of membrane module design for brackish water desalination［J］. Desalination，1985，52：249-265.

［209］ Miguel Angel Sanz，Richard L. Stover，Low Energy Consumption in the Perth Seawater Desalination Plant［C］// IDA World Congress-Maspalomas. Gran Canaria-Spain：October 21-26，2007，MP04-111.

［210］ Martin John W. Proceedings of IDA World Conference on Desalination and Water Reuse［C］. Washington，D C，1991，Brackash Water Desalination：1-14.

［211］ Lozier J，Oklejas E，Silbernagel M. The hydraulic turbocharger™：a new type of device for the reduction of feed pump energy consumption in reverse osmosis systems［J］. Desalination，1989，75：71-83.

［212］ Winston Ho W S，Sirkar Kamalesh K. Membrane Handbook［M］. New York：Van Nostrand Rainbold，1992.

［213］ 高以煊，叶凌碧. 膜分离技术基础［M］. 北京：科学出版社，1989.

［214］ Ryme W. Reverse Osmosis：a Practical Guide for Industrial Users［M］. New York：Tall Oaks Publishing Inc，1995.

［215］ Parekh B. Reverse Osmosis Technology［M］. New York：Marcel Dekker，1988.

［216］ 木村尚史. 膜分离技术手册［M］. 东京：IPC，1992.

［217］ Richard W Baker. Membrane Technology and Applications 2nd Edition［M］. Chichester：John Wiley & Sons Ltd，2004.

［218］ 徐荣安. 国产反渗透-离子交换纯水系统的开发试验［C］// 91 全国纯水技术研讨会论文集. 无锡：1991：1-4.

［219］ 燕鹏飞. 电力设计［J］. 水处理技术，1995（4）：4-9.

［220］ Schutte C，Spencer T，et al. Desalination，1987，67：244.

［221］ Souriajan S，Matsuura T. Reverse Osmosis/Ultrafiltration Principles Ottawa. Canada：NRCC Preas，1985.

［222］ Thompson N A，Nicoll P G. Forward Osmosis Desalination：A Commercial Reality［C］// IDA World Congress/Perch Conversion and Exhibition Centre（PCED）. Perch，Western Australia：September 4-9，2011.

［223］ Shon K Y，Phuntsho S，Zhang T C，et al. 正渗透基本原理及其应用［M］. 何涛，李雪梅，等译. 北京：科学出版社，2017：248-253.

［224］ Nicoll P G，Thompson N A，Bedford M R. Manipulated osmosis applied to evaporative cooling make-up water—revolutionary technology［C］// IDA World Congress/Perch Conversion and Exhibition Centre（PCED）. Perch，Western Australia：September 4-9，2011.

［225］ Cath T Y，Childress A E，Elimelech M. Forward osmosis：Principles，applications，and recent developments［J］. Journal of Membrane Science，2006，281（1-2）：70-87.

［226］ Theeuwes F，Yum S I. Principles of the design and operation of generic osmotic pumps for the delivery of semisolid or liquid drug formulations［J］. Ann Biomed Eng，1976，4：343-353.

［227］ Wright J C，Johnson R M，Yum S I. DUROS® osmotic pharmaceutical systems for parenteral & site-directed therapy［J］. Drug Delivery Technol，2003，3：64.

［228］ Logan B E，Elimelech M. Membrane-based processes for sustainable power generation using water［J］. Nature，2012，488（7411）：313-319.

［229］ Prante J L，Ruskowitz J A，Childress A E，et al. RO-PRO desalination：an integrated low-energy approach to seawater desalination［J］. Applied Energy，2014，120：104-114.

［230］ Straub A P，Deshmukh A，Elimelech M. Pressure-retarded osmosis for power generation from salinity gradients：is it viable？［J］．Energy & Environmental Science，2016，9（1）：31-48.

［231］ Skilhagen S E. Osmotic power—developing a new，renewable energy source［J］．Berlin，2012.

［232］ Jennifer K. Osmotic Power：A Primer，2010 Kechan & Co.

［233］ Wilf M，et al. In：Proceeding of IDA World Conference on Desalination and Water Reuse［C］．Washington，D C，1991. Membrane Softning，1-27.

［234］ 宋玉军，孙本惠．纳滤膜的应用［C］∥中国膜工业协会首届学术报告会论文集．北京：中国膜工业协会，1995：270-274.

［235］ Walson B，Hornburg C. Low-energy membrane nanofiltration for removal of color，organics and hardness from drinking water supplies［J］．Desalination，1989，72：11-22.

［236］ Bindoff A，Davies C，et al. The nanofiltration and reuse of effluent from the caustic extraction stage of wood pulping［J］．Desalination，1987，67：455-465.

［237］ Cadotte E，Forester M，et al. Nanofiltration membranes broaden the use of membrane separation technology［J］．Desalination，1988，70：77-88.

［238］ Paman L P，Cheryan M，Rajagopalan N. Consider nanofiltration for membrane separations［J］．Chemical Engineering Progress，1994，90：68-74.

［239］ Mogara Y，Kunikane S，Itoh M. Japanese Approach on Membrane Technology Application to Public Water Supply. In：Proc. ICOM96. Yoko-hama，Japan：1996：1042-1043.

［240］ Ventresque C，Bablon G. The integrated nanofiltration system of the Méry-sur-Oise surface water treatment plant（37 mgd）［J］．Desalination，1997，113：263-266.

［241］ Bertrand S，Lemaitre I，Wittmann E. Performance of a nanofiltration plant on hard and highly sulphated water during two years of operation［J］．Desalination，1997，113：277-281.

［242］ Berg P，Hagmeyer G，Gimbel R. Removal of pesticides and other micropollutants by nanofiltration Desalination［J］，1997，113：205-208.

［243］ Duran F E，Dunkelberger G W. A comparison of membrane softening on three South Florida groundwaters ［J］．Desalination，1995，102：27-34.

［244］ Nur Muna Mazlan D P，Andrew G Livingston. Energy consumption for desalination—A comparison offorward osmosis with reverse osmosis，and the potential for perfect membranes［J］．Desalination，2016，377：138-151.

［245］ Mehta D，Gupta L，Dhingra R. Forward Osmosis in India：Status and Comparison with Other Desalination Technologies［J］．International Scholarly Research Notices，2014：1-10.

［246］ McCutcheon J L，McGinnis R L，Elimelech M. The Ammonia-Carbon Dioxide Forward Osmosis Desalination Process［J］．Water Conditioning & Purification，2006.

［247］ Gomez J D，Huehmer R P，Cath T. Assessment of Osmotic Mechanisms Pairing Desalination Concentrate and Wastewate Treatment，Texas Water Development Board［C］．Austin，Tex，USA：2011.

第 9 章
超滤和微滤

主 稿 人：吕晓龙　天津工业大学教授

张俊伟　杭州安诺过滤器材有限公司高级
工程师

编写人员：吕晓龙　天津工业大学教授

武春瑞　天津工业大学教授

安全福　北京工业大学教授

林立刚　天津工业大学教授

何本桥　天津工业大学教授

黄建平　安阳工学院讲师

宫美乐　杭州安诺过滤器材有限公司教授级
高级工程师

张俊伟　杭州安诺过滤器材有限公司高级
工程师

胡　炜　杭州安诺过滤器材有限公司

邹凯伦　杭州埃诺过滤器材有限公司

孙丽慧　杭州埃诺过滤器材有限公司

支田田　杭州埃诺过滤器材有限公司

张艳萍　自然资源部天津海水淡化与综合
利用研究所高级工程师

薛思快　浙江普利药业有限公司

审 稿 人：陆晓峰　中科院上海应用物理研究所

第一版编写人员：宫美乐　任德谦　殷　琦　陈益荣

9.1　超滤概述

超滤是一种利用多孔超滤膜对溶液进行净化、分离或者浓缩的膜过滤技术，其应用面越来越广泛，小至家用净水器，大到工业化大规模生产，从普通民用到高新技术领域都有不同规模、不同数量的应用，近些年，在环境保护方面也显现其巨大的应用潜力[1]。

9.1.1　国内外发展概况

最早使用的超滤膜是天然的动物脏器薄膜。1861 年，Schmidt 首次公开了用牛心胞膜截留可溶性阿拉伯胶的实验结果[2]。1867 年，第一张人工膜是 Traube 在多孔瓷板上胶凝沉淀铁氟化铜而成的。1907 年，Bechhold 比较系统地研究了超滤膜[3]，并首次采用了"超滤"这一术语。随后 Asheshor、Elford 等科学家进行了更为深入的研究，而且初步探索出了不同性能超滤膜的制备技术，为超滤的发展做出了积极贡献，但终因膜的透水能力低而影响其大规模推广应用。1960 年 Loeb 和 Sourirajan 研制成功具有较高水通量的不对称醋酸纤维素反渗透膜[4]，使超滤技术获得了突破性的进展。1963 年 Michaels 创建了 Amicon 公司，专门生产和销售各种截留分子量的超滤膜。在这之后短短的几年时间内，各种结构形式的超滤装置也相继出现。1965 年以后，又有多家公司和生产厂家推出了各种聚合物超滤膜，使超滤技术步入快速发展阶段。

我国对超滤技术的开发晚于国外约 10 余年的时间，20 世纪 70 年代起步，80 年代是快速发展阶段，先后研制成功了中空纤维、管式、卷式和板式超滤膜及装置。90 年代这些不同结构形式的超滤装置开始获得广泛应用。进入 21 世纪以来，我国超滤膜及装置取得了长足的进步，达到了世界先进水平。得益于超滤技术的发展，我国在食品、医药、化工、环境保护和海水淡化等诸多领域取得了骄人的成绩，获得了巨大的社会、经济和环境效益。

我国对膜分离技术的发展非常重视，将包括超滤在内的膜分离技术连续列入国家"七五""八五"一直到"十三五"重点科技攻关项目，投入了大量的资金和人力，开展专项科技攻关，使我国的超滤技术水平迅速提高。目前，超滤膜已有 PS、PAN、PSA、PP、PE 和 PVDF 等十余个品种，形成了截留分子量从 500～100000 的系列化产品，一批耐高温、耐腐蚀和抗污染能力强的膜也相继问世。超滤装置有板框式、管式、卷式和中空纤维式四种结构类型，门类齐全。在荷电膜、成膜机理、膜污染机理及对策等研究方面也取得了可喜的进展。今后，继续研制兼具高渗透性与选择性和开发抗污染能力更强的超滤膜及相应的组器仍是超滤研究者面临的主要课题，也是超滤技术向更高水平发展的关键所在。

9.1.2　超滤分离的特性和应用范围

超滤膜的孔径大小介于纳滤膜与微滤膜之间，超滤膜的截留分子量为 500～500000 左右，分离孔径在 0.002～0.1μm 之间，能够截留大分子物质、细菌、病毒等。超滤主要是筛分机理，即在一定的压力（0.1～0.6MPa）下，溶剂和小于膜孔径的溶质可以透过膜，分子尺寸大于膜孔径的溶质则不能透过膜，从而实现溶液的净化、分离与浓缩。

超滤过程的特点：①无相变的筛分分离过程，可以在常温及低压力下进行分离，能耗低；②膜装置体积小，结构简单，投资费用低，便于工程放大；③超滤分离过程只是简单的加压输送流体，工艺流程简单，易于操作管理；④物质在浓缩分离过程中不发生质的变化，因而适合于保味和热敏性物质的处理；⑤适合稀溶液中微量贵重大分子物质的回收和低浓度大分子物质的浓缩；⑥能将不同分子量的物质分级分离，无二次污染。

超滤膜可由高分子聚合物、无机陶瓷材料或金属材料制成。超滤的应用领域很广，主要是应用于溶液的净化、分离和浓缩，已成为应用最广泛的膜分离技术之一，特别是在水处理、废水深度处理及水资源回收利用、化工分离、果汁浓缩、生物制药等工业领域有着广泛的应用，在家用净水器领域也获得市场化应用。

9.1.3　超滤过程的基本原理

超滤过程通常可以理解成主要与膜孔径大小相关的筛分过程，也有一定的电荷排斥作用。以膜两侧的压力差为驱动力、以超滤膜为过滤介质，在一定的压力下，当水流过膜表面时，依据超滤膜截留分子量的不同，只允许水、无机盐及小分子物质透过膜，阻止水中的悬浮物、胶体、蛋白质和微生物等大分子物质通过，以达到溶液的净化、分离与浓缩的目的，如图 9-1 所示。

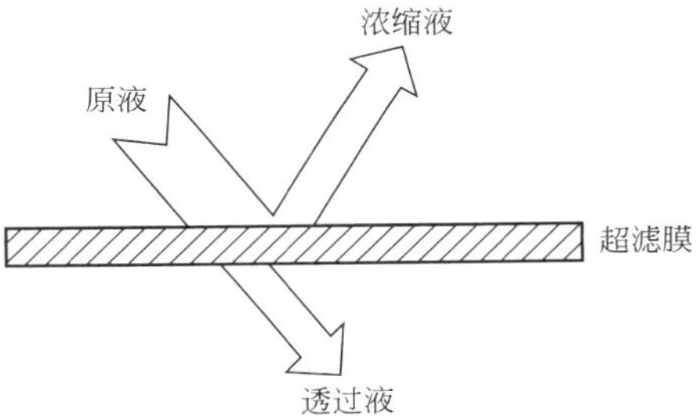

图 9-1　超滤过程示意图

9.1.3.1　基本模型

把超滤膜截留大分子看成是简单的过滤过程，溶剂和比膜孔径小的溶质分子被对流流动所带出[5]。

对溶液中特定溶质 i 的表观截留率可以写成：

$$R_i = \left(1 - \frac{c_{ip}}{c_{ir}}\right) \times 100\% \qquad (9-1)$$

式中　c_{ip}——超滤透过液中溶质 i 的浓度；

c_{ir}——超滤截留液中相关溶质 i 的浓度。

溶质的分散性、超滤膜的孔径分布也会对截留率产生不同的影响[6,7]。有报道提出了许多不同的经验方程来解释溶质通过膜孔的流动[8-10]。Deen 简要地对这些模型进行了评论[11]。

9.1.3.2　表面力-孔流动模型

Matsuura 和 Sourirajan 等[12]综合考虑了包括溶质尺寸、膜孔直径、溶质/膜间阻力、溶质/膜间的相互作用等因素，提出了表面力-孔流动模型。

在静电阻力、范德华力和摩擦力等表面力的影响下，溶质截留率为：

$$R_i = 1 - \frac{1}{c_{\mathrm{f}}} \times \frac{\int_{-\infty}^{\infty} Y(r) \left[\int_0^r c_{\mathrm{p}}(r') \upsilon(r') r' \mathrm{d}r'\right] \mathrm{d}r}{\int_{-\infty}^{\infty} Y(r) \left[\int_0^r \upsilon(r') r' \mathrm{d}r'\right] \mathrm{d}r} \qquad (9-2)$$

式中，$Y(r)$ 是孔半径的分布；c_f，c_p 分别是料液和渗透溶液溶质的浓度；υ 是溶剂速度；r' 是孔内任意一点的孔半径。$Y(r)$ 项可以表示为具有平均孔半径 r_p 和标准偏差 σ_d 的标准分布，溶剂速度 υ 是从以下微分方程计算得到：

$$\frac{\mathrm{d}^2\upsilon}{\mathrm{d}r^2}+\frac{1}{r}\frac{\mathrm{d}\upsilon}{\mathrm{d}r}+\frac{\Delta p}{\eta l}+\frac{RT}{\eta l}(c_p-c_f)\left[1-\exp\left(-\frac{\Phi}{RT}\right)\right]-\frac{(b-1)X_{AB}c_p\upsilon}{\eta}=0 \tag{9-3}$$

当式(9-2) 中的 $r'=0$ 时，$\mathrm{d}\upsilon/\mathrm{d}r=0$；当 $r'=r$ 时，$\upsilon=0$。这里 l 是孔长度；η 是黏度；X_{AB} 是常数，是与溶质和溶剂速度相关的摩擦力；b 是溶质移动时的摩擦阻力与主体溶液摩擦阻力之比；Φ 是孔壁施加在溶质上力的位函数。参数 b 是空间位阻距离 $\overline{D}$ 与孔半径 r_p 之比的函数。静电力和范德华力分别用常数 $\overline{A}$ 和 $\overline{B}$ 表示，范德华力模型为：

$$\Phi(r)=-\frac{\overline{B}/r_k^b}{\left[(r_p/r_a)-r\right]^3} \tag{9-4}$$

式中，r_k^b 是第 k 个孔分布的孔半径；r_a 是半径减少的影响：

$$r_a=r_p-d_w \tag{9-5}$$

式中，d_w 是溶剂水的分子半径。采用液相色谱（HPLC）测定可以决定参数 $\overline{A}$、$\overline{B}$ 和 $\overline{D}$。按方程(9-2) 的最适截留率数据，可以选择 r_p 和 d_w 值。

该模型主要用于测定水和盐迁移的反渗透膜特征，也可以用于超滤膜。

9.1.3.3　阻塞迁移模型

阻塞因子是膜孔中扩散和对流迁移与主体溶液中的扩散和对流迁移进行比较得到的[13]。在充满溶剂的圆柱孔（半径 r_p）中，溶质（半径 r_i）的稳定态等温迁移可由下式给出：

$$-k^0 T\frac{\mathrm{d}\ln c_i}{\mathrm{d}z}=6\pi\eta r_i K_w(\upsilon_i-K_L V) \tag{9-6}$$

式中，c_i 是溶质的浓度；υ_i 是溶质的速度；η 是黏度；z 是孔轴向坐标距离；T 是热力学温度，V 是溶质的体积；k^0 为 Boltzmann 常数；水力学系数 K_w 为孔壁对溶质的牵引力；K_L 表示溶质速度滞后于溶剂速度。假设径向和轴向的溶质浓度 c 可表示为：

$$c=g(z)\exp\left[-\frac{E(\beta)}{kT}\right] \tag{9-7}$$

式中，$E(\beta)$ 为势函数，$\beta=r/r_p$。总的溶质通量由下式给出：

$$J_i=K_C\overline{\upsilon}c_f\frac{1-(c_p/c_f)\exp(-p_e)}{1-\exp(-p_e)} \tag{9-8}$$

$$p_e=\frac{\overline{\upsilon}l}{D_\infty}\frac{K_C}{K_D} \tag{9-9}$$

式中，$K_D(K_w,\lambda,E)$ 是扩散的阻塞因子；$K_C(K_L,\lambda,E)$ 是与对流过滤有关的阻塞因子；λ 是溶质尺寸与孔尺寸之比（$\lambda=r_i/r_p$，圆柱孔）；l 是孔长度；$\overline{\upsilon}$ 是孔内平均溶剂速

度；D_∞ 是主体溶液中溶质的扩散系数。对中性溶质（$E=0$）和给定的 λ 值变动范围，如 $0\leqslant\lambda\leqslant1$[16]；$0\leqslant\lambda<0.4$[14]；$0\leqslant\lambda<0.1$[15]；$0\leqslant\lambda<0.9$[16]，分别导得了 K_D 和 K_C 的表达式。文献 [13] 还导出了非球形溶质的 K_D 和 K_C 表达式。文献 [17] 给出了缝隙孔（$\lambda=r_i/$一半缝隙宽度）的这些函数值。静电作用及荷电也影响大分子的迁移。

9.2　超滤膜

9.2.1　超滤膜材料

可用来制造超滤膜的材料有很多，分为有机高分子、无机陶瓷和多孔金属材料。

9.2.1.1　有机高分子材料

用于制备超滤膜的有机高分子材料主要来自两个方面，其一，由天然高分子材料改性而得，例如纤维素衍生物类、壳聚糖等；其二，由有机单体经过高分子聚合反应而制备的高分子材料，这类材料品种多、应用广，主要有聚砜类、聚烯烃类、含氟类材料等。

（1）纤维素衍生物类[18]

纤维素是资源最为丰富的天然高分子，由于纤维素的分子量较大，分解温度前没有熔点，且不溶于通常的溶剂，无法加工成膜，必须进行化学改性，生成纤维素醚或酮才能溶于溶剂。研究最早的膜材料就是纤维素衍生物。主要有再生纤维素（RCE）、二醋酸纤维素（CA）、三醋酸纤维素（CTA）、混合纤维素（CA-CN）等，该类物质超滤膜材料亲水性好、成孔性好，材料来源方便、易得，成本也低。但这些材料耐酸碱性较差（适合 pH 4～6），也不适用于酮类、脂类和有机溶剂。

① 再生纤维素（RCE）　传统的再生纤维素有铜氨纤维素和黄原酸纤维素，分子量在几万到几十万之间，是较好的透析膜用材料。抗蛋白质污染的系列再生纤维素微滤膜和超滤膜也已获得广泛应用。

② 二醋酸纤维素（CA）　醋酸纤维素作为膜材料，原料廉价、易得，且具有较好的亲水性，从而使膜具有较高的通量和较好的抗污染性。但是，醋酸纤维素用作膜材料又有下述缺点：pH 适用范围窄，为 3～7；使用温度低，制造商推荐的最高使用温度仅为 30～35℃；耐微生物降解差、抗压密度差。醋酸纤维素一般可由纤维素与醋酸酐、醋酸的乙酰化反应制得。

③ 三醋酸纤维素（CTA）　三醋酸纤维素相对于二醋酸纤维素来说，韧性强，拉伸强度几乎增大一倍，耐热性、水解稳定性和抗生物降解能力有所提高，耐氯性也进一步得到加强，制得膜的截留率得到提高，但其透水速率下降了。CTA 可用 CA 进一步与乙酸酐反应制备，乙酸含量为 60%～61%。

（2）聚砜类[18,19]

聚砜类膜材料包括：聚砜（PS）、聚醚砜（PES）、聚砜酰胺（PSA）、磺化聚砜（SPS）、双酚 A 型聚砜（PSF）、聚芳醚砜类（PAES）等。用这种材料制成的超滤膜力学性能和化学稳定性良好，是目前应用较广泛的材料。

① 聚砜（PS） 聚砜的化学结构式如下

$$\left[O-\!\!\!\bigcirc\!\!\!-\overset{\underset{\displaystyle CH_3}{|}}{\underset{\underset{\displaystyle CH_3}{|}}{C}}-\!\!\!\bigcirc\!\!\!-O-\!\!\!\bigcirc\!\!\!-SO_2-\!\!\!\bigcirc\!\!\! \right]_n \tag{9-10}$$

聚砜因其优异的化学稳定性、宽的 pH 使用范围和良好的耐热性能、酸碱稳定性，以及较高的抗氧化、抗氯性能而被广泛应用于超滤膜的制作。

② 聚醚砜（PES） 聚醚砜的化学结构式如下

$$\left[O-\!\!\!\bigcirc\!\!\!-SO_2-\!\!\!\bigcirc\!\!\! \right]_n \tag{9-11}$$

聚醚砜性质与聚砜性质大致相同，因其结构单元中没有脂肪烃基团，故热稳定性比聚砜更好，可在 90℃ 下长期使用，且可经受 128℃ 高温高压湿热灭菌。

③ 聚砜酰胺（PSA） 聚砜酰胺的化学结构式如下

$$\left[NH-\!\!\!\bigcirc\!\!\!-\overset{\underset{\displaystyle O}{\|}}{\underset{\underset{\displaystyle O}{\|}}{S}}-\!\!\!\bigcirc\!\!\!-NH-CO-(CH_2)_4-CO \right]_n \tag{9-12}$$

聚砜酰胺具有优良的耐热、耐酸碱和抗氧化性，可用于水和非水溶剂的溶液体系。一般 PSA 可由 $4,4'$-二氨基二苯砜与己二酸通过高温缩聚制得，也可与己二酰氯通过低温缩聚制备。

（3）聚烯烃类

主要是聚乙烯（PE）、聚丙烯（PP）、聚氯乙烯（PVC）、聚丙烯腈（PAN）等。同聚砜相似，它的力学性能好，化学稳定性也较好，是目前应用较广泛的膜材料。

① 聚乙烯（PE） 聚乙烯的化学结构式如下

$$\left[CH_2-CH_2 \right]_n \tag{9-13}$$

聚乙烯具有优异的化学稳定性，室温下能耐酸和碱。但容易受光氧化、热氧化和臭氧分解。聚乙烯还具有优异的力学性能，其结晶部分赋予聚乙烯较高的强度，非结晶部分赋予其良好的柔性和弹性。乙烯的聚合有四种方法：高压聚合法（ICI），中压法（菲利普法），低压法（齐格勒法）和辐射聚合法。

② 聚丙烯（PP） 聚丙烯的化学结构式如下

$$\left[CH_2-\underset{\underset{\displaystyle CH_3}{|}}{CH} \right]_n \tag{9-14}$$

聚丙烯具有优越的物理化学性能、生物化学性能及丰富的来源、低廉的成本、良好的疏水性。缺点是易老化，低温脆性大。

③ 聚氯乙烯（PVC） 聚氯乙烯的化学结构式如下

$$\left[CH_2CHCl \right]_n \tag{9-15}$$

聚氯乙烯（PVC）具有产量大，价格低廉，难燃，生产工艺成熟，耐微生物侵蚀，耐酸碱，化学稳定性好，优良的电绝缘性能和较高的机械强度等优点。缺点是热稳定性较差，受热易引起不同程度的降解。聚氯乙烯的制备方法有三种：乙炔法、乙烯氧氯化法、烯联合法。

④ 聚丙烯腈（PAN）　聚丙烯腈的化学结构式如下

$$\left[CH_2-CH \right]_n \quad (CN)$$ (9-16)

聚丙烯腈多为半结晶型聚合物，具有很好的耐水解性能和抗氧化性能。用作膜材料的聚丙烯腈中由于或多或少的含少量其他成分如丙烯酸甲酯，可以提高溶解性和柔顺性。虽然分子链中含有较强极性的氰基，但也不属于亲水性膜材料。此外，聚丙烯腈超滤膜的耐酸、耐碱性能比较差。

（4）含氟类材料

含氟类材料是指由含氟原子的单体经过均聚或共聚得到的有机高分子材料。目前用于膜材料的主要是聚偏氟乙烯（PVDF），化学结构式如下

$$\left[CH_2-CF_2 \right]_n$$ (9-17)

PVDF 具有突出的抗紫外线和耐气候老化特性，耐辐照性能优异，具有良好的化学稳定性能，在室温下不被酸、强氧化剂和卤素所腐蚀，脂肪烃、芳香烃、醇、醛等有机溶剂对它也无影响，只有发烟硫酸、强碱、酮、醚等少数化学药品能使其溶胀或部分溶解，可溶于二甲基甲酰胺（DMF）、二甲基乙酰胺（DMAC）和二甲基亚砜（DMSO）等强极性有机溶剂；缺点是膜的耐碱性稍差。

（5）其他有机高分子材料

除上述各种膜材料外，还有聚酰亚胺（PI）、聚醚酰亚胺（PEI）、二氮杂萘酮联苯结构聚醚砜酮（PPESK）、含 Cardo 环的聚醚酮（PEK-C）、聚苯硫醚（PPS）、芳香聚酰胺（PARA）、聚芳醚酮类（PAEK）、聚醚醚酮类（PEEK）等也常在文献报道中见到。

① 聚酰亚胺（PI）　聚酰亚胺的化学结构式如下

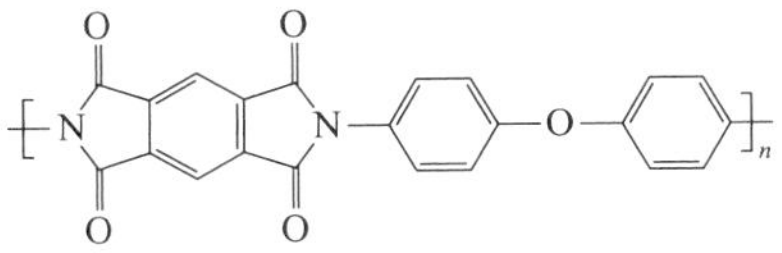

(9-18)

主链含有亚氨基的杂环聚合物，有优异的耐温性能，且具有逐渐干燥时性能无损的独特性能。

② 聚醚酰亚胺（PEI）　聚醚酰亚胺的化学结构式如下

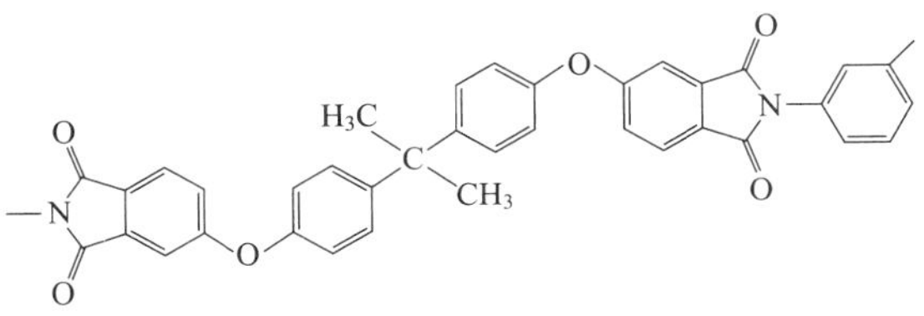

(9-19)

PEI 是一种无定形聚合物，玻璃化转变温度高达 200℃，具有优异的力学性能，可溶于 DMAC、NMP（N-甲基吡咯烷酮）等极性溶剂。由于其突出的耐高温、高强度等特性，在分离膜领域受到关注。

③ 二氮杂萘酮联苯结构聚醚砜酮（PPESK）　PPESK 的化学结构式如下

$$(9\text{-}20)$$

含二氮杂萘结构的聚芳醚砜酮是由大连理工大学于 1993 年研制成功的一种耐高温特种聚合物[20,21]，PPESK 中全芳环非共平面扭曲的分子链结构赋予其既耐高温又可溶解的优异综合性能，其玻璃化转变温度高达 265~305℃。并且，这样的分子链结构使聚合物的自由体积增大，使其具有良好的渗透性和选择性。

④ 含 Cardo 环的聚醚酮（PEK-C）　PEK-C 的化学结构式如下

$$(9\text{-}21)$$

我国长春应用化学研究所于 20 世纪 80 年代工业化了含 Cardo 环的酚酞型聚醚砜[22]（PES-C）和聚醚酮[23]（PEK-C）。PEK-C 是一类高性能热塑性树脂，其分子链中存在大量的芳环结构，化学键能高、链段的刚性大、热分解温度高以及较低的可燃性。因其优异的热稳定性，化学稳定性，溶剂稳定性以及形态稳定性而备受人们的关注。由于 Cardo 酚酞基团的引入，不但大大提高了 PEK-C 的玻璃化转变温度（高达 260℃），而且使 PEK-C 具有较好的溶解性能，同时大大提高了材料的亲水性。这也为提高聚合物的耐热性和溶解性提供了一条可行的路线，即引入大的芳侧基或扭曲非共平面芳环结构。但是由于酚酞侧基易发生水解，从而使得材料的耐酸、耐碱性能有所降低。

9.2.1.2　无机陶瓷材料[24]

无机陶瓷膜材料主要指陶瓷、分子筛、玻璃、硅酸盐、沸石及碳素等，无机膜最突出的优点是耐高温、耐有机溶剂性能好，不易老化，可再生性强，适用于特种分离。

多孔陶瓷膜是目前最引人注目、最具有应用前景的一类无机膜。目前陶瓷超滤膜大多用粒子烧结法制备基膜，并用溶胶-凝胶法制备反应层，两层制备所用材料有差别，制备基膜材料可以是高岭土、蒙托石、砖灰石、工业氧化铝等为主要成分的混合材料；而以其反应层主要成分来区分，常用陶瓷膜可分为 Al_2O_3、ZrO_2 和 TiO_2 膜，它们有各自不同的制备材料。陶瓷膜具有两大优点：一是耐高温，除玻璃膜外，大多数陶瓷膜可在 1000~1300℃高温下使用；二是耐腐蚀（包括化学的及生物的），陶瓷膜一般比金属膜更耐酸腐蚀，而且与金属膜的单一均匀结构不同，多孔陶瓷膜根据孔径的不同，可有多层、超薄表层的不对称复合结构。

9.2.1.3　多孔金属材料

由多孔金属膜材料制成的多孔金属膜，包括 Ag 膜、Ni 膜、Ti 膜及不锈钢膜等，目前已有商品出售，其孔径范围一般为 $200\sim500\text{nm}$，厚度 $50\sim70\mu\text{m}$，孔隙率可达 60%，多孔金属膜孔径较大，在工业上用作微孔过滤膜和动态膜的载体。由于这些材料的价格较高，在工业上大规模使用还受到限制，但作为膜反应器材料，其催化和分离的双重性能正在受到重视。

9.2.2　超滤膜的结构与性能表征[25]

9.2.2.1　结构表征

超滤膜的微孔结构直接决定了膜的分离效果或截留性能，对于孔结构的表征，主要集中于表面、断面形貌，孔径大小和表面孔隙率。

（1）孔形貌

目前商品化的超滤膜几乎都是由致密皮层和多孔支撑层构成的不对称膜。皮层的厚度约 $0.1\sim0.25\mu\text{m}$，支撑层的厚度约 $100\sim400\mu\text{m}$，这些微观形貌均可利用扫描电子显微镜进行观察，但要注意制样过程需保持膜的原貌，干燥时可采用逐级脱水法、低温冷冻脱水法或临界点干燥法，处理膜断面时可采用包埋切片法或液氮脆断法。需要特别指出的是，扫描电子显微镜观测到的表面孔和断面孔，均不是膜分离孔。

（2）孔隙率

膜的孔隙率 ε 是指膜内孔隙占膜总体积的比例，可由体积重量法和干湿膜重量法测定。

① 体积重量法　体积重量法是根据膜的表观密度和膜材料的密度求得膜的孔隙率，计算公式如下

$$\varepsilon=\left(1-\frac{\rho_\text{f}}{\rho_\text{p}}\right)\times100\% \tag{9-22}$$

式中，ρ_f 是膜的表观密度；ρ_p 是膜材料的密度。

② 干湿膜重量法　该法要将膜用合适的液体润湿，分别称量湿膜和干膜的重量，按下式计算孔隙率

$$\varepsilon=\frac{(W_\text{w}-W_\text{d})\rho_\text{w}}{(W_\text{w}-W_\text{d})\rho_\text{w}+W_\text{d}\rho_\text{p}}\times100\% \tag{9-23}$$

式中，ε 为膜的孔隙率；W_w 为湿膜的重量；W_d 为干膜的重量；ρ_w 为纯水的密度（1.0g/cm^3）；ρ_p 为聚合物的密度。

（3）表面粗糙度

在微观尺度上，膜的表面会呈现一定程度的凹凸不平，这些凹陷与凸起之间的距离即为膜的表面粗糙度。原子力显微镜的悬臂探针可通过感知针尖与膜面间的范德华力、氢键力以及疏水相互作用等来判断两者的距离，从而测出膜的表面粗糙度。

9.2.2.2　性能表征

超滤膜的性能包括分离透过性能和物化性能。膜的分离透过性能主要指透水通量、截留

分子量，膜的物化性能则包括膜的机械强度、亲疏水性、荷电性、耐化学性能等。

（1）透水通量

透水通量也称膜通量，是指在一定的工作压力下，单位面积的膜在单位时间内所透过的水的量，用以表征膜的透过性能。

$$J = \frac{Q}{St}$$ (9-24)

式中，J 为透水通量，L/（m²·h）；Q 为透过纯水的质量，L；S 为膜面积，m²；t 为透过水量 Q 所需的时间，h。

膜的透水通量会受到温度的影响，一般情况下，温度越高透水速率越大。实际上，常用蒸馏水作为测试膜透水速率的料液，在 0.10MPa 的压力和 25℃ 的温度条件测定膜的透水通量，称为纯水通量。

实际应用中，将膜通量分为运行通量和瞬时通量。式（9-24）的膜通量为超滤时的瞬时通量。运行通量可由下式计算：

$$J = \frac{V}{St} = \frac{V_总 - V_{反洗}}{St}$$ (9-25)

式中，V、$V_总$ 和 $V_{反洗}$ 分别为一个运行周期内实际产水体积、总产水体积和反洗用水体积，L；S 为有效膜面积，m²；t 为运行周期总时间，为超滤过滤时间和反洗时间之和，h。

（2）孔径

需要特别强调，超滤膜孔径的含义完全不同于一般的多孔材料的孔含义，指的是贯通于膜两侧的孔道中最狭窄处的通道半径，即贯通孔的孔颈处尺寸。对超滤膜孔径大小的表征方法主要是截留分子量法，还有电镜图像分析法、泡点法、液液界面法、气液界面法等。

① 截留分子量法　直接用一系列已知分子量的标准物质，配制成一定浓度的测试原液，通过测定其在多孔膜上的截留特性来表征膜的孔径大小，是应用最广的一种方法。常用的探针分子有：聚乙二醇（MW 400～20000）、葡聚糖（MW 10000～2500000）、蛋白质（MW 1000～350000）以及其他易于检测的标准物质。配制测试原液时，要控制探针分子的浓度，以减小膜表面浓差极化现象的影响。

对于同一分子量的不同探针分子，其多孔膜截留率仍不完全相同，这与探针分子形状、膜孔形状、膜材质特性和测定条件有关。如在一定条件下，线形聚乙二醇分子比球形蛋白质更易于透过较小的膜孔；又如对于荷电膜，分子尺寸与膜孔径相近的非荷电探针分子在压力驱动下可透过膜，而带有同种电荷的探针分子则不易透过荷电膜。利用这一点，通过调配原液的 pH 值，也可将分子量相近的蛋白质、氨基酸等实现分离。

因而，利用探针分子法测定多孔膜孔径及其分布仍是一个相对指标，对实际应用体系仍需做具体考察。

对溶液中特定探针分子的截留率可以写成：

$$R = \left(1 - \frac{c_p}{c_r}\right) \times 100\%$$ (9-26)

式中　c_p ——超滤透过液中探针分子的浓度；

c_r——超滤截留液中探针分子的浓度。

② 电镜图像分析法　扫描电镜可将膜孔放大 1 万倍，观测下限达 5nm，透射电镜也能观察到 1.5nm 的孔，但透射电镜要求膜具有较薄的厚度。利用计算机软件，可对拍摄的电镜照片进行分析处理，按照软件内置的数学模型计算出膜的孔径及分布情况。由于所采用的数据处理数学模型不同，得出的膜孔分布情况也不同，是一种发展中的图像处理技术。但是，该方法测试出的是膜表面孔，并不同于贯通孔，而且，在图像处理的数学模型中，并未考虑非贯通孔和孔颈的情况。

③ 泡点法　泡点法可用于表征膜的最大孔径。当气体被压过充满液体的膜，即膜表面冒出第一个气泡时，压力与最大孔半径满足 Laplace 方程：

$$r = \frac{2\sigma\cos\theta}{\Delta p} \tag{9-27}$$

式中　r——膜的最大孔半径；

σ——浸润液的表面张力；

θ——浸润液体对被测膜材料的接触角；

Δp——始泡点压力。

通过乙醇始泡点法在室温下来测试膜的最大孔径，计算公式如下

$$r = \frac{0.06378}{2p} \tag{9-28}$$

式中　r——膜孔最大分离孔径的半径，μm；

p——在乙醇中的始泡点压力，MPa。

④ 液液界面法　先将膜用 A 液体润湿，再用与 A 不相容的 B 液体在压力驱动下排出 A 液体，则 B 液体通过膜孔所需的压力与膜孔半径存在式(9-29) 的关系。

随着压力的增加，膜上更小的孔中的 A 液被 B 液置换，A 液的通量增大，该通量与压力满足如下关系[26]：

$$f(r) = \frac{V_i/V}{r_{i-1} - r_i} = \frac{p_i(p_{i-1}Q_i - p_iQ_{i-1})}{(r_{i-1} - r_i)p_{i-1}\sum_{i=1}^{m}\dfrac{p_i}{p_{i-1}}(p_{i-1}Q_i - p_iQ_{i-1})} \tag{9-29}$$

据式(9-29) 即可求出膜的孔径分布。

如图 9-2 所示，还可采用不相容（分相）的 A、B 两种液体[27,28]，例如 A 液体为水，且水中含有已饱和溶解的液体 B（如乙醚）；B 液体为乙醚，且其中含有已饱和溶解的液体 A（如水），将膜浸润于液体 B 中，在液体 A 侧施加压力 Δp。当 Δp 由 0 逐步增加并达到临界点 p_0（即始透过压力）后，A 开始透过膜进入 B 一侧，并通过流量计测出其通量。随着所施加的测试压力进一步增加，更小孔径的膜孔道被打开，A 液体可透过稍小孔径的膜孔道，即 A

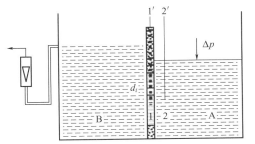

图 9-2　液液界面法测试原理图

液体可透过的膜孔道数目逐步增多，透过膜 A 液体流量也相应增加。此时，透过液流量的增加有两方面的因素：a. 传质压力增加，使透过液体流速增加；b. 传质压力增大，打开了更多的膜孔道（随着压力逐步增大，达到始透过压力相对应孔径的膜孔道逐步打通）。

$$\eta_i = \left(Q_{it} - \sqrt{\frac{p_i}{p_{i-1}}} Q_{(i-1)t} \right) 4 \sqrt{\frac{\rho}{2p_i}} \frac{1}{\pi d_i^2 S} \tag{9-30}$$

$$d_i = \frac{4\sigma_{A-B}\cos\theta}{p_i} \tag{9-31}$$

式中，ρ 为液体 A 的密度；η_i 为单位面积上直径为 d_i 的膜孔数量，个。

通过测定指定压力 p_i 下的液体 A 透过膜上所有可透过孔的总流量 Q_{it}，由式（9-30）、式（9-31）可作出 η_i-d_i 孔径分布曲线。

对于特定孔径分布的分离膜，选择 A、B 测试液体系，使测试压力范围为 0.002～0.6MPa，最好在 0.002～0.25MPa 之间为宜。

⑤ 气液界面法[29]   气液界面法与液液界面法类似，需先将浸润液填充到膜孔内，再以有压气体排挤出膜孔中的浸润液，并测量压力与对应的气体流量。当浸润液被全部排出后，需再次测定气流量与干膜的对应关系。在两条流量随压力的变化曲线中，湿膜流量等于干膜流量的一半时，流量即为平均流量，对应的孔径为膜平均孔径，该孔径可由 Laplace 方程求得。由于气液间表面张力较大，气体将浸润液挤出所需的压力就比较大，故该方法适用于测定 50nm 以上的膜孔及其分布。

（3）压密系数[30]

高分子膜材料在使用过程中，在压力的作用下容易被压密，导致水通量变小，因此压密系数又称为流量衰减系数，经验公式如下

$$\lg\frac{J_1}{J_t} = -m\lg t \tag{9-32}$$

式中 J_1——第 1h 膜的透水速率；

J_t——t 小时膜的透水速率；

t——操作时间；

m——压密系数。

（4）亲水性和疏水性[31]

超滤膜的亲、疏水性与膜的透水阻力和抵抗有机污染的能力密切相关。膜孔径一定时，膜越亲水，透水阻力越小，抗污染能力越强。一般用纯水接触角来评价膜的亲、疏水性，膜的纯水接触角可采用接触角测定仪来测定。

（5）表面自由能[32]

表面自由能是指产生单位面积的表面时，系统自由能的增加。膜的表面自由能会对其界面性质产生重要影响，当表面自由能较高时，膜易发生润湿、表面吸附等。膜的表面自由能由 Lifshitz-van der Waals 分量（γ^{LW}）和 Lewis 酸碱分量（γ^+、γ^-）组成，可根据三种已知相关参数的液体与膜表面的接触角计算而得，公式如下：

$$\gamma_i = \gamma_i^{LW} + 2\sqrt{\gamma_i^+ \gamma_i^-} \tag{9-33}$$

$$\gamma_L(1+\cos\theta)=2\left(\sqrt{\gamma_s^{LW}\gamma_l^{LW}}+\sqrt{\gamma_s^+\gamma_l^-}+\sqrt{\gamma_s^-\gamma_l^+}\right) \tag{9-34}$$

式中，i 代表固相（s）或液相（l）；γ_i 为表面自由能；γ^{LW} 为 Lifshitz-van der Waals 分量；γ^+、γ^- 分别为 Lewis 酸、碱分量；θ 为接触角。

（6）污染物结合力[33]

引起膜污染的本质驱动力是污染物与膜表面的相互作用力，因此该微观作用力也可以作为评判膜抗污染能力的指标。膜与特定污染物的结合力可借助原子力显微镜测量，先将特定材质的球形微颗粒用物理黏附法或熔融烧结法固定于原子力显微镜的微悬臂端，制备胶体探针，再将其靠近膜表面，在"轻敲""接触"等模式下，通过检测微悬臂的轻微形变测定特定污染物与膜表面的作用力。

（7）荷电性[34]

表面带有极性基团或可解离基团的膜，在水溶液中会带上电荷。这些电荷会使膜具有某些特质，如截留某些带电物质或增强膜的抗污染能力等。膜的荷电性可借助固体表面电位测定仪来表征。

（8）机械强度

超滤膜在使用时需承受一定的压力，因此要求膜具有一定的机械强度。膜的力学性能主要包括拉伸强度和爆破强度。爆破强度是指膜受到垂直于膜面方向的压力时所能承受的最大压应力。拉伸强度是膜受到平行于膜面方向的拉力时，所能承受的最大拉应力，对于中空纤维膜而言，拉断力指标更为直接有用。

（9）耐化学性能

了解膜的耐化学性对于指导膜的使用和维护很有意义。超滤膜的耐化学性试验是将膜浸泡在 20～25℃ 的化学试剂中，经 72h 或更长的时间后取出，通过考察膜的外观、孔径、透水速率、截留分子量、机械强度等指标的变化情况来评价膜的耐化学性能。

9.2.3　超滤膜的制备方法

9.2.3.1　有机超滤膜的制备方法

有机高分子超滤膜的制备方法主要有相转化法、熔融拉伸法、烧结法、刻蚀法、复合法等，其中最常见的方法是相转化法。

（1）相转化法

所谓相转化法是指配制一定组成、浓度的均相聚合物溶液，通过一定的物理方法改变溶液的热力学状态，使聚合物溶液从稳定的均相状态发生相分离，最终转变成一个三维大分子网络式的凝胶结构。根据改变溶液热力学状态的物理方法不同，相转化法可分为：非溶剂致相分离（NIPS，也称溶剂诱导相分离）法、热致相分离（TIPS）法、蒸汽致相分离（VIPS，也称蒸汽诱导相分离）法、溶剂蒸发致相分离法和低温热致相分离（L-TIPS）法等。

相转化法是迄今为止工业上最常用、最主要的制膜工艺之一，也是制备非对称膜的最主要、最常见方法之一。用该法制备超滤膜，关键是选择合适的膜材料、铸膜液组成（包括聚合物浓度、溶剂、添加剂种类及含量等）及制膜工艺条件。

① NIPS法[35-40]　　NIPS法的制膜原理是将聚合物和添加剂等溶于溶剂中形成均一稳定的铸膜液，然后利用凝固浴中非溶剂与铸膜液中溶剂之间进行相互传质作用发生相分离，最后聚合物固化成膜。NIPS法中空纤维超滤膜断面结构如图9-3所示。

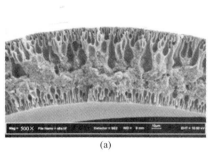
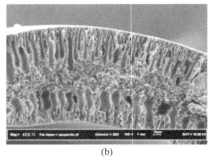

(a)　　　　　　　　　　　　　　　(b)

图9-3　NIPS法中空纤维超滤膜断面结构[8]

② TIPS法[41,42]　　TIPS法是在1981年专利报道的制膜方法，它是通过将一些高沸点、低挥发性的溶剂作为稀释剂与高聚物进行混合，在较高的温度下使其形成均相溶液。然后通过降温使其发生相分离，再选择适当的萃取剂将稀释剂萃取出来，最后再经过干燥，得到具有一定结构的聚合物微孔膜。TIPS法中空纤维超滤膜断面和表面结构如图9-4所示。

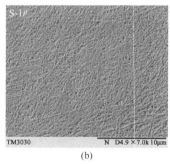

(a)　　　　　　　　　　　　　　　(b)

图9-4　TIPS法中空纤维超滤膜断面（a）和表面结构（b）[12]

③ VIPS法[43]　　VIPS法与NIPS法的原理相似，两种方法之间最大的不同之处是VIPS法用高温、高湿度的水蒸气代替NIPS法中的凝固浴。将铸膜液刮涂于一个支撑物上形成薄膜，而后将薄膜置于被溶剂饱和的非溶剂蒸气气氛中。由于蒸气相中溶剂浓度很高，故防止了溶剂从膜中挥发出来，但非溶剂可以渗入扩散到刮涂的薄膜中，使其固化成型，利用这种方法可以得到无皮层的多孔膜，VIPS方法更多地应用于平板膜的制备中。

④ 溶剂蒸发致相分离法　　该法首先将聚合物、添加剂等溶于某种低沸点、易挥发的溶剂中，形成均相的聚合物溶液，再将聚合物溶液刮涂或喷涂在支撑物上，最后在干燥的某惰性气体中使溶剂挥（蒸）发，铸膜液发生相转化，固化形成超滤膜。

⑤ L-TIPS法[44]　　该法的目的在于克服溶液相分离法制膜强度较弱，热致相分离法成膜温度过高的缺点（非溶剂通常为非水溶性、常规亲水性高分子不能加入）。方法为：在聚合物与添加剂构成的混合物中加入溶剂，使成膜混合物在低于聚合物熔点的温度下可以成为均匀的铸膜液，铸膜液的浊点温度明显高于凝固浴温度。铸膜液进入凝固浴中后，由于溶剂

和水溶性稀释剂可以与凝固剂水互溶，因此首先进行传质交换，属于溶液相分离机理，形成分离膜皮层。因为外凝固浴温度显著低于铸膜液浊点温度，在铸膜液内部，传热速率大于传质速率，主要发生热致相分离过程。如以水溶性聚乙二醇为稀释剂，可以消除单一 NIPS 法中容易产生的指状孔结构，同时消除了 TIPS 容易产生的球状结构，得到的膜力学性能良好，膜通量更高。

（2）熔融拉伸法

熔融拉伸法是有机膜的一种重要的制备方法，其经常用于聚烯烃类聚合物微孔膜的制备。拉伸法制备膜主要分为以下几个步骤：在聚合物熔点温度下，对高结晶性聚合物（如聚丙烯、聚乙烯等）预成形纤维或薄片，进行单向或双向拉伸处理，使聚合物材料在拉伸方向上产生狭缝状的裂纹或细孔，得到孔径范围在 $0.03\sim0.1\mu m$ 的多孔膜。此方法仅能适用于（半）结晶性材料制膜，并且制得的膜孔径尺寸相对较大。

（3）烧结法

有机膜和无机膜均可用此方法进行制备。烧结法（图 9-5）的具体操作过程为：将一定大小的粉体高分子颗粒放到一个特定的模具中进行压缩，然后在高温下对其均匀加热烧结，控制温度和压力，使颗粒表面熔融但不全熔，颗粒间存在一定的空隙，相互黏结形成多孔材料，然后进行一系列机械加工过程，例如挤出机挤出成型，从而制备出多孔膜。

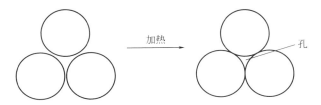

图 9-5　烧结法过程示意图

许多聚合物粉末如聚乙烯、聚丙烯、聚四氟乙烯等，金属如不锈钢、钨等，陶瓷如氧化铝、氧化锆等，石墨以及玻璃（氧化硅）都可以用此方法进行膜制备。所制备的膜的孔径取决于粉末的颗粒大小及分布，颗粒越小，粒径分布越窄，所制成的膜孔径越小、孔径分布也越窄。一般来讲，烧结法制备的膜的孔径大小约为 $0.1\sim10\mu m$，属于微孔膜范围。

（4）核径迹法

核径迹法又称核径迹蚀刻法、刻蚀法，是采用物理和化学双重作用制备膜的方法。主要原理为用高能荷电粒子（如同位素裂变产生）对聚合物薄片或者薄膜进行垂直辐射，使粒子穿过之处聚合物链断裂，形成残缺径迹。然后将薄膜（片）浸入刻蚀试剂（酸或碱溶液）中，径迹处的聚合物材料被刻蚀试剂腐蚀掉，进而形成膜孔，制成的膜孔分布较为均匀，膜孔结构呈等孔径的圆柱形孔。

用这种方法制备超滤膜时，膜材料的选择主要取决于所能得到的薄膜厚度和所使用的辐射强度。膜的孔隙率由辐射时间的长短决定，孔径大小由腐蚀时间的长短决定。采用核径迹法制得的膜的孔径范围为 $0.02\sim10\mu m$，其孔隙率约为 10%。核径迹法制备的超滤膜表面孔结构如图 9-6 所示。

（5）聚电解质络合法

聚电解质是一个由含共价键键合的阴离子或阳离子基团与低分子盐的反离子构成的聚合

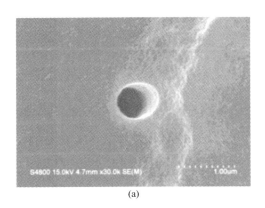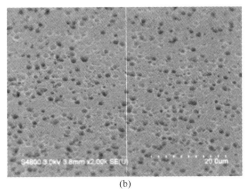

(a)   (b)

图 9-6 核径迹法制备的超滤膜表面孔结构[33]

物系统。共溶性的聚阳离子和聚阴离子相互反应生成聚电解质络合物，即聚盐。通过改变溶液中阳离子与阴离子的比例，来控制生成聚电解质络合物的带电性。这一电解质络合物可通过沉淀法和界面反应法制得超滤膜。

① 沉淀法　沉淀法首先将强碱聚阳离子电解质和强碱聚阴离子电解质共同溶解于一个三元体系中，然后将共溶液流延成膜，最后将膜液中的部分成孔剂蒸发或者浸入凝固浴中置换出溶剂成膜。

② 界面反应法　界面反应法通过两个聚电解质水溶液间的界面离子键反应形成薄膜。目前，由于溶液中聚阳离子和聚阴离子的比例难以控制，所以工业聚电解质络合超滤膜的报道很少，不过当前聚电解质络合渗透汽化膜的研究和开发颇为活跃。

（6）复合法[45,46]

复合法是在支撑体上构建分离层，可实现支撑体、分离层材料各自结构与性能的分别优化。早期的方法以分离层构建为主要目的，包括：界面聚合法、稀溶液浸涂-交联法、等离子体聚合法、共挤出协同相分离法、NIPS/TIPS 复合法、平板膜包缠法等。现分别介绍如下：

① 界面聚合法　此法利用两种反应活性很高的单体在两个互不相溶的溶剂界面处发生聚合反应，从而在多孔支撑体上形成一层很薄的致密复合层。

② 稀溶液浸涂-交联法　此法是一种简单并且相当实用的复合膜制备方法。在制备过程中，通常将多孔基膜浸入到含有聚合物或预聚体的涂膜液中，之后将基膜取出，于是表层便会附着一层溶液，然后将溶剂经蒸发、交联等获得具有适宜孔结构和致密性的分离层。

③ 等离子体聚合法　此法是将某些能在辉光放电下进行等离子体聚合的有机小分子直接沉积在多孔支撑膜上，反应后得到超薄表层的复合膜。

④ 共挤出协同相分离法（图 9-7）　共挤出利用双层复合喷丝头同时挤出两种不同的铸膜液，然后汇集到一起形成双层复合膜的方法，以流动态存在的两种不同特性的铸膜液，通过相互扩散后彼此结合得更加紧密，可以实现两层孔结构的高效调控，实现通量、截留率及膜强度的同步提升。

⑤ NIPS/TIPS 复合法[47]　NIPS 法制膜过程中，可以通过调控铸膜液组成、纺丝工艺

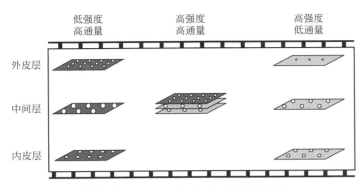

图 9-7　共挤出协同相分离复合膜设计思路

参数等制备出不同结构的多孔膜，膜的孔径可以控制在 $0.01 \sim 0.2 \mu m$ 范围内，但是其断面结构中往往有大孔结构存在，降低了膜结构的完整性和膜的力学性能。而 TIPS 法制备的膜具有较高的力学性能，并且制备的双连续结构也往往具有较高的渗透性能，其孔径通常在 $0.1 \sim 1 \mu m$ 范围内，较难制得小孔径的超滤膜。因此可以借助 NIPS 法和 TIPS 法两者各自的优势，先以 TIPS 法制得的膜为支撑层，再以 NIPS 法涂覆制得的膜为分离层（图 9-8），由此制备兼具通量、截留、强度的性能优异的复合膜。

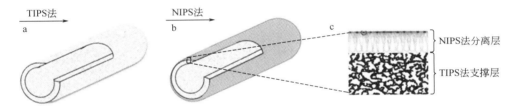

图 9-8　NIPS/TIPS 双层复合膜结构示意图[30]

⑥ 平板膜包缠法[48]　平板膜包缠中空纤维膜的复合方法可以大幅度提升中空纤维膜的拉伸断裂强度，尤其适合 PTFE 膜。利用切割设备将 PTFE 平板膜均匀分割成宽度较窄的条带，然后呈螺旋式包缠在中空纤维膜的表面（如图 9-9 所示），最后再利用高温处理使两层膜在界面处发生黏结。利用平板膜包缠中空纤维膜法纺制的中空纤维膜，由于中空纤维多孔基膜的支撑作用，可以有效地提升膜的拉伸断裂强度和爆破强度。

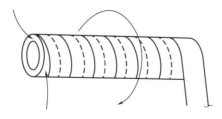

图 9-9　平板膜包缠中空纤维膜示意图[31]

(7)　超滤膜增强方法

① 编织管增强法[49-55]　编织管增强膜是由编织管和分离层两部分材料组成。早期的内衬式增强膜，是在纤维编织管外涂覆一层聚合物分离层，表面分离层的成膜机理和 NIPS 法

相同，但是由于分离层和编织管的结合力很差，皮层容易破损。随后出现了一体化的挤出-编织复合工艺，这种工艺加强增强体与中空纤维膜的界面结合力，大大提高了增强体的剥离强度。另外也有一种编织绳嵌入增强型中空纤维膜的工艺。该法将浸没在铸膜液中的编织绳通过一个孔道，浸在编织管内外壁上的铸膜液在经过球状体和孔眼刮涂后，内外壁变得圆整，而编织管被完全嵌入到增强型中空纤维膜之中。编织管增强中空纤维膜的断面结构、横截面的示意图如图 9-10～图 9-12 所示。

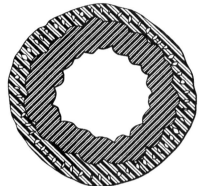  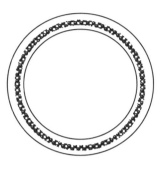

图 9-10　编织管增强中空纤维膜的断面结构示意图　　图 9-11　编织管增强中空纤维膜横截面的照片　　图 9-12　纤维编织管嵌入增强型聚合物中空纤维微孔膜的示意图

　　总体来讲，编织管嵌入式增强技术虽然提高了膜的强度，但是由于膜壁厚的增加，导致液体跨膜阻力增大，最终导致水通量的下降，并且，制膜工艺相对复杂。

　　② 纤维丝增强复合膜[56]　　纤维丝增强复合中空纤维膜是将增强纤维与铸膜液一起经过喷丝头，膜固化成型后增强纤维均匀布置在膜壁中，最终形成包埋纵向增强纤维的中空纤维膜（如图 9-13 所示），具有较高的断裂拉伸强度。相对于在纤维编织管外层涂覆制备增强的中空纤维复合膜的方法，嵌入膜本体的单丝纤维体积比编织管小很多，基本不影响膜的水通量。

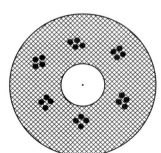  

图 9-13　纤维丝增强复合中空纤维膜的结构示意图　　图 9-14　七孔中空纤维膜的喷丝头（来源：宁波斯宾拿建嵘精密机械有限公司）　　图 9-15　德国 Inger 公司 PES 七孔膜

　　③ 多通道中空纤维膜[57-60]　　多通道中空纤维膜的制备需要利用特殊结构的多孔纺丝喷头，如图 9-14 所示。在纺丝过程中，将这种特殊喷丝头安装在纺丝设备上面，再利用传统

的 NIPS 法制得相应的多孔中空纤维膜。其中七孔道 Multi-bore® UF 是最先实现了聚合物多孔中空纤维膜的商品化，如图 9-15、图 9-16 所示。随后相继研制出品字形和三角形外形的新型三孔中空纤维膜，如图 9-17、图 9-18 所示。多通道中空纤维膜的出现实现了中空纤维膜力学强度的增强，使得组件中的膜丝不易发生断裂，这样很大程度上解决了膜组件在使用过程中的安全性和可靠性的问题，与此同时延长了膜丝的使用寿命。

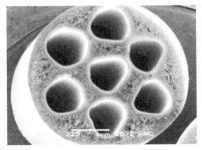 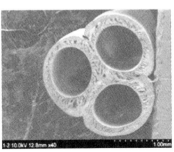 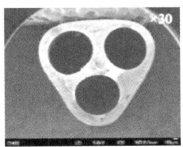

图 9-16　七孔 PES 中空纤维膜的断面图（来源：IMT）　　图 9-17　品字形三孔 PVDF 中空纤维膜　　图 9-18　三角形三孔中空纤维膜的 SEM 图

9.2.3.2　无机超滤膜的制备方法

无机超滤膜制备的主要方法有如下几种：

（1）溶胶-凝胶法[61]

溶胶-凝胶法是一种合成无机超滤膜的重要方法，大多数氧化物薄膜都采用溶胶-凝胶法制备。溶胶-凝胶法是将金属有机化合物或者无机盐溶于溶剂中，使它们发生水解-缩聚反应，生成物缩合聚集形成溶胶，然后在多孔支撑层上浸涂溶胶，经过蒸发干燥，最终转变为凝胶，热处理后得到多孔无机膜。与固态粒子烧结法相比，溶胶-凝胶工艺制备出来的膜的孔径比较小。

（2）固态粒子烧结法[62,63]

固态粒子烧结法主要用于制备微孔陶瓷载体或微孔陶瓷膜，如多孔氧化铝基质膜的制备。该方法是将无机材料的超细颗粒或微小颗粒（粒径 0.1～10μm）与适当的介质（无机黏结剂）混合并分散在溶剂中，形成稳定的悬浮液，然后成型制成生坯，再经过干燥，最后在高温下（1000～1600℃）烧结处理得到成品。

（3）阳极氧化法[64-66]

阳极氧化法主要用于制备多孔氧化铝膜。这种方法制得的膜具有以下特点：膜的孔径都是同向的，几乎垂直或平行于膜的表面。

9.2.4　制膜设备

9.2.4.1　平板膜制膜设备

在实验室，可以在平整的玻璃板上直接流延成膜。成膜时，可以固定玻璃板移动流延嘴，也可以固定流延嘴移动玻璃板。膜的厚度，可以通过流延嘴上的间隙调节结构来控制，流延成膜后应立即进入凝固浴槽内，使膜凝胶固化。

连续化制作大批量的超滤膜，膜直接流延在某种增强材料（无纺布、涤纶布、滤纸、氯纶布等）上，经短暂蒸发后立即进入到凝固浴槽中凝胶固化，同时由机器带动的卷绕轮不断将做成的膜收成卷，实现连续化生产。平板膜连续制备设备示意图如图 9-19 所示。

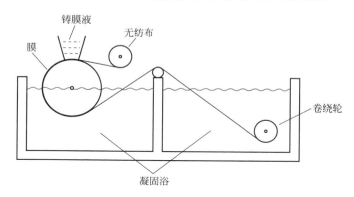

图 9-19　平板膜连续制备设备示意图

9.2.4.2　TIPS 法制中空纤维膜的设备及工艺流程

TIPS 法制超滤膜的主要步骤同样有铸膜液的制备、制膜和后处理三步。TIPS 法制备中空纤维超滤膜的设备与工艺示意图如图 9-20 所示。该设备由耐高温的搅拌釜、喷丝头、凝固浴以及卷绕设备组成。在高于聚合物熔点的温度下将聚合物和高温溶剂在搅拌釜中配制成透明均一的铸膜液，将喷丝头挤出的初生纤维浸入到水浴中通过降温以使铸膜液分相固化成膜，或通过双螺杆设备共混挤出成形，再经过卷绕设备进行卷绕；然后洗脱稀释剂，就可以制得 TIPS 超滤膜。

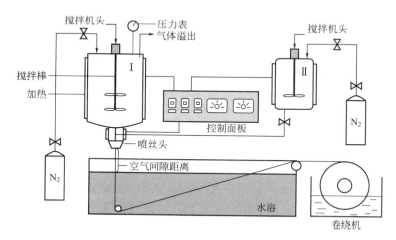

图 9-20　TIPS 法制备中空纤维超滤膜的设备与工艺示意图
Ⅰ—聚合物/稀释剂容器；Ⅱ—芯液容器

9.2.4.3　NIPS 法制超滤膜的设备及工艺流程

NIPS 法制超滤膜的步骤也主要有铸膜液的制备、制膜和后处理三步。NIPS 法制备中空纤维超滤膜的工艺示意图如图 9-21 所示。NIPS 法超滤膜制备设备由搅拌釜、喷丝头、凝固浴以及卷绕设备组成。在一定的温度下将聚合物和溶剂在搅拌釜中配制成透明均一的铸膜

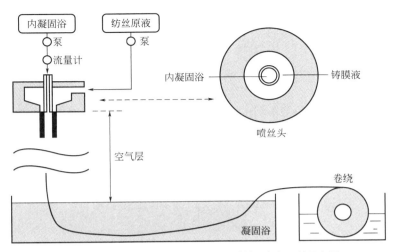

图 9-21　NIPS 法制备中空纤维超滤膜的设备与工艺示意图

液，将喷丝头挤出的初生纤维浸入到凝固浴中通过 NIPS 双扩散固化成膜，再经过卷绕设备进行卷绕，就可以制得 NIPS 超滤膜。

9.2.4.4　双层中空纤维膜制膜设备

中空纤维复合膜纺丝设备示意图如图 9-22 所示，分别配制内外层纺丝铸膜液，而后将两铸膜液分别从复合喷丝头的中间环隙和外层环隙同芯液一起挤出，经过一段空气隙后进入外凝固浴凝固，最终卷绕在绕丝轮上收集，得到双层中空纤维复合膜。

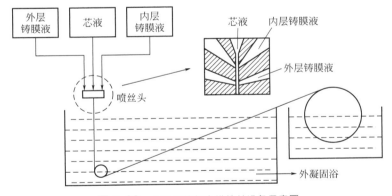

图 9-22　中空纤维复合膜纺丝设备示意图

9.2.4.5　核径迹法制膜设备

核径迹法制膜过程中使聚合物薄膜接受垂直于薄膜的高能粒子辐射，在辐射粒子的作用下，聚合物受到损害形成径迹。然后将此薄膜浸入酸（或碱）的溶液中，结果径迹处的聚合物材料被腐蚀掉而得到具有很窄孔径分布的均匀圆柱形孔。核径迹法制备多孔膜设备示意图如图 9-23 所示。

9.2.5　膜材料改性

由于现存超滤膜存在通量低、易污染等缺点，需要对其进行改性。对膜材料的改性方法

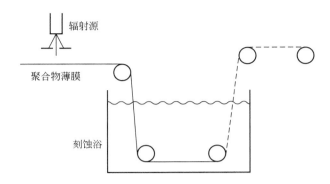

图 9-23　核径迹法制备多孔膜设备示意图

可概括为化学改性和物理改性两大类。

9.2.5.1　膜材料的化学改性方法

膜材料的化学改性包括两部分：膜表面的化学改性和膜材料本体的化学改性。膜表面的化学改性包括膜表面处理和表面化学接枝，其中膜表面处理包括化学修饰和低温等离子体处理，表面化学接枝包括紫外辐照、等离子体辐照、高能电子束辐照、可控/活性自由基聚合、光辐照等方法。

（1）表面处理

聚合物的表面与反应介质在一定条件下可发生化学反应，采用化学修饰或等离子体对聚合物表面进行处理，可在膜表面产生羟基、羧基、磺酸基、氨基等极性官能团，增强膜表面的亲水性。

① 化学修饰[67-70]　将膜在强碱/强氧化性溶液中处理后，可在膜表面引入化学键合的—OH，—COOH，—SO$_3$H 等极性基团，使膜表面从非极性转化为极性，增加表面能，提高亲水性。

将聚偏氟乙烯（PVDF）膜在强碱或强氧化环境中处理后，可在膜表面脱除 HF，生成不饱和双键，再在酸性环境中进行亲核反应，可在膜表面引入羟基等极性基团，提高 PVDF 膜表面的亲水性。碱处理机理如下所示：

$$\overset{\overset{\displaystyle H}{|}}{\underset{\underset{\displaystyle H}{|}}{-C-}}\overset{\overset{\displaystyle F}{|}}{\underset{\underset{\displaystyle F}{|}}{C-}} \xrightarrow[\text{KMnO}_4]{\text{KOH}} \overset{\overset{\displaystyle H}{|}}{-C=}\overset{\overset{\displaystyle F}{|}}{C-} \xrightarrow[\text{NaHSO}_3]{\text{H}_2\text{SO}_4} \overset{\overset{\displaystyle H}{|}}{\underset{\underset{\displaystyle H}{|}}{-C-}}\overset{\overset{\displaystyle F}{|}}{\underset{\underset{\displaystyle OH}{|}}{C-}}$$

疏水性的 PVDF 中空纤维膜表面经强碱（KOH）及强氧化剂（KMnO$_4$）处理，可使惰性的膜表面活化，并有效提高其亲水性。以四丁基溴化铵/NaOH 溶液和氯酸钾/H$_2$SO$_4$ 溶液对 PVDF 薄膜进行处理，可在 PVDF 薄膜表面生成相当数量的羧基，薄膜的纯水前进接触角从处理前的 86°降低至 75°，后退接触角从 65°降低至 29°，有效提高了其亲水性。

② 低温等离子体处理[71-74]　等离子体是由激发态原子或分子、自由基、电子等活性粒子组成的部分电离的气体。低温等离子体表面处理指的是利用非聚合性气体的低温等离子体对聚合物表面进行物理或化学修饰的过程。

利用丙烯酰胺作为等离子体对聚氯乙烯（PVC）膜材料进行亲水改性，研究表明，经过处理的 PVC 膜材料的亲水性得到较大提升，接触角由 116.4° 降低为 12°，通过延长反应时间，可增强亲水性效果，PVC 膜的润湿性增加。使用低温脉冲等离子体改性聚丙烯腈（PAN）膜，可在膜表面引入含氮、氧的官能团，改性后的膜抗污染性和渗透性显著提高。此外还可采用氨等低温等离子体对 PSF、PES、PP 等膜材料进行表面修饰，改善其表面润湿性和蛋白截留率。

（2）表面化学接枝

化学接枝改性是指通过化学方法使聚合物膜表面产生一定数量的反应活性位点，然后利用这些活性位点来引发亲水性单体，使之在膜表面发生化学反应，形成以共价键与膜表面相连接的亲水层，从而达到亲水化改性的目的。已研究的用以引发表面接枝反应的方法有紫外辐照、等离子体辐照、高能电子束辐照、可控/活性自由基聚合、光辐照、臭氧处理等。这些方法的本质都基于相同的化学反应机理——自由基聚合反应，其反应过程如图 9-24 所示。

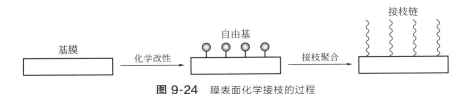

图 9-24　膜表面化学接枝的过程

① 紫外辐照[75-77]　紫外辐照接枝条件温和，长波紫外光（300～400nm）能量低，不会被高分子材料吸收，但能被光引发剂吸收而引发反应，既可达到表面改性的目的，又不致影响材料本体。

采用紫外辐照接枝法，以二苯甲酮（BP）为光敏剂，在聚丙烯（PP）、聚氯乙烯（PVC）、聚偏氟乙烯（PVDF）等微孔膜表面接枝甲基丙烯酸（MAA）、N-乙烯基吡咯烷酮（NVP）、乙二胺（EDA）等亲水性单体，发现微孔膜的亲水性和纯水通量得到显著提高。

② 高能电子束辐照接枝法[78-81]　高能电子束辐照接枝法通常是利用 γ 射线、α 射线、β 射线、X 射线等高能射线辐照，使膜表面聚合物的分子链产生自由基的活性生长点，从而引发基膜与功能高分子或聚合物单体进行接枝反应。根据辐照过程和接枝过程，可将高能电子束辐照接枝法分为预辐照接枝法和共辐照接枝法（直接辐照法或同时辐照法）。

预辐照接枝法是将聚合物在空气或无氧条件下进行辐照，获得过氧化物或自由基，然后将辐照过的聚合物浸入单体，在无氧条件下进行接枝反应，得到接枝产物。预辐照接枝过程中，单体不直接接受辐照，因此与共辐照接枝相比，大大地减少了单体之间的均聚反应。辐照接枝法的影响有辐照剂量、单体浓度、接枝反应时间、接枝反应温度、阻聚剂浓度以及溶剂等。

共辐照接枝法是在聚合物和单体保持直接接触的情况下进行辐照。其优点为自由基利用率高，而且操作简单，但是聚合物和单体会同时生成活性粒子，因此会不可避免地发生单体的均聚。要获得纯净的共聚物，必须进行大量的溶剂萃取工作，除去单体均聚物。采用高能电子束辐照法对 PVDF、PTFE、PES 等多孔膜表面接丙烯酸、苯乙烯磺酸钠、甲基丙烯酸等亲水性单体，得到的改性膜亲水性得到显著提高。

③ 臭氧（O_3）处理[82,83]　臭氧直接处理聚合物膜，可在膜表面生成羰基、羧基、过氧

化氢等官能团。其中，过氧化氢基团在较高的温度下可发生热分解，生成自由基，从而引发乙烯类单体发生聚合反应。

先以 O_3 处理 PP 膜，再添加少量 $FeCl_2$ 引发甲基丙烯酸-2-羟基乙酯（HEMA）单体在 PP 膜表面发生接枝反应，反应前后 PP 膜的纯水接触角可从 115° 降至 0°，显著改善其亲水性。以 O_3 处理 PVDF 膜后，再引发聚乙二醇甲基丙烯酸酯（PEGMA）单体在 PVDF 膜进行表面接枝，接枝 PEGMA 之后的 PVDF 膜，不仅纯水接触角大大降低，水通量和抗蛋白质吸附的能力也得到显著增强，显示出良好的亲水性和生物相容性。图 9-25 是 O_3 处理、引发接枝 PEGMA 改性 PVDF 膜的示意图。

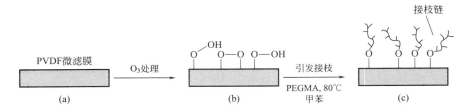

图 9-25 臭氧处理、引发接枝 PEGMA 改性 PVDF 膜的示意图

④ 可控/活性自由基聚合[84-86]　原子转移自由基聚合（ATRP）由增长自由基与烷基卤化物大分子休眠种（PnX）之间的可逆平衡对聚合反应进行调控，可以通过设计和调控接枝链的分子量及接枝链长，得到分子量分布较窄的接枝链，从而调控膜表面微孔的孔径大小以及孔径分布。还可以通过活性自由基聚合在膜表面接枝不同结构的聚合物，形成接枝聚合物链或者接枝聚合物刷。利用 ATRP 方法，在 PVDF 膜表面接枝聚 2-乙烯基吡啶、MAA、PEGMA，可提高膜的亲水性。

（3）膜材料本体的化学改性

膜材料本体的化学改性指通过高能辐照、自由基聚合、离子聚合等方式，发生共聚、接枝、扩链等化学反应，在膜材料的分子链段上添加新的功能基团，从而赋予膜材料新的功能。

① 高能辐照改性[87-89]　采用 ^{60}Co γ 射线、γ 射线等共辐射接枝聚合法将 N-乙烯基-2-吡咯烷酮（NVP）、丙烯酰胺（AAm）、丙烯酸（AA）等接枝到膜材料粉体表面，制备两亲共聚物，并将其与未改性的膜材料共混制膜，来提高超滤膜抗污染性。

② 臭氧处理[90,91]　对膜材料粉体进行臭氧处理后，在其主链上产生过氧键作为活性基团，通过热引发 PEGMA 的可逆加成-断裂接枝聚合，得到梳状共聚物，然后通过相转化法制得微孔膜，制得的微孔膜相对于原膜具有较强的抗污染性。将其粉体溶于 N-甲基吡咯烷酮（NMP），经臭氧处理 15min 后，在分子链上产生过氧/氢过氧键，然后热引发聚合接枝丙烯酸，合成共聚物，将其与聚异丙基丙烯酰胺共混制备超滤膜，改性膜对水溶液的渗透性能表现出温敏性和 pH 敏感性。

③ 自由基聚合[92-95]　通过 ATRP 法，合成膜本体材料的共聚物，再将其作为添加剂或直接成膜，可改善其性能。

采用 ATRP 法在 PVDF 粉体上接枝聚（甲基丙烯酸羟乙酯）、PMAG、聚（甲基丙烯酸）和聚（氧乙烯丙烯酸甲酯）等，得到 PVDF 的两亲共聚物，并将其作为添加剂制膜，改性膜具有更好的抗蛋白质污染性和亲水性。以活性氯作为接枝位点，通过 ATRP 法将甲基丙烯酸叔丁酯接枝到 PVC 骨架上，然后进行水解反应，得到两亲性 PVC-*g*-MAA 共聚物，反应过程如图 9-26 所示，以合成的 PVC-*g*-MAA 共聚物为添加剂，通过 NIPS 法制备 PVC/PVC-*g*-MAA 共混超滤膜，改性膜具有 pH 响应性，并且亲水性显著提高。

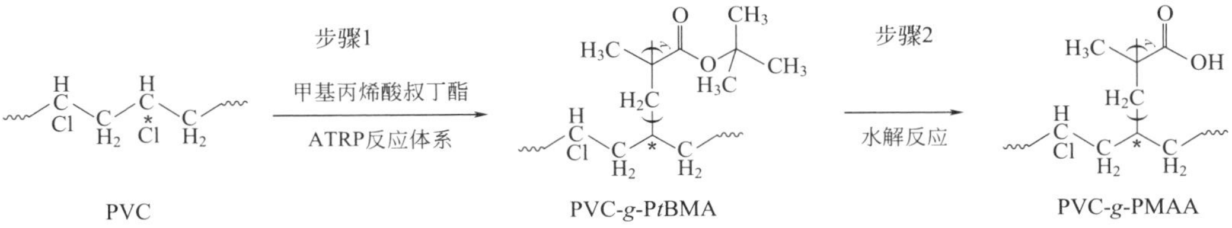

图 9-26 通过 ATRP/水解反应合成两亲性 PVC-*g*-MAA 聚合物

9.2.5.2 膜材料的物理改性方法[96-124]

膜材料的物理改性方法主要包括共混与表面涂覆法。

共混改性是将一种或多种改性材料与膜材料混合，然后利用前述的 NIPS、TIPS 等方法制备成膜。这种方法最大的优点就是方法简便，易于控制；但材料间的相容性、成膜后的稳定性与持久性待提升。当前用于共混改性的添加物主要有三类：亲水性高聚物、两亲性聚合物以及无机纳米粒子。

膜的表面涂覆法方便快捷，是指在膜表面引入（浸泡，旋涂）具有功能团的物质（表面活性剂、两亲性聚合物等），从而使得膜表面具有特定功能的方法。表面涂覆法的优点是支撑膜可以选用不同材质与孔径的多孔膜，制备成具有不同性能的复合超滤膜，因此可以制备成不同通量和截留率的分离膜。然而，该方法也有其弊端，其中最大的缺点就是涂覆的表面物质容易从膜表面脱离，因此不能够得到永久的改性效果。

表面涂覆法在膜改性方面的研究应用广泛，例如在 PVDF 膜表面涂覆聚乙烯醇（PVA）、聚乙烯吡咯烷酮（PVP）、壳聚糖（CS）等，在 PES 膜上涂覆磺化的 PPO、PVA 或 TiO_2 等改善膜的亲水性和抗污染性能。

9.2.6 超滤膜的保存方法

膜保存方法有湿态和干态两种方式，目的是为了防止膜材料的生菌与膜孔收缩等。

（1）湿态膜的保存方法

保存湿态膜，最根本的点就是要始终让膜孔中保有保存液，使超滤膜呈湿润状态。

保存液中主体成分为水，通常加有杀菌剂或抑菌剂，防止微生物在膜组件中繁殖及侵蚀膜，常用的杀菌剂或抑菌剂有亚硫酸钠、苯甲酸钠、次氯酸钠等。加入甘油、氯化钠等的目的是为了降低保存液的冰点，防止因结冰而损伤膜。

可依据膜材料自身的化学特性和保存环境，相应调整保存液组成。

（2）干态膜的保存方法

为了便于存放和运输，目前商品化的超滤膜组件，大多数是以干态膜形式提供于市场，这也是制作超滤组件的生产过程所需。

制备干态膜，普遍采用 30%～50%（质量分数）的甘油水溶液或氯化钙水溶液浸泡超滤膜，然后将超滤膜在50℃以下进行干燥。为减少膜通量衰减，在浸泡液中可以加入0.1%～1.0%（质量分数）的表面活性剂或乳化剂，如表面活性剂十二烷基磺酸钠（SDS）、乳化剂OP-10等。

9.3　超滤膜组件与超滤工艺

9.3.1　超滤膜组件

超滤膜组件渗透性能的评价装置，分为实验室型和工业型。

（1）实验室用超滤装置

实验室用超滤装置评价池用以测试平板超滤膜，如图9-27所示。超滤器测试装置如图9-28所示。对流体提供的压力可以用具有压力的气源（如气体钢瓶）、泵（连续式泵型）或高位贮液槽。评价池材质可根据原料液的酸碱性、溶解性以及腐蚀性等实际情况选择聚甲基丙烯酸甲酯、聚四氟乙烯、不锈钢等材质。聚甲基丙烯酸甲酯外观透明，可方便观察操作压力不高于0.4MPa中性水溶液的在线过滤过程。若原料液有一定的酸碱性、腐蚀性或为有机溶剂，则可选择聚四氟乙烯材质，对于操作压力较高的膜分离过程则选择不锈钢材质。过滤膜形状为方形或圆形，膜片直径通常不低于50mm（膜片太小原料液在超滤器中的流动可能不同），此外，可通过设计流道分布来改善原料液的流动稳定性，如图9-29所示。上述原则也同样适用于纳滤、反渗透、气体分离等膜器的设计。

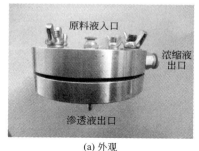

(a) 外观　　　　　　　　　　　　(b) 内部结构

图 9-27　平板超滤池

用于中空纤维膜或管式膜测试的超滤器测试装置，如图9-30所示。两端内部安装注射器针头，将一根膜丝固定在针头上即可方便进行外压式、内压式或者死端过滤等方式的测试。

（2）工业型超滤膜组件测试装置

按膜组件中膜的形状，分为板框式、管式、卷式和中空纤维式四种类型，工业型超滤膜组件测试装置相应不同，类似实验型超滤膜装置，只是膜组件为工业型超滤膜组件。

9.3.2　超滤工艺与装置

超滤膜在运行过程中不可避免的问题是膜的污染，减少污染的主要手段是流程的优化。

图 9-28 超滤器测试装置

图 9-29 带有流道分布的超滤器

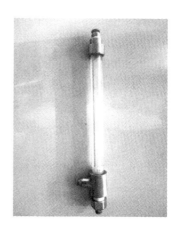

图 9-30 中空纤维膜或管式
膜超滤器测试装置

膜过程的流程有并流方式和错流方式两种（图 9-31）。并流流程（并流过滤）类似于粗过滤，所有被截留微粒都沉积在膜上形成滤饼，滤饼的厚度随时间延长和处理量的增加而增厚；在错流流程中，进料流体的流动方向与膜平面的方向平行，流体在一定的流速下产生的湍流（所谓的二次流）在膜表面产生剪切力，使部分沉积在微膜表面的微粒重新返回流体从而降低膜污染的程度，同时增大流速也降低了边界层厚度和浓差极化。虽然并流流程能耗比错流流程稍低，但并流流程容易形成膜污染，错流流程是更常用的工艺（尤其是高浊度或高溶解物含量的体系分离时）。实际操作中，应考虑膜的耐剪切力和耐压能力，并结合能耗进行操作条件的优化。

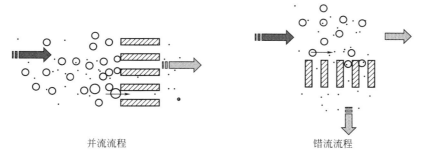

并流流程   错流流程

图 9-31 超滤膜处理流体的两种方式

实际的超滤膜过程工艺中，污染出现时为维持通量，需要提高进料的压力补偿污染引起的通量减小，压力的变化范围在 0.05～0.25MPa 之间；当进料压力到达设定值时开启反冲洗，通量恢复，如此循环中膜通量的变化如图 9-32 所示。另外，就两种流程比较而言，错流流程运行过程本身也是一个正冲洗过程，进一步说明错流是一种更合理的流程，其优势可从图 9-33 明显反映出来。

外压式超滤膜过滤技术主要有连续式膜过滤技术（CMF，图 9-34）和浸没式膜过滤技术（SMF，图 9-35）。

超滤技术在饮用水净化领域主要是代替砂滤过滤或在砂滤后进行深度处理。一般情况

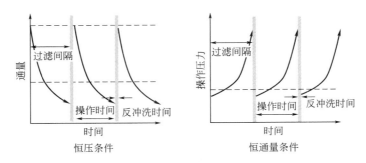

图 9-32　并流操作条件的确定

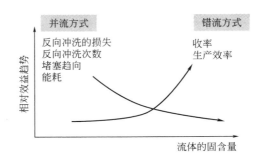

图 9-33　两种操作方式的限制性因素和相对效益趋势

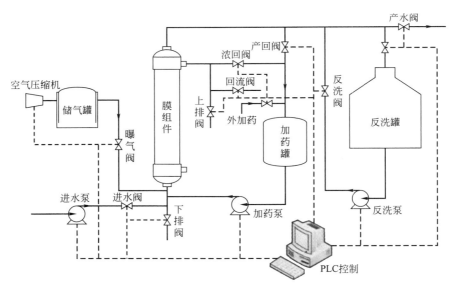

图 9-34　CMF 工艺流程图

下，在旧水厂升级改造中，将砂滤沉淀池经简单改造，便成为 SMF 工艺的膜池；在新水厂建设或旧水厂在砂滤后进行深度处理时，由于没有现成的膜池结构，一般采用 CMF 工艺，从而减少投资成本。两种膜过滤技术的主要差异在于有无膜池和产水泵在膜组件的位置关系。CMF 技术的产水系在膜组件的上游，料液透过膜的动力主要是由产水泵所产生的压力提供；SMF 技术的产水系在膜组件的下游，料液透过膜的动力由产水泵所产生的抽吸力和

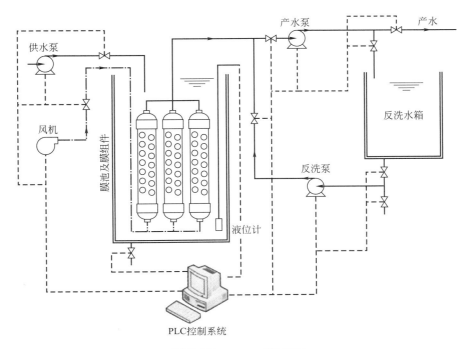

图 9-35　SMF 工艺流程图

膜池与膜组件产水端水头高度共同提供，相较于 CMF 技术更加节省能耗。

内压式超滤膜双向流过滤技术主要介绍如下：

对于内压式中空纤维膜组件，在膜分离过程中，随着过滤的进行，膜表面会有被截留物质沉积形成污染。过滤压力高，过滤速度快，膜的污染严重，反之压力低则膜的污染轻。在双向流膜过滤操作的第一阶段，原液从膜组件下部进入，回流浓缩液从上部流出，见图9-36（左图）。这时进液口（下端）压力高，膜的下半段因过滤速度快而污染逐渐加重，而回流浓缩液出口（上端）压力很低，膜的上半段污染较轻。当过滤进行一段

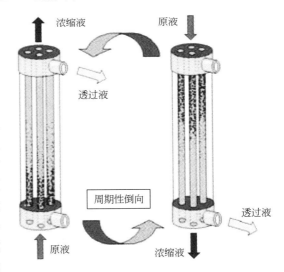

图 9-36　双向流膜分离原理图

时间以后，进入第二阶段，即通过阀门切换，原液和回流浓缩液的方向进行倒换，见图9-36（右图）。原液从污染较轻的上部进入，上端压力高，过滤主要在上半段进行，下端压力很低，回流浓缩液迅速通过，对已污染较重的下半段膜表面进行冲刷，污染物脱落，使膜的性能得以恢复。阀门的周期性倒换使两个阶段循环进行，在过滤的同时进行冲刷清洗，使膜一直在良好的状态下工作，可以长期保持较高的过滤效率。图 9-37 为双向流过滤工艺示意图。

双向流工艺具有如下优点：

① 有效截留和浓缩发酵液中的酵母菌，产品收率最高可达到 99%。

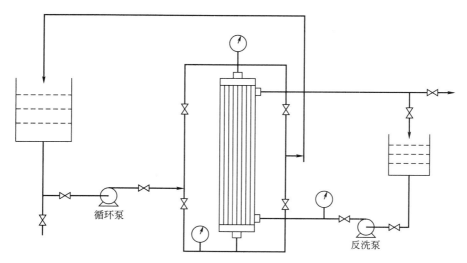

图 9-37 双向流过滤工艺示意图

② 在过滤过程中能不断地对膜进行自清洗，可以保持稳定的通量。

③ 使用压力-变频技术，能适应物料浓度变化产生的压力变化。

④ 设备占地面积小，投资少，维护简单，能耗低，运行成本低廉。

⑤ 模块化设计可适合各种规模的发酵液菌体截留精制生产。

因此双向流技术可代替许多传统的分离方法用于浓缩、分离和提纯液体中的特殊物质。如发酵液的除菌过滤，发酵液菌体的浓缩回用，各种酶的分离、提纯、浓缩，酱油、醋等酿造产品的澄清过滤，果酒、药酒、低度白酒的澄清过滤，茶饮料、果汁饮料的澄清过滤，中药提取液的过滤和精制。

9.3.3 超滤过程模拟与计算

超滤在长期运行过程中随着进料组分在膜表面的不断积累，形成滤饼并堵塞膜孔，致使渗透通量逐渐下降，这些现象和系统的流体力学及传质现象有关，为了准确地预测膜分离操作与传递行为，有必要对主体溶液与膜表面上的流体力学及传质现象进行建模分析[125]。

计算流体力学（CFD）是建立在经典流体力学与数值计算方法基础之上的一门新型独立学科，通过计算机数值计算和图像显示的方法，在时间和空间上定量描述流场的数值解，从而达到对物理问题研究的目的[126]。

9.3.3.1 流体力学基础[127,128]

（1）连续介质模型

流体由大量分子组成，且分子间间距比分子尺寸大得多，同时，由于分子时刻都在运动着，所以，从微观上看，描述流体的物理量在空间分布上是不连续的，且随时间变化。而流体力学只着重于研究流体的宏观运动，描述流体运动的物理量是大量分子的统计平均值。在这种情况下，流体可用连续介质模型计算。

连续介质模型将流体看作充满所占空间的、由无数彼此间没有间隙的质点组成的连续介质。流体质点是由大量分子构成的流体微团，其宏观尺度很小，但远大于分子的平均自由程。基于连续介质假定，流体的物理性质和运动参数在时间和空间上是连续分布的，从而可以利用基于连续函数的数学工具从宏观角度考察和研究流体的运动规律。

（2）流体的基本概念及性质

① 密度　流体的密度定义为单位体积流体所具有的质量，以 ρ 表示，国际单位为 kg/m^3。在流体内任意点处，取一包含该点的流体微团，体积为 ΔV，质量为 Δm，则该点的密度为

$$\rho = \sum_{\Delta V \to 0} \frac{\Delta m}{\Delta V} \tag{9-35}$$

对于均质流体，其密度为

$$\rho = \frac{m}{V} \tag{9-36}$$

② 黏性　流体在运动时，相邻流体层之间产生互相抵抗的作用力，称为内摩擦力，流体具有的这种抵抗两流体层相对运动的性质称为流体的黏性。流体黏性的大小可通过牛顿黏性定律描述

$$\tau = \mu \frac{\mathrm{d}u}{\mathrm{d}y} \tag{9-37}$$

式中，τ 为剪应力；$\dfrac{\mathrm{d}u}{\mathrm{d}y}$ 为垂直流动方向的法向速度梯度；μ 为动力黏度（简称黏度）。

流体的黏性也可用黏度 μ 与密度 ρ 的比值来表示，该比值称为运动黏度，以 ν 表示，即

$$\nu = \frac{\mu}{\rho} \tag{9-38}$$

③ 传热性　流体内部或流体与固体壁面间存在温度梯度时，热量就会由高温区传向低温区，这种性质即为流体的传热性。这种传热性又分为热传导和对流传热。

描述热传导现象的物理定律为傅里叶定律（Fourier's law），表达式为

$$q = -\lambda \frac{\partial T}{\partial n} \tag{9-39}$$

式中，q 为热通量；λ 为流体的热导率；$\dfrac{\partial T}{\partial n}$ 为温度梯度。

对流传热速率可由牛顿冷却定律描述，即

$$\frac{\mathrm{d}Q}{\mathrm{d}S} = \alpha \Delta t \tag{9-40}$$

式中，$\mathrm{d}Q$ 为微分对流传热速率；$\mathrm{d}S$ 为与传热方向垂直的微分传热面积；α 为对流传热系数；Δt 为流体主体与固体壁面间的温度差。

④ 扩散性　流体混合物中存在组分的浓度差时，组分便会从高浓度区向低浓度区转移，这种现象称为扩散。

　　实验证明，在二元混合物的分子扩散中，某组分的扩散通量与其浓度梯度成正比，该关系称为菲克定律（Fick's law），其表达式为

$$J_A = -D_{AB}\frac{dc_A}{dz} \tag{9-41}$$

　　及

$$J_B = -D_{BA}\frac{dc_B}{dz} \tag{9-42}$$

　　式中，$\dfrac{dc_A}{dz}$、$\dfrac{dc_B}{dz}$ 分别为组分 A、B 在扩散方向的浓度梯度；D_{AB}、D_{BA} 为两组分的相互扩散系数。

（3）流体流动分类

　　① 理想流体与黏性流体　实际流体都是有黏性的，称为黏性流体。完全没有黏性的流体称为理想流体。

　　真正的理想流体是不存在的。但在特定的情况下，当黏性不起主要作用时，流动非常接近于理想的流动条件，按照理想流体进行处理可以简化计算。

　　② 定态流动与非定态流动　根据流体流动过程以及流动过程中的物理量是否与时间相关，可将流动分为定态流动和非定态流动。

　　各物理量均与时间无关的流动称为定态流动；某个或某些物理量与时间有关的流动称为非定态流动。

　　③ 层流与湍流　流体的流动分为层流与湍流。层流时，各流体层之间互不干扰，层与层之间既无质量传递也无动量传递；湍流时，各流体层相互干扰，层与层之间既有质量传递也有动量传递。

　　层流与湍流以雷诺数值进行区分，雷诺数定义如下

$$Re = \frac{du\rho}{\mu} \tag{9-43}$$

　　式中，Re 为雷诺数；d 为特征尺寸；u 为流速。

　　一般对于管内流体流动来说，当 $Re < 2000$ 时，流动为层流，否则为湍流。

（4）流体力学控制方程

　　流体流动要受到物理守恒定律的支配，以系统为研究对象的基本守恒定律有：质量守恒定律、动量守恒定律、能量守恒定律。但在流体力学的研究中，通常以控制体为研究对象，这三大守恒定律在流体力学中分别被称为连续性方程、动量方程（N-S 方程）和能量方程。如果流动还涉及不同组分的混合或相互作用，还需遵守组分质量守恒定律。

　　① 连续性方程　连续性方程的表达式为

$$\frac{\partial\rho}{\partial t} + \frac{\partial(\rho u)}{\partial x} + \frac{\partial(\rho v)}{\partial y} + \frac{\partial(\rho w)}{\partial z} = 0 \tag{9-44}$$

　　式中，ρ 是密度；t 是时间；u、v、w 分别是速度矢量 $\boldsymbol{u}$ 在 x、y、z 方向的分量。引入

哈密尔顿算子 $\left(\nabla = \dfrac{\partial}{\partial x}\vec{i} + \dfrac{\partial}{\partial y}\vec{j} + \dfrac{\partial}{\partial z}\vec{k}\right)$，式(9-44) 变为

$$\frac{\partial \rho}{\partial t} + \nabla \cdot (\rho \boldsymbol{u}) = 0 \tag{9-45}$$

② 动量方程　对于黏度为常数的不可压缩流体，动量方程的矢量形式为

$$\rho \frac{\mathrm{d}\boldsymbol{u}}{\mathrm{d}t} = \rho f - \nabla p + \mu \nabla^2 \boldsymbol{u} \tag{9-46}$$

式中，f 为质量力；$\dfrac{\mathrm{d}()}{\mathrm{d}t}$ 为物质导数，$\dfrac{\mathrm{d}()}{\mathrm{d}t} = \dfrac{\partial()}{\partial t} + u\dfrac{\partial()}{\partial x} + v\dfrac{\partial()}{\partial y} + w\dfrac{\partial()}{\partial z} = \dfrac{\partial()}{\partial t} + u \cdot \nabla()$；$\nabla^2$ 为拉普拉斯算子，$\nabla^2 = \dfrac{\partial^2}{\partial x^2} + \dfrac{\partial^2}{\partial y^2} + \dfrac{\partial^2}{\partial z^2}$。投影到三个坐标轴上即可得到三个分量的方程为

$$\begin{cases} \rho\,\dfrac{\partial u}{\partial t} + \rho \boldsymbol{u} \cdot \nabla u = \rho f_x - \dfrac{\partial p}{\partial x} + \mu \nabla^2 u \\[2mm] \rho\,\dfrac{\partial v}{\partial t} + \rho \boldsymbol{u} \cdot \nabla v = \rho f_y - \dfrac{\partial p}{\partial y} + \mu \nabla^2 v \\[2mm] \rho\,\dfrac{\partial w}{\partial t} + \rho \boldsymbol{u} \cdot \nabla w = \rho f_z - \dfrac{\partial p}{\partial z} + \mu \nabla^2 w \end{cases} \tag{9-47}$$

将式(9-45) 分别乘以 u、v、w，并分别与上式的三个方程相加，即可得到守恒型的动量方程

$$\begin{cases} \dfrac{\partial(\rho u)}{\partial t} + \nabla \cdot (\rho \boldsymbol{u} u) = \rho f_x - \dfrac{\partial p}{\partial x} + \mu \nabla^2 u \\[2mm] \dfrac{\partial(\rho v)}{\partial t} + \nabla \cdot (\rho \boldsymbol{u} v) = \rho f_y - \dfrac{\partial p}{\partial y} + \mu \nabla^2 v \\[2mm] \dfrac{\partial(\rho w)}{\partial t} + \nabla \cdot (\rho \boldsymbol{u} w) = \rho f_z - \dfrac{\partial p}{\partial z} + \mu \nabla^2 w \end{cases} \tag{9-48}$$

③ 能量方程　能量方程为微元体中能量的增加率等于进入微元体的净热流量加上体积力与表面力对微元体所做的功的数学表达，能量方程如下

$$\frac{\partial(\rho T)}{\partial t} + \nabla \cdot (\rho v T) = \nabla \cdot \left(\frac{k}{c_p}\mathrm{grad}\,T\right) + S_T \tag{9-49}$$

式中，c_p 为比热容；T 为温度；k 为流体的传热系数；S_T 为流体的内能源及由于黏性作用流体机械能转换为热能的部分，简称黏性耗散项。

④ 组分质量守恒方程　根据组分质量守恒定律，可写出组分 i 的组分质量守恒方程

$$\frac{\partial(\rho c_i)}{\partial t} + \nabla \cdot (\rho v c_i) = \nabla \cdot [D_i \nabla(\rho c_i)] + S_i \tag{9-50}$$

式中，c_i 为组分 i 的体积浓度；ρc_i 是 i 组分的质量浓度；D_i 为 i 组分的扩散系数；S_i 为单位时间内单位体积通过化学反应产生的 i 组分的质量。

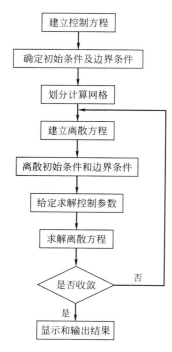

图 9-38　CFD 计算流程

9.3.3.2　CFD 求解过程

稳态过程的 CFD 求解过程可用图表示。对于瞬态过程的求解，见图 9-38 则为一个时间步的计算流程。

（1）建立控制方程

对所求解实际问题进行分析，写出需要的控制方程。

（2）确定初始条件和边界条件

初始条件和边界条件是控制方程有确定解的前提。

初始条件是所研究对象在过程开始时各个求解变量的空间分布情况，对于瞬态过程，必须给出初始条件，而稳态过程则不需要。

边界条件是在求解区域的边界上所求解的变量或其导数随空间位置和时间的变化规律，瞬态和稳态过程均需要给定边界条件。

（3）划分计算网格

采用数值方法求解控制方程时，需将控制方程离散到空间域上，然后求解得到离散方程。对控制方程进行离散需使用网格，目前已发展出多种生成网格的方法，对不同问题采用不同数值方法求解时，所需的网格形式也有所区别。网格分为结构网格和非结构网格。

（4）建立离散方程

因所建立的控制方程由于所处理问题的复杂性，一般很难得到解析解，需要通过数值方法把计算域内网格节点或中心点上的因变量值当作未知量来处理，从而建立一组关于这些未知量的代数方程组，然后通过求解这些方程组得到节点上的值，计算域内其他位置上的值则根据节点上的值来确定。

根据因变量在节点之间的分数假设和推导离散化方程的方法不同，形成了有限差分法、有限元法、有限体积法等不同类型的离散方法。

（5）离散初始条件和边界条件

商业 CFD 软件一般会在完成网格划分之后，直接指定边界上的初始条件和边界条件，并自动将初始条件和边界条件按离散的方式分配到相应的节点上。

（6）给定求解控制参数

离散初始条件和边界条件之后，还需给定流体的物理参数和湍流模型的经验系数等。另外，还需给定迭代计算的控制精度、瞬态问题的时间步长和输出频率等。

（7）求解离散方程

以上设置完成后，便生成了具有定解条件的线性或非线性代数方程组。对这些方程组，可根据情况选择不同的求解方法。

（8）显示和输出结果

通过上述求解过程得出各计算节点上的值后，还需通过线值图、矢量图、等值线图、云图等方式将整个计算域上的结果表示出来。

9.3.3.3　CFD 模拟实例

在超滤过程中，模拟方法可以采用宏观或微观模型。大多数宏观模型都使用了详细的阻力模型（如堵孔阻力与滤饼阻力[129,130]）和简化的质量守恒（其中渗透通量与跨膜压力、膜阻力、黏度及其他平均流体动力学参数有关）。而微观模型则使用由学者们提出的数值方法[131-136]或商业 CFD 软件求解[137-140]的守恒方程。目前，超滤过程 CFD 模拟研究主要有对流动和传质的机理模拟及对装置或操作条件的模拟两种。

（1）机理模拟

Bernard Marcos 等[141]利用 CFD 软件建立了基于有限元法的中空纤维超滤装置流动（动量方程）和浓度（扩散-对流方程）数值模拟的瞬态模型（图 9-39）。

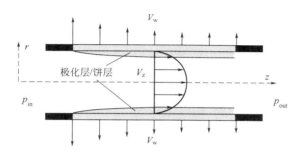

图 9-39　中空纤维流体动力学简化模型

该模型使用二维 Navier-Stokes 方程和瞬态条件下的质量守恒方程进行求解，采用阻力模型将蛋白质残留浓度、进料和渗透速度以及膜表面压力联系起来，并考虑了阻力的变化和黏度通量。在层流条件下，该模型预测了沿膜丝方向的速度场及压力和浓度分布。并将大豆蛋白萃取液的瞬时渗透通量和压力分布的模型预测值与实验得到的大豆蛋白总保留率进行了比较，结果表明，该模型与实验结果吻合较好。此模型克服了极化模型的一些局限性，避免了在计算极化阻力时需要估计极化厚度。

Amin Reza Rajabzadeh 等[142]采用实验与 CFD 模型相结合的方法，研究了电化学酸化大豆蛋白提取物在超滤浓缩过程中的瞬时膜污染问题。实验得到瞬时可逆（水去除）和不可逆（化学去除）膜污染阻力、渗透通量、蛋白质浓度和黏度的变化，并在 CFD 求解动量和蛋白质浓度连续性方程时，将此变化应用于渗透速度的边界条件中。模型计算与实验测量的渗透通量、蛋白质浓度及瞬态不可逆和可逆的污垢阻力相一致。CFD 模型采用与图 9-39 相同的简化模型。

Weihs 等[143]通过 CFD 考察了不同条件下浓差极化的分布曲线、传质系数和膜面剪切力，结果表明，膜面剪切力的减小可形成浓差极化层。宋卫臣等[144]建立了基于 Darcy 定律、对流扩散方程及吸附动态方程的污染过程数学模型，得到沿膜厚度方向膜通量的演变规律。Saeed 等[145]通过 CFD 研究了剪切力与传质系数对不同部位膜污染的影响。

（2）装置、操作条件的模拟

在进料流道中以不同方式布置挡板是一种工业上制造湍流的方法，目的是为了减小边界层厚度，增加渗透通量。M. Abbasi Monfared 等[146]建立了基于时间步长和网格尺寸的独立模型，并用简单通道（图 9-40）的实验数据进行了验证。

图 9-40   无挡板简单通道的流线

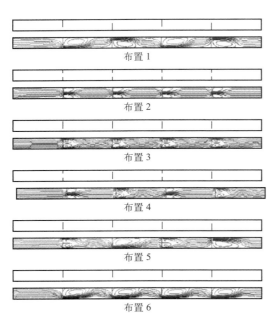

布置 1

布置 2

布置 3

布置 4

布置 5

布置 6

图 9-41   矩形通道中 6 种不同的挡板布置及流线

独立模型对矩形通道中 6 种不同的挡板布置方式进行了研究（图 9-41），计算得到膜表面的湍流动能、湍流耗散率和湍流强度以及剪切速率和总压力，并对渗透流量随时间的变化与简单通道的计算结果进行了比较。根据模型计算结果，简单通道中的渗透通量是 $4.09 \times 10^{-3} \, \mathrm{m^3/(m^2 \cdot s)}$。采用不同的挡板布置时，通量从 $4.60 \times 10^{-3} \, \mathrm{m^3/(m^2 \cdot s)}$（图 9-41 中布置 2）升高到 $4.83 \times 10^{-3} \, \mathrm{m^3/(m^2 \cdot s)}$（图 9-41 中布置 3），与简单通道相比渗透通量提高了 $12.5\% \sim 18\%$。

在中空纤维膜组件中的不均匀流动被认为是导致组件性能不理想的原因之一。为了研究组件设计与性能之间的关系，Liwei Zhuang 等[147]建立了一个新的 CFD 模型，分析了进口分布器对组件能耗和流量分布的影响，并以 8 种进口分布器为例进行了 CFD 模拟（图 9-42，A～H）。

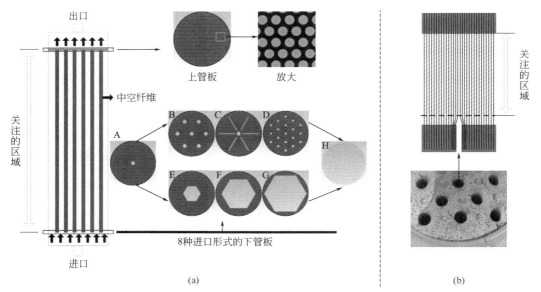

(a)

(b)

图 9-42   用于 CFD 模拟的中空纤维膜组件的结构与进口分布器（a）和真实组件（b）

如图 9-42(a) 所示壳程、多孔膜和管程，H 没有进口管板。原料液走壳程，死端过滤，渗透液被收集在上盖中，并从出口流出。

通过 CFD 数值模拟，得到壳程的流场和多孔膜的通量分布，并提出了一种考虑分布器与纤维束间能量消耗分布的修正模型。当进口开孔率分别为 0.64%、43.42% 和 100% 时，分布器的能耗分别为 95%、51% 和 7%，进入组件的非均匀流动导致壳程速度和压力分布不均匀。在横截面上开孔均匀的分布器，是实现相对均匀通量分布的最佳选择，如分布器 B、C 和 D。但是，为了降低分布器的能量消耗，须增加 B、C 和 D 的开孔面积。

Taha Taha 等[148]利用 CFD 模型对水平和倾斜管状膜气体喷射错流超滤进行了模拟。实验采用水平安装的管状膜组件，以葡聚糖溶液为测试介质。实验表明，由于气体喷射，渗透通量显著提高，并利用实验结果对 CFD 模型进行了验证。对于具有倾斜管状膜组件的气体喷射超滤，将 CFD 模拟结果与文献［148-150］实验数据进行比较。倾斜系统中气泡周围的液体流动会产生与水平系统不同的剪切模式。在固定的鼓泡频率下，将膜倾斜壁面剪切速率和通量增加。当膜倾斜 45°时，壁面剪切速率和通量最高。

Jalilvand 等[151]模拟了两种不同入口边界条件，即连续流及脉冲流对膜通量、阻力和剪切力的影响。

与传统的实验测量方法和理论分析方法不同，CFD 方法不受模型尺寸、流场扰动和测量精度的限制，不需投入过多的人力、物力和财力，也不需要对计算对象进行抽象和简化，特别适合求解理论分析中难以解决的非线性问题[152]，有利于开展定量研究及开展膜组件的优化设计。因此，CFD 技术日益成为研究膜技术的重要手段[153]。

9.4 超滤工程设计

9.4.1 浓差极化和膜污染

9.4.1.1 基本原理

在超滤过程中，膜的性能（或更确切地讲，是超滤系统的性能）随时间有很大的变化，一种典型的行为就是通常看到的通量随时间的变化，即时间延长，膜通量减小，如图 9-43 所示。造成这种现象的主要原因是浓差极化和膜污染。根据 Darcy 定律[154,155]，膜的通量可表示为：

$$J = \frac{\Delta p}{\mu R_t} = \frac{\Delta p}{\mu (R_m + R_c + R_f)} \quad (9\text{-}51)$$

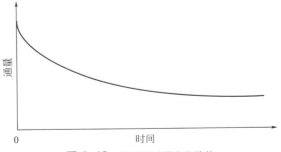

图 9-43　通量随时间变化趋势

式中，Δp 为膜两侧压力差；μ 为溶液黏度；R_t 为膜的过滤总阻力；R_m 为膜本身阻力；R_c 为浓差极化层阻力；R_f 为膜污染阻力。

通量下降不利于膜装置的稳定运行。浓差极化与膜污染是两个具有本质差别，又相互紧密关联的过程，它们均使膜的通量降低。浓差极化可能会导致污染，当膜表面溶质浓度达到它们的饱和浓度时，膜表面会形成沉积层或凝胶层，即产生膜污染。浓差极化是一个可逆过程，只有在分离过程进行时才发生，当分离过程停止后，会自然消失；而膜污染是一个不可逆过程，只有通过清洗过程才能消除，现已有很多相关的综述文章发表[156-159]。

9.4.1.2   浓差极化

在超滤分离过程中，膜所截留的溶质分子或粒子在膜表面积累，使膜表面溶质浓度逐渐高于原料液主体溶质浓度，在此浓度差为推动力的作用下，溶质便从膜表面向料液主体扩

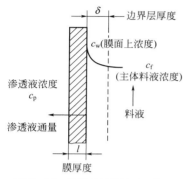

图 9-44   错流过滤的边界层模型

散，平衡状态时膜表面形成一溶质浓度分布边界层，对溶剂等小分子物质的运动起阻碍作用。这种现象称为超滤过程的浓差极化。界面上比主体溶液浓度高的区域就是浓差极化层。

通量下降的原因除膜被压密外，主要是料液侧膜面边界层和凝胶层或滤饼层提供的附加阻力。图 9-44 中 δ 是浓度从 c_f（主体料液浓度）变成 c_w（膜面上浓度）间的距离[160,161]。该距离 δ 受组件的流动状态和扩散条件所控制。渗透剂的对流流动使溶质迁移到膜表面；又因扩散使溶质返回到主体流而处于动态平衡状态[162]。

$$J_v = c - c_f = -D \frac{d_c}{d_x} \qquad (9-52)$$

沿边界层积分，得到通量的表达式为

$$J_v = k \ln \frac{c_w - c_p}{c_f - c_p} \qquad (9-53)$$

式中，$k(=D/\delta)$ 是质量迁移系数。当通量随压力而增加时，与 c_f 相对应的 c_w 值也同时增加。当 c_w 达到溶解度界限时，浓度的进一步增加就会在膜表面上产生沉淀或者触变形成胶体。此时，压力增加就不会使通量进一步提高。假设 c_f 很小时，极限通量可以近似用下式表示[163]。

$$J_{cf} = k \ln(c_p/c_f) \qquad (9-54)$$

如果已知胶体浓度 c_p 和采用合适的质量迁移系数 k，式(9-54) 可以用于预测不同 UF 装置的极限通量。通常，胶体浓度是溶质-溶剂体系和操作温度的函数，而与膜特性、料液浓度、流动条件和操作压力无关。对大分子溶质来说，c_f 值一般大约是 25%（基于重量），对胶体悬浮物来说，一般是 65%（范围 50%～75%）。表 9-1 给出高分子物质的胶体化浓度。

表 9-1   高分子物质的胶体化浓度

高分子物质	胶体化浓度/%
主链为挠性线型水溶性高分子	2～5
主链为非挠性线型水溶性多糖类高分子	<1
蛋白质、核酸等复杂结构高分子	10～30
直径 1μm 以下颜料和矿物分散物	5～25
聚合物乳胶	50～60

从通过与 Reynolds 数（$Re = d_h \nu_f / \nu$）和 Schmidt 数（$Sc = \nu/D$）相关的 Sherwood 数

$(Sh = kd_h/D)$ 可以估测质量迁移系数 k。这里的符号 ν 涉及动力黏度，d_h 是膜装置的水力学直径，ν_f 是料液运动黏度。对湍流流动来说可用下式表示[164]：

$$Sh = 0.023Re^{0.8}Sc^{0.33} \tag{9-55}$$

充分发展层流是

$$Sh = 1.62[ReSc(d_h/L)]^{0.33} \tag{9-56}$$

发展中层流

$$Sh = 0.664Re^{0.5}Sc^{0.33}(d_h/L)^{0.5} \tag{9-57}$$

式(9-57) 只适用于装置流道长度与流动剖面充分发展时所需的长度 L^* 的数量级相同时的装置（$L^* \approx 0.029Red_h$）。上述方程的量纲分析表明，k 值依赖于不同的操作变量

$$k \propto D^{2/3}\nu^x\nu^{0.33-x}d_h^{-(1+x-y)}L^{-y} \tag{9-58}$$

式中 x 和 y 是：

$x = 0.8$，$y = 0$　　　　对湍流

$x = 0.33$，$y = 0.33$　　充分发展层流

$x = 0.50$，$y = 0.5$　　 对发展中层流

式(9-58) 说明为什么 UF 的浓差极化现象比 RO 更重要。在 UF 中，大分子溶质的扩散系数 D 比盐的扩散系数约要小两个数量级。与此相对应，UF 过程中的 k 值（$k \propto D^{2/3}$）大致是 RO 的 5%。

$Re > 10^4$ 和 $Sc > 10^3$ 情况下，Sherwood 数相关性有如下渐近形式[165]

$$Sh \backsimeq f^mReSc^{1/3} \tag{9-59}$$

式中，阻力因子 f 也是 Re 的函数。方程(9-55)～方程(9-57) 中的相关性是基于光滑、无孔的管或者板中流动得到的，而在膜迁移的例子中，表面有孔，相对较粗糙。而且，用于 Re 和 Sc 计算的主体流性质（黏度、扩散系数）也不一样，因为通过浓差极化，膜壁积累了更高的溶质浓度。

Porter[163]给出了充分发展层流流动时的 k 值变化。

$$k = 0.816f^{0.33}D^{0.67}L^{-0.33} \tag{9-60}$$

层流流动的剪切速度依赖于流道的几何形状和料液的流动速度，并有以下关系：

$f = 8\nu/d_1$　　管子直径为 d_1

$f = 6\nu/b$　　矩形流道高为 b

Van der Berg 和 Smolders 采用更精确的非稳态分析对基础边界层模型作了更详细的说明[166]。

9.4.1.3　膜污染

在超滤过程中，膜污染是一个经常遇到而又难以解决的问题。所谓污染是指被处理液体中的微粒、胶体粒子、有机物和微生物等大分子溶质与膜产生物理化学作用或机械作用而引起在膜表面或膜孔内吸附、沉淀使膜孔变小或堵塞，导致膜的通量或分离能力下降的现象。

（1）膜污染形式

膜污染主要有膜表面覆盖污染和膜孔内阻塞污染两种形式。膜表面污染层大致呈双层结构，上层为较大颗粒的松散层，紧贴于膜面上的是小粒径的细腻层，一般情况下，松散层尚不足以表现出对膜的性能产生什么大的影响，在水流剪切力的作用下可以冲洗掉，而附于膜表面上的细腻层则对膜性能正常发挥产生较大的影响。因为该污染层的存在，有大量的膜孔被覆盖，而且，该层内的微粒及其他杂质之间长时间的相互作用极易凝胶成滤饼，增加了透水阻力。

膜孔堵塞是指微细粒子塞入膜孔内，或者膜孔内壁因吸附蛋白质等杂质形成沉淀而使膜孔变小或者完全堵塞，这种现象的产生，一般是不可逆过程。

（2）污染物质

污染物质因处理料液的不同而各异，无法一一列出，但大致可分下述几种类型。

① 胶体污染　胶体通常是呈悬浮状态的微细粒子，均布于水体中，它对超滤膜的危害性极大。因为在超滤过程中，大量的胶体微粒随透过膜的水流涌至膜表面，长期的连续运行，被膜截留下来的微粒容易形成凝胶层，更有甚者，一些与膜孔径大小相当及小于膜孔径的粒子会渗入膜孔内部堵塞孔道而产生不可逆的变化现象。

胶体主要是存在于地表水中，特别是随着季节的变化，供水中含有大量的悬浮物如黏土、淤泥等，这些微粒既不沉淀下来，也难以用机械过滤去除。

解决的办法是向原水中投加絮凝剂处理，即加入与悬浮物电性相反的荷电絮凝剂，破坏胶体的稳定性，使其凝聚、沉淀，再经过滤去除。

② 有机物污染　水中的有机物，有的是在水处理过程中人工加入的，如表面活性剂、清洁剂和高分子聚合物絮凝剂等，有的则是天然水中就存在的，如腐殖酸、丹宁酸等。这些物质也可以吸附于膜表面而损害膜的性能。

目前解决有机物污染多采用氧化法，如加入臭氧氧化，也可以加入碱，如氢氧化钠水溶液等。

③ 微生物污染　微生物污染对超滤的长期安全运行也是一个危险因素。一些营养物质被膜截留而积聚于膜表面，细菌在这种环境中迅速繁殖，活的细菌连同其排泄物质，形成微生物黏液而紧紧黏附于膜表面，这些黏液与其他沉淀物相结合，构成了一个复杂的覆盖层，其结果不但影响到膜的通量，也包括使膜产生不可逆的损伤。

对付微生物的方法，除采用一般的清洗方法外，更多的是利用杀菌剂灭菌，常用的杀菌剂有氯、次氯酸钠、过氧化氢（双氧水）和臭氧等，小型的装置可以用紫外线杀菌灯灭菌。

（3）超滤膜污染的因素分析

影响超滤膜污染的因素很多，主要有如下几个方面。

① 机械截留污染　在超滤过程中，由于溶剂透过膜，粒子被带到膜表面，一些大于膜孔径的粒子形成的松散层，在流体的剪切力作用下，大部分可以被冲刷掉而难以停留在膜表面，但紧贴膜面的层流边界层内的细腻层及嵌入膜孔内的更细的粒子却很难除去，其结果是使膜孔变小甚至于堵塞而导致通量下降。

② 吸附性污染　有些膜材料带有极性基团，由于溶剂化作用使膜带有电荷，它与溶液中荷异性电荷的溶质相互吸引而被吸附的溶质污染。

分子间的相互吸引力即 van der Waals 力也是造成膜污染的因素之一，常用比例系数 H

（Hamaker 常数）来表征[166]，它与组分的表面张力有关，对于水、溶质和膜三元体系，比例系数 H 为：

$$H_{213}=[H_{11}^{1/2}-(H_{22}\times H_{33}^{1/4})]^2 \tag{9-61}$$

式中，H_{11}、H_{22} 和 H_{33} 分别是水、溶质和膜的 Hamaker 常数，若溶质或膜是亲水性的，则 H_{22}（或 H_{33}）值增大，使 H_{213} 值减小，即膜与溶质间的吸引力减小，容易清洗。反之，会得到相反的结果，因此，选择合适的膜材料极为重要。

③ 其他因素引起的膜污染　例如膜结构、膜表面的粗糙度、料液浓度、pH、温度和溶质与膜接触时间的长短等，都会影响到膜的污染。

（4）膜污染的数学模型

膜污染是由多种因素造成的一个复杂的物理化学过程，多年来已有许多研究人员根据他们的实验建立了不同的经验或半经验表达式（见表 9-2）[167]，但目前尚无一个能够广泛适用的方程式来解释清楚膜污染的本质。

表 9-2　膜污染过程的数学模型

序号	模型	序号	模型
1	$J_t=J_1 t^{-b}$	4	$J=e^{\delta}n^{-b}$
2	$J_t=J_0 e^{-bt}$	5	$J_t=A+Be^{-bt}$
3	$J=J_0 v^{-b}$		

注：1. J_t 为时间 t 时的溶剂透过速率；v 为透过液体积。

2. 下标 0 和 1 表示时间，min；b、A、B、δ 为各自方程的常数。

9.4.2　预处理

在超滤法水处理过程中，供水前对进水进行预处理是至关重要的。因为水中的悬浮物、胶体、微生物和其他杂质会附于膜表面而使膜受到污染。另外，超滤膜的水通量比较大，被截留杂质在膜表面上的浓度迅速增大而产生浓差极化现象，更为严重的是有一些很细腻的微粒会渗入膜孔而堵塞透水通道。另外，水中的微生物及其新陈代谢物生成的黏性液体也会紧紧地黏附表面。上述这些因素都会导致超滤膜通量下降或者分离性能衰退。同时，超滤膜对供水温度、pH 和浓度等也都有一定的限度要求。因此，对超滤供水必须进行适当前处理和调整水质，满足它的供水要求条件，以延长超滤设备的使用寿命，降低造水成本。

（1）降低供给水的混浊度

当水中含有悬浮物、胶体、微生物和其他杂质时，都会使水产生一定程度的混浊，该混浊物对透过的光线会产生阻碍作用，这种光学效应与杂质的多少、大小及形状均有关。衡量水的混浊程度的大小，就是利用这种光学效应。我国采用的是硅单位，以如漂白土和高岭土等不溶性硅在蒸馏水中所产生的阻光现象为基础来测定的。规定 1mg/L SiO_2 所产生的浊度为 1 度。度数越大，说明含杂质量越多。在不同的应用领域对供水浊度有不同的要求[15]。例如，对于一般生活用水，浊度不大于 5 度，而工业用水对浊度要求各有不同，例如食品、造纸、印染等使用一般生活用水即可，但透明塑料制造要求用水浊度低于 2 度，而人造纤维织造业则要求浊度低于 0.3 度。目前多数膜法水处理过程中通常采用一种新的浊度表示法，即污染指数 FI（fouling index）值或者堵塞指数 PI（plug index）值。这些指数是通过用醋

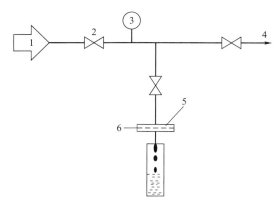

图 9-45 FI 值测定系统

1—进水；2—阀门；3—压力表；

4—放气；5—过滤器；6—微孔滤膜

酸纤维素（CA）和硝酸纤维素（CN）的混合酯（CA-CN）制成的平均孔径为 $0.45\mu m$ 的微孔滤膜来测定的。测试设备如图 9-45 所示。具体方法如下：首先将直径 47mm、孔径为 $0.45\mu m$ 的微孔滤膜置于专用过滤器中，在 0.21MPa 的恒压下（可利用氮气瓶或净化过的压缩空气），输入所需要测定的水样，记下最初收集 500mL 水所需要的时间 t_1，然后继续通水 15min，再记下收集 500mL 水需要的时间 t_2，利用下式计算 FI 值或 PI 值。

$$FI=\frac{1}{15}\left(1-\frac{t_1}{t_2}\right)\times100 \qquad (9\text{-}62)$$

$$PI=\left(1-\frac{t_1}{t_2}\right)\times100 \qquad (9\text{-}63)$$

至于采用何种处理工艺使供水水质达到上述指标，对此尚无固定的模式，这是因为供水来源不同，因而预处理方法也各异。例如，对于具有较低浊度的城市自来水或地下水，采用 $5\sim10\mu m$ 的精密过滤器（如蜂房式、喷熔胶式或陶瓷滤芯及 PE 烧结管等）一般可以达到供水要求。但对于普通地表水或混浊度比较高的其他水源，在精密过滤器之前还必须投加絮凝剂和设置双层或多层介质过滤器过滤，一般情况下，过滤速度不超过 10m/h，以 $7\sim8m/h$ 为宜，滤水速度越慢，过滤水质量越好。对于不同的杂质需要采用不同的处理工艺和方法加以除去。

（2）悬浮物和胶体物质的去除

对于粒径在 $5\mu m$ 以上的杂质，可以选用 $5\mu m$ 过滤精度的滤器去除，但对于 $0.3\sim5\mu m$ 的微细颗粒和胶体等这些对膜污染作用大的物质，利用常规的过滤技术却很难除掉。胶体粒子多数带有电性（荷正电或负电性），胶体之所以能在水中稳定存在，主要是由于具有同性电荷的胶体粒子相互排斥的结果。为了打破这种稳定性，可以向料液中加入与胶体粒子电性相反的荷电物质（絮凝剂），使荷电的胶体粒子中和成电中性而使分散的胶体粒子凝结成大的团块，而后利用过滤器便可以比较容易去除。常用的絮凝剂有无机电解质，如 Al^{3+}、Fe^{3+} 金属离子和高分子电解质絮凝剂如 ST 等。

絮凝剂的加入方法，可以利用计量泵输送，也可以使用安装在供水管道上的水射器直接将其吸入水处理系统。设备简单，操作方便。

（3）可溶性有机物的去除

可溶性有机物用絮凝沉降法无法彻底除去。目前多采用氧化法或者吸附法。

① 氧化法　利用氯或次氯酸钠（NaClO）进行氧化，对去除可溶性有机物效果比较好，另外，臭氧（O_3）和高锰酸钾（$KMnO_4$）也是比较好的氧化剂，但成本较高。

② 吸附法　利用活性炭或大孔树脂可以有效地除去可溶性有机物。但对于难以吸附的醇、酚等仍需采用氧化法处理。

（4）微生物（细菌、藻类等）的去除

水中的细菌及其新陈代谢物的存在对膜的危害性很大，它们不但黏附于膜面堵塞膜孔，而且细菌对醋酸纤维素膜具有严重的侵蚀作用。为了除去水中细菌及藻类等微生物，在水处理工程中通常加入 NaClO、O_3 等氧化剂，浓度一般为 $1\sim5mg/L$。另外，在实验室中对超滤组件进行灭菌处理，可以用双氧水（H_2O_2）或者 $KMnO_4$ 水溶液循环处理（或静泡）$30\sim60min$。

（5）调整进水水质

对于超滤装置供水，除降低浊度和灭菌外，有时候调整供水的温度和 pH 也是很重要的。

① 供水温度的调整　超滤膜透水性能的发挥，与温度高低有直接关系，超滤组件所标定的水通量一般是用纯水（或蒸馏水）在 25℃ 条件下测试的。温度越低，膜的水通量越小，反之温度越高，则水通量越大。因此，当供水温度过低时（如<5℃），可采取某种升温措施，使其在合适的温度下运行，以提高工作效率。但当温度过高时，同样对膜不利，因为温度过高会导致超滤膜（如 CA 膜）加速水解而降低分离性能。对此，可采用冷却装置，降低供水温度，始终让超滤装置在允许的工作温度范围内运行。

② 供水 pH 的调整　用不同材质制成的超滤膜对供水的 pH 要求不一样，例如醋酸纤维素膜适合 pH $4\sim6$，PAN 和 PVDF 等膜可在 pH $2\sim12$ 范围使用。如果进料液超出允许范围值时，需要加以调整，目前常用的 pH 调节剂主要有酸（如 HCl 和 H_2SO_4 等）和碱（如 NaOH 等）。

鉴于溶液中的无机盐可以透过超滤膜，不存在无机盐的浓差极化和结垢问题，因此在预处理和调节水质过程中一般不考虑它们对膜的影响，而重点防范的是胶质层的生成、膜污染和堵塞问题。

9.4.3　超滤系统工艺流程设计

9.4.3.1　工艺流程

超滤的操作方式可分为死端过滤和错流过滤两大类。死端过滤是靠料液的液柱压力为推动力，但这样操作浓差极化和膜污染严重，较少采用，通常采用错流操作。错流操作工艺流程又可分为间歇式和连续式。

（1）间歇式

常见的间歇式流程见图 9-46，将一批料液加入储槽，用泵加压后送往膜组件，使之排除透过液，浓缩液则返回槽中与储槽中原料液混合后送往膜组件。如此循环操作，直到浓缩液浓度达到预计值为止。

（2）连续式

如图 9-47 所示，连续式超滤过程是指料液连续不断加入料液槽且透过液产品连续产出。

9.4.3.2　UF 浓缩

超滤常用于大分子溶液浓缩，即分子量较大的溶质（如蛋白质、脂肪等）被截留而溶剂和小分子溶质（如糖、无机盐类）能够透过膜。在超滤处理溶液过程中，浓缩液返回储液

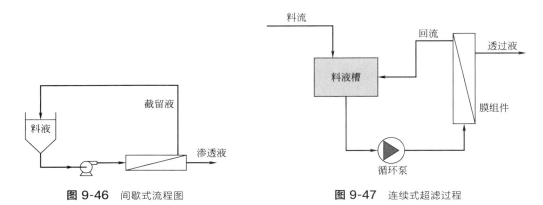

图 9-46 间歇式流程图　　　　**图 9-47** 连续式超滤过程

槽，与原液混合后进一步浓缩，直到达到预期的浓度为止，收集浓缩液。此外，在超滤过程中，有时在被超滤的混合物溶液中加入纯溶剂（通常为水），以带走溶液中的小分子溶质，达到纯化产品的目的，这种超滤过程被称为洗提（elution）。UF 浓缩工艺流程如图 9-48 所示。

9.4.3.3　UF 精制

较传统的粗品精制工艺，UF 法因其能耗小、效率高，能在低温下操作，生物活性物质不易失活等特点，可除去发酵液中的病菌、病毒、热原等，近几年在精制生物活性物质方面得到了广泛的应用。UF 精制工艺流程如图 9-49 所示，收集澄清除杂后的滤过液。为了提高料液的利用率，可对浓缩液进行循环过滤。

图 9-48 UF 浓缩工艺流程　　　　**图 9-49** UF 精制工艺流程

9.4.3.4　UF 集成技术

（1）预处理＋UF 集成技术

生产实践表明，预处理对超滤的稳定可靠运行至关重要。通常应先用孔径 $5\sim10\mu m$ 的膜预过滤，除去其中的悬浮物、铁锈，必要时也可先絮凝，再预过滤。在超滤中，被截留分离的组分，如蛋白、酶、微生物本身会对膜形成污染，一般可通过调节料液的 pH 使这些污染组分远离其等电点，以减少膜面上凝胶层的形成。具体的工艺流程如图 9-50 所示。

（2）UF＋UF 集成技术

该技术主要目的是通过不同孔径的超滤膜组件对不同分子量物质的混合液进行溶质的分子量分级。将第一级超滤透过液经升压后送入第二级组件，第二级透过液再经过升压并送入第三级组件（见图 9-51），其余依次类推。超滤膜孔径逐级减小，由此得到不同分子量大小的溶质分子。这种工艺流程设计，要求超滤膜必须具备优异的截留性能，即截留分子量敏锐

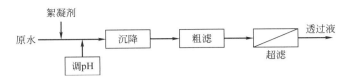

图 9-50 预处理-超滤实验流程

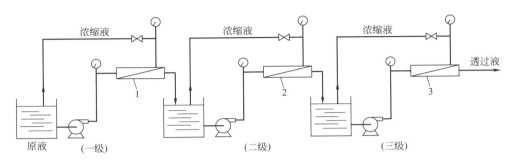

图 9-51 UF 分级浓缩工艺流程
1～3—超滤组件

度高，分辨能力强。

（3）UF 用于 NF、RO 预处理的集成技术

为了保证 RO 和 NF 系统可以稳定运行，对给水的严格预处理就必不可少。预处理的目的就是去除给水中会对 RO 和 NF 膜产生污染或导致劣化的物质。RO 和 NF 系统的预处理一般可分为传统预处理方法和膜法预处理（双膜法工艺）。工程案例表明，同絮凝、沉淀以及砂滤比较，UF 预处理后的水质稳定、设备管理比较简单，也不会产生过滤残渣或絮凝污泥等废弃物。具体的工艺流程如图 9-52 所示。

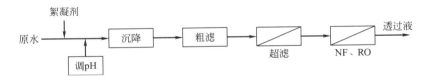

图 9-52 UF 用于 NF、RO 预处理工艺流程

9.4.3.5 UF 工艺参数的选择（基本概念）

（1）膜通量

指在一定的压力和温度下，单位面积膜在单位时间内透过液的体积，可由下式表示：

$$J=\frac{Q}{At} \tag{9-64}$$

式中　Q——在 t 时间内的透过液体积，L；

A——有效膜过滤面积，m^2；

t——时间，h。

膜通量 J 的计量单位常以 $L/(m^2 \cdot h)$ 来表示。在水处理工程设计中，有时以单膜组件的透水量作为计算依据。

此外，实际应用中，将膜通量分为运行通量和瞬时通量。式(9-64)的通量为超滤时的瞬时通量。运行通量可由下式计算：

$$J = \frac{V}{St} = \frac{V_总 - V_反洗}{St}$$
(9-65)

式中，V、$V_总$ 和 $V_反洗$ 分别为一个运行周期内实际产水体积、总产水体积和反洗用水体积，L；S 为有效膜面积，m^2；t 为运行周期总时间，为超滤过滤时间和反洗时间之和，h。

（2）表观截留率

指膜对溶液中某种溶质的截留程度。例如溶液中某种溶质的浓度为 c_F，透过液中该溶质的浓度为 c_P，则截留率 R_0 由下式定义：

$$R_0 = \left(1 - \frac{c_P}{c_F}\right) \times 100\%$$
(9-66)

需要注意的是，由于浓差极化和膜污染的存在，我们所测得的表观截留率要低于实际截留率。在实际运行条件下，膜表面切向流速越大，表观截留率越接近实际截留率。

（3）回流比 R

$$R = \frac{V_1}{V_0}$$
(9-67)

式中，V_1 为浓水量；V_0 为总水量。

（4）温度校正系数

温度对组件透水量的影响是比较明显的。由于温度升高水分子的活性增强，黏滞性减小，故透水量增加。反之，温度降低，水的活性减弱，使得透水量减少。因此，即便是同一套超滤系统，它在冬季和夏季所表现出来的透水量差异很大。为了使超滤装置在不同的季节具有相对稳定的透水量，调节供水温度便是常用的方法之一，图 9-53 表示了超滤组件（元件）的透水量随着温度的改变而变化的情况。由曲线可以计算出，在允许操作温度范围内，温度系数约为 $0.0215℃^{-1}$。即，温度每升高 $1℃$，透水量也相应地增加约 2.15%。

（5）UF 压力的确定

操作压力的大小与超滤组件透水量的多少也是紧密相关的。图 9-54 表示了二者之间的

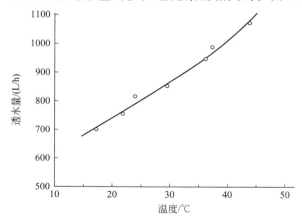

图 9-53   透水量-温度关系图

关系。从曲线变化规律可以看到，在低压阶段（如 0.2MPa 以下），超滤组件的透水量与操作压力之间成正比关系，即组件的透水量随着压力的升高而增加；当工作压力超过 0.2MPa 时，曲线开始出现拐点，即，虽然组件的透水量仍然随着压力的升高而增加，但增大的比率有所降低。自此以后，随着压力的增大，而透水量增加的比率越来越小，当压力超过 0.4MPa 时，曲线趋于平行，就是说，工作压力再进一步提高，而组件的透水量的增加却微乎其微，这主要是由于在高压下超滤膜被压密并被快速污染而导致透水阻力增加。

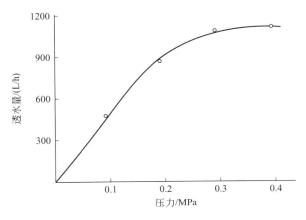

图 9-54　透水量-压力关系图

实际应用中，应取工作曲线出现拐点之前的直线部分所对应的某一压力作为工作压力。对于商品超滤组件，可以按产品所标定的工作压力范围操作。

（6）料液流速的影响

因料液流速的快慢而引起超滤组件（元件）透水量的变化，虽然不像温度、压力那样明显。但是如果该操作参数控制不当，也会影响到超滤组件性能的发挥，由图 9-55 可以看出，流速过大反而会导致组件的透水量下降。这主要是由于流速加快增大了组件的压力损失而造成的。因此，在设计超滤系统流速时，一定要控制在给定的流速范围之内。目前多数单元卷式超滤组件控制回收比为 15%～20%，中空纤维式超滤组件为 40%～50%。例如，Osmonics 公司生产的 411PT 卷式超滤组件（4″），限定最大供水量为 4.54m³/h；815PT 卷式超滤组（8″），限定最大供水量为 18.12m³/h，就是说，实际应用中，料液流速一定要控制在该限量以下。同时，为了保证料液有足够的流速，防止膜面产生浓差极化，又限定了最低浓水排放量，如 411PT 组件为 1.15m³/h，815PT 组件为 7.92m³/h。一般情况下，应当避免在极限条件下操作，更不能超过极限值。

9.4.3.6　超滤工程举例

【例 9-1】　净化自来水

连续 UF 工艺，单支膜组件面积为 2m²，每支组件 25℃下膜瞬时通量为 80L/(m²·h)，产水 40min，反洗 2min，反洗用水量为 100L/(m²·h)，要求 15℃下产水量达到 10m³/h，需要组件多少支？

解　① 25℃下每支膜组件损失通量（即每支组件每小时的实际产水量）计算如下：
首先计算每个周期（42min）内的净产水量。

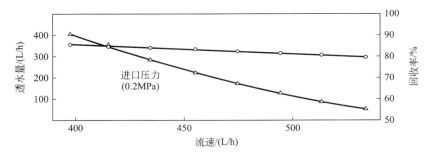

图 9-55　透水量-流速关系图

总产水量：$q_t = J_1 \times S \times t_1 = 80/60 \times 2 \times 40 = 106.7(L)$

反洗用水量：$q_b = J_2 \times S \times t_2 = 100/60 \times 2 \times 2 = 6.7(L)$

净产水量：$q_c = q_t - q_b = 106.7 - 6.7 = 100(L)$

那么每支组件每小时的净产水量为 $q = q_c \times 60/42 = 142.9L$，即超滤膜组件的运行通量为 142.9L/(h·支)。

式中，q_t 为每支组件每个周期内的总产水量，L；J_1 为每支组件的瞬时通量，L/(m²·h)；S 为每支组件的膜面积，m²；t_1 为每个周期的产水时间，min；q_b 为每支组件每个周期内的反洗用水量，L；J_2 为每个周期的反洗用水量，L/(m²·h)；t_2 为每个周期的反洗时间，min；q_c 为每支组件每个周期（42min）内的净产水量，L；q 为每支组件每小时内的净产水量，L。

② 如果操作温度不是 25℃，则膜通量需要根据温度系数加以调节，即

$$q_t = q \times (1 + 0.0215)^{\Delta t}$$

式中，q_t 为在工作温度 t 时的产水量；$\Delta t = t - 25℃$。那么，当工作温度为 15℃ 时，单支组件的产水量为：

$$q_{15} = q \times (1 + 0.0215)^{\Delta t} = 142.9 \times 1.0215^{-10} \approx 115.5(L/h) = 0.1155(m^3/h)$$

③ 已知该系统 15℃ 时设计产水量为 10m³/h，则需要组件数目 n 为：

$$n = 10/q_{15} = 10/0.1155 \approx 86.6 \approx 87(支)$$

即需要组件 87 支。

【例 9-2】　精制除杂

发酵液中提取某种氨基酸，发酵液原始体积 1000L，湿菌重（质量分数）为 10%，每次可以浓缩至湿菌重（质量分数）40%，然后每次加 260L 水洗提，氨基酸收率预期欲达到 98%，需要加几次水？

解　由已知条件：初始的湿菌重为 10%，每次可以浓缩至湿菌重 40% 可知，经过第一次浓缩后发酵液的体积变为原始体积的 1/4，即为 250L，那么浓缩液中剩余的氨基酸含量为 25%。

由于浓缩前后湿菌量不变，每次加 260L 水洗提，可知从第二次开始，每次洗提之后浓缩液中的氨基酸的残留比例为上一次的 250/(250+260)，即 25/51。

即经过 n 次加水洗提之后，发酵液中氨基酸的残留比例为：$25\% \times (25/51)^n$。

若要回收率不低于 98%，需要浓缩液中氨基酸的残留比例不高于 2%。

即 $25\% \times (25/51)^n \leqslant 2\%$，解得 $n \geqslant 4$ 次，即需加水 4 次。

9.5　超滤装置的操作参数

超滤装置的工艺操作参数对超滤装置系统的长期、安全和稳定运行极为重要。超滤系统主要操作参数为：流速、操作压力和压力降、回收比和浓水排放量及工作温度等。

9.5.1　流速

流速是指供给水在膜表面上流动的线速度。膜表面水流速过快，导致压力降过大，加速膜污染进程；反之，流速过慢，膜表面产生浓差极化现象，降低了透水通量。因此，在超滤系统中选择合适的流速对系统的性能至关重要。不同几何结构的超滤组件的最佳流速不同，即便是相同结构的组件，处理不同的料液体系，要求的流速也相差较大。针对膜组件结构类型和分离料液体系，依据实验来确定最佳流速。例如浓缩电泳漆的流速约等于处理水的 $8\sim10$ 倍。实际运行中应按产品说明书标定的数值操作。

9.5.2　操作压力及压力降

（1）操作压力

超滤系统的工作压力范围约为 $0.05\sim0.7\text{MPa}$，需要综合考虑膜材质和分离物料体系来相应确定操作压力。操作压力不宜过高，以免膜被压密和造成快速膜污染。

（2）压力降

膜组件的进口与出口之间的压力差称为压力降（也称为压力损失）。它与供水量、流速及浓水排放量是密切相关。压力降与供水量、浓缩水排放量和流速成正相关。压力降大，说明处于下游的膜未达到所需要工作压力，影响膜组件的透水能力。因此，实际应用中，尽量控制压力降值不要过大。随着运转时间的延长，由于污垢的积累而增加了水流的阻力，使得压力降增大，当压力降值高出初始值 0.05MPa 时，应当对系统进行清洗。

9.5.3　回收比和浓缩水排放量

在超滤系统中，供给水量等于浓缩水与透过水量之和，回收比与浓缩水排放量是相互制约的因素。回收比是指透过水量与供给水量之比率，浓缩水排放量是指未透过膜而排出的水量。因此，浓缩水排放量大，回收比小，反之亦然。为了保证超滤系统安全运行，设定了膜组件的最低浓缩水排放量及最大回收比。如，在一般水处理工程中，中空纤维超滤组件回收比为 $50\%\sim90\%$，卷式膜组件的回收为 $10\%\sim30\%$（单元件组件）和 $33\%\sim90\%$（三元件组件）。在使用过程中，根据超滤组件的构型和进料液的组成，通过调节组件进口阀及浓缩液出口阀门，使透过液量与浓缩水量的比例适当。

9.5.4　工作温度

超滤膜的透水能力随着温度升高而增加，市售组件性能多数为 25℃下的数据。在工程设计中应当考虑工作现场供给水的实际温度，实际温度低于或者高于 25℃时，都应当乘以温度系数。对不耐高温的膜材料，高温操作影响膜的稳定性，降低膜的使用寿命，因此操作温度不能过高。通常情况下，超滤装置工作温度以 25℃±5℃为宜。无调温条件的，一般也不应超过 25℃±10℃（特殊用途膜除外）。

9.6　超滤系统的运行管理

9.6.1　预处理系统

预处理系统是指供给水在进入超滤装置之前，预先去除各种水体中膜污染物质的工艺过程和设备。

9.6.1.1　预处理的意义

通常膜处理的水体中，除了分子和离子外，包括悬浮物和胶体物质，如，细菌、藻类及其他微生物、泥沙、黏土、油脂和其他不溶性物质，硅酸及铁、铝的某些化合物和高分子化合物等。这些悬浮物和胶体物质被膜表面截留并在膜表面积累，导致膜孔堵塞，透水量降低，缩短了膜组件的使用寿命。因此，被处理水进入超滤系统前，需要进行适当的预处理，以延长超滤膜的清洗周期，保障超滤系统长期稳定运行。

9.6.1.2　预处理工艺和设备

（1）混凝

在水处理中，从投药到形成大颗粒凝聚体止，称为混凝过程。所投加的药剂为混凝剂，为了提高混凝效果而加入的辅助药剂，称为助凝剂。混凝过程的关键是根据不同的原水水质来选用相适应的混凝剂及助凝剂，同时控制合适的水力条件，使混凝过程顺利进行。

常用的混凝剂有无机混凝剂和高分子混凝剂。无机混凝剂主要包括硫酸铝、硫酸钾铝（明矾）、三氯化铁和硫酸亚铁等。高分子混凝剂包括无机高分子混凝剂（如碱式氯化铝、聚合硫酸铝及复合氯化铁铝等）和有机高分子混凝剂（如聚丙烯酰胺）。常用的助凝剂有氯、生石灰、黏土和污泥等。

（2）沉淀与澄清

在重力作用下让原水中的泥沙或投药混凝后所形成的凝聚体沉降下来使水变清的过程就是沉淀过程。沉淀所用的设备叫作沉淀池。根据水流形式分平流、竖流和辐射流形式。平流式沉淀池构造简单，操作管理方便，处理效果也比较稳定，但占地面积较大，排泥也困难，不适用于小型水站。竖流式沉淀池的上升流速度一般为 0.5～0.6mm/s，处理效率比较低，很少采用。辐射流式沉淀池仅适用于大型水站。

目前国内用得较多的是斜板和斜管沉淀池。该池内装有许多留有小间隙的平行斜板或斜管，其特点是沉淀效率高、占地面积小、排泥方便。

斜板、斜管沉淀池，根据水流方向分为上向流、下向流和侧向流（见图 9-56）。上向流是由底部进水，上部出水，污泥向下滑出，水与污泥逆向流动，故又称作异向流。下向流是上部进水，下部出水，污泥向下滑，与水流同向，称为同向流。侧向流，一个侧面进水，另外一个侧面出水，污泥下滑，与水流方向垂直。

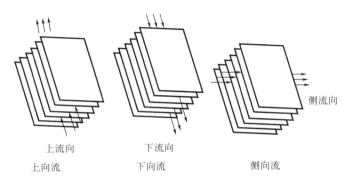

图 9-56 斜板、斜管沉淀池

水中的杂质与活性泥渣相互碰撞接触、吸附、黏合，进而与水分离，使水变清的过程称为澄清。澄清池是一个集混合、反应、分离等过程的综合性净水设施。

（3）过滤

原水经混凝沉淀或澄清处理后，大部分悬浮物、胶体物质被除去。但还有部分细小的杂质未被去除，用多孔介质可把这些杂质进行过滤除去。从不同角度，过滤种类有不同分离方法，按着推动力可分为重力式和压力式过滤；按过滤精度可分为粗过滤和细过滤；按过滤速度可分为慢过滤和快过滤。超滤系统中多采用压力过滤方式。压力式过滤器通常也叫作机械过滤器。目前中、小型净水工程中用得最多的一种过滤器——砂滤器见图 9-57。滤器直径范围为 $300\sim3200mm$，相应处理水量为 $1\sim240m^3/h$，已经形成系列化。习惯上以直径（内径）100mm 为分界线，内径小于 100mm 的称为小型过滤器，内径大于 100mm 的称为大型过滤器。小型压力式过滤器可以用两种材质制造，一种用碳钢（内衬胶或喷塑）或不锈钢制成，操作压力可达 >0.6MPa；另一种是由硬质工程塑料制成，操作压力通常为 <0.2MPa。大型的压力式过滤器均用金属材料制成，即利用碳钢内涂防腐材料或不锈钢制成。

根据处理对象的不同，过滤介质可以是单层、双层或者多层。

① 单层滤料过滤器　滤层用一种过滤介质，通常是指石英砂作为滤料，砂粒大小约 $0.4\sim0.6mm$，承托层可用 $0.6\sim25mm$ 的砂石和卵石按粒径大小分成几档依次排列。有的过滤层在上，承托层在下排列，也有的与此相反，即过滤层在下、承托层在上。前者的过滤方向是自上而下流，后者是自下而上流。

② 双层滤料过滤器　过滤层采用两种介质，多为无烟煤与石英砂或者活性炭与石英砂。无烟煤盖在最上层，粒径大小约 $0.8\sim1.3mm$，石英砂粒径约 $0.4\sim0.6mm$，滤层下的承托层是由 $0.6\sim5mm$ 的砂石分档铺成，其级配方式参考见表 9-3。

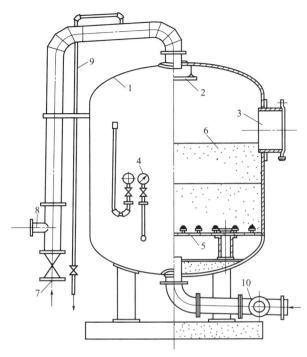

图 9-57 砂滤器

1—钢制筒体；2—挡板；3—人孔；4—压力表；5—滤头；6—滤料；7—排水管；
8—进水管；9—排气管；10—冲清水管

表 9-3 滤料级配表

名称	粒径/mm	厚度/mm	名称	粒径/mm	厚度/mm
无烟煤	0.8～1.3	300	粗砂	0.6～1.5	100
石英砂	0.4～1.6	400	砂石	1.5～2.5	100

砂石以下是装于滤器底板上的塔式滤帽。无烟煤下面应当留有 500mm 左右高度的空间，称为浑水区，防止在反冲洗时活性炭在翻腾过程中冲出体外。过滤速度一般为 5～10m/h，大多数控制在 8m/h 左右。反冲洗速度约为 18～40m/h。

③ 多层滤料过滤器 多品种滤料按粒径大小分层排列，根据需要设置 3～5 层不等，可供作选择的滤料有石英砂、无烟煤、石榴石、砾石、硬质胶粒等，下部以承托层支撑，一般情况下，层数越多，截污能力越强。以五层为例，依次顺序是硬质胶粒、无烟煤、石英砂、石榴石、砾石，前 4 种滤料的粒子直径分别为 5mm、2～3mm、0.5～1mm、0.3～0.5mm，而砾石直径 2～3mm。上述 4 种滤料的密度自上而下依次增大级配合理，当反冲洗再生时不易混层，过滤效果也比较好，过滤速度调控在 10～15m/h。过滤水的水头损失达到 0.1MPa 时，需进行反冲洗再生。

使用压力式过滤器应注意如下事项：滤料在装填完毕后，使用之前必须进行反冲洗，把细砂、煤屑等细小杂质除去。如果有条件，滤料在装填前先冲洗干净，这样可以节约反冲洗时间。定时按期反冲洗运行中的过滤器，以免时间过长滤料形成泥球或者结块。反冲洗时间的长短主要根据出水水头损失而定，而每次反冲洗时间的多少，以排尽污垢为准。

④ 精密度过滤器 通常把过滤精度在 1～30μm 的过滤器叫作精密过滤器。商业化的滤

材包括：纺织纤维制成的线绕滤芯（也称蜂房滤芯）、喷熔胶滤芯、不织布卷制的滤芯、烧结陶瓷滤芯及烧结聚乙烯粉（粒）料滤芯等。线绕滤芯和喷熔胶滤芯用得最多，它们可除去水中的悬浮物、微粒和铁锈等；可以承受较高的工作压力；深层网孔结构，具有较强的纳污能力；该类型产品已经系列化，可在 $1\sim30\mu m$ 范围内选择所需要过滤精度的滤芯。用脱脂棉制成的线绕滤芯，配用不锈钢芯管，可以在 120℃ 条件下进行灭菌操作而不变形。

市售线绕过滤器，作为外壳材质有不锈钢、铝合金、有机玻璃和其他硬塑性工程塑料等。操作压力 0.1~0.6MPa，实际应用中，多数使用工作压力为 0.1~0.3MPa，配用不锈钢壳体，既漂亮又经久耐用（图 9-58）。

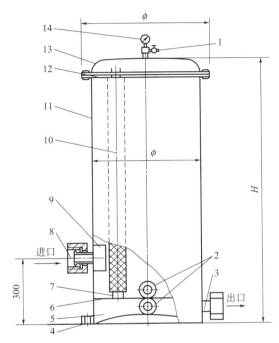

图 9-58　不锈钢精滤器

1—放气阀；2—排污口；3—出水管；4—固定螺孔；5—收集腔；6—滤芯插座；7—滤芯密封圈；
8—进水管；9—进水挡板；10—滤芯；11—滤器外壳；12—压紧板；13—上盖板；14—压力表

超滤装置在其长期使用运行过程中，膜表面会被它截留的各种有害杂质所覆盖，甚至膜孔也会被更为细小的杂质堵塞而使其分离性能下降。原水预处理质量的好坏，只能解决膜被污染速度的快慢问题，而清洗从根本解决污染问题。即使预处理再彻底，水中极少量的杂质也会因日积月累而使膜的分离性能逐渐受到影响，因此，一般超滤系统都配备清洗和再生过程。清洗膜的方法可分物理方法和化学方法两类。

9.6.2　物理清洗法

物理清洗法是利用机械的力量来剥离膜面污染物，整个清洗过程不发生任何化学反应。

（1）手工擦洗法

该方法是比较原始但很有效的方法。仅适用于各种可拆式板框超滤组件。具体做法是将拆解开来的平板膜用柔软物（如海绵）轻轻擦拭膜面的污垢，边擦边用水冲洗掉，这种方法可有效地除掉膜表面上大量的污垢。但对于深入膜孔中更细小的杂质则无能为力。

（2）海绵球擦洗法

该方法专用于内压管式超滤组件的清洗。根据膜管直径大小，选择相适应尺寸的海绵球，利用专用设备将其通过膜管，依靠海绵球与膜面的摩擦力来去除污垢，海绵球可以循环使用，直到清洗完毕为止。

（3）等压水力冲洗法

任何构型的超滤组件均可以利用这种方法进行清洗。具体做法是关闭透过水阀门，打开浓缩水出口阀门，靠增加的流速冲洗膜表面，这对去除膜表面上大多松软的污染物有效。

（4）热水冲洗法

利用加热过的水（30～40℃）冲洗膜表面，这对黏稠而又有热溶性的杂质（如糖类）去除效果明显。

（5）高纯水冲洗法

通常情况下，水的纯度越高，溶解能力越强。为了节约使用高纯水，可先利用过滤水冲去膜面上大量松散的污垢，然后利用电阻为＞1MΩ的纯水循环清洗，效果比较好。

（6）水-气混合清洗法

将净化过的压缩空气与水一同送入超滤装置，水-气混合流体会在膜表面产生剧烈的搅动作用而去除比较顽固的杂质，效果也比较好。

（7）超声（或亚声）清洗法

该法只见有资料报道，实用中所见不多。其作用原理是靠超声（或亚声）的活化作用去除膜表面污垢。

（8）反向冲洗法

从膜的透过侧向原水侧进行冲洗。这是一种行之有效但常与风险共存的方法。因为一旦操作不慎，很容易把膜冲破或者破坏密封粘接面（如卷式、管式、中空纤维过滤组件）。

9.6.3　化学清洗法

化学清洗法是利用某种化学药品与膜面吸附或沉积的污染物进行化学反应来达到清洗膜的目的。选择化学药品的原则，一是不能与膜及其他组件材质发生任何化学反应，二是不能因为使用化学药品而引起二次污染。

（1）酸溶液清洗法

常用的酸有盐酸、柠檬酸、草酸等。配制酸溶液的 pH 因膜材质类型而定。例如对 CA 膜，清洗液 pH＝3～4，其他如 PS、PES、PVDF 等膜材质，pH＝1～2。利用水泵循环操作或者浸泡 0.5～1h，对去除无机垢效果好。

（2）碱溶液清洗法

常用的碱主要有氢氧化钠和氢氧化钾。配制碱溶液的 pH 也是因膜材质类型而定。例如对 CA 膜，清洗液 pH 为 8 左右，PS、PES、PVDF 等膜材质 pH 为 12，利用水泵循环操作或者浸泡 0.5～1h，对去除有机杂质及油脂有效。

（3）氧化性药剂清洗剂

利用浓度为 1%～3% H_2O_2，500～1000mg/L NaClO 等水溶液清洗超滤膜，能够去除有机物和起到灭菌作用。

（4）加酶洗涤剂

加酶洗涤剂 0.5%～1.5% 胃蛋白酶、胰蛋白酶等，对去除蛋白质、多糖、油脂类污染物质有效。

9.6.4　配套设备与维修保养

9.6.4.1　配套设备

（1）增压泵

增压泵是超滤分离过程中必不可少的动力设备，它为超滤膜实施分离提供了必需的推动力。由于超滤的工作压力比较低，在工业生产中多采用离心泵，即根据实际工作需要，选用单级或者多级离心泵。二者的选取没有严格的分界线，通常选择离心泵的主要依据是扬程、流量和材质，以最经济的方式满足工作要求；其次是体积的大小和外观造型，使整套系统配合协调、美观、实用。扬程和流量在超滤系统中则专指在所需要的工作压力（或扬程）下水泵的供水量，一般选择水泵的扬程和流量应当等于或者大于设计供水量，为工作过程中操作参数的调节留有余地。所用泵的材质应该有足够的机械强度，耐溶液腐蚀，保证在工作状态下不变形、不与被输送的流体产生任何化学反应，也不能有溶解现象。另外，如果处理高温流体，还必须选择耐热材质，例如不锈钢、陶瓷等。

（2）物理清洗和化学清洗系统

清洗系统主要由配药箱和循环泵构成。一般情况下，等压大流量冲洗（物理清洗）是利用原超滤系统的设备，当需要冲洗时，关闭透过水引出阀门，开启浓缩水出口阀，使流体以快于正常工作状态时的流速冲刷膜表面，去除污垢。化学清洗多为另设一套系统，用循环泵将配药箱内的清洗液送入超滤装置，进行循环清洗或者浸泡，利用化学药品的作用清除膜面上的污染物（见 9.6.3 节），以恢复膜的透过分离性能。

（3）灭菌系统

超滤装置的灭菌系统所用设备和操作程序与化学清洗系统相同，仅需要把清洗液换成灭菌液即可。

（4）计量、监控和仪表

水流量的计量仪器有浮子（转子）流量计、电磁流量计和指针式流量计等，在超滤系统中被广为采用的是玻璃浮子流量计，因为这种流量计显示直观且价格低廉。一台超滤装置至少需要设置两个流量计，分别指示透过水量和浓缩水排放量，由此计算出超滤装置的回收比和流速。流量计的规格（量程）的选择系根据水的流量大小而定，通常选择的流量计以使浮子的顶端上面处于刻度线 1/2～2/3 左右的位置为宜。

监控系统及仪表运行中的超滤系统，必须严格按照设计参数操作，其中主要的监控项目是水质、流量和压力。监控系统可以是手动操作，也可以利用电脑自动控制。如供给水 pH 值的测定，可以手工测定，也可采用自动测定系统；清洗再生系统，可以利用时间控制器定时清洗膜组件。

压力表是指示超滤系统工作压力的元件。常用的是弹簧管式压力表，其工作原理是在压力的作用下，由于弹簧管变形而带动指针转动，并由刻度盘指示压力的高低。压力表量程的选择，以使指针处于刻度盘的 $1/2\sim2/3$ 位置为宜。

9.6.4.2　操作管理与维修保养

（1）开机前准备的三项工作

① 检查进水水质　检查进水的 FI 值、pH 和余氯等项。FI 值达到进水指标后可输入超滤装置。pH 的大小是根据超滤膜的材质而定。不同膜材质对余氯要求标准不同。

② 清洗设备及管道　超滤系统组装后，在启动之前还必须对系统中所有设备进行清洗，以冲洗掉设备及管路中的碎屑及其他有害杂质。一般常采用分段清洗法，即按照工艺流程路线由前往后按设备和管路分段清洗，以保证设备安全运行。

③ 管路系统检查　按着工艺流程路线，检查各有关设备和管路是否有误接的地方，同时还要检查进、出口阀门开关是否正确。特别是要注意浓缩水出阀门不能全部关闭，以防止该系统在封闭状态下运行，因压力过高而损坏设备。

（2）启动

开机前的准备工作完成后，可先进行试启动，即接通电源，开动泵后立刻停止。其目的有两个：一是观察水泵叶轮的转动方向是否与标签箭头所指的方向一致；二是检查水泵在启动时有无反常的噪声产生，当确认正常后方可正式启动。

（3）运行管理

① 升压速度要慢　水泵启动是靠调节浓缩水出口阀来使系统升压的，通常情况下，慢慢转动浓缩水阀门，大约在 1min 的时间内逐步升至所需的工作压力，防止水锤冲击作用。

② 作好运行中的监控及记录工作

a. 注意超滤设备进、出口压力差的变化。进、出口压力一般应按设计值操作，但随着运行时间的延长，出口压力会慢慢降低，进、出口压力差会逐渐增大，当差值高于初始值 0.05MPa 时，说明水路有阻塞现象，应当采取疏通措施，即采用物理或化学方法进行清洗。

b. 定时分析供水水质和透过水水质，发现不合格时，应立即采取处理措施。若发现进水水质不合格，应加强预处理工艺。如果透过水量低于要求，则应当进行清洗再生，处理后仍然不见效果，则应更换新的膜组件。

c. 控制浓水排放量及透水量，保持系统在允许的回收比范围内运行。回收比过大或过小，对超滤系统都不利。回收比过大，容易产生浓差极化现象，影响产水量；回收比过小，流速过大，容易促进膜的衰退，压力降增加，影响产水量。当浓缩水排放量偏小（即回收比偏大）时，可微微开启浓缩水出口阀，如果因此而导致工作压力下降或透水量不足，则需要适当开启水泵排水阀，增大供水量。当浓水排放量偏大时，可微微关闭浓缩水出口阀，如果由此而引起工作压力上升，则应适当关闭水泵排水阀，即减少供水量。

③ 消洗膜面污染物　超滤过程中，截留物质及其他杂质在膜面的积聚而影响膜的分离性能。供给水预处理质量的好坏关系到污染速度的快慢，长期运行使用的超滤膜终究会发生膜污染堵塞。因此，膜的清洗是超滤系统中不可缺少的操作步骤。具体清洗方法有物理方法和化学方法两种（见 9.6.2 节和 9.6.3 节）。判断超滤装置是否需要清洗的原则如下：

a. 根据超滤装置进、出口压力降的变化，多数情况下，压力降超过初始值 0.05MPa，说明流体阻力明显增大，作为日常管理，可采用等压大流量冲洗法，如无效，再选用化学清洗法。

b. 根据透过水的水量和质量判断，当超滤系统的透过水量或质量下降到不可接受程度时，说明透过水流路被阻塞，或者因浓差极化现象而影响了膜的分离性能，此种情况下，多采用物理-化学相结合的清洗法，即选用物理方法冲去大量的污染物质，然后再采用化学方法进行清洗，以节约化学药品。

c. 定时清洗。运行中的超滤系统根据膜被污染的规律，可采用周期性的定时清洗。可以通过设置时间控制器或者自动控制定时清洗。

④ 灭菌　细菌及其他微生物被膜截留，不但繁殖速度极快，而这些原生动物与其代谢物质形成一种黏稠污染物质紧紧黏附在膜表面上，直接影响膜的透水能力和透水质量。一般采用定期灭菌的方法，灭菌的操作周期因供给水的水质情况而定。对于城市普通自来水而言，夏季 7～10d，冬季 30～40d，春秋季 20～30d。灭菌药品可用 500～1000mg/L 的次氯酸钠溶液或者 1％～2％过氧化氢水溶液循环流动或浸泡约半小时即可。

（4）停机

先降压后停机，当完成运行任务或者由于其他原因需要停机时，可慢慢开启浓缩水出口阀门，使系统压力徐徐降到最低点再切断电源，因为在操作状态下突然停泵，容易伤害超滤膜。停机后，用纯水或精密过滤水冲洗膜表面，采用大流量冲洗 3～5min，以清除掉沉积于膜表面上的大量污垢，在冲洗过程中，系统内不升压。

（5）停机期间的维护保养

如果停机时间短（2～3d），可每天运行约 30～60min，用新鲜水置换出装置内存留的水。如果停机时间较长（7d 以上），应向装置内注入保护液（0.5％～1.0％甲醛水溶液），以防止细菌繁殖。同时，在停机期间，应始终保持超滤膜湿润，一旦脱水，膜可能会失效。

9.7　超滤技术的应用

超滤作为一种膜分离技术，在工业生产、医药卫生、环境保护和人民生活等国民经济的各个领域得到了广泛的应用。虽然它可以处理的对象种类繁多，人们所要求达到的目的也各有不同，但超滤所起的作用可归结为净化、分离和浓缩三大功能。

9.7.1　净化

9.7.1.1　制水工业

（1）作为反渗透等水处理技术的前处理工艺

反渗透装置在海水淡化和超纯水制备领域中，因其设备结构简单、运行费用低、操作维修方便、产水质量高等优势得到了广泛的应用。但反渗透装置对供水质量要求高，大多数反渗透厂家推荐反渗透进水 FI 值不高于 5，而传统水处理方式无法满足要求，可用超滤工艺对供水进行预处理，以满足反渗透装置的进水要求。

同样的道理，超滤也可以用作电渗析和离子交换树脂等水处理系统的预处理设备，不但保护了这些装置的安全运行，而且也提高了产品水的质量。超滤装置对前处理工艺的要求，一般采用 $5\sim10\,\mu m$ 精度的滤器过滤即可。

（2）天然水净化

① 自来水净化　自来水多取之于江、河、湖水或者井水。这些水在自然界的循环过程中由于接触大气和流经多种复杂环境而含有大量对人体有害的杂质，超滤处理过的水，不仅去除了水中大量的悬浮物、胶体和微粒，使水变得清澈透明，而且也除掉了有机物、细菌和大肠杆菌等致病的物质。因而经超滤处理过的水，可以用于各行各业，例如食品饮料、化妆品生产用水等，也可以作为家用净水器以高品位的水质造福于人民。

② 矿泉水净化　矿泉水是雨水渗入地层后溶解了多种矿物质的地下水。在矿泉水积聚的过程中，既溶解了大量对人体健康有益的矿物质，也往往同时混进了一些悬浮物、有机物、细菌和大肠杆菌等有害的物质，因此一般不提倡直接饮用。超滤是一种比较理想的处理方法。因为它只允许纯水和矿物质透过，而阻止其他大分子的物质通过。所以超滤法处理过的矿泉水由于水中的可见杂质已被除去，透明度明显提高，而那些有利于人体健康的矿物质则毫无损失。因而超滤已成为我国目前在矿泉水生产中的主体净化设备。

9.7.1.2　无菌液体食品制造

（1）低度白酒去浊除菌

白酒降度时，原来溶于酒基中的棕榈酸乙酯、油酸乙酯、亚油酸乙酯等物析出，产生絮状物沉淀。除浊的方法有多种，有的采用硅藻土过滤两次，不仅滤除困难，而且对硅藻土的毒性问题尚有异议。近年，有些酒厂采用了深度冷冻过滤、淀粉和活性炭吸附过滤等方法，生产成本高、能耗大，而且在高温时有复浊现象。

超滤法则克服了上述缺点，用它处理低度白酒具有过滤除浊、灭菌和陈化等多种功能。超滤能使低度白酒中的辛辣、苦涩和邪杂味物质减少，而产生香味的酯类物质增加，在短时间的处理过程中就可以达到自然窖藏需要半年甚至数年才能完成的化学和物理变化，加速了氧化、酯化和缔合作用。

（2）果酒、啤酒及其他酒类的精制

酒中常常因含有残存的酵母、杂菌及胶体物质而产生沉淀现象。用超滤处理后，不但使酒的澄清度明显提高，而且酒的风味也在一定程度上得到改善，变得入口绵甜、爽净，香味谐调，余味悠长。在国外，例如美国、意大利、日本等国家，常常采用超滤精制葡萄酒、威士忌、果子酒、清酒、烧酒等，避免了因热杀菌而易形成的混浊物质析出。

处理酒类选用的膜材质和膜的截留分子量应当认真选择。膜材料须对醇有良好的稳定性，不产生任何有损于膜和酒质的物理化学反应。例如目前常用的膜材料有聚砜、聚丙烯腈等。用于处理不同类型酒的膜所对应的截留分子量范围为 $10000\sim100000$。

（3）净化茶汁制备速溶茶

茶叶经水抽提后得到的茶水中，往往含有大量的固体杂质，采用传统的机械过滤技术无法彻底除去，因而很难生产出纯净的速溶茶。如果选用超滤法（膜的截留分子量 $50000\sim100000$）处理，将其透过液再用反渗透装置进行浓缩，即得到浓缩茶汁，最后经喷雾干燥处理，就可以制得粉末状速溶茶。由这种茶粉泡出的茶水清澈、透明。但是用超滤膜净化和用反渗透膜浓缩茶叶水这一连续过程中，整个系统必须保持 $30\,℃$ 以上的温度。否则，茶汁会变得黏稠，无法处理。反渗透膜可将糖度为 3～3.5 度的原茶水浓缩至 30～35 度，节约了喷雾干燥的能量消耗。

9.7.1.3　医疗医药方面的应用

(1)　血液超滤净化

近年来血液透析已经广泛用于临床去除血液中的尿毒素、肝毒素等，但对于去除血液中尿毒素的人工肾，多使用孔径为 20Å 的膜，超滤不但可以有效地去除了尿毒素，而且同时补充了相当于滤液体积的无菌水输回体内，见图 9-59，成本也低。

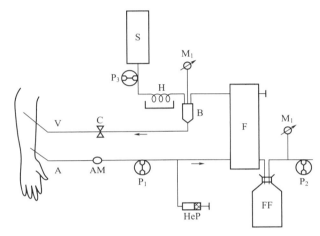

图 9-59　血液超滤系统

A—动脉回路；AM—动脉压监测器；P$_1$—血液泵；HeP—肝素泵；F—超滤器；FF—透析液储存瓶；M$_1$—静脉压力计；B—消泡器；P$_2$—真空泵；P$_3$—滚柱泵；H—恒温器；S—补充液；C—夹子；V—静脉回路

(2)　双黄连粉针药液处理

双黄连粉针药液所含主要成分为黄芩、双花和连翘。这些中草药蒸煮后，药液经活性炭过滤除热原，经板框过滤机过滤，即可输入超滤装置。再用微孔膜过滤并冷冻干燥即制成粉针。用超滤法处理过的药液去掉了固体杂质，而有效成分基本不变，提高了产品质量。

(3)　针剂、大输液除热原

目前医疗机构常用的静脉注射葡萄糖氯化钠水溶液如果含有热原（一种发热物质，分子量约为 1000～5000），会导致受注者体温上升。而用超滤法处理过的药剂，则安全得多。例如含有 0.33mg/L 热原的 5% 葡萄糖液，可使受体体温升高 0.3～1℃，而经过超滤处理后，体温上升情况为 0～0.3℃，明显地提高了药液的质量。

9.7.2　浓缩

9.7.2.1　在食品、发酵工业中的应用

(1)　浓缩酶制剂

酶是一种由生物体产生的具有特殊催化功能的蛋白质。例如 α-淀粉酶、蛋白酶、果胶酶、糖化酶和葡萄糖氧化酶等。

对工业生产的酶制剂，必须进行浓缩提纯，传统的处理方法有盐析沉淀、溶剂萃取、真

空蒸发、冷冻、色谱分离和离心分离等技术。20 世纪 60 年代开始采用超滤技术对酶进行浓缩分离，具有明显的优越性：

① 在常温下操作，克服了热对发酵产品质量的影响，而且收率也高。

② 能耗低，与真空蒸发法相比较，其能耗比为 1∶8.83。

③ 操作简单，运行简便。

④ 与盐析沉淀及溶剂萃取法相比，可节省无机盐和有机溶剂。

⑤ 生产的酶制剂纯度提高，除去了小分子杂质。

（2）蛋白质浓缩

① 大豆蛋白质精制　从大豆提取出的蛋白质可以制作人造肉等多种食品。通常以脱脂大豆为原料，用碱提取蛋白质，然后用酸中和至等电点即产生沉淀。但在大豆粉的提取物中往往含有对人的肝脏有害的胰朊酶阻聚剂，利用超滤技术对其进行浓缩，在处理过程中，这些有毒性及异味的低分子量物质透过膜被除去，蛋白质得到浓缩纯化。

② 卵蛋白浓缩　卵蛋白被大量用于糕点和面包制造业。卵蛋白大约 1/3 被冷冻存放，新鲜状态仅约占 5%，其余大部分是通过加热干燥制成粉状。反渗透技术问世以后，有人采用反渗透浓缩和喷雾干燥组合工艺。反渗透对卵蛋白可浓缩约 2～3 倍，蛋白质可全部被浓缩，但透过速度也随之急剧下降。另外，当料液通过减压阀时，由于受到大的剪切应力易使白蛋白变性，后来采用超滤法浓缩卵蛋白比反渗透法更具优势：

a. 超滤可除去约 0.38% 的葡萄糖，避免了它与氨基酸发生氨羰基反应产生不溶性黑色物质，从而防止了卵蛋白变色。

b. 采用反渗透时，随着浓缩进行，渗透压增大，因而浓缩倍率有限，但超滤时，由于盐和糖类可以透过膜，渗透压增加不明显。

c. 由于超滤工作压力低，其剪切应力对蛋白质变性的影响远比反渗透小。

d. 超滤工作压力低，能耗少，相应配管要求也比反渗透低，故更为经济。

Amicon 公司的薄层流路组件，Abcor 公司的内压管式组件，DDS 公司的平板式组件及 AMT 公司的卷式超滤膜组件都可以用于浓缩卵蛋白，浓缩约 3～4.5 倍。

另外，利用超滤法还可以从牛、羊、猪等动物的血中提取蛋白。工艺程序是先从血中分离出血清，然后用超滤分离出血清中的免疫球蛋白。

9.7.2.2　在乳品工业中的应用

超滤也可以用来浓缩牛乳和从乳清中回收乳清蛋白，目前超滤法已经作为一种标准技术在世界各国得到广泛应用，大约有 3% 的乳清产品采用超滤法处理，其中美国、法国等国已达 8%～10%。我国目前尚处于中试阶段，内蒙古轻工业研究所利用引进的丹麦 DDS 公司的板式反渗透和超滤装置进行了马乳的试验研究，但还没有在全国范围内推广应用。

9.7.2.3　在医疗方面的应用

超滤可以浓缩肝硬化或肝癌患者的腹水。对腹水实行闭路循环浓缩，见图 9-60。浓缩水再注入病员静脉，对治疗腹水症有效。

对肝硬化和肝癌合并发生者，在用超滤浓缩前，应先除去癌细胞和细菌，以防癌细胞扩散。先用 0.1～0.2μm 微孔膜过滤，蛋白质透过，阻止癌细胞透过，再用截留分子量 13000

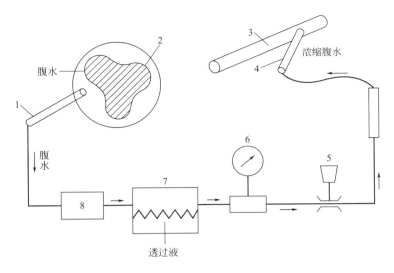

图 9-60　腹水浓缩流程图

1—腹膜穿刺针头；2—肠；3—静脉；4—静脉注入针头；5—微调旋钮；
6—压力计；7—超滤器；8—泵

的超滤膜浓缩，便得到纯净的浓缩液送回（静脉注射）病员体内。

9.7.2.4　在生物制剂方面的应用

（1）霍乱外毒素的精制

霍乱病主要是由霍乱菌产生的外毒素引起的，外毒素是分子量为 84000 的蛋白质，毒性极强。为预防霍乱，将免疫用的类毒素精制成霍乱毒素，再设法使其无毒化，在用霍乱菌培养霍乱毒素中，包含了多种新陈代谢物，可以用超滤加以浓缩和精制。

（2）人体生长激素（HGH）的超滤提取

人体如果连续注入人体生长激素，能够增强人的抗体，但有时会阻止人的生长，这是由于生长激素提取方法不当而引起的。超滤法可以获得高纯度的 HGH。人的生长激素是从死者的脑下垂体中提取的。将 20 个脑下垂体（10g）置于 0.3mg/L 的 50mL KCl 溶液中使其均匀化，然后立刻用 1mol/L HCl 溶液调节 pH 至 5，上述操作在 15min 内完成。精制过程用了两种超滤膜：先用截留分子量 10000 的超滤膜对人体生长激素进行浓缩，再用截留分子量为 50000 的膜进行分离，如此反复八次，可获得 64mg 的 HGH。

（3）浓缩钩端螺旋体菌苗

钩端螺旋体菌是一种使人、畜共患的自然疫源性传染病，世界各国均有流行，我国则以南方地区为主。超滤法可以制取浓缩疫苗，采用截留分子量为 20000 的超滤膜，对疫苗进行 10～100 倍的浓缩，产品经动物免疫力试验表明，它不含有抗原物质，也无溶解抗原物质的损失。浓缩的菌苗经质量鉴定全部合格，经多人体对照应用观察，证明安全有效，并优于普通菌苗。

（4）浓缩人血清蛋白

供静脉注射用的 25％人胎盘血白蛋白通常用硫酸铵盐析法制备。生产过程中的中间产物即低浓度胎盘血白蛋白，需经两次硫酸铵盐析、两次过滤、压干、透析脱盐、除菌、真空浓缩等步骤。该工艺存在消耗硫酸铵量大、能耗高、操作时间长、透析过程易污染等缺点。也可以用冷冻法浓缩，但成本高，且易导致白蛋白形成一些聚合体。真空浓缩，白蛋白会附于蒸馏器内壁而造成损失，损失量达 5%～7%。

采用超滤法浓缩可以同时克服上述脱盐和浓缩时存在的缺点。用截留分子量 50000 的超滤膜，对人胎盘白蛋白进行浓缩脱盐，分离率为 98.77%，吸附损失约为 1.69%，远比真空浓缩低。

超滤技术还可以用于狂犬疫苗、乙肝疫苗、胸腺素等生物制品的浓缩提纯。

（5）精制、浓缩中草药

随着科学技术的进步，出现了针剂中草药的新剂型。中草药中会有大量的鞣质、蛋白、淀粉、树脂等大分子物质，这些无药效的物质，在作针剂时必须除去。目前制作工艺主要有水醇法、改良明胶法和透析法等，它们的缺点是生产周期长，反复浓缩和转溶不但使有效成分受到破坏，而且杂质也没有彻底消除。采用超滤法处理是一种比较好的方法，它具有如下特点：

① 药液中大分子物质被除去，明显地提高了针剂的澄清度和精纯度，储存稳定性好。

② 因分离过程无相变化且在常温下进行，因而药液中的生物活性和理化性能稳定。

③ 生产工艺流程简单，操作简便，生产周期短。

④ 产品有效成分利用率高，较通常方法高 10%～100%，因而节约了原料，降低了成本。

超滤制备针剂中草药的工艺程序为：抽提→预处理→超滤→灌封灭菌。

9.7.3　废水处理

9.7.3.1　肉类加工厂废弃物处理

从宰杀动物（如牛、羊、猪等）的血中回收蛋白质是一个倍受注目的应用领域。因为血清中含有大量的蛋白质，从 100kg 的干燥血液中大约可以提出 50～60kg 的食用蛋白质。有些肉类加工厂将大部分兽血舍弃掉而损失了大量的蛋白质资源。

从兽血中回收蛋白质，首先把血清分离出来，然后用超滤法进行浓缩，浓缩液经喷雾干燥、冷冻干燥即制成成品。血清的有效成分被保留下来，而尿素等有毒物质可完全除去。

9.7.3.2　在豆制品工业中的应用

（1）从大豆乳清中回收蛋白质

大豆蛋白加工业中的乳清大量被排放，严重污染了水体。乳清中的蛋白质含量约为 4.3%，BOD＞700mg/L。近年来用超滤法回收大豆乳清中的蛋白质引起人们的兴趣。处理结果表示于图 9-61 中，由结果可见，超滤法可以回收其中的大部分蛋白质。

如果采用超滤-反渗透组合处理工艺，则使该处理系统更为完善。即将超滤透过液进一步用反渗透法处理，则透过液 BOD 可降至 350mg/L 以下。

（2）从大豆蒸煮汁中回收蛋白质

豆腐制品厂和酱厂常年排出大量的废水，其中主要是大豆蒸煮汁。每蒸煮 1t 大豆用水 2t，煮汁固形物含量 4%～6%，其中糖分 1.2%～2.5%，粗蛋白质 0.5%～0.8%，灰分

图 9-61　超滤法处理大豆乳清

0.5%~0.7%，BOD 30000~40000mg/L。蒸汁固形物含量约为 3.9%，其中糖分 3.3%，蛋白 0.4%，灰分 0.62%，COD 20000mg/L 左右。

大豆煮汁超滤处理工艺如图 9-62 所示。各段处理结果列于表 9-4。

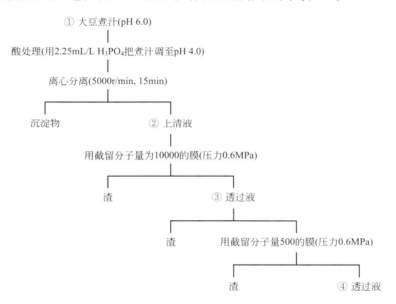

图 9-62　膜法对大豆煮汁分离工艺

表 9-4　大豆煮汁各段处理结果

分段	BOD /(mg/L)	BOD 除去率 /%	糖分 /%	糖除去率 /%	总氮 /%	氮除去率 /%
①煮汁原液	47342	—	2.6	—	0.12	—
②上清液	45697	3.5	2.4	7.6	0.08	36.4
③透过液	19920	66.4	0.6	75.2	0.04	64.6
④透过液	11620	75.5	0.07	97.3	0.03	71.0

结果表明，pH=4 时比 pH=6 的透过速度快。这是因为当 pH 在等电点附近时，蛋白质本身凝固，可有效防止膜孔堵塞。

另外，蛋白质很容易变质，处理过程要快，或采取其他防止措施。

9.7.3.3　在涂装工业中的应用

近年来汽车制造、自行车和家用电器等工业，越来越多地采用电泳漆涂装技术。涂料是一种水溶性高分子物质，是靠涂装液与被涂装物之间的静电电位差而涂上去的。涂装后紧接着用水冲洗表面，冲洗废水浓度比较高，如果排放掉，不但使水体污染，造成公害，而且也使得大量涂料流失，浪费严重。超滤是处理电泳废水最理想的方法之一。图 9-63 表示了超滤装置用于浓缩电泳漆废水的工艺流程。浓缩液返回到涂料槽重复使用，透过液则用来冲洗被涂件。利用超滤法处理电泳漆具有如下的优点：

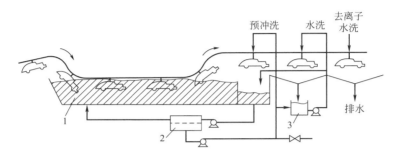

图 9-63　电泳漆涂装线中超滤的应用
1—涂料槽；2—超滤装置；3—水洗槽

① 浓缩液返回涂料槽，透过液作为淋洗水，实现闭路循环和零排放。不污染环境，节约了水资源。

② 涂料得到回收再利用，降低了涂装成本。

③ 控制了槽液电导，方便管理。

④ 涂装件表面光洁牢固。

9.7.3.4　纤维工业废水处理

（1）处理洗毛污水回收羊毛脂

在用洗涤剂清洗羊毛时，羊毛脂成为乳化物，羊汗腺的分泌物被水溶解，泥土成为悬浮固体。以往采用离心分离法回收羊毛脂，回收率低。采用截留分子量为 24000 的超滤膜处理，可将进料液浓缩 6 倍。

（2）纤维油剂处理

在纤维的织造工序中为使纤维具有光泽及防止带静电，往往用油剂进行处理。通常纤维在用油剂处理前先用水冲洗，该过程带入了 10%～20% 的水分而使油剂浓度下降，需要排放掉一定量被稀释了的油剂，然后再补充新的油剂维持槽液浓度不变，被排的废液中含有大量昂贵的油剂，造成了资源浪费，同时也污染了环境。近年来，利用超滤技术解决了这一问题。利用截留分子量为 50000～60000 的超滤膜，对油剂的分离率可达 98% 以上。但每 5d 需用温水冲洗一次，每月用醇清洗一次。

9.7.3.5　选矿废水处理

在选矿废水的处理中，往往会用到双膜法，即联合利用超滤和反渗透膜过程来处理和回用废水。具体过程可简化为采用隔油→超滤→反渗透工艺处理选矿废水。膜分离处理回用选矿废水流程如图 9-64 所示。废水依次经过隔油池、超滤膜和反渗透膜组件，具体步骤如下：

第一步：在隔油池中，废水中的大部分选矿药剂会被聚集并排出，使水质满足下一步膜

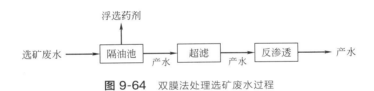

图 9-64 双膜法处理选矿废水过程

分离的要求；

第二步：隔油处理的水进入超滤组件，在这一步骤中，超滤组件可以截留去除水中的固体颗粒物，并将进一步截留部分残留的药剂，渗透液进入下一步的反渗透过程；

第三步：反渗透过程会将水中剩余药剂以及盐分离去除，从而得到满足选矿要求的工业用水，实现了神奇的废水变清洁水，不仅为企业大大节省了用水费用，而且减少了环境污染，节约了水资源。

9.7.3.6 电镀废水处理

某专利[168]涉及一种电镀废液处理方法，尤其是涉及一种含铜、铬、镉及镍等重金属的电镀废液的处理和重金属回收利用方法。提供一种含铜、铬、镉及镍等重金属电镀废液的回用和重金属的回收利用方法。其步骤为往含重金属离子电镀废液中加入水溶性大分子聚合物，将含重金属离子的络合物废液经超滤浓缩分离，使重金属离子络合物富集得超滤浓缩液，往超滤浓缩液中加入硫酸，通过酸化使超滤浓缩液中的重金属离子络合物解络；将解络的溶液超滤得超滤透析液，络合剂富集于浓缩液中返回下一络合工序；将超滤透析液反渗透浓缩分离，得重金属离子反渗透浓缩液，返回到电镀生产工序中回收利用。

厦门溢盛环保科技有限公司开发的电镀废水回用技术及设备，适用于电镀废水处理。该技术主要针对含氰电镀废水和无氰电镀废水的处理。含氰电镀废水经超滤后，再进行反渗透过滤分离得浓缩液和透析液，透析液进一步经过倒序复床离子交换处理后脱除残留的氰，浓缩液返回废水中，当浓缩液达到一定浓度后，用于回收贵金属。无氰电镀废水经初步处理后，再经反渗透膜处理，出水水质达回用标准。

9.7.4 其他应用

超滤技术可以应用的领域很多，凡关系到溶液中大分子物质与小分子物质的分离过程，大部分可以用超滤法处理。例如：

① 孕妇的尿液中含有一种贵重的药物成分——人绒毛膜促性腺激素，以往采用加入苯甲酸钠沉淀法提取，不但收率低、质量差，而且工序费时成本高。采用超滤（膜截留分子量约 30000）浓缩，既加快了浓缩速度、提高了产品质量，又改善了劳动环境。

② 超滤在电子化学品纯化中应用。超高纯度 H_2O_2 水溶液是电子工业中一种十分重要的化学品，其在电子工业中的主要应用是作为硅晶片的清洗剂、印刷线路板用的蚀刻剂，以及用于处理金属（如 Cu、Cu 合金等）表面和半导体材料（如 Ga、Ge 等）[169]。近年来，国内外对超高纯 H_2O_2 水溶液的需求量越来越大，且规范标准也越来越严格。工业生产的 H_2O_2 水溶液不可避免地会含有有机物、各种金属和非金属杂质，它们的存在会严重影响 H_2O_2 水溶液在电子工业中的应用，因此必须对其进行精制。能否制备出杂质满足要求的超

高纯 H_2O_2 水溶液，已成为提高集成电路产品性能的关键。电子级 H_2O_2 水溶液一般是用工业级 H_2O_2 水溶液作原料，经一系列精制、净化得到的。其精制的方法主要有蒸馏法、吸附法、树脂法、膜分离法等。

法液空公司在其专利[170,171]中介绍了一种在 H_2O_2 水溶液中添加至少一种大配位体聚合物后进行超滤的精制工艺。其中大配位体聚合物是指含有羧基、磺酸基、膦酸基或含氮基团的聚合物或共聚物，超滤膜材质为氟代聚合物、聚芳酰胺、聚砜等，工作压力一般为 $0.3\sim$ 0.4MPa。在具体例子中，原料 $w(H_2O_2)$ 为 30%，杂质质量分数组成为：K 17×10^{-9}、Fe 123×10^{-9}、Al 124×10^{-9}、Ni 13×10^{-9}、Cr 22×10^{-9}、Mn 2×10^{-9}、Sn $7800\times$ 10^{-9}。在该溶液中添加质量分数为 0.25% 的丙烯酸磺酸酯共聚物（$M_n=4500$），然后使混合溶液以保留液流量为 1L/min、透过液流量为 1.3mL/min 通过 Filtron® mini-ultrasette 聚醚砜膜（有效面积 $50cm^2$），透过液质量分数组成为：K 8×10^{-9}、Fe 12×10^{-9}、Al $13\times$ 10^{-9}、Ni$<4\times10^{-9}$、Cr 5×10^{-9}、Mn$<0.2\times10^{-9}$、Sn 40×10^{-9}。此外，上海化学试剂研究所在其专利[172]中介绍了一种吸附-超滤法精制 H_2O_2 水溶液的方法。首先在 $0.1\sim$ 0.15MPa 下使工业级 H_2O_2 水溶液通过负载螯合剂的 SBA-15 分子筛吸附剂，然后用孔径$\leqslant$ $0.5\mu m$ 的超滤膜进行过滤，即得到超高纯度 H_2O_2 水溶液。

9.8　微滤

微孔过滤（简称微滤）分离技术是一种压力驱动型膜分离技术。其核心组件是采用高分子有机材料（如聚醚砜、聚四氟乙烯、聚偏二氟乙烯等）或无机材料（陶瓷、玻璃纤维、金属等）制备的微孔滤膜。流体（液体和气体）在过滤上下游压差力的作用下，流体中粒径大于膜孔径的微粒会被微孔滤膜截留或吸附，下游则得到了较纯净的流体，从而达到了固液分离和固气分离的效果[173]。以目前主流的四种膜分离技术（微滤、超滤、纳滤和反渗透）应用情况而言，微滤的应用面最广。从家庭生活到尖端空间工业，都在不同程度上应用这一技术，该技术是现代化大工业，尤其是高尖端技术工业中确保产品质量的必要手段，也是进行精密技术科学和生命生物医学科学研究的重要方法。

9.8.1　国内外发展概况

（1）国外发展概述

全球对微孔膜过滤技术的系统研究是从 20 世纪初开始的。1907 年 Bechhold 发表了第一篇系统研究微孔膜性质的报告。1925 年，在德国哥丁根成立了世界第一个膜滤公司，专门生产和经销微孔滤膜。在第二次世界大战期间，德国人开始用孔径约 $0.5\mu m$ 的微孔滤膜检测城市给水系统中的大肠杆菌。战后，美国、英国等国家深入开展了滤膜技术的研究，并于 1947 年起各自相继成立了滤膜的工业生产和研究机构。由于薄膜过滤技术的重要性日益显著，应用范围越来越广，对于滤膜和滤器的需求也就日益增多。在这种客观需要的推动下，滤膜及有关过滤设备工业本身得到了迅速的发展，美国、英国、德国、日本等国都形成了自己独立和成熟的生产滤膜滤器工业，且颇具规模。一些世界著名的微孔膜和滤器生产型企业，如 Merk Millipore、Pall、3M 等，都在世界各地建立了自己微孔滤膜和滤器的生产线，持续稳定地为全球提供各种类型的微滤产品。

（2）国内发展概述

我国微孔膜的研制和生产起步较晚，20 世纪 70 年代以前几乎没有专门人员从事这方面的研究。直到 70 年代中前期，北京化工学院、四机部第十设计研究院、上海医药工业研究院等单位，根据制药工业和医疗卫生工作的需要开始了这方面的开发和研制工作。到 70 年代末仅形成了单品种小批量的生产能力，以供制药过滤等方面使用。80 年代初，国家海洋局杭州水处理技术研究开发中心，针对海洋环境监测和海洋地质地貌调查的特殊要求，研制出仅含痕量金属元素、孔径均匀的、分析级微孔滤膜。近十几年来，我国在滤膜制备方面有了长足的进步。滤膜、滤器及相应的配套设备，在质量、品种、规格等方面与技术先进的国家相比虽说还有某些差距，但在相当多的领域，国产产品已达到替代进口的同类产品的水平。

9.8.2　微孔滤膜的主要特性和应用概述

迄今，微孔滤膜的最重要的应用是从液体和气体中把大于 $0.1\mu m$ 的微粒分离出来。因此，对于过滤应用来说，有机高分子类微孔膜的主要性能特点如下。

① 分离效率　分离效率是微孔膜最重要的特性。该特性受控于膜的孔径和孔径分布。图 9-65 为微孔滤膜与定量分析用滤纸的孔径分布比较。

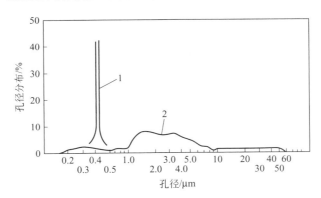

图 9-65　微孔滤膜与定量分析用滤纸的孔径分布比较
1—微孔滤膜 FM-45（$0.45\mu m$）；2—滤纸 No.131（平均孔径约 $2\mu m$）

图 9-65 中曲线 1 越是陡直，孔径分布越好。孔径分布是微孔膜的重要特性指标之一。只有达到孔径的高度均匀，滤膜的过滤精度才能达到高度准确。

② 孔隙率　孔隙率是微孔膜的又一重要特性。据有关资料报道，微孔膜表面每平方厘米约有 $10^7 \sim 10^{11}$ 个孔。用相转化法制造的有机高聚物类微孔膜，孔隙率一般可高达 70% 以上。这类微孔膜的流速，比同等截留能力的滤纸至少快 40 倍。

③ 膜厚　高分子微孔膜的厚度范围一般为 $90 \sim 150\mu m$（无机微孔过滤材料例外）。与普通深层过滤介质相比，其厚度明显较小。这不仅有利于提高过滤速度，且对过滤一些高成本液体的应用来说，由于吸附和死体积造成的损耗较少。

④ 稳定性　高分子聚合物类微孔膜材质的稳定性较好，通常情况下不会出现介质脱落、污染过滤流体的情况。

基于上述特点，微孔滤膜主要用于从气体和液体中截留微粒、细菌及其他污染物，以达到净化、分离和浓缩等目的[174]。图 9-66 为膜过滤图谱，图中清楚表明了微孔过滤所能去除的粒子范围。

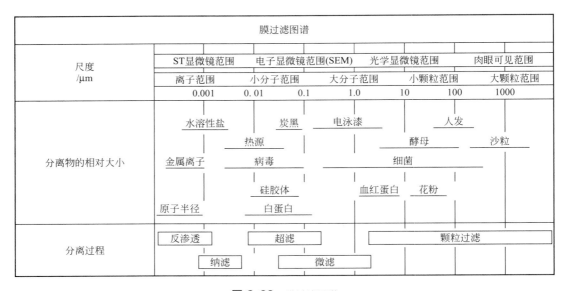

图 9-66　膜过滤图谱

9.8.3　微孔滤膜的材质、品种和规格

能用来做微孔滤膜的材质有很多种，但目前国内外商品化的主要有以下品种：

（1）纤维素酯类

如二醋酸纤维素（CA）、三醋酸纤维素（CTA）、硝化纤维素（CN）、混合纤维素（CN-CA）、乙基纤维素（EC）等。其中混合纤维素（CN-CA）制成的膜，是一种标准的常用滤膜。由于成孔性能良好，亲水性好，材料易得且成本较低，因此，该膜的孔径规格分级最多，从 $0.05\sim8\mu m$，约有近十个孔径型号。该膜使用温度范围较广，可耐稀酸。不适用于酮类、酯类、强酸和碱类等液体的过滤。

（2）聚酰胺类

如尼龙 6（PA-6）和尼龙 66（PA-66）微孔膜。该种滤膜也具亲水性能。较耐碱而不耐酸。在酮、酚、醚及高分子量醇类中，不易被侵蚀。孔径型号也较多。适用于电子工业光刻胶、显影液等的净化。

（3）聚砜类

如聚砜（PS）和聚醚砜（PES）微孔膜。该类膜具有良好的化学稳定性和热稳定性，耐辐射，机械强度较高，应用面也较广。

(4) 含氟材料类

如聚偏氟乙烯（PVDF）、聚四氟乙烯（PTFE）和乙烯-三氟氯乙烯共聚物（ECTFE）。这类微孔膜，都有极好的化学稳定性，适合在高温下使用。特别是 PTFE 膜，其使用温度为 $-40\sim260℃$，可耐强酸、强碱和各种有机溶剂。由于具疏水性，可用于过滤蒸气及各种腐蚀性液体。

(5) 聚碳酸酯和聚酯类

主要用于制核孔微孔膜。核孔膜孔径非常均匀，一般厚度为 $5\sim15\mu m$。此膜的孔隙率一般不超过 20%，因膜薄所以其流体的过滤速度与前述的几种膜相当。但制作工艺较复杂，膜价格高，应用受到限制。目前该类膜已能制成多种孔径规格。

(6) 聚烯烃类

如聚丙烯（PP）、聚乙烯（PE）拉伸式微孔膜和聚丙烯（PP）、聚乙烯（PE）纤维式深层过滤膜。该类微孔膜具有良好的化学稳定性，可耐酸、碱和各种有机溶剂，价格便宜，但该类膜孔径范围分布较宽，导致其截留效率偏低。目前的商品膜有平板式和中空纤维式多种构型，并具多种孔径规格（$0.1\sim70\mu m$）。

(7) 无机材料类

如陶瓷微滤材料、玻璃纤维微滤材料、各类金属微滤材料等。这些材料制成的微孔膜是近年来备受重视的新型微孔膜。无机微孔膜具有耐高温、耐有机溶剂、耐生物降解等优点。特别在高温气体分离和膜催化反应器及食品加工等行业中，有良好的应用前景。

9.9 微孔膜过滤的分离机理

微孔膜过滤过程的推动力（即施加于被滤悬浮液的压力），使悬浮液中的液体和小的溶质透过膜作为透过液而收集，而悬浮的粒子被膜截留并作为浓缩截留物被收集。粒子被截留的机理取决于膜的物理性质和化学性质，以及膜与粒子间相互作用的性质。当膜的孔径小于悬浮粒子的尺寸，粒子以其几何形状被阻挡，不能进入或通过膜，而与透过液分离，这种分离机理称为表面过滤或筛滤机理。若膜的孔径大于粒子尺寸时，粒子能够进入膜孔隙内，当它与孔壁相接触并黏附于其上，由此从悬浮液中被滤除。由于此时的过滤是在膜孔的深处发生，故这种分离机理称作深层过滤机理[175]。

微滤过程按膜两侧的主体液与透过液的流动方向可分为并流与错流两种过程。主体液与透过液呈并流流动，称为并流微过滤。在并流微过滤中，被膜截留的粒子随时间而堆积成滤饼层。若使用的是深层过滤膜，则截留粒子将在膜内堆积形成空穴。这两种情况均会导致过滤阻力的增加。因此，并流微过滤必须周期性地停止，以除去膜上堆积粒子或更换膜，即间歇操作。当主体悬浮液与膜表面相切而流动，主体液中的粒子被膜截留，透过液垂直于膜面通过膜流出，这种过程称为错流微过滤或切线微过滤。由于在压力推动下的主体液与膜表面相切所形成的高剪切力，可除去与之接触的膜面滤饼粒子，因而其滤饼层较薄。正如在超滤过程中一样，微滤的错流构型在控制浓差极化和滤饼堆积方面是有效的。因此，长时间错流操作仍可保持较高的通量[175]。

9.9.1　并流微过滤

在并流微过滤中，若以表面过滤机理为主时，可预测膜面上由于截留粒子的积累而引起的通量下降；若以深层过滤机理为主时，可探讨气体及液体中粒子的分离过程，预测去除给定尺寸粒子的过滤效率。

9.9.1.1　表面过滤机理

（1）Darcy 定律

当微孔膜过滤过程是表面过滤机理起决定作用时，被膜截留的粒子在膜表面上形成滤饼层。由于微孔滤膜的孔隙很小，过滤液的流速很低，所以过滤几乎总是处于层流[176]。当主体液在压力（Δp）推动下透过滤饼层及膜，透过液通量与压差 Δp、膜及滤饼阻力间具有如下定量关系：

$$J = \frac{\Delta p}{\eta_0 (R_m + R_0)} \qquad (9\text{-}68)$$

式中，η_0 为被过滤主体液的黏度；R_m 为膜阻力；R_0 为滤饼阻力。式（9-68）即为 Darcy 定律。在使用上式预测微过滤的透过液通量时，需通过实验或半经验公式来估算 R_m 及 R_0 的值。

膜阻力取决于膜厚度、膜孔径及孔的挠度、孔隙率、孔径分布等膜形态特性。若假定一微孔膜的孔隙为一组垂直于膜表面且半径相同的直筒细管，则透过这一组毛细管的液体流量 Q 与推动力 Δp 之间服从 Hagen-Paiseuille 方程：

$$Q = \frac{An\pi r^4 \Delta p_m}{8\eta_0 L}$$

因为 $Q/A = J$。故上式可改写成

$$J = \frac{n\pi r^4 \Delta p_m}{8\eta_0 L} \qquad (9\text{-}69)$$

式中，A 为膜面积；n 为孔密度；r 为孔半径；L 为膜厚度；Δp_m 为膜的压降。把式（9-68）与式（9-70）相对照，可得：

$$R_m = \frac{\Delta p_m}{\eta_0 J} = \frac{8L}{n\pi r^4} \qquad (9\text{-}70)$$

上式表明，R_m 随膜厚度的增加而增大，随膜孔密度及孔径的增加而减小，由于 Δp_m 值一般不大，在运转中压密现象可不予考虑。当膜未发生污染或膜孔内未黏附有粒子时，R_m 值不会随操作时间而变。

已知膜的孔隙率 P_r＝膜孔隙体积/膜总体积，比表面积 S_m＝膜中孔的总表面积/膜固体体积。对于具有半径为 r 的直筒形孔的微孔膜，其 $P_r = n\pi r^2$；$S_m = 2\pi m/(1-P_r)$。将此两参数代入式（9-70），则得

$$R_m = \frac{K(1-P_r)^2 S_m^2 L}{P_r^3} \qquad (9\text{-}71)$$

式中，K 为与膜的形态和孔结构有关的量，对具有均匀直筒孔的膜 K 值等于 2。滤饼阻力常用 Kozeny-Carman 方程来估算，所得式（9-72）与以上计算 R_m 的方程式相同。

$$R_0 = \frac{K(1-P_w)^2 S_0^2 \delta_0}{P_w^3}$$ （9-72）

该式导出的条件是：滤饼的孔隙率和阻力与所施加的压力无关，即滤饼是不可压实的。式中，δ_0 为滤饼的厚度；P_w 为滤饼的孔隙率；S_0 为滤饼的比表面积，对于被过滤粒子是半径为 r 的刚性球粒，其中 $S_0 = \dfrac{3}{r}$，任意装填的滤饼孔隙率 $P_w = 0.4$，常数 K 在较低的孔隙范围内大约等于 5；定义 $R_0' = R_0/W$，称作单位质量滤饼的比阻，即单位质量滤饼的阻力。不可压缩滤饼的 R_0' 应为一常数。然而大多数滤饼是可压缩的，其 R_0' 值随滤饼两侧的压降 Δp_0 的变化而变化，当 Δp_0 增加时，滤饼的孔隙体积减小，R_0' 值便增加。在一个限定的压力范围内可以应用经验式：

$$R_0' = \alpha_0 (\Delta p)^n$$ （9-73）

式中，α_0 为单位压降的比阻，与形成滤饼的粒子大小和形状有关；n 为由实验求得的压缩性指数，其值从 0（不可压缩的滤饼）到接近 1（可压缩性滤饼）。α_0 与 n 值可通过测定不同压降（Δp）下的 R_0' 值求得。

（2）并流微过滤的过渡态操作

由式（9-72）中可知，滤饼层阻力 R_0 与其厚度 δ_0 成正比。在过滤开始时，微孔膜表面是清洁的，随着过滤的进行，主体液中的粒子不断被膜截留并在膜面上堆积，滤饼层随过滤时间而积累。在任何给定时间的膜通量必遵循 Darcy 定律，即：

$$J = \frac{\Delta p}{\eta_0 (R_m + R_0)}$$

如上述 R_0 与 δ_0 有关，若令 $\hat{R}_0 = R_L/\delta_0$；$\hat{R}_0$ 为单位厚度滤饼阻力，称作滤饼比阻，将此关系代入 Darcy 公式可得：

$$J = \frac{\Delta p}{\eta_0 (R_m + \hat{R}_0 \delta_0)}$$ （9-74）

此式表明微孔膜通量随膜面滤饼层厚度的增加而下降，在过滤过程中，δ_0 随时间而变化，这可借助在滤饼生长时的固体质量平衡来确定。令主体悬浮液中液体体积分数为 $\Phi_h =$ 液体体积/主体液总体积，其中所含固体的体积分数 $\Phi_b = 1 - \Phi_h$，滤饼中固体的体积分数 $\Phi_0 = 1 - \Phi_c$（Φ_c 为滤饼中液体的体积分数），则滤饼生长的固体质量平衡关系式如下：

$$\frac{J + \mathrm{d}\delta_0}{\mathrm{d}t} \Phi_b = \Phi_0 \frac{\mathrm{d}\delta_0}{\mathrm{d}t}$$ （9-75）

式（9-75）左侧为进入滤饼表面的粒子通量，右侧代表滤饼中粒子的堆积，联合式（9-74）与式（9-75）得到滤饼层厚度的一级微分方程：

$$\frac{\mathrm{d}\delta_0}{\mathrm{d}t} = \frac{\Phi_\mathrm{b} J}{\Phi_0 - \Phi_\mathrm{b}} = \frac{\Phi_\mathrm{b} \Delta p}{(\Phi_0 - \Phi_\mathrm{b}) \eta_0 (R_\mathrm{m} + \hat{R}_0 \delta)} \tag{9-76}$$

该方程服从初始条件，$t=0$，$\delta_0 = 0$，显然上式求解时，必须确定在并流微过滤中 Δp 的值。一般并流微过滤操作常在恒压下进行，故式中的 Δp 为一定值，同时假定，此时微孔膜表面无明显的污染，膜无压密现象，即 R_m 为常数，滤饼亦未被压密，故 Φ_0 及 R_0 也为一常数。在此条件下可将上式 δ_0 与 t 两变量分开积分而得：

$$R_\mathrm{m} \delta_0 + \hat{R}_0 \frac{\delta_0^2}{2} = \frac{\Phi_\mathrm{b} \Delta p}{(\Phi_0 - \Phi_\mathrm{b}) \eta_0} t \tag{9-77}$$

式(9-77) 为 δ_0 的一元二次方程，可求得 δ_0 的解如下：

$$\delta_0(t) = \frac{R_\mathrm{m}}{\hat{R}_0} \left\{ \left[1 + \frac{2 \hat{R}_0 \Phi_\mathrm{b} \Delta p t}{(\Phi_0 - \Phi_\mathrm{b}) \eta_0 R_\mathrm{m}^2} \right]^{\frac{1}{2}} - 1 \right\} \tag{9-78}$$

将此式代入式(9-77)，则得透过液通量方程为：

$$J(t) = J_0 \left[1 + \frac{2 \hat{R}_0 \Phi_\mathrm{b} \Delta p}{(\Phi_0 - \Phi_\mathrm{b}) \eta_0 R_\mathrm{m}^2} \right]^{\frac{1}{2}} \tag{9-79}$$

式中，J_0 为初始通量。微滤开始时，$R_0 = 0$，根据式(9-78)，得到

$$J_0 = \frac{\Delta p}{\eta_0 R_\mathrm{m}} \tag{9-80}$$

当过滤至 t 时，微滤器所产生的透过液总体积 $V(t) = A J(t) \mathrm{d}t$，把式(9-80) 代入积分可得：

$$V(t) = \frac{A(\Phi_0 - \Phi_\mathrm{b}) R_\mathrm{m}}{\Phi_\mathrm{b} \hat{R}_0} \left\{ \left[1 + \frac{2 \hat{R}_0 \Phi_\mathrm{b} \Delta p t}{(\Phi_0 - \Phi_\mathrm{b}) \eta_0 R_\mathrm{m}^2} \right]^{\frac{1}{2}} - 1 \right\} \tag{9-81}$$

微过滤开始时，膜表面是清洁的，此时过滤过程的阻力主要来自微孔滤膜，即 R_m 起主要作用，$R_0 = 0$。随着膜面截留粒子的积累，阻力增加，透过液通量随时间呈线性下降。在起始的短时间内，膜面粒子量不大，故与 R_m 相比，R_0 值较小，可忽略不计。在此过程中，膜通量近似等于初始通量 J_0，见式(9-80)。透过液总体积 $V(t) = A J_0 t$。膜面滤饼厚度由式(9-76) 推导而得，在长时间过滤过程中，由于滤饼厚度增大，阻力主要来自于滤饼层，即 R_0 起决定作用，则在式(9-78)、式(9-79) 和式(9-80) 中的 $2 \hat{R}_0 \Phi_\mathrm{b} \Delta p t \gg (\Phi_0 - \Phi_\mathrm{b}) \eta_0 R_\mathrm{m}^2$。因而三式可简化为：

$$\delta_0(t) = \left[\frac{2 \Phi_\mathrm{b} \Delta p t}{(\Phi_0 - \Phi_\mathrm{b}) \eta_0 \hat{R}_0} \right]^{\frac{1}{2}} \tag{9-82}$$

$$J(t) = \left[\frac{(\Phi_0 - \Phi_\mathrm{b}) \Delta p}{2 \hat{R}_0 \Phi_\mathrm{b} \eta_0 t} \right]^{\frac{1}{2}} \tag{9-83}$$

$$V(t) = A\left[\frac{2(\varPhi_0 - \varPhi_b)\Delta p t}{\varPhi_b \eta_0 \hat{R}_0}\right]^{\frac{1}{2}} \tag{9-84}$$

上三式表明在长时间过滤中透过液通量与过滤时间的平方根成反比，滤饼厚度及透过液总体积与时间平方根成正比。同时这一组方程可用于预测过滤的时间过程。式(9-71) 及式(9-72) 给出了过滤阻力与膜及滤饼的性能参数（P、S、L、δ）间的关系。可通过实验测得这些参数代入式中求得 R_m 及 R_0。但这些参数不是经常可以获得的。

由上述公式确定 R_m 及 R_0 的方法：由式(9-81) 推得

$$V(t) = \frac{A(\varPhi_0 - \varPhi_b)R_m}{\varPhi_b \hat{R}_0}\left[\left(1 + \frac{2\hat{R}_0 \varPhi_b \Delta p t}{(\varPhi_0 - \varPhi_b)\eta_0 R_m^2}\right)^{\frac{1}{2}} - 1\right] = \frac{A(\varPhi_0 - \varPhi_b)}{\varPhi_b}\delta_0(t)$$

将上式代入式(9-80) 中，整理后成下式

$$\frac{A}{V}t = \frac{\eta_0 \hat{R}_0 \varPhi_b}{2(\varPhi_0 - \varPhi_b)\Delta p}\frac{V}{A} + \frac{\eta_0 R_m}{\Delta p} \tag{9-85}$$

在恒压条件下进行并流微过滤实验，测定不同过滤时间的透过液总量，作 At/V 对V/A 的图为一直线。从直线截距 $I = \eta_0 R_m / \Delta p$ 可求得 R_m，从直线斜率 $S = \eta_0 \hat{R}_0 \varPhi_b /[2(\varPhi_0 - \varPhi_b)\Delta p]$ 可求出 R_0。上述实验可在不同的 Δp 值下进行，以确定膜或滤饼是否随压力的增大而发生明显的压密现象。若滤饼是可压缩的，则仍可采用经验式(9-73) 处理：

$$\hat{R}_0 = \rho_0 \varPhi_0 R_0 = \rho_0 \varPhi_0 \alpha_0 (\Delta p)^n \tag{9-86}$$

由于以上讨论是在恒压条件下，因此 R_0 仍为一常数。上述一系列方程对可压缩滤饼的微滤过程仍然有效，唯一需要变化的是在这些方程中用 $\rho_0 \varPhi_0 \alpha_0 (\Delta p)^n$ 代替 R_0。

9.9.1.2　深层过滤机理

深层过滤与表面过滤不同，它是被分离流体中的粒子在膜孔隙中进行过滤的过程。这一过滤的特征是过滤作用产生于膜内部，膜中孔隙都具有从流经它的流体中截留粒子的可能性。由于被过滤粒子尺寸小于膜孔隙尺寸，所以当流体为层流时，必定有力作用于颗粒上，使其穿越流线与孔壁接触从而被截留。对于气体中粒子的深层过滤，由于作用力性质的不同，截留作用可分 5 种：即重力沉降、静电沉积、碰撞、拦截、扩散[177]。图 9-67 描述了部分微孔膜的膜孔隙中流体的流线和每种截留作用去除粒子的通道。在大多数条件下，一旦粒子与膜壁相接触，即被除去。

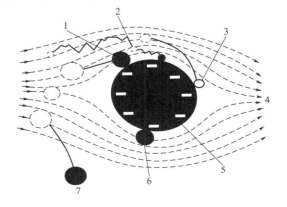

图 9-67　粒子截留机理

1—惯性碰撞；2—扩散；3—静电沉积；4—流体的流线；
5—纤维的横截面；6—截面；7—重力下沉

以上 5 种截留作用，重力沉降最为简单，当粒子足够大、通过膜孔的速度低时，重力沉降起主要作用；当粒子荷电且其电性与过滤膜所带电性相反，则粒子由静电引力而被黏附于孔壁上，从流体中除去。碰撞是当流体在孔中移动时，其中粒子由于惯性离开流体流线而与孔壁相撞除去，流体速度大，所含粒子密度较大，有利于碰撞截留。当流体流线与孔壁间距离小于或等于粒子半径，粒子则被拦截与流体分离，当流体中所含粒子很小时，由于粒子与流体分子相互碰撞产生 Brown 运动。因此，粒子通过孔隙时其运动轨迹是无规则的，大大提高了与孔壁的碰撞概率，以及粒子被截留的可能性[178]。

膜去除粒子的效果取决于膜结构，Rubow 等指出，由相转化浇铸法制备的膜较核径迹法制备的膜去除粒子更为有效。Rubow 等对相转化法制备的膜捕捉粒子的理论作了研究。他们指出：从气体中去除亚微米粒子的两个最重要的机理是拦截和扩散，其他机理的作用甚微。他们的理论是把微滤膜模拟为一束平行的纤维。从单一纤维对粒子的去除效率着手，确定了微滤器的分离效率。

（1）微滤器的分离效率

常用透过分数（P）或去除效率（$1-P$）来表示。

$$P = \Phi_0 - \Phi_i \tag{9-87}$$

式中，Φ_0、Φ_i 分别是滤器进口及出口处粒子在流体中所占的体积分数。

微滤器的去除效率还可以以 P 的倒数对数值来表示：

$$\lg \frac{1}{P} = \lg \frac{\Phi_i}{\Phi_0} = LRV \tag{9-88}$$

LRV 称作微滤膜的对数简化值，它描述了进料浓度被降低的数量级。

（2）单一纤维的效率

可通过每一粒子去除机理的效率加和来估算。由于一个粒子不可能由一种以上的机理来去除。因此，由机理效率简单相加而得到的总去除效率往往偏高。

Rubow 等的理论指出，粒子的去除机理是拦截与扩散，因此：

$$\eta_B = \eta_d + \eta_j \tag{9-89}$$

式中，η_B 为单一纤维的去除效率；η_d 为扩散作用去除粒子的效率；η_j 为拦截作用去除粒子的效率。各种机理效率的估算式如下：

$$\eta_d = 2.86 \left(\frac{1-\varepsilon}{K} \right)^{\frac{1}{3}} Pe^{-\frac{2}{3}} \left[1 + 0.389 \frac{(1-\varepsilon)Pe^{\frac{1}{3}}}{K} \right] \tag{9-90}$$

$$\eta_j = \frac{1-\varepsilon}{K} \frac{R_1^2}{1+R_j} \left(1 + \frac{2}{R_j} \right) \tag{9-91}$$

式中，Pe 为 Peclet 数，Vd_j/D；d_j 为纤维直径；D 为粒子扩散系数；ε 为纤维孔隙分数；R_j 为拦截参数，d_p/d_j；d_p 为粒子直径；K 为 Kuwabara 流体动力学因子，$K = -0.75 - 0.5\ln\varepsilon^2 + \varepsilon - 0.25\varepsilon^2 + C_B(-0.5 - \ln\varepsilon + 0.5\varepsilon^2)$，$C_B$ 为常数，空气的 C_B 为 1.14。

（3）单一效率与总效率之间的关系

根据 Rubow 理论，把微过滤器模拟为一束并行排列的直筒纤维，因而微滤器的粒子透过分数可用微滤器的性能及单一纤维的去除效率来描述，具体关系如下：

$$P = \exp\left(-\frac{4\varepsilon L \eta_{\mathrm{B}}}{\pi d_{\mathrm{j}} \sigma}\right) \tag{9-92}$$

式中，L 为微过滤器厚度；σ 为不均匀因子（关联理论压降和测量压降的经验因子）。

9.9.2　错流微过滤

错流微过滤在许多方面类似于错流超滤，但错流微滤过程的分析却较之复杂得多。有多种机理用于讨论粒子离开膜的横向运动。在讨论中必须考虑到膜及滤饼层的阻力。因此，不可能使用单一方程预测错流微过滤条件下的膜透过液通量[179]。

9.9.2.1　浓差极化机理

在错流微过滤中，主体悬浮液中粒子被微孔膜截留，它们在膜表面堆积成滤饼层，由于滤饼的不断增厚，从而使透过液通量下降。当由透过液带向滤饼的粒子流量与由扩散、惯性升力及悬浮液切向流动而带离滤饼的粒子流量相等时，滤饼达到一定厚度，透过液通量达到稳定值，微滤过程进入稳定态操作。在稳定态，靠近滤饼层表面处，由于主体液被浓缩而形成一浓差极化边界层，在此层中悬浮液浓度从滤饼表面的粒子浓度迅速小至主体悬浮液的粒子浓度。在传统的浓差极化模型中，往极化边界层中流入的粒子数量为边界层中粒子的 Brown 扩散所平衡，然而在错流微过滤中，主体液成切向流过膜滤饼表面（极化边界层）粒子受到一剪切力作用，因而离开的粒子主要应来自剪切扩散作用。Eckstein 等通过实验观察到剪切扩散系数（D_{a}）与剪切速率（y）成正比，且随粒子浓度增加增大，有如下关系：

当 $0 < \Phi < 0.2$，$D_{\mathrm{a}} = 0.1 r^2 y$

$$0.2 < \Phi < 0.5, \quad D_{\mathrm{a}} = 0.025 \Phi r^2 y \tag{9-93}$$

Zydney 和 Colton 使用 $D_{\mathrm{a}} = 0.025 r^2 y$ 代入传统的浓差极化模型的极化边界层中粒子进、出的质量平衡方程中，得到透过膜平均透过液通量[181]：

$$J = 0.078 \left(\frac{r^4}{L}\right)^{\frac{1}{3}} y_0 \ln \frac{\Phi_{\mathrm{w}}}{\Phi_{\mathrm{B}}} \tag{9-94}$$

式中，r 为粒子半径；L 为流道长度；y_0 为极化边界层外侧主体悬浮液的剪切速率；Φ_{w} 为滤饼表面（极化边界层内侧 $y = 0$ 处）粒子的体积分数；Φ_{B} 为边界层外侧（$y = \sigma$、σ 为边界层厚度）粒子的体积分数。在上式推导过程中引进了三个近似假定；其中两个因带入的正、负效应可相互补偿，第三个近似假定是对于层流，平均传质系数根据 Leveque 解而确定的近似，仅在透过液通量变小时才有效，因此，仅当主体悬浮液浓缩到 $1 - \Phi_{\mathrm{B}}/\Phi_{\mathrm{w}} \ll 1$ 时才适用。为了放宽这三个近似的局限，Eavis 和 Sherwood 提出了适用于刚性粒子悬浮液的通量预测方程。它基于如下假定，即悬浮液为稳定态层流悬浮液可看作为不可压缩的牛顿流体，具有剪切黏度和与粒子浓度相关的剪切扩散系数。方程求解的条件是：沉积在微孔滤膜面上的超薄固定粒子层控制着过滤的阻力。因此，在粒子沉积于膜面形成薄固定层且控制过滤阻力的条件下方程解是适用的；但在过滤器进口附近，由于膜阻力的存在实际透过液通量达不到方程解给出的值，因而无固定滤饼形成，在此区域，方程解不成立。但若过滤器长度远大于进口长度，则方程解对大部分长度的过滤器是有效的，长度平均透过液通量可由下式给出：

$$\langle J \rangle = \frac{3}{2} y \frac{r^4}{3L} \overline{\eta}(\Phi_B) \overline{J}(\Phi_B) \tag{9-95}$$

对于稀悬浮液，可简化为：

$$\langle J \rangle = 0.0604 y \left(\frac{r^4}{\Phi_B L} \right)^{\frac{1}{3}} \tag{9-96}$$

上式中，$\eta(\Phi)$ 为无量纲有效剪切黏度，其定义式为：

$$\eta(\Phi) = \left(\frac{0.58 - 0.13\Phi}{0.58 - \Phi} \right)^2 \tag{9-97}$$

$\langle J \rangle$ 为无量纲通量，定义式为：

$$J = \frac{J}{\tau_{WD} D_0^2 / (3\eta_0 \chi)} \tag{9-98}$$

式中，τ_{WD} 为壁剪切应力，对管式过滤器，$\tau_{WD} = 4\eta(\Phi_B)Q/(\pi r^2)$，对非管式，$\tau_{WD} = 3\eta(\Phi_B)Q/(2WH_0^2)$；$\eta(\Phi)$ 为悬浮液有效剪切黏度；Q 为主体液的轴向（管式流道）流速；W 为流道宽度；H_0 为流道半高；η_0 为纯流体黏度；D_0 为剪切扩散系数，$D_0 = r^2 \tau_{WD}/\eta_0$；$\chi$ 为滤器轴向（管式）距离。

式（9-96）首项常数 0.0604 仅适用于刚性粒子的悬浮液微滤过程，对不同性能的悬浮液，η 与 Φ 关系与式（9-97）所列不同，因此，该数值将有所改变，但式（9-97）仍适用。

9.9.2.2　惯性提升基理

惯性提升基理是广泛解释错流微过滤问题的第一个机理。当一个游离的中性漂浮粒子存在于层流下的流道中，由于流场与流道壁的相互作用，粒子在惯性作用下，通过流体流线而发生迁移[180]。Altena 等研究了多孔流道和多孔管中粒子在惯性提升作用下的迁移速度公式：

$$V_{LO} = \frac{\rho_0 r^3 \dot{y}_0^2 f(y)}{16\eta_0} \tag{9-99}$$

式中，V_{LO} 为流道或管壁处惯性迁移速度（壁面是清洁的）；ρ_0 为液体密度；$\dot{y}_0$ 为壁面处剪切速率；y 为离壁距离。由于 V_{LO} 是粒子离开壁的速度，其最大值在壁面处，在靠近壁的区域内 $f(y)$ 为正值，对于二维流道 $f(y) \approx 1.6$，管子的 $f(y) \approx 1.3$。上述结果只适用于流道中流体雷诺数 $Re \ll 1$。在大多数错流微过滤中，其 $Re \gg 1$，达 10^2 或 10^3 数量级。Schonberg 等指出，$f(y)$ 随 Re 增大而减小，当 $Re \gg 1$，对二维流道壁附近球形粒子的最大惯性迁移速度则为：

$$V_{LO} = 0.577 \frac{\rho_0 r^3 \dot{y}_0^2}{16\eta_0} \tag{9-100}$$

式中，0.577 只对二维流道有效。错流微过滤开始时，若透过液通量 $J > V_{LO}$，主体液中悬浮粒子将被带至膜面，粒子沉积于膜面形成饼层，随着滤饼的形成，根据 Darcy 定律 J 值下降，同时滤饼层的形成缩小了流道及管径，导致剪切速率和惯性提升速度的增加，直至透过液通量等于惯性提升速度，微滤达稳定态，在稳定态情况下，对于给定的主体液轴向流速，式(9-73) 可由下式代替

$$J = V_L = \frac{V_{LO}}{(1 - \dot{\delta})^m} \tag{9-101}$$

式中，V_L 为膜面存在滤饼时的惯性提升速度；$\dot{\delta} = \delta_0/H_0$（流道），$\dot{\delta} = \delta_0/r$（管，$r$ 为内径）；二维流道 $m = 4$，管子 $m = 6$。由 Darcy 定律与式(9-71) 联立可对 J 及 δ 求解。与上节剪切扩散模型相同，稳定态 J 值随 β〔无量纲相对滤饼阻力，$\beta = \hat{R}_0 H_0/R_m$（流道）和 $\beta = \hat{R}_0 r/R_m$（管）〕增加而降低，但却与轴向位置和粒子浓度（Φ）无关。在膜阻力起主导作用的极限情况下，即 $\beta \ll 1$，可得：

$$J = J_0；\dot{\delta} = 1 - \left(\frac{V_{LO}}{J_0}\right)^{\frac{1}{m}} \tag{9-102}$$

上述结果表明，通量保持在初始值，滤饼也存在于流道显著位置，但惯性提升作用相对甚小，对 J 值无影响，当滤饼阻力起主导作用时，$\beta \gg 1$ 时，

$$J = V_{LO}；\dot{\delta} = \beta^{-1}\left(\frac{J_0}{V_{LO}} - 1\right) \tag{9-103}$$

此式表明通量等于惯性提升速度，与微滤器形状无关。

9.9.2.3　错流微过滤的过渡态

前面讨论了错流微过滤达稳定态情况下的过滤机理，获得了预测 J 的方程。但在实际过滤过程中，通量从初始值下降至稳定态值。这是一短时间（为分或时）膜面有滤饼形成而造成的通量下降。

由于膜污染、膜压密及滤饼压密，还存在一长期的通量下降。不论短期还是长期的通量降低，均服从 Darcy 定律，即：

$$J = \frac{\Delta p}{\eta_0 [R_m(t) + R_0(t)]} \tag{9-104}$$

根据 Fane 的实验数据，有如下表达式：

$$R_m(t) = R_{m1} + (R_{mf} - R_{m1})\left(1 - \exp\frac{-t}{\tau_m}\right) \tag{9-105}$$

式中，R_{m1} 为起始膜阻力；R_{mf} 为终了膜阻力；τ_m 为与污染物浓度、污染物与膜材料相互作用有关的膜污染时间特征常数。以上三个参数可通过实验加以确定。滤饼阻力如前述为：$R_0(t) = \hat{R}(t)\delta_0(t)$。由于滤饼在压力作用下被压密，其阻力将随时间而增加，故 $R_0(t)$ 不再是一常数，其随时间的增加值可通过实验测定。根据 Romero 和 Davis 的研究指出过滤

器中存在两个不同部分[182]。近滤器进口处的发展区，其滤饼厚度与透过液通量达稳定态；靠近出口处的发展区，滤饼厚度随时间而增加，通量则随时间而下降。在发展区，滤饼的生长及通量下降几乎不受剪切流的影响，故其值可近似由并流微过滤过渡态方程式（9-78）及式（9-79）确定。此外，只要滤饼层在微过滤器的大部分长度上生长，则其平均透过液通量可由式（9-82）重排而得：

$$\langle J \rangle = \frac{J_0}{(1 + 2t/\tau_0)^{\frac{1}{2}}} \tag{9-106}$$

式中，$\tau_0 = R_m(\Phi_C - \Phi_B)/(J_0 \hat{R}_0 \Phi_B)$，是由于滤饼生成而使通量下降的时间常数。该式常用来确定错流微滤达稳定态之前的透过液通量。

9.10 微孔滤膜的制备

9.10.1 相转化法

相转化法是制备微孔滤膜最常用的方法。方法为：配制一定组成的均相聚合物溶液，通过一定方法改变该溶液的热力学状态，使其发生相分离，形成三维大分子网络状凝胶结构，并最终固化成膜。相分离过程中，聚合物浓相即富相为连续相，固化后形成膜的骨架，聚合物稀相即贫相为分散相，洗脱后成为膜孔。根据改变溶液热力学状态的方法不同，可分为非溶剂致相分离法（NIPS）、热致相分离法（TIPS）及反向热致相分离法（RTIPS)[183]。

9.10.1.1 非溶剂致相分离法

非溶剂致相分离法是发展时间最长、最成熟的制膜方法，根据操作方式的不同，又可分为溶剂蒸发法、浸没沉淀法及蒸汽诱导法。

（1）溶剂蒸发法

其基本原理是在一定的温度、湿度、溶剂蒸气浓度、通风速度等环境条件下，铸膜液中的溶剂缓缓蒸发而最终成膜。所用的混合溶剂通常由良溶剂、不良溶剂（溶胀剂）、非溶剂等组成。铸膜液中的良溶剂通常选用沸点较低和较易挥发的溶剂，在成膜过程中挥发最快。随着良溶剂的逐渐挥发，铸膜液中的组成发生变化，混合溶剂的溶解性逐渐减弱，溶液逐渐转化为凝胶，凝胶进一步蒸发剩余溶剂，并收缩定型，成为多孔薄膜。

当铸膜液薄层中的良溶剂逐渐挥发减少时，液层中的溶胀剂和非溶剂即形成分散的细小液滴析出。聚合物的大分子则大部分包围在细小液滴的周围，只剩下少量仍旧分散在液滴外的连续相中。在转化成凝胶后，溶剂继续蒸发，液滴逐渐互相靠拢而形成大量的多面体。同时液滴受外壁聚合物层挤压而破裂，等到溶剂全部蒸发后就留下空隙。在相转化时所形成的分散相的液滴大小、数量、均匀程度等，将影响膜的孔径大小、孔隙率、均匀性、强度等性能。而液滴大小、数量、均匀程度等因素又是受铸膜液的组成和制膜工艺条件（如温度、湿度、环境中的溶剂浓度等）所制约。

（2）浸没沉淀法

指刮膜后，迅速将铸膜液薄层浸入水或者其他含有非溶剂的凝固浴中，通过薄膜/凝固浴界面，铸膜液中的溶剂和凝固浴中的非溶剂之间进行相互扩散，铸膜液进入热力学不稳定状态，从而发生相分离形成凝胶。待凝胶层中的剩余溶剂和添加剂进一步被凝固浴中的液体交换出来后，就形成多孔膜。此法制备的多孔膜大多为不对称膜，因为铸膜液与凝固浴接触时，表面最先发生相分离，形成极薄的皮层，皮层的孔径通常小于底层孔径。

用此法制备的多孔膜，其结构和孔径的影响因素主要有：聚合物的种类，聚合物的浓度，溶剂非溶剂体系，铸膜液的组成，凝固浴的组成等。关键点在于合理控制成膜过程中的传质速率。

（3）蒸汽诱导法

蒸汽诱导法指将铸膜液薄层在非溶剂蒸汽氛围中先蒸发一定时间，然后浸入凝固浴中，固化成膜。在蒸汽氛中，溶剂与非溶剂交换速度较缓慢，相比于浸没沉淀法，此法所制的膜无致密皮层。蒸汽氛通常采用水蒸气。环境湿度、蒸发温度、空气流速、蒸发时间等会影响多孔膜的结构和孔径。

9.10.1.2　热致相分离法及反向热致相分离法

热致相分离法基于高分子溶液"高温相容，低温分相"的高临界共溶温度体系实现。它指将聚合物与稀释剂等在高温下混合熔融成均相溶液，制成平板状或中空纤维后，通过降温冷却使其发生相分离，然后固化成膜。具体方法如下：首先，选择一种高沸点的稀释剂，在高温下与聚合物形成均相铸膜液；然后，将铸膜液经过模具挤出成型，如平板膜、中空纤维膜等，接着降温冷却，使体系发生相分离，聚合物固化成膜；最后，用萃取剂将稀释剂除去，再经过干燥得到多孔膜。该法所用的稀释剂是一种高沸点、低分子量的化合物，在常温下与聚合物不相容，在高温下与聚合物可以均匀混合，并且不会发生化学反应。

反向热致相分离法则相反，它是基于"低温相容，高温分相"的低临界共溶温度体系实现，即在低温下制成铸膜液，在高温下发生相分离，从而成膜[184]。

9.10.2　熔融拉伸法

熔融拉伸法主要用于聚烯烃类半结晶高聚物，如聚丙烯（PP）、聚乙烯（PE）、聚四氟乙烯（PTFE）等。制备方法如下：首先，将半结晶高聚物熔融挤出，冷却，高速牵伸，得到具有平行片晶结构的初始态膜；然后，在低于熔点温度下对初始态膜进行热处理，消除缺陷，完善结晶结构，使其高度取向排列；随后，冷热拉伸形成微裂纹并扩张成微孔，最后，热定型得到成品膜。

熔融挤出阶段，膜的结晶结构主要受挤出温度、挤出速度、冷却速度、牵伸比以及聚合物本身的加工性能等因素的影响。热处理阶段的重要工艺条件为热处理的温度、时间。最后，冷热拉伸温度、拉伸速度、拉伸比、热定型温度和时间等，都影响微孔膜的孔径大小和分布。

9.10.3　烧结法

烧结法可用于制备有机膜和无机膜。聚合物粉末、金属、陶瓷等都可采用该法制膜，如聚乙烯（PE）、聚四氟乙烯（PTFE）、氧化钛、氧化铝、氧化锆等。该方法是将一定大小的粉状聚合物颗粒或无机粉体压制成型后，在高温下烧结得到微孔滤膜。例如，将粉状高分子聚合物均匀加热，控制温度和压力，使粉粒间存在一定空隙，只使粉粒的表面熔融但并不全熔，从而互相黏结形成多孔的薄层或块状物，再进行机械加工成滤膜。除了使用单一的成膜材料外，也可以混合进入另一不相熔合的材料，待烧结完毕后再用溶剂萃取掉，从而形成一定的孔隙。对于无机粉料，可将其分散在溶剂中，加入适量的无机黏结剂、塑化剂等形成悬浮液，然后成型制得由湿粉堆积的膜层，再经高温烧制成微孔膜。

烧结法所制的膜孔径的大小，主要由原料粉体的粒度及温度来控制。烧结所需的温度，根据成膜的材料、材料的粒度、压力、大气环境以及是否有增塑剂或其他添加剂而异。分子量大或不加增塑剂的聚合物，烧结温度一般较高。

9.10.4　核径迹法

核径迹法首先将高能粒子垂直辐射于薄膜表面，使薄膜上形成径迹，然后用化学蚀刻剂处理，使径迹处的材料受到腐蚀而扩大成圆柱形孔，从而得到孔径分布均匀的微孔膜。20世纪70年代以前，此法是在反应堆上利用裂变碎片轰击膜材，70年代以后基本上在重离子加速器上，利用重离子轰击膜材而制膜。重离子加速器辐照产生的高能粒子能量均匀、方向准确，并且可穿透几十微米的薄膜，其生产的微孔膜孔径分散性小、孔垂直于薄膜表面、机械损伤少且无残留放射性。薄膜使用的膜材有聚对苯二甲酸乙二醇酯（PET）、聚碳酸酯（PC）、聚偏氟乙烯（PVDF）、聚丙烯（PP）、聚酰亚胺（PI）。化学蚀刻剂常采用酸或碱溶液。

膜的品质与膜厚、孔径、孔密度、孔径分散性、孔型以及内壁光滑程度等有关。通过选择膜材料，改变辐照粒子的强度、辐照的时间、蚀刻的条件等，可以得到不同孔型和孔径大小的微孔膜。

9.11　微孔滤膜的结构和理化性能测定

如前所述微孔滤膜材质不同，相应的制备工艺各异，由此，就决定了微孔滤膜具有不同的形态结构特征和不同的理化性能。一般由蒸发凝胶法制备的滤膜，其结构如同一种多层叠置的筛网，具有相互交错、互相贯通的不规则孔形的多孔结构，在扫描电子显微镜（SEM）下观察，可以看到其表层和下层均为对称的开放式网络结构，见图9-68。

由浸渍凝胶法制备的滤膜由于是膜中的溶剂和凝固浴中的非溶剂双相扩散产生的相分离，这样形成的滤膜多为不对称型的网络结构。由拉伸法（单、双向）制备的微孔滤膜［如聚丙烯、聚四氟乙烯（PTFE）等］，其微孔结构是经机械拉伸形成，呈细长形、长约 $0.1\sim0.5\mu m$、宽约 $0.01\sim0.05\mu m$。此类膜与上述方法形成的膜比较，具有较低的孔隙率（图9-69）。

聚碳酸酯等核径迹法形成的重离子膜，其特点是孔径均匀、呈圆柱形，并基本与膜面垂直，但具有极低的孔密度（图9-70和图9-71）。

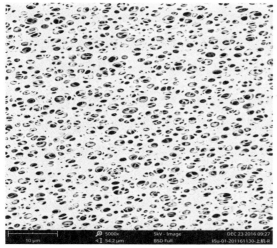

图 9-68　0.45μm 微孔滤膜 SEM 照片　　　图 9-69　PTFE 拉伸膜 SEM 照片

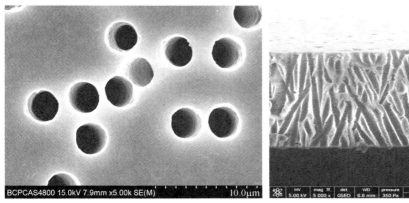

图 9-70　重离子膜表面 SEM 照片　　　　图 9-71　重离子膜截面 SEM 照片

微孔滤膜作为一种精密过滤介质，可制成指定的孔径，其孔径范围为 $0.1 \sim 15.0 \mu m$。孔隙率占总体积的 $70\% \sim 80\%$，可具有小孔 $10^7 \sim 10^9$ 个/cm² 滤膜。滤膜的孔径、孔径分布及孔隙率是表明膜性能的重要指标。

微孔滤膜的结构决定了膜本身具备的一些特有理化性质，例如可以利用其均匀的孔径阻留微粒与细菌等微生物；可根据滤膜孔径大小来分离、收集各种不同尺寸的粒子等。其理化性能与其分离效果、过滤特性密切相关。滤膜的理化性能，特别是孔的特性（最大孔径、平均孔径、孔隙率、孔径分布）测定，是确保滤膜质量的重要环节，定量地评价这些孔的特性，也就定量地记述了微孔滤膜的构造及其过滤特性。

由于用不同方法测定的孔径性能是不同的。因此了解这些方法与特性对于指导制膜与膜的使用都具有现实意义。膜孔径测定可分两种方法。

（1）基于实际膜孔大小和形态的测定方法

① 直接观察法　通过透射或扫描电子显微镜（SEM）进行实际观测膜的孔径及其分布，

由于是直接观察膜的孔结构，被认为是可信赖和可靠的方法。缺点是设备昂贵、操作复杂、测试样品面积极小，因而应用上受到一定限制。

② 间接测试法 该方法为目前使用较普遍的方法，它是利用与膜孔存在有关的物理性质来测定膜的孔特性。在这类方法中，由于利用的是有关膜孔的物理效应和对应物理量的测定，因此需要一些附加条件才能通过适当公式进行计算孔径及其分布。这类方法包括：泡点压力法、平均流量法、液体流速法、压汞法、液液置换法。目前世界上最权威的标准为 ASTM F316-03（2011）[185]，该标准详细描述了测定 $0.1 \sim 15 \mu m$ 微滤膜孔径所采用的两种方法：泡点法和平均流量法。基于该标准，我国于 2015 年发布了 GB/T 32361—2015《分离膜孔径测试方法 泡点和平均流量法》[186]，为我国微滤膜行业进一步明确了微滤膜孔径的测试装置、测试步骤和结果计算的各项要求。

（2）基于微孔滤膜实际过滤效果的测定方法

① 微生物截留（挑战）法 即用微孔滤膜对确定粒径范围的微生物（细菌、支原体等）溶液在确定的压差、流量和温度下进行微生物截留测试。基于微孔滤膜对目标微生物的截留能力来判断该滤膜的具体孔径范围和等级。该类方法标准最新的版本参见 ASTM F838-15a[187] 及 YY/T 0918—2014[188]。

② 微粒截留（挑战）法 即用微孔滤膜对确定粒径分布范围的微粒（粉尘、乳胶粒子等）在确定的条件下进行微粒截留测试。基于微孔滤膜对相应粒径大小的微粒的截留效率来判断该滤膜是否能达到相应的孔径等级。该类方法标准现行版本参见 GB 8368—2018[189]，YY 0286.1—2007[190]，YY 0321.3—2009[191] 等。

基于实际膜孔大小和形态的测定方法（非破坏性）和基于微孔滤膜实际过滤效果的测定方法（破坏性）相比，前者的特点是方法简单、耗时短，但试验结果只能间接反映产品的过滤性能，适合作为产品过程检验项目；后者的特点是能直接反映产品的微生物/微粒截留性能，但方法复杂、费用高，对检验设施和检验人员要求高，适合作为型式检验项目。

基于实际膜孔大小和形态的测定方法得到的结果可以在不破坏滤器的前提下，证明滤器具有正确的截留能力并能进行其所标称的功能。仅仅当它能与特定的基于微孔滤膜实际过滤效果的测定方法的结果相关联时，基于实际膜孔大小和形态的测定方法得到的结果才是有意义的。

9.11.1 一般性能测定

9.11.1.1 外观检查

外观检查一般是将滤膜通过一装有数支日光灯，上盖毛玻璃的检膜台，在光照射下，观察膜中有无小针孔、纤维脱落、分层等其他肉眼可见的缺陷。

9.11.1.2 厚度测定

微孔滤膜由于具有疏松、多孔性，测量其厚度时需进行接触测量，应尽可能避免对膜施加过度压力，以免膜被压实，厚度测量工具目前一般用精度为 0.01mm 的螺旋测微尺和测厚仪。

若已知干膜材质的密度 ρ 也可利用重量法即干、湿滤膜重量差，依据下式计算膜厚度：

$$L = [(W_{湿} - W_{干})/d_{水} + W_{干}/\rho]/S \qquad (9-107)$$

式中，L 为微孔滤膜的厚度，μm；$W_{湿}$ 为湿膜重量，kg；$W_{干}$ 为干膜重量，kg；$d_{水}$ 为水的密度，kg/m^3；ρ 为膜质密度，kg/m^3；S 为滤膜面积，m^2。

注意，湿膜称重前需用滤纸除去膜表面的湿存水。微孔滤膜的厚度一般在 $90 \sim 170\mu$m，可以根据需要制备特薄（$10 \sim 50\mu$m）或者特厚（$200 \sim 300\mu$m）的膜。

9.11.1.3　通量测定

通量是测量流体（水或空气）在单位时间内通过单位面积滤膜的体积。一般是用来过滤液体的膜测定水通量，用于空气过滤的膜测定空气通量，多指初始通量。

（1）水通量测定

在压差 9.3×10^4 Pa（700mmHg）、温度 25℃条件下，过滤 100mL（0.1L）洁净的蒸馏水，根据所需的时间，计算出每分钟透过每平方厘米膜面积的体积（mL）。

近年来美国 Merk Millipore 公司已将部分产品的压差从 9.3×10^4 Pa（700mmHg）改为 6.9×10^4 Pa（520mmHg）。

① 测定装置及器具　a. 500mL（0.5L 抽滤瓶）；b. $\phi 4.7 \times 10^{-2}$ m 有机玻璃微孔膜过滤器；c. 秒表；d. 真空泵；e. 真空表及真空橡皮管等。

② 要求与注意事项　测定用蒸馏水必须是洁净的，若不了解其洁净程度，必须用 0.22μm（或小于欲测孔径的膜）滤膜将蒸馏水预先过滤，然后用此过滤水进行测定。待测微孔滤膜样品，须先以蒸馏水完全润湿后方可进行测定。疏水性滤膜如聚四氟乙烯膜等则应以无水乙醇或异丙醇润湿，再用蒸馏水测通量。

③ 测定步骤　a. 将完全润湿的微孔滤膜样品，置于上述微孔过滤器中，将膜装好于抽滤瓶上，旋紧旋钮。b. 开启真空泵，使真空度稳定在 9.3×10^4 Pa。c. 加入洁净的蒸馏水至滤器的刻度（100mL）。d. 旋启滤器的开关，同时按动秒表，在滤膜表面上水抽干的瞬间，按停秒表，记下过滤时间。e. 按滤器中滤膜的有效过滤面积计算水的通量。

（2）空气通量测定

在室温 25℃、压力差 9.3×10^4 Pa 下测定滤膜的空气透过量（用流量计计量），以每分钟、每平方厘米有效过滤面积通过的空气体积（L）表示空气的通量。

9.11.2　微孔滤膜孔性能测定

进行微孔滤膜孔性能测定以及其他项测定时，为不使滤膜被压密和污染，应使用扁平镊子（邮票镊）取膜，并戴纯棉手套。

9.11.2.1　起泡点压力

泡点压力可通过气泡法测定，泡点压力（又称临界压力）相对应的孔径称为最大孔径，此种方法设备简便、容易操作。

（1）原理

当气体通过充满了液体（表面张力已知）的膜孔时，若气体的压力与膜孔内液体的界面张力相等，则孔内的液体逸出，当第一个连续气泡产生时，所施加的气压为泡点压力[185,186]，即：

$$r = \frac{2\sigma k \cos\theta}{p} \qquad (9\text{-}108)$$

式中　r——微孔半径，μm；

　　　σ——液体的表面张力，N/m；

　　　p——气体压力，Pa；

　　　θ——液体与滤膜孔壁之间的接触角，(°)；

　　　k——孔形修正因子（测试方法不同，k 值不尽相同）。

当使用的液体与膜完全湿润时，接触角视为 0°，则上式变成：

$$r = \frac{2\sigma k}{p} \qquad (9\text{-}109)$$

（2）测定步骤

将滤膜样品平行于液面浸入洁净的蒸馏水中，使其完全湿润，（亲水性滤膜以水湿润，疏水性滤膜以无水乙醇湿润）。然后用扁平镊将滤膜置于泡压测试池上的压力光滑的多孔板（粉末冶金制或不锈钢加工成），旋紧螺旋固定圈（注意切不要使多孔板滑动），再于多孔板上加入 3～5mm 深的水。关闭放气阀，启动空气压缩机或开启氮气钢瓶，使压力缓慢上升，注意观察水面上产生小气泡。当滤膜表面出现第一个气泡并连续出泡时的瞬间，按动开关（停止升压），记录此时的气体压力值，即为泡点压力。根据上述公式，可求出此膜样品的最大孔径值。

9.11.2.2　平均孔径测定

滤膜平均孔径测定，可采用压汞法、泡压法、平均流量法。

（1）压汞法

利用压汞仪进行测定，仪器昂贵，操作繁琐，且滤膜的孔径愈小，将汞压入孔中所需的压力就愈大，若孔径为 10^{-10} m 的细孔，需施加的压力高达 76MPa，在如此高的压力下，膜会发生形变，小于 10^{-10} m 的细孔会受到挤压，因此，用压汞法测得的平均孔径往往要比实际的略偏大，一般大多采用平均流量法测定平均孔径，也有用泡压法测定平均孔径的。

（2）泡压法

此法的原理同前，具体是当膜面上出现第一个气泡时所对应的压力计算出的孔直径作为膜的最大孔径，用气泡出现最多时所对应的压力计算出的孔直径，作为膜的最小孔径，由最大孔径与最小孔径即可算出平均孔径。

（3）平均流量法

当测试压力大于分离膜孔中测试液体吸附力时，完全浸润的分离膜将有气体透过。在更高的压力下，分离膜更小孔会表现出同样的行为。分离膜孔径与测试压力值之间的关系见公式(9-108)。根据测出的湿膜气体流量对应于干膜气体流量一半时的压力，便可计算出平均流量时的孔径，即平均孔径。用平均流量法检测微孔滤膜平均孔径的详细原理和测定步骤详见 GB/T 32361—2015《分离膜孔径测试方法 泡点和平均流量法》第 5 章[186]。

9.11.2.3 孔径分布测定

孔径分布是指膜中不同孔径的孔数占膜总孔数的比率。微孔滤膜的孔径分布可以采用压汞法和平均流量法来测定。

（1）压汞法

压汞法测定在压汞仪中进行，其基本原理同前述。将汞压入半径为 r 的孔中，其外力为 $\pi r^2 p$，而由表面张力产生的反向的力为 $-2\pi r\sigma\cos\theta$，平衡时，两力相等即：

$$-2\pi r\sigma\cos\theta = \pi r^2 p$$

$$r = \frac{2\sigma\cos\theta}{p} \tag{9-110}$$

对于汞 σ 为 480dyn/cm（1dyn$=10^{-5}$N），θ 取 140°，则上式简化为：

$$r = \frac{75000}{p} \tag{9-111}$$

式中，p 为外加压力，kgf/cm^2；r 为在给定 p 下，汞能进入孔中的最大孔半径，10^{-10}m。

设半径在 r 与 $r+\mathrm{d}r$ 范围内的孔隙率体积为 $\mathrm{d}V$，孔径分布函数为 $D(r)$，则

$$\mathrm{d}V = D(r)\mathrm{d}r \tag{9-112}$$

对式（9-111）微分，得：

$$\mathrm{d}r = -\frac{r\mathrm{d}p}{p} \tag{9-113}$$

将式（9-111）和式（9-113）代入式（9-112），整理后得：

$$D(r) = -\frac{p^2}{75000}\frac{\mathrm{d}\overline{V}}{\mathrm{d}p} \tag{9-114}$$

式（9-111）中右边的物理量可由实验中测得，在某一压力 p 时的孔容积是半径大于 r 的所有孔的容积。它应等于该样品的比孔容积 V_g 与样品中孔半径小于 r 的孔容积 V 之差，即 $(V_g - V)$。因压力的微小变化所引起相应孔体积的变化为：

$$\frac{\mathrm{d}(V_g - V)}{\mathrm{d}p} = -\frac{\mathrm{d}\overline{V}}{\mathrm{d}p} \tag{9-115}$$

则式（9-115）可写成：

$$D(r) = \frac{p^2}{75000}\frac{\mathrm{d}(V_g - V)}{\mathrm{d}p} \tag{9-116}$$

因此，只要测定出上式右边各物理量，就可算出 $D(r)$，然后以 $D(r)$ 对 r 绘图，可得到孔径分布曲线。

用压汞仪测定的实验装置如图 9-72 所示。

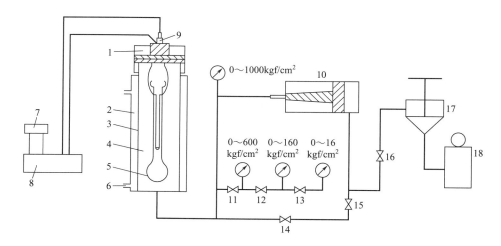

图 9-72 压汞仪测孔流程示意图（1kgf/cm² = 98.0665kPa）
1—密封盖；2—恒温室；3—高压筒体；4—测控室；5—膨胀计；6—恒温水；7—检流计；
8—惠斯登电桥；9—压紧螺帽；10—倍加器；11—中压阀；12—低压阀；13—微压阀；
14—高压阀；15—进油阀；16—泄放阀；17—油杯；18—手揿泵

实验时，将一定重量的样品装入样品球中，在 133.3×10^{-3}Pa 下，进行脱附系统及样品中的气体，然后将汞加入填汞器，使汞与膨胀计中的铂电阻丝接触，此后不断增加外压，膨胀计中的汞不断地渗入样品的孔中，从而引起膨胀计汞体积的变化，汞体积的变化量 ΔV 是通过测定膨胀计中铂丝电阻的改变值 ΔR 换算而得到的。即 $\Delta V = K \Delta R$，K 为膨胀计常数（mL/Ω），是预先测定的。

应当指出，用压汞法测孔径不仅会由于高压使可塑性滤膜发生形变，而且在计算中取 $\theta = 140°$ 也不是十分合理的，实际上 θ 会因材料不同而有所差异，同时，由于很多物质会在汞中溶解而导致汞的污染，从而使 θ 值发生变化，这些均是造成测试误差的重要原因，且操作者要与汞接触，影响健康，是其另外的一个缺点。

（2）平均流量法

通过比较相同压力下气流经过湿膜与干膜的流量，气体能够透过的、孔径大于或等于特定尺寸的分离膜孔所占的百分数可以由压力-孔径方程算出。逐步缓慢增加压力值，可以测出引起流量改变的更小膜孔所占的比例。该项测试还可以同时测得膜的平均孔径数据结果。用平均流量法检测微孔滤膜孔径分布的详细原理和测定步骤详见 GB/T 32361—2015《分离膜孔径测试方法 泡点和平均流量法》第 5 章[186]。

9.11.2.4 孔隙率测定

膜的孔隙率（多孔膜中孔体积与整个膜体积的百分比）是表征膜透过性能的动力学参数之一，孔隙率高，即含水量大的膜其透水性亦佳。

微孔滤膜的孔隙率测定方法有以下三种：

① 重量法 通过称量膜的干、湿重量求孔隙率，计算公式如下：

$$P_r = \frac{(W_1 - W_2)/d_{H_2O}}{V} \times 100\%$$

$$(9-117)$$

式中，W_1 为湿膜重，kg；W_2 为干膜重，kg；d_{H_2O} 为水的密度，kg/m³；V 为膜的表观体积，m³。

采用该方法求孔隙率，需注意称重前应除去表面残留的水。

② 根据膜的表观密度和膜材料的密度求孔隙率，即：

$$P_r = \left(1 - \frac{\rho_r}{\rho_P}\right) \times 100\% \tag{9-118}$$

式中，ρ_r 为膜的表观密度，用重量法测定；ρ_P 为膜材料的密度，可由手册直接查出或通过实验测定。

ρ_r 的测定方法是，将膜材料溶解于纯溶剂中，浇铸成膜（使 $\rho_P=0$），待溶剂完全挥发，用重量法测其密度。

③ 若已知聚合物材料密度可利用下式求孔隙率。

$$P_r = \frac{\left(\dfrac{W_t}{\rho}\right)_{H_2O}}{\left(\dfrac{W_t}{\rho}\right)_{H_2O} + \left(\dfrac{W_t}{\rho}\right)_P} \tag{9-119}$$

式中，W_t 为水或者聚合物的质量；ρ 为水或者聚合物的密度。利用此公式，可以避免厚度等测量上的误差。

9.11.3　微孔滤膜化学兼容性能测试

化学兼容性试验用来评估在特定工艺条件下，过滤装置与待过滤介质的化学相容性。化学兼容性试验应涵盖整个过滤装置，不只是滤膜。试验的设计应考虑待过滤介质性质、过滤温度和接触时间等。试验过程中的过滤时间应达到或者超过实际生产过程的最长工艺时间。过滤温度应达到或者超过生产过程的最高温度。

化学兼容性试验检测项目一般包括：过滤器接触待过滤介质前后的目视检查；过滤过程中流速变化；滤膜重量/厚度的变化；过滤前后起泡点等完整性测试数值的变化；滤膜拉伸强度的变化；滤膜电镜扫描确认等。应基于对滤膜和滤芯材料的充分了解，综合选择上述多种检测方法。

9.11.4　微孔滤膜可提取物测定

可提取物是指在极端条件下（例如有机溶剂、极端高温、离子强度、pH、接触时间等），可以从过滤膜材料的工艺介质接触表面提取出的化学物质。可提取物能够表征大部分（但并非全部）在工艺介质中可能的膜材料释放物。可提取物测定是将膜样品置入沸水中，煮沸一定时间，测其失重，并分析水中成分以了解主要的可提取物。具体作法是将膜样品于105℃烘 1h 后称重（W_1），将样品浸入洁净蒸馏水中，加热煮沸一定时间，取出后重新干燥（条件同前）称重（W_2），以滤膜煮沸前后的重量差按下式计算水萃取率。然后分析水中成分，即可知滤膜主要的可提取物。具体计算公式如下：

$$D = \frac{W_1 - W_2}{W_2} \times 100\% \qquad (9\text{-}120)$$

9.11.5 微孔滤膜生物安全性

生物安全性测试属于对微孔滤膜及其衍生产品制造后的安全性评测，常见的有 USP〈87〉细胞毒性测试，USP〈88〉塑料等级测试、生物安全性测试等。除此之外，GB/T 16886 系列（对应 ISO 10993 系列）、GB/T 14233.2—2005 标准也是微孔滤膜类可以参考的生物安全性测试方法标准[192]。总的来讲，微孔滤膜类的产品涉及的具体的生物安全性检测项目有：细菌内毒素、热原、细胞毒性、迟发型超敏反应、皮内反应、急性全身毒性和溶血等。

9.12   微孔膜过滤器

9.12.1   概述

微孔膜过滤器是以微孔滤膜作为过滤介质净化流体的特制过滤装置。目前，国外已有不同品种和规格的微过滤器在市场上出售。国内自 20 世纪 70 年代以来，制造微孔膜过滤器的厂家日渐增多，已生产出了多种品牌的微孔膜过滤器，供应市场需要。

微孔膜过滤器目前有两种基本形式，一类是平板式，另一类是筒式。由于微孔膜较薄，故滤器中必设置支持膜的支撑体，以承受膜两侧的压力差，支撑体大多采用多孔滤板或烧结式滤板，在膜与支撑体之间衬以网状材料，或加衬玻璃纤维与聚合物制成的滤层，以保护膜在压力下不易破裂。过滤器应密封以保证过滤前后的水完全隔开不发生窜流。滤器材质一般采用工程塑料和不锈钢等，具体选用时则根据过滤对象的要求、工作压力、使用温度等因素而定。

9.12.2   平板式微孔膜过滤器

平板式微孔膜过滤器，从结构上可分为单层平板式和多层平板式两种。

（1）单层平板式微孔膜过滤器

该过滤器通常采用聚碳酸酯或不锈钢制造。公称直径（mm）一般有 $\phi 13$、$\phi 25$、$\phi 47$、$\phi 90$、$\phi 142$ 及 $\phi 293$ 等数种。其结构示意图见图 9-73。

该过滤器构造简单，装拆方便，密封性能好，既可抽滤也可压滤，最大承受压力达 0.5MPa，主要供实验室少量流体的过滤，多适用于水和空气的超净处理。

（2）多层平板式微孔膜过滤器

对大量液体的过滤多采用多层平板式微孔膜过滤器。该种滤器的材质主要采用不锈钢及工程塑料。为增加滤膜面积，在滤器内将膜多层并联或串联组装、其结构见图 9-74。该滤器广泛应用于医药、生物制品及饮料工业生产过程的液体过滤。

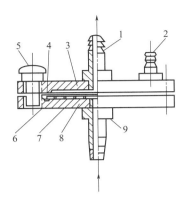

图 9-73　单层平板式微孔膜过滤器

1—进口接头；2—放气接头；3—上盖；4—O 形密封圈；
5—螺栓；6—底座；7—支撑网；8—膜；9—出口接头

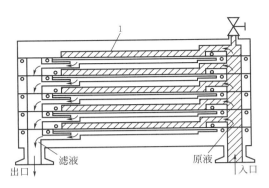

图 9-74　多层平板式微孔膜过滤器
1—微孔滤膜

9.12.3　筒式微孔膜过滤器

筒式微孔膜过滤器主要由壳体和滤芯构成。壳体材质采用工程塑料或不锈钢，但以不锈钢材质使用最为广泛，按其应用形式可分为液体过滤器、气体过滤器、衬氟过滤器、袋式过滤器、管道过滤器等。

不锈钢液体过滤器（如图 9-75 所示）内外表面经过镜面抛光，无介质脱落、无死角，清洗方便，可提供优秀的耐久力和抗腐蚀能力。其用途广泛，能满足生物制药、食品饮料、电子及工业等行业中纯水、超纯水、工业用水、药物溶液、糖浆、饮料、酒、酸碱液、有机溶剂等流体的过滤。

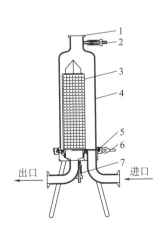

图 9-75　不锈钢液体过滤器

1—压力表口；2—放气阀；
3—滤芯；4—筒体；
5—密封圈；6—快装卡箍；
7—排污阀

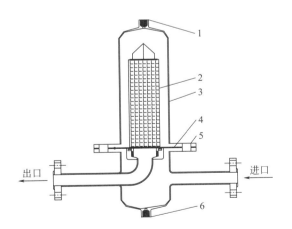

图 9-76　不锈钢气体过滤器

1—压力表口；2—滤芯；
3—筒体；4—密封圈；
5—筒体法兰；
6—排污口

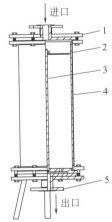

图 9-77　不锈钢
衬氟过滤器

1—上盖板；2—压板；
3—PTFE 螺杆；
4—筒体；5—底座

　　不锈钢气体过滤器（如图 9-76 所示）主要用于空气除杂质颗粒和细菌。配合玻璃纤维滤芯，可以应用在一些高纯气体预过滤；配合 PTFE 膜高效除菌滤芯，可以应用在无菌气体、发酵气体过滤；也可配合不锈钢滤芯，以解决高温气体过滤问题。不锈钢气体过滤器目前在食品、医药、生物化学、饮料、电子等行业应用较为广泛，其过滤效果是高精密和高清洁生产的保证。

　　不锈钢衬氟过滤器（如图 9-77 所示）的外壳采用不锈钢或碳钢材料加工制成，过滤器接触液体的部位全部采用 PTFE 材料，以保护不锈钢外壳材质不被腐蚀，广泛应用于精细化工领域各类强腐蚀性料液的过滤。

　　不锈钢袋式过滤器（如图 9-78 所示）采用特殊的密封结构设计，结合专用的热熔滤袋，配以塑胶环口或钢环，保证过滤无泄漏，同时具备过滤面积大、容污量大等优点。滤袋主要装置在加强网内，液体渗透过所需要等级的滤袋即可以获得合适的滤液，而杂质颗粒则被滤袋所捕捉，主要用来过滤水、饮料、化学液体中的杂质。滤袋附加功能多，如加入活性炭颗粒，可去除色素和臭味。

　　不锈钢管道过滤器（如图 9-79 所示）常用于工艺管路过程中的流体过滤，如生物制药行业 GMP 规定的药用压缩空气除尘、除菌过滤，有除菌、除微粒要求的纯水、高纯水以及化学品、高纯化学试剂的过滤，具有压损小、清洗方便、价格低廉等优点。

　　由于滤芯的结构形式不同，分为折叠式、缠绕式、喷熔式及烧结式等。

　　折叠式膜过滤芯，国内外应用较普遍，其特点是单位体积中膜表面积大，装拆及更换滤芯方便，过滤效率高。其基本结构如图 9-80 所示。

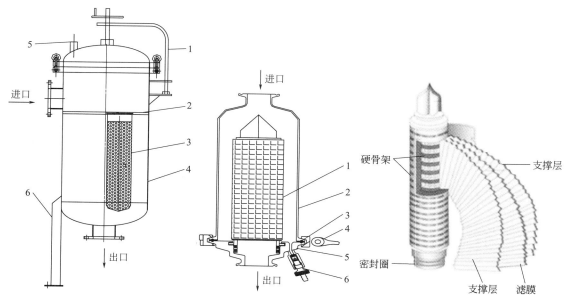

图 9-78　不锈钢袋式过滤器
1—摇臂；2—内法兰；3—网篮；
4—筒体；5—排气口；6—支腿

图 9-79　不锈钢管道过滤器
1—滤芯；2—筒体；3—密封圈；
4—快装卡箍；5—底座；6—排污阀

图 9-80　折叠式膜过滤芯结构图

　　该种滤器常用于电子工业高纯水制备；制药工业药液及水的过滤；食品工业的饮料、酒类等的除菌过滤。

缠绕式和喷熔式两种过滤器均属深层过滤，该类滤器的优点是纳污量大、价格便宜，但其缺点是过滤阻力大。烧结式滤芯以无机材料居多，常用滤芯有钛棒滤芯和烧结金属网滤芯等，这类滤芯具有耐高温、耐腐蚀、机械强度大、可再生的优点，但其缺点是过滤精度较低，因此适用于预过滤过程。若将折叠式与这类滤器结合使用，可达到较好的过滤净化结果与成本控制效果。

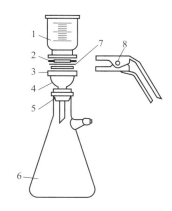

图 9-81 实验室用微孔膜过滤器
（B-601 型玻璃过滤器）

1—量杯；2—密封圈；3—多孔板；4—下托；5—硅胶瓶塞；6—三角烧瓶；7—微孔滤膜；8—长柄夹子

9.12.4　实验室用微孔膜过滤器

该类滤器多在负压下操作。供实验室过滤少量溶液除去其中的粒子、细菌，或收集滤膜上沉积物、滤液进行分析。制作滤器的材质多为玻璃、工程塑料及不锈钢等。过滤器结构见图 9-81。

9.12.5　选择过滤器需要注意的几个因素

在选择过滤器时，必须加以考虑的重要因素是：
① 待去除颗粒的大小，颗粒形状和硬度；
② 颗粒的数量；
③ 待过滤的流体的性质；
④ 待过滤流体的温度，是连续的或是间歇的；
⑤ 有效压差、过滤介质对流体的适应性，以及要求过滤的程度等。

9.13　微孔膜过滤技术的应用

9.13.1　概述

在工业发达的国家，从家庭生活到尖端技术，都在不同程度上应用微孔膜分离技术。我国近十几年来，随着各类型的滤膜和相应的过滤元件的研制成功和应用方面的开发，该项技术不仅在科研和各工业生产领域中得到较广泛的应用，而且也已经应用到民用领域中。微过滤的应用范围较广，因要处理的流体、操作规模、操作环境总是不同，故没有一种独特的设计能满足所有用户的要求，需要根据应用领域和要求的不同而相应不同。

对于微孔滤膜过滤的应用，滤膜或整体器件的主要性能表现在：①截留率；②纳污量；③耐化学性；④表面湿润程度；⑤使用温度范围；⑥机械强度；⑦可清洗性；⑧吸附性等。如果这些特性有标准测量方法，对于应用则很有帮助。由美国材料与试验协会（American Society for Testing and Materials，ASTM）研究制定的部分标准方法列于表 9-5。

表 9-5 关于微孔膜特性的标准方法

标准号	标准名称
D3861-91(2011)[193]	膜过滤器中水萃取物的标准测试方法
D3862-13[194]	用于常规过滤程序的水质微生物指标评价用 0.2μm 膜过滤器截留特性的标准试验方法
D3863-87(2011)[195]	用于常规过滤程序的水质微生物指标评价用 0.40～0.45μm 膜过滤器截留特性的标准试验方法
D4196-05(2011)[196]	确认膜过滤器的无菌指标标准测试方法
D4198-82(2011)[197]	用于评估与膜过滤器一起用于细菌分析和生长的吸收垫测试的标准试验方法
D4199-82(2011)[198]	膜过滤器的可高压消毒性的试验方法
D4200-82(2011)[199]	膜过滤器上油墨格栅的抑制作用的评价方法
F316-03(2011)[185]	用起泡点和气孔平均流量法测定膜过滤器孔隙尺寸特点的标准试验方法

9.13.2 微孔膜过滤在制药工业中的应用

微滤技术在制药工业中的应用主要为无菌气体的制备、注射用水制备、药物原液及其制剂的制备、中药提取液澄清分离等。

在具体应用中，需要根据实际的过滤效果要求来选择所使用的过滤器孔径等级。制药工业中过滤器性能指标与推荐孔径等级的对应关系见表 9-6。

表 9-6 制药过滤器的选择

应用	性能指标	推荐孔径等级
澄清和可见粒子去除	直观透明度	3～5μm 过滤器
大分子有机物/胶团/粒子去除	如酵母和霉菌去除	1.2～0.65μm 过滤器
生物负荷(细菌)减少	热原物质减少	0.45μm 过滤器
细菌截留(除菌)	无菌	0.22μm 除菌级过滤器
支原体截留/小分子有机物去除	无菌,无支原体	0.1μm 除支原体级过滤器

迄今的试验研究已经证实 0.22μm 孔径等级的微孔膜过滤器可用于细菌截留，以达到除菌效果。孔径等级较大的非除菌级滤器也能部分截留细菌，但这要将筛分和吸附机理相结合来解释。亲水和疏水微孔膜已在除菌中应用。亲水膜因为它们的可润湿性，适用于水溶液除菌。而疏水膜因为它们的抗水润湿性及良好的化学相兼性，适用于气体和溶剂的除菌。0.22μm 除菌级滤器的细菌截留性能与过滤压力和有机物数量无关。滤器的物理完整性测试值（如泡点测定值），与细菌截留和滤器类型之间存在一定关系。这一点是膜滤器在制药工业中使用的基本点。

除菌级滤器总体来说是具备较强截留能力的，甚至在超过生产厂商推荐的有效操作压力下也可以保证下游的绝对无菌性（除菌级过滤器具体性能指标要求可参见 GB/T 34244—2017《液体除菌用过滤芯技术要求》[200]）。用 0.22μm 和 0.45μm 孔径等级的筒式滤器在 0.2MPa 所做的试验证明：0.22μm 级除菌级滤器能达到 10^7CFU/cm^2 缺陷短波单胞菌。在相同试验压力下，0.45μm 过滤元件至少能截留缺陷短波单胞菌的 10^5CFU/cm^2。非除菌级过滤器的截留率随微生物浓度增加而降低，随过滤压力增大而增加。

（1）原料药过滤

以药物原液过滤为例，其过滤分离过程主要涉及前处理、预过滤和终端除菌过滤。前处理过程中常采用活性炭对药物原液进行脱色和热原去除，随后采用钛棒或不锈钢网截留活性炭等刚性颗粒。预过滤过程需要处理的污染物具有量多且颗粒粒径大的特点，多采用高纳污量的深层过滤型膜材，如聚丙烯膜、玻璃纤维膜等，膜标称孔径在 $0.5 \sim 20 \mu m$ 之间。终端除菌过滤是药液安全的最后保障，对膜材的性能具有更严苛的要求，因此选择高性能的聚醚砜膜，标称孔径为 $0.22 \mu m$。

（2）化学药制剂的过滤

大输液和小针剂等化学药制剂的制备过程与原料药相似，也分为前处理、预过滤和终端除菌过滤三个步骤。但值得注意的是，对于中药注射剂，因其富含多种植物蛋白、多糖、胶体微粒等，成分和杂质相对于化学药复杂得多，预过滤过程往往选择多层聚丙烯膜，终端除菌过滤则选择可容纳更多污染物的非对称聚醚砜膜更加合适。

（3）生物制品的过滤

对于生物制品如血液、疫苗、细胞培养基等含胶体的高黏性液体，预过滤过程以玻璃纤维膜为主，该膜为无机深层过滤膜，具有流量大、生物相容性好、低蛋白吸附等优点，常用滤膜孔径为 $0.45 \sim 5 \mu m$。此外，混合纤维素膜因其生物相容性好、蛋白吸附低且价格低廉，同样适用于生物制品的预过滤过程。终端除菌过滤常采用低蛋白吸附的聚醚砜膜，为了提高过滤效率和纳污量，实际应用中也采用双层聚醚砜膜的形式。针对高价值的生物制品，膜材料对蛋白的吸附能力应越低越好，此时采用具有极低蛋白吸附的亲水聚偏氟乙烯膜更为合适。

（4）气体过滤

气体过滤也是制药工业中常遇到的问题。压缩空气是制药企业生产动力的一个最主要来源，同时也是大规模好氧发酵中重要的原料。未经处理过的空气中含有水雾、油雾、铁锈、颗粒尘埃、细菌等多种杂质，为保证生产安全，符合用气要求，必须去除这些杂质。气体过滤同样分为预过滤和除菌过滤。常用预过滤膜材为聚丙烯膜、玻璃纤维膜，如果过滤的气体具有高温高压的特点，还可选用不锈钢烧结滤网以及钛棒，过滤精度可以根据实际需要选择，范围为 $2 \sim 100 \mu m$。气体除菌过滤作为无菌空气系统最重要、最核心的组成，首先需要确保其过滤作用的有效性，保证在干燥、潮湿条件下都能 100% 滤除细菌（具体的气体除菌用滤芯的各项指标可参见 GB/T 36118—2018《气体除菌用聚四氟乙烯微孔膜折叠式过滤芯》[201]）。除菌级滤芯精度高，相对会产生一定的阻力，从而导致能耗增高。因此需要合理的配置除菌过滤滤芯，常用滤膜为疏水的聚四氟乙烯膜，标称孔径为 $0.1 \mu m$ 和 $0.22 \mu m$。

9.13.3　微孔膜过滤在医疗卫生中的应用

微滤技术在医疗方面的应用包括水除菌、诊断检测、气体过滤和输液过滤等，对保障病人的生命安全具有重要意义。

（1）医用自来水除菌

医院的自来水被认为是最易被忽视的感染源之一，因此目前大部分医院配有无菌水处理系统用于自来水的处理。细菌和微生物容易附着在管路、龙头等位置，具有潜在风险。因此，越来越多的感控专家们倾向于终端花洒除菌过滤器来解决医用自来水污染问题。

终端花洒除菌过滤器可以作为额外的感染风险控制措施用于保护虚弱和免疫力低下的病

人。这种终端花洒除菌过滤器通常采用双层 $0.22\mu m$ 除菌膜以确保其除菌能力。其最常见的安装地点为骨髓移植单位、血液学/肿瘤学单位、ICU、烧伤病房、内窥镜清洗、新生儿以及老年病房等。

（2）医疗诊断试纸应用

微孔滤膜在体外诊断试纸领域有着广泛的应用，目前应用形式主要为垂直流和侧向流两种，具体应用点包括糖尿病检测、心脏标志物检测、肿瘤标志物检测、妊娠检测等。我国人口基数大，农村人口比例多，然而具备高端设备的大型医院数量有限，难以满足目前的医疗需求。体外诊断试纸因其快速、高效、廉价等优点，非常适合于基层医疗的检测要求。

微孔滤膜作为载体膜用于垂直流测试，主要起到固定抗体、抗原、酶等物质的作用，待测样品由膜的上端流至下端，故称垂直流。常用膜材为聚醚砜和玻璃纤维材质，厚度一般在 $100\sim140\mu m$，膜标称孔径在 $0.05\sim0.45\mu m$ 之间。

微孔滤膜作为载体膜用于侧向流测试，待测样品由膜的左侧经毛细效应流向右侧，故称侧向流。常用膜材为硝酸纤维素膜，标称孔径为 $4\sim10\mu m$，膜厚度在 $150\sim240\mu m$，NC 膜带正电，对带负电的蛋白质具有很强的吸附作用，在其上负载抗体或抗原，可以对相应物质进行检测[202]，早早孕试纸条就是侧向流检测的典型应用案例。

（3）呼吸系统过滤

氧气呼吸系统过滤器又可称为人工鼻，可用于重症监护通气，为病人的呼吸气体提供高水平的保温加湿功能并滤除呼吸气体所携带的细菌、病毒、固体微粒等污染物。人工鼻要求滤材的气阻低，而常用的表面过滤型微孔滤膜依靠筛分机理过滤，在达到良好过滤效果的前提下，往往具有较大气阻且纳污量较小，使病人呼吸困难，因而目前市面上的人工鼻用滤材多为深层过滤型滤材，如超细聚丙烯纤维熔喷滤材、陶塑纤维滤材等。所用深层过滤型滤材通常具备价低、高孔隙率、高纳污量、较大孔径、低气阻力等特点，但存在过滤效率低的问题。解决这一问题的方法是通过静电纺丝、电晕等过程使滤材纤维永久带电，通过静电吸附作用提高过滤效率，因此所用深层过滤型滤材具备低气阻和高过滤效率的优点。

（4）医用输液过滤

中国作为输液大国，每年要消耗的输液器耗材在 100 亿套以上，为国际人均水平的 3 倍左右。输液作为国内常用治疗手段之一，为病人带来便利的同时也存在潜在风险。

输入人体的药液中存在大量不可见的微粒，这些微粒进入人体后可堵塞毛细血管，导致静脉炎等症状。输液过程中的一些操作，如穿刺橡胶、打开安瓿、药物配伍等都会产生大量微粒，即使是达到国家标准的一次性使用输液器，其管路中也不可避免地存在一定的微粒，最终这些微粒会随药液进入人体，造成危害。为了降低输液风险，在输液器终端对药液进行过滤以降低其风险是很有必要的。通过在输液器终端添加精密药液过滤器可以解决这一问题，常用的微孔滤膜为亲水聚醚砜和尼龙膜，标称孔径为 $1.2\sim5\mu m$。

9.13.4　微孔膜过滤在实验室研究与分析检测中的应用

（1）在色谱分析中的应用

微孔滤膜及滤器在化学分析研究中具有十分广泛的应用。分析仪器诸如高效液相色谱（HPLC）、气相色谱（GC）、凝胶色谱（GPC）、离子色谱（IC）以及电感耦合等离子体质谱（ICP-MS）等在制样时均需使用相关微滤产品去除样品中的颗粒杂质，防止管路、泵或分离柱等关键零部件的堵塞或损伤，延长整机的使用寿命的同时并保证分析结果的准确性。

以 HPLC 为例，其进样前需要使用 $0.22\mu m$ 或 $0.45\mu m$ 的针头式过滤器（如图 9-82 所示），配合针筒手工推注过滤样品，去除不溶性的颗粒物。HPLC 的流动相在使用前也需要用 $0.22\mu m$ 或 $0.45\mu m$ 微孔滤膜配合玻璃抽滤瓶进行真空抽滤去除颗粒，或

图 9-82　针头式过滤器

者也可在 HPLC 上安装在线过滤/脱气装置，微孔滤膜对流动相过滤去除颗粒的同时还可以脱除分散其中的微小气泡，减少基线波动[203]。

（2）液体澄清/除菌/除支原体过滤

在生化实验操作中，经常需要对各种溶液进行澄清处理。最常用的处理方式就是微孔膜过滤法。对于高颗粒物含量或者高黏度的溶液，为了减少滤材因堵塞而频繁更换，可以选择具有高纳污量、低阻力的超细玻璃纤维滤纸进行过滤，但需要注意的是下游可能会有纤维脱落。对于尺寸较小的细微颗粒（$0.1\sim1.0\mu m$），则需要采用精度更高的微滤膜来实现去除。使用的过程中，应依据溶液的特性（pH、极性、溶度参数、温度等），选择合适材质进行过滤。在经高压蒸汽灭菌、γ 射线辐照或 EO 熏蒸等方式灭菌后可被用于溶液的除菌过滤，特别是一些含有温敏性物质而无法采用高温蒸汽灭菌的溶液。因而这种灭菌方式又被称为"冷除菌"。生化实验中常见的培养基、缓冲液、血清、蛋白溶液等都可以采用微孔滤器进行除菌。能够通过 $107CFU/cm^2$ 缺陷短波单胞菌（*Brevundimonas diminuta*，ATCC 19146）挑战水平测试的微孔过滤器被认为是"除菌级"，其孔径等级被定义为 $0.22\mu m$ 或 $0.2\mu m$[204,205]。此外，$0.1\mu m$ 孔径等级的微孔滤膜被认为是可以在一定程度上除支原体。美国 Merck Millipore 公司和美国 Pall 公司均先后推出了商品化的 $0.1\mu m$ 除支原体过滤器[206]，但这些产品都是基于自己公司的产品标准。目前国际上除支原体过滤器的测试标准尚属空白。

（3）无菌通气（气体无菌过滤）

$0.22\mu m$ 孔径疏水聚四氟乙烯（PTFE）和疏水聚偏氟乙烯（PVDF）微孔滤膜因其自身天然的强疏水性和良好的阻菌性能，被广泛用于气体无菌过滤/无菌通气应用，如实验室规模的微生物发酵、细胞培养、植物无土培养。

微生物好氧发酵过程中需使用 $\phi50mm$ 的 $0.22\mu m$ 疏水 PTFE 碟式过滤器（如图 9-83 所示）进行无菌通气。PTFE 碟式过滤器让发酵时产生的代谢气体从内部经膜孔排出发酵罐，同时外部空气经膜孔进入发酵罐内，而环境中的杂菌和灰尘则被滤膜阻挡在外，避免发酵罐内感染杂菌。

PTFE 膜也可以应用在细胞培养（浮培养和贴壁培养）。$0.22\mu m$ PTFE 微孔滤膜被焊接在细胞培养瓶的瓶盖上，起到阻菌和换气的作用，见图 9-84。

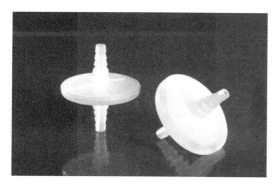

图 9-83　碟式过滤器

图 9-84　细胞培养瓶

（4）微生物检测和计数

在 20 世纪 60 年代，世界各国已经开始推广基于微孔滤膜的微生物检测分析技术[207]。目前，微孔滤膜法是一种国际公认的微生物标准检验方法。该方法已经写入到美国药典、欧洲药典、日本药典和中国药典（2015 版）中，并得到 FDA 和 EPA 等组织的承认，广泛应用于药品、食品饮料、化妆品的微生物指标控制和洁净环境检测等领域。微孔滤膜过滤法

图 9-85　格栅膜

（又称薄膜过滤法）是指采用一定孔径等级的无菌微孔滤膜截留流体里的微生物，然后转移至合适的培养基上进行培养及菌落计数。该过程常被应用于微生物限度检测和无菌检测。与传统平皿涂布法相比，薄膜过滤法具有不受样品体积限制、可洗去抑制物、高灵敏度等优点。用于检测和计数的微孔滤膜材质主要有混合纤维素（MCE）膜（见图 9-85）和硝酸纤维素（NC）膜。后者较脆，而前者在后者基础上加入了醋酸纤维素（CA）材料，使其具有更好的韧性。膜面上一般会用非抑菌性的油墨印上网格，方便菌落形成后计数。滤膜孔径等级包括 $0.22\mu m$、$0.45\mu m$、$0.65\mu m$、$0.8\mu m$ 和 $1.2\mu m$ 几种。其中 $0.45\mu m$ 应用的最为广泛，兼顾了对微生物的高截留效率和对液体的快速过滤要求，可用作细菌总数计数，微生物复活率可达到 90% 以上（相比平板涂布法）。$0.22\mu m$ 相比 $0.45\mu m$ 对微生物的截留滤更高，但流速慢。$0.65\mu m$、$0.8\mu m$ 和 $1.2\mu m$ 实际孔径较大，流速快，但截留性能低，不适合细菌总数计数，主要用于酵母和霉菌的培养、计数。

（5）蛋白和核酸检测

20 世纪 70 年代，学者们发现微孔滤膜可以吸附生物分子（DNA、RNA 和蛋白质），进而逐渐开发出了 Southern Blotting、Northern Blotting、Western Blotting 和 Eastern Blotting 几种检测方法。生物分子主要通过疏水作用结合到滤膜上，而微孔滤膜所带电荷也对生物分子的结合起到一定的作用。常用的转印膜有硝酸纤维素酯（NC）膜、聚偏氟乙烯（PVDF）膜和尼龙（Nylon）滤膜。三种滤膜各有其优缺点，进行转印操作时需要根据实际情况进行选择。

Western Blotting，又称蛋白质印迹，是指利用十二烷基磺酸钠-聚丙烯酰胺凝胶（SDS-PAGE）电泳将不同分子量的蛋白质进行分离，并将蛋白质转印到微孔滤膜上，然后用特定

的一抗和二抗与目标蛋白进行特异性结合、显色，检测目标蛋白的一种方法。适用于 Western Blotting 的滤膜主要有 NC 和 PVDF 滤膜。NC 膜是最早用于 Western Blotting 的微孔滤膜，其操作简便、价格便宜、背景低，但是膜本身较脆且容易卷，蛋白结合力略差，且不能重复使用。PVDF 转印膜于 1985 年推出应用于蛋白质印迹。与 NC 膜相比，其价格更昂贵，但蛋白结合能力更高，膜的韧性更好，可重复使用[208]。

（6）环境空气细颗粒物（PM$_{2.5}$）监测采样

近年来我国环境污染问题日趋突出，特别秋冬季节全国范围内长时间的雾霾污染，对人们的健康、生活和工作造成了严重的影响。政府对空气污染问题空前重视，不断加大对环境空气监测活动的投入。

PM$_{2.5}$指环境空气中空气动力学当量直径小于等于 2.5μm 的颗粒物，也称细颗粒物。其监测方法主要有重量法、β 射线法和微量振荡天平法。这些方法通常需要采用微孔滤膜（如图 9-86 所示）作为空气采样的载体。2013 年，中华人民共和国环境保护部发布了 HJ 656—2013《环境空气颗粒物（PM$_{2.5}$）手工监测方法（重量法）技术规范》，该规范推荐微孔滤膜材质可选用玻璃纤维（GF）滤膜、石

图 9-86　PM$_{2.5}$监测采样用膜

英（quartz）滤膜等无机滤膜和聚四氟乙烯（PTFE）、聚氯乙烯（PVC）、聚丙烯（PP）、混合纤维素（MCE）等有机滤膜，要求对 0.3μm 标准粒子的截留效率不低于 99.7%[209]。

采样后微孔滤膜还可以用于环境空气污染颗粒物来源解析工作。该种滤膜的本底值应满足化学分析要求，化学稳定性强，不与沉积物发生化学反应。在进行解析工作的时候，还需要根据滤膜本身的特性和采样后用于化学分析的需求来分析滤膜[210]。

9.13.5　微孔膜过滤在食品工业中的应用

微孔滤膜在食品工业科技进步中扮演着重要的角色，由于它无相变、节能及在常温下分离等特点，一经引入食品工业就受到关注并取得不凡业绩。该工业领域传统使用的是深度吸附介质（例如硅藻土和纤维素）过滤和巴氏灭菌法。虽然深层过滤仍然是初始澄清最经济的方法，但采用膜过滤作为终端过滤已日益发展。因为膜过滤不使用化学试剂和热源就可达到绝对的微生物有效去除，它简化了传统食品加工工艺；避免了食品加工中的热过程，高度保持了食品中的色、香、味及各种营养成分。

微孔膜过滤技术广泛应用在饮料行业生产过程中，是啤酒、白酒、葡萄酒、瓶装水、乳制品、果汁饮料等的生产过程中常见的流体分离技术。由于微孔膜过滤元件（滤芯）是易耗品，进口的膜元件价格昂贵，因此，膜元件的国产化成为我国科技人员研究课题之一。通过数年的努力，现已研制出多种材质系列孔径的微孔过滤膜元件，并形成产业化规模，可为多个领域及不同的过滤环境的生产厂家提供产品和配套服务，一些膜元件的性能指标已达到或超过进口同类产品的水平。

聚合物膜稳定啤酒的开创性应用首见于 20 世纪 60 年代初的报道（Haffenreffer 1962；

Anonymous 1963；Bush 1964）。1963 年，美国四家饮料公司——Haffenreffer（波士顿）、Peter Hand（芝加哥）、Pittsburgh Brewing 和 Dupuesne（匹兹堡）销售的啤酒采用微孔膜冷过滤处理，后来用膜过滤的公司数目在整个 60 年代连续增长。用膜过滤作为初步达到微生物稳定性的方法已为世界各国所接受[211]。

啤酒为膜过滤处理的第一个饮料产品，以除去悬浊悬浮物、酵母和微生物等来保证其独特的口感、风味和新鲜度[212]。美国用微孔膜过滤使啤酒稳定的技术已达成熟后，自然要把技术扩展到白酒稳定。白酒除浊是白酒生产过程中的一个重要环节，为解决这一问题，生产厂家一度采用深度冷冻、吸附、增溶等方法。事实证明，这些方法均有一定不足，近几年微滤技术已在白酒生产中广泛应用，进行有针对性的选择性过滤，过滤除去其他引起酒体浑浊的物质，有效提高酒体的澄清度，同时结合除菌过滤，保证酒体口感风味的同时去除酒体的微生物，其结果一直令人关注[213]。采用 $0.45\mu m$ 或 $0.65\mu m$ 级微过膜滤器过滤的产品（瓶装酒）在存放时不受微生物污染。$0.45\mu m$ 级膜能够去除所有的有机物，但费用较高，因为它比 $0.65\mu m$ 级膜或孔径更大的膜堵塞更快。因此孔径选择相当关键，它是根据保证微生物去除和经济性之间的平衡协调进行的。

微滤在乳制品的生产过程中应用也非常广泛。如今，多数乳品厂都拥有膜设备，该类设备可以成功应用到各种不同的工艺和生产环节中，从原奶接收一直到废水处理。此外，随着行业门槛的不断提高，瓶装水生产工艺及品质质量要求也越来越严苛，微滤在该行业的应用领域包括去除颗粒和细菌，防止瓶装水受微生物污染并为碳酸化和备压用气体提供除菌气体过滤。

除了饮料行业，食品配料制造业也是一个竞争日益激烈和不断全球化的行业，面临着生产安全、健康且便于使用的高品质新产品的挑战。微滤膜过滤技术已应用于各种各样的食品配料工艺流体制造过程中，例如，天然、替代和高强度甜味剂、明胶、工业酶制剂、氨基酸、酸味剂、香精、提取物、调味料、水溶胶、发酵产物等。通过尖端分离技术，用传统流体生产工艺制备具有高附加值的配料越来越具有可能性。

9.13.6　微孔膜过滤在电子工业中的应用

自 60 年代半导体和随后的集成电路的开发以来，微孔膜过滤一直用来从生产半导体器件的液体中去除粒子。第一代集成电路关键尺寸为 $5\sim10\mu m$。根据半导体制造中，可以接受的颗粒尺寸的粗略推算法则，其大小必须小于最小器件特征尺寸（即关键尺寸）的一半。大于这个尺寸的颗粒会引起致命的缺陷。为了达到经济生产量，大于该尺寸的粒子必须从生产过程流体中去除[214]。该生产过程所使用的第一代膜过滤器为 $0.5\mu m$ 级，在结构上类似于医药工业开发的过滤器。但是，随着半导体工艺技术的不断发展，集成电路上可容纳的元器件数目成倍地增加，其关键尺寸不断缩小，目前运用在最尖端的半导体集成电路制造上的膜过滤器已达 5nm 级。

电子工业发展至今，细分出多个小行业，如半导体行业、平板显示行业、光伏行业、LED 行业等。各行业虽同属于电子工业，但由于各行业所制造的电子产品的关键尺寸有较大不同，对污染物的关注点也各有不同，他们对过滤产品的要求也高低不一。其中，由于半导体行业所制造的半导体芯片中电子元件的关键尺寸总是代表着电子工业集成电路最先进的工艺，半导体行业所使用的过滤器的要求是最高的，尤其在滤除率和自身洁净度（不能增加任何诸如颗粒、溶出物等污染）方面。

电子工业使用的流体包括气体和液体，过滤器大致分为气体过滤器和液体过滤器。气体过滤器用来从主体气体（氮、氢、氧）和特殊气体例如硅烷、胂、磷化氢和氨等气体中去除颗粒。这些气体过滤器也可按它们在生产过程中的定位来分类。在气体的生产期间和它们在半导体厂的储存和分配期间，需要较大的过滤器，这类滤器称为中央气体过滤器。在使用点（POU）也使用类似的滤器，以去除那些管路、阀、调节器和测量仪表组成的气体分配系统中产生的颗粒，这些过滤器称为使用点过滤器。

液体过滤器可分成为三类：化学药剂过滤器、光刻胶过滤器、超纯水过滤器。化学药剂过滤器用来从酸、碱溶剂和光刻胶中去除颗粒或胶状杂质。超纯水过滤器用以从超纯水中去除颗粒和细菌。正如气体过滤器的情况一样，滤器采用两种分类：中心过滤器和使用点过滤器。

（1）气体过滤

膜过滤器能极其有效地从气体流中去除粒子。但是膜滤器在给定应用中的性能也受组成滤器的其他材料的影响。理想的过滤器将去除所有大于其孔径的粒子而不会增加任何污染物（颗粒或挥发性物质）。

电子工业使用的折叠式滤器，一般采用不锈钢壳体。所采用的膜可用聚砜、尼龙、聚偏氟乙烯或聚四氟乙烯材料制成。这些膜滤器去除一般颗粒的尺寸分级为 $0.01\mu m$ 或小于 $0.01\mu m$。滤器的其他结构材料是聚酯或聚砜或聚丙烯或聚四氟乙烯或可溶性聚四氟乙烯作为膜的支撑体。这些滤器由于气体纯化器产生的粒子所堵塞需要更换。当更换时，滤器和罩壳需要进行彻底冲洗以去除大气污染物。

（2）液体过滤

半导体工业采用化学药剂清洗晶片表面，蚀刻电路，并去除不需要的过程物质，例如光刻胶。这些化学药剂由化学药剂生产厂家过滤，达到半导体工业（半导体设备生产协会或SEMI）技术规格，在半导体厂储存后过滤，再经使用点滤器过滤。根据应用情况，采用不同类型的膜过滤器。

由于耐化学药剂的性能，聚偏氟乙烯和聚四氟乙烯两种膜滤芯，几乎只用于化学药剂过滤。这些膜的孔径一般选用 $0.05\sim5\mu m$。对于这类应用的大多数情况，过滤器的其他构件（如支撑体、套管和封头等）用聚丙烯材料，有低溶出要求的过滤器一般用高密度聚乙烯制成。但是，对过滤器溶出有很高的要求或过滤强氧化酸或某些溶剂（例如二甲苯）可能要求折叠式滤器的其他构件用聚四氟乙烯材料制作。

化学药剂或以瓶装或通过聚偏氟乙烯管路传送到使用点（即半导体加工设备）。再经使用点过滤，一般采用折叠式过滤器。

光刻胶的提供者一般采用 $0.1\sim0.2\mu m$ 级膜过滤其产品，一般都使用具有尼龙或聚四氟乙烯膜滤芯的多级折叠式过滤器。其他的过滤器结构材料（支撑体、芯子、套管、封头）通常为聚丙烯。

半导体生产厂根据其生产的半导体器件的关键尺寸不同，会使用不同等级的滤器（精度高的会小于 10nm 孔径，精度不太高的会采用 $0.1\sim0.2\mu m$ 级）过滤光刻胶，以去除由装运容器产生的杂质和聚合物不稳定产生的胶体粒子。这些胶体粒子在高压下能通过多孔过滤膜，因此常用的使用点光刻胶过滤器，通常使用尼龙、高密度聚乙烯或超高分子量聚乙烯材质的膜，而较少使用聚四氟乙烯膜。

光刻胶在使用点过滤对于提高成品率至关重要。正如前面所述，这种应用的理想过滤器应能去除大于其孔径的粒子，且不增加污染物（粒子或可萃取物）。由于大多数光刻胶溶液含有好的聚合物溶剂，因此全部采用氟聚合物结构的滤器为最佳。

由于在电子器件生产期间基片要用超纯水冲洗几次，因而在生产过程中它要与 $100\sim1000\mathrm{dm}^3$ 超纯水相接触。由于重复操作，超纯水的质量对于半导体生产的成功操作也至关重要。

在电子制造用水方面，微过滤设备是超纯水循环系统的主要组成设备，属水处理中的三级处理。三级处理系统的目的是去除循环水中的各种污染物。微量离子由混合床去离子器去除。细菌是由紫外线消毒装置控制，以及定期用消毒剂例如过氧化氢（1%～5%）或臭氧进行处理。对超纯水过滤设备的标准要求，是能去除进口系统中存在的任何悬浮粒子，而且不能把悬浮的和溶解的污染物带入已过滤的产品中。

9.13.7   微孔膜过滤在石油天然气开采中的应用

在石油天然气开采过程中使用到的或是产生的气体和液体往往含有大量的固体、液体污染物。通过可靠有效的过滤，将这些污染物分离除去，可以解决这一系列问题。

在石油天然气开采前期的完井过程中，在套管射孔前需要向井中注入完井液，以带出井中的碎石、石渣。这种完井液往往是要经过过滤后循环使用的。相似地，当油井使用一段时间后，可能会有颗粒阻碍原油流入套管射孔中，需要注入修井液以带出井中的颗粒，恢复油井的产油能力。修井液也需要过滤才能使用。完井液和修井液需要经过多级过滤，最精的一道过滤可达 $1\sim2\mu\mathrm{m}$，甚至到 $0.5\mu\mathrm{m}$ 以下。考虑到过滤液体中颗粒含量高，需要有较大的纳污量，所用膜材大多为 PP 或玻璃纤维膜，也会使用熔喷滤芯。

在石油开采中，向低渗透油田实行早期注入高质量的水是对低渗透油田补充能量、稳定产量的长期根本保证。低渗透油层由于孔喉半径小，容易被污染堵塞，所以在石油开采注水工艺中一个核心的环节就是如何保证注入水的水质。油田注水，一般需经过杀菌、混凝沉降、粗过滤和精细过滤及管道防腐等措施。使注入油层的水符合质量标准，这样才能保证注水井有较高且稳定的吸水能力，以满足油田开发的需要[215,216]。

在油田注入水的处理中，水源有两类，一类是地下水（井水）或地表水（江、河、湖、泊等）。油水注水的处理流程如下：

微孔膜过滤技术在处理注入水工艺中发挥了较大的作用，国内的应用主要是 PE 烧结微孔管、折叠式微孔膜过滤芯及中空纤维组件等。处理水中微粒的精度可达 $1\sim2\mu\mathrm{m}$ 以上，微粒含量在 2mg/L 以内。其中用折叠式微孔膜过滤芯进行的地表水精细注水处理，精度达到 $1\mu\mathrm{m}$。

在国际上一些技术先进的国家这方面的应用已是非常广泛，且精度已达 $0.5\mu\mathrm{m}$ 以下。

另一类水源是油田采出水经处理后进行回注。这类水源由于含油及其他杂质故较复杂，回注前需经多种处理工艺，特别是除油、加药凝聚、沉淀，然后经多级过滤使水质达到指标再送到注水站。这种工艺过程使用陶瓷微孔膜进行处理，综合效益比较明显[217]。但更合适的应用仍有待开发。

9.13.8 微孔膜过滤在电力工业中的应用

我国采用多种能源发电，常见的有火力发电、水力发电、风力发电、核电等。发电机作为各发电厂的核心，将机械能转化成电能，通常由汽轮机、水轮机或内燃机驱动。发电机运作时会与各种流体接触，如驱动电机的流体（如水蒸气、水等）、操控阀门的液压系统、润滑油等。这些流体的清洁度常常决定了发电机组中各部件的寿命以及发电机组的发电效率。因此，对这些流体需要进行必要过滤、纯化处理，以确保发电机组可以长时间高效地运作。

汽轮机由过热的蒸汽膨胀做功，带动叶片转动而发电。过热的蒸汽由锅炉产生，蒸汽做功后废汽经凝汽器、循环水泵、凝结水泵、给水加热装置等送回锅炉循环使用。循环水需要去矿物质并经过微滤以去除经过凝汽器，以及其他装置、管道时带入的颗粒后再进入锅炉[218]。此外，由于系统不能避免水汽的流失，还必须不断地加入经过软化的补给水。补给水需经过水处理系统，通过微滤/超滤、反渗透等过程，确保水的纯净。锅炉水的不纯净会导致水垢、颗粒沉积等问题，影响热传导并易发生垢下腐蚀，引发不必要的停机维修与维护。通常补给水和循环水的微滤可选用 PP 或玻璃纤维材质的滤芯，过滤精度在 $5\mu m$ 左右。过滤循环水的滤芯通常会在表面涂覆树脂，给予滤芯一定的去离子能力。

9.13.9 微孔膜过滤在航天工业中的应用

微滤在航空航天中也有广泛的应用。机舱空气、电子系统冷却用气、发动机进气以及飞机的润滑油、液压油、燃油、饮用水都需要进行微滤，以保证机舱内人员的健康，飞机运转正常，减少飞机部件的损耗。

机舱内的空气约50%为舱外空气（来自引擎引气或辅助动力装置），约50%为舱内的循环空气。对机舱空气的过滤，要求能够过滤去除细菌、病毒以及空气中异味。过滤器多采用纤维滤材，如玻璃纤维、植物纤维、聚酯类纤维、聚四氟乙烯纤维等。

对飞机上润滑油、液压油的过滤，需要过滤器有很好的耐低温和耐高温性能。对这些应用点的过滤器，要求通过检测项目，诸如冷启动试验（—55℃）、高温高压试验（150℃）、高温高压冲击试验、滤芯清洁度与纤维脱落等。此外，对于一些应用在中高压管段的液压过滤器，其可耐受的极限压差可以达到42MPa之高。基于以上的严苛要求，此类过滤介质通常为金属纤维。不过对于用在地面支持设备上，过滤润滑油、液压油的过滤器，没有如此严苛的要求，使用线绕或玻璃纤维过滤材质的滤芯即可。Pall 公司一款用于此的 Ultipor 树脂黏结玻璃纤维折叠滤芯有 2 层黏结玻璃纤维折叠，可以保证极高的滤除率。

对飞机燃油的过滤，根据实际需要应耐高低温，滤芯本身不可结冰，同时要能够滤除燃油中因含水而结成的冰花。通常要求不可有纤维脱落，不可含镁元素，否则会堵塞燃油喷嘴。

9.13.10 微孔膜过滤在水处理中的应用

在淡水稀缺的地方，人们都在寻找替代的饮用水和工业用水水源。海水是现有的巨大资源，在世界上的干旱地区，海水脱盐已经是常见的工艺。首先必须对海水进行预处理，以去除在大多数情况下会导致反渗透（RO）系统过早污染的有机物、藻类和颗粒，降低运营成本。一般作为预过滤的膜材大多为 PP 材质，另外为了进一步控制 RO 进水水质指标，现在也有采用高抗污染的聚偏氟乙烯（PVDF）微孔滤膜，能有效去除海水中的细菌和其他杂质。另外，现在水源污染日益严重以及人们对饮用水水质要求不断提高，对提升市政给水处理工艺的能力提出了新的挑战，微滤可适用于微生物污染水源的净化处理，不仅能有效去除水中的铁锈、泥沙等肉眼可见物，还能截留住水中的细菌、大肠杆菌等，且出水水质优异。

另外，工业市场也是最大的水资源消耗市场之一，地表水和井水经过处理可用于发电系统补给水、零件清洗、高档纸生产、饮料厂及其他各种工业应用，包括工业废水循环利用和再生水排放。其中冷凝水过滤是发电厂的关键系统，一个稳定的和可靠的冷凝水过滤系统可以保护锅炉和汽轮机的安全运行。采用 PP 滤芯作为凝结水精处理前置过滤，可以有效去除凝结水中的铁、铜氧化物等悬浮杂质，保护昂贵的树脂不被污染，延长精处理系统运行周期。

9.13.11　微孔膜过滤在民用保健等方面的应用

在民用保健方面，微孔膜过滤技术是大有用武之地的，用于饮用水的处理和用于室内空气净化的产品，如家用净水器、空气清新净化器已广泛地走进千家万户。其中家用净水器主要采用的材质为 PP（聚丙烯），主要过滤去除水中悬浮杂质、颗粒、污泥等，现在越来越多的家庭采用中央净水机。空气净化器可以有效提高空气的清洁度，其中 HEPA（高效空气过滤器）技术为常用的空气净化技术之一。另外微滤在户外的应用也越来越广泛，户外过滤水壶、滤芯微型净水器、空气过滤口罩等也普遍受到人们的欢迎。

国外和国内主要的微孔过滤材料及生产厂家见附表一和附表二。

附表一　国外主要的微孔过滤材料及生产厂商（仅供参考）

厂商	制膜材质	膜孔径范围/μm
Merk Millipore	混合纤维素	0.1～8.0
	聚偏氟乙烯	0.1～0.65
	聚醚砜	0.22～0.45
Entegris	UPE	0.05～1
	亲水改性 UPE	0.22～0.45
Pall	尼龙-6 和尼龙-66	0.1～5
	聚偏氟乙烯	0.22～0.45
	聚丙烯	0.6～70
	不锈钢（波折、烧结）	3～10
Sartorius	聚醚砜	0.22～0.45
	硝酸纤维素	0.1～1.2
	醋酸纤维素	0.1～1.2
3M	聚醚砜	0.04～5.0
	尼龙-6 和尼龙-66	0.1～1.2
	聚丙烯	0.22～10

续表

厂商	制膜材质	膜孔径范围/μm
Whatman	聚碳酸酯（重离子膜）	0.03~10
	聚酯	0.1~10
	聚丙烯	0.22~10
	再生纤维素	0.22~0.45
	玻璃纤维	0.3
Gore	聚四氟乙烯	0.22~10
Donaldson	聚四氟乙烯	0.22~10
	玻璃纤维	0.1
Sumitomo	聚四氟乙烯	0.22~10
Fujifilm	聚醚砜	0.03~2.0
Mitsui	聚丙烯	2~6
Lydall	玻璃纤维	0.45~5
Parker	玻璃纤维	0.3

附表二　国内主要的微孔过滤材料和产品生产厂商（仅供参考）

生产厂商	材质	孔径范围/μm	主要应用形式
杭州安诺过滤器材有限公司	混合纤维素	0.1~5.0	折叠滤芯，平板膜
	尼龙-6	0.1~5.0	
	聚偏二氟乙烯	0.1~5.0	
	聚醚砜	0.1~5.0	
		0.1~5.0	
上海核工业第八研究所	混合纤维素	0.1~3.0	折叠滤芯，平板膜
	尼龙-6	0.1~3.0	
上海金科过滤器材有限公司	聚丙烯	系列孔	折叠滤芯，平板膜
	尼龙-6	系列孔	
	聚砜	系列孔	
上海市新亚净化器件厂	混合纤维素	0.2~3.0	针式滤器，平板膜
	聚偏二氟乙烯	0.2~3.0	
航天部 806 所	混合纤维素	0.2,0.45	折叠滤芯，平板膜
	聚偏二氟乙烯	0.2,0.45	
清华大学	聚碳酸酯（重离子膜）	0.22~15	平板膜
天津泰达洁净材料有限公司	聚丙烯	0.1~15	平板膜
亚美滤膜（南通）有限公司	聚醚砜	0.1~1.2	平板膜

符号表

A	膜面积
D	粒子扩散系数
d_j	纤维直径
d_p	粒子直径
J	膜通量

L	膜厚度
S_m	膜比表面积
S_0	滤饼比表面积
P_r	膜孔隙率
P_w	滤饼孔隙率
R_0	滤饼阻力
R_0'	单位质量滤饼阻力
R_j	拦截参数
R_m	膜阻力
ΔR	铂丝电阻改变值
r	孔半径
T	温度，K
V_g	比孔容积
α_0	为单位压降的比阻
η_b	单一纤维去除效率
η_d	扩散作用去除粒子的效率
η_j	拦截作用去除粒子的效率
η_0	被过滤主体液的黏度
Δp	压差，Pa
Δp_m	跨膜压差，Pa
δ_0	滤饼厚度
ε	纤维孔隙率
σ	液体表面张力

参考文献

［1］ Alzahrani S，Mohammad A W. Challenges and trends in membrane technology implementation for produced water treatment: a review［J］. Journal of Water Process Engineering，2014，4：107-133.

［2］ Schmidt A. Poggendorff Ann，1881，114：337.

［3］ Bechhold H. Biochem Kolloidstudien mit der Filtration smethode Z，1907，6：379.

［4］ Loeb S，Sourirajan S. Sea Water demineralization by means of semipermeable membrane［J］. UCLA Report，1960，60：60.

［5］ Blatt W F，Dravid A，Michaels A S，et al. Solute Polarization and Cake Formation in Membrane Ultrafiltration: Causes，Consequences，and Control Techniques［M］. Membrane Science and Technology. New York: Springer US，1970：47-97.

［6］ Zeman L，Wales M. Polymer Solute Rejection by Ultrafiltration Membranes//Synthetic Membranes: Volume Ⅱ［M］. 1981. DOI: 10. 1021/bk-1981-0154. ch023.

［7］ Zeman L J. Adsorption effects in rejection of macromolecules by ultrafiltration membranes［J］. Journal of Membrane Science，1983，15（3）：213-230.

［8］ Frank G Smith Ⅲ，Deen W M. Electrostatic double-layer interactions·for spherical colloids in cylindrical pores

［J］. Journal of Colloid & Interface Science, 1980, 78（2）: 444-465.

［9］　Glandt E D. Density distribution of hard-spherical molecules inside small pores of various shapes［J］. Journal of Colloid & Interface Science, 1980, 77（2）: 512-524.

［10］　Mitchell B D, Deen W M. Effect of concentration on the rejection coefficients of rigid macromolecules in track-etch membranes［J］. Journal of Colloid & Interface Science, 1986, 113（1）: 132-142.

［11］　Deen W M. Hindered transport of large molecules in liquid-filled pores［J］. AIChE Journal, 1987, 33（9）: 1409-1425.

［12］　Matsuura T, Taketani Y, Sourirajan S. Interfacial parameters governing reverse osmosis for different polymer material-solution systems through gas and liquid chromatography data［J］. Journal of Colloid & Interface Science, 1983, 95（1）: 10-22.

［13］　Anderson J L, Quinn J A. Restricted Transport in Small Pores［J］. Biophysical Journal, 1974, 14（2）: 130-150.

［14］　Bungay P M, Brenner H. The motion of a closely-fitting sphere in a fluid-filled tube［J］. International Journal of Multiphase Flow, 1973, 1（1）: 25-56.

［15］　Brenner H, Gaydos L J. The constrained brownian movement of spherical particles in cylindrical pores of comparable radius: Models of the diffusive and convective transport of solute molecules in membranes and porous media［J］. Journal of Colloid & Interface Science, 1977, 58（2）: 312-356.

［16］　Mavrovouniotis G M, Brenner H. Hindered sedimentation, diffusion, and dispersion coefficients for brownian spheres in circular cylindrical pores［J］. Journal of Colloid & Interface Science, 1988, 124（1）: 269-283.

［17］　Weinbaum S. Strong interaction theory for particle motion through pores and near boundaries in biological flows at low Reynolds number［J］. Lect Math Life Sci, 1981, 14: 119.

［18］　中国化工产品大全编写组. 中国化工产品大全［M］. 北京: 化学工业出版社, 1994.

［19］　高以烨, 叶凌碧, 等. 膜分离技术基础［M］. 北京: 科学出版社, 1989.

［20］　Yang Y, et al. Preparation and characterization of poly（phthalazinone ether sulfone ketone）hollow fiber ultrafiltration membranes with excellent thermal stability［J］. Journal of Membrane Science, 2006, 280（1-2）: 957-968.

［21］　蹇锡高, 张守海, 戴英, 等. 新型磺化聚醚砜酮复合纳滤膜［J］. 膜科学与技术, 2001, 79: 1685-1692.

［22］　杨永强, 杨大令, 张守海, 等. 高性能中空纤维超滤膜结构和性能研究［J］. 现代化工, 2005, 25: 44-47.

［23］　刘克静, 张海春, 等. 一步合成带有酞侧基的聚芳醚砜: CN85101721［P］. 1985.

［24］　徐南平, 等. 无机膜分离技术及其应用［M］. 北京: 化学工业出版社, 2003.

［25］　吕晓龙. 超滤膜孔径及其分布的测定方法 I. 常用方法的讨论［J］. 水处理技术, 1995, 21（3）: 137.

［26］　Rosiński S, Lewińska D, Bukowski J, Judycki W. Determination of pore size distribution in hollow fibre membranes［J］. Journal of Membrane Science, 1999, 153（1）: 91-102.

［27］　吕晓龙. 聚偏氟乙烯中空纤维微孔膜及其产业应用研究［D］. 天津: 天津工业大学, 2003.

［28］　吕晓龙. 超滤膜孔径及其分布的测定方法 II. 两种测定方法设计［J］. 水处理技术, 1995, 21,（5）: 253.

［29］　Shao P, Huang R Y M, Feng X, Anderson W. Gas-liquid displacement method for estimating membrane pore-size distributions［J］. AIChE Journal, 2004, 50（3）: 557-565.

［30］　汪锰, 王湛, 李政雄. 膜材料及其制备［M］. 北京: 化学工业出版社, 2003.

［31］　吕晓龙. 中空纤维多孔膜性能评价方法探讨［J］. 膜科学与技术, 2011, 31（2）: 1-6.

［32］　李楠楠, 李国禄, 王海斗, 康嘉杰. 表面自由能的计算方法及其对材料表面性能影响机制的研究现状［J］. 材料导报, 2015, 29（11）: 30-35.

［33］　苗瑞. 溶解性有机物对超滤膜污染的微观作用力测试与机制解析［D］. 西安: 西安建筑科技大学, 2015.

［34］　王湛, 周翀. 膜分离技术基础［M］. 2版. 北京: 化学工业出版社, 2006.

［35］　张佩佩. NIPS法调控聚氯乙烯超滤膜结构及其性能表征［D］. 上海: 华东理工大学, 2013.

［36］　占琦伟, 许振良, 胡登, 等. NIPS法制备小孔径 SPES-PES 共混 UF 膜及其性能表征［J］. 膜科学与技术, 2014, 34（2）: 28-31.

［37］张杰 . 高性能 MWCNTS-OH/PVDF 杂化中空纤维超滤膜的制备及应用［D］. 天津：天津工业大学，2016.

［38］涂凯，李健，樊波，等 . 非溶剂调控铸膜液制备海绵状结构聚醚砜超滤膜［J］. 化工新型材料，2015（12）：73-75.

［39］徐杨，任翘楚，杨虎，等 . 内表面负载银粒子中空纤维 PSF 超滤膜制备与表征［J］. 膜科学与技术，2016，36（1）：7-11.

［40］王旭东，孙婷，王磊，等 . 聚砜平板超滤膜的制备及性能优化［J］. 水处理技术，2010，36（1）：56-59.

［41］徐海朋 . TIPS 和 NIPS 法制备聚偏氟乙烯膜及其性能研究［D］. 上海：上海师范大学，2015.

［42］张悦涛，杨继新，周秀杰，等 . 一种 TIPS 法合成的小孔径 PVDF 超滤膜及制备方法：CN 105032212 A［P］. 2015.

［43］Gryzelda Pozniak, Marek Bryjak, Witold Trochimczuk. Sulfonated polysulfone membranes with antifouling activity［J］. Angewandte Makromolekulare Chemie, 1995, 233（1）：23-31.

［44］Zhang Hao, Lu Xiaolong, Liu Zhiyu, Ma Zhong, Wu Song, Li Zhendong, Kong Xiao, Liu Juanjuan, Wu Chunrui. The Unidirectional Regulatory Role of Coagulation Bath Temperature on Cross-section Radius of the PVDF Hollow-Fiber Membrane［J］. Journal of Membrane Science, 2017（12）：9-17.

［45］赵晨，吕晓龙，武春瑞，等 . 复合增强聚偏氟乙烯中空纤维膜的制备研究［J］. 膜科学与技术，2014，34（6）：11-16.

［46］赵晨 . 复合中空纤维膜制备研究［D］. 天津：天津工业大学，2014.

［47］Liu T Y, Zhang R X, Li Q, et al. Fabrication of a novel dual-layer（PES/PVDF）hollow fiber ultrafiltration membrane for wastewater treatment［J］. Journal of Membrane Science, 2014, 472（472）：119-132.

［48］郭玉海，朱海霖，王峰，等 . 微孔型聚四氟乙烯杂化平板膜包缠法制备中空纤维膜和管式膜的方法：CN103386256 A［P］. 2013-05-17.

［49］Donnelly A R, Fabbricino L, Mailvaganam M, et al. Hollow fiber semipermeable membrane of tubular braid：US5472607［P］. 1995-12-05.

［50］Fan Z W, Xiao C F, Liu H L. Structure Structure design and performance study on braid-reinforced cellulose acetate hollow fiber membranes［J］. Journal of Membrane Science, 2015, 486：248-256.

［51］徐又一，计根良，尤健明 . 纤维编织管嵌入增强型聚合物中空纤维微孔膜的制备方法：CN101543731［P］. 2009-09-30.

［52］李凭力，刘杰，解利昕，等 . 网状纤维增强型聚偏氟乙烯中空纤维膜的制备方法：CN1864828［P］. 2006-11-22.

［53］陈亦力，彭兴锋，李锁定，等 . 一种增强型中空纤维膜的生产方法及装置：CN102688698A［P］. 2012-05-22.

［54］Han S Y, Lee C W, Lee J W, et al. Hollow fiber membrane having supporting material for reinforcement, preparation thereof and spinneret for preparing the same：WO, 2003097221A1［P］. 2003-11-27.

［55］黄德昌，王俊川，江良涌，等 . 纤维丝增强复合中空纤维膜的制造方法：CN101837248A［P］. 2010-09-22.

［56］包进锋，张星星，李芸芳，等 . 带单丝支撑材料的聚偏氟乙烯中空纤维膜及其制备方法：CN102188911A［P］. 2011-09-21.

［57］Wang P, Chung T S. Design and fabrication of lotus-root-like multi-bore hollow fiber membrane for direct contact membrane distillation［J］. Journal of Membrane Science, 2012, 421-422：361-374.

［58］Gille D, Czolkoss W. Ultrafiltration with multi-bore membranes as seawater pre-treatment［J］. Desalination and the Environment, 2005, 182（1-3）：301-307.

［59］Wang P, Luo L, Chung T S. Tri-bore ultra-filtration hollow fiber membranes with a novel triangle-shape outer geometry［J］. Journal of Membrane Science, 2014, 452：212-218.

［60］刘捷，武春瑞，吕晓龙，等 . 异形聚偏氟乙烯中空纤维膜的研制［J］. 膜科学与技术，2012，32（1）：33-39.

［61］吴立群，黄培，徐南平，等 . 溶胶-凝胶法制备 TiO_2 担载超滤膜［J］. 高校化学工程学报，1999（3）：205-210.

［62］郝艳霞，李健生，王连军 . 固态粒子烧结法制备 YSZ 超滤膜［J］. 中国陶瓷工业，2005，12（1）：22-25.

［63］张人杰 . 固态粒子烧结法制备 ZnO 陶瓷膜研究［D］. 南京：南京工业大学，2015.

［64］张可达 . 阳极氧化无机超滤膜［J］. 化学世界，1992（6）：282-283.

［65］王炜，陶杰，章伟伟，等 . 阳极氧化法制备 TiO_2 多孔膜［J］. 钛工业进展，2005，22（2）：30-33.

［66］ 刘东阳，吴建青，饶平根，等．阳极氧化法制备纳米孔径的多孔 Al$_2$O$_3$ 膜［J］．中国陶瓷，2004，40（1）：45-47.

［67］ 方立峰．聚合物微孔膜表面改性及性能研究［D］．杭州：浙江大学，2015.

［68］ 王建宇．两亲性共聚物的分子设计、合成及其共混改性疏水聚合物多孔膜的研究［D］．杭州：浙江大学，2008.

［69］ 邵平海，孙国庆．聚偏氟乙烯微滤膜亲水化处理［J］．水处理技术，1995（1）：26-29.

［70］ Shoichet M S，Mccarthy T J. Convenient syntheses of carboxylic acid functionalized fluoropolymer surfaces ［J］. Macromolecules，2002，24（5）：982-986.

［71］ Pal D，Neogi S，De S. Improved antifouling characteristics of acrylonitrile co-polymer membrane by low temperature pulsed ammonia plasma in the treatment of oil-water emulsion［J］. Vacuum，2016，131：293-304.

［72］ Bryjak M，Gancarz I，Poźniak G，et al. Modification of polysulfone membranes 4. Ammonia plasma treatment［J］. European Polymer Journal，2002，38（4）：717-726.

［73］ Kull K R，Steen M L，Fisher E R. Surface modification with nitrogen-containing plasmas to produce hydrophilic，low-fouling membranes［J］. Journal of Membrane Science，2005，246（2）：203-215.

［74］ Yu H Y，Hu M X，Xu Z K，et al. Surface modification of polypropylene microporous membranes to improve their antifouling property in MBR：NH$_3$，plasma treatment［J］. Journal of Membrane Science，2005，45（1）：8-15.

［75］ 周月，黄红缨，潘君丽．紫外接枝改性 PP 中空多孔膜表面亲水性研究［J］．广州化工，2017，45（19）：44-46.

［76］ 吴月利，陈墨蕴，刘卫东，等．紫外辐照接枝丙烯酸对聚氯乙烯（PVC）超滤膜的改性研究［C］．高分子学术论文报告会，2011.

［77］ Zhang M，Nguyen Q T，Ping Z. Hydrophilic modification of poly（vinylidene fluoride）microporous membrane ［J］. Journal of Membrane Science，2009，327（1）：78-86.

［78］ 舒元宏，蒋涛．聚偏氟乙烯接枝改性的研究进展［J］．胶体与聚合物，2011，29（4）：184-186.

［79］ 李晓，陆晓峰，施柳青，等．γ 射线共辐照接枝聚偏氟乙烯超滤膜表面亲水性研究［J］．辐射研究与辐射工艺学报，2007，25（2）：65-69.

［80］ 奚振宇，刘富，杜宝山，等．电子束辐照接枝改性 PTFE 多孔膜［J］．功能材料，2007（A07）：2738-2740.

［81］ 韩兆磊，孟凡霞，王永霞，等．电子束共辐照接枝改性聚醚砜微孔膜［C］．2010 全国荷电粒子源、粒子束学术会议，2010：898-902.

［82］ Wang Y，Kim J H，Choo K H，et al. Hydrophilic modification of polypropylene microfiltration membranes by ozone-induced graft polymerization［J］. Journal of Membrane Science，2000，169（2）：269-276.

［83］ Chang Y，Shih Y J，Ruaan R C，et al. Preparation of poly（vinylidene fluoride）microfiltration membrane with uniform surface-copolymerized poly（ethylene glycol）methacrylate and improvement of blood compatibility［J］. Journal of Membrane Science，2008，309（1-2）：165-174.

［84］ Singh N，Husson S M，Zdyrko B，et al. Surface modification of microporous PVDF membranes by ATRP ［J］. Journal of Membrane Science，2005，262（1-2）：81-90.

［85］ Liu D，Chen Y，Zhang N，et al. Controlled grafting of polymer brushes on poly（vinylidene fluoride）films by surface　initiated atom transfer radical polymerization［J］. Journal of Applied Polymer Science，2010，101（6）：3704-3712.

［86］ Chen Y，Liu D，Deng Q，et al. Atom transfer radical polymerization directly from poly（vinylidene fluoride）：Surface and antifouling properties［J］. Journal of Polymer Science Part A Polymer Chemistry，2006，44（11）：3434-3443.

［87］ 许辰琪，黄卫，周永丰，等．PVDF 粉体[60]Co-γ 射线共辐射接枝 NVP［J］．功能高分子学报，2012，25（2）：11-15，44.

［88］ 杨璇璇，邓波，虞鸣，等．预辐射接枝丙烯酰胺改性 PVDF 粉体及其亲水性滤膜的制备［J］．辐射研究与辐射工艺学报，2011，29（4）：209-213.

［89］ Zhao X，Xuan H，Qin A，et al. Improved Antifouling Property of PVDF Ultrafiltration Membrane with Plasma Treated PVDF Powder［J］. Rsc Advances，2015，5（79）：64526-64533.

［90］ Chen Y, Chen L, Nie H, et al. Fluorinated polyimides grafted with poly（ethylene glycol）side chains by the RAFT-mediated process and their membranes［J］. Materials Chemistry & Physics, 2005, 94（2）: 195-201.

［91］ Lei Y, Kang E T, Neoh K G. Characterization of membranes prepared from blends of poly（acrylic acid）-graft-poly（vinylidene fluoride）with poly（N-isopropylacrylamide）and their temperature- and pH-sensitive microfiltration［J］. Journal of Membrane Science, 2003, 224（1-2）: 93-106.

［92］ Yan S, Wang Z, Gao X, et al. Antifouling PVDF ultrafiltration membranes incorporating PVDF-g-PHEMA additive via atom transfer radical graft polymerizations［J］. Journal of Membrane Science, 2012, 413-414（1）: 38-47.

［93］ Hester J F, Banerjee P, Won Y Y, et al. ATRP of Amphiphilic Graft Copolymers Based on PVDF and Their Use as Membrane Additives［J］. Macromolecules, 2002, 35（20）: 7652-7661.

［94］ 俞景珍. PVDF 基两亲共聚物的合成及其对 PVDF 超/微滤膜的改性作用研究［D］. 杭州: 浙江大学, 2011.

［95］ 尹逊迪. 两亲性聚氯乙烯嵌段共聚物的合成、自组装和膜改性应用［D］. 杭州: 浙江大学, 2017.

［96］ Stankovich S, Dikin D A, Dommett G H B, et al. Graphene-based compositematerials［J］. Nature, 2006, 442: 282-286.

［97］ Fernandez S. Polymer blends for pyroelectric and piezoelectric applications（I）Compatibility and microstructure of binary and ternary systerms based on PVDF, PVC and PMMA［J］. Revista de Plasticos Midernos, 1996, 71（478）: 379-385.

［98］ Uragami T, Naito Y, Suginara M. Permeation characteristics and structure of polymer blend membranes from PVDF and PEG［J］. Polym Bull, 1981, 4: 617.

［99］ Mascia L, Hashim K. Ccrnpatlbillzation of PVDF/nylon6 blends by carboxylic acid functionalization and metal salts formation［J］. J Appl Polym Sci, 1997, 66: 1911-1918.

［100］ Tingyu L, blenching L, et al. Mingchien, Surface characteristics and hemocompatibility of PANIPVDF blend membranes［J］. Polym Adv Technol, 2005, 16: 413-426.

［101］ Masuelli M, Marchese J, Ochoa N A. SPC/PVDF membranes for emulsified oily wastewater treatment［J］. Journal of Membrane Science, 2009, 326（2）: 688-693.

［102］ Rahimpour A, Madaeni S S. Polyethersulfone（PES）/cellulose acetate phthalate（CAP）blend ultrafiltration membranes: Preparation, morphology, performance and antifouling properties［J］. Journal of Membrane Science, 2007, 305: 299-312.

［103］ 李诗文. 聚醚砜/磺化聚砜共混超滤膜制备及微结构调控［D］. 天津: 天津工业大学, 2016.

［104］ 宋来洲, 孟春江. 聚醚砜-聚丙烯腈共混膜的研究［J］. 膜科学与技术, 2005（2）: 34-37.

［105］ Hester J F, Banerjee P, Mayes A M. Preparation of protein-resistant surfaces on poly（vinylidene fluoride）membranes via surface segregation［J］. Macromolecules, 1999, 32（5）: 1643-1650.

［106］ 庞东旭. MMA 基两亲性高分子的合成及其对 PVDF 多孔膜改性的研究［D］. 杭州: 浙江大学, 2010.

［107］ 赵永红, 张梅, 朱宝库, 等. 两亲性超支化聚合物对 PVDF 膜的共混改性［J］. 膜科学与技术, 2008, 28（4）: 71-76.

［108］ Zhao Y H, Zhu B K, Kong K, Xu Y Y. Improving hydrophilicity and protein resistance of poly（vinylidene fluoride）membranes by blending with amphiphilic hyperbranched-star polymer［J］. Langmuir, 2007, 23（10）: 5779-5786.

［109］ Kim J H, Kim C K. Ultrafiltration membranes prepared from blends of polyethersulfone and poly（1-vinylpyrrolidone-co-styrene）copolymers［J］. Journal of Membrane Science, 2005, 262（1-2）: 60-68.

［110］ 朱利平. 聚醚砜、聚醚砜酮多孔膜的结构可控制备及其表面改性［D］. 杭州: 浙江大学, 2007.

［111］ 郭睿威, 赵书英, 马小乐, 等. 两亲梳型嵌段共聚物的合成及其共混改性聚醚砜超滤膜的抗污染性研究［J］. 膜科学与技术, 2008, 28（2）: 27-32.

［112］ Shi Q, Su Y, Zhao W, et al. Zwitterionic polyethersulfone ultrafiltration membrane with superior antifouling property［J］. Journal of Membrane Science, 2008, 319（1-2）: 271-278.

［113］ Wang T，Wang Y Q，Su Y L，et al. Antifouling ultrafiltration membrane composed of polyethersulfone and sulfobetaine copolymer［J］. Journal of Membrane Science，2006，280（1-2）：343-350.

［114］ Khayet M，Villaluenga J P G，Valentin J L，et al. Filled poly（2,6-dimethyl-1,4-phenylene oxide）dense membranes by silica and silane modified silica nanoparticles：characterization and application in pervaporation［J］. Polymer，2005，46（23）：9881-9891.

［115］ 由钰婷，汪阳，张霞. 纳米 TiO_2 共混改性 PVDF 复合膜的制备和性能［J］. 材料研究学报，2012（3）：25-32.

［116］ Lu Y，Yu S L，Chai B X，et al. Effect of nano-sized Al_2O_3-particle addition on PVDF ultrafiltration membrane performance［J］. Journal of Membrane Science，2006，276（1-2）：162-167.

［117］ 杜军，吴玲，陶长元，等. 纳米 Fe_3O_4/PVDF 磁性复合膜的原位制备及表征［J］. 物理化学学报，2004，20（6）：598-601.

［118］ Bottino A，Capannelli G，Comite A. Preparation and characterization of novel porous PVDF-ZrO_2 composite membranes［J］. Desalination，2002，146（1）：35-40.

［119］ He H，Klinowski J，Forster M，et al. A new structural model for graphite oxide［J］. Chemical Physics Letters，1998，287（1-2）：53-56.

［120］ Shariatmadar F S，Mohsen-Nia M. PES/SiO_2 nanocomposite by in situ polymerization：Synthesis，structure，properties，and new applications［J］. Polymer Composites，2012，33（7）：1188-1196.

［121］ Xu Z，Li L，Wu F，et al. The application of the modified PVDF ultrafiltration membranes in further purification of Ginkgo biloba，extraction［J］. Journal of Membrane Science，2005，255（1-2）：125-131.

［122］ Singh S，Matsuura T，Ramamurthy P. Treatment of excess white-water and coating plant effluent by modified polyethersulfone ultrafiltration membrane［M］. Atlanta，GA：TAPPI Press，1997.

［123］ Ma X，Su Y，Sun Q，et al. Enhancing the antifouling property of polyethersulfone ultrafiltration membranes through surface adsorption-crosslinking of poly（vinyl alcohol）［J］. Journal of Membrane Science，2007，300（1-2）：71-78.

［124］ Li F L，Peng H Z，Feng L Y. Adsorptive removal of 2,4-DCP from water by fresh or regenerated chitosan/ACF/TiO membrane［J］. Separation & Purification Technology，2010，70（3）：354-361.

［125］ Bernard Marcos，Christine Moresoli，Jana Skorepova. CFD modeling of a transient hollow fiber ultrafiltration system for protein concentration［J］. Journal of Membrane Science，2009，337：136-144.

［126］ 王福军. 计算流体力学分析——CFD 软件原理与应用［M］. 北京：清华大学出版社，2004.

［127］ 唐家鹏. ANSYS FLUENT 16.0 超级学习手册［M］. 北京：人民邮电出版社，2016.

［128］ 陈家庆，俞接成，刘美丽，等. ANSYS FLUENT 技术基础与工程应用——流动传热与环境污染控制领域［M］. 北京：中国石化出版社，2014.

［129］ Bolton G，LaCasse D，Kuriyel R. Combined models of membrane fouling：development and application to microfiltration and ultrafiltration of biological fluids［J］. J Membr Sci，2006，277：75-84.

［130］ Ho C C，Zydney A L. Transmembrane pressure profiles during constant flux microfiltration of bovine serum albumin［J］. J Membr Sci，2002，209：363-377.

［131］ Damak K，Ayadi A，Zeghmatib B，et al. A new Navier-Stokes and Darcy's law combined model for fluid flow in crossflow filtration tubular membranes［J］. Desalination，2004，161：67-77.

［132］ Oxarango L，Schmitz P，Quintard M. Laminar flowin channels withwall suction or injection：a newmodel to study multi-channel filtration systems［J］. Chem Eng Sci，2004，59：1039-1051.

［133］ Secchi A R，Wada K，Tessaro I C. Simulation of an ultrafiltration process of bovine serum albumin in hollow fiber membranes［J］. J Membr Sci，1999，160：255-265.

［134］ Sulaiman M Z，Sulaiman N M，Abdellah B. Prediction of dynamic permeate flux during cross-flowultrafiltration of polyethylene glycol using concentration polarization-gel layer model［J］. J Membr Sci，2001，189：151-165.

［135］ Geraldes V，Semiao V，Norberta de Pinho M. The effect on mass transfer of momentum and concentration boundary layers at the entrance region of a slit with a nanofiltration membrane wall［J］. Chem Eng Sci，2002，57：735-748.

［136］ Pellerin E，Michelitsch K，Darcovitch S，et al. Turbulent transport in membrane module by CFD simulation in two dimensions［J］. J Membr Sci, 1995, 100（2）：139-153.

［137］ Ahmad A L，Lau K K，Abubakar M Z，et al. Integrated CFD simulation of concentration polarization in narrow membrane channel［J］. Comput Chem Eng, 2005, 29: 2087-2095.

［138］ Wiley D E, Fletcher D F. Techniques for computational fluid dynamics modelling of flow in membrane channels［J］. J Membr Sci, 2003, 211: 127-137.

［139］ Bessiere Y，Fletcher D F，Bacchin P. Numerical simulation of colloid dead-end filtration：effect of membrane characteristics and operating conditions on matter accumulation［J］. J Membr Sci, 2008, 313: 52-59.

［140］ Subramani A，Kim S，Hoek E M V. Pressure flow and concentration profiles in open and spacer-filled membrane channels［J］. J Membr Sci, 2006, 277: 7-17.

［141］ Bernard Marcos，Christine Moresoli，Jana Skorepova，et al. CFD modeling of a transient hollow fiber ultrafiltration system for protein concentration［J］. Journal of Membrane Science, 2009, 337: 136-144.

［142］ Amin Reza Rajabzadeh，Christine Moresoli，Bernard Marcos. Fouling behavior of electroacidified soy protein extracts during cross-flow ultrafiltration using dynamic reversible-irreversible fouling resistances and CFD modeling［J］. Journal of Membrane Science, 2010, 361: 191-205.

［143］ Fimbres-Weihs G A，Wiley D E. Review of 3D CFD modeling of flow and mass transfer in narrow spacer-filled channels in membrane modules［J］. Chemical Engineering and Processing：Process Intensification, 2010, 49（7）: 759-781.

［144］ 宋卫臣，李琳，贾玉玺，等. 高分子超滤膜表面活性层污染过程的数值模拟［J］. 高分子材料科学与工程, 2012, 28（2）: 179-182.

［145］ Saeed A，Vuthaluru R，Vuthaluru H B. Impact of feed spacer filament spacing on mass transport and fouling propensities of RO membrane surfaces［J］. Chemical Engineering Communications, 2015, 202（5）: 634-646.

［146］ Abbasi Monfared M，Kasiri M，Salahi A，et al. CFD simulation of baffles arrangement for gelatin-water ultrafiltration in rectangular channel［J］. Desalination，2012, 284: 288-296.

［147］ Zhuang Liwei，Guo Hanfei，Dai Gance，et al. Effect of the inlet manifold on the performance of a hollow fiber membrane module-A CFD study［J］. Journal of Membrane Science, 2017, 526: 73-93.

［148］ Taha Taha，Cheong W L，Field R W，et al. Gas-sparged ultrafiltration using horizontal and inclined tubular membranes—A CFD study［J］. Journal of Membrane Science, 2006, 279: 487-494.

［149］ Cheng T W，Yeh H M，Wu J H. Effects of gas slugs and inclination angle on the ultrafiltration flux in tubular membrane module［J］. J Membr Sci, 1999, 158: 223.

［150］ Cheng T W. Influence of inclination on gas-sparged cross-flow ultrafiltration through an inorganic tubular membrane［J］. J Membr Sci, 2002, 196: 103-110.

［151］ Jalilvand Z，Zokaee Ashtiani F，Fouladitajar A，et al. Computational fluid dynamics modeling and experimental study of continuous and pulsatile flow in flat sheet microfiltration membranes［J］. Journal of Membrane Science, 2014, 450: 207-214.

［152］ 傅晓琴. 复合场强化超滤浓缩分离系统的研制、过程建模及优化［D］. 广州：华南理工大学，2010.

［153］ 崔海航，刘珺芳. 基于污染物临界粘附力的超滤动态过程的 CFD 模拟［J］. 环境科学学报, 2016, 36（10）: 3636-3642.

［154］ Chandler M，Zydney A. Effects of membrane pore geometry on fouling behavior during yeast cell microfiltration［J］. Journal of membrane science, 2006, 285: 334-342.

［155］ Hwang K，Tsai H，Chen S. Enzymatic hydrolysis suspension cross-flow diafiltration using polysulfone hollow fiber module［J］. Journal of Membrane Science, 2014, 454: 418-425.

［156］ Fane A G，Fell C J D. A review of fouling and fouling control in ultrafiltration［J］. Desalination, 1987, 62: 117-136.

［157］　Marshall A D，Munro P A，Tragardh G. The effect of protein fouling in microfiltration and ultrafiltration on permeate flux，protein retention and selectivity：A literature review［J］．Desalination，1993，91：65-108.

［158］　Gekas V，Hallström B. Mass transfer in the membrane concentration polarization layer under turbulent cross flow I. Critical literature review and adaptation of existing sherwood correlations to membrane operations［J］．Journal of membrane science，1987，30（2）：153-170.

［159］　Sablani S S，Goosen M，Al-Belushi R，Wilf M. Concentration polarization in ultrafiltration and reverse osmosis：a critical review［J］．Desalination，2001，141（3）：269-289.

［160］　Briaa P L T. Concentration polarization in RO desalination with variable flux and incomplete rejection［J］．Ind Eng Chem Fundom，1965，4：439-445.

［161］　Kozinski A A，Lightfoot E N. Protein ultrafiltration：a general example of boundary layer filtration［J］．AIChE J，1972，18（5）：1030.

［162］　Belfort G，Nagata N. Fluid mechanics and crossflow filtration：some thoughts［J］．Desalination，1985，53：57-59.

［163］　Porter M C. Concentration polarization with membrane ultrafiltration［J］．Ind Eng Chem Prod Res Dev，1972，11：234.

［164］　Hwang S T，Kammermeyer K. Membranes in separations［M］．New York：John Wiley and Sorts，1975.

［165］　Gekas V，Hallstrom B. Mass transfer in the membrane concentration polarization layer under turbulent cross flow：1. Critical literature review and adaptation of existing Sherwood correlations to membrane operations［J］．Journal of membrane science，1987，3：153-170.

［166］　Van der Berg G B，Smolders C A. Boundary layer resistance model for unstirred ultrafiltration：a new approach［J］．Journal of Membrane Science，1989，40：149.

［167］　高以垣，叶凌碧．膜分离技术基础［M］．北京：科学出版社，1989：145.

［168］　刘久清，饶金珠，蓝伟光，严滨，陈冠益．一种含重金属的电镀废液处理和重金属回收利用：CN1899985［P］．2007-01-24.

［169］　于剑昆．电子工业用超高纯过氧化氢的制备工艺［J］．化学推进剂与高分子材料，2014，12（2）：1-24.

［170］　Dhalluin J-M，Wawrzyniak J-J，Ledon H. Process for the purification of hydrogen peroxide：US5851402［P］．1998-12-22.

［171］　Dhalluin J-M，Wawrzyniak J-J，Ledon H. Process for the purification of hydrogen peroxide：US6113798［P］．2000-09-05.

［172］　詹家荣，宋振，蒋旭亮．超高纯过氧化氢的生产方法：CN102485642A［P］．2012-06-06.

［173］　陈昌骏．微孔滤膜［J］．净水技术，1998（4）：31-36.

［174］　Belter P A，Cussler E L，Hu W S. Bioseparation：Downstream Processing for Biotechnology［M］．New York：John Wiley & Sons，1988：256-258.

［175］　王学松．膜分离技术及其应用［M］．北京：科学出版社，1994：49-62.

［176］　刘忠洲，续曙光，李锁定．微滤、超滤过程中的膜污染与清洗［J］．水处理技术，1997（4）：3-9.

［177］　斯瓦罗夫斯基 L．固液分离［M］．2 版．朱企新，金鼎五，等译．北京：化学工业出版社，1990：26-30.

［178］　Crant D C. Sieving capture of particles by microporous membrane filtration media［D］．Minneapolis：Univ of Minnesota，1988.

［179］　Davrs R H，Sherwood J D. A similarity solution for steady-state crossflow microfiltration［J］．Chem Eng Sci，1990，45：3203-3209.

［180］　Fane A G. Ultrafritration：factors influencing flux and rejection［M］// Wakeman R j. Progress in Filtration and Separaticn：vol Ⅳ．New York：Elsevier Scientific Publishing Co，1986：79-107.

［181］　Zydney A L，Colion C K. Chem Eng Commun，1986，47：1-21.

［182］　Romero C A，Davis R H. Chem Eng Sci，1990，45：13-25.

［183］　陈翠仙．膜分离［M］．北京：化学工业出版社，2017：35-38.

［184］　戴天翼．实用过滤器技术［M］．北京：化学工业出版社，2014：123-129.

［185］　Standard Test Methods for Pore Size Characteristics of Membrane Filters by Bubble Point and Mean Flow Pore Test：ASTM F316-03［S］．2011.

［186］　全国分离膜标准化技术委员会．分离膜孔径测试方法　泡点和平均流量法：GB/T 32361—2015［S］．北京：中

国标准出版社，2016.

［187］ Standard Test Method for Determining Bacterial Retention of Membrane：ASTM F838-15a［S］. 2015.

［188］ 全国医用输液器具标准化技术委员会．药液过滤膜、药液过滤器细菌截留试验方法：YY/T 0918—2014［S］. 北京：中国标准出版社，2015.

［189］ 中华人民共和国国家质量监督检验检疫总局，中国国家标准化管理委员会．一次性使用输液器　重力输液式：GB 8368—2018［S］. 北京：中国标准出版社，2018.

［190］ 国家食品药品监督管理局．专用输液器　第 1 部分：一次性使用精密过滤输液器：YY 0286. 1—2007［S］. 北京：中国标准出版社，2008.

［191］ 国家食品药品监督管理局．一次性使用麻醉过滤器：YY 0321. 3—2009［S］. 北京：中国标准出版社，2010.

［192］ 中华人民共和国国家质量监督检验检疫总局，中国国家标准化管理委员会．医用输液、输血、注射器具检验方法　第 2 部分：生物学试验方法：GB/T 14233. 2—2005［S］. 北京：中国标准出版社，2006.

［193］ Standard Test Method for Quantity of Water-Extractable Matter in Membrane Filters：ASTM D3861-91［S］. 2011.

［194］ Standard Test Method for Retention Characteristics of 0. 2-μm Membrane Filters Used in Routine Filtration Procedures for the Evaluation of Microbiological Water Quality：ASTM D3862—13［S］. 2013.

［195］ Standard Test Method for Retention Characteristics of 0. 40 to 0. 45μm Membrane Filters Used in Routine Filtration Procedures for the Evaluation of Microbiological Water Quality：ASTM D3863—87［S］. 2011.

［196］ Standard Test Method for Confirming the Sterility of Membrane Filters：ASTM D4196—05［S］. 2011.

［197］ Standard Test Methods for Evaluating Absorbent Pads Used with Membrane Filters for Bacteriological Analysis and Growth：ASTM D4198—82［S］. 2011.

［198］ Test Methods for Autoclavability of Membrane Filters：ASTM D 4199—82［S］. 2011.

［199］ Standard Test Method for Evaluating Inhibitory Effects of Ink Grids on Membrane Filters：ASTM D4200—82［S］. 2011.

［200］ 全国分离膜标准化技术委员会．液体除菌用过滤芯技术要求：GB/T 34244—2017［S］. 北京：中国标准出版社，2017.

［201］ 全国分离膜标准化技术委员会．气体除菌用聚四氟乙烯微孔膜折叠式过滤芯：GB/T 36118—2018［S］. 北京：中国标准出版社，2018.

［202］ 红艳，李强．胶体金诊断试剂盒中层析膜材料性能的分析［J］. 膜科学与技术，2002，22（6）：14-18.

［203］ 孙静涵．高效液相色谱及样品前处理技术在药物和环境分析中的应用研究［D］. 重庆：西南大学，2009.

［204］ Standard Test Method for Determining Bacterial Retention of Membrane Filters Utilized for Liquid Filtration：ASTM F838—15a［S］. 2015.

［205］ Membrane Filters-Part 3：Bacteria Challenge Test For Flat Filters-Requirements And Testing：DIN 58355-3［S］. 2005.

［206］ 张雅会，李少丽，李艳丽．一种去除猪圆环病毒中支原体污染的方法［J］. 现代畜牧兽医，2016（8）：42-44.

［207］ 刘国良，朱守一．使用微孔滤膜的微生物检验技术［J］. 中国医药工业杂志，1975，（6）：62-65.

［208］ 李晓军，秦浚传，武建国．蛋白印迹技术研究进展［J］. 临床检验杂志，2004，22（3）：227-229.

［209］ 中华人民共和国环境保护部．环境空气颗粒物（PM$_{2.5}$）手工监测方法（重量法）技术规范：HJ 656—2013［S］. 北京：中国环境出版社中国标准出版社，2013.

［210］ 中国环境监测总站．环境空气颗粒物来源解析监测方法指南（试行）（第二版）［OL］. 2014.

［211］ 翁佩芳．微膜过滤法无菌鲜啤酒生产工艺设计研究［J］. 广州食品工业科技，2002（1）：11-13.

［212］ 王晓丽．有机微滤膜处理对啤酒品质的影响［J］. 安徽农业科学，2009，37（16）：7663-7665.

［213］ 朱剑宏．复合微滤膜在白酒降度除浊、改进品质中的应用研究［J］. 酿酒，2001，28（3）：63-64.

［214］ 韦亚一．超大规模集成电路先进光刻理论与应用［M］. 北京：科学出版社，2016：234-257.

［215］ 苏保卫，王铎，高学理，高从堦．海上采油水处理技术的研究进展［J］. 中国给水排水，2009，25（24）：23.

［216］ 顾文滨，王怀林，云金明．无机膜含油污水处理装置控制系统的设计［J］. 油气田地面工程，2000，19（5）：45-47.

［217］ 丁慧，王海峰．油田采出水回用处理试验研究［J］. 水处理技术，2013，39（3）：107-110.

［218］ 姚勇．大流量全膜法水处理技术在电厂中的应用［J］. 热力发电，2009，38（8）：110-112.